高等院校电子信息与电气学科系列规划教材

信号与系统分析

胡钋 主编

胡钋 秦亮 韩谷静 编著

机械工业出版社
China Machine Press

图书在版编目（CIP）数据

信号与系统分析 / 胡钋主编．—北京：机械工业出版社，2015.8
（高等院校电子信息与电气学科系列规划教材）

ISBN 978-7-111-51221-9

I. 信… II. 胡… III. 信号系统 – 高等学校 – 教材 IV. TN911.6

中国版本图书馆 CIP 数据核字（2015）第 199218 号

本书深入且系统地介绍了信号与系统的基本概念、基本理论和基本分析方法。全书共 10 章，主要内容包括信号与系统的基本概念，连续信号与系统的时域、频域和复频域（s 域）分析，离散信号与系统的时域、频域和复频域（z 域）分析，以及离散时间傅里叶变换及其快速傅里叶变换（FFT）。本书的数学推导过程严谨、细致、明晰，逻辑承接顺畅，表述深入浅出，内容全面系统，十分有利于读者理解和掌握所学内容，因而非常便于自学。

本书适合作为本科生或专科生学习信号与系统课程的教材，也可以作为相关专业科技人员自学或参考用书。

出版发行：机械工业出版社（北京市西城区百万庄大街 22 号 邮政编码：100037）
责任编辑：张梦玲 责任校对：殷 虹
印 刷：北京诚信伟业印刷有限公司 版 次：2015 年 9 月第 1 版第 1 次印刷
开 本：185mm × 260mm 1/16 印 张：37
书 号：ISBN 978-7-111-51221-9 定 价：69.00 元

凡购本书，如有缺页、倒页、脱页，由本社发行部调换
客服热线：（010）88378991 88361066 投稿热线：（010）88379604
购书热线：（010）68326294 88379649 68995259 读者信箱：hzjsj@hzbook.com

前 言

"信号与系统分析"课程是通信、电子、电气工程与自动化等众多电气与电子信息专业的一门核心基础课程，其主要内容涉及信号与系统的基本概念、基本理论和基本分析方法，研究方法包括信号与系统的时域、频域和复频域分析。

近年来，随着现代科学技术的飞速发展，以及跟信号与系统相关的高新技术的大量涌现，信号与系统的理论和方法也在快速更新，同时，应用领域也在不断扩充与深化，这些富有时代性的突出特点对该课程的教材体系和内容变革提出了全新的要求，也使得"信号与系统分析"这门课程的重要性日益为人们所认识。

编者在不断追踪、研习国内外"信号与系统分析"教材体系与内容变化的基础上，结合自己长期从事该课程中文与全英文教学的实践体会，并针对我国教学体系与教学实践改革的现状和要求，以及学生的具体情况，本着知识体系完备、例题典型丰富、强化基础、贴近实际、叙述简洁、讲解透彻、便于读者自学的编写原则，精心编写了这本可反映现代"信号与系统分析"基本原理、教学体系和内容的教材。

编者力求通过深入浅出、透彻清楚、逻辑关系明晰的叙述和数学推导过程简单的分析将信号与系统的基本原理、具体知识有条理地介绍给读者，以使他们能够在融会贯通、深刻理解所学内容的基础上进一步学好后续课程或者能够将所掌握的知识灵活、有机地应用于实践中。

本书由胡钋教授、秦亮、韩谷静副教授共同撰写，胡钋任主编并负责统稿和审校全书。本书第1、2章由韩谷静编写，第3、4章由秦亮编写，第5～10章由胡钋编写。刘开培教授审阅了全书内容并提出了许多宝贵意见，在此谨表诚挚的谢意。

在本书的编写过程中，武汉大学电气工程学院"信号与系统分析"课程组的全体教师，以及唐炬、刘开培、查晓明、刘涤尘、阮江军、常湧等有关专家提出了很多有益的建议，在此向他们一并表示衷心感谢。另外，本书的编写出版得到了机械工业出版社华章公司王颖副总编的鼓励、指导和帮助，在此也表示感谢。

限于编者的水平，书中恐有疏误之处，热切期望读者批评指正。

编者

教学建议

本书适用于“信号与系统”“信号与线性系统”或“信号与系统分析”等本科生或研究生相关课程的教学，它较为深刻、系统地介绍了信号与系统分析的基本概念、基本理论和基本分析方法，主要内容包括信号与系统的基本概念，连续信号与系统的时域、频域和复频域（s 域）分析，离散信号与系统的时域、频域和复频域（z 域）分析以及离散时间傅里叶变换及其快速算法（FFT）。全书各章节之间逻辑连贯、条理分明，各章节自身也深入浅出、自成体系，便于教师根据相关专业特点和课时安排对本书内容进行合理组合并有所侧重。

与本书有关课程的教学目的、教学目标以及教学建议等分述如下。

1. 教学目的

1）掌握信号、系统的基本概念、描述方法、分类及其特点；了解信号与系统课程的基本任务。

2）掌握连续信号的基本运算，几种典型的连续信号的表达及其特性，用常系数微分方程描述连续系统的方法及其解法，以及系统全响应、零输入响应和零状态响应的基本概念与求解方法。了解用线性常系数微分方程描述的系统为线性时不变因果系统的条件；掌握冲激响应与阶跃响应的基本概念和求解方法，卷积的概念、性质和求解方法，以及系统零状态响应的卷积求解方法；了解微分方程的算子表示方法及“广义函数”意义下的冲激信号。

3）了解用完备正交函数集表示连续信号的方法；掌握连续周期信号傅里叶级数的概念和表示方法，傅里叶变换的基本概念和性质，几种典型非周期信号傅里叶变换及其性质和周期信号的傅里叶变换及抽样定理；了解能量谱和功率谱的概念。

4）掌握连续系统频率特性的概念，无失真传输的基本概念和条件，以及理想低通滤波器的频率特性与冲激响应，了解其阶跃响应和矩形脉冲响应。了解系统物理可实现的概念和条件，希尔伯特变换及其应用，调制与解调的概念及其应用和多路复用技术。

5）掌握几种典型信号的双边拉氏变换及其性质，拉氏变换的零、极点及其性质，拉氏变换收敛域的基本性质及其与连续信号特征的对应关系，单边拉氏变换的定义及其收敛域；了解拉氏反变换、拉氏变换与傅里叶变换的关系。

6)掌握线性时不变系统的系统函数的概念，在 s 域中求解连续系统的零状态响应和零输入响应，利用系统函数的零、极点分布对连续系统特性进行分析与求解，以及线性时不变系统的模拟与表示方法。

7)掌握离散时间信号(序列)描述方法、基本运算及特性，用常系数差分方程描述离散系统的方法及其求解；了解用常系数线性差分方程描述的系统为线性移不变因果系统的条件；掌握离散系统的单位样值响应与单位阶跃响应，线性移不变系统的卷积和以及用单位样值响应表征线性移不变系统的特性；了解反卷积的概念。

8)掌握线性移不变系统对复指数输入序列的响应，周期序列的离散时间傅里叶级数、离散时间傅里叶变换、离散傅里叶变换的概念、变换方法及其基本性质；了解序列分段卷积的概念和方法，利用离散傅里叶变换分析连续非周期信号频谱的方法和快速傅里叶反变换方法；掌握利用傅里叶方法对线性移不变系统进行频域分析。

9)掌握单、双边 z 变换的概念及相互关系，z 变换的零、极点定义与性质，双边 z 变换收敛域的基本性质及与序列特征的对应关系，单边 z 变换收敛域的基本性质；了解 z 反变换；了解 z 变换与拉氏变换的关系。

10)掌握线性移不变系统的系统函数的概念，在 z 域中求解离散系统的零状态响应和零输入响应，利用系统函数的零、极点分布对线性移不变系统特性进行分析及求解；了解线性移不变系统的可逆性；掌握利用 z 变换方法对线性移不变系统进行频域分析，线性移不变系统的模拟和表示方法。

2. 教学目标

以连续、离散时间信号、系统的时域、频域及复频域分析为主线，培养电子信息类、电气信息类及相近专业本科生及研究生在现代信号与系统分析领域中的基本理论、基本方法以及实际应用方面的思维方式与研究方法，强调逻辑性、系统性和实用性。希望学生通过该门课程的学习，掌握基本分析方法，提高分析问题、解决问题的能力；培养他们的科研能力以及创新能力；能够在融会贯通、深刻理解的基础上进一步学好后续课程或者将所掌握的知识灵活有机地应用于实际中。

3. 教学建议

教学内容	教学要点	课时安排	
		长学时	短学时
第1章 绪论	• 信号与系统的基本概念 • 信号的描述与分类 • 系统的描述与分类	4	4

（续）

教学内容	教学要点	课时安排	
		长学时	短学时
第 2 章 连续信号与系统的时域分析	• 连续信号的基本运算 • 典型连续信号及其基本特性 • 线性常系数微分方程的经典解法* • 零输入响应和零状态响应* • 用线性常系数微分方程描述的系统为线性时不变因果系统的条件 • 冲激响应和阶跃响应* • 卷积及其性质* • 零状态响应的卷积法求解* • 用算子表示微分方程# • “广义函数”意义下的冲激信号#	8	5
第 3 章 连续信号的频域分析	• 用完备正交函数集来表示信号 • 周期信号的傅里叶级数* • 傅里叶变换* • 典型非周期信号的傅里叶变换* • 周期信号的傅里叶变换* • 能量谱和功率谱	8	6
第 4 章 连续系统的频域分析	• 系统的频率特性* • 无失真传输 • 理想滤波器 • 系统的物理可实现性* • 希尔伯特变换及其应用# • 调制与解调# • 多路复用技术#	6	4
第 5 章 拉普拉斯变换	• 双边拉氏变换的定义 • 典型信号的双边拉氏变换 • 拉氏变换的零、极点定义与阶数 • 呈有理函数形式的拉氏变换式的零、极点及其性质 • 拉氏变换收敛域的基本性质* • 连续信号的特征与其双边拉氏变换式收敛域的对应关系# • 单边拉氏变换的定义 • 单边拉氏变换的收敛域* • 拉氏反变换# • 拉氏变换与傅里叶变换的关系	6	4
第 6 章 连续时间系统的复频域分析	• 线性时不变系统的系统函数 • 用常微分方程描述的连续系统的零状态响应与零输入响应的 s 域求解* • 利用线性时不变系统的系统函数的零、极点分布确定系统的时域特性 • 利用系统函数和输入信号的零、极点分布分析自由响应和强迫响应、暂态响应和稳态响应* • 利用系统函数的极点分布确定线性时不变系统的因果性与稳定性# • 劳斯稳定性判据# • 利用系统函数的零、极点分布确定线性时不变系统的频率特性# • 连续因果时不变稳定系统的正弦稳态响应# • 线性时不变系统的模拟# • 线性时不变系统的表示#	6	4

（续）

教学内容	教学要点	课时安排	
		长学时	短学时
第 7 章 离散信号与系统的 时域分析	• 离散信号——序列 • 序列的基本运算 • 典型序列及其基本特性 • 离散系统的基本概念与基本特性 • 离散系统的数学模型：差分方程* • 用常系数线性差分方程描述的系统为线性移不变因果系统的条件# • 离散系统的单位样值响应与单位阶跃响应* • 线性移不变系统的卷积和* • 用单位样值响应表征的线性移不变系统的特性# • 反卷积#	6	4
第 8 章 离散时间傅里叶变换、 离散傅里叶变换和 快速傅里叶变换	• 线性移不变系统对复指数输入序列的响应 • 周期序列的离散时间傅里叶级数* • 非周期序列的离散时间傅里叶变换 • 典型非周期序列的离散时间傅里叶变换 • 周期序列的离散时间傅里叶变换* • 离散时间傅里叶变换的基本性质* • 离散傅里叶变换：有限长序列的傅里叶分析 • 离散傅里叶变换的性质* • 分段卷积法：短序列与长序列的线性卷积# • 利用离散傅里叶变换近似分析连续非周期信号的频谱# • 利用离散傅里叶变换分析连续信号谱时的参数选择# • 线性移不变系统的频域分析	8	6
第 9 章 z 变换	• z 变换的定义 • 双边 z 变换与单边 z 变换的关系 • z 变换的零、极点定义与阶数 • 呈有理函数形式的 z 变换式的零、极点及其性质 • z 变换收敛域的基本性质* • 序列特征与其双边 z 变换收敛域的对应关系 • 单边 z 变换的收敛域 • z 变换的基本性质* • z 反变换# • z 变换与拉氏变换的关系# • 离散时间傅里叶变换、离散傅里叶变换及 z 变换之间的关系#	6	4
第 10 章 离散时间系统的 复频域分析	• 线性移不变系统的系统函数 • 离散时间系统的零状态响应与零输入响应的 z 域求解* • 利用线性移不变系统的系统函数的零、极点分布分析系统的时域特性 • 利用系统函数的零、极点分布分析自由响应和强迫响应、暂态响应和稳态响应* • 利用系统函数的极点分布确定线性移不变系统的因果性、稳定性 • 朱里稳定性判据 • 线性移不变系统的可逆性 • 离散时间系统的频域特性# • 利用离散系统函数的零、极点分布确定系统的频率响应# • 线性移不变系统的模拟# • 线性移不变系统的表示# • 线性移不变系统的信号流图形式#	6	4
教学总 学时建议		64	45

4. 说明

1）本教材为“信号与系统”、“信号与线性系统”和“信号与系统分析”等相关课程的基本教材，授课学时分长学时和短学时两种(长学时为 64 学时，短学时为 45 学时)，长学时用于电子信息类或相近本科专业，短学时用于电气信息类或相近本科专业，以及专科院校相关专业。

2）“信号与系统”课程的特点之一就是教学内容涉及大量数学推导和理论分析，因此，为增强授课的趣味性和实用性，在课堂教学中，应尽量使用仿真软件进行功能性验证，增加学生的感性认识，进一步深化学生对理论知识的理解。

3）本教材不包含实验方面的内容，“信号与系统”课程可安排有关实验，建议与长学时课程配套的实验学时数为 20 学时(以设计性实验为主)，而短学时课程可安排实验学时数为 10 学时(以验证性实验为主)。

4）表中“*”表示重点教学内容，“#”表示短学时课程不讲授的内容。

目　　录

第1章 绪 论

1.1 信号与系统的基本概念

1.1.1 信号的基本概念

人类通过获得、识别自然界和社会的不同信息来区别不同事物，得以认识和改造世界。当今时代更是信息时代，信息对人们愈来愈重要。可以说人类获取、利用信息的方式和成效反映了人类社会的文明程度。而信号是信息的载体，它以各种不同的形式来传达信息的内容。例如，声音是一种信号，谈话者通过语音信号传达要表达的信息；图像是一种信号，数码照片或电视画面使用图像信号来传递景物信息；记录人体脉搏、血压等生理特征的数据或曲线是一种信号，它能向医者传达病人健康状况的信息。此外，反映电力系统电能质量的电压、频率和波形；用来预报天气的大气温度、湿度、风力、风向；作为金融投资决策参考的商品和股票波动等等都是某种形式的信号，它们均承载着某种相关信息。一些信号的示例如图 1-1 所示。

按照物理属性，信号可以分为磁信号、声信号、光信号、电信号等。在实际应用中，常常将非电信号转变为电信号以便于传输、采集、分析和处理。

a) 语音

b) 图像

c) 股票数据

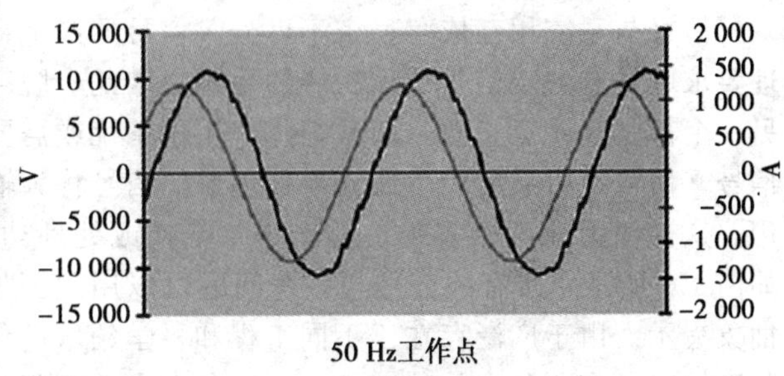

d) 电网电压、电流波形

图 1-1 信号示例

1.1.2 系统的基本概念

各种具体的信号并不是孤立存在的。信号的产生和发挥效用总是与一个或若干对象或功能部件相联系，通常将这些对象或功能部件的部分、整体或集合称为某个**系统**。因此，**系统可定义为对信号进行作用以实现某种功能的一个整体**。显然，所谓整体是一个相对的概念，因为某一个整体可以是更大整体的一个组成部分。例如，一个复杂系统通常由若干部分组成。在对一个系统对象进行研究时，可以先分析各个子系统的特性，然后再通过它们之间的联结关系得到整个系统的特性。同理，在设计一个系统时，也可先设计出若干相对简单的基本子系统单元，再将这些子系统单元进行有效联结，最后得到整个相对复杂的系统。系统基本的联结形式有级联、并联和反馈三种。

系统广泛存在于自然界和人类社会中，如通信系统、计算机系统、自动控制系统、电力系统、生态系统、循环系统等。它们都由相互联系的若干部分组成，并具有特定的功能。图 1-2 为几类典型系统的示例。

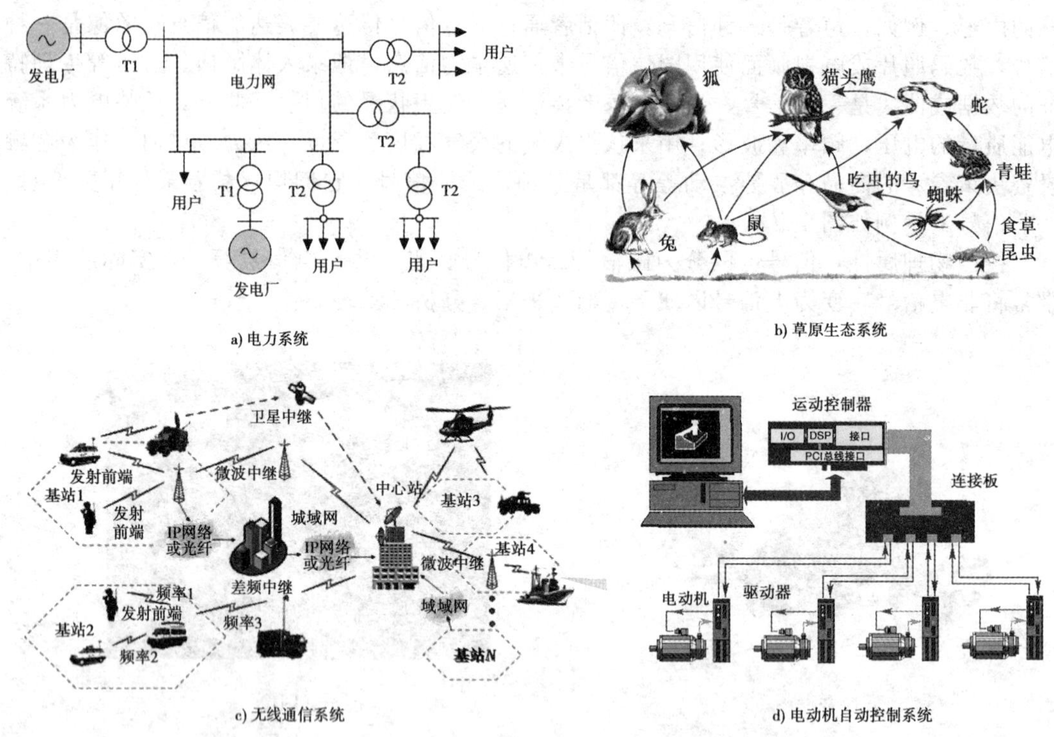

图 1-2 典型系统示例

信号与系统相互依存，密不可分。信号的产生、传输和处理都依赖于满足相关信号处理要求以及有一定信号处理功能的系统。因此，脱离信号与系统两者中的任何一个去讨论另一个都是毫无意义的。通常，将作用于系统或需要系统进行变换、处理的信号称为输入信号，而将经由系统产生或变换处理过的信号称为输出信号，人们可以对其进行研究和利用。这说明系统可以实现信号产生、变换或处理功能，如图 1-3 所示，所有的信号与系统问题可以用此图加以抽象表示。由于广泛存在于不同工程和科学领域的信号与系统问题有着各自的特殊性，所以各自有着专门的研究和分析方法。计算机、通信和控制是信号与系统理论应用的主要领域。本书所举实例大多涉及上述领域，但

图 1-3 可以实现信号产生、变换或处理功能的系统

本书所阐述的有关信号与系统的基本理论普遍适用于各种信号与系统问题。

1.2　信号的函数描述

描述信号有多种方法。在数学上，通常将各种具体的信号描述为单个或多个变量的函数。因此，**信号也可定义为传达某种物理现象特性的信息的一个函数**。可以说，从数学的角度研究信号时，信号和函数是同义词。

如果描述信号的函数只依赖于单个变量，则称该信号为一维信号。例如，$x(t)$表示依赖于单变量时间 t 的一维信号。

如果描述信号的函数依赖于两个及以上变量，则称该信号为多维信号。如图像信号依赖于空间中水平和垂直两个方向的坐标变量。

本书重点研究以时间为自变量的一维信号。除了用解析函数来表示外，信号还可以用图形、数据等来描述，如图 1-1c 和 d 所示。

1.3　信号的分类

为简单起见，本书重点讨论以时间为自变量(设为 t 或 n)的单值函数(设为 $x(t)$或$x(n)$)一维信号。“单值”是指在任意时刻函数只取单一数值。该值可以是实数，也可以是复数。

按照信号的不同特点，通常有下列 6 种分类方法。

1.3.1　连续时间信号和离散时间信号

1. 连续时间信号

如果一个信号在一段连续时间区间内的所有时刻都有定义(除有限个间断点外)，称该信号在此区间内为**连续时间信号**，简称连续信号。在该时间区间内，信号的幅度可以是连续的，如图 1-4a 所示，也可以是不连续的，如图 1-4b 所示。通常把幅度可连续取值的信号称为**模拟信号**，连续时间信号可以是模拟信号。图 1-4a 中的正弦信号显然为模拟信号，而在图 1-4b 中，当阶跃信号的阶跃幅度 A 为非量化值时，才为**模拟信号。**

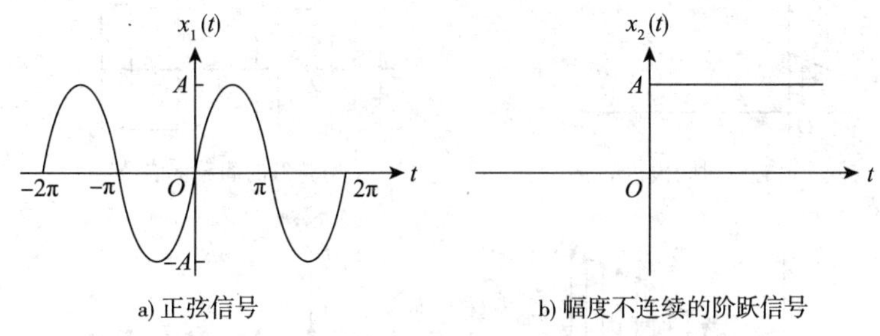

图 1-4　连续时间信号

2. 离散时间信号

仅在某些离散的时刻有定义的信号称为离散时间信号，简称离散信号。在这里，“离散”表示信号的时间自变量只取一些离散的值，这些离散的时间点可以是等间隔的，也可以是不等间隔的。在离散的时间点之外，信号没有定义。通常，用恒定的速率对一个连续信号进行抽样就可以得到一个离散信号。离散信号的幅度可以是原连续信号在抽样时刻的幅度(一般称此幅度为连续的)，如图 1-5b 所示，也可以是原连续信号在抽样时刻的幅度经过量化之后的离散值(一般称此幅度为离散的)，如图 1-5c 所示。通常把幅度离散取值的信号称为**数字信号**。

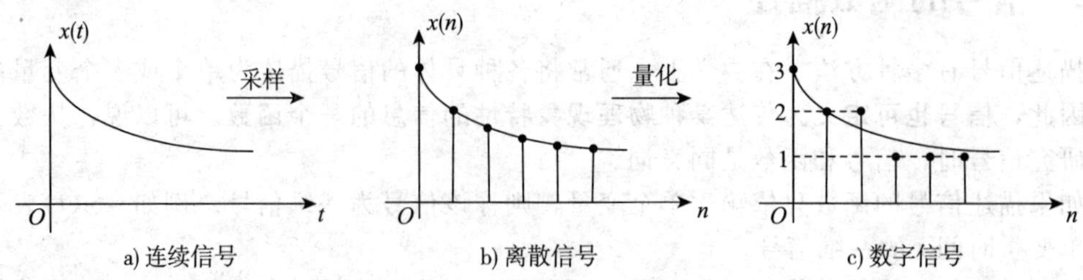

图 1-5 连续信号经过采样、量化的过程

离散信号通常被表示为一个时间序列，可看成是连续信号在采样点(即抽样时刻)t_n上的抽样值。如果用 T_s表示抽样周期，n 表示整数，则在 $t_n=nT_s$时，对一个连续信号 $x(t)$ 进行均匀抽样，将得到相应的抽样值 $x(nT_s)$，可记为

$$x(n)=x(nT_s), n=0,\pm 1,\pm 2,\cdots \tag{1-1}$$

例如，有一个连续信号 $x(t)=2^t$，则相应的抽样信号为 $x(n)=2^n$。在本书中，t 表示连续信号的时间，而 n 表示离散信号的时刻。

3. 连续时间信号与模拟信号，离散时间信号与数字信号

在很多场合中，连续时间信号与模拟信号未加区分，其实这两者是不同的。同样，离散时间信号与数字信号也是不同的。**模拟信号**强调一个信号的幅度在某一个连续的范围内能够取任何值，而**数字信号**强调一个信号的幅度仅能取有限个值。数字计算机处理的信号总是数字信号，因为这些信号的幅度只能取有限的若干个，幅度值能取 M 个值的数字信号称为 M 元信号。可以说，**连续时间信号**和**离散时间信号**是根据信号函数的自变量(时间)的取值特征来认定的，而**模拟信号**和**数字信号**是根据信号函数（幅度）的取值特征来认定的。在图 1-6 所示的各种信号举例中可以发现，模拟信号不一定是连续时间信号，而数字信号也未必是离散时间信号。

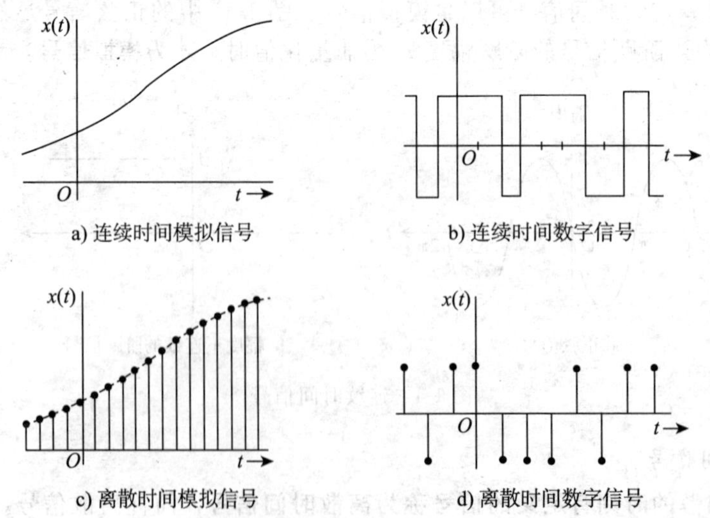

图 1-6 信号举例

1.3.2 偶信号和奇信号

如果一个连续信号 $x(t)$满足

$$x(-t)=x(t),\quad \forall t \tag{1-2}$$

则称该连续信号为**偶信号**。

如果信号 $x(t)$ 满足

$$x(-t)=-x(t),\quad \forall t \tag{1-3}$$

则称该信号为**奇信号**。可见，偶信号关于纵轴或时间原点对称，而奇信号关于时间原点中心对称，如图 1-7 所示。对于离散信号，其偶信号和奇信号可进行类似的讨论。

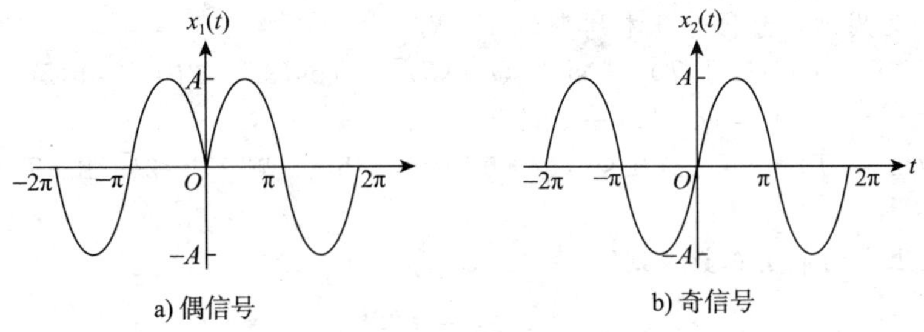

图 1-7　偶信号与奇信号举例

1.3.3　周期信号和非周期信号

如果一个连续信号满足

$$x(t)=x(t+T)\quad \forall t \tag{1-4}$$

则称该信号为**周期信号**。在式(1-4)中，T 为常数。显然，如果 $T=T_0$ 时满足式(1-4)，则当 $T=kT_0$（k 为整数）时也满足式(1-4)，故称满足式(1-4)的最小正 T 值为 $x(t)$ 的**基本周期**。若知道周期信号在一个基本周期内的变化过程，就可以确定它在整个定义域内的取值。因此，通常只需研究周期信号在一个基本周期内的信息。基本周期 T 的倒数称为**基本频率** f，它描述周期信号 $x(t)$ 重复得快慢。

对于任意信号 $x(t)$，若不存在满足式(1-4)的 T 值，则称 $x(t)$ 为**非周期信号**。按照上述连续时间信号的周期性定义，可类似讨论离散时间信号的周期性，如图 1-8 所示。

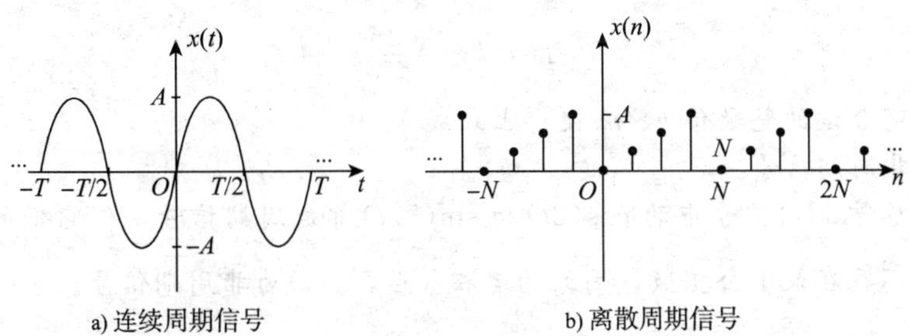

图 1-8　周期信号

几个周期信号相加，其结果可能是周期信号，也可能是非周期信号。这主要取决于这些周期信号的基本周期之间是否存在最小公倍数 T_c。

【例 1-1】 确定下列信号是否为周期信号。如果是，求其基本周期。

1) $x(t)=\cos^2(2t)$；2) $x(t)=\cos(2t)+\sin(5t)$；3) $x(t)=\cos(2t)+\sin(5\pi t)$。

解： 1) $\because x(t)=\cos^2(2t)=\dfrac{1+\cos(4t)}{2}$

假设 $x(t)$ 为周期信号，其基本周期为 T，则

$$x(t+T)=\frac{1+\cos[4(t+T)]}{2}=\frac{1+\cos(4t+4T)}{2}=x(t)=\frac{1+\cos(4t)}{2}$$

由于 $\cos(4t+4T)=\cos(4t)$，可知：$4T=2k\pi$，k 为整数。

T 为满足上式的最小正数，则

$$T=\frac{2\pi}{4}=\frac{\pi}{2}$$

$\therefore x(t)$是周期信号，其基本周期为$\frac{\pi}{2}$。

2) $\because x(t)=\cos(2t)+\sin(5t)$

假设 $x(t)$为周期信号，其基本周期为 T，则

$$\begin{aligned}x(t+T)&=\cos[2(t+T)]+\sin[5(t+T)]=\cos(2t+2T)+\sin(5t+5T)\\&=x(t)=\cos(2t)+\sin(5t)\end{aligned}$$

可令 $\cos(2t+2T)=\cos(2t)$且 $\sin(5t+5T)=\sin(5t)$，则 $2T=2k\pi$ 且 $5T=2m\pi$，k、m 均为整数。

T 为满足上式的最小正数，则

$$T=k\pi=\frac{2m\pi}{5}$$

取 $k=2$，$m=5$，上式成立。

$\therefore x(t)$是周期信号，其基本周期为 2π。

可以发现，在 $x(t)$信号中，$\cos(2t)$和 $\sin(5t)$都是周期信号，不难确定，它们的基本周期分别是 π 和$\frac{2\pi}{5}$，而 $x(t)$的基本周期 2π 正是 π 和$\frac{2\pi}{5}$的最小公倍数。

3) $\because x(t)=\cos(2t)+\sin(5\pi t)$

假设 $x(t)$为周期信号，设其基本周期为 T，则

$$\begin{aligned}x(t+T)&=\cos[2(t+T)]+\sin[5\pi(t+T)]=\cos(2t+2T)+\sin(5\pi t+5\pi T)\\&=x(t)=\cos(2t)+\sin(5\pi t)\end{aligned}$$

可令 $\cos(2t+2T)=\cos(2t)$且 $\sin(5\pi t+5\pi T)=\sin(5\pi t)$，则 $2T=2k\pi$ 且 $5\pi T=2m\pi$，k、m 均为整数。

T 为满足上式的最小正数，则

$$T=k\pi=\frac{2m}{5}$$

可以判断，没有合适的整数值 k、m 使得上式成立。

$\therefore x(t)$为非周期信号。

此题中，尽管 $x(t)$信号中的 $\cos(2t)$和 $\sin(5\pi t)$都是周期信号，但它们的基本周期分别是 π 和$\frac{2}{5}$，不存在最小公倍数，因此两者相加后，$x(t)$为非周期信号。

1.3.4 确定信号和随机信号

在任意时刻都有确定值的信号称为**确定信号**。确定信号可表示为一个确定的时间函数。例如正弦信号。

相反，信号在出现之前不能确定其值的称为**随机信号**。随机信号具有不可预知的不确定性。例如，通信系统信道中的噪声信号就属于随机信号，噪声信号的幅度以不能预知的方式随机抖动，如图 1-9 所示。对于随机信号，不能给出其确切的时间函数，只能通过它的统计特性来研究。随机信号被认为属于一个信号集，信号集中的每个信号具有不同的波形，而且信号集里每个信号出现的概率是确定的，这种信号集称为**随机过程**。

1.3.5 实信号和复信号

一般物理可实现信号的函数值(或信号序列值)为实数，这类信号称为**实信号**；在某些

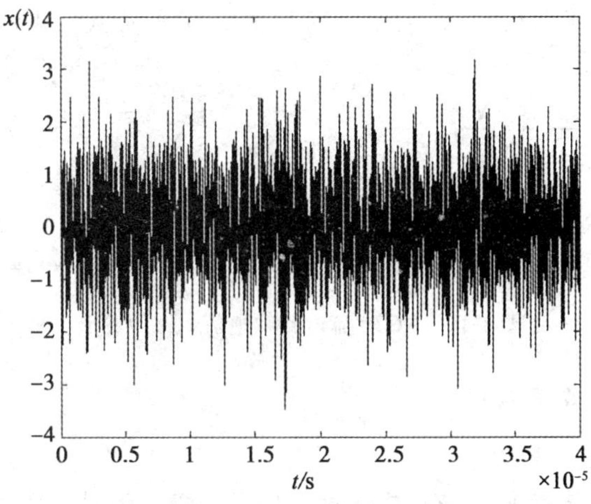

图 1-9 电力线信道的背景噪声

场合，结合信号处理算法的需要，会人为形成或构造函数值为复数的信号，称为**复信号**。本书后续章节若无特殊说明，所分析的信号均为实信号。

许多实信号和复信号可统一表示为单一指数函数(或若干指数函数的叠加)的形式，以连续信号为例，即表示为

$$x(t) = \sum_{i} A_i e^{s_i t} \tag{1-5}$$

式(1-5)中，A_i、s_i 为常数，可取实数或复数。

1) 将直流信号表示为式(1-5)的形式：

$$x(t) = \sum_{1} A_1 e^{s_1 t} = A \tag{1-6}$$

式(1-6)中，$s_1=0$；$A_1=A$，A 为直流信号幅度，如图 1-10 所示。

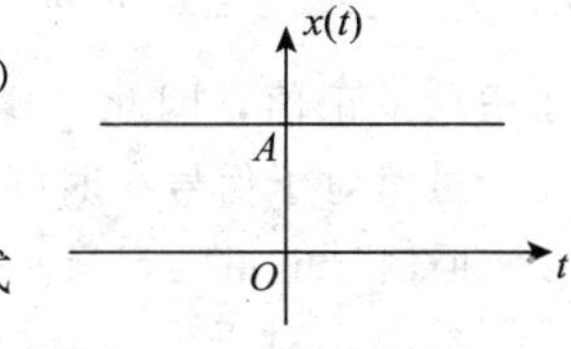

图 1-10 直流信号

2) 将正弦信号(可描述成正弦函数或余弦函数)根据欧拉公式表示为式(1-5)的形式：

$$\sin(\omega t) = \sum_{i=1}^{2} A_i e^{s_i t} = \frac{1}{2\mathrm{j}}(e^{\mathrm{j}\omega t} - e^{-\mathrm{j}\omega t}) \tag{1-7}$$

式(1-7)中，ω 为角频率；j 为虚数单位；$A_1=\frac{1}{2\mathrm{j}}$，$A_2=-\frac{1}{2\mathrm{j}}$，$s_1=\mathrm{j}\omega$，$s_2=-\mathrm{j}\omega$。

$$\cos(\omega t) = \sum_{i=1}^{2} A_i e^{s_i t} = \frac{1}{2}(e^{\mathrm{j}\omega t} + e^{-\mathrm{j}\omega t}) \tag{1-8}$$

式(1-8)中，$A_1=A_2=\frac{1}{2}$；$s_1=\mathrm{j}\omega$，$s_2=-\mathrm{j}\omega$。

3)如图 1-11a 所示的 RC 直流电路接通电源后，电流 $i(t)$是随时间 t 衰减的指数信号，如图 1-11b 所示，可将其表示为式(1-5)的形式：

$$i(t) = A_1 e^{s_1 t} = \frac{E}{R} e^{-\frac{t}{RC}} \quad (t \geqslant 0) \tag{1-9}$$

式(1-9)中，$A_1=\frac{E}{R}$；$s_1=-\frac{1}{RC}$。

4) 对于一个普通的复信号 $x(t)$：

$$x(t) = x_r(t) + \mathrm{j}x_i(t) \tag{1-10}$$

式(1-10)中，$x_r(t)$、$x_i(t)$均为实信号，分别为 $x(t)$的实部和虚部，j 为虚数单位。在第 3 章中，我们将知道，若满足一定条件，通过傅里叶变换，$x_r(t)$、$x_i(t)$可分解为

式(1-5)所表示的形式，则复信号 $x(t)$ 最终可用式(1-5)的形式来表示。

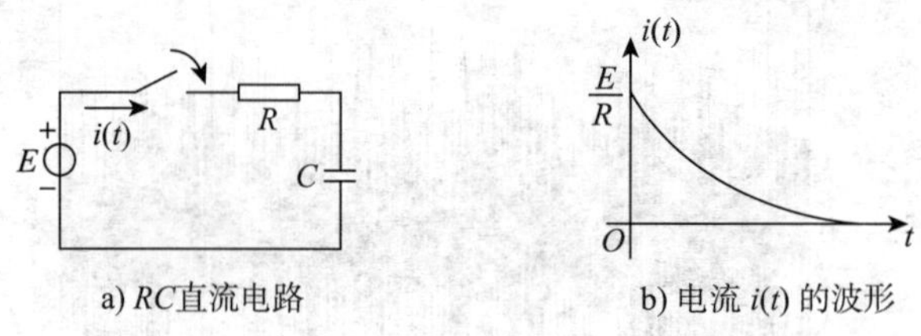

图 1-11 RC 直流电路和电流 $i(t)$ 的波形

1.3.6 能量信号和功率信号

1. 信号的幅度、能量和功率

以一个连续信号 $x(t)$ 为例，$x(t)$ 描述这个信号的幅度随时间变化的规律，记录该信号在定义域中任意时刻的实际大小。在有些情况下，需要描述信号 $x(t)$（如 $x(t)$ 为误差信号）在整个时间轴上的累积效应，由于实际信号的幅度有正有负，如果直接用 $x(t)$ 对时间 t 的积分 $\int_{-\infty}^{\infty} x(t)\mathrm{d}t$ 来表示，则信号幅度与时间坐标轴形成的面积会正负抵消，失去积累效应的意义。通常的一种做法是采用信号幅度的平方 $|x(t)|^2$ 对 t 的积分来表示累积效应，即：

$$E=\int_{-\infty}^{\infty}|x(t)|^2\mathrm{d}t \tag{1-11}$$

式(1-11)中，若 $x(t)$ 为复信号，则 $|x(t)|$ 表示 $x(t)$ 的模；若 $x(t)$ 为实信号，则 $|x(t)|$ 表示 $x(t)$ 的绝对值，此时 $E=\int_{-\infty}^{\infty}|x(t)|^2\mathrm{d}t=\int_{-\infty}^{\infty}x^2(t)\mathrm{d}t$。由于 $|x(t)|^2$ 与时间轴形成的面积总是正值，因此，E 总是正值，称为信号 $x(t)$ 的**能量**。

虽然对于信号在时间轴上累积效应的度量还有一些其他方法，如用 $|x(t)|$ 对 t 进行积分，但信号能量的定义不仅在数学上易于处理，而且在很多信号处理场合更有意义。

然而，对于很多信号而言，按照式(1-11)进行运算，会出现 $E\to\infty$，如正弦信号。由于信号的能量必须是有限的才能作为一种有意义的度量，因此，在这种情况下，一种更有意义的度量是采用能量的时间平均（如果存在的话），这种度量称为信号的**平均功率**，简称**功率**。可表示为

$$P=\lim_{t_0\to\infty}\frac{1}{t_0}\int_{-\frac{t_0}{2}}^{\frac{t_0}{2}}|x(t)|^2\mathrm{d}t=\lim_{t_0\to\infty}\frac{1}{t_0}\int_{-\frac{t_0}{2}}^{\frac{t_0}{2}}|x(t)|^2\mathrm{d}t \tag{1-12}$$

式(1-12)中，t_0 为正数。

因此，基本周期为 T 的周期信号 $x(t)$ 的平均功率可表示为

$$\begin{aligned}P&=\lim_{t_0\to\infty}\frac{1}{t_0}\int_{-\frac{t_0}{2}}^{\frac{t_0}{2}}|x(t)|^2\mathrm{d}t=\lim_{k\to\infty}\frac{1}{kT}\int_{-\frac{kT}{2}}^{\frac{kT}{2}}|x(t)|^2\mathrm{d}t\\&=\lim_{k\to\infty}\frac{1}{kT}\cdot k\int_{-\frac{T}{2}}^{\frac{T}{2}}|x(t)|^2\mathrm{d}t=\frac{1}{T}\int_{-\frac{T}{2}}^{\frac{T}{2}}|x(t)|^2\mathrm{d}t\end{aligned} \tag{1-13}$$

式(1-13)中，k 为整数。

通常，将 $|x(t)|^2$ 称为信号的**瞬时功率**，记为

$$p(t)=|x(t)|^2 \tag{1-14}$$

值得注意的是，式(1-11)所定义的信号的能量并不同于某一个物理系统中的能量，如电路系统中的电能量。物理系统中的能量不仅取决于物理量（如电路系统中的电压信号）本身，还与物理量所施加的对象（如电路系统中的负载）有关。例如，一个电压 $x(t)$ 加在阻值

为 R 的电阻上，则该电阻所消耗的电能量为 $E_R = R\int_{-\infty}^{\infty} |x(t)|^2 \mathrm{d}t$。因此，信号的能量不是物理对象具备或消耗的能量，它不同于系统能量守恒中能量的概念。同理，信号的平均功率也不同于系统能量守恒中功率的概念。

类似地，对于离散信号 $x(n)$，也可定义其能量与平均功率。

2. 能量信号和功率信号

当信号的能量满足条件：$0<E<\infty$，该信号称为**能量信号**。

当该信号平均功率满足条件：$0<P<\infty$，该信号称为**功率信号**。

能量信号和功率信号是互不相容的。能量信号的平均功率为零，而功率信号的总能量则无穷大。一个信号不可能既是能量信号又是功率信号，有少数信号既不是能量信号也不是功率信号。周期信号和随机信号都是功率信号，而既是确定信号又是非周期信号的信号通常都是能量信号。

事实上，所有物理可实现的信号都具备有限能量，都是能量信号。一个功率信号在时间轴上一定是无限持续的，否则它的平均功率(即在无限长的时间区间内对它的能量求平均)不会趋于一个非零有限值。显然，在实际中产生一个真正的功率信号是不可能的，因为这样的信号有无限持续的时间和无限大的能量。

类似地，在离散时间域，也可以定义相应的能量信号和功率信号。

【例 1-2】 判断下列信号是否为能量信号或功率信号。

1) $x(t)=\cos(t)$；2) $x(t)=t(t\geqslant 0)$；3) $x(t)=\sin(\pi t)(-1\leqslant t\leqslant 1)$。

解：1)该信号的平均功率为

$$P=\lim_{t_0\to\infty}\frac{1}{t_0}\int_{-\frac{t_0}{2}}^{\frac{t_0}{2}} x^2(t)\mathrm{d}t=\lim_{t_0\to\infty}\frac{1}{t_0}\int_{-\frac{t_0}{2}}^{\frac{t_0}{2}}\cos^2(t)\mathrm{d}t=\lim_{t_0\to\infty}\frac{1}{t_0}\int_{-\frac{t_0}{2}}^{\frac{t_0}{2}}\frac{1+\cos(2t)}{2}\mathrm{d}t$$

$$=\lim_{t_0\to\infty}\frac{1}{t_0}\left[\frac{t_0}{2}+\frac{\sin(t_0)}{2}\right]=\frac{1}{2}$$

即 $0<P<\infty$。

该信号的能量为

$$E=\int_{-\infty}^{\infty} p(t)\mathrm{d}t=\lim_{t_0\to\infty}\int_{-t_0/2}^{t_0/2} p(t)\mathrm{d}t=\lim_{t_0\to\infty}(P\cdot t_0)\to\infty$$

该信号为功率信号。

2) 该信号的能量为

$$E=\int_{-\infty}^{\infty} x^2(t)\mathrm{d}t=\int_{-\infty}^{\infty} t^2\mathrm{d}t\to\infty$$

其平均功率为

$$P=\lim_{t_0\to\infty}\frac{1}{t_0}\int_{-\frac{t_0}{2}}^{\frac{t_0}{2}} x^2(t)\mathrm{d}t=\lim_{t_0\to\infty}\frac{1}{t_0}\int_{-\frac{t_0}{2}}^{\frac{t_0}{2}} t^2\mathrm{d}t=\lim_{t_0\to\infty}\frac{t_0^2}{12}\to\infty$$

该信号既不是能量信号也不是功率信号。

3) 该信号的能量为

$$E=\int_{-\infty}^{\infty} x^2(t)\mathrm{d}t=\int_{-\infty}^{\infty}\sin^2(\pi t)\mathrm{d}t=\int_{-1}^{1}\sin^2(\pi t)\mathrm{d}t=1$$

其平均功率为

$$P=\lim_{t_0\to\infty}\frac{1}{t_0}\int_{-\frac{t_0}{2}}^{\frac{t_0}{2}} x^2(t)\mathrm{d}t=\lim_{t_0\to\infty}\frac{1}{t_0}E=0$$

该信号为能量信号。

1.4 系统的描述和模型求解

1.4.1 系统的描述

1. 系统模型

按照系统理论，分析系统时应该首先针对实际问题建立系统模型，然后采用数学方法进行分析和求解，并对所得结果做出物理解释。

所谓**系统模型**，是指对实际系统基本特性的一种抽象描述。对于一个实际系统，根据不同需要，可以建立、使用不同类型的系统模型。以电路系统为例，对于一个 RL 串联电路，它的系统模型可以是由理想元件互连组成的电路图，如图 1-12a 所示，也可以是由基本运算单元(如加法器、乘法器、积分器等)构成的模拟框图，如图 1-12b 所示，或者是由节点、传输支路组成的信号流图，如图 1-12c 所示，还可以是在上述电路图、模拟框图或信号流图的基础上，按照一定规则建立的数学方程，即系统的数学模型，如图 1-12d 所示。

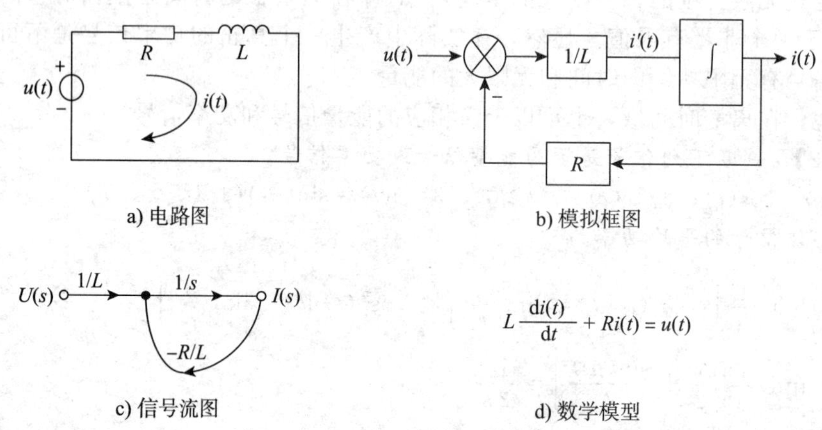

图 1-12 系统的模型描述

如果系统只有单个输入信号和单个输出信号，则称为单输入单输出系统，如图 1-13a 所示。如果含有多个输入、输出信号，就称为多输入多输出系统，如图 1-13b 所示。

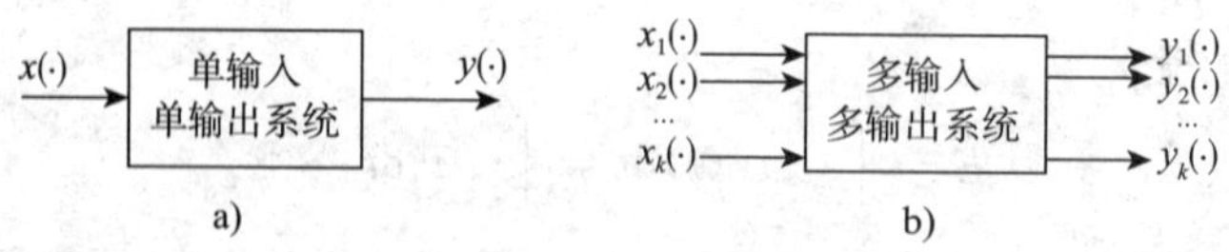

图 1-13 单输入单输出系统及多输入多输出系统

通常，把着眼于建立系统输入输出关系的系统模型称为**输入输出模型或输入输出描述**，相应的数学模型(描述方程)称为**系统的输入输出方程**。把着眼于建立系统输入输出与内部变量之间关系的系统模型称为**状态空间模型或状态空间描述**，相应的数学模型称为系统的**状态空间方程**。

2. 系统的输入输出描述

下面来考察两个实际系统。

1) 图 1-14 所示为一个简单力学系统。在光滑平面上，质量为 m 的钢性球体在水平外力 $f(t)$ 的作用下向前运动。设球体与平面间的摩擦力及空气阻力忽略不计，将外力 $f(t)$ 看作是系统的激励，球体运动速度 $v(t)$ 看作是系统的响应。根据牛顿第二定理，有：

$$f(t)=ma(t)=m\frac{\mathrm{d}v(t)}{\mathrm{d}t}=mv'(t)$$

于是得到描述该力学系统输入输出关系的数学模型为一个一阶常系数微分方程，即：

$$v'(t)=\frac{1}{m}f(t)$$

若设初始观察时刻 $t_0=0$，已知 $t\geqslant 0$ 时的 $f(t)$，以及初始观察时刻球体的初始速度 $v(0)$，则可求解该方程。

2）图 1-15 所示为一个二阶电路系统。电压源 $u_{s1}(t)$和 $u_{s2}(t)$是电路的输入（激励），若选取电感中电流 $i_L(t)$为电路输出（响应），则可得该系统输入输出方程为一个二阶常系数微分方程，即：

$$\frac{\mathrm{d}^2i_L(t)}{\mathrm{d}t^2}+\frac{1}{RC}\frac{\mathrm{d}i_L(t)}{\mathrm{d}t}+\frac{1}{LC}i_L(t)=\frac{1}{RLC}[u_{s1}(t)-u_{s2}(t)]-\frac{1}{L}\frac{\mathrm{d}u_{s2}(t)}{\mathrm{d}t}$$

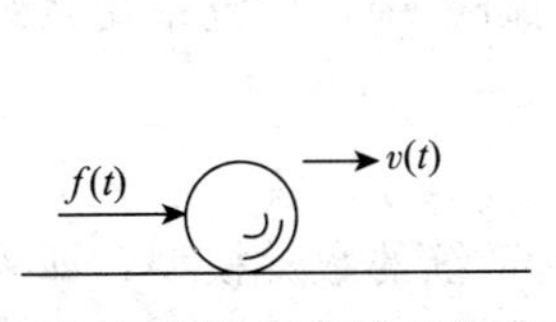

图 1-14　刚性球体的受力运动

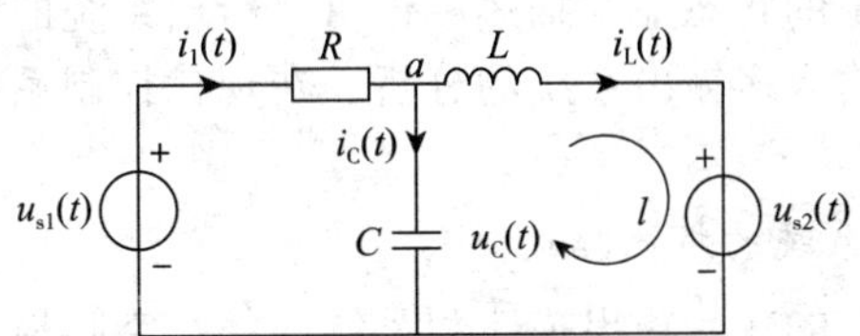

图 1-15　二阶电路系统

一旦给定激励 $u_{s1}(t)$、$u_{s2}(t)$和初始条件 $i_L(0)$、$\frac{\mathrm{d}i_L(0)}{\mathrm{d}t}$后，就能求解此微分方程，得到 $t\geqslant 0$ 时的电感电流 $i_L(t)$。

系统的输入输出描述着眼于系统激励与响应之间的关系，并不关心系统内部变量的情况。对于在通信系统中大量遇到的单输入单输出系统，应用这方法较为方便。

3. 系统的状态空间描述

在实际应用中，n 阶连续系统除了用上述的 n 阶微分方程来分析输入输出关系外，还常常需要研究系统内部变量对系统特性或输出信号的影响。在这种情况下，需要采用另一种涉及系统内部状态变量的系统描述方法，即系统的**状态空间描述**。

状态是系统理论中的一个重要概念。n 阶系统在 t_k 时刻的状态是指该时刻系统必须具有的 n 个独立数据，将这组数据结合$[t_k, t]$期间系统的输入数据就能完全确定系统在 t 时刻相应的输出。

描述系统状态随时间变化的一组独立变量称为**系统的状态变量**，这些变量具有这样一种性质，即系统中每个可能的信号都能表示成这些状态变量的线性组合。

如果系统具有 n 个状态变量 $z_1(t)$，$z_2(t)$，…，$z_n(t)$，则可将它们看作向量 $\boldsymbol{z}(t)$的各个分量，称 $\boldsymbol{z}(t)$为**状态向量**，并记为

$$\boldsymbol{z}(t)=\begin{bmatrix}z_1(t)\\z_2(t)\\\vdots\\z_n(t)\end{bmatrix}=[z_1(t),z_2(t),\cdots,z_n(t)]^{\mathrm{T}}\tag{1-15}$$

在图 1-15 所示的二阶电路系统中，选取 u_C 和 i_L 为状态变量，则容易得到：

$$\begin{cases}\dot{u}_C(t)=\dfrac{\mathrm{d}u_C(t)}{\mathrm{d}t}=-\dfrac{1}{RC}u_C(t)-\dfrac{1}{C}i_L(t)+\dfrac{1}{RC}u_{s1}(t)\\\dot{i}_L(t)=\dfrac{\mathrm{d}i_L(t)}{\mathrm{d}t}=\dfrac{1}{L}u_C(t)-\dfrac{1}{L}u_{s2}(t)\end{cases}\tag{1-16}$$

式(1-16)表示状态变量的一阶导数与状态变量和激励间的关系，称为系统的**状态方程**。

当选取 i_1、u_L 和 i_C 作为系统输出时，其表达式可写成：

$$\begin{cases} i_1(t) = \dfrac{u_{s1}(t) - u_C(t)}{R} = -\dfrac{1}{R}u_C(t) + \dfrac{1}{R}u_{s1}(t) \\ u_L(t) = u_C(t) - u_{s2}(t) \\ i_C(t) = i_1(t) - i_L(t) = \dfrac{u_{s1}(t) - u_C(t)}{R} - i_L(t) \\ \qquad = -\dfrac{1}{R}u_C(t) - i_L(t) + \dfrac{1}{R}u_{s1}(t) \end{cases} \tag{1-17}$$

式(1-17)体现了系统**输出与状态变量和**(当前)**输入之间的关系**，称为系统的**输出方程**。状态方程和输出方程统称为系统的**状态空间方程**。状态空间描述就是利用状态空间方程来描述系统输出与输入及状态变量关系的方法。

系统的状态空间描述不仅可以给出系统的响应，还可提供系统内部各变量的情况，也便于多输入多输出系统的分析。在现代控制系统的理论研究中，广泛采用系统的状态空间描述。

4. 系统的框图描述

系统的输入输出描述和系统的状态空间描述都采用系统的数学模型，即采用解析方程式或方程组的形式来描述系统，这是系统特性的一种主要描述形式，而系统的框图是描述系统的另一种形式。**系统的框图描述**是用若干基本运算单元的相互连接来反映系统变量之间的运算关系。基本运算单元用方框、圆圈等图形符号表示，它代表一个部件或子系统的某种运算功能，如图 1-16 所示。

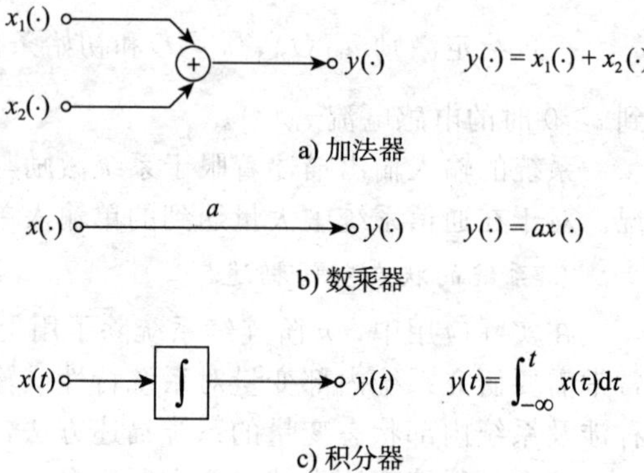

图 1-16 系统的基本运算单元

数学模型或系统方程直接反映系统变量(输入变量、输出变量及状态变量)之间的关系，便于数学分析或计算。系统框图除了反映变量关系外，还以图形方式直观地表示了各单元在系统中的地位和作用。两种描述形式可以相互转换。

【例 1-3】 已知某二阶系统的输入输出方程为

$$y''(t) + a_1 y'(t) + a_0 y(t) = x(t)$$

试画出该系统的框图表示。

解：将系统的输入输出方程改写为

$$y''(t) = x(t) - a_1 y'(t) - a_0 y(t) \tag{1-18}$$

由于是二阶系统，故在系统框图中应有两个积分器。假定 $y''(t)$为起始信号，它经过两个积分器后分别得到 $y'(t)$和 $y(t)$。再根据式(1-18)将信号 $y'(t)$和 $y(t)$分别乘以 $-a_1$ 和 $-a_0$ 后与 $x(t)$一起作为加法器的输入信号，其输出信号为 $y''(t)$。这样的过程可以用如图 1-17 所示的结构来模拟，它就是系统的框图表示。

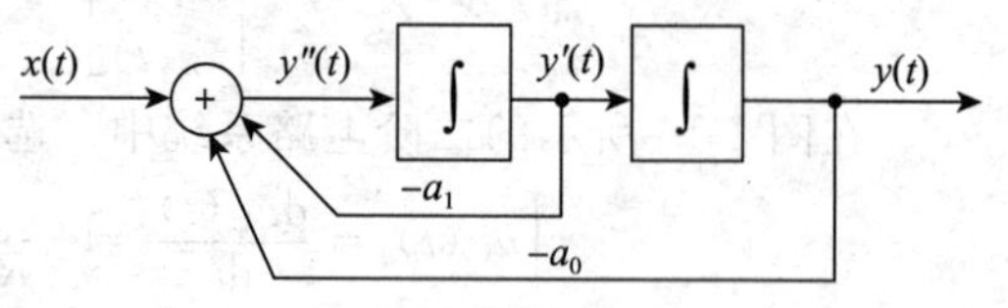

图 1-17 二阶系统的框图表示

1.4.2　系统数学模型的求解方法

系统数学模型的求解方法大体上可分为两大类：时域方法与变换域方法。

时域方法是直接分析时间变量的函数，研究系统的时间响应特性(时域特性)。这种方法的主要优点是物理概念清楚。对于输入输出描述的数学模型，可以利用经典法求解常系数线性微分方程或差分方程，并可辅以算子符号使求解过程适当地简化；对于用状态空间描述的数学模型，则需求解矩阵方程。在时域分析法中，卷积方法最受重视，其优点表现在许多方面，后续章节会详细介绍卷积。在信号与系统研究的发展过程中，曾一度认为时域方法运算烦琐，不够方便，随着计算技术与各种算法工具的出现，时域分析又重新受到重视，利用数值方法可以方便地求解微分方程。此外，还有一些辅助性的分析工具，如求解非线性微分方程的相平面法等。

变换域方法是将信号与系统模型的时间变量函数变换成相应变换域中某种变量的函数。例如，傅里叶变换(FT)以频率为独立变量，以频域特性为主要研究对象；而拉普拉斯变换(LT)与 z 变换(ZT)则注重研究极点与零点的分析，利用 s 域和 z 域的特性解释现象和说明问题。目前，在离散系统分析中，正交变换的内容日益丰富，如离散傅里叶变换(DFT)、离散沃尔什变换(DWT)等。为提高计算速度，人们对快速傅里叶变换产生了巨大的兴趣，又出现了如快速傅里叶变换(FFT)等计算方法。变换域方法可以将时域分析中的微分、积分运算转化为代数运算或将卷积积分变换为乘法，这在解决实际问题时将更为方便，如根据信号占有频带与系统通带间的适应关系来分析信号传输问题往往比时域方法简便或直观。

时域方法与变换域方法并没有本质的区别。这两种方法都是把激励信号分解为某种基本单元，在这些单元信号分别作用的条件下求得系统的响应，然后叠加。例如，在时域卷积方法中，这种单元是冲激函数；在傅里叶变换中，是正弦函数或指数函数；在拉普拉斯变换中，则是复指数函数。因此，变换域方法不仅可以视为求解数学模型的有力工具，而且能够赋予它们明确的物理意义，基于这种物理解释，时域方法与变换域方法得到了统一。

1.5　系统的分类

从不同的角度，可以对千差万别、错综复杂的系统进行多种分类。

1.5.1　连续时间系统和离散时间系统

按照系统数学模型描述的差异，系统可分为连续时间系统和离散时间系统。

如果系统的输入输出信号都是连续时间信号，则称为**连续时间系统**，简称**连续系统**。同理，如果系统的输入输出信号都是离散时间信号，就称为**离散时间系统**，简称**离散系统**。由两者混合组成的系统称为**混合系统**。

在连续系统中，输入输出信号及状态变量都是时间 t 的连续函数，即系统能够将一种连续信号转换成另一种连续信号。连续系统的数学模型就是微分方程，如模拟通信系统、交流电力系统等。

而在离散系统中，输入输出信号及状态变量都是离散变量 n(n 为整数集合)的函数，即系统将一种离散信号转换成另一种离散信号。离散系统的数学模型是差分方程，如数字计算机系统。

1.5.2　线性系统和非线性系统

满足**齐次性**与**叠加性**的系统称为**线性系统**，否则为**非线性系统**。

下面以连续时间系统为例介绍齐次性和叠加性。

(1) 齐次性

设系统激励为 $x(t)$，响应为 $y(t)$，若激励变化为原来的 a 倍，响应也随之变化为原来的 a 倍，则系统满足**齐次性**。

也就是说，若 $T[x(t)]=y(t)$，那么

$$T[ax(t)] = ay(t) \tag{1-19}$$

式(1-19)中，$T[.]$表示系统对 $x(t)$的传输和变换作用。

(2)叠加性

设激励 $x_1(t)$、$x_2(t)$分别作用于系统，产生的响应依次为 $y_1(t)$、$y_2(t)$。若当两个激励信号同时作用于该系统时，总响应为两个响应之和，则系统满足**叠加性**。

也就是说，若 $y_1(t)=T[x_1(t)]$，$y_2(t)=T[x_2(t)]$，那么

$$y(t) = y_1(t) + y_2(t) = T[x_1(t) + x_2(t)] \tag{1-20}$$

根据线性系统定义，由式(1-19)及式(1-20)可知，线性系统满足：

$$\begin{aligned} T[ax_1(t) + bx_2(t)] &= T[ax_1(t)] + T[bx_2(t)] \\ &= aT[x_1(t)] + bT[x_2(t)] \\ &= ay_1(t) + by_2(t) \end{aligned} \tag{1-21}$$

式(1-21)中，a、b 为任意常数。

图 1-18 形象地显示了线性系统和几种非线性系统的输入输出特性。

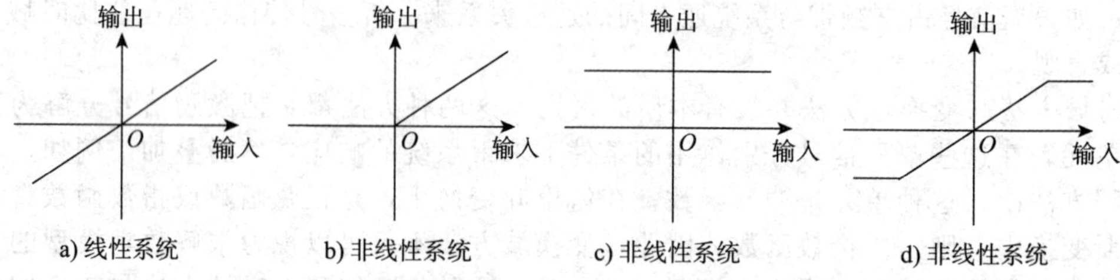

图 1-18 线性系统与几种非线性系统的输入输出特性

同理，可得离散时间系统的线性及非线性的定义。

【例 1-4】 根据系统的输入输出方程判断系统的线性或非线性。

1) $y(t)=tx(t)$；2) $\frac{dy(t)}{dt}+2y(t)+3=x(t)$。

解：1) 设系统对输入信号 $x_1(t)$、$x_2(t)$的响应分别为 $y_1(t)$、$y_2(t)$，则

$$y_1(t) = tx_1(t); y_2(t) = tx_2(t)$$

设有输入信号 $x_3(t)=ax_1(t)+bx_2(t)$，a、b 为任意常数，则相应的系统响应为

$$y_3(t) = tx_3(t) = t[ax_1(t) + bx_2(t)] = atx_1(t) + btx_2(t) = ay_1(t) + by_2(t)$$

故该系统是线性系统。

2) 设系统对输入信号 $x_1(t)$ 、$x_2(t)$ 的响应分别为 $y_1(t)$、$y_2(t)$ ，则

$$\frac{dy_1(t)}{dt} + 2y_1(t) + 3 = x_1(t);\ \frac{dy_2(t)}{dt} + 2y_2(t) + 3 = x_2(t)$$

设输入信号 $x_3(t)=ax_1(t)+bx_2(t)$，另设系统输出为 $y_3(t)=ay_1(t)+by_2(t)$，a、b 为任意常数。将 $y_3(t)$代入系统微分方程等式左边得

$$\begin{aligned} \frac{dy_3(t)}{dt} + 2y_3(t) + 3 &= \frac{d[ay_1(t) + by_2(t)]}{dt} + 2[ay_1(t) + by_2(t)] + 3 \\ &= a\left[\frac{dy_1(t)}{dt} + 2y_1(t) + 3\right] + b\left[\frac{dy_2(t)}{dt} + 2y_2(t) + 3\right] + 3 - 3a - 3b \\ &= ax_1(t) + bx_2(t) + 3 - 3a - 3b \end{aligned}$$

将 $x_3(t)$ 代入系统微分方程等式右边得 $ax_1(t)+bx_2(t)$。

可见，$ax_1(t)+bx_2(t)+3-3a-3b\neq ax_1(t)+bx_2(t)$，$a$、$b$ 为任意常数。即系统输入为 $x_3(t)$ 时，响应不恒为 $y_3(t)$。

故该系统是非线性系统。

1.5.3 时变系统和时不变系统

如果一个系统的参数是与时间无关的常数，或者它的输入输出特性不随时间（独立变量）起点的变化而变化，则称该系统为**时不变系统**（也称为**非时变系统**、**恒参系统**）。

以连续时不变系统为例，若激励 $x(t)$ 经该系统产生的响应为 $y(t)$，即：

$$y(t)=T[x(t)]$$

则

$$y(t-\tau)=T[x(t-\tau)] \tag{1-22}$$

式(1-22)表明，当激励延迟 τ 时，系统的响应也会相应地延迟 τ。只要系统初始状态不变，时不变系统的响应形式仅取决于激励形式，而与激励的时间起点无关，如图 1-19a 所示。因此，一个非时变系统将激励延时后所对应的系统响应等价于将激励所对应的响应直接进行延时，如图 1-19b 所示，即时不变系统与延时单元的先后次序可以交换。

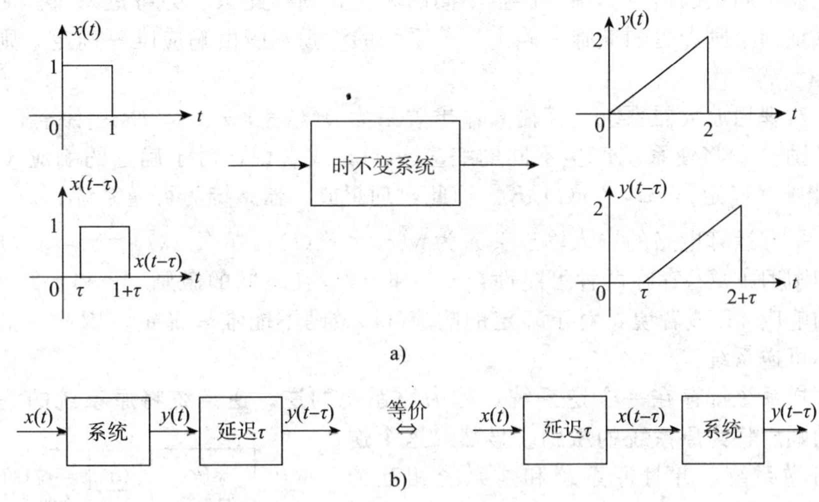

图 1-19 时不变系统的特性

时变系统（也称为**变参系统**）是指系统参数随时间变化，或者输出响应随着激励输入时间的起始点不同而不同。例如，由可变电容所组成的电路系统就是时变系统，描述这种系统的数学模型应是变系数微分方程或变系数差分方程。

【例 1-5】 判断例 1-4 中各系统是时变系统还是时不变系统。

解：1）$\because y(t)=tx(t)$，则 $y(t-t_1)=(t-t_1)x(t-t_1)$，t_1 为常数，而 $T[x(t-t_1)]=tx(t-t_1)\neq y(t-t_1)$。

故该系统为时变系统。

2）$\because \dfrac{\mathrm{d}y(t)}{\mathrm{d}t}+2y(t)+3=x(t)$，则 $\dfrac{\mathrm{d}y(t-t_1)}{\mathrm{d}t}+2y(t-t_1)+3=x(t-t_1)$ 成立。

假设系统激励 $x(t-t_1)$ 所对应的系统响应为 $y(t-t_1)$，将 $y(t-t_1)$ 代入系统微分方程的左边为 $\dfrac{\mathrm{d}y(t-t_1)}{\mathrm{d}t}+2y(t-t_1)+3$，而方程右边为 $x(t-t_1)$，方程左右两边相等，假设成立。

故该系统为时不变系统。

1.5.4 即时系统和动态系统

若系统响应只取决于同时刻的激励，而与系统过去的状态无关，则称该系统为**即时系统**(也称为**无记忆系统**、**零记忆系统**)。

例如，一个由电源 $v(t)$ 和电阻 R 组成的电路系统，某时刻流过电阻 R 的电流 $i_R(t)$ 由同时刻施加在电阻上的电压 $v(t)$ 决定，即 $i_{\mathrm{R}}(t)=\dfrac{v(t)}{R}$，该电路系统为即时系统。即时系统一般只需用代数方程来描述。

若系统响应不仅取决于同时刻的激励，而且与系统过去的状态有关，则称该系统为**动态系统**(也称为**记忆系统**)。动态系统记载着曾经发生过的信息。电容、电感、磁心等都是动态系统元件。

例如，对于一个由电源 $v(t)$ 和电容 C 组成的电路系统，某时刻流过电容 C 的电流 $i_{\mathrm{C}}(t)$ 由 t 及 t 以前所有时刻施加在电容上的电压 $v(t)$ 决定，则 $i_{\mathrm{C}}(t)=\dfrac{1}{L}\int_{-\infty}^{t}v(\tau)\mathrm{d}\tau$，该电路系统为动态系统。连续动态系统的数学模型是微分方程。

1.5.5 可逆系统和不可逆系统

若系统在不同激励信号作用下产生不同的响应，则称此系统为**可逆系统**。对于可逆系统而言，系统的激励能由响应唯一确定。若系统的激励不能由响应唯一确定，则称为**不可逆系统**。

例如，对理想放大器系统，其输入输出关系为 $y(t)=Kx(t)$，K 是不等于 0 的常数，即不同的激励 $x(t)$ 将使系统产生不同的响应 $y(t)$，或者说，对于确定的响应 $y(t)$，系统激励 $x(t)$ 能唯一确定，$x(t)=y(t)/K$。因此，理想放大器系统为可逆系统。

又如，平方运算电路的输入输出关系为 $y(t)=x^2(t)$，那么 $x(t)=\pm\sqrt{y(t)}$。若响应 $y(t)$ 为 4，则激励 $x(t)$ 存在两种可能性：+2 和 −2。在不同的激励 +2 和 −2 下，系统输出了相同的响应 4；或者说，对于确定的响应 4，激励不能唯一确定。因此，平方运算电路系统为不可逆系统。

每个可逆系统都存在一个**逆系统**，称为原系统的**逆**。**逆系统将原系统的响应作为激励，产生的响应将为原系统的激励**。显然，这个逆系统也是可逆系统，并且原系统和逆系统相互为**逆**。当原系统与其逆系统顺连后，整个系统的响应与激励相同，这种系统也称为**恒等系统**，如图 1-20 所示。

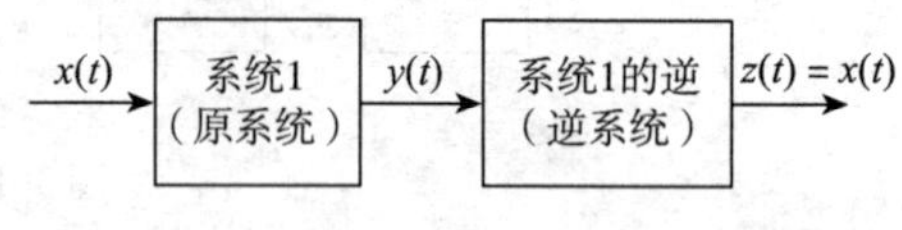

图 1-20 恒等系统

在可逆系统的研究中，若将 $T[.]$ 记为对原系统的变换操作，则有：

$$y(t)=T[x(t)] \tag{1-23a}$$

将 $T^{-1}[.]$ 记为对逆系统的变换操作，可得：

$$x(t)=T^{-1}[y(t)] \tag{1-23b}$$

可逆系统的理论在信号传输与处理领域中有广泛应用。例如，在通信系统中，为满足特定要求，可将待传输信号进行某种加工(如编码)，接收端在接收信号之后需要恢复原信号，此编码器应当是可逆的。

1.5.6 因果系统和非因果系统

若系统的激励是产生响应的原因，响应是激励引起的结果，即系统在任何时刻的响应只取决于激励现在与过去的值，而不取决于激励将来的值，这样的系统称为**因果系统**(也称为**不可预测系统**)。物理可实现的实时系统都是因果系统。

例如，某系统的输入输出关系为 $y(t)=x(t-2)$，该系统在时刻 t 的响应为其在 $t-2$ 时刻的激励，即是说系统的响应取决于激励在过去时候加入的值，故该系统为因果系统。为了实现这个系统，可以将系统激励先存储起来，延时 2 个时间单位之后，再产生输出。

若在系统产生响应的时刻，所需要的激励还没有发生，即没有激励就有响应，称这样的系统为**非因果系统**(也称为**可预测系统**)。

一般认为，以时间为自变量的非因果系统是物理不可实现的。实际上，某些非因果系统并非不可实现，只是不能实时实现。例如，在信号处理领域，有些系统已拥有录制好的全部输入数据(如语音、气象、空间探测数据等)，在这种情况下，可以利用激励的将来值来计算响应的当前值。含有非因果环节的因果系统如图 1-21 所示。

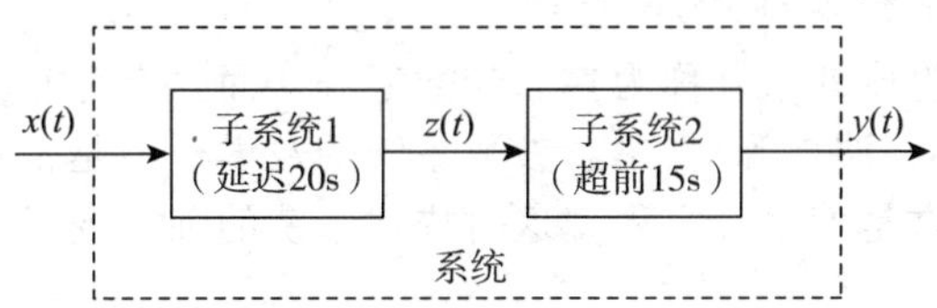

图 1-21　含有非因果环节的因果系统

在图 1-21 中，子系统 1 的输入输出关系为

$$z(t)=x(t-20) \tag{1-24}$$

子系统 2 的输入输出关系为

$$y(t)=z(t+15) \tag{1-25}$$

则整个系统的输入输出关系为

$$y(t)=x(t-5) \tag{1-26}$$

显然，根据式(1-25)可知，子系统 2 为非因果系统。然而，根据式(1-26)，整个系统仍然为因果系统，是物理可实现的。该系统为了计算子系统 2 的响应 $y(t)$，已经通过子系统 1 将子系统 2 所需的激励预存了。实质上，子系统 2 在 t 时刻的响应 $y(t)$ 所对应的激励 $z(t+15)$(即 $x(t-5)$)已于 5s 之前就发生了。通过子系统 1，等待 20s 后，子系统 2 实现了输出。换句话说，只要愿意接受响应上的某一时间滞后，一个非因果系统就有可能实现，在这种情况下，整个系统在 t 时刻的响应与未来的激励无关，系统是因果的。正如一个寓言所说："我可以告诉你一年后发生的事情，前提是你必须等待一年！"

1.5.7　稳定系统和非稳定系统

由有限(有界)激励产生有限(有界)响应的系统称为**稳定系统**。这里的有限激励包括激励为零的情况。反之，若有限(有界)激励产生的响应无限(无界)，则这样的系统称为**非稳定系统**。

以连续时间系统为例，稳定系统可描述为：

若激励 $|x(t)|\leqslant M_x<\infty$，$\forall t$，则响应 $|y(t)|\leqslant M_y<\infty$，$\forall t$，$M_x$、$M_y$ 均为有限正数。

由于只有稳定的系统才能保证对有界输入产生有界输出，所以从工程的角度考虑，一个实用系统在所有可能的工作条件下都能保持稳定是至关重要的。要尽量避免使用不稳定系统，除非能发现可以稳定它们的机制。

【例 1-6】　判断下列系统是稳定系统还是非稳定系统。

1) $y(t)=\int_{-\infty}^{t}x(\tau)\mathrm{d}\tau$；2) $y(t)=x^2(t)$。

解：1)假设激励 $x(t)$满足下列条件：

$$|x(t)|\leqslant M_x<\infty,\forall t$$

可设 $x(t)=|\sin(t)|\leqslant 1$，则 $|y(t)|=\left|\int_{-\infty}^{t}x(\tau)\mathrm{d}\tau\right|=\int_{-\infty}^{t}|\sin(\tau)|\mathrm{d}\tau\rightarrow\infty$

故该系统为不稳定系统。

2) 假设激励 $x(t)$满足下列条件：

$$|x(t)|\leqslant M_x<\infty,\forall t$$

则 $|y(t)|=x^2(t)\leqslant M_x^2<M_y<\infty$，$\forall t$。

故该系统为稳定系统。

1.5.8 集总参数系统和分布参数系统

仅由集总参数元件组成的系统称为**集总参数系统**，而含有分布参数元件的系统则称为**分布参数系统**(如传输线、波导等)。集总参数系统的数学模型是常系数微分方程，而分布参数系统的数学模型通常是偏微分方程，这时描述系统的独立变量不仅包括时间变量，还有空间位置。

本书后续章节讨论的重点是线性时不变的连续及离散时间系统。

1.6 信号与系统分析的任务

“信号与系统分析”课程主要研究两个问题，一是“信号的分析”；二是“系统的分析”。由于信号与系统总是相互依存，密不可分，因此这两个问题也是相互联系、不可分割的。围绕这两个问题，建立了一整套概念、理论和方法。

信号分析是在时间域或变换域对信号进行描述和分析，从中找出相应的变换规律。信号的时间域特性表现为出现时间的先后、持续时间的长短、重复周期的大小及随时间变换的快慢等。信号的变换域特性表现为信号的频率特性(幅度频率特性、相位频率特性、带宽及频谱密度特征等)，连续信号的 s 域变换特性，离散信号的 z 域变换特性等。

信号分析已成为科学和工程领域中十分有用的概念和方法。

系统分析是在给定系统的情况下，研究系统对激励所产生的响应，并由此获得对系统功能和特性的认知，包括系统建模，系统数学模型的求解，系统因果性、稳定性等的判断，系统函数、系统频率特性的获取等。

本书主要研究确定性信号经线性时不变系统传输和处理的概念、理论和分析方法。在系统分析中，线性时不变系统的分析具有重要的意义。这不仅是因为在实际应用中经常遇到线性时不变系统，而且很多非线性系统或时变系统在限定范围或指定条件下，遵从线性时不变的规律。

本书将按照先时域后频域，先连续后离散的顺序进行展开，原因之一在于有些概念和方法在连续时间中比较容易接受，而对它的理解又有助于对离散时间中类似概念和方法的透彻理解。在许多情况下，连续信号和系统的概念、理论及方法，甚至可直接扩展到离散信号和系统中去。连续及离散信号的时域和频率特性之间，连续及离散系统的时域和频率特性之间有着极为美妙的对偶和类比关系。这种关系始终贯穿本书，使全书逻辑严谨，有助于读者对知识的理解和掌握。

习题

1-1 判断题 1-1 图所示波形中，哪些是连续时间信号？哪些是离散时间信号？哪些是模拟信号？哪些是数字信号？

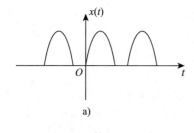

a)

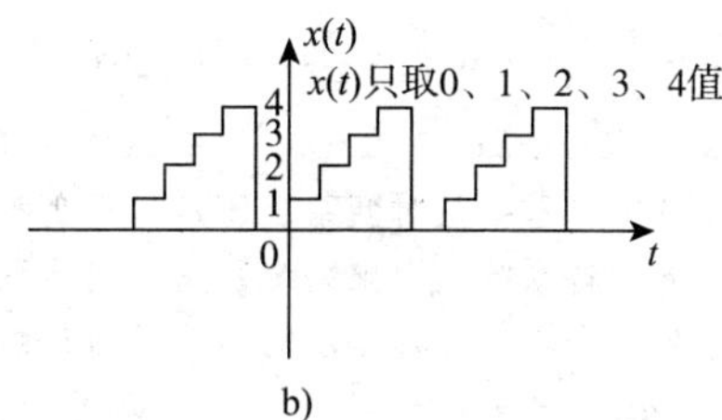

b)

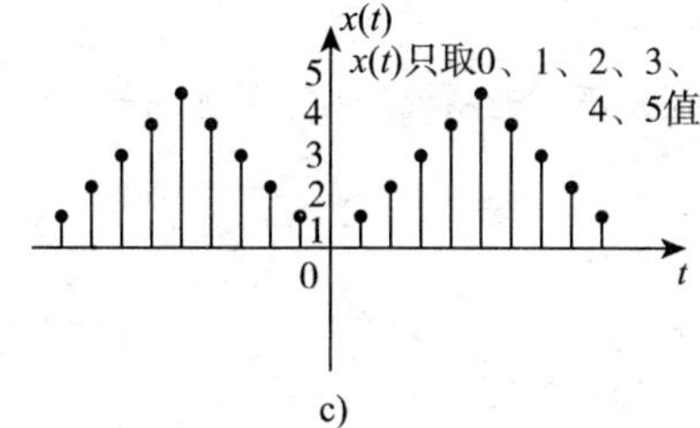

c)

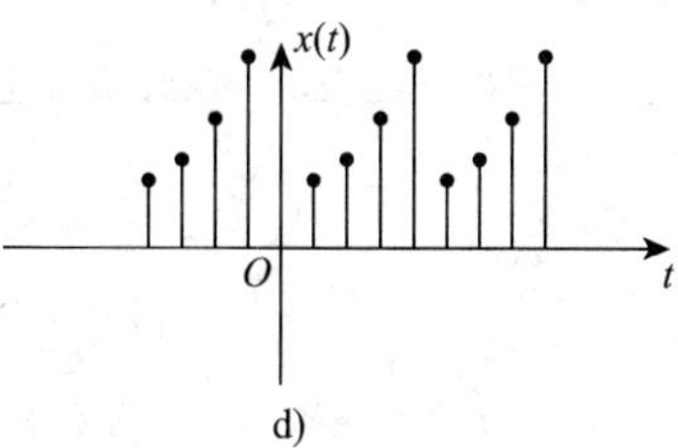

d)

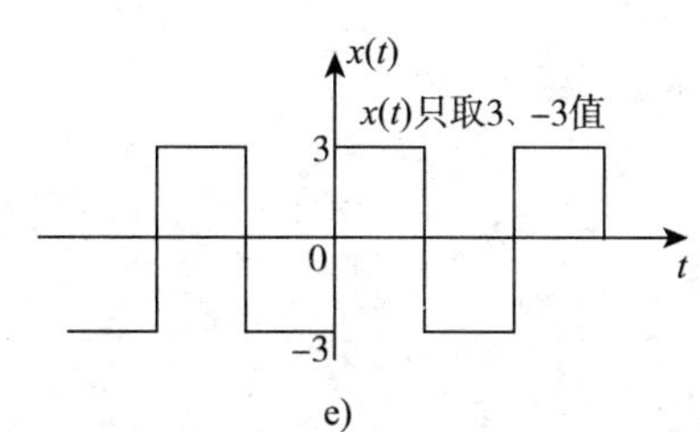

e)

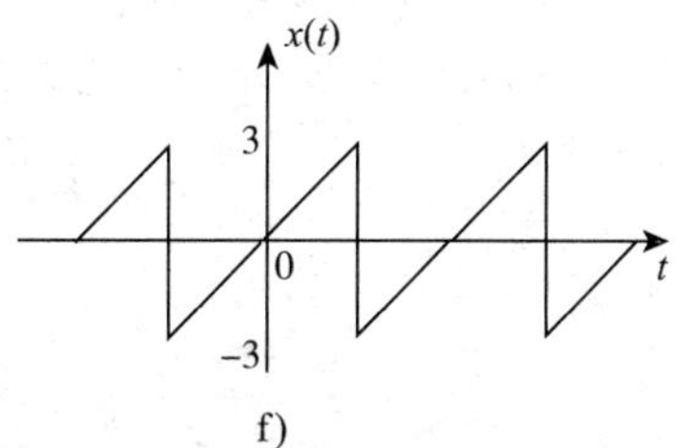

f)

题 1-1 图

1-2　判断下列信号哪些是连续时间信号？哪些是离散时间信号？哪些是模拟信号？哪些是数字信号？

(1) $e^{-2t}\cos(\omega t)$；　(2) π^{-2n}；　(3) $\sin(\pi n)$；　(4) $\sin(\pi t)$；

(5) $\cos(5n)$；　(6) $\cos(5t)$；　(7) 2^t；　(8) $\left[-\tan\left(\frac{\pi}{4}\right)\right]^n$。

1-3　说明下列信号是周期信号还是非周期信号。若是周期信号，求其周期 T。

(1) $a\sin 2t - b\sin 5t$；

(2) $a\sin 4t + b\cos 6t$；

(3) $a\sin 3t + b\cos \pi t$（取 $\pi=3$ 或 $\pi=3.141$ 或 π 不做近似处理）；

(4) $a\cos(\pi t) + b\sin(2\pi t)$；

(5) $a\sin\frac{5t}{2} + b\cos\frac{6t}{5} + c\sin\frac{t}{7}$；

(6) $(a\sin 2t)^2$；

(7) $(a\sin 2t + b\sin 5t)^2$。

1-4　说明下列信号哪些是能量信号？哪些是功率信号？计算它们的能量或平均功率。

(1) $x(t)=\frac{1}{2}\cos 3t$；　(2) $x(t)=\begin{cases}6e^{-4t}, & t\geqslant 0\\ 0, & t<0\end{cases}$；

(3) $20e^{-10|t|}\cos \pi t,\ -\infty<t<\infty$；(4) $x(t)=e^{-2t}+3,\ 0\leqslant t<\infty$。

1-5　画出由下列输入输出方程所描述的系统框图表示。

(1) $y'(t)+a_0 y(t)=x(t)$；

(2) $y'(t)+a_0 y(t)=b_1 x'(t)+b_0 x(t)$；

(3) $y''(t)+a_1 y'(t)+a_0 y(t)=b_1 x'(t)+b_0 x(t)$。

1-6　判断下列输入输出方程所描述的系统是线性系统还是非线性系统。

(1) $y(t)=\frac{dx(t)}{dt}+5$；　(2) $y(t)=x(t)+t$；

(3) $y(t)=x(t),\ t\geqslant 0$；　(4) $y(t)=x^2(t)$；

(5) $y(t)=\int_{-\infty}^{2t}x(\tau)\mathrm{d}\tau$；　　(6) $y(t)=2t$；

(7) $y(t)=x(3t)+2$；　　(8) $y(t)=x(5-t)$。

1-7 判断题 1-6 中各系统是时变系统还是时不变系统。

1-8 判断题 1-6 中各系统是因果系统还是非因果系统。

1-9 判断由下列输入输出方程表示的系统是即时系统还是动态系统。

(1) $y(t)=ax(t)+b$；　　(2) $y''(t)+3y'(t)+2=x'(t)+6x(t)$；

(3) $y(t)=x(at)+b$；　　(4) $y(t)=\int_{-\infty}^{t}x(\tau)\mathrm{d}\tau$。

1-10 判断由下列输入输出方程表示的系统是可逆系统还是不可逆系统。对于可逆系统，求出其逆系统的输入输出关系。

(1) $y(t)=\int_{-\infty}^{5t}x(\tau)\mathrm{d}\tau$；　　(2) $y(t)=4\dfrac{\mathrm{d}x(t)}{\mathrm{d}t}+9$；

(3) $y(t)=\cos[3x(t)]$；　　(4) $y(t)=x(2t-11)$；

(5) $y(t)=x^n(t)$，n 为正整数，$x(t)$为实函数；

(6) $y(t)=\pi^{x(t)}$，$x(t)$为实函数。

1-11 判断由下列输入输出方程表示的系统是稳定系统还是非稳定系统。

(1) $y(t)=\dfrac{\mathrm{d}x(t)}{\mathrm{d}t}$；　　(2) $y(t)=t^2x(t)$。

第 2 章

连续信号与系统的时域分析

本章将在连续时域内重点讨论线性时不变系统的分析方法，主要内容围绕系统输入输出描述模型——线性常系数微分方程的建立与求解。由于系统分析建立在系统输入输出信号分析的基础之上，因此本章首先论述连续信号的基本运算，接着介绍几种典型的连续信号及其基本特性，为连续系统分析做好准备。

2.1 连续信号的基本运算

信号和系统研究中的一个重要内容就是利用系统对信号进行加工处理，这常常会涉及信号的基本运算，它们可以分为两大类：对信号所做的运算和对信号的自变量所做的运算。

2.1.1 对信号所做的运算

1. 信号的和与差

将两个连续信号 $x_1(t)$、$x_2(t)$ **和与差**的结果 $y(t)$定义为

$$y(t) = x_1(t) \pm x_2(t) \tag{2-1}$$

调音台是信号相加的一个实际例子，它将音乐和语言混合到一起。图 2-1 表示两个正弦信号相加。

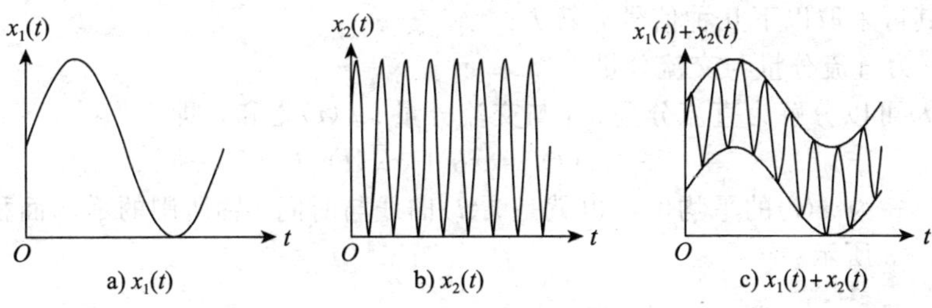

图 2-1 两个正弦信号相加

2. 信号的积

将两个连续信号 $x_1(t)$和 $x_2(t)$**积**的结果 $y(t)$定义为

$$y(t) = x_1(t)x_2(t) \tag{2-2}$$

收音机的调幅信号是有关信号的积的一个实际例子。在图 2-2 中，$x_1(t)$是叠加有直流分量的音频信号，$x_2(t)$是称为载波的正弦波信号。

若相乘的两个信号中有一个是常数，如

$$y(t) = cx(t) \tag{2-3}$$

则称对 $x(t)$进行了**幅度变换**(或幅度压扩)，常数 c 为变换系数。

例如，一个电信号放大器就是进行信号幅度变换的物理装置。式(2-3)中，此时，$x(t)$代表待放大的电流信号，c 代表某一电阻阻值，则 $y(t)$代表放大后的输出电压。

3. 信号的微分与积分

将 $x(t)$对时间 t 取导数，称为**微分**运算，定义为

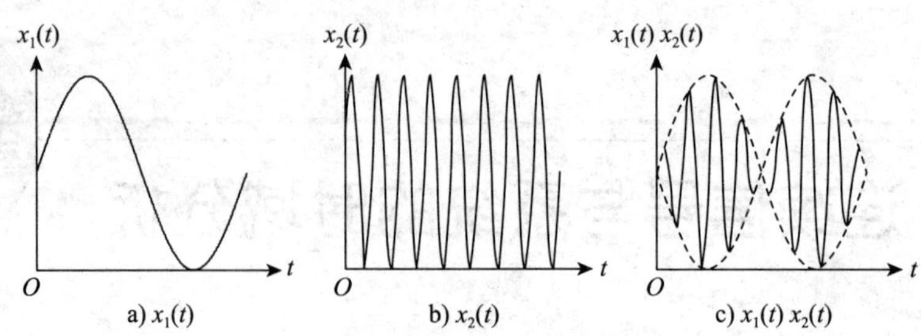

图 2-2 两个正弦信号的积

$$y(t)=\frac{\mathrm{d}}{\mathrm{d}t}x(t) \tag{2-4}$$

例如，电感 L 两端的电压 $v_{\mathrm{L}}(t)$和流过的电流 $i_{\mathrm{L}}(t)$之间即满足微分关系，有 $v_{\mathrm{L}}(t)=L\dfrac{\mathrm{d}}{\mathrm{d}t}i_{\mathrm{L}}(t)$。

将 $x(t)$对时间 t 的积分，称为**积分**运算，定义为

$$y(t)=\int_{-\infty}^{t}x(\tau)\mathrm{d}\tau \tag{2-5}$$

例如，电容 C 两端的电压 $v_{\mathrm{C}}(t)$和流过的电流 $i_{\mathrm{C}}(t)$之间即满足一种积分关系，即 $v_{\mathrm{C}}(t)=\dfrac{1}{C}\int_{-\infty}^{t}i_{\mathrm{C}}(\tau)\mathrm{d}\tau$。

4. 信号的分解与合成

实际信号通常比较复杂，为了便于分析和处理，往往可将复杂信号分解为基本信号分量之和，该过程称为**信号的分解**。反之，将基本信号组成某些复杂信号的过程称为**信号的合成**。信号分解与合成互为逆过程。本节重点讨论信号的分解。根据实际问题，以连续信号为例，对其可采取以下几种信号分解方式。

(1) 分解为直流分量与交流分量

信号 $x(t)$可以分解为直流分量 x_{D} 与交流分量 $x_{\mathrm{A}}(t)$之和，即

$$x(t)=x_{\mathrm{D}}+x_{\mathrm{A}}(t) \tag{2-6}$$

式(2-6)中，x_{D} 为 $x(t)$的平均值，也就是 $x(t)$曲线与时间 t 轴所围的平均面积，它是一个常数，如图 2-3 所示。

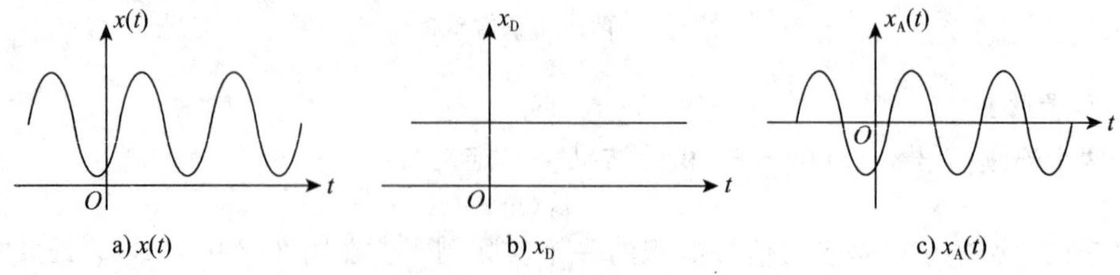

图 2-3 信号分解为直流分量和交流分量

不难得出，信号交流分量 $x_{\mathrm{A}}(t)$的平均值为 0。

根据式(2-6)可知，若 $x(t)$为周期信号，其基本周期为 T，则可将信号的平均功率表示为

$$\begin{aligned}P&=\frac{1}{T}\int_{-\frac{T}{2}}^{\frac{T}{2}}x^2(t)\mathrm{d}t=\frac{1}{T}\int_{-\frac{T}{2}}^{\frac{T}{2}}[x_{\mathrm{D}}+x_{\mathrm{A}}(t)]^2\mathrm{d}t\\&=\frac{1}{T}\int_{-\frac{T}{2}}^{\frac{T}{2}}[x_{\mathrm{D}}^2+2x_{\mathrm{D}}x_{\mathrm{A}}(t)+x_{\mathrm{A}}^2(t)]\mathrm{d}t=x_{\mathrm{D}}^2+\frac{1}{T}\int_{-\frac{T}{2}}^{\frac{T}{2}}x_{\mathrm{A}}^2(t)\mathrm{d}t\end{aligned} \tag{2-7}$$

由式(2-7)可见，一个周期信号的平均功率等于直流功率与交流功率之和。

(2) 分解为偶分量与奇分量

信号 $x(t)$可以分解为偶分量和奇分量之和，即：

$$x(t)=x_e(t)+x_o(t) \tag{2-8}$$

式(2-8)中，$x_e(t)$是偶函数，$x_o(t)$是奇函数。因此 $x_e(-t)=x_e(t)$，$x_o(-t)=-x_o(t)$。则由式(2-8)可知：

$$x(-t)=x_e(-t)+x_o(-t)=x_e(t)-x_o(t) \tag{2-9}$$

根据式(2-8)和式(2-9)，解得：

$$x_e(t)=\frac{1}{2}[x(t)+x(-t)] \tag{2-10}$$

$$x_o(t)=\frac{1}{2}[x(t)-x(-t)] \tag{2-11}$$

信号及信号的偶分量、奇分量如图 2-4 所示。

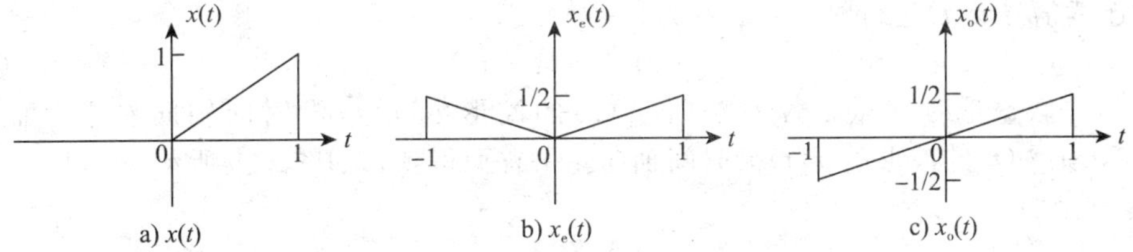

图 2-4　信号及信号的偶分量、奇分量

【例 2-1】 求函数 e^{jt}的偶分量和奇分量。

解：设 $e^{jt}=x_e(t)+x_o(t)$，根据式(2-10)、式(2-11)知：

$$x_e(t)=\frac{1}{2}(e^{jt}+e^{-jt}),x_o(t)=\frac{1}{2}(e^{jt}-e^{-jt})$$

再由欧拉公式得：

$$x_e(t)=\frac{1}{2}(e^{jt}+e^{-jt})=\cos(t),x_o(t)=\frac{1}{2}(e^{jt}-e^{-jt})=\mathrm{j}\sin(t)$$

(3)分解为正交函数分量

如果用正交函数集来表示一个信号，那么组成信号的各分量就是相互正交的。例如，用各次谐波的正弦与余弦函数之和来表示一个矩形脉冲，这些正弦、余弦函数就是此矩形脉冲信号的正交函数分量。

把信号分解为正交函数分量的研究方法在信号与系统理论中占有重要地位。第 3 章将详细讨论连续信号的正交函数分解及其应用。

除上述 3 种分解方式之外，信号还可以分解为阶跃信号的叠加或冲激信号的叠加，这将在 2.2 节中具体阐述。

2.1.2　对信号的自变量所做的运算

1. 尺度变换

对连续信号 $x(t)$进行**尺度变换**可表示为

$$y(t)=x(at) \tag{2-12}$$

式(2-12)中，a 是变换系数，$a\neq 0$。若 $a>1$，则 $y(t)$由 $x(t)$在时间轴上压缩而成，如图 2-5b 所示；若 $0<a<1$，则 $y(t)$由 $x(t)$在时间轴上扩展而成，如图 2-5c 所示。**尺度变换**也称为**时间变换**或**时间压扩**。

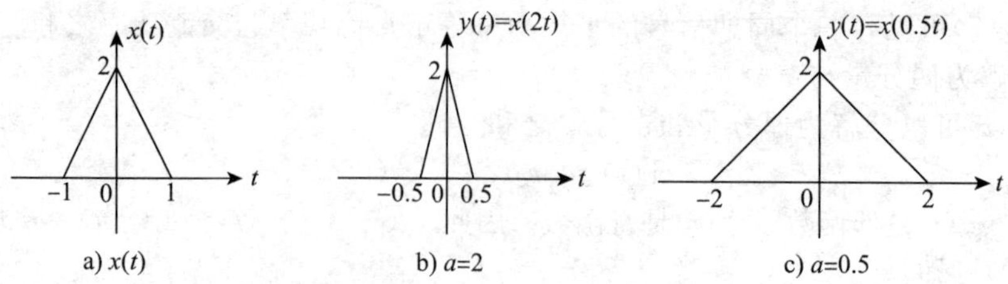

a) $x(t)$　　b) a=2　　c) a=0.5

图 2-5　连续时间信号的尺度变换运算

2. 反折

对连续信号 $x(t)$进行**反折**可表示为

$$y(t)=x(-t) \tag{2-13}$$

即将 $x(t)$的自变量取反，式(2-13)也称作 $y(t)$为 $x(t)$关于 $t=0$ 的反折。

3. 时移

对连续信号 $x(t)$进行**时移**可表示为

$$y(t)=x(t-t_0) \tag{2-14}$$

式(2-14)中，t_0 是时移量。若 $t_0>0$，$y(t)$的波形由 $x(t)$沿时间轴向右平移而得到；若 $t_0<0$，则 $y(t)$的波形由 $x(t)$沿时间轴向左平移而得到，如图 2-6 所示。

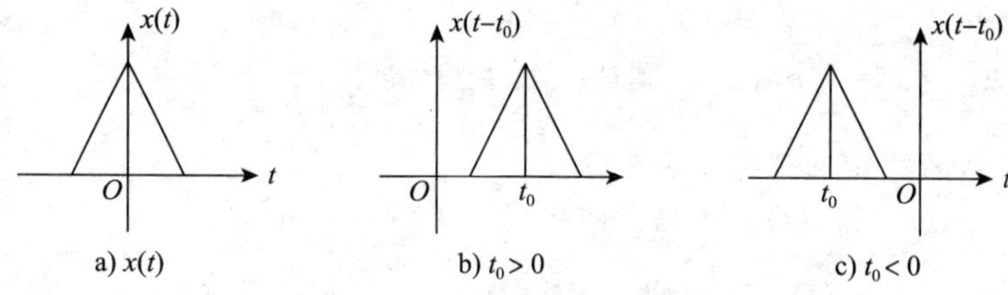

a) $x(t)$　　b) $t_0>0$　　c) $t_0<0$

图 2-6　连续时间信号的时移运算

【例 2-2】　已知信号 $x(t)$的波形如图 2-7a 所示，试画出信号 $x(-2t-3)$的波形。

解：根据 $x(-2t-3)$的形式可知，由 $x(t)$ 的波形得到 $x(-2t-3)$ 需要进行平移、反折、尺度变换三种运算，即：

1)首先将原信号 $x(t)$反折，得到信号 $x(-t)$，如图 2-7b 所示。

2)然后将 $x(-t)$波形沿时间轴向左平移 3 个单位，得到信号 $x(-(t+3))$，即 $x(-t-3)$，如图 2-7c 所示。

3)最后进行尺度变换，即将信号 $x(-t-3)$沿时间轴压缩到原来的 1/2 倍，得到信号 $x(-2t-3)$，如图 2-7d 所示。

显然，由 $x(t)$得到 $x(-2t-3)$的三种运算的次序可以任意组合，因而可以有 6 种实现方式，但是每次运算均是对自变量 t 进行的。

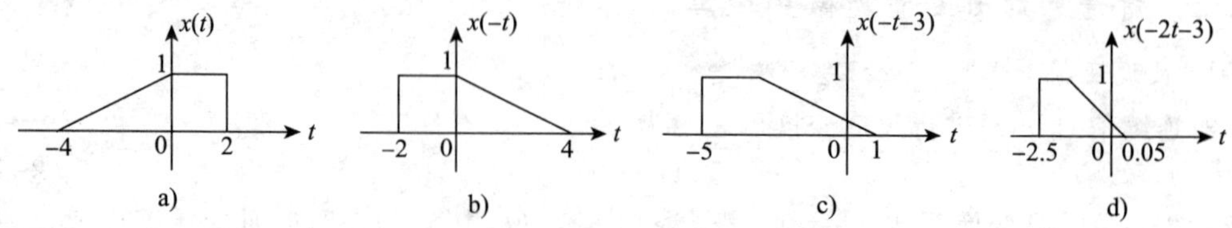

a)　　b)　　c)　　d)

图 2-7　例 2-2 的波形变换过程

2.2　典型连续信号及其基本特性

在时域内对信号进行分析，需要把握几种对研究信号理论具有重要意义的基本信号。这些信号本身可作为自然界中很多实际信号的模型，还可以用这些信号构造出更复杂的信号。同时，这些信号通过系统所产生的响应，对分析系统和了解系统性质有着重要作用，且其结论具有普遍意义。

2.2.1　正弦信号及其基本特性

1. 基本描述

连续时间正弦信号的数学表达式为

$$x(t)=A\sin(\omega t+\varphi)=A\cos\left(\omega t+\varphi-\frac{\pi}{2}\right) \tag{2-15}$$

式中，A 为正弦信号的幅度，ω 为角频率，φ 或 $\varphi-\pi/2$ 为初相位。

可由单一正弦函数或余弦函数表示的连续信号统称为**正弦信号**，如图 2-8 所示。正弦信号是周期信号，其基本周期或频率为

$$T=\frac{2\pi}{\omega} \quad 或 \quad f=\frac{1}{T}=\frac{\omega}{2\pi} \tag{2-16}$$

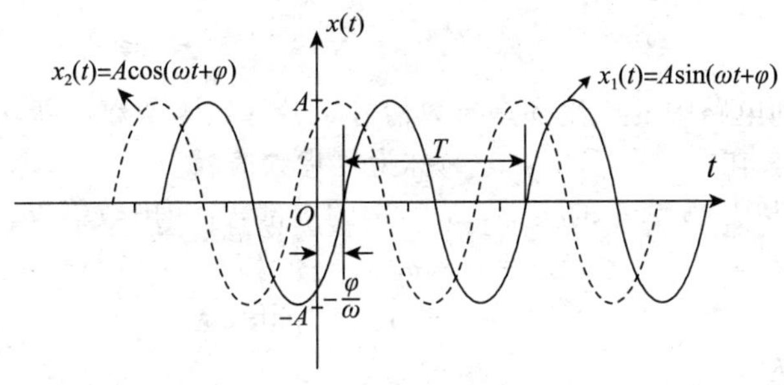

图 2-8　正弦信号

2. 基本特性

正弦信号作为基本信号，具备一些非常有用的特性。

1)正弦信号对时间的微分和积分仍然是同频率的正弦信号。

2)在一定条件下，连续信号可以分解为一系列不同幅度、频率和相位的正弦信号的叠加。

3)若一个正弦信号的基本周期 T_1 等于另一个正弦信号基本周期 T_2 的 k 倍(k 为自然数，且 $k>1$)，则两个正弦信号的叠加信号是非正弦的周期信号，其基本周期等于 T_1，如图 2-9 所示。

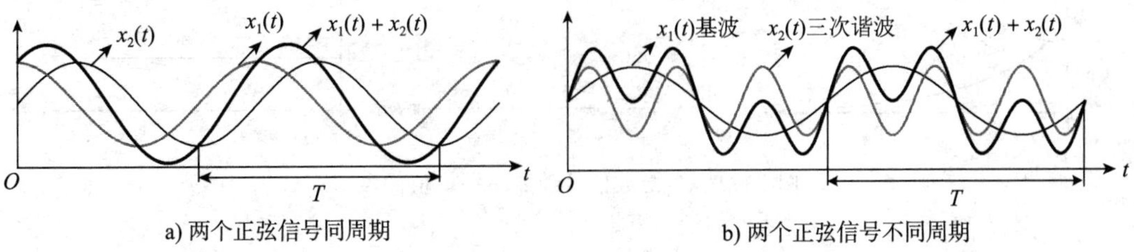

图 2-9　两个正弦信号的叠加

2.2.2 指数型信号及其基本特性

1. 基本描述

连续时间指数型信号的数学表达式为

$$x(t) = Ae^{at} \tag{2-17}$$

式(2-17)中，A 为实常数，指数因子 a 为常数。

1) 若 a 为实数，在式(2-17)中，$x(t)$称为实指数信号。

可以利用一个有损电容器来产生实指数信号，如图 2-10 所示。其中，C 为理想电容器，电阻 R 反映电容损耗。

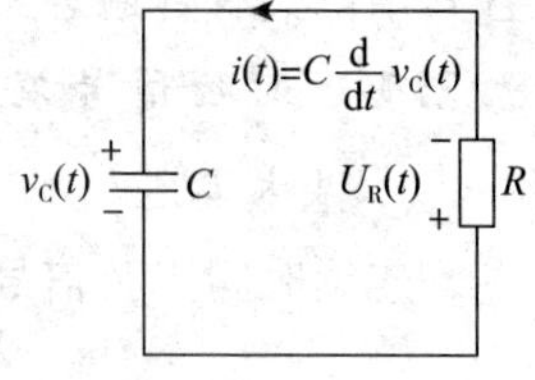

图 2-10 有损电容器

设 $t=0$ 时刻电容两端的电压为 V_0。当 $t\geqslant 0$ 时，根据基尔霍夫电压定理，有：

$$v_R(t) + v_C(t) = 0 \tag{2-18}$$

即

$$RC\frac{d}{dt}v_C(t) + v_C(t) = 0 \tag{2-19}$$

解此一阶微分方程，可得：

$$v_C(t) = V_0 e^{-t/(RC)},\ t \geqslant 0 \tag{2-20}$$

$$i(t) = C\frac{d}{dt}v_C(t) = -\frac{V_0}{RC}e^{-t/(RC)},\ t \geqslant 0 \tag{2-21}$$

即电容两端的电压和电路中的电流都是指数信号，其指数为实数，即 $a=-1/(RC)$。

2) 若 a 为复数，在式(2-17)中，$x(t)$称为复指数信号。

令 $a=\sigma+j\omega$，其中，σ 为 a 的实部，ω 为 a 的虚部，j 为虚数单位。根据欧拉公式

$$\begin{cases} e^{j\omega t} = \cos(\omega t) + j\sin(\omega t) \\ e^{-j\omega t} = \cos(\omega t) - j\sin(\omega t) \end{cases} \tag{2-22}$$

式(2-17)可写为

$$x(t) = Ae^{at} = Ae^{(\sigma+j\omega)t} = Ae^{\sigma t}e^{j\omega t} = Ae^{\sigma t}\cos(\omega t) + jAe^{\sigma t}\sin(\omega t) \tag{2-23}$$

式(2-23)表明，一个复指数信号为复信号，其实部和虚部均为正弦信号。

2. 基本特性

(1) 实指数信号

1) 式(2-17)中，如图 2-11 所示，当 $a>0$，信号幅度随着时间 t 而增长；当 $a<0$，信号幅度随着时间 t 而衰减；当 $a=0$，信号不随时间而变化，为直流信号。常数 A 表示指数信号在 $t=0$ 时的初始值。

2) 指数信号的微分和积分仍然是指数形式。

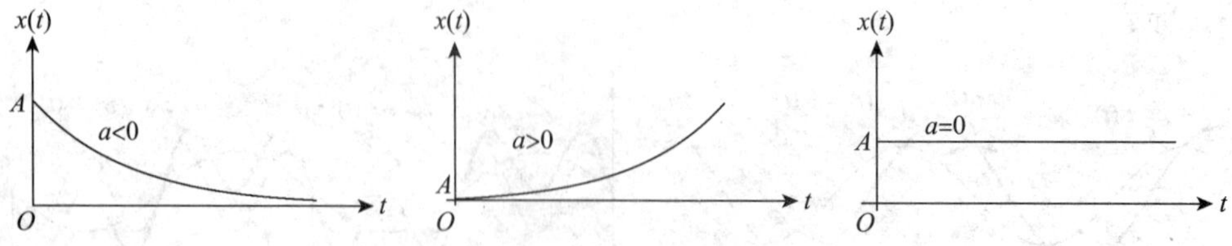

图 2-11 实指数信号随 a 不同取值的波形

(2)复指数信号

1) 式(2-23)中，如图 2-12 所示，当 $\omega\neq 0$ 时，指数因子的实部表征了正弦与余弦函数振幅随时间变化的情况。若 $\sigma>0$，复指数信号的实部及虚部均为增幅振荡的正弦信号；

若 $\sigma<0$，复指数信号的实部及虚部均为减幅振荡的正弦信号；指数因子的虚部 ω 表示了正弦信号的角频率；若 $\sigma=0$，正弦信号的幅度不变，为等幅振荡。

2）当 $\omega=0$，a 为实数，复指数信号转化为实指数信号，即实指数信号是复指数信号的特殊形式。

实际信号不能直接产生复指数信号，但随着复指数信号指数因子取值类型及数值的不同，复指数信号可表征多种信号形式，如实指数信号、直流信号、正弦信号及其衰减或增长形式。利用复指数信号可使许多运算和分析得以简化。

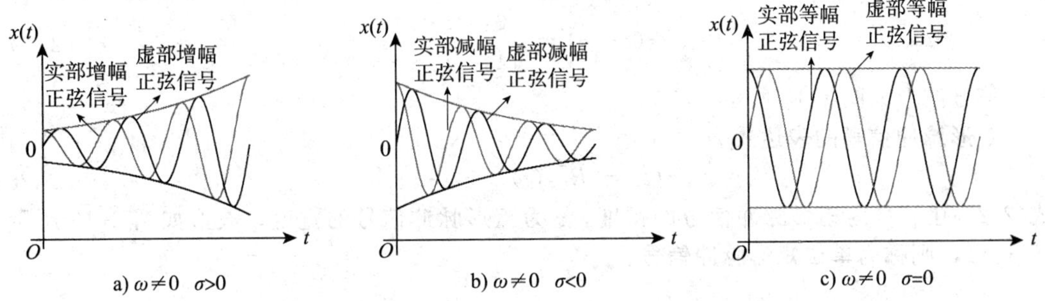

图 2-12　复指数信号随指数因子不同取值的波形

2.2.3　阶跃信号及其基本特性

1. 基本描述

阶跃信号的数学表达式为

$$\varepsilon(t)=\begin{cases}0, & t<0\\ E, & t>0\end{cases} \tag{2-24}$$

其信号波形如图 2-13 所示。通常，取 $E=1$，称 $\varepsilon(t)$ 为**单位阶跃信号**。

可以利用一个理想电容的充电电路来产生单位阶跃信号，如图 2-14 所示。设开关 S 在 $t=0$ 时刻闭合，且理想电容的初始储能为 0，即 $\varepsilon(t)=0$，$t<0$；在 S 闭合瞬间，即 $t=0_+$ $(t>0)$，电容立刻被充满电荷，建立电压并保持下去，即 $\varepsilon(t)=1$，$t>0$。在 $t=0$ 时刻，$\varepsilon(t)$ 出现跳变。

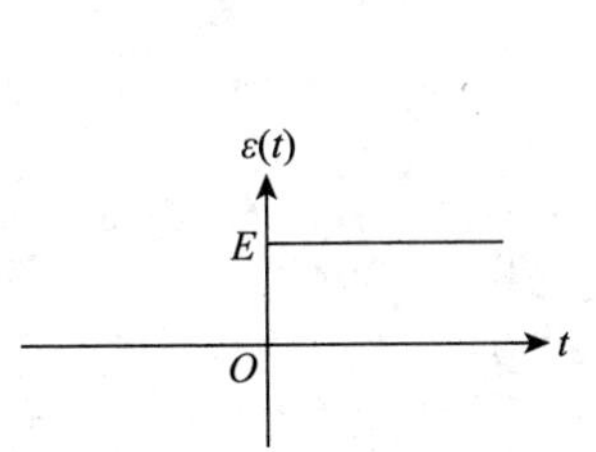

图 2-13　阶跃信号波形

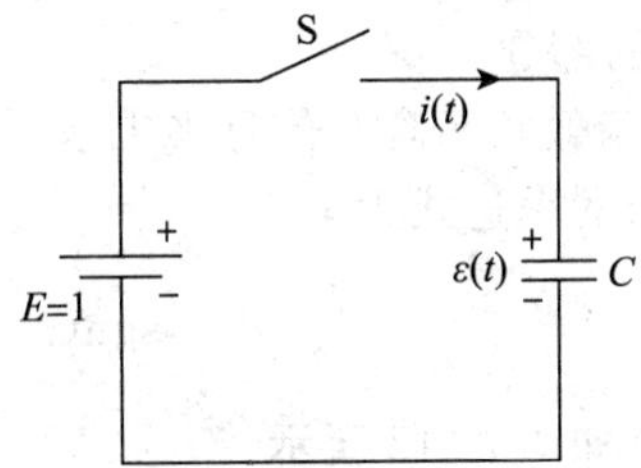

图 2-14　理想电容的充电电路

一般规定，如果信号在某时刻出现跳变，可用该时刻信号的左极限（若存在）与右极限（若存在）的平均值来对此时刻函数值做出定义。对于单位阶跃信号，则有：

$$\varepsilon(0)=\frac{1}{2}\left[\lim_{t\to 0_-}\varepsilon(t)+\lim_{t\to 0_+}\varepsilon(t)\right]=\frac{1}{2}(0+1)=\frac{1}{2} \tag{2-25}$$

即单位阶跃信号也可表示为

$$\varepsilon(t)=\begin{cases}0, & t<0\\ \frac{1}{2}, & t=0\\ 1, & t>0\end{cases} \tag{2-26}$$

2. 基本特性

(1)常用阶跃信号及其延时信号之差来表示**矩形脉冲信号**

在图 2-14 所示的电路中，若开关 S 在 $t=\tau$，$\tau>0$ 时闭合，则可得到延迟的单位阶跃信号，即

$$\varepsilon(t-\tau)=\begin{cases}0, & t<\tau\\ 1, & t>\tau\end{cases} \tag{2-27}$$

信号波形如图 2-15 所示。

矩形脉冲信号的表达式为

$$x(t)=R[\varepsilon(t)-\varepsilon(t-\tau)] \tag{2-28}$$

式(2-28)中，R 为矩形脉冲信号的幅度，τ 为矩形脉冲信号的宽度，波形如图 2-16 所示。若 $R=1$，则称为**单位矩形脉冲信号**。

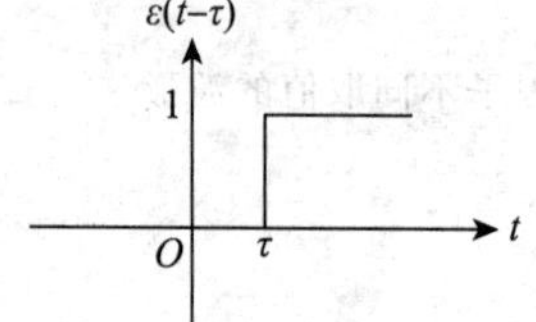

图 2-15 延迟的单位阶跃信号

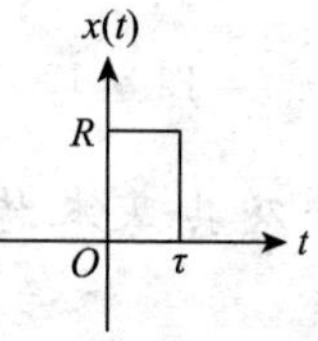

x(t)
R
O
τ
t

图 2-16 矩形脉冲信号波形

通过改变单位矩形脉冲信号的起始时刻和宽度，可以方便地描述任意信号的持续时间范围。如

$$x_1(t)=x(t)[\varepsilon(t-t_0)-\varepsilon(t-t_1)],\ t_1>t_0 \tag{2-29}$$

式(2-29)中，$x_1(t)$为 $x(t)$在 $t\in(t_0,\ t_1)$区间内的信号。通过与矩形脉冲信号相乘，可以从任意信号中截取所需时间区间内的那一部分，也称为给任意信号**加窗**，如图 2-17 所示。

在式(2-29)中，若 $t_1\to+\infty$，则：

$$x_1(t)=x(t)\varepsilon(t-t_0) \tag{2-30}$$

式(2-30)表示的 $x_1(t)$为 $x(t)$在 $t>t_0$ 区间内的部分。例如，$x(t)=\sin(t)\cdot\varepsilon(t)$表示正弦信号在 $t>0$ 的部分。

(2)**符号函数**常用阶跃信号来表示

符号函数的表达式为

$$\text{sgn}(t)=\begin{cases}1, & t>0\\ -1, & t<0\end{cases} \tag{2-31}$$

信号波形如图 2-18 所示。

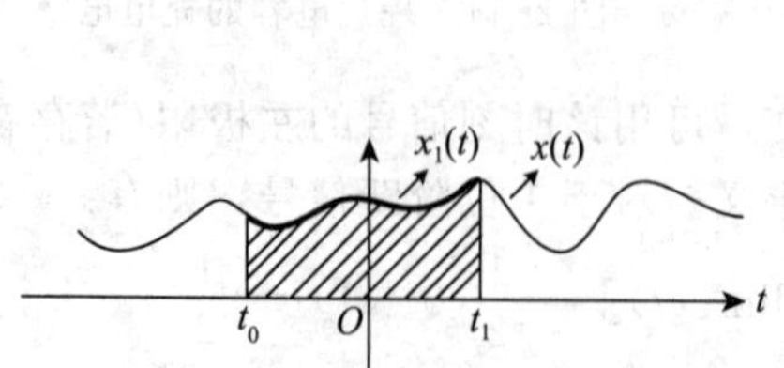

图 2-17 矩形脉冲信号对任意信号的截取

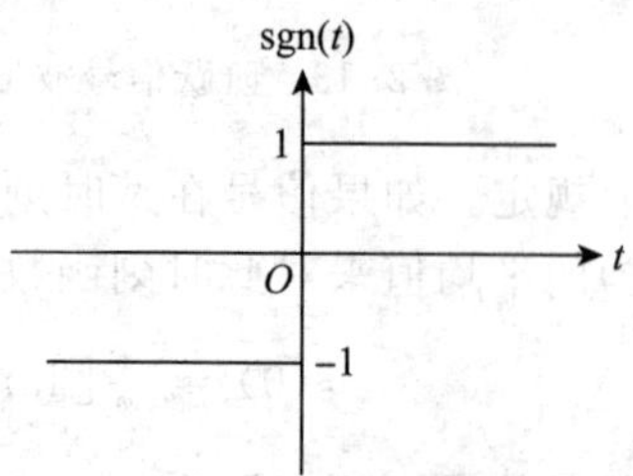

图 2-18 符号函数的信号波形

若用阶跃信号来表示符号函数，则为

$$\operatorname{sgn}(t)=2\varepsilon(t)-1 \tag{2-32}$$

(3)任意连续信号可分解为阶跃信号分量的叠加

不失一般性，设有连续信号 $x(t)$，$t\geqslant 0$。可认为 $x(t)$由无限多个阶跃信号分量叠加而成。

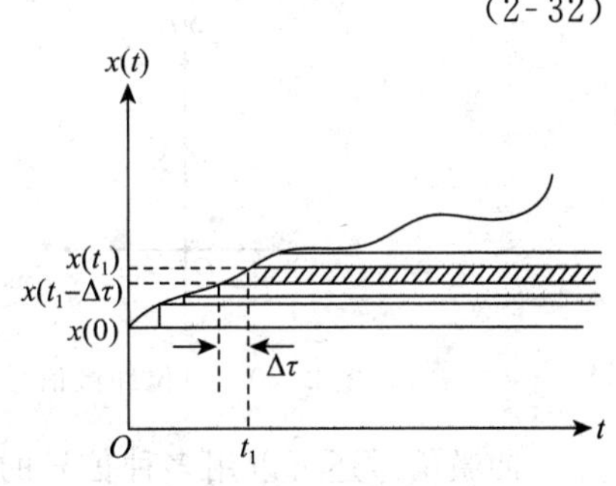

图 2-19 连续信号分解为阶跃信号分量的叠加

如图 2-19 所示，第一个阶跃信号分量为 $x(0)\varepsilon(t)$，设一个任意小的时间宽度 $\Delta\tau$，可认为 $x(t)\approx x(0)$，$0\leqslant t<\Delta\tau$。当 $t=\Delta\tau$ 时，出现第二个阶跃信号分量为 $[x(\Delta\tau)-x(0)]\varepsilon(t-\Delta\tau)$。同理，可认为 $x(t)\approx x(\Delta\tau)$，$\Delta\tau\leqslant t<2\Delta\tau$。依此类推，当 $t=t_1=k\Delta\tau$，$k\geqslant 2$ 且为正整数时，出现第 $k-1$ 个阶跃信号分量为$[x(k\Delta\tau)-x((k-1)\Delta\tau)]\varepsilon(t-k\Delta\tau)$，则 $x(t)$可近似写作：

$$\begin{aligned}x(t)&\approx x(0)\varepsilon(t)+\sum_{\substack{k=1\\t_1=k\Delta\tau}}^{\infty}[x(k\Delta\tau)-x((k-1)\Delta\tau)]\varepsilon(t-k\Delta\tau)\\&=x(0)\varepsilon(t)+\sum_{\substack{k=1\\t_1=k\Delta\tau}}^{\infty}[x(t_1)-x(t_1-\Delta\tau)]\varepsilon(t-t_1)\\&=x(0)\varepsilon(t)+\sum_{\substack{k=1\\t_1=k\Delta\tau}}^{\infty}\frac{[x(t_1)-x(t_1-\Delta\tau)]}{\Delta\tau}\varepsilon(t-t_1)\Delta\tau\end{aligned} \tag{2-33}$$

令 $\Delta\tau\to 0$，可导出式(2-33)的积分形式：

$$\begin{aligned}x(t)&=x(0)\varepsilon(t)+\int_0^{\infty}\frac{\mathrm{d}x(t_1)}{\mathrm{d}t_1}\varepsilon(t-t_1)\mathrm{d}t_1\\&=x(0)\varepsilon(t)+\int_0^{\infty}x'(t_1)\varepsilon(t-t_1)\mathrm{d}t_1\end{aligned} \tag{2-34}$$

2.2.4 冲激信号及其基本特性

1. 基本描述

在图 2-14 所示电路中，当直流电压源为 1V 时，若开关 S 在 $t=0$ 时刻闭合，电容两端的电压信号为单位阶跃信号。现进一步探讨该电路的电流信号 $i(t)$。设电容大小为 $C=1$，即单位电容，当 $\varepsilon(t)$从 $t=0_-$ 到 $t=0_+$ 极短时间内由 0V 跳变到 1V 时，根据 $i(t)=C\dfrac{\mathrm{d}\varepsilon(t)}{\mathrm{d}t}=\dfrac{\mathrm{d}\varepsilon(t)}{\mathrm{d}t}$，在 $t=0$ 时刻通过电容器的电流 $i(t)$应为无穷大，即 $i(t)$是一种持续时间极短、幅度无穷大的信号，称为**冲激信号**，记为 $\delta(t)$。此外，$i(t)$的能量还与阶跃电压信号的幅度有关。

因此，对于图 2-14 所示电路中电流 $i(t)$所呈现的冲激信号的特征，完整的数学表达为

$$\begin{cases}\delta(t)=0, & t\neq 0\\ \displaystyle\int_{-\infty}^{+\infty}\delta(t)\mathrm{d}t=E\end{cases} \tag{2-35}$$

式(2-35)称为冲激信号的狄拉克(P. A. M. Dirac)定义，E 为冲激信号的强度。一般，取 $E=1$，称 $\delta(t)$为**单位冲激信号**，如图 2-20 所示。

对于式(2-35)所定义的信号，其冲激出现在 $t=0$ 时刻。若描述在 $t=t_0$ 时刻出现的单位冲激信号，其狄拉克定义式为

$$\begin{cases}\delta(t-t_0)=0, & t\neq t_0\\ \displaystyle\int_{-\infty}^{+\infty}\delta(t-t_0)\mathrm{d}t=1\end{cases} \tag{2-36}$$

其信号波形如图 2-21 所示。

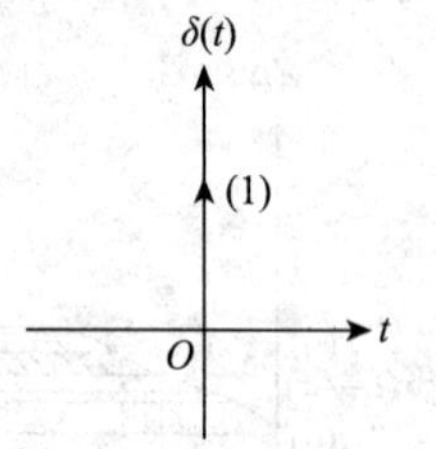

图 2-20 单位冲激信号

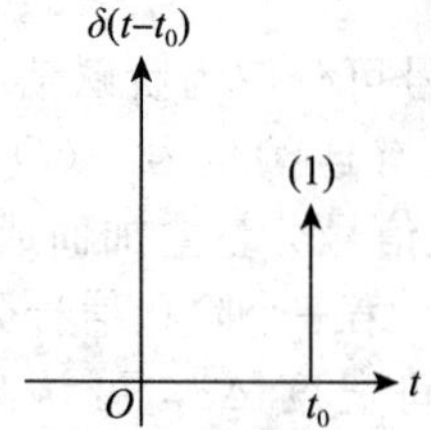

图 2-21 t_0 时刻出现的单位冲激信号

冲激信号还可以用多种信号的极限来定义。

(1)矩形脉冲的极限

宽度为 τ，幅度为$\dfrac{1}{\tau}$的矩形脉冲表示为

$$x(t)=\frac{1}{\tau}\left[\varepsilon\left(t+\frac{\tau}{2}\right)-\varepsilon\left(t-\frac{\tau}{2}\right)\right] \tag{2-37}$$

当脉宽 $\tau\to 0$ 时，脉冲幅度$\dfrac{1}{\tau}\to\infty$，式(2-37)中的 $x(t)$即转变为单位冲激信号：

$$\delta(t)=\lim_{\tau\to 0}\frac{1}{\tau}\left[\varepsilon\left(t+\frac{\tau}{2}\right)-\varepsilon\left(t-\frac{\tau}{2}\right)\right] \tag{2-38}$$

转变过程如图 2-22 所示。

若矩形脉冲的面积为 E，则通过取极限过程形成的冲激信号的强度为 E，此时图 2-22 中 $\delta(t)$箭头边小括号中的“1”应改写为“E”。

(2)三角形脉冲的极限

底为 2τ，高为$\dfrac{1}{\tau}$，即面积为 1 的三角形脉冲可表示为

$$x(t)=\frac{1}{\tau}\left(1-\frac{|t|}{\tau}\right)[\varepsilon(t+\tau)-\varepsilon(t-\tau)] \tag{2-39}$$

当 $\tau\to 0$ 时，脉冲幅度$\dfrac{1}{\tau}\to\infty$，式(2-39)中的 $x(t)$即转变为单位冲激信号：

$$\delta(t)=\lim_{\tau\to 0}\frac{1}{\tau}\left(1-\frac{|t|}{\tau}\right)[\varepsilon(t+\tau)-\varepsilon(t-\tau)] \tag{2-40}$$

转变过程如图 2-23 所示。

此外，指数信号、钟形信号、抽样信号等均可按此取极限方式来产生冲激信号。

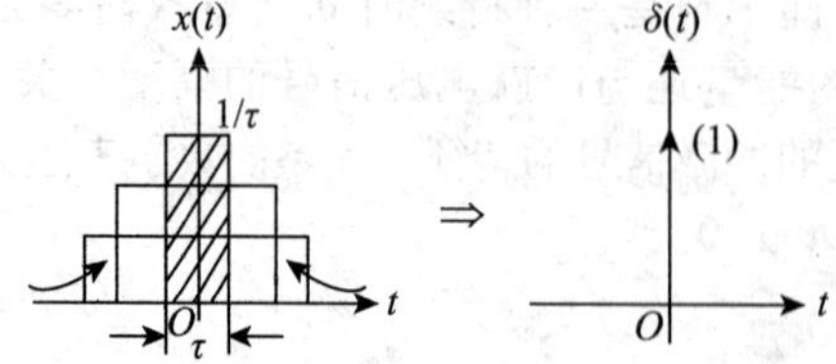

图 2-22 矩形脉冲信号变为单位冲激信号

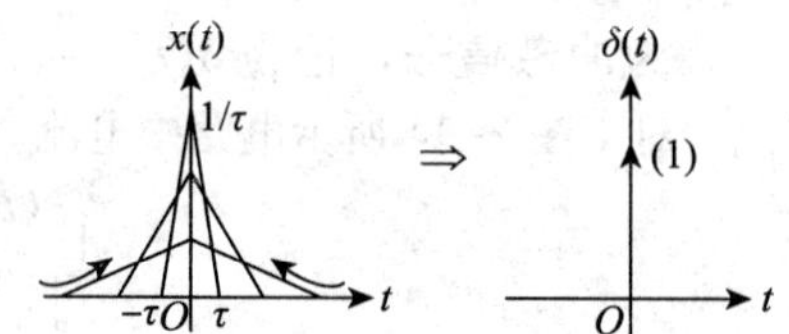

图 2-23 三角形脉冲信号变为单位冲激信号

2. 基本特性

冲激信号具有一些非常有用的基本特性，为简化起见，以下所述冲激信号均取单位强度。

(1) 取样特性

根据式(2-36)可知，$\delta(t-t_0)$只有在 $t=t_0$ 时不为零，设连续信号 $x(t)$在 t_0 时有定义，则：

$$x(t)\delta(t-t_0)=x(t_0)\delta(t-t_0) \tag{2-41}$$

那么

$$\int_{-\infty}^{+\infty}\delta(t-t_0)x(t)\mathrm{d}t=\int_{-\infty}^{+\infty}\delta(t-t_0)x(t_0)\mathrm{d}t=x(t_0) \tag{2-42}$$

式(2-42)称为冲激信号的**取样特性**(也称**抽样特性**、**筛选特性**)。取样特性表明，要得到连续信号 $x(t)$在 t_0 时刻的函数值 $x(t_0)$，可将 $x(t)$与延迟单位冲激信号 $\delta(t-t_0)$相乘，并在$(-\infty，+\infty)$范围内取积分。

其实，可采用取样特性对冲激信号做出更为严格的定义。

若一个连续信号 $x(t)$具有如下性质：

$$\int_{-\infty}^{+\infty}\varphi(t)x(t)\mathrm{d}t=\varphi(0) \tag{2-43}$$

则 $x(t)$为单位冲激信号，即 $x(t)=\delta(t)$。式(2-43)中，$\varphi(t)$为连续信号，称为测试**函数**。式(2-43)实质上是将冲激信号定义为一个**广义函数**(或称为**分配函数**)，而非一个普通函数。**普通函数使用它在定义域内每个时刻的值来定义，而一个广义函数则使用它对其他函数的作用来定义**。有关从广义函数的角度来认识冲激信号的内容将在 2.10 节重点阐述。

(2) 尺度变换特性

已知实常数 $a\neq0$，则 $\delta(t)$在时间轴上的**尺度变换特性**为

$$\delta(at)=\frac{1}{|a|}\delta(t) \tag{2-44}$$

证明：根据式(2-38)，对单位面积的矩形脉冲 $x(t)$取极限可得到 $\delta(t)$，即

$$\delta(t)=\lim_{\tau\to0}\frac{1}{\tau}\left[\varepsilon\left(t+\frac{\tau}{2}\right)-\varepsilon\left(t-\frac{\tau}{2}\right)\right]$$

令式(2-38)中 $t=at'$，按照 2.1.2 节中信号的尺度变换运算，则矩形脉冲 $x(t)$的宽度由原来的 τ 变为$\frac{\tau}{|a|}$，幅度保持为$\frac{1}{\tau}$。则：$\delta(at')=\lim\limits_{\tau\to0}\frac{1}{\tau}\left[\varepsilon\left(t'+\frac{\tau}{2|a|}\right)-\varepsilon\left(t'-\frac{\tau}{2|a|}\right)\right]$

而单位面积矩形脉冲的表达式可写成：

$$x(t')=\frac{|a|}{\tau}\left[\varepsilon\left(t'+\frac{\tau}{2|a|}\right)-\varepsilon\left(t'-\frac{\tau}{2|a|}\right)\right]$$

根据式(2-38)，不难得出：

$$\delta(t')=\lim_{\tau\to0}x'(t)=\lim_{\tau\to0}\frac{|a|}{\tau}\left[\varepsilon\left(t'+\frac{\tau}{2|a|}\right)-\varepsilon\left(t'-\frac{\tau}{2|a|}\right)\right] \tag{2-45}$$

故：

$$\begin{aligned}\delta(at')&=\lim_{\tau\to0}\frac{1}{\tau}\left[\varepsilon\left(t'+\frac{\tau}{2|a|}\right)-\varepsilon\left(t'-\frac{\tau}{2|a|}\right)\right]\\&=\frac{1}{|a|}\lim_{\frac{\tau}{|a|}\to0}\frac{|a|}{\tau}\left[\varepsilon\left(t'+\frac{\tau}{2|a|}\right)-\varepsilon\left(t'-\frac{\tau}{2|a|}\right)\right]\\&=\frac{1}{|a|}\lim_{\frac{\tau}{|a|}\to0}x(t')\\&=\frac{1}{|a|}\delta(t')\end{aligned}$$

即：

$$\delta(at')=\frac{1}{|a|}\delta(t') \tag{2-46}$$

由于自变量的表示符号不影响函数表达意义，将式(2-46)自变量 t'改写为 t，即得证。

(3) 偶函数特性

单位冲激信号 $\delta(t)$为偶函数，即：

$$\delta(t)=\delta(-t) \tag{2-47}$$

证明：根据式(2-44)，令 $a=-1$，即得证。

(4) 积分特性

单位冲激信号的积分为单位阶跃信号，即：

$$\int_{-\infty}^{t}\delta(\tau)\mathrm{d}\tau=\varepsilon(t) \tag{2-48}$$

证明：因为 $\int_{-\infty}^{t}\delta(\tau)\mathrm{d}\tau=\begin{cases}0,\ t<0\\1,\ t>0\end{cases}=\varepsilon(t)$，得证。

不难证明，单位阶跃信号的微分为单位冲激信号，即：

$$\delta(t)=\frac{\mathrm{d}\varepsilon(t)}{\mathrm{d}t} \tag{2-49}$$

式(2-48)及式(2-49)表明，冲激信号和阶跃信号互为积分和微分的关系。

此外，$\varepsilon(t)$的积分也为一个常见信号，即：

$$r(t)=\int_{-\infty}^{t}\varepsilon(\tau)\mathrm{d}\tau=\begin{cases}t, & t>0\\0, & t<0\end{cases} \tag{2-50}$$

$r(t)$称为斜坡信号或写作：

$$r(t)=t\varepsilon(t) \tag{2-51}$$

其信号波形如图 2-24 所示。

(5) 微分特性

冲激信号的积分为奇异信号——阶跃信号，其微分也为一种奇异信号，称为**“冲激偶”**，用 $\delta'(t)$来表示，其定义式为

$$\delta'(t)=\frac{\mathrm{d}\delta(t)}{\mathrm{d}t} \tag{2-52}$$

作为一种重要的奇异信号，冲激偶的描述及其性质将在 2.2.5 节深入阐述。

(6) 任意连续信号可分解为冲激信号的叠加

与任意连续信号可分解为阶跃信号分量的叠加类似，任意连续信号也可分解为窄脉冲信号分量的叠加，其极限情况就是冲激信号的叠加。

如图 2-25 所示，将信号 $x(t)$近似表征为窄矩形脉冲信号的叠加，设 t_1 时刻，矩形脉冲分量的幅度为 $x(t_1)$，宽度为 $\Delta\tau$，其表达式为

$$x(t_1)[\varepsilon(t-t_1)-\varepsilon(t-t_1-\Delta\tau)] \tag{2-53}$$

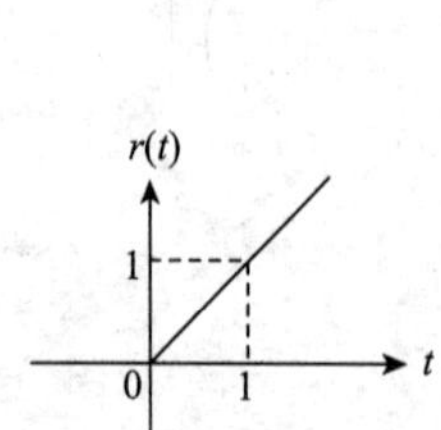

图 2-24 斜坡信号波形

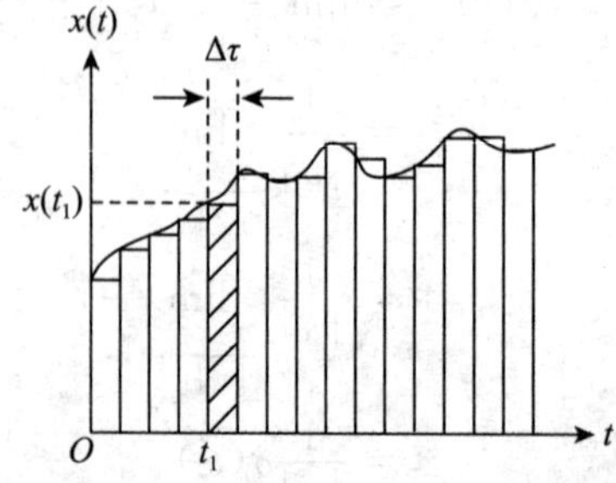

图2-25 将信号 $x(t)$分解为窄脉冲信号分量的叠加

当 t_1 在$(-\infty,+\infty)$区间变化时，则 $x(t)$的近似表达式为

$$x(t)\approx\sum_{t_1=-\infty}^{+\infty}x(t_1)[\varepsilon(t-t_1)-\varepsilon(t-t_1-\Delta\tau)] \tag{2-54}$$

当 $\Delta\tau\to0$ 时，则

$$\begin{aligned}x(t)&=\lim_{\Delta\tau\to 0}\sum_{t_1=-\infty}^{+\infty}x(t_1)[\varepsilon(t-t_1)-\varepsilon(t-t_1-\Delta\tau)]\\&=\lim_{\Delta\tau\to 0}\sum_{t_1=-\infty}^{+\infty}\frac{x(t_1)[\varepsilon(t-t_1)-\varepsilon(t-t_1-\Delta\tau)]}{\Delta\tau}\Delta\tau\\&=\int_{-\infty}^{+\infty}x(t_1)\delta(t-t_1)\mathrm{d}t_1\end{aligned}\tag{2-55}$$

事实上，由于变量的表示符号不影响函数表达意义，可将式(2-55)中的 t 改写为 t_0，t_1 改写为 t，并考虑 $\delta(t)$为偶函数，得：

$$x(t_0)=\int_{-\infty}^{+\infty}x(t)\delta(t-t_0)\mathrm{d}t\tag{2-56}$$

式(2-56)为 $\delta(t)$的取样特性，与式(2-42)完全一致。

一般而言，将信号分解为冲激信号叠加比将信号分解为阶跃信号叠加应用得更为广泛。

2.2.5 冲激偶信号及其基本特性

1. 基本描述

由式(2-52)可知，冲激偶信号 $\delta'(t)$为冲激信号的微分。与冲激信号类似，可以采用规则信号的极限来定义冲激偶信号。

(1) 由矩形脉冲的极限来定义

由式(2-38)可知，宽为 τ，高为$\frac{1}{\tau}$的单位面积矩形脉冲信号 $x(t)$，当 $\tau\to 0$ 时，其为单位冲激信号 $\delta(t)$，即：

$$\text{单位面积矩形脉冲信号 } x(t)\xrightarrow{\tau\to 0}\delta(t)\xrightarrow{\text{求导}}\delta'(t)$$

为便于理解冲激偶 $\delta'(t)$的具体波形，可采取下列顺序得到：

$$\text{单位面积矩形脉冲信号 } x(t)\xrightarrow{\text{求导}}\frac{\mathrm{d}x(t)}{\mathrm{d}t}\xrightarrow{\tau\to 0}\delta'(t)$$

第一步，求 $x(t)$的导数$\frac{\mathrm{d}x(t)}{\mathrm{d}t}$：

$$\frac{\mathrm{d}x(t)}{\mathrm{d}t}=\frac{\mathrm{d}\left\{\frac{1}{\tau}\left[\varepsilon\left(t+\frac{\tau}{2}\right)-\varepsilon\left(t-\frac{\tau}{2}\right)\right]\right\}}{\mathrm{d}t}=\frac{1}{\tau}\delta\left(t+\frac{\tau}{2}\right)-\frac{1}{\tau}\delta\left(t-\frac{\tau}{2}\right)\tag{2-57}$$

式(2-57)表明，单位面积矩形脉冲信号的导数是正、负极性的两个冲激信号，出现冲激的时刻分别为 $t_1=-\frac{\tau}{2}$ 及$t_2=\frac{\tau}{2}$，两个冲激信号的强度都是$\frac{1}{\tau}$。

第二步，令 $\tau\to 0$。

当 $\tau\to 0$ 时，两个冲激信号的强度为$\frac{1}{\tau}\to\infty$，两个冲激出现的时刻将均趋近于 0 时刻，即 $t_1=-\frac{\tau}{2}\to 0$，$t_2=\frac{\tau}{2}\to 0$，如图 2-26 所示。

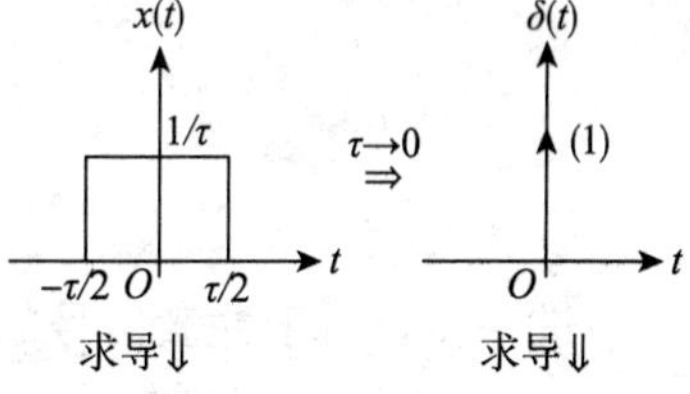

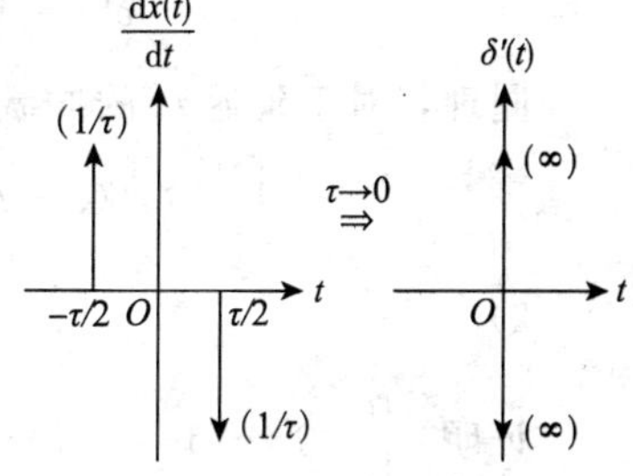

图 2-26 由矩形脉冲信号形成冲激偶

(2) 由三角形脉冲的极限来定义

由式(2-40)可知，底为 2τ，高为$\frac{1}{\tau}$的单位面积三角形脉冲信号 $x(t)$，当 $\tau\to 0$ 时，其为单位冲激信号 $\delta(t)$。

$$\text{单位面积三角形脉冲信号 } x(t)\xrightarrow{\tau\to 0}\delta(t)\xrightarrow{\text{求导}}\delta'(t)$$

同样，为便于理解冲激偶 $\delta'(t)$ 的具体波形，可采取下列顺序得到：

$$\text{单位面积三角形脉冲信号 } x(t) \xrightarrow{\text{求导}} \frac{\mathrm{d}x(t)}{\mathrm{d}t} \xrightarrow{\tau\to 0} \delta'(t)$$

第一步，求 $x(t)$ 的导数 $\frac{\mathrm{d}x(t)}{\mathrm{d}t}$：

$$\begin{aligned}\frac{\mathrm{d}x(t)}{\mathrm{d}t} &= \frac{\mathrm{d}\left\{\frac{1}{\tau}\left(1-\frac{|t|}{\tau}\right)\left[\varepsilon(t+\tau)-\varepsilon(t-\tau)\right]\right\}}{\mathrm{d}t} \\ &= \frac{1}{\tau^2}\left[\varepsilon(t+\tau)-\varepsilon(t)\right]-\frac{1}{\tau^2}\left[\varepsilon(t)-\varepsilon(t-\tau)\right]\end{aligned} \tag{2-58}$$

式(2-58)表明，单位面积三角形脉冲信号的导数是正、负极性的两个矩形脉冲，称为**脉冲偶**。两个矩形脉冲的宽度都是 τ，幅度都是 $\frac{1}{\tau^2}$，面积都是 $\frac{1}{\tau}$。

第二步，令 $\tau\to 0$。

根据式(2-58)，当 $\tau\to 0$，$\frac{\mathrm{d}x(t)}{\mathrm{d}t}$ 形成正、负两个冲激信号，冲激出现的时刻将均趋近于 0 时刻，其强度为 $\frac{1}{\tau^2}\to\infty$，如图 2-27 所示。

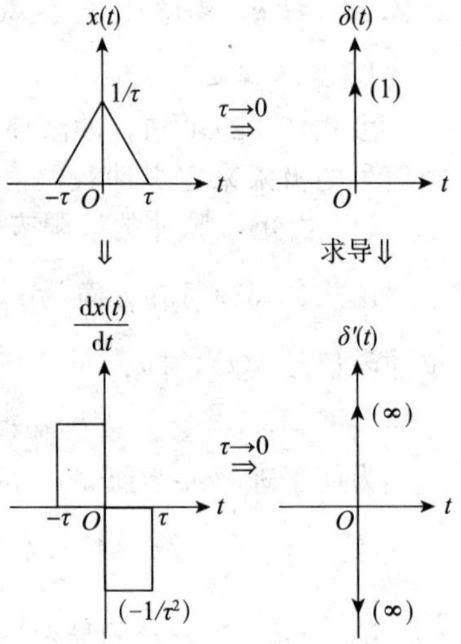

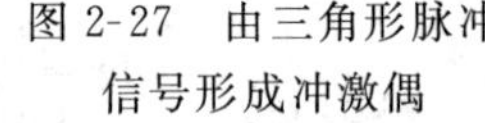

图 2-27　由三角形脉冲信号形成冲激偶

根据图 2-26、图 2-27，可以给出冲激偶的另一种定义式

$$\begin{cases}\delta'(t)=0, t\neq 0 \\ \int_{-\infty}^{+\infty}\delta'(t)\mathrm{d}t=0\end{cases} \tag{2-59}$$

此外，从图 2-26 或图 2-27 所示冲激偶的形成过程，不难得出，冲激偶信号为**奇函数**。

2. 基本特性

冲激偶信号的一些重要特性可由下列关系式表征：

1)
$$\int_{-\infty}^{+\infty}\delta'(t)x(t)\mathrm{d}t=-x'(0) \tag{2-60}$$

证明：根据冲激信号的取样特性，得：

$$\begin{aligned}\int_{-\infty}^{+\infty}\delta'(t)x(t)\mathrm{d}t &= \int_{-\infty}^{+\infty}x(t)\mathrm{d}\delta(t)=x(t)\delta(t)\Big|_{-\infty}^{+\infty}-\int_{-\infty}^{+\infty}\delta(t)\mathrm{d}x(t) \\ &= -\int_{-\infty}^{+\infty}\delta(t)x'(t)\mathrm{d}t=-x'(0)\end{aligned}$$

进一步，对于冲激信号的 n 阶导数 $\delta^{(n)}(t)$，有：

$$\int_{-\infty}^{+\infty}\delta^{(n)}(t)x(t)\mathrm{d}t=(-1)^n x^{(n)}(0),\ n=1,2,3,\cdots \tag{2-61}$$

同理，对于延迟 t_0 的冲激偶 $\delta'(t-t_0)$，有：

$$\int_{-\infty}^{+\infty}\delta^{(n)}(t-t_0)x(t)\mathrm{d}t=(-1)^n x^{(n)}(t_0),\ n=1,2,3,\cdots \tag{2-62}$$

2)
$$\int_{-\infty}^{t}\delta'(\tau)\mathrm{d}\tau=\delta(t) \tag{2-63}$$

证明：$\int_{-\infty}^{t}\delta'(\tau)\mathrm{d}\tau=\delta(\tau)\Big|_{-\infty}^{t}=\delta(t)$。

3)
$$\int_{-\infty}^{\infty}\delta'(\tau)\mathrm{d}\tau=0 \tag{2-64}$$

证明：由式(2-64)知$\int_{-\infty}^{\infty}\delta'(\tau)\mathrm{d}\tau=\delta(\infty)-\delta(-\infty)=0$，即冲激偶信号与时间轴所包围的面积为0，这是因为正、负两个冲激的面积相互抵消了。

4)
$$x(t)\delta'(t)=x(0)\delta'(t)-x'(0)\delta(t) \tag{2-65}$$

证明：对$x(t)\delta(t)$求导得：

$$\frac{\mathrm{d}[x(t)\delta(t)]}{\mathrm{d}t}=[x(t)\delta(t)]'=x'(t)\delta(t)+x(t)\delta'(t)$$

故：$x(t)\delta'(t)=[x(t)\delta(t)]'-x'(t)\delta(t)=[x(0)\delta(t)]'-x'(0)\delta(t)=x(0)\delta'(t)-x'(0)\delta(t)$

同理，对于延迟t_0的冲激偶$\delta'(t-t_0)$，有：

$$x(t)\delta'(t-t_0)=x(t_0)\delta'(t-t_0)-x'(t_0)\delta(t-t_0) \tag{2-66}$$

【例2-3】 信号$x(t)$的波形如图2-28a所示，试画出$x(t)$的一阶导数$\frac{\mathrm{d}x(t)}{\mathrm{d}t}$、二阶导数$\frac{\mathrm{d}^2x(t)}{\mathrm{d}t^2}$的波形，并写出其解析表达式。

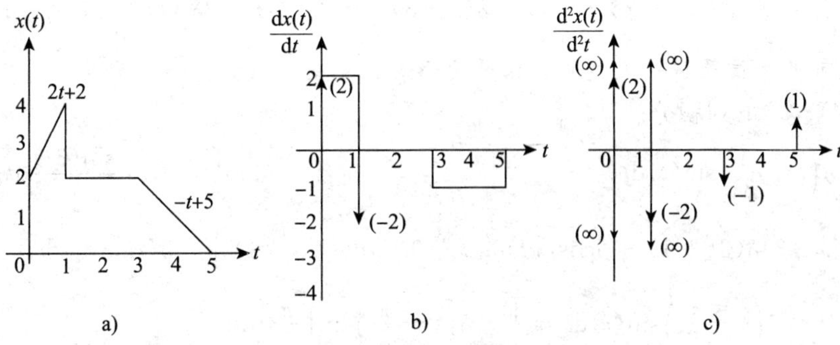

图2-28　信号$x(t)$及其导数波形

解：1)从信号波形来看。

在图2-28a中，$x(t)$为分段函数，当$t<0$时，$x(t)$恒为0，从$t=0$起，出现了线性函数$2t+2$，即$t=0$时，$x(t)$出现一个从0至2的正极性阶跃。至$t=1$时，$x(t)=4$，此时，$x(t)$出现一个从4至2的负极性阶跃，之后$x(t)$呈现定值$x(t)=2$直至$t=3$。从$t=3$起，出现线性函数$-t+5$至$t=5$。当$t>5$时，$x(t)$恒为0。整个信号波形在$t=0$及$t=1$时出现跳变。

因此，对于$x(t)$的一阶导数$\frac{\mathrm{d}x(t)}{\mathrm{d}t}$，在$x(t)$波形的基础上，跳变点处将出现冲激信号，冲激信号强度为阶跃的幅度，极性与阶跃的极性一致；在$x(t)$为线性函数的区间，$\frac{\mathrm{d}x(t)}{\mathrm{d}t}$波形将出现矩形脉冲信号，幅度为该区间$x(t)$的斜率；在$x(t)$为0值的区间，$\frac{\mathrm{d}x(t)}{\mathrm{d}t}$也恒为0。$\frac{\mathrm{d}x(t)}{\mathrm{d}t}$的完整波形如图2-28b所示。

进一步，对于$x(t)$的二阶导数$\frac{\mathrm{d}^2x(t)}{\mathrm{d}t^2}$，在$\frac{\mathrm{d}x(t)}{\mathrm{d}t}$波形的基础上，根据冲激信号的导数为冲激偶，将在$t=0$及$t=1$时刻出现冲激偶。由于$\frac{\mathrm{d}x(t)}{\mathrm{d}t}$在(0，1)为幅度为2的矩形脉冲，即在$t=0$及$t=1$时刻分别有一正、负极性的阶跃，则$\frac{\mathrm{d}^2x(t)}{\mathrm{d}t^2}$将在跳变点处将出现冲激信号，冲激信号强度为阶跃的幅度，极性与阶跃的极性一致。同理，$\frac{\mathrm{d}^2x(t)}{\mathrm{d}t^2}$在$t=3$及$t=5$时刻也将

出现冲激信号。在$\frac{dx(t)}{dt}$为 0 值区间，$\frac{d^2x(t)}{dt^2}$也恒为 0。$\frac{d^2x(t)}{dt^2}$的完整波形如图 2-28c 所示。

2)从信号解析表达式来看。

$$x(t)=(2t+2)[\varepsilon(t)-\varepsilon(t-1)]+2[\varepsilon(t-1)-\varepsilon(t-3)]$$
$$+(-t+5)[\varepsilon(t-3)-\varepsilon(t-5)]$$

求取 $x(t)$的一阶导数，得：

$$\begin{aligned}\frac{dx(t)}{dt}&=2[\varepsilon(t)-\varepsilon(t-1)]+(2t+2)[\delta(t)-\delta(t-1)]+2[\delta(t-1)-\delta(t-3)]\\&\quad-[\varepsilon(t-3)-\varepsilon(t-5)]+(-t+5)[\delta(t-3)-\delta(t-5)]\\&=2[\varepsilon(t)-\varepsilon(t-1)]-[\varepsilon(t-3)-\varepsilon(t-5)]+2\delta(t)-4\delta(t-1)\\&\quad+2[\delta(t-1)-\delta(t-3)]+2\delta(t-3)\\&=2[\varepsilon(t)-\varepsilon(t-1)]-[\varepsilon(t-3)-\varepsilon(t-5)]+2\delta(t)-2\delta(t-1)\end{aligned}$$

求取 $x(t)$的二阶导数，得：

$$\frac{d^2x(t)}{d^2t}=2\delta(t)-2\delta(t-1)-\delta(t-3)+\delta(t-5)+2\delta'(t)-2\delta'(t-1)$$

由上述可见，信号解析表达式与信号波形表征完全一致。

【例 2-4】 求下列积分。

1) $\int_{-\infty}^{\infty}\delta\left(t-\frac{\pi}{3}\right)\sin(t)dt$；　　2) $\int_{-\infty}^{\infty}\delta(t)\frac{\sin(3t)}{t}dt$；

3) $\int_{-2}^{2}(t+3)\delta(3t+1)+5\cos(\pi t)\delta'(t-0.5)dt$；　　4) $\int_{-\infty}^{+\infty}\delta(t^2-9)dt$。

解： 1)
$$\begin{aligned}\int_{-\infty}^{\infty}\delta\left(t-\frac{\pi}{3}\right)\sin(t)dt&=\int_{-\infty}^{\infty}\delta\left(t-\frac{\pi}{3}\right)\sin\left(\frac{\pi}{3}\right)dt\\&=\sin\left(\frac{\pi}{3}\right)\int_{-\infty}^{\infty}\delta\left(t-\frac{\pi}{3}\right)dt\\&=\sin\left(\frac{\pi}{3}\right)=\frac{\sqrt{3}}{2}\end{aligned}$$

2) $$\int_{-\infty}^{\infty}\delta(t)\frac{\sin(3t)}{t}dt=\int_{-\infty}^{\infty}3\delta(t)\frac{\sin(3t)}{3t}dt=3$$

3) $$\int_{-2}^{2}(t+3)\delta(3t+1)+5\cos(\pi t)\delta'(t-0.5)dt$$

$$\begin{aligned}&=\int_{-2}^{2}(t+3)\delta(3t+1)dt+\int_{-2}^{2}5\cos(\pi t)\delta'(t-0.5)dt\\&=\int_{-2}^{2}\frac{1}{3}(t+3)\delta\left(t+\frac{1}{3}\right)dt+\int_{-2}^{2}\left[5\cos\left(\frac{\pi}{2}\right)\delta'(t-0.5)+5\pi\sin\left(\frac{\pi}{2}\right)\delta'(t-0.5)\right]dt\\&=\int_{-2}^{2}\frac{1}{3}(t+3)\delta(t+\frac{1}{3})dt=\frac{8}{9}\end{aligned}$$

4) 令 $t'=t^2$，则 $dt'=2tdt$。当 $t\in(-\infty,0)$时，$t'\in(+\infty,0)$，$t=-\sqrt{t'}$，$dt'=-2\sqrt{t'}dt$，$dt=-\frac{1}{2\sqrt{t'}}dt'$；当 $t\in(0,+\infty)$时，$t'\in(0,+\infty)$，$dt'=2\sqrt{t'}dt$，$dt=\frac{1}{2\sqrt{t'}}dt'$，则：

$$\begin{aligned}\int_{-\infty}^{+\infty}\delta(t^2-9)dt&=\int_{-\infty}^{0}\delta(t^2-9)dt+\int_{0}^{+\infty}\delta(t^2-9)dt\\&=\int_{+\infty}^{0}-\delta(t'-9)\frac{1}{2\sqrt{t'}}dt'+\int_{0}^{+\infty}\delta(t'-9)\frac{1}{2\sqrt{t'}}dt'\end{aligned}$$

$$= 2\int_{0}^{+\infty} \delta(t'-9)\, \frac{1}{2\sqrt{t'}}\mathrm{d}t$$

$$= 2\times\frac{1}{2\sqrt{9}} = \frac{1}{3}$$

2.3　连续系统的数学模型：微分方程

2.3.1　连续系统的数学模型——线性常系数微分方程

1.4 节介绍过，着眼于建立系统输入输出关系的系统模型称为输入输出模型或输入输出描述，相应的数学模型(描述方程)称为系统的输入输出方程。鉴于连续系统是实际应用中的常见系统，并且其在信号与系统理论中具有重要意义，从本节开始，将重点探讨连续系统的数学模型及其分析方法。

基于已知系统的构成对系统进行分析，一般可分为三个阶段：首先，建立系统的数学模型，即写出联系系统输入输出信号之间或状态变量之间的数学表达式；然后采用适当的数学方法分析模型，从中找出反映系统基本性能的特征量，求出系统在给定激励下的输出响应的数学表达式；最后，再对所得到的数学解进行物理解释，深化系统对信号进行变换处理过程的理解。

由此可见，系统数学模型的建立是分析系统的前提和基础。

在第 1 章里，已对一个力学系统和一个电路系统分别建立了描述输入输出关系的数学模型，即线性常系数微分方程。通常，对于连续系统，即输入输出信号为连续信号且组成系统的元件都是参数恒定的线性元件，其数学模型可以用 n 阶常系数微分方程来表征，写成一般形式为：

$$\sum_{i=0}^{n} a_i y^{(i)}(t) = \sum_{j=0}^{m} b_j x^{(j)}(t) \tag{2-67}$$

式(2-67)中，$x(t)$为系统的输入(激励)，$y(t)$为系统的输出(响应)，$a_n=1$。方程中 $x^{(j)}(t)=\frac{\mathrm{d}^j}{\mathrm{d}t^j}x(t)$，$y^{(i)}(t)=\frac{\mathrm{d}^i}{\mathrm{d}t^i}y(t)$。若要求解 n 阶微分方程，还需要给定 n 个独立初始条件 $y(0)$，$y'(0)$，…，$y^{(n-1)}(0)$。

2.3.2　线性常系数微分方程的经典解法

连续系统的微分方程主要有两种求解方法：经典法和卷积法。这两种求解方法也分别形成了系统时域分析的两种主要方法。

经典法是从数学分析的角度，根据高等数学微分方程理论，将系统微分方程的**完全解**(也称为**完整解**)$y(t)$分解为**齐次解**与**特解**之和，即：

$$y(t) = y_{\mathrm{h}}(t) + y_{\mathrm{p}}(t) \tag{2-68}$$

式(2-68)中，$y_{\mathrm{h}}(t)$为齐次解，$y_{\mathrm{p}}(t)$为特解。

1. 齐次解

将系统微分方程中与输入相关的项全部设为零，便可得到原方程的**齐次微分方程**，齐次微分方程的解为**齐次解**。则有：

$$\sum_{i=0}^{n} a_i y_{\mathrm{h}}^{(i)}(t) = 0 \tag{2-69}$$

根据微分方程理论，求解式(2-69)，需求出其对应的**特征方程**的**特征根**。特征方程为

$$\sum_{i=0}^{n} a_i r^i = 0 \tag{2-70}$$

即以 r 为自变量的 n 次多项式。

不同形式的特征根将对应不同形式的齐次解，如表 2-1 所示。

表 2-1 不同特征根及其所对应的齐次解

特 征 根	齐次解 $y_h(t)$
n 个不相等的实根	$\sum_{k=1}^{n} C_k e^{r_k t}$
n 个实根中有 p 个重根	$\sum_{k=1}^{p} C_k t^{p-k} e^{r_k t} + \sum_{k=p+1}^{n} C_k e^{r_k t}, r_1 = r_2 = \cdots = r_p$
n 个根中有一对共轭复根	$e^{\alpha t}[C_1\cos(\beta t) + C_2\sin(\beta t)] + \sum_{k=3}^{n} C_k e^{r_k t}, r_{1,2} = \alpha \pm j\beta$
n 个根中有 q 重共轭复根	$e^{\alpha t}\sum_{k=1}^{q} C_k t^{q-k}\cos(\beta t) + e^{\alpha t}\sum_{k=q+1}^{2q} C_k t^{2q-k}\sin(\beta t) + \sum_{k=2q+1}^{n} C_k e^{r_k t}$

注：C_k，$k=1, 2, \cdots, n$ 为待定常数，由系统初始条件确定。

【例 2-5】 求系统微分方程 $y'''(t)+7y''(t)+16y'(t)+12y(t)=x'(t)+x(t)$ 的齐次解。

解： 系统微分方程所对应的特征方程为

$$r^3 + 7r^2 + 16r + 12 = 0$$

即 $(r+2)^2(r+3)=0$。

求得特征根为 $r_1=r_2=-2$，$r_3=-3$。

故特征方程对应的齐次解为 $y_h(t)=(C_1 t+C_2)e^{-2t}+C_3 e^{-3t}$，其中，$C_1$、$C_2$、$C_3$ 为待定常数，由系统初始条件确定。

2. 特解

特解 $y_p(t)$是满足系统微分方程(即式(2-67))对给定输入的任意一个解，因此 $y_p(t)$不是唯一的。$y_p(t)$的形式取决于激励 $x(t)$的函数形式，求解 $y_p(t)$的步骤为：

1) 将 $x(t)$代入式(2-67)的右端，经过化简，右端函数式称为“自由项”。观察自由项的形式，选择特解的通式。

2) 将特解的通式代入式(2-67)的左端，求得特解通式中的待定系数，即求出特解 $y_p(t)$。

表 2-2 为几种典型激励信号对应的特解通式，可在求解系统微分方程特解时用以参考。

表 2-2 与几种典型激励相对应的特解通式

激励 $x(t)$	$y_p(t)$
A(常数)	B
t^l	$B_1 t^l + B_2 t^{l-1} + \cdots + B_l t^1 + B_{l+1}$
e^{at}	Be^{at}
$\cos(\omega t+\varphi)$或 $\sin(\omega t+\varphi)$	$B_1\cos(\omega t)+B_2\sin(\omega t)$
$t^l e^{at}\cos(\omega t+\varphi)$或 $t^l e^{at}\sin(\omega t+\varphi)$	$(B_1 t^l+B_2 t^{l-1}+\cdots+B_l t^1+B_{l+1})e^{at}\cos(\omega t)+(D_1 t^l+D_2 t^{l-1}+\cdots+D_l t^1+D_{l+1})e^{at}\sin(\omega t)$

注：①表中 B，D 为待定系数。②若 $x(t)$为几种激励信号的组合，则特解形式也为其相应的组合。③若表中所列特解与齐次解形式重复，则应在特解中增加一项：该项为该特解乘以 t。若这种重复形式有 p 次(特征根为 p 重根)，则表中的特解乘以 t^p。如，若 $x(t)=e^{at}$，且齐次解也是 e^{at}(特征根 $r=a$)，则特解为 B_1te^{at}；若 a 是 p 重根，则特解为 $B_1t^pe^{at}$。

【例 2-6】 设系统的微分方程同例 2-5，若系统激励为 1) $x(t)=t^2$；2) $x(t)=e^{-2t}$，分别求这两种情况下方程的特解。

解：1)将 $x(t)=t^2$ 代入系统微分方程的右端，得到 t^2+2t，参考表 2-2，选择特解通式 $y_p(t)=B_1t^2+B_2t+B_3$ 并代入系统微分方程得：

$$12B_1t^2+(12B_2+32B_1)t+(14B_1+16B_2+12B_3)=t^2+2t$$

等式两端同幂次的系数应相等，则有：

$$\begin{cases}12B_1=1\\12B_2+32B_1=2\\14B_1+16B_2+12B_3=0\end{cases}$$

解得 $B_1=\frac{1}{12}$，$B_2=-\frac{1}{18}$，$B_3=-\frac{5}{216}$。

因此，当 $x(t)=t^2$ 时的特解为 $y_p(t)=\frac{1}{12}t^2-\frac{1}{18}t-\frac{5}{216}$。

2)将 $x(t)=e^{-2t}$ 代入系统微分方程的右端，得到 $-e^{-2t}$，参考表 2-2，同时考虑到齐次解中也有 e^{-2t} 项，且为 -2 二重特征根。选择特解通式 $y_p(t)=B_1t^2e^{-2t}$ 并代入系统微分方程得：

$$\frac{d^3y(t)}{dt^3}+7\frac{d^2y(t)}{dt^2}+16\frac{dy(t)}{dt}+12y(t)=\frac{dx(t)}{dt}+x(t)$$

$$2B_1e^{-2t}=-e^{-2t}$$

等式两端同幂次的系数应相等：

$$2B_1=-1$$

解得 $B_1=-0.5$。

因此，当 $x(t)=e^{-2t}$ 时的特解为 $y_p(t)=-0.5t^2e^{-2t}$。

3. 完全解

将齐次解 $y_h(t)$ 与特解 $y_p(t)$ 相加，即得到系统微分方程的完全解，即式(2-68)。

从经典法的求解过程来看，完全解中的齐次解不受系统激励的约束，完全取决于系统自身的内部状态，它表示系统的**自由响应**(也称为**自然响应**或**固有响应**)。特征方程的根 r_k $(k=1, 2, \cdots, n)$称为系统的**固有频率**(也称为**自由频率**或**自然频率**)，它决定了系统自由响应的全部形式。完全解中的特解由系统激励决定，与激励信号的形式密切相关，称为系统的**强迫响应**。因此，整个系统的完全解表征的**完全响应**由系统自身特性决定的自由响应和与外加激励信号有关的强迫响应两部分组成，此基本关系如图 2-29 所示。

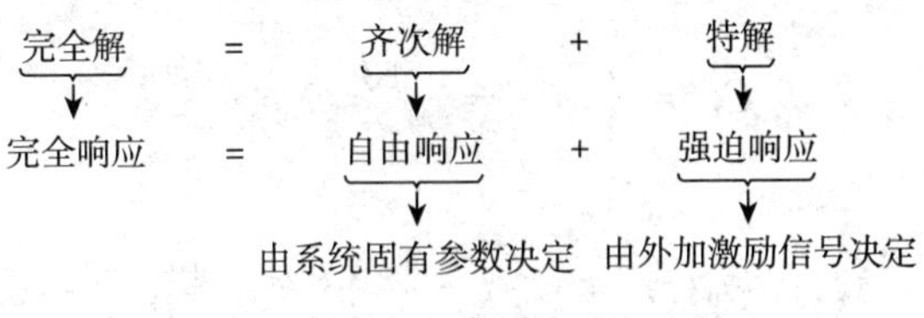

完全解 = 齐次解 + 特解
↓　　　↓　　　↓
完全响应 = 自由响应 + 强迫响应
　　　　　↓　　　↓
由系统固有参数决定　由外加激励信号决定

图 2-29　系统响应与系统方程解的关系

【例 2-7】 设系统微分方程同例 2-5，已知系统初始条件为 $y(0)=\frac{1}{216}$，$y'(0)=\frac{1}{9}$，$y''(0)=\frac{1}{6}$，若系统激励为 1) $x(t)=t^2$；2) $x(t)=e^{-2t}$，分别求这两种情况下方程的完全解。

解：1)当 $x(t)=t^2$，例 2-5 已求得系统齐次解为 $y_h(t)=(C_1t+C_2)e^{-2t}+C_3e^{-3t}$，例 2-6 已求得系统特解为 $y_p(t)=\frac{1}{12}t^2-\frac{1}{18}t-\frac{5}{216}$，则系统的完全解为

$$y(t)=y_h(t)+y_p(t)=(C_1t+C_2)e^{-2t}+C_3e^{-3t}+\frac{1}{12}t^2-\frac{1}{18}t-\frac{5}{216}$$

$$y'(t)=(-2C_1t+C_1-2C_2)e^{-2t}-3C_3e^{-3t}+\frac{1}{6}t-\frac{1}{18}$$

$$y''(t)=(4C_1t-4C_1+4C_2)e^{-2t}+9C_3e^{-3t}+\frac{1}{6}$$

又 $y(0)=\frac{1}{216}$，$y'(0)=\frac{1}{9}$，$y''(0)=\frac{1}{6}$，则：

$$\begin{cases}C_2+C_3=\frac{1}{36}\\ C_1-2C_2-3C_3=\frac{1}{6}\\ -4C_1+4C_2+9C_3=0\end{cases}$$

解得：

$$C_1=1,C_2=-\frac{3}{4},C_3=\frac{7}{9}$$

则方程的完全解为 $y(t)=y_h(t)+y_p(t)=\left(t-\frac{3}{4}\right)e^{-2t}+\frac{7}{9}e^{-3t}+\frac{1}{12}t^2-\frac{1}{18}t-\frac{5}{216}$

(2)当 $x(t)=e^{-2t}$，例 2-5 已求得系统齐次解为 $y_h(t)=(C_1t+C_2)e^{-2t}+C_3e^{-3t}$，例 2-6 已求得系统特解为 $y_p(t)=-0.5t^2e^{-2t}$，则系统完全解为

$$y(t)=y_h(t)+y_p(t)=(C_1t+C_2)e^{-2t}+C_3e^{-3t}-0.5t^2e^{-2t}$$

$$y'(t)=(-2C_1t+C_1-2C_2)e^{-2t}-3C_3e^{-3t}-te^{-2t}+t^2e^{-2t}$$

$$y''(t)=(4C_1t-4C_1+4C_2)e^{-2t}+9C_3e^{-3t}-e^{-2t}+4te^{-2t}-2t^2e^{-2t}$$

又 $y(0)=\frac{1}{216}$，$y'(0)=\frac{1}{9}$，$y''(0)=\frac{1}{6}$，则：

$$\begin{cases}C_2+C_3=\frac{1}{216}\\ C_1-2C_2-3C_3=\frac{1}{9}\\ -4C_1+4C_2+9C_3=\frac{7}{6}\end{cases}$$

解得：

$$C_1=\frac{7}{4},C_2=-\frac{13}{8},C_3=\frac{44}{27}$$

则方程的完全解为

$$y(t)=y_h(t)+y_p(t)=\left(\frac{7}{4}t-\frac{13}{8}\right)e^{-2t}+\frac{44}{27}e^{-3t}-0.5t^2e^{-2t}$$

由例 2-7 可知，为求系统微分方程唯一的完全解，需要给出一组已知条件，以确定完全解表达式中的待定系数(即齐次解表达式中的待定系数)。对于 n 阶微分方程表示的系统，待定系数有 n 个，因此，从方程求解的角度来看，在自变量定义域内，只要获取与完全解函数相关的 n 个特定值就可确定完全解的表达式。然而，从系统分析的角度看，则需要根据系统的实际情况来获取 n 个特定值。

通常，将系统激励输入的时刻作为系统观察的初始时刻，记为 $t=0$。一般地，习惯将 $t=0$ 处系统完全响应(对应完全解)$y(t)$及其各阶导数的值作为确定完全解表达式中待定系数的已知条件，称为**初始条件**，如例 2-7 中，初始条件为 $y(0)=\frac{1}{216}$，$y'(0)=\frac{1}{9}$，$y''(0)=\frac{1}{6}$。

然而，考虑在激励作用下，系统响应 $y(t)$ 及其各阶导数在 $t=0$ 处可能会发生跳变或出现冲激，为此，在更为严格细致的系统分析中，需要分别考察 $y(t)$ 及其各阶导数在初始时刻前一瞬间 $t=0_-$ 和后一瞬间 $t=0_+$ 时的情况，称为系统在 0_- 和 0_+ 时刻的状态。0_- 时刻的状态，即 $y(0_-)$ 及其各阶导数，反映了历史激励信号对系统作用的效果，它们与 $t=0$ 时刻的激励无关，称为系统的**初始状态**。而 0_+ 时刻的状态则体现了历史激励信号和 $t=0$ 时刻的激励信号对系统共同作用的效果。若激励信号 $x(t)$ 是在 $t=0$ 时刻加入系统，则求解全响应的时间区间实质上为 $0_+\leqslant t<\infty$。因此，用经典法求解完全解所需的一组已知条件，也称为**边界条件**，即在 $0_+\leqslant t<\infty$ 区间内任何时刻 t_0 处的 $y(t_0)$，$\dfrac{\mathrm{d}y(t_0)}{\mathrm{d}t}$，$\dfrac{\mathrm{d}^2y(t_0)}{\mathrm{d}t^2}$，…，$\dfrac{\mathrm{d}^{n-1}y(t_0)}{\mathrm{d}t^{n-1}}$，$n$ 个值。通常取 $t_0=0_+$，这样对应的一组已知条件才为严格意义上**系统的初始条件**，记为 $y^{(i)}(0_+)(i=0,1,\cdots,n-1)$。

采用经典法分析系统响应时，存在很多局限。若描述系统的微分方程中激励项较为复杂，则难以设定相应的特解形式；若激励信号发生变化，则系统完全响应需全部重新求解；若初始条件发生变化，则系统的完全响应也需要全部重新求解。经典法是一种纯数学研究方法，系统响应的物理概念较难凸显。

2.4　零输入响应和零状态响应

在经典法中，系统的完全响应（完全解）表示为自由响应（齐次解）与强迫响应（特解）之和。其实，产生系统响应的原因无非两个：系统的初始状态和系统的激励信号。那么，系统的完全响应也可以做这样的分解：仅由系统的初始状态形成的响应加上仅由系统的激励信号形成的响应。仅由系统的初始状态形成的响应与系统的输入信号（即激励信号）无关，称为**零输入响应**；而仅由系统的激励信号形成的响应与系统的初始状态无关，称为**零状态响应**。即：

$$y(t)=y_{\mathrm{zi}}(t)+y_{\mathrm{zs}}(t) \tag{2-71}$$

式(2-71)中，$y_{\mathrm{zi}}(t)$ 为零输入响应，$y_{\mathrm{zs}}(t)$ 为零状态响应。

2.4.1　零输入响应

零输入响应 $y_{\mathrm{zi}}(t)$ 没有外加激励信号的作用，即 $x^{(j)}(t)=0(j=0,1,\cdots,m)$。因此，$y_{\mathrm{zi}}(t)$ 满足系统常系数微分方程所对应的齐次方程，即：

$$\sum_{i=0}^{n}a_iy_{\mathrm{zi}}^{(i)}(t)=0 \tag{2-72}$$

则 $y_{\mathrm{zi}}(t)$ 与系统微分方程齐次解形式一致，参照表 2-1。

为简化起见，设系统特征根为 n 个不相等的实根，则 $y_{\mathrm{zi}}(t)$ 表达式为

$$y_{\mathrm{zi}}(t)=\sum_{k=1}^{n}C_{\mathrm{zi}k}\mathrm{e}^{r_kt} \tag{2-73}$$

式(2-73)中，待定常数 $C_{\mathrm{zi}k}$ 由系统在 $t=0_-$ 的初始状态决定，即由 $y^{(i)}(0_-)(i=0,1,\cdots,n-1)$ 决定。

值得注意的是，在前述经典法中，为求系统的完全解，需将系统的**初始条件** $y^{(i)}(0_+)(i=0,1,\cdots,n-1)$ 代入完全解的表达式中，以确定齐次解中的未知参数 $C_k(k=1,2,\cdots,n)$。而在这里，为求系统的零输入响应 $y_{\mathrm{zi}}(t)$，需将系统的**初始状态** $y^{(i)}(0_-)(i=0,1,\cdots,n-1)$ 代入零输入响应的表达式中，以确定未知参数 $C_{\mathrm{zi}k}(k=1,2,\cdots,n)$。因此，零输入响应与齐次解形式相同，但结果一般不同。

2.4.2 零状态响应

零状态响应 $y_{zs}(t)$不考虑系统初始储能的作用，即 $y^{(i)}(0_-)=0(i=0，1，\cdots，n-1)$。通常称 $y^{(i)}(0_-)=0(i=0，1，\cdots，n-1)$的系统为**初始松弛系统**。

零状态响应 $y_{zs}(t)$满足系统的微分方程，即式(2-67)，因此，$y_{zs}(t)$的表达形式与完全解的表达形式类似，进一步分析，$y_{zs}(t)$是由系统微分方程齐次解去掉零输入响应 $y_{zi}(t)$之后的部分加上特解构成的，即：

$$y_{zs}(t)=\sum_{k=1}^{n}C_{zsk}\mathrm{e}^{r_k t}+y_p(t) \tag{2-74}$$

且 $y_{zs}^{(i)}(0_-)=0(i=0，1，\cdots，n-1)$。

至此，系统完全响应的表达式为

$$\begin{aligned} y(t)&=y_h(t)+y_p(t)=\sum_{k=1}^{n}C_k\mathrm{e}^{r_k t}+y_p(t) \\ &=\sum_{k=1}^{n}C_{zik}\mathrm{e}^{r_k t}+\sum_{k=1}^{n}C_{zsk}\mathrm{e}^{r_k t}+y_p(t)=y_{zi}(t)+y_{zs}(t) \end{aligned} \tag{2-75}$$

式(2-75)中，假设系统特征根为 n 个不相等的实根。

图 2-29 可进一步完善为图 2-30 所示。

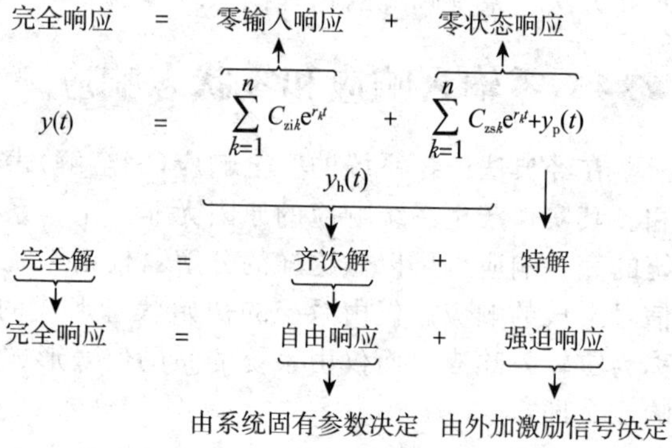

完全响应 = 零输入响应 + 零状态响应

$y(t)$ = $\sum_{k=1}^{n}C_{zik}\mathrm{e}^{r_k t}$ + $\sum_{k=1}^{n}C_{zsk}\mathrm{e}^{r_k t}+y_p(t)$

$y_h(t)$

完全解 = 齐次解 + 特解

完全响应 = 自由响应 + 强迫响应

由系统固有参数决定　由外加激励信号决定

图 2-30　系统方程解与系统响应的关系

【例 2-8】 给定某系统的微分方程为

$$\frac{\mathrm{d}^2y(t)}{\mathrm{d}^2t}+3\frac{\mathrm{d}y(t)}{\mathrm{d}t}+2y(t)=\frac{\mathrm{d}x(t)}{\mathrm{d}t}+2x(t)$$

设系统的初始状态为 $y(0_-)=1$，$y'(0_-)=1$。若有外部激励 $x(t)=t^2$，$t>0$，求系统的零输入响应 $y_{zi}(t)$、零状态响应 $y_{zs}(t)$及完全响应。

解：1) 求零输入响应。

该系统的特征方程为 $r^2+3r+2=0$，求得特征根为 $r_1=-1$，$r_2=-2$。故有：

$$y_{zi}(t)=C_{zi1}\mathrm{e}^{-t}+C_{zi2}\mathrm{e}^{-2t}$$

将初始状态代入 $y_{zi}(t)$表达式，得

$$\begin{cases} C_{zi1}+C_{zi2}=1 \\ -C_{zi1}-2C_{zi2}=1 \end{cases}$$

解得 $C_{zi1}=3$，$C_{zi2}=-2$，则零输入响应为

$$y_{zi}(t)=3\mathrm{e}^{-t}-2\mathrm{e}^{-2t},t\geqslant 0$$

2) 求零状态响应。

因外部激励 $x(t)=t^2$，参考表 2-2，选择特解通式为 $y_p(t)=B_1t^2+B_2t+B_3$，代入系统微分方程得 $B_1=1$，$B_2=-2$，$B_3=2$，则：

$$y_p(t)=t^2-2t+2$$

故零状态响应为

$$y_{zs}(t)=C_{zs1}\mathrm{e}^{-t}+C_{zs2}\mathrm{e}^{-2t}+y_p(t)=C_{zs1}\mathrm{e}^{-t}+C_{zs2}\mathrm{e}^{-2t}+t^2-2t+2,t>0$$

现在需要求系统零状态响应的初始条件 $y_{zs}(0_+)$、$y'_{zs}(0_+)$。将 $x(t)=t^2$，$t>0$，即 $x(t)=t^2\varepsilon(t)$代入系统方程得：

$$y''(t)+3y'(t)+2y(t)=2t\varepsilon(t)+2t^2\varepsilon(t)+t^2\delta(t)=2t\varepsilon(t)+2t^2\varepsilon(t)$$

由于该方程右端不存在 $\delta(t)$ 项，所以左端就不包含 $\delta(t)$ 项，说明系统输出及其各阶导数在 0_- 到 0_+ 不会出现跳变。

根据零状态响应的定义，$y(0_-)=y(0_+)=0$，$y'(0_-)=y'(0_+)=0$，代入上式得：

$$\begin{cases} C_{zs1}+C_{zs2}+2=0 \\ -C_{zs1}-2C_{zs2}-2=0 \end{cases}$$

解得 $C_{zs1}=-2$，$C_{zs2}=0$，于是：

$$y_{zs}(t)=-2e^{-t}+t^2-2t+2, t\geqslant 0$$

3）求完全响应。

系统的完全响应为

$$\begin{aligned} y(t) &= y_{zi}(t)+y_{zs}(t)=(3e^{-t}-2e^{-2t})+(-2e^{-t}+t^2-2t+2) \\ &=-2e^{-2t}+e^{-t}+t^2-2t+2, t\geqslant 0 \end{aligned} \tag{2-76}$$

在所求得的式(2-76)全响应表达式中，项 t^2-2t+2 为系统方程的特解，它按照特定的函数规律随时间发生变化，代表了全响应中的**稳态分量**，也称为**稳态响应**；项 $-2e^{-2t}+e^{-t}$ 为系统方程的齐次解，将随时间按指数规律衰减至零，代表了全响应中的**暂态分量**，也称为**暂态响应**。因此，系统的完全响应也可表示为

$$\text{完全响应}=\text{稳态响应}+\text{暂态响应} \tag{2-77}$$

2.5 用线性常系数微分方程描述的系统为线性时不变因果系统的条件

以上讨论了连续系统的线性常系数微分方程描述及其经典解法。从微分方程求解的数学角度看，可将系统的完全响应(即微分方程的完全解)表示为对应齐次解的自由响应与对应特解的强迫响应之和；从实际系统分析的角度看，又可将系统的完全响应表示为仅由系统初始状态决定的零输入响应与仅由系统外加激励决定的零状态响应之和。这种对系统完全响应的不同分解方式，都是基于响应的数学表达形式具有线性叠加的性质，即描述该系统的线性常系数微分方程本身满足解的线性叠加性质。然而，线性常系数微分方程所描述的系统却不一定就是线性系统，也不一定是时不变的，甚至是因果的系统。下面，将重点讨论用线性常系数微分方程描述的系统为线性系统的条件，并进一步说明与系统因果性和时不变性的关系。更为详细的相关理论讨论将在第 7 章的离散域中展开。

1. 线性

已知连续系统可由线性常系数微分方程式所描述，即：

$$\sum_{i=0}^{n} a_i y^{(i)}(t)=\sum_{j=0}^{m} b_j x^{(j)}(t) \tag{2-78}$$

其初始状态为 $y^{(i)}(0_-)=y_i(i=0, 1, \cdots, n-1)$。

根据连续系统零输入响应与零状态响应的定义，可知：

$$y(t)=y_{zi}(t)+y_{zs}(t) \tag{2-79}$$

因此，

$$\begin{cases} \sum_{i=0}^{n} a_i y_{zi}^{(i)}(t)=0 \\ y_{zi}^{(i)}(0_-)=y_i(i=0,1,\cdots,n-1) \end{cases} \tag{2-80}$$

以及

$$\begin{cases} \sum_{i=0}^{n} a_i y_{zs}^{(i)}(t)=\sum_{j=0}^{m} b_j x^{(j)}(t) \\ y_{zs}^{(i)}(0_-)=0(i=0,1,\cdots,n-1) \end{cases} \tag{2-81}$$

为使证明过程简单，设系统特征根为 n 个不相等的实根，则：

$$y_{zi}(t)=\sum_{k=1}^{n}C_{zik}e^{r_k t}\ \text{且}\ y_{zi}^{(i)}(0_-)=y_i(i=0,1,\cdots,n-1) \tag{2-82}$$

$$y_{zs}(t)=\sum_{k=1}^{n}C_{zsk}e^{r_k t}+y_p(t)\ \text{且}\ y_{zs}^{(i)}(0_-)=0(i=0,1,\cdots,n-1) \tag{2-83}$$

(1)考察零输入响应 $y_{zi}(t)$

系统零输入响应 $y_{zi}(t)$与系统激励无关，无论激励为何，当系统的初始状态确定后，$y_{zi}(t)$都保持不变，可由式(2-82)唯一确定。

(2) 考察零状态响应 $y_{zs}(t)$

根据(2-83)，可得：

$$\begin{cases}\sum_{k=1}^{n}C_{zsk}+y_p(0_+)=0\\ \sum_{k=1}^{n}r_kC_{zsk}+y_p^{(1)}(0_+)=0\\ \sum_{k=1}^{n}r_k^2C_{zsk}+y_p^{(2)}(0_+)=0\\ \vdots\\ \sum_{k=1}^{n}r_k^{n-1}C_{zsk}+y_p^{(n-1)}(0_+)=0\end{cases} \tag{2-84}$$

将式(2-84)的方程组写成矩阵形式，得

$$\boldsymbol{D}\boldsymbol{C}_{zs}=\boldsymbol{Y}_p \tag{2-85}$$

在式(2-85)中，$\boldsymbol{D}$ 为方程组系数矩阵：

$$\boldsymbol{D}=\begin{pmatrix}1 & 1 & 1 & \cdots & 1\\ r_1 & r_2 & r_3 & \cdots & r_n\\ r_1^2 & r_2^2 & r_3^2 & \cdots & r_n^2\\ \vdots & \vdots & \vdots & \vdots & \vdots\\ r_1^{n-1} & r_2^{n-1} & r_3^{n-1} & \cdots & r_n^{n-1}\end{pmatrix} \tag{2-86}$$

$\boldsymbol{C}_{zs}$为待求系数向量，即：

$$\boldsymbol{C}_{zs}=[C_{zs1},C_{zs2},\cdots,C_{zsn}]^T \tag{2-87}$$

在式(2-87)中，$[g]^T$ 表示向量或矩阵的转置。

$\boldsymbol{Y}_p$为特解及其各阶导数在 $t=0_+$ 时的值组成的向量，即：

$$\boldsymbol{Y}_p=[-y_p(0),-y_p^{(1)}(0),\cdots,-y_p^{(n-1)}(0)]^T \tag{2-88}$$

由(2-86)可知，系数矩阵 $\boldsymbol{D}$ 的行列式 $\boldsymbol{D}_n$ 为范德蒙行列式，即：

$$\boldsymbol{D}_n=\begin{vmatrix}1 & 1 & 1 & \cdots & 1\\ r_1 & r_2 & r_3 & \cdots & r_n\\ r_1^2 & r_2^2 & r_3^2 & \cdots & r_n^2\\ \vdots & \vdots & \vdots & \vdots & \vdots\\ r_1^{n-1} & r_2^{n-1} & r_3^{n-1} & \cdots & r_n^{n-1}\end{vmatrix}=\prod_{1\leqslant j<i\leqslant n}(r_i-r_j) \tag{2-89}$$

因为 r_1、r_2、…、r_n 为系统微分方程 n 个不相等的特征根，故 $\boldsymbol{D}_n\neq0$，$\boldsymbol{D}$ 为可逆矩阵，其逆矩阵记为 $\boldsymbol{D}^{-1}$，则方程(2-85)有唯一的解，即：

$$\boldsymbol{C}_{zs}=\boldsymbol{D}^{-1}\boldsymbol{Y}_p \tag{2-90}$$

令 $\boldsymbol{R}(t)=[e^{r_1 t}, e^{r_2 t}, \cdots, e^{r_n t}]$，则零状态响应 $y_{zs}(t)$可表示为

$$y_{zs}(t)=\boldsymbol{R}(t)\boldsymbol{C}_{zs}+y_p(t)=\boldsymbol{R}(t)\boldsymbol{D}^{-1}\boldsymbol{Y}_p+y_p(t) \tag{2-91}$$

式(2-91)中，当 $y_p(t)$变化为原来的 a 倍(a 为任意常数)时，$y_p^{(i)}(t)(i=1, \cdots, n-1)$就变化为原来的 a 倍，那么 $\boldsymbol{Y}_p$也变化为原来的 a 倍，即 **$y_{zs}(t)$对 $y_p(t)$满足齐次性**；同时式(2-91)也表明 **$y_{zs}(t)$对 $y_p(t)$也满足叠加性**，即 **$y_{zs}(t)$对 $y_p(t)$满足齐次性和叠加性。**

再来进一步考察系统微分方程特解 $y_p(t)$与激励 $x(t)$的关系。根据 $y_p(t)$的求解过程，参考表 2-2，$y_p(t)$的形式直接取决于 $x(t)$的形式，当 $x(t)$变化为原来的 a 倍(a 为任意常数)时，$y_p(t)$也必然变化为原来的 a 倍；当 $x(t)$为几个信号的叠加时，$x(t)$对应的 $y_p(t)$也必然为这几个信号分别对应的特解的叠加，即 **$y_p(t)$对激励 $x(t)$满足齐次性和叠加性。**

综上所述，**系统的零状态响应 $y_{zs}(t)$对系统激励 $x(t)$满足齐次性和叠加性。**

(3) 考察全响应 $y(t)$

假设激励 $x_1(t)$、$x_2(t)$分别作用于系统，产生的全响应依次为 $y_1(t)$、$y_2(t)$，则由式(2-79)得：

$$y_1(t)=y_{zi}(t)+y_{1zs}(t) \tag{2-92}$$

$$y_2(t)=y_{zi}(t)+y_{2zs}(t) \tag{2-93}$$

当激励为 $x(t)=ax_1(t)+bx_2(t)$时，a、b 为任意常数，系统的全响应可表示为

$$y(t)=y_{zi}(t)+y_{zs}(t) \tag{2-94}$$

根据 $y_{zs}(t)$对系统激励 $x(t)$满足齐次性和叠加性，则：

$$y_{zs}(t)=ay_{1zs}(t)+by_{2zs}(t) \tag{2-95}$$

因此，

$$y(t)=y_{zi}(t)+ay_{1zs}(t)+by_{2zs}(t) \tag{2-96}$$

又由式(2-92)～式(2-94)可知：

$$ay_1(t)+by_2(t)=(a+b)y_{zi}(t)+ay_{1zs}(t)+by_{1zs}(t) \tag{2-97}$$

若系统为线性，则应有：

$$y(t)=ay_1(t)+by_2(t), a、b \text{ 为任意常数} \tag{2-98}$$

将式(2-96)、式(2-97)代入式(2-98)得：

$$\begin{aligned} &y_{zi}(t)+ay_{1zs}(t)+by_{2zs}(t) \\ &=(a+b)y_{zi}(t)+ay_{1zs}(t)+by_{1zs}(t), a、b \text{ 为任意常数} \end{aligned} \tag{2-99}$$

即：

$$y_{zi}(t)=(a+b)y_{zi}(t), a、b \text{ 为任意常数} \tag{2-100}$$

当 a、b 为任意常数时，要使式(2-100)恒成立，当且仅当

$$y_{zi}(t)=0, t\geqslant 0 \tag{2-101}$$

因此，用**线性常系数微分方程所描述的系统为线性系统的充分必要条件是系统的零输入响应为零。**

进一步，根据式(2-82)可知：

$$\begin{cases} \sum_{k=1}^{n} C_{zik}=y_{zi}(0_-)=y_0 \\ \sum_{k=1}^{n} r_k C_{zik}=y'_{zi}(0_-)=y_1 \\ \sum_{k=1}^{n} r_k^2 C_{zik}=y_{zi}^{(2)}(0_-)=y_2 \\ \quad\vdots \\ \sum_{k=1}^{n} r_k^{n-1} C_{zik}=y_{zi}^{(n-1)}(0_-)=y_{n-1} \end{cases} \tag{2-102}$$

也将式(2-102)方程组写成矩阵形式，得：

$$\boldsymbol{D}\boldsymbol{C}_{zi} = \boldsymbol{Y} \tag{2-103}$$

式中，$C_{zs} = [C_{zi1}, C_{zi2}, \cdots, C_{zin}]^T$，$\boldsymbol{Y} = [y_{zi}(0_-), y'_{zi}(0_-), \cdots, y_{zi}^{(n-1)}(0_-)]^T = [y_0, y_1, \cdots, y_{n-1}]^T$。

则：

$$\boldsymbol{C}_{zi} = \boldsymbol{D}^{-1}\boldsymbol{Y} \tag{2-104}$$

零输入响应 $y_{zi}(t)$ 可表示为

$$y_{zi}(t) = \boldsymbol{R}(t)\boldsymbol{C}_{zi} = \boldsymbol{R}(t)\boldsymbol{D}^{-1}\boldsymbol{Y} \tag{2-105}$$

当系统为线性系统时，$y_{zi}(t)=0$，$t\geqslant 0$，则由式(2-105)可知，此时必有：

$$\begin{cases} \boldsymbol{C}_{zi} = 0 \\ \boldsymbol{Y} = 0 \end{cases} \tag{2-106}$$

即：

$$\begin{cases} C_{zi1} = C_{zi2} = \cdots = C_{zin} = 0 \\ y_{zi}(0_-) = y'_{zi}(0_-) = \cdots = y_{zi}^{(n-1)}(0_-) = 0 \text{ 或 } y_0 = y_1 = \cdots = y_{n-1} = 0 \end{cases} \tag{2-107}$$

因此，也可以说用**线性常系数微分方程所描述的系统为线性系统的充分必要条件是系统的初始状态为零**。

根据上述结论，在例 2-7、例 2-8 中，尽管系统方程都是线性常系数微分方程，但由于系统的初始状态非零，因而都为非线性系统。

2. 因果性

根据定义，一个因果系统的激励是产生响应的原因，有激励才有响应，无激励则无响应，即若 $x(t)=0$，$t<t_0$，则 $y(t)=0$，$t<t_0$，t_0 为系统的初始观察时刻，一般取 $t_0=0$。

在上述系统线性条件的讨论中已经明确表示，零状态响应 $y_{zs}(t)$ 是激励 $x(t)$ 的结果，而零输入响应 $y_{zi}(t)$ 与激励 $x(t)$ 无关。因此，系统因果性的条件也是零输入响应为零或系统的初始状态为零。根据系统满足线性的充分必要条件是零输入响应为零或系统的初始状态为零，则不难得出，**用线性常系数微分方程描述的线性系统也为因果系统。**

3. 时不变性

根据定义，一个时不变系统的输入输出特性不随时间起点的变化而变化，即若 $y(t)=T[x(t)]$，则 $y(t-\tau)=T[x(t-\tau)]$，τ 为激励的时移。

同样，从系统线性条件的讨论中已知，零状态响应 $y_{zs}(t)$ 是激励 $x(t)$ 的结果，当激励的起点发生变化时，系统响应中能够与激励进行相应时移的是零状态响应 $y_{zs}(t)$；而零输入响应 $y_{zi}(t)$ 与激励 $x(t)$ 无关，它不会随着 $x(t)$ 进行相应的时移。因此，系统时不变性的条件也是零输入响应为零或系统的初始状态为零。因此，**用线性常系数微分方程描述的线性系统也为时不变系统。**

综上所述，当零输入响应为零或初始状态为零时，用线性常系数微分方程描述的系统为线性时不变因果系统。

2.6 冲激响应和阶跃响应

2.6.1 冲激响应

对于线性时不变系统，在初始状态为零的条件下，以单位冲激信号 $\delta(t)$ 作为激励所产生的响应，称为系统的**冲激响应**，通常用 $h(t)$ 表示。换而言之，$h(t)$ 是激励为 $\delta(t)$ 时系统的零状态响应，如图 2-31 所示。

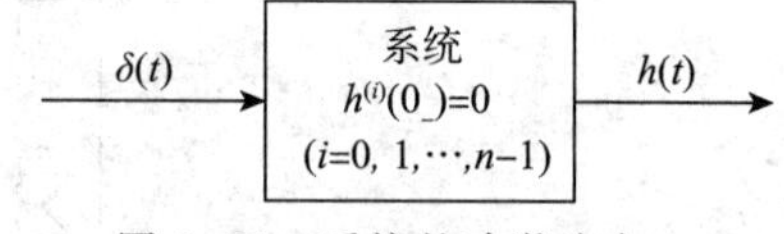

图 2-31 系统的冲激响应

根据定义，对于用式(2-78)的线性常系数微分方程所描述的系统，其冲激响应 $h(t)$满足：

$$\sum_{i=0}^{n} a_i h^{(i)}(t) = \sum_{j=0}^{m} b_j \delta^{(j)}(t), t \geqslant 0 \text{ 且 } h^{(i)}(0_-) = 0(i = 0,1,\cdots,n-1) \quad (2\text{-}108)$$

根据冲激信号的性质，$\delta^{(j)}(t)=0 \quad t\geqslant 0_+ (j=0, 1, \cdots, m)$，故式(2-108)可转化为

$$\sum_{i=0}^{n} a_i h^{(i)}(t) = 0, t \geqslant 0_+ \text{ 且 } h^{(i)}(0_-) = 0(i = 0,1,\cdots,n-1) \quad (2\text{-}109)$$

式(2-109)为齐次微分方程，故冲激响应 $h(t)$具有齐次解的表达形式，假设系统特征根为 n 个不相等的实根。

1)当 $n>m$ 时，$h(t)$可表示为

$$h(t) = \left(\sum_{k=1}^{n} C_k \mathrm{e}^{r_k t}\right)\varepsilon(t) \quad (2\text{-}110)$$

2)当 $n\leqslant m$ 时，为使式(2-108)在 $t=0$ 时方程两边的冲激信号及其高阶导数相等，$h(t)$的表达式中需含有 $\delta(t)$及其相应阶的导数项 $\delta^{(m-n)}(t)$，$\delta^{(m-n-1)}(t)$，…，$\delta'(t)$。

【例 2-9】 设某系统的微分方程为

$$\frac{\mathrm{d}^2 y(t)}{\mathrm{d}^2 t} + 5\frac{\mathrm{d}y(t)}{\mathrm{d}t} + 6y(t) = 2\frac{\mathrm{d}x(t)}{\mathrm{d}t} + x(t),\ t \geqslant 0$$

求其冲激响应 $h(t)$。

解：根据冲激响应的定义，由式(2-108)得：

$$\frac{\mathrm{d}^2 h(t)}{\mathrm{d}^2 t} + 5\frac{\mathrm{d}h(t)}{\mathrm{d}t} + 6h(t) = 2\frac{\mathrm{d}\delta(t)}{\mathrm{d}t} + 5\delta(t),\ t \geqslant 0$$

求得系统的特征根为 $r_1=-2$，$r_2=-3$。

由于 $n>m$，由式(2-110)可知，冲激响应可表示为

$$h(t) = (C_1\mathrm{e}^{-2t} + C_2\mathrm{e}^{-3t})\varepsilon(t)$$

则有：

$$\frac{\mathrm{d}h(t)}{\mathrm{d}t} = (C_1 + C_2)\delta(t) + (-2C_1\mathrm{e}^{-2t} - 3C_2\mathrm{e}^{-3t})\varepsilon(t)$$

$$\frac{\mathrm{d}^2 h(t)}{\mathrm{d}t^2} = (C_1 + C_2)\delta'(t) + (-2C_1 - 3C_2)\delta(t) + (4C_1\mathrm{e}^{-2t} + 9C_2\mathrm{e}^{-3t})\varepsilon(t)$$

整理得：

$$(C_1 + C_2)\delta'(t) + (3C_1 + 2C_2)\delta(t) = 2\delta'(t) + 5\delta(t)$$

令等式两边 $\delta'(t)$和 $\delta(t)$的系数相等，则有：

$$\begin{cases} C_1 + C_2 = 2 \\ 3C_1 + 2C_2 = 5 \end{cases}$$

求得 $C_1=1$，$C_2=1$。

故系统的冲激响应为

$$h(t) = (\mathrm{e}^{-2t} + \mathrm{e}^{-3t})\varepsilon(t)$$

【例 2-10】 设某系统的微分方程为

$$\frac{\mathrm{d}^2 y(t)}{\mathrm{d}^2 t} + 7\frac{\mathrm{d}y(t)}{\mathrm{d}t} + 10y(t) = \frac{\mathrm{d}^2 x(t)}{\mathrm{d}t^2} + 6\frac{\mathrm{d}x(t)}{\mathrm{d}t} + 4x(t), t \geqslant 0$$

试求系统的冲激响应 $h(t)$。

解：根据冲激响应的定义，由式(2-108)得：

$$\frac{\mathrm{d}^2 h(t)}{\mathrm{d}^2 t} + 7\frac{\mathrm{d}h(t)}{\mathrm{d}t} + 10h(t) = \delta''(t) + 6\delta'(t) + 4\delta(t), t \geqslant 0$$

求得系统的特征根为 $r_1=-2$，$r_2=-5$。

由于 $n=m$，则冲激响应可表示为

$$h(t)=(C_1\mathrm{e}^{-2t}+C_2\mathrm{e}^{-5t})\varepsilon(t)+D\delta(t),\ t\geqslant 0$$

则有：

$$\frac{\mathrm{d}h(t)}{\mathrm{d}t}=(C_1+C_2)\delta(t)+(-2C_1\mathrm{e}^{-2t}-5C_2\mathrm{e}^{-5t})\varepsilon(t)+D\delta'(t)$$

$$\frac{\mathrm{d}^2h(t)}{\mathrm{d}t^2}=(C_1+C_2)\delta'(t)+(-2C_1-5C_2)\delta(t)+(4C_1\mathrm{e}^{-2t}+25C_2\mathrm{e}^{-5t})\varepsilon(t)+D\delta''(t)$$

整理得：

$$\begin{aligned}&D\delta''(t)+(C_1+C_2+7D)\delta'(t)+(5C_1+2C_2+10D)\delta(t)\\&=\delta''(t)+6\delta'(t)+4\delta(t),t\geqslant 0\end{aligned}$$

令等式两边 $\delta(t)$ 的各阶导数系数相等，则有：

$$\begin{cases}D=1\\C_1+C_2+7D=6\\5C_1+2C_2+10D=4\end{cases}$$

求得 $D=1$，$C_1=-\dfrac{4}{3}$，$C_2=\dfrac{1}{3}$。

故系统的冲激响应为

$$h(t)=\left(-\frac{4}{3}\mathrm{e}^{-2t}+\frac{1}{3}\mathrm{e}^{-5t}\right)\varepsilon(t)+\delta(t),t\geqslant 0$$

根据式(2-109)可知，冲激响应 $h(t)$ 仅取决于系统自身的参数，与系统激励的形式无关，即确定了系统的结构与参数，此系统的冲激响应就确定了。因此，在系统的时域分析中，冲激响应 $h(t)$ 为表征系统特性的重要方式。在后续章节将会看到，$h(t)$ 的变换域表示更是分析线性时不变系统的重要手段。根据冲激信号的性质，连续系统的激励可分解为冲激信号的叠加，因此，当给定系统激励时，可通过 $h(t)$ 非常方便地求得系统的零状态响应 $y_{zs}(t)$。

2.6.2 阶跃响应

对于线性时不变系统，在初始状态为零的条件下，以单位阶跃信号 $\varepsilon(t)$ 作为激励所产生的响应，称为系统的阶跃响应，通常用 $g(t)$ 表示，如图 2-32 所示。换而言之，$g(t)$ 就是激励为 $\varepsilon(t)$ 时系统的零状态响应。

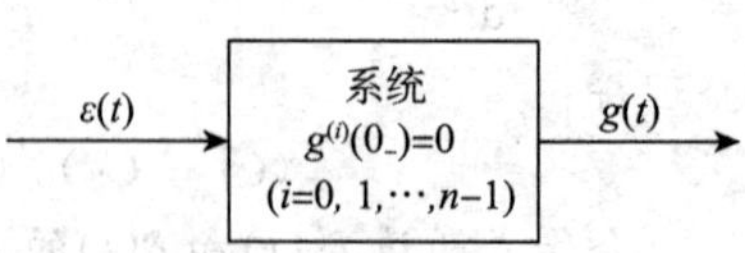

$\varepsilon(t)$ → 系统 $g^{(i)}(0_-)=0$ $(i=0,1,\cdots,n-1)$ → $g(t)$

图 2-32 系统的阶跃响应

根据定义，对于用式(2-78)的线性常系数微分方程所描述的系统，其阶跃响应 $g(t)$ 满足：

$$\sum_{i=0}^{n}a_ig^{(i)}(t)=\sum_{j=0}^{m}b_j\varepsilon^{(j)}(t),t\geqslant 0\text{ 且 }g^{(i)}(0_-)=0(i=0,1,\cdots,n-1)\quad(2\text{-}111)$$

由于 $\varepsilon^{(j)}(t)=\delta^{(j-1)}(t)=0$，$t\geqslant 0_+$ $(j=1,\ \cdots,\ m)$，故式(2-111)可化为

$$\sum_{i=0}^{n}a_ig^{(i)}(t)=b_0\varepsilon(t),t\geqslant 0_+\text{ 且 }g^{(i)}(0_-)=0(i=0,1,\cdots,n-1)\quad(2\text{-}112)$$

式(2-112)为非齐次方程，因而在阶跃响应 $g(t)$ 的表示式中包含有齐次解项和特解项。

【例 2-11】 设系统的微分方程同例 2-10，试求系统的阶跃响应 $g(t)$。

解：根据阶跃响应的定义，有：

$$\frac{\mathrm{d}^2g(t)}{\mathrm{d}^2t}+7\frac{\mathrm{d}g(t)}{\mathrm{d}t}+10g(t)=\delta'(t)+6\delta(t)+4\varepsilon(t),\ t\geqslant 0$$

已求得系统的特征根为 $r_1=-2$，$r_2=-5$。

阶跃响应可表示为

$$g(t)=(C_1\mathrm{e}^{-2t}+C_2\mathrm{e}^{-5t})\varepsilon(t)+D\varepsilon(t),\ t\geqslant 0$$

其中，D 为特解。

则有：

$$\frac{\mathrm{d}g(t)}{\mathrm{d}t}=(C_1+C_2+D)\delta(t)+(-2C_1\mathrm{e}^{-2t}-5C_2\mathrm{e}^{-5t})\varepsilon(t)$$

$$\frac{\mathrm{d}^2g(t)}{\mathrm{d}t^2}=(C_1+C_2+D)\delta'(t)+(-2C_1-5C_2)\delta(t)+(4C_1\mathrm{e}^{-2t}+25C_2\mathrm{e}^{-5t})\varepsilon(t)$$

整理得：

$$(C_1+C_2+D)\delta'(t)+(5C_1+4C_2+7D)\delta(t)+10D\varepsilon(t)=\delta'(t)+6\delta(t)+4\varepsilon(t),\ t\geqslant 0$$

令等式两边 $\delta(t)$ 的各阶导数系数相等，则有：

$$\begin{cases}D=\dfrac{2}{5}\\C_1+C_2+D=1\\5C_1+2C_2+7D=6\end{cases}$$

求得 $D=\dfrac{2}{5}$，$C_1=\dfrac{2}{3}$，$C_2=-\dfrac{1}{15}$。

故系统的阶跃响应为

$$g(t)=\left(\frac{2}{3}\mathrm{e}^{-2t}-\frac{1}{15}\mathrm{e}^{-5t}\right)\varepsilon(t)+\frac{2}{5}\varepsilon(t),\ t\geqslant 0$$

即：

$$g(t)=\left(\frac{2}{3}\mathrm{e}^{-2t}-\frac{1}{15}\mathrm{e}^{-5t}+\frac{2}{5}\right)\varepsilon(t)$$

或

$$g(t)=\frac{2}{3}\mathrm{e}^{-2t}-\frac{1}{15}\mathrm{e}^{-5t}+\frac{2}{5},\ t\geqslant 0$$

由于单位冲激信号 $\delta(t)$ 与单位阶跃信号 $u(t)$ 存在微分和积分的关系，对于线性时不变系统，$h(t)$ 和 $g(t)$ 也存在微分和积分的关系，即：

$$\begin{cases}h(t)=\dfrac{\mathrm{d}g(t)}{\mathrm{d}t}\\g(t)=\displaystyle\int_{-\infty}^{t}h(\tau)\mathrm{d}\tau\end{cases}\tag{2-113}$$

根据式(2-113)，在例 2-11 中，求得系统的阶跃响应 $g(t)=\left(\dfrac{2}{3}\mathrm{e}^{-2t}-\dfrac{1}{15}\mathrm{e}^{-5t}+\dfrac{2}{5}\right)\varepsilon(t)$ 后，可进一步直接求得系统的冲激响应：

$$\begin{aligned}h(t)=\frac{\mathrm{d}g(t)}{\mathrm{d}t}&=\left(\frac{2}{3}\mathrm{e}^{-2t}-\frac{1}{15}\mathrm{e}^{-5t}+\frac{2}{5}\right)\delta(t)+\left(-\frac{4}{3}\mathrm{e}^{-2t}+\frac{1}{3}\mathrm{e}^{-5t}\right)\varepsilon(t)\\&=\left(-\frac{4}{3}\mathrm{e}^{-2t}+\frac{1}{3}\mathrm{e}^{-5t}\right)\varepsilon(t)+\delta(t)\end{aligned}$$

此结果与例 2-10 所求一致。

同理，在例 2-10 中，求得系统的冲激响应为 $h(t)=\left(-\dfrac{4}{3}\mathrm{e}^{-2t}+\dfrac{1}{3}\mathrm{e}^{-5t}\right)\varepsilon(t)+\delta(t)$ 后，可进一步直接求得系统阶跃响应：

$$g(t)=\int_{-\infty}^{t}h(\tau)\mathrm{d}\tau=\int_{-\infty}^{t}\left(-\frac{4}{3}\mathrm{e}^{-2\tau}+\frac{1}{3}\mathrm{e}^{-5\tau}\right)\varepsilon(\tau)+\delta(\tau)\mathrm{d}\tau$$

$$= \varepsilon(t) + \int_{-\infty}^{t} \left(-\frac{4}{3}e^{-2\tau} + \frac{1}{3}e^{-5\tau}\right)\varepsilon(\tau)\,d\tau$$

$$= \varepsilon(t) + \int_{0}^{t} \left(-\frac{4}{3}e^{-2\tau} + \frac{1}{3}e^{-5\tau}\right)d\tau$$

$$= \varepsilon(t) + \frac{2}{3}e^{-2t}\varepsilon(t) - \frac{2}{3}\varepsilon(t) - \frac{1}{15}e^{-5\tau}\varepsilon(t) + \frac{1}{15}\varepsilon(t)$$

$$= \left(\frac{2}{3}e^{-2t} - \frac{1}{15}e^{-5t} + \frac{2}{5}\right)\varepsilon(t)$$

此结果与例 2-11 所求一致。

2.7 卷积及其性质

2.7.1 卷积的定义及图示

对任意两个连续信号 $x_1(t)$和 $x_2(t)$做运算：

$$x(t) = \int_{-\infty}^{+\infty} x_1(\tau)x_2(t-\tau)\,d\tau \tag{2-114}$$

称 $x(t)$为信号 $x_1(t)$和 $x_2(t)$的卷积，记为 $x(t)=x_1(t)*x_2(t)$或 $x(t)=x_1(t)\otimes x_2(t)$。在式(2-114)中，积分限取$-\infty\sim+\infty$，此为一般情况。在具体应用时，积分限将根据信号$x_1(t)$和 $x_2(t)$的自变量取值范围做相应变动。

【例 2-12】 求信号 $x_1(t)=\varepsilon(t+1)-\varepsilon(t-1)$及 $x_2(t)=\frac{1}{2}t[\varepsilon(t)-\varepsilon(t-2)]$的卷积。

解：为便于理解，本题辅以图示方法求解。

信号 $x_1(t)$和 $x_2(t)$的波形如图 2-33 所示。

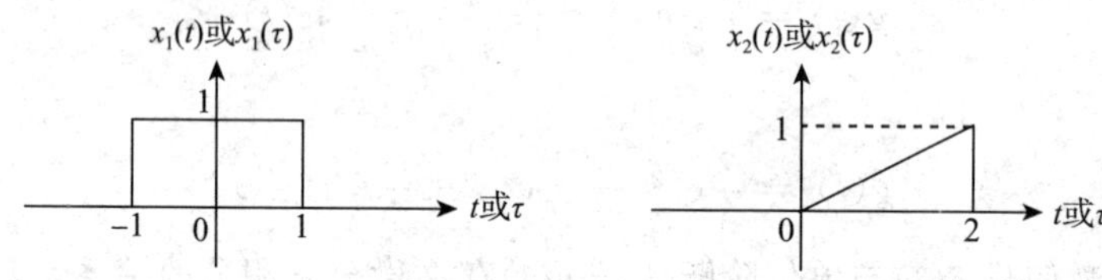

图 2-33 $x_1(t)$和 $x_2(t)$的波形

1) 根据式(2-114)，$x_2(t-\tau)$可由 $x_2(\tau)$的反折 $x_2(-\tau)$在时间轴向右时移 t(t 为参变量)得到，即 $x_2(-(\tau-t))=x_2(t-\tau)$，其图解如图 2-34 所示。

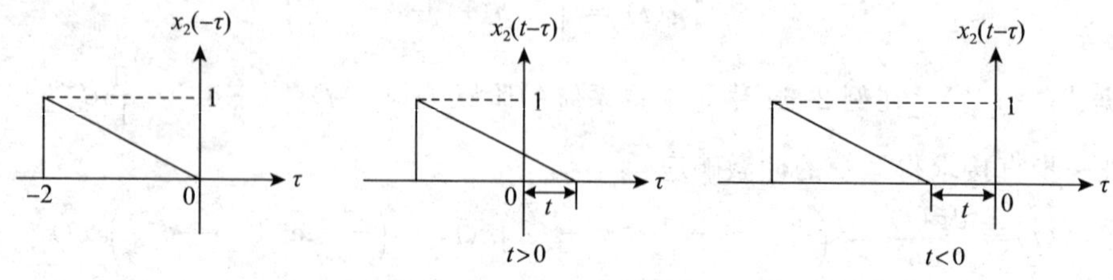

图 2-34 $x_2(-\tau)$和 $x_2(t-\tau)$的波形

2) $x_1(\tau)$和 $x_2(t-\tau)$重叠部分相乘并积分。

时移 t 可在$(-\infty,\infty)$取值，根据 t 的不同取值，$x_1(\tau)$和 $x_2(t-\tau)$重叠区间的表示形式也不同，可将 t 分解为以下 4 个区间讨论。

①$-\infty\leqslant t\leqslant -1$，如图 2-35a 所示，$x_1(t)$和 $x_2(t-\tau)$无重叠部分，故 $x(t)=x_1(t)*x_2(t)=0$。

②$-1<t\leqslant 1$，如图 2-35b 所示。

$$x(t)=x_1(t)*x_2(t)=\int_{-1}^{t}1\times\frac{1}{2}(t-\tau)\mathrm{d}\tau=\frac{1}{4}t^2+\frac{1}{2}t+\frac{1}{4}$$

③$1<t\leqslant3$，如图 2-35c 所示。

$$x(t)=x_1(t)*x_2(t)=\int_{t-2}^{1}1\times\frac{1}{2}(t-\tau)\mathrm{d}\tau=-\frac{1}{4}t^2+\frac{1}{2}t+\frac{3}{4}$$

④$3<t\leqslant+\infty$，如图 2-35d 所示，$x_1(t)$和 $x_2(t-\tau)$无重叠部分，故 $x(t)=x_1(t)*x_2(t)=0$。

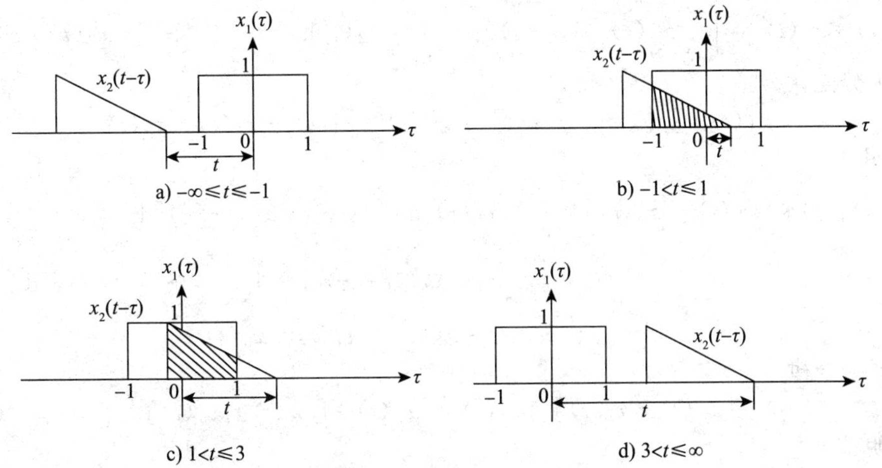

图 2-35　卷积的图示求解过程

图 2-35 中阴影部分的面积为两信号重叠区间相乘并积分的结果。图 2-36 为 $x(t)$曲线。在卷积中，积分限的确定取决于两图形重叠部分的范围，卷积结果所占的时宽等于两个信号各自时宽的总和。

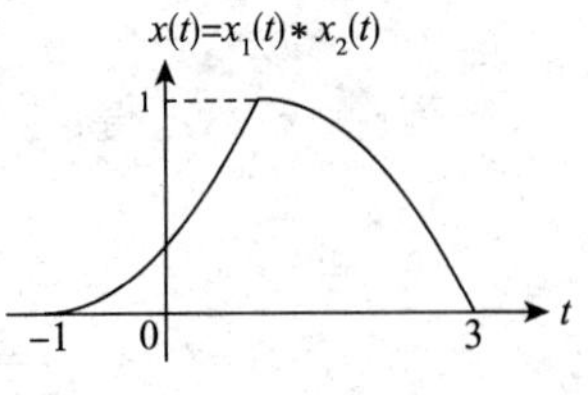

图 2-36　卷积结果

通过例 2-12，可将信号 $x_1(t)$和 $x_2(t)$卷积的图示求解过程归纳为以下几个步骤来：

1)画出 $x_1(t)$和 $x_2(t)$的波形，将波形图中的自变量 t 轴改写为τ 轴，即得到 $x_1(\tau)$和$x_2(\tau)$的波形。

2)将 $x_2(\tau)$的波形反折，得到 $x_2(-\tau)$的波形。

3)根据 t 的不同取值，$x_1(\tau)$和 $x_2(t-\tau)$重叠区间的表示形式也不同，将 t 的取值区间$(-\infty,\infty)$分解为若干小区间。

4)分别在 t 的不同小区间内，将 $x_1(\tau)$和 $x_2(t-\tau)$相乘，并计算 $x_1(\tau)x_2(t-\tau)$在 $x_1(\tau)$和 $x_2(t-\tau)$重叠区间的积分，即波形 $x_1(\tau)x_2(t-\tau)$与 t 轴所包围的净面积。

5)在 t 的不同小区间内，用分段函数来表示 4)中的积分结果，即得到信号 $x_1(t)$和 $x_2(t)$的卷积。

在图示求解两个信号卷积的过程中，需要画出信号的波形，因此该方法适用于信号波形较为简单的情况。对于波形较复杂的信号，多采用卷积的定义式并根据信号特点，结合下面即将介绍的卷积性质来求解。

2.7.2　卷积的性质

1. 卷积的代数性质

卷积运算也遵守乘法运算中的某些代数定律。

(1) 交换律

$$x_1(t) * x_2(t) = x_2(t) * x_1(t) \tag{2-115}$$

即两信号在卷积运算中的次序是可以交换的。

证明：

$$x_1(t) * x_2(t) = \int_{-\infty}^{\infty} x_1(\tau) x_2(t-\tau) \mathrm{d}\tau$$

将上式中的 τ 替换成 $t-\tau'$，于是：

$$x_1(t) * x_2(t) = \int_{-\infty}^{\infty} x_1(\tau) x_2(t-\tau) \mathrm{d}\tau = \int_{-\infty}^{\infty} x_2(\tau') x_1(t-\tau') \mathrm{d}\tau' = x_2(t) * x_1(t)$$

(2) 分配律

$$x_1(t) * [x_2(t) + x_3(t)] = x_1(t) * x_2(t) + x_1(t) * x_3(t) \tag{2-116}$$

证明：

$$\begin{aligned} x_1(t) * [x_2(t) + x_3(t)] &= \int_{-\infty}^{\infty} x_1(\tau)[x_2(t-\tau) + x_3(t-\tau)] \mathrm{d}\tau \\ &= \int_{-\infty}^{\infty} x_1(\tau) x_2(t-\tau) \mathrm{d}\tau + \int_{-\infty}^{\infty} x_1(\tau) x_3(t-\tau) \mathrm{d}\tau \\ &= x_1(t) * x_2(t) + x_1(t) * x_3(t) \end{aligned}$$

(3) 结合律

$$[x_1(t) * x_2(t)] * x_3(t) = x_1(t) * [x_2(t) * x_3(t)] \tag{2-117}$$

证明：

$$\begin{aligned} [x_1(t) * x_2(t)] * x_3(t) &= \int_{-\infty}^{\infty} \left[\int_{-\infty}^{\infty} x_1(\lambda) x_2(\tau-\lambda) \mathrm{d}\lambda\right] x_3(t-\tau) \mathrm{d}\tau \\ &= \int_{-\infty}^{\infty} x_1(\lambda) \left[\int_{-\infty}^{\infty} x_2(\tau-\lambda) x_3(t-\tau) \mathrm{d}\tau\right] \mathrm{d}\lambda \end{aligned}$$

令 $\tau' = \tau - \lambda$，得：

$$\begin{aligned} &\int_{-\infty}^{\infty} x_1(\lambda) \left[\int_{-\infty}^{\infty} x_2(\tau-\lambda) x_3(t-\tau) \mathrm{d}\tau\right] \mathrm{d}\lambda \\ &= \int_{-\infty}^{\infty} x_1(\lambda) \left[\int_{-\infty}^{\infty} x_2(\tau') x_3(t-\lambda-\tau') \mathrm{d}\tau'\right] \mathrm{d}\lambda \\ &= \int_{-\infty}^{\infty} x_1(\lambda) [x_2(t-\lambda) * x_3(t-\lambda)] \mathrm{d}\lambda \\ &= x_1(t) * [x_2(t) * x_3(t)] \end{aligned}$$

2. 卷积的微分和积分性质

(1)卷积的微分性质

两个连续信号卷积后的导数等于其中一个信号的导数与另一个信号的卷积，即：

$$\frac{\mathrm{d}}{\mathrm{d}t}[x_1(t) * x_2(t)] = x_1(t) * \frac{\mathrm{d}x_2(t)}{\mathrm{d}t} = x_2(t) * \frac{\mathrm{d}x_1(t)}{\mathrm{d}t} \tag{2-118}$$

证明：

$$\begin{aligned} \frac{\mathrm{d}}{\mathrm{d}t}[x_1(t) * x_2(t)] &= \frac{\mathrm{d}}{\mathrm{d}t} \int_{-\infty}^{\infty} x_1(\tau) * x_2(t-\tau) \mathrm{d}\tau \\ &= \int_{-\infty}^{\infty} x_1(\tau) * \frac{\mathrm{d}x_2(t-\tau)}{\mathrm{d}t} \mathrm{d}\tau = x_1(t) * \frac{\mathrm{d}x_2(t)}{\mathrm{d}t} \end{aligned}$$

同理可证明：

$$\frac{\mathrm{d}}{\mathrm{d}t}[x_1(t) * x_2(t)] = x_2(t) * \frac{\mathrm{d}x_1(t)}{\mathrm{d}t}$$

(2) 卷积的积分性质

两个连续信号卷积后的积分等于其中一个信号的积分与另一个信号的卷积，即：

$$\int_{-\infty}^{t} x_1(\lambda) * x_2(\lambda)\mathrm{d}\lambda = x_1(t) * \int_{-\infty}^{t} x_2(\lambda)\mathrm{d}\lambda = x_2(t) * \int_{-\infty}^{t} x_1(\lambda)\mathrm{d}\lambda \tag{2-119}$$

证明：

$$\begin{aligned}\int_{-\infty}^{t} x_1(\lambda) * x_2(\lambda)\mathrm{d}\lambda &= \int_{-\infty}^{t}\int_{-\infty}^{\infty} x_1(\tau)x_2(\lambda-\tau)\mathrm{d}\tau\mathrm{d}\lambda \\ &= \int_{-\infty}^{\infty} x_1(\tau)\int_{-\infty}^{t} x_2(\lambda-\tau)\mathrm{d}\lambda\mathrm{d}\tau \\ &= x_1(t) * \int_{-\infty}^{t} x_2(\lambda)\mathrm{d}\lambda\end{aligned}$$

同理可证明：

$$\int_{-\infty}^{t} x_1(\lambda) * x_2(\lambda)\mathrm{d}\lambda = x_2(t) * \int_{-\infty}^{t} x_1(\lambda)\mathrm{d}\lambda$$

类似地，可以将式(2-118)和式(2-119)推广到一般形式，即卷积的高阶导数或多重积分之间的运算规律。

设 $x(t)=x_1(t) * x_2(t)$，则有：

$$x^{(i)}(t) = x_1^{(j)}(t) * x_2^{(i-j)}(t) \tag{2-120}$$

式(2-120)中，当 i，j 取正整数时，表示导数的阶次，取负整数时，表示重积分的次数。一个典型的例子为

$$x_1(t) * x_2(t) = \frac{\mathrm{d}x_1(t)}{\mathrm{d}t} * \int_{-\infty}^{t} x_2(\tau)\mathrm{d}\tau = \int_{-\infty}^{t} x_1(\tau)\mathrm{d}\tau * \frac{\mathrm{d}x_2(t)}{\mathrm{d}t} \tag{2-121}$$

【例 2-13】 设有连续信号 $x_1(t)=t\varepsilon(t)$，$x_2(t)=\mathrm{e}^{at}\varepsilon(t)$，求两信号的卷积 $x_1(t) * x_2(t)$。

解： $\frac{\mathrm{d}x_1(t)}{\mathrm{d}t}=\frac{\mathrm{d}}{\mathrm{d}t}[t\varepsilon(t)]=t\delta(t)+\varepsilon(t)=\varepsilon(t)$，$\int_{-\infty}^{t} x_2(\tau)\mathrm{d}\tau = \int_{-\infty}^{t} \mathrm{e}^{a\tau}\varepsilon(\tau)\mathrm{d}\tau = \int_{0}^{t} \mathrm{e}^{a\tau}\mathrm{d}\tau = \frac{\mathrm{e}^{at}-1}{a}\varepsilon(t)$

根据式(2-121)可知：

$$\begin{aligned}x_1(t) * x_2(t) &= \varepsilon(t) * \frac{\mathrm{e}^{at}-1}{a}\varepsilon(t) = \int_{-\infty}^{\infty} \varepsilon(\tau)\frac{\mathrm{e}^{a(t-\tau)}-1}{a}\varepsilon(t-\tau)\mathrm{d}\tau \\ &= \frac{1}{a}\int_{0}^{t}[\mathrm{e}^{a(t-\tau)}-1]\mathrm{d}\tau = \left(-\frac{t}{a}+\frac{\mathrm{e}^{at}-1}{a^2}\right)\varepsilon(t)\end{aligned}$$

3. 与冲激信号或阶跃信号的卷积

(1)与冲激信号的卷积

连续信号 $x(t)$与单位冲激信号 $\delta(t)$的卷积仍为信号 $x(t)$本身，即：

$$x(t) * \delta(t) = x(t) \tag{2-122}$$

证明：

$$\begin{aligned}x(t) * \delta(t) &= \int_{-\infty}^{\infty} x(\tau)\delta(t-\tau)\mathrm{d}\tau = \int_{-\infty}^{\infty} x(\tau)\delta(\tau-t)\mathrm{d}\tau \\ &= x(t)\int_{-\infty}^{\infty}\delta(\tau-t)\mathrm{d}\tau = x(t)\end{aligned} \tag{2-123}$$

式(2-123)中，用到了冲激信号是偶函数的性质，即 $\delta(t)=\delta(-t)$。故 $\delta(t-\tau)=\delta(\tau-t)$。

值得注意的是，式(2-123)与式(2-55)表达一致。可以说，式(2-123)从卷积运算的角度阐释了任意信号可分解称为冲激信号的叠加。

进一步不难证明：

$$x(t) * \delta(t-t_0) = x(t-t_0) \tag{2-124}$$

式(2-124)表明了信号与时移为 t_0 的冲激信号相卷积的结果，即把信号本身时移 t_0。

(2) 与阶跃信号的卷积

连续信号 $x(t)$与单位阶跃信号 $\varepsilon(t)$的卷积为 $x(t)$的积分，即：

$$x(t) * \varepsilon(t) = \int_{-\infty}^{t} x(\tau)\mathrm{d}\tau \tag{2-125}$$

证明：根据卷积的微分和积分性质，由式(2-121)知：

$$x(t) * \varepsilon(t) = \int_{-\infty}^{t} x(\tau)\mathrm{d}\tau * \frac{\mathrm{d}\varepsilon(t)}{\mathrm{d}t} = \int_{-\infty}^{t} x(\tau)\mathrm{d}\tau * \delta(t) = \int_{-\infty}^{t} x(\tau)\mathrm{d}\tau$$

进一步不难证明：

$$x(t) * \delta'(t) = x'(t) \tag{2-126}$$

推广到一般情况有：

$$x(t) * \delta^{(i)}(t) = x^{(i)}(t) \tag{2-127}$$

$$x(t) * \delta^{(i)}(t-t_0) = x^{(i)}(t-t_0) \tag{2-128}$$

在式(2-127)、式(2-128)中，当 i 取正整数时，表示导数的阶次，取负整数时，表示重积分的次数。

【例 2-14】 利用卷积的性质对例 2-12 重新求解。

解：$x_1(t)=\varepsilon(t+1)-\varepsilon(t-1)$，则 $\frac{\mathrm{d}x_1(t)}{\mathrm{d}t}=\delta(t+1)-\delta(t-1)$。又 $x_2(t)=\frac{1}{2}t[\varepsilon(t)-\varepsilon(t-2)]$，则：

$$\begin{aligned}
\int_{-\infty}^{t} x_2(\tau)\mathrm{d}\tau &= \int_{-\infty}^{t} \frac{1}{2}\tau[\varepsilon(\tau)-\varepsilon(\tau-2)]\mathrm{d}\tau \\
&= \left(\int_{0}^{t} \frac{1}{2}\tau\mathrm{d}\tau\right)[\varepsilon(t)-\varepsilon(t-2)] + \left(\int_{0}^{2} \frac{1}{2}\tau\mathrm{d}\tau\right)\varepsilon(t-2) \\
&= \frac{1}{4}t^2[\varepsilon(t)-\varepsilon(t-2)]+\varepsilon(t-2)
\end{aligned}$$

根据式(2-121)、式(2-122)和式(2-124)

$$\begin{aligned}
x_1(t) * x_2(t) &= \frac{\mathrm{d}x_1(t)}{\mathrm{d}t} * \int_{-\infty}^{t} x_2(\tau)\mathrm{d}\tau \\
&= \left\{\frac{1}{4}t^2[\varepsilon(t)-\varepsilon(t-2)]+\varepsilon(t-2)\right\} * [\delta(t+1)-\delta(t-1)] \\
&= \left\{\frac{1}{4}(t+1)^2[\varepsilon(t+1)-\varepsilon(t-1)]+\varepsilon(t-1)\right\} \\
&\quad - \left\{\frac{1}{4}(t-1)^2[\varepsilon(t-1)-\varepsilon(t-3)]+\varepsilon(t-3)\right\} \\
&= \frac{1}{4}(t+1)^2\varepsilon(t+1) + \left(-\frac{1}{2}t^2+\frac{1}{2}\right)\varepsilon(t-1) + \left[\frac{1}{4}(t-1)^2-1\right]\varepsilon(t-3) \\
&= \begin{cases}
0 & ,t<-1 \\
\frac{1}{4}(t+1)^2 & ,-1\leqslant t<1 \\
\frac{1}{4}(t+1)^2+\left(-\frac{1}{2}t^2+\frac{1}{2}\right)=-\frac{1}{4}t^2+\frac{1}{2}t+\frac{3}{4} & ,1\leqslant t<3 \\
\frac{1}{4}(t+1)^2+\left(-\frac{1}{2}t^2+\frac{1}{2}\right)+\left[\frac{1}{4}(t-1)^2-1\right]=0 & ,3\leqslant t<+\infty
\end{cases}
\end{aligned}$$

结果与例 2-12 的一致。

4. 相关函数与卷积

在信号分析中，有一种运算在形式上与卷积非常类似，它是为了描述某一信号与另一信号的延时信号之间的相似程度。

设 $x_1(t)$与 $x_2(t)$为能量信号，则称：

$$R_{12}(\tau)=\int_{-\infty}^{\infty}x_1(t)x_2(t-\tau)\mathrm{d}t=\int_{-\infty}^{\infty}x_1(t+\tau)x_2(t)\mathrm{d}t \tag{2-129}$$

它为 $x_1(t)$**与** $x_2(t)$**的互相关函数**。

或称

$$R_{21}(\tau)=\int_{-\infty}^{\infty}x_1(t-\tau)x_2(t)\mathrm{d}t=\int_{-\infty}^{\infty}x_1(t)x_2(t+\tau)\mathrm{d}t \tag{2-130}$$

它为 $x_2(t)$**与** $x_1(t)$**的互相关函数**。

由式(2-129)与式(2-130)不难证明：

$$\begin{cases}R_{12}(\tau)=R_{21}(-\tau)\\R_{21}(\tau)=R_{12}(-\tau)\end{cases} \tag{2-131}$$

若 $x_1(t)=x_2(t)$，则称：

$$\begin{aligned}R(\tau)&=\int_{-\infty}^{\infty}x_1(t)x_2(t-\tau)\mathrm{d}t=\int_{-\infty}^{\infty}x_2(t)x_1(t-\tau)\mathrm{d}t\\&=\int_{-\infty}^{\infty}x_1(t)x_1(t-\tau)\mathrm{d}t=\int_{-\infty}^{\infty}x_2(t)x_2(t-\tau)\mathrm{d}t\end{aligned} \tag{2-132}$$

它为 $x_1(t)$(**或** $x_2(t)$)**的自相关函数**。

可以证明：

$$R(\tau)=R(-\tau) \tag{2-133}$$

即信号的自相关函数是其时移 τ 的偶函数。

下面对卷积运算与相关函数进行比较，由式(2-114)得：

$$x_1(t)*x_2(-t)=\int_{-\infty}^{+\infty}x_1(\tau)x_2[-(t-\tau)]\mathrm{d}\tau=\int_{-\infty}^{+\infty}x_1(\tau)x_2(\tau-t)\mathrm{d}\tau \tag{2-134}$$

将式(2-129)中变量 t 与 τ 互换，得

$$R_{12}(t)=\int_{-\infty}^{\infty}x_1(\tau)x_2(\tau-t)\mathrm{d}\tau \tag{2-135}$$

由式(2-133)、式(2-134)、式(2-135)，得

$$x_1(t)*x_2(-t)=R_{12}(t)=R_{21}(-t) \tag{2-136}$$

不难发现，若 $x_1(t)$与 $x_2(t)$均为实偶函数，则卷积运算与相关函数运算相同。

2.8 零状态响应的卷积法求解

根据式(2-55)或式(2-122)，任意连续信号可分解为冲激信号的叠加，即

$$x(t)=\int_{-\infty}^{+\infty}x(\tau)\delta(t-\tau)\mathrm{d}\tau \tag{2-137}$$

设连续系统的冲激响应为 $h(t)$的激励，即：

$$h(t)=T[\delta(t)] \tag{2-138}$$

式(2-138)中，T 表示系统对激励的传输和变换作用。

根据冲激响应的定义，$h(t)$是激励为 $\delta(t)$时系统的零状态响应。因此，当系统激励为 $x(t)$时，系统的**零状态响应**可表示为

$$\begin{aligned}y_{zs}(t)&=T[x(t)]=T\left[\int_{-\infty}^{+\infty}x(\tau)\delta(t-\tau)\mathrm{d}\tau\right]=\int_{-\infty}^{+\infty}x(\tau)T[\delta(t-\tau)]\mathrm{d}\tau\\&=\int_{-\infty}^{+\infty}x(\tau)h(t-\tau)\mathrm{d}\tau=x(t)*h(t)\end{aligned} \tag{2-139}$$

即连续系统的零状态响应为激励信号与冲激响应的卷积。式(2-139)为系统零状态响应的

卷积法求解表达式。

若连续系统为线性系统，根据 2.5 节结论，线性系统的零输入响应为零，因此线性系统的全响应为零状态响应。因此可以说，**连续线性系统的全响应(简称响应)为激励信号与冲激响应的卷积**。

由式(2-139)和卷积的代数性质不难得出：

1)并联系统的冲激响应等于组成系统的各子系统的冲激响应之和。

如图 2-37a 所示，在并联系统中，系统激励同时经过各子系统产生各子响应，之后，将各子响应相加作为整个系统的总响应。设 $h(t)$为并联系统总的冲激响应，$h_1(t)$、$h_2(t)$分别为子系统的冲激响应，$T[.]$、$T_1[.]$、$T_2[.]$分别表示总系统和各子系统的传输与变换作用，则有：

$$y_{zs}(t) = T[x(t)] = x(t) * h(t)$$

又 $y_{zs}(t)=y_{1zs}(t)+y_{2zs}(t)=T_1[x_1(t)]+T_2[x_2(t)]=T_1[x(t)]+T_2[x(t)]$

$$=x(t) * h_1(t)+x(t) * h_2(t)=x(t) * [h_1(t)+h_2(t)]$$

故：

$$h(t) = h_1(t) + h_2(t) \tag{2-140}$$

2) 级联系统的冲激响应等于组成系统的各子系统的冲激响应的卷积。

如图 2-37b 所示，有 $y_{zs}(t)=T[x(t)]=x(t) * h(t)$

$$y_{1zs}(t) = T_1[x_1(t)] = T_1[x(t)] = x(t) * h_1(t) = x_2(t)$$

$$y_{2zs}(t) = T_2[x_2(t)] = x_2(t) * h_2(t) = [x(t) * h_1(t)] * h_2(t) = x(t) * [h_1(t) * h_2(t)]$$

又 $y_{2zs}(t)$为 $y_{zs}(t)$，即 $y_{zs}(t)=y_{2zs}(t)$。

故：

$$h(t) = h_1(t) * h_2(t) \tag{2-141}$$

根据式(2-139)，采用卷积法求解系统的零状态响应，需要首先求出系统的冲激响应，然后，再计算系统激励与冲激响应的卷积。

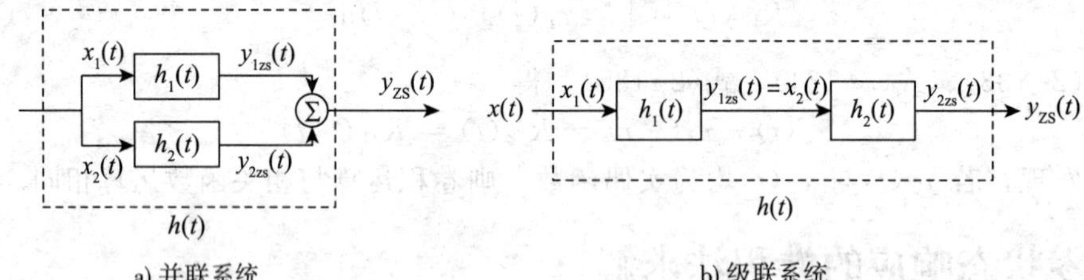

a) 并联系统　　　　b) 级联系统

图 2-37　并联、级联系统总冲激响应与子系统冲激响应的关系

【例 2-15】 采用卷积法求解例 2-8 系统的零状态响应。

解：根据系统微分方程，由冲激响应的定义，有

$$\frac{d^2 h(t)}{d^2 t} + 3\frac{dh(t)}{dt} + 2h(t) = \frac{d\delta(t)}{dt} + 2\delta(t) \tag{2-142}$$

系统的特征根为 $r_1=-1$，$r_2=-2$。

由于 $n>m$，冲激响应可表示为

$$h(t) = (C_1 e^{-t} + C_2 e^{-2t})\varepsilon(t)$$

则有：

$$\frac{dh(t)}{dt} = (C_1 + C_2)\delta(t) + (-C_1 e^{-t} - 2C_2 e^{-2t})\varepsilon(t)$$

$$\frac{d^2 h(t)}{dt^2} = (C_1 + C_2)\delta'(t) + (-C_1 - 2C_2)\delta(t) + (C_1 e^{-t} + 4C_2 e^{-2t})\varepsilon(t)$$

整理式(2-142)得：

$$(C_1+C_2)\delta'(t)+(2C_1+C_2)\delta(t)=\delta'(t)+2\delta(t)$$

令等式两边 $\delta'(t)$ 和 $\delta(t)$ 的系数相等，得：

$$\begin{cases}C_1+C_2=1\\2C_1+C_2=2\end{cases}$$

求得 $C_1=1$，$C_2=0$。

因此，可得冲激响应为

$$h(t)=\mathrm{e}^{-t}\varepsilon(t)$$

当激励 $x(t)=t^2$，根据式(2-139)，系统的零状态响应为

$$y_{zs}(t)=x(t)*h(t)=\int_{-\infty}^{\infty}x(\tau)h(t-\tau)\mathrm{d}\tau=\int_{-\infty}^{\infty}\tau^2\mathrm{e}^{-(t-\tau)}\varepsilon(t-\tau)\mathrm{d}\tau=\int_0^t\tau^2\mathrm{e}^{-(t-\tau)}\mathrm{d}\tau$$

$$=\mathrm{e}^{-t}\int_0^t\tau^2\mathrm{e}^{\tau}\mathrm{d}\tau=-2\mathrm{e}^{-t}+t^2-2t+2,\ t\geqslant 0$$

所求 $y_{zs}(t)$ 与例 2-8 结果一致。

2.9 用算子表示微分方程

2.9.1 算子及传输算子

在连续系统的时域分析法中，要求求解的是一个高阶微分方程或一组联立微分方程。为简化数学表达和计算过程，常把方程中出现的微分或积分符号用下述算子符号表示。

$$p=\frac{\mathrm{d}}{\mathrm{d}t} \tag{2-143}$$

$$\frac{1}{p}=p^{-1}=\int_{-\infty}^{t}(\quad)\mathrm{d}\tau \tag{2-144}$$

其中，p 称为**微分算子**，p^{-1} 称为**积分算子**。

采用微分算子，式(2-67)所示连续系统的线性常系数微分方程可表示为

$$\sum_{i=0}^{n}a_ip^iy(t)=\sum_{j=0}^{m}b_jp^jx(t) \tag{2-145}$$

即：

$$\left[\sum_{i=0}^{n}a_ip^i\right]y(t)=\left[\sum_{j=0}^{m}b_jp^j\right]x(t) \tag{2-146}$$

令

$$D(p)=\sum_{i=0}^{n}a_ip^i \tag{2-147}$$

$$N(p)=\sum_{j=0}^{m}b_jp^j \tag{2-148}$$

称形如 $D(p)$、$N(p)$ 的表达式为**算子多项式**。式(2-146)可变换为

$$D(p)[y(t)]=N(p)[x(t)] \tag{2-149}$$

式(2-149) 称为系统的**微分算子方程**。将系统响应 $y(t)$ 与激励 $x(t)$ 之间的关系表示成显式形式为

$$y(t)=\frac{N(p)}{D(p)}x(t) \tag{2-150}$$

称 $H(p)=\dfrac{N(p)}{D(p)}$ 为系统的**传输算子**。

微分算子方程或传输算子是系统微分方程的简化表示，在本质上与系统微分方程一致，而形式上与第 5 章的拉普拉斯变换分析相似，它完整地描述了系统的数学模型，一些系统特性可通过分析 $H(p)$ 得出，为连续系统的时域分析提供了简单易行的辅助分析手段。

2.9.2 算子运算的基本规则

算子多项式 $D(p)$ 和 $N(p)$ 本质上仅仅是一种运算符号，但算子本身也可以进行运算，代数方程中多项式的运算规则有的适用于算子多项式，有的不适用，下面提出两条基本规则。

(1)对算子多项式可进行因式分解或多项式展开，但不可进行公因子相消

1)可进行因式分解。

例如：

$$
\begin{aligned}
(p+2)(p+3)x(t) &= \left(\frac{\mathrm{d}}{\mathrm{d}t}+2\right)\left[\frac{\mathrm{d}}{\mathrm{d}t}x(t)+3x(t)\right] \\
&= \frac{\mathrm{d}}{\mathrm{d}t}\left[\frac{\mathrm{d}}{\mathrm{d}t}x(t)+3x(t)\right]+2\left[\frac{\mathrm{d}}{\mathrm{d}t}x(t)+3x(t)\right] \\
&= \frac{\mathrm{d}^2}{\mathrm{d}t^2}x(t)+5\frac{\mathrm{d}}{\mathrm{d}t}x(t)+6x(t)=(p^2+5p+6)x(t)
\end{aligned}
$$

因此，$(p+2)(p+3)=p^2+5p+6$。

推广到一般情况，由算子 p 所组成的多项式可以像代数式那样做相乘或因式分解。

2)不可进行公因子相消。

例如：若 $\frac{\mathrm{d}}{\mathrm{d}t}x(t)=\frac{\mathrm{d}}{\mathrm{d}t}y(t)$，两边积分后有 $x(t)=y(t)+C$，C 为积分常数。

由此可见，对于算子方程 $px(t)=py(t)$，等式两端的算子符号不能作为公因式削去。

推广到一般情况，不能随意削去由算子 p 所组成多项式等式两端的公共因子。

(2) 算子的乘除顺序不可随意颠倒

$$p\frac{1}{p}x(t)\neq\frac{1}{p}px(t) \tag{2-151}$$

证明：$p\frac{1}{p}x(t)=\frac{\mathrm{d}}{\mathrm{d}t}\int_{-\infty}^{t}x(\tau)\mathrm{d}\tau=x(t)$

而 $\frac{1}{p}px(t)=\int_{-\infty}^{t}\left[\frac{\mathrm{d}}{\mathrm{d}\tau}x(\tau)\right]\mathrm{d}\tau=\int_{-\infty}^{t}\mathrm{d}x(t)=x(t)-x(-\infty)$

故 $p\frac{1}{p}x(t)\neq\frac{1}{p}px(t)$。

式(2-151)表明，“先乘后除”的算子运算不能相消；而“先除后乘”的算子运算可以相消。

2.9.3 电路系统微分算子方程的建立

根据微分算子或积分算子的定义，在电路系统中，可对基本元件电感(L)、电容(C)建立相应的算子模型，从而利于建立电路系统的数学模型。

利用算子，对电感模型有：

$$u_{\mathrm{L}}(t)=L\frac{\mathrm{d}}{\mathrm{d}t}i_{\mathrm{L}}(t)=Lpi_{\mathrm{L}}(t) \tag{2-152}$$

式(2-152)表明，采用算子模型，电感 L 的电压 $u_{\mathrm{L}}(t)$ 与电流 $i_{\mathrm{L}}(t)$ 之间的关系从形式上可看作某阻值为 Lp 的等效电阻的电压与电流之间的关系，即算子模型将电感电压与电流的微分关系转换成了代数乘积关系，其等效电路如图 2-38a 所示。

同理，利用算子，对电容模型有：

$$u_C(t)=\frac{1}{C}\int_{-\infty}^{t} i_C(\tau)\mathrm{d}\tau=\frac{1}{Cp}i_C(t) \tag{2-153}$$

式(2-153)表明，采用算子模型，电容 C 的电压 $u_C(t)$ 与电流 $i_C(t)$ 之间的关系从形式上可看作某阻值为 $\frac{1}{Cp}$ 的等效电阻的电压与电流之间的关系，即算子模型将电容电压与电流的积分关系转换成了代数乘积关系。其等效电路如图 2-38b 所示。

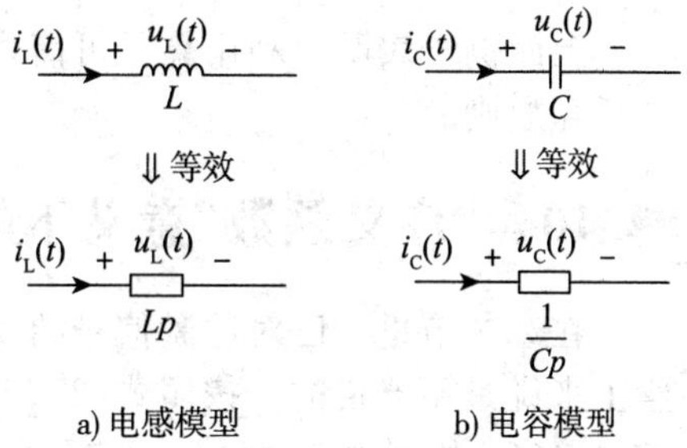

a) 电感模型　b) 电容模型

图 2-38　用算子符号表示电感和电容模型

【例 2-16】 在如图 2-39a 所示的电路中，以 $u(t)$ 为激励，$i_L(t)$ 为响应，采用算子表示，建立该电路的输入输出方程。

解：根据式(2-152)、式(2-153)及图 2-38，将图 2-39a 中的电感及电容替换成由算子表示的等效电阻，如图 2-39b 所示。

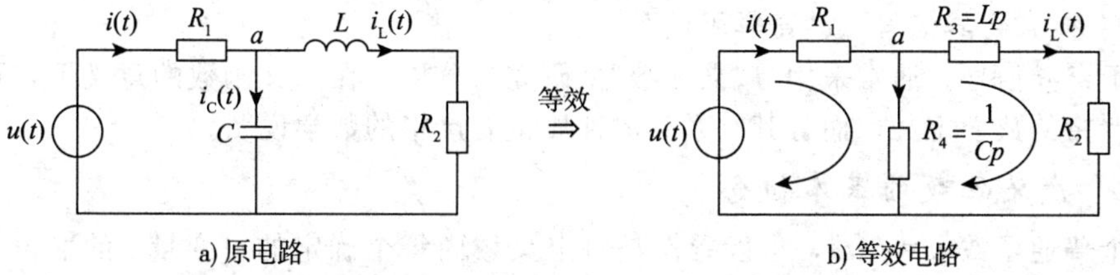

图 2-39　用算子符号表示的电路图

对图 2-39b 所示的电路，采用网孔电流法列写方程为

$$\begin{cases}(R_1+R_4)i(t)-R_4 i_L(t)=u(t)\\ -R_4 i(t)+(R_2+R_3+R_4)i_L(t)=0\end{cases} \tag{2-154}$$

式(2-154)中，$R_3=Lp$，$R_4=\frac{1}{Cp}$。

应用克拉默(Cramer)法则，解此方程：

$$i_L(t)=\frac{\begin{vmatrix}R_1+R_4 & u(t)\\ -R_4 & 0\end{vmatrix}}{\begin{vmatrix}R_1+R_4 & -R_4\\ -R_4 & R_2+R_3+R_4\end{vmatrix}}=\frac{R_4u(t)}{(R_1+R_4)(R_2+R_3+R_4)-(R_4)^2}$$

$$=\frac{\frac{1}{Cp}u(t)}{LpR_1+R_1R_2+\frac{R_1}{Cp}+\frac{1}{Cp}Lp+\frac{R_2}{Cp}}$$

为转换为系统微分方程表示，对分子分母同乘以 p，根据算子运算规则，允许先积分后微分，因而可以削去 $\frac{1}{p}$，得：

$$i_L(t)=\frac{\frac{1}{R_1LC}}{p^2+\left(\frac{R_2}{L}+\frac{1}{R_1C}\right)p+\left(\frac{1}{LC}+\frac{R_2}{R_1LC}\right)}u(t)$$

即：

$$\left[p^2+\left(\frac{R_2}{L}+\frac{1}{R_1C}\right)p+\left(\frac{1}{LC}+\frac{R_2}{R_1LC}\right)\right]i_L(t)=\frac{1}{R_1LC}u(t)$$

将算子还原成微分符号得：

$$\frac{\mathrm{d}^2}{\mathrm{d}t^2}i_L(t)+\left(\frac{R_2}{L}+\frac{1}{R_1C}\right)\frac{\mathrm{d}}{\mathrm{d}t}i_L(t)+\left(\frac{1}{LC}+\frac{R_2}{R_1LC}\right)i_L(t)=\frac{1}{R_1LC}u(t)$$

上面例子表明，利用算子可简化电路微分方程的列写，但在列写过程中一定要遵守算子运算规则。

2.10 “广义函数”意义下的冲激信号

在2.2节里，已对冲激信号的物理概念及多种形式的定义做了阐述，但这些定义从数学上来说是不严格的。按照式(2-35)给出的定义，形如$\delta(t)+\delta'(t)$的信号也同样适用。事实上，$\delta(t)$的表现形式已经超出了“普通信号(函数)”的概念。对于普通信号(函数)，其在间断点处的导数是不存在的；除间断点外，普通信号(函数)对确定的自变量取值都有确定的函数值对应，并且从$-\infty \sim t$的积分应为t的连续函数。显然，2.2节介绍的阶跃信号$\varepsilon(t)$、冲激信号$\delta(t)$、冲激偶信号$\delta'(t)$等，并不满足普通信号(函数)的一些基本特征，因此将它们称为**“奇异信号”**或**“奇异函数”**。

对于奇异信号，通常采用**“广义函数”**来研究与分析。在广义函数的意义下，可以给奇异信号严格的数学定义，而且其一系列的性质也有严格的数学说明。

2.10.1 广义函数的基本概念

一个普通函数$y=f(t)$，可以看作是对定义域内每个确定的自变量t的取值，按照一定的运算法则，$f(\cdot)$对应一个确定的函数值y的过程。

一个广义函数$G(t)$的定义需要借助“检试”函数$\varphi(t)$，$\varphi(t)$是一个普通函数，它满足在定义域内连续可导的条件。广义函数$G(t)$可以看作是对检试函数集$\{\varphi(t)\}$中每个确定的函数$\varphi(t)$按照一定的运算法则$N_g[\cdot]$对应一个确定的数值$N_g[\varphi(t)]$的过程。这个数值根据$G(t)$对$\varphi(t)$的具体运算$N_g[\cdot]$确定，可以是某一时刻$\varphi(t)$的值或它的导数值，也可以是在某一区间内$\varphi(t)$所覆盖的面积，或其他与$\varphi(t)$有关的数值。

对比普通函数与广义函数的定义可知，广义函数中的$\varphi(t)$和$\{\varphi(t)\}$相当于普通函数中的自变量和定义域，普通函数为自变量t指定一个函数值$f(t)$，而广义函数为检试函数分配一个数值$N_g[\varphi(t)]$。普通函数和广义函数的这种对应关系使得它们在某些概念或运算上具有一些相似性。

(1)函数相等

两个普通函数$y_1=f_1(t)$和$y_2=f_2(t)$，若对于定义域内的任意一个t都有$y_1=y_2$，则称这两个普通函数相等，即$f_1(t)=f_2(t)$。

类似地，两个广义函数$G_1(t)$和$G_2(t)$，其对应的运算法则分别为$N_{g1}[\cdot]$和$N_{g2}[\cdot]$，若对于检试函数集$\{\varphi(t)\}$中任意一个函数$\varphi(t)$都有$N_{g1}[\varphi(t)]=N_{g2}[\varphi(t)]$，则称这两个广义函数相等，即$G_1(t)=G_2(t)$。

(2)函数求和(差)

设有普通函数$y=f(t)$、$y_1=f_1(t)$和$y_2=f_2(t)$，若对于定义域内的任意一个t都有$y=y_1\pm y_2$，则有$f(t)=f_1(t)\pm f_2(t)$。

类似地，设有广义函数$G(t)$、$G_1(t)$、$G_2(t)$，其对应的运算法则分别为$N_g[\cdot]$、$N_{g1}[\cdot]$和$N_{g2}[\cdot]$，若对于检试函数集$\{\varphi(t)\}$中任意一个函数$\varphi(t)$都有$N_g[\varphi(t)]=N_{g1}[\varphi(t)]\pm N_{g2}[\varphi(t)]$，则有$G(t)=G_1(t)\pm G_2(t)$。

2.10.2　冲激信号的广义函数定义

下面对单位冲激信号 $\delta(t)$ 以“广义函数”进行定义。

对于任意函数 $\varphi(t)$，$t\in(-\infty,\ \infty)$，其在定义区间内连续可导，且在 t 的一个有限区间内有值，即 $\varphi(t)\neq 0$，$a<t<b$，$(-\infty<a,\ b<\infty)$。对于“广义函数”$G(t)$，若有：

$$N_g[\varphi(t)]=\int_{-\infty}^{\infty}G(t)\varphi(t)\mathrm{d}t=\varphi(0) \tag{2-155}$$

则 $G(t)=\delta(t)$。

【例 2-17】　在广义函数意义下证明下列信号是冲激信号 $\delta(t)$。

1) $x(t)=\lim\limits_{a\to 0}\left(\dfrac{1}{\pi}\dfrac{a}{a^2+t^2}\right)$；

2) $x(t)=\lim\limits_{a\to\infty}\left[\dfrac{\sin(at)}{\pi t}\right]$。

证明：1) 设检试函数为 $\varphi(t)$，令 ε 为无穷小正数，即 $\varepsilon\to 0_+$，则：

$$\begin{aligned}\int_{-\infty}^{\infty}\frac{1}{\pi}\frac{a}{a^2+t^2}\varphi(t)\mathrm{d}t=&\frac{1}{\pi}\int_{-\infty}^{-\varepsilon}\frac{a}{a^2+t^2}\varphi(t)\mathrm{d}t+\frac{1}{\pi}\int_{-\varepsilon}^{\varepsilon}\frac{a}{a^2+t^2}\varphi(t)\mathrm{d}t\\&+\frac{1}{\pi}\int_{\varepsilon}^{\infty}\frac{a}{a^2+t^2}\varphi(t)\mathrm{d}t\end{aligned} \tag{2-156}$$

式(2-156)中，对于第一项 $\dfrac{1}{\pi}\displaystyle\int_{-\infty}^{-\varepsilon}\frac{a}{a^2+t^2}\varphi(t)\mathrm{d}t$，由于 $t\neq 0$，又 $\varphi(t)$ 为有限值，故当 $a\to 0$ 时，$\dfrac{a}{a^2+t^2}\to 0$，则 $\dfrac{1}{\pi}\displaystyle\int_{-\infty}^{-\varepsilon}\frac{a}{a^2+t^2}\varphi(t)\mathrm{d}t=0$，即 $\lim\limits_{a\to 0}\left[\displaystyle\int_{-\infty}^{-\varepsilon}\frac{1}{\pi}\frac{a}{a^2+t^2}\varphi(t)\mathrm{d}t\right]=0$。

同理，在式(2-156)中，第三项 $\lim\limits_{a\to 0}\left(\displaystyle\int_{\varepsilon}^{\infty}\frac{1}{\pi}\frac{a}{a^2+t^2}\varphi(t)\mathrm{d}t\right)=0$。

则当 $a\to 0$ 时，有：

$$\begin{aligned}\int_{-\infty}^{\infty}\frac{1}{\pi}\frac{a}{a^2+t^2}\varphi(t)\mathrm{d}t&=\frac{1}{\pi}\int_{-\varepsilon}^{\varepsilon}\frac{a}{a^2+t^2}\varphi(t)\mathrm{d}t\approx\frac{1}{\pi}\varphi(0)\int_{-\varepsilon}^{\varepsilon}\frac{1}{1+\left(\dfrac{t}{a}\right)^2}\mathrm{d}\left(\frac{t}{a}\right)\\&\xlongequal{\frac{t}{a}=x}\frac{1}{\pi}\varphi(0)\int_{-\infty}^{\infty}\frac{1}{1+x^2}\mathrm{d}x=\frac{1}{\pi}\varphi(0)\arctan(x)\Big|_{-\infty}^{\infty}=\varphi(0)\end{aligned}$$

于是，$\displaystyle\int_{-\infty}^{\infty}x(t)\varphi(t)\mathrm{d}t=\int_{-\infty}^{\infty}\lim_{a\to 0}\left(\frac{1}{\pi}\frac{a}{a^2+t^2}\right)\varphi(t)\mathrm{d}t=\varphi(0)$。

由式(2-155)得，$x(t)=\lim\limits_{a\to 0}\left(\dfrac{1}{\pi}\dfrac{a}{a^2+t^2}\right)=\delta(t)$。

2) 设检试函数为 $\varphi(t)$，令 ε 为无穷小正数，即 $\varepsilon\to 0_+$，则：

$$\int_{-\infty}^{\infty}\frac{\sin(at)}{\pi t}\varphi(t)\mathrm{d}t=\int_{-\infty}^{-\varepsilon}\frac{\sin(at)}{\pi t}\varphi(t)\mathrm{d}t+\int_{-\varepsilon}^{\varepsilon}\frac{\sin(at)}{\pi t}\varphi(t)\mathrm{d}t+\int_{\varepsilon}^{\infty}\frac{\sin(at)}{\pi t}\varphi(t)\mathrm{d}t \tag{2-157}$$

式(2-157)中，对于第一项 $\displaystyle\int_{-\infty}^{-\varepsilon}\frac{\sin(at)}{\pi t}\varphi(t)\mathrm{d}t=-\frac{\cos(at)}{a\pi}\left[\frac{\varphi(t)}{t}\right]\Big|_{-\infty}^{-\varepsilon}+\int_{-\infty}^{-\varepsilon}\frac{\cos(at)}{a\pi}\left\{\frac{\mathrm{d}}{\mathrm{d}t}\left[\frac{\varphi(t)}{t}\right]\right\}\mathrm{d}t$，由于 $t\neq 0$，$\cos(at)$、$\dfrac{\varphi(t)}{t}$、$\dfrac{\mathrm{d}}{\mathrm{d}t}\left[\dfrac{\varphi(t)}{t}\right]$ 均为有限值，故当 $a\to\infty$ 时，$\dfrac{1}{a\pi}\to 0$，则 $\displaystyle\int_{-\infty}^{-\varepsilon}\frac{\sin(at)}{at}\varphi(t)\mathrm{d}t=0$，即 $\lim\limits_{a\to\infty}\left[\displaystyle\int_{-\infty}^{-\varepsilon}\frac{\sin(at)}{\pi t}\varphi(t)\mathrm{d}t\right]=0$。

同理，式(2-157)中的第三项 $\lim\limits_{a\to\infty}\left[\displaystyle\int_{\varepsilon}^{\infty}\frac{\sin(at)}{\pi t}\varphi(t)\mathrm{d}t\right]=0$。

则当 $a\to\infty$ 时，有：

$$\begin{aligned}\int_{-\infty}^{\infty}\frac{\sin(at)}{\pi t}\varphi(t)\mathrm{d}t&=\int_{-\varepsilon}^{\varepsilon}\frac{\sin(at)}{\pi t}\varphi(t)\mathrm{d}t\approx\varphi(0)\int_{-\varepsilon}^{\varepsilon}\frac{\sin(at)}{\pi t}\mathrm{d}t\\&\overset{at=x}{=}\varphi(0)\int_{-a\varepsilon}^{a\varepsilon}\frac{\sin x}{\pi x}\mathrm{d}x=\frac{\varphi(0)}{\pi}\int_{-\infty}^{\infty}\frac{\sin x}{x}\mathrm{d}x\\&=\frac{2\varphi(0)}{\pi}\int_{0}^{\infty}\frac{\sin x}{x}\mathrm{d}x\end{aligned}\tag{2-158}$$

在式(2-158)中，$\int_0^{\infty}\frac{\sin x}{x}\mathrm{d}x$ 可通过计算二重积分 $\int_0^{\infty}\int_0^{\infty}\mathrm{e}^{-xy}\sin x\mathrm{d}x\mathrm{d}y$ 得到。

① $\int_0^{\infty}\int_0^{\infty}\mathrm{e}^{-xy}\sin x\mathrm{d}x\mathrm{d}y=\int_0^{\infty}\sin x\mathrm{d}x\int_0^{\infty}\mathrm{e}^{-xy}\mathrm{d}y=\int_0^{\infty}\frac{\sin x}{x}\mathrm{d}x$；

② $\int_0^{\infty}\int_0^{\infty}\mathrm{e}^{-xy}\sin x\mathrm{d}x\mathrm{d}y=\int_0^{\infty}\mathrm{d}y\int_0^{\infty}\mathrm{e}^{-xy}\sin x\mathrm{d}x=\int_0^{\infty}\frac{1}{1+y^2}\mathrm{d}y=\arctan y\Big|_0^{\infty}=\frac{\pi}{2}$。

因此，$\int_0^{\infty}\frac{\sin x}{x}\mathrm{d}x=\frac{\pi}{2}$。

则：

$$\begin{aligned}\int_{-\infty}^{\infty}x(t)\varphi(t)\mathrm{d}t&=\int_{-\infty}^{\infty}\left\{\lim_{a\to\infty}\left[\frac{\sin(at)}{\pi t}\right]\right\}\varphi(t)\mathrm{d}t=\lim_{a\to\infty}\left[\int_{-\infty}^{\infty}\frac{\sin(at)}{\pi t}\varphi(t)\mathrm{d}t\right]\\&=\lim_{a\to\infty}\left[\int_{-\varepsilon}^{\varepsilon}\frac{\sin(at)}{\pi t}\varphi(t)\mathrm{d}t\right]=\frac{\varphi(0)}{\pi}\int_{-\infty}^{\infty}\frac{\sin x}{x}\mathrm{d}x=\varphi(0)\end{aligned}$$

由式(2-155)得，$x(t)=\lim\limits_{a\to\infty}\left[\frac{\sin(at)}{\pi t}\right]=\delta(t)$。

以上讨论了如何从广义函数的角度认识冲激信号 $\delta(t)$，并给出了它在数学上的严格定义。就时间变量 t 而言，$\delta(t)$可当作时域连续信号处理，因而它符合时域连续信号运算的某些规则，但也由于 $\delta(t)$是广义函数，因而有些规则不一定适用。下面将做进一步说明。

2.10.3 广义函数意义下 $\boldsymbol{\delta(t)}$ 的运算规则

1. 和与差运算

两个冲激信号的和(差)仍然是冲激信号，它的强度等于原来两个冲激信号强度之和(差)。

$$a\delta(t)+b\delta(t)=(a+b)\delta(t)\tag{2-159}$$

式(2-159)中，a、b 为任意常数。

2. 积运算

两个冲激信号的积是不存在的，单位冲激信号与普通信号 $x(t)$的积仍然为冲激信号，其强度变为原来的 $x(0)$倍(假设 $x(t)$在 $t=0$ 处连续)。

因为，

$$\int_{-\infty}^{\infty}x(t)\delta(t)\varphi(t)\mathrm{d}t=\int_{-\infty}^{\infty}\delta(t)[x(t)\varphi(t)]\mathrm{d}t=x(0)\varphi(0)=\int_{-\infty}^{\infty}[x(0)\delta(t)]\varphi(t)\mathrm{d}t$$

所以，

$$x(t)\delta(t)=x(0)\delta(t)\tag{2-160}$$

3. 微分运算

已知，冲激信号的导数是冲激偶信号 $\delta'(t)$，$\delta'(t)$也是奇异信号，也可以从广义函数的角度去理解。

$$\int_{-\infty}^{\infty}\delta'(t)\varphi(t)\mathrm{d}t=\int_{-\infty}^{\infty}\left[\frac{\mathrm{d}}{\mathrm{d}t}\delta(t)\right]\varphi(t)\mathrm{d}t=\delta(t)\varphi(t)\Big|_{-\infty}^{\infty}-\int_{-\infty}^{\infty}\delta(t)\varphi'(t)\mathrm{d}t=-\varphi'(0)\tag{2-161}$$

式(2-161)表明，冲激偶信号 $\delta'(t)$作为广义函数，它赋予检试函数 $\varphi(t)$的值是 $\varphi(t)$在 $t=0$ 处导数的负值。

进一步推广，$\delta(t)$的 k 阶导数 $\delta^{(k)}(t)$都属于奇异信号，均可从广义函数的角度定义，不难证明：

$$\int_{-\infty}^{\infty}\delta^{(k)}(t)\varphi(t)\mathrm{d}t=(-1)^{(k)}\varphi^{(k)}(0) \tag{2-162}$$

4. 积分运算

已知，冲激信号 $\delta(t)$的积分是阶跃信号 $\varepsilon(t)$，$\varepsilon(t)$也是奇异信号，同样可以从广义函数的角度去理解。

因为，

$$\int_{-\infty}^{\infty}\left[\int_{-\infty}^{t}[\delta(\tau)\mathrm{d}\tau]\varphi(t)\mathrm{d}t=\int_{-\infty}^{\infty}\delta(\tau)\left[\int_{\tau}^{\infty}\varphi(t)\mathrm{d}t\right]\mathrm{d}\tau=\int_{0}^{\infty}\varphi(t)\mathrm{d}t=\int_{-\infty}^{\infty}\varepsilon(t)\varphi(t)\mathrm{d}t\right. \tag{2-163}$$

所以，

$$\varepsilon(t)=\int_{-\infty}^{t}\delta(\tau)\mathrm{d}\tau$$

式(2-163)也表明，阶跃信号 $\varepsilon(t)$作为广义函数，它赋予检试函数 $\varphi(t)$的值是 $\varphi(t)$在$(0,\infty)$区间的积分。

5. 尺度变换运算

$$\delta(at)=\frac{1}{|a|}\delta(t),\ a\neq 0 \tag{2-164}$$

证明：当 $a>0$ 时，$\int_{-\infty}^{\infty}\delta(a\ t)\varphi(t)\mathrm{d}t=\int_{-\infty}^{\infty}\delta(\tau)\varphi\left(\frac{\tau}{a}\right)\frac{1}{a}\mathrm{d}\tau=\frac{1}{a}\varphi(0)=\int_{-\infty}^{\infty}\frac{1}{|a|}\delta(t)\varphi(t)\mathrm{d}t$

当 $a<0$ 时，

$$\begin{aligned}\int_{-\infty}^{\infty}\delta(at)\varphi(t)\mathrm{d}t&=\int_{\infty}^{-\infty}\delta(\tau)\varphi\left(\frac{\tau}{a}\right)\frac{1}{a}\mathrm{d}\tau=-\int_{-\infty}^{\infty}\delta(\tau)\varphi\left(\frac{\tau}{a}\right)\frac{1}{a}\mathrm{d}\tau\\&=-\frac{1}{a}\varphi(0)=\int_{-\infty}^{\infty}\frac{1}{|a|}\delta(t)\varphi(t)\mathrm{d}t\end{aligned}$$

所以 $\delta(at)=\frac{1}{|a|}\delta(t)$，$a\neq 0$。

6. 反折运算

$$\delta(-t)=\delta(t) \tag{2-165}$$

证明：因为 $\int_{-\infty}^{\infty}\delta(-t)\varphi(t)\mathrm{d}t=\int_{-\infty}^{\infty}\delta(\tau)\varphi(-\tau)\mathrm{d}\tau=\varphi(0)=\int_{-\infty}^{\infty}\delta(t)\varphi(t)\mathrm{d}\tau$，所以 $\delta(-t)=\delta(t)$。

式(2-165)也说明 $\delta(t)$是 t 的偶函数。

7. 时移运算

$$\int_{-\infty}^{\infty}\delta(t-t_0)\varphi(t)\mathrm{d}t=\int_{-\infty}^{\infty}\delta(\tau)\varphi(\tau+t_0)\mathrm{d}\tau=\varphi(t_0) \tag{2-166}$$

式(2-166)说明，冲激信号的时移 $\delta(t-t_0)$仍然是冲激信号，不过它赋予检试函数 $\varphi(t)$的值为冲激信号 $\delta(t-t_0)$出现的 $t=t_0$ 时刻的抽样值。

由此并根据式(2-160)，不难得出：

$$x(t)\delta(t-t_0)=x(t_0)\delta(t-t_0) \tag{2-167}$$

式(2-167)说明，$\delta(t-t_0)$与普通函数 $x(t)$的积仍然为冲激信号，其强度为 $x(t)$在 $t=t_0$时的函数值(设 $x(t)$在 $t=t_0$ 处连续)。这就是冲激信号的取样特性，与式(2-41)一致。

8. 卷积运算

任意两个冲激信号的积是没有意义的，但卷积运算存在意义。

$$\delta(t-t_1)*\delta(t-t_2)=\int_{-\infty}^{\infty}\delta(\tau-t_1)\delta(t-t_2-\tau)\mathrm{d}t=\delta(t-t_1-t_2) \tag{2-168}$$

证明：因为，

$$\begin{aligned}&\int_{-\infty}^{\infty}[\delta(t-t_1)*\delta(t-t_2)]\varphi(t)\mathrm{d}t\\&=\int_{-\infty}^{\infty}\left[\int_{-\infty}^{\infty}\delta(\tau-t_1)\delta(t-t_2-\tau)\mathrm{d}\tau\right]\varphi(t)\mathrm{d}t\\&=\int_{-\infty}^{\infty}\delta(\tau-t_1)\left[\int_{-\infty}^{\infty}\delta(t-t_2-\tau)\varphi(t)\mathrm{d}t\right]\mathrm{d}\tau\\&=\int_{-\infty}^{\infty}\delta(\tau-t_1)\varphi(t_2+\tau)\mathrm{d}\tau=\varphi(t_1+t_2)\\&=\int_{-\infty}^{\infty}\delta(t-t_1-t_2)\varphi(t)\mathrm{d}t\end{aligned}$$

所以，

$$\delta(t-t_1)*\delta(t-t_2)=\delta(t-t_1-t_2)$$

特别地，当 $t_1=t_2=0$ 时，有：

$$\delta(t)*\delta(t)=\delta(t) \tag{2-169}$$

同理可推得：

$$x(t)*\delta(t)=x(t) \tag{2-170}$$

$$x(t)*\delta(t-t_0)=x(t-t_0) \tag{2-171}$$

9. $\delta(t)$的复合函数 $\delta[\varphi(t)]$的性质

$\delta[\varphi(t)]$中的 $\varphi(t)$是普通信号。若 $\varphi(t)=0$ 有 n 个互不相等的实根 t_1，t_2，…，t_n，则有：

$$\delta[\varphi(t)]=\sum_{i=1}^{n}\frac{1}{|\varphi'(t_i)|}\delta(t-t_i) \tag{2-172}$$

其中，$\varphi'(t_i)$表示 $\varphi(t)$在 $t=t_i$ 处的导数，且 $\varphi'(t_i)\neq0(i=1, 2, \cdots n)$。

证明：根据狄拉克定义(式(2-35))，有：

$$\delta[\varphi(t)]=\begin{cases}0,\varphi(t)\neq0\\\infty,\varphi(t)=0\end{cases} \tag{2-173}$$

若 $\varphi(t)=0$ 有 n 个互不相等的实根 $t_i(i=1, 2, \cdots, n)$，则(2-173)可表示为

$$\delta[\varphi(t)]=\begin{cases}0,t\neq t_i\\\infty,t=t_i\end{cases},i=1,2,\cdots,n \tag{2-174}$$

式(2-174)可进一步表示为

$$\delta[\varphi(t)]=\sum_{i=1}^{n}C_i\delta(t-t_i) \tag{2-175}$$

式(2-175)中，C_i 为各冲激信号 $\delta(t-t_i)$对应的强度。只要求出 $C_i(i=1, 2, \cdots, n)$即可完全确定 $\delta[\varphi(t)]$。

令 ε 为无穷小正数，即 $\varepsilon\to0_+$，对式(2-175)两边在区间$[t_i-\varepsilon, t_i+\varepsilon](i=1, 2, \cdots, n)$求积分：

$$\int_{t_i-\varepsilon}^{t_i+\varepsilon}\delta[\varphi(t)]\mathrm{d}t=\int_{t_i-\varepsilon}^{t_i+\varepsilon}\Big[\sum_{i=1}^{n}C_i\delta(t-t_i)\Big]\mathrm{d}t=\sum_{i=1}^{n}C_i\int_{t_i-\varepsilon}^{t_i+\varepsilon}\delta(t-t_i)\mathrm{d}t=C_i$$

即：

$$C_i=\int_{t_i-\varepsilon}^{t_i+\varepsilon}\delta[\varphi(t)]\mathrm{d}t,\ i=1,2,\cdots,n \tag{2-176}$$

由于 $\mathrm{d}\varphi(t)=\varphi'(t)\mathrm{d}t$，则式(2-176) 可进一步表示为

$$C_i=\int_{t_i-\varepsilon}^{t_i+\varepsilon}\delta[\varphi(t)]\mathrm{d}t=\int_{\varphi(t_i-\varepsilon)}^{\varphi(t_i+\varepsilon)}\delta[\varphi(t)]\frac{\mathrm{d}\varphi(t)}{\varphi'(t)}\overset{\varepsilon\to0}{=}\frac{1}{\varphi'(t_i)}\int_{\varphi(t_i-\varepsilon)}^{\varphi(t_i+\varepsilon)}\delta[\varphi(t)]\mathrm{d}\varphi(t),\ i=1,2,\cdots,n \tag{2-177}$$

式(2-177)中，若 $\varphi'(t)>0$，$t\in[t_i-\varepsilon,\ t_i+\varepsilon]$，则 $\varphi(t)$为递增函数，$\varphi(t_i-\varepsilon)<\varphi(t_i+\varepsilon)$，又 $\varphi(t_i)=0$，则：

$$C_i=\frac{1}{\varphi'(t_i)}\int_{\varphi(t_i-\varepsilon)}^{\varphi(t_i+\varepsilon)}\delta[\varphi(t)]\mathrm{d}\varphi(t)=\frac{1}{\varphi'(t_i)}\int_{0_-}^{0_+}\delta(\tau)\mathrm{d}\tau$$

$$=\frac{1}{\varphi'(t_i)}=\frac{1}{|\varphi'(t_i)|},\ i=1,2,\cdots,n$$

若 $\varphi'(t)<0$，$t\in[t_i-\varepsilon,\ t_i+\varepsilon]$，则 $\varphi(t)$为递减函数，$\varphi(t_i-\varepsilon)>\varphi(t_i+\varepsilon)$，则：

$$C_i=\frac{1}{\varphi'(t_i)}\int_{\varphi(t_i-\varepsilon)}^{\varphi(t_i+\varepsilon)}\delta[\varphi'(t_i)]\mathrm{d}\varphi(t)=\frac{1}{\varphi'(t_i)}\int_{0_+}^{0_-}\delta(\tau)\mathrm{d}\tau$$

$$=-\frac{1}{\varphi'(t_i)}=\frac{1}{|\varphi'(t_i)|},\ i=1,2,\cdots,n$$

即：

$$C_i=\frac{1}{|\varphi'(t_i)|}\quad i=1,2,\cdots,n \tag{2-178}$$

将式(2-178)代入(2-175)得：

$$\delta[\varphi(t)]=\sum_{i=1}^{n}\frac{1}{|\varphi'(t_i)|}\delta(t-t_i),\ i=1,2,\cdots,n$$

得证。

式(2-172)表明，复合函数 $\delta[\varphi(t)]$可以分解为位于 $t=t_i(i=1,\ 2,\ \cdots,\ n)$处一系列冲激信号的叠加，每一个冲激信号的强度为$\dfrac{1}{|\varphi'(t_i)|}$。

【例 2-18】 化简 $\delta(t^2-3at-10a^2)$，a 为常数，且 $a\neq0$。

解：令 $\varphi(t)=t^2-3at+10a^2=0$，解得两个实根为 $t_1=5a$，$t_2=-2a$，则有：

$$\varphi'(t_1)=\frac{\mathrm{d}}{\mathrm{d}t}(t^2-2at+3a^2)\bigg|_{t=5a}=8a$$

$$\varphi'(t_2)=\frac{\mathrm{d}}{\mathrm{d}t}(t^2-2at+3a^2)\bigg|_{t=-2a}=-6a$$

由式(2-172)可得：

$$\delta(t^2-3at+10a^2)=\frac{1}{8a}\delta(t-5a)+\frac{1}{6a}\delta(t+2a)$$

习题

2-1　粗略绘出下列信号波形。

(1) $x(t)=3-2\mathrm{e}^{-t}$，$t>0$；

(2) $x(t)=3\mathrm{e}^{-t}+5\mathrm{e}^{-2t}$，$t>0$；

(3) $x(t)=\dfrac{\sin at}{at}$，a 为非零常数；

(4) $x(t)=\mathrm{e}^{-t}\sin 5\pi t$，$2<t<4$；

(5) $x(t)=[1+\sin(\omega t)]\sin(8\omega t)$，$t>0$。

2-2 已知信号 $x(t)$ 的波形如题 2-2 图所示，试绘出 $\int_{-\infty}^{t}x(3-\tau)\mathrm{d}\tau$ 及 $\dfrac{\mathrm{d}}{\mathrm{d}t}[x(5-2t)]$ 的波形图。

题 2-2 图

2-3 (1)已知一个连续时间信号 $x_1(t)$，如题 2-3a 图所示，画出下列各信号波形。

① $x_1(2t+2)$；② $x_1\left(2-\dfrac{t}{3}\right)$；

③ $[x_1(t)+x_1(2-t)]\varepsilon(1-t)$；④ $x_1(t)[\delta(t+2)-\delta(t-2)]$。

(2) 已知一个连续时间信号 $x_2(t)$，如题 2-3b 图所示，画出下列信号波形。

①$2x_2\left(\dfrac{t}{2}-2\right)$；②$x_2(1-2t)$；③$x_2\left(\dfrac{t}{2}\right)\delta(t+1)$；④ $x_2(t)[\varepsilon(t+1)-\varepsilon(t-1)]$。

(3) 根据已知的信号 $x_1(t)$、$x_2(t)$ 的波形，画出下列各信号的波形。

① $x_1(-t)x_2(t)$；②$x_1(t-1)x_2(1-t)$；③$x_1(t)x_2(t+1)$；④ $x_1\left(2-\dfrac{t}{2}\right)x_2(t+4)$。

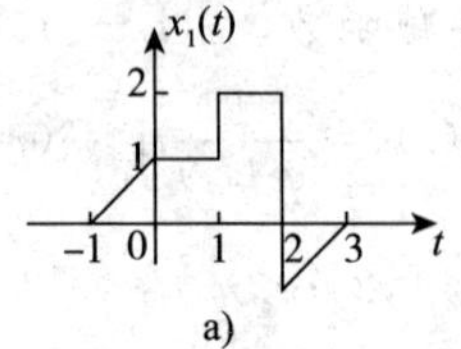

a)

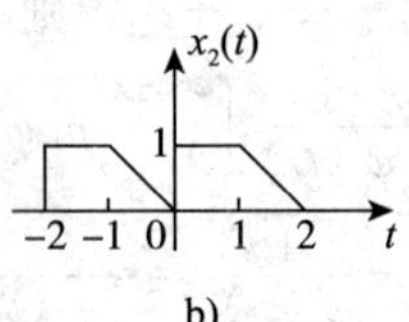

b)

题 2-3 图

2-4 设连续时间信号 $x(t)$ 的奇、偶分量分别为 $x_o(t)$、$x_e(t)$，试证明：$\int_{-\infty}^{\infty}x^2(t)\mathrm{d}t=\int_{-\infty}^{\infty}x_e^2(t)\mathrm{d}t+\int_{-\infty}^{\infty}x_o^2(t)\mathrm{d}t$。

2-5 证明连续时间信号 $x(t)$，$t>0$ 的奇、偶分量 $x_o(t)$、$x_e(t)$ 之间存在如下关系：$x_o(t)=x_e(t)\mathrm{sgn}(t)$；$x_e(t)=x_o(t)\mathrm{sgn}(t)$。

2-6 信号波形如题 2-6 图所示，画出这些信号的偶分量和奇分量的波形图。

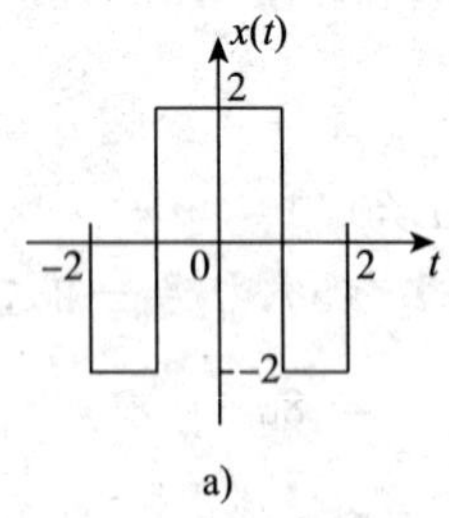

a)

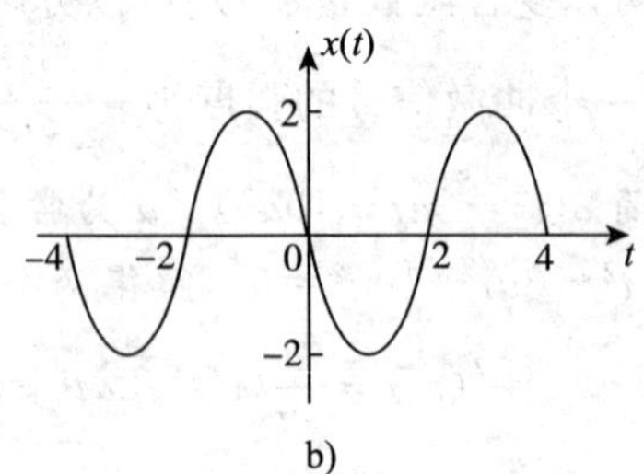

b)

题 2-6 图

2-7 利用冲激信号的取样特性，求下列各式的值。

(1) $x(t)=\int_{-\infty}^{\infty}\delta(t-2)\sin(3t)\mathrm{d}t$；

(2) $x(t)=\int_{-\infty}^{\infty}(t+\sin t)\delta\left(t-\dfrac{\pi}{3}\right)\mathrm{d}t$；

(3) $x(t)=\int_{-\infty}^{\infty}\dfrac{\sin(2t)}{t}\delta(t)\mathrm{d}t$；

(4) $x(t)=\int_{-\infty}^{\infty}\delta(t-t_0)\varepsilon(t-2t_0)\mathrm{d}t$，$t_0>0$；

(5) $x(t)=\int_{-\infty}^{\infty}\delta(t^2-5t+4)\mathrm{e}^{-at}\mathrm{d}t$；

(6) $x(t)=\int_{0}^{\infty}(t^3+3t+2)\delta(2+t)\mathrm{d}t$。

2-8 完成下列信号的运算。

(1) $(2t^2+5)\delta\left(\dfrac{t}{2}\right)$；

(2) $\int_{-\infty}^{t}\delta(2\tau-3)\mathrm{d}\tau$；

(3) $e^{-3t}\delta(4-2t)$；　(4) $\frac{d}{dt}\left[\cos\left(t+\frac{\pi}{4}\right)\delta(t)\right]$；

(5) $e^{-(t-2)}\varepsilon(t)\delta(t-4)$；　(6) $\int_{-\infty}^{\infty}\frac{d}{dt}[\cos(t)\delta(t)]\sin t dt$；

(7) $\int_{-\infty}^{\infty}\cos\left(\frac{\pi}{3}t\right)[\delta'(t)+\delta(t)]dt$；　(8) $\int_{-3}^{8}(4-2t+t^2)\delta'(t-4)dt$。

2-9　绘出下列各信号的波形图，注意它们的区别。

(1) $x_1(t)=\sin(\omega t)\cdot\varepsilon(t)$；　(2) $x_2(t)=\sin[\omega(t-t_0)]\cdot\varepsilon(t)$；

(3) $x_3(t)=\sin(\omega t)\cdot\varepsilon(t-t_0)$；　(4) $x_4(t)=\sin[\omega(t-t_0)]\cdot\varepsilon(t-t_0)$。

2-10　已知信号波形如题2-10图所示，画出 $x(t)$、$\frac{dx(t)}{dt}$、$\frac{d^2x(t)}{dt^2}$波形图。

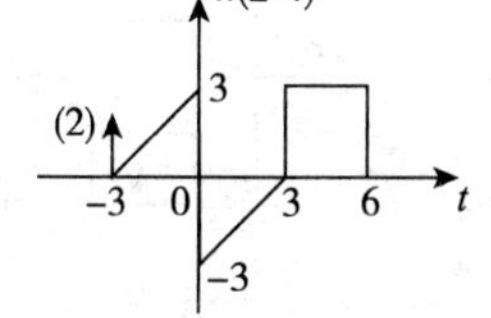

题2-10图

2-11　已知系统方程为$\frac{d^2y(t)}{dt^2}+4\frac{dy(t)}{dt}+3y(t)=x(t)$，初始条件为 $y(0)=1$，$y'(0)=3$，当激励 $x(t)$取如下两种形式时，求系统的全响应 $y(t)$。

(1) $x(t)=\varepsilon(t)$；　(2) $x(t)=e^{-t}$。

2-12　已知系统微分方程相应的齐次方程及其对应的 0_+ 状态条件，求系统的零输入响应。

(1) $\frac{d^2}{dt^2}y(t)+4\frac{d}{dt}y(t)+5y(t)=0$，已知：$y(0_+)=2$，$y'(0_+)=1$。

(2) $\frac{d^2}{dt^2}y(t)+4\frac{d}{dt}y(t)+4y(t)=0$，已知：$y(0_+)=1$，$y'(0_+)=2$。

(3) $\frac{d^3}{dt^3}y(t)+6\frac{d^2}{dt^2}y(t)+9\frac{d}{dt}y(t)=0$，已知：$y(0_+)=1$，$y'(0_+)=2$，$y''(0_+)=6$。

2-13　已知系统微分方程为$\frac{d^2}{dt^2}y(t)+7\frac{d}{dt}y(t)+12y(t)=x(t)$，若激励信号 $x(t)$为如下形式，求系统的零状态响应。

(1)$x(t)=\varepsilon(t)$；　(2) $x(t)=\delta(t)$。

2-14　已知系统微分方程$\frac{d^2}{dt^2}y(t)+5\frac{d}{dt}y(t)+6y(t)=2\frac{d}{dt}x(t)+3x(t)$，若激励信号与系统初始状态为以下两种情况：

(1) $x(t)=\varepsilon(t)$，$y(0_-)=2$，$y'(0_-)=1$；

(2) $x(t)=e^{-3t}\varepsilon(t)$，$y(0_-)=2$，$y'(0_-)=1$。

试分别求出它们的完全响应，并指出其零输入响应、零状态响应，自由响应、强迫响应各分量。

2-15　求下列微分方程描述的系统冲激响应 $h(t)$和 $g(t)$。

(1) $\frac{d}{dt}y(t)+2y(t)=3\frac{d}{dt}x(t)$；

(2) $\frac{d^2}{dt^2}y(t)+2\frac{d}{dt}y(t)+2y(t)=\frac{d}{dt}x(t)+2x(t)$；

(3) $\frac{d}{dt}y(t)+3y(t)=\frac{d^2}{dt^2}x(t)+\frac{d}{dt}x(t)+2x(t)$。

2-16　信号 $x_1(t)$、$x_2(t)$的波形如题2-16图所示，完成下列信号间的卷积运算，并画出卷积后的波形图。

(1)$x_1(t)*x_2(t)$；(2) $x_1(t-2)*x_2(t)$。

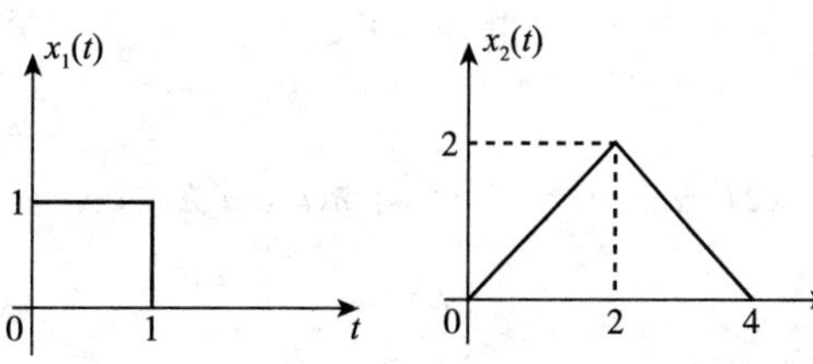

题2-16图

2-17　求下列各函数 $x_1(t)$ 与 $x_2(t)$ 的卷积 $x_1(t)*x_2(t)$。

(1) $x_1(t)=\varepsilon(t-1)$，$x_2(t)=\mathrm{e}^{-at}\varepsilon(t)$；

(2) $x_1(t)=(1+t)[\varepsilon(t)-\varepsilon(t-1)]$；$x_2(t)=\varepsilon(t-1)-\varepsilon(t-2)$；

(3) $x_1(t)=\mathrm{e}^{-at}\varepsilon(t)$，$x_2(t)=\cos(\omega t)\varepsilon(t)$；

(4) $x_1(t)=\sin(\omega t)$，$x_2(t)=\delta(t+2)$。

2-18　LTI 系统框图如题 2-18 图所示，其中 $h_1(t)=h_2(t)=\varepsilon(t)$，$h_3(t)=\delta'(t)$，$h_4(t)=\varepsilon(t-1)$，$h_5(t)=\delta(t-1)$，$h_6(t)=-\delta(t)$，分别求系统的冲激响应 $h(t)$。

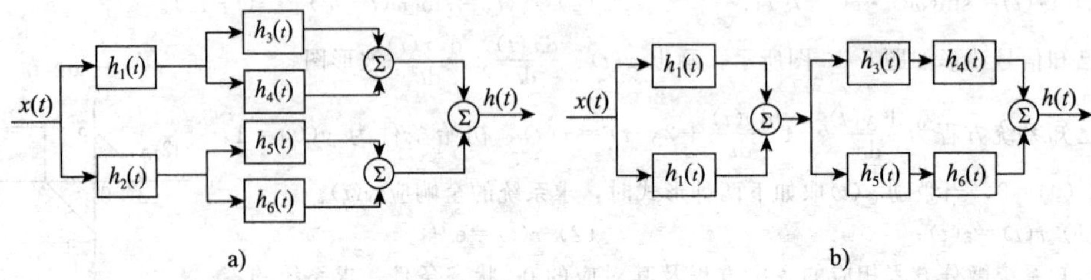

题 2-18 图

2-19　求下列信号的自相关函数。

(1) $x(t)=\mathrm{e}^{-2t}\varepsilon(t)$；(2) $x(t)=\sin(\omega_0 t)\varepsilon(t)$。

2-20　已知某线性系统单位阶跃响应为 $g(t)=(2\mathrm{e}^{-3t}+1)\varepsilon(t)$，试利用卷积的性质求在题 2-20 图各波形信号激励下的零状态响应。

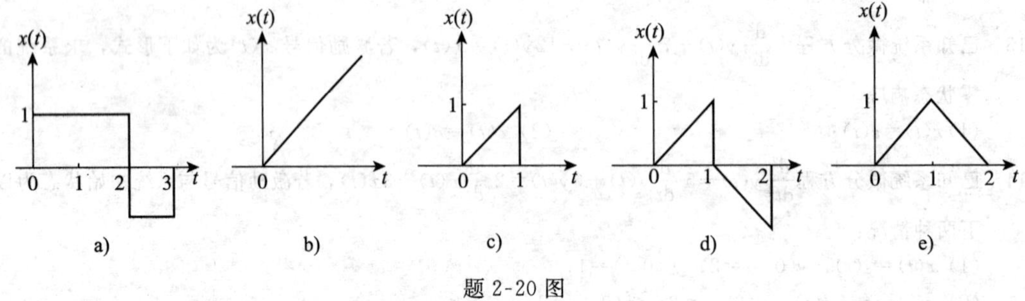

题 2-20 图

2-21　在如题 2-21 图所示的电路中，以电源信号为激励（$u(t)$ 或 $i(t)$），$i_1(t)$ 为响应，采用算子表示，建立电路的输入输出方程。

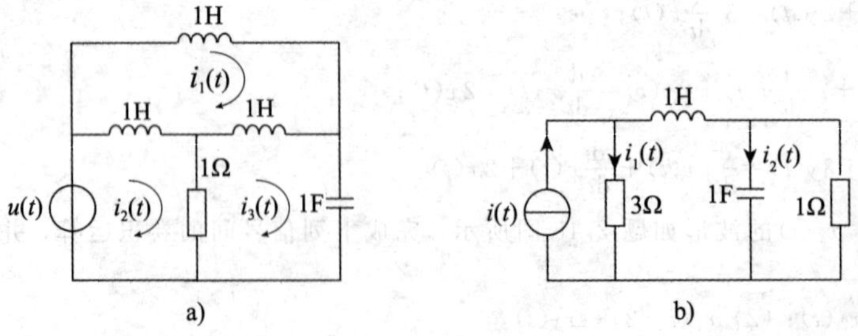

题 2-21 图

2-22　证明下面两式。

(1) $\int_{-\infty}^{\infty}\mathrm{e}^{\mathrm{j}\omega t}\,\mathrm{d}\omega=2\pi\delta(t)$；(2) $t^n\delta^{(n)}(t)=(-1)^n n!\ \delta(t)$，$n$ 为整数。

2-23　化简下面两式。

(1) $\delta\left(3t^2-\dfrac{1}{3}\right)$；(2) $\delta(\cos t)$。

第3章

连续信号的频域分析

第 2 章重点讨论了连续信号与系统的时域分析。从本章开始，对连续信号与系统的分析将由时域转化为变换域。在变换域分析中，首先讨论傅里叶变换。傅里叶变换是在傅里叶正交函数展开的基础上发展起来的，这方面的问题也称为傅里叶分析。

傅里叶分析的研究应用至今已经历近 200 年时间，它不仅应用于计算机、通信和控制领域之中，而且在力学、光学、量子物理等许多有关数学、物理、工程等领域中得到广泛的应用，成为信号与系统分析不可缺少的重要工具。

在傅里叶分析中，信号与系统特性被描述为以频率为变量的函数，也称为频率域分析（简称频域分析或频域表示）。频率分析方法较之时域方法有许多突出的优点。当然，傅里叶分析并不是信息科学与技术领域中唯一的变换域方法，但它却始终有着极其广泛的应用，是研究其他变换方法的基础。

本章首先从信号的完备正交函数集表示开始讨论，引出信号的傅里叶级数正交函数展开，从而建立信号频谱的概念。在周期信号傅里叶级数分析的基础上，扩展到包括非周期信号的一般信号的傅里叶变换及其性质的研究，初步掌握傅里叶分析方法的应用。傅里叶级数相当于傅里叶变换的一种特殊表达形式，对周期信号而言，频域分析既可以采用傅里叶级数，也可以采用傅里叶变换。本章后面章节将对比研究周期信号与抽样信号的傅里叶变换，并引出抽样定理，这有利于从连续信号与系统的分析过渡到离散信号与系统的分析。

3.1 用完备正交函数集来表示信号

3.1.1 正交矢量

在二维平面中，两个矢量**正交**是指两个矢量相互垂直，如图 3-1a 所示。矢量 $\boldsymbol{x}$ 和 $\boldsymbol{y}$ 是正交的，意味着两个矢量之间的夹角为 90°。在高等数学中，两个正交矢量的**数量积**为零，即：

$$\boldsymbol{x}_1 \cdot \boldsymbol{x}_2 = 0 \tag{3-1}$$

式(3-1)中，$\boldsymbol{x}_1 \cdot \boldsymbol{x}_2 = |\boldsymbol{x}_1||\boldsymbol{x}_2|\cos\theta = |\boldsymbol{x}_1||\boldsymbol{x}_2|\cos 90° = 0$；$|\boldsymbol{x}_1|$、$|\boldsymbol{x}_2|$分别为两矢量的模，$\theta$ 为两矢量的夹角。

若以正交矢量 $\boldsymbol{x}_1$ 和 $\boldsymbol{x}_2$ 为轴建立直角坐标平面，则该平面内任意二维矢量 $\boldsymbol{x}_{(2)}$ 可分解为两个正交矢量的组合，即

$$\boldsymbol{x}_{(2)} = c_1\boldsymbol{x}_1 + c_2\boldsymbol{x}_2 \tag{3-2}$$

式(3-2)中，“+”为矢量求和，c_1、c_2 为常数，称二维矢量 $\boldsymbol{x}_{(2)}$ 可用二维正交矢量集 $\{\boldsymbol{x}_1, \boldsymbol{x}_2\}$ 来表示。

类似地，在一个三维空间中，任意三维矢量 $\boldsymbol{x}_{(3)}$ 可用三维正交矢量集 $\{\boldsymbol{x}_1, \boldsymbol{x}_2, \boldsymbol{x}_3\}$ 来表示，如图 3-1b 所示，且有

$$\boldsymbol{x}_{(3)} = c_1\boldsymbol{x}_1 + c_2\boldsymbol{x}_2 + c_3\boldsymbol{x}_3 \tag{3-3}$$

式(3-3)中，c_1、c_2、c_3 为常数，$\boldsymbol{x}_1$、$\boldsymbol{x}_2$、

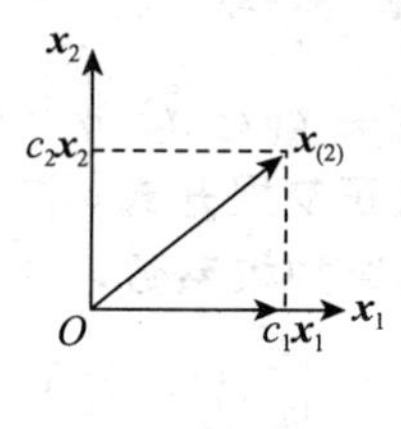

a) 二维平面

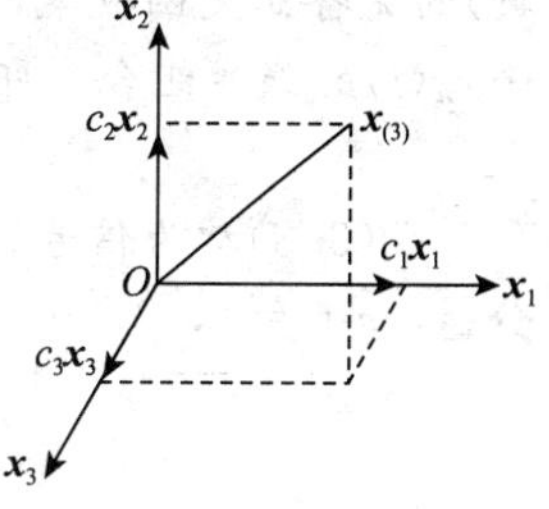

b) 三维平面

图 3-1 正交矢量

$\boldsymbol{x}_3$ 相互正交，即 $\boldsymbol{x}_i \cdot \boldsymbol{x}_j=0$，$i$、$j=1$，2，3 且 $i \neq j$。一般情况下，不能用二维正交矢量集来表示三维空间的矢量，这样做必将产生误差，称此时的二维正交矢量集对于三维空间矢量是不**“完备”**的。

依此类推，在 n 维空间中，有 n 个正交矢量构成的矢量集合$\{\boldsymbol{x}_1, \boldsymbol{x}_2, \cdots, \boldsymbol{x}_n\}$，$\boldsymbol{x}_i \cdot \boldsymbol{x}_j=0$($i$、$j=1$，2，…，$n$ 且 $i \neq j$)能表示任一个 n 维矢量 $\boldsymbol{x}_{(n)}$，称此时$\{\boldsymbol{x}_1, \boldsymbol{x}_2, \cdots, \boldsymbol{x}_n\}$是“完备”的，则：

$$\boldsymbol{x}_{(n)} = c_1\boldsymbol{x}_1 + c_2\boldsymbol{x}_2 + \cdots + c_n\boldsymbol{x}_n \tag{3-4}$$

式(3-4)中，c_1，c_2，…，c_n 为常数。

3.1.2 正交函数与正交函数集

现将一个 n 维矢量可用 n 维正交矢量集$\{\boldsymbol{x}_1, \boldsymbol{x}_2, \cdots, \boldsymbol{x}_n\}$来表示(或称一个 n 维矢量可进行正交分解)的概念推广至信号分析中。若信号用时间函数表示，则按照矢量正交的概念，也可定义为**时间函数的正交**。

设 $x_1(t)$和 $x_2(t)$是定义在区间(t_1, t_2)上的两个实信号，若有：

$$\int_{t_1}^{t_2} x_1(t)x_2(t)\mathrm{d}t = 0 \tag{3-5}$$

则称 $x_1(t)$和 $x_2(t)$在(t_1, t_2)内**正交**。

进一步推广，设 $x_1(t)$，$x_2(t)$，…，$x_n(t)$是定义在区间(t_1, t_2)上的 n 个实信号，若有：

$$\int_{t_1}^{t_2} x_i(t)x_j(t)\mathrm{d}t = \begin{cases} 0, & i \neq j \\ C_i, & i = j \end{cases} \tag{3-6}$$

则称$\{x_1(t), x_2(t), \cdots, x_n(t)\}$是定义在$(t_1, t_2)$上的**正交函数集**，式(3-6)中，$i$、$j=1$，2，…，$n$ 且 $i \neq j$，C_i 为一个正数，可称为 $x_i(t)$在区间(t_1, t_2)上的能量。特别地，若 $C_i=1$，则称$\{x_1(t), x_2(t), \cdots, x_n(t)\}$为**归一化的正交函数集**。

若$\{x_1(t), x_2(t), \cdots, x_n(t)\}$为复变函数集，当满足：

$$\int_{t_1}^{t_2} x_i(t)x_j^*(t)\mathrm{d}t = \begin{cases} 0, & i \neq j \\ C_i, & i = j \end{cases} \tag{3-7}$$

则称此复变函数集为正交复变函数集。式(3-7)中，$x_j^*(t)$为 $x_j(t)$的共轭复变函数。C_i 为一个正数，可称为 $x_i(t)$在区间(t_1, t_2)上的能量。

3.1.3 完备的正交函数集

若在正交函数集$\{x_1(t), x_2(t), \cdots, x_n(t)\}$之外，不存在其他的非零函数与该函数集中每一个函数都正交，则称该函数集为**完备的正交函数集**，否则为**不完备正交函数集**。

对于完备的正交函数集，有两个重要定理。

【定理 3-1】 设$\{x_1(t), x_2(t), \cdots, x_n(t)\}$是定义在$(t_1, t_2)$区间上的某一类信号(函数)的完备正交函数集，则这一类信号中的任何一个信号 $x(t)$都可以表示为 $x_1(t)$，$x_2(t)$，…$x_n(t)$的线性组合。即：

$$x(t) = c_1x_1(t) + c_2x_2(t) + \cdots + c_nx_n(t) \tag{3-8}$$

式(3-8)称为信号 $x(t)$的**正交展开式**，其中，$x_i(t)$($i=1$，2，…，n)称为 $x(t)$的**正交分量**，c_i($i=1$，2，…，n)称为**加权系数**，且有：

$$c_i = \frac{\int_{t_1}^{t_2} x_i(t)x_j^*(t)\mathrm{d}t}{\int_{t_1}^{t_2} |x_i(t)|^2\mathrm{d}t}, \quad i = 1,2,\cdots,n \tag{3-9}$$

【定理 3-2】 在式(3-8)的条件下，有：

$$\int_{t_1}^{t_2} |x(t)|^2 \mathrm{d}t = \sum_i \int_{t_1}^{t_2} |c_i x_i(t)|^2 \mathrm{d}t \tag{3-10}$$

证明：因为 $x(t)=c_1x_1(t)+c_2x_2(t)+\cdots+c_nx_n(t)$，则 $x^*(t)=c_1x_1^*(t)+c_2x_2^*(t)+\cdots+c_nx_n^*(t)$。

$$\begin{aligned}|x(t)|^2 &= x(t)x^*(t)\\ &=[c_1x_1(t)+c_2x_2(t)+\cdots+c_nx_n(t)][c_1x_1^*(t)+c_2x_2^*(t)+\cdots+c_nx_n^*(t)]\\ &=\sum_i |c_ix_i(t)|^2+\sum_{i,j,i\neq j}[c_ic_jx_i(t)x_j^*(t)+c_ic_jx_i^*(t)x_j(t)]\end{aligned} \tag{3-11}$$

对式(3-11)两边在(t_1，t_2)区间上积分，则有：

$$\int_{t_1}^{t_2} |x(t)|^2 \mathrm{d}t = \sum_i \int_{t_1}^{t_2} |c_i x_i(t)|^2 \mathrm{d}t + \sum_{i,j,i\neq j}\int_{t_1}^{t_2}[c_ic_jx_i(t)x_j^*(t)+c_ic_jx_i^*(t)x_j(t)]\mathrm{d}t$$

根据式(3-7)，$\sum_{i,j,i\neq j}\int_{t_1}^{t_2}[c_ic_jx_i(t)x_j^*(t)+c_ic_jx_i^*(t)x_j(t)]\mathrm{d}t=0$。

则：

$$\int_{t_1}^{t_2} |x(t)|^2 \mathrm{d}t = \sum_i \int_{t_1}^{t_2} |c_i x_i(t)|^2 \mathrm{d}t$$

式(3-10)可理解为 $x(t)$ 在区间(t_1，t_2)上的能量等于其各正交分量的能量之和。

【例 3-1】 已知余弦函数集{$\cos t$，$\cos 2t$，…，$\cos nt$}，n 为整数，试问：

1)该函数集在区间(0，2π)内为正交函数集吗？

2)该函数集在区间(0，2π)内为完备正交函数集吗？

3)该函数集在区间$\left(0,\ \frac{\pi}{2}\right)$内是正交函数集吗？

解：1)根据正交函数集的定义，当 $i\neq j$ 时：

$$\int_0^{2\pi}\cos(it)\cos(jt)\mathrm{d}t=\frac{1}{2}\left[\frac{\sin(i+j)t}{i+j}+\frac{\sin(i-j)t}{i-j}\right]\Bigg|_0^{2\pi}=0$$

当 $i=j$ 时：

$$\int_0^{2\pi}\cos(it)\cos(jt)\mathrm{d}t=\frac{1}{2}\left[t+\frac{1}{2i}\sin(2it)\right]\Bigg|_0^{2\pi}=\pi$$

满足正交函数集的定义，故余弦函数集在区间(0，2π)内为正交函数集。

2) 对于非零函数 $\sin t$，$t\in(0,\ \pi)$，总有：

$$\int_0^{2\pi}\sin t\cos(it)\mathrm{d}t=0, i=1,2,\cdots,n$$

即 $\sin t$ 在区间(0，2π)内与{$\cos t$，$\cos 2t$，…，$\cos nt$}正交，故该函数集在区间(0，2π)内不是完备正交函数集。

3) 当 $i\neq j$ 时：

$$\int_0^{\frac{\pi}{2}}\cos(it)\cos(jt)\mathrm{d}t=\frac{1}{i^2-j^2}\left[i\sin\frac{i\pi}{2}\cos\frac{j\pi}{2}-j\cos\frac{i\pi}{2}\sin\frac{j\pi}{2}\right]$$

对于任意 i、j，上式不恒等于 0。因此，余弦函数集在区间$\left(0,\ \frac{\pi}{2}\right)$内不是正交函数集。

由例 3-1 可知，一个函数集是否正交，不仅与函数表达形式有关，还与函数所在区间有关，即函数集在某一个区间可能正交，而在另一个区间又可能不正交。另外，在判断函数集是否正交时，要判断函数集中所有函数是否两两正交，只有部分函数相互正交的函数集不是正交函数集。

3.1.4 常见的正交函数集

1. 三角函数集

三角函数集{cos($i\omega t$)，sin($j\omega t$)}(i，j=0，1，2，…)在区间(t_0，t_0+T)内，有：

$$\int_{t_0}^{t_0+T}\cos(i\omega t)\cos(j\omega t)\mathrm{d}t=\begin{cases}0, & i\neq j\\ T/2, & i=j\neq 0\\ T, & i=j=0\end{cases} \tag{3-12}$$

$$\int_{t_0}^{t_0+T}\sin(i\omega t)\sin(j\omega t)\mathrm{d}t=\begin{cases}0, & i\neq j\text{ 或 }i=j=0\\ T/2, & i=j\end{cases} \tag{3-13}$$

$$\int_{t_0}^{t_0+T}\sin(i\omega t)\cos(j\omega t)\mathrm{d}t=0 \tag{3-14}$$

其中，$T=\dfrac{2\pi}{\omega}$。

可见，在区间(t_0，t_0+T)内，周期为 T 的三角函数集{cos($i\omega t$)，sin($j\omega t$)}(i，j=0，1，2，…)组成正交函数集，并可进一步证明其为完备的正交函数集。而函数集{cos($i\omega t$)}(i=0，1，2，…)或函数集{sin($j\omega t$)}(j=0，1，2，…)也为正交函数集，但它们均不是完备的。

2. 复指数函数集

根据欧拉公式，很容易证明，复指数函数集{$e^{jn\omega t}$}(n=0，±1，±2，…)在区间(t_0，t_0+T)内$\left(T=\dfrac{2\pi}{\omega}\right)$，也是一个完备的正交函数集。

3. 勒让德多项式

勒让德(Legendre)多项式定义为

$$P_n(t)=-\frac{1}{2^n n!}\frac{\mathrm{d}^n}{\mathrm{d}t^n}(t^2-1)^n,(n=0,1,2,\cdots) \tag{3-15}$$

由勒让德多项式组成的函数集{$P_n(t)$}(n=0，1，2，…)在区间(−1，1)内构成一个完备正交函数集。

还有一些多项式也可构成正交函数集，如雅可比(Jacobi)多项式、切比雪夫(Chebyshev)多项式等。此外，拉德马赫(Rademacher)函数集、沃尔什(Walsh)函数集等也都是正交函数集。

3.2 周期信号的傅里叶级数

3.2.1 三角函数形式的傅里叶级数及频谱

按照傅里叶级数理论，如果周期信号 $x(t)$ 满足狄利克雷(Dirichlet)充分条件：

1)在一个周期内连续或只有有限个间断点存在；

2)在一个周期内有有限个极值点；

3)在一个周期内信号绝对可积，即 $\int_{t_0}^{t_0+T_1}|x(t)|\mathrm{d}t$ 为有限值(T_1 为信号周期)。

则该周期信号可由三角函数的线性组合表示，即展开成：

$$\begin{aligned}x(t)&=a_0+a_1\cos(\omega_1 t)+b_1\sin(\omega_1 t)+a_2\cos(2\omega_1 t)+b_2\sin(2\omega_1 t)+\cdots\\&\quad+a_n\cos(n\omega_n t)+b_n\sin(n\omega_n t)+\cdots\\&=a_0+\sum_{n=1}^{\infty}[a_n\cos(n\omega_n t)+b_n\sin(n\omega_n t)]\end{aligned} \tag{3-16}$$

式(3-16)称为周期信号**三角函数形式的傅里叶级数**展开式。其中，$\omega_1=\frac{2\pi}{T_1}=2\pi f_1$，各分量的幅度值 a_n、b_n 称为**傅里叶系数**。根据三角函数集的正交性，由式(3-12)至式(3-14)可得：

$$\text{直流分量 } a_0=\int_{t_0}^{t_0+T_1}x(t)\mathrm{d}t \tag{3-17}$$

$$\text{余弦分量 } a_n=\frac{2}{T_1}\int_{t_0}^{t_0+T_1}x(t)\cos(n\omega_1 t)\mathrm{d}t \tag{3-18}$$

$$\text{正弦分量 } b_n=\frac{2}{T_1}\int_{t_0}^{t_0+T_1}x(t)\sin(n\omega_1 t)\mathrm{d}t \tag{3-19}$$

其中，$n=1，2，\cdots$。

通常的周期性信号都能满足狄利克雷条件，因此，除非特别说明，一般不再对此条件多加说明。

将式(3-16)中的同频率项加以合并，得：

$$x(t)=c_0+\sum_{n=1}^{\infty}c_n\cos(n\omega_1 t+\varphi_n)\text{ 或 }x(t)=d_0+\sum_{n=1}^{\infty}d_n\sin(n\omega_1 t+\theta_n) \tag{3-20}$$

比较式(3-16)与式(3-20)，可得：

$$\begin{cases}c_0=d_0=a_0\\ c_n=d_n=\sqrt{a_n^2+b_n^2}\\ a_n=c_n\cos\varphi_n=d_n\sin\theta_n\\ b_n=-c_n\sin\varphi_n=d_n\cos\theta_n\\ \theta_n=\arctan\left(\dfrac{a_n}{b_n}\right)\\ \varphi_n=-\arctan\left(\dfrac{b_n}{a_n}\right)\end{cases} \tag{3-21}$$

式(3-20)中，$c_0=d_0=a_0$ 为周期信号 $x(t)$ 的平均值，它是周期信号中所包含的直流分量；$n=1$ 的项，即以 $f_1\left(f_1=\frac{1}{T_1}=\frac{2\pi}{\omega_1}\right)$ 为基本频率的正弦项(或余弦项)称为**基波**，f_1 称为**基频**；其他正弦项(或余弦项)称为**谐波**，谐波的基本频率是基频的 n 倍，n 称为**谐波次数**，有时，基波也称为一次谐波；c_n 或 d_n 称为 n **次谐波的幅度**，φ_n 或 θ_n 则称为 n **次谐波的初相位**。综上所述，**满足狄利克雷条件的周期信号可以分解为直流分量、基波和各次谐波之和**。

式(3-17)至式(3-21)表明，基波及各次谐波幅度 c_n 或 d_n、相位 φ_n 或 θ_n 都是 $n\omega_1$ 的函数。以 c_n 为例，如果把 c_n 对 $n\omega_1(n=0，1，2，\cdots)$ 的关系分别绘制成如图 3-2a 所示的线图，便可清楚直观地看出各频率分量的相对大小。这种图称为信号的**幅度频谱**或简称为**幅度谱**。图中每条线代表某一个频率分量的幅度，称为**谱线**。连接各谱线顶点的光滑曲线(如图 3-2 中虚线所示)称为**包络线**，它反映各分量幅度变化的情况。类似地，还可以画出各分量的相位 φ_n 对频率 $n\omega_1$ 的线图，这种图称为**相位频谱**，简称**相位谱**，如图 3-2b 所示。**幅度谱和相位谱合称频谱，频谱是时间信号 $x(t)$ 的频域表示**。周期信号的频谱只在 $0，\omega_1，2\omega_1，\cdots$等离散频率点上有值，这种频谱称为**离散谱**，它是周期信号频谱的主要特点。

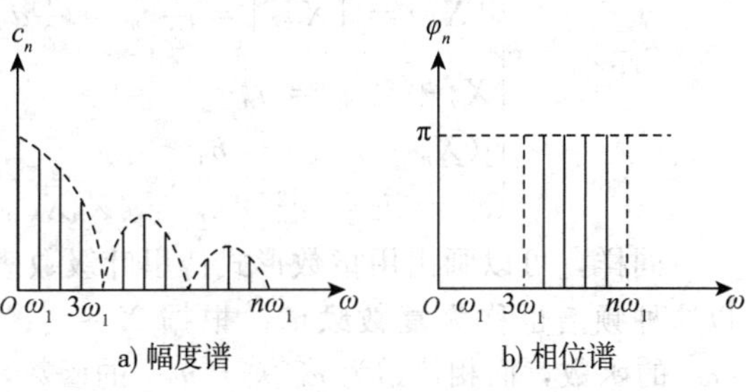

图 3-2　周期信号的频谱举例

3.2.2 指数形式的傅里叶级数

周期信号的傅里叶级数展开也可表示为指数形式。

根据欧拉公式，有：

$$\begin{cases}\cos(n\omega_1 t)=\dfrac{1}{2}(\mathrm{e}^{\mathrm{j}n\omega_1 t}+\mathrm{e}^{-\mathrm{j}n\omega_1 t})\\ \sin(n\omega_1 t)=\dfrac{1}{2\mathrm{j}}(\mathrm{e}^{\mathrm{j}n\omega_1 t}+\mathrm{e}^{-\mathrm{j}n\omega_1 t})\end{cases}\tag{3-22}$$

将式(3-22)代入式(3-16)，得：

$$x(t)=a_0+\sum_{n=1}^{\infty}\left(\frac{a_n-\mathrm{j}b_n}{2}\mathrm{e}^{\mathrm{j}n\omega_1 t}+\frac{a_n+\mathrm{j}b_n}{2}\mathrm{e}^{-\mathrm{j}n\omega_1 t}\right)\tag{3-23}$$

令 $X(n\omega_1)=\frac{1}{2}(a_n-\mathrm{j}b_n)$，$n=1$，2，…。 (3-24)

由式(3-18)、式(3-19)可知，a_n **是** n **的偶函数**，b_n **是** n **的奇函数**，则：

$$X(-n\omega_1)=\frac{1}{2}(a_n+\mathrm{j}b_n),\ n=1,2,\cdots\tag{3-25}$$

将式(3-24)、式(3-25)代入(3-23)得

$$x(t)=a_0+\sum_{n=1}^{\infty}\left[X(n\omega_1)\mathrm{e}^{\mathrm{j}n\omega_1 t}+X(-n\omega_1)\mathrm{e}^{-\mathrm{j}n\omega_1 t}\right]\tag{3-26}$$

令 $X(0)=a_0$，又

$$\sum_{n=1}^{\infty}X(-n\omega_1)\mathrm{e}^{-\mathrm{j}n\omega_1 t}=\sum_{n=-1}^{-\infty}X(n\omega_1)\mathrm{e}^{\mathrm{j}n\omega_1 t}\tag{3-27}$$

将其代入式(3-26)，则得到 $x(t)$指数形式的傅里叶级数展开式，为

$$x(t)=\sum_{n=-\infty}^{\infty}X(n\omega_1)\mathrm{e}^{\mathrm{j}n\omega_1 t}\tag{3-28}$$

将式(3-18)、式(3-19)代入式(3-24)就可以得到指数形式的傅里叶系数 $X(n\omega_1)$或简写作 X_n。

$$X_n=\frac{1}{T_1}\int_{t_0}^{t_0+T_1}x(t)\mathrm{e}^{-\mathrm{j}n\omega_1 t}\mathrm{d}t,\ n\text{ 为}(-\infty,+\infty)\text{ 的整数}\tag{3-29}$$

X_{-n}(即 $X(-n\omega_1)$)也可同理得出。

X_n(或 X_{-n})与式(3-21)中的各幅度系数有如下关系：

$$\begin{cases}X_0=a_0=c_0=d_0\\ X_n=|X_n|\mathrm{e}^{\mathrm{j}\varphi_n}=\dfrac{1}{2}(a_n-\mathrm{j}b_n)\\ X_{-n}=|X_{-n}|\mathrm{e}^{-\mathrm{j}\varphi_n}=\dfrac{1}{2}(a_n+\mathrm{j}b_n)\\ |X_n|=|X_{-n}|=\dfrac{1}{2}c_n=\dfrac{1}{2}d_n=\dfrac{1}{2}\sqrt{a_n^2+b_n^2}\\ X_n+X_{-n}=a_n\\ \mathrm{j}(X_n-X_{-n})=b_n\\ c_n^2=d_n^2=a_n^2+b_n^2=4X_nX_{-n}\end{cases},n=1,2,\cdots\tag{3-30}$$

同样，可以画出用指数形式傅里叶级数表示的信号频谱。由于 X_n 一般是复函数，所以这种频谱也称为**复数频谱**。根据 $X_n=|X_n|\mathrm{e}^{\mathrm{j}\varphi_n}$，在复数频谱中，幅度谱为$|X_n|$关于 $n\omega_1$ 的函数，而相位谱为 φ_n 关于 $n\omega_1$ 的函数，如图 3-3a、b 所示。如果 X_n 为实数，则 X_n 的正、负对应于 φ_n 取 0、π，此时可将幅度谱和相位谱合画在同一张图上，如图 3-3c 所示。

根据式(3-30)，图3-3中每条谱线的长度$|X_n|=\frac{1}{2}c_n$，为图3-2中每条谱线长度的一半。此外，图3-2所示频谱只有正的频率分量，称为**单边谱**。根据式(3-28)、式(3-30)，图3-3所示频谱不仅包括正频率分量而且含有负频率分量，并且频谱关于纵轴左右对称，称为**双边谱**。不难证明，幅度谱是偶对称函数，而相位谱是奇对称函数。

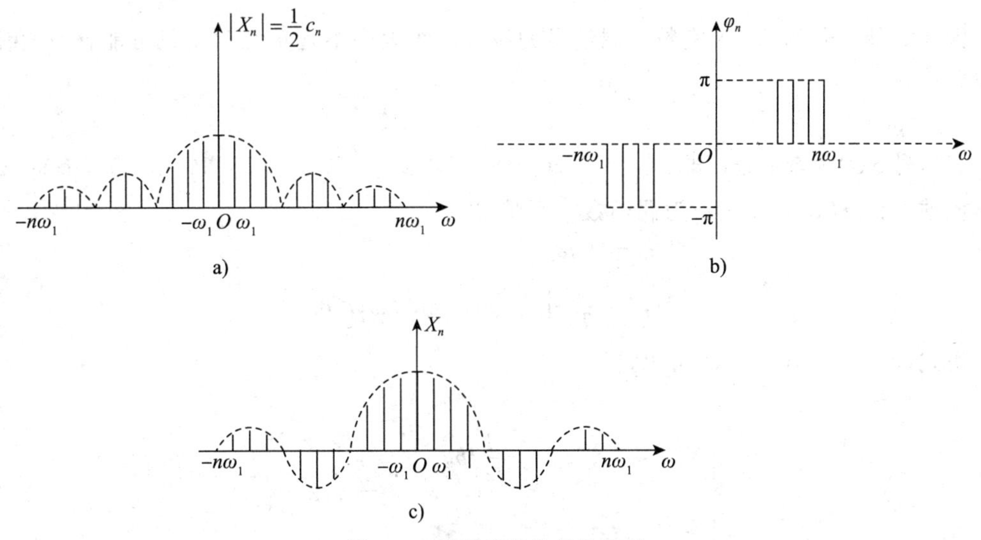

图3-3　周期信号的复数频谱

对于同一个时间信号，单边谱和双边谱这两种频谱的表示方法在本质上是一致的。不同之处在于，在图3-2所示的单边谱中，幅度谱的每条谱线代表一个频率分量的幅度，而在图3-3所示的双边谱中，每个频率分量的幅度被一分为二，并在正、负频率相对称的位置上各显示一半，因此，只有把正、负频率对应的两条谱线幅度相加才代表该时间信号一个频率分量的总幅度。值得注意的是，在复数频谱中，负频率的出现是将三角函数写成指数形式时，从数学推导上形成了$e^{jn\omega_1 t}$及$e^{-jn\omega_1 t}$这两种项，因而出现了$-jn\omega_1 t$。因此，负频率项的出现完全是数学运算的结果，并没有特别的物理意义。

3.2.3　周期函数的对称性与傅里叶级数的关系

当周期信号$x(t)$是实函数并且它的波形满足某种对称性时，按照式(3-17)～(3-19)，将$x(t)$展开成傅里叶级数，其中某些项将不出现，留下的各项系数的表示式也可能比较简单。一般而言，波形的对称性有两类：一类是对整个周期对称，如偶信号或奇信号；另一类是对半个周期对称，如奇谐信号。下面将分别介绍具备这些对称性的周期信号的傅里叶级数的特点。

1. 偶信号

若信号$x(t)$为偶信号，即$x(t)=x(-t)$。则在式(3-18)、式(3-19)中，$x(t)\cos(n\omega_1 t)$为偶函数，而$x(t)\sin(n\omega_1 t)$为奇函数，不难得出：

$$\begin{cases} a_n = \dfrac{4}{T_1}\displaystyle\int_0^{T_1/2} x(t)\cos(n\omega_1 t)\mathrm{d}t \\ b_n = 0 \end{cases} \tag{3-31}$$

由式(3-21)、式(3-30)可以得到：

$$
\begin{cases}
a_n = c_n = d_n \\
X_n = X_{-n} = \dfrac{1}{2}a_n \\
\varphi_n = 0 \\
\theta_n = \dfrac{\pi}{2}
\end{cases}, \quad n = 1,2,\cdots \tag{3-32}
$$

因此，偶信号的 X_n 为实数。偶信号的傅里叶级数中不含正弦项，只可能含有直流项和余弦项。

2. 奇信号

若信号 $x(t)$为奇信号，即 $x(t)=-x(-t)$。则在式(3-18)、式(3-19)中，$x(t)\cos(n\omega_1 t)$为奇函数，而 $x(t)\sin(n\omega_1 t)$为偶函数，不难得出：

$$
\begin{cases}
a_0 = 0, a_n = 0 \\
b_n = \dfrac{4}{T_1}\displaystyle\int_0^{T_1/2} x(t)\sin(n\omega_1 t)\mathrm{d}t
\end{cases} \tag{3-33}
$$

由式(3-21)、式(3-30)可以得到：

$$
\begin{cases}
b_n = c_n = d_n \\
X_n = -X_{-n} = -\dfrac{1}{2}\mathrm{j}b_n \\
\varphi_n = -\dfrac{\pi}{2} \\
\theta_n = 0
\end{cases}, \quad n = 1,2,\cdots \tag{3-34}
$$

因此，奇信号的 Xn 为虚数。在奇信号的傅里叶级数中不含直流项和余弦项，只可能含有正弦项。若在奇信号上叠加直流成分，尽管它不再是奇信号，但在它的级数中仍然不会含有余弦项。

3. 奇谐信号

若周期信号的波形沿时间轴平移半个周期并相对该轴上下翻转，所得波形与原波形重合，即满足：

$$
x(t) = -x\left(t \pm \frac{T_1}{2}\right) \tag{3-35}
$$

则该信号为奇谐信号或称为半波镜像对称信号。示例信号如图 3-4 所示。

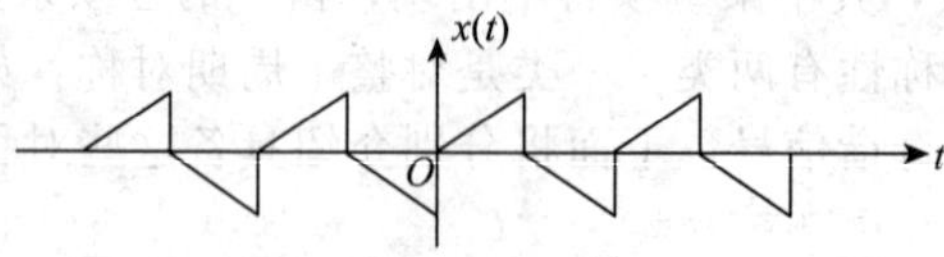

图 3-4 奇谐信号举例

由式(3-18)、式(3-19)可推得：

$$
\begin{cases}
a_0 = 0 \\
a_n = b_n = 0 & ,n\text{ 为偶数} \\
a_n = \dfrac{4}{T_1}\displaystyle\int_0^{T_1/2} x(t)\cos(n\omega_1 t)\mathrm{d}t & ,n\text{ 为奇数} \\
b_n = \dfrac{4}{T_1}\displaystyle\int_0^{T_1/2} x(t)\sin(n\omega_1 t)\mathrm{d}t & ,n\text{ 为奇数}
\end{cases} \tag{3-36}
$$

可见，在奇谐信号的傅里叶级数中，只可能含有基波和奇次谐波的正弦项、余弦项，而不包含偶次谐波项，这也是“奇谐”名称的由来。

综上所述，当信号波形满足某种对称关系时，其傅里叶级数中的某些项将不出现。因此，可以根据对称性对信号包含的谐波成分做出判断，以便简化傅里叶系数的计算。在有些情况下，甚至可通过移动坐标使波形具有某种对称性，从而简化运算。

3.2.4 典型周期信号的傅里叶级数

下面，将通过重点介绍周期矩形脉冲信号傅里叶级数展开来进一步深化周期信号采用正文函数集(三角函数或其指数形式)来表示的概念，其余典型周期信号波形及其傅里叶级数表示式可参考表 3-1。

表 3-1 几种典型周期信号的波形及其傅里叶级数表示式

信号名称	波　形	傅里叶级数表示式 $\left(\omega_1=\frac{2\pi}{T_1}\right)$
周期偶对称方波信号	$x(t)$；$\frac{E}{2}$；$-\frac{E}{2}$；$-T_1$；$-\frac{T_1}{4}$；O；$\frac{T_1}{4}$；T_1；t	$x(t)=\frac{2E\tau}{T_1}\sum_{n=1}^{\infty}\mathrm{Sa}\left(\frac{n\pi\tau}{T_1}\right)\cos(n\omega_1 t)$ $=\frac{2E}{\pi}\sum_{n=1}^{\infty}\frac{1}{n}\sin\left(\frac{n\pi}{2}\right)\cos(n\omega_1 t)$ $=\frac{2E}{\pi}\left[\cos(\omega_1 t)-\frac{1}{3}\cos(3\omega_1 t)+\frac{1}{5}\cos(5\omega_1 t)-\cdots\right]\left(\tau=\frac{T_1}{2}\right)$
周期锯齿脉冲信号	$x(t)$；$\frac{E}{2}$；$-\frac{E}{2}$；$\frac{T_1}{2}$；$-\frac{T_1}{2}$；O；t	$x(t)=\frac{E}{\pi}\sum_{n=1}^{\infty}(-1)^{n+1}\frac{1}{n}\sin(n\omega_1 t)$ $=\frac{E}{\pi}\left[\sin(\omega_1 t)-\frac{1}{2}\sin(2\omega_1 t)+\frac{1}{3}\sin(3\omega_1 t)-\frac{1}{4}\sin(4\omega_1 t)+\cdots\right]$
周期三角脉冲信号	$x(t)$；E；$-T_1$；$-\frac{T_1}{2}$；O；$\frac{T_1}{2}$；T_1；t	$x(t)=\frac{E}{2}+\frac{4E}{\pi^2}\sum_{n=1}^{\infty}\frac{1}{n^2}\sin^2\left(\frac{n\pi}{2}\right)\cos(n\omega_1 t)$ $=\frac{E}{2}+\frac{4E}{\pi^2}\left[\cos(\omega_1 t)+\frac{1}{3^2}\cos(3\omega_1 t)+\frac{1}{5^2}\cos(5\omega_1 t)+\cdots\right]$
周期半波余弦信号	$x(t)$；E；$-T_1$；$-\frac{T_1}{4}$；O；$\frac{T_1}{4}$；T_1；t	$x(t)=\frac{E}{\pi}-\frac{2E}{\pi}\sum_{n=1}^{\infty}\frac{1}{(n^2-1)}\cos\left(\frac{n\pi}{2}\right)\cos(n\omega_1 t)$ $=\frac{E}{\pi}+\frac{E}{2}\left[\cos(\omega_1 t)+\frac{4}{3\pi}\cos(2\omega_1 t)-\frac{4}{15\pi}\cos(4\omega_1 t)+\cdots\right]$
周期全波余弦信号	$x(t)$；E；$-T_1$；$-\frac{T_1}{2}$；O；$\frac{T_1}{2}$；T_1；t	$x(t)=\frac{2E}{\pi}+\frac{4E}{\pi}\sum_{n=1}^{\infty}(-1)^{n+1}\frac{1}{4n^2-1}\cos(2n\omega_1 t)$ $=\frac{2E}{\pi}+\frac{4E}{\pi}\left[\frac{1}{3}\cos(2\omega_1 t)-\frac{1}{15}\cos(4\omega_1 t)+\frac{1}{35}\cos(6\omega_1 t)-\cdots\right]$

设**周期矩形脉冲信号** $x(t)$ 的脉冲宽度为 τ，幅度为 E，基本周期为 T_1，如图 3-5 所示。

选取信号的一个基本周期区间 $\left[-\frac{T_1}{2}, \frac{T_1}{2}\right]$，该区间内信号的表达式为

$$x(t)=E\left[\varepsilon\left(t+\frac{\tau}{2}\right)-\varepsilon\left(t-\frac{\tau}{2}\right)\right] \tag{3-37}$$

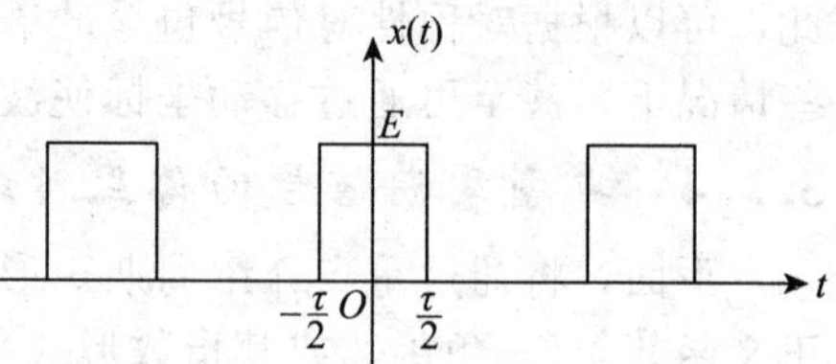

图 3-5 周期矩形脉冲信号波形

1)将 $x(t)$ 展开成三角形式的傅里叶级数，根据式(3-17)～(3-19)，求出各系数。

直流分量：

$$a_0=\frac{1}{T_1}\int_{-\frac{T_1}{2}}^{\frac{T_1}{2}}x(t)\mathrm{d}t=\frac{1}{T_1}\int_{-\frac{\tau}{2}}^{\frac{\tau}{2}}E\mathrm{d}t=\frac{E\tau}{T_1} \tag{3-38}$$

余弦分量：

$$\begin{aligned}a_n&=\frac{2}{T_1}\int_{-\frac{T_1}{2}}^{\frac{T_1}{2}}x(t)\cos(n\omega_1 t)\mathrm{d}t=\frac{2}{T_1}\int_{-\frac{\tau}{2}}^{\frac{\tau}{2}}E\cos\left(n\frac{2\pi}{T_1}t\right)\mathrm{d}t=\frac{2E}{n\pi}\sin\left(\frac{n\pi\tau}{T_1}\right)\\&=\frac{2E\tau}{T_1}\mathrm{Sa}\left(\frac{n\pi\tau}{T_1}\right)=\frac{E\tau\omega_1}{\pi}\mathrm{Sa}\left(\frac{n\tau\omega_1}{2}\right)\end{aligned} \tag{3-39}$$

式(3-39)中，Sa 称为**抽样函数**，其表达式为

$$\mathrm{Sa}\left(\frac{n\pi\tau}{T_1}\right)=\frac{\sin\left(\frac{n\pi\tau}{T_1}\right)}{\left(\frac{n\pi\tau}{T_1}\right)} \tag{3-40}$$

由于 $x(t)$ 为偶信号，根据式(3-31)有 $b_n=0$。

这样，周期矩形脉冲信号三角函数形式的傅里叶级数为

$$x(t)=\frac{E\tau}{T_1}+\frac{2E\tau}{T_1}\sum_{n=1}^{\infty}\mathrm{Sa}\left(\frac{n\pi\tau}{T_1}\right)\cos(n\omega_1 t) \tag{3-41}$$

或

$$x(t)=\frac{E\tau}{T_1}+\frac{E\tau\omega_1}{\pi}\sum_{n=1}^{\infty}\mathrm{Sa}\left(\frac{n\tau\omega_1}{2}\right)\cos(n\omega_1 t) \tag{3-42}$$

2)若将 $x(t)$ 展开指数形式傅里叶级数，由式(3-29)可得：

$$X_n=\frac{1}{T_1}\int_{-\frac{\tau}{2}}^{\frac{\tau}{2}}E\mathrm{e}^{-\mathrm{j}n\omega_1 t}\mathrm{d}t=\frac{E\tau}{T_1}\mathrm{Sa}\left(\frac{n\omega_1 t}{2}\right) \tag{3-43}$$

所以

$$x(t)=\sum_{n=-\infty}^{\infty}X_n\mathrm{e}^{\mathrm{j}n\omega_1 t}=\frac{E\tau}{T_1}\sum_{n=-\infty}^{\infty}\mathrm{Sa}\left(\frac{n\omega_1\tau}{2}\right)\mathrm{e}^{\mathrm{j}n\omega_1 t} \tag{3-44}$$

因此，周期矩形脉冲信号的单边频谱为

$$\begin{aligned}c_n&=a_n=\frac{2E\tau}{T_1}\mathrm{Sa}\left(\frac{n\pi\tau}{T_1}\right)\quad(n=1,2,\cdots)\\c_0&=a_0=\frac{E\tau}{T_1}\end{aligned} \tag{3-45}$$

图 3-6a 和 b 分别显示了周期矩形脉冲信号的单边幅度谱 $|c_n|$ 和相位谱 φ_n。在这里，c_n 为实数，故可将幅度谱和相位谱合画在一张图内，如图 3-6c 所示，同样，也可画出双边复数频谱 X_n，如图 3-6d 所示。

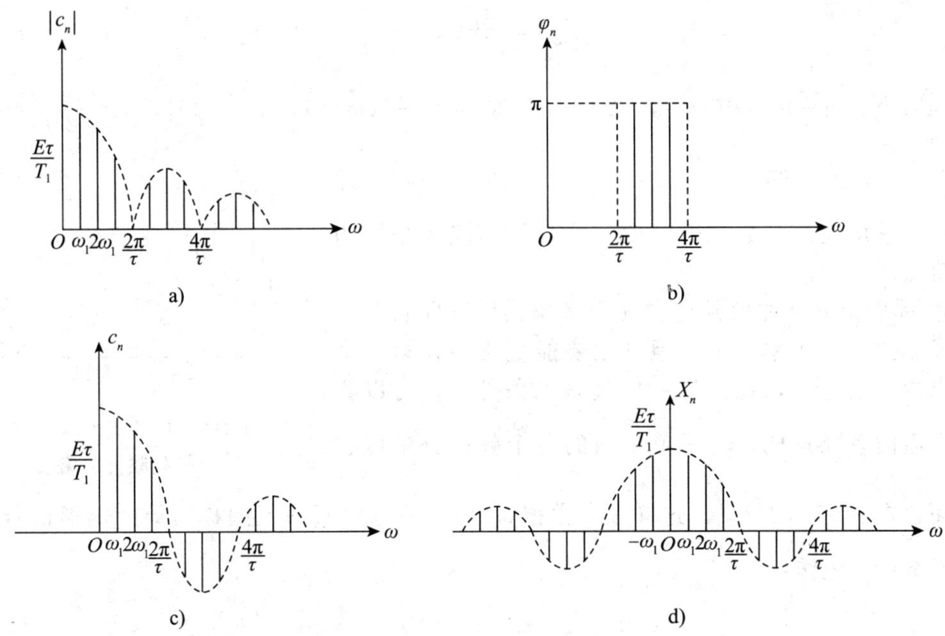

图 3-6　周期矩形脉冲信号的频谱

由上面计算结果分析可以得出：

① 周期矩形脉冲信号如同一般的周期信号，它的频谱是离散的，两谱线的间隔为 $\omega_1=(2\pi/T_1)$，该间隔与脉冲基本周期 T_1 成反比，如图 3-7 所示。

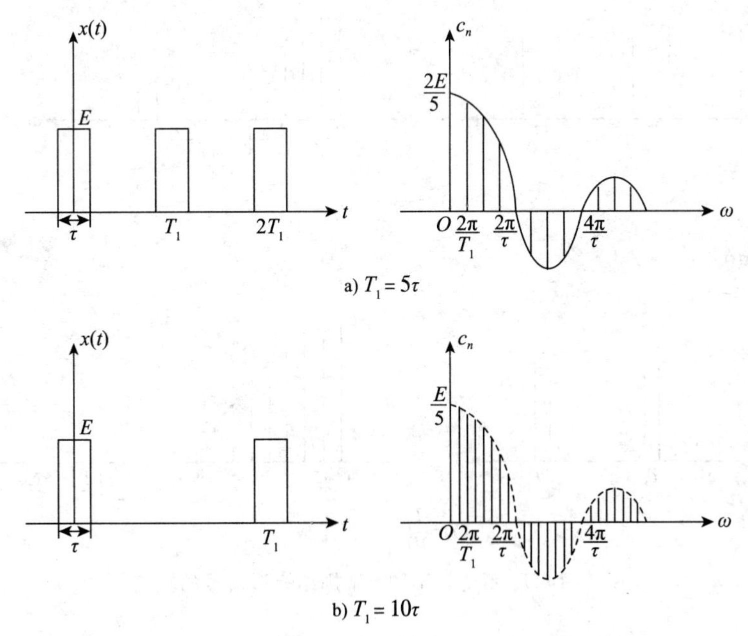

图 3-7　t 不变，不同 T_1 下周期矩形信号的频谱

② 直流分量、基波及各谐波分量正比于脉幅 E 和脉宽 τ，反比于基本周期 T_1。各谱线的幅度按 $\mathrm{Sa}\left(\frac{n\pi\tau}{T_1}\right)$ 包络线的规律而变化。

③ 若用连续变量 ω 替换式(3-45)中的 $\frac{2\pi n}{T_1}(=n\omega_1)$，即得到幅度谱包络线函数：

$$c(\omega)=\frac{2E\tau}{T_1}\mathrm{Sa}\left(\frac{\omega\tau}{2}\right) \tag{3-46}$$

式(3-46)中，当$\frac{\omega\tau}{2}=m\pi(m=1,\ 2,\ \cdots)$，即$\omega=\frac{2m\pi}{\tau}(m=1,\ 2,\ \cdots)$时，$\sin\left(\frac{\omega\tau}{2}\right)=0$，故$\mathrm{Sa}\left(\frac{\omega\tau}{2}\right)=0$，谱线的包络线过零点，如图 3-8 所示。此外，还可采用连续函数求极值的方法计算谱线包络线的各极值点。

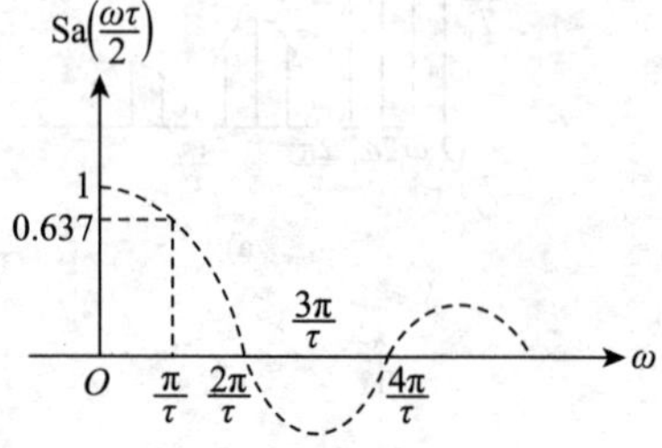

图 3-8 周期矩形脉冲信号归一化频谱包络线

④ 周期矩形脉冲信号包含无穷多条谱线，即它可以分解成无数多个频率分量，但其主要能量集中在第一个零点以内，实际上，在允许一定失真的条件下，可以要求一个通信系统只把$\omega\leqslant\frac{2\pi}{\tau}$范围内的各个频谱分量传过去，而舍弃$\omega>\frac{2\pi}{\tau}$的分量。这样，常常把$\omega=0\sim\frac{2\pi}{\tau}$这段频率范围称为周期矩形信号脉冲的**频带宽度**，记作：

$$B_\omega=\frac{2\pi}{\tau} \quad 或 \quad B_f=\frac{1}{\tau} \tag{3-47}$$

由式(3-47)可知，频带宽度 B 只与脉宽 τ 有关，且成反比，如图 3-9 所示。

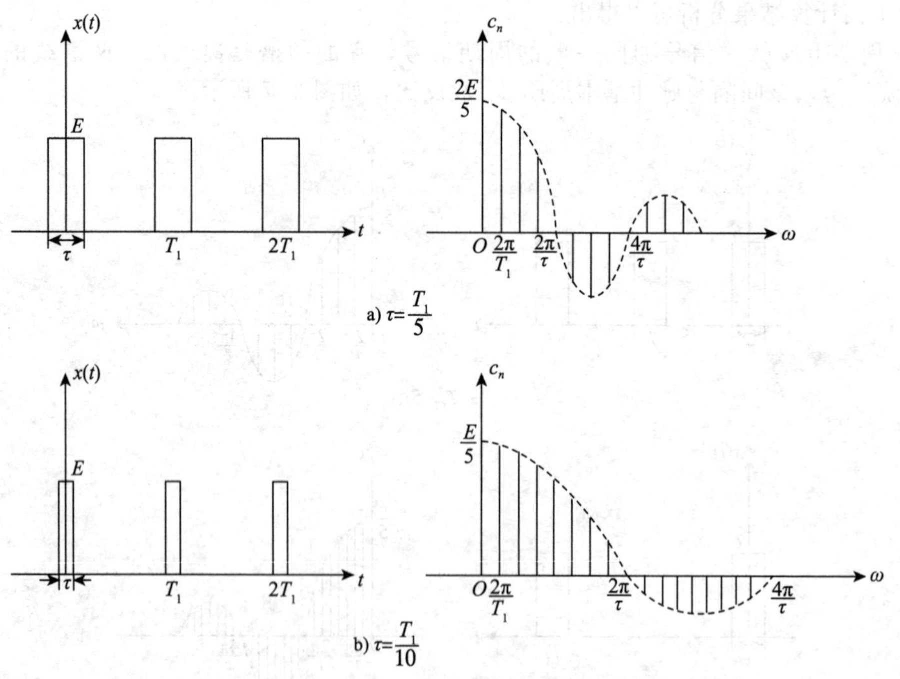

图 3-9 T_1 不变，不同 τ 下周期矩形信号的频谱

3.3 傅里叶变换

3.3.1 由傅里叶级数到傅里叶变换

3.2 节讨论了周期信号的傅里叶级数，引出了频谱的概念，明确了周期信号的频谱为离散谱。本节将把傅里叶分析方法推广到非周期信号中去，并导出傅里叶变换。

以周期矩形脉冲信号为例，如图 3-10 所示，当基本周期 $T_1 \to \infty$时，周期矩形脉冲信号就转化为非周期性的单脉冲信号。因此，**可以把非周期信号看成周期 $T_1 \to \infty$ 的周期信号**。由图 3-7 已知，当信号的周期 T_1 增大时，幅度谱谱线的间隔 $\omega_1 = \dfrac{2\pi}{T_1}$变小，若周期 $T_1 \to \infty$，则谱线的间隔 $\omega_1 \to 0$，这样**离散谱就变成连续谱**了。同时，由前面的式(3-29)可以看出，当周期 $T_1 \to \infty$，谱线的幅度 $X_n \to 0$，失去了应有的意义。然而，从物理概念上讲，作为一个信号，必然含有一定的能量，在时域内，改变了信号周期但并没有改变信号的幅度，也没有对信号的任何部分进行削减和增加，不管周期增大到什么程度，其所具备的能量应该是不变的。信号变换到频域表示，本质并没有发生改变，因此，能量就不可能化为乌有，其频谱的分布理应依然存在。然而，如果说当周期 $T_1 \to \infty$，谱线的幅度 $X_n \to 0$，信号的频谱又以何种方式存在呢?

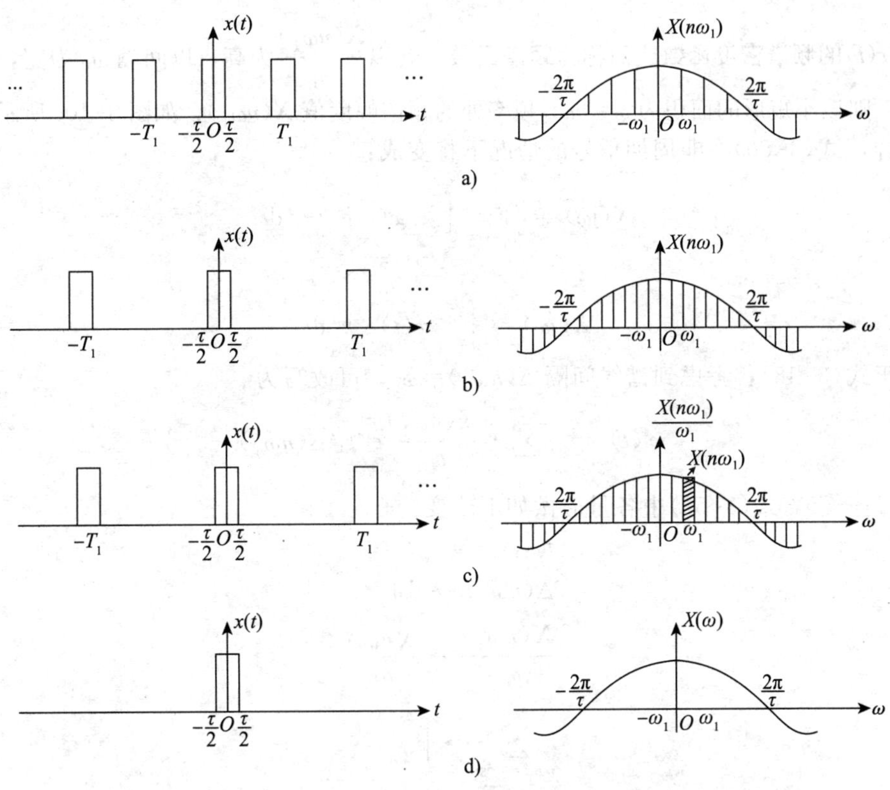

图 3-10 从周期信号的离散频谱到非周期信号的连续频谱

下面将由周期信号的傅里叶级数推导出傅里叶变换，在此过程中，将引入一个新的概念——**频谱密度函数**。

将基本周期为 T_1的信号 $x(t)$展开成指数形式的傅里叶级数：

$$x(t) = \sum_{n=-\infty}^{\infty} X(n\omega_1) \mathrm{e}^{\mathrm{j}n\omega_1 t}, \ \omega_1 = \frac{2\pi}{T_1} \tag{3-48}$$

其频谱为

$$X(n\omega_1) = \frac{1}{T_1} \int_{-\frac{T_1}{2}}^{\frac{T_1}{2}} x(t) \mathrm{e}^{-\mathrm{j}n\omega_1 t} \mathrm{d}t \tag{3-49}$$

将式(3-49)两边乘以 T_1，得:

$$X(n\omega_1)T_1 = \frac{2\pi X(n\omega_1)}{\omega_1} = \int_{-\frac{T_1}{2}}^{\frac{T_1}{2}} x(t)\mathrm{e}^{-\mathrm{j}n\omega_1 t}\mathrm{d}t \tag{3-50}$$

当 $T_1 \to \infty$时，信号 $x(t)$将转化为非周期信号，角频率 $\omega_1 = \frac{2\pi}{T_1} \to 0$，谱线间隔 $\Delta(n\omega_1) \to \mathrm{d}\omega$，而离散频点 $n\omega_1$ 变成连续频率 ω，如图 3-10d 所示。在这种情况下，由式(3-49)知，$X(n\omega_1) \to 0$，而由式(3-50)知，$2\pi\frac{X(n\omega_1)}{\omega_1}$有可能不趋于零而趋于有限值，且变成一个连续的函数，通常记作 $X(\omega)$或 $X(\mathrm{j}\omega)$，即：

$$X(\mathrm{j}\omega) = \lim_{\omega_1 \to 0}\frac{2\pi X(n\omega_1)}{\omega_1} = \lim_{T_1 \to \infty} X(n\omega_1)T_1 \tag{3-51}$$

式(3-51)中，$\frac{X(n\omega_1)}{\omega_1}$表示单位频带的频谱值，称为**频谱密度**。因此，将 $X(\mathrm{j}\omega)$称为对应原信号 $x(t)$的**频谱密度函数**或简称为**频谱函数**。若以$\frac{X(n\omega_1)}{\omega_1}$为高，以间隔 ω_1 为宽，画一个小矩形，则该小矩形的面积为 $\omega = n\omega_1$ 频率处的频谱幅度值 $X(n\omega_1)$，如图 3-10c 所示。

这样，式(3-50)在非周期信号的情况下将变成：

$$X(\mathrm{j}\omega) = \lim_{T_1 \to \infty}\int_{-\frac{T_1}{2}}^{\frac{T_1}{2}} x(t)\mathrm{e}^{-\mathrm{j}n\omega_1 t}\mathrm{d}t$$

即：

$$X(\mathrm{j}\omega) = \int_{-\infty}^{\infty} x(t)\mathrm{e}^{-\mathrm{j}\omega t}\mathrm{d}t \tag{3-52}$$

对于式(3-48)，考虑到谱线间隔 $\Delta(n\omega_1) = \omega_1$，可改写为

$$x(t) = \sum_{n\omega_1 = -\infty}^{\infty}\frac{X(n\omega_1)}{\omega_1}\mathrm{e}^{\mathrm{j}n\omega_1 t}\Delta(n\omega_1) \tag{3-53}$$

当 $T_1 \to \infty$，式(3-53)中各量应做如下改变：

$$n\omega_1 \to \omega$$

$$\Delta(n\omega_1) \to \mathrm{d}\omega$$

$$\frac{X(n\omega_1)}{\omega_1} \to \frac{X(\mathrm{j}\omega)}{2\pi}$$

$$\sum_{n\omega_1 = -\infty}^{\infty} \to \int_{-\infty}^{\infty}$$

于是，傅里叶级数演化成积分形式：

$$x(t) = \frac{1}{2\pi}\int_{-\infty}^{\infty} X(\mathrm{j}\omega)\mathrm{e}^{\mathrm{j}\omega t}\mathrm{d}\omega \tag{3-54}$$

式(3-52)、式(3-54)是用**周期信号的傅里叶级数通过极限的方法导出的非周期信号频谱的表示式**，称为**傅里叶变换**。通常式(3-52)称为**傅里叶正变换**，式(3-54)称为**傅里叶逆变换**(或称**傅里叶反变换**)。它们的符号表示形式如下。

傅里叶正变换：

$$X(\mathrm{j}\omega) = \mathscr{F}[x(t)] = \int_{-\infty}^{\infty} x(t)\mathrm{e}^{-\mathrm{j}\omega t}\mathrm{d}t \tag{3-55}$$

傅里叶逆变换：

$$x(t) = \mathscr{F}^{-1}[X(\mathrm{j}\omega)] = \frac{1}{2\pi}\int_{-\infty}^{\infty} X(\mathrm{j}\omega)\mathrm{e}^{\mathrm{j}\omega t}\mathrm{d}\omega \tag{3-56}$$

式(3-55)与式(3-56)表示的$X(\mathrm{j}\omega)$与$x(t)$通常也称为一对傅里叶变换对。傅里叶变换对可记为：$x(t)\overset{\mathscr{F}}{\longleftrightarrow}X(\mathrm{j}\omega)$。

在式(3-55)中，$X(\mathrm{j}\omega)$是$x(t)$的频谱函数，它一般是复函数，可以写作：

$$X(\mathrm{j}\omega)=|X(\mathrm{j}\omega)|\mathrm{e}^{\mathrm{j}\varphi(\mathrm{j}\omega)} \tag{3-57}$$

在式(3-57)中，$|X(\mathrm{j}\omega)|$是$X(\mathrm{j}\omega)$的模，它代表信号频谱密度中各频率分量的相对大小。$\varphi(\mathrm{j}\omega)$是$X(\mathrm{j}\omega)$的相位函数，它表示信号频谱密度中各频率分量之间的相位关系。为了与周期信号频谱的称谓一致，习惯上把函数$|X(\mathrm{j}\omega)|\sim\omega$与$\varphi(\mathrm{j}\omega)\sim\omega$分别称为非周期信号的**幅度频谱**与**相位频谱**，合称**频谱**，它们都是频率ω的连续函数，在形状上与相应的周期信号频谱包络线相同。

与周期信号类似，也可以将式(3-54)改写为三角函数形式，即：

$$\begin{aligned}x(t)&=\frac{1}{2\pi}\int_{-\infty}^{\infty}X(\mathrm{j}\omega)\mathrm{e}^{\mathrm{j}\omega t}\,\mathrm{d}\omega=\frac{1}{2\pi}\int_{-\infty}^{\infty}|X(\mathrm{j}\omega)|\mathrm{e}^{\mathrm{j}[\omega t+\varphi(\mathrm{j}\omega)]}\,\mathrm{d}\omega\\&=\frac{1}{2\pi}\int_{-\infty}^{\infty}|X(\mathrm{j}\omega)|\cos[\omega t+\varphi(\mathrm{j}\omega)]\mathrm{d}\omega+\frac{\mathrm{j}}{2\pi}\int_{-\infty}^{\infty}|X(\mathrm{j}\omega)|\sin[\omega t+\varphi(\mathrm{j}\omega)]\mathrm{d}\omega\end{aligned} \tag{3-58}$$

可见，非周期信号和周期信号一样，也可分解成不同频率的正、余弦分量。所不同的是，它包含了从零到无穷的所有频率分量，它的频谱函数为连续谱。

在上面的讨论中，利用周期信号取极限变成非周期信号的方法，由周期信号的傅里叶级数导出傅里叶变换，从离散谱演变为连续谱。这表明周期信号与非周期信号、傅里叶级数与傅里叶变换、离散谱与连续谱在一定的条件下是可以相互转换的。

然而，上述推导傅里叶变换的过程并未遵循数学上严格的步骤。从理论上讲，傅里叶变换也应该满足一定的条件才能存在，就如同傅里叶级数需要满足狄利克雷条件。傅里叶变换存在的充分条件是**信号在无限区间内满足绝对可积条件**，即：

$$\int_{-\infty}^{\infty}|x(t)|\,\mathrm{d}t<\infty \tag{3-59}$$

必须指出，借助奇异信号(如冲激信号)的概念，可使许多不满足绝对可积条件的信号(如阶跃信号、周期信号、符号函数等)存在傅里叶变换。

【例 3-2】 求阶跃信号$\varepsilon(t)$的傅里叶变换。

解：可将$\varepsilon(t)$看作单边指数衰减信号的极限，即：

$$\varepsilon(t)=\lim_{a\to 0}\mathrm{e}^{-at}\varepsilon(t)\quad a\geqslant 0$$

$\varepsilon(t)$的傅里叶变换为

$$\begin{aligned}\mathscr{F}[\varepsilon(t)]&=\int_{-\infty}^{\infty}\lim_{a\to 0}\mathrm{e}^{-at}\varepsilon(t)\mathrm{e}^{-\mathrm{j}\omega t}\,\mathrm{d}t=\lim_{a\to 0}\int_{-\infty}^{\infty}\mathrm{e}^{-at}\varepsilon(t)\mathrm{e}^{-\mathrm{j}\omega t}\,\mathrm{d}t=\lim_{a\to 0}\int_{0}^{\infty}\mathrm{e}^{-(a+\mathrm{j}\omega)t}\,\mathrm{d}t\\&=\lim_{a\to 0}\left(\frac{1}{a+\mathrm{j}\omega}\right)=\lim_{a\to 0}\left(\frac{a}{a^2+\omega^2}-\mathrm{j}\frac{\omega}{a^2+\omega^2}\right)=\frac{1}{\mathrm{j}\omega}+\lim_{a\to 0}\left(\frac{a}{a^2+\omega^2}\right)\end{aligned}$$

由例 2-17(1)可知，$\lim\limits_{a\to 0}\left(\dfrac{a}{a^2+\omega^2}\right)=\pi\delta(\omega)$。

故$\mathscr{F}[\varepsilon(t)]=\pi\delta(\omega)+\dfrac{1}{\mathrm{j}\omega}$。

3.3.2 傅里叶变换的基本性质

傅里叶变换对建立了信号时间函数$x(t)$和频谱函数$X(\mathrm{j}\omega)$之间的对应关系。两者分别从时域和频域对某一个信号进行了完整的描述。当一个域内的函数确定后，另一个域内的函数也被唯一确定。在信号与系统的理论分析与实际工作中，通过定义式(3-55)和式(3-56)的积分运算来求傅里叶变换及其反变换，有时颇显麻烦。此时，可借助傅里叶变换的基本性质来简化运算过程，并获得清晰的物理概念。

1. 对称性

若 $X(\mathrm{j}\omega)=\mathscr{F}[x(t)]$，则：

$$\mathscr{F}[X(t)] = 2\pi x(-\mathrm{j}\omega) \tag{3-60}$$

证明：因为

$$x(t) = \frac{1}{2\pi}\int_{-\infty}^{\infty} X(\mathrm{j}\omega)\mathrm{e}^{\mathrm{j}\omega t}\,\mathrm{d}\omega$$

显然，

$$x(-t) = \frac{1}{2\pi}\int_{-\infty}^{\infty} X(\mathrm{j}\omega)\mathrm{e}^{-\mathrm{j}\omega t}\,\mathrm{d}\omega$$

将变量 t 与 ω 互换，可以得到：

$$2\pi x(-\mathrm{j}\omega) = \int_{-\infty}^{\infty} X(t)\mathrm{e}^{-\mathrm{j}\omega t}\,\mathrm{d}t$$

所以

$$\mathscr{F}[X(t)]=2\pi x(-\mathrm{j}\omega)$$

若 $x(t)$是偶函数，式(3-64)可表示成：

$$\mathscr{F}[X(t)] = 2\pi x(\mathrm{j}\omega) \tag{3-61}$$

式(3-60)表明，若 $x(t)$的频谱为 $X(\mathrm{j}\omega)$，为求 $X(t)$的频谱，可利用 $x(-\mathrm{j}\omega)$直接给出。当 $x(t)$为偶函数时，由式(3-61)可知，这种对称关系得到了简化：若 $x(t)$的频谱为 $X(\mathrm{j}\omega)$，那么波形为 $X(t)$的信号，其频谱的波形必为 $x(\mathrm{j}\omega)$。因此，矩形脉冲的频谱为 Sa 函数，那么 Sa 形脉冲的频谱必然为矩形函数。同样，直流信号的频谱为冲激信号，那么冲激信号的频谱必然为常数，如图 3-11 所示。

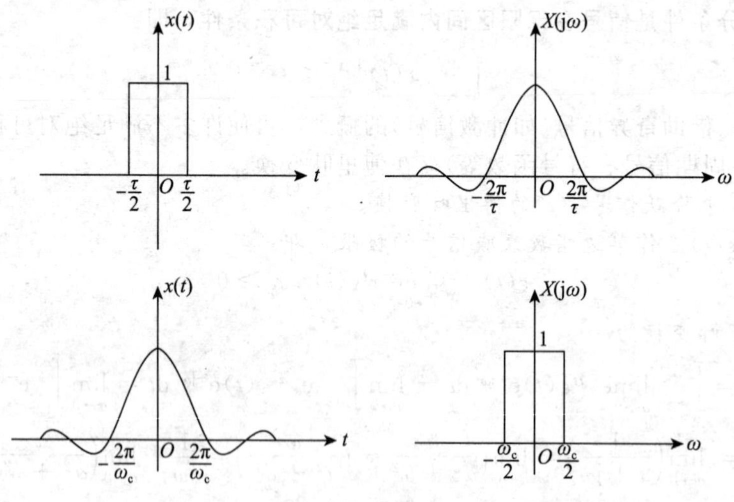

图 3-11 时间函数与频谱函数的对称性

2. 线性(齐次性与叠加性)

若 $\mathscr{F}[x_i(t)]=X_i(\mathrm{j}\omega)(i=1, 2, \cdots, n)$，则：

$$\mathscr{F}\Big[\sum_{i=1}^{n} a_i x_i(t)\Big] = \sum_{i=1}^{n} a_i X_i(\mathrm{j}\omega) \tag{3-62}$$

式(3-62)中，a_i 为常数，n 为正整数。

由傅里叶变换的定义很容易证明上述结论。显然，傅里叶变换是一种线性运算，它满足齐次性和叠加性。

【例 3-3】 已知 $\mathscr{F}[1]=2\pi\delta(\omega)$，$\mathscr{F}[\varepsilon(t)]=\pi\delta(\omega)+\frac{1}{\mathrm{j}\omega}$，求符号函数 sgn($t$)的频谱。

解：由式(2-32)，$\mathrm{sgn}(t)=2\varepsilon(t)-1=\begin{cases}1, & t>0\\ -1, & t<0\end{cases}$，显然该函数不满足绝对可积的条件，因此不能用傅里叶变换的定义式求解。

根据 $\mathscr{F}[1]=2\pi\delta(\omega)$，$\mathscr{F}[\varepsilon(t)]=\pi\delta(\omega)+\frac{1}{\mathrm{j}\omega}$及傅里叶变换的线性性质，有：

$$\mathscr{F}[\mathrm{sgn}(t)]=\mathscr{F}[2\varepsilon(t)-1]=2\left[\pi\delta(\mathrm{j}\omega)+\frac{1}{\mathrm{j}\omega}\right]-2\pi\delta(\omega)=\frac{2}{\mathrm{j}\omega}$$

3. 奇偶虚实性

在一般情况下，信号 $x(t)$的频谱 $X(\mathrm{j}\omega)$是复数，因而可以把它表示成模与相位或者实部与虚部两部分，即：

$$X(\mathrm{j}\omega)=|X(\mathrm{j}\omega)|\mathrm{e}^{\mathrm{j}\varphi(\mathrm{j}\omega)}=X_{\mathrm{r}}(\mathrm{j}\omega)+\mathrm{j}X_{\mathrm{i}}(\mathrm{j}\omega) \tag{3-63}$$

式(3-63)中，$X_{\mathrm{r}}(\mathrm{j}\omega)$、$X_{\mathrm{i}}(\mathrm{j}\omega)$分别为 $X(\mathrm{j}\omega)$的实部和虚部，则：

$$|X(\mathrm{j}\omega)|=\sqrt{X_{\mathrm{r}}^2(\mathrm{j}\omega)+X_{\mathrm{i}}^2(\mathrm{j}\omega)},\varphi(\mathrm{j}\omega)=\arctan\left[\frac{X_{\mathrm{i}}(\mathrm{j}\omega)}{X_{\mathrm{r}}(\mathrm{j}\omega)}\right] \tag{3-64}$$

(1) $x(t)$是实函数

根据 $X(\mathrm{j}\omega)=\int_{-\infty}^{\infty}x(t)\mathrm{e}^{-\mathrm{j}\omega t}\mathrm{d}t=\int_{-\infty}^{\infty}x(t)\cos(\omega t)\mathrm{d}t-\mathrm{j}\int_{-\infty}^{\infty}x(t)\sin(\omega t)\mathrm{d}t$,则有：

$$X_{\mathrm{r}}(\mathrm{j}\omega)=\int_{-\infty}^{\infty}x(t)\cos(\omega t)\mathrm{d}t \tag{3-65}$$

$$X_{\mathrm{i}}(\mathrm{j}\omega)=-\int_{-\infty}^{\infty}x(t)\sin(\omega t)\mathrm{d}t \tag{3-66}$$

$X(\mathrm{j}\omega)$的共轭复函数为

$$\begin{aligned}X^*(\mathrm{j}\omega)&=X_{\mathrm{r}}(\mathrm{j}\omega)-\mathrm{j}X_{\mathrm{i}}(\mathrm{j}\omega)=\left[\int_{-\infty}^{\infty}x(t)\mathrm{e}^{-\mathrm{j}\omega t}\mathrm{d}t\right]^*=\int_{-\infty}^{\infty}x(t)\mathrm{e}^{\mathrm{j}\omega t}\mathrm{d}t\\&=X(-\mathrm{j}\omega)=X_{\mathrm{r}}(-\mathrm{j}\omega)+\mathrm{j}X_{\mathrm{i}}(-\mathrm{j}\omega)\end{aligned}$$

则：

$$X^*(\mathrm{j}\omega)=X(-\mathrm{j}\omega) \tag{3-67}$$

$$X_{\mathrm{r}}(\mathrm{j}\omega)=X_{\mathrm{r}}(-\mathrm{j}\omega) \tag{3-68}$$

$$X_{\mathrm{i}}(\mathrm{j}\omega)=-X_{\mathrm{i}}(-\mathrm{j}\omega) \tag{3-69}$$

即 $X_{\mathrm{r}}(\mathrm{j}\omega)$为偶函数，$X_{\mathrm{i}}(\mathrm{j}\omega)$为奇函数。

不难进一步证明：$|X(\mathrm{j}\omega)|$是偶函数，$\varphi(\mathrm{j}\omega)$是奇函数，即实信号傅里叶变换的幅度谱和相位谱分别为偶、奇函数。这一特性在信号分析中得到了广泛的应用。

1)当 $x(t)$在积分区间为实偶函数，即 $x(t)=x(-t)$时，由式(3-65)、式(3-66)可得：

$$X_{\mathrm{i}}(\mathrm{j}\omega)=0$$

$$X(\mathrm{j}\omega)=X_{\mathrm{r}}(\mathrm{j}\omega)=2\int_0^{\infty}x(t)\cos(\omega t)\mathrm{d}t$$

可见，若 $x(t)$是实偶函数，$X(\mathrm{j}\omega)$必为 ω 的实偶函数。

2)当 $x(t)$在积分区间为实奇函数，即 $x(t)=-x(-t)$时，由式(3-65)、式(3-66)可得：

$$X_{\mathrm{r}}(\mathrm{j}\omega)=0$$

$$X(\mathrm{j}\omega)=\mathrm{j}X_{\mathrm{i}}(\mathrm{j}\omega)=-2\mathrm{j}\int_0^{\infty}x(t)\sin(\omega t)\mathrm{d}t$$

可见，若 $x(t)$是实奇函数，$X(\mathrm{j}\omega)$必为 ω 的虚奇函数。

(2) $x(t)$是虚函数

令 $x(t)=\mathrm{j}x_{\mathrm{g}}(t)$，则：

$$X_{\mathrm{r}}(\mathrm{j}\omega)=\int_{-\infty}^{\infty}x_{\mathrm{g}}(t)\sin(\omega t)\mathrm{d}t \tag{3-70}$$

$$X_{\mathrm{i}}(\mathrm{j}\omega)=\int_{-\infty}^{\infty}x_{\mathrm{g}}(t)\cos(\omega t)\mathrm{d}t \tag{3-71}$$

在这种情况下，$X_{\mathrm{r}}(\mathrm{j}\omega)$为奇函数，$X_{\mathrm{i}}(\mathrm{j}\omega)$为偶函数，即满足：

$$X_{\mathrm{r}}(\mathrm{j}\omega)=-X_{\mathrm{r}}(-\mathrm{j}\omega) \tag{3-72}$$

$$X_{\mathrm{i}}(\mathrm{j}\omega)=X_{\mathrm{i}}(-\mathrm{j}\omega) \tag{3-73}$$

实际中所遇到的各种形式的物理信号均为实信号，虚信号一般出现在信号分析及处理的理论算法中。

此外，无论 $x(t)$为实函数或复函数，都具有以下的性质：

$$\mathscr{F}[x(-t)]=X(-\mathrm{j}\omega) \tag{3-74}$$

$$\mathscr{F}[x^*(t)]=X^*(-\mathrm{j}\omega) \tag{3-75}$$

$$\mathscr{F}[x^*(-t)]=X^*(\mathrm{j}\omega) \tag{3-76}$$

【例 3-4】 已知奇函数

$$x(t)=\begin{cases}\mathrm{e}^{-at}, & t>0\\ -\mathrm{e}^{-at}, & t<0\end{cases}$$

其中，a 为正实数。求该信号的频谱。

解：$X(\mathrm{j}\omega)=\mathscr{F}[x(t)]=\int_{-\infty}^{\infty}x(t)\mathrm{e}^{-\mathrm{j}\omega t}\mathrm{d}t=-\int_{-\infty}^{0}\mathrm{e}^{at}\cdot\mathrm{e}^{-\mathrm{j}\omega t}\mathrm{d}t+\int_{0}^{\infty}\mathrm{e}^{-at}\cdot\mathrm{e}^{-\mathrm{j}\omega t}\mathrm{d}t=\dfrac{-2\mathrm{j}\omega}{a^2+\omega^2}$

即：

$$|X(\mathrm{j}\omega)|=\frac{2|\omega|}{a^2+\omega^2},\varphi(\mathrm{j}\omega)=\begin{cases}-\dfrac{\pi}{2} & ,\omega>0\\ +\dfrac{\pi}{2} & ,\omega<0\end{cases}$$

信号波形和幅度频谱如图 3-12 所示。显然，该实奇信号的频谱是虚奇函数。

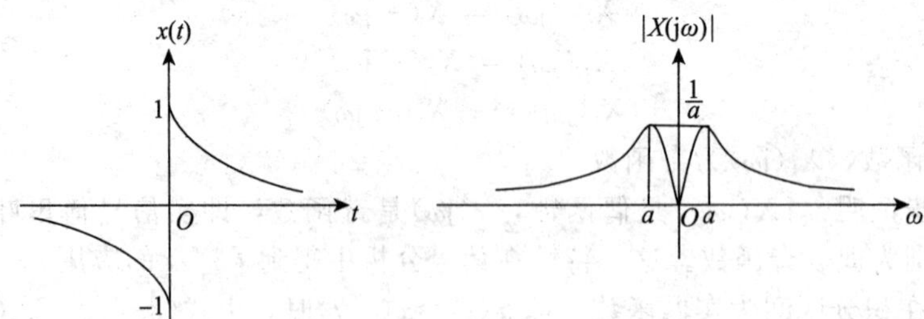

图 3-12 奇对称指数函数的波形和频谱

4. 尺度变换特性

若 $\mathscr{F}[x(t)]=X(\mathrm{j}\omega)$ ，则：

$$\mathscr{F}[x(at)]=\frac{1}{|a|}X\left(\frac{\mathrm{j}\omega}{a}\right),\ a\text{ 为非零实数} \tag{3-77}$$

证明：令 $\tau=at$。

当 $a>0$ 时，

$$\mathscr{F}[x(at)]=\int_{-\infty}^{\infty}x(at)\mathrm{e}^{-\mathrm{j}\omega t}\mathrm{d}t=\frac{1}{a}\int_{-\infty}^{\infty}x(\tau)\mathrm{e}^{-\mathrm{j}\omega\frac{\tau}{a}}\mathrm{d}\tau=\frac{1}{a}X\left(\frac{\mathrm{j}\omega}{a}\right)$$

当 $a<0$ 时，

$$\mathscr{F}[x(at)]=\int_{-\infty}^{\infty}x(at)\mathrm{e}^{-\mathrm{j}\omega t}\mathrm{d}t=\frac{1}{a}\int_{\infty}^{-\infty}x(\tau)\mathrm{e}^{-\mathrm{j}\omega\frac{\tau}{a}}\mathrm{d}\tau=-\frac{1}{a}\int_{-\infty}^{\infty}x(\tau)\mathrm{e}^{-\mathrm{j}\omega\frac{\tau}{a}}\mathrm{d}\tau=-\frac{1}{a}X\left(\frac{\mathrm{j}\omega}{a}\right)$$

综上所述，$\mathscr{F}[x(at)]=\frac{1}{|a|}X\left(\frac{\mathrm{j}\omega}{a}\right)$，$a$ 为非零实数。

对于 $a=-1$ 的特殊情况，式(3-77)变成 $\mathscr{F}[x(-t)]=X(-\mathrm{j}\omega)$，这与式(3-74)的结论一致。

5. 时移特性

若 $\mathscr{F}[x(t)]=X(\mathrm{j}\omega)$，则：

$$\mathscr{F}[x(t-t_0)]=X(\mathrm{j}\omega)\mathrm{e}^{-\mathrm{j}\omega t_0} \tag{3-78}$$

证明：因为

$$\mathscr{F}[x(t-t_0)]=\int_{-\infty}^{\infty}x(t-t_0)\mathrm{e}^{-\mathrm{j}\omega t}\mathrm{d}t$$

令 $\tau=t-t_0$，则：

$$\mathscr{F}[x(t-t_0)]=\mathscr{F}[x(\tau)]=\int_{-\infty}^{\infty}x(\tau)\mathrm{e}^{-\mathrm{j}\omega(\tau+t_0)}\mathrm{d}\tau=\mathrm{e}^{-\mathrm{j}\omega t_0}\int_{-\infty}^{\infty}x(\tau)\mathrm{e}^{-\mathrm{j}\omega\tau}\mathrm{d}\tau$$

故，

$$\mathscr{F}[x(t-t_0)]=X(\mathrm{j}\omega)\mathrm{e}^{-\mathrm{j}\omega t_0}$$

同理：

$$\mathscr{F}[x(t+t_0)]=X(\mathrm{j}\omega)\mathrm{e}^{\mathrm{j}\omega t_0} \tag{3-79}$$

式(3-78)、式(3-79)表明，信号 $x(t)$在时域中沿时间轴右(左)移(延时)t 等效于在频域中频谱乘以因子 $\mathrm{e}^{-\mathrm{j}\omega t_0}$($\mathrm{e}^{\mathrm{j}\omega t_0}$)，也就是说，信号的时移不影响幅度谱，只是相位谱产生附加变化$-\omega t_0$(ωt_0)。

【例 3-5】 已知图 3-13a 所示的矩形单脉冲 $x_0(t)$信号的频谱 $X_0(\mathrm{j}\omega)=E\tau\mathrm{Sa}\left(\frac{\omega\tau}{2}\right)$，求图 3-13b 所示三脉冲信号 $x(t)$的频谱。

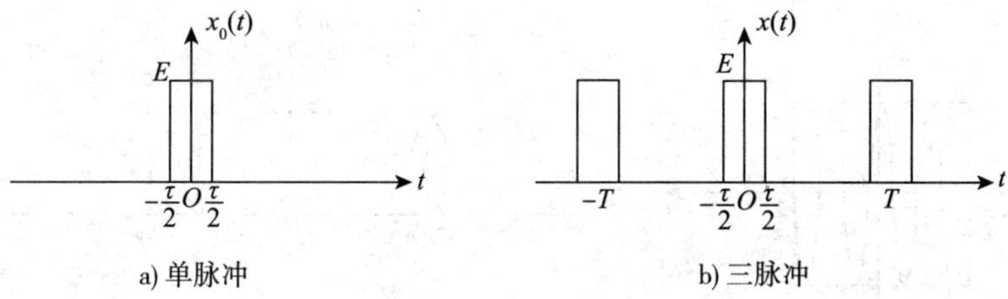

图 3-13　矩形脉冲信号的波形

解：由图 3-13 可知，三脉冲信号可表示为

$$x(t)=x_0(t)+x_0(t+T)+x_0(t-T)$$

由时移特性可推出 $x(t)$的频谱函数 $X(\mathrm{j}\omega)$为

$$\begin{aligned}X(\mathrm{j}\omega)&=X_0(\mathrm{j}\omega)(1+\mathrm{e}^{-\mathrm{j}\omega T}+\mathrm{e}^{\mathrm{j}\omega T})\\&=E\tau\cdot\mathrm{Sa}\left(\frac{\omega\tau}{2}\right)[1+2\cos(\omega T)]\end{aligned}$$

其频谱如 3-14 所示。

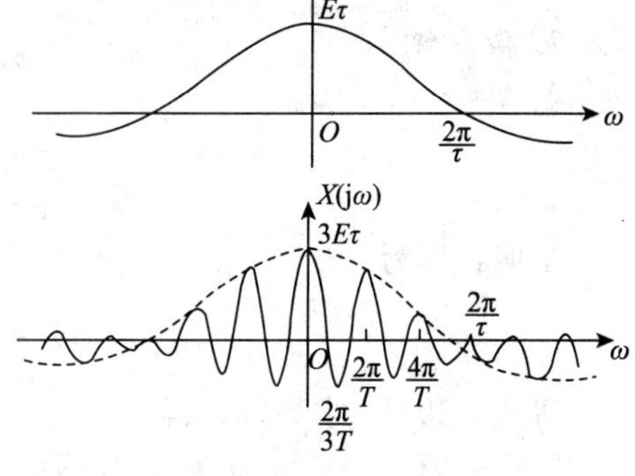

图 3-14　矩形单脉冲和三脉冲信号的频谱

6. 频移特性

若 $\mathscr{F}[x(t)]=X(\mathrm{j}\omega)$，则：

$$\mathscr{F}[x(t)\mathrm{e}^{\mathrm{j}\omega t_0}]=X[\mathrm{j}(\omega-\omega_0)]，\quad \omega_0\text{为实常数} \tag{3-80}$$

证明：因为

$$\mathscr{F}[x(t)\mathrm{e}^{\mathrm{j}\omega t_0}]=\int_{-\infty}^{\infty}x(t)\mathrm{e}^{\mathrm{j}\omega_0 t}\cdot\mathrm{e}^{-\mathrm{j}\omega t}\,\mathrm{d}t=\int_{-\infty}^{\infty}x(t)\mathrm{e}^{-\mathrm{j}(\omega-\omega_0)t}\,\mathrm{d}t$$

所以 $\mathscr{F}[x(t)\mathrm{e}^{\mathrm{j}\omega t_0}]=X[\mathrm{j}(\omega-\omega_0)]$。

同理：

$$\mathscr{F}[x(t)\mathrm{e}^{-\mathrm{j}\omega t_0}]=X[\mathrm{j}(\omega+\omega_0)],\omega_0\text{为实常数} \tag{3-81}$$

式(3-80)、式(3-81)表明，时间信号 $x(t)$ 乘以 $\mathrm{e}^{\mathrm{j}\omega_0 t}(\mathrm{e}^{-\mathrm{j}\omega_0 t})$ 等效于 $x(t)$ 的频谱 $X(\mathrm{j}\omega)$ 沿频率轴右(左)移 ω_0，或者说在频域中将频谱沿频率轴右(左)移 ω_0 等效于在时域中信号乘以因子 $\mathrm{e}^{\mathrm{j}\omega_0 t}(\mathrm{e}^{-\mathrm{j}\omega_0 t})$。

特别地，若时间信号 $x(t)$ 乘以 $\cos(\omega_0 t)$ 或 $\sin(\omega_0 t)$，根据欧拉公式，由式(3-80)、式(3-81)可以导出：

$$\mathscr{F}[x(t)\cos(\omega_0 t)]=\frac{1}{2}\{X[\mathrm{j}(\omega+\omega_0)]+X[\mathrm{j}(\omega-\omega_0)]\} \tag{3-82}$$

$$\mathscr{F}[x(t)\sin(\omega_0 t)]=\frac{\mathrm{j}}{2}\{X[\mathrm{j}(\omega+\omega_0)]-X[\mathrm{j}(\omega-\omega_0)]\} \tag{3-83}$$

即 $x(t)$ 的频谱 $X(\mathrm{j}\omega)$ 一分为二，沿频率轴向左和向右各平移 ω_0。

上述过程也称为**频谱搬移技术**，在通信系统中有广泛的应用，诸如调幅、同步解调、变频等过程都是在频谱搬移的基础上完成的，相关知识将在第 4 章详细论述。

【例 3-6】 已知如图 3-13a 所示的矩形单脉冲 $x_0(t)$ 信号的频谱 $X_0(\mathrm{j}\omega)=E\tau\mathrm{Sa}\left(\frac{\omega\tau}{2}\right)$，矩形调幅信号为 $x(t)=x_0(t)\cos(\omega_0 t)$，试求 $x(t)$ 的频谱。

解：由式(3-82)可得 $x(t)$ 的频谱 $X(\mathrm{j}\omega)$ 为

$$X(\mathrm{j}\omega)=\frac{1}{2}\{X[\mathrm{j}(\omega+\omega_0)]+X[\mathrm{j}(\omega-\omega_0)]\}=\frac{E\tau}{2}\mathrm{Sa}\left[\frac{(\omega+\omega_0)\tau}{2}\right]+\frac{E\tau}{2}\mathrm{Sa}\left[\frac{(\omega-\omega_0)\tau}{2}\right]$$

矩形调幅信号的波形及其频谱如图 3-15 所示。

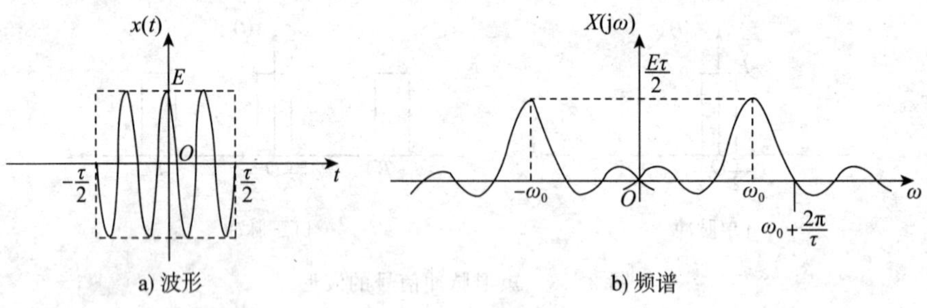

图 3-15 矩形调幅信号的波形及其频谱

7. 微分特性

若 $\mathscr{F}[x(t)]=X(\mathrm{j}\omega)$，则：

$$\mathscr{F}\left[\frac{\mathrm{d}x(t)}{\mathrm{d}t}\right]=\mathrm{j}\omega X(\mathrm{j}\omega) \tag{3-84}$$

证明：因为

$$x(t)=\frac{1}{2\pi}\int_{-\infty}^{\infty}X(\mathrm{j}\omega)\mathrm{e}^{\mathrm{j}\omega t}\,\mathrm{d}t$$

等式两边对 t 求导数，得：

$$\frac{\mathrm{d}x(t)}{\mathrm{d}t}=\frac{1}{2\pi}\int_{-\infty}^{\infty}[\mathrm{j}\omega X(\mathrm{j}\omega)]\mathrm{e}^{\mathrm{j}\omega t}\,\mathrm{d}\omega$$

所以

$$\mathscr{F}[\frac{\mathrm{d}x(t)}{\mathrm{d}t}] = \mathrm{j}\omega X(\mathrm{j}\omega)$$

类似地，可进一步推出：

$$\mathscr{F}\left[\frac{\mathrm{d}^n x(t)}{\mathrm{d}t^n}\right] = (\mathrm{j}\omega)^n X(\mathrm{j}\omega),\ n = 1,2,3,\cdots \tag{3-85}$$

式(3-84)、式(3-85)表示了傅里叶变换的**时域微分特性**：$x(t)$对t取n阶导数等效于$x(t)$的频谱$X(\mathrm{j}\omega)$乘以$(\mathrm{j}\omega)^n$。

同理，可以导出傅里叶变换的**频域微分特性**。

若$\mathscr{F}[x(t)]=X(\mathrm{j}\omega)$，则

$$\mathscr{F}^{-1}\left[\frac{\mathrm{d}^n X(\mathrm{j}\omega)}{\mathrm{d}\omega^n}\right] = (-\mathrm{j}t)^n x(t),\ n = 1,2,3,\cdots \tag{3-86}$$

8. 积分特性

若$\mathscr{F}[x(t)]=X(\mathrm{j}\omega)$，则：

$$\mathscr{F}\left[\int_{-\infty}^{t} x(\tau)\mathrm{d}\tau\right] = \pi X(0)\delta(\omega) + \frac{X(\mathrm{j}\omega)}{\mathrm{j}\omega} \tag{3-87}$$

证明：

$$\mathscr{F}\left[\int_{-\infty}^{t} x(\tau)\mathrm{d}\tau\right] = \int_{-\infty}^{\infty}\left[\int_{-\infty}^{t} x(\tau)\mathrm{d}\tau\right]\mathrm{e}^{-\mathrm{j}\omega t}\mathrm{d}t = \int_{-\infty}^{\infty}\left[\int_{-\infty}^{\infty} x(\tau)\varepsilon(t-\tau)\mathrm{d}\tau\right]\mathrm{e}^{-\mathrm{j}\omega t}\mathrm{d}t \tag{3-88}$$

由例 3-2 的结果及傅里叶变换的时移特性，得：

$$\mathscr{F}[\varepsilon(t-\tau)] = \left[\pi\delta(\omega) + \frac{1}{\mathrm{j}\omega}\right]\mathrm{e}^{-\mathrm{j}\omega\tau}$$

则式(3-88)为

$$\begin{aligned}&\int_{-\infty}^{\infty} x(\tau)\left[\int_{-\infty}^{\infty}\varepsilon(t-\tau)\mathrm{e}^{-\mathrm{j}\omega t}\mathrm{d}t\right]\mathrm{d}\tau \\ =&\int_{-\infty}^{\infty} x(\tau)\pi\delta(\omega)\mathrm{e}^{-\mathrm{j}\omega\tau}\mathrm{d}\tau + \int_{-\infty}^{\infty} x(\tau)\frac{\mathrm{e}^{-\mathrm{j}\omega\tau}}{\mathrm{j}\omega}\mathrm{d}\tau = \pi X(0)\delta(\omega) + \frac{X(\mathrm{j}\omega)}{\mathrm{j}\omega}\end{aligned}$$

9. 卷积特性

卷积特性是在通信系统和信号处理研究领域中应用得最广泛的傅里叶变换性质之一，包括**时域卷积特性**和**频域卷积特性**。

(1)时域卷积特性

设有连续信号$x_1(t)$、$x_2(t)$，且$\mathscr{F}[x_1(t)]=X_1(\mathrm{j}\omega)$，$\mathscr{F}[x_2(t)]=X_2(\mathrm{j}\omega)$，则：

$$\mathscr{F}[x_1(t) * x_2(t)] = X_1(\mathrm{j}\omega)X_2(\mathrm{j}\omega) \tag{3-89}$$

证明：根据卷积定义$x_1(t) * x_2(t) = \int_{-\infty}^{\infty} x_1(\tau)x_2(t-\tau)\mathrm{d}\tau$，则：

$$\begin{aligned}\mathscr{F}[x_1(t) * x_2(t)] &= \int_{-\infty}^{\infty}\left[\int_{-\infty}^{\infty} x_1(\tau)x_2(t-\tau)\mathrm{d}\tau\right]\mathrm{e}^{-\mathrm{j}\omega t}\mathrm{d}t \\ &= \int_{-\infty}^{\infty} x_1(\tau)\left[\int_{-\infty}^{\infty} x_2(t-\tau)\mathrm{e}^{-\mathrm{j}\omega t}\mathrm{d}t\right]\mathrm{d}\tau \\ &= \int_{-\infty}^{\infty} x_1(\tau)X_2(\mathrm{j}\omega)\mathrm{e}^{-\mathrm{j}\omega\tau}\mathrm{d}\tau \\ &= \left[\int_{-\infty}^{\infty} x_1(\tau)\mathrm{e}^{-\mathrm{j}\omega\tau}\mathrm{d}\tau\right]X_2(\mathrm{j}\omega) = X_1(\mathrm{j}\omega)X_2(\mathrm{j}\omega)\end{aligned}$$

故$\mathscr{F}[x_1(t) * x_2(t)]=X_1(\mathrm{j}\omega)X_2(\mathrm{j}\omega)$。

式(3-89)也称为**时域卷积定理**，它说明两个时间信号卷积的频谱等于这两个信号各自

频谱的乘积，即时域中两信号的卷积对应于频域中频谱相乘。

(2)频域卷积特性

类似时域卷积定理，设有两个连续信号 $x_1(t)$、$x_2(t)$，且 $\mathscr{F}[x_1(t)]=X_1(\mathrm{j}\omega)$，$\mathscr{F}[x_2(t)]=X_2(\mathrm{j}\omega)$，则：

$$\mathscr{F}[x_1(t)x_2(t)] = \frac{1}{2\pi}X_1(\mathrm{j}\omega) * X_2(\mathrm{j}\omega) \tag{3-90}$$

证明过程同时域卷积定理，这里不再赘述。

式(3-90)也称为**频域卷积定理**，它说明两个时间信号乘积的频谱等于这两个信号各自频谱的卷积乘以$\frac{1}{2\pi}$。显然，时域卷积定理与频域卷积定理具有对称性。

10. 相关定理

设有实信号 $x_1(t)$、$x_2(t)$，$R_{12}(\tau)$、$R_{21}(\tau)$分别为互相关函数，且 $\mathscr{F}[x_1(t)]=X_1(\mathrm{j}\omega)$，$\mathscr{F}[x_2(t)]=X_2(\mathrm{j}\omega)$，则：

$$\mathscr{F}[R_{12}(\tau)] = X_1(\mathrm{j}\omega)X_2^*(\mathrm{j}\omega) \tag{3-91}$$

$$\mathscr{F}[R_{21}(\tau)] = X_1^*(\mathrm{j}\omega)X_2(\mathrm{j}\omega) \tag{3-92}$$

证明：由式(2-136)可知，$R_{12}(t)=x_1(t) * x_2(-t)$。

根据式(3-76)，又 $x_2(t)$为实信号，则 $\mathscr{F}[x_2(-t)]=\mathscr{F}[x_2^*(-t)]=X_2^*(\mathrm{j}\omega)$，结合时域卷积特性，有：

$$\mathscr{F}[R_{12}(t)] = \mathscr{F}[x_1(t) * x_2(-t)] = \mathscr{F}[x_1(t)]\mathscr{F}[x_2(-t)] = X_1(\mathrm{j}\omega)X_2^*(\mathrm{j}\omega)$$

同理，式(3-92)可得证。

进一步，实信号 $x_1(t)$的自相关函数的傅里叶变换有：

$$\begin{aligned}\mathscr{F}[R(t)] &= \mathscr{F}[x_1(t) * x_1(-t)] = \mathscr{F}[x_1(t)]\mathscr{F}[x_1(-t)] \\ &= X_1(\mathrm{j}\omega)X_1^*(\mathrm{j}\omega) = |X_1(\mathrm{j}\omega)|^2\end{aligned} \tag{3-93}$$

即实信号自相关函数的傅里叶变换为该实信号幅度频谱的平方。

以上讨论了傅里叶变换的几种主要性质，后续章节将会看到，这些性质将给很多信号频谱的求解过程带来方便。最后，将本节讨论的基本性质总结于表 3-2。

表 3-2 傅里叶变换的基本性质

序 号	性 质	时域 $x(t)$	频域 $X(\mathrm{j}\omega)$
1	对称性	$X(t)$	$2\pi x(-\mathrm{j}\omega)$
2	线性	$\sum_{i=1}^{n} a_i x_i(t)$	$\sum_{i=1}^{n} a_i X_i(\mathrm{j}\omega)$
3	奇偶虚实性	$x(t)$ 为实数 $x(t)$ 为虚函数 $x(-t)$ $x^*(t)$ $x^*(-t)$	$X_r(\mathrm{j}\omega)$ 为偶函数，$X_i(\mathrm{j}\omega)$ 为奇函数 $(X(\mathrm{j}\omega)=\lvert X(\mathrm{j}\omega)\rvert e^{\mathrm{j}\varphi(\mathrm{j}\omega)}=X_r(\mathrm{j}\omega)+\mathrm{j}X_i(\mathrm{j}\omega))$ $X_r(\mathrm{j}\omega)$ 为奇函数，$X_i(\mathrm{j}\omega)$ 为奇函数 $X(-\mathrm{j}\omega)$ $X^*(-\mathrm{j}\omega)$ $X^*(\mathrm{j}\omega)$
4	尺度变换	$x(at)$ $x(-t)$	$\frac{1}{\lvert a\rvert}X(\frac{\mathrm{j}\omega}{a})$ $X(-\mathrm{j}\omega)$
5	时移	$x(t-t_0)$ $x(at-t_0)$	$X(\mathrm{j}\omega)e^{-\mathrm{j}\omega t_0}$ $\frac{1}{\lvert a\rvert}X\left(\mathrm{j}\frac{\omega}{a}\right)e^{-\mathrm{j}\omega\frac{t_0}{a}}$

（续）

序　号	性　质	时域 $x(t)$	频域 $X(j\omega)$
6	频移	$x(t)\cos(\omega_0 t)$ $x(t)\sin(\omega_0 t)$	$\frac{1}{2}\{X[j(\omega+\omega_0)]+X[j(\omega-\omega_0)]\}$ $\frac{j}{2}\{X[j(\omega+\omega_0)]-X[j(\omega-\omega_0)]\}$
7	时域微分	$\frac{dx(t)}{dt}$ $\frac{d^n x(t)}{dt^n}$	$j\omega X(j\omega)$ $(j\omega)^n X(j\omega)$
8	频域微分	$-jtx(t)$ $(-jt)^n x(t)$	$\frac{dX(j\omega)}{d\omega}$ $\frac{d^n X(j\omega)}{d\omega^n}$
9	时域积分	$\int_{-\infty}^{t} x(\tau)d\tau$	$\pi X(0)\delta(j\omega)+\frac{X(j\omega)}{j\omega}$
10	时域卷积	$x_1(t) * x_2(t)$	$X_1(j\omega)X_2(j\omega)$
11	频域卷积	$x_1(t)x_2(t)$	$\frac{1}{2\pi}X_1(j\omega) * X_2(j\omega)$
12	相关定理	$R_{12}(t)$ $R_{21}(t)$ $R(t)$	$X_1(j\omega)X_2^*(j\omega)$ $X_1^*(j\omega)X_2(j\omega)$ $\|X(j\omega)\|^2$

3.4　典型非周期信号的傅里叶变换

本节将集中讨论几种典型非周期信号的傅里叶变换。

3.4.1　矩形脉冲信号

已知矩形脉冲信号(即矩形单脉冲信号)波形如图 3-16 所示，其表达式为

$$x(t)=E\left[\varepsilon\left(t+\frac{\tau}{2}\right)-\varepsilon\left(t-\frac{\tau}{2}\right)\right] \tag{3-94}$$

式中，E 为脉幅宽度，τ 为脉冲宽度。根据傅里叶变换的定义求其频谱，有

$$\begin{aligned}X(j\omega)&=\mathscr{F}[x(t)]=\int_{-\infty}^{\infty}x(t)e^{-j\omega t}dt=\int_{-\frac{\tau}{2}}^{\frac{\tau}{2}}Ee^{-j\omega t}dt\\&=\frac{2E}{\omega}\sin\left(\frac{\omega\tau}{2}\right)=E\tau\left[\frac{\sin\left(\frac{\omega\tau}{2}\right)}{\frac{\omega\tau}{2}}\right]=E\tau\cdot \mathrm{Sa}\left(\frac{\omega\tau}{2}\right)\end{aligned}$$

即：

$$X(j\omega)=E\tau\cdot \mathrm{Sa}\left(\frac{\omega\tau}{2}\right) \tag{3-95}$$

其幅度谱和相位谱分别为

$$|X(j\omega)|=E\tau\cdot\left|\mathrm{Sa}\left(\frac{\omega\tau}{2}\right)\right| \tag{3-96}$$

$$\varphi(j\omega)=\begin{cases}0, & \left[\frac{4n\pi}{\tau}<|\omega|<\frac{2(2n+1)\pi}{\tau}\right]\\ \pi, & \left[\frac{2(2n+1)\pi}{\tau}<|\omega|<\frac{4(n+1)\pi}{\tau}\right]\end{cases}\quad(n=0,1,2,\cdots) \tag{3-97}$$

这里，$X(\mathrm{j}\omega)$为实函数，可用一条$X(\mathrm{j}\omega)$曲线同时表示幅度谱$|X(\mathrm{j}\omega)|$和相位谱$\varphi(\mathrm{j}\omega)$，如图 3-16 所示。

可见，虽然矩形脉冲信号在时域集中于有限的范围$t\in\left(-\frac{\tau}{2},\ \frac{\tau}{2}\right)$内，然而它的频谱却以$\mathrm{Sa}\left(\frac{\omega\tau}{2}\right)$的规律变化，分布在无限宽的频率范围上，但其主要的信号能量集中在$\omega\in\left(-\frac{2\pi}{\tau},\ \frac{2\pi}{\tau}\right)$内，通常称其占有的频率范围(频带)$B_\omega$近似为$\frac{2\pi}{\tau}$。

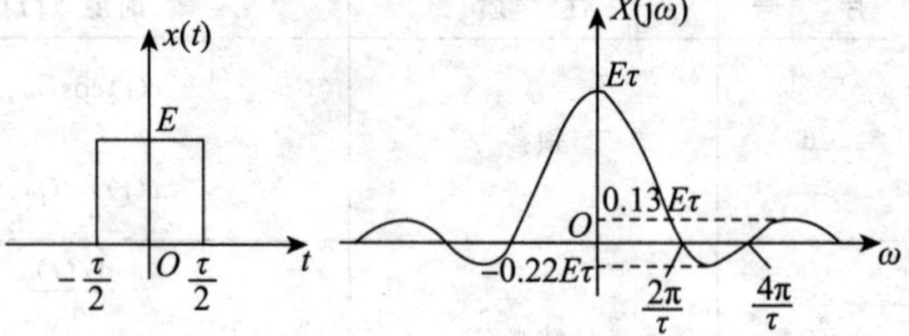

图 3-16　矩形脉冲信号的波形和频谱

3.4.2　冲激信号

1. 冲激信号的傅里叶正变换

(1) 根据傅里叶变换的定义求取

根据傅里叶变换的定义，单位冲激信号$\delta(t)$的频谱为

$$X(\mathrm{j}\omega)=\int_{-\infty}^{\infty}\delta(t)\mathrm{e}^{-\mathrm{j}\omega t}\,\mathrm{d}t$$

由冲激信号的抽样性质可知：

$$X(\mathrm{j}\omega)=\int_{-\infty}^{\infty}\delta(t)\mathrm{e}^{-\mathrm{j}\omega t}\,\mathrm{d}t=\mathrm{e}^{-\mathrm{j}\omega\cdot 0}\int_{-\infty}^{\infty}\delta(t)\,\mathrm{d}t=1$$

即：

$$X(\mathrm{j}\omega)=\mathscr{F}[\delta(t)]=1 \tag{3-98}$$

(2) 根据矩形脉冲的频谱求取

设宽度为τ，高度为$\frac{1}{\tau}$的矩形脉冲的频谱为$X_0(\mathrm{j}\omega)$，由式(3-94)、式(3-95)可知：

$$X_0(\mathrm{j}\omega)=\mathrm{Sa}\left(\frac{\omega\tau}{2}\right)$$

根据式(2-38)，当$\tau\to 0$，该矩形脉冲就转化为单位冲激信号$\delta(t)$，则$\delta(t)$的频谱$X(\mathrm{j}\omega)$可表示为

$$X(\mathrm{j}\omega)=\lim_{\tau\to 0}X_0(\mathrm{j}\omega)=\lim_{\tau\to 0}\mathrm{Sa}\left(\frac{\omega\tau}{2}\right)=\lim_{\tau\to 0}\frac{\sin\left(\frac{\omega\tau}{2}\right)}{\frac{\omega\tau}{2}}$$

根据洛必达法则：

$$\lim_{\tau\to 0}\frac{\sin\left(\frac{\omega\tau}{2}\right)}{\frac{\omega\tau}{2}}=\lim_{\tau\to 0}\frac{\frac{\mathrm{d}\left[\sin\left(\frac{\omega\tau}{2}\right)\right]}{\mathrm{d}\omega}}{\frac{\mathrm{d}\left(\frac{\omega\tau}{2}\right)}{\mathrm{d}\omega}}=\lim_{\tau\to 0}\frac{\frac{\tau}{2}\cos\left(\frac{\omega\tau}{2}\right)}{\frac{\tau}{2}}=1$$

故$X(\mathrm{j}\omega)=\mathscr{F}[\delta(t)]=1$。

可见，单位冲激信号的频谱等于常数，即在整个频率范围内频谱是均匀分布的，这种频谱通常称为“均匀谱”或“白色谱”，如图 3-17 所示。不难发现，在时域中变化剧烈的信号对应于频域内变化平缓的频谱。根据时域与频域的对称性，可以推断，在频域中变化剧烈的频谱在时域内将对应变化平缓的信号，下面对此做进一步介绍。

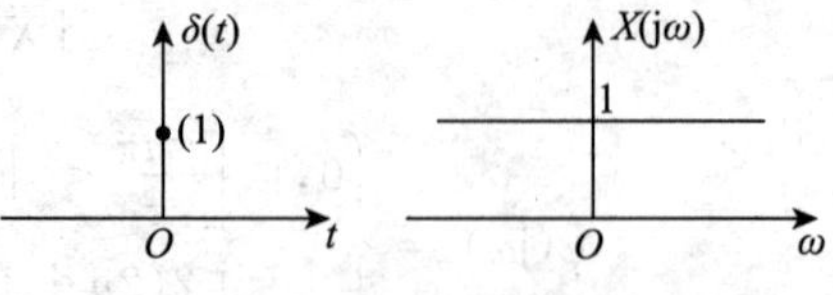

图 3-17　单位冲激函数的频谱

2. 冲激信号的傅里叶逆变换

由上面可知，冲激信号的频谱等于常数，反过来，什么信号的频谱为冲激函数呢？这需要求$\delta(\omega)$的傅里叶逆变换。

(1) 根据傅里叶逆变换的定义求取

根据傅里叶逆变换的定义，频谱为单位冲激函数$\delta(\omega)$的信号为

$$x(t)=\mathscr{F}^{-1}[X(\omega)]=\frac{1}{2\pi}\int_{-\infty}^{\infty}\delta(\omega)\mathrm{e}^{\mathrm{j}\omega t}\,\mathrm{d}\omega=\frac{1}{2\pi}\mathrm{e}^{\mathrm{j}\cdot 0\cdot t}\int_{-\infty}^{\infty}\delta(\omega)\,\mathrm{d}\omega=\frac{1}{2\pi}$$

即：

$$\mathscr{F}\left[\frac{1}{2\pi}\right]=\delta(\omega)\quad 或\quad \mathscr{F}[1]=2\pi\delta(\omega)\tag{3-99}$$

式(3-99)表明，直流信号的傅里叶变换是位于$\omega=0$处的冲激函数。

(2) 根据傅里叶变换的对称性求取

由式(3-61)、式(3-98)得：

$$\mathscr{F}[1]=2\pi\delta(\omega)$$

即：

$$\mathscr{F}\left[\frac{1}{2\pi}\right]=\delta(\omega)\ 或\ x(t)=\mathscr{F}^{-1}[\delta(\omega)]=\frac{1}{2\pi}$$

(3) 根据矩形脉冲的极限求取

设$x_0(t)$表示宽度为τ，高度1的矩形脉冲，即：

$$x_0(t)=\varepsilon\left(t+\frac{\tau}{2}\right)-\varepsilon\left(t-\frac{\tau}{2}\right)$$

当$\tau\to\infty$时，$x_0(t)$成为幅度为1的直流信号，根据式(3-95)有：

$$\begin{aligned}&\mathscr{F}\left[\lim_{\tau\to\infty}\left[\varepsilon\left(t+\frac{\tau}{2}\right)-\varepsilon\left(t-\frac{\tau}{2}\right)\right]\right]\\&=\mathscr{F}[1]=\lim_{\tau\to\infty}\tau\cdot\mathrm{Sa}\left(\frac{\omega\tau}{2}\right)=2\lim_{\tau\to\infty}\frac{\sin\left(\frac{\omega\tau}{2}\right)}{\omega}\end{aligned}\tag{3-100}$$

由例2-17(2)易得$\lim\limits_{\tau\to\infty}\dfrac{\sin\left(\frac{\omega\tau}{2}\right)}{\pi\omega}=\delta(\omega)$，故式(3-100)可化简为

$$\mathscr{F}[1]=2\pi\delta(\omega)$$

相应频谱如图3-18所示，即：

$$\mathscr{F}\left[\frac{1}{2\pi}\right]=\delta(\omega)\quad 或\quad x(t)=\mathscr{F}^{-1}[\delta(\omega)]=\frac{1}{2\pi}$$

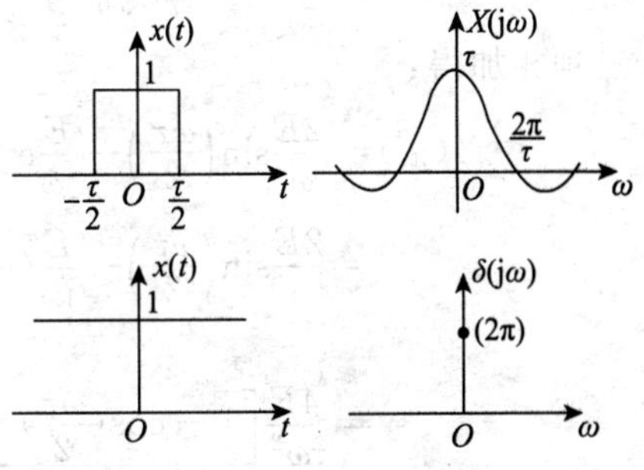

图3-18　直流信号的频谱

3.4.3 冲激偶信号

冲激偶信号$\delta'(t)$是单位冲激信号的导数，因此可根据傅里叶变换的微分特性来求其频谱。

因为$\mathscr{F}[\delta(t)]=1$，根据式(3-84)得：

$$\mathscr{F}[\delta'(t)]=\mathrm{j}\omega\tag{3-101}$$

根据微分特性，进一步可得：

$$\mathscr{F}\left[\frac{\mathrm{d}^n}{\mathrm{d}t^n}\delta(t)\right]=(\mathrm{j}\omega)^n\tag{3-102}$$

再根据对称性，不难得到：

$$\mathscr{F}(t^n) = 2\pi(\mathrm{j})^n \frac{\mathrm{d}^n}{\mathrm{d}\omega^n}[\delta(\omega)] \tag{3-103}$$

也可按照傅里叶变换的定义和冲激偶的性质(如式(2-60))求得式(3-101)，即：

$$\int_{-\infty}^{\infty} \delta'(t)\mathrm{e}^{-\mathrm{j}\omega t}\,\mathrm{d}t = -(-\mathrm{j}\omega) = \mathrm{j}\omega$$

3.4.4 三角脉冲信号

已知三角脉冲信号波形如图 3-19 所示，其表达式为

$$x(t) = \begin{cases} E\left(1 - \frac{2}{\tau}|t|\right), & |t| < \frac{\tau}{2} \\ 0, & |t| > \frac{\tau}{2} \end{cases} \tag{3-104}$$

式(3-104)中，E 为脉冲幅度，τ 为脉冲宽度。

三角脉冲信号很有特点，其频谱可由多种方法求出。

(1) 根据傅里叶变换的定义求取

$$\begin{aligned} X(\omega) &= \mathscr{F}[x(t)] = \int_{-\infty}^{\infty} x(t)\mathrm{e}^{-\mathrm{j}\omega t}\,\mathrm{d}t = \int_{-\frac{\tau}{2}}^{\frac{\tau}{2}} E(1 - \frac{2}{\tau}|t|)\mathrm{e}^{-\mathrm{j}\omega t}\,\mathrm{d}t \\ &= \int_{-\frac{\tau}{2}}^{\frac{\tau}{2}} E\mathrm{e}^{-\mathrm{j}\omega t}\,\mathrm{d}t + \frac{2E}{\tau}\int_{-\frac{\tau}{2}}^{0} t\mathrm{e}^{-\mathrm{j}\omega t}\,\mathrm{d}t - \frac{2E}{\tau}\int_{0}^{\frac{\tau}{2}} t\mathrm{e}^{-\mathrm{j}\omega t}\,\mathrm{d}t \end{aligned} \tag{3-105}$$

式(3-105)中，第一项为矩形脉冲的积分，根据式(3-94)、式(3-95)，有：

$$\int_{-\frac{\tau}{2}}^{\frac{\tau}{2}} E\mathrm{e}^{-\mathrm{j}\omega t}\,\mathrm{d}t = \frac{2E}{\omega}\sin\left(\frac{\omega\tau}{2}\right)$$

第二项：

$$\frac{2E}{\tau}\int_{-\frac{\tau}{2}}^{0} t\mathrm{e}^{-\mathrm{j}\omega t}\,\mathrm{d}t = -\frac{E}{\mathrm{j}\omega}\mathrm{e}^{\mathrm{j}\omega\frac{\tau}{2}} + \frac{2E}{\tau}\frac{1}{\omega^2}(1 - \mathrm{e}^{\mathrm{j}\omega\frac{\tau}{2}})$$

第三项：

$$-\frac{2E}{\tau}\int_{0}^{\frac{\tau}{2}} t\mathrm{e}^{-\mathrm{j}\omega t}\,\mathrm{d}t = \frac{E}{\mathrm{j}\omega}\mathrm{e}^{-\mathrm{j}\omega\frac{\tau}{2}} + \frac{2E}{\tau}\frac{1}{\omega^2}(1 - \mathrm{e}^{-\mathrm{j}\omega\frac{\tau}{2}})$$

三项相加得：

$$\begin{aligned} X(\mathrm{j}\omega) &= \frac{2E}{\omega}\sin\left(\frac{\omega\tau}{2}\right) - \frac{E}{\mathrm{j}\omega}\mathrm{e}^{\mathrm{j}\omega\frac{\tau}{2}} + \frac{2E}{\tau\omega^2} - \frac{2E}{\tau\omega^2}\mathrm{e}^{\mathrm{j}\omega\frac{\tau}{2}} + \frac{E}{\mathrm{j}\omega}\mathrm{e}^{-\mathrm{j}\omega\frac{\tau}{2}} + \frac{2E}{\tau\omega^2} - \frac{2E}{\tau\omega^2}\mathrm{e}^{-\mathrm{j}\omega\frac{\tau}{2}} \\ &= \frac{2E}{\omega}\sin\left(\frac{\omega\tau}{2}\right) - \frac{E}{\mathrm{j}\omega}(\mathrm{e}^{\mathrm{j}\omega\frac{\tau}{2}} - \mathrm{e}^{-\mathrm{j}\omega\frac{\tau}{2}}) + \frac{4E}{\tau\omega^2} - \frac{2E}{\tau\omega^2}(\mathrm{e}^{\mathrm{j}\omega\frac{\tau}{2}} + \mathrm{e}^{-\mathrm{j}\omega\frac{\tau}{2}}) \\ &= \frac{4E}{\tau\omega^2}\left[1 - \cos(\frac{\omega\tau}{2})\right] = \frac{8E}{\tau\omega^2}\sin^2\left(\frac{\omega\tau}{4}\right) = \frac{E\tau}{2}\frac{\sin^2\left(\frac{\omega\tau}{4}\right)}{\left(\frac{\omega\tau}{4}\right)^2} = \frac{E\tau}{2}\mathrm{Sa}^2\left(\frac{\omega\tau}{4}\right) \end{aligned} \tag{3-106}$$

故幅度谱和相位谱分别为

$$|X(\mathrm{j}\omega)| = \frac{E\tau}{2}\mathrm{Sa}^2\left(\frac{\omega\tau}{4}\right) \tag{3-107}$$

$$\varphi(\mathrm{j}\omega) = 0,\ -\infty < \omega < \infty \tag{3-108}$$

这里，$X(\omega)$ 为实函数，也可用一条 $X(\mathrm{j}\omega)$ 曲线同时表示幅度谱 $|X(\mathrm{j}\omega)|$ 和相位谱 $\varphi(\mathrm{j}\omega)$，如 3-19 所示。

(2)根据冲激信号的傅里叶变换和傅里叶变换的微分特性求取

取三角脉冲信号 $x(t)$ 的一阶与二阶导数，得：

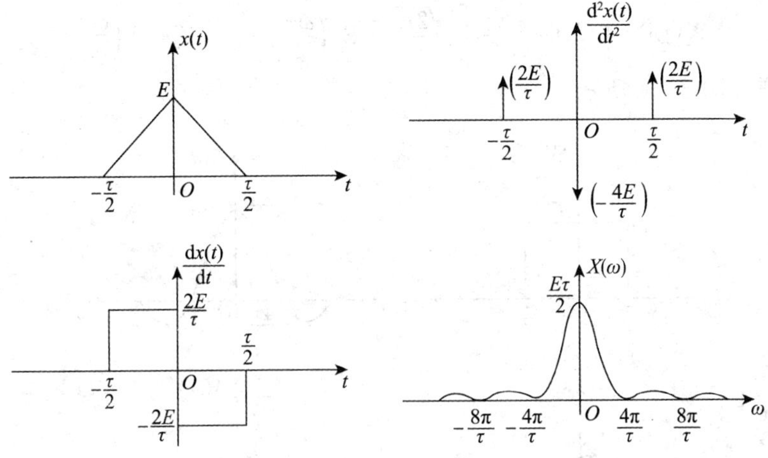

图 3-19　三角脉冲信号的波形和频谱

$$\frac{\mathrm{d}x(t)}{\mathrm{d}t}=\begin{cases}\frac{2E}{\tau}, & -\frac{\tau}{2}<t<0\\ -\frac{2E}{\tau}, & 0<t<\frac{\tau}{2}\\ 0, & |t|>\frac{\tau}{2}\end{cases}$$

$$\frac{\mathrm{d}x^2(t)}{\mathrm{d}t^2}=\frac{2E}{\tau}\left[\delta\left(t+\frac{\tau}{2}\right)+\delta\left(t-\frac{\tau}{2}\right)-2\delta(t)\right]$$

它们的形状如图 3-19 所示。

设 $X(\mathrm{j}\omega)$、$X_1(\mathrm{j}\omega)$、$X_2(\mathrm{j}\omega)$分别表示为 $x(t)$及其一阶、二阶导数的傅里叶变换，则：

$$X_2(\mathrm{j}\omega)=\mathscr{F}\left[\frac{\mathrm{d}^2x(t)}{\mathrm{d}t^2}\right]=\frac{2E}{\tau}[\mathscr{F}[\delta(t)]\mathrm{e}^{\mathrm{j}\omega\frac{\tau}{2}}+\mathscr{F}[\delta(t)]\mathrm{e}^{-\mathrm{j}\omega\frac{\tau}{2}}-2\mathscr{F}[\delta(t)]]$$

$$=\frac{2E}{\tau}(\mathrm{e}^{\mathrm{j}\omega\frac{\tau}{2}}+\mathrm{e}^{-\mathrm{j}\omega\frac{\tau}{2}}-2)=\frac{2E}{\tau}\left[2\cos\left(\omega\frac{\tau}{2}\right)-2\right]=-\frac{8E}{\tau}\sin^2\left(\frac{\omega\tau}{4}\right)$$

利用积分特性，由式(3-87)得：

$$X_1(\mathrm{j}\omega)=\mathscr{F}\left[\frac{\mathrm{d}x(t)}{\mathrm{d}t}\right]=\pi X_2(0)\delta(\mathrm{j}\omega)+\frac{1}{\mathrm{j}\omega}X_2(\mathrm{j}\omega)=\left(\frac{1}{\mathrm{j}\omega}\right)\left[-\frac{8E}{\tau}\sin^2\left(\frac{\omega\tau}{4}\right)\right]$$

$$X(\mathrm{j}\omega)=\mathscr{F}[x(t)]=\pi X_1(0)\delta(\omega)+\frac{1}{\mathrm{j}\omega}X_1(\mathrm{j}\omega)=\left(\frac{1}{\mathrm{j}\omega}\right)^2\left[-\frac{8E}{\tau}\sin^2\left(\frac{\omega\tau}{4}\right)\right]$$

$$=\frac{E\tau}{2}\frac{\sin^2\left(\frac{\omega\tau}{4}\right)}{\left(\frac{\omega\tau}{4}\right)^2}=\frac{E\tau}{2}\mathrm{Sa}^2\left(\frac{\omega\tau}{4}\right)$$

(3) 根据矩形脉冲信号的傅里叶变换和傅里叶变换的时域卷积特性求取

三角脉冲信号 $x(t)$可看作是由图 3-20 所示的矩形脉冲信号 $g(t)$与其自身的卷积，即 $x(t)=g(t)*g(t)$，其中，

$$g(t)=\sqrt{\frac{2E}{\tau}}\left[\varepsilon\left(t+\frac{\tau}{4}\right)-\varepsilon\left(t-\frac{\tau}{4}\right)\right]$$

根据式(3-95)，矩形脉冲信号 $g(t)$的傅里叶变换为

$$G(\mathrm{j}\omega)=\sqrt{\frac{2E}{\tau}}\frac{\tau}{2}\mathrm{Sa}\left(\frac{\omega\tau}{4}\right)$$

根据时域卷积定理：

$$X(\mathrm{j}\omega)=G(\mathrm{j}\omega)^2=\left[\sqrt{\frac{2E}{\tau}}\ \frac{\tau}{2}\mathrm{Sa}\left(\frac{\omega\tau}{4}\right)\right]^2=\frac{E\tau}{2}\mathrm{Sa}^2\left(\frac{\omega\tau}{4}\right)$$

相应频谱如图 3-20 所示。

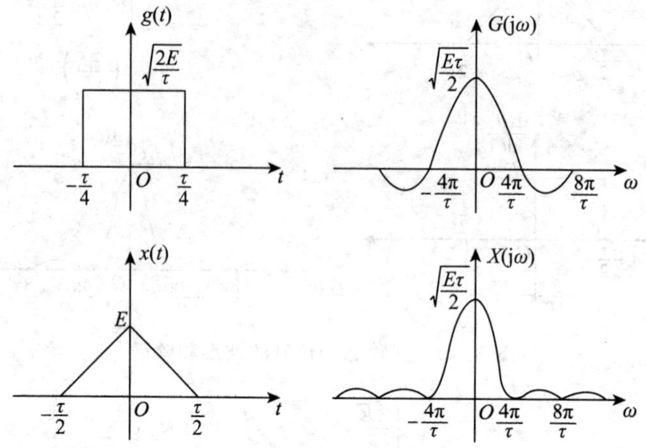

图 3-20 利用卷积定理求三角脉冲的频谱

3.4.5 双 Sa 信号

双 Sa 信号的表达式为

$$x(t)=\frac{\omega_c}{\pi}\{\mathrm{Sa}(\omega_c t)-\mathrm{Sa}[\omega_c(t-2\tau)]\} \tag{3-109}$$

其波形和频谱如图 3-21 所示。

采用傅里叶变换的定义求其频谱较为不便。因此，在这里，将利用傅里叶变换的性质求解。

由式(3-95)可得：

$$\mathscr{F}\left[\frac{1}{2\pi}[\varepsilon(t+\omega_c)-\varepsilon(t-\omega_c)]\right]=\frac{\omega_c}{\pi}\mathrm{Sa}(\omega_c\omega)$$

根据傅里叶变换的对称性，有：

$$\mathscr{F}\left[\frac{\omega_c}{\pi}\mathrm{Sa}(\omega_c t)\right]=\varepsilon(\omega+\omega_c)-\varepsilon(\omega-\omega_c)$$

令 $x_0(t)=\frac{\omega_c}{\pi}\mathrm{Sa}(\omega_c t)$，$X_0(\mathrm{j}\omega)=\mathscr{F}[x_0(t)]$，如图 3-21 所示。

根据时移特性，有：

$$\mathscr{F}[x_0(t-2\tau)]=\mathscr{F}\left[\frac{\omega_c}{\pi}\mathrm{Sa}[\omega_c(t-2\tau)]\right]=\mathrm{e}^{-\mathrm{j}2\omega\tau}[\varepsilon(\omega+\omega_c)-\varepsilon(\omega-\omega_c)]$$

再根据叠加性，$x(t)$的频谱为

$$X(\mathrm{j}\omega)=\mathscr{F}[x_0(t)]-\mathscr{F}[x_0(t-2\tau)]=\begin{cases}1-\mathrm{e}^{-\mathrm{j}2\omega\tau}, & |\omega|<\omega_c\\ 0, & |\omega|>\omega_c\end{cases} \tag{3-110}$$

故幅度谱和相位谱分别为

$$|X(\mathrm{j}\omega)|=\begin{cases}2|\sin(\omega\tau)|, & |\omega|<\omega_c\\ 0, & |\omega|>\omega_c\end{cases} \tag{3-111}$$

$$\varphi(\mathrm{j}\omega)=\begin{cases}\arctan\left[\dfrac{\sin(2\omega\tau)}{1-\cos(2\omega\tau)}\right], & |\omega|<\omega_c\\ 0, & |\omega|>\omega_c\end{cases} \tag{3-112}$$

双 Sa 信号的波形和幅度谱如图 3-21 所示。

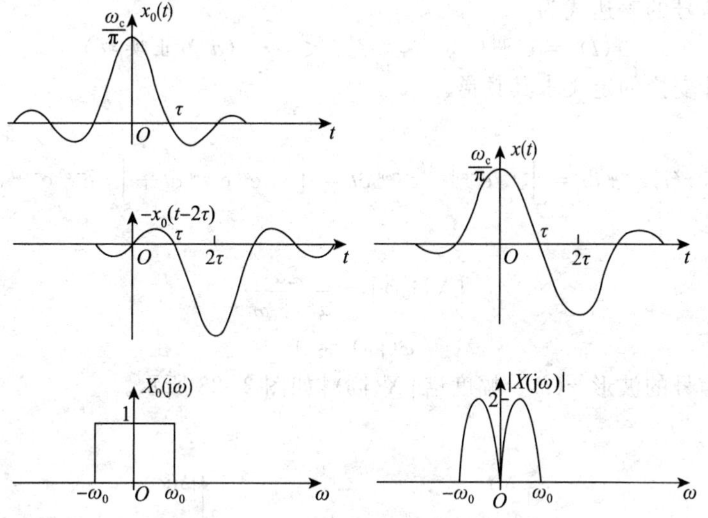

图 3-21　双 Sa 信号的波形和频谱

由图 3-21 可知，Sa 信号 $x_0(t)$ 的频谱为矩形谱，最为集中，但它含有直流分量 $X_0(0)$，这给它的实际传输带来了不便。而双 Sa 信号的频谱仍然限制在 $|\omega|<\omega_c$ 的范围内，却削去了直流分量 $X_0(0)$。

3.4.6　指数信号

1. 单边指数信号

单边指数信号的表达式为

$$x(t)=\begin{cases}e^{-at}, & t\geqslant 0\\ 0, & t<0\end{cases}\quad(a\text{ 为正实数})\tag{3-113}$$

根据傅里叶变换的定义求其频谱。

由

$$X(j\omega)=\int_{-\infty}^{\infty}x(t)e^{-j\omega t}dt=\int_0^{\infty}e^{-at}e^{-j\omega t}dt=\int_0^{\infty}e^{-(a+j\omega)t}dt=\frac{1}{a+j\omega}$$

得：

$$|X(j\omega)|=\frac{1}{\sqrt{a^2+\omega^2}}\tag{3-114}$$

$$\varphi(j\omega)=-\arctan\left(\frac{\omega}{a}\right)\tag{3-115}$$

单边指数信号的波形 $x(t)$、幅度谱 $|X(j\omega)|$ 和相位谱 $\varphi(j\omega)$ 如图 3-22 所示。

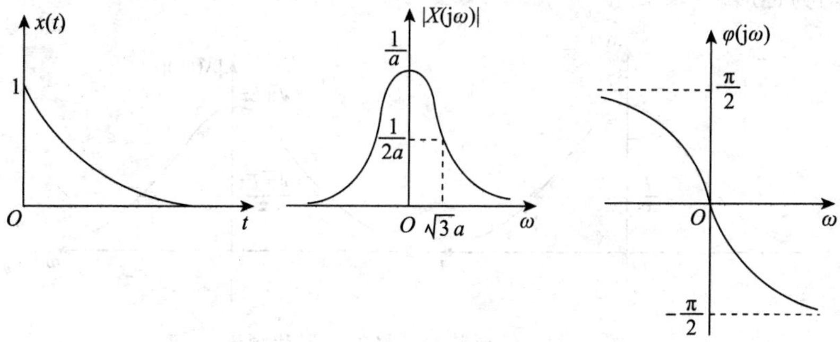

图 3-22　单边指数信号的波形和频谱

2. 双边指数信号

双边指数信号的表达式为

$$x(t)=\mathrm{e}^{-a|t|},\ -\infty<t<\infty \quad (a\text{ 为正实数}) \tag{3-116}$$

根据傅里叶变换的定义求其频谱。

由

$$X(\mathrm{j}\omega)=\int_{-\infty}^{\infty}x(t)\mathrm{e}^{-\mathrm{j}\omega t}\,\mathrm{d}t=\int_{-\infty}^{\infty}\mathrm{e}^{-a|t|}\mathrm{e}^{-\mathrm{j}\omega t}\,\mathrm{d}t=\int_{-\infty}^{0}\mathrm{e}^{at}\mathrm{e}^{-\mathrm{j}\omega t}\,\mathrm{d}t+\int_{0}^{\infty}\mathrm{e}^{-at}\mathrm{e}^{-\mathrm{j}\omega t}\,\mathrm{d}t=\frac{2a}{a^2+\omega^2}$$

得:

$$|X(\mathrm{j}\omega)|=\frac{2a}{a^2+\omega^2} \tag{3-117}$$

$$\varphi(\mathrm{j}\omega)=0 \tag{3-118}$$

双边指数信号的波形 $x(t)$、幅度谱 $|X(\mathrm{j}\omega)|$ 如图 3-23 所示。

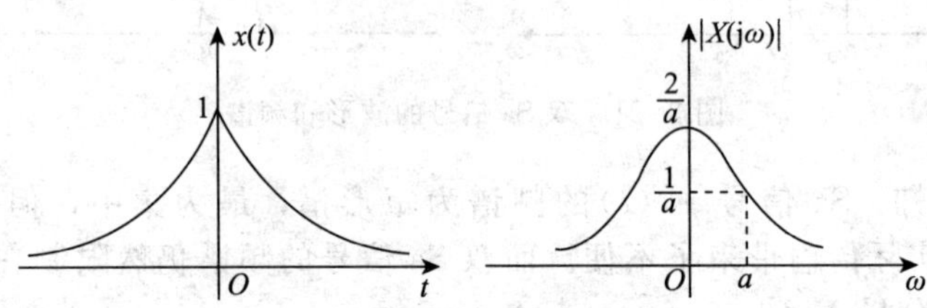

图 3-23 双边指数信号的波形和频谱

3.4.7 钟形脉冲信号

钟形脉冲信号即高斯脉冲信号，其表达式为

$$x(t)=E\mathrm{e}^{-\left(\frac{t}{\tau}\right)^2},\ -\infty<t<\infty \tag{3-119}$$

根据傅里叶变换的定义求其频谱。

由

$$\begin{aligned}X(\mathrm{j}\omega)&=\int_{-\infty}^{\infty}x(t)\mathrm{e}^{-\mathrm{j}\omega t}\,\mathrm{d}t=\int_{-\infty}^{\infty}E\mathrm{e}^{-\left(\frac{t}{\tau}\right)^2}\mathrm{e}^{-\mathrm{j}\omega t}\,\mathrm{d}t=E\int_{-\infty}^{\infty}\mathrm{e}^{-\left(\frac{t}{\tau}\right)^2}[\cos(\omega t)-\mathrm{j}\sin(\omega t)]\mathrm{d}t\\&=2E\int_{0}^{\infty}\mathrm{e}^{-\left(\frac{t}{\tau}\right)^2}\cos(\omega t)\,\mathrm{d}t=\sqrt{\pi}E\tau\cdot\mathrm{e}^{-\left(\frac{\omega\tau}{2}\right)^2}\end{aligned}$$

得:

$$|X(\mathrm{j}\omega)|=\sqrt{\pi}E\tau\cdot\mathrm{e}^{-\left(\frac{\omega\tau}{2}\right)^2} \tag{3-120}$$

$$\varphi(\mathrm{j}\omega)=0 \tag{3-121}$$

钟形脉冲信号的波形 $x(t)$、幅度谱 $|X(\mathrm{j}\omega)|$ 如图 3-24 所示。可见，钟形信号时域和频域的波形均为钟形。

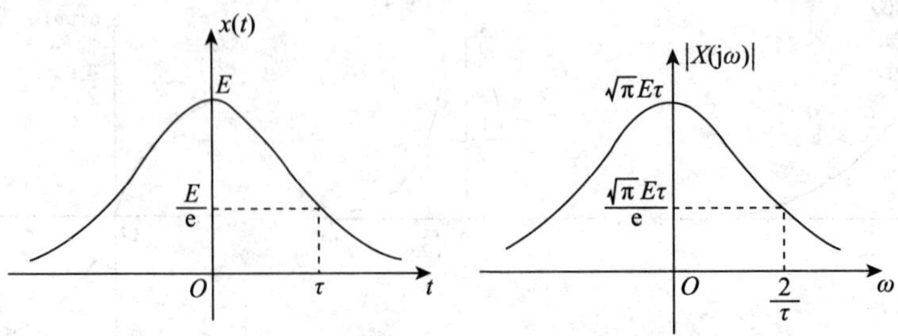

图 3-24 钟形脉冲信号的波形和频谱

3.4.8 余弦脉冲信号

余弦脉冲信号的表达式为

$$x(t)=\begin{cases}E\cos\left(\frac{\pi t}{\tau}\right), & |t|\leqslant\frac{\tau}{2}\\ 0, & |t|>\frac{\tau}{2}\end{cases} \tag{3-122}$$

信号波形如图 3-25 所示。

可采用 3 种不同的方法来求余弦脉冲信号的傅里叶变换。

(1) 根据傅里叶变换的定义求取

$$\begin{aligned}X(\mathrm{j}\omega)&=\int_{-\infty}^{\infty}x(t)\mathrm{e}^{-\mathrm{j}\omega t}\mathrm{d}t=\int_{-\frac{\tau}{2}}^{\frac{\tau}{2}}E\cos\left(\frac{\pi t}{\tau}\right)\mathrm{e}^{-\mathrm{j}\omega t}\mathrm{d}t=\frac{E}{2}\int_{-\frac{\tau}{2}}^{\frac{\tau}{2}}(\mathrm{e}^{\mathrm{j}\frac{\pi t}{\tau}}+\mathrm{e}^{-\mathrm{j}\frac{\pi t}{\tau}})\mathrm{e}^{-\mathrm{j}\omega t}\mathrm{d}t\\&=\frac{E\tau}{2}\mathrm{Sa}\left[\left(\omega+\frac{\pi}{\tau}\right)\frac{\tau}{2}\right]+\frac{E\tau}{2}\mathrm{Sa}\left[\left(\omega-\frac{\pi}{\tau}\right)\frac{\tau}{2}\right]\end{aligned} \tag{3-123}$$

化简后得：

$$X(\mathrm{j}\omega)=\frac{2E\tau}{\pi}\frac{\cos\left(\frac{\omega\tau}{2}\right)}{\left[1-\left(\frac{\omega\tau}{\pi}\right)^2\right]}$$

(2) 根据矩形脉冲信号频谱及傅里叶变换的频移特性求取

具体过程见例 3-6。

(3) 根据傅里叶变换的卷积特性求其频谱

把余弦脉冲 $x(t)$ 看作矩形脉冲 $x_0(t)=E\left[\varepsilon\left(t+\frac{\tau}{2}\right)-\varepsilon\left(t-\frac{\tau}{2}\right)\right]$ 与余弦信号 $\cos\left(\frac{\pi t}{\tau}\right)$ 的乘积，如图 3-25 所示，其表达式为

$$x(t)=x_0(t)\cos\left(\frac{\pi t}{\tau}\right)$$

由式(3-94)和式(3-95)得：

$$X_0(\mathrm{j}\omega)=\mathscr{F}[x_0(t)]=E\tau\mathrm{Sa}\left(\frac{\omega\tau}{2}\right)$$

又由式(3-99)、式(3-82)得：

$$\mathscr{F}\left[\cos\left(\frac{\pi t}{\tau}\right)\right]=\pi\delta\left(\omega+\frac{\pi}{\tau}\right)+\pi\delta\left(\omega-\frac{\pi}{\tau}\right)$$

根据频域卷积定理知：

$$\begin{aligned}X(\mathrm{j}\omega)&=\mathscr{F}\left[x_0(t)\cos\left(\frac{\pi t}{\tau}\right)\right]=\frac{1}{2\pi}E\tau\mathrm{Sa}\left(\frac{\omega\tau}{2}\right)*\pi\left[\delta\left(\omega+\frac{\pi}{\tau}\right)+\delta\left(\omega-\frac{\pi}{\tau}\right)\right]\\&=\frac{E\tau}{2}\mathrm{Sa}\left[\left(\omega+\frac{\pi}{\tau}\right)\frac{\tau}{2}\right]+\frac{E\tau}{2}\mathrm{Sa}\left[\left(\omega-\frac{\pi}{\tau}\right)\frac{\tau}{2}\right]\end{aligned}$$

相应频谱如图 3-25 所示。

在前面介绍的多种信号的傅里叶变换中，有普通信号也有奇异信号(冲激信号、冲激偶信号)，它们都满足傅里叶变换存在的充分条件，即在无限区间内满足绝对可积条件。下面将介绍几种常见的非周期信号，它们尽管不满足绝对可积条件，但它们的傅里叶变换仍然存在。这些信号的频谱不能通过傅里叶变换的定义求取，需要借助一些特殊方法。

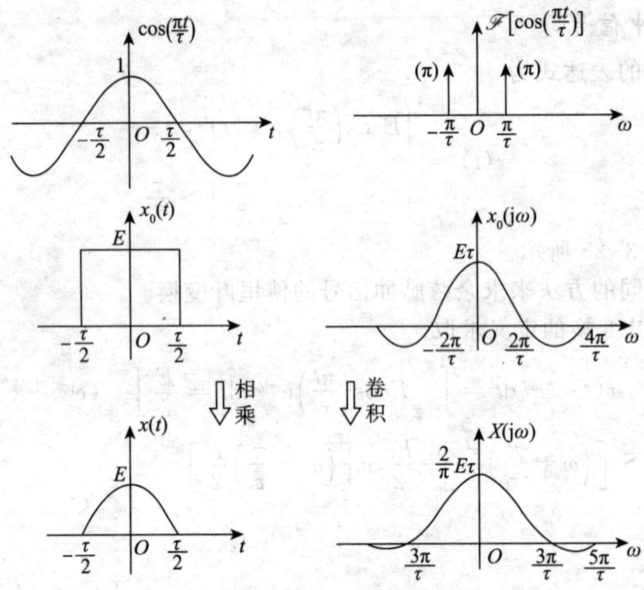

图 3-25　利用卷积定理求余弦脉冲的频谱

3.4.9　阶跃信号

(1)借助单边指数衰减信号的极限概念求 $\varepsilon(t)$ 的频谱

具体求解过程见例 3-2。

(2)利用傅里叶变换的积分特性求取

已知
$$\varepsilon(t)=\int_{-\infty}^{t}\delta(t)\,\mathrm{d}t$$

由积分特性可得：

$$\mathscr{F}[\varepsilon(t)]=\frac{1}{\mathrm{j}\omega}\mathscr{F}[\delta(t)]+\pi\{\mathscr{F}[\delta(t)]|_{\omega=0}\}\delta(\omega)=\pi\delta(\omega)+\frac{1}{\mathrm{j}\omega}$$

即：

$$\mathscr{F}[\varepsilon(t)]=\pi\delta(\omega)+\frac{1}{\mathrm{j}\omega}\tag{3-124}$$

3.4.10　符号函数

符号函数通常表示为

$$\mathrm{sgn}(t)=\begin{cases}1, & t>0\\ -1, & t<0\end{cases}\tag{3-125}$$

有些情况下，若需要 $t=0$ 时刻的定义，也可表示为

$$\mathrm{sgn}(t)=\begin{cases}1, & t>0\\ 0, & t=0\\ -1, & t<0\end{cases}\tag{3-126}$$

显然，符号函数不满足绝对可积条件，但它的傅里叶变换却存在。

1) 令 $x_0(t)=\mathrm{sgn}(t)\mathrm{e}^{-a|t|}$，$a>0$，先求得 $x_0(t)$ 的频谱 $X_0(\mathrm{j}\omega)$，当 $a\to 0$ 时，$x_0(t)\to\mathrm{sgn}(t)$，则 $X_0(\mathrm{j}\omega)$ 转化为 $\mathrm{sgn}(t)$ 的频谱。具体如下：

因为

$$X_0(\mathrm{j}\omega)=\int_{-\infty}^{\infty}x_0(t)\mathrm{e}^{-\mathrm{j}\omega t}\mathrm{d}t=\int_{-\infty}^{0}(-\mathrm{e}^{at})\mathrm{e}^{-\mathrm{j}\omega t}\mathrm{d}t+\int_{0}^{\infty}\mathrm{e}^{-at}\cdot\mathrm{e}^{-\mathrm{j}\omega t}\mathrm{d}t$$

积分并化简，可得：

$$X_0(\mathrm{j}\omega)=\frac{-2\mathrm{j}\omega}{a^2+\omega^2} \tag{3-127}$$

$$|X_0(\mathrm{j}\omega)|=\frac{2|\omega|}{a^2+\omega^2} \tag{3-128}$$

$$\varphi_0(\mathrm{j}\omega)=\begin{cases}+\dfrac{\pi}{2}, & \omega<0\\ -\dfrac{\pi}{2}, & \omega>0\end{cases} \tag{3-129}$$

上述结果与例 3-4 的结论相同。

则符号函数 sgn(t)的频谱 $X(\mathrm{j}\omega)$为

$$X(\mathrm{j}\omega)=\lim_{a\to 0}X_0(\mathrm{j}\omega)=\lim_{a\to 0}\left(\frac{-2\mathrm{j}\omega}{a^2+\omega^2}\right)$$

得：

$$X(\mathrm{j}\omega)=\frac{2}{\mathrm{j}\omega} \tag{3-130}$$

$$|X(\mathrm{j}\omega)|=\frac{2}{|\omega|} \tag{3-131}$$

$$\varphi(\mathrm{j}\omega)=\begin{cases}-\dfrac{\pi}{2}, & \omega>0\\ +\dfrac{\pi}{2}, & \omega<0\end{cases} \tag{3-132}$$

其波形和频谱如图 3-26 所示。

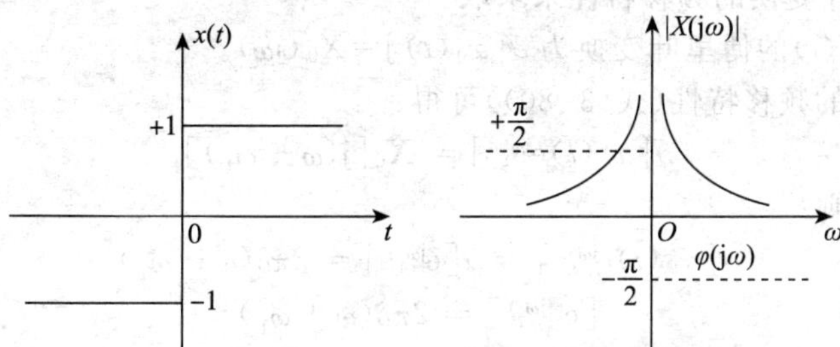

图 3-26 符号函数的波形和频谱

2）由阶跃信号表示符号函数来求取相应的波形和频谱，具体求解过程见例 3-3。

3.4.11 截平斜变信号

截平斜变信号的表达式为

$$x(t)=\begin{cases}0, & t<0\\ \dfrac{t}{t_0}, & 0\leqslant t\leqslant t_0\\ 1, & t>t_0\end{cases} \tag{3-133}$$

波形如图 3-27 所示。

显然，截平斜变信号也不满足绝对可积条件，可利用傅里叶变换的积分特性求其频谱。

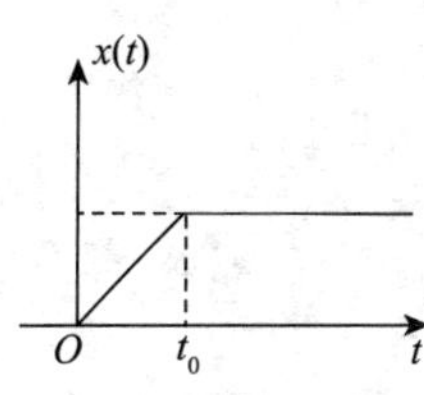

图 3-27 截平斜变信号的波形

$x(t)$可看作矩形脉冲信号 $x_0(\tau)=\dfrac{1}{t_0}[\varepsilon(\tau)-\varepsilon(\tau-t_0)]$的积分，即：

$$x(t)=\int_{-\infty}^{\infty}x_0(\tau)\mathrm{d}\tau$$

根据矩形脉冲的频谱及傅里叶变换的时移特性，可得 $x_0(\tau)$的频

谱为

$$X_0(j\omega)=\mathrm{Sa}\left(\frac{\omega t_0}{2}\right)e^{-j\omega\frac{t_0}{2}}$$

则根据傅里叶变换的积分特性有：

$$X(j\omega)=\mathscr{F}[x(t)]=\frac{1}{j\omega}X_0(j\omega)+\pi X_0(0)\delta(\omega)=\frac{1}{j\omega}\mathrm{Sa}\left(\frac{\omega t_0}{2}\right)e^{-j\frac{\omega t_0}{2}}+\pi\delta(\omega) \quad (3\text{-}134)$$

不难发现，当 $t_0\to 0$，$x(t)\to\varepsilon(t)$，$x_0(\tau)\to\delta(\tau)$，式(3-134)即变为单位阶跃信号的频谱。

3.5 周期信号的傅里叶变换

以上几节讨论了周期信号的傅里叶级数以及非周期信号的傅里叶变换。在推导傅里叶变换时，令周期信号的周期趋近于无穷大，则周期信号会变成非周期信号，傅里叶级数演变成傅里叶变换，周期信号的离散频谱演变成非周期信号的连续频谱密度。

其实，周期信号也可以进行傅里叶变换。虽然周期信号不满足绝对可积条件，但是借助冲激信号，周期信号的傅里叶变换是存在并可求取的。

本节将研究周期信号傅里叶变换的特点以及它与傅里叶级数之间的联系，目的是力图把周期信号与非周期信号的频域分析方法统一起来，使傅里叶变换这个工具得到更广泛的应用，使我们对它的理解更加深入、全面。本节将借助频移定理导出指数、正弦信号的频谱函数，然后研究一般周期信号的傅里叶变换。

3.5.1 指数信号、正弦信号的傅里叶变换

(1) 根据傅里叶变换的频移特性来求取

设连续信号 $x_0(t)$的傅里叶变换为 $\mathscr{F}[x_0(t)]=X_0(j\omega)$。

由傅里叶变换的频移特性(式(3-80))可得：

$$\mathscr{F}[x_0(t)e^{j\omega_1 t}]=X_0[j(\omega-\omega_1)]$$

若 $x_0(t)=1$，则：

$$\mathscr{F}[x_0(t)e^{j\omega_1 t}]=\mathscr{F}[e^{j\omega_1 t}]=2\pi\delta(\omega-\omega_1) \quad (3\text{-}135)$$

$$\mathscr{F}[e^{-j\omega_1 t}]=2\pi\delta(\omega+\omega_1) \quad (3\text{-}136)$$

由式(3-82)、式(3-83)可以得到：

$$\mathscr{F}[\cos(\omega_1 t)]=\pi[\delta(\omega+\omega_1)+\delta(\omega-\omega_1)] \quad (3\text{-}137)$$

$$\mathscr{F}[\sin(\omega_1 t)]=j\pi[\delta(\omega+\omega_1)-\delta(\omega-\omega_1)] \quad (3\text{-}138)$$

式(3-135)至式(3-138)表示了指数信号、正弦信号(包括余弦和正弦函数)的傅里叶变换。这类信号的频谱只包含位于$\pm\omega_1$ 处的冲激函数，如图 3-28 所示。

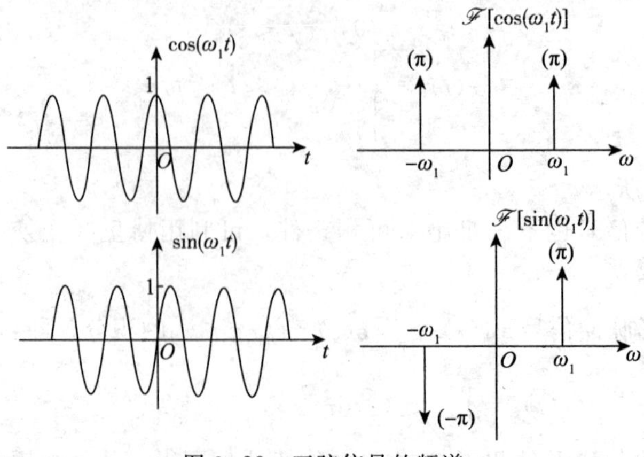

图 3-28 正弦信号的频谱

(2) 采用余弦脉冲信号频谱极限的方法来求取

令余弦脉冲信号 $x_0(t)=\begin{cases}\cos(\omega_1 t), & |t|\leqslant\frac{\tau}{2}\\ 0, & |t|>\frac{\tau}{2}\end{cases}$，由式(3-123)知，其频谱为

$$X_0(\mathrm{j}\omega)=\frac{\tau}{2}\mathrm{Sa}\left[(\omega+\omega_1)\frac{\tau}{2}\right]+\frac{\tau}{2}\mathrm{Sa}\left[(\omega-\omega_1)\frac{\tau}{2}\right]$$

频谱波形如图 3-29 所示。

显然，余弦函数 $\cos(\omega_1 t)$的傅里叶变换为 $\tau\to\infty$时 $X_0(\mathrm{j}\omega)$的极限，即：

$$\mathscr{F}[\cos(\omega_1 t)]=\lim_{\tau\to\infty}X_0(\mathrm{j}\omega)=\lim_{\tau\to\infty}\left\{\frac{\tau}{2}\mathrm{Sa}\left[(\omega+\omega_1)\frac{\tau}{2}\right]+\frac{\tau}{2}\mathrm{Sa}\left[(\omega-\omega_1)\frac{\tau}{2}\right]\right\}$$

根据例 2-17(2)，易证明：$\delta(\omega)=\lim\limits_{k\to\infty}\frac{k}{\pi}\mathrm{Sa}(k\omega)$。

故余弦函数的傅里叶变换为

$$\mathscr{F}[\cos(\omega_1 t)]=\pi[\delta(\omega+\omega_1)+\delta(\omega-\omega_1)]$$

同理可求得 $\mathrm{e}^{-\mathrm{j}\omega_1 t}$、$\sin(\omega_1 t)$的频谱，其结果与式(3-135)、式(3-136)、式(3-138)相同。

对上述结果可做如下解释，当有限长余弦函数 $x_0(t)$的宽度 τ 增大时，频谱 $X_0(\mathrm{j}\omega)$越来越集中到$\pm\omega_1$ 的附近，当 $\tau\to\infty$，有限长余弦函数就变成无穷长的余弦函数，此时频谱在$\pm\omega_1$ 处成为无穷大，而在其他频率处均为零。

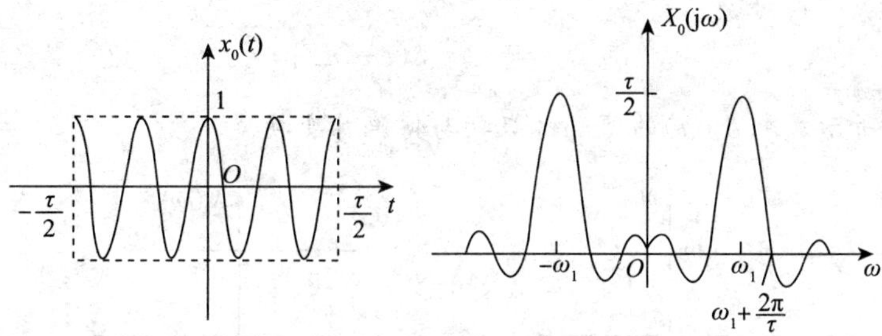

图 3-29　有限长余弦信号的频谱

3.5.2　一般周期信号的傅里叶变换

将周期信号 $x(t)$展开成指数形式的傅里叶级数为

$$x(t)=\sum_{n=-\infty}^{\infty}X_n\mathrm{e}^{\mathrm{j}n\omega_1 t} \tag{3-139}$$

$$X_n=\frac{1}{T_1}\int_{-\frac{T_1}{2}}^{\frac{T_1}{2}}x(t)\mathrm{e}^{-\mathrm{j}n\omega_1 t}\mathrm{d}t,\ n\text{ 为}(-\infty,+\infty)\text{ 的整数} \tag{3-140}$$

设 $x(t)$的基本周期为 T_1，角频率为 $\omega_1=2\pi f_1=\frac{2\pi}{T_1}$。

对式(3-139)两边取傅里叶变换，得

$$\mathscr{F}[x(t)]=\mathscr{F}\left(\sum_{n=-\infty}^{\infty}X_n\mathrm{e}^{\mathrm{j}n\omega_1 t}\right)=\sum_{n=-\infty}^{\infty}X_n\mathscr{F}(\mathrm{e}^{\mathrm{j}n\omega_1 t}) \tag{3-141}$$

由式(3-135)得：$\mathscr{F}(\mathrm{e}^{\mathrm{j}n\omega_1 t})=2\pi\delta(\omega-n\omega_1)$，把它代到式(3-141)，便得到周期信号 $x(t)$的傅里叶变换为

$$\mathscr{F}[x(t)]=2\pi\sum_{n=-\infty}^{\infty}X_n\delta(\omega-n\omega_1) \tag{3-142}$$

式(3-142)表明，周期信号 $x(t)$ 的傅里叶变换是由一系列冲激函数组成的，这些冲激位于频率点($0, \pm\omega_1, \pm 2\omega_1, \cdots$)处，每个冲激的强度等于 $x(t)$ 的傅里叶级数相应系数 X_n 的 2π 倍。显然，周期信号的频谱是离散的，这一点与第 3.2.1 节的结论一致。然而，由于傅里叶变换是反映频谱密度的概念，因此，周期信号的傅里叶变换不同于傅里叶级数，它不是有限值，而是冲激函数，表明的是在无穷小的频带范围内(即频率点 $0, \pm\omega_1, \pm 2\omega_1, \cdots$)取得了无限大的频谱密度值。

若从周期信号 $x(t)$ 中截取一个基本周期，得到单脉冲信号 $x_0(t)=x(t)$，$-\frac{T_1}{2}\leqslant t\leqslant\frac{T_1}{2}$，它的傅里叶变换 $X_0(\mathrm{j}\omega)$ 等于：

$$X_0(\mathrm{j}\omega)=\int_{-\frac{T_1}{2}}^{\frac{T_1}{2}}x(t)\mathrm{e}^{-\mathrm{j}\omega t}\,\mathrm{d}t \tag{3-143}$$

比较式(3-140)和式(3-143)，显然可得：

$$X_n=\frac{1}{T_1}X_0(\mathrm{j}\omega)\big|_{\omega=n\omega_1} \tag{3-144}$$

式(3-144)表明，周期信号的傅里叶系数 X_n 等于截取一个周期的单脉冲信号的傅里叶变换 $X_0(\mathrm{j}\omega)$ 在 $n\omega_1$ 频率点的值乘以 $\frac{1}{T_1}$。利用单脉冲的傅里叶变换式可以很方便地求出周期性信号的傅里叶系数。

【例 3-7】 由一系列相互间隔为 T_1 的单位冲激信号组成周期单位冲激序列 $\delta_T(t)$，即：

$$\delta_T(t)=\sum_{n=-\infty}^{\infty}\delta(t-nT_1)$$

如图 3-30 所示。求 $\delta_T(t)$ 的傅里叶级数与傅里叶变换。

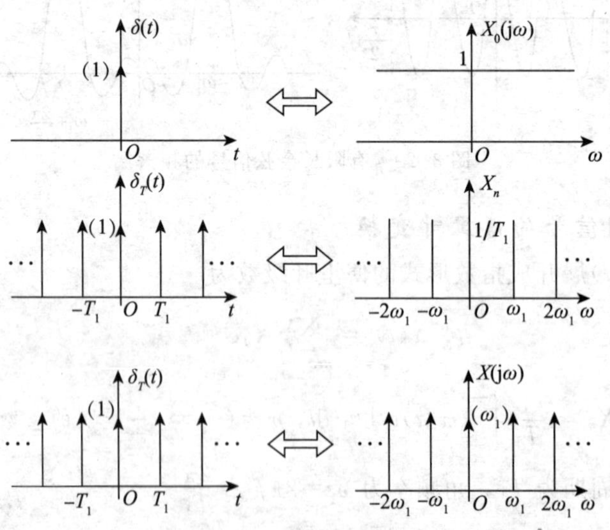

图 3-30 周期单位冲激序列的傅里叶级数与傅里叶变换

解：1) $\delta_T(t)$ 的傅里叶级数。

因为 $\delta_T(t)$ 是周期函数，所以可以把它展成傅里叶级数：

$$\delta_T(t)=\sum_{n=-\infty}^{\infty}X_n\mathrm{e}^{\mathrm{j}n\omega_1 t},\ \omega_1=\frac{2\pi}{T_1}$$

则：

$$X_n=\frac{1}{T_1}\int_{-\frac{T_1}{2}}^{\frac{T_1}{2}}\delta_T(t)\mathrm{e}^{-\mathrm{j}n\omega_1 t}\mathrm{d}t=\frac{1}{T_1}\int_{-\frac{T_1}{2}}^{\frac{T_1}{2}}\delta(t)\mathrm{e}^{-\mathrm{j}n\omega_1 t}\mathrm{d}t=\frac{1}{T_1} \tag{3-145}$$

得：

$$\delta_T(t)=\frac{1}{T_1}\sum_{n=-\infty}^{\infty}\mathrm{e}^{\mathrm{j}n\omega_1 t} \tag{3-146}$$

式(3-146)表明，周期单位冲激序列的傅里叶级数只包含位于 $\omega=0$，$\pm\omega_1$，$\pm 2\omega_1$，…，$\pm n\omega_1$，…的频率分量，每个频率分量的大小相等，均等于 $1/T_1$。

2)$\delta_T(t)$的傅里叶变换。

根据式(3-142)，$x(t)$的傅里叶变换为

$$\mathscr{F}[x(t)]=2\pi\sum_{n=-\infty}^{\infty}X_n\delta(\omega-n\omega_1)=\omega_1\sum_{n=-\infty}^{\infty}\delta(\omega-n\omega_1) \tag{3-147}$$

式(3-147)表明，在周期单位冲激序列的傅里叶变换中，同样，也只包含 $\omega=0$，$\pm\omega_1$，$\pm 2\omega_1$，…，$\pm n\omega_1$，…频率处的冲激函数，其强度是相等的，均等于 ω_1。如图 3-30 所示。

【例 3-8】 已知周期矩形脉冲信号 $x(t)$的幅度为 E，脉宽为 τ，周期为 T_1，角频率为 $\omega_1=2\pi/T_1$，如图 3-31 所示。求 $x(t)$的傅里叶级数与傅里叶变换。

解：1)周期矩形脉冲信号的傅里叶级数。

已知矩形单脉冲信号 $x_0(t)$的傅里叶变换 $X_0(\mathrm{j}\omega)$为

$$X_0(\mathrm{j}\omega)=E\tau\mathrm{Sa}\left(\frac{\omega\tau}{2}\right)$$

根据式(3-145)，$x(t)$的傅里叶系数如下：

$$X_n=\frac{1}{T_1}X_0(\mathrm{j}\omega)\big|_{\omega=n\omega_1}=\frac{E\tau}{T_1}\mathrm{Sa}\left(\frac{n\omega_1\tau}{2}\right)$$

故 $x(t)$的傅里叶级数为

$$x(t)=\frac{E\tau}{T_1}\sum_{n=-\infty}^{\infty}\mathrm{Sa}\left(\frac{n\omega_1 t}{2}\right)\mathrm{e}^{\mathrm{j}n\omega_1 t}$$

该结果与式(3-44)一致。

2)周期矩形脉冲信号的傅里叶变换。

再由式(3-142)便可得到 $x(t)$的傅里叶变换 $X(\mathrm{j}\omega)$：

$$X(\mathrm{j}\omega)=2\pi\sum_{n=-\infty}^{\infty}X_n\delta(\omega-n\omega_1)=E\tau\omega_1\sum_{n=-\infty}^{\infty}\mathrm{Sa}\left(\frac{n\omega_1\tau}{2}\right)\delta(\omega-n\omega_1)$$

如图 3-31 所示。周期信号傅里叶变换 $X(\mathrm{j}\omega)$的包络线形状与单脉冲频谱 $X_0(\mathrm{j}\omega)$的形状相同。

3.5.3 抽样信号的傅里叶变换

在第 1 章曾讲述到，用恒定的速率对一个连续时间信号进行“抽样”就可以得到一个离散时间信号。所谓“抽样”，就是利用抽样脉冲序列 $p(t)$从连续时间信号 $x(t)$中“抽取”一系列的离散时间样值，这种离散时间信号通常称为“抽样信号”，以 $x_s(t)$表示，如图 3-32 所示。显然，若用恒定的速率进行抽样，即抽样是均匀的，那么抽样信号也是周期信号。

注意，在前面章节的论述中，多次用到形如 $\mathrm{Sa}(t)=\dfrac{\sin t}{t}$的函数，并称其为“抽样函数”，它与这里所指的“抽样”或“抽样信号”具有完全不同的含义。这里的抽样也称为“**采样**”或“**取样**”。

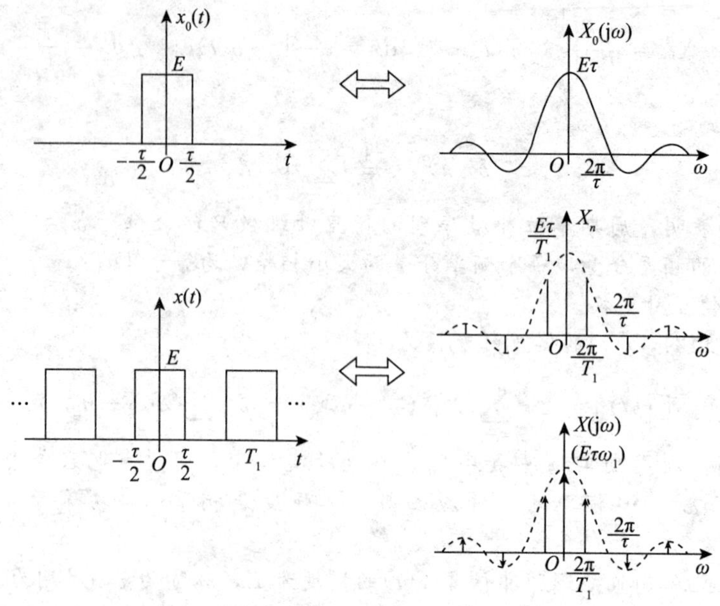

图 3-31 周期矩形脉冲信号的傅里叶级数与傅里叶变换

图 3-33 显示了实现抽样的原理方框图。在数字通信系统中，原始的连续信号通常被抽样为离散信号，接着被量化、编码成数字信号。这种数字信号经传输到达信宿后，再进行上述过程的逆变换就可恢复出原连续信号。

下面将进一步探讨：

1) 抽样信号 $x_s(t)$ 是否保留了原连续信号 $x(t)$ 的全部信息；

2) 抽样信号 $x_s(t)$ 在什么条件下才能无失真地恢复原连续信号；

3) 结合周期信号的傅里叶变换，抽样信号 $x_s(t)$ 的傅里叶变换是怎样的；它与原信号 $x(t)$ 的傅里叶变换有何联系。

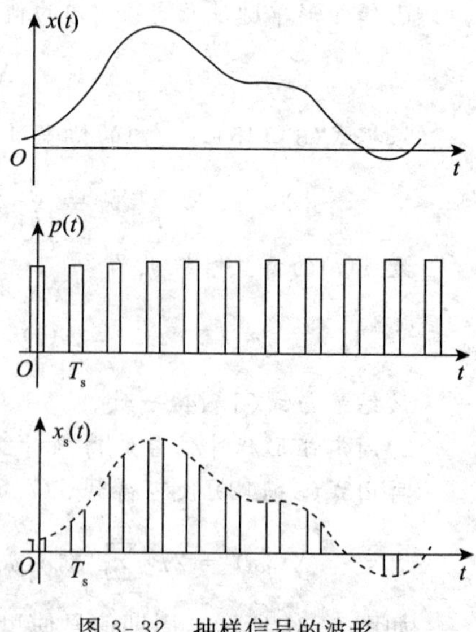

图 3-32 抽样信号的波形

由于傅里叶变换所反映的信号频谱从频域的角度描述了信号的完整信息，因此要回答问题 1)、2)，首先就要认真研究第 3)个问题。

与图 3-33 所示的**时域抽样**相对应，本节还要研究**频域抽样**，即频谱函数在 ω 轴上被抽样脉冲抽取离散值的原理。如此，为第 8 章把傅里叶分析方法从连续域推广到离散域做好初步准备。

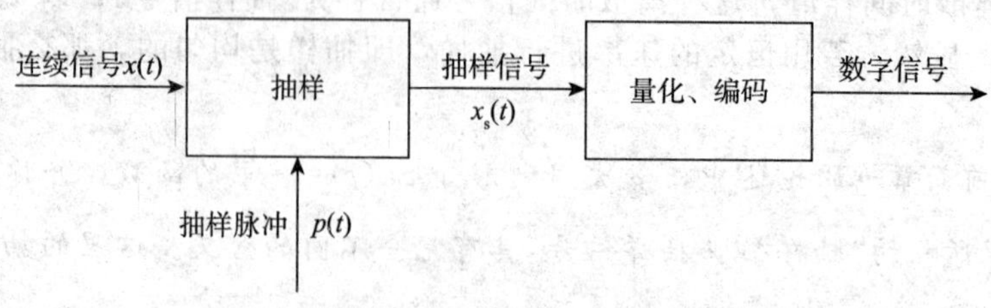

图 3-33 抽样原理框图

1. 时域抽样

令连续信号 $x(t)$、抽样脉冲序列 $p(t)$和抽样后信号 $x_s(t)$的傅里叶变换分别为

$$X(j\omega)=\mathscr{F}[x(t)];P(j\omega)=\mathscr{F}[p(t)];X_s(j\omega)=\mathscr{F}[x_s(t)]$$

若采用均匀抽样，设抽样周期为 T_s，抽样频率为 $\omega_s=2\pi f_s=\dfrac{2\pi}{T_s}$。在一般情况下，抽样过程是通过抽样脉冲序列 $p(t)$与连续信号 $x(t)$相乘来完成的，即满足：

$$x_s(t)=x(t)p(t) \tag{3-148}$$

$p(t)$是周期信号，根据式(3-142)，$p(t)$的傅里叶变换为

$$P(j\omega)=2\pi\sum_{n=-\infty}^{\infty}P_n\delta(\omega-n\omega_s) \tag{3-149}$$

$$P_n=\frac{1}{T}\int_{-\frac{T_s}{2}}^{\frac{T_s}{2}}p(t)e^{-jn\omega_s t}dt \tag{3-150}$$

根据傅里叶变换的频域卷积定理，有：

$$X_s(j\omega)=\frac{1}{2\pi}X(j\omega)*P(j\omega) \tag{3-151}$$

将式(3-149)代入式(3-151)，得到抽样信号 $x_s(t)$的傅里叶变换为

$$X_s(j\omega)=\sum_{n=-\infty}^{\infty}P_nX[j(\omega-n\omega_s)] \tag{3-152}$$

式(3-152)表明，信号在时域被抽样后，它的频谱 $X_s(j\omega)$波形是原信号频谱 $X(j\omega)$的波形以抽样频率 ω_s 为间隔周期重复而得到的，在重复的过程中幅度被抽样信号 $p(t)$的傅里叶系数 P_n 所加权。由于 P_n 只是 n(而不是 ω)的函数，所以 $X(j\omega)$在重复过程中不会发生形状变化。

式(3-152)中的加权系数 P_n 取决于抽样脉冲序列的形式，下面讨论两种典型的情况。

(1) 矩形脉冲抽样

若 $p(t)$为周期矩形脉冲信号，这种的抽样称为“自然抽样”。

设矩形脉冲的幅度为 E，脉宽为 τ，抽样角频率为 ω_s(抽样周期为 T_s)，根据 $x_s(t)=x(t)p(t)$，$x_s(t)$在抽样期间的脉冲幅度随 $x(t)$而变化，如图 3-34 所示。

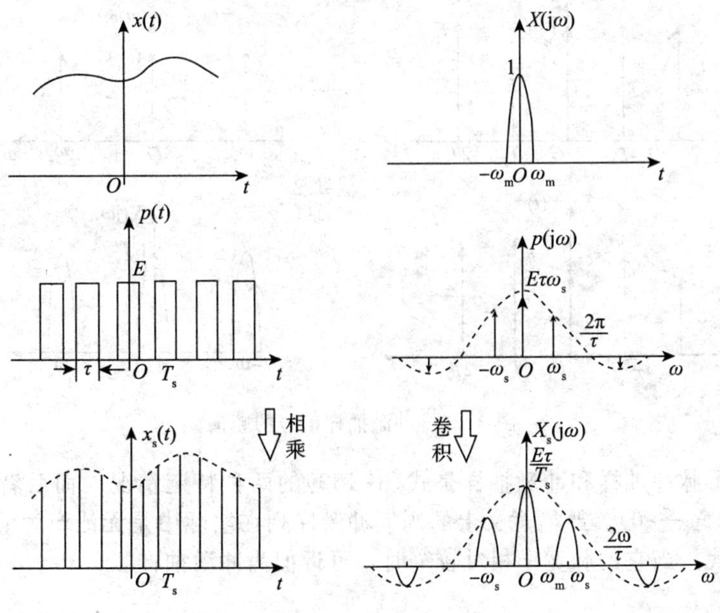

图 3-34　矩形抽样信号的频谱

由例 3-8，得：

$$P_n = \frac{E\tau}{T_s}\mathrm{Sa}\left(\frac{n\omega_s\tau}{2}\right)$$

则由式(3-152)，矩形脉冲抽样信号的频谱为

$$X_s(\mathrm{j}\omega) = \frac{E\tau}{T_s}\sum_{n=-\infty}^{\infty}\mathrm{Sa}\left(\frac{n\omega_s\tau}{2}\right)X[\mathrm{j}(\omega - n\omega_s)] \tag{3-153}$$

显然，$X(\mathrm{j}\omega)$在以 ω_s 为周期的重复过程中幅度以 $\mathrm{Sa}\left(\frac{n\omega_s\tau}{2}\right)$的规律变化，如图 3-34 所示。

(2)冲激抽样

若 $p(t)$为周期单位冲激序列，这种抽样则称为“冲激抽样”或“理想抽样”。

因为 $p(t)=\delta_T(t)=\sum\limits_{n=-\infty}^{\infty}\delta(t-nT_s)$，$x_s(t)=x(t)\delta_T(t)$，在这种情况下，抽样信号 $x_s(t)$是由一系列冲激函数构成，每个冲激的间隔为 T_s 而强度等于连续信号的抽样值 $x(nT_s)$，如图 3-35 所示。

由例 3-7 得 $P_n=\frac{1}{T_s}$，则根据式(3-152)，冲激抽样信号的频谱为

$$X_s(\mathrm{j}\omega) = \frac{1}{T_s}\sum_{n=-\infty}^{\infty}X[\mathrm{j}(\omega - n\omega_s)] \tag{3-154}$$

式(3-154)表明，由于冲激序列的傅里叶系数 P_n 为常数，所以 $X_s(\mathrm{j}\omega)$是以 ω_s 为周期等幅地重复，如图 3-35 所示。

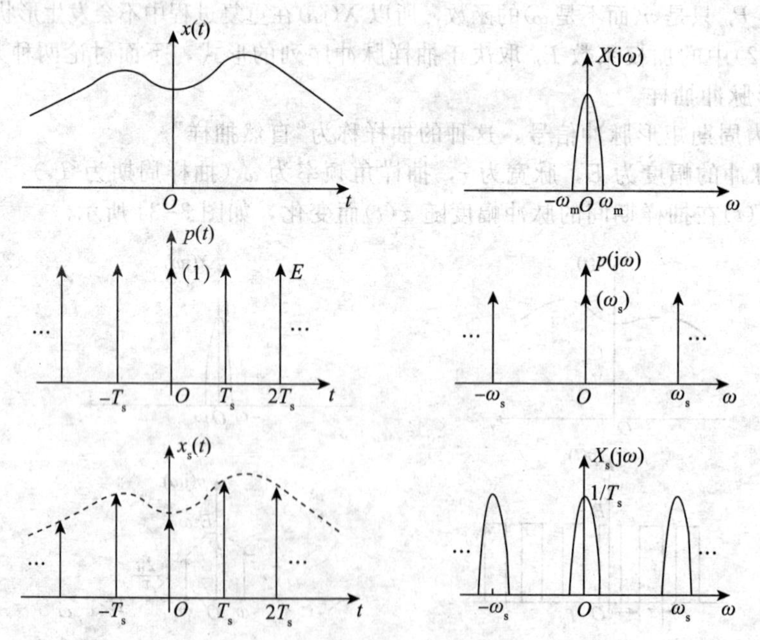

图 3-35　冲激抽样信号的频谱

显然，矩形脉冲抽样和冲激抽样是式(3-152)的两种特定情况，而后者又是前者的一种极限情况(脉宽 $\tau\to0$)。严格意义上的周期冲激序列在实际中是无法产生的，通常采用矩形脉冲抽样替代，当它的脉宽 τ 相对较窄时，可近似为冲激抽样。

2. 频域抽样

现在探讨抽样发生在频域的情况，即连续信号 $x(t)$ 的频谱函数 $X(j\omega)$ 被间隔为 ω_1 的周期冲激序列 $\delta_\omega(\omega)$ 抽样，且抽样后的频谱函数 $X_1(j\omega)$ 所对应的时间信号 $x_1(t)$ 与 $x(t)$ 所具有的联系。

频域抽样满足：

$$X_1(j\omega) = X(j\omega)\delta_\omega(\omega) \tag{3-155}$$

在式(3-155)中，

$$\delta_\omega(\omega) = \sum_{n=-\infty}^{\infty} \delta(\omega - n\omega_1)$$

由式(3-147)知：

$$\mathscr{F}[\delta_T(t)] = \mathscr{F}\left[\sum_{n=-\infty}^{\infty} \delta(t - nT_1)\right] = \omega_1 \sum_{n=-\infty}^{\infty} \delta(\omega - n\omega_1),\ \omega_1 = \frac{2\pi}{T_1} \tag{3-156}$$

根据式(3-156)，可得：

$$\mathscr{F}^{-1}[\delta_\omega(\omega)] = \mathscr{F}^{-1}\left[\sum_{n=-\infty}^{\infty} \delta(\omega - n\omega_1)\right] = \frac{1}{\omega_1}\sum_{n=-\infty}^{\infty} \delta(t - nT_1) = \frac{1}{\omega_1}\delta_T(t) \tag{3-157}$$

由式(3-155)至式(3-157)，并根据时域卷积定理，得：

$$\mathscr{F}^{-1}[X_1(\omega)] = \mathscr{F}^{-1}[X_1(\omega)] * \mathscr{F}^{-1}[\delta_\omega(\omega)]$$

即：

$$x_1(t) = x(t) * \frac{1}{\omega_1}\sum_{n=-\infty}^{\infty} \delta(t - nT_1)$$

根据冲激信号卷积性质，$X_1(j\omega)$ 所对应的时间函数为

$$x_1(t) = \frac{1}{\omega_1}\sum_{n=-\infty}^{\infty} x(t - nT_1) \tag{3-158}$$

式(3-158)表明，若 $x(t)$ 的频谱 $X(j\omega)$ 被间隔为 ω_1 的周期冲激序列抽样，抽样之后的频谱 $X_1(j\omega)$ 对应的时域信号 $x_1(t)$ 为 $x(t)$ 以 $T_1 = \dfrac{2\pi}{\omega_1}$ 周期重复，如图 3-36 所示，这也印证了周期信号的频谱是离散的。

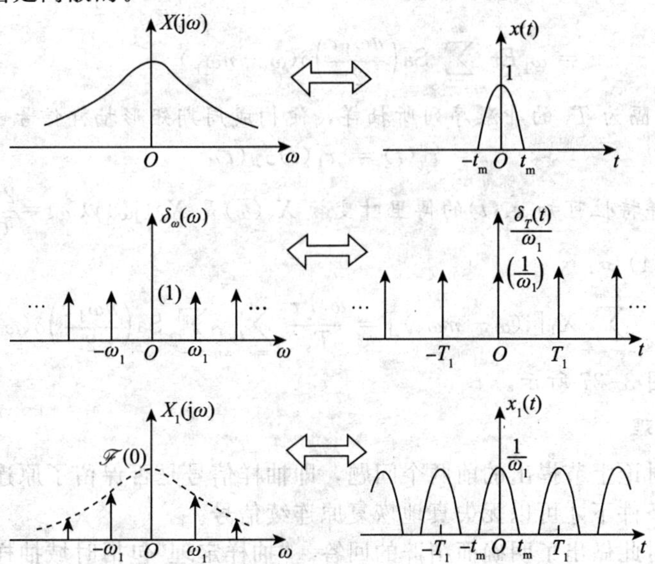

图 3-36　频谱抽样所对应的信号波形

通过上面时域与频域抽样特性的讨论，得到了傅里叶变换的又一条重要性质，即信号的时域与频域呈现离散性与周期性的对应关系，结合前面章节所表述的信号在时域与频域呈现的连续性和非周期性的对应关系，表 3-3 进行了总结。

表 3-3　连续、离散、周期、非周期性信号在时域与频域的对应关系

时　域	频　域
连续信号	非周期频谱
离散信号(抽样) 抽样间隔 $T_s=\frac{2\pi}{\omega_s}$	周期频谱 重复周期为 ω_s
周期信号 周期为 T_1	离散频谱 离散间隔 $\omega_1=\frac{2\pi}{T_1}$
非周期信号	连续频谱

【例 3-9】 试画出周期矩形信号在冲激抽样后信号的频谱。

解： 设周期性矩形脉冲为 $x_1(t)$，它的幅度为 E，脉宽为 τ，周期为 T_1，其傅里叶变换以 $X_1(j\omega)$表示，如图 3-37 所示。若 $x_1(t)$被间隔为 T_s 的周期单位冲激序列所抽样，令抽样后的信号为 $x_s(t)$，其傅里叶变换为 $X_s(j\omega)$。

已知矩形单脉冲 $x_0(t)$的傅里叶变换为

$$X_0(j\omega)=E\tau\mathrm{Sa}\left(\frac{\omega\tau}{2}\right)$$

$x_1(t)$可看作 $x_0(t)$以 T_1 为周期进行重复，即：

$$x_1(t)=\sum_{n=-\infty}^{\infty}x_0(t-nT_1)$$

根据频域抽样特性可知 $x_1(t)$的傅里叶变换 $X_1(j\omega)$是由 $X_0(j\omega)$经过间隔 $\omega_1=\frac{2\pi}{T_1}$冲激抽样而得到的。由式(3-155)、式(3-158)知

$$X_1(j\omega)=\omega_1X_0(\omega)\delta_\omega(\omega)=\omega_1E\tau\mathrm{Sa}\left(\frac{\omega\tau}{2}\right)\sum_{n=-\infty}^{\infty}\delta(\omega-n\omega_1)$$

$$=\omega_1E\tau\sum_{n=-\infty}^{\infty}\mathrm{Sa}\left(\frac{n\omega_1\tau}{2}\right)\delta(\omega-n\omega_1)$$

若 $x_1(t)$被间隔为 T_s 的冲激序列所抽样，便构成周期矩形抽样信号 $x_s(t)$，即

$$x_s(t)=x_1(t)\delta_T(t)$$

根据时域抽样特性可知 $x_s(t)$的傅里叶变换 $X_s(\omega)$是 $X_1(j\omega)$以 $\omega_s=\frac{2\pi}{T_s}$为间隔重复而得到的。由式(3-154)知：

$$X_s(j\omega)==\frac{1}{T_s}\sum_{m=-\infty}^{\infty}X_1[j(\omega-m\omega_s)]=\frac{\omega_1E\tau}{T_s}\sum_{m=-\infty}^{\infty}\sum_{n=-\infty}^{\infty}\mathrm{Sa}\left(\frac{n\omega_1\tau}{2}\right)\delta(\omega-m\omega_s-n\omega_1)$$

相应波形如图 3-37 所示。

3.5.4　抽样定理

本节进一步讨论上节提出的前两个问题，即抽样信号是否保留了原连续信号的全部信息，以及在什么条件下才可以无失真地恢复原连续信号。

“抽样定理”对此做出了明确而精辟的回答。“抽样定理”包括时域抽样定理和频域抽样定理两个部分。它们在信息传输理论中占有十分重要的地位，许多近代通信方式(如数字

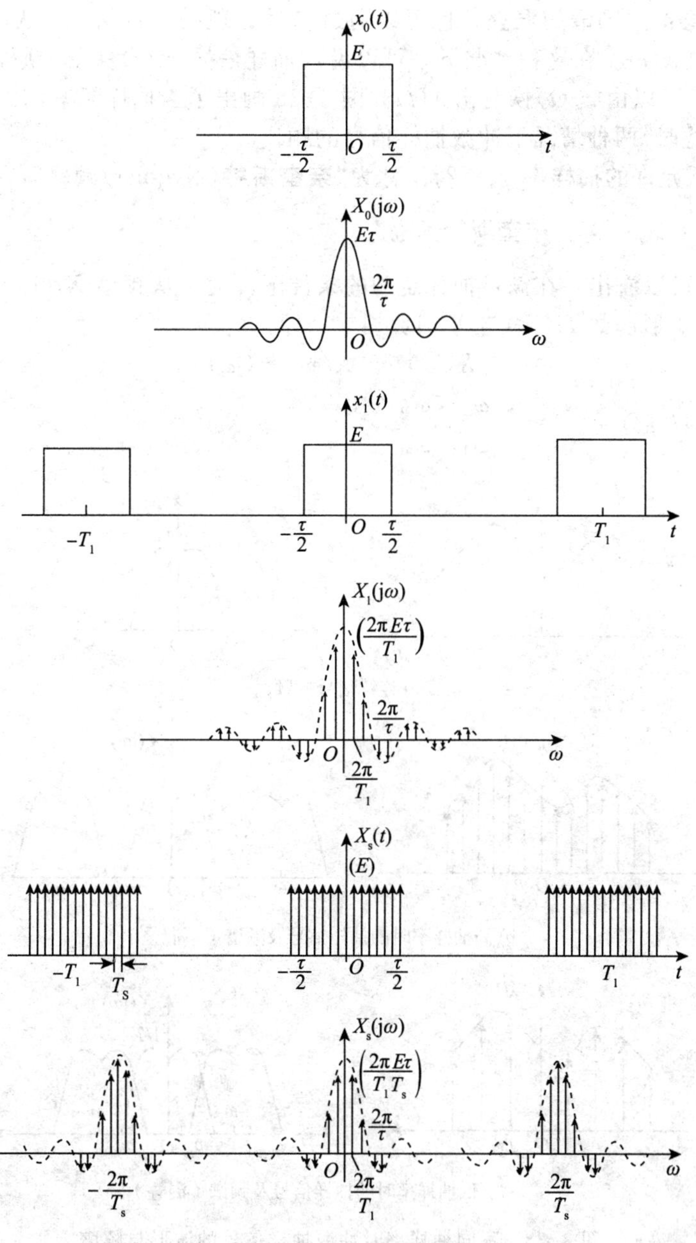

图 3-37　周期矩形抽样信号的波形与频谱

通信系统）都以此定理作为理论基础。

1. 时域抽样定理

时域抽样定理描述：一个频谱受限的信号 $x(t)$，如果频谱只占据 $-\omega_m \sim +\omega_m$ 的范围，则$x(t)$可以用等间隔的抽样值唯一地表示，抽样间隔必须不大于$\frac{1}{2f_m}$($\omega_m=2\pi f_m$)，或者说，最低抽样频率为 $2f_m$。

如图 3-38 所示，根据上节所述，若信号 $x(t)$的频谱 $X(j\omega)$限制在$-\omega_m \sim +\omega_m$ 范围内，以间隔 $T_s$$\left(或重复频率\ \omega_s=\frac{2\pi}{T_s}\right)$对 $x(t)$进行抽样，抽样后信号 $x_s(t)$的频谱 $X_s(j\omega)$是 $X(j\omega)$以 ω_s 为周期延拓的。只有满足 $\omega_s \geqslant 2\omega_m$ 时，延拓的一系列 $X(j\omega)$才不会相互重叠，

即 $X_s(j\omega)$ 才不会产生**频谱的混叠**，也可以通过信号处理技术将 $X(j\omega)$ 从 $X_s(j\omega)$ 中分离出来，从而恢复出 $x(t)$。在这种情况下，可以说，抽样信号 $x_s(t)$ 保留了原连续信号 $x(t)$ 的全部信息，完全可以由 $x_s(t)$ 恢复出 $x(t)$。图 3-38 画出了当抽样频率 $\omega_s > 2\omega_m$（不混叠时）及 $\omega_s < 2\omega_m$（混叠时）两种情况下冲激抽样信号的频谱。

通常把最低允许的抽样率 $f_s = 2f_m$ 称为“**奈奎斯特**（Nyquist）**频率**”，把最大允许的抽样间隔 $T_s = \dfrac{\pi}{\omega_m} = \dfrac{1}{2f_m}$ 称为“**奈奎斯特间隔**”。

从图 3-38 可以看出，在满足抽样定理的条件下，为了从频谱 $X_s(j\omega)$ 中无失真地选出 $X(j\omega)$，可以用矩形函数 $H(j\omega)$ 与 $X_s(j\omega)$ 相乘，即：

$$X(j\omega) = X_s(j\omega)H(j\omega) \tag{1-159}$$

式(1-159)中，$H(j\omega) = \begin{cases} T_s, & |\omega| < \omega_m \\ 0, & |\omega| \geqslant \omega_m \end{cases}$。

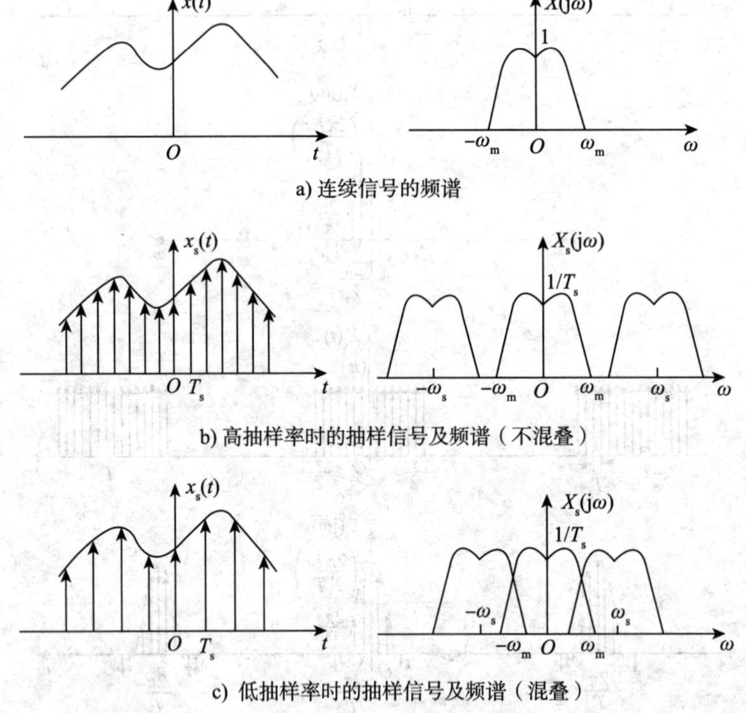

a) 连续信号的频谱

b) 高抽样率时的抽样信号及频谱（不混叠）

c) 低抽样率时的抽样信号及频谱（混叠）

图 3-38 不同抽样率时冲激抽样信号的波形与频谱

2. 频域抽样定理

根据时域与频域的对称性，可以由时域抽样定理直接推论出频域抽样定理。

频域抽样定理描述为：若信号 $x(t)$ 是时间受限信号，那它集中在 $-t_m \sim +t_m$ 的时间范围内，若在频域中以不大于 $\dfrac{1}{2t_m}$ 的频率间隔对 $x(t)$ 的频谱 $X(j\omega)$ 进行抽样，则抽样后的频谱 $X_{j1}(j\omega)$ 可以唯一地表示原信号。

从物理概念上不难理解，在频域中对 $X(j\omega)$ 进行抽样，$x(t)$ 将会在时域中进行周期延拓以形成信号 $x_1(t)$。只要抽样间隔不大于 $\dfrac{1}{2t_m}$，则波形在时域中不会产生混叠，用矩形脉冲作为选通信号从周期信号 $x_1(t)$ 中选出单个脉冲就可以无失真地恢复出原信号 $x(t)$。

3.6 能量谱和功率谱

基于傅里叶变换，前面章节研究了典型非周期信号及周期信号的频谱，包括幅度频谱和相位频谱，它是在频域中描述信号特征的主要方法之一。然而，有一些特殊的信号却不方便用频谱来描述，如随机信号。根据第1章中所定义的，随机信号无法给出其确定的时间函数，因而就无法用相应的频谱来表示。此时，功率谱则成为描述随机信号频域特性的工具。本节首先介绍能量谱的定义，进而推出功率谱的定义及相关知识。

1. 能量谱

根据第1章所述，一个实能量信号 $x(t)$ 的能量可表示为

$$E=\int_{-\infty}^{\infty}x^2(t)\mathrm{d}t \tag{3-160}$$

设 $\mathscr{F}[x(t)]=X(\mathrm{j}\omega)$，则：

$$\begin{aligned}E&=\int_{-\infty}^{\infty}x^2(t)\mathrm{d}t=\int_{-\infty}^{\infty}x(t)\left[\frac{1}{2\pi}\int_{-\infty}^{\infty}X(\mathrm{j}\omega)\mathrm{e}^{\mathrm{j}\omega t}\mathrm{d}\omega\right]\mathrm{d}t\\&=\frac{1}{2\pi}\int_{-\infty}^{\infty}X(\mathrm{j}\omega)\left[\int_{-\infty}^{\infty}x(t)\mathrm{e}^{\mathrm{j}\omega t}\mathrm{d}t\right]\mathrm{d}\omega=\frac{1}{2\pi}\int_{-\infty}^{\infty}X(\mathrm{j}\omega)X(-\mathrm{j}\omega)\mathrm{d}\omega\end{aligned} \tag{3-161}$$

因为 $x(t)$ 是实信号，由式(3-67)有 $X(-\mathrm{j}\omega)=X^*(\mathrm{j}\omega)$，则式(3-161)为

$$\begin{aligned}E&=\int_{-\infty}^{\infty}x^2(t)\mathrm{d}t=\frac{1}{2\pi}\int_{-\infty}^{\infty}X(\mathrm{j}\omega)X(-\mathrm{j}\omega)\mathrm{d}\omega=\frac{1}{2\pi}\int_{-\infty}^{\infty}X(\mathrm{j}\omega)X^*(\mathrm{j}\omega)\mathrm{d}\omega\\&=\frac{1}{2\pi}\int_{-\infty}^{\infty}|X(\mathrm{j}\omega)|^2\mathrm{d}\omega\end{aligned} \tag{3-162}$$

令 $\omega=2\pi f$，则：

$$E=\int_{-\infty}^{\infty}x^2(t)\mathrm{d}t=\frac{1}{2\pi}\int_{-\infty}^{\infty}|X(\mathrm{j}\omega)|^2\mathrm{d}\omega=\int_{-\infty}^{\infty}|X(2\pi f)|^2\mathrm{d}f \tag{3-163}$$

由式(3-163)可知，对于一个实能量信号 $x(t)$ 的能量，从时域来看，等于 $x(t)$ 幅度的平方 $x^2(t)$ 与时间 t 轴所包围的面积；而从频域来看，等于 $x(t)$ 幅度谱的平方 $|X(\mathrm{j}\omega)|^2$（或 $|X(2\pi f)|^2$）与频率轴 f 所包围的面积。也就是，信号经过傅里叶变换之后，总能量保持不变。这是符合能量守恒定律的。将 $|X(\mathrm{j}\omega)|^2$ 称为信号 $x(t)$ 的**能量谱密度，简称能量谱**，记为 $\varepsilon(\mathrm{j}\omega)$，它表示单位带宽内信号的能量，$|X(\mathrm{j}\omega)|^2\mathrm{d}f=\varepsilon(\mathrm{j}\omega)\mathrm{d}f$ 则表示在频带 $\mathrm{d}f$ 内信号的能量。

又由式(3-93)可知，$|X(\mathrm{j}\omega)|^2$ 为 $x(t)$ 自相关函数 $R(\tau)$ 的傅里叶变换，因此，**可以说实能量信号的自相关函数与其能量谱是一对傅里叶变换对。**

2. 功率谱

若实信号 $x(t)$ 为功率信号，则其能量为无穷大。由式(1-12)可知，其功率可以表示为

$$P=\lim_{t_0\to\infty}\frac{1}{t_0}\int_{-\frac{t_0}{2}}^{\frac{t_0}{2}}x^2(t)\mathrm{d}t \tag{3-164}$$

设 $x_{t_0}(t)$ 为 $x(t)$ 在区间 $\left[-\frac{t_0}{2},\ \frac{t_0}{2}\right]$ 上的截断信号，即：

$$x_{t_0}(t)=\begin{cases}x(t), & t\in\left[-\frac{t_0}{2},\frac{t_0}{2}\right]\\0, & t\notin\left[-\frac{t_0}{2},\frac{t_0}{2}\right]\end{cases} \tag{3-165}$$

设 $\mathscr{F}[x_{t_0}(t)]=X_{t_0}(\mathrm{j}\omega)$，根据式(3-163)，式(3-164)可进一步表示成：

$$P=\lim_{t_0\to\infty}\frac{1}{t_0}\int_{-\frac{t_0}{2}}^{\frac{t_0}{2}}x^2(t)\mathrm{d}t=\lim_{t_0\to\infty}\frac{1}{t_0}\int_{-\frac{t_0}{2}}^{\frac{t_0}{2}}x_{t_0}^2(t)\mathrm{d}t=\lim_{t_0\to\infty}\frac{1}{t_0}\int_{-\infty}^{\infty}x_{t_0}^2(t)\mathrm{d}t$$

$$= \frac{1}{t_0} \lim_{t_0 \to \infty} \frac{1}{2\pi} \int_{-\infty}^{\infty} |X_{t_0}(j\omega)|^2 d\omega = \frac{1}{2\pi} \int_{-\infty}^{\infty} \lim_{t_0 \to \infty} \frac{|X_{t_0}(j\omega)|^2}{t_0} d\omega \tag{3-166}$$

式(3-166)中，当 $t_0 \to \infty$，$x_{t_0}(t) \to x(t)$时，因 $x(t)$为功率信号，$\lim\limits_{t_0 \to \infty} \frac{|X_{t_0}(j\omega)|^2}{t_0}$应趋近于一个有限值。称 $\lim\limits_{t_0 \to \infty} \frac{|X_{t_0}(j\omega)|^2}{t_0}$为信号 $x(t)$的**功率谱密度，简称功率谱，记为 $p(j\omega)$**，它表示单位带宽内信号的功率，则：

$$P = \frac{1}{2\pi} \int_{-\infty}^{\infty} p(j\omega) d\omega \tag{3-167}$$

下面进一步讨论功率信号 $x(t)$的功率谱 $p(j\omega)$与其自相关函数的关系。

由于功率信号的能量为无穷大，式(2-129)针对能量信号相关函数的定义已不再适用。对于一个功率信号 $x(t)$，自相关函数可以表示为

$$R(\tau) = \lim_{t_0 \to \infty} \frac{1}{t_0} \int_{-\frac{t_0}{2}}^{\frac{t_0}{2}} x(t)x(t-\tau) dt = \lim_{t_0 \to \infty} \frac{1}{t_0} \int_{-\frac{t_0}{2}}^{\frac{t_0}{2}} x_{t_0}(t) x_{t_0}(t-\tau) dt \tag{3-168}$$

对式(3-167)两边取傅里叶变换，根据相关定理，得：

$$\mathscr{F}[R(\tau)] = \mathscr{F}\left[\lim_{t_0 \to \infty} \frac{1}{t_0} \int_{-\frac{t_0}{2}}^{\frac{t_0}{2}} x_{t_0}(t) x_{t_0}(t-\tau) dt\right] = \lim_{t_0 \to \infty} \frac{1}{t_0} \mathscr{F}\left[\int_{-\infty}^{\infty} x_{t_0}(t) x_{t_0}(t-\tau) dt\right]$$

$$= \lim_{t_0 \to \infty} \frac{1}{t_0} |X_{t_0}(j\omega)|^2 = p(j\omega) \tag{3-169}$$

即实功率信号的自相关函数与其功率谱是一对傅里叶变换对。

理论上，随机信号为功率信号。虽然随机信号不能用频谱来表示，但是可以通过求取其自相关函数而求得功率谱，从而可以用功率谱来表示随机信号的频域特性。

在通信系统的信道中，白噪声是一种常见的随机噪声信号。从时域观察白噪声，其各个时刻的幅度都杂乱无章，似乎没有任何规律，但是其功率谱密度却是一个恒定值，此时，功率谱密度即从频域的角度给出了白噪声的一种稳定特性。

习题

3-1 判断下列信号对 $x_1(t)$与 $x_2(t)$在区间(0，4)是否正交。

(1) $x_1(t)=\begin{cases}1, & 0<t\leqslant 1\\ -1, & -1<t\leqslant 3\\ 1, & 3<t<4\end{cases}$，$x_2(t)=\begin{cases}1, & 0<t\leqslant 2\\ -1, & 2<t<4\end{cases}$

(2) $x_1(t)=\cos\left(\frac{\pi}{2}t\right)$，$x_2(t)=\cos\left(\frac{\pi}{2}t+\frac{\pi}{4}\right)$

(3) $x_1(t)=\begin{cases}-3e^{-t}, & 0<t\leqslant 1\\ 3e^{-(t-1)}, & 1<t\leqslant 2\\ 3e^{-(t-2)}, & 2<t\leqslant 3\\ 3e^{-(t-3)}, & 3<t<4\end{cases}$，$x_2(t)=\begin{cases}-3e^{-t}, & 0<t\leqslant 1\\ -3e^{-(t-1)}, & 1<t\leqslant 2\\ 3e^{-(t-2)}, & 2<t\leqslant 3\\ -3e^{-(t-3)}, & 3<t<4\end{cases}$

(4) $x_1(t)=\begin{cases}\pi, & 0<t\leqslant 2\\ 0, & 2<t<4\end{cases}$，$x_2(t)=\begin{cases}0, & 0<t\leqslant 1\\ 1, & 1<t\leqslant 2\\ 0, & 2<t\leqslant 3\\ 1, & 3<t<4\end{cases}$

3-2 试问下列函数集在区间(0，T)上是否为正交函数集？若是，则是否为归一化的正交函数集？

(1) $\{\varphi_k\}=\sin(k\omega t)$，$\omega=\frac{2\pi}{T}$，$k$ 为整数；

(2) $\{\varphi_k\}=\frac{1}{\sqrt{T}}[\cos(k\omega t)+\sin(k\omega t)]$，$\omega=\frac{2\pi}{T}$，$k$ 为整数。

3-3 利用信号 $x(t)$ 的对称性，定性判断题 3-3 图中各周期信号的傅里叶级数中所含有的频率分量。

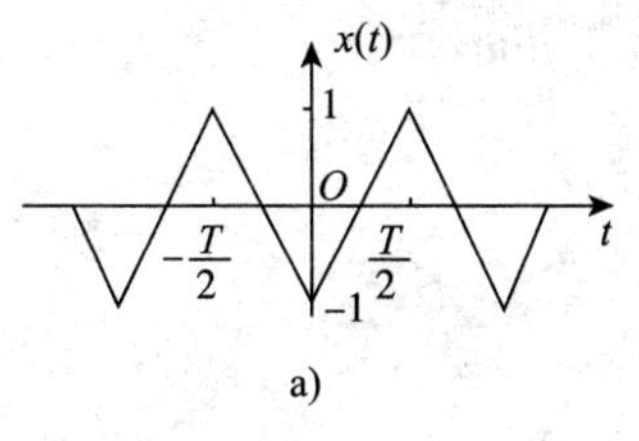

a)

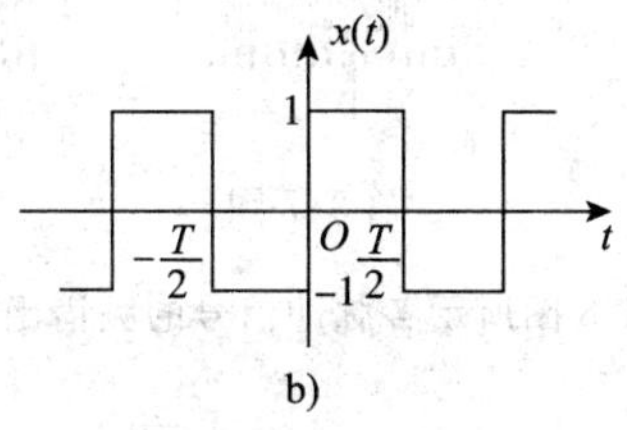

b)

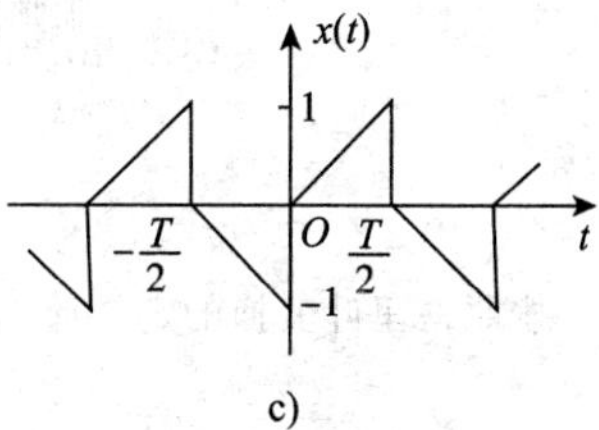

c)

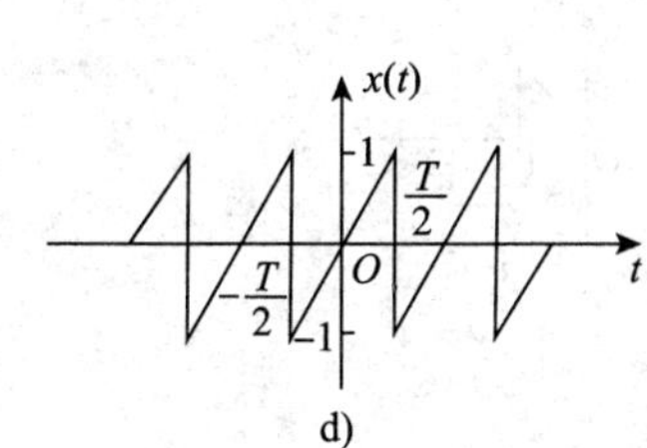

d)

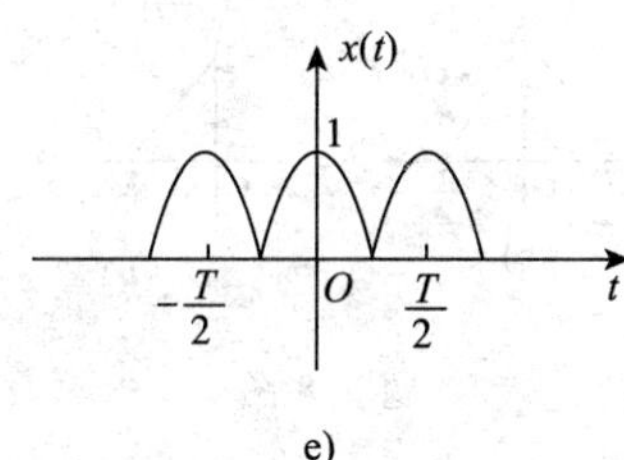

e)

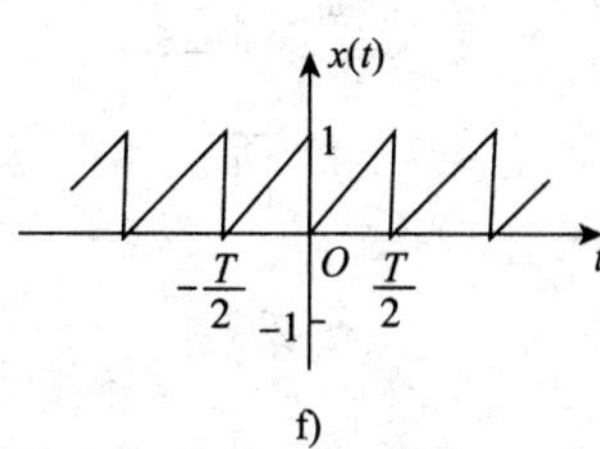

f)

题 3-3 图

3-4 已知周期信号 $x(t)$ 前四分之一周期的波形如题 3-4 图所示。根据下列各种情况画出 $x(t)$ 在一个周期 $\left(-\frac{T}{2}<t<\frac{T}{2}\right)$ 内的波形。

(1) $x(t)$ 是偶函数，只含有偶次谐波；

(2) $x(t)$ 是偶函数，只含有奇次谐波；

(3) $x(t)$ 是偶函数，含有偶次和奇次谐波，不含直流项；

(4) $x(t)$ 是奇函数，只含有偶次谐波；

(5) $x(t)$ 是奇函数，只含有奇次谐波；

(6) $x(t)$ 是奇函数，含有偶次和奇次谐波，不含直流项。

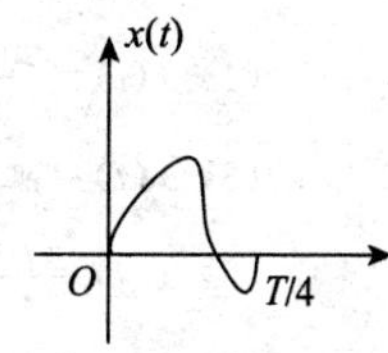

题 3-4 图

3-5 已知 $x(t)$ 是基本周期为 T_1 的周期信号，其指数形式的傅里叶系数为 X_n。求下列各信号的傅里叶系数 $\hat{X}_n$。

(1) $x(t-t_0)$；(2) $x(-t)$；(3) $x^*(t)$（$x(t)$ 的共轭）；

(4) $\int_{-\infty}^{t}x(\tau)\mathrm{d}\tau$（设 $x_0=0$）；(5) $\frac{\mathrm{d}x(t)}{\mathrm{d}t}$；(6) $x(at)$。

3-6 若周期为 T 的连续时间周期信号 $x(t)$ 的傅里叶级数表示式 $x(t)=\sum\limits_{n=-\infty}^{\infty}X_n\mathrm{e}^{\mathrm{j}n\omega t}$，$\omega=\frac{2\pi}{T}$ 中，整数 n 为偶数，$X_n=0$，则称 $x(t)$ 为奇谐函数。试证明：

(1) 若 $x(t)$ 是奇谐函数，则 $x(t)=-x\left(t+\frac{T}{2}\right)$；

(2) 若 $x(t)=-x\left(t+\frac{T}{2}\right)$，则 $x(t)$ 是奇谐函数。

3-7 设 $x(t)$、$y(t)$ 为具有相同基本周期 T_1 的连续时间周期信号，其傅里叶级数分别表示为 $x(t)=\sum\limits_{n=-\infty}^{\infty}X_n\mathrm{e}^{\mathrm{j}n\omega_1 t}$，$y(t)=\sum\limits_{n=-\infty}^{\infty}Y_n\mathrm{e}^{\mathrm{j}n\omega_1 t}$，$\omega_1=\frac{2\pi}{T_1}$。

(1) 证明：$\frac{1}{T_1}\int_{T_1}|x(t)|^2\mathrm{d}t=\sum\limits_{n=-\infty}^{\infty}|X_n|^2$；

(2) 设信号 $z(t)=x(t)y(t)=\sum\limits_{n=-\infty}^{\infty}Z_n\mathrm{e}^{\mathrm{j}n\omega_1 t}$，证明：$Z_n=\sum\limits_{l=-\infty}^{\infty}X_lY_{n-l}$；

(3) 根据(2)，计算如题 3-7 图所示周期信号 $x_1(t)$ 的傅里叶级数的系数。

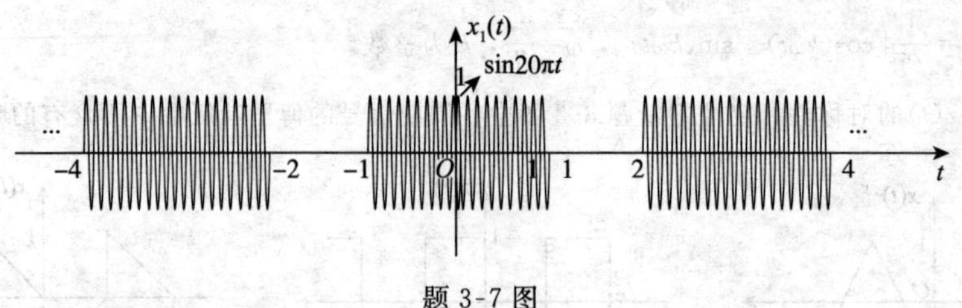

题 3-7 图

3-8　按照傅里叶变换的定义计算题 3-8 图所示各脉冲信号的频谱函数。

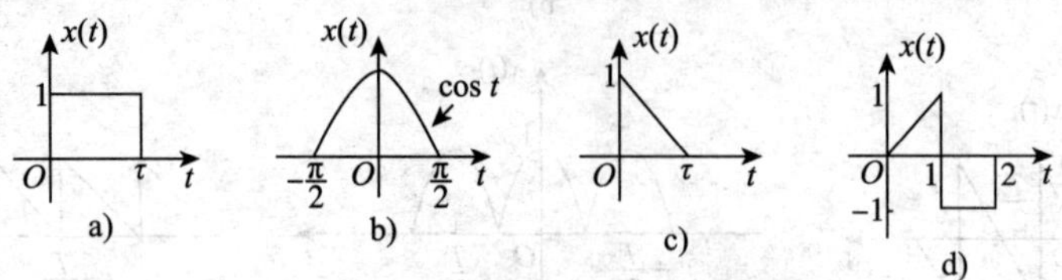

题 3-8 图

3-9　已知信号 $x_1(t)$ 的频谱函数为 $X_1(\omega)$，信号 $x_2(t)$ 与 $x_1(t)$ 的波形有如题 3-9 图的关系，试用 $x_1(t)$ 的频谱函数 $X_1(\omega)$ 来表示 $x_2(t)$ 的频谱函数 $X_2(\omega)$。

题 3-9 图

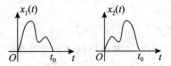

3-10　求下列信号的傅里叶变换。

(1) $x(t)=\dfrac{\sin 2\pi(t-2)}{\pi(t-2)}$；　(2) $x(t)=\dfrac{2a}{a^2+t^2}$，a 为正实数；

(3) $x(t)=\mathrm{e}^{at}\varepsilon(-t)$，$a$ 为正实数；(4) $x(t)=\cos\omega_0 t\varepsilon(t)$；

(5) $x(t)=\left(\dfrac{\sin 2\pi t}{2\pi t}\right)^2$；　(6) $x(t)=\dfrac{\sin 2\pi t}{t}\cdot\dfrac{\sin\pi t}{2t}$；

(7) $x(t)=(3+3\cos\omega_1 t)\cos\omega_0 t$。

3-11　已知 $x(t)=\begin{cases}\mathrm{e}^{-(t-1)}, & 0\leqslant t\leqslant 1\\ 0, & \text{其他}\end{cases}$，求下列各信号的频谱的具体表达式。

(1) $x_1(t)=x(t)$；　(2) $x_2(t)=x(t)+x(-t)$；

(3) $x_3(t)=x(t)-x(-t)$；　(4) $x_4(t)=x(t)+x(t-1)$；

(5) $x_5(t)=tx(t)$。

3-12　求下列频谱函数 $X(\omega)$ 对应的时间函数 $x(t)$。

(1) $X(\omega)=\delta(\omega+\omega_0)-\delta(\omega-\omega_0)$；(2) $X(\omega)=\tau\mathrm{Sa}\left(\dfrac{\omega\tau}{2}\right)$；

(3) $X(\omega)=\dfrac{1}{(a+\mathrm{j}\omega)^2}$；　(4) $X(\omega)=-\dfrac{2}{\omega^2}$；

(5) $X(\omega)=4\mathrm{Sa}(\omega)\cos 2\omega$；　(6) $X(\omega)=\mathrm{j}\pi\mathrm{sgn}(\omega)$；

(7) $X(\omega)=\dfrac{\sin 5\omega}{\omega}$；　(8) $X(\omega)=\dfrac{(\mathrm{j}\omega)^2+5\mathrm{j}\omega+18}{(\mathrm{j}\omega)^2+6\mathrm{j}\omega+5}$。

3-13　试用下列特性求题 3-13 图所示信号的频谱函数。

(1) 用傅里叶变换的时移、线性或卷积特性；

(2) 用傅里叶变换的时域微分或积分特性。

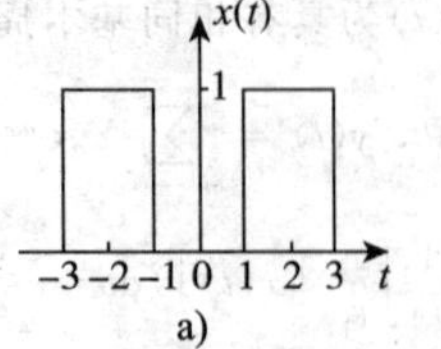

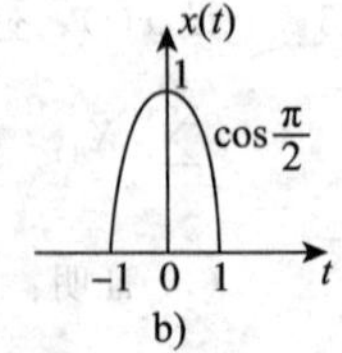

题 3-13 图

3-14　已知信号 $x(t)*x'(t)=(1-t)\mathrm{e}^{-t}\varepsilon(t)$，求 $x(t)$。

3-15　已知实偶信号 $x(t)$ 的频谱满足 $\ln|X(\omega)|=-|\omega|$，求 $x(t)$。

3-16　设 $x(t)\xleftrightarrow{\mathscr{F}}X(\omega)$，证明频域积分性质 $\displaystyle\int_{-\infty}^{\omega}X(\alpha)\mathrm{d}\alpha\xleftrightarrow{\mathscr{F}^{-1}}\dfrac{x(t)}{-\mathrm{j}t}+x(0)\pi\delta(t)$。

3-17　已知 $x_1(t)$ 的频谱函数为 $X_1(\omega)$，将 $x_1(t)$ 按题 3-17 图的波形关系构成周期信号 $x_2(t)$，求此周期

信号的频谱函数。

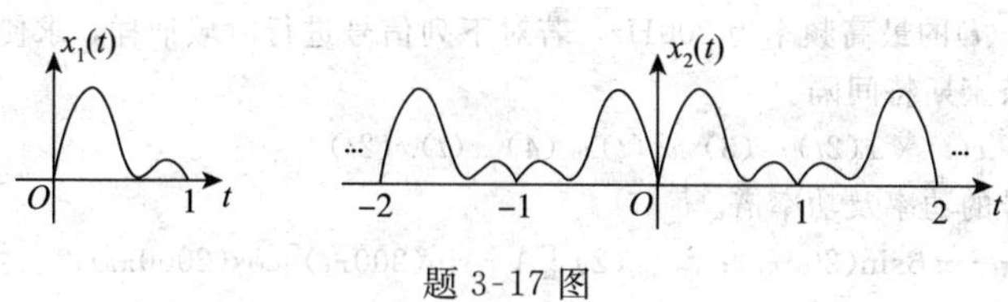

题 3-17 图

3-18　求题 3-18 图所示周期信号的频谱函数。

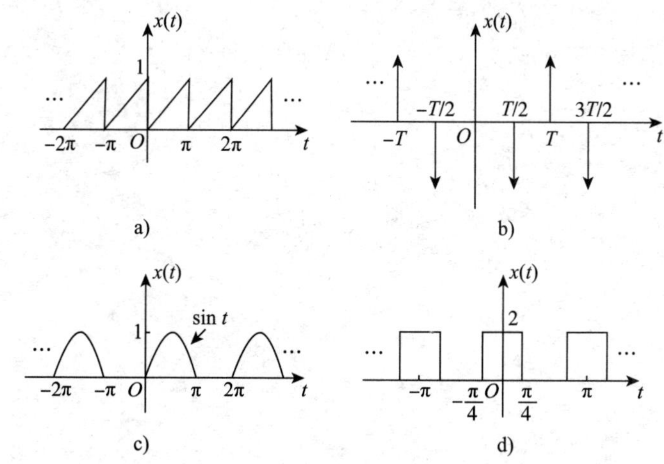

题 3-18 图

3-19　$x(t)$的波形如题 3-19 图所示。(1)求各信号的频谱函数；(2)求各信号的能量谱密度；(3)求各信号的能量。

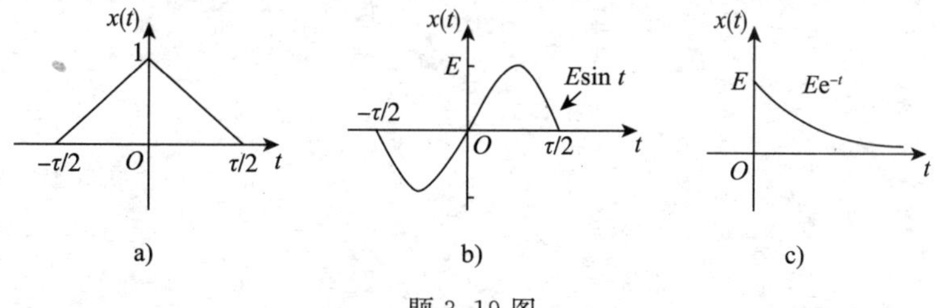

题 3-19 图

3-20　利用能量公式，求下列积分值

(1) $E=\int_{-\infty}^{\infty}\mathrm{Sa}^2(t)\mathrm{d}t$；　　(2) $E=\int_{-\infty}^{\infty}\frac{1}{(1+t^2)^2}\mathrm{d}t$。

3-21　确定下列信号的最低抽样频率与奈奎斯特间隔。

(1)$\mathrm{Sa}(100t)$；(2) $\mathrm{Sa}^2(100t)$；(3) $\mathrm{Sa}(100t)+\mathrm{Sa}(50t)$；(4) $\mathrm{Sa}(100t)+\mathrm{Sa}^2(60t)$。

3-22　若连续信号 $x(t)$的频谱 $X(\omega)$是带状的($\omega_1\sim\omega_2$)，如题 3-22 图所示。

(1) 利用卷积定理说明 $\omega_2=2\omega_1$ 时，最低抽样频率只要等于 ω_2 就可以使抽样信号不产生频谱混叠；

(2) 证明带通抽样定理，该定理要求最低抽样频率 $\omega_s=\frac{2\omega_2}{m}$，其中，$m$ 为不超过$\frac{\omega_2}{\omega_2-\omega_1}$的最大整数。

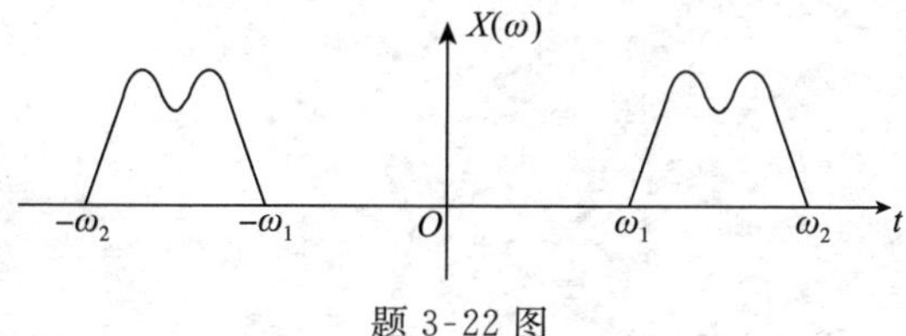

题 3-22 图

3-23 分别求出宽度为 1μs 和 2μs 的方波脉冲的奈奎斯特抽样频率。

3-24 有限频带信号 $x(t)$的最高频率为 200Hz，若对下列信号进行时域抽样，求使频谱不发生混淆的奈奎斯特频率与奈奎斯特间隔。

(1) $x(2t)$；(2) $x(t)*x(2t)$；(3) $x^2(t)$；(4) $x(t)x(2t)$。

3-25 试确定下列信号的功率及功率谱。

(1) $A\cos(2000\pi t)+B\sin(200\pi t)$；

(2) $[A+\sin(200\pi t)]\cos(2000\pi t)$；

(3) $A\cos(200\pi t)\cos(2000\pi t)$；

(4) $A\sin(200\pi t)\cos(2000\pi t)$；

(5) $A\cos(200\pi t)\sin(2000\pi t)$；

(6) $A\sin^2(200\pi t)\cos(2000\pi t)$。

第4章 连续系统的频域分析

通过第2章的学习，我们知道，在连续系统的时域分析中，系统模型采用线性常系数微分方程进行描述，当给定输入信号并考虑系统初始状态时，可采用经典法或卷积法等得到系统的输出信号。

然而，在很多情况下，可能更需要了解和分析信号的频谱。如在电力系统中，为保障电能质量，需要分析电网电压或电流的谐波分量，以便采用合适的手段滤除；在通信系统中，接收端希望能够无失真地从接收到的信号中恢复所携带的信息，就必须保证该信号的频谱不发生混叠等。还有些场合，可能更关心系统对输入信号频谱产生的影响，如在滤波系统中，为了使输出信号的频谱范围满足要求，必须使该系统对输入信号的某些频率分量进行幅度衰减和相移。在这些情况下，需要借助第3章所述的傅里叶变换工具，将系统输入输出时间函数、系统特性单位冲激响应函数等变换到频域内进行讨论，这称为**系统的频域分析**。频域分析法是一种变换域分析方法，即把时域中求解系统的响应问题通过傅里叶级数或傅里叶变换切换到频域之中求解和分析。

本章主要对单输入单输出的连续系统进行频域分析。一般考虑系统在零初始状态的情况，即考虑线性系统，这样就可以从系统的频率特性和输入信号的频谱确定系统零状态响应的频谱，从而观察系统对信号频谱特性的影响。

4.1 系统的频率特性

4.1.1 系统频率特性的概念

由第2章连续系统的时域分析可知，当输入信号为 $x(t)$，系统的单位冲激响应为 $h(t)$ 时，系统的零状态响应为 $x(t)$ 与 $h(t)$ 的卷积，即：

$$y_{zs}(t) = x(t) * h(t) \tag{4-1}$$

设 $Y_{zs}(\mathrm{j}\omega)=\mathscr{F}[y_{zs}(t)]$，$X(\mathrm{j}\omega)=\mathscr{F}[x(t)]$，$H(\mathrm{j}\omega)=\mathscr{F}[h(t)]$，由傅里叶变换的时域卷积特性，对式(4-1)两边同时进行傅里叶变换可得：

$$Y_{zs}(\mathrm{j}\omega) = X(\mathrm{j}\omega)H(\mathrm{j}\omega) \tag{4-2}$$

或

$$Y_{zs}(\omega) = X(\omega)H(\omega) \tag{4-3}$$

$Y_{zs}(\mathrm{j}\omega)$（即 $Y_{zs}(\omega)$）称为系统在 $x(t)$ 激励下的**频率响应**。$H(\mathrm{j}\omega)$（即 $H(\omega)$）可表示为

$$H(\mathrm{j}\omega) = \frac{Y_{zs}(\mathrm{j}\omega)}{X(\mathrm{j}\omega)} \tag{4-4}$$

由于 $H(\mathrm{j}\omega)$ 通常为复函数，故也可以写成：

$$H(\mathrm{j}\omega) = |H(\mathrm{j}\omega)|\mathrm{e}^{\mathrm{j}\angle H(\mathrm{j}\omega)} \tag{4-5}$$

即：

$$|H(\mathrm{j}\omega)| = \frac{|Y_{zs}(\mathrm{j}\omega)|}{|X(\mathrm{j}\omega)|},\ \angle H(\mathrm{j}\omega) = \angle Y_{zs}(\mathrm{j}\omega) - \angle X(\mathrm{j}\omega) \tag{4-6}$$

式(4-6)中，$\angle Y_{zs}(\mathrm{j}\omega)$、$\angle X(\mathrm{j}\omega)$ 分别表示 $y_{zs}(t)$、$x(t)$ 的相位谱。

根据式(4-6)，$|H(\mathrm{j}\omega)|$为$H(\mathrm{j}\omega)$的幅度函数，它是系统在某激励作用下的频率响应幅度与该激励频谱幅度之比，称为**系统的幅频特性**(也称为**系统的幅频响应**或**幅度响应**)；$\angle H(\mathrm{j}\omega)$为$H(\mathrm{j}\omega)$的相角函数，它是系统在某激励作用下的频率响应与激励频谱的相位谱之差，称为**系统的相频特性**(也称为**系统的相频响应**或**相位响应**)。系统的幅频特性和相频特性统称为**系统的频率特性**(也称为**系统的频率响应**)，即$H(\mathrm{j}\omega)$。从本质上讲，**$H(\mathrm{j}\omega)$就是系统在单位冲激信号激励下的频率响应**。

4.1.2 由系统的微分方程确定频率特性

根据定义，连续系统的频率特性$H(\mathrm{j}\omega)$可以通过对系统的单位冲激响应进行傅里叶变换而得到。其实，对于线性常系数微分方程描述的连续系统，还可以简单地从系统方程求出$H(\mathrm{j}\omega)$，而一旦求得$H(\mathrm{j}\omega)$，则可以通过对其进行傅里叶逆变换求得系统的单位冲激响应$h(t)$。

设描述连续系统的线性常系数微分方程为

$$\sum_{r=0}^{n} a_r y^{(r)}(t)=\sum_{k=0}^{m} b_k x^{(k)}(t) \tag{4-7}$$

显然，

$$\sum_{r=0}^{n} a_r y_{\mathrm{zs}}^{(r)}(t)=\sum_{k=0}^{m} b_k x^{(k)}(t) \tag{4-8}$$

对式(4-8)两边取傅里叶变换，并利用时域微分特性可得到：

$$\sum_{i=0}^{n} a_r\ (\mathrm{j}\omega)^r Y_{\mathrm{zs}}(\mathrm{j}\omega)=\sum_{k=0}^{m} b_k\ (\mathrm{j}\omega)^k X(\mathrm{j}\omega)$$

则

$$H(\mathrm{j}\omega)=\frac{Y_{\mathrm{zs}}(\mathrm{j}\omega)}{X(\mathrm{j}\omega)}=\frac{\sum\limits_{k=0}^{m} b_k\ (\mathrm{j}\omega)^k}{\sum\limits_{r=0}^{n} a_r\ (\mathrm{j}\omega)^r} \tag{4-9}$$

式(4-9)表明，尽管$H(\mathrm{j}\omega)$可由系统激励及响应的傅里叶变换来求取，但它与$h(t)$一样，只由系统的结构及参数来决定，而与系统外加激励的形式及系统的初始状态无关。$h(t)$与$H(\mathrm{j}\omega)$作为一个傅里叶变换对，分别从时域和频域表征了同一个连续系统。从式(4-9)还可发现，$H(\mathrm{j}\omega)$是一个关于$\mathrm{j}\omega$的有理函数，它的分子和分母都是关于$\mathrm{j}\omega$的多项式。对比式(4-8)，$H(\mathrm{j}\omega)$分子多项式各项的系数对应于式(4-8)右边各项的系数；而分母多项式各项的系数对应于式(4-8)左边各项的系数。注意到这条规律后，可以从线性常系数微分方程直接写出该系统的频率特性。

【例 4-1】 某连续时间系统由下列微分方程描述，系统初始状态为零。

$$\frac{\mathrm{d}^2 y(t)}{\mathrm{d}t^2}+3\frac{\mathrm{d}y(t)}{\mathrm{d}t}+2y(t)=\frac{\mathrm{d}x(t)}{\mathrm{d}t}+3x(t)$$

求该系统的频率特性与单位冲激响应。

解：根据式(4-9)可直接写出该系统的频率响应：

$$H(\mathrm{j}\omega)=\frac{\mathrm{j}\omega+3}{(\mathrm{j}\omega)^2+3\mathrm{j}\omega+2}$$

对$H(\mathrm{j}\omega)$进行傅里叶逆变换即得到该系统的单位冲激响应$h(t)$。为此，将$H(\mathrm{j}\omega)$展开为部分分式：

$$H(\mathrm{j}\omega)=\frac{\mathrm{j}\omega+3}{(\mathrm{j}\omega)^2+3\mathrm{j}\omega+2}=\frac{2}{\mathrm{j}\omega+1}-\frac{1}{\mathrm{j}\omega+2}$$

根据第 3 章指数信号的傅里叶变换不难推得：

$$h(t)=\mathscr{F}^{-1}[H(\mathrm{j}\omega)]=2\mathrm{e}^{-t}\varepsilon(t)-\mathrm{e}^{-2t}\varepsilon(t)$$

4.1.3　采用相量法确定频率特性

具有实冲激响应的连续系统的频率特性 $H(\mathrm{j}\omega)$，也可以理解为系统对频率为 ω 的稳态正弦信号输入能够提供一个增益和相移。在电路理论课程中，我们知道，对于涉及线性系统和正弦信号的问题，采用相量法解决较为方便。因此，相量法可用于求系统的频率特性。

设具有实冲激响应的连续系统输入正弦信号为

$$x(t)=|X_{\omega_1}|\sin(\omega_1 t+\varphi_{x1}) \tag{4-10}$$

式(4-10)中，该正弦信号的频率为 ω_1，$|X_{\omega_1}|$、φ_{x1} 分别为它的幅度和初相位。则系统产生的输出信号也为同频率的正弦信号，记为

$$y(t)=|Y_{\omega_1}|\sin(\omega_1 t+\varphi_{y1}) \tag{4-11}$$

式(4-11)中，$|Y_{\omega_1}|$、φ_{y1} 分别为 $y(t)$ 的幅度和初相位。

将信号 $x(t)$、$y(t)$ 表示为相量形式有：

$$\dot{X}_{\omega_1}=|X_{\omega_1}|\mathrm{e}^{\mathrm{j}\varphi_{x1}} \tag{4-12}$$

$$\dot{Y}_{\omega_1}=|Y_{\omega_1}|\mathrm{e}^{\mathrm{j}\varphi_{y1}} \tag{4-13}$$

根据正弦函数的傅里叶变换及傅里叶变换的时移特性，得：

$$X(\mathrm{j}\omega)=\mathscr{F}[x(t)]=\mathrm{j}\pi|X_{\omega_1}|\mathrm{e}^{\mathrm{j}\omega\frac{\varphi_{x1}}{\omega_1}}[\delta(\omega+\omega_1)-\delta(\omega-\omega_1)] \tag{4-14}$$

设系统频率特性为

$$H(\mathrm{j}\omega)=|H(\mathrm{j}\omega)|\mathrm{e}^{\mathrm{j}\angle H(\mathrm{j}\omega)} \tag{4-15}$$

则输出信号的频谱为

$$\begin{aligned}Y(\mathrm{j}\omega)=&H(\mathrm{j}\omega)X(\mathrm{j}\omega)=\mathrm{j}\pi|X_{\omega_1}|[\mathrm{e}^{-\mathrm{j}\varphi_{x1}+\mathrm{j}\angle H(-\mathrm{j}\omega_1)}|H(-\mathrm{j}\omega_1)|\delta(\omega+\omega_1)\\&-\mathrm{e}^{\mathrm{j}\varphi_{x1}+\mathrm{j}\angle H(\mathrm{j}\omega_1)}|H(\mathrm{j}\omega_1)|\delta(\omega-\omega_1)]\end{aligned}$$

由于 $h(t)$ 是实信号，故 $|H(\mathrm{j}\omega)|$ 为偶函数，即 $|H(-\mathrm{j}\omega_1)|=|H(\mathrm{j}\omega_1)|$；$\angle H(\mathrm{j}\omega_1)$ 为奇函数，即 $\angle H(-\mathrm{j}\omega_1)=-\angle H(\mathrm{j}\omega_1)$。

所以

$$Y(\mathrm{j}\omega)=\mathrm{j}\pi|X_{\omega_1}||H(\mathrm{j}\omega_1)|[\mathrm{e}^{-\mathrm{j}\varphi_{x1}-\mathrm{j}\angle H(\mathrm{j}\omega_1)}\delta(\omega+\omega_1)-\mathrm{e}^{\mathrm{j}\varphi_{x1}+\mathrm{j}\angle H(\mathrm{j}\omega_1)}\delta(\omega-\omega_1)] \tag{4-16}$$

根据傅里叶变换的时移特性(式(3-78))、正弦函数的傅里叶变换(式(3-138))及欧拉公式，不难确定式(4-16)对应的傅里叶逆变换为

$$y(t)=|X_{\omega_1}||H(\mathrm{j}\omega_1)|\sin[\omega_1 t+\varphi_{x1}+\angle H(\mathrm{j}\omega_1)] \tag{4-17}$$

则输出信号的相量为

$$\dot{Y}_{\omega1}=|X_{\omega_1}||H(\mathrm{j}\omega_1)|\mathrm{e}^{\mathrm{j}[\varphi_{x1}+\angle H(\mathrm{j}\omega_1)]} \tag{4-18}$$

根据式(4-12)，有：

$$\dot{Y}_{\omega1}=|X_{\omega_1}|\mathrm{e}^{\mathrm{j}\varphi_{x1}}|H(\mathrm{j}\omega_1)|\mathrm{e}^{\mathrm{j}\angle H(\mathrm{j}\omega_1)}=\dot{X}_{\omega_1}|H(\mathrm{j}\omega_1)|\mathrm{e}^{\mathrm{j}\angle H(\mathrm{j}\omega_1)}$$

即：

$$\frac{\dot{Y}_{\omega1}}{\dot{X}_{\omega_1}}=|H(\mathrm{j}\omega_1)|\mathrm{e}^{\mathrm{j}\angle H(\mathrm{j}\omega_1)}=H(\mathrm{j}\omega_1) \tag{4-19}$$

式(4-19)表明，通过计算频率为 ω_1 的输出正弦信号相量与输入正弦信号相量的比值，

可以得到系统频率特性在频率点 ω_1 处的函数值。如果以输入正弦信号的频率 ω 为自变量，随着 ω 在定义域某一个区间内连续取值，就可以由式(4-19)得到系统对定义域内所有 ω 频率的正弦信号的响应，也就是系统的频率特性 $H(\mathrm{j}\omega)$，即：

$$H(\mathrm{j}\omega)=\frac{\dot{Y}_\omega}{\dot{X}_\omega} \tag{4-20}$$

注意，在相量法中，在求系统输出信号相量与输入信号相量的比值时，假定系统的输入信号为正弦信号(包括正弦和余弦函数)，并采用相量表达形式，系统运算为相量运算。相量运算在电路系统的计算中应用得非常广泛，因此在求取一个电路系统的频率特性时多采用相量法。

【例 4-2】 研究例 2-16 中电路在电压源 $u(t)$激励下电感的电流信号 $i_L(t)$，求该电路系统的频率特性。

解：该例为电路系统，可采用相量法来求系统的频率特性。

设该电路中 $u(t)$所对应的相量$\dot{U}$为激励相量，电感电流 $i_L(t)$所对应的相量 $\dot{I}_L$ 为响应相量，并设电容两端电压 $u_C(t)$所对应的相量为$\dot{U}_C$，采用相量法对该电路列写节点电压方程为：

$$\left(\frac{1}{R_1}+\mathrm{j}\omega C+\frac{1}{R_2+\mathrm{j}\omega L}\right)\dot{U}_C=\frac{1}{R_1}\dot{U}$$

即：

$$\dot{U}_C=\frac{\frac{1}{R_1}}{\frac{1}{R_1}+\mathrm{j}\omega C+\frac{1}{R_2+\mathrm{j}\omega L}}\dot{U}$$

又

$$\dot{I}_L=\frac{\dot{U}_C}{R_2+\mathrm{j}\omega L}$$

则该电路系统的频率特性为

$$H(\mathrm{j}\omega)=\frac{\dot{I}_L}{\dot{U}}=\frac{1}{(R_1+R_2)+\mathrm{j}\omega(L+R_1R_2C)-\omega^2R_1LC}$$

根据式(4-9)，可以很方便地由 $H(\mathrm{j}\omega)$的结果写出该电路系统以 $u(t)$为激励、$i_L(t)$为响应的微分方程，其结果与例 2-16 一致。

4.1.4 系统的带宽和延迟

1. 系统的带宽

在第 3 章中，曾根据信号的频谱定义了周期性信号的带宽和非周期性信号的等效带宽，在这里，将根据系统的频率特性定义系统的带宽。

在连续系统频率特性的正频率轴上，若某个区间上的幅频特性$|H(\mathrm{j}\omega)|$大于或者等于 α 倍的最大幅频特性值$|H(\mathrm{j}\omega)|_{\max}$，则该区间的长度为该**系统的带宽**。该区间的起频率、止频率称为**截止频率**。其中，α 为可选常数，典型值为 $1/\sqrt{2}$。

当 $\alpha=1/\sqrt{2}$时，得到的系统带宽和截止频率分别称为**半功率带宽**和**半功率截止频率**，或者称为 **3dB 带宽**和 **3dB 截止频率**。

在图 4-1 所示的 RC 低通系统的幅频特性中，在系统带宽所包含的频率区间内，区间的左端称为下截止频率(为 0)，右端称为上截止频率(为 ω_c)。该系统的半功率带宽为 ω_c。

又如，图 4-2 所示为带通系统的幅频特性，在系统带宽所包含的频率区间内，区间的左端称为下截止频率(为 24Hz)，右端称为上截止频率(为 40Hz)。该系统的半功率带宽为 40－24＝16Hz。

一般情况下，实际系统的冲激响应为实函数，其对应的幅频特性 $|H(\omega)|$ 为偶函数，正、负频率轴上的曲线是对称的，因此也可以通过负频率轴上的曲线确定系统带宽。

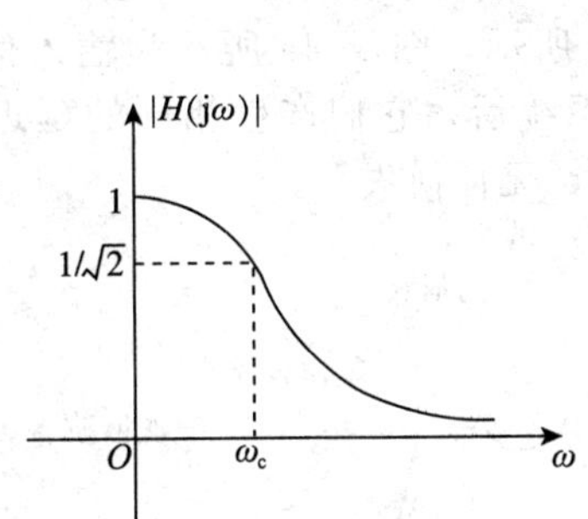

图 4-1　*RC* 低通系统的幅频特性

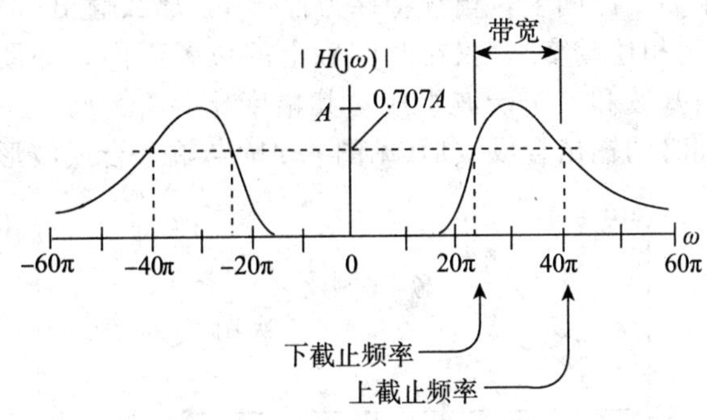

图 4-2　带通系统的幅频特性

2. 系统的延迟

相位延迟和群延迟反映了系统的频率特性对输入信号中不同频率成分相位的影响，为信号通过系统产生的延时提供了重要信息。

(1) 相位延迟

系统的相位延迟可以理解为单频率信号(即正弦信号，包括正弦函数和余弦函数)通过系统时产生的延时与信号频率的关系。

设输入正弦信号为 $x(t)=A\cos(\omega t+\varphi)$，系统的频率特性为 $H(\mathrm{j}\omega)=|H(\mathrm{j}\omega)|\mathrm{e}^{\mathrm{j}\angle H(\mathrm{j}\omega)}$，由式(4-17)可知，系统的输出信号表示为

$$\begin{aligned} y(t) &= A|H(\mathrm{j}\omega)|\cos[\omega t+\varphi+\angle H(\mathrm{j}\omega)] \\ &= A|H(\mathrm{j}\omega)|\cos\{\omega[t-\tau_{\mathrm{p}}(\omega)]+\varphi\} \end{aligned} \tag{4-21}$$

式(4-21)中，

$$\tau_{\mathrm{p}}(\omega)=-\angle H(\mathrm{j}\omega)/\omega \tag{4-22}$$

$\tau_{\mathrm{p}}(\omega)$ 为**系统的相位延迟**。根据式(4-21)，$\tau_{\mathrm{p}}(\omega)$ 可看作频率为 ω 的正弦信号通过系统产生的延时，它与系统相频特性的关系如图 4-3 所示。当输入信号频率为 ω_1 时，相位延迟 $\tau_{\mathrm{p}}(\omega_1)$ 为过原点直线 $l_1(\omega)$ 的斜率；当输入信号频率为 ω_2 时，相位延迟 $\tau_{\mathrm{p}}(\omega_2)$ 为过原点直线 $l_2(\omega)$ 的斜率。值得注意的是，在正频率轴上，负的相频特性值表明信号通过系统时产生的延迟，而正的相频特性值则表明信号通过系统时产生的超前。

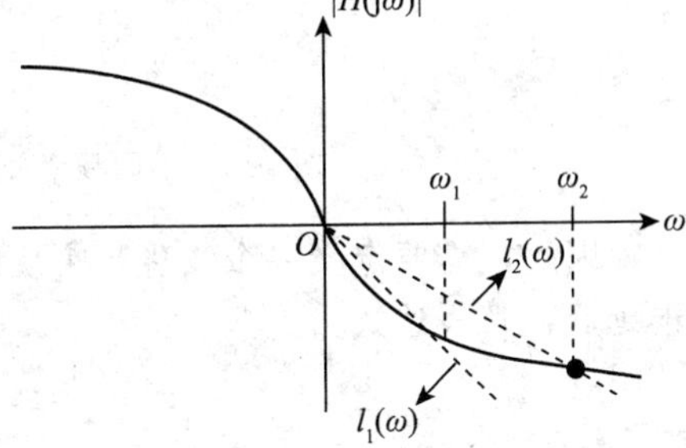

图 4-3　系统相频特性与相位延迟的关系

为了进一步说明相位延迟的概念，下面计算例 4-2 中系统的相位延迟。在例 4-2 中，令 $R_1=R_2=1\Omega$，$C=1\mathrm{F}$，$L=1\mathrm{H}$，当频率为 $\omega=1\mathrm{rad/s}$ 的信号通过系统后产生了 $\angle H(\mathrm{j})=-\arctan(2)=-1.1071\mathrm{rad}$ 的相移，其相位延迟 $\tau_{\mathrm{p}}(1)=-(-1.1071)/1=1.1071\mathrm{s}$。

(2)群延迟

设输入信号 $x(t)$ 为一个带限信号，其频谱 $X(\mathrm{j}\omega)$ 仅在频率区间 $\omega_1\leqslant|\omega|\leqslant\omega_2$ 上有值。换句话说，该信号可看作由频率满足 $\omega_1\leqslant|\omega|\leqslant\omega_2$ 的无穷多个单频信号叠加而成。当 $x(t)$

通过频率特性为 $H(\mathrm{j}\omega)$的系统时，设$|H(\mathrm{j}\omega)|=1$，仅考虑相频特性对信号的影响。根据式(4-22)，$x(t)$中频率为 ω 的分量会产生$\tau_{\mathrm{p}}(\omega)=-\angle H(\mathrm{j}\omega)/\omega$ 的相位延迟。

1)如果 $\tau_{\mathrm{p}}(\omega)$为常数($\omega_1\leqslant|\omega|\leqslant\omega_2$)，则所有在这个区间上的频率分量会产生相同的相位延迟，即它们延时相同的时间量。每个分量从输入端到达输出端的时间相同。由于在这个频率区间上，幅频特性为常数 1，那么输出信号与输入信号波形一样，不会产生失真(称为相位畸变)，仅在时间轴上的位置不同。如图 4-4 所示，图 4-4a 所示为输入信号，它由基波和三次谐波组成，其幅度比为 2∶1。通过某系统后，它们产生相同的延迟 τ_{p}，则此时的输出合成波形(见图 4-4b)与输入合成波形相同，无任何失真。

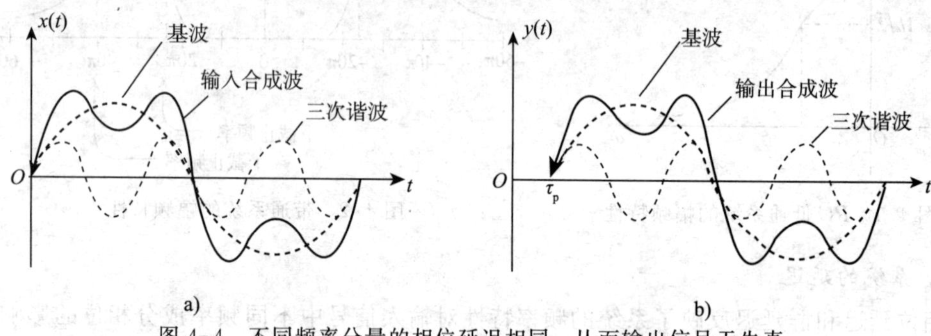

图 4-4 不同频率分量的相位延迟相同，从而输出信号无失真

2)如果 $\tau_{\mathrm{p}}(\omega)$不为常数($\omega_1\leqslant|\omega|\leqslant\omega_2$)，则这个区间上的不同频率分量会产生不同的相位延迟，即它们延时不同的时间量，每个分量从输入端到达输出端的时间不同，即使这个频率区间上，幅频特性是一个常数，输出信号的轮廓也将与输入信号不同，即产生失真。图 4-5 显示了输入信号中不同频率分量的延迟不同而引起输出信号发生畸变。

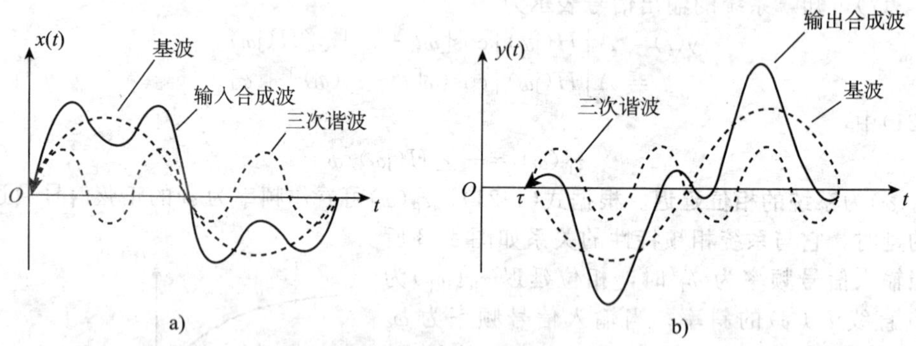

图 4-5 不同频率分量的延迟不同而引起输出信号发生畸变

因此，需要定义一个物理量来反映系统相频特性对多频信号传输的影响，称为系统的**群延迟**，其表达式为

$$\tau_{\mathrm{g}}(\omega)=-\frac{\mathrm{d}\angle H(\mathrm{j}\omega)}{\mathrm{d}\omega}\tag{4-23}$$

即系统的群延迟为系统的相频特性对频率导数的相反数。它描述了系统相位变化随着频率变化的快慢程度。

①当 $\tau_{\mathrm{g}}(\omega)$为常数时，则$\angle H(\mathrm{j}\omega)$为 ω 的线性函数。一般情况下，实际系统的单位冲激响应为实函数，则$\angle H(\mathrm{j}\omega)$为奇函数，故$\angle H(\mathrm{j}\omega)$可表示为$\angle H(\mathrm{j}\omega)=-K\omega$，$K$ 为比例常数，即相频特性$\angle H(\mathrm{j}\omega)$在频率区间内是一条过原点的直线，则 $\tau_{\mathrm{p}}(\omega)=-\angle H(\mathrm{j}\omega)/\omega=K$，为常数。输入信号通过系统后不会产生相位畸变。

②反之，当 $\tau_{\mathrm{g}}(\omega)$不为常数时，输入信号通过系统后将产生相位畸变。

4.2 无失真传输

4.1节介绍的系统的频率特性是连续系统频域分析的一个重要概念和工具。频域分析法广泛应用于各种系统中，如计算机系统、控制系统、通信系统、经济系统、生物系统等。它们又可分为若干子系统，不同子系统通常有共性的地方，即不同系统中可能存在相同功能的子系统。本节即将介绍的滤波系统就是其中一个典型的例子。滤波系统通常也称为**滤波器**，它可使输入信号的某些频率分量几乎无失真地通过，而对另一些频率分量可以部分或全部滤除。处理连续信号的滤波器通常称为模拟滤波器。以滤波器为背景，本节重点阐述无失真传输的基本理论。

4.2.1 无失真传输的基本概念

一般情况下，信号经过系统处理之后，响应信号波形与激励信号波形不同，当**这种差异不是人为有目的促成，而是系统本身的固有特性客观造成的时，称信号在传输过程中产生了失真**。

系统引起信号失真的原因有两方面：

1)系统对信号中各频率分量幅度产生不同程度的影响，使得有些频率分量的幅度衰减，有些幅度增强，且衰减和增强的程度不同，从而使响应中各频率分量的相对幅度产生变化，也就是引起**幅度失真**。

2)系统对信号中各频率分量产生的相移不与频率成正比，即系统的群延迟不为常数，这使响应中各频率分量在时间轴上的相对位置产生变化，引起**相位失真**。

线性系统的幅度失真与相位失真都不产生新的频率分量，而非线性系统引起的非线性失真则有可能产生新的频率分量。这里只讨论有关线性系统的幅度失真和相位失真问题。

对于信号在传输过程中出现的失真，当然希望它越小越好，理想情况就是实现信号的**无失真传输**。所谓无失真是指响应信号与激励信号相比，只是大小(或强弱)与出现的时间不同，而无波形上的变化，即：

$$y(t) = Kx(t - t_0) \tag{4-24}$$

式(4-24)中，$x(t)$为激励，$y(t)$为响应，K为非零常数，t_0为滞后时间。式(4-24)表示，$y(t)$的波形是$x(t)$的波形经过t_0时间的滞后产生的，虽然$y(t)$的幅度较$x(t)$有K倍的变化，但波形不变，如图4-6所示。

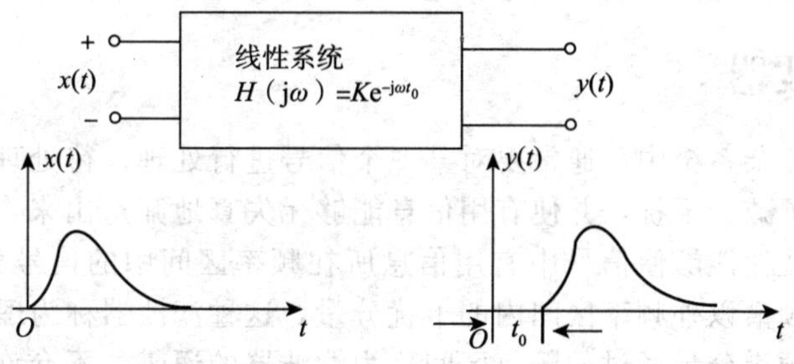

图4-6　线性系统的无失真传输

4.2.2 无失真传输的条件

根据式(4-9)及傅里叶变换的时移特性，由(4-24)不难推出系统的频率特性为

$$H(\mathrm{j}\omega) = K\mathrm{e}^{-\mathrm{j}\omega t_0} \tag{4-25}$$

式(4-25)为实现无失真传输系统的频率特性所必须满足的条件。它表明，要使信号在

通过线性系统时不产生失真，在信号的整个频带内，系统的幅度特性必须是一个常数，相位特性是一条通过原点的直线，斜率为$-t_0$，如图 4-7 所示。

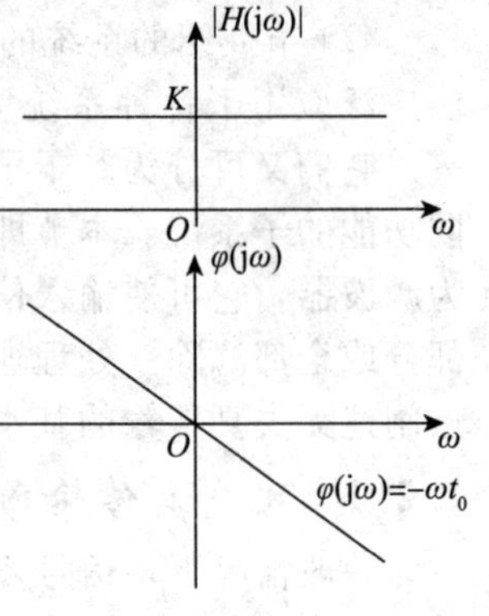

图 4-7 无失真传输系统的幅度和相位特性

式(4-25)从频域的角度对无失真传输系统特性提出了要求，若根据系统的时域特性表示，对式(4-25)进行傅里叶逆变换，得到系统的冲激响应为

$$h(t)=K\delta(t-t_0) \tag{4-26}$$

式(4-26)表明，当信号通过线性系统时，为了不产生失真，系统的冲激响应也为冲激函数，时延为t_0。

【例 4-3】若使图 4-8 所示电路成为一个无失真传输系统，试确定R_1和R_2的值，设激励$i(t)$为正弦信号。

解：设$I(\mathrm{j}\omega)$、$U(\mathrm{j}\omega)$分别为激励$i(t)$、响应$u(t)$的频谱，采用相量法来进行求解：

$$I(\mathrm{j}\omega)=\frac{(R_1+\mathrm{j}\omega)\left(R_2+\frac{1}{\mathrm{j}\omega}\right)}{R_1+R_2+\mathrm{j}\left(\omega-\frac{1}{\omega}\right)}U(\mathrm{j}\omega)$$

故系统的频率特性为

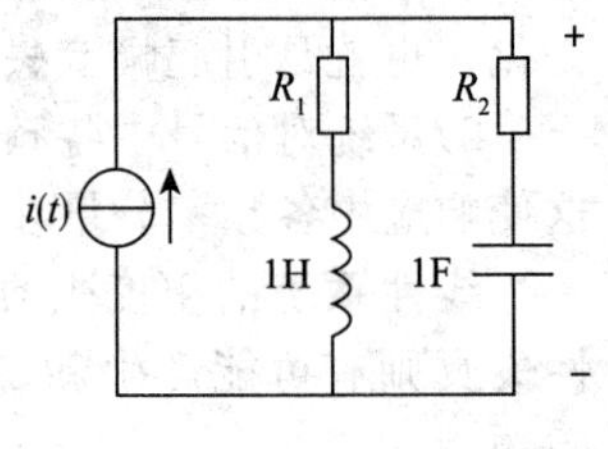

图 4-8 例 4-3 图

$$H(\mathrm{j}\omega)=\frac{I(\mathrm{j}\omega)}{U(\mathrm{j}\omega)}=\frac{(R_1+\mathrm{j}\omega)\left(R_2+\frac{1}{\mathrm{j}\omega}\right)}{R_1+R_2+\mathrm{j}\left(\omega-\frac{1}{\omega}\right)}$$

$$=\frac{(R_1R_2+1)+\mathrm{j}(\omega R_2-R_1/\omega)}{R_1+R_2+\mathrm{j}\left(\omega-\frac{1}{\omega}\right)}$$

若该电路为一个无失真传输系统，则由式(4-25)有：

$$|H(\mathrm{j}\omega)|=K$$

$$\angle H(\mathrm{j}\omega)=-\omega t_0$$

$$\sqrt{\frac{(R_1R_2+1)^2+(\omega R_2-R_1/\omega)^2}{(R_1+R_2)^2+(\omega-\frac{1}{\omega})^2}}=K$$

解得$R_1=R_2=K=1$，从而计算得到$\angle H(\mathrm{j}\omega)=0$，$t_0=0$。

可见，当$R_1=R_2=1\Omega$时，该电路系统满足无失真传输条件。

4.3 理想滤波器

在实际的很多复杂系统中，通常要对某一个信号进行处理。待处理的信号包含有用信息和附加干扰。为了减少干扰，并使有用信息能够无失真地筛选出来，需要建立一个滤波器。通常希望该滤波器能够使信号中有用信息所在频率区间中的信号分量无失真地通过，从而滤除有用信息频谱以外频率区间内的干扰分量，这种滤波器称为**理想滤波器**。

允许输入信号频谱分量通过的频率区间称为滤波器的**通带**，不允许输入信号频谱分量通过的频率区间称为滤波器的**阻带**。通带和阻带的边界称为**截止频率**。常用的滤波器有低通滤波器(LPF)、高通滤波器(HPF)、带通滤波器(BPF)和带阻滤波器(BRF)，它们理想的幅频特性如图 4-9 所示，它们的相频特性在理想情况下均为过原点的直线。由图 4-9 可知，理想滤波器在阻带内的幅频特性恒为 0，在通带内的幅频特性为常数。然而，工程实际中的滤波器在通带和阻带内的幅频特性都会有所波动，通带和阻带之间的分界也不像理想情况那么陡峭，存在过渡带；实际滤波器的相频特性也很难满足严格的线性要求，通常只是在一定的频率区间内近似为线性。

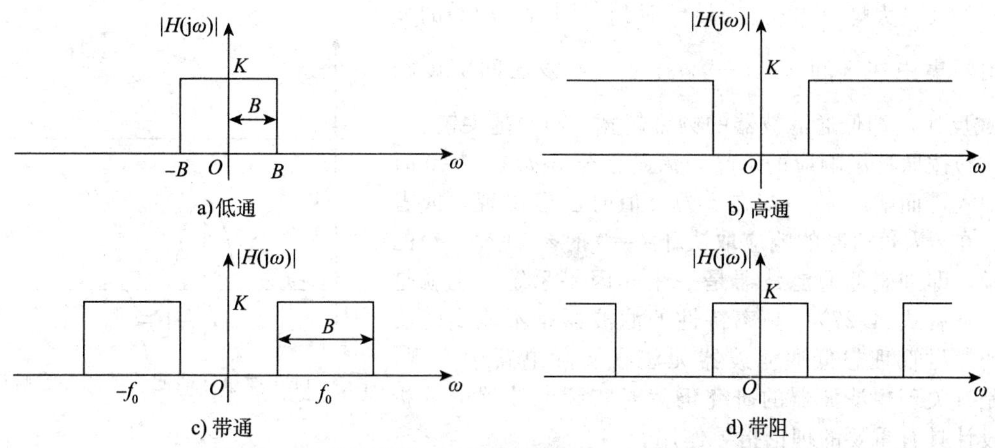

图 4-9　常见滤波器理想的幅频特性（B 为滤波器的带宽）

由于在工程实际中，设计带通、高通、带阻滤波器时可首先设计一个对应的低通原型滤波器，然后再经过频率变换和元件变换得到所需要的滤波器。本书不对滤波器设计的相关内容详细探讨，只鉴于低通滤波器在滤波器理论中具有基础性的重要地位，本节重点讨论理想低通滤波器。

4.3.1　理想低通滤波器的频率特性和冲激响应

理想低通滤波器具有矩形的幅频特性和线性相频特性。它传送低于某一个频率 ω_c 的所有信号，且无任何失真，将频率高于 ω_c 的信号完全衰减，如图 4-10a 所示。ω_c 为截止频率。相频特性是通过原点的直线，也满足无失真传输的要求，如图 4-10b 所示。

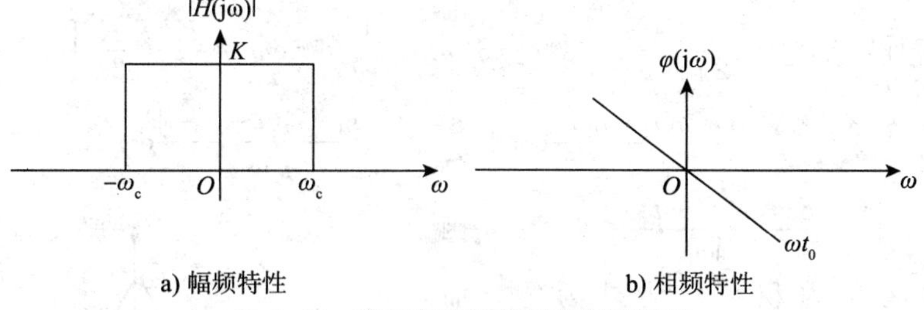

图 4-10　理想低通滤波器的频率特性

理想低通滤波器的频率特性表达式为

$$H(\mathrm{j}\omega)=\begin{cases}K\mathrm{e}^{-\mathrm{j}\omega t_0}, & |\omega|\leqslant\omega_c\\ 0, & |\omega|>\omega_c\end{cases}\tag{4-27}$$

式(4-27)中，K 为常数，表示通带内的增益。t_0 为延迟常数，$-t_0$ 表示通带内线性相位特性的斜率。对 $H(\mathrm{j}\omega)$进行傅里叶逆变换，不难求得理想低通滤波器的冲激响应：

$$\begin{aligned}h(t)&=\mathscr{F}^{-1}[H(\mathrm{j}\omega)]=\frac{1}{2\pi}\int_{-\infty}^{\infty}H(\mathrm{j}\omega)\mathrm{e}^{\mathrm{j}\omega t}\,\mathrm{d}\omega=\frac{K}{2\pi}\int_{-\omega_c}^{\omega_c}\mathrm{e}^{-\mathrm{j}\omega t_0}\mathrm{e}^{\mathrm{j}\omega t}\,\mathrm{d}\omega\\&=\frac{K}{2\pi}\frac{\mathrm{e}^{\mathrm{j}\omega(t-t_0)}}{\mathrm{j}(t-t_0)}\bigg|_{-\omega_c}^{\omega_c}=\frac{K\omega_c}{\pi}\frac{\sin[\omega_c(t-t_0)]}{\omega_c(t-t_0)}=\frac{K\omega_c}{\pi}\mathrm{Sa}[\omega_c(t-t_0)]\end{aligned}\tag{4-28}$$

相应波形如图 4-11 所示，并可有如下理解：

1) $\delta(t)$与 $h(t)$作为理想低通滤波器的一对激励与响应，从频谱来看，$\delta(t)$具有“均匀谱”，即频谱包含幅度相等的所有频率分量；而 $h(t)$成为仅保留 ω_c 以内低频分量的频带受限信号；从时域波形来看，$\delta(t)$变化异常剧烈，仅在 $t=0$ 处有趋近于无穷的幅度，而 $h(t)$

为平滑的连续信号，波形遍布整个时间轴。$h(t)$如同一个失真的、在时域内展宽了的冲激信号，其最大峰值出现在 $t=t_0$ 时刻。同时，$h(t)$的能量主要集中在区间$\left[t_0-\frac{\pi}{\omega_c},\ t_0+\frac{\pi}{\omega_c}\right]$，该区间宽度与 ω_c 成反比，即低通滤波器的频带越宽，$h(t)$越尖锐。

2)按照冲激响应的定义，激励信号 $\delta(t)$在 $t=0$ 时刻加入，而响应 $h(t)$却在 t 为负值时已经出现，或者说，在 t 为负值时的响应取决于 $t=0$ 时刻加入 $\delta(t)$的激励，即理想低通滤波器是一个非因果系统。也就是说，具有式(4-27)中频率特性的滤波器是不能实时实现的。尽管理想低通滤波器无法在实际电路中实现，但是有关理想滤波器的研究仍然对实际滤波器的分析与设计具有重要的理论指导作用。

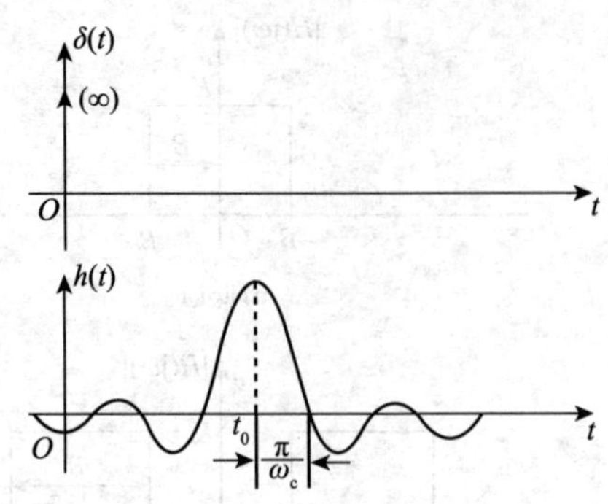

图 4-11　理想低通滤波器的冲激响应

4.3.2　理想低通滤波器的阶跃响应

如同 $\delta(t)$，阶跃信号 $\varepsilon(t)$在 $t=0$ 时刻信号值会出现跳变，根据上面的分析，像这样随时间出现急剧改变的信号意味着它的频谱必然包含许多高频分量，而随时间平缓变化的信号的频谱则主要包含低频分量。因此，不难想象，当 $\varepsilon(t)$通过理想低通滤波器后，输出响应信号应呈现出平缓上升的波形，不再像输入信号那样急剧上升。

根据理想低通滤波器的频率特性(式(4-27))及阶跃信号的傅里叶变换(式(3-124))，则滤波器输出信号的频谱为

$$Y(\mathrm{j}\omega)=H(\mathrm{j}\omega)X(\mathrm{j}\omega)=K\mathrm{e}^{-\mathrm{j}\omega t_0}\left[\pi\delta(\omega)+\frac{1}{\mathrm{j}\omega}\right],\ |\omega|\leqslant\omega_c \tag{4-29}$$

对式(4-29)进行傅里叶逆变换，可得到响应信号的时间函数：

$$\begin{aligned}y(t)&=\mathscr{F}^{-1}[Y(\mathrm{j}\omega)]=\frac{1}{2\pi}\int_{-\omega_c}^{\omega_c}K\mathrm{e}^{-\mathrm{j}\omega t_0}\left[\pi\delta(\omega)+\frac{1}{\mathrm{j}\omega}\right]\mathrm{e}^{\mathrm{j}\omega t}\mathrm{d}\omega=\frac{K}{2}+\frac{K}{2\pi}\int_{-\omega_c}^{\omega_c}\frac{\mathrm{e}^{\mathrm{j}\omega(t-t_0)}}{\mathrm{j}\omega}\mathrm{d}\omega\\&=\frac{K}{2}+\frac{K}{2\pi}\int_{-\omega_c}^{\omega_c}\frac{\cos[\omega(t-t_0)]}{\mathrm{j}\omega}\mathrm{d}\omega+\frac{K}{2\pi}\int_{-\omega_c}^{\omega_c}\frac{\sin[\omega(t-t_0)]}{\omega}\mathrm{d}\omega\end{aligned} \tag{4-30}$$

式(4-30)中，$\int_{-\omega_c}^{\omega_c}\frac{\cos[\omega(t-t_0)]}{\mathrm{j}\omega}\mathrm{d}\omega$ 为奇函数，在对称区间内积分，结果为零，而 $\frac{K}{2\pi}\int_{-\omega_c}^{\omega_c}\frac{\sin[\omega(t-t_0)]}{\omega}\mathrm{d}\omega$ 为偶函数，在对称区间内积分时，式(4-30)变为

$$\begin{aligned}y(t)&=\frac{K}{2}+\frac{K}{2\pi}\int_{-\omega_c}^{\omega_c}\frac{\sin[\omega(t-t_0)]}{\omega}\mathrm{d}\omega\\&=\frac{K}{2}+\frac{K}{\pi}\int_0^{\beta}\frac{\sin\alpha}{\alpha}\mathrm{d}\alpha\end{aligned} \tag{4-31}$$

式(4-31)中，$\beta=\omega_c(t-t_0)$，函数$\frac{\sin\alpha}{\alpha}$的积分称为“正弦积分”，记为

$$\mathrm{Si}(\beta)=\int_0^{\beta}\frac{\sin\alpha}{\alpha}\mathrm{d}\alpha \tag{4-32}$$

正弦积分 $\mathrm{Si}(\beta)$的曲线可查相关数学书籍得到，如图 4-12 所示。

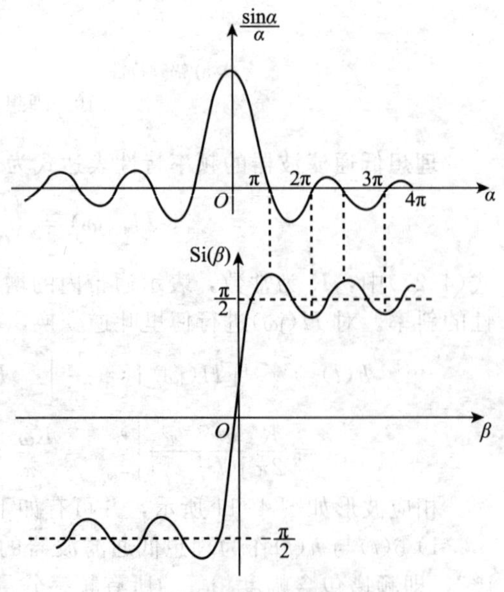

图 4-12　$\frac{\sin\alpha}{\alpha}$与 $\mathrm{Si}(\beta)$函数

图 4-12 表明，$\mathrm{Si}(\beta)$是β的奇函数，在正半轴，随着β值增加，$\mathrm{Si}(\beta)$从 0 增长，之后围绕$\frac{\pi}{2}$振荡，振荡逐渐衰减而趋近于$\frac{\pi}{2}$。振荡过程中的波峰和波谷与函数$\frac{\sin\alpha}{\alpha}$的零点对应。引用 $\mathrm{Si}(\beta)$函数，响应 $y(t)$可写作：

$$y(t)=\frac{K}{2}+\frac{K}{\pi}\mathrm{Si}[\omega_c(t-t_0)] \tag{4-33}$$

设 $K=1$，由图 4-13 可见，响应 $y(t)$类似于一个畸变的阶跃信号，由于理想低通滤波器滤除了$\varepsilon(t)$频谱中大于ω_c的高频分量，使得 $y(t)$的上升沿不再像$\varepsilon(t)$那么陡峭，并在上升沿前后，波形出现了振荡。定义 $y(t)$由最小值到最大值所需时间 t_r 为**上升时间**，则

$$t_r=\frac{2\pi}{\omega_c} \tag{4-34}$$

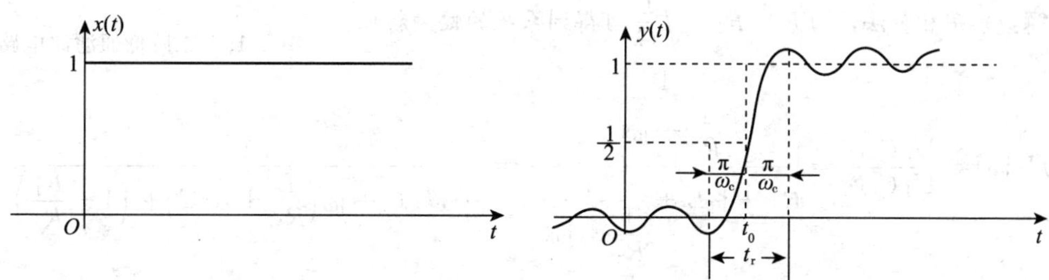

图 4-13　理想低通滤波器的阶跃响应

由式(4-34)可知，t_r 与理想低通滤波器的带宽 ω_c 成反比，ω_c 越小，t_r 越大，即滤除的高频分量越多，$y(t)$上升就越迅速，反之，则 $y(t)$上升就越迅速。此结论对各种实际滤波器同样具有指导意义。

4.3.3 理想低通滤波器的矩形脉冲响应

设矩形脉冲信号的表示式为

$$x_1(t)=\varepsilon(t)-\varepsilon(t-\tau) \tag{4-35}$$

应用叠加原理，并根据式(4-33)，很容易求得理想低通滤波器对 $x_1(t)$的响应 $y_1(t)$：

$$y_1(t)=\frac{K}{\pi}\{\mathrm{Si}[\omega_c(t-t_0)]-\mathrm{Si}[\omega_c(t-t_0-\tau)]\} \tag{4-36}$$

激励 $x_1(t)$及响应 $y_1(t)$波形如图 4-14a、b 所示(令 $K=1$)。

与图 4-13 类似，在图 4-14b 中，响应 $y_1(t)$很像一个畸变的矩形脉冲信号，其上升沿和下降沿变得比输入矩形脉冲信号平缓，在上升、下降沿前后，波形也出现了振荡。波形的上升和下降时间相等，同式(4-34)。

注意，上升(或下降)沿持续时间 $t_r=\frac{2\pi}{\omega_c}$与矩形脉冲宽度$\tau$的相对大小决定了 $y_1(t)$波形相对于矩形脉冲的失真程度。在图 4-14 中，$t_r=\frac{2\pi}{\omega_c}\ll\tau$，$y_1(t)$的上升(或下降)沿还是相对陡峭的，如果 t_r 与τ接近或大于τ，$y_1(t)$波形失真将非常严重，完全丢失了激励信号的脉冲响应。

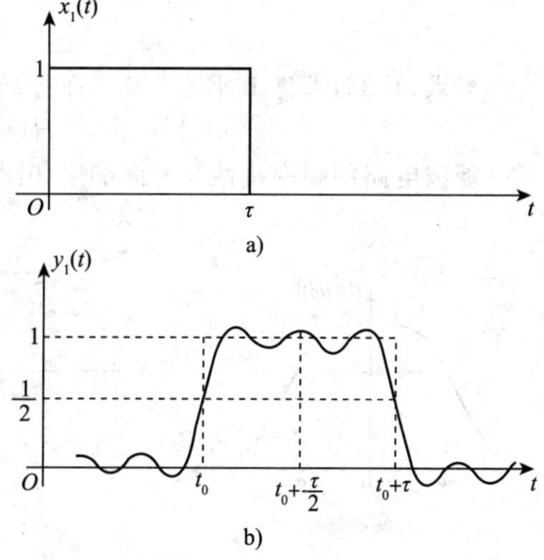

图 4-14　理想低通滤波器的矩形脉冲响应

4.4 系统的物理可实现性

4.4.1 可实现低通滤波电路的时频域特性

上一节曾经谈到，理想低通滤波器在物理电路上是不可实现的。那么，究竟什么样的系统特性在物理上是可实现的呢？

下面举一个可实现的近似理想低通滤波系统的例子，来考察一下它的时频域特性。

【例 4-4】图 4-15 所示为一个二阶低通滤波电路，其中，$u_1(t)$、$u_2(t)$分别为输入、输出电压信号，$R_1=R_2=\sqrt{\dfrac{L}{C}}$，求该滤波系统的频率特性及冲激响应。

图 4-15 二阶低通滤波电路

解：采用相量法，由 $R_1=R_2=\sqrt{\dfrac{L}{C}}$ 可得到系统的幅频特性：

$$H(\mathrm{j}\omega)=\frac{U_2(\mathrm{j}\omega)}{U_1(\mathrm{j}\omega)}=\frac{\dfrac{1}{\dfrac{1}{R_2}+\mathrm{j}\omega C}}{R_1+\mathrm{j}\omega L+\dfrac{1}{\dfrac{1}{R_2}+\mathrm{j}\omega C}}=\frac{1}{-\omega^2 LC+\mathrm{j}\omega\left(\dfrac{L}{R_2}+R_1C\right)+\left(1+\dfrac{R_1}{R_2}\right)}$$

$$=\frac{1}{2-\omega^2 LC+2\mathrm{j}\omega\sqrt{LC}} \tag{4-37}$$

令 $\omega_c=\dfrac{1}{\sqrt{LC}}$，则式(4-37)可写为

$$H(\mathrm{j}\omega)=\frac{1}{2-\left(\dfrac{\omega}{\omega_c}\right)^2+2\mathrm{j}\dfrac{\omega}{\omega_c}}=\frac{\omega_c^2}{(\omega_c+\mathrm{j}\omega)^2+(\omega_c)^2}=|H(\mathrm{j}\omega)|\mathrm{e}^{\mathrm{j}\angle H(\mathrm{j}\omega)} \tag{4-38}$$

则

$$|H(\mathrm{j}\omega)|=\frac{1}{\sqrt{\left[2-\left(\dfrac{\omega}{\omega_c}\right)^2\right]^2+\left(\dfrac{2\omega}{\omega_c}\right)^2}} \tag{4-39}$$

$$\angle H(\mathrm{j}\omega)=-\arctan\left[\frac{\dfrac{2\omega}{\omega_c}}{2-\left(\dfrac{\omega}{\omega_c}\right)^2}\right] \tag{4-40}$$

对式(4-38)求傅里叶逆变换，即得到该滤波电路的冲激响应：

$$h(t)=\mathscr{F}^{-1}[H(\mathrm{j}\omega)]=\omega_c\mathrm{e}^{-\omega_c t}\sin(\omega_c t)\varepsilon(t) \tag{4-41}$$

滤波电路的频率特性及冲激响应如图 4-16、图 4-17 所示。

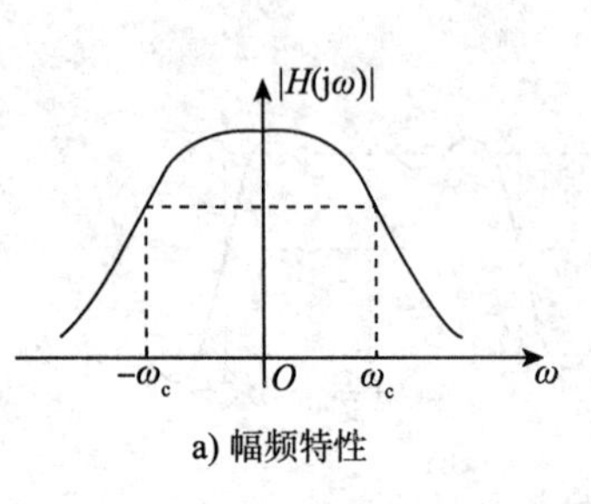

a) 幅频特性

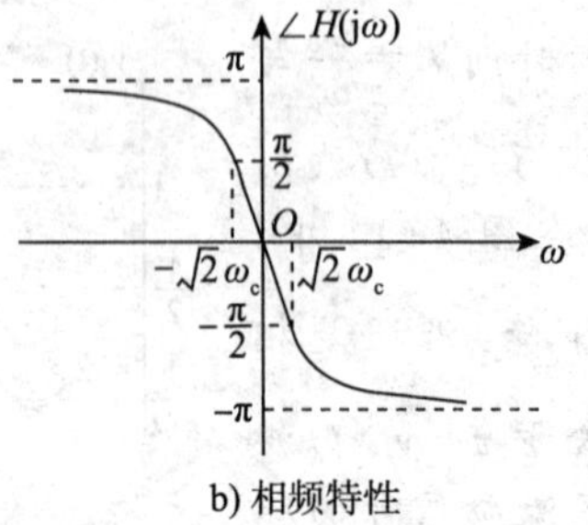

b) 相频特性

图 4-16 滤波电路的频率特性

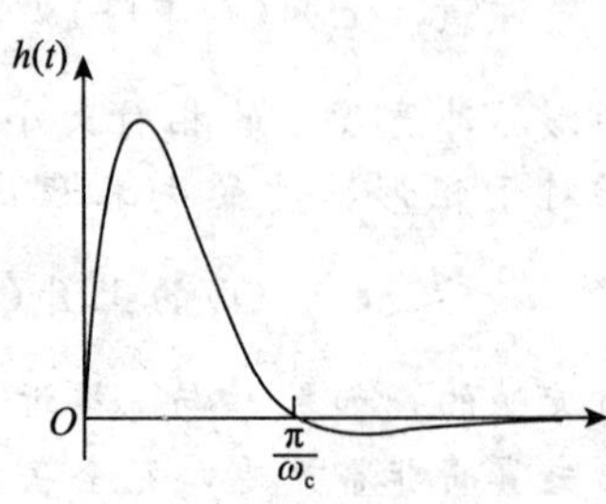

图 4-17 滤波电路的冲激响应

比较图 4-10、图 4-11 与图 4-16、图 4-17，该二阶低通滤波电路的频率特性与理想低通滤波器有些相似，冲激响应也有相近之处，然而，区别在于：

1)理想低通滤波器的幅频特性具有陡峭的下降沿，而在此二阶低通滤波电路的幅频特性中，频谱幅度从通带到阻带是连续缓慢下降的，且不可能出现零值，显然实际滤波电路对于大于截止频率的高频信号的滤除效果不及理想低通滤波器。

2)理想低通滤波器的相频特性在整个频率轴上是一条过原点的直线，满足所有频率分量的相位延迟相同的情况；而此二阶低通滤波电路的相频特性虽然也过原点，但仅在零频附近的一段对称区间内近似呈线性。

3)理想低通滤波器的冲激响应波形在冲激激励施加($t=0$)之前就已经出现，且遍布整个时间轴，是一个非因果系统；而在这里，此低通滤波电路的冲激响应起始于 $t=0$ 时刻处，是一个因果系统。

4.4.2 物理可实时实现系统的特性

1. 时域特性

对时域特性而言，一个物理可实时实现系统的冲激响应 $h(t)$在 $t<0$ 时必须为零，即：

$$h(t)=h(t)\varepsilon(t) \tag{4-42}$$

或者说冲激响应 $h(t)$波形的出现必须是由激励引起的，不能在激励作用于系统之前就产生响应，即**物理可实时实现系统必须为因果系统**。

在图 4-11 中看到，物理不可实现的理想低通滤波器的冲激响应不满足式(4-42)。

2. 佩利-维纳准则及其局限

关于一个系统是否在物理上可实时实现，佩利(Paley)和维纳(Wiener)从频域角度给出了判断标准。

对于幅频特性平方可积系统，即 $\int_{-\infty}^{\infty}|H(\mathrm{j}\omega)|^2\mathrm{d}\omega<\infty$，物理可实时实现的必要条件为

$$\int_{-\infty}^{\infty}\frac{|\ln|H(\mathrm{j}\omega)||}{1+\omega^2}\mathrm{d}\omega<\infty \tag{4-43}$$

式(4-43)称为**佩利-维纳准则**。满足此准则的幅频特性对应的冲激响应是因果的。

根据佩利-维纳准则，考察理想低通滤波器，当$|\omega|>\omega_c$ 时，其频谱有$|H(\mathrm{j}\omega)|=0$。此时，$|\ln|H(\mathrm{j}\omega)||\to\infty$，积分 $\int_{-\infty}^{\infty}\frac{|\ln|H(\mathrm{j}\omega)||}{1+\omega^2}\mathrm{d}\omega$ 不收敛，不满足式(4-43)，该系统是非因果的，因而物理不可实时实现。

根据式(4-43)，对于物理可实时实现系统，可以允许$|H(\mathrm{j}\omega)|$特性在某些不连续的频率点上为零，但不允许在一个有限频带内为零。按此原理，图 4-9 所示的理想低通、理想高通、理想带通、理想带阻滤波器都是不可实现的。

【例 4-5】 用佩利-维纳准则检验幅频特性为$|H(\mathrm{j}\omega)|=\mathrm{e}^{-\omega^2}$的系统为物理不可实现的。

解： 由 3.4 节可知，频谱为钟形的时间信号波形也呈钟形，信号在 $t=-\infty$在处已开始出现，因而，此系统是非因果的。

现在用佩利-维纳准则来检验这个结论，由式(4-43)知：

$$\begin{aligned}\int_{-\infty}^{\infty}\frac{|\ln|H(\mathrm{j}\omega)||}{1+\omega^2}\mathrm{d}\omega&=\int_{-\infty}^{\infty}\frac{|\ln(\mathrm{e}^{-\omega^2})|}{1+\omega^2}\mathrm{d}\omega=\int_{-\infty}^{\infty}\frac{\omega^2}{1+\omega^2}\mathrm{d}\omega=\int_{-\infty}^{\infty}(1-\frac{1}{1+\omega^2})\mathrm{d}\omega\\&=\lim_{B\to\infty}(\omega-\arctan\omega)\big|_{-B}^{B}=2\lim_{B\to\infty}(B-\arctan B)\\&=2\lim_{B\to\infty}\left(B-\frac{\pi}{2}\right)\to\infty\end{aligned}$$

显然，此积分不收敛，因而证实了前面的结论，幅频特性呈钟形的系统是不可实现的。

【例 4-6】用佩利-维纳准则检验例 4-4 的物理可实现系统。

解：在例 4-4 中，幅频特性 $|H(\mathrm{j}\omega)|=\dfrac{1}{\sqrt{\left[2-\left(\frac{\omega}{\omega_c}\right)^2\right]^2+\left(\frac{2\omega}{\omega_c}\right)^2}}$，由式(4-43)知：

$$\int_{-\infty}^{\infty}\frac{|\ln|H(\mathrm{j}\omega)||}{1+\omega^2}\mathrm{d}\omega=\int_{-\infty}^{\infty}\frac{\left|\ln\left|\frac{1}{\sqrt{\left[2-\left(\frac{\omega}{\omega_c}\right)^2\right]^2+\left(\frac{2\omega}{\omega_c}\right)^2}}\right|\right|}{1+\omega^2}\mathrm{d}\omega$$

$$=\int_{-\infty}^{\infty}\frac{\frac{1}{2}\ln\left(4+\frac{\omega^4}{\omega_c^4}\right)}{1+\omega^2}\mathrm{d}\omega=\int_{0}^{\infty}\frac{\ln\left(4+\frac{\omega^4}{\omega_c^4}\right)}{1+\omega^2}\mathrm{d}\omega \tag{4-44}$$

$$\leqslant 2\int_{0}^{\infty}\frac{\ln\left(2+\frac{\omega^2}{\omega_c^2}\right)}{1+\omega^2}\mathrm{d}\omega=2\int_{0}^{\infty}\frac{\ln2+\ln\left(1+\frac{\omega^2}{2\omega_c^2}\right)}{1+\omega^2}\mathrm{d}\omega$$

$$=2\ln2\int_{0}^{\infty}\frac{1}{1+\omega^2}\mathrm{d}\omega+2\int_{0}^{\infty}\frac{\ln\left(1+\frac{\omega^2}{2\omega_c^2}\right)}{1+\omega^2}\mathrm{d}\omega$$

令

$$Y_1(\omega)=\int_{0}^{\infty}\frac{1}{1+\omega^2}\mathrm{d}\omega$$

$$Y_2(\omega)=\int_{0}^{\infty}\frac{\ln\left(1+\frac{\omega^2}{2\omega_c^2}\right)}{1+\omega^2}\mathrm{d}\omega$$

则

$$Y_1(\omega)=\int_{0}^{\infty}\frac{1}{1+\omega^2}\mathrm{d}\omega=\arctan(\omega)\Big|_0^{\infty}=\frac{\pi}{2} \tag{4-45}$$

1)如果$\sqrt{2}\omega_c\geqslant1$，则

$$Y_2(\omega)=\int_{0}^{\infty}\frac{\ln\left(1+\frac{\omega^2}{2\omega_c^2}\right)}{1+\omega^2}\mathrm{d}\omega\leqslant\int_{0}^{\infty}\frac{\ln(1+\omega^2)}{1+\omega^2}\mathrm{d}\omega \tag{4-46}$$

2)如果 $0<\sqrt{2}\omega_c\leqslant1$，则

$$Y_2(\omega)=\int_{0}^{\infty}\frac{\ln\left(1+\frac{\omega^2}{2\omega_c^2}\right)}{1+\omega^2}\mathrm{d}\omega \tag{4-47}$$

式(4-47)中，令 $\eta=\dfrac{\omega}{\sqrt{2}\omega_c}$，则

$$Y_2(\omega)=\int_{0}^{\infty}\frac{\ln(1+\eta^2)}{1+2\omega_c^2\eta^2}\sqrt{2}\omega_c\mathrm{d}\eta=\frac{\sqrt{2}}{2\omega_c}\int_{0}^{\infty}\frac{\ln(1+\eta^2)}{\frac{1}{2\omega_c^2}+\eta^2}\mathrm{d}\eta \tag{4-48}$$

$$\leqslant\frac{\sqrt{2}}{2\omega_c}\int_{0}^{\infty}\frac{\ln(1+\eta^2)}{1+\eta^2}\mathrm{d}\eta$$

式(4-48)中，根据积分结果与自变量形式无关，则

$$Y_2(\omega)\leqslant\frac{\sqrt{2}}{2\omega_c}\int_{0}^{\infty}\frac{\ln(1+\omega^2)}{1+\omega^2}\mathrm{d}\omega$$

可以证明：

$$\int_0^{\infty}\frac{\ln(1+\omega^2)}{1+\omega^2}\mathrm{d}\omega=\frac{\pi}{8}\ln 2 \tag{4-49}$$

根据式(4-45)～式(4-49)，式(4-44)满足：

$$\int_{-\infty}^{\infty}\frac{|\ln|H(\mathrm{j}\omega)||}{1+\omega^2}\mathrm{d}\omega<\infty$$

可以进一步证明，对于由有理多项式函数构成的幅频特性，能够满足式(4-43)的条件。这表明，佩利－维纳准则要求可实现系统的幅频特性由通带到阻带的变化不能过于尖锐。

因此，佩利－维纳规定了可实时实现物理系统既不允许幅频特性在某一个频带内为零，也限制了幅频特性的衰减速度。

但是，佩利－维纳准则只从幅频特性提出了要求，而没有给出相频特性方面的约束。假定，某一个因果系统，其$|H(\mathrm{j}\omega)|$应满足式(4-43)，而冲激响应$h(t)$在$t>0$才出现。然而，若将此$h(t)$波形沿t轴向左平移，使它进入了$t<0$的时间范围，就构成了一个非因果系统。显然，这两个系统的幅频特性是相同的，但由于相频特性不相同，使得一个是物理可实时实现系统，而另一个却是物理不可实时实现系统。

因此，佩利－维纳准则是系统物理可实时实现的必要条件，而不是充分条件。如果$H(\mathrm{j}\omega)$已被检验满足此准则，就可找到适当的相位函数$\angle H(\mathrm{j}\omega)$与$H(\mathrm{j}\omega)$一起构成一个物理可实时实现的系统频率特性。

最后，对关于系统物理可实现性的几个相互联系又相互区别的概念进行一下比较：

1)物理可实现系统。物理可实现系统包括**可实时实现系统**和**非实时实现系统**。可实时实现系统的冲激响应满足式(4-42)，是因果系统。非实时实现系统的冲激响应进入了$t<0$的时间范围，是非因果系统，但这个$t<0$的时间范围如果是有限区间，可以通过延迟环节将冲激响应波形沿t轴向右平移，直至整个冲激响应都出现在$t>0$的时间范围，这种系统仍然是物理可实现的。也就是说，系统物理可实现性的实质仍然具有因果性。

2)物理不可实现系统。此系统为非因果系统，且冲激响应遍布整个时间轴，无法通过延迟环节将整个冲激响应波形平移至$t>0$的时间范围内。

4.5　希尔伯特变换及其应用

系统的物理可实现性受制于系统的因果性，这种限制决定了系统频率特性的实部与虚部或模与辐角之间将具备某种联系，希尔伯特(Hilbert)变换则揭示了这种联系。

希尔伯特变换表明了由傅里叶变换联系的系统时域和频域之间的一种等价互换关系，它与傅里叶变换的对称性有着紧密的联系。由希尔伯特变换所得到的概念和方法，在通信系统以及信号处理的理论和实践中有着重要的意义和实用价值。

4.5.1　希尔伯特变换

将式(4-42)所表示的因果系统的频率特性$H(\mathrm{j}\omega)$表示为实部$R(\omega)$和虚部$I(\omega)$之和的形式，即：

$$H(\mathrm{j}\omega)=\mathscr{F}[h(t)]=\mathscr{F}[h(t)\varepsilon(t)]=R(\omega)+\mathrm{j}I(\omega) \tag{4-50}$$

根据式(4-42)，采用傅里叶变换的频域卷积特性有：

$$\mathscr{F}[h(t)]=\frac{1}{2\pi}\{\mathscr{F}[h(t)]*\mathscr{F}[\varepsilon(t)]\} \tag{4-51}$$

则

$$R(\omega)+\mathrm{j}I(\omega)=\frac{1}{2\pi}\left\{[R(\omega)+\mathrm{j}I(\omega)]*\left[\pi\delta(\omega)+\frac{1}{\mathrm{j}\omega}\right]\right\}$$

$$
\begin{aligned}
&= \frac{1}{2\pi}\left\{R(\omega) * \pi\delta(\omega) + I(\omega) * \frac{1}{\omega}\right\} + \frac{\mathrm{j}}{2\pi}\left\{I(\omega) * \pi\delta(\omega) - R(\omega) * \frac{1}{\omega}\right\} \\
&= \left\{\frac{R(\omega)}{2} + \frac{1}{2\pi}\int_{-\infty}^{\infty}\frac{I(\lambda)}{\omega-\lambda}\mathrm{d}\lambda\right\} + \mathrm{j}\left\{\frac{I(\omega)}{2} - \frac{1}{2\pi}\int_{-\infty}^{\infty}\frac{R(\lambda)}{\omega-\lambda}\mathrm{d}\lambda\right\}
\end{aligned} \tag{4-52}
$$

因此，

$$R(\omega) = I(\omega) * \frac{1}{\pi\omega} = \frac{1}{\pi}\int_{-\infty}^{\infty}\frac{I(\lambda)}{\omega-\lambda}\mathrm{d}\lambda \tag{4-53}$$

$$I(\omega) = R(\omega) * \left(-\frac{1}{\pi\omega}\right) = -\frac{1}{\pi}\int_{-\infty}^{\infty}\frac{R(\lambda)}{\omega-\lambda}\mathrm{d}\lambda \tag{4-54}$$

式(4-52)与式(4-53)分别称为**希尔伯特正变换和希尔伯特反变换，它们构成一个希尔伯特变换对**。它说明了因果系统频率特性 $H(\mathrm{j}\omega)$的一个重要特性：实部 $R(\omega)$和虚部 $I(\omega)$相互制约并由对方所确定。也就是说，对于因果系统，只要确定了系统频率响应 $H(\mathrm{j}\omega)$实部和虚部中的任何一个，$H(\mathrm{j}\omega)$就能完全确定下来。

【例 4-7】 已知系统冲激响应 $h(t)=\mathrm{e}^{-\alpha t}\varepsilon(t)$，求系统频率特性，并验证其实部与虚部之间满足希尔伯特变换关系。

解：系统频率特性为

$$H(\mathrm{j}\omega) = \mathscr{F}[h(t)] = \mathscr{F}[\mathrm{e}^{-\alpha t}\varepsilon(t)] = \frac{1}{\alpha+\mathrm{j}\omega} = \frac{\alpha}{\alpha^2+\omega^2} - \mathrm{j}\frac{\omega}{\alpha^2+\omega^2}$$

即实部 $R(\omega)=\frac{\alpha}{\alpha^2+\omega^2}$，虚部 $I(\omega)=-\frac{\omega}{\alpha^2+\omega^2}$。

由式(4-53)知：

$$
\begin{aligned}
R(\omega) &= \frac{1}{\pi}\int_{-\infty}^{\infty}\frac{I(\lambda)}{\omega-\lambda}\mathrm{d}\lambda = \frac{1}{\pi}\int_{-\infty}^{\infty}\frac{-\lambda}{(\alpha^2+\lambda^2)(\omega-\lambda)}\mathrm{d}\lambda \\
&= \frac{1}{\pi(\alpha^2+\omega^2)}\int_{-\infty}^{\infty}\left(-\frac{\omega\lambda}{\alpha^2+\lambda^2} + \frac{\alpha^2}{\alpha^2+\lambda^2} - \frac{\omega}{\omega-\lambda}\right)\mathrm{d}\lambda \\
&= \frac{1}{\pi(\alpha^2+\omega^2)}\left[-\frac{\omega}{2}\ln(\alpha^2+\lambda^2) + \alpha\arctan\left(\frac{\lambda}{\alpha}\right) - \omega\ln(\omega-\lambda)\right]\Bigg|_{-\infty}^{\infty} \\
&= \frac{\alpha}{\alpha^2+\omega^2} = R(\omega)
\end{aligned}
$$

类似地，利用式(4-54)也可由 $R(\omega)$来求 $I(\omega)$，这时的积分计算关系为

$$-\frac{1}{\pi}\int_{-\infty}^{\infty}\frac{\alpha}{(\alpha^2+\lambda^2)(\omega-\lambda)}\mathrm{d}\lambda = \frac{\omega}{\alpha^2+\omega^2}$$

根据上述希尔伯特变换对的推导过程，不难进一步得到，对于任意因果信号 $x(t)$，即满足 $x(t)=x(t)\varepsilon(t)$，其频谱 $X(\mathrm{j}\omega)$的实部和虚部也构成希尔伯特变换对。

此外，若将式(4-53)、式(4-54)中的频率自变量 ω 替换成时间自变量 t，将频率函数 $R(\omega)$、$I(\omega)$替换成实时间函数 $x_{\mathrm{h}}(t)$、$x(t)$，则得到：

$$x_{\mathrm{h}}(t) = x(t) * \frac{1}{\pi t} = \frac{1}{\pi}\int_{-\infty}^{\infty}\frac{x(\tau)}{t-\tau}\mathrm{d}\tau \tag{4-55}$$

$$x(t) = x_{\mathrm{h}}(t) * \left(-\frac{1}{\pi t}\right) = -\frac{1}{\pi}\int_{-\infty}^{\infty}\frac{x_{\mathrm{h}}(t)}{t-\tau}\mathrm{d}\tau \tag{4-56}$$

即时间函数 $x_{\mathrm{h}}(t)$、$x(t)$也构成一个希尔伯特变换对。通常将式(4-53)、式(4-54)称为**频域希尔伯特变换**；而将式(4-55)、式(4-56)称为**时域希尔伯特变换**。

根据式(4-55)，可以将 $x_{\mathrm{h}}(t)$看作是激励 $x(t)$通过冲激响应为 $h_1(t)=\frac{1}{\pi t}$的系统所产生的响应；同理，根据式(4-56)，可以将 $x(t)$看作是激励 $x_{\mathrm{h}}(t)$通过冲激响应为

$h_2(t)=-\dfrac{1}{\pi t}$的系统所产生的响应，如图 4-18a、b 所示。

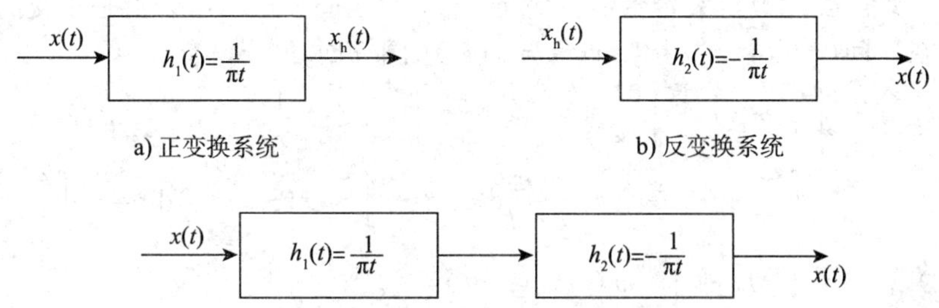

a) 正变换系统　　b) 反变换系统

c) 正、反变换系统的级联

图 4-18　希尔伯特正、反变换系统及它们的级联

对于希尔伯特正、反变换系统级联之后的总系统，其激励与响应相同，根据可逆系统的定义，希尔伯特正、反变换系统互为逆系统。

对 $h_1(t)=\dfrac{1}{\pi t}$求傅里叶变换，得到正变换系统的频率特性为

$$H_1(\mathrm{j}\omega)=\mathscr{F}[h_1(t)]=-\mathrm{j}\,\mathrm{sgn}(\omega)=\begin{cases}-\mathrm{j}, & \omega>0\\ \mathrm{j}, & \omega<0\end{cases} \tag{4-57}$$

其幅频特性和相频特性分别为

$$|H_1(\mathrm{j}\omega)|=1 \tag{4-58}$$

$$\angle H_1(\mathrm{j}\omega)=\begin{cases}-\dfrac{\pi}{2}, & \omega>0\\ \dfrac{\pi}{2}, & \omega<0\end{cases} \tag{4-59}$$

由式(4-58)、式(4-59)可知，信号经希尔伯特变换后，各频率分量幅度不变，但正的频率分量会出现－90°的相移，即相位滞后$-\dfrac{\pi}{2}$，而负的频率分量会出现＋90°的相移，即相位超前$\dfrac{\pi}{2}$。因此希尔伯特变换系统又称为 90°**移相器**，它是一个对激励信号各频率分量的幅度都没有衰减的**全通系统**。

4.5.2　希尔伯特变换的基本性质

希尔伯特变换具有几个重要的基本性质。

性质 1　对实信号 $x(t)$进行连续两次希尔伯特变换，将得到 $x(t)$的相反数。

证明：由图 4-18c 得：

$$x(t)=x(t)*h_1(t)*h_2(t)=x(t)*h_1(t)*[-h_1(t)]=-x(t)*h_1(t)*h_1(t)$$

即：

$$-x(t)=x(t)*h_1(t)*h_1(t)$$

性质 2　两个实信号卷积的希尔伯特变换等于其中一个信号的希尔伯特变换与另一个信号的卷积。

证明：设有实信号 $x_1(t)$、$x_2(t)$，它们的希尔伯特变换分别为 $x_{1\mathrm{h}}(t)$、$x_{2\mathrm{h}}(t)$，令 $y(t)=x_1(t)*x_2(t)$，则根据卷积运算的交换律和结合律，对 $y(t)$进行希尔伯特变换有：

$$y(t)*\frac{1}{\pi t}=[x_1(t)*x_2(t)]*\frac{1}{\pi t}=x_1(t)*\left[x_2(t)*\frac{1}{\pi t}\right]=x_1(t)*x_{2\mathrm{h}}(t)$$

$$=[x_2(t)*x_1(t)]*\frac{1}{\pi t}=x_2(t)*\left[x_1(t)*\frac{1}{\pi t}\right]=x_2(t)*x_{1h}(t)$$

性质3 实信号 $x(t)$ 与其希尔伯特变换 $x_h(t)$ 在区间 $(-\infty,\ \infty)$ 上是正交的。

证明：在区间 $(-\infty,\ \infty)$ 上对 $x(t)$ 与 $x_h(t)$ 的乘积求积分，有：

$$\int_{-\infty}^{\infty}x(t)x_h(t)\mathrm{d}t=\int_{-\infty}^{\infty}x(t)\frac{1}{\pi}\int_{-\infty}^{\infty}\frac{x(\tau)}{t-\tau}\mathrm{d}\tau\mathrm{d}t=\int_{-\infty}^{\infty}x(\tau)\frac{1}{\pi}\int_{-\infty}^{\infty}\frac{x(t)}{t-\tau}\mathrm{d}t\mathrm{d}\tau$$

$$=-\int_{-\infty}^{\infty}x(\tau)\frac{1}{\pi}\int_{-\infty}^{\infty}\frac{x(t)}{\tau-t}\mathrm{d}t\mathrm{d}\tau=-\int_{-\infty}^{\infty}x(\tau)x_h(\tau)\mathrm{d}\tau=-\int_{-\infty}^{\infty}x(t)x_h(t)\mathrm{d}t$$

即 $2\int_{-\infty}^{\infty}x(t)x_h(t)\mathrm{d}t=0$，故 $\int_{-\infty}^{\infty}x(t)x_h(t)\mathrm{d}t=0$。

根据正交函数的定义，$x(t)$ 与 $x_h(t)$ 在区间 $(-\infty,\ \infty)$ 上是正交的。

4.5.3 单边频谱与解析信号

1. 单边频谱

3.2 节曾给出周期信号频谱单边谱和双边谱的概念，我们知道，周期信号的频谱用三角函数形式表示时为单边谱，用指数形式表示时为双边谱，这两种频谱的表示方法在本质上是一致的。类似地，这里给出了一般信号单、双边谱的概念。

由傅里叶变换可知，实信号 $x(t)$ 的傅里叶变换 $X(\mathrm{j}\omega)$ 是一个复数频谱，包含幅度谱和相位谱，并且幅度谱关于 ω 轴成偶对称，相位谱关于 ω 轴成奇对称，即正频率部分与负频域部分互为共轭对，所以有：

$$X(\mathrm{j}\omega)=X^*(-\mathrm{j}\omega) \tag{4-60}$$

式(4-60)中，$\omega\in(-\infty,\ \infty)$，$X(\mathrm{j}\omega)$ 称为双边谱。如果其正边谱(即 $\omega>0$ 的频谱)确定，则负边谱(即 $\omega<0$ 的频谱)也随之确定。因此，可以说 $X(\mathrm{j}\omega)$ 的正边谱部分 $X(\mathrm{j}\omega)\varepsilon(\omega)$(或负边谱部分 $X(\mathrm{j}\omega)\varepsilon(-\omega)$)就完全代表了 $x(t)$ 的全部信息。

若除去负边谱，则信号可以用单边谱来表示。

设 $X(\mathrm{j}\omega)$ 为实信号 $x(t)$ 的傅里叶变换，则 $X(\mathrm{j}\omega)$ 为双边谱，定义 $x(t)$ 的**单边谱**为

$$X_s(\mathrm{j}\omega)=2X(\mathrm{j}\omega)\varepsilon(\omega)=\begin{cases}2X(\mathrm{j}\omega), & \omega>0\\0, & \omega<0\end{cases} \tag{4-61}$$

由式(4-61)可知，单边谱是 ω 的因果函数，单边谱可以由双边谱的负边谱部分叠加到正边谱上得到。对式(4-61)进行傅里叶逆变换可得单边谱对应的时间信号 $x_s(t)$。

根据 $\mathscr{F}[\varepsilon(t)]=\pi\delta(\omega)+\frac{1}{\mathrm{j}\omega}$，由傅里叶变换的对称性有：

$$\mathscr{F}\left[\frac{\delta(t)}{2}+\mathrm{j}\frac{1}{2\pi t}\right]=\varepsilon(\omega) \tag{4-62}$$

即：

$$\mathscr{F}^{-1}[\varepsilon(\omega)]=\frac{\delta(t)}{2}+\mathrm{j}\frac{1}{2\pi t} \tag{4-63}$$

再由傅里叶变换的时域卷积特性，得：

$$\begin{aligned}x_s(t)&=\mathscr{F}^{-1}[X_s(\mathrm{j}\omega)]=\mathscr{F}^{-1}[2X(\mathrm{j}\omega)\varepsilon(\omega)]=2\mathscr{F}^{-1}[X(\mathrm{j}\omega)]*\mathscr{F}^{-1}[\varepsilon(\omega)]\\&=x(t)*\left[\delta(t)+\mathrm{j}\frac{1}{\pi t}\right]=x(t)+\mathrm{j}x(t)*\frac{1}{\pi t}\\&=x(t)+\mathrm{j}x_h(t)\end{aligned} \tag{4-64}$$

由式(4-64)可知，对应于单边谱的时域信号 $x_s(t)$ 不再是一个实信号，而是一个复信号，该复信号的实部为原双边谱对应的实信号 $x(t)$，而虚部为实部 $x(t)$ 的希尔伯特正变换。

以上讨论也可以总结为：频域上的因果连续函数 $X_s(j\omega)$ 对应的时间函数是复函数，复函数的实部与虚部构成一个希尔伯特变换对。这与4.5.1节所讨论的对应，即时域中因果函数的傅里叶变换的实部与虚部构成的一个希尔伯特变换对互为对偶关系。这也充分体现了傅里叶变换时域与频域之间的对称性以及等价互换关系。

2. 解析信号

通常把实部和虚部构成一个希尔伯特变换对的复信号 $x_s(t)$ 称为**解析信号**。用解析信号 $x_s(t)$ 来代表其实部信号 $x(t)$，使傅里叶变换的频谱只出现正边谱部分，这种通过希尔伯特变换从实信号产生对应的复信号的表示方法称为解析信号表示法或盖勃(D. Gabor)表示法。它在研究调制、窄带信号、信号的包络及信号处理等方面都有着重要的应用。

【例4-8】 求信号 $x(t)=\sin(\omega_0 t)$ 的希尔伯特变换 $x_h(t)$ 及其对应的解析信号 $x_s(t)$。

解：根据式(4-57)，希尔伯特变换的频率特性为

$$H(j\omega)=-j\text{sgn}(\omega)$$

又

$$X(j\omega)=\mathscr{F}[x(t)]=\mathscr{F}[\sin(\omega_0 t)]=j\pi[\delta(\omega+\omega_0)-\delta(\omega-\omega_0)]$$

则

$$\begin{aligned}X_h(j\omega)&=X(j\omega)H(j\omega)=\{j\pi[\delta(\omega+\omega_0)-\delta(\omega-\omega_0)]\}[-j\text{sgn}(\omega)]\\&=-\pi[\delta(\omega+\omega_0)+\delta(\omega-\omega_0)]\end{aligned}$$

故 $x_h(t)=\mathscr{F}^{-1}[X_h(j\omega)]=-\cos(\omega_0 t)$。

可见，$x_h(t)$ 是由 $\sin(\omega_0 t)$ 滞后 $90°$ 得到的，对应的解析信号为

$$x_s(t)=x(t)+jx_h(t)=\sin(\omega_0 t)-j\cos(\omega_0 t)=-j[\cos(\omega_0 t)+j\sin(\omega_0 t)]=-je^{j\omega_0 t}$$

4.6 调制与解调

在几乎所有的通信系统中，为了实现信号从发送端到接收端的可靠传输，都需要进行**调制与解调**。基于信号与系统频域分析的基本理论，在系统发送端，调制是将待传输的较低频率信号的频谱搬移到较高频段上，而在系统接收端，解调是将较高频段上的信号频谱搬回至原频段以恢复原始信号。

例如，在无线通信系统中，信号以电磁波的形式通过天线对外发送，由于天线尺寸需要与信号的频率近似成反比，即信号频率越低，需要的天线尺寸越大。对于语音信号来说，相应的天线尺寸就要在几十千米以上，这是不可能实现的。只有通过调制过程将信号频谱搬移到所需的较高频率范围，才能匹配合适的天线尺寸，进而实现信号的发送。

调制的重要作用还体现在：可以将信号的传输频带进行合理划分，然后通过调制把各种信号的频谱搬移到相应的频带范围内，使不同信号互不重叠地占据不同的频率范围，不致互相干扰，这就为在一个信道中传输多路信号提供了方便，此为利用调制原理实现"多路复用"。对于近代通信系统，无论是有线传输还是无线通信，都广泛采用多路复用技术。

本节将主要介绍有关正弦信号幅度调制与解调的基本原理，下一节则重点介绍多路复用技术，更为详细深入的讨论将是通信原理课程的任务，而各种调制电路的分析则在高频电子线路中学习。

4.6.1 调制与解调的基本概念

所谓**调制**，就是用待传输的低频信号去控制另一个高频振荡信号的某一个参量(包括幅度、频率或初相位)的过程。其中，待传输的原始低频信号称为**调制信号**，被调制信号控制的高频信号称为**载波**，调制后的信号称为**已调信号**。

用正弦信号作为载波的一类调制称为**正弦载波调制**。一个未经调制的正弦波可以表示为

$$a(t)=A_0\cos(\omega_c t+\varphi_0) \tag{4-65}$$

式(4-65)中，振幅 A_0、振荡频率 ω_c 和初相位 φ_0 都是恒定不变的常数。如果用低频调制信号去控制正弦载波的振幅，使得振幅按照调制信号的规律变化，则这种方式称为**正弦幅度调制**(Amplitude Modulation，AM)；同样，也可以用低频调制信号去控制正弦载波的频率和初相位，分别称为**正弦频率调制**(Frequency Modulation，FM)和**正弦相位调制**(Phase Modulation，PM)。

当然，载波不一定都是正弦波，也可以采用方波、三角波等非正弦波。如果载波信号是周期矩形窄脉冲序列，则这一类调制称为**脉冲调制**。如果用低频调制信号去控制这个周期脉冲序列的幅度，称为**脉冲幅度调制**(PAM)；而如果控制脉冲的宽度和脉冲的位置，则称为**脉冲宽度调制**(PWM)和**脉冲相位调制**(PPM)。此外，还有**脉冲编码调制**(PCM)，它是由待传输的低频调制信号去控制脉冲编码的组合，从而形成特定的脉冲序列。脉冲调制是联系连续、离散信号与系统的重要桥梁，在通信中已得到广泛的应用。

解调是调制的逆过程，在解调时也要通过信号相乘，以实现还原式的频谱搬移，从而恢复原调制信号。

下面讨论以正弦信号作为载波的几种幅度调制与解调的基本原理。

4.6.2 抑制载波的双边带幅度调制与解调

1. 调制

调制模型如图 4-19 所示，表达式为

$$y(t)=x(t)\cos(\omega_c t) \tag{4-66}$$

式(4-66)中，$x(t)$为调制信号，$\cos(\omega_c t)$为载波信号，ω_c 为载波的角频率，简称**载频**。称 $y(t)$为已调信号。

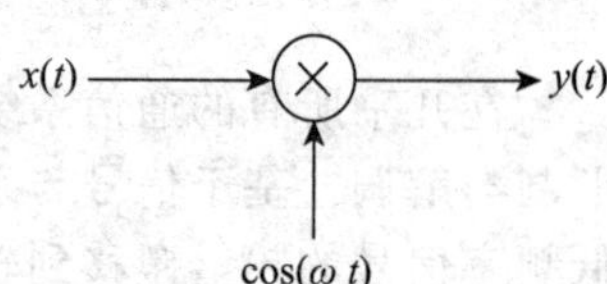

图 4-19 调制模型框图

根据式(3-137)，$\cos(\omega_c t)$的频谱为

$$\mathscr{F}[\cos(\omega_c t)]=\pi[\delta(\omega+\omega_0)+\delta(\omega-\omega_0)]$$

设 $x(t)$为**不含直流分量**的带限信号，占据 $-\omega_m\sim\omega_m$ 的有限频带，其频谱为 $X(j\omega)$，如图 4-20a 所示。根据傅里叶变换的卷积特性，容易求得已调信号 $y(t)$的频谱 $Y(j\omega)$：

$$\begin{aligned}Y(j\omega)&=\mathscr{F}[x(t)\cos(\omega_c t)]=\frac{1}{2\pi}X(j\omega)*\{\pi[\delta(\omega+\omega_c)+\delta(\omega-\omega_c)]\}\\&=\frac{1}{2}\{X[j(\omega+\omega_c)]+X[j(\omega-\omega_c)]\}\end{aligned} \tag{4-67}$$

图 4-20b、c 分别为载波信号和已调信号频谱。

根据图 4-20 知，低频信号 $x(t)$经过调制后，其频谱被搬移到 $\pm\omega_c$ 处，幅度减小为原来的一半，但是仍然保持原频谱的结构。已调信号 $y(t)$的频谱分为对称的两部分，其中，$|\omega|>\omega_c$ 的部分称为**上边带频谱**，$|\omega|<\omega_c$ 的部分称为**下边带频谱**。$y(t)$的频带宽度是 $x(t)$的两倍，$x(t)$为最高频率不超过 ω_m 的带限信号，也称为**基带信号**。

由于 $x(t)$不含直流分量，已调信号 $y(t)$的频谱中只含有 $x(t)$的频谱，而不含有载波分量，因此这种幅度调制称为**抑制载波的双边带幅度调制**(Double Side Band Suppressed Carrier Amplitude Modula tion，DSBSC AM)。

2. 解调

对于正弦幅度调制，接收端常要求解调器所采用的载波信号必须与发送端调制器所采用的信号保持严格的同频同相，这种方式称为**同步调制与解调**，又称为**相干调制与解调**。

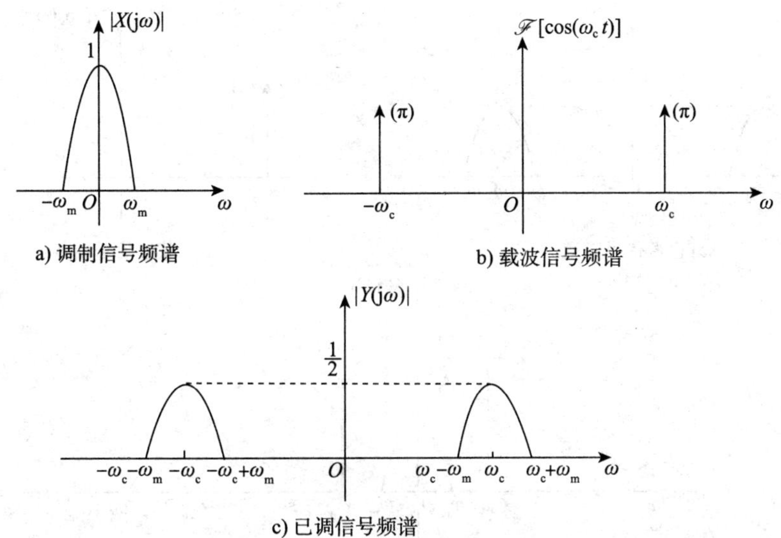

a) 调制信号频谱

b) 载波信号频谱

c) 已调信号频谱

图 4-20 抑制载波的双边带幅度调制

同步解调原理如图 4-21 所示，$y(t)$为接收到的已调信号，$\cos(\omega_c t)$为接收端施加的载波信号(与发送端相同)，$g(t)$为解调信号，其表达式为

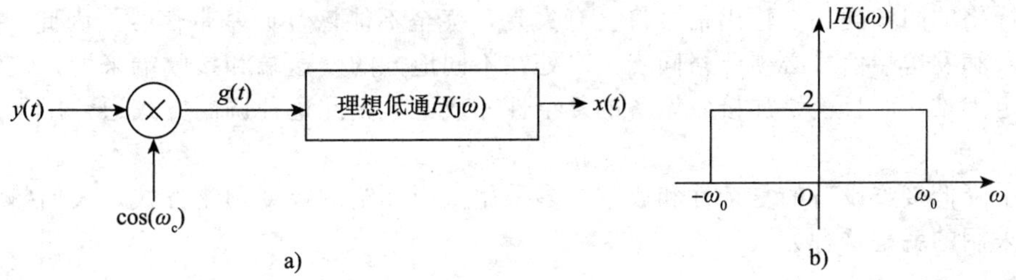

a)

b)

图 4-21 同步解调原理

$$g(t) = y(t)\cos(\omega_c t) \tag{4-68}$$

根据式(4-67)、式(4-68) 有：

$$\begin{aligned} G(\mathrm{j}\omega) &= \mathscr{F}[y(t)\cos(\omega_c t)] = \frac{1}{2\pi}Y(\mathrm{j}\omega) * \{\pi[\delta(\omega+\omega_c)+\delta(\omega-\omega_c)]\} \\ &= \frac{1}{2}\{Y[\mathrm{j}(\omega+\omega_c)]+Y[j(\omega-\omega_c)]\} \\ &= \frac{1}{4}X[\mathrm{j}(\omega+2\omega_c)]+\frac{1}{2}X(\mathrm{j}\omega)+\frac{1}{4}X[\mathrm{j}(\omega-2\omega_c)] \end{aligned} \tag{4-69}$$

因此，$g(t)$的频谱$G(\mathrm{j}\omega)$为$Y(\mathrm{j}\omega)$的又一次搬移，即将$Y(\mathrm{j}\omega)$向左和向右分别平移ω_c，在平移的同时，频谱幅度变为原来幅度的一半，结果如图 4-22 所示。

根据式(4-69)，为了恢复原信号$x(t)$，从频谱的角度而言，需要从$G(\mathrm{j}\omega)$中提取$X(\mathrm{j}\omega)$。可采用一个截止频率为$\omega_0(\omega_m<\omega_0<2\omega_c-\omega_m)$、通带增益为 2 的低通滤波器(图 4-21b 所示为理想低通滤波器)对$g(t)$进行滤波，如此，便可在接收端近似无失真地恢复出调制信号。

在实际的调制系统中，由于理想低通滤波器是物理不可实现的，所以通常设置$\omega_c>>\omega_m$，这在接收端采用一般的低通滤波器就可以满足要求。

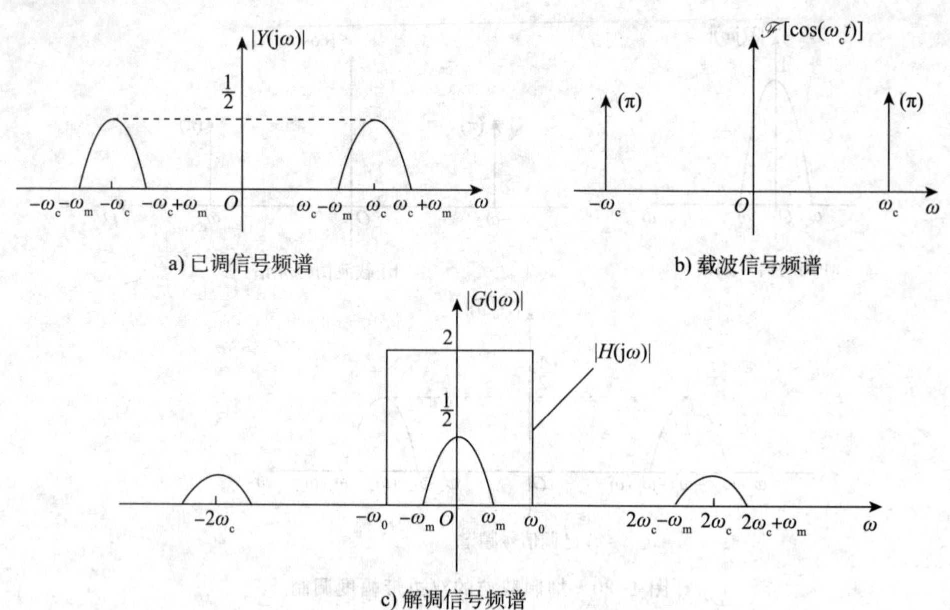

图 4-22 同步解调中各信号的频谱

在以上调制方案中，如果接收端解调器所采用的载波信号与发送端调制器中的信号没有保持严格的同频同相，输出信号将会有失真，甚至不能恢复原基带信号。因此，接收端载波信号和发送端信号必须严格同步。对处在不同地方的发送端和接收端来说，这实现起来有一定困难，而且会增加接收设备的复杂性和成本，因此这种调制方式通常用于点对点通信。

为了降低接收设备的复杂性和成本，多采用下面介绍的幅度调制方式，人们熟悉的调幅广播采用的就是这种方式。

4.6.3 幅度调制与解调

1. 调制

幅度调制过程是在发射已调信号 $x(t)\cos(\omega_c t)$ 的同时，再发送一个较大幅度的载波信号 $A\cos(\omega_c t)$，以代替在接收端产生本地的同步载波。幅度调制原理如图4-23所示，$y(t)$表达式为

$$y(t)=A\cos(\omega_c t)+x(t)\cos(\omega_c t)=[A+x(t)]\cos(\omega_c t) \tag{4-70}$$

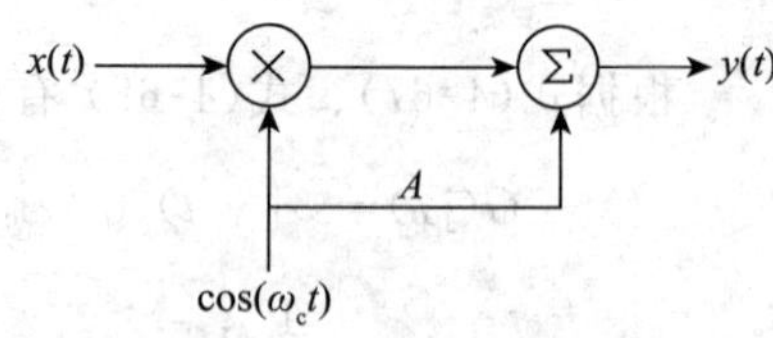

图 4-23 幅度调制

$y(t)$也称为调幅波信号。在式(4-70)中，要求 A 足够大，以保证 $A+x(t)\geqslant 0$。同时，还要求载波频率 ω_c 远远大于调制信号频谱的最高频率 ω_m，以保证载波的包络线形状和调制信号一样。

$y(t)$的频谱为

$$Y(j\omega)=A\pi[\delta(\omega+\omega_c)+\delta(\omega-\omega_c)]+\frac{1}{2}\{X[j(\omega+\omega_c)]+X[j(\omega-\omega_c)]\}$$

可见，与抑制载波的调幅信号的频谱(见图 4-24b)相比，调幅信号的频谱增加了代表载波分量的频谱，它为位于$\pm\omega_c$ 处的两个冲激，如图 4-24c 所示。

2. 解调

根据图 4-24 可知，只要满足 $A+x(t)\geqslant 0$，此时调幅波的包络线与调制信号完全一致。

a) 调制信号及其频谱

载波反相

b) 双边调制信号及其频谱

c) 调幅波信号及其频谱

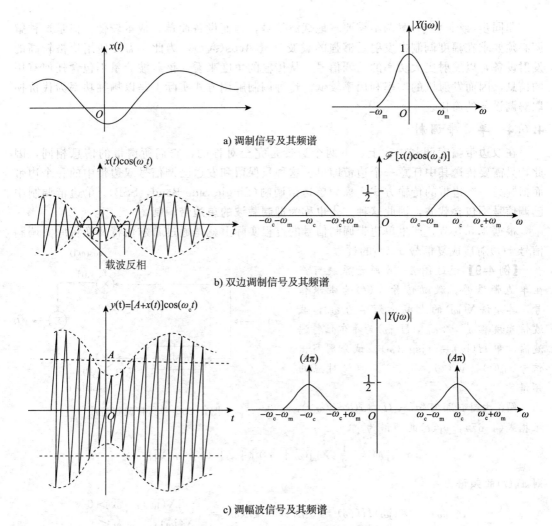

图 4-24　幅度调制信号及其频谱

因而，在接收端可以采用包络检波的方式进行解调。

图 4-25a 为一种简单的包络检波电路，由二极管、电阻和电容组成。二极管 V_D 在载波信号正值期间导通，并使电容 C 迅速充电；在载波信号负值期间 V_D 截止，电容 C 慢慢向电阻 R 放电。由于电容充电快而放电慢，这使电容的两端保持了包络的形状，从而能将调制信号恢复出来。图 4-25b 为检波电路的工作波形。这种解调过程无需本地提供与发送端同步的正弦载波，称为**非同步(或非相干)解调**。

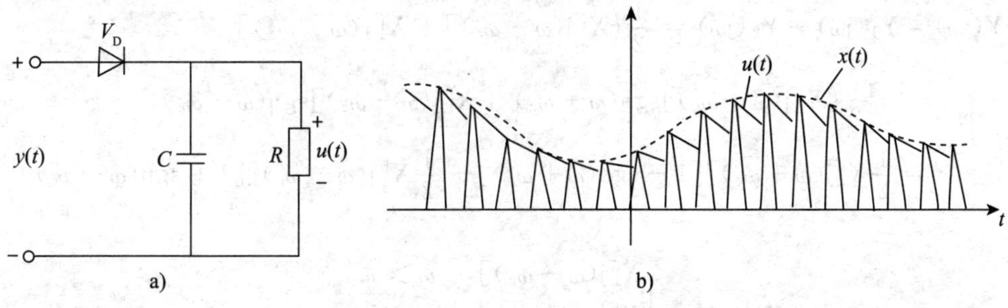

图 4-25　二极管包络检波解调

非同步(或非相干)解调不需要本地载波信号，因而设备简单，成本较低。但是这种解调必须要求在幅度调制中发射足够强的载波分量 $A\cos(\omega_c t)$，为此，需要使用价格较高的发射设备，以发射更大功率的已调信号。从传输的角度来看，该载波分量不包含任何有用的信息，因而发射机的功率利用率较低。这种调制解调方式实际上是以牺牲功率为代价换取解调设备的简化。

4.6.4 单边带调制

在双边带幅度调制中，上、下两个边带是完全对称的，它们所携带的信息相同，因此，只需要传送其中任意一个边带即可。这种只保留和发送已调信号双边带中的一个边带而抑制另一个边带的传输方式，称为**单边带调制**(Single Side Band，SSB)。单边带调制中已调信号不包含载波，因此这种方式也称为**抑制载波的单边带调制**。

根据 4.5.3 节，产生单边带调制信号的过程实际上就是通过希尔伯特变换将原实调制信号 $x(t)$对应成复信号 $x_s(t)$的过程。

【例 4-9】 通过图 4-26 所示系统可产生单边带信号。激励信号 $x(t)$为带限信号，其频谱$X(j\omega)$的上截止频率为 ω_m，载波信号频率 $\omega_c>>\omega_m$，$H(j\omega)$为希尔伯特滤波器，即 $H(j\omega)=-j\mathrm{sgn}(\omega)$。试分别写出信号 $x_h(t)$、$y_1(t)$、$y_2(t)$、$y(t)$对应的频谱。

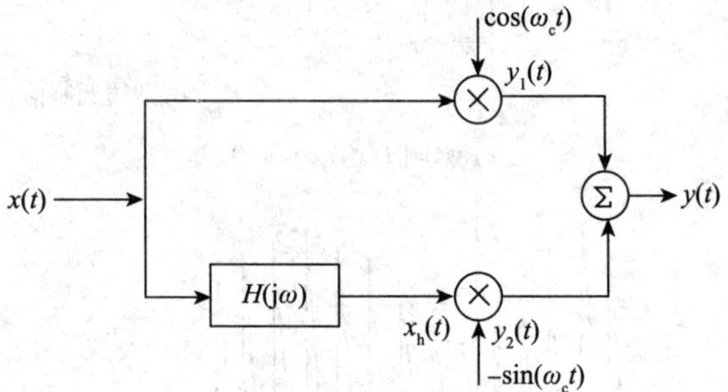

图 4-26 单边带调制信号

解：由图 4-26 可知，$y_1(t)=x(t)\cos(\omega_c t)$，根据式(4-67)，$y_1(t)$的频谱为

$$Y_1(j\omega) = \frac{1}{2}\{X[j(\omega+\omega_c)]+X[j(\omega-\omega_c)]\}$$

则 $x_h(t)$的频谱为

$$X_h(j\omega) = X(j\omega)H(j\omega) = -jX(j\omega)\mathrm{sgn}(\omega) = \begin{cases}-jX(j\omega), & \omega>0\\ X(j\omega), & \omega<0\end{cases}$$

由 $y_2(t)=x_h(t)[-\sin(\omega_c t)]$，则 $y_2(t)$的频谱 $Y_2(j\omega)$为

$$\begin{aligned}Y_2(j\omega) &= -\frac{1}{2\pi}X_h(j\omega) * j\pi[\delta(\omega+\omega_c)-\delta(\omega-\omega_c)]\\ &= -\frac{j}{2}\{X_h[j(\omega+\omega_c)]-X_h[j(\omega-\omega_c)]\}\\ &= -\frac{1}{2}\{X[j(\omega+\omega_c)]\mathrm{sgn}(\omega+\omega_c)-X[j(\omega-\omega_c)]\mathrm{sgn}(\omega-\omega_c)\}\end{aligned}$$

整个系统响应 $y(t)$的频谱为

$$\begin{aligned}Y(j\omega) &= Y_1(j\omega)+Y_2(j\omega) = \frac{1}{2}\{X[j(\omega+\omega_c)]+X[j(\omega-\omega_c)]\}\\ &\quad -\frac{1}{2}\{X[j(\omega+\omega_c)]\mathrm{sgn}(\omega+\omega_c)-X[j(\omega-\omega_c)]\mathrm{sgn}(\omega-\omega_c)\}\\ &= \frac{1}{2}X[j(\omega+\omega_c)][1-\mathrm{sgn}(\omega+\omega_c)]+\frac{1}{2}X[j(\omega-\omega_c)][1+\mathrm{sgn}(\omega-\omega_c)]\end{aligned}$$

即：

$$Y(j\omega) = \begin{cases}X[j(\omega-\omega_c)], & \omega>\omega_c\\ X[j(\omega+\omega_c)], & \omega<-\omega_c\\ 0, & -\omega_c<\omega<\omega_c\end{cases}$$

各信号频谱的波形如图 4-27 所示。由 $Y(\mathrm{j}\omega)$ 波形图可知，$y(t)$ 只保留了原基带信号 $x(t)$ 的上边带频谱的信息。若希望保留 $x(t)$ 的下边带信息，则只要将 $H(\mathrm{j}\omega)$ 换成 $\mathrm{j}\,\mathrm{sgn}(\omega)$，即对 $x(t)$ 进行希尔伯特反变换。

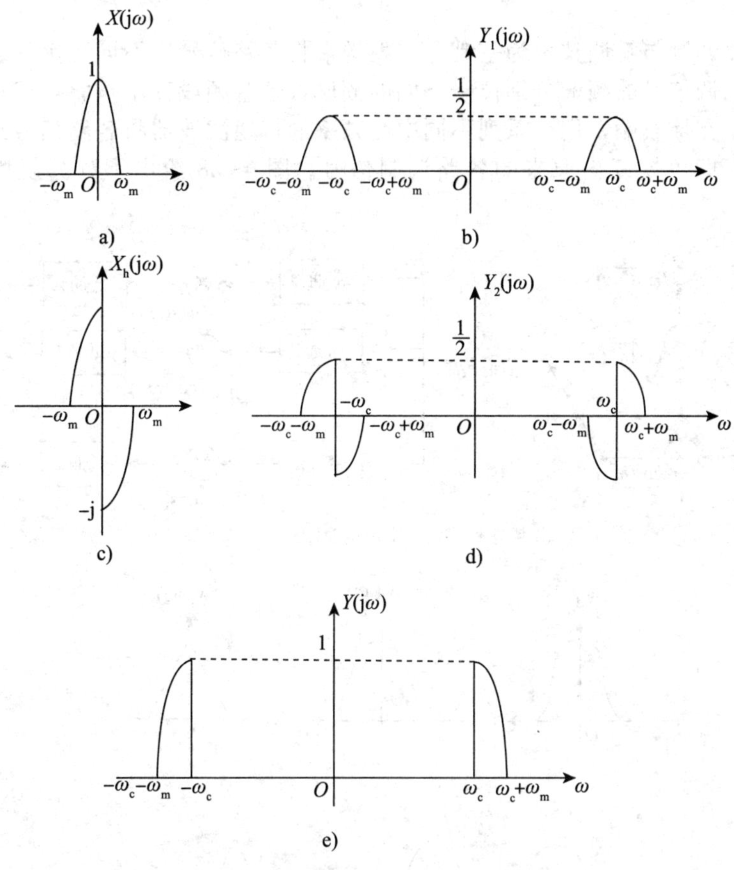

图 4-27　单边带调制中各信号的频谱

除了节省载波功率之外，单边带调制方式还可节省一半传输频带，从而提高了频带利用率，但是这些优点的获得却以增加调制与解调设备的复杂性为代价，其原因在于，与双边带抑制载波的幅度调制一样，单边带调制的解调也必须采用同步解调的方式，而且，要从调幅波中只提取一个边带而完全滤除载波和另一个边带，实现起来也有相当大的困难，所以有时候用**残留边带**(Vestigial Side Band，VSB)的调制方式。这种调制方式是在双边带调制的基础上，通过设计滤波器，使信号一个边带的频谱分量在原则上完全保留，另一个边带频谱分量只保留小部分(残留)。该调制方法既比双边带调制节省频谱，又比单边带易于解调。

4.7　多路复用技术

将多个信号以某种方式叠加在一起，并在同一个信道(信号传递的媒介)中传输，称为**多路复用**。常见的信道复用采用两种方式：频率区分方式和时间区分方式。前者称为频分复用(Frequency Division Multiplexing，FDM)，后者称为时分复用(Time Division Multiplexing，TDM)。

4.7.1 频分复用

在通信系统中，信道所能提供的带宽通常比传送一路信号所需的带宽要宽得多，如果一个信道只传送一路信号是非常浪费的。为了能够充分利用信道的带宽，就可以采用频分复用的方法。

频分复用以调制与解调技术为基础，在发送端将各路信号用不同频率的载波信号进行调制，产生的已调信号的频谱分别位于不同的频段，这些频段互不重叠，然后复用同一个信道进行传输。在接收端，用一系列不同中心频率的带通滤波器将各路信号提取出来，并分别进行解调，即可恢复出原来的各路调制信号。图 4-28 给出了频分复用系统的实现原理。

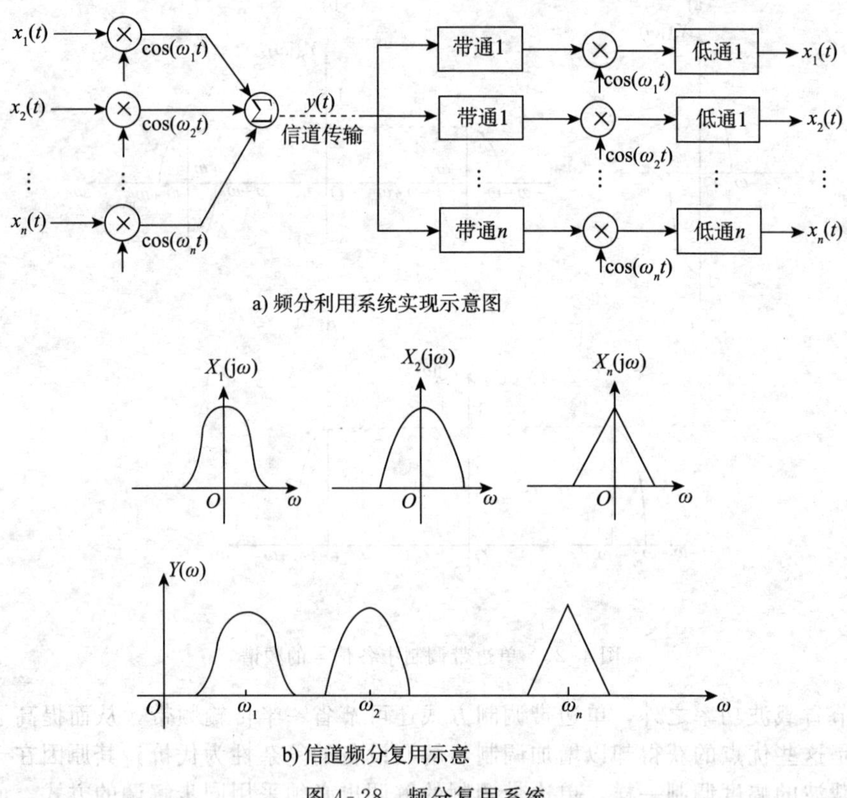

a) 频分利用系统实现示意图

b) 信道频分复用示意

图 4-28 频分复用系统

在实际应用中，为了保证每路信号都是一个带限信号，各路信号在进行调制之前都要通过一个低通滤波器进行带限滤波，同时为了防止邻路信号的干扰，一般情况下，相邻两路间还要留有**防护频带**。在接收端，首先要使多路复用信号通过一个中心频率为特定载波频率的带通滤波器，以滤出所需接收的某一路信号，然后再对这个载波频率的已调信号进行解调，恢复各路信号。

频分复用系统的最大优点是信道复用率高，容许复用的路数多，分路方便，因此，在模拟通信中应用广泛。

正交频分复用(Orthogonal Frequency Division Multiplexing，OFDM)是一种特殊的频分复用技术。其基本思想是将高速串行数据流转换成 N 路低速并行的数据流，然后用 N 路相互正交的子载波进行调制。最后，将已调制的 N 路信号相叠加即得到待传输的信号。

OFDM 的思想起源于 20 世纪五六十年代，由于当时系统结构非常复杂，需采用多个模拟调制解调器，因而发展缓慢。直到 20 世纪 70 年代，通过引入离散傅里叶变换来实现多个载波的调制与解调，使得 OFDM 技术逐渐趋于实用化。到 20 世纪 80 年代，随着循环前缀(Cyclic Prefix，CP)的引入，有效消除了符号间干扰和载波间干扰，使 OFDM 技术获得了重大改进。进入 20 世纪 90 年代，OFDM 技术得到了更加广泛的关注和应用。该技术目前已被应用于多种无线和有线通信系统，如数字音频广播(DAB)数字视频广播(DVB)，IEEE 802.11、HIPERLAN/2 和 MAC 无线局域网，非对称数字用户线路(ADSL)，宽带电力线通信等，并已成为第四代(4G)移动通信系统的核心技术之一。

OFDM 基本原理如图 4-29 所示。在发送端，高速串行复数据流被转换成 N 路低速并行的复数据流$\{X(i,k)\}$(k 表征第 k 路数据，$0\leqslant k\leqslant N-1$；$i$ 表征每路的第 i 个数据，$i\geqslant 0$)。然后，用 N 个相互正交的子载波对各路数据进行调制，再叠加，得到待传输的信号流 $s_c(t)$：

$$s_c(t)=\sum_{i=0}^{+\infty}s_i(t-iT)=\sum_{i=0}^{+\infty}\sum_{k=0}^{N-1}X(i,k)\varphi_k(t-iT)\tag{4-71}$$

式(4-71)中，$s_i(t-iT)$为第 i 个待发送的 OFDM 码元；t 为连续时间变量，$t\geqslant 0$；T 为码元持续时间。$\varphi_0(t')$，$\varphi_1(t')$，…，$\varphi_{N-1}(t')$，$0\leqslant t'\leqslant T$ 为相互正交的连续函数，则：

$$\int_0^T\varphi_k(t')\varphi_{k'}^*(t')\mathrm{d}t'=\begin{cases}c, & k'=k\\0, & k'\neq k\end{cases}\tag{4-72}$$

式(4-72)中，$\varphi_k^*{}'(t')$为 $\varphi_k(t')$的共轭，且 k'、$k=0$，1，…，$N-1$；c 为常数(对于标准正交函数集，$c=1$)。

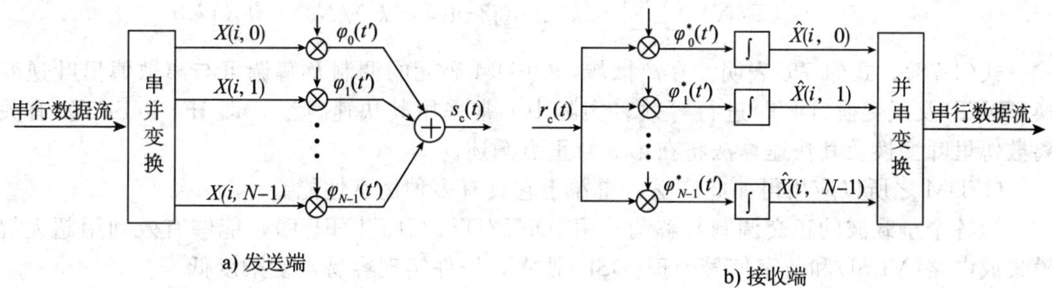

图 4-29　OFDM 基本原理

假设忽略信道影响，接收信号流 $r_c(t)=s_c(t)$，则

$$r_c(t)=\sum_{i=0}^{+\infty}r_i(t-iT)\tag{4-73}$$

式(4-73)中，$r_i(t-iT)$为第 i 个接收到的 OFDM 码元。采用发送端 N 个正交函数的共轭分别对接收信号 $r_c(t)$进行解调，则第 i 个码元的第 k'路输出为

$$\begin{aligned}\hat{X}(i,k')&=\int_{iT}^{(i+1)T}r_i(t-iT)\varphi_{k'}^*(t-iT)\mathrm{d}t=\int_{iT}^{(i+1)T}s_i(t-iT)\varphi_{k'}^*(t-iT)\mathrm{d}t\\&=\int_{iT}^{(i+1)T}\sum_{k=0}^{N-1}X(i,k)\varphi_k(t-iT)\varphi_{k'}^*(t-iT)\mathrm{d}t\\&=\sum_{k=0}^{N-1}X(i,k)\int_{iT}^{(i+1)T}\varphi_k(t-iT)\varphi_{k'}^*(t-iT)\mathrm{d}t\\&=\sum_{k=0}^{N-1}X(i,k)\int_0^T\varphi_k(t')\varphi_{k'}^*(t')\mathrm{d}t'=cX(i,k')\end{aligned}\tag{4-74}$$

由式(4-74)可知，解调数据 $\hat{X}(i,k')$与原始数据 $X(i,k')$之间仅相差一个乘积常数 c，因此很容易实现对原始数据的恢复。

选择不同的正交函数集可设计出不同性能的 OFDM 系统，传统的 OFDM 系统选择正弦函数集，即$\{\varphi_k(t')=\exp(\mathrm{j}2\pi f_k t'),\ k=0,1,\cdots,N-1\}$，且有：

$$f_k=k/T,k=0,1,\cdots,N-1 \tag{4-75}$$

即串并变换之后的数据分别调制到 N 个等频率间隔的子载波上。

以一个 OFDM 码元为例，其时域连续信号表达为

$$s(t)=\sum_{k=0}^{N-1}X(k)\exp(\mathrm{j}2\pi f_k t),\ 0\leqslant t\leqslant T \tag{4-76}$$

在接收端，对接收信号 $r(t)$（不考虑信道影响，则 $r(t)=s(t)$）解调，得

$$\begin{aligned}\hat{X}(k')&=\int_0^T r(t)\exp(-\mathrm{j}2\pi f_k{}'t)\mathrm{d}t=\sum_{k=0}^{N-1}X(k)\int_0^T\exp[\mathrm{j}2\pi(f_k-f_{k'})]t\mathrm{d}t\\&=\sum_{k=0}^{N-1}X(k)\int_0^T\exp[\mathrm{j}2\pi(k-k')t/T]\mathrm{d}t=TX(k')\end{aligned} \tag{4-77}$$

以抽样周期 $T_s=T/N$ 对连续时间信号进行采样，得到对应离散形式为

$$s(n)=\sum_{k=0}^{N-1}X(k)\exp(\mathrm{j}2\pi nk/N),\ n=0,1,\cdots,N-1 \tag{4-78}$$

$$\begin{aligned}\hat{X}(k')&=(T/N)\sum_{n=0}^{N-1}r(n)\exp(-\mathrm{j}2\pi nk'/N)\\&=(T/N)\sum_{n=0}^{N-1}\sum_{k=0}^{N-1}X(k)\exp(\mathrm{j}2\pi n(k-k')/N)=TX(k')\end{aligned} \tag{4-79}$$

式(4-78)、式(4-79)表明，在离散域，OFDM 码元的调制及解调可与离散傅里叶逆变换(IDFT)及正变换(DFT)进行等效。实际中，常采用其快速算法，即 IFFT/FFT。有关离散傅里叶变换及其快速算法将在第 8 章重点阐述。

OFDM 之所以应用得如此广泛，得益于它具有多种优良性能。

1)各个子载波的正交调制与解调采用 IDFT/DFT(IFFT/FFT)，能够有效利用超大规模集成电路(VLSI)和数字信号处理(DSP)技术，硬件实现容易，复杂度低。

2)由图 4-29 知，OFDM 将高速串行数据流转换成多路并行的低速数据流，延长了每个子载波上数据的持续时间，即从 T/N 延长至 T，从而有效地减少了时间弥散信道（如电力线信道）所带来的码间干扰(Inter-Symbol Interference，ISI)。同时，通信信道的多径传输导致每个子信道的能量会扩散到邻近信道，从而会破坏子载波的正交性。传统的 OFDM 系统在码元之间插入由循环前缀构成的保护间隔 τ_{cp}，使 τ_{cp} 大于信道的最大多径时延 τ_{max}，则一个 OFDM 码元周期内的信号不会延伸到下一个周期，这样就有效地保护了子载波之间的正交性，如图 4-30 所示。

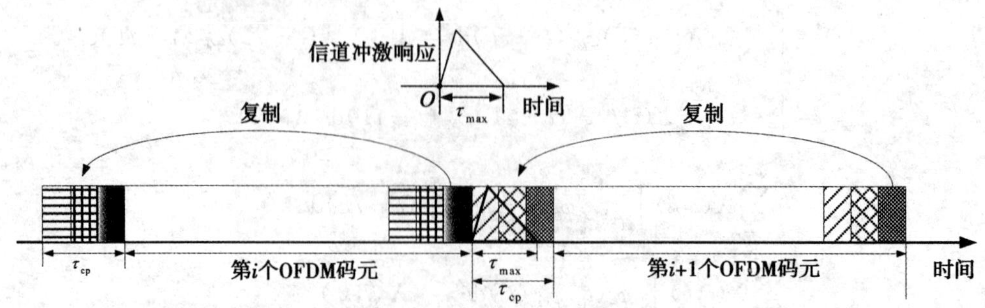

图 4-30 插入循环前缀保护间隔的 OFDM 符号

3)若基带信号采用矩形波，则每个子载波上已调信号的频谱为 $\mathrm{Sa}(\omega)=\sin\omega/\omega$ 的形状，各子载波频谱互相重叠。与普通的频分复用系统相比，子载波之间无需保护频带，以

最大限度地利用频谱资源，如图 4-31 所示。

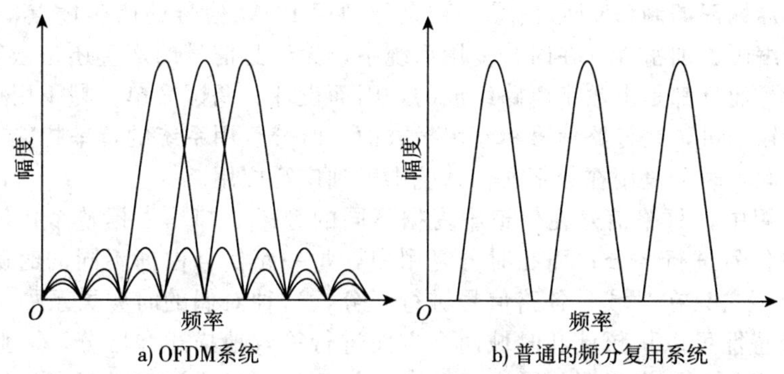

图 4-31　OFDM 系统与普通的频分复用系统子载波的频谱特性对比

4）各子载波上数据受到各子信道不同程度的衰减。在建立通信链路时，发送端发出导频信号以探测各个子信道的衰落情况。接收端通过对导频信号进行分析，并根据设定的信噪比(SNR)阈值，关闭深衰落子信道，充分利用信噪比高的子信道，即进行动态子信道分配和动态信息比特分配，由此提高系统性能，如图 4-32 所示。

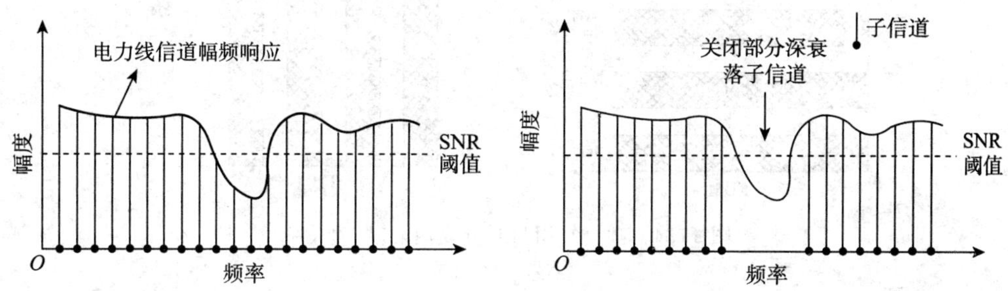

图 4-32　OFDM 系统动态分配子信道

4.7.2　时分复用

时分复用是将信号的传输时间分成若干个相等的时间间隔，在每个时间间隔内传输一路信号，每路信号在其占据的时间范围内独占信道带宽。

根据抽样定理，对于频带受限于 $-\omega_m \sim +\omega_m$ 的信号，可以用间隔不大于 $\frac{1}{2f_m}(\omega_m = 2\pi f_m)$ 的抽样值唯一确定，那么，只要传输这些瞬时抽样值就可以恢复原信号。在传输信号的抽样值时，信道在抽样时刻被占用，其余的空闲时间就可以用来传送其他信号的抽样值。将多路信号的抽样值按照先后顺序排列起来，就形成**时分多路复用信号**，再一起通过信道传送。图 4-33 给出了两路信号的时分复用情况。在接收端，可以用与发送端同步的电子开关将两路信号分离后，再各自恢复原信号。

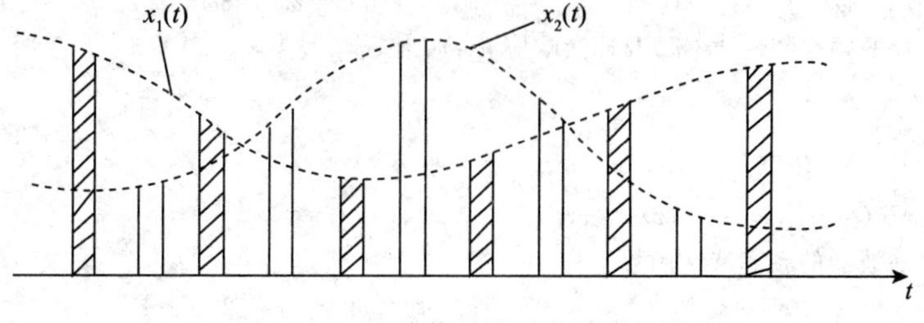

图 4-33　两路信号的时分复用情况

实际应用中，时分复用系统很少直接传输多路脉冲幅度信号，而是将脉冲幅度信号量化、编码为**脉冲编码调制**(PCM)信号，以充分利用 PCM 信号的诸多优点，如易于控制，可以进行纠错编码、加密等。在时分复用系统中，无论是信号的产生还是恢复，各路的电路结构都相同，而且都是由数字电路组成的，因而设计、调试简单，易于用标准化集成电路。从信号传输上讲，在各路信号相互串扰方面，时分复用系统的抗串扰能力要比频分复用系统强。因此，时分复用在数字通信系统中得到广泛应用。

在频分复用中，每路信号在信道中占据不同的频段，却均占据整个传输时间，它只在频域对各路信号进行区分；而在时分复用中，每一路信号占据不同的时隙，却均占据整个信道频带，它只在时域对各路信号进行区分，这种对偶的时频关系如图 4-34 所示。正是由于信号特性可以从频域和时域两个方面进行等效地描述和区分，因此总可以在相应域中采用适当的技术将复用信号进行分离，从而使频率资源和时间资源得到充分有效的利用。

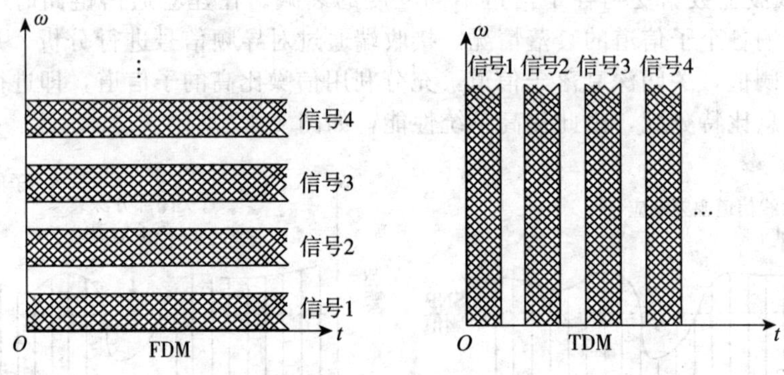

图 4-34 频分复用与时分复用的时-频关系

习题

4-1 求题 4-1 图所示电路系统的频率特性 $H(j\omega)$，设激励为 $u_1(t)$，响应为 $u_2(t)$。

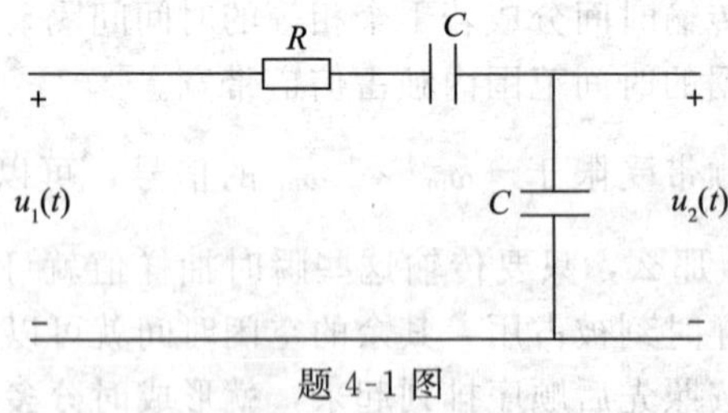

题 4-1 图

4-2 已知如下系统的频率特性。试求：单位阶跃响应；激励 $x(t)=e^{-2t}\varepsilon(t)$的零状态响应。

(1) $H(j\omega)=\dfrac{1-j\omega}{1+j\omega}$；(2) $H(j\omega)=5\cos(2\omega)$；(3) $H(j\omega)=\dfrac{-\omega^2+j4\omega+5}{-\omega^2+j3\omega+2}$。

4-3 写出下列系统的频率特性 $H(j\omega)$及冲激响应 $h(t)$。

(1) $y(t)=x(t-t_0)$；

(2) $y(t)=\int_{-\infty}^{t}x(\tau)d\tau$；

(3) $y''(t)+4y'(t)+3y(t)=x'(t)+2x(t)$。

4-4 某理想低通滤波器的频率特性函数为

$$H(j\omega)=\begin{cases}e^{-j\omega}, & -2<\omega<2\\ 0, & \text{其他}\end{cases}$$

对于下列不同的输入 $x(t)$，计算滤波器的不同输出 $y(t)$，并考虑传输是否引起失真。

(1) $x(t)=5\mathrm{Sa}\left(\frac{3t}{2\pi}\right)$；

(2) $x_2(t)=5\mathrm{Sa}(t)\cos 2t$。

4-5　如题 4-5 图所示的电路系统，以 $u_1(t)$ 为激励，$u_2(t)$ 为响应的系统频率特性为 $H(\mathrm{j}\omega)=\frac{U_2(\mathrm{j}\omega)}{U_1(\mathrm{j}\omega)}$，为得到无失真传输，元件参数 R_1、R_2、C_1、C_2 应满足什么关系？

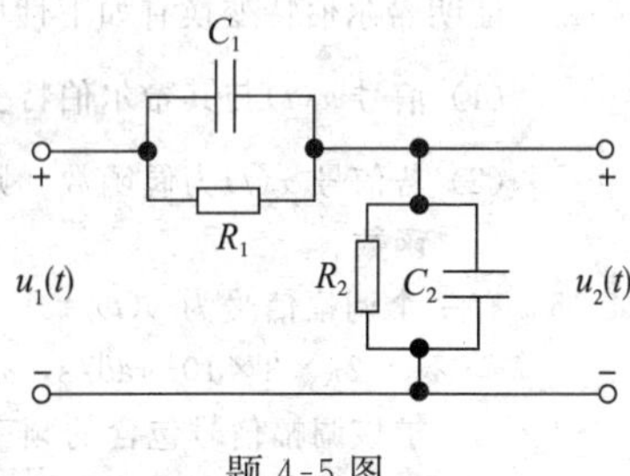

题 4-5 图

4-6　一个因果 LTI 系统的输出 $y(t)$ 与输入 $x(t)$ 关系由下列方程建立

$$\frac{\mathrm{d}y(t)}{\mathrm{d}t}+10y(t)=\int_{-\infty}^{\infty}x(\tau)z(t-\tau)\mathrm{d}\tau-x(t)$$

其中，$z(t)=\mathrm{e}^{-t}\varepsilon(t)+\delta(t)$，求该系统的频率特性。

4-7　一个因果 LTI 系统的输出 $y(t)$ 与输入 $x(t)$ 关系为

$$\frac{\mathrm{d}}{\mathrm{d}t}y(t)+2y(t)=3x(t)$$

试求该系统阶跃响应 $g(t)$ 的终值 $g(\infty)$，以及满足 $g(t_0)=g(\infty)(1-\mathrm{e}^{-2})$ 的 t_0 值。

4-8　下列频率特性为 $H(\mathrm{j}\omega)$ 的 LTI 系统当给定输入 $x(t)$ 时，求输出 $y(t)$。

(1) $H(\mathrm{j}\omega)=\begin{cases}1-\frac{|\omega|}{4}, & |\omega|\leqslant 3\mathrm{rad/s}\\ 0, & |\omega|<3\mathrm{rad/s}\end{cases}$，$x(t)=3\sum_{n=-\infty}^{\infty}\mathrm{e}^{\mathrm{j}n\left(\omega t+\frac{\pi}{2}\right)}$，$\omega=1\mathrm{rad/s}$

(2) $H(\mathrm{j}\omega)=\varepsilon(\omega+120)-\varepsilon(\omega-120)$，$x(t)=20\cos(100t)\cos^2(10^4t)$

4-9　系统框图如题 4-9 图所示，设输入信号 $x(t)=\sum_{n=-\infty}^{\infty}\mathrm{e}^{\mathrm{j}nt}$，载波信号 $s(t)=\cos t$，系统频率特性为

$H(\mathrm{j}\omega)=\begin{cases}\mathrm{e}^{-\mathrm{j}\frac{\pi}{3}\omega}, & |\omega|\leqslant 1.5\\ 0, & |\omega|>1.5\end{cases}$，求系统输出 $y(t)$。

4-10　一个理想带通滤波器的幅度特性与相位特性如题 4-10 图所示。求系统的冲激响应 $h(t)$，说明此系统是否是物理可实现的。若系统输入为 $x(t)=\mathrm{Sa}(2\omega_c t)\cos\omega_0 t$，求该滤波器的输出 $y(t)$。

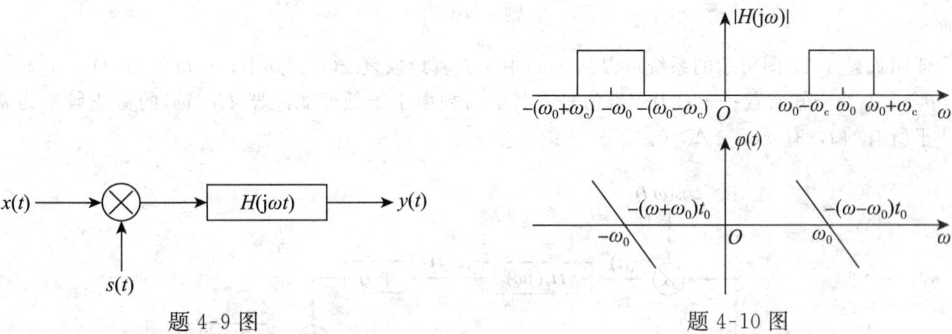

题 4-9 图　　题 4-10 图

4-11　分析信号通过题 4-11 图所示的斜格型电路网络时是否有幅度失真与相位失真。

4-12　在如题 4-12 图所示的抑制载波的调制解调方案中，若载波 $s(t)=\cos(\omega_c t+\theta)$。试证明同步解调系统仍可正确解调。

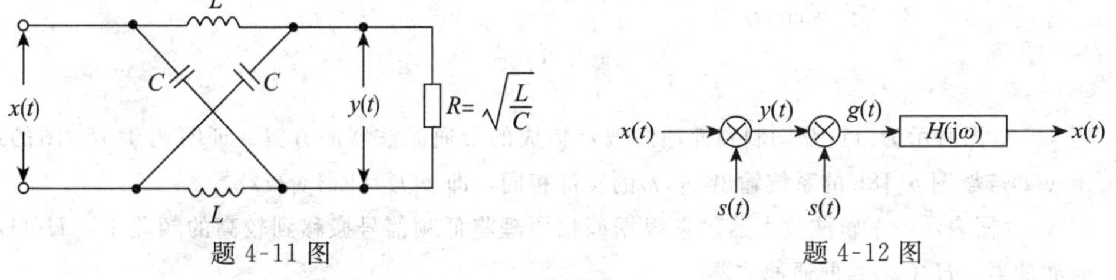

题 4-11 图　　题 4-12 图

4-13　(1)已知 $h(t)=h(t)\varepsilon(t)$，$h_e(t)$ 和 $h_o(t)$ 分别为 $h(t)$ 的偶分量和奇分量，$h(t)=h_e(t)+h_o(t)$，证明：

$h_e(t)=h_o(t)\text{sgn}(t)$，$h_o(t)=h_e(t)\text{sgn}(t)$。

(2)由傅里叶变换的奇偶、虚实关系已知若 $H(\text{j}\omega)=R(\omega)+\text{j}I(\omega)$，则 $h_e(t)\xrightarrow{\mathscr{F}}R(\omega)$，$h_o(t)\xrightarrow{\mathscr{F}}\text{j}I(\omega)$。利用上述关系证明 $R(\omega)$与 $I(\omega)$之间满足希尔伯特变换关系。

4-14 证明希尔伯特变换有如下性质：

(1) 信号 $x(t)$与其希尔伯特变换 $x_h(t)$的能量相等，即 $\int_{-\infty}^{+\infty}x^2(t)\text{d}t=\int_{-\infty}^{+\infty}x_h^2(t)\text{d}t$。

(2) 若信号 $x(t)$为偶函数，则其希尔伯特变换 $x_h(t)$为奇函数；若 $x(t)$为奇函数，则 $x_h(t)$为偶函数。

4-15 有一个调幅信号为 $y(t)=A[1+0.3\sin(\omega_1 t)+0.1\sin(\omega_2 t)]\cos(\omega_c t)$。其中，$\omega_1=2\pi\times5\times10^3$ rad/s，$\omega_2=2\pi\times3\times10^3$ rad/s，$\omega_c=2\pi\times45\times10^6$ rad/s，$A=100\text{V}$，试求：

(1) 求该调幅信号包含的频率分量和频带宽度。

(2) 求该调幅信号加到 1Ω 的电阻上所产生的平均功率、峰值功率、载波功率与边频功率。

4-16 在题 4-16 图 a 所示的系统中，输入为 $x(t)$，输出为 $y(t)$，低通滤波器的幅频特性 $|H_L(\text{j}\omega)|$ 如题 4-16 图 b 所示。题 4-16a 图中的 ω_0 与题 4-16b 图中的 ω_1、ω_2 具有关系：$\omega_0\gg\omega_2\gg\omega_1$。

(1) 求系统的频率响应 $H(\text{j}\omega)$；

(2) 画出 $|H(\text{j}\omega)|$，并说明此系统的作用。

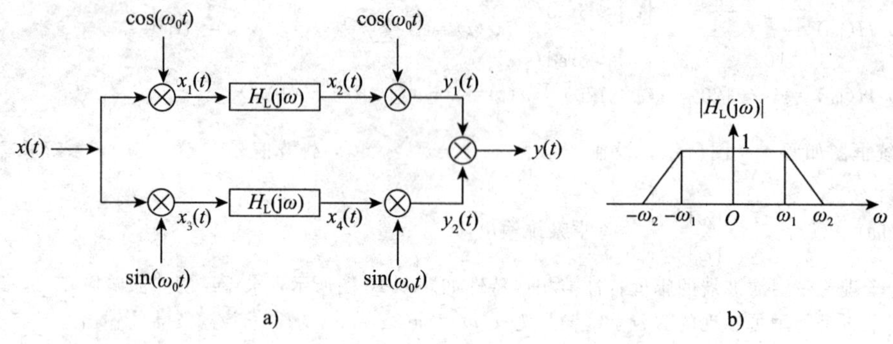

题 4-16 图

4-17 证明如题 4-17 图所示的系统可以从 $y(t)$中无失真地恢复 $x(t)$。其中，$y(t)=[x(t)+A]\cos(\omega_c t+\theta_c)$，$\theta_c$ 为未知常数；$x(t)$为带限信号，其最高频率小于低通滤波器 $H_L(\text{j}\omega)$的截止频率为 ω_s；对于所有的 t，有 $x(t)+A>0$。

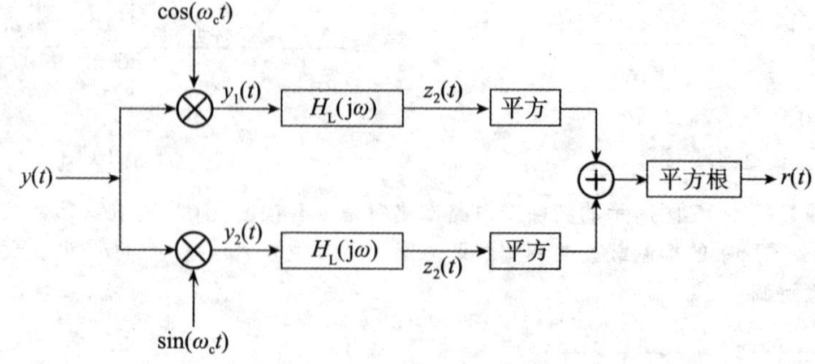

题 4-17 图

4-18 题 4-18a 图所示为由正弦调制和低通滤波器构成的带通滤波器的方案。证明题 4-18a 图的系统输出 $y(t)$与题图 4-18b 的系统输出 $y_1(t)$的实部相同，即 $y(t)=\text{Re}\{y_1(t)\}$。

4-19 题 4-19 图表示一个斩波放大器。它根据调幅原理将低频信号搬移到较高的频段上，$H_1(\text{j}\omega)$为带通滤波器，$H_2(\text{j}\omega)$为低通滤波器。

(1) 若 $y(t)$ 正比于 $x(t)$，确定 $x(t)$ 中允许存在的最高频率。

(2) 若 $x(t)$ 为(1)中所述的带限信号，确定题图 4-19 中整个系统的增益。

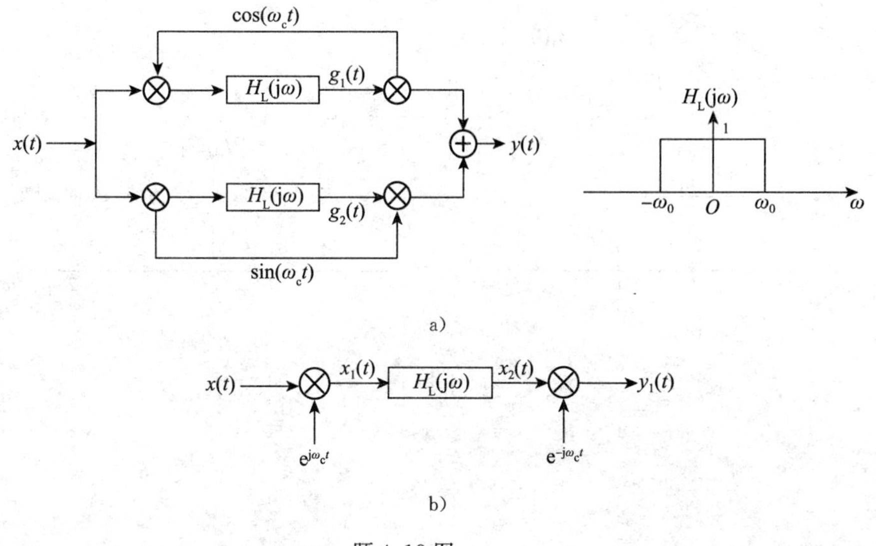

题 4-18 图

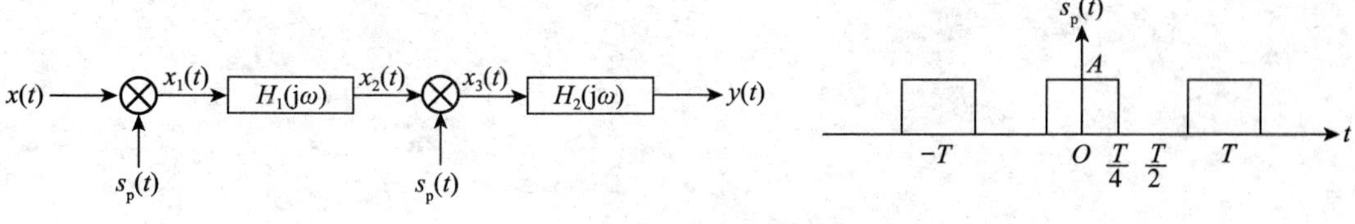

题 4-19 图

4-20　一个多路复用调制系统如题 4-20 图 a 所示，其解调系统如题图 4-20 图 b 所示。设 $x_1(t)$ 和 $x_2(t)$ 均为带限信号，最高频率为 ω_m，且载波频率 $\omega_c>\omega_m$，证明：$y_1(t)=x_1(t)$，$y_2(t)=x_2(t)$。

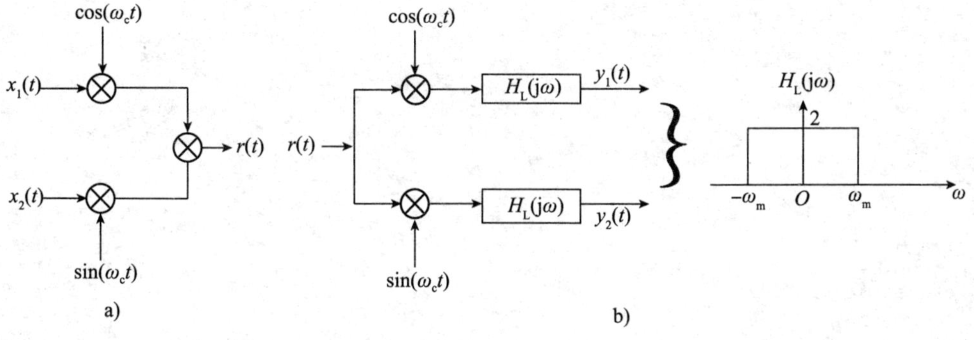

题 4-20 图

4-21　某线性系统如题 4-21 图 a 所示，输入信号 $x(t)$ 的频谱 $X(\mathrm{j}\omega)$ 如题 4-21 图 b 所示，它经过低通滤波器 $H_1(\mathrm{j}\omega)$ 之后，使用冲激序列 $\delta_T(t)$ 进行抽样，$|H_L(\mathrm{j}\omega)|$ 特性如题 4-21 图 c 所示。

(1) 为保证不出现混叠效应，求 $\delta_T(t)$ 的最低抽样频率 f_s。

(2) 求抽样输出信号 $y(t)$ 的频谱。

(3) 若抽样输出的脉冲调幅信号通过理想信道，为了使接收端能无失真地恢复原信号 $x(t)$，则 $H_2(\mathrm{j}\omega)$ 应具有什么特性？

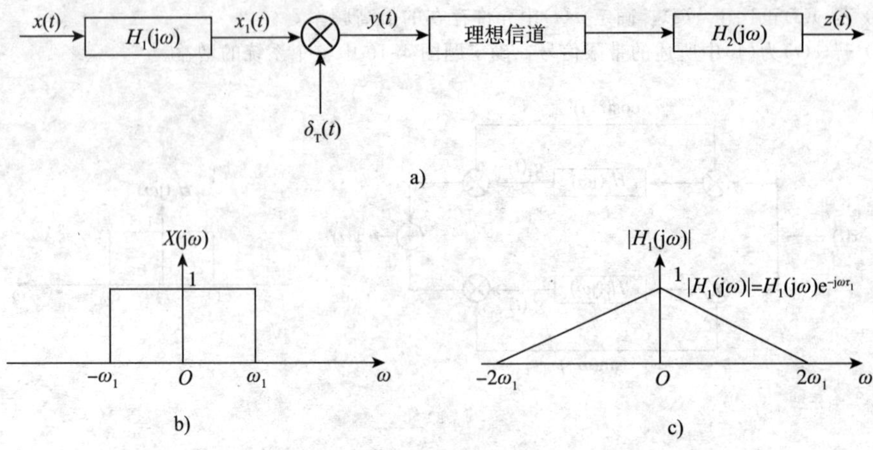
x(t)
H1(jω)
x1(t)
y(t)
理想信道
H2(jω)
z(t)
δT(t)
a)
X(jω)
1
−ω1
O
ω1
ω
b)
|H1(jω)|
1
|H1(jω)|=H1(jω)e−jωτ1
−2ω1
O
2ω1
ω
c)

题 4-21 图

第5章 拉普拉斯变换

通过第4章的讨论可知，连续时间傅里叶变换对于连续信号与系统的频域分析是一个非常有用的工具。这是因为时域中的输入信号可以分解为无穷多个正弦分量之和，故而可以利用求解线性系统对一系列正弦激励的响应之和的方法来讨论线性系统对一般激励的响应，从而简化响应的求解。尤其是通过连续时间傅里叶变换所建立的概念或所得出的结论，诸如信号的谐波(分解)性、带宽、系统的频率响应、通频带和波形失真等在信号分析与处理、系统设计中都具有非常明确的物理意义，因而占有非常重要的地位。尽管如此，连续时间傅里叶变换却有着两个十分明显的局限，一是，连续时间傅里叶变换一般只能处理符合狄利克雷3个条件的信号，然而，许多信号 $x(t)$ 并不满足其中的绝对可积条件(仅为充分条件)，即积分 $\int_{-\infty}^{\infty}|x(t)|\mathrm{d}t$ 不存在 。例如，在实际中常用的单位阶跃信号 $\varepsilon(t)$ 和阶跃正弦信号 $\sin\omega t\varepsilon(t)$，以及在理论研究上比较有意义的单边指数信号 $\mathrm{e}^{\sigma t}\varepsilon(t)(\sigma>0)$ 等。我们知道，当信号 $x(t)$ 不满足绝对可积条件式 $\int_{-}^{\infty}\infty|x(t)|\mathrm{d}t<\infty$ 时，有两种可能的情况，即要么它根本不存在傅里叶变换，要么即使存在傅里叶变换，也不能直接套用傅里叶变换定义式来求取。例如，上述单边指数信号 $\mathrm{e}^{\sigma t}\varepsilon(t)(\sigma>0)$ 就根本不存在傅里叶变换，而对于 $\varepsilon(t)$ 等信号，尽管从极限观点引入奇异函数后可以求取其傅里叶变换，但因其频谱中包含有冲激函数 $\delta(\omega)$，故而分析计算较为不便。二是，在求取时域响应时，需利用傅里叶反变换对频率 ω 做自 $-\infty$ 到 ∞ 的无穷积分，而此积分通常不易计算，特别是对具有初始条件的线性系统，利用傅里叶变换法求取完全响应是比较麻烦的，此外，对于周期信号激励的系统，利用傅里叶级数，不易求得封闭形式的解，只能取有限项的近似，所有这些都在一定程度上限制了傅里叶变换分析法的广泛应用，因此，需要在连续时间傅里叶变换的基础上找出一种新的变换来解决上述问题并将其应用于连续信号与系统的分析。这种变换就是本章所要讨论的拉普拉斯变换，通常简称为拉氏变换。拉氏变换是连续傅里叶变换的推广，即从复数平面虚轴处的变换推广为整个复数平面的变换。拉氏变换的适用范围比傅里叶变换更广，在连续时间线性时不变系统的分析中，拉氏变换起着重要的作用。

拉氏变换方法的首创者实际上是19世纪末的英国电气工程师亥维赛德(O. Heaviside, 1850—1925)，他所发明的“算子法”能很好地解决电气工程计算中遇到的一些基本问题，但由于缺乏严密的数学论证，因而没被当时的数学家所接受。但是，通过亥维赛德及其追随者坚持不懈的深入研究，终于在法国数学家拉普拉斯(P. S. Laplace, 1749—1825)的著作中找到了数学依据并重新给予了严密的数学定义，取名为拉氏变换分析法。

5.1 双边拉氏变换的定义

拉氏变换的定义可以从两方面得出，一是，从数学上直接给出，二是，由连续傅里叶变换间接导出。这里采用后者，借以说明连续傅里叶变换与拉氏变换之间的联系。

一般信号 $x(t)$ 不满足绝对可积条件式的主要原因是当 $t\to\infty$ 或/和 $t\to-\infty$ 时不趋于零，即 $\lim\limits_{t\to\infty}x(t)\neq0$ 或/和 $\lim\limits_{t\to-\infty}x(t)\neq0$，这时，称 $x(t)$ 不收敛。显然，若对这样一些随 $|t|$ 增

长，即不满足绝对可积条件的信号 $x(t)$ 乘以适当的衰减因子 $\mathrm{e}^{-\sigma t}$（σ 为实数，$\mathrm{e}^{-\sigma t}$ 为实指数信号(函数))，使乘积信号 $x(t)\mathrm{e}^{-\sigma t}$ 随 $|t|$ 增长而收敛，它就能满足绝对可积条件式 $\int_{-\infty}^{\infty}|x(t)\mathrm{e}^{-\sigma t}|\mathrm{d}t<\infty$，这时，信号 $x(t)\mathrm{e}^{-\sigma t}$ 必定存在傅里叶变换。由于因子 $\mathrm{e}^{-\sigma t}$ 起着使 $x(t)$ 收敛的作用，故也称其为收敛因子。而适当的衰减因子指的是 σ 的数值选取要适当，因为当信号 $x(t)$ 乘以收敛因子 $\mathrm{e}^{-\sigma t}$ 后，就有满足绝对可积条件的可能性，但是否一定能满足，则取决于 $x(t)$ 自身的形状与 σ 值的大小。也就是说，对于某一个信号 $x(t)$，通常并不是在所有 σ 值处，$x(t)\mathrm{e}^{-\sigma t}$ 皆为有限值，而只是对于在一定范围内的 σ 值，$x(t)\mathrm{e}^{-\sigma t}$ 才是收敛的。通常把 $x(t)\mathrm{e}^{-\sigma t}$ 满足绝对可积条件的 σ 取值范围称为收敛域（Region of Convergence，ROC)，记为 R_x。这时，绝对可积条件式可以表示为

$$\int_{-\infty}^{\infty}|x(t)\mathrm{e}^{-\sigma t}|\mathrm{d}t<\infty,\quad \sigma\in R_x \tag{5-1}$$

式(5-1)表明 $x(t)\mathrm{e}^{-\sigma t}$ 在 $\sigma\in R_x$ 的范围内是绝对可积的。

若 $x(t)\mathrm{e}^{-\sigma t}$ 满足绝对可积条件，则其傅里叶变换为

$$\begin{aligned}\mathscr{F}[x(t)\mathrm{e}^{-\sigma t}]&=\int_{-\infty}^{\infty}[x(t)\mathrm{e}^{-\sigma t}]\mathrm{e}^{-\mathrm{j}\omega t}\mathrm{d}t=\int_{-\infty}^{\infty}x(t)\mathrm{e}^{-\mathrm{j}\left(\frac{\sigma+\mathrm{j}\omega}{\mathrm{j}}\right)t}\mathrm{d}t\\&=X\left(\frac{\sigma+\mathrm{j}\omega}{\mathrm{j}}\right),\quad \sigma\in R_x\end{aligned} \tag{5-2}$$

式(5-2)中，$X\left(\frac{\sigma+\mathrm{j}\omega}{\mathrm{j}}\right)$ 表示信号 $x(t)\mathrm{e}^{-\sigma t}$ 的傅里叶变换是在原信号 $x(t)$ 的傅里叶变换 $X(\mathrm{j}\omega)$ 中将变量 ω 置换为 $\frac{\sigma+\mathrm{j}\omega}{\mathrm{j}}$ 后的结果。若将复变量 $\sigma+\mathrm{j}\omega$ 设为一个新的变量 s，即令 $s=\sigma+\mathrm{j}\omega$，则式(5-2)就演变成了一个新的积分变换式，即：

$$X(s)=\mathscr{L}[x(t)]=\int_{-\infty}^{\infty}x(t)\mathrm{e}^{-st}\mathrm{d}t,\quad (\mathrm{Re}(s)=\sigma)\in R_x \tag{5-3}$$

式(5-3)就是信号 $x(t)$ 的双边拉氏变换的定义式，它是复变量 s（在电气科学中 s 具有频率的量纲，称为复频率)，通常也称 $X(s)$ 为 $x(t)$ 的(映)象函数。这表明，$x(t)$ 的双边拉氏变换就是将 $x(t)$ 用实指数信号 $\mathrm{e}^{-\sigma t}$ 加权后所得信号 $x(t)\mathrm{e}^{-\sigma t}$ 的傅里叶变换。加权实指数信号 $\mathrm{e}^{-\sigma t}$ 既可以是衰减的也可以是增长的，这取决于 $\sigma>0$ 还是 $\sigma<0$。这样，一些不满足绝对可积条件的信号，尽管不存在傅里叶变换，但经实指数信号 $\mathrm{e}^{-\sigma t}$ 加权后，就可满足绝对可积条件，也就存在傅里叶变换。显然，这是一种广义傅里叶变换或称为指数变换。式(5-3)中 $\mathscr{L}$ 称为拉氏变换算子，它表示对信号做式(5-3)所示的拉氏变换，R_x 则是使信号 $x(t)\mathrm{e}^{-\sigma t}$ 满足绝对可积条件的 σ 值的范围，即使 $x(t)\mathrm{e}^{-\sigma t}$ 的傅里叶积分收敛的 σ 值范围，称为 $x(t)$ 的双边拉氏变换的收敛域。正如信号 $x(t)$ 的傅里叶变换要求 $x(t)$ 收敛一样，拉氏变换也要求信号 $x(t)$ 与实指数信号 $\mathrm{e}^{-\sigma t}$ 的乘积 $x(t)\mathrm{e}^{-\sigma t}$ 收敛，故 R_x 也就是信号 $x(t)\mathrm{e}^{-\sigma t}$ 的收敛范围。此外，由于 $|\mathrm{e}^{-\mathrm{j}\omega t}|=1$，所以 $\int_{-\infty}^{\infty}|x(t)\mathrm{e}^{-\sigma t}|\mathrm{d}t<\infty(\sigma\in R_x)$ 等价于 $\int_{-\infty}^{\infty}|x(t)\mathrm{e}^{-st}|\mathrm{d}t<\infty(\sigma\in R_x)$。

信号 $x(t)$ 不满足狄利克雷 3 个条件中的绝对可积条件是由于其持续期无限所致，因此，考虑更为一般的情况，设 $x(t)$ 为无限长双边信号，即有 $x(t)$，$-\infty<t<\infty$，这时 $x(t)$ 可以表示为 $x(t)=x(t)\varepsilon(t)+x(t)\varepsilon(-t)$，因此，保证积分式(5-3)收敛的基本条件，即双边拉氏变换的收敛条件为：无限长双边信号 $x(t)$ 在任意有限区间内是分段连续的，并且存在两个常数 σ_1 和 σ_2，使得有：

$$\begin{cases}\lim\limits_{\substack{t\to-\infty\\t<0}}x(t)\mathrm{e}^{-\sigma t}=0,\quad (\mathrm{Re}(s)=\sigma)<\sigma_2\quad (\text{条件 1})\\ \lim\limits_{\substack{t\to\infty\\t>0}}x(t)\mathrm{e}^{-\sigma t}=0,\quad (\mathrm{Re}(s)=\sigma)>\sigma_1\quad (\text{条件 2})\end{cases} \tag{5-4}$$

式(5-4)与绝对可积条件式$\int_{-\infty}^{\infty}|x(t)\mathrm{e}^{-\sigma t}|\mathrm{d}t<\infty$等价，它实际上是保证信号$x(t)\mathrm{e}^{-\sigma t}$的傅里叶变换存在的条件，从而保证了双边信号$x(t)$的拉氏变换存在。可以证明，使式(5-4)中两个条件成立的σ范围若存在，则分别为$(\mathrm{Re}(s)=\sigma)<\sigma_2$和$(\mathrm{Re}(s)=\sigma)>\sigma_1$，而要这两个条件同时成立即满足基本条件式(5-4)，则应有$\sigma_1<(\mathrm{Re}(s)=\sigma)<\sigma_2$，$\sigma_1<\sigma_2$，这是双边拉氏变换收敛域$R_x$的一般表示形式。通过$\sigma_i(i=1,2)$的垂直线是收敛域的边界，称为收敛轴，$\sigma_i(i=1,2)$在$s$平面上又称为收敛坐标。满足式(5-4)的信号$x(t)$被称为指数阶信号。

通过上述讨论可知，拉氏变换和连续傅里叶变换的数学定义式十分相似，因此前者可以视为后者的推广，故而它们的许多性质也类同。但是，两者之间却存在着许多根本的差异。首先，从物理概念上讲，傅里叶变换中的变量ω是一个实变量，表示实际的物理参数，即频率，因此，傅里叶变换有着明确的物理意义，而拉氏变换中的变量s是一个复变量($s=\sigma+\mathrm{j}\omega$，$\sigma$、$\omega$为实数，$\sigma$和$\mathrm{j}\omega$分别表示$s$平面的横轴(实轴)和纵轴(虚轴)，并分别称为$\sigma$轴和$\mathrm{j}\omega$轴，它们构成了$s$平面的坐标)，$s$既可以通过$\omega$来表示信号的重复频率，还可以通过$\sigma$来表示信号幅值的包络变化。其次，两者在应用方面也各有偏重，傅里叶变换主要用于如滤波、调制、抽样这样一些以频谱分析为主的领域，拉氏变换则主要用于求解微分方程、系统响应，以及利用系统函数的零、极点分析系统基本特性等方面，并且非常方便实用。

5.2 典型信号的双边拉氏变换

这里利用双边拉氏变换定义式(5-3)及其收敛基本条件式(5-4)，并求取一些典型信号的双边拉氏变换及其收敛域。

1. 单位冲激信号$\delta(t)$

根据冲激函数的积分特性和定义式(5-3)可以求得单位冲激信号的双边拉氏变换为

$$\mathscr{L}[\delta(t)]=\int_{-\infty}^{\infty}\delta(t)\mathrm{e}^{-st}\mathrm{d}t=\int_{-\infty}^{\infty}\delta(t)\mathrm{d}t=\int_{0_-}^{0_+}\delta(t)\mathrm{d}t=1,\quad(\mathrm{Re}(s)=\sigma)>-\infty$$

这表明，单位冲激信号的收敛域为整个s平面。

2. 单位阶跃信号$\varepsilon(t)$

根据式(5-3)可以求得单位阶跃信号的双边拉氏变换为

$$\mathscr{L}[\varepsilon(t)]=\int_{0_+}^{\infty}\varepsilon(t)\mathrm{e}^{-st}\mathrm{d}t=\int_{0_+}^{\infty}\mathrm{e}^{-st}\mathrm{d}t=-\frac{1}{s}\mathrm{e}^{-st}\Big|_{0_+}^{\infty}=-\frac{1}{s}(0-1)=\frac{1}{s},\quad \mathrm{Re}(s)>0 \tag{5-5a}$$

由于$x(t)$拉氏变换的存在要求信号$x(t)$与实指数信号$\mathrm{e}^{-\sigma t}$的乘积$x(t)\mathrm{e}^{-\delta t}$收敛，所以对于$x(t)=\varepsilon(t)$而言，只有当$\mathrm{e}^{-\sigma t}$收敛时，式(5-5a)中的积分$\int_{0_+}^{\infty}\mathrm{e}^{-st}\mathrm{d}t=\int_{0_+}^{\infty}\mathrm{e}^{-\sigma t}\cdot\mathrm{e}^{-\mathrm{j}\omega t}\mathrm{d}t$(也可以视为$\mathrm{e}^{-\mathrm{j}\omega t}dt$的傅里叶变换)才收敛，即$\varepsilon(t)$的拉氏变换才存在，根据式(5-4)中的条件1可知，这要求$\sigma>0$。因此，$\varepsilon(t)$拉氏变换的收敛域为$\mathrm{Re}(s)=\sigma>0$，即为s平面(复平面)中虚轴(不包括虚轴)的右半部分，称为右半开平面。

如前所述，单位阶跃信号$\varepsilon(t)$本身并不收敛，它是借助冲激函数才存在傅里叶变换的，故而其傅里叶变换中含有冲激函数，也就是$\mathscr{F}[\varepsilon(t)]=\frac{1}{\mathrm{j}\omega}+\pi\delta(\omega)$。然而，当$\varepsilon(t)$乘以实指数信号$\mathrm{e}^{-\alpha t}$且当$\sigma>0$时，乘积$\varepsilon(t)\mathrm{e}^{-\sigma t}$就收敛，该乘积信号的傅里叶变换，即$\varepsilon(t)$的拉氏变换却无需借助冲激函数而存在。由此也可知，实指数函数$\mathrm{e}^{-\sigma t}$放宽了信号收敛条件的限制，它可以使某些原本不收敛的信号也存在变换，并且这种拉氏变换式由于其中没有冲激函数而显得异常简洁。$\varepsilon(t)$的拉氏变换式在$s=0$处有一个一阶极点，这可解释为$\varepsilon(t)$

的傅里叶变换在 $\omega=0$ 处有一个频域冲激项 $\pi\delta(\omega)$。

3. 单边复指数信号 $e^{s_0 t}\varepsilon(t)$，$s_0=\sigma_0+j\omega_0$ 为复常数，σ_0 为任意实数

单边复指数信号 $e^{s_0 t}\varepsilon(t)$ 是一个因果信号，根据定义式(5-3)可得单边复指数信号的双边拉氏变换为

$$\begin{aligned}\mathscr{L}[e^{s_0 t}\varepsilon(t)]&=\int_{-\infty}^{\infty}e^{s_0 t}\varepsilon(t)e^{-st}dt=\int_{0_+}^{\infty}e^{-(s-s_0)t}dt=-\frac{1}{s-s_0}e^{-(s-s_0)t}\Big|_{0_+}^{\infty}\\&=-\frac{1}{s-s_0}[\lim_{t\to\infty}e^{-(s-s_0)t}-1]=-\frac{1}{s-s_0}[\lim_{t\to\infty}e^{-(\sigma-\sigma_0)t}e^{-j(\omega-\omega_0)t}-1]\end{aligned}\tag{5-5b}$$

显然，只有当 $(\mathrm{Re}(s)=\sigma)>\sigma_0$ 时，式(5-5a)中 $e^{-(\sigma-\sigma_0)t}$ 随 t 的增长而衰减，$t\to\infty$ 时，有 $\lim\limits_{t\to\infty}e^{-(s-s_0)t}=\lim\limits_{t\to\infty}e^{-(\sigma-\sigma_0)t}e^{-j(\omega-\omega_0)t}=0$，式(5-5)的积分才收敛，即 $e^{s_0 t}\varepsilon(t)$ 的拉氏变换存在，有：

$$\mathscr{L}[e^{s_0 t}\varepsilon(t)]=\frac{1}{s-s_0},\quad(\mathrm{Re}(s)=\sigma)>\sigma_0\tag{5-5c}$$

实际上，直接应用基本条件式(5-4)中的条件 1 可以很快得出 $e^{s_0 t}\varepsilon(t)$ 的收敛域和拉氏变换结果。注意，此处 σ_0 的值可正、可负，也可为 0，对应的拉氏变换均存在，而对于实常数 ω_0 没有限制，因为对 $e^{s_0 t}\varepsilon(t)$ 的拉氏变换相当于对信号 $e^{-(\sigma-\sigma_0)t}$ 做傅里叶变换，这时变换的频域变量为 $\omega-\omega_0$ 而非 ω。只要 $(\mathrm{Re}(s)=\sigma)>\sigma_0$，该傅里叶变换就存在。但是，当 $\mathrm{Re}[s_0]=\sigma_0>0$ 时，$e^{s_0 t}\varepsilon(t)$ 为增长的单边复指数信号函数，其傅里叶变换是不存在的，然而，其拉氏变换却总是存在的。

当 $s_0=\sigma_0=-a$ 时，单边复指数信号变为单边实指数信号 $e^{-at}\varepsilon(t)$，其结果为

$$\mathscr{L}[e^{-at}\varepsilon(t)]=\frac{1}{s+a},(\mathrm{Re}(s)=\sigma)>-a$$

当 $a=0$ 时，其结果就是单位阶跃信号的双边拉氏变换。这表明只要满足其收敛域的要求，$e^{s_0 t}\varepsilon(t)$ 的拉氏变换总是存在的。单边实指数信号 $e^{-at}\varepsilon(t)$ 的收敛域如图 5-1 中的阴影区所示。

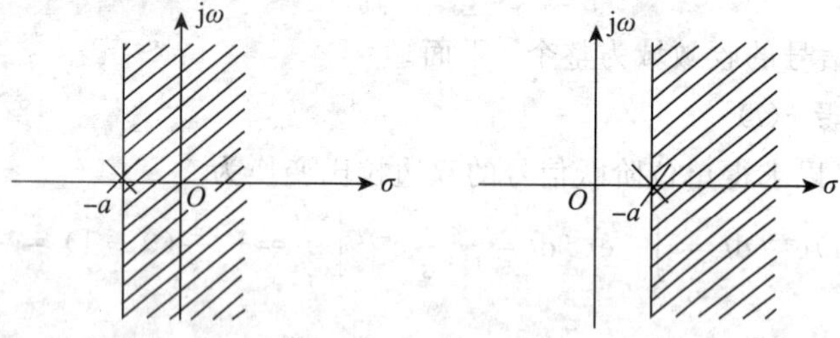

图 5-1 单边实指数信号函数 $e^{-at}\varepsilon(t)$ 的收敛域

根据双边拉氏变换定义式(5-3)，可求得双边复指数信号的双边拉氏变换为

$$\begin{aligned}\mathscr{L}[e^{s_0|t|}]&=\int_{-\infty}^{\infty}e^{s_0|t|}e^{-st}dt=\int_{-\infty}^{0}e^{-(s+s_0)t}dt+\int_{0}^{\infty}e^{-(s-s_0)t}dt\\&=-\frac{1}{s+s_0}e^{-(s+s_0)t}\Big|_{-\infty}^{0}-\frac{1}{s-s_0}e^{-(s-s_0)t}\Big|_{0}^{\infty}\\&=-\frac{1}{s+s_0}\Big[1-\lim_{\substack{t\to-\infty\\t<0}}e^{-(s+s_0)t}\Big]-\frac{1}{s-s_0}\Big[\lim_{\substack{t\to\infty\\t>0}}e^{-(s+s_0)t}-1\Big]\\&=-\frac{1}{s+s_0}\Big[1-\lim_{\substack{t\to-\infty\\t<0}}e^{-(\sigma+\sigma_0)t}e^{-j(\omega+\omega_0)t}\Big]\\&\quad-\frac{1}{s-s_0}\Big[1-\lim_{\substack{t\to\infty\\t\geqslant0}}e^{-(\sigma-\sigma_0)t}e^{-j(\omega-\omega_0)t}-1\Big]\end{aligned}\tag{5-6}$$

由式(5-6)中第一个括号内的极限和第二个括号内的极限可知，只有在前者中选取$(\mathrm{Re}(s)=\sigma)<-\sigma_0$，在后者中选取$(\mathrm{Re}(s)=\sigma)>\sigma_0$，才分别有$\lim\limits_{\substack{t\to-\infty\\t<0}} \mathrm{e}^{-(\sigma+\sigma_0)t}=0$和$\lim\limits_{\substack{t\to\infty\\t>0}}\mathrm{e}^{-(\sigma+\sigma_0)t}=0$，从而分别有$\lim\limits_{\substack{t\to-\infty\\t<0}} \mathrm{e}^{-(\sigma+\sigma_0)t}\mathrm{e}^{-\mathrm{j}(\omega+\omega_0)t}$和$\lim\limits_{\substack{t\to\infty\\t>0}}\mathrm{e}^{-(\sigma+\sigma_0)t}\mathrm{e}^{-\mathrm{j}(\omega-\omega_0)t}=0$，因此可以求得双边复指数信号$\mathrm{e}^{s_0|t|}$的双边拉氏变换的收敛域为$\sigma_0<(\mathrm{Re}(s)=\sigma)<-\sigma_0$，这时双边拉氏变换为

$$
\begin{aligned}
\mathscr{L}[\mathrm{e}^{s_0|t|}]&=\int_{-\infty}^{\infty}\mathrm{e}^{s_0|t|}\mathrm{e}^{-st}\mathrm{d}t=-\frac{1}{s+s_0}\mathrm{e}^{-(s+s_0)t}\bigg|_{-\infty}^{0}-\frac{1}{s-s_0}\mathrm{e}^{-(s-s_0)t}\bigg|_{0}^{\infty}\\
&=-\frac{1}{s+s_0}+\frac{1}{s-s_0}=\frac{2s_0}{s^2-s_0^2},\quad \sigma_0<(\mathrm{Re}(s)=\sigma)<-\sigma_0,\sigma_0<0
\end{aligned}
\tag{5-7}
$$

若直接应用拉氏变换收敛的基本条件（即式(5-4)）也可以马上得出$\mathrm{e}^{s_0|t|}$的拉氏变换结果及其收敛域。这时若要保证双边指数信号的拉氏变换存在，式(5-6)右端的两项积分必须收敛，即：

$$
\begin{cases}
\displaystyle\int_{-\infty}^{0}|\mathrm{e}^{-s_0t}\mathrm{e}^{-st}|\mathrm{d}t<\infty\to\lim_{\substack{t\to-\infty\\t<0}}\mathrm{e}^{-s_0t}\mathrm{e}^{-st}=0\to\lim_{\substack{t\to-\infty\\t<0}}\mathrm{e}^{-s_0t}\mathrm{e}^{-\sigma t}=0\\
\displaystyle\int_{0}^{\infty}|\mathrm{e}^{s_0t}\mathrm{e}^{-st}|\mathrm{d}t<\infty\to\lim_{\substack{t\to\infty\\t>0}}\mathrm{e}^{s_0t}\mathrm{e}^{-st}=0\to\lim_{\substack{t\to\infty\\t>0}}\mathrm{e}^{s_0t}\mathrm{e}^{-\sigma t}=0
\end{cases}
\tag{5-8}
$$

为求得使积分收敛的σ值范围，可将式(5-8)右端所求极限的函数分别表示为

$$
\begin{cases}
\mathrm{e}^{-s_0t}\mathrm{e}^{-st}=\mathrm{e}^{-(\sigma+\sigma_0)t}\mathrm{e}^{-\mathrm{j}\omega_0t}, & t<0\\
\mathrm{e}^{s_0t}\mathrm{e}^{-st}=\mathrm{e}^{-(\sigma-\sigma_0)t}\mathrm{e}^{\mathrm{j}\omega_0t}, & t>0
\end{cases}
\tag{5-9}
$$

在式(5-9)中，由于有$|\mathrm{e}^{-\mathrm{j}\omega_0t}|=1$和$|\mathrm{e}^{\mathrm{j}\omega_0t}|=1$，因此，只有当$\sigma$满足条件：

$$
\begin{cases}
\sigma+\sigma_0<0\\
\sigma-\sigma_0>0
\end{cases}
\tag{5-10}
$$

式(5-8)中的极限式才能成立，即式(5-6)中的积分收敛。由此而可求得使$\mathrm{e}^{s_0|t|}$双边拉氏变换存在的值范围为$\sigma_0<(\mathrm{Re}(s)=\sigma)<-\sigma_0$，在此条件下，由式(5-6)可求得$\mathrm{e}^{s_0|t|}$的双边拉氏变换。由此可见，双边复指数信号的双边拉氏变换是否存在与信号本身的特性有关，具体而言，是与指数信号中的σ_0值有关。只有当$\sigma_0<0$时，$\sigma_0<(\mathrm{Re}(s)=\sigma)<-\sigma_0$才能成立，这时双边指数信号才有双边拉氏变换存在。显然，若将式(5-9)左端两项积分中的被积函数和中间所求极限的函数分别表示为

$$
\begin{cases}
\mathrm{e}^{-s_0t}\mathrm{e}^{-st}=\mathrm{e}^{-(\sigma+\sigma_0)t}\mathrm{e}^{-\mathrm{j}(\omega+\omega_0)t}, & t<0\\
\mathrm{e}^{s_0t}\mathrm{e}^{-st}=\mathrm{e}^{-(\sigma-\sigma_0)t}\mathrm{e}^{-\mathrm{j}(\omega-\omega_0)t}, & t>0
\end{cases}
$$

由于有$|\mathrm{e}^{-\mathrm{j}(\omega+\omega_0)t}|=1$和$|\mathrm{e}^{-\mathrm{j}(\omega-\omega_0)t}|=1$，所以所得收敛域的结果相同。

当$s_0=\sigma_0=-a$时，双边复指数信号变为双边实指数信号$\mathrm{e}^{-a|t|}$，其拉氏变换为

$$
\mathscr{L}[\mathrm{e}^{-a|t|}]=\frac{-2a}{s^2-a^2},\quad -a<(\mathrm{Re}(s)=\sigma)<a,a>0
\tag{5-11}
$$

但对于实常数ω_0仍没有限制，仍需要注意的是，只有当$a>0$，即$\mathrm{e}^{-a|t|}$为双边衰减实指数信号函数时，则$a>-a$，即$-a<(\mathrm{Re}(s)=\sigma)<a$成立，而当$a<0$时，$\mathrm{e}^{-a|t|}$为双边增长实指数信号函数，这时由于$-a<(\mathrm{Re}(s)=\sigma)$和$(\mathrm{Re}(s)=\sigma)<a$没有交集，所以$\mathrm{e}^{-a|t|}$的拉氏变换并不存在。$\mathrm{e}^{-\sigma_0|t|}$的波形以及该信号双边拉氏变换的收敛域分别如图5-2a、b和c中的阴影区所示。

实际上，由上述推导过程可以看到，$\mathrm{e}^{-a|t|}$可以分解为一个因果和一个非因果的单边指数信号函数之和，即：

$$e^{-a|t|}=e^{-at}\varepsilon(t)+e^{at}\varepsilon(-t)$$

可以分别求其中两个单边指数信号函数的双边拉氏变换，它们分别存在并有各自的收敛域，但是，只有在 $a>0$ 时，这两个信号函数的收敛域才有交集，即有公共的收敛区域，因而整个信号函数 $e^{-a|t|}$ 的双边拉氏变换才存在。

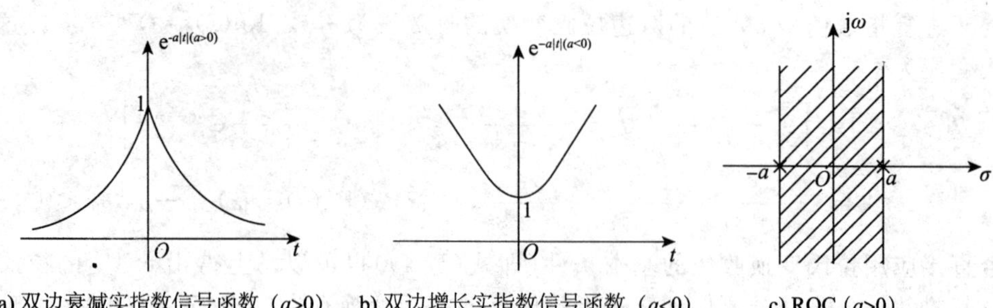

a) 双边衰减实指数信号函数（$a>0$） b) 双边增长实指数信号函数（$a<0$） c) ROC（$a>0$）

图 5-2 双边实指数信号 $e^{-\sigma_0|t|}$ 的波形和双边拉氏变换的收敛域

4. 斜变信号 $t\varepsilon(t)$

根据双边拉氏变换定义式(5-3)并利用分部积分法可求得 $t\varepsilon(t)$ 的双边拉氏变换为

$$\begin{aligned}\mathscr{L}[t\varepsilon(t)]&=\int_{-\infty}^{\infty}t\varepsilon(t)e^{-st}dt=\int_{0_+}^{\infty}te^{-st}dt\\&=-\frac{t}{s}e^{-st}\Big|_{0_+}^{\infty}+\frac{1}{s}\int_{0_+}^{\infty}e^{-st}dt\end{aligned}\tag{5-12}$$

当满足 $(\mathrm{Re}(s)=\sigma)>0$ 时，式(5-12)的第三个等式中的第一项等于零，第二项为

$$\frac{1}{s}\int_{0_+}^{\infty}e^{-st}dt=-\frac{1}{s^2}e^{-st}\Big|_{0_+}^{\infty}=-\left(0-\frac{1}{s_2}\right)=\frac{1}{s^2}$$

因此，有

$$\mathscr{L}[t\varepsilon(t)]=\frac{1}{s^2},\quad(\mathrm{Re}(s)=\sigma)>0$$

同理，可递推得出高阶斜变信号 $t^n\varepsilon(t)$（n 为正整数）的双边拉氏变换为

$$\mathscr{L}[t^n\varepsilon(t)]=\frac{n!}{s^{n+1}},\quad(\mathrm{Re}(s)=\sigma)>0$$

直接应用基本条件式(5-4)中的条件 1 也可以得出斜变信号 $t\varepsilon(t)$ 的收敛域为 $(\mathrm{Re}(s)=\sigma)>0$。

5.3 拉氏变换的零、极点定义与阶数

我们知道，时域信号 $x(t)$ 的拉氏变换式 $X(s)$ 是复变量 R_x 的函数，也就是其收敛域 R_x 中的解析函数，由复变函数理论可知，复变函数的零点和极点对复变函数的性质有着十分重要的影响，故了解零、极点分布及其性质会有助于深入理解连续信号和线性时不变系统的复频域表示。

若在 s 平面上有某点 z_1 使得式(5-13)成立，即有：

$$\lim_{s\to z_i}X(s)=0\tag{5-13}$$

则 z_i 为拉氏变换式 $X(s)$ 在 s 平面上的一个零点。若在所有零点中没有与之数值相等的，则称该零点为一阶零点，若有 k 个零点数值相等，则它们统称为一个 k 阶零点。

若在 s 平面上有某点 p_i 使得式(5-14)成立，即有：

$$\lim_{s \to p_i} X(s) = \infty \tag{5-14}$$

则 p_i 为拉氏变换式 $X(s)$ 在 s 平面上的一个极点。若在所有极点中没有与之数值相等的，则称该极点为一阶极点，若有 k 个极点数值相等，则合称它们为一个 k 阶极点。

$X(s)$ 的零点和极点还可以用 s 平面上的零、极点分布图表示，通常用“×”表示一阶极点，用“＊”表示二阶极点，用“O”表示一阶零点，用“◎”表示二阶零点，对于更高阶的零、极阶点，则在零、极分布图中用数字加以说明。

书中，除无限远点外的 s 平面称为有限 s 平面，记作 $(s \neq \infty)$。

【例 5-1】 时域宽度为 τ 的矩形窗信号 $r_\tau(t)$ 定义如下：

$$r_\tau(t) = \begin{cases} 1, & |t| < \dfrac{\tau}{2} \\ 0, & |t| > \dfrac{\tau}{2} \end{cases}$$

试求其双边拉氏变换。

解：$r_\tau(t)$ 是具有单位幅度，宽度为 τ 的偶对称函数，在信号与系统中，通常作为矩形脉冲信号或门函数。$r_\tau(t)$ 的双边拉氏变换为

$$R_\tau(S) = \int_{-\infty}^{\infty} r_\tau(t) \mathrm{e}^{-st} \mathrm{d}t = \int_{-\frac{\tau}{2}}^{\frac{\tau}{2}} \mathrm{e}^{-st} \mathrm{d}t = \frac{\mathrm{e}^{s\frac{\tau}{2}} - \mathrm{e}^{-s\frac{\tau}{2}}}{s} = 2\,\frac{\mathrm{sh}\left(s\,\dfrac{\tau}{2}\right)}{s}$$

为了求出它的零、极点分布和收敛域，可把 $R_\tau(S)$ 改写成

$$R_\tau(S) = \frac{\mathrm{e}^{s\frac{\tau}{2}}(1 - \mathrm{e}^{-s\tau})}{s}$$

由此可见，$R_\tau(S)$ 在原点 $s=0$ 处有一个极点，而零点则是分子多项式 $(1-\mathrm{e}^{-s\tau})$ 的根，于是有：

$$\mathrm{e}^{-s\tau} = \mathrm{e}^{-(\sigma+\mathrm{j}\omega)\tau} = 1$$

数字 1 可以表示为

$$1 = \mathrm{e}^{-\mathrm{j}2n\pi}$$

于是可求得：

$$\sigma = 0,\ \omega = \frac{2n\pi}{\tau},\ n = 0, \pm 1, \pm 2, \cdots$$

因此，$X(s)$ 的零点为一阶零点，即有：

$$s = \mathrm{j}\,\frac{2n\pi}{\tau},\ n = 0, \pm 1, \pm 2, \cdots$$

这表明，矩形窗信号的拉氏变换在 $\mathrm{j}\omega$ 轴上有无穷多个零点，每两个零点之间相距 $2\pi/\tau$，当 $n=0$ 时，$s=0$ 是一阶零点，但同时也是 $R_\tau(s)$ 的一阶极点，故位于原点的零点与在该处的极点相互抵消，如图 5-3b 所示，用洛必达法则可以求得 $R_\tau(0)=\tau$，由此也可知 $s=0$ 不是 $R_\tau(s)$ 的极点，也不是它的零点。当 $s \to \pm\infty$ 时，$R_\tau(s) \to \infty$，故 s 平面的无穷远点是 $R_\tau(s)$ 的无限阶极点。这说明，$R_\tau(s)$ 在除了无穷远点外的有限 s 平面中解析，即它的收敛域为整个有限 s 平面。图 5-3 中画出了 $R_\tau(s)$ 的零、极点分布图。

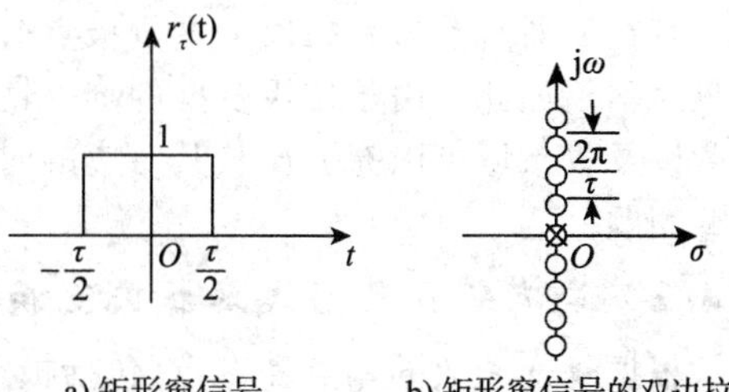

图 5-3　矩形窗信号及其双边拉氏变换的零、极点分布图

5.4 呈有理函数形式的拉氏变换式的零、极点及其性质

由于描述连续系统的拉氏变换式 $X(s)$一般是 s 的有理分式，也称为有理函数，因此，有必要讨论这种有理函数的零、极点及其性质。

5.4.1 呈有理函数形式的拉氏变换式的零、极点

$X(s)$作为有理函数，可以用两个 s 的多项式之比表示为

$$X(s)=\frac{N(s)}{D(s)}=\frac{b_m s^m+b_{m-1}s^{m-1}+\cdots+b_1 s+b_0}{a_n s^n+a_{n-1}s^{n-1}+\cdots+a_1 s+a_0}=X_0\frac{\prod\limits_{i=1}^{l}(s-z_i)^{\lambda_i}}{\prod\limits_{i=1}^{k}(s-p_i)^{\gamma_i}} \tag{5-15}$$

式(5-15)中的 n、m 均为正整数，系数 $a_i(i=1,2,\cdots,n)$均为取决于连续系统参数的实常数，$X_0=b_m/a_n$ 也为实数，并且假设分子多项式 $N(s)$有 l 个 λ_i 重根 z_i，分母 $D(s)$有 k 个 γ_i 重根 p_i，因而有 $\sum\limits_{i=1}^{l}\lambda_i=m,\sum\limits_{i=1}^{k}\gamma_i=n$，$z_i$ 和 p_i 均为模有限的复数，根据零、极点和它们的阶数的定义，由式(5-15)可知 $X(s)$的零、极点的分布位置和阶数，即在有限 s 平面上，共有 l 个 λ_i 阶零点 z_i 以及 k 个 γ_i 阶极点 p_i。一般而言，z_i 和 p_k 分别为 $X(s)$的零点和极点，既可能是一阶零点和极点，也可能是高阶零点和极点，例如，设 z_q 和 p_k 分别为$X(s)$的三阶零点和二阶极点，其他均为一阶零点和极点，则 $X(s)$可以表示为

$$X(s)=\frac{N(s)}{D(s)}=\frac{b_m s^m+b_{m-1}s^{m-1}+\cdots+b_1 s+b_0}{a_n s^n+a_{n-1}s^{n-1}+\cdots+a_1 s+a_0}=X_0\frac{(s-z_q)^3\prod\limits_{i=1}^{m-3}(s-z_i)}{(s-p_k)^2\sum\limits_{i=1}^{n-2}(s-p_i)}$$

零点 z_i 和极点 p_i 的数值既可以是实数，也可以是纯虚数或复数。由于 $N(s)$和 $D(s)$的系数均为实数，因而零、极点中若有虚数或复数，则必然共轭成对出现，因此，$X(s)$的零点或极点有这几种类型：一阶实极点或实零点；一阶共轭极点或共轭零点；二阶或二阶以上的实极点或零点，以及共轭极点或零点。

通过上述讨论，我们知道了如何确定有理函数形式的 $X(s)$的零、极点位置和阶数，并且只要已知 $X(s)$在有限 s 平面上的零、极点位置和阶数，就可确定 $X(s)$的函数形式(不包括常数幅度因子 X_0)，X_0 可以用其他附加条件确定或规定，例如，已知 $X(s)$在某个 s 点的值等。这样，有理函数形式的 $X(s)$既可以用 $X(s)$表示式和收敛域来表示，也可以用 $X(s)$在有限 s 平面上的零、极点位置和阶数，以及 X_0 和收敛域来表示。正是由于有限平面上的零、极点位置和阶数决定着有理函数的函数形式，所以除了 X_0 外，$X(s)$的收敛域以及其在 s 平面上为有限值的零、极点分布包含了时间函数的复频域表示最主要的特性或信息。不仅如此，由于拉氏变换的唯一性，有理函数形式的拉氏变换式的零、极点位置和阶数以及收敛域可以充分反映其对应的时间信号的时域特性和频域特性，后面会详细讨论这些问题。

5.4.2 呈有理函数形式的拉氏变换式的零、极点的性质

根据复变函数的零点和奇点(包括极点)的理论，有理函数形式的拉氏变换式的零、极点具有这几个性质：①零点和极点的孤立性。函数 $X(s)$的零点和极点都是孤立的零点和极点。函数在极点上不收敛，故其收敛域内不应包括任何极点；但零点既可以在收敛域内，也可以在收敛域外，其位置不受限制。②零点和极点数目的平衡性。在计算零、极点的数目时，若每个高阶零点和高阶极点均以数目等于其阶数的一阶零点和极点计算，在包

含无穷远点的整个 s 平面中，零点的数目应等于极点的数目。这是因为由式(5-15)可知，拉氏变换有理函数式 $X(s)$ 一般具有 n 个有限极点和 m 个有限零点。若 $n>m$，则当 $s\to\infty$ 时，函数值 $\lim\limits_{s\to\infty}X(s)=\lim\limits_{s\to\infty}\dfrac{b_m s^m}{a_n s^n}=\lim\limits_{s\to\infty}\dfrac{b_m}{a_n s^{n-m}}\to 0$，故 $X(s)$ 在无穷远处有一个 $(n-m)$ 阶零点。这时，包括无穷远处这个 $(n-m)$ 阶零点，$X(s)$ 的极点数为 n，其零点数为 $m+(n-m)=n$，可见两者数目相等。若 $n<m$，则当 $s\to\infty$ 时，函数值 $\lim\limits_{s\to\infty}X(s)=\lim\limits_{s\to\infty}\dfrac{b_m s^m}{a_n s^n}=\lim\limits_{s\to\infty}\dfrac{b_m s^{m-n}}{a_n}\to\infty$，故 $X(s)$ 在无穷远处有一个 $(m-n)$ 阶极点。这时，包括无穷远处这个 $(m-n)$ 阶极点，$X(s)$ 的零点数为 m，其极点数为 $n+(m-n)=m$，可见两者数目仍相等。③有限 s 平面 $(s\neq\infty)$ 上零点和极点的充分性。在有限 s 平面 $(s\neq\infty)$ 上，零点和极点的数目是有限的，且有限 s 平面上的零点和极点的位置和阶数完全决定了象函数 $X(s)$ 的函数形式。

5.5　拉氏变换收敛域的基本性质

通过前面的讨论可知，收敛域是双边拉氏变换中一个非常重要的概念。这是因为即使信号存在双边拉氏变换，它也只会存在于 s 平面的某一个区域内，即收敛域中。此外，由于两个或多个不同的时间函数可能会有完全相同的双边拉氏变换式，因此它们只能靠各自不同的收敛域来加以区分，否则变换式所对应的时域信号就不唯一，即会破坏这种变换唯一性。特别是，随着双边拉氏变换有理函数式极点数目的增多，对于同一个有理函数式可供选择的不同收敛域的数目也会随之增加，而每一个不同的收敛域都对应着不同的时间函数。

下面用一个例子来说明不同的时间函数却有着完全相同的双边拉氏变换式，但它们的收敛域则是完全不同的。

【例 5-2】 试求单边复指数信号 $-e^{s_0 t}\varepsilon(-t)$ 的双边拉氏变换，其中，$s_0=\sigma_0+j\omega_0$ 为复常数，σ_0 为任意实数。

解： $-e^{s_0 t}\varepsilon(-t)$ 为一个反因果信号，根据双边拉氏变换定义式(5-3)可得该信号的双边拉氏变换为

$$\begin{aligned}
\mathscr{L}[-e^{s_0 t}\varepsilon(-t)] &= \int_{-\infty}^{\infty}-e^{s_0 t}\varepsilon(-t)e^{-st}\,dt=\int_{0_-}^{-\infty}e^{-(s-s_0)t}\,dt \\
&= -\frac{1}{s-s_0}e^{-(s-s_0)t}\Big|_{0_-}^{-\infty}=-\frac{1}{s-s_0}\Big[\lim_{\substack{t\to-\infty\\ t<0}}e^{-(s-s_0)t}-1\Big] \\
&= -\frac{1}{s-s_0}\Big[\lim_{\substack{t\to-\infty\\ t<0}}e^{-(\sigma-\sigma_0)t}e^{-j(\omega-\omega_0)t}-1\Big] \\
&= -\frac{1}{s-s_0}\Big[\lim_{\substack{t\to-\infty\\ t<0}}e^{(\sigma-\sigma_0)t}e^{j(\omega-\omega_0)t}-1\Big] \\
&= \frac{1}{s-s_0},\quad (\mathrm{Re}(s)=\sigma)<\sigma_0
\end{aligned}\tag{5-16}$$

当 $s_0=\sigma_0=-a$ 时，原信号就变为一个实指数反因果信号 $-e^{-at}\varepsilon(-t)$，其双边拉氏变换为

$$\mathscr{L}[-e^{-at}\varepsilon(-t)]=\frac{1}{s+a},\quad (\mathrm{Re}(s)=\sigma)<-a$$

对于 $-e^{-at}\varepsilon(-t)$ 也可以分 $a>0$ 和 $a<0$ 并画出其收敛域。比较式(5-5c)和式(5-16)可知，信号 $e^{s_0 t}\varepsilon(t)$ 和 $-e^{s_0 t}\varepsilon(-t)$ 的双边拉氏变换式完全相同，但却具有彼此不同的收敛域，据此可以区分这两个双边拉氏变换结果各自对应的时域信号。这说明，在给出信号的双边

拉氏变换式时，必须指出其存在的收敛域，否则将无法确定该变换式所对应的时域信号，从而无法保证拉氏变换本应具有的唯一性。

下面讨论拉氏变换收敛域的性质，它们既适用于双边拉氏变换也适用于单边拉氏变换。

性质 1：拉氏变换式 $X(s)$的收敛域是 s 平面上平行于虚轴($\mathrm{j}\omega$ 轴)的带状域。

s 平面上平行于虚轴的带状区域可以表示为

$$\mathrm{ROC}=(\sigma_1<\mathrm{Re}(s)<\sigma_2),\quad -\infty\leqslant\sigma_1<\sigma_2\leqslant\infty \tag{5-17}$$

式(5-17)中，σ_1、σ_2 为实数。式(5-17)表明，在某些情况下，拉氏变换式收敛域的左边界或(/和)右边界可以分别向左或(/和)向右移，甚至移至无穷远点，这时收敛域变成部分 s 平面或整个 s 平面(包含无穷远点)。拉氏变换收敛域的区域呈带状可以根据拉氏变换与傅里叶变换之间的关系做出解释。拉氏变换式的收敛域由满足 $s=\sigma+\mathrm{j}\omega$ 的点组成，其中，信号$x(t)\mathrm{e}^{-\sigma t}$的连续傅里叶变换收敛，因此，拉氏变换式的收敛域仅与 s 的实部 $\mathrm{Re}(s)=\sigma$ 有关，而与 s 的虚部 $\mathrm{Im}(s)=\mathrm{j}\omega$ 无关，即若 s 平面上的一点 $s_0=\sigma_0+\mathrm{j}\omega_0$属于某个拉氏变换式 $X(s)$的收敛域，则 s 平面内与 σ 轴垂直的直线 $s=\sigma_0+\mathrm{j}\omega(-\infty<\omega<\infty)$上的所有点都属于 $X(s)$的收敛域，即该收敛域包含任何平行于虚轴的直线 $\mathrm{Re}(s)=\sigma_0$。

后面将会看到，实际上，有限带状区域是最一般的情况，即无限长双边信号函数 $x(t)$ 的双边拉氏变换的收敛域形式(前面列举的双边复指数信号就属于这种情况)，位于这种收敛域左边界的收敛轴 σ_1 是由 $x(t)$在 $t>0$ 的部分决定的，而位于这种收敛域右边界的收敛轴 σ_2 则是由 $x(t)$在 $t<0$ 的部分决定的。若 $\sigma_1<\sigma_2$，则表明 $t>0$ 和 $t<0$ 这两个部分有公共收敛域，$x(t)$存在双边拉氏变换；若 $\sigma_1\geqslant\sigma_2$，则表明这两个部分无公共收敛域，$x(t)$不存在双边拉氏变换。

性质 2：拉氏变换式 $X(s)$的收敛域内不包含 $X(s)$的任何极点。

这一性质表明，拉氏变换的收敛域是 s 平面上的单连通域，且在收敛域内不应包含拉氏变换式的任何极点，即收敛域应以极点为边界。同时还说明，收敛域的边界(带状收敛域的左、右边界)通过象函数的某个极点，而此边界并不在收敛域内。这是因为象函数在极点处的值为不收敛的无限值。此外，尽管极点是孤立的，但是根据拉氏变换的带状收敛域可知，若 $s=p_i$ 是拉氏变换的极点，则在 s 平面上所有 $\mathrm{Re}(s)=\mathrm{Re}(p_i)$的点，即通过该极点且平行于虚轴的那条直线均不在收敛域内。

这两点性质可由前面所列举的例子得到说明。

性质 3：呈有理函数形式的拉氏变换式 $X(s)$的收敛域或是被极点所限定或是延伸到无限远。

这个性质基于这样的事实：一个具有理函数形式的拉氏变换式的信号均由指数信号的线性组合构成，而从 $\mathscr{L}[\mathrm{e}^{-at}\varepsilon(t)]=\dfrac{1}{s+a}$，$(\mathrm{Re}(s)=\sigma)>-a$ 和例 5-2 可以看出，在该线性组合中的每一项变换式的收敛域均具有这个性质。

5.6 连续信号的特征与其双边拉氏变换式收敛域的对应关系

在求解典型信号的拉氏变换时，其收敛域基本上是使用拉氏变换积分式收敛的基本条件(即式(5-4))求出的。但是，在大多数情况下，这种方法并不易于使用，比较简便的方法是利用拉氏变换式的零、极点以及根据信号的基本类型来确定其拉氏变换的收敛域。这是由于除了与极点有关外，拉氏变换的收敛域还与信号自身的具体特征有关，根据信号的具体特征可以将信号划分为 4 种类型，即时限信号、无限长右边信号、无限长左边信号和无限长双边信号。下面对这 4 类信号所具有的不同收敛域分别加以讨论。

1. 绝对可积时限信号 $x(t)$

绝对可积时限信号 $x(t)$的定义为

$$x(t)\begin{cases}\neq 0, & t_1\leqslant t\leqslant t_2, t_1、t_2 \text{ 为任意有限值}\\ =0, & \text{其他}\end{cases}$$

且有 $\int_{-\infty}^{\infty}|x(t)|\mathrm{d}t=\int_{t_1}^{t_2}|x(t)|\mathrm{d}t<\infty$，因此，$x(t)$的双边拉氏变换 $X(s)$的收敛域至少为有限 s 平面($s\neq\infty$)，有时可能包括 $\mathrm{Re}(s)=\sigma=+\infty$或 $\mathrm{Re}(s)=\sigma=-\infty$。

证明：对于如图 5-4a 所示的绝对可积时限信号 $x(t)$而言，要使它的拉氏变换存在，应满足绝对可积条件，即：

$$\int_{-\infty}^{\infty}|x(t)\mathrm{e}^{-\sigma t}|\mathrm{d}t=\int_{t_1}^{t_2}|x(t)\mathrm{e}^{-\sigma t}|\mathrm{d}t=\int_{t_1}^{t_2}|x(t)|\mathrm{e}^{-\sigma t}\mathrm{d}t<\infty \tag{5-18}$$

对于绝对可积时限信号 $x(t)$，有：

$$\int_{-\infty}^{\infty}|x(t)|\mathrm{d}t=\int_{t_1}^{t_2}|x(t)|\mathrm{d}t<\infty \tag{5-19}$$

式(5-19)表明，$\mathrm{Re}(s)=\sigma=\sigma_0=0$ 可以使绝对可积条件式(5-18)成立，故直线 $\mathrm{Re}(s)=\sigma_0$ 位于 $X(s)$的收敛域内，即这时 $x(t)\mathrm{e}^{-\sigma t}$绝对可积。对于 $\mathrm{Re}(s)=\sigma\neq\sigma_0$ 而言，由于$x(t)$为时限信号，故指数信号 $\mathrm{e}^{-\sigma t}$对于任意有限的 σ 值只能为有限值。当 $\sigma>\sigma_0=0$ 时，$\mathrm{e}^{-\sigma t}$为衰减的指数信号，其在 $x(t)$取非零值的区间$[t_1, t_2]$内的最大值为 $\mathrm{e}^{-\sigma t_1}$。当 $\sigma<\sigma_0=0$ 时，$\mathrm{e}^{-\sigma t}$为增长的指数信号，它在 $x(t)$取非零值的区间$[t_1, t_2]$内的最大值为 $\mathrm{e}^{-\sigma t_2}$。这可以表示为

$$\mathrm{e}^{-\sigma t}\leqslant\begin{cases}\mathrm{e}^{-\sigma t_1}, & \sigma>\sigma_0=0\\ \mathrm{e}^{-\sigma t_2}, & \sigma<\sigma_0=0\end{cases} \tag{5-20}$$

它们分别如图 5-4b、c 所示。因此，应用式(5-19)和式(5-20)可得

$$\int_{t_1}^{t_2}|x(t)|\mathrm{e}^{-\sigma t}\mathrm{d}t\leqslant\begin{cases}\mathrm{e}^{-\sigma t_1}\int_{t_1}^{t_2}|x(t)|\mathrm{d}t<\infty, \sigma>\sigma_0=0\\ \mathrm{e}^{-\sigma t_2}\int_{t_1}^{t_2}|x(t)|\mathrm{ed}t<\infty, \sigma<\sigma_0=0\end{cases} \tag{5-21}$$

式(5-21)表明，对于任意有限的 σ 值，$(\mathrm{Re}(s)=\sigma)>0$ 和$(\mathrm{Re}(s)=\sigma)<0$ 均可以使绝对可积条件式(5-18)成立。这就证明了 σ 为任意有限值的直线 $\mathrm{Re}(s)=\sigma$ 均位于收敛域内，即绝对可积时限信号的双边拉氏变换 $X(s)$的收敛域至少为有限 s 平面($s\neq\pm\infty$)，这意味着绝对可积时限信号的双边拉氏变换式在有限 s 平面中没有极点。事实上，由于时限信号仅在某一个有限的时间区间内不等于 0，而在 t 趋近于正、负无穷时均为 0，因此，无论 σ 为何有限值，基本条件式(5-4)中的两个收敛条件都可以得到满足。

下面根据 t_1 和 t_2 的正负取值得出 $X(s)$收敛域的 3 种情况：

1)$-\infty<t_1<t_2\leqslant 0$，这时绝对可积时限信号位于时域左半平面，当 $\sigma\to+\infty$时，$\int_{t_1}^{t_2}|x(t)|\mathrm{e}^{-\sigma t}\mathrm{d}t\to\infty$，$X(s)$不收敛，其收敛域为除去直线 $\mathrm{Re}(s)=\sigma=+\infty$的 s 平面，可以表示为 $\mathrm{Re}(s)=+\infty\notin\mathrm{ROC}$。

2)$t_2>t_1\geqslant 0$，这时绝对可积时限信号位于时域右半平面，当 $\sigma\to-\infty$ 时，$\int_{t_1}^{t_2}|x(t)|\mathrm{e}^{-\sigma t}\mathrm{d}t\to\infty$，$X(s)$不收敛，其收敛域为除去直线 $\mathrm{Re}(s)=\sigma=-\infty$的 s 平面，可以表示为 $\mathrm{Re}(s)=-\infty\notin\mathrm{ROC}$。

3)$t_1<0$，$t_2>0$，这时绝对可积时限信号为有限长双边信号，故 $\int_{t_1}^{t_2}|x(t)|\mathrm{e}^{-\sigma t}\mathrm{d}t$ 可以

分解为

$$\int_{t_1}^{t_2} |x(t)| \mathrm{e}^{-\sigma t} \mathrm{d}t = \int_{t_1}^{0} |x(t)| \mathrm{e}^{-\sigma t} \mathrm{d}t + \int_{0}^{t_2} |x(t)| \mathrm{e}^{-\sigma t} \mathrm{d}t \tag{5-22}$$

由前面的讨论可知，当 $\sigma \to +\infty$ 时，式(5-22)右边第一项趋于无限大，而当 $\sigma \to -\infty$ 时，右边第二项也趋于无限大，即这时 $X(s)$均不收敛，故其收敛域为除去直线 $\mathrm{Re}(s) = \sigma = -\infty$ 和 $\mathrm{Re}(s) = \sigma = +\infty$ 的整个有限 s 平面，可以表示为 $\mathrm{Re}(s) = \pm\infty \notin ROC$。

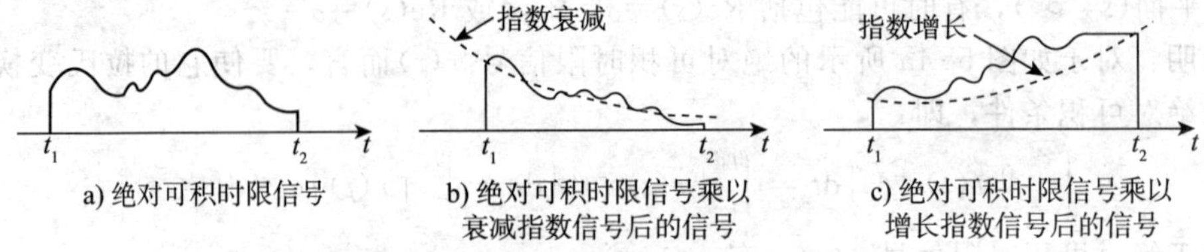

图 5-4 绝对可积时限信号、绝对可积时限信号乘以衰减指数信号后的信号以及乘以增长指数信号后的信号

需要注意的是，冲激函数及其导数 $\delta^{(k)}(t)(k \geqslant 0)$为绝对可积时限信号，但并非有界信号，它们的双边拉氏变换的收敛域为整个 s 平面。

【例 5-3】 设一个有限长信号为 $x(t) = \begin{cases} \mathrm{e}^{-at}, & 0 \leqslant t \leqslant T \\ 0, & \text{其他} \end{cases}$，试求它的双边拉氏变换。

解：$x(t)$的双边拉氏变换为

$$\begin{aligned} X(s) &= \int_0^T \mathrm{e}^{-at} \mathrm{e}^{-st} \mathrm{d}t = \int_0^T \mathrm{e}^{-(s+a)t} \mathrm{d}t \\ &= -\frac{1}{s+a} \mathrm{e}^{-(s+a)t} \Big|_0^T = \frac{1}{s+a} [1 - \mathrm{e}^{-(s+a)T}] \end{aligned} \tag{5-23}$$

式(5-23)中，$X(s)$有一个极点 $s = -a$，由于收敛域内不包含任何极点，所以这似乎表明，$X(s)$在 $s = -a$ 处不收敛，但实际上并非如此。因为在积分式(5-23)中令 $s = -a$，有

$$X(-a) = \int_0^T \mathrm{e}^{-at} \cdot \mathrm{e}^{at} \mathrm{d}t = \int_0^T \mathrm{d}t = T$$

此外，在式(5-23)中令 $s = -a$ 时，得到 0/0 的结果，因此，利用洛必达法则也可以得到 $X(s)$在 $s = -a$ 处的值，即：

$$\lim_{s \to -a} X(s) = \lim_{s \to -a} \frac{\frac{\mathrm{d}}{\mathrm{d}s}[1 - \mathrm{e}^{-(s+a)T}]}{\frac{\mathrm{d}}{\mathrm{d}s}(s+a)} = \lim_{s \to -a} T \mathrm{e}^{-(s+a)T} = T$$

那么 $X(-a) = T$。显然，当 $s \to -\infty$ 时，$X(s) \to \infty$，因此该时限信号 $x(t)$ 的 $X(s)$ 收敛域为除去直线 $\mathrm{Re}(s) = \sigma = -\infty$ 的 s 平面。

2. 无限长右边信号

无限长右边信号的定义为

$$x_{\mathrm{R}}(t) \begin{cases} = 0, & t \leqslant t_1 < \infty, t_1 \text{ 为有限值} \\ \neq 0, & \text{其他} \end{cases}$$

若 $x_{\mathrm{R}}(t)$存在双边拉氏变换，且$(\mathrm{Re}(s) = \sigma) = \sigma_0$ 为其收敛域中的某个值，则满足$(\mathrm{Re}(s) = \sigma) > \sigma_0$ 的所有有限 s 值点均在收敛域内，由于收敛域内不包含任何极点，因此无限长右边信号的收敛域至多为

$$(\mathrm{Re}(s) = \sigma) > \sigma_{\max} \tag{5-24}$$

式(5-24)中，$\sigma_{\max}$ 为 $x_{\mathrm{R}}(t)$的双边拉氏变换 $X_{\mathrm{R}}(s)$在 s 平面的所有极点中最右边的极点的实部。这表明无限长右边信号的收敛域至多为 s 平面上最右边极点右侧的开平面，开平面指

的是不包括 $\sigma_{\max}$ 所在垂直轴的平面。

证明：由于 $x_R(t)$ 的双边拉氏变换 $x_R(s)$ 在 $(\mathrm{Re}(s)=\sigma)=\sigma_0$ 处收敛，故 $x_R(t)\mathrm{e}^{-\sigma_0 t}$ 的傅里叶变换存在，因而有

$$\int_{-\infty}^{\infty}|x_R(t)\mathrm{e}^{-\sigma_0 t}|\,\mathrm{d}t=\int_{-\infty}^{\infty}|x_R(t)|\,\mathrm{e}^{-\sigma_0 t}\mathrm{d}t=\int_{t_1}^{\infty}|x_R(t)|\,\mathrm{e}^{-\sigma_0 t}\mathrm{d}t<\infty$$

对于满足 $(\mathrm{Re}(s)=\sigma_1)>\sigma_0$ 的任意一个有限值点 σ_1，因为 $\sigma_1>\sigma_0$，故随着 $t\to\infty$，$\mathrm{e}^{-\sigma_1 t}$ 比 $\mathrm{e}^{-\sigma_0 t}$ 衰减得要快，如图 5-5a 所示，于是有：

$$\begin{aligned}\int_{-\infty}^{\infty}|x_R(t)\mathrm{e}^{-\sigma_1 t}|\,\mathrm{d}t&=\int_{t_1}^{\infty}|x_R(t)|\,\mathrm{e}^{-\sigma_1 t}\mathrm{d}t=\int_{t_1}^{\infty}|x_R(t)|\,\mathrm{e}^{-\sigma_0 t}\mathrm{e}^{-(\sigma_1-\sigma_0)t}\mathrm{d}t\\&\leqslant \mathrm{e}^{-(\sigma_1-\sigma_0)\mathrm{e}_1}\int_{t_1}^{\infty}|x_R(t)|\,\mathrm{e}^{-\sigma_0 t}\mathrm{d}t\end{aligned}\tag{5-25}$$

由于式(5-25)中 t_1 为有限值，故 $\mathrm{e}^{-(\sigma_1-\sigma_0)t_1}$ 也为有限值，因而 $\mathrm{e}^{-(\sigma_1-\sigma_0)t_1}\int_{t_1}^{\infty}|x_R(t)|\,\mathrm{e}^{-\sigma_0 t}\mathrm{d}t$ 必为有限值，即 $\int_{-\infty}^{\infty}|x_R(t)\mathrm{e}^{-\sigma_1 t}|\,\mathrm{d}t<\infty$，也就是 $x_R(t)\mathrm{e}^{-\sigma t}$ 在 σ_1 点的傅里叶变换存在，因此，$x_R(t)$ 的双边拉氏变换 $x_R(s)$ 在 σ_1 点处也存在，即 $X_R(s)$ 在 $(\mathrm{Re}(s)=\sigma)=\sigma_1$ 处收敛。这表明，所有满足 $(\mathrm{Re}(s)=\sigma)\geqslant\sigma_0$ 的有限值点 s 都在收敛域内，即双边拉氏变换 $x_R(s)$ 的收敛域为 $(\mathrm{Re}(s)=\sigma)>\sigma_0$，由于 $X_R(s)$ 的收敛域内不包含任何极点，故有 $(\mathrm{Re}(s)=\sigma)>\sigma_{\max}$，$\sigma_{\max}$ 为 $X_R(s)$ 极点的最大实部。这表明无限长右边信号的双边拉氏变换的收敛域至多为 s 平面上最右边极点右侧的开平面，开平面指的是不包括 $\sigma_{R_{\max}}$ 所在垂直轴的平面。

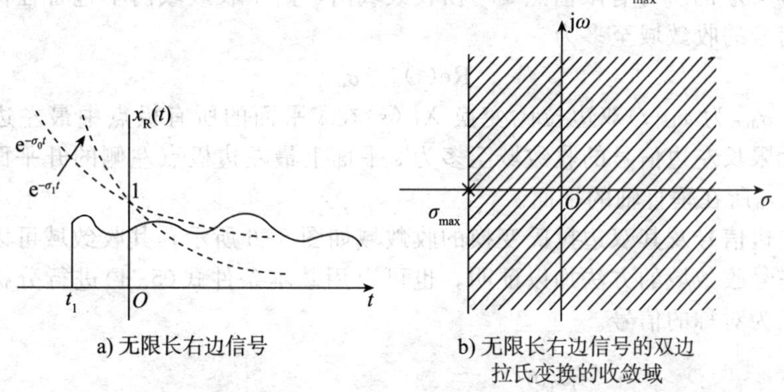

a) 无限长右边信号

b) 无限长右边信号的双边拉氏变换的收敛域

图 5-5　无限长右边信号及其双边拉氏变换的收敛域

以上结论也可以应用基本条件式(5-4)进行分析。由于无限长右边信号在 $t<t_1$ 时等于 0，因此它满足收敛条件式(5-4)中的第一个条件。若右边信号的拉氏变换存在，并假设 $\sigma=\sigma_0$ 是其收敛域中的某个值，则对于任意一个大于 σ_0 的 σ 值，例如 σ_1，它都可以使第二个收敛条件得到满足，即：

$$\lim_{\substack{t\to\infty\\t>0}}x_R(t)\mathrm{e}^{-\sigma_1 t}=0$$

这是因为既然 $x_R(t)\mathrm{e}^{-\sigma_0 t}$ 能在 σ_0 点处收敛，而由于 $\sigma_1>\sigma_0$，故 $\mathrm{e}^{-\sigma_1 t}$ 比 $\mathrm{e}^{-\sigma_0 t}$ 衰减得要快，于是，随着 t 趋于无穷，$x_R(t)\mathrm{e}^{-\sigma_1 t}$ 就更收敛了。这表明，对于无限长右边信号而言，只要有一个点在收敛域内。则所有位于这个点右边的有限值点，即比 σ 值大的有限值点也都在收敛域内。因此，右边信号的双边拉氏变换的收敛域是朝着时间轴正方向(即信号的非零值方向)延伸的，它的收敛域应在极点的右侧。

根据拉氏变换收敛域的性质 3 可知，若一个右边信号的双边拉氏变换 $X_R(s)$ 是有理函数，则其收敛域位于 s 平面上最右边极点的右边。

下面根据无限长右边信号中 t_1 的正负取值得出 $X_R(s)$收敛域的两种情况：

1）若$-\infty<t_1<0$，这时无限长右边信号的起点位于时域左半平面，故$\int_{t_1}^{\infty}|x(t)|e^{-\sigma t}dt$可以分解为

$$\int_{t_1}^{\infty}|x(t)|e^{-\sigma t}dt=\int_{t_1}^{0}|x(t)|e^{-\sigma t}dt+\int_{0}^{\infty}|x(t)|e^{-\sigma t}dt \tag{5-26}$$

当$\sigma\to+\infty$时，式(5-26)右边第一项$\int_{t_1}^{0}|x(t)|e^{-\sigma t}dt\to\infty$，$X(s)$不收敛，其收敛域为$\sigma_{\max}<(\mathrm{Re}(s)=\sigma)<+\infty$。

2）若$t_1\geqslant0$，这时无限长右边信号的起点位于时域原点或右半平面，则当$\sigma\to+\infty$时，$\int_{t_1}^{\infty}|x(t)|e^{-\sigma t}dt$收敛，其收敛域为$(\mathrm{Re}(s)=\sigma)>\sigma_{\max}$。显然，这也是因果信号的拉氏变换的收敛域。

上面列举的单边复指数信号$e^{s_0t}\varepsilon(t)$为无限长右边信号，也为因果信号。

3. 无限长左边信号

无限长左边信号的定义为

$$x_L(t)\begin{cases}=0, & t\geqslant t_2>-\infty, t_2\text{ 为有限值}\\ \neq0, & \text{其他}\end{cases}$$

若$x_L(t)$存在双边拉氏变换，且 s 平面上的直线$(\mathrm{Re}(s)=\sigma=\sigma_0)$在其收敛域内，则满足$(\mathrm{Re}(s)=\sigma)<\sigma_0$的所有有限值点 s 均在收敛域内，由于收敛域内不包含任何极点，所以无限长左边信号的收敛域至多为

$$\mathrm{Re}(s)<\sigma_{\min} \tag{5-27}$$

式(5-27)中，$\sigma_{\min}$为$x_L(t)$双边拉氏变换$X_L(s)$在 s 平面的所有极点中最左边的极点的实部。这表明无限长左边信号的收敛域至多为 s 平面上最左边极点左侧的开平面，开平面指的是不包括$\sigma_{\min}$所在垂直轴的平面。

无限长左边信号及其双边拉氏变换的收敛域如图 5-6 所示，其收敛域可以用类似证明无限长右边信号收敛域的方法加以证明，也可以用基本条件式(5-4)进行分析，因为两者是关于纵轴互为对称的信号。

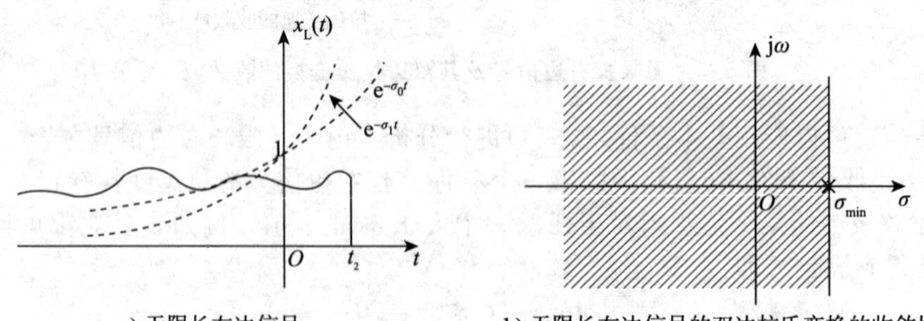

图 5-6　无限长左边信号及其双边拉氏变换的收敛域

根据拉氏变换收敛域的性质 3 可知，若一个左边信号的双边拉氏变换$X_L(s)$是有理函数，则它的收敛域位于 s 平面上最左边极点的左边。

下面根据无限长左边信号中 t_2 的正、负取值得出$X_L(s)$收敛域的两种情况：

1)若$0<t_2<\infty$，这时无限长左边信号的起点位于时域右半平面，故$\int_{-\infty}^{t_2}|x(t)|e^{-\sigma t}dt$可以分解为

$$\int_{-\infty}^{t_2} |x(t)| e^{-\sigma t} dt = \int_{-\infty}^{0} |x(t)| e^{-\sigma t} dt + \int_{0}^{t_2} |x(t)| e^{-\sigma t} dt \tag{5-28}$$

当$\sigma \to -\infty$时，式(5-28)右边第二项$\int_{0}^{t_2} |x(t)| e^{-\sigma t} dt \to \infty$，$X_L(s)$不收敛，其收敛域为$-\infty < (\mathrm{Re}(s)=\sigma) < \sigma_{min}$。

2)若$t_2 \leqslant 0$，这时无限长左边信号的起点位于时域原点或左半平面，则当$\sigma \to -\infty$时，$\int_{-\infty}^{t_2} |x(t)| e^{-\sigma t} dt$收敛，其收敛域为$(\mathrm{Re}(s)=\sigma) < \sigma_{min}$。显然，这也是反因果信号的拉氏变换的收敛域。

上面列举的单边复指数信号$-e^{s_0 t}\varepsilon(-t)$为无限长左边信号，也为反因果信号。

4. 无限长双边信号

无限长双边信号的定义为

$$x_D(t) \neq 0, \quad -\infty < t < \infty$$

若双边信号$x_D(t)$存在拉氏变换$X_D(s)$，且$\mathrm{Re}(s)=\sigma_0$为其收敛域中的某个值，则拉氏变换收敛域一定是一个包含直线$\mathrm{Re}(s)=\sigma_0$且左右边界均有限的带状区域，而左右边界分别为经过该直线左右两边的第一个极点且平行于虚轴的直线，即

$$\sigma_{max} < (\mathrm{Re}(s) = \sigma) < \sigma_{min} \tag{5-29}$$

式(5-29)中，σ_{max}、σ_{min}分别是$X_D(s)$位于$\mathrm{Re}(s)=\sigma_0$左右两边的第一个极点的实部。

对于任意一个双边信号$x_D(t)$，可选取任一个有限时刻t_0，将$x_D(t)$分成一个无限长左边信号$x_L(t)$和一个无限长右边信号$x_R(t)$之和，即：

$$x_D(t) = x_L(t) + x_R(t)$$

无限长右边信号$x_R(t)$和无限长左边信号$x_L(t)$的拉氏变换分别为$X_R(s)$，$(\mathrm{Re}(s)=\sigma) > \sigma_{max}$和$X_L(s)$，$(\mathrm{Re}(s)=\sigma) < \sigma_{min}$。根据拉氏变换的线性性质可知，$x_D(t)$的双边拉氏变换为

$$X_D(s), \mathrm{ROC} = [\sigma_{max} < (\mathrm{Re}(s) = \sigma) \cap (\mathrm{Re}(s) = \sigma) < \sigma_{min}] \tag{5-30}$$

若$\sigma_{max} < \sigma_{min}$，则右边信号和左边信号的双边拉氏变换有交集，$x_D(t)$存在拉氏变换$X_D(s)$，其收敛域为$\sigma_{max} < (\mathrm{Re}(s)=\sigma) < \sigma_{min}$，$\sigma_{max} < \sigma_{min}$，若$\sigma_{max} \geqslant \sigma_{min}$，则式(5-30)中的交集为空集，双边信号$x_D(t)$不存在双边拉氏变换，即在$s$平面上找不到任何一点$s$，可使双边拉氏变换$X_D(s)$收敛。无限长双边信号及其双边拉氏变换所可能存在的收敛域如图5-7b所示。

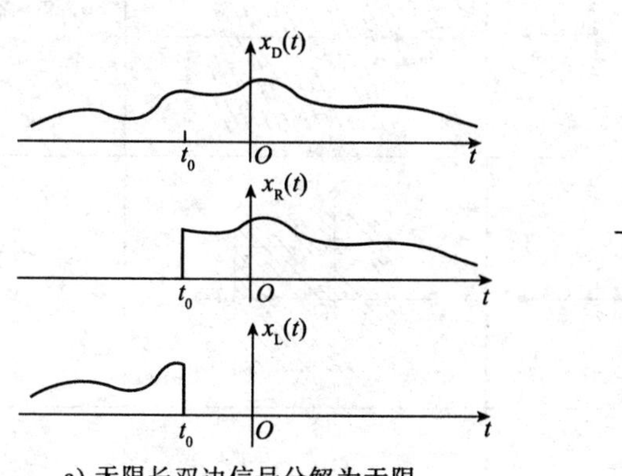

a) 无限长双边信号分解为无限长右边信号和无限长左边信号

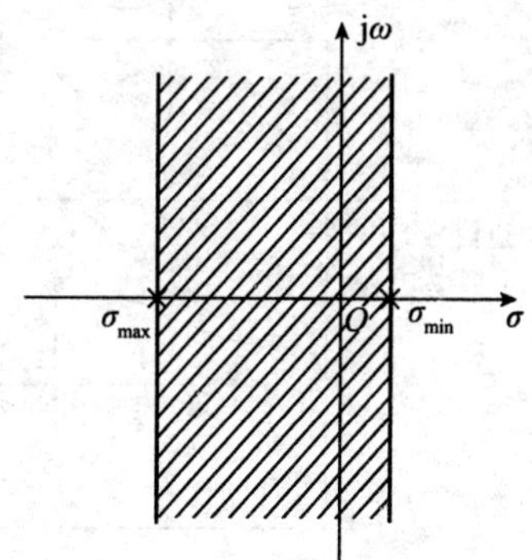

b) 可能存在的无限长双边信号双边拉氏变换的收敛域

图5-7 无限长双边信号及其可能存在的双边拉氏变换的收敛域

上面列举的双边复指数信号$e^{s_0|t|}$为无限长双边信号。

通过上面的讨论可知，任何一个连续时间信号只要存在双边拉氏变换，则该变换的收

敛域就一定是上述四种情况中的一种。这表明，相当广泛的一类连续时间信号都能用拉氏变换表示，即使一些不存在傅里叶变换的信号，也存在拉氏变换。

为了便于比较上述4种连续信号的形式与其收敛域特征的对应关系，本书将以上讨论结果列于表5-1。

表5-1 4种连续信号的形式与其双边拉氏变换的收敛域的对应关系

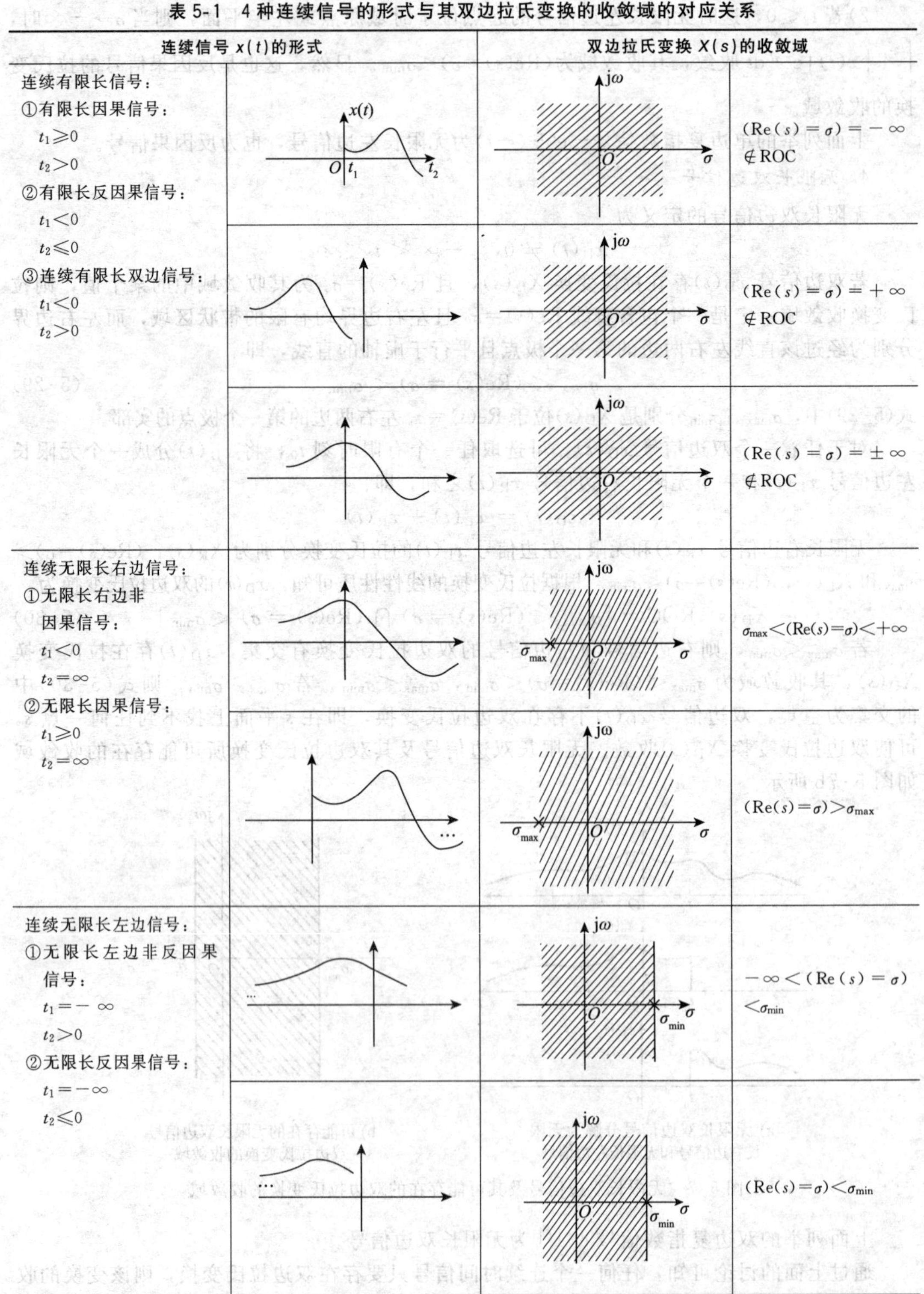

连续信号 $x(t)$ 的形式		双边拉氏变换 $X(s)$ 的收敛域	
连续有限长信号： ①有限长因果信号： $t_1\geqslant 0$ $t_2>0$			$(\mathrm{Re}(s)=\sigma)=-\infty$ $\notin$ROC
②有限长反因果信号： $t_1<0$ $t_2\leqslant 0$			$(\mathrm{Re}(s)=\sigma)=+\infty$ $\notin$ROC
③连续有限长双边信号： $t_1<0$ $t_2>0$			$(\mathrm{Re}(s)=\sigma)=\pm\infty$ $\notin$ROC
连续无限长右边信号： ①无限长右边非因果信号： $t_1<0$ $t_2=\infty$			$\sigma_{\max}<(\mathrm{Re}(s)=\sigma)<+\infty$
②无限长因果信号： $t_1\geqslant 0$ $t_2=\infty$			$(\mathrm{Re}(s)=\sigma)>\sigma_{\max}$
连续无限长左边信号： ①无限长左边非反因果信号： $t_1=-\infty$ $t_2>0$			$-\infty<(\mathrm{Re}(s)=\sigma)<\sigma_{\min}$
②无限长反因果信号： $t_1=-\infty$ $t_2\leqslant 0$			$(\mathrm{Re}(s)=\sigma)<\sigma_{\min}$

（续）

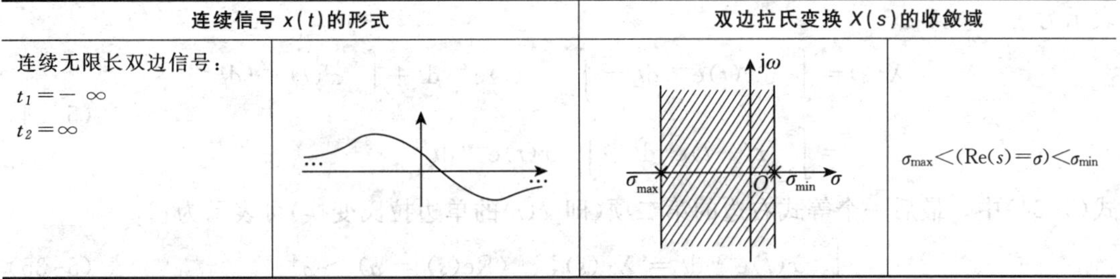

连续信号 $x(t)$的形式		双边拉氏变换 $X(s)$的收敛域	
连续无限长双边信号： $t_1=-\infty$ $t_2=\infty$			$\sigma_{max}<(\mathrm{Re}(s)=\sigma)<\sigma_{min}$

5.7 单边拉氏变换的定义

由于双边拉氏变换的收敛域比较复杂，并且信号与其双边拉氏变换式本身也没有一一对应，因而限制了它的应用。此外，实际中的信号都是有起始时刻的，一般为了分析方便，假设在 $t<0$ 时 $x(t)=0$，即因果信号。因此，基于时间变量 t 的不同取值范围可以将拉氏变换分为双边拉氏变换和单边拉氏变换。若 t 的取值范围是 $0\sim+\infty$，则称为单边拉氏变换。对于任意一个时间函数 $x(t)$，$-\infty<t<\infty$，其单边拉氏变换的定义为

$$X(s)=\int_0^{\infty}x(t)\mathrm{e}^{-st}\mathrm{d}t,\quad (\mathrm{Re}(s)=\sigma)\in R_x \tag{5-31}$$

需要指出的是，在单边拉氏变换定义式(5-31)中，积分变量下限值为 $t=0$，实际上，在 $t=0$ 时刻可以取 $t=0_-$ 或 t_{0_+}，分别称为 0_- 系统和 0_+ 系统，它们之间的关系可以表示为

$$\int_{0_+}^{\infty}x(t)\mathrm{e}^{-st}\mathrm{d}t=\int_{0_-}^{0_+}x(t)\mathrm{e}^{-st}\mathrm{d}t+\int_{0_+}^{\infty}x(t)\mathrm{e}^{-st}\mathrm{d}t \tag{5-32}$$

由式(5-32)可知，若 $\int_{0_+}^{\infty}x(t)\mathrm{e}^{-st}\mathrm{d}t=0$，则在大多数情况下，这两种拉氏变换是相等的。但是，在实际应用中，t 的下限值取 0_- 会带来许多便利，有时还是必须的，这主要表现在以下 4 个方面：

1)在通过微分方程求取系统响应时，无须考虑系统响应在 $t=0$ 点是否存在跳变的情况。

2)可以求得系统在 $t=0$ 点的响应，若取 0_+，则无法求得该点的响应。

3)对于在 $t=0$ 时刻，若信号 $x(t)$连续或只有有限阶跃型不连续点，$t=0$、$t=0_-$ 或 $t=0_+$ 时这些不同的积分下限具有相同的积分结果。考虑到一般情况，在 $t=0$ 时，$x(t)$中可能包含 $\delta(t)$及其导数，这时有 $\int_{0_-}^{0_+}x(t)\mathrm{e}^{-st}\mathrm{d}t\neq 0$。因此，$t=0_-$ 对于在 $t=0$ 时包含冲激函数及其导数的信号，可以求得它的完整拉氏变换，若取 0_+，则所求得的变换式中将会遗漏本应包含在内的冲激函数及其导数的拉氏变换。

4)可以简单而明确地将系统的完全响应在 s 域内也分解为零输入响应和零状态响应。

由于上述原因，因此所有以单边拉氏变换为数学工具对信号与系统做分析的学科均采用 0_+ 拉氏变换，即：

$$X(s)=\int_{0_-}^{\infty}x(t)\mathrm{e}^{-st}\mathrm{d}t,\quad (\mathrm{Re}(s)=\sigma)\in R_x \tag{5-33}$$

由式(5-33)可知，单边拉氏变换只和信号 $x(t)$在 $t\geqslant 0_-$ 部分的值有关，因此，任意两个信号只要在 $t\geqslant 0_-$ 部分的值相同，则其单边拉氏变换也相同，而当 $x(t)$在 $t<0_-$ 时等于零或为因果信号时，其单边拉氏变换和双边拉氏变换的结果完全相同。

信号 $x(t)$的双边拉氏变换可以按其定义式求取，也可以通过变量转换用单边拉氏变换

的方法求取，即可以用两个单边拉氏变换得到。式(5-3)定义的 $x(t)$ 的双边拉氏变换可以表示为

$$\begin{aligned} X(s) &= \int_{-\infty}^{\infty} x(t)\mathrm{e}^{-st}\,\mathrm{d}t = \int_{-\infty}^{0_-} x(t)\mathrm{e}^{-st}\,\mathrm{d}t + \int_{0_-}^{\infty} x(t)\mathrm{e}^{-st}\,\mathrm{d}t \\ &= \int_{0_-}^{\infty} x(-t)\mathrm{e}^{st}\,\mathrm{d}t + \int_{0_-}^{\infty} x(t)\mathrm{e}^{-st}\,\mathrm{d}t \end{aligned} \tag{5-34}$$

式(5-34)中，最后一个等式右边的第二项(即 $x(t)$ 的单边拉氏变换)可表示为

$$\int_{0_-}^{\infty} x(t)\mathrm{e}^{-st}\,\mathrm{d}t = X_1(s), \quad (\mathrm{Re}(s)=\sigma) > \sigma^+ \tag{5-35}$$

而 $x(-t)$ 的单边拉氏变换为

$$\mathscr{L}[x(-t)] = \int_{0_-}^{\infty} x(-t)\mathrm{e}^{-st}\,\mathrm{d}t = X_1^-(s),\ (\mathrm{Re}(s)=\sigma) > \sigma^-$$

由此可以得到式(5-34)最后一个等式右边的第一项，即单边拉氏变换为

$$\int_{0_-}^{\infty} x(-t)\mathrm{e}^{st}\,\mathrm{d}t = \int_{0_-}^{\infty} x(-t)\mathrm{e}^{-(-s)t}\,\mathrm{d}t = X_1^-(-s),\ (\mathrm{Re}(s)=\sigma) < \sigma^- \tag{5-36}$$

分别将 $X_1(s)$ 和 $X_1^-(-s)$ 的表示式(5-35)和式(5-36)代入式(5-34)可得 $x(t)$ 的双边拉氏变换变换，即：

$$X(s) = X_1(s) + X_1^-(-s),\ \sigma^+ < (\mathrm{Re}(s)=\sigma) < \sigma^-$$

显然，若 $X_1(s)$、$X_1^-(-s)$ 存在且有公共收敛区，则 $X(s)$ 的双边拉氏变换存在。若两者无公共收敛区，则 $X(s)$ 不存在。例如，对于双边指数信号 $x(t)=\mathrm{e}^{-2|t|}$，当 $t>0$ 时，有 $x(t)=\mathrm{e}^{-2t}$，则

$$X_1(s) = \frac{1}{s+2}, \quad (\mathrm{Re}(s)=\sigma) > -2$$

当 $t<0$ 时，$x(t)=\mathrm{e}^{2t}$，则 $t<0$ 时，$x(-t)=\mathrm{e}^{-2t}$，因此有

$$X_1^-(-s) = \frac{1}{-s+2} = -\frac{1}{s-2},\ (\mathrm{Re}(s)=\sigma) < 2$$

于是得：

$$X(s) = X_1(s) + X_1^-(-s) = \frac{1}{s+2} - \frac{1}{s-2} = -\frac{4}{s^2-4}, \quad -2 < (\mathrm{Re}(s)=\sigma) < 2$$

显然，这与前面用双边拉氏变换的定义式(5-3)计算($a=2$)所得结果相同。

5.8 单边拉氏变换的收敛域

与双边拉氏变换存在的条件类似，若 $x(t)$ 满足

$$\int_{0_-}^{\infty} |x(t)\mathrm{e}^{-\sigma t}|\,\mathrm{d}t < \infty \tag{5-37}$$

或

$$\lim_{\substack{t\to+\infty \\ t>0_-}} x(t)\mathrm{e}^{-\sigma t} = 0,\ (\mathrm{Re}(s)=\sigma) > \sigma_0 \tag{5-38}$$

则 $x(t)$ 的单边拉氏变换 $X(s)$ 存在，而使 $X(s)$ 存在的 s 复平面上 s 的取值区域称为 $X(s)$ 的收敛域。双边拉氏变换和单边拉氏变换的主要差别在于它们的收敛域不同，但是，由于 $x(t)$ 的单边拉氏变换等于 $x(t)\varepsilon(t)$ 的双边拉氏变换，所以单边拉氏变换的收敛域与因果信号双边拉氏变换的收敛域相同。

由于式 (5-33)仅涉及 $t\geqslant 0_-$ 那部分 $x(t)$，因此它的拉氏变换的收敛域作为双边拉氏变换收敛域的特殊情况，要比后者单纯得多。这时只有两种可能的收敛域。其一是包含整个 s 平面，即收敛坐标为 $\sigma=-\infty$ 或表示为$(\mathrm{Re}(s)=\sigma)>-\infty$，这是对时限信号($t>0_-$ 部

分有非零值)和无限长左边信号($t>0_-$ 部分有非零值，而对于单边拉氏变换而言，相当于是对时限信号做单边拉氏变换时的收敛域。其二是最右边极点右边的 s 平面，即($\mathrm{Re}(s)=\sigma)>\sigma_{\max}$，这是对无限长右边信号和双边信号做单边拉氏变换的收敛域。这时，又可分为3种情况：①$\sigma_{\max}>0$，即收敛轴位于 s 平面的右半开平面，当 $x(t)$ 为指数增长信号时，其单边拉氏变换的收敛域为这种情况。例如 $x(t)=\mathrm{e}^{at}(a>0)$，此刻，其收敛坐标为 $\sigma_{\max}=a$，因为当 $\sigma>\sigma_{\max}=a$ 时，$\lim\limits_{\substack{t\to+\infty\\t>0_-}} x(t)\mathrm{e}^{-\sigma t}=\lim\limits_{\substack{t\to+\infty\\t>0_-}} \mathrm{e}^{-(\sigma-a)t}=0$；②$\sigma_{\max}=0$，即收敛轴和 s 平面的虚轴重合，收敛域为 s 平面上不包含虚轴的右半开平面，当 $x(t)$ 为等幅信号时，其单边拉氏变换的收敛域属于这种情况。例如，对于阶跃信号(包括直流信号)，当 $\sigma>0$ 时，则有 $\lim\limits_{\substack{t\to+\infty\\t>0_-}} \varepsilon(t)\mathrm{e}^{-\sigma t}=\lim\limits_{\substack{t\to+\infty\\t>0_-}} \mathrm{e}^{-\sigma t}=0$，由于对于任意周期信号只要稍加衰减即可收敛，因而周期信号的收敛坐标也为 $\sigma_{\max}=0$。此外，对于任何随时间 t 或 t^n(n 为正整数)成正比增长的信号，由于 $\lim\limits_{\substack{t\to+\infty\\t>0_-}} t^n\mathrm{e}^{-\sigma t}=\lim\limits_{\substack{t\to+\infty\\t>0_-}} \dfrac{t^n}{\mathrm{e}^{\sigma t}}=0(\sigma>0)$，所以它的单边拉氏变换的收敛域也属于这种情况；③$\sigma_{\max}<0$，即收敛轴位于 s 平面的左半开平面，当 $x(t)$ 为指数衰减信号时，其单边拉氏变换的收敛域是这种情况。例如，$x(t)=\mathrm{e}^{-at}(a>0)$，此刻，$\sigma_{\max}=-a$，当 $\sigma>\sigma_{\max}=-a$ 时，$\lim\limits_{\substack{t\to+\infty\\t>0_-}} \mathrm{e}^{-(\sigma+a)t}=0$。

通常，在实际中所遇到的信号几乎都属于指数阶信号(满足式(5-38))，所以它们都存在拉氏变换。但是，有些信号却不满足式(5-38)，例如，一些比指数函数增长更快的信号(e^{t^2}、$t^t(-\infty<t<\infty)$或 $t\mathrm{e}^{t^2}(0\leqslant t<\infty)$)就不存在收敛坐标，因而不能对它们进行拉氏变换，但是若将这类信号限定在有限时间范围之内并取非零值，而其他时间内均为零值，则还是可以找到其收敛坐标(即存在拉氏变换)的。但是，在工程实际中很少用到这类信号。

由上述讨论可知，单边拉氏变换的收敛域问题比较简单，因此，一般在不致引起混淆的情况下，求信号单边拉氏变换时，不再一一标注其收敛域。此外，对于在 $t>0_-$ 时具有相同函数表达式而在 $t<0_-$ 时并不相同的任何信号，都有完全一样的单边拉氏变换(但它们的双边拉氏变换却各不相同)。例如，$x(t)=1$ 和 $x(t)=\varepsilon(t)$ 对于单边拉氏变换而言是同一个信号，$x(t)$ 和其拉氏变换 $X(s)$ 之间也是一一对应的。

对于任何时间信号，其双边拉氏变换可以作为在复频域中的唯一表示，而单边拉氏变换却不能作为其在复频域中的唯一表示。正因为如此，双边拉氏变换可以作为信号和系统的复频域表示，并作为信号与系统复频域分析的主要数学工具。但是，对于用微分方程描述的一类连续因果线性系统的复频域分析，即利用复频域分析方法求解这类系统在非零状态下的系统响应，单边拉氏变换却起着不可替代的作用。此外，单边拉氏变换还有简单、计算方便的特点。

综上所述，将拉氏变换收敛域的情况可归纳如下：

对于任何一个连续时间信号，只要它存在拉氏变换，其象函数收敛域只能是以下4种情况中的一种：①有限 s 平面，它对应着时域中的有限长时间信号；②某条并行于虚轴的直线右侧的有限 s 平面，它对应着时域的右边时间信号；③某条并行于虚轴的直线左侧的有限 s 平面，它对应着时域的左边时间信号；④s 平面中左、右边界有限的带状区域，它对应着一个双边时间信号。对于前3种情况，s 平面上无穷远点是否在收敛域内，可以根据时间信号在时域中的分布位置决定。

一些常见信号的拉氏变换对列于表5-2中。

表 5-2 一些常见信号的拉氏变换对

序号	信 号	双边拉氏变换	ROC	单边拉氏变换	ROC
1	$\delta(t)$	1	全部 s	1	全部 s
2	$\delta(t-T)$	e^{-st}	全部 s，除了 $\begin{cases}\mathrm{Re}[s]=-\infty,\ T>0\\ \mathrm{Re}[s]=+\infty,\ T<0\end{cases}$	e^{-st}	全部 s，除了 $\begin{cases}\mathrm{Re}[s]=-\infty,\ T>0\\ \mathrm{Re}[s]=+\infty,\ T<0\end{cases}$
3	$\varepsilon(t)$	$\frac{1}{s}$	$\mathrm{Re}[s]>0$	$\frac{1}{s}$	$\mathrm{Re}[s]>0$
4	$-\varepsilon(-t)$	$\frac{1}{s}$	$\mathrm{Re}[s]<0$	$\frac{1}{s}$	$\mathrm{Re}[s]<0$
5	$e^{-at}\varepsilon(t)$	$\frac{1}{s+a}$	$\mathrm{Re}[s]>-a$	$\frac{1}{s+a}$	$\mathrm{Re}[s]>-a$
6	$-e^{-at}\varepsilon(-t)$	$\frac{1}{s+a}$	$\mathrm{Re}[s]<-a$	$\frac{1}{s+a}$	$\mathrm{Re}[s]<-a$
7	$t^n\varepsilon(t)$（n 为正整数）	$\frac{n!}{s^{\varepsilon+1}}$	$\mathrm{Re}[s]>0$	$\frac{n!}{s^{\varepsilon+1}}$	$\mathrm{Re}[s]>0$
8	$-t^n\varepsilon(-t)$（n 为正整数）	$\frac{n!}{s^{\varepsilon+1}}$	$\mathrm{Re}[s]<0$	$\frac{n!}{s^{\varepsilon+1}}$	$\mathrm{Re}[s]<0$
9	$\sin\omega t\cdot\varepsilon(t)$	$\frac{\omega}{s^2+\omega^2}$	$\mathrm{Re}[s]>0$	$\frac{\omega}{s^2+\omega^2}$	$\mathrm{Re}[s]>0$
10	$\cos\omega t\cdot\varepsilon(t)$	$\frac{s}{s^2+\omega^2}$	$\mathrm{Re}[s]>0$	$\frac{s}{s^2+\omega^2}$	$\mathrm{Re}[s]>0$
11	$e^{-at}\sin\omega t\cdot\varepsilon(t)$	$\frac{\omega}{(s+a)^2+\omega^2}$	$\mathrm{Re}[s]>-a$	$\frac{\omega}{(s+a)^2+\omega^2}$	$\mathrm{Re}[s]>-a$
12	$e^{-at}\cos\omega t\cdot\varepsilon(t)$	$\frac{s+a}{(s+a)^2+\omega^2}$	$\mathrm{Re}[s]>-a$	$\frac{s+a}{(s+a)^2+\omega^2}$	$\mathrm{Re}[s]>-a$
13	$te^{-at}\cdot\varepsilon(t)$（$n$ 为正整数）	$\frac{1}{(s+a)^2}$	$\mathrm{Re}[s]>-a$	$\frac{1}{(s+a)^2}$	$\mathrm{Re}[s]>-a$
14	$t^ne^{-at}\cdot\varepsilon(t)$（$n$ 为正整数）	$\frac{n!}{(s+a)^{n+1}}$	$\mathrm{Re}[s]>-a$	$\frac{n!}{(s+a)^{n+1}}$	$\mathrm{Re}[s]>-a$
15	$-t^ne^{-at}\cdot\varepsilon(-t)$（$n$ 为正整数）	$\frac{n!}{(s+a)^{n+1}}$	$\mathrm{Re}[s]<-a$	$\frac{n!}{(s+a)^{n+1}}$	$\mathrm{Re}[s]<-a$
16	$t\sin\omega t\cdot\varepsilon(t)$	$\frac{2\omega s}{(s^2+\omega^2)^2}$	$\mathrm{Re}[s]>0$	$\frac{2\omega s}{(s^2+\omega^2)^2}$	$\mathrm{Re}[s]>0$
17	$t\cos\omega t\cdot\varepsilon(t)$	$\frac{s^2-\omega^2}{(s^2+\omega^2)^2}$	$\mathrm{Re}[s]>0$	$\frac{s^2-\omega^2}{(s^2+\omega^2)^2}$	$\mathrm{Re}[s]>0$
18	$\mathrm{sh}(at)\cdot\varepsilon(t)$	$\frac{a}{s^2-a^2}$	$\mathrm{Re}[s]>a$	$\frac{a}{s^2-a^2}$	$\mathrm{Re}[s]>a$
19	$\mathrm{ch}(at)\cdot\varepsilon(t)$	$\frac{s}{s^2-a^2}$	$\mathrm{Re}[s]>a$	$\frac{s}{s^2-a^2}$	$\mathrm{Re}[s]>a$
20	$\delta_T(t)\cdot\varepsilon(t)$	$\frac{1}{1-e^{-sT}}$	$\mathrm{Re}[s]>0$	$\frac{1}{1-e^{-sT}}$	$\mathrm{Re}[s]>0$

在前面的讨论中，利用拉氏变换的定义式求取了一些基本信号的拉氏变换。和傅里叶变换时的情形一样，对于很多较为复杂的信号，往往并不去做这种烦琐的积分运算，而是借助基本信号的变换式并利用信号分解的方法以及这里讨论的拉氏变换的基本性质以方便地求得它们的拉氏变换。

从变换的定义来看，单边拉氏变换与双边拉氏变换之间的区别首先在于它并不是傅里叶变换的直接推广，这表现在其正变换的积分下限不同。由此可以推出，一方面，单、双边变换的大部分性质是相同的；另一方面，这个区别也会使得两者在一些性质上有所不同，例如时移性、尺度变换特性，尤其是时域微分和积分性质。正是由于有这些性质上的差异，单边拉氏变换在分析用微分方程描述的一类因果增量线性系统时，有着独特的作用。

拉氏变换的许多性质和傅里叶变换的非常相似，证明方法也类同，因此，在下面的讨论中，一般不给出性质的证明过程。

5.8.1　线性

若信号 $x_1(t)$ 和 $x_2(t)$ 的双边拉氏变换分别为 $X_1(s)$，ROC$=R_{x_1}$ 和 $X_2(s)$，ROC$=R_{x_2}$，且系数 α 和 β 均为复常数或实常数，则线性组合信号 $\alpha x_1(t)+\beta x_2(t)$ 的双边拉氏变换为

$$\mathscr{L}[\alpha x_1(t)+\beta x_2(t)]=\alpha X_1(s)+\beta X_2(s),\ \text{ROC}\supset R_{x_1}\cap R_{x_2} \tag{5-39}$$

式(5-39)中，集合符号"$\supset$"表示包含，"$\cap$"表示交集，例如，$A\supset B$ 表示集合 A 包含集合 B，而 $A\cap B$ 则表示集合 A 与集合 B 的交集，即包含同时属于集合 A 和集合 B 的所有元素。因此，ROC$\supset R_{x_1}\cap R_{x_2}$ 表示了 3 种可能性：①若 $R_{x_1}\cap R_{x_2}=\varnothing$，即两个收敛域的交集是一个空集，则表示 $\alpha x_1(t)+\beta x_2(t)$ 不存在双边拉氏变换。例如，对于信号 $x(t)=\mathrm{e}^{-a|t|}=\mathrm{e}^{-at}\varepsilon(t)+\mathrm{e}^{at}\varepsilon(-t)=x_1(t)+x_2(t)$ 而言，当 $a\leqslant 0$ 时，信号 $x_1(t)$ 和 $x_2(t)$ 拉氏变换的收敛域的交集是空集，此时 $x(t)$ 就不存在双边拉氏变换。②当 $X_i(s)(i=1,2)$ 为有理分式时，线性组合 $\alpha X_1(s)+\beta X_2(s)$ 会产生新的零点，并出现零、极点相消的情况，若消去的极点恰好是决定收敛域 R_{x_1} 和(/或)R_{x_2} 边界的极点，则线性组合信号的双边拉氏变换的收敛域就比收敛域 R_{x_1} 和 R_{x_2} 的交集($R_{x_1}\cap R_{x_2}$)大，有时甚至会扩展到整个 s 平面。③排除前两种可能性，一般来说，$\alpha X_1(s)+\beta X_2(s)$ 的收敛域就等于 $R_{x_1}\cap R_{x_2}$，即比 R_{x_1} 和 R_{x_2} 要小。

对于单边拉氏变换而言，若有 $X_1(s)$，$(\mathrm{Re}(s)=\sigma)>\sigma_{x_1}$ 和 $X_2(s)$，$(\mathrm{Re}(s)=\sigma)>\sigma_{x_2}$，则有 $\alpha X_1(s)+\beta X_2(s)$，$(\mathrm{Re}(s)=\sigma)>\max(\sigma_{x_1},\sigma_{x_2})$，即收敛域为两者的交集。

【例 5-4】 已知信号 $x_1(t)$ 和 $x_2(t)$ 的拉氏变换分别为 $X_1(s)=\dfrac{1}{s+1}$，$R_{x_1}=[(\mathrm{Re}(s)=\sigma)>-1]$ 和 $X_2(s)=\dfrac{1}{(s+1)(s+2)}$，$R_{x_2}=[(\mathrm{Re}(s)=\sigma)>-1]$，试求 $x(t)=x_1(t)-x_2(t)$ 的拉氏变换。

解：由线性性质可得：

$$X(s)=X_1(s)-X_2(s)=\frac{1}{s+1}-\frac{1}{(s+1)(s+2)}=\frac{s+1}{(s+1)(s+2)}=\frac{1}{s+2}$$

$$R_x=[(\mathrm{Re}(s)=\sigma)>-2]$$

由此可见，象函数的线性组合消去了 $X_1(s)$ 和 $X_2(s)$ 在 $s=-1$ 处的极点，而极点正是 $X_2(s)$ 收敛域边界的极点，因而 $X(s)$ 的收敛域要比 $R_{x_1}\cap R_{x_2}=[(\mathrm{Re}(s)=\sigma)>-1]$ 大，向左延展到 $s=-2$ 的极点，即扩大为 $(\mathrm{Re}(s)=\sigma)>-2$。$X_1(s)$、$X_2(s)$ 和 $X_1(s)-X_2(s)$ 的收敛域如图 5-8 所示。若 $x_1(t)=\mathrm{e}^{-1}\varepsilon(t)$，$x_2(t)=\mathrm{e}^{-1}\varepsilon(t)-\mathrm{e}^{-2t}\varepsilon(t)$，则可以直接求 $x(t)=x_1(t)-x_2(t)=\mathrm{e}^{-2t}\varepsilon(t)$ 的拉氏变换。

显然，利用线性性质和单边复指数信号 e^{at} 的变换式可以求得正弦信号 $x(t)=\sin(\omega_0 t)\varepsilon(t)$ 的拉氏变换为 $X(s)=\dfrac{\omega_0}{s^2+\omega_0^2}$，同理可求得余弦信号 $x(t)=\cos(\omega_0 t)\varepsilon(t)$ 的拉氏变换为 $X(s)=\dfrac{s}{s^2+\omega_0^2}$。

5.8.2　时移性

拉氏变换的时移性表征了时域信号经位移后形成的新信号的拉氏变换与原信号的拉氏变换之间的关系。由于双边拉氏变换的积分区间从 $-\infty$ 开始，而单边拉氏变换的积分区间从 0_- 开始，这使得它们的位移性彼此不同。下面分别加以论述。

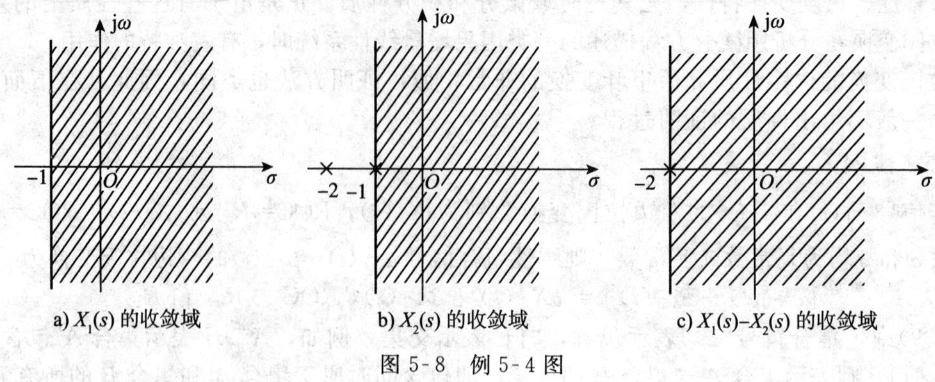

a) $X_1(s)$ 的收敛域　b) $X_2(s)$ 的收敛域　c) $X_1(s)-X_2(s)$ 的收敛域

图 5-8　例 5-4 图

1. 双边拉氏变换的时移性

若信号 $x(t)$的双边拉氏变换为 $X(s)$，ROC$=R_x$，则时移信号 $x(t-t_0)$的双边拉氏变换为

$$\mathscr{L}[x(t-t_0)]=\mathrm{e}^{-st_0}X(s),\ \mathrm{ROC}=R_x$$

但是

$$\begin{cases}(\mathrm{Re}(s)=\sigma)=+\infty\notin\mathrm{ROC}, & t_0>0\\(\mathrm{Re}(s)=\sigma)=-\infty\notin\mathrm{ROC}, & t_0<0\end{cases}\tag{5-40}$$

式(5-40)表明，时间信号在时域中平移 t_0（实常数），其双边拉氏变换 $X(s)$乘以一个时移因子 e^{-st_0}，且在有限 s 平面（$s\neq\infty$）内的收敛域和零、极点分布保持不变。例如，$\delta(t-t_0)$的双边拉氏变换为 e^{-st_0}，其收敛域可以表示为

$$\mathrm{ROC}=s\text{ 平面，排除 }\mathrm{Re(s)}=\begin{cases}+\infty, & t_0<0\\-\infty, & t_0>0\end{cases}$$

2. 单边拉氏变换的时移性

对单边拉氏变换的时移性质讨论如下：

1)在 $t_0>0$(即右移原信号 $x(t)$)时，若 $x(t)$为因果信号，则由于 $x(t)=x(t)\varepsilon(t)$，故 $x(t-t_0)=x(t-t_0)\varepsilon(t-t_0)$，这时，$x(t)$与 $x(t-t_0)$的波形相同；若 $x(t)$为非因果信号，例如，图 5-9a 所示的信号 $x(t)=t$，由于 $x(t-t_0)\neq x(t-t_0)\varepsilon(t-t_0)$（如图 5-9c 和 d 所示），故两者的单边拉氏变换不同，分别为

$$\mathscr{L}[x(t-t_0)]=\mathscr{L}[(t-t_0)]=\frac{1}{s^2}-\frac{t_0}{s}=\frac{1-st_0}{s^2}$$

和

$$\mathscr{L}[x(t-t_0)]\varepsilon(t-t_0)=\mathscr{L}[(t-t_0)]=\frac{\mathrm{e}^{-st_0}}{s^2}$$

这时，$x(t-t_0)$的单边拉氏变换等于 $x(t-t_0)\varepsilon(t)$的单边拉氏变换，而 $x(t)\varepsilon(t-t_0)$的单边拉氏变换为

$$\begin{aligned}\mathscr{L}[x(t)\varepsilon(t-t_0)]&=\mathscr{L}[t\varepsilon(t-t_0)]=\mathscr{L}[(t-t_0+t_0)\varepsilon(t-t_0)]\\&=\mathscr{L}[(t-t_0)\varepsilon(t-t_0)+t_0\varepsilon(t-t_0)]\\&=\frac{\mathrm{e}^{-st_0}}{s^2}+\frac{t_0\mathrm{e}^{-st_0}}{s}=\frac{(1+st_0)}{s^2}\mathrm{e}^{-st_0}\end{aligned}$$

由于单边拉氏变换的积分区间是 $0_-\sim+\infty$，当信号移动后，有可能使得积分区间内的信号波形发生变化。例如，在图 5-9a 中，信号 $x(t)=t$ 在该积分区间内是一个斜变信

号，而当其向右移动 t_0 后变为 $x(t-t_0)=t-t_0$ 后，$x(t-t_0)$在该积分区间内不再是一个斜变信号，如图 5-9c 所示。因此，为了保证在 $0_-\sim+\infty$ 的积分区间内，移动后的信号 $x(t-t_0)$的波形和原信号 $x(t)$的波形相同，即保证单边拉氏变换结果的正确性，即两者的单边拉氏变换仅差一个时移因子。这就要求若 $t_0>0$，非因果信号 $x(t)$在$[-t_0, 0]$的区间内必须等于 0。因此，无论 $x(t)$是因果信号还是非因果信号，在对该信号右移所得的信号应用单边拉氏变换的时移性质时，都必须将 $x(t)$变为一个因果信号，即 $x(t)=x(t)\varepsilon(t)$，再对 $x(t-t_0)\varepsilon(t-t_0)$（其波形在单边拉氏变换的积分区间内与 $x(t)\varepsilon(t)$相同，如图 5-9b 和 d 所示应用时移性质，其结果才是正确的，即 $e^{-st_0}X(s)$。

2)在 $t_0<0$(即左移原信号 $x(t)$)时，为了保证在单边拉氏变换的积分区间内移动后的信号波形和原信号的波形相同，即保证单边拉氏变换结果的正确性，则要求信号 $x(t)$在$[0, -t_0]$的区间内等于 0。

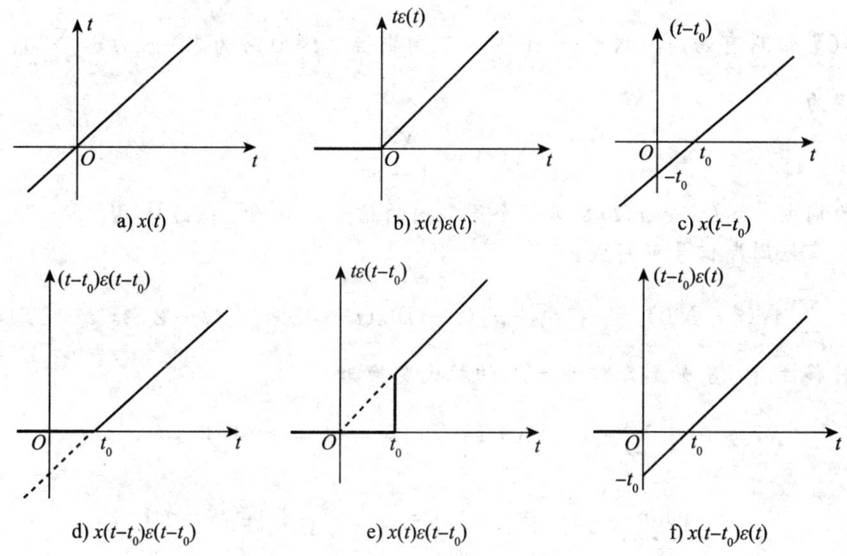

图 5-9　单边拉氏变换时移性质的说明图

综上所述，在单边拉氏变换中，由于积分区间为 $0_-\sim+\infty$，所以当信号移动后，有可能使得在该积分区间内的信号波形发生变化，而单边拉氏变换的时移性质要求信号 $x(t)$无论是向左移动还是向右移，在单边拉氏变换的积分区间内，移动后的信号波形应和原信号的相同，为此，在应用单边拉氏变换的时移性质时，必须使原信号 $x(t)$满足下列条件：

1)若 $t_0>0$，则要求原信号 $x(t)$在$[-t_0, 0]$的区间内等于 0，即这时只有 $x(t-t_0)\varepsilon(t-t_0)$才能称为原信号 $x(t)$（给定 $x(t)$为因果信号）或 $x(t)\varepsilon(t)$（给定 $x(t)$为非因果信号）在时域中的平移，也才能对 $x(t-t_0)\varepsilon(t-t_0)$应用时移性质，其结果为 $e^{-st_0}X(s)$。

2)若 $t_0<0$，则要求原信号 $x(t)$在$[0, -t_0]$的区间内等于 0，这时应用时移性质的结果也为 $e^{-st_0}X(s)$。

但是，对于双边拉氏变换，由于其积分区间为$-\infty\sim+\infty$，因此，在应用时移性时对原信号没有这种限制条件。

单边拉氏变换的时移性质在求正、反拉氏变换时非常重要，这时，$X(s)$和 $e^{-st_0}X(s)$的收敛域相同，均为$(\mathrm{ROC}(s)=\sigma)>\sigma_0$。

【例 5-5】 试求信号 $x(t)=e^{-\alpha t}[\varepsilon(t)-\varepsilon(t-t_0)]$的拉氏变换。

解：在 $x(t)$中设 $x_1(t)=e^{-\alpha t}\varepsilon(t)$，$x_2(t)=e^{-\alpha t}\varepsilon(t-t_0)$，于是有

$$x(t) = x_1(t) - x_2(t) \quad 和 \quad X(s) = X_1(s) - X_2(s)$$

显然，若将 $x_2(t)$ 略做变化，则 $x_1(t)$ 和 $x_2(t)$ 之间就满足一种时移关系，因而就可利用单边指数信号的变换式、时移性质和线性性质求得所给信号 $x(t)$ 的变换式 $X(s)$。为此，首先将 $x_2(t)$ 改写成

$$x_2(t) = \mathrm{e}^{-\alpha t_0}\mathrm{e}^{-\alpha(t-t_0)}\varepsilon(t-t_0) = \mathrm{e}^{-\alpha t_0}x_1(t-t_0)$$

对 $x_2(t)$ 应用时移性质可得：

$$X_2(s) = \mathrm{e}^{-\alpha t_0}X_1(s)\mathrm{e}^{-st_0} \tag{5-41}$$

式(5-41)中，$x_1(t)$ 是单边指数信号，其拉氏变换为 $X_1(s)=\dfrac{1}{s+\alpha}$，应用线性性质即可求得信号 $x(t)$ 的拉氏变换为

$$X(s) = X_1(s) - X_2(s) = X_1(s)[1-\mathrm{e}^{-(s+\alpha)t_0}] = \frac{1}{s+\alpha}[1-\mathrm{e}^{-(s+\alpha)t_0}]$$

【例 5-6】 证明有始周期信号（$t>0$ 时呈现周期性，$t<0$ 时为零）$x(t)=\sum\limits_{N=0}^{\infty}x_1(t-NT)$ 的拉氏变换为

$$X(s) = \frac{X_1(s)}{1-\mathrm{e}^{-sT}}$$

其中，T 为周期，$x_1(t)$ 是 $x(t)$ 在第一个周期内的信号，且 $\mathscr{L}[x_1(t)]=X_1(s)$。

证明：有始周期信号可写成：

$$x(t) = \sum_{N=0}^{\infty}x_1(t-NT) = x_1(t) + x_1(t-T)\varepsilon(t-T) + x_1(t-2T)\varepsilon(t-2T) + \cdots$$

根据时移性质，有始周期信号 $x(t)$ 的拉氏变换为

$$\begin{aligned} X(s) &= \mathscr{L}\Big[\sum_{N=0}^{\infty}x_1(t-NT)\Big] = (1+\mathrm{e}^{-sT}+\mathrm{e}^{-2sT}+\cdots)X_1(s) \\ &= \Big(\lim_{n\to\infty}\frac{1-\mathrm{e}^{-snT}}{2-\mathrm{e}^{-sT}}\Big)X_1(s) = \frac{X_1(s)}{1-\mathrm{e}^{-sT}},\ |\mathrm{e}^{-sT}|<1 \end{aligned} \tag{5-42}$$

【例 5-7】 求 $\delta(t-t_0)$ 的拉氏变换。

解：利用拉氏变换的时移性质可得：

$$\mathscr{L}[\delta(t-t_0)] = \mathrm{e}^{-st_0}，\text{ROC 为整个 } s \text{ 平面，不包括 } \mathrm{Re}(s) = \begin{cases} +\infty, & t_0<0 \\ -\infty, & t_0>0 \end{cases}$$

由此可见，时移后信号的拉氏变换的收敛域仅在有限 s 平面（$s\neq\infty$）内保持不变，至于 s 平面上的无穷远点是否在新的收敛域内，则取决于时移情况。

5.8.3 s 域平移性质

若信号 $x(t)$ 的双边和单边拉氏变换为 $X(s)$，ROC$=R_x$，且 s_0 为任意复常数，则信号 $\mathrm{e}^{st_0}x(t)$ 的双边和单边拉氏变换为

$$\mathscr{L}[\mathrm{e}^{st_0}x(t)] = X(s-s_0)，\text{ROC} = R_x + \mathrm{Re}(s_0) \tag{5-43}$$

式(5-43)表明，$X(s-s_0)$ 是 $X(s)$ 在 s 域内的平移。若 $X(s)$ 的收敛域为 $\sigma_1<(\mathrm{Re}(s)=\sigma)<\sigma_2$，则当 $\mathrm{Re}(s_0)=\sigma_0>0$ 时，$X(s-s_0)$ 的收敛域只是 $X(s)$ 的收敛域 R_x 沿实轴向右平移了 $\mathrm{Re}(s_0)$，即收敛域的变化仅与 s_0 的实部有关，如图 5-10 所示，s 平面上 $X(s)$）的各零点 z_i 和极点 p_j 分别沿实轴向右平移到 z_i+s_0 和 p_j+s_0 的位置上。对 $\mathrm{Re}(s_0)=\sigma_0<0$ 的情况可以做类似的讨论。s 域平移是和时移相互对称的。

对于单边拉氏变换，若 $X(s)$ 的收敛域为 $(\mathrm{Re}(s)=\sigma)>\sigma_1$，则 $X(s-s_0)$ 的收敛域为 $(\mathrm{Re}(s)=\sigma)>\sigma_1+\sigma_0$，$\sigma_0=\mathrm{Re}[s_0]$。

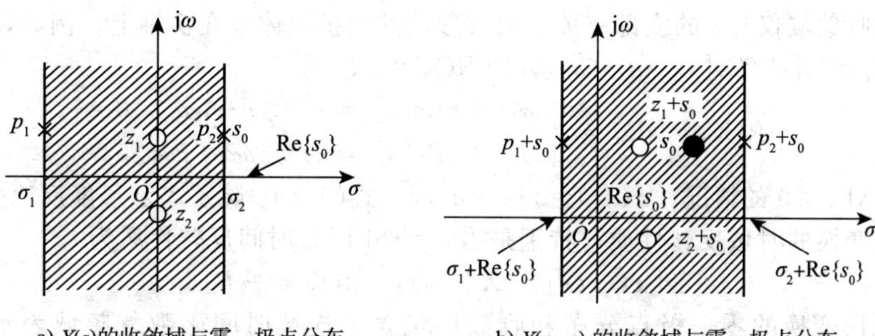

图 5-10　s 域平移性质的图解说明

【例 5-8】试分别求出单边实指数衰减的正弦和余弦信号 $x_1(t)=\mathrm{e}^{-at}\sin(\omega_0 t)\varepsilon(t)$、$a>0$ 和 $x_2(t)=\mathrm{e}^{-at}\cos(\omega_0 t)\varepsilon(t)$，$a>0$($a$ 为实数)的拉氏变换。

解：由于 $\mathscr{L}[\sin(\omega_0 t)\varepsilon(t)]=\dfrac{\omega_0}{s^2+\omega_0^2}$，$\mathrm{Re}(s)>0$，利用平移性质可得：

$$\mathscr{L}[\mathrm{e}^{-at}\sin(\omega_0 t)\varepsilon(t)]=\frac{\omega_0}{(s+a)^2+\omega_0^2},\ (\mathrm{Re}(s)=\sigma)>-a$$

同样，由于 $\mathscr{L}[\cos(\omega_0 t)\varepsilon(t)]=\dfrac{s}{s^2+\omega_0^2}$，$\mathrm{Re}(s)>0$，可求得余弦衰减信号的拉氏变换为

$$\mathscr{L}[\mathrm{e}^{-at}\cos(\omega_0 t)\varepsilon(t)]=\frac{s+a}{(s+a)^2+\omega_0^2},\ (\mathrm{Re}(s)=\sigma)>-a$$

单边实指数衰减的正弦和余弦信号的零、极点图和收敛域如图 5-11 所示。

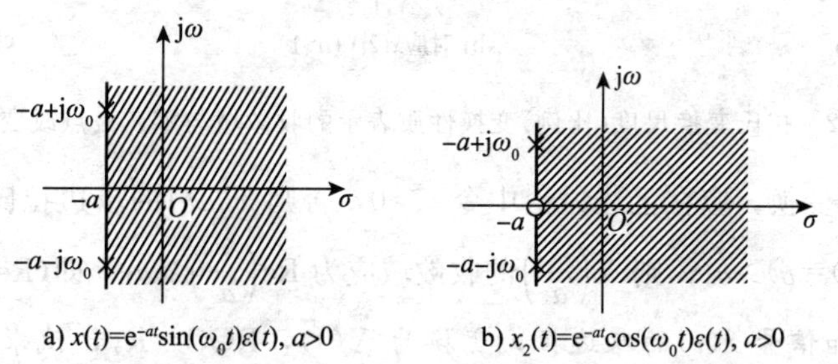

图 5-11　单边实指数衰减的正弦和余弦信号的零、极点图和收敛域

5.8.4　时间尺度(比例)变换性质

若信号 $x(t)$ 的双边拉氏变换为 $X(s)$，ROC$=R_x$，且 a 为实常数，则信号 $x(at)$ 的双边拉氏变换为

$$\mathscr{L}[x(at)]=\frac{1}{|a|}X\left(\frac{s}{a}\right),\quad \mathrm{ROC}=aR_x, a\neq 0 \tag{5-44}$$

它和连续傅里叶变换类似，拉氏变换的尺度(比例)变换性质表明，除了一个幅度因子 $\dfrac{1}{|a|}$ 外，时域和复频域之间存在着尺度反比关系。换而言之，当 $a>0$ 时，在时域上，信号 $x(t)$ 的波形压缩 $\dfrac{1}{a}(a>1)$，即时域尺度增大 a 倍，则在复频域上，其象函数 $X(s)$ 在 s 域中的波形和收敛域都将扩展 a 倍，即复频域尺度减小到 $1/a$。反之，若信号 $x(t)$ 的波形在时域上扩展 $a(0<a<1)$，相当于时域尺度减小到 $1/a$，则其象函数在 s 域中的波形和收敛域

都将在复频域上压缩相同的倍数。显然，象函数在 s 平面上的扩展和压缩是二维的压扩，而拉氏变换收敛域仅与 s 的实部有关，故收敛域的压扩只体现在实轴上。例如，若 $X(s)$ 的收敛域为 $R_x=(\sigma_1<(\mathrm{Re}[s]=\sigma)<\sigma_2)$，则 $\mathrm{ROC}=aR_x$ 为

$$\mathrm{ROC}=aR_x=\begin{cases}a\sigma_1<(\mathrm{Re}[s]=\sigma)<a\sigma_2,\ a>0\\ a\sigma_2<(\mathrm{Re}[s]=\sigma)<a\sigma_1,\ a<0\end{cases}$$

此外，对 $a<0$ 的情况，$x(at)=x(-|a|t)$，式(5-44)除了表示尺度反比关系外，还反映了拉氏变换的时域反转性质，特别是当 $a=-1$ 时，时间反转性质为

$$\mathscr{L}[x(-t)]=X(-s),\quad \mathrm{ROC}=-R_x$$

由于拉氏变换的零、极点分布和收敛域包含了连续时间函数复频域表示的主要信息，因此，拉氏变换尺度(比例)变换表明，对于 $a>0$，$x(t)$ 在时域上压缩($a>1$)或扩展($0<a<1$)，则相应地，$X(s)$ 在 s 平面上扩展或压缩。于是，原来 $X(s)$ 分别在 $s=z_i$ 和 $s=p_j$ 处的零点和极点将以原点为中心向外扩展或向内压缩，分别变为 $s=az_i$ 和 $s=ap_j$ 处的零点和极点。因此，收敛域以虚轴为轴线左右扩展或压缩，但零、极点的数目并不会增加或减少，原有零、极点的阶数也不会改变，图 5-12 描述了 s 平面上的这种尺度反比变换关系。

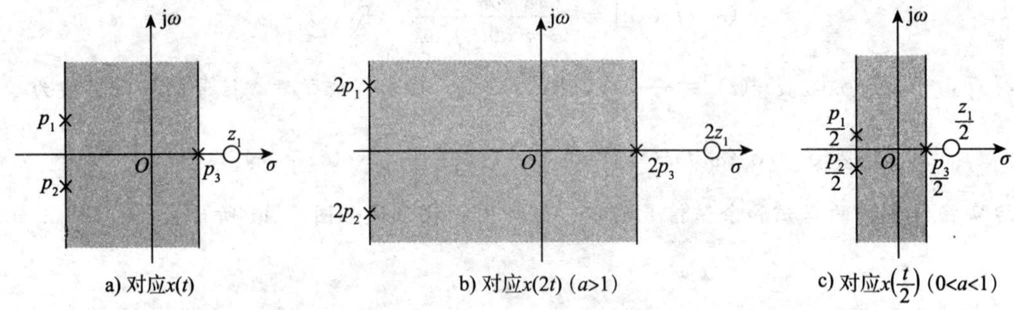

图 5-12　拉氏变换尺度(比例)变换性质表示的收敛域与零、极点改变的图示

对于单边拉氏变换，应在上述讨论中令 $a>0$，否则 $x(at)$ 的单边拉氏变换为零。这时，由于 $X(s)$，$(\mathrm{Re}(s)=\sigma)>\sigma_0$，则 $X\left(\dfrac{s}{a}\right)$ 的收敛域应为 $\mathrm{Re}\left(\dfrac{s}{a}\right)>\sigma_0$，即 $(\mathrm{Re}(s)=\sigma)>a\sigma_0$。

【例 5-9】 已知信号 $x(t)$ 的双边拉氏变换为 $X(s)$，$\mathrm{ROC}=R_x$，试求信号 $x(at-t_0)$ 的双边拉氏变换，其中，a 和 t_0 均为实常数。

解：设 $f(t)=x(at)$，应用尺度(比例)变换性质公式(5-44)可得

$$\mathscr{L}[f(t)]=\mathscr{L}[x(at)]=\frac{1}{|a|}X\left(\frac{s}{a}\right),\ \mathrm{ROC}=aR_x,a\neq 0$$

故

$$x(at-t_0)=x\left[a\left(t-\frac{t_0}{a}\right)\right]=f\left(t-\frac{t_0}{a}\right)\tag{5-45}$$

对式(5-45)应用时移性质并应用式(5-44)可得

$$\mathscr{L}[x(at-t_0)]=\mathscr{L}\left[f\left(t-\frac{t_0}{a}\right)\right]=\mathrm{e}^{-\frac{t_0}{a}s}\mathscr{F}(s)=\frac{1}{|a|}X\left(\frac{s}{a}\right)\mathrm{e}^{-\frac{t_0}{a}s},\ \mathrm{ROC}=aR_x$$

这是将尺度(比例)变换性质和时移性质结合起来，从而得到的一个重要性质，它有助于求解一些具有类似于 $x(at-t_0)$ 这种形式信号的拉氏变换。显然，若 $x(t)$ 的单边拉氏变换为 $X(s)$，$(\mathrm{Re}[s]=\sigma)>\sigma_0$，则 $x(at-t_0)\varepsilon(at-t_0)$，$a>0$，$t_0>0$ 的单边拉氏变换为 $\dfrac{1}{a}X\left(\dfrac{s}{a}\right)\mathrm{e}^{-\frac{t_0}{a}s}$，$(\mathrm{Re}[s]=\sigma)>a\sigma_0$。

5.8.5 时域共轭性质

若信号 $x(t)$的双边拉氏变换为 $X(s)$，ROC=R_x，信号 $x^*(t)$的双边和单边拉氏变换为

$$\mathscr{L}[x^*(t)] = X^*(s^*),\ \mathrm{ROC} = R_x \tag{5-46}$$

显然，当 $x(t)$为实信号时，$x^*(t)=x(t)$，$X^*(s^*)=X(s)$。

5.8.6 时域卷积

若信号 $x_1(t)$和 $x_2(t)$的双边拉氏变换分别是 $X_1(s)$，ROC=R_{x_1} 和 $X_2(s)$，ROC=R_{x_2}，当这两个信号的卷积存在时，则有：

$$\mathscr{L}[x_1(t) * x_2(t)] = X_1(s)X_2(s),\quad \mathrm{ROC} \supset R_{x_1} \cap R_{x_2} \tag{5-47}$$

ROC$\supset R_{x_1} \cap R_{x_2}$表示：$X_1(s)X_2(s)$的收敛域包含 $X_1(s)$和 $X_2(s)$收敛域的交集，而 $X_1(s)$和 $X_2(s)$相乘可能会产生一个零点因子抵消另一个极点因子的情况，若消去的极点恰是决定 $X_1(s)$和(/或)$X_2(s)$边界的极点，则 $X_1(s)X_2(s)$的收敛域则可能比交集 $R_{x_1} \cap R_{x_2}$要大。

对于单边变换而言，若 $X_1(s)$，$(\mathrm{Re}(s)=\sigma)>\sigma_{x_1}$，且 $X_2(s)$，$(\mathrm{Re}(s)=\sigma)>\sigma_{x_2}$，则 $X_1(s)X_2(s)$，$(\mathrm{Re}(s)=\sigma)>\sigma_x$，$(\mathrm{Re}(s)=\sigma)>\sigma_x$ 至少是 σ_{x_1} 和 σ_{x_2} 的公共部分。

需要注意的是，对单边拉氏变换应用时域卷积时，信号 $x_1(t)$和 $x_2(t)$都必须为因果信号。和傅里叶变换相比，拉氏变换的卷积性质在求解线性时不变系统的零状态响应中起着非常重要的作用，且其求解过程也更为方便。

【例 5-10】已知两信号 $h_1(t)=\mathrm{e}^{-2t}\varepsilon(t)$和 $h_2(t)=2\mathrm{e}^{-2t}\varepsilon(t)$，试求 $h(t)=h_1(t) * h_2(t)$。

解：$h_1(t)$和 $h_2(t)$的拉氏变换分别为

$$H_1(s) = \frac{1}{s+2},\ R_{\mathrm{h}_1} = [(\mathrm{Re}(s) = \sigma) > -2]$$

和

$$H_2(s) = \frac{2}{s+1},\ R_{\mathrm{h}_2} = [(\mathrm{Re}(s) = \sigma) > -1]$$

因此有

$$\mathscr{L}[h(t)] = \mathscr{L}[h_1(t) * h_2(t)] = H(s) = H_1(s)H_2(s) = \frac{2}{(s+1)(s+2)},$$
$$R_{\mathrm{h}} = [(\mathrm{Re}(s) = \sigma) > -1]$$

5.8.7 时域微分

双边拉氏变换与单边拉氏变换的积分区间起始时刻不同使得它们的时域微分性质不同。下面分别加以讨论。

1. 双边拉氏变换的时域微分

若信号 $x(t)$的双边拉氏变换为 $X(s)$，ROC=R_x，则信号$\frac{\mathrm{d}x(t)}{\mathrm{d}t}$的双边拉氏变换为

$$\mathscr{L}\left[\frac{\mathrm{d}x(t)}{\mathrm{d}t}\right] = sX(s),\ \mathrm{ROC} \supset R_x \tag{5-48}$$

只要在双边拉氏变换的定义式(5-3)两边对 t 求导便可得到式(5-48)，其中，ROC$\supset R_x$ 表示：若 $X(s)$在 $s=0$ 处有一阶极点，且此一阶极点恰好位于 R_x 的边界上，则 $sX(s)$会使 $X(s)$的这个阶极点消去，收敛域就会扩大。例如，$\varepsilon(t)$的拉氏变换为 $1/s$，其收敛域为 $\mathrm{Re}\{s\}>0$，而对 $\varepsilon(t)$求微分后变成 $\delta(t)$，拉氏变换为 1，收敛域是整个 s 平面。这是因为$\varepsilon(t)$的象函数 $1/s$ 在 $s=0$ 处的一阶极点在 $sX(s)$中被消去了，所以收敛域扩大了。

若 $X(s)$在 $s=0$ 处是高阶极点，或者即使是一阶极点，但不是 R_x 的边界，则经时域一阶微分后其拉氏变换的收敛域除无穷远点外是不会发生变化的。将上述时域微分性质推广到高阶时域微分，则可得：

$$\mathscr{L}\left[\frac{\mathrm{d}^n x(t)}{\mathrm{d}t^n}\right]=s^n X(s),\quad \mathrm{ROC}\supset R_x \tag{5-49}$$

2. 单边拉氏变换的时域微分

若信号 $x(t)$的单边拉氏变换为 $X(s)$，$(\mathrm{Re}(s)=\sigma)>\sigma_0$，则信号$\dfrac{\mathrm{d}x(t)}{\mathrm{d}t}$的单边拉氏变换为

$$\mathscr{L}\left[\frac{\mathrm{d}x(t)}{\mathrm{d}t}\right]=sX(s)-x(0_-),\quad \mathrm{ROC}\supset R_x \tag{5-50}$$

式(5-50)中，$x(0_-)$是 $x(t)$在 $t=0_-$ 点的初始值。$\mathrm{ROC}\supset R_x$ 表示 $\mathscr{L}\left[\dfrac{\mathrm{d}x(t)}{\mathrm{d}t}\right]$的收敛域包括 $X(s)$的收敛域$(\mathrm{Re}(s)=\sigma)>\sigma_0$，即至少是$(\mathrm{Re}(s)=\sigma)>\sigma_0$。若 $X(s)$在 $s=0$ 处有一阶极点，则 $sX(s)$中的这种极点会被消去，则使得$\dfrac{\mathrm{d}x(t)}{\mathrm{d}t}$的单边拉氏变换的收敛域可能比$X(s)$的要大。下面对式(5-50)做简单的证明。

根据单边拉氏变换的定义并利用分部积分法可知：

$$\mathscr{L}\left[\frac{\mathrm{d}x(t)}{\mathrm{d}t}\right]=\int_{0_-}^{\infty}\left(\frac{\mathrm{d}x(t)}{\mathrm{d}t}\right)\mathrm{e}^{-st}\,\mathrm{d}t=\int_{0_-}^{\infty}\mathrm{e}^{-st}\,\mathrm{d}x(t)=\mathrm{e}^{-st}x(t)\Big|_{0_-}^{\infty}+s\int_{0_-}^{\infty}\mathrm{e}^{-st}x(t)\,\mathrm{d}t$$

由于 $x(t)$的单边拉氏变换 $X(s)$在$(\mathrm{Re}(s)=\sigma)>\sigma_0$ 区间收敛，所以，在 $t\to\infty$时，$\mathrm{e}^{-\sigma t}x(t)$的值为零，即 $\mathrm{e}^{-st}x(t)$的值为零，并且和式的第二项在$(\mathrm{Re}(s)=\sigma)>\sigma_0$ 时也收敛。

因此，得

$$\mathscr{L}\left[\frac{\mathrm{d}x(t)}{\mathrm{d}t}\right]=sX(s)-x(0_-),\ \mathrm{ROC}\supset R_x$$

连续使用式(5-50)可以将其推广到 n 阶导数的情况下，即

$$\mathscr{L}\left[\frac{\mathrm{d}^n x(t)}{\mathrm{d}t^n}\right]=s^n X(s)-\sum_{k=0}^{n-1}s^{n-k-1}x^{(k)}(0_-),\ \mathrm{ROC}\supset R_x \tag{5-51}$$

式(5-51)中，$x^{(k)}(0_-)$表示信号 $x(t)$的 $k(k=0,1,2,\cdots,n-1)$阶导数在 $t=0$ 时的值。

$\dfrac{\mathrm{d}^n x(t)}{\mathrm{d}t^n}$，$n>1$ 的单边拉氏变换的收敛域与$\dfrac{\mathrm{d}x(t)}{\mathrm{d}t}$的单边拉氏变换的收敛域类似。此外，若 $x(t)$为因果信号，则由于 $x^{(k)}(0_-)=0$，$(k=0,1,2,\cdots,n-1)$，所以时域微分性质(式(5-51))可表示为

$$\mathscr{L}\left[\frac{\mathrm{d}^n x(t)}{\mathrm{d}t^n}\right]=s^n X(s),\ n=1,2,\cdots,\ (\mathrm{Re}(s)=\sigma)>\sigma_0 \tag{5-52}$$

其收敛域及其可能产生的变化情况如上所述。

需要注意的是，式(5-51)中 $x^{(k)}(t)$的时间起点均取 0_-，即拉氏变换为 0_- 系统。若时间起点取 0_+，即拉氏变换为 0_+ 系统，则 $x^{(k)}(t)$的值都应换为 0_+ 时的值，即 $x^{(k)}(0_+)$，$(k=0,1,2,\cdots,n-1)$。通常，如果信号 $x(t)$在 $t=0$ 点不连续，从而就有 $x(0_-)\neq x(0_+)$，则其导数 $\mathrm{d}x(t)/\mathrm{d}t$ 在 $t=0$ 点将有一个强度为原点跃变值的冲激。在选用 0_- 系统时，本身已经考虑了这个冲激，而选用 0_+ 系统时则未考虑到此冲激。因此，当信号 $x(t)$在 $t=0$ 处有冲激函数或导数时，在 0_- 与 0_+ 这两种系统中所求得的拉氏变换式是不同的。在用拉氏变换分析法求解系统响应时可任意选用 0_- 系统或 0_+ 系统。显然，由于在 0_+ 系统中，原点的冲激未被计入，因此冲激项产生的响应要另外单独计算，并加到

总响应中去。只有这样，采用 0_- 系统或 0_+ 系统，所求得的系统响应才会是一样的。

【例 5-11】 试求 $x(t)=\mathrm{e}^{-at}\varepsilon(t)$ 的导数的拉氏变换。

解：$x(t)$ 的拉氏变换为

$$X(s)=\mathscr{L}[\mathrm{e}^{-at}\varepsilon(t)]=\frac{1}{s+a}$$

对 $x(t)$ 求导数可得

$$\frac{\mathrm{d}x(t)}{\mathrm{d}t}=\frac{\mathrm{d}}{\mathrm{d}t}[\mathrm{e}^{-at}\varepsilon(t)]=\mathrm{e}^{-at}\delta(t)-a\mathrm{e}^{-at}\varepsilon(t)=\delta(t)-a\mathrm{e}^{-at}\varepsilon(t)$$

对 $\dfrac{\mathrm{d}x(t)}{\mathrm{d}t}$ 直接求拉氏变换可得

$$\frac{\mathrm{d}x(t)}{\mathrm{d}t}=\mathscr{L}[\delta(t)-a\mathrm{e}^{-at}\varepsilon(t)]=1-\frac{a}{s+a}=\frac{s}{s+a}$$

若应用拉氏变换的微分性质，并考虑到 $x(0_-)=0$，则有

$$\mathscr{L}\left[\frac{\mathrm{d}x(t)}{\mathrm{d}t}\right]=sX(s)-x(0_-)=\frac{s}{s+a}$$

可见与直接求取所得到的结果是一致的，因而是正确的。若选用 0_+ 系统，则有

$$\frac{\mathrm{d}x(t)}{\mathrm{d}t}=\frac{\mathrm{d}}{\mathrm{d}t}[\mathrm{e}^{-at}\varepsilon(t)]=-a\mathrm{e}^{-at}\varepsilon(t)$$

对上式中 $\dfrac{\mathrm{d}x(t)}{\mathrm{d}t}$ 直接进行拉氏变换，可得：

$$\mathscr{L}\left[\frac{\mathrm{d}x(t)}{\mathrm{d}t}\right]=\mathscr{L}[-a\mathrm{e}^{-at}\varepsilon(t)]=-\frac{a}{s+a}$$

若应用拉氏变换的微分性质，并考虑到 $x(0_+)=1$，则有：

$$\mathscr{L}\left[\frac{\mathrm{d}x(t)}{\mathrm{d}t}\right]=sX(s)-x(0_+)=\frac{s}{s+a}-1=\frac{-a}{s+a}$$

所得结果与直接求取拉氏变换所得的结果也是一致的。

由此可见，由于信号 $\mathrm{e}^{-at}\varepsilon(t)$ 的导数在 $t=0$ 处存在有冲激，因此该导数的拉氏变换在 0_- 系统与 0_+ 系统中的结果是不同的。但是，在这里，由于在 0_+ 系统中未计入原点的冲激所产生的响应，所以只有应用 0_- 系统的结果才是正确的。

时域微分性质是求解线性常系数微分方程（对应线性时不变增量因果系统或线性时不变因果系统）的重要工具，它不仅可以将关于时间变量 t 的微分方程转换为关于复变量 s 的代数方程而简化求解过程，并且如果采用 0_- 单边拉氏变换，还可以将系统的初始状态直接并入求解过程之中，从而避免了时域分析中由 $x^{(k)}(0_-)$ 求 $x^{(k)}(0_+)$ 的烦琐过程。此外，后面会讲到，利用 $x^{(k)}(0_-)$ 是系统初始状态的物理含义，还可以方便地确定系统的零输入响应和零状态响应。

5.8.8　*s* 域微分

若 $x(t)$ 的双边拉氏变换为 $X(s)$，$\mathrm{ROC}=R_x$，则

$$\mathscr{L}[-tx(t)]=\frac{\mathrm{d}X(s)}{\mathrm{d}s},\ \mathrm{ROC}=R_x \tag{5-53}$$

重复应用上述结果（例如，$t^2x(t)=(-t)[(-t)x(t)]$）可得高阶的 s 域微分性质为

$$\mathscr{L}[(-t)^n x(t)]=\frac{\mathrm{d}^n X(s)}{\mathrm{d}s^n},\ n=1,2,\cdots,\ \mathrm{ROC}=R_x \tag{5-54}$$

或

$$\mathscr{L}[t^n x(t)]=(-1)^n\frac{\mathrm{d}^n X(s)}{\mathrm{d}s^n},n=1,2,\cdots,\mathrm{ROC}=R_x \tag{5-55}$$

对于单边拉氏变换，仅将双边拉氏变换的收敛域 ROC$=R_x$ 改为$(\mathrm{Re}(s)=\sigma)>\sigma_0$ 即可。s 域微分是和时域微分相对应的一条性质，因此，只要令拉氏变换定义式两边对 s 微分并交换微分和积分次序便可证明该性质。

【例 5-12】 试求信号 $x(t)=t^n\varepsilon(t)$的拉氏变换。

解：由于$\varepsilon(t)$的拉氏变换等于 $1/s$，$(\mathrm{Re}(s)=\sigma)>0$，因此，直接利用式(5-55)可求得：

$$\mathscr{L}[t^n\varepsilon(t)]=(-1)^n\frac{\mathrm{d}^n}{\mathrm{d}s^n}(1/s)=\frac{n!}{s^{n+1}} \tag{5-56}$$

为方便记忆，此式也可改写为 $\mathscr{L}\left[\frac{t^n}{n!}\varepsilon(t)\right]=\frac{1}{s^{n+1}}$，利用这个结果和时移性质，不难求得：

$$\mathscr{L}\left[\frac{t^n}{n!}\mathrm{e}^{-at}\varepsilon(t)\right]=\frac{1}{(s+a)^{n+1}} \tag{5-57}$$

在用部分分式展开法求反变换时，对于重极点的情况常用到式(5-57)。

5.8.9 时域积分

1. 双边拉氏变换的时域积分

若信号 $x(t)$的双边拉氏变换为 $X(s)$，ROC$=R_x$，则信号 $\int_{-\infty}^{t}x(\tau)\mathrm{d}\tau$ 的双边拉氏变换为

$$\mathscr{L}\left[\int_{-\infty}^{t}x(\tau)\mathrm{d}\tau\right]=\frac{1}{s}X(s),\ \mathrm{ROC}\supset\{R_x\cap[(\mathrm{Re}(s)=\sigma)>0]\} \tag{5-58}$$

由于 $\int_{-\infty}^{t}x(\tau)\mathrm{d}\tau=\varepsilon(t)*x(t)$，在此式两边应用时域卷积计算，便可得到式(5-58)，其中$(\mathrm{Re}(s)=\sigma)>0$ 便是$\varepsilon(t)$双边拉氏变换 $1/s$ 的收敛域。若$\frac{1}{s}X(s)$不发生零、极点相消，则其收敛域为 R_x 与$(\mathrm{Re}(s)=\sigma)>0$ 的交集，即 $R_x\cap(\mathrm{Re}(s)=\sigma)>0$，若$\frac{1}{s}X(s)$在 $s=0$ 的极点被 $X(s)$的零点消去，则其收敛域为 R_x。

2. 单边拉氏变换的时域积分

若信号 $x(t)$的单边拉氏变换为 $X(s)$，$(\mathrm{Re}(s)=\sigma)>\sigma$，则信号 $\int_{-\infty}^{t}x(\tau)\mathrm{d}\tau$ 的单边拉氏变换为

$$\mathscr{L}\left[\int_{-\infty}^{t}x(\tau)\mathrm{d}\tau\right]=\frac{1}{s}X(s)+\frac{1}{s}x^{(-1)}(0_-),$$
$$\mathrm{ROC}\supset[(\mathrm{Re}(s)=\sigma)>\sigma_0\cap(\mathrm{Re}(s)=\sigma)>0] \tag{5-59}$$

式(5-59)中，采用的是 0_- 系统，故 $x^{(-1)}(0_-)=\int_{-\infty}^{0_-}x(\tau)\mathrm{d}\tau$，它是 $x(t)$的积分函数在 $t=0_-$ 点的值。下面对此性质做简单的证明。

利用单边拉氏变换的定义和分部积分可得：

$$\begin{aligned}\mathscr{L}\left[\int_{-\infty}^{t}x(\tau)\mathrm{d}\tau\right]&=\int_{0_-}^{\infty}\left[\int_{-\infty}^{t}x(\tau)\mathrm{d}\tau\right]\mathrm{e}^{-st}\mathrm{d}t\\&=-\frac{\mathrm{e}^{-st}}{s}\left[\int_{-\infty}^{t}x(\tau)\mathrm{d}\tau\right]\Big|_{0_-}^{\infty}+\frac{1}{s}\left[\int_{0_-}^{\infty}x(t)\mathrm{e}^{-st}\mathrm{d}t\right]\end{aligned} \tag{5-60}$$

根据拉氏变换的收敛条件式(5-4)，对单边拉氏变换而言，如果 $\int_{-\infty}^{t}x(\tau)\mathrm{d}\tau$ 的拉氏变换存

在，则有：

$$\lim_{\substack{t\to+\infty \\ t\geqslant 0_-}} \mathrm{e}^{-st}\left[\int_{-\infty}^{t} x(\tau)\mathrm{d}\tau\right] > 0$$

因此，式(5-60)第二个等式中的第一项将等于一个常数，即 $\frac{1}{s}\int_{-\infty}^{t} x(\tau)\mathrm{d}\tau\Big|_{t=0_-} = \frac{1}{s}\int_{-\infty}^{0_-} x(\tau)\mathrm{d}\tau = \frac{1}{s}x^{(-1)}(0_-)$，而第二项中括号内的部分是信号 $x(t)$的拉氏变换，于是证得式(5-60)。反复使用该式便可得到 $x^{(-n)}(t)$($-\infty\sim t$ 对 $x(\tau)$的 n 重积分)的单边拉氏变换：

$$\frac{X(s)}{s^n} + \sum_{m=1}^{n}\frac{1}{s^{n-m+1}}x^{(-m)}(0_-),\ \mathrm{ROC}\supset[(\mathrm{Re}(s)=\sigma)>\sigma_0 \cap (\mathrm{Re}(s)=\sigma)>0] \tag{5-61}$$

式(5-59)和式(5-61)中，$\mathrm{ROC}\supset[(\mathrm{Re}(s)=\sigma)>\sigma_0\cap(\mathrm{Re}(s)=\sigma)>0]$表示 $x^{(-n)}(t)$(n=1，2，…)的单边拉氏变换的收敛域至少是$(\mathrm{Re}(s)=\sigma)>\sigma_0$ 和$(\mathrm{Re}(s)=\sigma)>0$ 的公共部分。

若 $x^{(-n)}(t)$(n=1，2，…)表示 $0_-\sim t$ 对 $x(t)$的 n 重积分，则其单边拉氏变换为

$$\frac{X(s)}{s^n},\ \mathrm{ROC}\supset[(\mathrm{Re}(s)=\sigma)>\sigma_0 \cap (\mathrm{Re}(s)=\sigma)>0]$$

利用时域积分性质可以使一些复杂信号的单边拉氏变换的求解变得简单易行，而对某些因果信号，利用时域微分和时域积分性质可以更方便地求得它的拉氏变换式。

【例 5-13】 试求图 5-13a 中三角脉冲信号 $x_1(t)$的拉氏变换：

$$x_1(t)=\begin{cases}\frac{2}{\tau}t, & 0<t<\frac{\tau}{2}\\ 2\left(1-\frac{t}{\tau}\right), & \frac{\tau}{2}<t<\tau\\ 0, & t<0,t>\tau\end{cases}$$

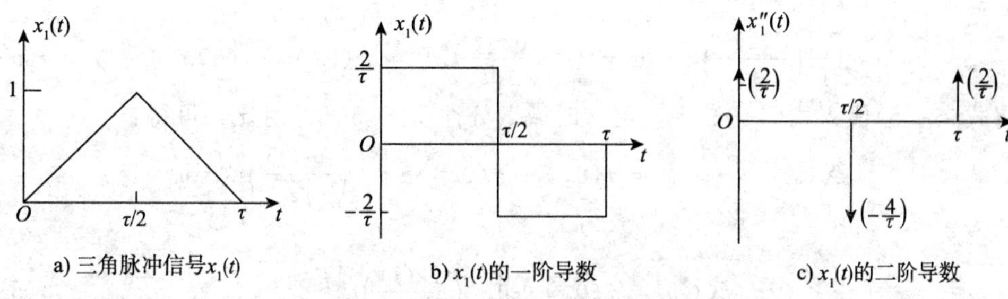

图 5-13　三角脉冲信号 $x_1(t)$及其一阶导数与二阶导数的图示

解： 三角脉冲 $x_1(t)$的一阶导数与二阶导数分别如图 5-13b、c 所示。若设 $x''_1(t)=x(t)$，则 $x^{(-1)}(t)=x'_1(t)$，$x^{(-2)}(t)=x_1(t)$。由图 5-13 可见，$x(t)$各次积分的初始值为

$$x^{(-1)}(0_-)=x^{(-2)}(0_-)=0$$

利用时域积分特性可得：

$$\mathscr{L}[x_1(t)]=\mathscr{L}[x^{(-2)}(t)]=\frac{1}{s^2}\mathscr{L}[x(t)]+\frac{1}{s^2}x^{(-1)}(0_-)+\frac{1}{s}x^{(-2)}(0_-)$$

其中，第二项、第三项均为零，利用时移特性可得：

$$\mathscr{L}[x(t)]=\mathscr{L}[x''_1(t)]=\frac{2}{\tau}-\frac{4}{\tau}\mathrm{e}^{-s\frac{\tau}{2}}+\frac{2}{\tau}\mathrm{e}^{-s\tau}=\frac{2}{\tau}(1-\mathrm{e}^{-s\frac{\tau}{2}})^2$$

于是，三角脉冲 $x_1(t)$ 的拉氏变换为

$$\mathscr{L}[x_1(t)]=\frac{2}{\tau s^2}(1-\mathrm{e}^{-s\frac{\tau}{2}})^2,\ (\mathrm{Re}(s)=\sigma)>-\infty$$

5.8.10 复频域卷积(时域相乘)

若 $x(t)$ 和 $y(t)$ 的双边拉氏变换分别为 $X(s)$，$\sigma_{x_1}<(\mathrm{Re}(s)=\sigma)<\sigma_{x_2}$ 和 $Y(s)$，$\sigma_{y_1}<(\mathrm{Re}(s)=\sigma)<\sigma_{y_2}$，则信号 $x(t)y(t)$ 的双边拉氏变换为

$$\mathscr{L}[x(t)y(t)]=\frac{1}{2\pi \mathrm{j}}\int_{\sigma-\mathrm{j}\infty}^{\sigma+\mathrm{j}\infty}X(\eta)Y(s-\eta)\mathrm{d}\eta,\max(\sigma_{x_1}+\sigma_{y_1})<(\mathrm{Re}(s)=\sigma)<\min(\sigma_{x_2}+\sigma_{y_2}) \tag{5-62}$$

式(5-62)中，积分路线 $\sigma-\mathrm{j}\infty\sim\sigma+\mathrm{j}\infty$ 是在 $X(\eta)$ 和 $Y(s-\eta)$ 收敛域重叠部分内一条平行于纵轴的直线。对于单边拉氏变换，若有 $X(s)$，$(\mathrm{Re}(s)=\sigma)>\sigma_x$ 和 $Y(s)$，$(\mathrm{Re}(s)=\sigma)>\sigma_y$，则 $\mathscr{L}[x(t)y(t)]$ 的收敛域为 $(\mathrm{Re}(s)=\sigma)>\sigma_x+\sigma_y$。由于这个性质对于收敛域 $\mathrm{Re}(s)$ 的范围和积分路线的选择限制较高，计算比较复杂，故而妨碍了它的应用。

5.8.11 初值定理

若因果信号 $x(t)$ $(x(t)=0,\ t<0)$ 在 $t=0$ 点不含冲激函数及其任何阶次的导数，且 $x(t)$ 及其导数 $\frac{\mathrm{d}x(t)}{\mathrm{d}t}$ 存在单边拉氏变换，设 $x(t)$ 的单边拉氏变换为 $X(s)$，$(\mathrm{Re}(s)=\sigma)>\sigma_0$，则有：

$$x(0_+)=\lim_{s\to\infty}sX(s) \tag{5-63}$$

证明：由单边拉氏变换的定义可得：

$$\mathscr{L}\left[\frac{\mathrm{d}x(t)}{\mathrm{d}t}\right]=\int_{0_-}^{\infty}\left(\frac{\mathrm{d}x(t)}{\mathrm{d}t}\right)\mathrm{e}^{-st}\mathrm{d}t=\int_{0_-}^{0_+}\left(\frac{\mathrm{d}x(t)}{\mathrm{d}t}\right)\mathrm{e}^{-st}\mathrm{d}t+\int_{0_+}^{\infty}\left(\frac{\mathrm{d}x(t)}{\mathrm{d}t}\right)\mathrm{e}^{-st}\mathrm{d}t \tag{5-64}$$

对于式(5-64)中第二个等式的第一个积分项 $\int_{0_-}^{0_+}\frac{\mathrm{d}x(t)}{\mathrm{d}t}\mathrm{e}^{-st}\mathrm{d}t$ 而言，由于在区间 $(0_-,0_+)$ 内，$\mathrm{e}^{-st}=1$，因此有：

$$\int_{0^-}^{0_+}\left(\frac{\mathrm{d}x(t)}{\mathrm{d}t}\right)\mathrm{e}^{-st}\mathrm{d}t=\int_{0_-}^{0_+}\left(\frac{\mathrm{d}x(t)}{\mathrm{d}t}\right)\mathrm{d}t=x(0_+)-x(0_-) \tag{5-65}$$

将式(5-65)代入式(5-64)中，再与时域微分性质式(5-50)对比，可得：

$$sX(s)-x(0_-)=x(0_+)-x(0_-)+\int_{0_+}^{\infty}\left(\frac{\mathrm{d}x(t)}{\mathrm{d}t}\right)\mathrm{e}^{-st}\mathrm{d}t$$

因此，有：

$$sX(s)=x(0_+)+\int_{0_+}^{\infty}\left(\frac{\mathrm{d}x(t)}{\mathrm{d}t}\right)\mathrm{e}^{-st}\mathrm{d}t \tag{5-66}$$

对式(5-66)两边取 $s\to\infty$ 的极限，由于当且仅当 $t>0$ 时，$\lim\limits_{s\to\infty}\mathrm{e}^{-st}=0$，因此，有：

$$\lim_{s\to\infty}sX(s)=x(0_+)+\int_{0_+}^{\infty}\left(\frac{\mathrm{d}x(t)}{\mathrm{d}t}\right)(\lim_{s\to\infty}\mathrm{e}^{-st})\mathrm{d}t=x(0_+)$$

初值定理表明，利用初值定理可直接由 $X(s)$ 求得 $x(0)$，而无须求 $X(s)$ 的反变换。但是，在利用式 (5-63)求信号 $x(t)$ 的初值时，必须注意应用条件，即若 $X(s)$ 为有理分式，则必须为真分式（$X(s)$ 分子的最高阶次应低于分母的最高阶次），也就是说，当 $X(s)$ 为真分式时，可以直接利用初值定理求出初值 $x(0_+)$，当 $X(s)$ 为假分式时，则不能直接利用式(5-63)求初值，而应先利用长除法使 $X(s)$ 变为一个多项式与一个真分式 $X_1(s)$ 之和，这时，$x(t)$ 的初值 $x(0_+)$ 等于真分式 $X_1(s)$ 所对应的信号 $x_1(t)$ 的初值 $x_1(0_+)$，即：

$$x(0_+) = x_1(0_+) = \lim_{s\to\infty} sX_1(s) \tag{5-67}$$

下面来证明式(5-67)。设对 $X(s)$长除后为

$$X(s) = c_0 + c_1 s + \cdots + c_{n-1}\delta^{(m-n)} + X_1(s) \tag{5-68}$$

利用线性性质对式(5-68)取拉氏反变换可得：

$$x(t) = c_0\delta(t) + c_1\delta^{(1)}(t) + \cdots + c_{n-1}\delta^{(m-n)}(t) + x_1(t)$$

由于冲激函数及其各阶导数在 $t=0$ 时刻均为零，所以有：

$$x(0_+) = x_1(0_+)$$

例如，若 $X(s)=\frac{s^2+1}{s}$，则应先将其分解为 $X(s)=s+\frac{1}{s}$，然后利用式(5-68)求得$\frac{1}{s}$所对应的信号初值(为 1)，它就是 $x(t)$的初值。事实上，初值定理要求信号 $x(t)$在 $t=0$ 点不含有任何阶次的冲激函数 $\delta^{(n)}(t)(n=0,1,2,\cdots)$，也就是要求式(5-63)中的 $X(s)$必须是一个真分式，即 $X(s)$分母的阶次必须高于分子的阶次。反之，若 $X(s)$为一个假分式，即 $X(s)$分子的阶次高于或者等于分母的阶次时，则 $\lim\limits_{s\to\infty} sX(s)=\infty$，式(5-63)将不成立。此外，需要注意的是，初值之所以定义为 $x(t)$在 $t=0_+$ 时刻的值，而非 $x(t)$在 $t=0$ 或 $t=0_-$ 时刻的值，是因为 $t=0$ 时刻，$x(t)$可能有跳变，也可能包含冲激，为了避免混乱，规定信号初值为其在 $t=0_+$ 时刻的值。显然，无论拉氏变换 $X(s)$是采用 0_- 系统还是 0_+ 系统，所求得的初值都是 $x(t)$在 $t=0$ 时刻的值。

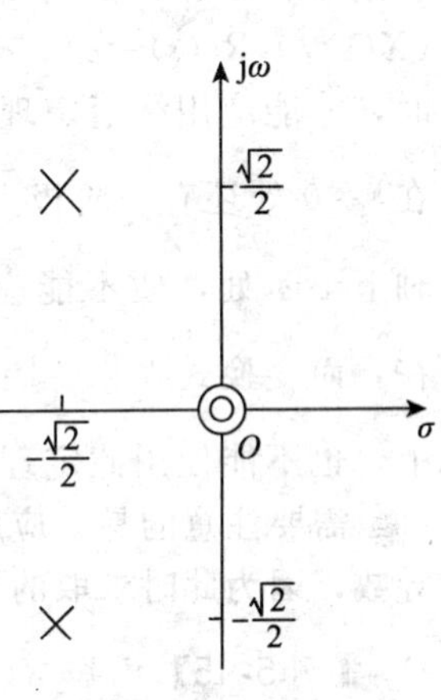

图 5-14　例 5-14 图中 $X(s)$的零、极点

【例 5-14】 $X(s)$的零、极点如图 5-14 所示，且与 $X(s)$对应的时域信号的 $x(t)$初始值为$x(0_+)=\sqrt{2}$，试求 $X(s)$。

解：根据所给的零、极点图可得 $X(s)$为

$$X(s) = X_0 \frac{s^2}{\left(s+\frac{\sqrt{2}}{2}-\mathrm{j}\frac{\sqrt{2}}{2}\right)\left(s+\frac{\sqrt{2}}{2}+\mathrm{j}\frac{\sqrt{2}}{2}\right)} = X_0\frac{s^2}{s^2+\sqrt{2}s+1}$$

$$= X_0 + \frac{-\sqrt{2}X_0 s - X_0}{s^2+\sqrt{2}s+1}$$

根据初值定理，有：

$$x(0_+) = \lim_{s\to\infty} s(X(s)-X_0) = -\sqrt{2}X_0 = \sqrt{2}$$

解得 $X_0=-1$。

故

$$X(s) = \frac{-s^2}{s^2+\sqrt{2}s+1}$$

5.8.12　终值定理

若因果信号 $x(t)(x(t)=0,\ t<0)$及其导数$\frac{\mathrm{d}x(t)}{\mathrm{d}t}$存在单边拉氏变换，并设 $x(t)$的单边拉氏变换为 $X(s)$，$(\mathrm{Re}(s)=\sigma)>\sigma_0$，且$\lim\limits_{t\to\infty}x(t)$存在，则有

$$\lim_{t\to\infty} x(t) = \lim_{s\to 0} sX(s) \tag{5-69}$$

证明：对式(5-66)取 $s\to 0$ 的极限可得：

$$\lim_{s\to 0}sX(s)=x(0_+)+\lim_{s\to 0}\int_{0^+}^{\infty}\left(\frac{\mathrm{d}x(t)}{\mathrm{d}t}\right)\mathrm{e}^{-st}\mathrm{d}t$$
$$=x(0_+)+\lim_{t\to\infty}x(t)-x(0_+)=\lim_{t\to\infty}x(t) \tag{5-70}$$

终值定理表明，利用终值定理可直接由 $X(s)$求得 $x(\infty)$，而无须做 $X(s)$的反变换。类似于初值定理，终值定理的使用也是有条件的，即 $\lim_{t\to\infty}x(t)$必须存在，这在 s 域中对 $X(s)$的要求是：$sX(s)$在包括 $\mathrm{j}\omega$ 轴的右半平面内解析，这个要求是否满足可以从 $X(s)$的收敛域和零、极点分布来判断，即只有当 $X(s)$的收敛域位于包含虚轴的右半 s 平面（$X(s)$，($\mathrm{Re}(s)=\sigma$)$>\sigma_0$，$-\infty<\sigma_0<0$）或不包含虚轴但在虚轴上 $s=0$ 处只有一阶极点时，才能应用终值定理。这时，$X(s)$的极点要么全部在 s 平面的左半开平面，要么最多在 $s=0$ 处还有一阶极点。例如，变换式 $\mathscr{L}[\sin\omega t]=\frac{\omega}{s^2+\omega^2}$分母的根（$X(s)$的极点）在虚轴上$\pm\mathrm{j}\omega$处，便不能应用此定理，显然，$\sin\omega t$ 振荡不止，故当 $t\to\infty$时，其极限不存在，而变换式 $\mathscr{L}[\mathrm{e}^{at}]=\frac{1}{s-a}$的分母的根（$X(s)$的极点）在 s 平面的右半开平面实轴 a 点上，也不能使用此定理。

需要注意的是，应用终值定理时，$x(t)$在 $t=0$ 点处可以含有冲激函数及其任何阶次的导数，因为此时求取的是终值。

【例 5-15】 已知 $X(s)=X_0\ \frac{s+3}{s(s^2+3s+2)}$，且 $x(\infty)=1$，试求 X_0。

解：由于 $x(\infty)=1$，故由终值定理可得：

$$x(\infty)=\lim_{s\to 0}sX(s)=\lim_{s\to 0}s\left(X_0\ \frac{s+3}{s(s^2+3s+2)}\right)=1$$

故 $X_0=\frac{2}{3}$。

表 5-3 中列出了双边和单边拉氏变换的主要性质。

表 5-3 双边和单边拉氏变换的主要性质

	双边拉氏变换性质		单边拉氏变换性质	
名称	连续时间函数 $x(t)$	象函数 $X(s)$和收敛域	连续时间函数 $x(t)$	象函数 $X(s)$和收敛域
定义	$x(t)=\frac{1}{2\pi\mathrm{j}}\int_{\sigma-\mathrm{j}\omega}^{\sigma+\mathrm{j}\omega}X(s)\mathrm{e}^{-st}\mathrm{d}s$	$X(s)=\int_{-\infty}^{+\infty}x(t)\mathrm{e}^{-st}\mathrm{d}s$, $\sigma_{x1}<\mathrm{Re}[s]<\sigma_{x2}$	$x(t)=\frac{1}{2\pi\mathrm{j}}\int_{\sigma-\mathrm{j}\omega}^{\sigma+\mathrm{j}\omega}X(s)\mathrm{e}^{-st}\mathrm{d}s$	$X(s)=\int_{-\infty}^{+\infty}x(t)\mathrm{e}^{-st}\mathrm{d}s$, $\mathrm{Re}[s]>\sigma_0$
线性	$\alpha x_1(t)+\beta x_2(t)$	$\alpha X_1(s)+\beta X_2(s)$, $\mathrm{ROC}\supset(\sigma_{x_1}\cap\sigma_{x_2})$	$\alpha x_1(t)+\beta x_2(t)$	$\alpha X_1(s)+\beta X_2(s)$, $\mathrm{Re}[s]>\max[\sigma_{x_1},\sigma_{x_2}]$
时移	$x(t-t_0)$	$X(s)\mathrm{e}^{-st_0}$ $\mathrm{ROC}=R_x$,但是 $\begin{cases}(\mathrm{Re}(s)=\sigma)=+\infty\\ \notin\mathrm{ROC},t_0>0\\ (\mathrm{Re}(s)=\sigma)=-\infty\\ \notin\mathrm{ROC},t_0<0\end{cases}$	$x(t-t_0)\varepsilon(t-t_0)$	$\mathrm{e}^{-st_0}X(s),\mathrm{Re}[s]>\sigma_0$
复频移	$\mathrm{e}^{s_0t}x(t)$	$X(s-s_0)$, $\mathrm{ROC}=\sigma_x+\mathrm{Re}\{s_0\}$	$\mathrm{e}^{s_0t}x(t)$	$X(s-s_0)$, $\mathrm{Re}[s]>\mathrm{Re}[s_0]+\sigma_0$
对称性质	$x(-t)$ $x^*(t)$ $x^*(-t)$	$X(-s),\mathrm{ROC}=-\sigma_x$ $X^*(s^*),\mathrm{ROC}=\sigma_x$ $X^*(-s^*),\mathrm{ROC}=-\sigma_x$		

（续）

	双边拉氏变换性质		单边拉氏变换性质	
名称	连续时间函数 $x(t)$	象函数 $X(s)$ 和收敛域	连续时间函数 $x(t)$	象函数 $X(s)$ 和收敛域
对称特性	$x(t)$ 是实函数，即 $x(t)=x^*(t)$	$X(s)$ 的零、极点均为实系数或互为共轭复零、极点，即零、极点以实轴镜像对称	$x(t)$ 是实函数，即 $x(t)=x^*(t)$	$X(s)$ 的零、极点均为实系数或互为共轭复零、极点，即零、极点以实轴镜像对称
时域微分	$\frac{d}{dt}x(t)$ $\frac{d^n}{dt^n}x(t)$	$sX(s)$，$ROC\supset\sigma_x$ $s^nX(s)$，$ROC\supset\sigma_x$	$\frac{d}{dt}x(t)$ $\frac{d^n}{dt^n}x(t)$	$sX(s)-x(0_-)$，$ROC\supset R_x$ $s^nX(s)$，$ROC\supset R_x$
时域积分	$\int_{-\infty}^{t}x(\tau)d\tau$	$X(s)/s$， $ROC\supset\sigma_x\cap(Re\{s\}>0)$	$\int_{0^-}^{t}x(\tau)d\tau$ $\int_{-\infty}^{t}x(\tau)d\tau$	$\frac{X(s)}{s}$，$ROC\supset\max[R_x,0]$ $\frac{X(s)}{s}+\frac{x'(0_-)}{s}$， $ROC\supset\max[R_x,0]$
频域微分	$-tx(t)$ $(-t)^nx(t)$	$\frac{d}{ds}X(s)$，$ROC=\sigma_x$ $\frac{d^n}{dt^n}x(t)$，$ROC=\sigma_x$	$-tx(t)$ $(-t)^nx(t)$	$\frac{dX(s)}{ds}$，$Re[s]>\sigma_x$ $\frac{d^nX(s)}{ds^n}$，$Re[s]>\sigma_x$
频域积分	$\frac{x(t)}{-t}$	$\int_{-\infty}^{t}X(\nu)d\nu$，$s\in\sigma_x$	$\frac{x(t)}{t}$	$\int_{s}^{\infty}X(\eta)d\eta$，$Re[s]>\sigma_x$
时域卷积	$x(t)*h(t)$	$X(s)H(s)$， $ROC\supset\sigma_x\cap\sigma_h$	$x(t)*h(t)$	$X(s)H(s)$， $Re[s]>\max(\sigma_{x_1},\sigma_{x_2})$
复频域卷积	$x(t)p(t)$	$\frac{1}{2\pi j}\int_{\sigma-j\omega}^{\sigma+j\omega}X(\nu)P(s-\nu)d\nu$	$x(t)p(t)$	$\frac{1}{2\pi j}\int_{\sigma-j\omega}^{\sigma+j\omega}X(\nu)P(s-\nu)d\nu$， $Re[s]>\sigma_{x_1}+\sigma_{x_2}$
初值定理	$x(0_+)=\lim\limits_{s\to\infty}sX(s)$，$x(t)=0$，$t<0$， 且 $x(t)$ 在 $t=0$ 处不包含冲激及其导数		$x(0_+)=\lim\limits_{s\to\infty}sX(s)$（$X(s)$ 为真分式）	
终值定理	$\lim\limits_{t\to\infty}x(t)=\lim\limits_{t\to\infty}sX(s)$，$x(t)=0$，$t<0$		$\lim\limits_{t\to\infty}x(t)=\lim\limits_{t\to\infty}sX(s)$（$X(s)$ 极点在 s 左半平面）	

由表5-3可见，对于双边拉氏变换而言，除了初值定理、终值定理、微分性质和积分性质略不同于单边拉氏变换外，其他性质都是一样的。这也表明，这两种变换之间并没有太大的本质区别，但是，若要求解系统在非零状态下的响应，则只能使用单边拉氏变换。

5.9 拉氏反变换

5.9.1 拉氏反变换的定义

由式(5-2)和式(5-3)可知，$x(t)$的双边拉氏变换事实上就是$x(t)e^{-\sigma t}$的傅里叶变换，即：

$$X(s)=\mathscr{L}[x(t)]=\mathscr{F}[x(t)e^{-\sigma t}]=X(\sigma+j\omega)，(Re(s)=\sigma)\in R_x \tag{5-71}$$

对式(5-71)求傅里叶反变换应有：

$$x(t)e^{-\sigma t}=\mathscr{F}^{-1}[X(\sigma+j\omega)]=\frac{1}{2\pi}\int_{-\infty}^{\infty}X(\sigma+j\omega)e^{j\omega t}d\omega，(Re(s)=\sigma)\in R_x \tag{5-72}$$

在式(5-72)两边同乘 $e^{\sigma t}$ 可得：

$$x(t)=\frac{1}{2\pi}e^{\sigma t}\int_{-\infty}^{\infty}X(\sigma+j\omega)e^{j\omega t}d\omega=\frac{1}{2\pi}\int_{-\infty}^{\infty}X(\sigma+j\omega)e^{j(\sigma+\omega)t}d\omega，(Re(s)=\sigma)\in R_x \tag{5-73}$$

在式(5-73)中做变量代换，令 $s=\sigma+j\omega$，由于 σ 在该积分式中为常数，所以有 $ds=jd\omega$，并且当 ω 在$(-\infty,\ \infty)$上变化时，s 在$(\sigma-j\infty,\ \sigma+j\infty)$上变化，因此，式(5-73)经变量代换后变为

$$x(t)=\frac{1}{2\pi j}\int_{\sigma-j\infty}^{\sigma+j\infty}X(s)e^{st}ds,\ (\mathrm{Re}(s)=\sigma)\in R_x \tag{5-74}$$

式(5-74)为拉氏反变换(逆变换)的定义，一般简记为 $x(t)=\mathscr{L}^{-1}[X(s)]$，$\mathscr{L}^{-1}$ 为拉氏反变换算子。式(5-74)表明，$x(t)$可以用一个复指数 e^{st} 的加权积分来表示，积分路径是 s 平面上收敛域内平行于 $j\omega$ 的一条自下而上的无限长直线 AB，该直线距离 $j\omega$ 轴为 σ，σ 是 $X(s)$ 收敛域内的任意值，如图 5-15 所示。

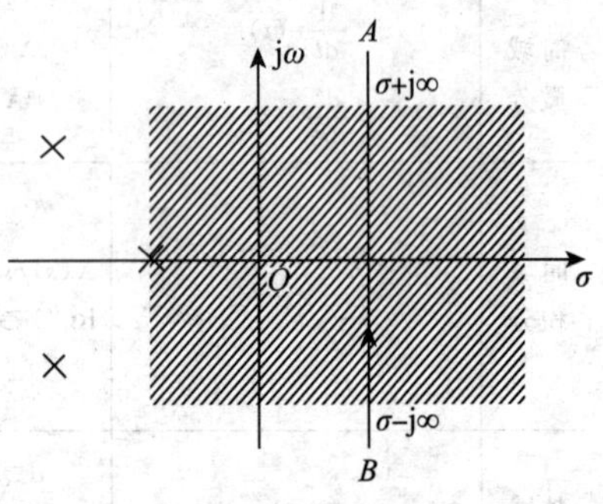

图 5-15 拉氏反变换的积分路径

由于单边拉氏变换是双边拉氏变换的特例，即当 $x(t)$为单边信号时的双边拉氏变换。因此，无论是单边拉氏变换还是双边拉氏变换，$X(s)=X(\sigma+j\omega)$ 均可视为 $x(t)e^{-\sigma t}$ 的傅里叶变换，因而式(5-74)恒成立，即对于这两种变换而言，其反变换的表达式是相同的，只是在时间变量 t 的区间内，$x(t)$的取值有所不同，对于双边拉氏反变换来说，式(5-74)的成立区间为 $t\geqslant-\infty$，对于单边拉氏反变换来说，该式应该表示为

$$x(t)=\begin{cases}0, & t<0_-\\ \dfrac{1}{2\pi j}\displaystyle\int_{\sigma-j\infty}^{\sigma+j\infty}X(s)e^{st}ds, & t\geqslant 0_-\end{cases} \tag{5-75}$$

式(5-75)中，$X(s)$是 $x(t)$的单边拉氏变换，而非双边拉氏变换。

由拉氏反变换的定义式可以看出这种变换的物理意义。拉氏反变换可看成是傅里叶变换在复频域中的推广。傅里叶变换把函数分解成许多形式为 $e^{j\omega t}$ 的分量，每一对正、负 ω 分量组成一个等幅的正弦振荡，其振幅 $\frac{|X(j\omega)|}{\pi}d\omega$ 均为无穷小量。与之相类似，拉氏变换是把函数分解成许多形式为 e^{st} 的指数分量。每一对正、负 ω 的指数分量决定一项变幅振荡，其振幅 $\frac{|X(s)d\omega|}{\pi}e^{st}$ 也是一个无穷小量，且按指数规律随时间变化。这些振荡频率是连续的，且布及于无穷。正是基于这种概念，通常称 s 为复频率(Complex Frequency)，并把 $X(s)$看成是信号的复频谱(Complex Frequency Spectrum)。

5.9.2 拉氏反变换的计算

应用拉氏反变换的定义式(5-74)来求取反变换时要进行复变函数积分，即要涉及 s 平面上的围线积分运算，因而比较烦琐。但是，由于该式为定义式，所以适用于呈任何函数形式的 $X(s)$的拉氏反变换。事实上，由于实际应用中大部分信号的拉氏变换式均为有理式，所以对其可以利用求之反变换时最常用的部分分式方法，它是用代数方法将有理拉氏变换式展开成低阶项的线性组合，其中，每一个低阶项的反变换都可通过查基本信号拉氏变换表或应用拉氏变换的基本性质得到。

求拉氏反变换的方法主要有：①根据一些熟知的拉氏变换对，利用拉氏变换的性质；②对于具有理函数形式的，可用部分分式展开法；③围线积分法，即根据复变函数的理论，用围线积分，即用留数定理求解析函数的路径积分。这里仅介绍后两者。对于双边拉氏变换，由于其收敛域一般为 s 平面上的有限带域，象函数在有限平面内的极点(即被积函数 $X(s)e^{st}$ 的极点)在收敛带域的左、右两边，用留数定理求双边拉氏反变换就会非常复杂。由于在实际应用中，真正要用留数定理方法的情况很少，故本节仅介绍用留数定理求

单边拉氏反变换的方法。

1. 用于拉氏反变换的部分分式展开法

这种方法建立在有理分式 $X(s)$的极点分解的基础之上，根据极点类型的不同，可以将 $X(s)$分解为不同类型的分式之和。为了简化表示，将重零点和重极点也用不同的零点和极点来表示，则 $X(s)$一般可以表示为

$$X(s)=\frac{N(s)}{D(s)}=\frac{b_m s^m+b_{m-1}s^{m-1}+\cdots+b_1 s+b_0}{a_n s^n+a_{n-1}s^{n-1}+\cdots+a_1 s+a_0}=X_0\frac{\prod_{i=1}^{m}(s-z_i)}{\prod_{j=1}^{n}(s-p_j)} \tag{5-76}$$

式(5-76)中，$X_0=b_m/a_n$，$N(s)$和 $D(s)$是复变量 s 的多项式，m 和 n 都是正整数，且系数 a_i 和 b_i 均为实数。z_i 和 p_j 分别是 $X(s)$的零点和极点。

从数学上讲，当 $m<n$ 时，$X(s)$为真分式，当 $m\geqslant n$ 时，$X(s)$为假分式，这时可以用多项式除法将其分解为一个关于 s 的有理多项式 $Q(s)$与一个有理真分式$\frac{R(s)}{D(s)}$之和，即：

$$X(s)=Q(s)+\frac{R(s)}{D(s)}=c_0+c_1 s+\cdots+c_{n-1}s^{m-n}+\frac{R(s)}{D(s)}=Q(s)+\frac{R(s)}{D(s)} \tag{5-77}$$

式(5-77)中，$c_i\,(i=1, 2, \cdots, n-1)$为复频域中的常数，有理多项式 $Q(s)=c_0+c_1 s+\cdots+c_{n-1}s^{m-n}$的拉氏反变换为冲激函数$\delta(t)$及其一阶直到 $m-n$ 阶导数之和，即：

$$\mathscr{L}^{-1}[c_0+c_1 s+\cdots+c_{n-1}s^{m-n}]=c_0\delta(t)+c_1\delta^{(1)}+\cdots+c_{n-1}\delta^{(m-n)}(t)$$

有理真分式$\frac{R(s)}{D(s)}$可以在展开为部分分式后求逆变换。因此，有理分式的拉氏反变换的计算最终可归结为有理真分式拉氏反变换的计算，故下面仅讨论这种拉氏反变换的计算，并假定 $X(s)=\frac{N(s)}{D(s)}$本身为有理真分式。当 $N(s)$和 $D(s)$有公因子时，则应先将其消去。

所谓部分分式展开就是把一个有理真分式 $X(s)$展开成若干个部分分式(低阶有理分式)之和的形式，即 $X(s)=\sum_{i=1}^{n}X_i(s)$，为此，必须先求出 $D(s)=0$ 的根，因为 $D(s)$为 s 的 n 次多项式，所以 $D(s)=0$ 有 n 个根 $s_i(i=1, 2, \cdots, n)$，即 $X(s)$的 n 个极点，共有三种类型，即单根极点、重根极点和共轭复根极点。$X(s)$展开为部分分式的具体形式取决于 s_i 的上述类型。

对于双边拉氏变换而言，$X_i(s)$可能是因果或非因果信号 $x_i(t)$的象函数，并且任一项 $X_i(s)$的收敛域 $R_{x_i}(i=1, 2, \cdots, n)$与其自身的极点 $p_i=\sigma_i+\mathrm{j}\omega_i(i=1, 2, \cdots, n)$的位置有关。因此，首先要确定各部分分式 $X_i(s)(i=1, 2, \cdots, n)$的收敛域，以便根据 $X_i(s)$及其收敛域 $R_x(i=1, 2, \cdots, n)$求出相应的信号 $x_i(t)(i=1, 2, \cdots, n)$。确定各部分分式的收敛域 R_{x_i}应依次根据以下两点：①对于各分式项 $X_i(s)$，R_{x_i}的极点 p_i 为 $x_i(s)$收敛域的边界，因而 $X_i(s)$的收敛域 R_{x_i}只可能是 s 平面中平行于 $\mathrm{j}\omega$ 轴的直线($\mathrm{Re}(s)=\mathrm{Re}(p_i)=\sigma_i$)右侧或左侧的区域，即收敛域为 $\mathrm{Re}(s)=\sigma>\sigma_i$ 或 $\mathrm{Re}(s)=\sigma<\sigma_i$；②取 $\mathrm{Re}(s)=\sigma>\sigma_i$ 或 $\mathrm{Re}(s)=\sigma<\sigma_i$ 应根据收敛域的性质及其与极点的关系或依据下述原则而定，即各分式的收敛域 R_{x_i}必定包含 $X(s)$的收敛域 R_x，也是将与 $X(s)$的收敛域 R_x 相符合的 $\mathrm{Re}(s)=\sigma>\sigma_i$ 或 $\mathrm{Re}(s)=\sigma<\sigma_i$ 作为 $X_i(s)$的收敛域 R_{x_i}，这是因为 $X(s)$的收敛域 R_x 是各分式收敛域的交集，即 $R_x=R_{x_1}\cap R_{x_2}\cap\cdots\cap R_{x_n}$)，这样，即可由所定出的收敛域 $\mathrm{Re}(s)=\sigma>\sigma_i$或 $\mathrm{Re}(s)=\sigma<\sigma_i$ 确定出 $X_i(s)$的极点 $p_i=\sigma_i+\mathrm{j}\omega_i$ 在此收敛域的左边或右边，从而依此确定该项的反变换 $x_i(t)$为因果信号或反因果信号。这样，经过部分分式的分解

和收敛域的分解，就使得 $X(s)$ 的各分式项均有唯一的反变换，通过查表或利用拉氏变换的性质即可求出它们的反变换，其线性组合便是 $X(s)$ 的反变换。

若 $X(s)$ 表示的是单边拉氏变换，则其收敛域在收敛轴的右边，$X_i(s)(i=1, 2, \cdots, n)$ 所对应的信号均为因果信号，即 $x_i(t)\varepsilon(t)(i=1, 2, \cdots, n)$。根据线性性质可得 $X(s)$ 的拉氏反变换为

$$x(t)=\sum_{i=1}^{n}x_i(t)\varepsilon(t) \tag{5-78}$$

下面依据 $D(s)=0$ 根（$X(s)$ 的极点）的上述三种情况讨论有理真分式的部分分式展开方法，其中关键是在得出部分分式展开式后确定这三种情况所对应的展开式中的待定系数。

(1) $D(s)=0$ 具有 q 个单根（$X(s)$ 具有 q 个单极点）

设在 $D(s)=0$ 的 n 个根中，有 $q(q\leqslant n)$ 个单根（可以是实根或复根），分别为 p_1，p_2，$\cdots$ p_i，$\cdots$，p_q，其余的根也可以是实根或复根，则 $X(s)$ 可以表示为

$$X(s)=\frac{N(s)}{(s-p_1)(s-p_2)\cdots(s-p_i)\cdots(s-p_q)D_1(s)},s\in R_x \tag{5-79}$$

由于 p_1，p_2，$\cdots p_i$，$\cdots$，p_q 均不为 $D_1(s)=0$ 的根，故式(5-79)中 $X(s)$ 可以展开成下面的部分分式，即：

$$X(s)=\frac{k_1}{(s-p_1)}+\frac{k_2}{(s-p_2)}+\cdots+\frac{k_i}{(s-p_i)}+\cdots+\frac{k_q}{(s-p_q)}+\frac{N_1(s)}{D_1(s)},s\in R_x \tag{5-80}$$

式(5-80)中，k_1，k_2，$\cdots$，k_i，$\cdots$，k_q 为待定系数。将式(5-80)两边同乘以 $(s-p_i)$，并令 $s=p_i$，则等式右边除 k_i 外，其余各项均为零，从而得到：

$$k_i=[(s-p_i)X(s)]|_{s=p_i},\ i=1,2,\cdots,q \tag{5-81}$$

由于 p_i 是 $D(s)=0$ 的一个根，所以式(5-81)右边是一个 $\frac{0}{0}$ 的不定式，根据洛必达法则可得 $k_i(i=1, 2, \cdots, q)$ 的另一种计算方法，即：

$$k_i=\lim_{s\to p_i}(s-p_i)X(s)\lim_{s\to p_i}\frac{\frac{\mathrm{d}}{\mathrm{d}s}[(s-p_i)N(s)]}{\frac{\mathrm{d}}{\mathrm{d}s}D(s)}=\frac{N(s)}{D'(s)},i=1,2,\cdots,q \tag{5-82}$$

【例 5-16】 试求下述双边拉氏变换式 $X(s)$ 所对应的信号 $x(t)$。

$$X(s)=\frac{3s^2+s-1}{s(s-1)(s+2)}$$

解：由于题目并没有指出 $X(s)$ 的收敛域，而 $X(s)$ 有三个极点，因此应根据三个极点的分布将 s 平面划分为四个部分，利用部分分式展开法和收敛域确定不同的收敛域对应的拉氏反变换。收敛域左边的极点对应反因果信号，收敛域右边的极点则对应因果信号。

三个极点分别为 $p_1=-2$，$p_2=0$ 和 $p_3=+1$。由这三个极点将 s 平面分为四个部分：$(\mathrm{Re}(s)=\sigma)<-2$，$-2<(\mathrm{Re}(s)=\sigma)<0$，$0<(\mathrm{Re}(s)=\sigma)<1$ 和 $(\mathrm{Re}(s)=\sigma)>1$，即有四种收敛域情况。将 $X(s)$ 做部分分式分解后，可得：

$$X(s)=\frac{3s^2+s-1}{s(s-1)(s+2)}=\frac{1}{2s}+\frac{1}{s-1}+\frac{3}{2(s+2)}$$

利用部分分式结果和收敛域确定不同收敛域对应的拉氏反变换，具体如下：

1) 当 $(\mathrm{Re}(s)=\sigma)<-2$ 时，$X(s)$ 对应反因果信号，故将部分分式分解式改写为

$$\frac{3s^2+s-1}{s(s-1)(s+2)}=-\frac{1}{2(0-s)}-\frac{1}{1-s}-\frac{3}{2(-2-s)}$$

因此，对应的反变换为 $x(t)=-\frac{1}{2}(1+2\mathrm{e}^{t}+3\mathrm{e}^{-2t})\varepsilon(-t)$。

2)当 $-2<(\mathrm{Re}(s)=\sigma)<0$ 时，极点 $p_1=-2$ 对应因果信号，极点 $p_2=0$ 和 $p_3=+1$ 则对应反因果信号，故将部分分式分解式改写为

$$\frac{3s^2+s-1}{s(s-1)(s+2)}=-\frac{1}{2(0-s)}-\frac{1}{1-s}+\frac{3}{2(2+s)}$$

因此，对应的反变换为 $x(t)=\frac{3}{2}\mathrm{e}^{-2t}\varepsilon(t)-\frac{1}{2}(1+2\mathrm{e}^{t})\varepsilon(-t)$。

3)当 $0<(\mathrm{Re}(s)=\sigma)<1$ 时，极点 $p_1=-2$ 和 $p_2=0$ 对应因果信号，极点 $p_3=+1$ 则对应反因果信号，故将部分分式分解式改写为

$$\frac{3s^2+s-1}{s(s-1)(s+2)}=\frac{1}{2s}-\frac{1}{1-s}+\frac{3}{2(2+s)}$$

因此，对应的反变换为 $x(t)=\frac{1}{2}(1+3\mathrm{e}^{-2t})\varepsilon(t)-\mathrm{e}^{t}\varepsilon(-t)$。

4)当 $(\mathrm{Re}(s)=\sigma)>1$ 时，三个极点均对应因果信号，故对应的反变换为 $x(t)=\frac{1}{2}(1+2\mathrm{e}^{t}+3\mathrm{e}^{-2t})\varepsilon(t)$。

(2) $D(s)=0$ 中含有 m 重根($X(s)$具有 m 重极点)

设在 $D(s)=0$ 的 n 个根中，有一个 m 重根为 p_1(可以是实根或复根)，其余的根也可以是实根或复根，则 $X(s)$可以表示为

$$X(s)=\frac{R(s)}{(s-p_1)^m D_1(s)},\ s\in R_x \tag{5-83}$$

由于式(5-83)中 p_1 不是 $D_1(s)$的根，则 $X(s)$可以展开为如下形式的部分分式，即：

$$X(s)=\frac{k_{11}}{(s-p_1)}+\frac{k_{12}}{(s-p_1)^2}+\cdots+\frac{k_{1(m-1)}}{(s-p_1)^{m-1}}+\frac{k_{1m}}{(s-p_1)^m}+\frac{N_1(s)}{D_1(s)},s\in R_x \tag{5-84}$$

在式(5-84)两边乘以$(s-p_1)^m$ 便可将待定系数 k_{1m}单独分离出来，即：

$$\begin{aligned}(s-p_1)^m X(s)=&k_{11}(s-p_1)^{m-1}+k_{12}(s-p_1)^{m-2}+\cdots\\&+k_{1(m-1)}(s-p_1)+k_{1m}+(s-p_1)^m\frac{N_1(s)}{D_1(s)},\ s\in R_x\end{aligned} \tag{5-85}$$

在式(5-85)中，令 $s=p_1$，可以求出 k_{1m}为

$$k_{1m}=(s-p_1)^m X(s)\big|_{s=p_1}$$

为求 $k_{1(m-1)}$，在式(5-85)两边对 s 域中自变量 s 求一阶导数，再令 $s=p_1$ 便可求出 $k_{1(m-1)}$，即有：

$$k_{1(m-1)}=\frac{\mathrm{d}}{\mathrm{d}s}\left[(s-p_1)^m X(s)\right]\big|_{s=p_1}$$

在式(5-85)两边对 s 求二阶导数，再令 $s=p_1$ 便可求出 $k_{1(m-2)}$，即有：

$$k_{1(m-2)}=\frac{1}{2}\frac{\mathrm{d}^2}{\mathrm{d}s^2}\left[(s-p_1)^m X(s)\right]\big|_{s=p_1}$$

重复这一过程可知：

$$k_{1(m-r)}=\frac{1}{r!}\frac{\mathrm{d}^r}{\mathrm{d}s^r}\left[(s-p_1)^m X(s)\right]\big|_{s=p_1},r=0,1,2,\cdots,m-1 \tag{5-86}$$

【例 5-17】 求单边拉氏变换式 $X(s)=\frac{s-2}{s(s+1)^3}$的反变换。

解：求出 $D(s)=s(s+1)^3=0$ 的根为 $p_1=0$，$p_{2,3,4}=-1$，故 $X(s)$的部分分式展开式为

$$X(s)=\frac{s-2}{s(s+1)^3}=\frac{k_1}{s}+\frac{k_{11}}{s+1}+\frac{k_{12}}{(s+1)^2}+\frac{k_{13}}{(s+1)^3}$$

求部分分式展开式中的待定系数 k_1、k_{11}、k_{12} 和 k_{13} 分别为

$$k_1=sX(s)\big|_{s=0}=\frac{s-2}{(s+1)^3}\bigg|_{s=0}=-2$$

$$k_{13}=(s+1)^3X(s)\big|_{s=-1}=\frac{s-2}{s}\bigg|_{s=-1}=3$$

$$k_{12}=\frac{\mathrm{d}}{\mathrm{d}s}\left[(s+1)^3X(s)\right]\bigg|_{s=-1}=\frac{\mathrm{d}}{\mathrm{d}s}\left[\frac{s-2}{s}\right]\bigg|_{s=-1}=\frac{2}{s^2}\bigg|_{s=-1}=2$$

$$k_{11}=\frac{1}{2}\frac{\mathrm{d}^2}{\mathrm{d}s^2}\left[(s+1)^3X(s)\right]\bigg|_{s=-1}=\frac{1}{2}\frac{\mathrm{d}}{\mathrm{d}s}\left[\frac{2}{s^2}\right]\bigg|_{s=-1}=-\frac{2}{s^3}\bigg|_{s=-1}=2$$

因此可得到：

$$X(s)=\frac{s-2}{s(s+1)^3}=-\frac{2}{s}+\frac{2}{s+1}+\frac{2}{(s+1)^2}+\frac{3}{(s+1)^3}$$

由于 $X(s)$ 为一个单边拉氏变换，故其所对应的是一个因果信号，根据表 5-2 可知有拉氏变换对 $\mathscr{L}\left[\frac{t^n}{n!}\mathrm{e}^{-at}\varepsilon(t)\right]=\frac{1}{(s+a)^{n+1}}$，于是得反变换式为

$$x(t)=\left(-2+2\mathrm{e}^{-1}+2t\mathrm{e}^{-1}+\frac{3}{2}t^2\mathrm{e}^{-1}\right)\varepsilon(t)$$

(3) $D(s)=0$ 含有共轭复根（$X(s)$ 具有共轭极点）

由于 $X(s)$ 为两个关于 s 的实系数多项式之比，若存在复数零、极点，它们必共轭成对出现，这使得与共轭极点对应的展开式系数也相互共轭。可以证明，若 $P(s)$ 为实系数多项式之比，则有：

$$P(s^*)=P^*(s) \tag{5-87}$$

设 $X(s)$ 含有一对一阶共轭极点 $p_1=\alpha+\mathrm{j}\beta$，$p_2=\alpha-\mathrm{j}\beta$，则 $X(s)$ 可以表示为

$$X(s)=\frac{N_1(s)}{(s-\alpha-\mathrm{j}\beta)(s-\alpha+\mathrm{j}\beta)} \tag{5-88}$$

由于 $p_1=\alpha+\mathrm{j}\beta$，$p_2=\alpha-\mathrm{j}\beta$ 均不为 $N_1(s)=0$ 的根，故式(5-88)中 $X(s)$ 可以展开为如下形式的部分分式，即：

$$X(s)=\frac{N_1(s)}{(s-\alpha-\mathrm{j}\beta)(s-\alpha+\mathrm{j}\beta)}=\frac{k_1}{(s-\alpha-\mathrm{j}\beta)}+\frac{k_2}{(s-\alpha+\mathrm{j}\beta)}+X_1(s) \tag{5-89}$$

式(5-89)中的待定系数由式(5-81)可推出：

$$k_1=(\left[(s-\alpha-\mathrm{j}\beta)X(s)\right]\bigg|_{s=\alpha+\mathrm{j}\beta}=\frac{N_1(\alpha+\mathrm{j}\beta)}{2\mathrm{j}\beta}$$

$$k_2=\left[(s-\alpha+\mathrm{j}\beta)X(s)\right]\big|_{s=\alpha-\mathrm{j}\beta}=\frac{N_1(\alpha-\mathrm{j}\beta)}{-2\mathrm{j}\beta}$$

考虑到式(5-87)，可知 k_1、k_2 应为共轭复数，即有：

$$k_1=k_2^* \tag{5-90}$$

因此，若设 $k_1=|k_1|\mathrm{e}^{\mathrm{j}\theta}$，则 $k_2=|k_1|\mathrm{e}^{\mathrm{j}\theta}$，因此，一阶共轭极点对应于这两项部分分式的拉氏反变换为

$$\begin{aligned}\sum_{i=1}^{2}x_i(t)&=k_1\mathrm{e}^{(\alpha+\mathrm{j}\beta)t}+k_2\mathrm{e}^{(\alpha-\mathrm{j}\beta)t}=|k_1|\mathrm{e}^{\mathrm{j}\theta}\mathrm{e}^{(\alpha+\mathrm{j}\beta)t}+|k_1|\mathrm{e}^{-\mathrm{j}\theta}\mathrm{e}^{(\alpha-\mathrm{j}\beta)t}\\&=|k_1|\mathrm{e}^{\alpha t}(\mathrm{e}^{\mathrm{j}(\beta t+\theta)}+\mathrm{e}^{-\mathrm{j}(\beta t+\theta)})=2|k_1|\mathrm{e}^{\alpha t}\cos(\beta t+\theta)\end{aligned} \tag{5-91}$$

若 $X(s)$ 具有复重极点，则相应的部分分式也呈现与复单极点类似的形式，可以参考有关书籍，这里不再论述。

【例 5-18】求单边拉氏变换式 $X(s)=\dfrac{2s^2+6s+6}{(s+2)(s^2+2s+2)}$的反变换。

解：$D(s)=(s+2)(s^2+2s+2)=(s+2)(s+1+\mathrm{j}1)(s+1-\mathrm{j}1)=0$ 的根为 $p_1=-2$，$p_2=-1-\mathrm{j}1$，$p_3=-1+\mathrm{j}1=p_2^*$。故 $X(s)$的部分分式可以表示为

$$X(s)=\frac{2s^2+6s+6}{(s+2)(s+1+\mathrm{j}1)(s+1-\mathrm{j}1)}=\frac{k_1}{s+2}+\frac{k_2}{s+1+\mathrm{j}1}+\frac{k_3}{s+1-\mathrm{j}1}$$

部分分式展开式中的待定系数分别为

$$k_1=\frac{2s^2+6s+6}{(s+2)(s+1+\mathrm{j}1)(s+1-\mathrm{j}1)}(s+2)\bigg|_{s=-2}=1$$

$$k_2=\frac{2s^2+6s+6}{(s+2)(s+1+\mathrm{j}1)(s+1-\mathrm{j}1)}(s+1+\mathrm{j}1)\bigg|_{s=-1-\mathrm{j}1}=\frac{1}{2}+\mathrm{j}\,\frac{1}{2}=\frac{1}{\sqrt{2}}\mathrm{e}^{\mathrm{j}45^\circ}$$

$$k_3=\frac{2s^2+6s+6}{(s+2)(s+1+\mathrm{j}1)(s+1-\mathrm{j}1)}(s+1-\mathrm{j}1)\bigg|_{s=-1+\mathrm{j}1}=\frac{1}{2}-\mathrm{j}\,\frac{1}{2}=\frac{1}{\sqrt{2}}\mathrm{e}^{-\mathrm{j}45^\circ}=k_2^*$$

故

$$X(s)=\frac{1}{s+2}+\frac{1}{\sqrt{2}}\mathrm{e}^{\mathrm{j}45^\circ}\,\frac{1}{(s+1+\mathrm{j}1)}+\frac{1}{\sqrt{2}}\mathrm{e}^{-\mathrm{j}45^\circ}\,\frac{1}{(s+1-\mathrm{j}1)}$$

因此，可得：

$$x(t)=(\mathrm{e}^{-2t}+\sqrt{2}\,\mathrm{e}^{-t}\cos(t-45^\circ))\varepsilon(t)$$

2. 用围线积分法求单边拉氏反变换

我们知道，在计算式(5-75)所示的单边拉氏反变换时，可以采用如图 5-16 所示的无限长直线作为积分路径进行积分，但是，由于直接计算该积分比较困难，所以通常采用复变函数理论中的留数定理来计算。

根据复变函数理论中的留数定理可知，若复变函数 $G(s)$在闭合曲线及其内部(除内部的有限个孤立奇点外)处处解析，则 $G(s)$沿闭合曲线 C 的积分等于 $2\pi\mathrm{j}$ 乘以 $G(s)$在这些奇点 s_i 的留数之和，即：

$$\oint_C G(s)\mathrm{d}s=2\pi\mathrm{j}\sum_{C\text{内奇点}}\underset{s=s_i}{\mathrm{Res}}[G(s)] \tag{5-92}$$

式(5-92)中，$\underset{s=s_i}{\mathrm{Res}}[G(s)]$表示奇点 s_i 的留数，通常，$G(s)$的奇点大多为极点。

利用留数定理式(5-92)求单边拉氏反变换时，可以从积分限 $\sigma-\mathrm{j}\infty\sim\sigma+\mathrm{j}\infty$(即积分路径 AB)补充一条积分路线以构成一条积分围线 C，所补充的积分路线是一个半径无穷大的圆弧，如图 5-16 所示。若令 $G(s)=X(s)\mathrm{e}^{st}$，且 $G(s)$的奇点全部都是极点，根据留数定理可得：

$$\begin{aligned}x(t)&=\frac{1}{2\pi\mathrm{j}}\int_{\sigma-\mathrm{j}\infty}^{\sigma+\mathrm{j}\infty}X(s)\mathrm{e}^{st}\mathrm{d}s+\frac{1}{2\pi\mathrm{j}}\int_{\widehat{ACB}}\mathscr{F}(s)\mathrm{e}^{st}\mathrm{d}s\\&=\frac{1}{2\pi\mathrm{j}}\oint_C X(s)\mathrm{e}^{st}\mathrm{d}s\\&=\sum_{C\text{内极点}}\underset{s=s_i}{\mathrm{Res}}[X(s)\mathrm{e}^{st}]\end{aligned} \tag{5-93}$$

需要注意的是，利用式(5-93)计算单边拉氏反变换 $x(t)=\dfrac{1}{2\pi\mathrm{j}}\displaystyle\int_{\sigma-\mathrm{j}\infty}^{\sigma+\mathrm{j}\infty}X(s)\mathrm{e}^{st}\mathrm{d}s$ 的条件是沿补充线路(图 5-16 中的弧$\widehat{ACB}$)被积函数的积分值为零，即：

$$\int_{\widehat{ACB}}X(s)\mathrm{e}^{st}\mathrm{d}s=0 \tag{5-94}$$

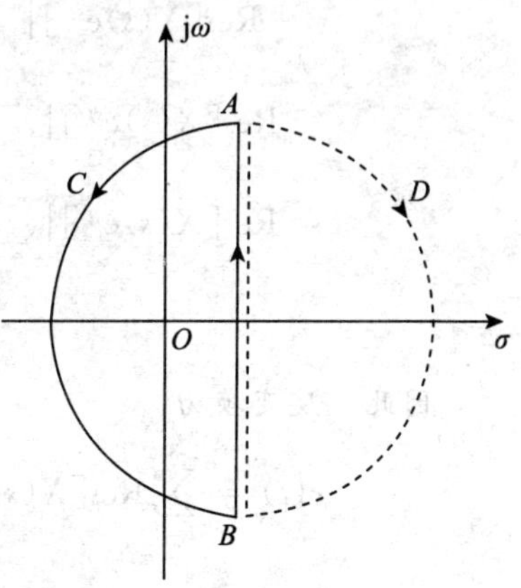

图 5-16　$X(s)$单边拉氏反变换的围线积分路径

根据复变函数理论中的约当定理，当满足下面两个条件时，式(5-93)成立：

1)当 $|s|\to\infty$时，$|X(s)|$对于 s 一致地趋近于零。

2)因子 e^{st} 的指数 st 的实部小于$\sigma_1 t$，即 $\mathrm{Re}(st)<\sigma_1 t$，其中，$\sigma_1$ 是一个固定常数。

对于第一个条件，除少数情况(如单位冲激信号的拉氏变换 $X(s)=1$)以外，一般都能满足。至于第二个条件，当 $t>0$ 时，$\mathrm{Re}(s)$应小于σ_1，即积分应沿左半圆弧进行；而当$t<0$ 时，则应沿右半圆弧进行，如图 5-16 所示。由单边拉氏变换定义式可知，当 $t<0_-$，$x(t)=0$，因此应当选择图 5-16 的积分围线，即：

$$x(t)=\begin{cases}0, & t\leqslant 0_-\\ \dfrac{1}{2\pi \mathrm{j}}\displaystyle\int_{\sigma-\mathrm{j}\infty}^{\sigma+\mathrm{j}\infty}X(s)e^{st}\,ds=\dfrac{1}{2\pi \mathrm{j}}\int_{ACBA}X(s)e^{st}\,ds=\sum_{AB直线左侧极点}\ \mathrm{Res}_{p_i}[X(s)e^{st}], & \infty t\geqslant 0_+\end{cases} \tag{5-95}$$

由式(5-95)可知，求反变换的运算转换就是求被积函数各极点上的留数，若 p_i 为一阶极点，则留数为

$$\mathrm{Res}[X(s)e^{st}]|_{s=p_i}=[(s-p_i)X(s)e^{st}]|_{s=p_i} \tag{5-96}$$

若 p_i 为k 阶极点，则：

$$\mathrm{Res}[X(s)e^{st}]|_{s=p_i}=\frac{1}{(k-1)!}\left[\frac{d^{k-1}}{ds^{k-1}}(s-p_i)^k X(s)e^{st}\right]\Big|_{s=p_i} \tag{5-97}$$

比较式(5-96)和式(5-97)可以看出，当拉氏变换为有理分式时，一阶极点的留数比部分分式的系数只多一个因子 $e^{p_i t}$，部分分式经反变换后的结果与留数相同。对于高阶极点，由于式(5-97)中含有因子 e^{st}，在取其导数时，所得不止一项，也与部分分式展开法的结果相同。留数法不但能处理有理函数，也能处理无理函数，因此其适用范围比部分分式要广。应当指出，在应用留数法做拉氏反变换时，由于冲激函数及其导数不符合约当定理，因此需先将 $X(s)$分解为 s 的多项式与真分式之和，由 s 多项式得到的反变换为冲激函数及其各阶导数，而由真分式可利用留数法求其反变换。其中，$\mathrm{Res}[X(s)e^{st}]|_{s=p_i}$为 $X(s)e^{st}$ 在极点$s=p_i$ 的留数，并设在围线中共有 n 个极点。

【例 5-19】 用留数法求下述函数的单边拉氏反变换：

$$X(s)=\frac{s+2}{s(s+3)(s+1)^2}$$

解：$X(s)$有两个单极点 $p_1=0$，$p_2=-3$ 及一个二重极点 $p_3=-1$。利用式(5-96)和式(5-97)可求得各极点上的留数分别为

$$\mathrm{Res}[X(s)e^{st}]|_{s=0}=\left[\frac{s+2}{(s+3)(s+1)^2}e^{st}\right]\Big|_{s=0}=\frac{2}{3}$$

$$\mathrm{Res}[X(s)e^{st}]|_{s=-3}=\left[\frac{s+2}{s(s+1)^2}e^{st}\right]\Big|_{s=-3}=\frac{1}{12}e^{-3t}$$

$$\begin{aligned}\mathrm{Res}[X(s)e^{st}]|_{s=-1}&=\frac{1}{(2-1)!}\left[\frac{d}{ds}\frac{s+2}{s(s+3)}e^{st}\right]\Big|_{s=-1}\\&=\frac{d}{ds}\left[\frac{s+2}{s(s+3)}e^{st}\right]\Big|_{s=-1}=-\frac{1}{2}te^{-t}-\frac{3}{4}e^{-t}\end{aligned}$$

因此，反变换为

$$x(t)=\sum_{i=1}^{3}\mathrm{Res}[X(s)e^{p_i t}]|_{s=p_i}=\left[\frac{2}{3}+\frac{1}{12}e^{-3t}-\frac{1}{2}te^{-t}-\frac{3}{4}e^{-t}\right]\varepsilon(t)$$

5.10 拉氏变换与傅里叶变换的关系

5.10.1 双边拉氏变换与傅里叶变换的关系

由于虚指数信号 $e^{j\omega t}$ 是一般复指数信号 e^{st} 的一个子集合，即当 $\sigma=0$ 时，有 $e^{st}\big|_{s=j\omega}=e^{j\omega t}$，因此，双边拉氏变换和傅里叶变换之间有着内在的联系，即信号 $x(t)$ 的双边拉氏变换就是此信号乘上一个实指数信号 $e^{-\sigma t}$ 后的傅里叶变换；反之，信号 $x(t)$ 的傅里叶变换就是该信号在 $j\omega$ 轴上的双边拉氏变换，即：

$$X(j\omega)=X(s)\big|_{s=j\omega},(s=j\omega)\in R_x \tag{5-98}$$

由式(5-98)可知，傅里叶变换是双边拉氏变换中复变量 s 的 σ 取 0 值时的特殊情况。但是，由式(5-98)可知，其成立的条件是，$j\omega$ 轴在 s 变量的取值范围之内，也就是在双边拉氏变换的收敛域内。因此可分下面几种情况讨论双边拉氏变换与傅里叶变换的关系。

(1)信号 $x(t)$ 的双边拉氏变换 $X(s)$ 的收敛域为整个 s 平面

这时，$x(t)$ 的傅里叶变换也同时存在，它等于 $x(t)$ 在 s 平面的虚轴上的双边拉氏变换，即只要直接应用式(5-98)即可得到该信号的傅里叶变换。

(2)信号 $x(t)$ 的双边拉氏变换 $X(s)$ 的收敛域是包含 $j\omega$ 轴的右半 s 平面

这时，$x(t)$ 的双边拉氏变换 $X(s)$ 的所有极点均位于左半 s 平面内(不包含 $j\omega$ 轴)，即收敛域为($\mathrm{Re}(s)=\sigma$)$>-\sigma_0$($\sigma_0>0$)，换而言之，$\sigma=0$(即 $s=j\omega$)在 $X(s)$ 的收敛域内，此时，$x(t)e^{-\sigma t}=x(t)e^{0t}$ 收敛，即 $x(t)e^{0t}=x(t)$ 都存在傅里叶变换，只要直接应用式(5-98)即可得到该信号的傅里叶变换。

(3)信号 $x(t)$ 的双边拉氏变换 $X(s)$ 的收敛域只有右半 s 平面的一部分

这时，$x(t)$ 的双边拉氏变换 $X(s)$ 的收敛域为($\mathrm{Re}(s)=\sigma$)$\geqslant\sigma_0$($\sigma_0>0$)，不包括 $j\omega$ 轴，即 $X(s)$ 在右半 s 平面内有极点，此时，$x(t)e^{-\sigma t}$ 存在傅里叶变换，即 $x(t)$ 存在双边拉氏变换，但是 $x(t)$ 自身却不存在傅里叶变换，故不可能应用式(5-98)，也就是由 $X(s)$ 求取 $X(j\omega)$。

(4)信号 $x(t)$ 的双边拉氏变换 $X(s)$ 在虚轴上有极点且右半 s 平面为收敛域

这时，信号 $x(t)$ 的双边拉氏变换的收敛域边界位于 $j\omega$ 轴上时，$x(t)$ 既存在双边拉氏变换，又存在傅里叶变换。由于虚轴上的极点对应着时域的正弦信号或单位阶跃信号，由傅里叶变换可知，尽管这两种信号在引入 δ 函数后存在傅里叶变换，却不能简单地应用式(5-98)求得，因为在令 $s=j\omega$(即令 $\sigma=0$)时，将出现奇异点，致使结果中出现冲激函数项。例如，单位阶跃信号 $\varepsilon(t)$ 的傅里叶变换 $\pi\delta(\omega)+\frac{1}{j\omega}$ 与其拉氏变换 $\frac{1}{s}$ 之间并不满足(5-98)的关系。其原因在于 $\varepsilon(t)$ 的拉氏变换只有在 $\sigma>0$ 的条件下才存在，这就是说，在变量 s 值允许存在的范围内并没有包括 $j\omega$ 轴，因此，不能通过单位阶跃信号的拉氏变换求得其傅里叶变换。

综上所述，①当信号 $x(t)$ 的双边拉氏变换的收敛域包括 $j\omega$ 轴时，$x(t)$ 的傅里叶变换也同时存在，它等于 $x(t)$ 在 s 平面的虚轴上的双边拉氏变换；②当信号 $x(t)$ 的双边拉氏变换的收敛域不包含 $j\omega$ 轴时，$x(t)$ 虽然存在双边拉氏变换，但却不存在相应的傅里叶变换；③当信号 $x(t)$ 的双边拉氏变换的收敛域边界位于 $j\omega$ 轴上时，$x(t)$ 既存在双边拉氏变换，又存在傅里叶变换，但不能简单地将 s 代换为 $j\omega$。但是，对于双边实指数信号 $e^{\sigma_0|t|}$ 而言，若存在拉氏变换，它的收敛域将包括 $j\omega$ 轴，因此，双边指数信号的傅里叶变换可以通过它的拉氏变换求得，即由式(5-98)求得，其结果和第 3 章傅里叶变换中所求得的结果一致。此外，还可以看到和双边指数信号一样，对于单边实指数信号 $e^{\sigma_0 t}\varepsilon(t)$，只有当它为正实数(即 $\sigma_0>0$)时，其傅里叶变换才能通过它的拉氏变换求出。如果为负实数(即 $\sigma_0<0$)，单

边实指数信号虽然存在拉氏变换，但不存在傅里叶变换；如果 $\sigma_0=0$，虽然拉氏变换和傅里叶变换都存在，但两者之间不满足式(5-98)的关系。

5.10.2 单边拉氏变换与傅里叶变换的关系

由于任意两个信号只要在 $t\geqslant 0_-$ 部分的值相同，则其单边拉氏变换也相同，而当 $x(t)$ 在 $t<0_-$ 时等于零或是一个因果信号时，其单边拉氏变换和双边拉氏变换的结果完全相同，因而这里所讨论的实际上是因果信号的傅里叶变换与其拉氏变换之间的关系。我们知道，因果信号 $x(t)$ 的单边拉氏变换 $X(s)$ 和傅里叶变换 $X(\mathrm{j}\omega)$ 的定义分别为

$$X(s)=\int_{0_-}^{\infty}x(t)\mathrm{e}^{-st}\,\mathrm{d}t,(\mathrm{Re}(s)=\sigma)>\sigma_0 \tag{5-99}$$

$$X(\mathrm{j}\omega)=\int_{-\infty}^{\infty}x(t)\mathrm{e}^{-st}\,\mathrm{d}t=\int_{0_-}^{\infty}x(t)\mathrm{e}^{-st}\,\mathrm{d}t \tag{5-100}$$

比较式(5-99)和式(5-100)可知，由于 $s=\sigma+\mathrm{j}\omega$，因此，若使 $\sigma=\mathrm{Re}(s)=0$，则有 $X(s)=X(\mathrm{j}\omega)$。显然，能否使 $\sigma=0$，取决于 $X(s)$ 的收敛域 $(\mathrm{Re}(s)=\sigma)>\sigma_0$ 中 σ_0 的取值情况。下面分别针对实数收敛坐标 σ_0 在 s 平面上的三种可能位置($\sigma_0<0$，$\sigma_0=0$，$\sigma_0>0$)讨论 $X(s)$ 与 $X(\mathrm{j}\omega)$ 的关系。

(1)$\sigma_0<0$($X(s)$ 的收敛域位于左半 s 平面)

这时，由于收敛坐标 $\sigma_0<0$，而 $X(s)$ 的收敛域 $(\mathrm{Re}(s)=\sigma)>\sigma_0$，故 $\mathrm{j}\omega$ 轴在收敛域内，即 $X(s)$ 在 $s=\mathrm{j}\omega$ 处收敛，因此，利用式(5-98)就可由 $X(s)$ 得到 $X(\mathrm{j}\omega)$。这种情况发生在一些有衰减信号的场合，对于这些信号，无须在其傅里叶变换上添加衰减因子(即 $\mathrm{e}^{-\sigma t}=\mathrm{e}^{0t}(\sigma=0)$)构成拉氏变换。例如，$x(t)=\mathrm{e}^{-\sigma_0 t}\varepsilon(t)$，$\sigma_0>0$，其单边拉氏变换为 $X(s)=\dfrac{1}{s+\sigma_0}$，$(\mathrm{Re}(s)=\sigma)>-\sigma_0$，而其傅里叶变换为

$$X(\mathrm{j}\omega)=X(s)\big|_{s=\mathrm{j}\omega}=\frac{1}{\mathrm{j}\omega+\sigma_0}$$

又如，信号 $\mathrm{e}^{-\sigma_0 t}\sin(\omega_0 t)\varepsilon(t)$ 单边拉氏变换和傅里叶变换分别为

$$\mathscr{L}[\mathrm{e}^{-\sigma_0 t}\sin(\omega_0 t)\varepsilon(t)]=\frac{\omega_0}{(s+\sigma_0)^2+\omega_0^2},(\mathrm{Re}(s)=\sigma)>-\sigma_0$$

和

$$\mathscr{F}[\mathrm{e}^{-\sigma_0 t}\sin(\omega_0 t)\varepsilon(t)]=\frac{\omega_0}{(s+\sigma_0)^2+\omega_0^2}\bigg|_{s=\mathrm{j}\omega}=\frac{\omega_0}{(\mathrm{j}\omega+\sigma_0)^2+\omega_0^2}$$

(2)$\sigma_0=0$($X(s)$ 收敛域的边界位于 $\mathrm{j}\omega$ 轴上)

由于收敛坐标 $\sigma_0=0$，故 $X(s)$ 的收敛域 $(\mathrm{Re}(s)=\sigma)>\sigma_0=0$，即收敛域不包括 $\mathrm{j}\omega$ 轴，也就是 $X(s)$ 在 $\mathrm{j}\omega$ 轴上不收敛，然而，此时信号 $x(t)$ 的傅里叶变换却是存在的，但是，由于 $X(s)$ 在 $\mathrm{j}\omega$ 轴上不收敛，所以不能直接在 $X(s)$ 中令 $s=\mathrm{j}\omega$ 以得到 $X(\mathrm{j}\omega)$。

由于收敛域以极点为边界，所以 $\sigma_0=0$ 表明，$X(s)$ 在 $\mathrm{j}\omega$ 轴上必然有极点，即 $X(s)$ 的分母多项式 $D(s)=0$ 必有纯虚根(或 $s=0$ 的根)。设 $D(s)=0$ 有 m 个单虚根(包括 $s=0$ 的根)，即 $X(s)$ 在 $\mathrm{j}\omega_1$，$\mathrm{j}\omega_2$，…，$\mathrm{j}\omega_m$ 处有单极点，其余极点均在左半 s 开平面(对应象函数为 $X_a(s)$)，将 $X(s)$ 展开成部分分式并把它分为两部分可得：

$$X(s)=X_a(s)+\sum_{i=1}^{m}\frac{k_i}{s-\mathrm{j}\omega_i} \tag{5-101}$$

若令 $\mathscr{L}^{-1}[X_a(s)]=x_a(t)$，则式(5-101)的拉氏反变换为

$$x(t)=x_a(t)\varepsilon(t)+\sum_{i=1}^{m}k_i\mathrm{e}^{\mathrm{j}\omega_i t}\varepsilon(t)$$

现在求 $x(t)$ 的傅里叶变换，由于 $X_a(s)$ 的极点均在左半 s 平面，因而它在 $j\omega$ 轴上收敛，故有：

$$\mathscr{F}[x_a(t)\varepsilon(t)] = X_a(s)\big|_{s=j\omega}$$

而 $e^{j\omega_n t}\varepsilon(t)$ 的傅里叶变换可根据频域卷积定理求出，即：

$$\begin{aligned}\mathscr{F}[e^{j\omega_i t}\varepsilon(t)] &= \frac{1}{2\pi}\mathscr{F}[e^{j\omega_i t}] * \mathscr{F}[\varepsilon(t)] \\ &= \frac{1}{2\pi}[2\pi\delta(\omega-\omega_i)] * \left[\pi\delta(\omega)+\frac{1}{j\omega}\right] \\ &= \pi\delta(\omega-\omega_i)+\frac{1}{j(\omega-\omega_i)}\end{aligned}$$

因此，可得式(5-101)所对应的时域信号 $x(t)$ 的傅里叶变换为

$$\begin{aligned}\mathscr{F}[x(t)] &= X_a(s)\big|_{s=j\omega}+\sum_{i=1}^{m}k_i\left[\pi\delta(\omega-\omega_i)+\frac{1}{j(\omega-\omega_i)}\right] \\ &= X_a(s)\big|_{s=j\omega}+\sum_{i=1}^{m}\frac{k_i}{j\omega-j\omega_i}+\pi\sum_{i=1}^{m}k_i\delta(\omega-\omega_i)\end{aligned} \tag{5-102}$$

比较式(5-101)和式(5-102)可知，式(5-102)中的前两项之和为 $X(s)\big|_{s=j\omega}$，因此，当 $X(s)$ 在 $j\omega$ 轴上有 m 个一阶极点 $j\omega_i$($i=1$，2，…，m)而其余极点均位于左半 s 开平面时，$X(s)$ 对应的时域信号 $x(t)$ 的傅里叶变换为

$$X(j\omega) = X(s)\Big|_{s=j\omega}+\pi\sum_{i=1}^{m}k_i\delta(\omega-\omega_i) \tag{5-103}$$

可见，式(5-103)包括两部分，第一部分是将 $X(s)$ 中的 s 以 $j\omega$ 代入，第二部分则是一系列冲激信号之和。

【例 5-20】 已知信号 $x(t)$ 的单边拉氏变换为

$$X(s) = \frac{2s^2+\omega_0^2}{s(s^2+\omega_0^2)}, \sigma > 0$$

试求该信号的傅里叶变换 $X(j\omega)$。

解：将 $X(s)$ 做部分分式展开可得：

$$X(s) = \frac{2s^2+\omega_0^2}{s(s^2+\omega_0^2)} = \frac{1}{s}+\frac{1}{2}\left(\frac{1}{s+j\omega_0}+\frac{1}{s-j\omega_0}\right)$$

故由式(5-103)可得傅里叶变换为

$$\begin{aligned}X(j\omega) &= \frac{-2\omega^2+\omega_0^2}{j\omega(-\omega^2+\omega_0^2)}+\pi\left[\delta(\omega)+\frac{1}{2}\delta(\omega+\omega_0)+\frac{1}{2}\delta(\omega-\omega_0)\right] \\ &= \frac{\omega_0^2-2\omega^2}{j\omega(\omega_0^2-\omega^2)}+\pi\delta(\omega)+\frac{\pi}{2}\delta(\omega+\omega_0)+\frac{\pi}{2}\delta(\omega-\omega_0)\end{aligned}$$

若函数 $x(t)$ 的象函数 $X(s)$ 在 $j\omega$ 轴上有重极点，$X(s)$ 与 $X(j\omega)$ 的关系可用与上面类似的方法讨论。例如，$X(s)$ 在 $j\omega_1$ 处有 r 重极点，而其余极点均在左半 s 平面(对应象函数为 $X_a(s)$)上，则 $X(s)$ 的部分分式展开为

$$\begin{aligned}X(j\omega) &= X(s)\big|_{s=j\omega}+\frac{\pi k_{11}(j)^{r-1}}{(r-1)!}\delta^{(r-1)}(\omega-\omega_1) \\ &\quad+\frac{\pi k_{12}(j)^{r-2}}{(r-2)!}\delta^{(r-2)}(\omega-\omega_1)+\cdots+\pi k_{1r}\delta(\omega-\omega_1)\end{aligned} \tag{5-104}$$

由式(5-104)可知，这时 $X(j\omega)$ 也为两部分之和，其一仍为 $X(s)\big|_{s=j\omega}$，其二为冲激信号及其导数之和。

(3) $\sigma_0>0$($X(s)$的收敛域位于右半 s 平面)

这时，由于收敛域($\mathrm{Re}(s)=\sigma$)$>\sigma_0>0$，故 $\mathrm{j}\omega$ 轴在收敛域之外，即 $X(s)$在 $s=\mathrm{j}\omega$ 处不收敛，$x(t)$的傅里叶变换不存在，因此不能用单边拉氏变换式(5-104)求其傅里叶变换。这种情况发生在一些增长信号的场合，例如，单边指数增长信号 $x(t)=\mathrm{e}^{\sigma_0 t}\varepsilon(t)$，$\sigma_0>0$ 的单边拉氏变换为

$$X(s)=\frac{1}{s-\sigma_0},(\mathrm{Re}(s)=\sigma)>\sigma_0>0$$

这种情况下的单边拉氏变换是由于衰减因子 $\mathrm{e}^{-\sigma t}$ 使得增长信号衰减下来才得到的。

习题

5-1 求出题 5-1 图所示的每个函数的双边拉氏变换，并给出它的收敛域。

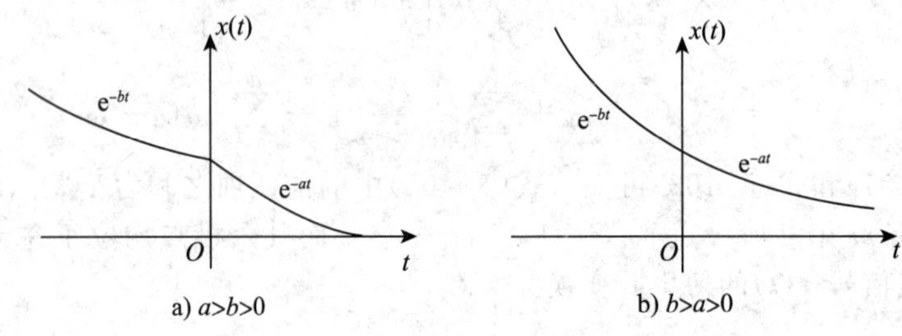

题 5-1 图

5-2 求函数 $\mathrm{e}^{s_1 t}\varepsilon(t)+\mathrm{e}^{s_2 t}\varepsilon(-t)$的双边拉氏变换，并注明收敛区域。

5-3 求 $x(t)=\mathrm{e}^{-a|t|}\sin(\omega_0 t)(a>0)$的双边拉氏变换，并指明其收敛域。

5-4 用定义计算下列信号的拉氏变换及其收敛域，并画出零、极点图和收敛域。

(1) $\mathrm{e}^{at}u(t)$，$a>0$；(2) $t\mathrm{e}^{at}u(t)$，$a>0$；(3)$\mathrm{e}^{-at}u(-t)$，$a>0$；(4)$[\cos(\Omega_c t)]u(-t)$。

5-5 求信号 $x(t)=\mathrm{e}^{-t}u(t)+\mathrm{e}^{-2t}u(t)$的收敛域，并画出零、极点图。

5-6 求信号 $x(t)=\begin{cases}\mathrm{e}^{-at}, & 0<t<T\\ 0, & 其他\ t\end{cases}$的零、极点。

5-7 讨论信号 $x(t)=\mathrm{e}^{-b|t|}$的收敛域及零、极点。

5-8 已知 $x(t)=x_1(t)+x_2(t)+x_3(t)$，其中，$x_1(t)=(t+1)u(t+1)$，$x_2(t)=-tu(t)$，$x_3(t)=-u(t-1)$，求 $X(s)$。

5-9 求下列信号的单边拉氏变换。

(1) $x_1(t)=\mathrm{e}^{2t}[\varepsilon(t+3)+\varepsilon(t-3)]$；　　(2) $x_2(t)=\frac{\mathrm{d}}{\mathrm{d}t}\left(\frac{\sin t}{t}\right)+\frac{\mathrm{d}}{\mathrm{d}t}\left[\frac{\sin t}{t}\varepsilon(t)\right]$；

(3) $x_3(t)=\int_{-\infty}^{t}\mathrm{e}^{-2|\tau|}\mathrm{d}\tau$；　　(4) $x_4(t)=\sin 2(t-3)$。

5-10 求周期信号 $x(t)=\mathrm{e}^{-t}$，$0<t<2$，$x(t)=x(t+2)$的拉氏变换。

5-11 已知信号 $x(t)$的拉氏变换 $X(s)=\frac{1}{s^2+2s-3}$，$\mathrm{Re}(s)>1$，试求信号 $x_1(t)=\mathrm{e}^{-2t}x(3t)$的拉氏变换 $X_1(s)$。

5-12 已知因果信号 $x(t)$的拉氏变换 $X(s)=\frac{2}{s^2+2s+4}$，求下列信号的拉氏变换。

(1)$y_1(t)=\mathrm{e}^{-t}x\left(\frac{1}{2}t\right)$；　　(2) $y_2(t)=\int_0^{t-1}x(\alpha)\mathrm{d}\alpha$。

5-13 某信号为 $x(t)=x_1(t)\cdot x_2(t)$，其中 $x_1(t)=\mathrm{e}^{(t+1)}u(t+1)$，$x_2(t)=\mathrm{e}^{2(t-1)}u(1-t)$，试求 $x(t)$的双边拉氏变换 $X(s)$。

5-14 已知函数 $x_1(t)$和 $x_2(t)$分别为 $x_1(t)=\mathrm{e}^{-t}\varepsilon(t)$，$x_2(t)=\mathrm{e}^{-2t}\varepsilon(t+1)$。试求信号 $x(t)=x_1(t)*x_2(t)$。

5-15 求下列函数的拉氏变换，考虑能否借助于延时定理。

(1) $x(t)=\begin{cases}\sin(\omega t), & 0<t<\dfrac{T}{2},\ T=\dfrac{2\pi}{\omega};\\ 0, & t\text{为其他值}\end{cases}$

(2) $x(t)=\sin(\omega t+\varphi)$。

5-16　求下列信号的拉氏反变换。

(1) $X(s)=\dfrac{1}{(s-1)(s-2)(s-3)}$；　(2) $X(s)=\dfrac{5s+3}{(s-1)(s^2+2s+5)}$；

(3) $X(s)=\dfrac{s}{s^4+5s^2+4}$；　(4) $X(s)=\dfrac{e^{-s}}{s(s^2+1)}$；

(5) $X(s)=\dfrac{s}{(s+a)[(s+\alpha)^2+\beta^2]}$；　(6) $X(s)=\dfrac{\omega_0}{(s^2+\omega_0^2)(1+RCs)}$。

5-17　已知 $X(s)=\dfrac{2s+1}{s(s-1)(s+2)}$，求可能的逆变换。

5-18　已知一个双边拉氏变换为

$$X(s)=-\frac{1}{s-b}+\frac{1}{s+a}$$

求在进行逆变换时将出现的三种可能的信号。

5-19　求 $X(s)=\dfrac{s^2}{(s^2+\alpha^2)(s^2+\beta^2)}$ 的拉氏反变换。

5-20　试求下列 $X(s)$全部可能的收敛域及其相应的拉氏反变换

(1) $X(s)=\dfrac{2s+4}{s^2+4s+3}$；　(2) $X(s)=\dfrac{1}{s(s+1)^2}$。

5-21　求下列单边拉氏变换的逆变换。

(1) $X_1(s)=\dfrac{s+5}{s(s^2+2s+5)}$；　(2) $X_2(s)=\dfrac{s^2+8}{s^2+5s+6}$；

(3) $X_3(s)=\dfrac{s^2+2s+5}{(s+3)(s+5)^2}$；　(4) $X_4(s)=\dfrac{\pi}{(s^2+\pi^2)(1+e^{-s})}$；

(5) $X_5(s)=\ln\left(1+\dfrac{1}{s}\right)$。

5-22　求 $x(t)=\cos\omega_0 t u(t)$的拉氏变换和傅里叶变换。

5-23　求 $X(s)=\dfrac{s+1}{s(s^2+1)(s+2)}$的傅里叶变换。

5-24　已知因果信号 $x(t)$的拉氏变换 $X(s)$分别如下所示，试问 $x(t)$的傅里叶变换 $X(j\omega)$是否存在？若存在，写出 $X(j\omega)$的表达式。

5-25　信号 $x(t)$的拉氏变换式为有理式，共有两个极点 $s=-1$ 和 $s=-3$。若 $g(t)=e^{2t}x(t)$，其傅里叶变换 $G(j\omega)$收敛。试问 $x(t)$是左边信号、右边信号还是双边信号？

第 6 章 连续时间系统的复频域分析

在第 2 章和第 4 章中分别介绍了分析、求解连续时间系统响应的时域方法和频域方法，本章将讨论此类系统的 s 域分析方法，这种方法将拉氏变换应用于连续信号与系统的分析中，因此也称为拉氏变换分析法或复频域分析法。在 s 域分析中，系统函数在很多方面都起着重要作用，利用系统函数在 s 平面的零、极点分布可以分析系统的时域特性，求解系统的自由响应与强迫响应、暂态响应和稳态响应，此外，还可以方便地求得系统的频率响应特性，利用几何作图法或解析法并结合系统函数的零、极点分布可以得到系统的幅频响应与相频响应，从而可以对系统的频域特性进行分析。本章还要讨论利用系统函数的极点分布判别系统稳定性的方法，它可用于反馈系统的稳定性判别及自激振荡器的振荡条件建立等。最后，还将讨论连续时间系统的方框图与信号流图表示，信号流图是系统分析与综合中表示系统的模拟与实现的一种常用方法。

将连续时间系统的 s 域分析法与频域分析法相比，一般来说，前者在求解系统的响应时较为简便，但其缺点是物理概念不够明晰，与此相反，后者的优点则是物理概念清楚，但其缺点是求解系统响应的过程不如 s 域分析法简洁。

6.1 线性时不变系统的系统函数

拉氏变换的重要应用之一就是利用系统函数分析连续系统的基本特性和求解系统的零状态响应。这是因为线性时不变系统的系统函数在拉氏变换域中可以完全表征一个系统，反映该系统的众多特性。

本书将连续线性时不变系统简称为线性时不变系统，离散线性时不变系统简称为线性移不变系统。

6.1.1 系统函数的定义与分类

线性时不变系统的系统函数 $H(s)$ 定义为系统零状态响应 $y(t)$ 的拉氏变换 $Y(s)$ 和激励信号 $x(t)$ 的拉氏变换 $X(s)$ 之比，即：

$$H(s)=\left.\frac{Y(s)}{X(s)}\right|_{\text{系统处于零状态}} \tag{6-1}$$

为了明确系统函数的物理意义，考察单位冲激响应为 $h(t)$ 的**连续时不变**系统对指数信号 Ae^{st} $(s=\sigma+j\omega)$ 的零状态响应 $y(t)$，即：

$$y_{zs}(t)=h(t)*Ae^{st}=\int_{-\infty}^{\infty}h(\tau)Ae^{s(t-\tau)}\,d\tau=Ae^{st}\int_{-\infty}^{\infty}h(\tau)e^{-s\tau}\,d\tau=Ae^{st}H(s) \tag{6-2}$$

式(6-2)表明当系统输入为 Ae^{st} 时，系统输出信号也具有 Ae^{st} 的形式，只是被复常数 $H(s)$ 所加权。对于不同复频率 s 的输入信号，$H(s)$ 的值也有所不同。另一方面，拉氏变换将任意信号 $x(t)$ 分解为无穷多个复指数信号 e^{st} 的叠加，即：

$$x(t)=\frac{1}{2\pi j}\int_{\sigma-j\infty}^{\sigma+j\infty}X(s)e^{st}\,ds=\int_{\sigma-j\infty}^{\sigma+j\infty}\left[\frac{ds}{2\pi j}X(s)\right]e^{st} \tag{6-3}$$

因此，系统对任意信号中不同复频率分量的不同加权体现在 $H(s)$ 上。从这一角度考察 $H(s)$，可以较为清晰地揭示出它的物理意义。

从本质上说，系统函数是通过时域卷积性质来定义的。在时域分析中，连续系统的零状态响应 $y(t)$等于系统冲激响应 $h(t)$与激励信号 $x(t)$的卷积，即：

$$y(t)=h(t)*x(t) \tag{6-4}$$

若$Y(s)$、$H(s)$、$X(s)$分别为 $y(t)$、$h(t)$、$x(t)$的拉氏变换，根据拉氏变换的时域卷积定理，由式(6-4)可得：

$$Y(s)=H(s)X(s),\mathrm{ROC}_Y\supset \mathrm{ROC}_H\cap \mathrm{ROC}_X \tag{6-5}$$

式(6-5)中，ROC_Y、ROC_H 和 ROC_X 分别是 $Y(s)$、$H(s)$和 $X(s)$的收敛域。利用式(6-5)也可以得出**线性时不变**系统的系统函数 $H(s)$，同时也可用来计算线性时不变因果系统对激励的零状态响应，此时只需对所得到的 $H(s)X(s)$(即 $Y(s)$)做反变换即可，显然，这比直接用时域卷积方法要简单得多。由于这种方法是在复频域中进行的，故称为系统的复频域分析或 s 域分析法。由此可知，系统分析的时域法与 s 域法是通过卷积定理相联系的。

在一般在系统分析中，若激励与响应在同一端口，则系统函数称为“策动点函数”或“驱动点函数”；若激励与响应在不同端口，则系统函数称为“转移函数”“传输函数”或“传递函数”。由于激励与响应既可能是电压，也可能是电流，所以“策动点函数”只能是阻抗(电压比电流)或导纳(电流比电压)，而“转移函数”则可以是阻抗、导纳、转移电压比(电压比电压)或转移电流比(电流比电流)，“策动点函数”和“转移函数”分别如图 6-1a 和 b 所示。将上述不同情况下系统函数的特定名称列于表 6-1 中。但是，在一般的系统分析中，对于这些名称往往不加区分，统称为系统函数或转移函数。

由系统函数的定义可知，对于同一个系统而言，当系统结构发生变化(例如输出端开路或短路)时，系统函数就会相应发生变化；当系统结构不发生变化而选用的输出量(电压或电流)改变时，系统函数也会发生变化。

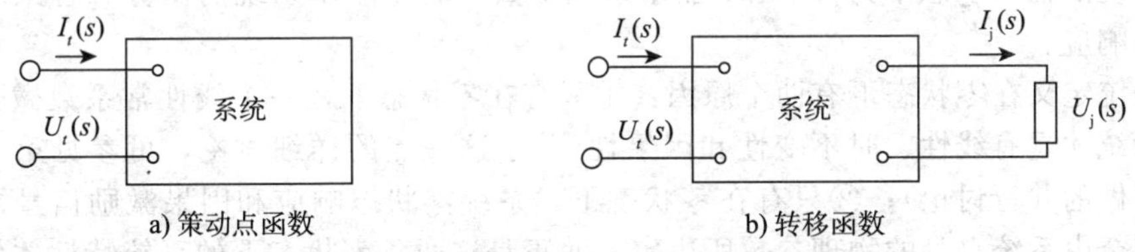

图 6-1　策动点函数与转移函数的描述

表 6-1　系统函数的分类与名称

激励与响应的位置	激励类型	响应类型	系统函数名称
在同一端口(策动点函数)	电流	电压	策动点阻抗
	电压	电流	策动点导纳
在不同的端口(转移函数)	电流	电压	转移阻抗
	电压	电流	转移导纳
	电压	电压	转移电压比(电压传输函数)
	电流	电流	转移电流比(电流传输函数)

通常，求解系统函数 $H(s)$主要有这几种方法：①根据零状态下的 s 域系统或电路模型，应用系统或电路的分析方法，例如节点法等，按定义式(6-1)求系统零状态响应与激励之比；②由系统的单位冲激响应 $h(t)$求 $H(s)$，即 $H(s)=\mathscr{L}[h(t)]$；③由系统的传输算子 $H(p)$求 $H(s)$，即$H(s)=H(p)\big|_{p=s}$；④对零状态系统的微分方程进行拉氏变换，再按定义式(6-1)求 $H(s)$；⑤根据系统的方框图或信号流图，利用梅森公式求 $H(s)$。

6.1.2 系统函数与微分方程之间的关系

我们知道，若系统的激励为 $x(t)$，响应为 $y(t)$，则系统的微分方程一般可以表示为

$$\sum_{i=0}^{n} a_i y^{(i)}(t) = \sum_{j=0}^{m} b_j x^{(j)} \tag{6-6}$$

由于激励 $x(t)$为因果信号，所以有 $x^{(j)}(t)|_{t=0_-}=0$，$j=0, 1, 2, \cdots, m-1$，设系统的初始状态为0，即 $y^{(i)}(t)|_{t=0_-}=0$，$i=0, 1, 2, \cdots, n-1$，对式(6-6)做单边拉氏变换并应用微分性质可得：

$$\Big[\sum_{i=0}^{n} a_i s^i\Big]Y(s) = \Big[\sum_{j=0}^{m} b_j s^j\Big]X(s) \tag{6-7}$$

利用系统函数的定义对式(6-7)进行变换可得：

$$H(s) = \frac{Y(s)}{X(s)} = \frac{\sum_{j=0}^{m} b_j s^j}{\sum_{i=0}^{n} a_i s^i}, (\mathrm{Re}[s]=\sigma) > \sigma_0 \tag{6-8}$$

由于是零状态，所以线性常系数微分方程式(6-6)所描述的系统是线性时不变因果系统，因此，式(6-6)和式(6-8)表明，描述线性时不变系统的微分方程与系统函数可以通过拉氏变换和反变换相互推出，但是，只有 $H(s)$的分子、分母多项式不存在公因式相消的情况，才可根据$H(s)$的表达式正确得出激励与响应之间的微分方程。系统函数与对应的微分方程的系数 a_i 和 b_j 相互关联。

需要重点指出的是，式(6-8)成立是有条件的，即系统的初始状态必须为0，且激励必须为因果信号，这说明，系统函数表述的是系统零状态响应和因果激励信号之间的关系。若系统的初始状态不为0，则不能用系统函数，而只能用系统的微分方程来求解系统的零状态响应。

将系统定义在零状态下有两个原因：①只有在零状态下，一个线性常系数微分方程所描述的系统才具有线性、时不变性和因果性(关于这一点的详细讨论，可参见第7章对离散系统所做的并行讨论)；②只有在零状态下，系统零状态响应和因果激励信号之间的关系才能完全由系统自身的物理参数所决定。而正是这两条零状态下的系统特性才使得系统的分析过程得以简化。

【例6-1】 已知某线性时不变系统的因果激励信号为 $x(t)=(\mathrm{e}^{-t}+\mathrm{e}^{-3t})\varepsilon(t)$，系统的零状态响应为 $y(t)=(2\mathrm{e}^{-t}-2\mathrm{e}^{-4t})\varepsilon(t)$，试求描述该系统的微分方程。

解：由激励 $x(t)=(\mathrm{e}^{-t}+\mathrm{e}^{-3t})\varepsilon(t)$和零状态响应 $y(t)=(2\mathrm{e}^{-t}-2\mathrm{e}^{-4t})\varepsilon(t)$求出它们的拉氏变换分别为 $X(s)=\frac{1}{s+1}+\frac{1}{s+3}$和 $Y(s)=\frac{2}{s+1}-\frac{2}{s+4}$，因此，可以得出系统函数为

$$H(s) = \frac{Y(s)}{X(s)} = \frac{\frac{2}{s+1}-\frac{2}{s+4}}{\frac{1}{s+1}+\frac{1}{s+3}} = \frac{3(s+3)}{(s+2)(s+4)} = \frac{3s+9}{s^2+6s+8}$$

因此可得：

$$(s^2+6s+8)Y(s) = (3s+9)X(s)$$

对此求反变换可得描述该系统的微分方程为

$$y^{(2)}(t)+6y^{(1)}(t)+8y(t) = 3x^{(1)}(t)+9x(t)$$

应该指出的是，当通过微分方程来求解系统函数时，由于微分方程自身无法给出对应的系统函数的收敛域，所以要确定系统函数的收敛域需要附加限制条件，这些限制条件既

可以人为给定，而当 $H(s)$ 对应一个确定的实际系统时，也可以由已知的实际系统特性来确定。例如，若对应于一个实际物理系统的系统函数为 $H(s)=\frac{s}{s^2+2s+3}$，而实际物理系统应是可实现的因果稳定系统，由式(6-5)可知，若一个连续线性时不变系统是 BIBO(有界输入—有界输出)稳定的，其**系统函数** $H(s)$ 的收敛域必须包含 s 平面的 $j\omega$ 轴，即系统函数的收敛域应在极点右边且包括 $j\omega$ 轴，由于该系统函数有一个零点($s=0$)和一对共轭极点($s=-1\pm j\sqrt{2}$)，所以收敛域应为($\mathrm{Re}(s)=\sigma$)>-1。

6.1.3　系统函数的基本性质

系统函数 $H(s)$ 的基本性质可以表述如下。

1) $H(s)$ 是 s 的实系数有理函数，即它总可以表示成两个 s 的实系数多项式之比。显然，由于 $H(s)$ 中的分子与分母的比值是由系统中的元件阻抗(或导纳)决定的，而元件阻抗(或导纳)又是 s 的实系数函数，因而 $H(s)$ 也一定是 s 的实系数有理函数(有理分式)。

2) $H(s)$ 的零、极点均以实轴 σ 呈对称分布，即除了实轴上的零、极点之外，其余取有限值的零、极点都以复数共轭对的形式出现，这意味若 $H(s^*)=H^*(s)$。它是性质 1) 的必然结果，在正弦稳态情况下非常容易证明。

由于 $H(s)$ 的分子和分母都是 s 的实系数多项式，因此对它们做因式分解所得到的零、极点必然以复数共轭对或实数的形式出现。这就是说，若 $H(s)$ 有一个复数极点 $p=-\sigma_i-j\omega_i$(即 $H(s)$ 的分母中有因式($s+\sigma_i+j\omega_i$))时，则 $H(s)$ 一定还有一个复数极点 $p=-\sigma_i+j\omega_i$(即分母中一定还有因式($s+\sigma_i-j\omega_i$)存在)。只有这样，$H(s)$ 的分母多项式中的多个系数才可能为实系数。例如，对于以上两个极点构成的因式有：

$$(s+\sigma_i+j\omega_i)(s+\sigma_i-j\omega_i)=s^2+2\sigma_i s+\sigma_i^2+\omega_i^2 \tag{6-9}$$

式(6-9)右边 s^2、s 的系数以及常数项 $\sigma_i^2+\omega_i^2$ 均为实数，不再含有虚数符号 j。因此，$H(s)$ 的极点一定是以实数或成共轭对的复数极点形式出现。

由于式(6-8)中的分子、分母均为有理多项式，所以对它们可以进行因式分解，从而得到式(6-10)的形式，即：

$$H(s)=\frac{Y(s)}{X(s)}=\frac{\sum_{j=0}^{m}b_j s^j}{\sum_{i=0}^{n}a_i s^i}=H_0\frac{\prod_{j=1}^{m}(s-z_j)}{\prod_{i=1}^{n}(s-p_i)} \tag{6-10}$$

式(6-10)中，系数 a_i、b_j 均为实数，并且除 $a_n\neq0$、$b_m\neq0$ 外，其他系数均可为零。z_j 为零点，p_i 为极点，$H_0=\frac{b_m}{a_n}$。为了简单起见，这里假设零、极点均为对应多项式的单根。由此可知，只要知道了一个系统函数的零、极点分布，就可以确定系统的系统函数，而常数 H_0 对系统函数没有本质影响，它可以用一个附加条件来确定，例如，已知 $H(s)$ 在某个确定 s 点的值。

由式(6-10)可知，任何有理系统函数 $H(s)$ 一般有 m 个有限零点，n 个有限极点，这些零、极点的位置在 s 平面的有限处，但是，实际上零、极点的位置也可位于 s 平面的无穷远处，若将无限零点($s=\infty$ 时的零点)和无限极点($s=\infty$ 时的极点)包括在内，则 $H(s)$ 的零、极点总数是相等的，这时有两种情况：

1) 若 $m>n$，则当 $s=\infty$ 时，$H(s)$ 为无穷大，即 $H(s)$ 在 $s=\infty$ 处有 $m-n=k$ 阶极点，k 为 m 高于 n 的幂次，这时 $H(s)$ 有 m 个有限零点，有 n 个有限极点和 $m-n$ 个无限极点，因此共有 m 个零点和 m 个极点。

2) 若 $n>m$，则当 $s=\infty$ 时，$H(s)=0$，这时 $H(s)$ 在 $s=\infty$ 处有 $n-m=k$ 阶零点，k 为 n 高于 m 的幂次，这时 $H(s)$ 有 m 个有限零点和 $n-m$ 个无限零点，有 n 个有限极点，因

此共有 n 个零点和 n 个极点。

例如，对于由电感 L 和电阻 R 组成的串联网络，在它们的串联端口输入电压，对应的拉氏变换为 $U_{\mathrm{i}}(s)$，在电阻两端取输出电压，对应的拉氏变换为 $U_{\mathrm{o}}(s)$，则这两者之比构成的系统函数为

$$H(s)=\frac{U_{\mathrm{o}}(s)}{U_{\mathrm{i}}(s)}=\frac{R}{sL+R}=\frac{R}{L\left(s+\dfrac{R}{L}\right)}$$

这时，$H(s)$的零点为 $s=\infty$(一阶零点)，极点为 $s=-R/L$(一阶极点)。

显然，若 $m=n$，$H(s)$在 $s=\infty$处既无零点也无极点，则共有 $m=n$ 个有限零点和有限极点。

由式(6-10)还可知，系统函数的零点是其分子多项式的根，系统函数的极点是其分母多项式的根，这说明系统函数的零、极点和系统的微分方程之间也是有联系的，例如，$H(s)$分母多项式的根(系统函数的极点)也就是系统微分方程的特征根，这正是系统函数(复频域)和微分方程(时域)之间的本质联系，根据系统函数的极点可以求出系统零输入响应的表示式。

有了零、极点的概念后可知，引入系统函数主要有两个原因：①利用系统函数的零、极点可以非常方便地分析系统的基本特性；②由于系统函数为代数多项式，因而在求解系统响应时，利用系统函数表征系统要比微分方程方便得多。

6.1.4 系统函数与单位冲激响应之间的关系

根据冲激响应的定义，当激励信号 $x(t)$为单位冲激信号 $\delta(t)$时，系统的零状态响应 $y(t)$为系统的单位冲激响应 $h(t)$，因此有：

$$\left.\begin{aligned}X(s)&=\mathscr{L}[\delta(t)]=1\\ Y(s)&=\mathscr{L}[h(t)]\end{aligned}\right\}\tag{6-11}$$

于是有：

$$H(s)=\frac{Y(s)}{X(s)}=\mathscr{L}[h(t)]\tag{6-12}$$

式(6-12)表明，系统函数 $H(s)$与系统的单位冲激响应 $h(t)$构成了拉氏变换对。

【例 6-2】 已知当一个线性时不变系统的输入 $x(t)=\varepsilon(t)$时，其输出 $y(t)=2\mathrm{e}^{-3t}\varepsilon(t)$。(1) 求系统的冲激响应 $h(t)$；(2) 当输入 $x(t)=\mathrm{e}^{-t}\varepsilon(t)$时，系统的输出 $y(t)$。

解：(1) 对 $x(t)=\varepsilon(t)$和 $y(t)=2\mathrm{e}^{-3t}\varepsilon(t)$分别进行拉氏变换可得：

$$X(s)=\frac{1}{s},(\mathrm{Re}(s)=\sigma)>0;Y(s)=\frac{2}{s+3},(\mathrm{Re}(s)=\sigma)>-3$$

因此，系统函数为

$$H(s)=\frac{Y(s)}{X(s)}=\frac{2s}{s+3},(\mathrm{Re}(s)=\sigma)>-3$$

可将 $H(s)$改写为

$$H(s)=\frac{2s}{s+3}=\frac{2(s+3)-6}{s+3}=2-\frac{6}{s+3},(\mathrm{Re}(s)=\sigma)>-3$$

对 $H(s)$进行拉氏反变换可得 $h(t)=2\delta(t)-6\mathrm{e}^{-3t}\varepsilon(t)$。

另一种求法是利用阶跃响应和冲激响应之间的关系。已知系统的阶跃响应 $s(t)=2\mathrm{e}^{-3t}\varepsilon(t)$，$h(t)$等于 $s(t)$的导数，即 $h(t)=\dfrac{\mathrm{d}s(t)}{\mathrm{d}t}=2\delta(t)-6\mathrm{e}^{-3t}\varepsilon(t)$。

(2) $x(t)=\mathrm{e}^{-t}\varepsilon(t)$的拉氏变换为 $X(s)=\dfrac{1}{s+1}$，$(\mathrm{Re}(s)=\sigma)>-1$，因此可得：

$$Y(s)=X(s)H(s)=\frac{2s}{(s+1)(s+3)},\ \mathrm{Re}[s]>-1$$

利用部分分式展开法得 $Y(s)=-\frac{1}{s+1}+\frac{3}{s+3}$，对 $Y(s)$ 进行拉氏变换，可得 $y(t)=(-e^{-t}+3e^{-3t})\varepsilon(t)$。

6.2　用常微分方程描述的连续系统的零状态响应与零输入响应的 s 域求解

许多实际的连续系统都是可以用常微分方程描述的因果系统。在不满足初始松弛的条件时，这类系统可以用非零起始条件的常系数微分方程表示为

$$\begin{cases}\sum_{i=0}^{n}a_i y^{(i)}(t)=\sum_{j=0}^{m}b_j x^{(j)},\ x(t)=0,t<0\\ y^{(i)}(0_-)\neq 0,\ i=0,1,2,\cdots,n-1\end{cases}\tag{6-13}$$

由于有非零起始条件，尽管系统是因果输入，即 $x(t)=0$，$t<0$，但系统的输出 $y(t)\neq 0$，$t<0$，因而不是线性系统，而是增量线性时不变系统。事实上，通常所关心的只是本次输入 $x(t)$加入时刻之后(即 $t\geqslant 0_+$)的响应。

对于式(6-13)描述的增量线性时不变系统，在时域中可以用求其零状态响应 $y_{zs}(t)$与零输入响应的方法进行分析。显然，这类系统的零状态响应是因果线性时不变系统对因果输入 $x(t)$的响应，它可以用 6.1.1 中介绍的先求 $H(s)X(s)$，再求反变换的方法求解，然而，系统的零输入响应却与当前的输入 $x(t)$无关，与之相关的部分信息为非零起始条件，此条件反映的是本次输入 $x(t)$加入之前，过去某个遗留给系统的历史状态。因此，即使当前没有输入，系统仍有输出，即系统的零输入响应 $y_{zi}(t)$，显然，它不仅在 $t\geqslant 0$ 时不为零，在$t<0$时也不为零。

由于并不知道形成零输入响应 $y_{zi}(t)$的输入信号，因而也就无法用傅里叶变换以及双边拉氏变换求解出整个时域($-\infty<t<\infty$)上的零输入响应。但是，零输入响应与非零起始条件也满足系统的微分方程式(6-13)，也就是说，对于用 n 阶线性常系数微分方程(6-13)描述的这类因果系统而言，利用其 n 个非零起始条件 $y^{(i)}(0_-)\neq 0$，$i=0$，1，2，…，$n-1$ 完全可以确定零输入响应。因此，从复频域的观点来看，使用单边拉氏变换不仅可以求解这类因果系统的零状态响应，而且可以求解零输入响应，其中要用到所给定的 n 个非零起始条件。

对于式(6-13)所描述的增量线性时不变系统，正是由于其零状态响应 $y_{zs}(t)$仅由因果输入所决定且在 $t<0$ 时为零，所以该响应分量可以用双边和单边拉氏变换或傅里叶变换(系统稳定时)来求解，而零输入响应 $y_{zi}(t)$由于与本次因果输入无关，仅取决于非零起始条件，且在 $t<0$ 时不为零，所以不能用双边拉氏变换而只能用单边拉氏变换求解。应用单边拉氏变换的微分性质对式(6-13)两边取单边拉氏变换可得：

$$\sum_{i=0}^{n}a_i\mathscr{L}[y^{(i)}(t)]=\sum_{j=0}^{m}b_j\mathscr{L}[x^{(j)}]\tag{6-14}$$

对于式(6-14)，考虑到对因果输入信号 $x(t)$有 $x^{(j)}(0_-)=0$，$j\geqslant 0$ 并应用式(5-51)可得：

$$\sum_{i=0}^{n}a_i\left\{s^iY(s)-\sum_{k=0}^{i-1}s^{i-k-1}y^{(k)}(0_-)\right\}=\sum_{j=0}^{m}b_js^jX(s)$$

即：

$$Y(s)\sum_{i=0}^{n}a_is^i-\sum_{i=0}^{n}a_i\sum_{k=0}^{i-1}s^{i-k-1}y^{(k)}(0_-)=X(s)\sum_{j=0}^{m}b_js^j\tag{6-15}$$

由式(6-15)可得：

$$Y(s)=\underbrace{\frac{\sum_{j=0}^{m}b_js^j}{\sum_{i=0}^{n}a_is^i}X(s)}_{\text{零状态响应}Y_{zs}(s)}+\underbrace{\frac{\sum_{i=0}^{n}a_i\sum_{k=0}^{i-1}s^{i-k-1}y^{(k)}(0_-)}{\sum_{i=0}^{n}a_is^i}}_{\text{零输入响应}Y_{zi}(s)}=\underbrace{\frac{N(s)}{D(s)}X(s)}_{\text{零状态响应}Y_{zs}(s)}+\underbrace{\frac{\sum_{i=0}^{n}a_i\sum_{k=0}^{i-1}s^{i-k-1}y^{(k)}(0_-)}{\sum_{i=0}^{n}a_is^i}}_{\text{零输入响应}Y_{zi}(s)}$$

$$=\underbrace{H(s)X(s)}_{\text{零状态响应}Y_{zs}(s)}+\underbrace{\frac{\sum_{i=0}^{n}a_i\sum_{k=0}^{i-1}s^{i-k-1}y^{(k)}(0_-)}{\sum_{i=0}^{n}a_is^i}}_{\text{零输入响应}Y_{zi}(s)} \tag{6-16}$$

式(6-16)最后一个等式中的第二项为 s 的有理真分式，它除了与 $a_i(i=0, 1, \cdots, n)$ 有关外，仅取决于系统的 n 个非零起始条件 $y^{(k)}(0_-)$，$k=0, 1, \cdots, n-1$，因此，这一项是系统零输入响应 $y_{zi}(t)$的单边拉氏变换 $Y_{zi}(s)$，它只能代表 $y_{zi}(t)$在 $t\geqslant 0_+$ 的部分，与 $y_{zi}(t)$在 $t\leqslant 0_-$ 的部分没有任何必然的联系，因此由其拉氏反变换可以唯一确定$t\geqslant 0_+$ 的 $y_{zi}(t)$。第一项是用同一个微分方程表示的因果线性时不变系统对于因果输入 $x(t)$的响应，即零状态响应 $y_{zs}(t)$的单边拉氏变换 $Y_{zs}(s)$，它等于系统函数 $H(s)$与 $X(s)$的乘积。由于它是一个因果时间函数，所以由 $Y_{zs}(s)$的单边拉氏反变换可以唯一确定 $t\geqslant 0_+$ 的 $y_{zs}(t)$。

以上讨论了用单边拉氏变换求解用微分方程描述的一类因果线性系统的零状态响应和零输入响应的复频域方法。由于这是一类增量线性时不变系统，零状态响应就是用同一个微分方程表示的因果线性时不变系统对因果输入 $x(t)$的响应，该响应也是因果的时间函数，即 $y_{zs}(t)=0$，$t\leqslant 0_-$，所以也可以用双边拉氏变换来求解，其中的 $X(s)$是因果输入 $x(t)$的双边拉氏变换，$Y_{zs}(s)$为零状态响应 $y_{zs}(t)$的双边拉氏变换。总之，这类系统的零状态响应既可以用单边拉氏变换来求解，也可以用双边拉氏变换来求解。由于是因果输入加入因果线性时不变系统，所以它的零状态响应的收敛域是确定的。与此不同的是零输入响应，由于这种响应与当前因果输入无关，也不是一个因果时间函数，所以只能用单边拉氏变换求解。此外，由于 $y_{zs}(t)=0$，$t\leqslant 0_-$，即 $y_{zs}(t)=y_{zs}(t)\varepsilon(t)$，但是，$y_{zi}(t)\neq 0$，$t\leqslant 0_-$，所以当把两个响应分量叠加在一起时，完全响应 $y(t)$只能在 $t\geqslant 0_+$ 的范围内才有满足给定微分方程的解，因此，对式(6-16)施行单边拉氏反变换可得完全响应$y(t)$，即：

$$y(t)=[y_{zi}(t)+y_{zs}(t)]\varepsilon(t) \tag{6-17}$$

在根据用于描述系统的微分方程在 s 域求解系统的零状态响应与零输入响应时，对于 n 阶线性常系数微分方程(6-13)所描述的系统，其完全响应为 $y(t)=y_{zi}(t)+y_{zs}(t)$，因此有：

$$y^{(i)}(t)=y_{zi}^{(i)}(t)+y_{zs}^{(i)}(t),\ i=0,1,2,\cdots,n-1$$

进而有：

$$\begin{cases}y^{(i)}(0_-)=y_{zi}^{(i)}(0_-)+y_{zs}^{(i)}(0_-),\ i=0,1,2,\cdots,n-1\\ y^{(i)}(0_+)=y_{zi}^{(i)}(0_+)+y_{zs}^{(i)}(0_+),\ i=0,1,2,\cdots,n-1\end{cases} \tag{6-18a}$$

对于因果系统，若输入 $x(t)$为因果信号，则 $y_{zs}^{(i)}(0_-)=0$，而 $y_{zs}^{(i)}(0_+)$一般不等于零。因此由式(6-18a)可得：

$$\begin{cases}y^{(i)}(0_-)=y_{zi}^{(i)}(0_-),\ i=0,1,2,\cdots,n-1\\ y^{(i)}(0_+)=y_{zi}^{(i)}(0_+)+y_{zs}^{(i)}(0_+),\ i=0,1,2,\cdots,n-1\end{cases} \tag{6-18b}$$

这样，就可以由原微分方程分别建立关于 $y_{zi}(t)$和 $y_{zs}(t)$的微分方程。例如，将式(6-13)所描述的因果系统改写为

$$\begin{cases}\sum_{i=0}^{n}a_i y^{(i)}(t)=\sum_{j=0}^{m}b_j x^{(j)},x(t)=x(t)\varepsilon(t)\\ y^{(i)}(0_-)=C_i\neq 0,i=0,1,2,\cdots,n-1\end{cases} \tag{6-19a}$$

则零输入响应 $y_{zi}(t)$ 所满足的微分方程为

$$\begin{cases}\sum_{i=0}^{n}a_i y_{zi}^{(i)}(t)=0\\ y_{zi}^{(i)}(0_-)=y^{(i)}(0_-)=C_i\neq 0,i=0,1,2,\cdots,n-1\end{cases} \tag{6-19b}$$

零状态响应 $y_{zs}(t)$ 所满足的微分方程为

$$\begin{aligned}&\sum_{i=0}^{n}a_i y_{zs}^{(i)}(t)=\sum_{j=0}^{m}b_j x^{(j)}(t),x^{(j)}(0_-)=0,j=0,1,2,\cdots,m\\ &y_{zs}^{(i)}(0_-)=0,i=0,1,2,\cdots,n\end{aligned} \tag{6-19c}$$

分别对式(6-19b)和式(6-19c)施行单边拉氏变换则可求得 $Y_{zi}(s)$ 和 $Y_{zs}(s)$，再对它们进行单边拉氏反变换就可得到 $y_{zi}(t)$、$y_{zs}(t)$，最后将这两者相加便得出 $y(t)$。显然，对于描述因果系统的常微分方程，利用单边拉氏变换通过代入一次初始状态就能求出完全响应，这比直接用时域法求解要方便得多，因为用时域法，必须分别求出系统的零状态响应和零输入响应，把这两种响应相加才能得到完全响应，而用傅里叶变换法只能求出零状态响应。

【例 6-3】 某二阶因果系统的系统函数为 $H(s)=\dfrac{s^2+5}{s^2+2s+5}$，已知系统的起始状态 $y(0_-)=0$，$y^{(1)}(0_-)=-2$，输入信号 $x(t)=\varepsilon(t)$，求系统的完全响应 $y(t)$、零输入响应 $y_{zi}(t)$ 及零状态响应 $y_{zs}(t)$。

解：根据系统函数 $H(s)=\dfrac{s^2+5}{s^2+2s+5}$，可以写出该系统的微分方程为

$$y^{(2)}(t)+2y^{(1)}(t)+5y(t)=x^{(1)}(t)+5x(t)$$

对该微分方程两边取单边拉氏变换可得：

$$s^2Y(s)-sy(0_-)-y'(0_-)+2sY(s)-2y(0_-)+5Y(s)=s^2X(s)+X(s)$$

将起始状态 $y(0_-)=0$，$y^{(1)}(0_-)=-2$ 带入上面的单边拉氏变换结果中并整理得：

$$Y(s)=\underbrace{\frac{-2}{s^2+2s+5}}_{\text{零输入响应的象函数}Y_{zi}(s)}+\underbrace{\frac{s^2+5}{s^2+2s+5}X(s)}_{\text{零状态响应的象函数}Y_{zs}(s)}$$

因此可得系统的零输入响应 $y_{zi}(t)=\mathscr{L}^{-1}\left[\dfrac{-2}{s^2+2s+5}\right]=\mathscr{L}^{-1}\left[\dfrac{-2}{(s+1)^2+2^2}\right]=-e^{-t}\sin(2t)\varepsilon(t)$。

由于 $X(s)=\mathscr{L}[x(t)]=[\varepsilon(t)]=\dfrac{1}{s}$，所以系统的零状态响应为

$$\begin{aligned}y_{zs}(t)&=\mathscr{L}^{-1}\left[\frac{s^2+5}{s^2+2s+5}X(s)\right]=\mathscr{L}^{-1}\left[\frac{s^2+5}{s(s^2+2s+5)}\right]\\ &=\mathscr{L}^{-1}\left[\frac{1}{s}-\frac{2}{(s+1)^2+2^2}\right]=(1-e^{-t}\sin(2t))\varepsilon(t)\end{aligned}$$

系统的完全响应为 $y(t)=y_{zi}(t)+y_{zs}(t)=(1-2e^{-t}\sin(2t))\varepsilon(t)$。

6.3 利用线性时不变系统的系统函数的零、极点分布确定系统的时域特性

由于线性时不变系统的系统函数 $H(s)$ 的零、极点反映了系统的基本特征，所以可以

用其完全表征系统自身的特性，因此可以通过 $H(s)$的零、极点的分布状况来研究系统的特性。已知 $H(s)$的零、极点不仅可以得出系统的时域特性，便于划分系统响应的各个分量(即自由响应分量与强迫响应分量)，而且也可以用来求系统的正弦稳态响应特性，以统一的观点来阐明系统各方面的性能。此外，它还可以用来研究系统的稳定性。现讨论一下 $H(s)$零点的分布情况对系统单位冲激响应 $h(t)$的影响。零点的分布情况对 $h(t)$的波形形状没有任何影响，但却可以影响波形的幅度和相位，也就是说，$h(t)$的大小和相位由$H(s)$的零点和极点共同决定。除此之外，$H(s)$零点阶次的变化不仅影响 $h(t)$波形的幅度和相位，还可能使波形中出现冲激函数 $\delta(t)$。

下面讨论如何利用系统函数的极点分布情况来确定系统单位冲激响应 $h(t)$的变化规律。

由式(6-12)可知，$H(s)$是系统的时域模型 $h(t)$对 s 域映射的结果，与输入无关。因此，对 $H(s)$做部分分式分解后并根据典型信号的拉氏变换求逆变换便可以确定单位冲激响应 $h(t)$的时域波形模式，如表 6-2 所示，为了表示方便，表 6-2 中极点“×”旁的数字代表极点的阶数，无数字标注的为一阶极点。从表 6-2 可以得出下列结论：

1）若 $H(s)$的极点 s_i 位于 s 平面左半开平面，则 $h(t)$中与该极点相对应的部分 $h_i(t)$随时间的增长而衰减，故系统稳定，如表 6-2 中的序号 3、4、8 所示。

2）若 $H(s)$的极点 s_i 位于 s 平面右半开平面上，则 $h(t)$中与该极点相对应的部分$h_i(t)$随时间的增长而增长，故系统不稳定，如表 6-2 中的序号 2、7 所示。

3）若 $H(s)$的极点 s_i 是 jω 轴上的一阶共轭极点，则 $h(t)$中与该极点相对应的部分 $h_i(t)$是等幅正弦振荡，故系统临界稳定，如表 6-2 中的序号 5、6 所示；若 $H(s)$的极点 s_i 是 jω 轴上的高阶(二阶及二阶以上)共轭极点，则 $h(t)$中与该极点相对应的部分 $h_i(t)$是增幅正弦振荡，故系统不稳定，如表 6-2 中序号 10 所示。

4）若 $H(s)$的极点 s_i 是位于坐标原点上的单阶极点，则 $h(t)$中与该极点相对应的部分 $h_i(t)$是阶跃信号，故系统临界稳定，如表 6-2 中的序号 1 所示；若 $H(s)$的极点 s_i 是位于坐标原点上的二阶极点，则 $h(t)$中与该极点相对应的部分 $h_i(t)$是斜坡信号，故系统不稳定，如表 6-2 中的序号 9 所示。

5）所有时限信号在 s 平面上没有极点而只有零点(其中，有的零点与极点相消了)，而且零点全都分布在 jω 轴上，如表 6-2 中的序号 11 所示。

6）所有周期为 T 的有始周期信号，其极点均分布在 jω 轴上的$\pm\mathrm{j}\dfrac{2k\pi}{T}(k=0, 1, 2, \cdots)$点上，而且一定是一阶的(其中，有的极点可能与零点相消了)。有始周期信号的每对共轭极点的位置正好是该周期信号傅里叶级数展开式中相应谐波分量的频率，如表 6-2 中的序号 12 所示。

表 6-2 $H(s)$的极点分布与 $h(t)$的变化规律之间的关系

序号	$H(s)$	s 平面上的零、极点	$h(t)$	波形
1	$\frac{1}{s}$	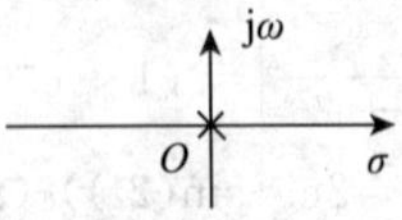 jω; O; σ	$\varepsilon(t)$	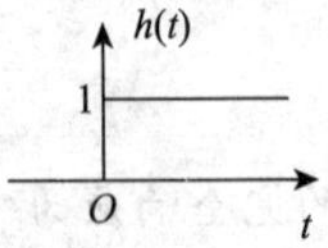 h(t); 1; O; t
2	$\frac{1}{s-a}$ $(a>0)$	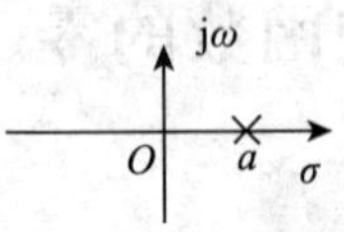 jω; O; a; σ	$e^{at}\varepsilon(t)$	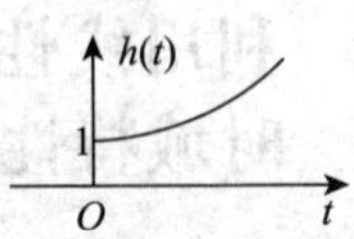 h(t); 1; O; t

（续）

序　号	$H(s)$	s 平面上的零、极点	$h(t)$	波　形
3	$\frac{1}{s+a}$ $(a>0)$		$e^{-at}\varepsilon(t)$	
4	$\frac{1}{(s+a)^2}$ $(a>0)$		$te^{-at}\varepsilon(t)$	
5	$\frac{\omega_0}{s^2+\omega_0^2}$		$\sin\omega_0 t\varepsilon(t)$	
6	$\frac{s}{s^2+\omega_0^2}$		$\cos\omega_0 t\varepsilon(t)$	
7	$\frac{\omega_0}{(s-a)^2+\omega_0^2}$ $(a>0)$		$e^{at}\sin\omega_0 t\varepsilon(t)$	
8	$\frac{\omega_0}{(s+a)^2+\omega_0^2}$ $(a>0)$		$e^{-at}\sin\omega_0 t\varepsilon(t)$	
9	$\frac{1}{s^2}$		$t\varepsilon(t)$	
10	$\frac{2\omega_0 s}{(s^2+\omega_0^2)^2}$		$t\sin\omega_0\varepsilon(t)$	
11	$\frac{1-e^{-\omega}}{s}$		$\varepsilon(t)-\varepsilon(t-\tau)$	
12	$\frac{1}{1-e^{-T}}$		$\sum_{n=0}^{\infty}\delta(t-nT)$	

【例 6-4】 分别画出下列各系统函数的零、极点分布及单位冲激响应 $h(t)$ 的波形。

1）$H(s)=\dfrac{s+1}{(s+1)^2+2^2}$；2）$H(s)=\dfrac{s}{(s+1)^2+2^2}$；3）$H(s)=\dfrac{(s+1)^2}{(s+1)^2+2^2}$。

解：这三个系统函数 $H(s)$ 的极点均相同，均为 $p_1=-1+\mathrm{j}2$，$p_2=-1-\mathrm{j}2=p_1^*$，但零点却各不相同，它们的冲激响应 $h(t)$ 分别为

$$1)\ h(t)=\mathscr{L}^{-1}\left[\frac{s+1}{(s+1)^2+2^2}\right]=\mathrm{e}^{-t}\cos 2t\varepsilon(t)$$

$$2)\ h(t)=\mathscr{L}^{-1}\left[\frac{s}{(s+1)^2+2^2}\right]=\mathscr{L}^{-1}\left[\frac{s+1}{(s+1)^2+2^2}-\frac{1}{2}\frac{2}{(s+1)^2+2^2}\right]$$

$$=\mathrm{e}^{-t}\cos 2t\varepsilon(t)-\frac{1}{2}\mathrm{e}^{-t}\sin 2t\varepsilon(t)=\mathrm{e}^{-t}\left(\cos 2t-\frac{1}{2}\sin 2t\right)\varepsilon(t)$$

$$=\frac{\sqrt{5}}{2}\mathrm{e}^{-t}\cos(2t+26.57^\circ)\varepsilon(t)$$

$$3)\ h(t)=\mathscr{L}^{-1}\left[\frac{(s+1)^2}{(s+1)^2+2^2}\right]=\mathscr{L}^{-1}\left[1-2\times\frac{2}{(s+1)^2+2^2}\right]$$

$$=\delta(t)-2\mathrm{e}^{-t}\sin 2t\varepsilon(t)=\delta(t)-2\mathrm{e}^{-t}\cos(2t-90^\circ)\varepsilon(t)$$

这三个系统函数的零、极点分布及其相应的单位冲激响应波形分别如图 6-2a、b、c 所示。

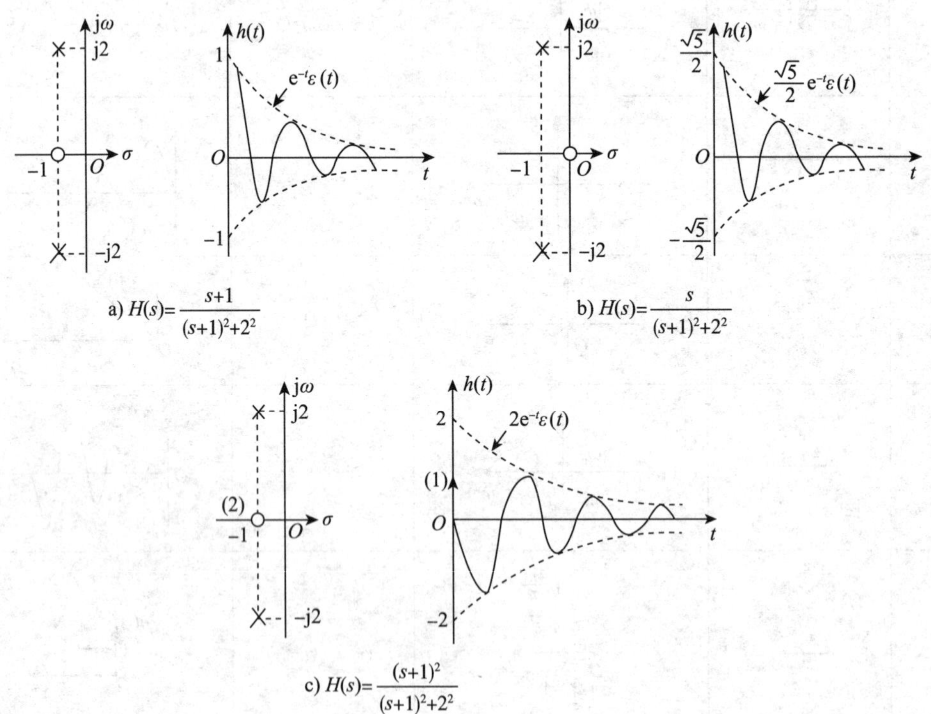

图 6-2 例 6-4 中系统函数的零、极点分布及冲激响应 $h(t)$ 的波形

从上述分析结果和图 6-2 可看出，当零点从 -1 移到原点时，$h(t)$ 的波形幅度与相位发生了变化；当 -1 处的零点由一阶变为二阶时，则不仅 $h(t)$ 波形的幅度和相位发生了变化，而且其中还出现了冲激函数 $\delta(t)$。

6.4　利用系统函数和输入信号的极点分布分析自由响应和强迫响应、暂态响应和稳态响应

第 2 章曾针对由 n 阶线性常系数微分方程描述的因果增量线性系统，讨论过构成系统完全响应的零输入响应和零状态响应、自由响应(齐次解)和强迫响应(特解)以及暂态响应和稳态响应，这里，从 s 域的观点(即 $X(s)$ 与 $H(s)$ 的极点分布状况)来考察此类系统的响应。下面首先讨论用 n 阶线性常系数微分方程描述的连续线性时不变因果系统的**零状态响应中的自由响应和强迫响应分量**。

6.4.1　零状态响应中的自由响应分量和强迫响应分量

我们知道，对于系统函数为$\{H(s), R_H\}$的连续线性时不变因果系统，其零状态响应的单边拉氏变换$\{Y(s), R_Y\}$与因果激励信号的单边拉氏变换$\{X(s), R_X\}$之间的关系如式(6-5)所示。这里假定 $H(s)$和 $X(s)$均为有理函数，有：

$$H(s)=\frac{D(s)}{N(s)}=\frac{\sum\limits_{j=0}^{m}d_js^j}{\sum\limits_{i=0}^{n}c_is^i}=H_0\frac{\sum\limits_{j=1}^{m}(s-z_{H_k})}{\sum\limits_{i=1}^{n}(s-p_{H_i})} \tag{6-20}$$

$$X(s)=\frac{P(s)}{Q(s)}=\frac{\sum\limits_{k=0}^{u}d_ks^k}{\sum\limits_{l=0}^{v}c_ls^l}=X_0\frac{\sum\limits_{k=1}^{u}(s-z_{X_k})}{\sum\limits_{l=1}^{v}(s-p_{X_l})} \tag{6-21}$$

为了使讨论简单，设 $H(s)$和 $X(s)$的极点均为一阶极点(这并会不影响所得结论)，且 $H(s)$和 $X(s)$没有相同的极点，而两者相乘又无零、极点相消，此外，还假定相乘结果 $Y(s)$为有理真分式，又不包含多重极点，则 $Y(s)$可以表示为

$$\begin{aligned}Y(s)&=H(s)X(s)=H_0\frac{\sum\limits_{j=1}^{m}(s-z_{H_j})}{\sum\limits_{i=1}^{n}(s-p_{H_i})}\cdot X_0\frac{\sum\limits_{k=1}^{u}(s-z_{X_k})}{\sum\limits_{l=1}^{v}(s-p_{X_l})}\\&=H_0X_0\frac{\sum\limits_{j=1}^{m}(s-z_{H_j})\sum\limits_{k=1}^{u}(s-z_{X_k})}{\sum\limits_{i=1}^{n}(s-p_{H_i})\sum\limits_{l=1}^{v}(s-p_{X_l})}\end{aligned} \tag{6-22}$$

由部分分式展开法可知，式(6-22)可以展开为

$$Y(s)=\sum_{i=1}^{n}\frac{k_{H_i}}{s-p_{H_i}}+\sum_{l=1}^{v}\frac{k_{X_l}}{s-p_{X_l}} \tag{6-23a}$$

式(6-23a)中，k_{H_i} 和 k_{X_l} 分别为各部分分式的系数，$Y(s)$的极点由两部分构成，即 $H(s)$的极点 $p_{H_i}$$(i=1, 2, \cdots, n)$和 $X(s)$的极点 $p_{X_l}$$(l=1, 2, \cdots, v)$，并且若 $Y(s)$的分子、分母没有公因式相消，则它的极点中包含了 $H(s)$和 $X(s)$的全部极点。对式(6-23a)取单边拉氏反变换即可得到系统的零状态响应 $y(t)$为

$$y(t)=\underbrace{\Big(\sum_{i=1}^{n}k_{H_i}e^{p_{H_i}t}\Big)\varepsilon(t)}_{\text{由系统函数}H(s)\text{的极点产生的自由响应}}+\underbrace{\Big(\sum_{l=1}^{v}k_{X_l}e^{p_{X_l}t}\Big)\varepsilon(t)}_{\text{由输入象函数}X(s)\text{的极点产生的强迫响应}} \tag{6-23b}$$

由式(6-23b)可知，$y(t)$由两部分组成，第一部分仅由系统函数$H(s)$的极点$p_{H_i}(i=1, 2, \cdots, n)$产生，其函数形式仅取决于这些系统极点，即由系统本身的特性所决定，与外加输入无关，故称为自由响应；第二部分仅由系统输入信号$x(t)$的象函数$X(s)$的极点$p_{X_l}(l=1, 2, \cdots, v)$产生，其函数形式仅取决于这些极点，即由输入信号所决定，与系统无关，故称为强迫响应。应该明确的是，尽管自由响应、强迫响应的函数形式分别仅取决于各自对应的极点，但是，根据部分分式展开法可知，这两部分响应分量的复数幅度(即展开式的系数k_{H_i}和k_{X_1})却与$H(s)$和$X(s)$都有关系，即自由响应的幅度、相位以及强迫响应的幅度、相位与$H(s)$和$X(s)$都有关系。同理，对于$H(s)$和$X(s)$的极点中含有高阶极点的情况，也可以得到相同的结论。

应该注意的是，若$H(s)$和$X(s)$有相同的极点，例如，P_{HX_q}同时是这两者的一阶极点，它就成为$Y(s)$的二阶极点，由部分分式展开法可知，P_{HX_q}将产生如下的响应分量，即：

$$(k_{q_1}\mathrm{e}^{p_{HX_q}t}+k_{q_2}t\mathrm{e}^{p_{HX_q}t})\varepsilon(t)$$

由于这种响应分量是由$H(s)$和$X(s)$的极点共同产生的，因而区分它是自由响应还是强迫响应已无意义。

为了便于表示系统的特性，定义系统特征方程$D(s)=0$的根为系统的固有频率(或称为自由频率、自然频率)。因此，$H(s)$的极点$p_{H_i}(i=1, 2, \cdots, n)$都是系统的固有频率，于是，可以说，自由响应的函数形式由系统的固有频率决定。必须注意的是，$H(s)$可能出现极点与零点相同的情况，这时极点与零点相消，被消去的固有频率在$H(s)$极点中将不再出现，所以固有频率不一定是极点，这个现象再次说明了系统函数$H(s)$只能用于研究系统的零状态响应，$H(s)$中包含了系统为零状态响应提供的全部信息，但是它不包含零输入响应的全部信息，这是因为当$H(s)$的零、极点相消时，某些固有频率会丢失，而在零输入响应中要求表现出固有频率的全部作用。

6.4.2 完全响应中的自由响应分量和强迫响应分量

由前面的讨论可知，对于由n阶线性常系数微分方程描述的因果增量线性系统，用单边拉氏变换所得到的系统响应可以分解为零状态响应和零输入响应两部分。其中，零状态响应与上面讨论的相同，也由自由响应和强迫响应两部分组成，前者也是由系统函数$H(s)$的极点产生，即$H(s)$的极点确定了零状态响应$y_{zs}(t)$中自由响应分量的时间模式；后者同样也是由$X(s)$的极点形成，即$X(s)$的极点确定了$y_{zs}(t)$中强迫响应分量的时间模式。由式(6-22)和式(6-23b)可知，若某个或某些$H(s)$的极点被$X(s)$的零点消去，则在零状态响应中就不会再有被消去的$H(s)$的极点所对应的自由响应分量，若某个或某些$X(s)$的极点被$H(s)$的零点消去，则在零状态响应中就不会再有被消去的$X(s)$的极点所对应的强迫响应分量。然而，由式(6-16)中零输入响应$Y_{zi}(s)$的表达式可知，零输入响应的单边拉氏变换式的极点全部是$H(s)$的极点，没有$X(s)$的极点，这就是说，$H(s)$的极点确定了系统零输入响应$y_{zi}(t)$随时间的变化规律。因此，零输入响应全部属于自由响应。

在式(6-16)中，设$H(s)$的极点为$p_{H_i}(i=1, 2, \cdots, n)$，$X(s)$的极点为$p_{X_l}(l=1, 2\cdots, v)$，且仍假设所有的极点均为一阶极点(不会影响分析结论)，将式(6-16)改写并进行部分分式展开，则有：

$$Y(s)=\underbrace{\frac{1}{a_n c_v}\cdot\frac{N(s)}{\prod\limits_{i=1}^{n}(s-p_{H_i})}\frac{P(s)}{\prod\limits_{l=1}^{v}(s-p_{X_l})}}_{\text{零状态响应}}+\underbrace{\frac{\sum\limits_{i=0}^{n}a_i\sum\limits_{k=0}^{i-1}s^{i-k-1}y^{(k)}(0_-)}{\prod\limits_{i=1}^{n}(s-p_{H_i})}}_{\text{零输入响应}}$$

$$= \underbrace{\sum_{i=1}^{n} \frac{k_{H_i}}{s-p_{H_i}} + \sum_{l=1}^{v} \frac{k_{X_l}}{s-p_{X_l}}}_{\text{零状态响应}} + \underbrace{\sum_{i=1}^{n} \frac{k_{Yi}}{s-p_{H_i}}}_{\text{零输入响应}} \tag{6-24}$$

$$= \underbrace{\sum_{i=1}^{n} \frac{k_{H_i}}{s-p_{H_i}} + \sum_{i=1}^{n} \frac{k_{Yi}}{s-p_{H_i}}}_{\text{自由响应}} + \underbrace{\sum_{l=1}^{v} \frac{k_{X_l}}{s-p_{X_l}}}_{\text{强迫响应}}$$

式(6-24)表明，在完全响应 $y(t)$的时域表达式中，可以根据系统函数 $H(s)$的极点所对应的响应分量就是自由响应分量(其变化规律仅由系统决定)，以及输入信号的象函数 $X(s)$的极点所对应的响应分量就是强迫响应分量(其变化规律仅由激励决定)的原则来分辨这两种分量，同时也可以看出零状态响应和零输入响应与由自由响应和强迫响应之间的关系。

【例 6-5】 图 6-3 所示 N 网络为线性定常无源网络。以 i_s 为输入，u_0 为输出，相应的网络函数为

$$H(s)=\frac{U_0(s)}{I_s(s)}=\frac{6s-6}{s^2+5s+4}$$

若 $i_s=e^{-2t}\varepsilon(t)A$，$u_0(0_+)=4V$，$\frac{du_0(0_+)}{dt}=-4V/s$，求此时的零状态响应、零输入响应和全响应。

解：由于

$$I_s(s)=\mathscr{L}[i_s]=\frac{1}{s+2}$$

所以由网络函数求出零状态响应的拉氏变换为

$$U_0(s)=H(s)I_s(s)=\frac{6s-6}{(s^2+5s+4)(s+2)}=-\frac{4}{s+1}-\frac{5}{s+4}+\frac{9}{s+2}$$

因此零状态响应为

$$u_{0zs}=\mathscr{L}^{-1}[U_0(s)]=(-4e^{-t}-5e^{-4t}+9e^{-2t})\varepsilon(t)V$$

在上述零状态响应中，$9e^{-2t}$ 为输入 i_s 引起、与网络初始状态无关的强迫响应分量。令 $H(s)$的分母为零，可解得 $H(s)$的极点为 $p_1=-1$，$p_2=-4$，它们是响应 u_0 的固有频率，故可设全响应的自由响应分量为

$$u_t=k_1e^{-t}+k_2e^{-4t}$$

于是，全响应可以表示为

$$u_0=k_1e^{-t}+k_2e^{-4t}+9e^{-2t}$$

利用初始条件可得：

$$\begin{cases} k_1+k_2+9=u(0_+)=4 \\ -k_1-4k_2-18=\dfrac{du(0_+)}{dt}=-4 \end{cases}$$

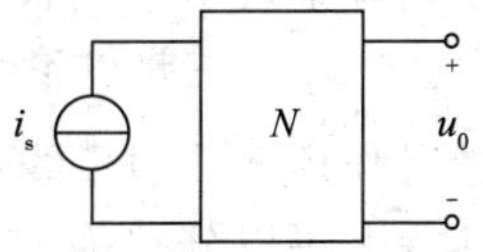

解之得 $k_1=-2$，$k_2=-3$，所以全响应为

$$u_0=(-2e^{-t}-3e^{-4t}+9e^{-2t})\varepsilon(t)V$$

图 6-3　例 6-5 中的线性定常无源网络

零输入响应为

$$u_{0zi}=(-2e^{-t}-3e^{-4t}+9e^{-2t})-(-4e^{-t}-5e^{-4t}+9e^{-2t})=(2e^{-t}+2e^{-4t})\varepsilon(t)V$$

对于由 N 阶线性常系数微分方程描述的稳定因果增量线性系统的完全响应，除了可以分为自由响应分量和强迫响应分量外，有时还可以分为暂态响应分量 $y_t(t)$与稳态响应分量$y_s(t)$。暂态响应是指输入信号接入后的一段时间内，系统(完全)响应中暂时存在的

为响应分量，它会随着时间 t 的增大最终消失，即 $\lim\limits_{T\to\infty} y_{\mathrm{t}}(t)=0$，它对应于 $Y(s)$ 中极点实部小于零的项，而稳态响应是指系统完全响应中既不随 $\lim\limits_{T\to\infty} y(t)=y_{\mathrm{s}}(t)$ 的增大而消失，也不会无限增长的响应分量，$\lim\limits_{t\to\infty} y(t)=y_{\mathrm{s}}(t)$，它对应于 $Y(s)$ 中极点实部大于或等于零的项。稳态响应通常就是系统响应中的直流和周期信号，或者是因果直流和因果周期信号，例如 $\varepsilon(t)$、$\sin(\omega_0 t)\varepsilon(t)$ 等。

既然可以将完全响应分为自由响应和强迫响应、暂态响应和稳态响应，则这两种划分之间必然存在着某种联系。对于因果线性时不变系统来说，自由响应分量是由系统函数 $H(s)$ 的极点形成的，这时有三种情况：①系统函数 $H(s)$ 的所有极点均位于 s 平面的左半开平面，即极点的实部均小于零(稳定系统但不包括边界稳定系统)，也就是 $\mathrm{Re}[p_{H_i}]<0$，$i=1,2,\cdots,n$，则自由响应分量呈衰减形式，这时自由响应分量就是暂态响应分量。②$H(s)$ 有一阶极点位于虚轴上，例如 $\mathrm{Re}[p_{H_i}]=0$，则该极点对应的自由响应分量呈无休止的等幅振荡形式(例如无损 LC 谐振电路)，这时自由响应分量就是稳态响应分量，系统为临界稳定系统或称为边界稳定系统。③$H(s)$ 有极点位于 s 右半开平面上，即有 $\mathrm{Re}[p_{H_i}]>0$，则该极点对应的自由响应分量呈增幅振荡形式，系统为不稳定系统，尽管这时系统不稳定，其自由响应分量仍归为稳态响应分量。

由图 6-4 可知，强迫响应也有三种情况：①激励信号 $x(t)$ 的拉氏变换 $X(t)$ 的极点在 s 平面的左半开平面，即有 $\mathrm{Re}[p_{X_l}]<0$，$l=1,2,\cdots,v$，此时，激励信号 $x(t)$ 为衰减函数，例如 e^{-at}、$\mathrm{e}^{-at}\sin(\omega t)$ 等，其拉氏变换 $X(s)$ 所有极点的实部均小于零，系统的强迫响应此时也随时间增长而衰减，最终消失，故属于暂态响应。若同时还伴有 $H(s)$ 的所有极点的实部也均小于零，即 $\mathrm{Re}[p_{H_i}]<0$，$i=1,2,\cdots,n$，则系统的强迫响应与自由响应的和构成了系统的暂态响应，而系统的稳态响应等于零。②激励信号 $x(t)$ 的拉氏变换 $X(s)$ 的极点在 s 平面的 $\mathrm{j}\omega$ 轴上，即有 $\mathrm{Re}[p_{X_l}]=0$，$l=1,2,\cdots,v$，系统的强迫响应是稳态响应，这时激励为正弦信号，所产生的强迫响应为稳态的正弦波。③$X(s)$ 的极点 p_{X_l} 位于 s 平面的右半开平面，即有 $\mathrm{Re}[p_{X_l}]>0$，$l=1,2,\cdots,v$，系统的强迫响应也属稳态响应。

由此可见，自由响应和强迫响应之间既有区别又有联系。

此外，若在式(6-22)中发生零、极点相消的现象，则被消去的 $H(s)$ 的极点(与 $X(s)$ 的零点相消)和/或 $X(s)$ 的极点(与 $H(s)$ 的零点相消)就不再在系统输出中形成各自的响应分量，一般称之为“吸收”现象。例如，若 $H(s)$ 的零点 z_{H_i} 和 $X(s)$ 的极点 p_{X_l} 相同，即 $z_{H_i}=p_{X_l}$，则由于两者相消，所以与 p_{X_l} 相对应的稳态响应分量就不复存在。

为了清晰地表示不同极点分布情况下各响应分量间的关系，将上述讨论的结果列于图 6-4中。通常，主要讨论 $\mathrm{Re}[p_{H_i}]<0$ 和 $\mathrm{Re}[p_{H_i}]=0$ 这两种情况，即在正弦信号或非正弦周期信号作用下，因果线性时不变稳定系统的暂态响应与稳态响应。由图 6-4 可知，零状态响应除了可以分解为自由响应和强迫响应，也可以划分为暂态响应和稳态响应，此外，对于一个因果稳定系统(不包括边界稳定系统)，由于其 $H(s)$ 极点的实部均小于零，即 $\mathrm{Re}[p_{H_i}]<0$，$i=1,2,\cdots,n$，自由响应包括零输入响应和由 $H(s)$ 极点决定的零状态响应，强迫响应是由激励极点决定的零状态响应。自由响应总是暂态响应，而强迫响应可能是暂态响应，也可能为稳态响应，还有可能有些响应分量为暂态响应，有些响应分量却为稳态响应，这视不同的激励信号而定。总之，若 $\mathrm{Re}[p_{X_l}]\geqslant 0$，则强迫响应为稳态响应，其中，$\mathrm{Re}[p_{X_l}]=0$ 是正弦信号激励的情况，这时强迫响应为稳态的正弦波，若 $\mathrm{Re}[p_{X_l}]<0$，

强迫响应将随时间增长而消失，属于暂态响应。

从图 6-4 可以看到，零输入响应是暂态响应中的一部分，而从本质上来说，系统的零输入响应完全由系统的起始状态决定，因此，改变系统的起始状态只能改变系统的暂态响应，使暂态响应满足某些特定的要求，例如使它为零等。

最后需要指出的是，在实际应用中，当且仅当激励为阶跃信号和有始周期信号时，才将系统的完全响应分解为暂态响应和稳态响应，此时，自由响应就是暂态响应，强迫响应就是稳态响应。

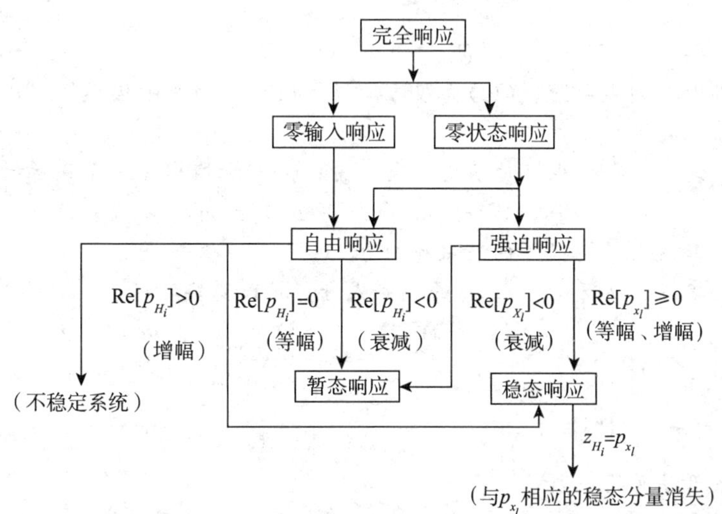

图 6-4　在不同极点情况下各响应分量之间的关系

6.5　利用系统函数的极点分布确定线性时不变系统的因果性与稳定性

本节讨论如何利用系统函数的极点分布分析线性时不变系统的因果性与稳定性。

6.5.1　利用系统函数的极点分布确定线性时不变系统的因果性

我们知道，在时域中，一个线性时不变因果系统的单位冲激响应 $h(t)$应是右边信号，即 $h(t)=h(t)\varepsilon(t)$，因此。由第 5 章的讨论可知，在复频域中，系统函数 $H(s)$的收敛域应在 $H(s)$所有极点中最右边极点的右边，反之，若系统是反因果的，则其单位冲激响应 $h(t)$是左边信号，即 $h(t)=h(t)\varepsilon(-t)$，因而系统函数 $H(s)$的收敛域应在 $H(s)$所有极点中最左边极点的左边。然而，相反的结论并不一定都成立。这是因为 $H(s)$的收敛域位于最右边极点的右边只能保证 $h(t)$是右边信号，但并不能保证 $h(t)$一定是因果的，即无法保证系统一定是因果的，同样，$H(s)$的收敛域位于最左边极点的左边，只能保证 $h(t)$是左边信号，但并不能保证 $h(t)$一定是反因果的，也就是无法保证系统必定是反因果的。

满足因果律的系统称为物理可实现系统。通常，将非零外施激励开始作用的时间定为 $t=0$。据此可知，物理可实现系统的零状态响应 $y_{zs}(t)$必须满足：

$$y_{zs}(t)\begin{cases}\neq 0,\ t\geqslant 0_+\\ =0,\ t\leqslant 0_-\end{cases}$$

这时，由零状态响应 $y_{zs}(t)$的卷积积分式可知，物理可实现系统的 $h(t)$必须为因果信号，由第 5 章的讨论可知，它所对应的因果系统的系统函数 $H(s)$的收敛域 R_H 应为

$$R_H=(\mathrm{Re}(s)=\sigma)>\sigma_{\max} \tag{6-25}$$

$\sigma_{\max}$为系统在 s 平面上所有极点中最右边的极点的实部，是一个有限实数值，这表明，

$H(s)$在s平面上过σ_{max}点且平行于虚轴的直线右边应不存在极点，由此可知，若$H(s)$在$s=\infty$处有极点，则系统必定是物理上不可实现的，这时，$H(s)$分子中s的最高次数就大于分母中s的最高次数。因此，在$H(s)$的表示式(6-8)中，$n\geqslant m$是系统物理可实现的必要条件。

若系统函数$h(t)$的收敛域R_H满足：

$$R_H=(\mathrm{Re}(s)=\sigma)<\sigma_{\min} \tag{6-26}$$

则系统为反因果系统，$h(t)$为反因果信号，若$H(s)$的收敛域R_H是s平面上一个带状区域的内部，即：

$$\sigma_{\max}<R_H=(\mathrm{Re}(s)=\sigma)<\sigma_{\min} \tag{6-27}$$

则系统为一般性的非因果系统，$h(t)$为双边信号，这是因为非因果系统可以表示为因果系统和反因果系统的叠加。

【例6-6】 设一个连续线性时不变系统的输入$x(t)$和输出$y(t)$的关系为

$$y^{(2)}(t)+y^{(1)}(t)-2y(t)=x(t)$$

确定系统为因果和反因果情况下的冲激响应$h(t)$。

解：对所给输入$x(t)$和输出$y(t)$的关系式进行拉氏变换可得：

$$s^2Y(s)+sY(s)-2Y(s)=X(s)$$

因此，系统函数$H(s)$为

$$H(s)=\frac{Y(s)}{X(s)}=\frac{1}{s^2+s-2}=\frac{1}{(s+2)(s-1)}$$

利用部分分式展开法可得：

$$H(s)=\frac{1}{(s+2)(s-1)}=-\frac{1}{3}\frac{1}{s+2}+\frac{1}{3}\frac{1}{s-1}$$

由$H(s)$的极点分布可知，若系统$h(t)$是因果信号，即系统为因果系统，则$H(s)$的收敛域为$R_H=(\mathrm{Re}(s)=\sigma)>1$。因此有：

$$h(t)=-\frac{1}{3}(\mathrm{e}^{-2t}-\mathrm{e}^{t})\varepsilon(t)$$

若系统$h(t)$是反因果信号，即系统为反因果系统，则$H(s)$的收敛域为$R_H=(\mathrm{Re}(s)=\sigma)<-2$，因此有：

$$h(t)=-\frac{1}{3}(\mathrm{e}^{-2t}-\mathrm{e}^{t})\varepsilon(-t)$$

6.5.2 利用系统函数的极点分布确定线性时不变系统的稳定性

1. 系统稳定性的时域充要条件

我们知道，系统稳定性的基本定义是从时域给出的，也就是，若系统对任意一个有界输入$x(t)$($|x(t)|\leqslant B_x<\infty$)产生的零状态响应$y_{zs}(t)$($|y_{zs}(t)|\leqslant B_y<\infty$)也是有界的，则该系统是稳定系统(有界输入有界输出(BIBO)意义下的稳定系统)，否则就是不稳定系统。这个定义适用于线性、非线性、时变、时不变、因果、非因果等各类不同的系统。由此定义得出的不同系统的稳定性判据有所相同。

在时域中，对于一般的非因果线性时不变系统，它为稳定系统的充要条件是系统的冲激响应$h(t)$必须绝对可积，即：

$$\int_{-\infty}^{\infty}|h(t)|\,\mathrm{d}t\leqslant B<\infty \tag{6-28}$$

证明：1) 充分性：设线性时不变系统的输入$x(t)$为有界，即$|x(t)|\leqslant B_x<\infty$，系统的零状态响应$y_{zs}(t)$为

$$y_{zs}(t)=h(t)*x(t)=\int_{-\infty}^{\infty}h(\tau)x(t-\tau)\mathrm{d}\tau$$

故有：

$$|y_{zs}(t)|=\left|\int_{-\infty}^{\infty}h(\tau)x(t-\tau)\mathrm{d}\tau\right|\leqslant\int_{-\infty}^{\infty}|h(\tau)|\cdot|x(t-\tau)|\mathrm{d}\tau$$

即有：

$$|y_{zs}(t)|\leqslant B_x\int_{-\infty}^{\infty}|h(\tau)|\mathrm{d}\tau$$

由此可知，若 $h(t)$ 绝对可积，即满足式(6-28)，则必有：

$$|y_{zs}(t)|\leqslant B_xB<\infty$$

这表明，对于任意有界输入 $x(t)$，只要 $h(t)$ 绝对可积，则 $y_{zs}(t)$ 也一定有界，因而系统必定是稳定的，即式(6-28)对一般的非因果系统的稳定性而言具有充分性。

2) 必要性：显然，式(6-28)对于系统稳定性是必要的可以理解为当 $h(t)$ 不满足绝对可积条件时，则至少有某个有界输入 $x(t)$ 产生了无界输出 $y_{zs}(t)$。为此，设 $x(t)$ 有界，则 $x(-t)$ 也有界，并且表示为

$$x(-t)=\mathrm{sgn}[h(t)]=\begin{cases}1, & h(t)>0\\ 0, & h(t)=0\\ -1, & h(t)<0\end{cases}$$

因此，可得：

$$h(t)x(-t)=|h(t)|$$

利用卷积式可得

$$\begin{aligned}y_{zs}(0)=y_{zs}(t)|_{t=0}&=\int_{-\infty}^{\infty}h(\tau)x(t-\tau)\mathrm{d}\tau|_{t=0}\\&=\int_{-\infty}^{\infty}h(\tau)x(-\tau)\mathrm{d}\tau=\int_{-\infty}^{\infty}|h(\tau)|\mathrm{d}\tau\end{aligned}\tag{6-29}$$

由式(6-29)可知，若 $h(t)$ 不绝对可积，即 $\int_{-\infty}^{\infty}|h(\tau)|\mathrm{d}\tau=\infty$，则 $y_{zs}(0)=\infty$。这表明，当 $h(t)$ 不绝对可积时，至少有某个有界输入产生了无界输出 $y_{zs}(t)$，即式(6-28)对于非因果系统的稳定性具有必要性。

显然，为了满足式(6-28)所表示的绝对可积条件，在 t 趋于无限大时，**冲激响应** $h(t)$ 应趋于零，即：

$$\lim_{t\to\pm\infty}h(t)=0\tag{6-30}$$

对于因果的线性时不变系统而言，时域式(6-28)和式(6-30)可以分别改写为

$$\int_{0}^{\infty}|h(t)|\mathrm{d}t\leqslant B\leqslant\infty\tag{6-31}$$

$$\lim_{t\to\infty}h(t)=0\tag{6-32}$$

2. 利用系统极点分布判定线性时不变系统的稳定性

线性时不变系统的冲激响应 $h(t)$ 或系统函数 $H(s)$ 可以完全表征系统的特性，包括系统的稳定性。因此，判断系统是否稳定，可以从时域的 $h(t)$ 或 s 域的 $H(s)$ 两方面来进行。线性时不变系统可划分为稳定系统、边界（临界）稳定系统和不稳定系统三种情况。

我们知道，若因果系统的系统函数 $H(s)$ 的全部极点都在 s 平面的左半开平面，则系统的冲激响应 $h(t)$ 是按指数规律衰减的，即 $\lim\limits_{t\to\infty}h(t)=0$，这时系统的冲激响应 $h(t)$ 绝对可积。由此可知，极点在 s 平面的左半开平面是系统稳定的必要条件。然而，这个条件还无法充分说明系统的稳定性。因为若系统函数 $H(s)$ 的分子多项式的阶次高于分母多项式

的阶次，$H(s)$中就会出现s、s^2等项，这时$H(s)$所对应的冲激响应$h(t)$中就会伴随出现$\delta'(t)$、$\delta''(t)$等冲激信号的微分项。尽管这些微分项的强度是有限值，但它们的幅度值却可以认为是无限的，从而使得冲激响应$h(t)$不满足绝对可积的稳定条件。因此，这类系统不属于稳定系统。从有界输入、有界输出的稳定性定义也可以说明这一点。例如，设某个系统的系统函数$H(s)$为

$$H(s)=s+\frac{1}{s+2}$$

该$H(s)$有一个位于s平面的左半开平面的单极点，但含有一个s项，当系统在有界输入信号$\varepsilon(t)$的作用下，系统响应中将含有一个冲激信号$\delta(t)$，若认为$\delta(t)$是一个无界信号，则该系统就不是一个稳定系统。这就是说，若某系统函数中含有s、s^2等项，则该系统对某些有界输入的响应将是无界的，因而系统就不是一个稳定系统。

根据以上讨论可知，利用系统函数$H(s)$从s域判断因果线性时不变系统(绝对)是否稳定的充分必要条件是：

1）系统函数$H(s)$的极点全部位于s平面的左半开平面。

2）系统函数$H(s)$的分子多项式$N(s)$的阶次m不高于分母多项式$D(s)$的阶次n，即$H(s)$的有限零点数不能多于有限极点数。

因果系统要是稳定的就必须同时满足这两个条件。第二个条件表明，尽管因果线性时不变系统的稳定性主要由极点决定，但零点也有一定的影响。从时域系统稳定性的基本定义(即有界输入有界输出)可知，系统响应只有两种可能：有界和无界。因此，从这个时域定义出发，系统从稳定性上划分也只有两种，即稳定系统和不稳定系统。但是，由于系统函数的极点在s平面上的位置有三种可能性：s平面的左半开平面、虚轴和s平面的右半开平面，所以据此从稳定性的角度来划分系统，将会有相应的三种情况。上面讨论了第一种情况，现在来讨论第二种情况，即系统函数中有一阶极点落在s平面的$\mathrm{j}\omega$轴上。

从冲激响应是否绝对可积来看，由于$\mathrm{j}\omega$轴上的极点所对应的冲激响应是一个等幅或增幅信号，它并不满足绝对可积条件，就此而言，该系统应是不稳定系统。但是，从系统响应是否有界来看，$\mathrm{j}\omega$轴上的极点所对应的冲激响应可能有界也可能无界，这和具体的输入信号有关。例如，若某因果系统有$h(t)=\varepsilon(t)\leftrightarrow H(s)=\frac{1}{s}$，则当激励信号是一个有界的指数信号$x(t)=\mathrm{e}^{-at}\varepsilon(t)$时，系统响应也是一个有界信号$y(t)=(1-\mathrm{e}^{-at})\varepsilon(t)$，而当激励信号是一个有界的单位阶跃信号$x(t)=\varepsilon(t)$时，系统响应则是一个无界的斜变信号$y(t)=t\varepsilon(t)$。又例如另一个因果系统有$h(t)=\cos(\omega_0 t)\varepsilon(t)\leftrightarrow H(s)=\frac{s}{s^2+\omega_0^2}$，则当激励信号是一个有界信号$x(t)=\sin(\omega_0 t)\varepsilon(t)$时，系统响应也是一个无界信号$y(t)=\frac{1}{2}t\sin(\omega_0 t)\varepsilon(t)$，由于不满足有界输入、有界输出定义中所要求的对于任意有界输入均产生有界输出，所以这种系统从严格定义上讲应属于不稳定系统。尽管如此，为了方便说明这种极点分布的特殊性，经常将这种系统称为边界稳定系统，也称为临界稳定系统。边界稳定系统在有界输入时，系统响应与其激励有关，可能有界也可能无界。

从时域和复频域来看，系统的边界稳定有两种情况：

1）在t趋于无限大时，冲激响应$h(t)$趋于零，即满足$\lim\limits_{t\to\infty}h(t)=0$，但在**冲激响应**$h(t)$中含有$\delta'(t)$、$\delta''(t)$等冲激信号的微分项。这种情况对应于系统函数的极点在s平面的左半开平面上，但零点数多于极点数，即不满足系统稳定的第二个条件。

第1)种情况表明，此时的系统响应可能会在某些点上含有冲激信号，例如，若简单地

设**冲激响应** $h(t)=\delta'(t)$，则系统响应为

$$y(t)=x(t)*h(t)=x(t)*\delta'(t)=\frac{\mathrm{d}x(t)}{\mathrm{d}t} \tag{6-33}$$

将式(6-33)与 $\delta(t)=\frac{\mathrm{d}\varepsilon(t)}{\mathrm{d}t}$ 做类比可知，只要激励信号中有跳变点，则响应在跳变点处就会出现冲激信号，因而响应无界，而若激励信号是一个没有跳变点的有界信号，则响应就是有界的。因此，这种系统是边界稳定系统。

2) 在 t 趋于无限大时，**冲激响应** $h(t)$ 不趋于零，即 $\lim\limits_{t\to\infty}h(t)\neq 0$，而是趋于一个有界的非零值，如 $h(t)=\varepsilon(t)$ 或者是趋于一个有界的不定值(等幅振荡)，例如，上面列举的因果系统 $h(t)=\cos(\omega_0 t)\varepsilon(t)$ 等，它们对应于系统函数的极点除了位于 s 平面左半开平面外，还有一阶极点位于 $\mathrm{j}\omega$ 轴(包括坐标原点)上，这时不满足系统稳定的第一个条件。

由式(6-8)可知，若 $m>n$，则当 $s\to\infty$ 时，有：

$$\lim_{s\to\infty}H(s)=\lim_{s\to\infty}\frac{b_m s^{m-n}}{a_n}\to\infty$$

即 $H(s)$ 在 $s=\infty$ 处有极点，其阶数为 $(m-n)$，由于可以认为 $s=\infty$ 的点在虚轴上，所以 $s=\infty$ 处有 $(m-n)$ 阶极点，即意味着在虚轴的 $\mathrm{j}\infty$ 处有 $(m-n)$ 阶极点，由于边界稳定系统在 $\mathrm{j}\omega$ 轴上的极点只能是一阶的，或者说稳定系统在无穷远处(在 $\mathrm{j}\omega$ 轴上可以视为有无穷远处)不能有重阶极点。因此，$H(s)$ 表示式中分子 $N(s)$ 的最高次数 m 与分母 $D(s)$ 的最高次数 n 的关系必须满足：

$$m-n\leqslant 1$$

如此，它才是边界稳定的系统。有时，为了划分简便，也将边界稳定系统划分为稳定系统。这样，稳定系统(包括边界稳定系统)的 $H(s)$ 的分子最高次数 m 只能比分母最高次数 n 高一次，不能大于1。对于一个稳定系统(包括边界稳定系统)，由于系统函数 $H(s)$ 的极点必须在左半 s 平面上，并且在虚轴上的极点必须是一阶极点，所以 $(m-n)$ 最多等于1，即应有 $m-n=1$ 或 $m=n+1$。

第2)种情况说明系统响应在 $t\to\infty$ 时可能无界。例如，当因果系统的冲激响应为 $h(t)=\varepsilon(t)$ 时，可求得系统响应为

$$y(t)=x(t)*\varepsilon(t)=\int_0^{\infty}x(\tau)\mathrm{d}\tau$$

可见，只要 $x(t)$ 在 $t\to\infty$ 时是一个不等于零的有界值，如 $x(t)=\varepsilon(t)$，系统响应 $y(t)=t\varepsilon(t)$ 就是无界输出。当然，若 $x(t)$ 在 $t\to\infty$ 时等于零，则响应有界，因此，这种情况也是一种边界稳定。

综上所述，若一个因果线性时不变系统的系统函数 $H(s)$ 的极点中，除了 s 平面的左半开平面上有极点外，在 $\mathrm{j}\omega$ 轴上还有单阶极点，但在右半开平面上无极点，则系统是临界稳定的。

若一个因果线性时不变系统的系统函数 $H(s)$ 在 s 平面的右半开平面上有极点，或在 $\mathrm{j}\omega$ 轴上具有二阶或二阶以上的多重极点，则该系统是不稳定的，从时域上看，这时 $h(t)$ 随时间呈增长形式，即有 $\lim\limits_{t\to\infty}h(t)\neq 0$，系统的冲激响应 $h(t)$ 不满足绝对可积条件。

从电路构成来看，通常不含受控源的 RLC 网络电路为稳定系统。不含受控源也不含电阻(无损耗)，仅由 LC 元件构成的无损电路由于会出现 $H(s)$ 的极点位于虚轴的情况，所以**冲激响应** $h(t)$ 中有无阻尼的正弦项(即呈等幅振荡)，从物理概念上说，上述两类电路都是无源网络。由于这种网络本身不含能源，不能补充和供给能量，除输入的有界激励外，不可能有其他能量加入，因而输出必然是有界的，即响应函数的幅度总有限的，因

此，一切无损的无源网络(常见的低耗无源系统的近似)都可以认为是边界稳定系统，而一切有损的无源网络则是稳定系统。有源网络是指网络本身含有有源器件(如晶体管、运算放大器等)，因而除输入的激励信号外，必然还有其他能源，从而有可能配合输入信号，甚至在无输入信号的情况下使输出变成无穷大(自激振荡)，若用这种网络来滤波，就会失去滤波的意义。有源网络(包括含受控源的反馈系统)可能是稳定系统、边界稳定或不稳定系统。

对于反因果系统的稳定性判断，其系统函数 $H(s)$ 的极点在 s 平面上的分布位置和情况与因果系统的正好相反。

从系统函数 $H(s)$ 本身来说，若一个连续线性时不变系统是 BIBO 稳定的，其系统函数 $H(s)$ 的收敛域必须包含 s 平面的虚轴，即 $s=\mathrm{j}\omega$。已知系统函数 $H(s)$ 与单位冲激响应 $h(t)$ 之间的关系为

$$H(s)=\int_{-\infty}^{\infty}h(t)\mathrm{e}^{-st}\mathrm{d}t \tag{6-34}$$

设式(6-34)中的 $s=\mathrm{j}\omega$，则有：

$$|H(\mathrm{j}\omega)|=\left|\int_{-\infty}^{\infty}h(t)\mathrm{e}^{-\mathrm{j}\omega t}\mathrm{d}t\right|\leqslant\int_{-\infty}^{\infty}|h(t)\mathrm{e}^{-\mathrm{j}\omega t}|\mathrm{d}t=\int_{-\infty}^{\infty}|h(t)|\mathrm{d}t<\infty \tag{6-35}$$

由式(6-35)可知，若系统是稳定的，即 $h(t)$ 绝对可积：$\int_{-\infty}^{\infty}|h(t)|\mathrm{d}t<\infty$，则 $H(s)$ 在 $s=\mathrm{j}\omega$ 处必须是收敛的。这表明，无论是因果系统还是非因果系统，若系统函数 $H(s)$ 的收敛域包含 s 平面的 $\mathrm{j}\omega$ 轴，且收敛域内不包含 $H(s)$ 的极点，则系统就是稳定的。在上述两个条件中，有一个不满足，则系统就是不稳定的。

由于非因果系统可以视为因果系统与反因果系统的叠加，所以非因果系统的系统函数 $H(s)$ 的收敛域是一个带状区域内部，因此若要使整个系统稳定，则其子因果系统和子反因果系统都必须稳定，若其中有一个子系统不稳定，则整个系统就不稳定。

需要注意的是，对于直接仅从微分方程得到的系统函数且其收敛域还不确定，则无法判别相应系统的稳定性。

【例 6-7】 已知系统函数 $H(s)=\dfrac{s-1}{(s+1)(s-2)}$，试求以下三种情况下的单位冲激响应 $h(t)$。

1) 系统为因果不稳定系统；2) 系统为非因果稳定系统；3) 系统为非因果不稳定系统。

解：利用部分分式展开法可得：

$$H(s)=\frac{s-1}{(s+1)(s-2)}=\frac{\frac{2}{3}}{s+1}+\frac{\frac{1}{3}}{s-2}$$

1) 由于系统是因果不稳定系统，所以收敛域为 $\sigma>2$，如图 6-5a 所示。这时，单位冲激响应为

$$h(t)=\left(\frac{2}{3}\mathrm{e}^{-t}+\frac{1}{3}\mathrm{e}^{2t}\right)\varepsilon(t)$$

2) 由于系统是非因果稳定系统，所以收敛域为 $-1<\sigma<2$，如图 6-5b 所示。这时，单位冲激响应为

$$h(t)=\frac{2}{3}\mathrm{e}^{-t}\varepsilon(t)-\frac{1}{3}\mathrm{e}^{2t}\varepsilon(-t)$$

3) 由于系统非因果不稳定系统，所以收敛域为 $\sigma<-1$，如图 6-5c 所示。这时，单位冲激响应为

$$h(t)=-\left(\frac{2}{3}\mathrm{e}^{-t}+\frac{1}{3}\mathrm{e}^{2t}\right)\varepsilon(-t)$$

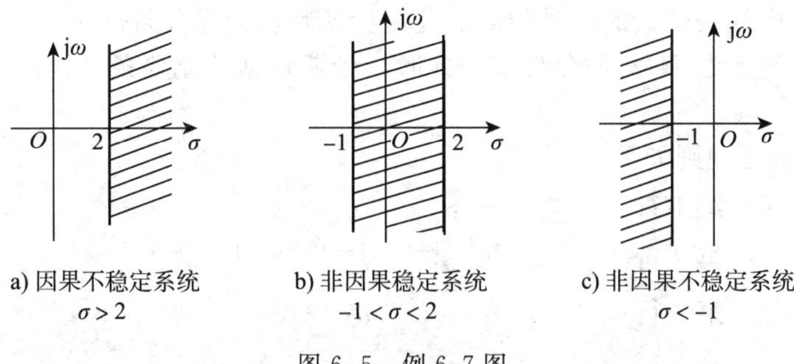

图 6-5 例 6-7 图

应当强调指出的是，尽管由系统函数 $H(s)$的极点分布可以决定系统的时域特性和稳定性，由零、极点的分布可以决定系统的频率特性(见 6.7 节)等，但由于系统函数在本质上只能根据零状态响应描述系统的外特性，不能反映系统的内部状态，因此应用系统函数 $H(s)$分析问题存在着一定的局限性，例如，由 $H(s)$的极点分布来判断系统稳定性时，对于某些系统可能会失效。若一个系统是由两个系统级联而成(见 6.10 .1 小节)的，它们的系统函数分别为 $H(s)$、$H_1(s)$及 $H_2(s)$，且

$$H_1(s)=\frac{1}{s-2},\ H_2(s)=\frac{s-2}{s+c}$$

则级联而成的复合系统的系统函数表示式为

$$H(s)=H_1(s)H_2(s)=\frac{1}{s-2}\cdot\frac{s-2}{s+c}=\frac{1}{s+c}$$

若 $c>0$，则复合系统是稳定的。但是，若复合系统接入有界输入 $x(t)$，则子系统 $H_1(s)$的输出 $y_1(t)$(也就是 $H_2(s)$的输入)中含有 e^{2t}项，当 $t\to\infty$时，$y(t)\to+\infty$，因而该系统不能正常工作，之所以如此是由于 $H(s)$中出现了零、极点相消的情况，故在复合系统输出 $y(t)$中观测不到固有的响应分量 e^{2t}，这样的系统称为不可观测系统。但是，若系统状态是可观测与可控制的，则用描述输出与输入关系的系统函数研究系统的稳定性就是有效的。有关系统状态的可观测与可控制的概念本书不做介绍，读者可参考状态变量分析方法中的有关内容。

6.6 劳斯稳定性判据

用上面介绍的方法判定系统稳定性，必须首先求出 $H(s)$的极点值。对于高阶系统，由于其 $H(s)$分母多项式 $D(s)$的幂次较高，所以 $H(s)$的极点通常不易求出，而实际上判定系统的稳定性并不需要准确知道 $H(s)$极点的具体数值，而只需要知道 $H(s)$极点在 s 平面的的分布区域就可以了。因此，可以借助劳斯判据通过特征方程 $D(s)=0$ 根的分布而不求解该方程来判别线性时不变系统的稳定性。

1877 年，劳斯(Routh)首先提出了一种无需求解方程即可判断该方程包含有多少个具有正实部的根的方法，即劳斯判据。1895 年，霍尔维兹(Hurwitz)独立地提出了与劳斯判据类似的方法。这里只介绍劳斯判据。

劳斯判据是一种基于由因果线性时不变系统的特征多项式 $D(s)$的系数构成的阵列来分析系统稳定性的方法。设

$$D(s)=a_ns^n+a_{n-1}s^{n-1}+\cdots+a_1s+a_0$$

则 $D(s)=0$ 的根全部位于 s 平面的左半开平面的充要条件是：

1) $D(s)$的各项系数 $a_i(i=0,1,\cdots,n)$均为正实数，且无缺项(缺项是指该项系数为零而非正实数)，此为劳斯判据的必要条件。

2）劳斯阵列中第一列数的符号相同，此为劳斯判据的充分条件。

当 $D(s)$为系统函数 $H(s)$的分母多项式时，劳斯判据的充要条件也就是系统稳定的充要条件。

劳斯阵列的排写规则如下：

第 1 行	s^n	α_1^n	α_2^n	α_3^n	α_4^n	$\cdots$
第 2 行	s^{n-1}	α_1^{n-1}	α_2^{n-1}	α_3^{n-1}	α_4^{n-1}	$\cdots$
第 3 行	s^{n-2}	α_1^{n-2}	α_2^{n-2}	α_3^{n-2}	α_4^{n-2}	$\cdots$
第 4 行	s^{n-3}	α_1^{n-3}	α_2^{n-3}	α_3^{n-3}	α_4^{n-3}	$\cdots$
第 5 行	s^{n-4}	α_1^{n-4}	α_2^{n-4}	α_3^{n-4}	α_4^{n-4}	$\cdots$
$\vdots$	$\vdots$	$\vdots$	$\vdots$	$\vdots$	$\vdots$	$\vdots$
第 n 行	s^1	α_1^1	$\cdots$			
第 $n+1$ 行	s^0	α_1^0	$\cdots$			

在上面的 $n+1$ 行劳斯阵列中，α_i^k 的上标表示其所在的行数，该行数与 s^k($k=0$，1，2，…,n)的幂相等，下标则表示其所在的列数，就此可以按照如下规则写出劳斯阵列中的元素：

1）特征多项式的系数交替排列便可得出劳斯矩阵的前两行，即：

$$\begin{aligned}\alpha_i^n &= a_{n-2i+2} \\ \alpha_i^{n-1} &= a_{n-2i+1}\end{aligned}\quad, i = 1,2,\cdots$$

2）剩余每行的系数均由该行前两行的系数计算得出，即：

$$\alpha_i^{n-j} = -\frac{1}{\alpha_1^{n-j+1}}\det\begin{bmatrix}\alpha_1^{n-j+2} & \alpha_{i+1}^{n-j+2} \\ \alpha_1^{n-j+1} & \alpha_{i+1}^{n-j+1}\end{bmatrix}, i = 1,2,\cdots;2 \leqslant j \leqslant n$$

依此类推，从上至下，总共有($n+1$)行，且最后两行都只有一个元素。劳斯判据表明：

若劳斯阵列中第 1 列各元素的符号不尽相同，则符号改变的次数就是特征方程 $D(s)=0$具有正实部(s 平面的右半开平面上)根的数目。显然，若二阶系统特征多项式 $D(s)$各项的系数均为正实常数，则此二阶系统必定是稳定的。

应该指出的是，劳斯稳定性判据仅适用于因果系统。

【例 6-8】 试确定使图 6-6a、b、c 所示的因果线性时不变系统稳定的 K 值范围；若系统属于临界稳定，试确定其在 jω 轴上的极值点。

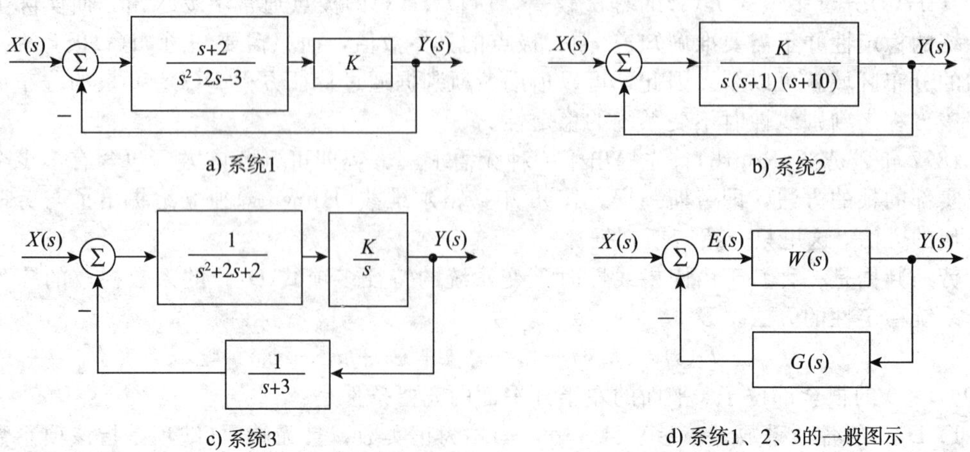

图 6-6　例 5.24 的系统

解：将3个系统均表示为图6-6d所示的形式。在系统输出表示式$Y(s)=E(s)W(s)$中代入由加法器输出端得出的$E(s)$的方程，则有：

$$\begin{aligned}Y(s)&=E(s)W(s)=[X(s)-G(s)Y(s)]W(s)\\&=X(s)W(s)-G(s)Y(s)W(s)\end{aligned}\tag{6-36}$$

由式(6-36)可以求得系统函数为

$$H(s)=\frac{Y(s)}{X(s)}=\frac{W(s)}{1+G(s)W(s)}$$

因此，对于图6-6a所示系统，其系统函数为

$$H(s)=\frac{\dfrac{K(s+2)}{s^2-2s-3}}{1+\dfrac{K(s+2)}{s^2-2s-3}}=\frac{K(s+2)}{s^2(K-2)s+2K-3}$$

由于该系统为二阶系统，故只要$H(s)$分母多项式的各系数大于0，系统就是稳定的，即有：

$$\begin{cases}K-2>0\\2K-3>0\end{cases}$$

由此可得，当$K>2$时，系统稳定。当$K=2$时，系统临界稳定，$D(s)=s^2+1$，即系统在jω轴的极点为$p_1=\mathrm{j}$，$p_2=-\mathrm{j}$。

对于图6-6b所示系统，其系统函数为

$$H(s)=\frac{\dfrac{K}{s(s+1)(s+10)}}{\dfrac{K}{s(s+1)(s+10)}}=\frac{K}{s^3+11s^2+10s+K}$$

其中，$D(s)=s^3+11s^2+10s+K=a_3s^3+a_2s^2+a_1s+a_0$，故劳斯阵列为

$$\begin{array}{ccc}s^3 & 1 & 10\\ s^2 & 11 & K\\ s^1 & -\dfrac{K-110}{11} & 0\\ 0 & K & 0\end{array}$$

要使系统稳定，必须有：

$$\begin{cases}-\dfrac{K-110}{11}>0\\K>0\end{cases}$$

由此可得$0<K<110$。

由分析可以看出：

$$-\frac{K-110}{11}=\frac{a_3a_0-a_1a_2}{a_2}>0$$

只要满足$a_1a_2>a_3a_0$即可。因此，对于三阶系统，可不必列出劳斯阵列，这时系统稳定的必要条件为：a_0、a_1、a_2、a_3均为正实常数，充分条件为：$a_1a_2>a_3a_0$。当$K=110$时，系统临界稳定。此时，劳斯阵列第三行全为0元素，故令由第二行的元素构成的辅助多项式等于0，即：

$$p(s)=11s^2+K=11s^2+110=0$$

得系统函数在jω上的极点为$p_1=+\mathrm{j}\sqrt{10}$，$p_2=-\mathrm{j}\sqrt{10}$，也可以对$H(s)$进行因式分解得到系统函数在jω轴上的极点，即：

$$D(s)=s^3+11s^2+10s+110=(s^2+10)(s+11)=0$$

由此可得 $p_{1,2}=\pm \mathrm{j}\sqrt{10}$。

对于图 6-6c 所示系统，其系统函数为

$$H(s)=\frac{\dfrac{K}{s(s^2+2s+2)}}{1+\dfrac{1}{s+3}\dfrac{K}{s(s^2+2s+2)}}=\frac{K(s+3)}{s^4+5s^3+8s^2+6s+K}$$

其劳斯阵列为

$$\begin{array}{llll}
s^4 & 1 & 8 & K \\
s^3 & 5 & 6 & 0 \\
s^2 & \dfrac{34}{5} & K & 0 \\
s^1 & -\left(\dfrac{25}{34}K-6\right) & 0 & 0 \\
s^0 & K & 0 & 0
\end{array}$$

要使系统稳定，则第一列系数为正数，有：

$$\begin{cases}-\left(\dfrac{25}{34}K-6\right)>0 \\ K>0\end{cases}$$

即 $0<K<\dfrac{204}{25}$。当 $K=\dfrac{204}{25}$时，系统临界稳定，劳斯阵列第四行为全 0 元素，因此由

$$p(s)=\frac{34}{5}s^2+K=\frac{34}{5}s^2+\frac{204}{25}=0$$

可得系统函数在 $\mathrm{j}\omega$ 轴上的极点为 $p_1=\mathrm{j}\sqrt{1.2}$，$p_2=-\mathrm{j}\sqrt{1.2}$。

在劳斯阵列的排写过程中，可能会遇到以下两种特殊情况，这时需要进行特殊处理：

1）劳斯阵列中某一行的第 1 列元素为零，而其余元素又不全为零，致使阵列不能继续排写。此时，可以将第 1 列中出现的零用一个无穷小量 ε(认为 ε 是正或负均可)来代替，然后继续排写下去。这并不影响所得结论的正确性。

2）劳斯阵列尚未排写完时，出现阵列的某一行元素全部为零。这种情况一般出现在连续两行元素的数字相等或成比例(当 $D(s)=0$ 的根中有共轭虚根 $\pm \mathrm{j}\omega_0$时)的时候。此时，不必再排阵就可以断言，在虚轴或 s 平面的右半平面上将出现方程的根。若要继续排列，可利用前一行的数字构成一个 s 的辅助多项式 $p(s)$，然后将 $p(s)$对 s 求导一次，再用该导数的系数组成新的一行，以代替全为零元素的行即可，而辅助多项式 $p(s)=0$ 的根就是 $H(s)$极点的一部分。

【例 6-9】 已知一个因果线性时不变系统的系统函数 $H(s)=\dfrac{s^3+2s^2+s+1}{s^5+2s^4+2s^3+4s^2+11s+10}$，试判断该系统是否稳定。

解：因为 $D(s)=s^5+2s^4+2s^3+4s^2+11s+10$ 中的系数均为大于零的实常数且无缺项，这满足系统稳定的必要条件，所以进一步排出劳斯阵列：

$$\begin{array}{llll}
s^5 & 1 & 2 & 11 \\
s^4 & 2 & 4 & 10 \\
s^3 & 0 & 6 & 0 \\
s^2 & -\dfrac{12}{0} & &
\end{array}$$

由于第 3 行的第一列元素为 0，从而使第 4 行的第一个元素$\left(-\dfrac{12}{0}\right)$成为$(-\infty)$，使阵

列无法继续排列下去。因此用一个任意小的正数 ε 来代替第 3 行的第一个元素 0，然后照上述方法继续排列下去。在计算过程中可忽略含有 ε、ε^2、ε^3、…的项。最后将发现，阵列第一列元素的符号改变次数将与 ε 无关。按此种处理方法，继续完成上面的阵列：

$$
\begin{array}{lllll}
s^5 & 1 & 2 & 11 & \\
s^4 & 2 & 4 & 10 & \\
s^3 & \varepsilon & 6 & 0 & \\
s^2 & -\dfrac{12}{\varepsilon} & 10 & 0 & \left(-\dfrac{12-4\varepsilon}{\varepsilon} \approx -\dfrac{12}{\varepsilon}\right) \\
s^1 & 6 & 0 & 0 & \left[-\dfrac{10\varepsilon-\left(-\dfrac{12}{\varepsilon}\right)\times 6}{-\dfrac{12}{\varepsilon}} \approx 6\right] \\
s^0 & 10 & 0 & 0 &
\end{array}
$$

可见阵列中第一列元素的符号有两次变化，即从 ε 变为 $\left(-\dfrac{12}{\varepsilon}\right)$，又从 $\left(-\dfrac{12}{\varepsilon}\right)$ 变为 6。因此，$H(s)$的极点中有两个极点位于 s 平面的右半开平面上，系统是不稳定的。

【例 6-10】 已知一个因果线性时不变系统 $H(s)=\dfrac{2s^2+3s+5}{s^4+3s^3+4s^2+6s+4}$，试判断该系统的稳定性。

解：因为 $D(s)=s^4+3s^3+4s^2+6s+4$ 中无缺项且各项系数均为大于零的实常数，满足系统稳定的必要条件，所以进一步排出劳斯阵列：

$$
\begin{array}{llll}
s^4 & 1 & 4 & 4 \\
s^3 & 3 & 6 & 0 \\
s^2 & 2 & 4 & 0 \\
s^1 & 0 & 0 & 0
\end{array}
$$

可见第 4 行全为零元素。处理此种情况的方法之一是：用前一行的元素值构建一个 s 的多项式 $P(s)$，即：

$$P(s)=2s^2+4 \tag{6-37}$$

在式 (6-37) 中对 s 求一阶导数可得：

$$\frac{\mathrm{d}P(s)}{\mathrm{d}s}=4s+0$$

现以此一阶导数的系数组成原阵列中全零行(s^1 行)的元素，然后再按原方法继续排列下去，即：

$$
\begin{array}{llll}
s^4 & 1 & 4 & 4 \\
s^3 & 3 & 6 & 0 \\
s^2 & 2 & 4 & 0 \\
s^1 & 4 & 0 & 0 \\
s^0 & 4 & 0 & 0
\end{array}
$$

可见阵列中的第一列数字符号没有变化，故 $H(s)$在 s 平面的右半开平面上无极点，因而系统肯定不是不稳定的。但究竟是稳定的还是边界稳定的，则还需进行如下的分析，令

$$P(s)=2s^2+4=2(s-\mathrm{j}\sqrt{2})(s+\mathrm{j}\sqrt{2})=0$$

解得两个纯虚数的极点：$p_1=\mathrm{j}\sqrt{2}$，$p_2=-\mathrm{j}\sqrt{2}=p_1^*$。这说明系统是边界稳定的。实际上，若将 $D(s)$分解因式可得：

$$D(s)=s^4+3s^3+4s^2+6s+4=(s^2+2)(s+2)$$

$$= (s+\mathrm{j}\sqrt{2})(s-\mathrm{j}\sqrt{2})(s+1)(s+2)$$

由此可见，$H(s)$共有 4 个极点：$p_1=\mathrm{j}\sqrt{2}$，$p_2=-\mathrm{j}\sqrt{2}$(位于 $\mathrm{j}\omega$ 轴上)；$p_3=-1$，$p_4=-2$(位于 s 平面的左半开平面上)，因此该系统是临界稳定的。

用劳斯判据判断系统稳定性的优点是简单易行，但它要求系统函数 $H(s)$必须是 s 的有理函数。若 $H(s)$不是 s 的有理函数，则可用一些图解法(如 Bode 图)或奈奎斯特准则来判断。关于这些内容，本书不再讨论。

6.7 利用系统函数的零、极点分布确定线性时不变系统的频率特性

我们知道，线性时不变系统在正弦信号的激励下，其稳态响应随信号频率的变化而变化，称为系统的频率响应特性，简称频响特性或频率特性。这一节将讨论 $H(s)$在 s 平面上的零、极点分布对 $H(s)$在 $\mathrm{j}\omega$ 轴上特性的影响，即零、极点分布与频率特性的关系。

1. $H(\mathrm{j}\omega)$与 $H(s)$之间的关系

根据傅里叶变换的定义和单边拉氏变换的定义，若 $h(t)$为因果信号，则有：

$$H(\mathrm{j}\omega)=\int_{-\infty}^{\infty}h(t)\mathrm{e}^{-\mathrm{j}\omega t}\,\mathrm{d}t=\int_{0_-}^{\infty}h(t)\mathrm{e}^{-\mathrm{j}\omega t}\,\mathrm{d}t \tag{6-38}$$

$$H(s)=\int_{0_-}^{\infty}h(t)\mathrm{e}^{-st}\,\mathrm{d}t,\sigma>\sigma_0 \tag{6-39}$$

由单边拉氏变换的定义可知，$H(s)$的收敛域为 $\sigma>\sigma_0$，因此，只有当 $\sigma_0<0$ 时，$H(s)$的收敛域才包含 $\mathrm{j}\omega$ 轴，这意味着 $H(s)$的极点全部在 s 平面的左半开平面上，即系统为稳定系统。此时，当 $s=\mathrm{j}\omega$，$H(s)$存在且等于 $H(\mathrm{j}\omega)$，即对于系统函数为有理函数的稳定连续线性时不变因果系统，其频率响应和拉氏变换之间的关系为

$$H(\mathrm{j}\omega)=H(s)\big|_{s=\mathrm{j}\omega} \tag{6-40}$$

由此可知，只要求得了稳定连续线性时不变因果系统的有理函数形式的系统函数 $H(s)$，就可以通过式(6-40)求得系统的频率响应。

由连续线性时不变系统的频域分析可知，系统冲激响应 $h(t)$的傅里叶变换 $H(\mathrm{j}\omega)$表示系统的频率特性(频率响应)。由于信号的傅里叶变换为其拉氏变换的特例，即若信号的拉氏变换的收敛域包括 $\mathrm{j}\omega$ 轴，则沿 $\mathrm{j}\omega$ 轴所得的拉氏变换为该信号的傅里叶变换，所以冲激响应 $h(t)$的傅里叶变换 $H(\mathrm{j}\omega)$和冲激响应 $h(t)$的拉氏变换 $H(s)$在一定条件下应该具有确定的关系。

2. 系统函数的零、极点与系统频率特性的关系

应用式(6-10)和式(6-40)可以求得稳定系统的频率响应为

$$H(\mathrm{j}\omega)=H_0\frac{\prod\limits_{j=1}^{m}(\mathrm{j}\omega-z_j)}{\prod\limits_{i=1}^{n}(\mathrm{j}\omega-p_i)} \tag{6-41}$$

式 (6-41)表明，系统的频率特性完全取决于 $H(s)$的零、极点在 s 平面上的分布位置。由于 $\mathrm{j}\omega$、零点 z_j 和极点 p_i 都是复数，所以根据复数的矢量表示法，它们均可以用复平面上原点到该点的矢量来表示，而按照矢量和差运算法则，两个复数(矢量)的差矢量$(\mathrm{j}\omega-z_j)$和$(\mathrm{j}\omega-p_i)$分别是 s 平面上的零点 z_j 和极点 p_i 指向 $\mathrm{j}\omega$ 点的矢量，分别称为零点矢量和极点矢量，如图 6-7 所示。

由于矢量可以用它的模和幅角来表示，所以可以设零点矢量 $\mathrm{j}\omega-z_j$ 和极点矢量 $\mathrm{j}\omega-p_i$ 分别为

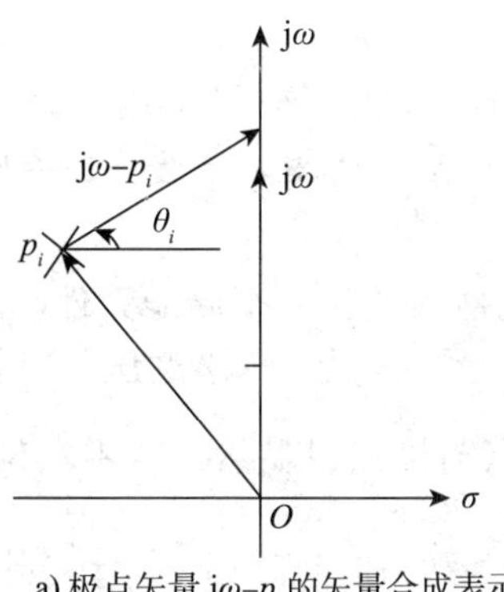

a) 极点矢量 jω–p_i 的矢量合成表示

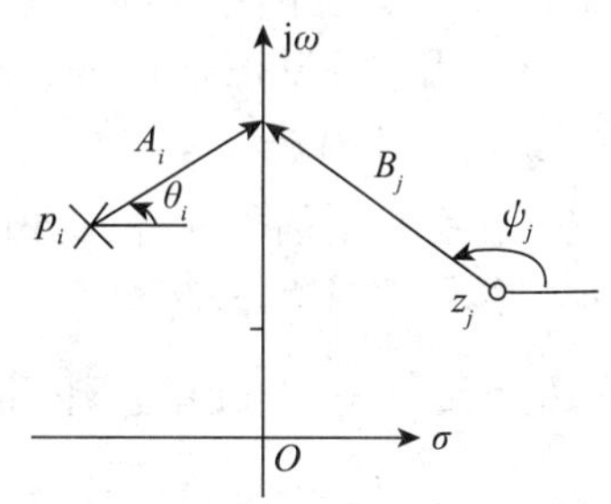

b) 零点矢量 jω–z_j 和极点矢量jω–p_i 的图示

图 6-7　极点矢量与零点矢量的表示

$$\mathrm{j}\omega - z_j = B_j \mathrm{e}^{\mathrm{j}\psi_j}, j = 1,2,\cdots,m$$

$$\mathrm{j}\omega - p_i = A_i \mathrm{e}^{\mathrm{j}\theta_i}, i = 1,2,\cdots,n$$

于是，频率响应表示式(6-41)作为 jω 的复数函数又可以表示为

$$H(\mathrm{j}\omega) = |H_0| \mathrm{e}^{\mathrm{j}\psi_0} \frac{\prod_{j=1}^{m} B_j \mathrm{e}^{\mathrm{j}\psi_j}}{\prod_{i=1}^{n} A_i \mathrm{e}^{\mathrm{j}\theta_i}} = |H_0| \frac{\prod_{j=1}^{m} B_j}{\prod_{i=1}^{n} A_i} \mathrm{e}^{\mathrm{j}\left(\sum_{j=0}^{m}\psi_i - \sum_{i=1}^{n}\theta_i\right)} = |H(\mathrm{j}\omega)| \mathrm{e}^{\mathrm{j}\varphi(\omega)} \tag{6-42}$$

式(6-42)中，幅频特性$|H(\mathrm{j}\omega)|$和相频特性 $\varphi(\omega)$分别为

$$|H(\mathrm{j}\omega)| = |H_0| \frac{\sum_{j=1}^{m} B_j}{\sum_{i=1}^{n} A_i} \tag{6-43}$$

$$\varphi(\omega) = \psi_0 + \sum_{j=1}^{m} \psi_j - \sum_{i=1}^{n} \theta_i \tag{6-44}$$

式 (6-43)和式(6-44)分别表明，幅频响应值等于所有零点矢量长度 B_j 的积除以所有极点矢量长度 A_i 的积，再乘以复常数 H_0 的模$|H_0|$；相频响应值等于 H_0 的幅角 ψ_0（对应正实数或负实数分别取 0 或 π)与所有零点矢量幅角 ψ_j($j=1$，2，…，m)之和，再减去所有极点矢量幅角 θ_i 之和。

由于各差矢量的模 A_i、B_j 以及幅角 θ_i、ψ_j 均为 ω 的函数，所以当频率 ω 从 0(或 −∞)开始沿虚轴到∞变化时，也就是当 s 平面上 jω 矢量的 ω 点沿 jω 轴移动时，零点矢量和极点矢量的终点就沿着 jω 轴移动，相应地，零点矢量和极点矢量的模和幅角均随之而变，因此，根据式 (6-43)和式(6-44)，便可结合这种变化的结果，利用解析法或作图法求得系统的幅频响应$|H(\mathrm{j}\omega)|$和相频响应 $\varphi(\omega)$。显然，可以利用各个频率点的函数值画出幅频响应曲线和相频响应曲线，但是，这种方法过于烦琐。通常，利用系统函数 $H(s)$ 的零、极点分布可以大致画出系统的频率响应曲线，而且这种方法简单、直观，称为频率响应的几何作图法，是系统分析的重要工具之一。

我们知道，对于实系数稳定连续线性时不变因果系统而言，系统的零、极点分别以实轴成对称分布。因此，由 s 平面虚轴上±jω 点计算出的幅频响应值分别相等，而相频响应值大小相等，符号相反。这也说明，实线性时不变系统的系统幅频响应$|H(\mathrm{j}\omega)|$是 ω 的实偶函数，而相频响应 $\varphi(\omega)$是 ω 的实奇函数。因此在用频率响应几何作图法确定实因果稳定线性时不变系统的幅频响应和相频响应时，只需要计算 $\omega \geqslant 0$ 部分的$|H(\mathrm{j}\omega)|$和 $\varphi(\omega)$，

再根据它们的奇偶对称性把 $\omega<0$ 的部分绘制出来则可。

由第 4 章可知，滤波网络的滤波特性表现在频响特性上。按照滤波网络幅频特性 $|H(\mathrm{j}\omega)|$ 的不同形式，可以把它们划分为低通、高通、带通、带阻、全通 5 种类型。

3. 一阶系统的频率特性

一阶系统只含有一个储能元件或将几个同类储能元件等效为一个储能元件，因此，一阶系统的系统转移函数只有一个极点，且位于实轴上。系统函数(转移电压比或转移电流比)的一般形式为 $K\dfrac{s-z_1}{s-p_1}$，其中，z_1 和 p_1 分别为零点与极点，显然，若零点位于原点，即 $z_1=0$，则系统函数形式为 $K\dfrac{s}{s-p_1}$，也可能除了 $s=\infty$ 处有零点(即 $z_1=\infty$)外，而在 s 平面其他处均无零点，这时，系统函数形式为$\dfrac{K}{s-p_1}$。

下面以简单的一阶低通 RC 网络为例，分析其频率特性。对于如图 6-7a 所示的 RC 低通滤波网络所对应的 s 域电路，利用分压原理可得到它的系统函数(转移电压比)：

$$H(s)=\frac{U_2(s)}{U_1(s)}=\frac{\frac{1}{sC}}{R+\frac{1}{sC}}=\frac{1}{RC}\cdot\frac{1}{s+\frac{1}{RC}},(\mathrm{Re}(s)=\sigma)>-\frac{1}{RC}$$

可见，$H(s)$在负实轴上有一个一阶极点 $p_1=\dfrac{1}{RC}$，$s=\infty$处有零点(即 $z_1=\infty$)，如图 6-8b 所示，由于 $H(s)$的收敛域包括虚轴，所以可由式 (6-40)求出其频率响应为

$$H(\mathrm{j}\omega)=H(s)\big|_{s=\mathrm{j}\omega}=\frac{U_2(\mathrm{j}\omega)}{U_1(\mathrm{j}\omega)}=\frac{1}{RC}\cdot\frac{1}{\mathrm{j}\omega+\frac{1}{RC}}\tag{6-45}$$

在式(6-45)中设 $\mathrm{j}\omega+\dfrac{1}{RC}=A_1\mathrm{e}^{\mathrm{j}\theta_1}$，其中，

$$A_1=\sqrt{\omega^2+\frac{1}{R^2C^2}},\quad \theta_1=\arctan\left(\frac{\omega}{\frac{1}{RC}}\right)=\arctan(\omega RC)$$

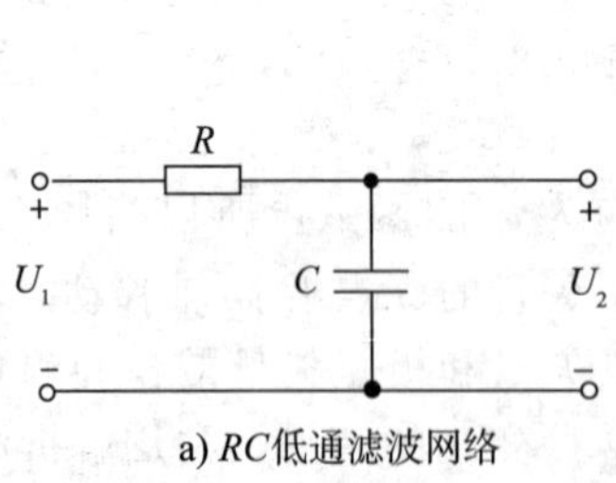

a) RC低通滤波网络

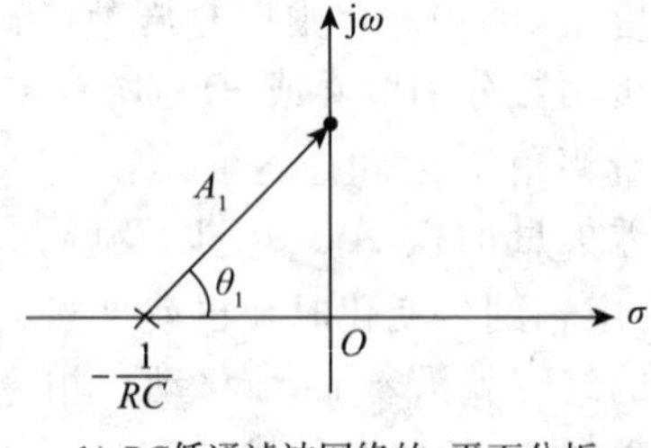

b) RC低通滤波网络的s平面分析

图 6-8 RC 低通滤波网络及其 s 平面分析

因此 RC 低通滤波网络的幅频特性与相频特性分别为

$$|H(\mathrm{j}\omega)|=\frac{1}{RC}\frac{1}{A_1},\quad \varphi(\omega)=-\theta_1=-\arctan(\omega RC)$$

当 ω 增加时，A_1 增大，故$|H(\mathrm{j}\omega)|$随 ω 增加而单调下降，最终趋近于零，如图 6-9a 所示。当 ω 由 0 变化至∞时，$\varphi(\omega)$则由 0 变化至$-\dfrac{\pi}{2}$，如图 6-9b 所示。由此可知，这是一个低通滤波网络。当 $\omega=\omega_c=\dfrac{1}{RC}$时，$|H(\mathrm{j}\omega)|=\dfrac{1}{\sqrt{2}}$，$\varphi(\omega)=-45°$。$\omega_c=\dfrac{1}{RC}$为此 RC 低

通滤波网络的截止频率。

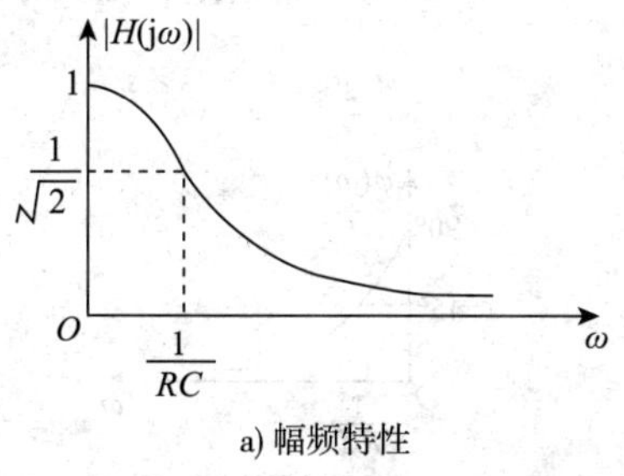

a) 幅频特性

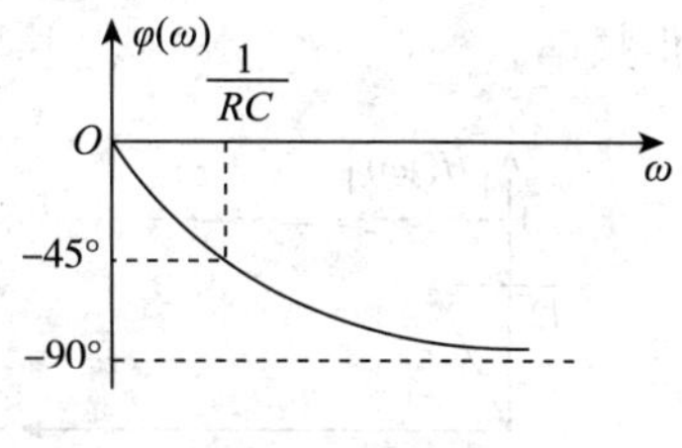

b) 相频特性

图 6-9　RC 低通滤波网络的频率特性

对于如图 6-10a 所示的 RC 高通滤波网络，其电压转移函数为

$$H(s)=\frac{U_2(s)}{U_1(s)}=\frac{R}{R+\frac{1}{sC}}=\frac{S}{S+\frac{1}{RC}},\ (\mathrm{Re}(s)=\sigma)>-\frac{1}{RC}$$

可见，$H(s)$在负实轴上有一个一阶极点 $p_1=-\frac{1}{RC}$，在原点处有一个零点(即 $z_1=0$)，如图 6-10b 所示，由于 $H(s)$的收敛域包括虚轴，所以可由式(6-40)求出其频率响应为

$$H(\mathrm{j}\omega)=H(s)\big|_{s=\mathrm{j}\omega}=\frac{U_2(\mathrm{j}\omega)}{U_1(\mathrm{j}\omega)}=\frac{\mathrm{j}\omega}{\mathrm{j}\omega+\frac{1}{RC}}\tag{6-46}$$

在式(6-46)中设 $\mathrm{j}\omega=B_1\mathrm{e}^{\mathrm{j}\psi_1}$，$\mathrm{j}\omega+\frac{1}{RC}=A_1\mathrm{e}^{\mathrm{j}\theta_1}$，其中，

$$B_1=\omega,\ A_1=\sqrt{\omega^2+\frac{1}{R^2C^2}}$$

$$\psi_1=90°,\ \theta_1=\arctan(\omega RC)$$

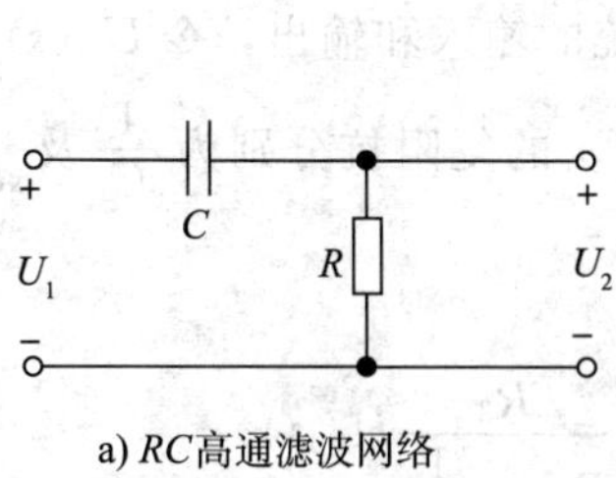

a) RC高通滤波网络

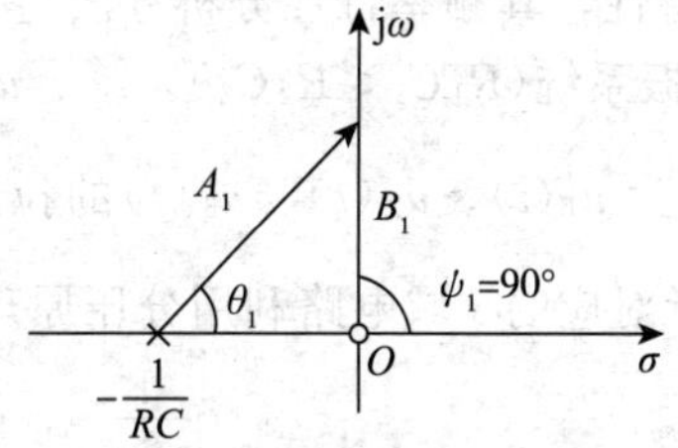

b) RC高通滤波网络的s平面分析

图 6-10　RC 高通滤波网络及其 s 平面分析

于是，RC 高通滤波网络的幅频特性与相频特性分别为

$$|H(\mathrm{j}\omega)|=\frac{B_1}{A_1},\ \varphi(\omega)=\psi_1-\theta_1$$

当 $\omega=0$ 时，$B_1=0$，$A_1=\frac{1}{RC}$，因此 $|H(\mathrm{j}0)|=0$，且由于 $\theta_1=0°$，$\psi_1=90°$，所以 $\omega=\frac{1}{RC}$；当 $\omega=\frac{1}{RC}$时，$B_1=\frac{1}{RC}$，$A_1=\frac{\sqrt{2}}{RC}$，于是 $\left|H\left(\mathrm{j}\frac{1}{RC}\right)\right|=\frac{1}{\sqrt{2}}$，而 $\theta_1=45°$，$\psi_1=90°$，故$\varphi\left(\frac{1}{RC}\right)=45°$；当 $\omega\to\infty$时，$\frac{B_1}{A_1}\to1$，$\theta_1\to90°$，$\psi_1=90°$，故 $|H(\mathrm{j}\infty)|=1$，$\varphi(\infty)=0$。由此可画出 RC 高通滤波网络的幅频特性与相频特性如图 6-11a、b 所示，可见这是一个

高通滤波网络。当 $\omega=\omega_c=\frac{1}{RC}$ 时，$|H(j\omega)|=\frac{1}{\sqrt{2}}$，$\varphi(\omega)=45°$。$\omega_c=\frac{1}{RC}$ 为此 RC 高通滤波网络的截止频率。

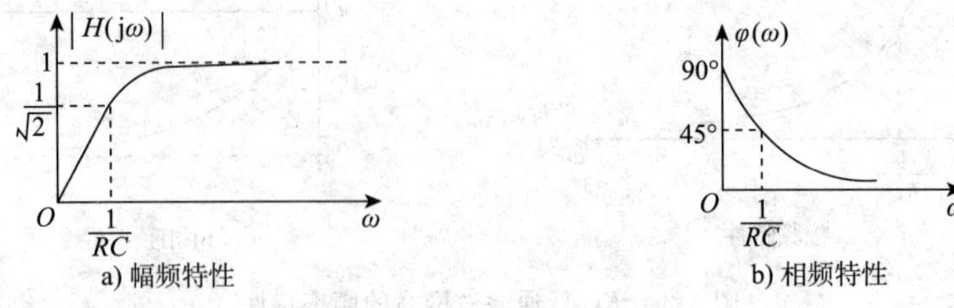

a) 幅频特性　　b) 相频特性

图 6-11　RC 高通滤波网络的频率特性

经常用到的一阶系统还有简单的 RL 电路以及含有多个电阻而仅含有一个储能元件的 RC、RL 电路。对它们的频率特性都可采用类似的方法进行分析，对它们的频率特性都可采用从零、极点分布的观点出发进行分析。显然，系统函数的零、极点分布相同的系统具有一致的时域性和频域性。

4. 二阶非谐振系统的频率特性

对于由同一类储能元件，例如含有两个电容或两个电感构成的二阶系统，它们的两个极点都落在实轴上，不会出现共轭复数极点的情况，这种二阶系统属于非谐振系统。系统函数(转移电压比或转移电流比)的一般形式为 $K\frac{(s-z_1)(s-z_2)}{(s-p_1)(s-p_2)}$，其中，$z_1$、$z_2$ 和 p_1、p_2 分别为系统函数的两个零点和两个极点。根据电路结构与元件参数的不同，其系统函数也可出现 $K\frac{(s-z_1)}{(s-p_1)(s-p_2)}$ 或 $K\frac{1}{(s-p_1)(s-p_2)}$ 等形式，但是，极点数目不变。因此，由于零点数目以及零、极点分布的不同，它们分别可以构成低通、高通、带通、带阻等不同的滤波特性，其频率特性分析方法与一阶系统的相似。例如，对于图 6-12a 所示的二阶 $H(s)$ 非谐振系统($R_1C_1 \ll R_2C_2$)，u_1、u_2 分别为该系统的输入和输出，令 $U_1(s)$、$U_2(s)$、$U_3(s)$ 分别为 $u_1(t)$、$u_2(t)$、$u_3(t)$ 的拉氏变换，C_1、C_2 的复阻抗分别为 $\frac{1}{sC_1}$ 及 $\frac{1}{sC_2}$。针对图 6-12a所对应的 s 域电路利用分压原理可得

$$U_3(s)=\frac{\frac{1}{sC_1}}{R_1+\frac{1}{sC_1}}U_1(s),U_2(s)=\frac{R_2}{R_2+\frac{1}{sC_2}}kU_3(s)$$

对于这两个方程，消去中间变量 $U_3(s)$，可以求得系统函数(转移电压比)为

$$H(s)=\frac{U_2(s)}{U_1(s)}=\frac{k}{R_1C_1}\cdot\frac{s}{\left(s+\frac{1}{R_1C_1}\right)\left(s+\frac{1}{R_2C_2}\right)},(\mathrm{Re}(s)=\sigma)>-\frac{1}{R_2C_2} \quad (6\text{-}47)$$

$H(s)$ 的两个极点分别为 $p_1=-\frac{1}{R_1C_1}$，$p_2=-\frac{1}{R_2C_2}$，只有一个位于原点的零点，零、极点分布图如图 6-12b 所示，由于参数满足条件：$R_1C_1\ll R_2C_2$，即 $\frac{1}{R_1C_1}\gg\frac{1}{R_2C_2}$，故 $-\frac{1}{R_2C_2}$ 靠近原点，$-\frac{1}{R_1C_1}$ 则离开较远。$H(s)$ 的收敛域包括虚轴，故可由式(6-40)求出其频率响应为

$$H(\mathrm{j}\omega)=H(s)\big|_{s=\mathrm{j}\omega}=\frac{k}{R_1C_1}\cdot\frac{B_1\mathrm{e}^{\mathrm{j}\psi_1}}{A_1\mathrm{e}^{\mathrm{j}\theta_1}A_2\mathrm{e}^{\mathrm{j}\theta_2}}=\frac{k}{R_1C_1}\cdot\frac{B_1}{A_1A_2}\mathrm{e}^{\mathrm{j}(\psi_1-\theta_1-\theta_2)}$$
$$=\big|H(\mathrm{j}\omega)\big|\mathrm{e}^{\mathrm{j}\varphi(\omega)}$$

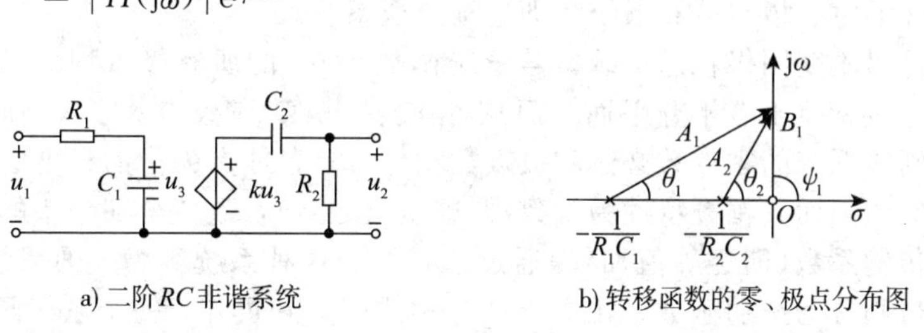

a) 二阶RC非谐系统　　b) 转移函数的零、极点分布图

图 6-12　二阶 RC 非谐振系统及其转移函数的零、极点分布图

由图 6-12 可以看出，当 ω 较低时，$A_1\approx\frac{1}{R_1C_1}$，$\theta_1\approx0$，它们基本不随频率而变，这时，$A_2$、$\theta_2$、$B_1$、$\psi_1$ 的作用(即极点 p_2 与零点 z_1 的作用)与一阶 RC 高通滤波网络的一致，即在低频段呈现高通特性，如图 6-13a 中 ω 低段的高通特性。当 ω 较高时，$A_2\approx B_1$，$\theta_2\approx\psi_1$，极点 p_2 与零点 z_1 的作用相互抵消，即也可近似认为它们不随 ω 而改变，于是，A_1、θ_1 的作用(即极点 p_1 的作用)与一阶 RC 低通滤波网络中的一致，即在高频段呈现低通特性，如图 6-13a 中 ω 高段的低通特性。当 ω 位于中间频率范围时，由于有$\frac{1}{R_2C_2}\ll\omega\ll\frac{1}{R_1C_1}$，因而同时有$A_1\approx\frac{1}{R_1C_1}$，$\theta_1\approx0°$，$A_2\approx B_1=|\mathrm{j}\omega|$，$\theta_2\approx\psi_1=90°$ 成立，因此，$H(\mathrm{j}\omega)$可近似写作：

$$H(\mathrm{j}\omega)\Big|_{\left(\frac{1}{R_2C_2}\ll\omega\ll\frac{1}{R_1C_1}\right)}=\frac{k}{R_1C_1}\cdot\frac{B_1}{A_1A_2}\mathrm{e}^{\mathrm{j}(\psi_1-\theta_1-\theta_2)}$$
$$\approx\frac{k}{R_1C_1}\cdot\frac{\mathrm{j}\omega}{\frac{1}{R_1C_1}\cdot\mathrm{j}\omega}=k$$

这时的频响特性接近常数，即有 $|H(\mathrm{j}\omega)|=k$，$\varphi(\omega)=0°$，如图 6-13 所示。

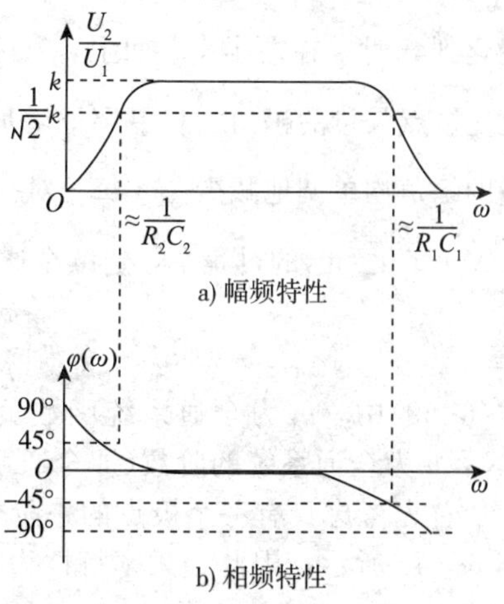

a) 幅频特性

b) 相频特性

图 6-13　二阶 RC 非谐振系统的频率特性

由图 6-13 可以看出，在低频段，主要是 R_2C_2 的高通特性起作用；在高频段，则主要是 R_1C_1 的低通特性起作用；而在中频段，C_1 相当于开路、C_2 相当于短路，它们均不起作用，这时信号 u_1 经受控源的 k 倍放大再传送到输出端，输出电压 $u_2=ku_1$。由此可见，这个具有受控电压源的 RC 电路相当于一个低通与一个高通电路级联而成的带通电路，该带通电路的通频带较宽，通带内较平坦，因而不具有选择性。

可以看到，系统函数零、极点距 jω 轴的距离不同，对系统幅频特性与相频特性的影响也各异：若系统函数的某个极点 $p_i=-\sigma_i+\mathrm{j}\omega_i$ 十分靠近 jω 轴，则当角频率 ω 在该极点虚部附近($\omega\approx\omega_i$)时，幅频响应就有一个峰值，相频响应却急剧减小；若系统函数有一个零点 $z_j=-\sigma_j+\mathrm{j}\omega_j$ 十分靠近 jω 轴，则在该处幅频响应有一个谷值，而相频响应迅速增大。了解这一特点有利于正确绘制系统的频率响应曲线。

含有电容、电感两类储能元件的二阶系统可以具有谐振特性，在通信技术中，常利用它们的这个性能构成带通、带阻滤波网络，对于这种二阶谐振系统的频率特性也可以从零、极点分布的观点出发进行分析，对此本书不做讨论，感兴趣的读者可以参考有关书籍。

5. 全通系统的频率特性

前面借助于 s 平面上零、极点分布分析了连续一阶系统和二阶系统的频率特性。现在来讨论一种特殊的零、极点分布系统，即连续全通系统。

对于实线性时不变因果稳定系统，若系统函数 $H(s)$的所有极点均位于 s 平面的左半开平面，所有零点皆位于右半开平面，而且各零点与其对应极点关于 $\mathrm{j}\omega$ 轴互成镜像地一一对称分布，则该系统的零点数必然和极点数相等，且各零点矢量的长度必然和相应极点矢量的长度相等，因而其幅频特性为常数(此即全通之意)，致使全部频率的正弦信号都能按同样的幅度传输系数(即经等值加权)通过该系统。这种系统称为全通系统或全通网络，对应的系统函数则称为全通函数。由式 (6-43)和式(6-44)可知，一个系统函数的幅频特性和相频特性分别为

$$|H(\mathrm{j}\omega)| = H_0 \frac{B_1 B_2 \cdots B_n}{A_1 A_2 \cdots A_n} \tag{6-48}$$

$$\varphi(\omega) = \psi_0 + \sum_{j=1}^{n} \psi_j - \sum_{i=1}^{n} \theta_i = \psi_0 + \sum_{i=1}^{n} (\psi_i - \theta_i) \tag{6-49}$$

由于全通系统有 $A_i = B_i (i=1, 2, \cdots, n)$，故其幅频特性 $|H(\mathrm{j}\omega)| = H_0$，为常数。至于相频特性，当 $\omega=0$ 时，负实极点矢量的幅角为零，每一对共轭复极点矢量的幅角和对应的一对共轭复零点矢量的幅角均正负抵消，只有正实零点矢量的幅角为 π。当 ω 从0变化到∞时，在左半 s 平面上，每个一阶负实极点矢量的幅角均单调地增加$\frac{\pi}{2}$，每一对共轭复极点矢量的幅角之和单调地增加 π；与此对应，在右半 s 平面上，每个一阶正实零点矢量的幅角均单调地减少$\frac{\pi}{2}$，每一对一阶共轭复零点矢量的幅角之和单调地减少 π，因此，在 ω 从 0 变化到∞的过程中，连续全通系统的相位单调地减少 $n\pi(=\varphi(\infty)-\varphi(0))$。因此有：

$$\begin{cases} \varphi(0) = \psi_0 + m\pi \\ \varphi(\infty) = \psi_0 + (m-n)\pi \end{cases} \tag{6-50}$$

式(6-50)中，m 为全通系统函数负实极点或正实零点的数目(高阶折合成相应阶数的一阶)，n 为全通系统的阶数(即全通系统函数的极点数目)。

首先考虑只有一个极点的一阶全通系统，其 $H(s)$在 s 平面上的零、极点分布情况如图 6-14a 所示，因此，频率特性为

$$H(\mathrm{j}\omega) = H(s)|_{s=\mathrm{j}\omega} = H_0 \frac{\mathrm{j}\omega - z_1}{\mathrm{j}\omega - p_1} = H_0 \frac{B_1}{A_1} \mathrm{e}^{\mathrm{j}(\psi_1 - \theta_1)}$$

幅频特性为常数 H_0，如图 6-14b 所示，由式(6-49)可知，一阶全通系统的相频特性为

$$\varphi(\omega) = \psi_1 - \theta_1 = \pi - \arctan\left(\frac{\omega}{|p_1|}\right) - \arctan\left(\frac{\omega}{|p_1|}\right) = \pi - 2\arctan\left(\frac{\omega}{|p_1|}\right) \tag{6-51}$$

它不失一般性，在式(6-51)中取 $\psi_0=0$，由式(6-51)可见，当 $\omega=0$ 时，$\varphi(\omega)|_{\omega=0}=\pi$，当$\omega\to\infty$时，$\varphi(\omega)\to 0$，即相频特性是一个单调下降的变化曲线，如图 6-14c 所示。

对于有两个极点的二阶全通系统来说，其幅频特性和一阶系统的相同，也为常数 H_0，但其相频特性却略有不同。由式(6-49)并取 $\psi_0=0$ 可知，二阶全通系统的相频特性为

$$\varphi(\omega) = \psi_1 + \psi_2 - \theta_1 - \theta_2 \tag{6-52}$$

如图 6-15a 中所示，$p_1 = p_2^* = -z_2 = -z_1^*$。设极点矢量 $\mathrm{j}\omega - p_1$ 和零点矢量 $\mathrm{j}\omega - z_1$ 之间的夹角为 α，则 $\psi_1 - \theta_1 = -\alpha$，再设极点矢量 $\mathrm{j}\omega - p_2$ 和零点矢量 $\mathrm{j}\omega - z_2$ 之间的夹角为 β，则 $\psi_2 - \theta_2 = \beta$，于是，由式(6-52)可得：

$$\varphi(\omega) = \beta - \alpha$$

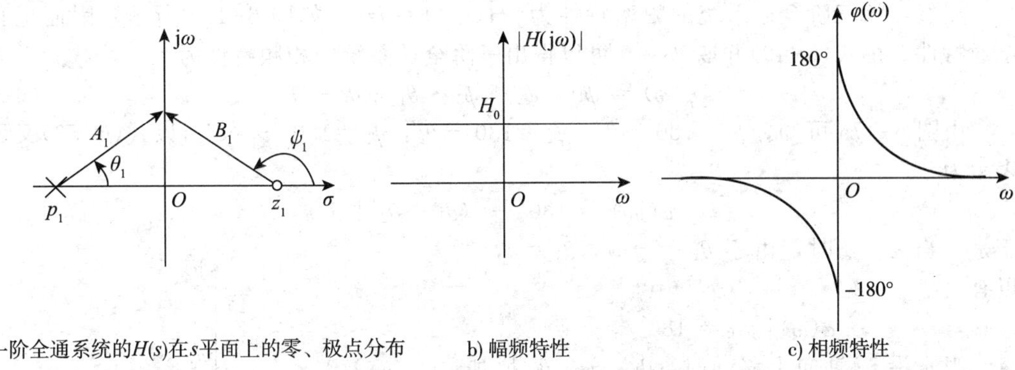

图 6-14　一阶全通系统的 $H(s)$在 s 平面上的零、极点分布及频率特性曲线

当 $\omega=0$ 时，$\theta_1=-\theta_2$，$\psi_1=-\psi_2$，即 $\beta=\alpha$，故$\varphi(\omega)\big|_{\omega=0}=0$。当 ω 沿 jω 轴向上移动时，θ_2 增大，ψ_2 减小，而且 θ_1 逐渐由负变正，ψ_1 的负值变得更小，即角 β 变小，角 α 增大，于是$\varphi(\omega)$下降，若 ω_d 是零、极点的虚轴坐标，当 $\omega=\omega_d$ 时，相频特性曲线有一个360°的跳变，如图 6-15c所示。产生这一跳变的原因是由于我们规定幅角是从实轴逆时针旋转到极点矢量或零点矢量的夹角，因此，当 ω 从小于 ω_d 变化到大于 ω_d 时，极点矢量的辐角就会有一个 360°的跳变。图 6-16 为相频特性跳变的图形说明。事实上，360°的跳变并不会对系统的相频特性产生实质性的影响，因此，也可以将相频特性曲线画成一个单调下降的曲线，如图 6-15d所示，其中，当 $\omega\to\infty$时，$\theta_1=\theta_2=90°$，$\psi_1=-270°$，$\psi_2=90°$，即 $\beta=0°$，$\alpha=-360°$，因而$\varphi(\omega)\big|_{\omega\to\infty}=-360°$。

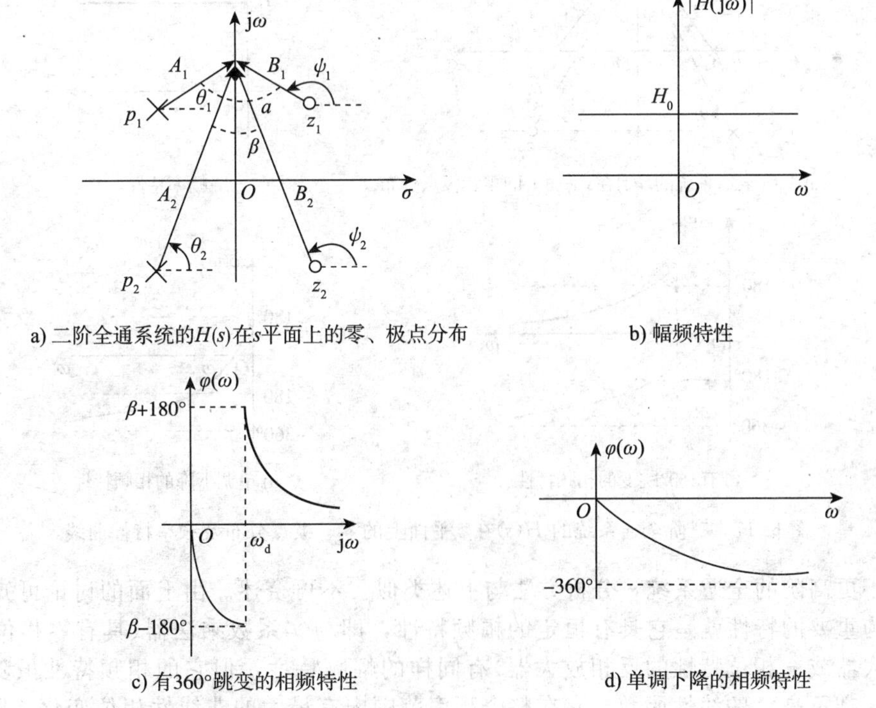

图 6-15　二阶全通系统的 $H(s)$在 s 平面上的零、极点分布及频率特性曲线

一个三阶全通系统的系统函数 $H(s)$在 s 平面上的零、极点分布情况如图 6-17a 所示，其中，三个零点 z_1、z_2 和 z_3 分别与对应的三个极点 p_1、p_2 和 p_3 以 jω 轴互为镜像。

显然，该三阶全通系统的幅率特性为$|H(\mathrm{j}\omega)|=H_0$，如图 6-17b 所示，因而也具有全通特性。由式(6-49)并取$\psi_0=0$可以得出三阶全通系统的相频特性为

$$\varphi(\omega)=\psi_1+\psi_2+\psi_3-\theta_1-\theta_2-\theta_3 \tag{6-53}$$

由图 6-17a 可知，$\psi_1=180°-\theta_1$，$\psi_2=180°-\theta_2$，$\psi_3=180°-\theta_3$，所以式(6-53)又可以表示为

$$\varphi(\mathrm{j}\omega)=180°-2(\theta_1+\theta_2+\theta_3)$$

于是，当$\omega=0$时，由于$\theta_1=-\theta_2$，$\theta_3=0$，所以有

$$\varphi(\omega)\big|_{\omega=0}=180°$$

当ω沿$\mathrm{j}\omega$轴向上移动时，θ_1、θ_2、θ_3增加，于是$\varphi(\omega)$下降：而当$\omega\to\infty$时，θ_1、θ_2、θ_3均趋于 90°，故有：

$$\varphi(\omega)\big|_{\omega\to\infty}=-360°$$

由此可知，$\varphi(\omega)$变化的全过程是从＋180°开始单调下降，经零点、最终趋于－360°。如前所述，可以将相频特性曲线画成一个有跳变的曲线，也可画成一个单调下降的曲线，对于三阶全通系统，前者如图 6-17c 所示，后者如图 6-17d 所示。

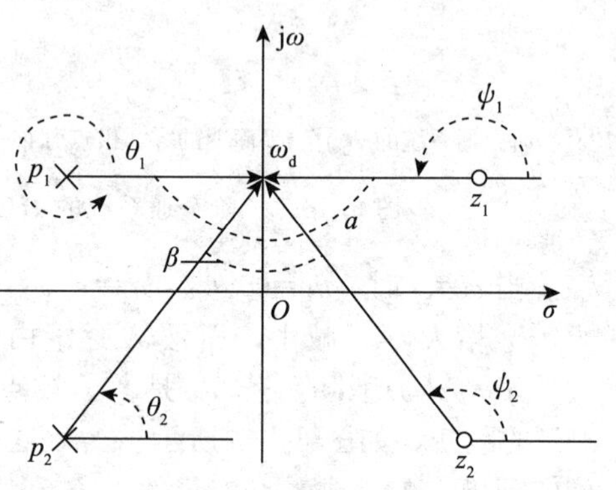

图 6-16 相频特性跳变的图形说明

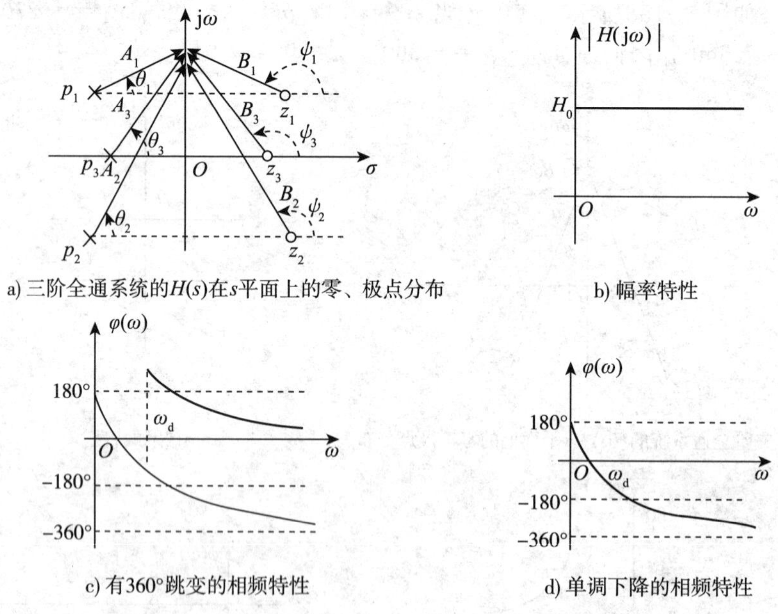

a) 三阶全通系统的$H(s)$在s平面上的零、极点分布　b) 幅率特性

c) 有360°跳变的相频特性　d) 单调下降的相频特性

图 6-17 三阶全通系统的 $H(s)$在 s 平面上的零、极点分布及频率特性曲线

关于更高阶的全通系统，分析方法与上述类似，不再赘述。由上面的讨论可知，全通系统最为重要的特性就是它具有恒定的幅频特性，即与实系数乘法器(具有零相位特性的同相放大器或π相位特性的反相放大器)有同样的幅频特性，但它的相频特性虽随频率ω而变化，却不是ω的线性函数，它在整个频率范围内有最大的非线性相位变化，即在$0\leqslant\omega<\infty$的范围内，相位减少$n\pi$。因此，全通系统不是无失真传输系统。由于全通系统只改变输入信号的相位特性(除常数信号，即直流分量之外，所有不同频率的信号通过连续全通系统，造成不相等的时间上的滞后)而不改变输入信号的幅频特性，所以在实际应用中，

常利用全通系统的这个特点，将其级联在电路中，可以保证不影响待传送信号的幅度频谱特性，只改变信号的相位频谱特性，例如，在传输系统中常用它来进行相位校正，用作相位均衡器或移相器。

【例 6-11】 判断如图 6-18 所示的网络是否为全通网络。

解：由图 6-18 所对应的 s 域电路可得：

$$U_o(s)=I_a(s)\left(\frac{1}{sC}+sL\right)-I_b(s)R=\frac{\frac{1}{sC}+sL}{\frac{1}{sC}+sL+R}U_i(s)-\frac{R}{\frac{1}{sC}+sL+R}U_i(s)$$

$$=\frac{\frac{1}{sC}+sL-R}{\frac{1}{sC}+sL+R}U_i(s)$$

因此求得系统函数为

$$H(s)=\frac{U_o(s)}{U_i(s)}=\frac{\frac{1}{sC}+sL-R}{\frac{1}{sC}+sL+R} \tag{6-54}$$

令 $\alpha=\frac{R}{2L}$，$\omega_0=\frac{1}{\sqrt{LC}}$，且 $\omega_0\gg\alpha$，代入式(6-54)后可得：

$$H(s)=\frac{s^2-\frac{R}{L}s+\frac{1}{LC}}{s^2+\frac{R}{L}s+\frac{1}{LC}}=\frac{s^2-2\alpha s+\omega_0^2}{s^2+2\alpha s+\omega_0^2}$$

$$=\frac{(s-s_0)(s-s_0^*)}{(s+s_0)(s+s_0^*)} \tag{6-55}$$

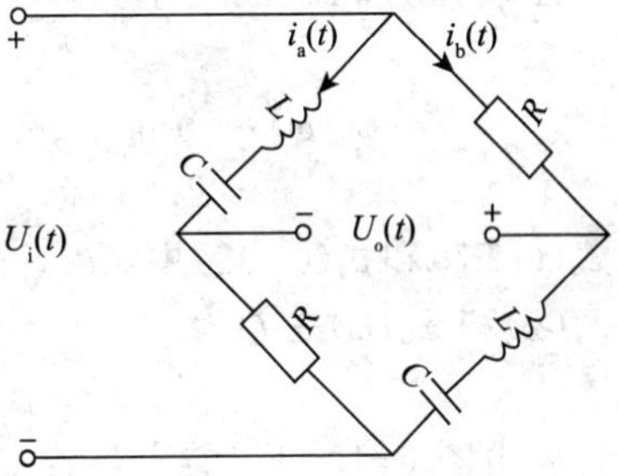

图 6-18 例 6-11 图

式(6-55)中有：

$$s_0=\alpha+\mathrm{j}\sqrt{\omega_0^2-\alpha^2},s_0^*=\alpha-\mathrm{j}\sqrt{\omega_0^2-\alpha^2}$$

$H(s)$的零、极点分布如图 6-15a 所示，幅频特性曲线和相频特性曲线分别如图 6-15b、d 所示，其中$|H(\mathrm{j}\omega)|=1$。

6. 最小相移系统的频率特性

对于一个实因果连续时间系统，要使它稳定，则系统的全部极点必须位于 s 平面 jω 轴的左侧，而对系统的零点没有限制，它可以在整个 s 平面上。我们知道，连续时间全通系统的全部零点(与系统的极点数目和阶数相同)都位于 s 平面 jω 轴的右边。现在考察另一种零点分布，即系统的所有零点与极点一样，均位于 s 平面 jω 轴左边的情况。

图 6-19 分别给出了两个二阶系统的系统函数 $H_a(s)$和 $H_b(s)$在 s 平面上的零、极点分布。可以看到，$H_a(s)$有两个极点 p_1 和 p_1^*；两个零点 z_1 和 z_1^* 都在 s 平面的左半开平面上，因此，$H_a(s)$可以表示为

$$H_a(s)=H_0\frac{(s-z_1)(s-z_1^*)}{(s-p_1)(s-p_1^*)}$$

$H_b(s)$的极点与 $H(s)$的相同，仍为 $x(t)=\cos 2t$ 和$-\infty<t<+\infty$，但其两个零点却在 s 平面的右半开平面上，且 $H_b(s)$的零点与 $H_a(s)$的零点以 jω 轴成镜像关系，即 $H_b(s)$的零点为$-z_1^*$ 和$-z_1$，因此，$H_b(s)$可以表示为

$$H_b(s)=H_0\frac{(s+z_1)(s+z_1^*)}{(s-p_1)(s-p_1^*)}$$

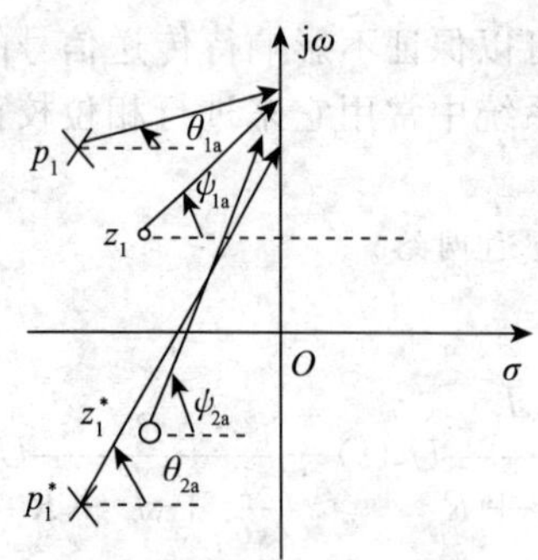

a) 最小相移系统的系统函数$H_a(s)$

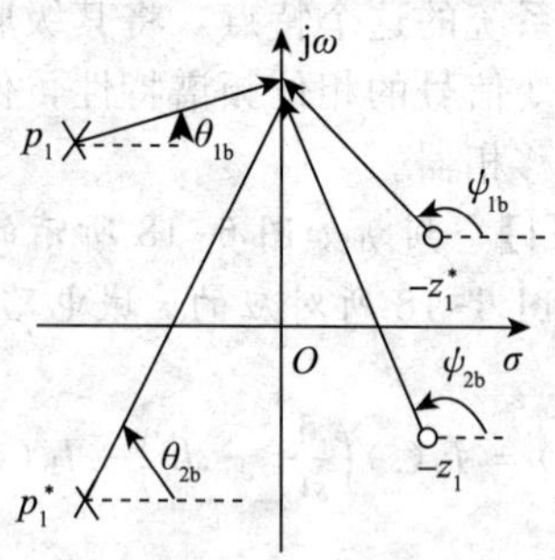

b) 非最小相移系统的系统函数$H_b(s)$

图 6-19　最小相移系统与非最小相移系统的系统函数在 s 平面上的零、极点分布

由于 $H_a(s)$和 $H_b(s)$的极点相同，所以各对应极点在 s 平面上的极点矢量也相同，而其零点对称于 jω 轴，故其对应零点矢量的模相等。因此，$H_a(j\omega)$和 $H_b(j\omega)$的幅频特性相同。但是，由图 6-19 可知，对于相同的 ω，$H_b(j\omega)$的两个零点矢量的相角分别为

$$\psi_{1b} = \pi - \psi_{1a},\psi_{2b} = \pi - \psi_{2a} \tag{6-56}$$

式 (6-56)中，ψ_{1a}、ψ_{2a}分别为 $H_a(j\omega)$的两个零点矢量的相角，因此，二阶系统的的相频特性 $\varphi_a(\omega)$和 $\varphi_b(\omega)$分别为

$$\varphi_a(\omega) = (\psi_{1a} + \psi_{2a}) - (\theta_1 + \theta_2) \tag{6-57}$$

$$\begin{aligned}\varphi_b(\omega) &= (\psi_{1b} + \psi_{2b}) - (\theta_1 + \theta_2) = (\pi - \psi_{1a} + \pi - \psi_{2a}) - (\theta_1 + \theta_2)\\ &= 2\pi - (\psi_{1a} + \psi_{2a}) - (\theta_1 + \theta_2)\end{aligned} \tag{6-58}$$

式(6-57)和式(6-58)中，θ_1、θ_2 分别为极点 p_1 和 p_1^* 所对应的极点矢量的相角。因此，$\varphi_a(\omega)$和 $\varphi_b(\omega)$之差为

$$\varphi_b(\omega) - \varphi_a(\omega) = 2\pi - 2(\psi_{1a} + \psi_{2a})$$

由图 6-19 可以看出，若 ω 由 0 变化至∞，$\psi_{1a}+\psi_{2a}$由 0 增加至 π，即 $\psi_{1a}+\psi_{2a}\leqslant\pi$，这表明，对于任意 $\omega(0\leqslant\omega\leqslant\infty)$，有：

$$\varphi_b(\omega) - \varphi_a(\omega) = 2\pi - 2(\psi_{1a} + \psi_{2a}) \geqslant 0$$

即对于任意 $\omega(0\leqslant\omega\leqslant\infty)$，有：

$$\varphi_b(\omega) \geqslant \varphi_a(\omega) \tag{6-59}$$

式(6-59)表明，对于具有相同幅频特性的系统，若系统的零点位于 s 左半平面或虚轴上，则该系统的相位特性 $\varphi(\omega)$最小。由于 $\varphi(\omega)$的大小影响信号通过系统后的相位改变量，相位变化越小，意味着延时越小，由此引出最小相移系统的定义：在所有 n 阶连续实因果稳定($m\leqslant n$)线性时不变系统中，n 个极点和全部零点均位于 s 平面 jω 轴左侧的系统函数，相比于其他具有不同的零点分布却有相同阶数 n 以及 m 的系统函数，前者的相频特性具有最小相位或最小相移，故称为连续时间最小相移系统，其系统函数称为连续时间最小相移函数。否则，只要有一个零点位于 s 平面 jω 轴右侧的实因果稳定系统函数统称为非最小相移函数，对应的系统就称为非最小相移系统。一般地，连续时间最小相移系统的系统函数可以表示为

$$H_{\min}(s) = H_0 \frac{\prod_{j=1}^{m}(s - z_i)}{\prod_{i=1}^{n}(s - p_j)},\ \mathrm{Re}(z_i) < 0,\ \mathrm{Re}(p_j) < 0 \tag{6-60}$$

也可以将式(6-60)所表示的定义扩大：零点位于左半 s 平面或 jω 轴上的系统函数称为最小相移函数。

上述最小相移函数的零、极点分布的定义并不限于 $m=n$ 的情况，但在大多数情况下，最小相移系统一般是指 $m=n$，即零、极点数目相等的情况，因为只有此时，系统才具有真正的最小相移。例如，在图 6-20a 和 b 中，分别画出了如图 6-19a 和 b 所示系统的相频特性。当然，连续时间最小相移系统的幅频特性不可能是常数，可以呈现各种不同的幅频响应。但是，如果最小相移函数的零、极点阶数分别相同，位置又非常靠近时，就会在整个频率范围具有近于一致的幅频响应。

下面讨论最小相移函数或最小相移系统的基本性质：

1）实因果稳定最小相移系统的逆系统也是一个实因果稳定线性时不变系统。

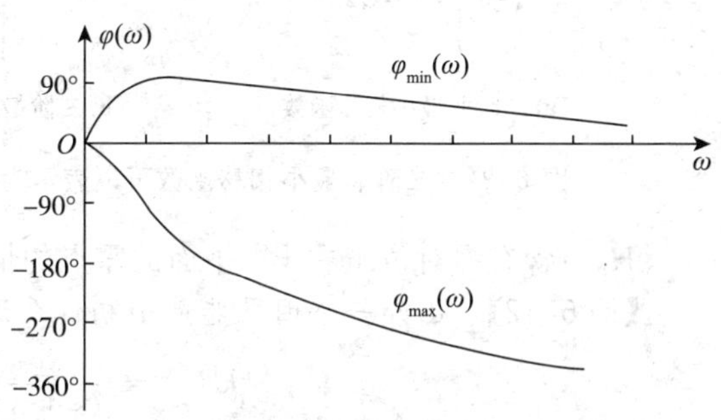

图 6-20　图 6-19a 和 b 对应的相频特性

由关于线性时不变系统的可逆性和逆系统的讨论可知，对于有理系统函数表征的线性时不变系统，其逆系统一定存在，且其零点和极点分别是原系统的同阶极点和零点。连续实因果稳定最小相移系统的零、极点都位于 s 平面 $\mathrm{j}\omega$ 轴左侧，其逆系统的极点和零点也必定都位于 $\mathrm{j}\omega$ 轴的左侧，它既是实因果稳定线性时不变系统，又是最小相移系统，鉴于此，也可以这样来定义最小相移系统，即若一个实连续线性时不变系统及其逆系统都是因果稳定的，则该系统就称为连续最小相移系统。

2）任何非最小相移函数都可以表示为一个同阶最小相移函数和一个全通函数的乘积，即任何非最小相移系统等效为一个同阶最小相移系统和一个全通系统的级联。

下面就 $H(s)$ 仅含有一对位于右半 s 平面的零点的情况对此性质进行论述。设一个非最小相移函数 $H(s)$ 含有的位于右半 s 平面的零点为

$$z_{1,2}=\sigma_{\mathrm{j}}\pm\mathrm{j}\omega_{\mathrm{j}},\mathrm{Re}(\sigma_{\mathrm{j}})>0$$

因此，这对零点在 $H(s)$ 分子中的复数因子为

$$(s-z_1)(s-z_2)=[s-(\sigma_{\mathrm{j}}+\mathrm{j}\omega_{\mathrm{j}})][s-(\sigma_{\mathrm{j}}-\mathrm{j}\omega_{\mathrm{j}})]=(s-\sigma_{\mathrm{j}})^2+\omega_{\mathrm{j}}^2$$

在 $H(s)$ 中提取该复数因子 $(s-\sigma_{\mathrm{j}})^2+\omega_{\mathrm{j}}^2$，则剩余部分中就不含位于右半 s 平面的零点，也就是一个最小相移函数 $H_{\min}(s)$，于是，$H(s)$ 可写成为

$$H(s)=H_{\min}(s)[(s-\sigma_{\mathrm{j}})^2+\omega_{\mathrm{j}}^2] \tag{6-61}$$

在式(6-61)的分子和分母中同乘以其零点位于左半 s 平面的因式项：

$$(s+z_1)(s+z_2)=[s+(\sigma_{\mathrm{j}}+\mathrm{j}\omega_{\mathrm{j}})][s+(\sigma_{\mathrm{j}}-\mathrm{j}\omega_{\mathrm{j}})]=(s+\sigma_{\mathrm{j}})^2+\omega_{\mathrm{j}}^2$$

可得：

$$H(s)=\underbrace{H_{\min}(s)[(s+\sigma_{\mathrm{j}})^2+\omega_{\mathrm{j}}^2]}_{\text{最小相移函数}}\underbrace{\frac{(s-\sigma_{\mathrm{j}})^2+\omega_{\mathrm{j}}^2}{(s+\sigma_{\mathrm{j}})^2+\omega_{\mathrm{j}}^2}}_{\text{全通函数}} \tag{6-62}$$

式(6-62)为所求的非最小相移函数。例如，对于图 6-19 中的二阶非最小相移函数 $H_{\mathrm{b}}(s)$，若用 $(s-z_1)(s-z_1^*)$ 乘上分子和分母可得：

$$\begin{aligned}H_{\mathrm{b}}(s)&=\frac{(s+z_1)(s+z_1^*)}{(s-p_1)(s-p_1^*)}\cdot\frac{(s-z_1)(s-z_1^*)}{(s-z_1)(s-z_1^*)}\\&=\frac{(s-z_1)(s-z_1^*)}{(s-p_1)(s-p_1^*)}\cdot\frac{(s+z_1)(s+z_1^*)}{(s-z_1)(s-z_1^*)}\\&=H_{\mathrm{a}}(s)\cdot H_{\mathrm{c}}(s)\end{aligned} \tag{6-63}$$

式(6-63)中，$H_{\mathrm{a}}(s)=\dfrac{(s-z_1)(s-z_1^*)}{(s-p_1)(s-p_1^*)}$ 为最小相移函数，而

$$H_c(s)=\frac{(s+z_1)(s+z_1^*)}{(s-z_1)(s-z_1^*)}$$

则为全通函数。其图解说明如图 6-21 所示。

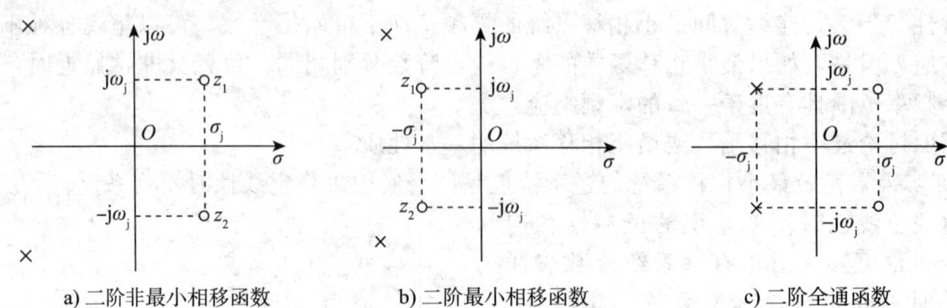

图 6-21 二阶非最小相移函数可以表示为二阶最小相移函数与二阶全通函数的乘积

$H(s)$含有多对位于右半 s 平面的零点的情况也可以做类似证明。

【例 6-12】 已知一个因果非最小相位系统的系统函数为

$$H(s)=\frac{(s+2)(s-1)}{(s+3)(s+4)(s+5)}$$

1）将 $H(s)$表示成一个最小相移系统 $H_{\min}(s)$和一个一阶全通系统 $H_{ap}(s)$的级联。分别确定 $H_{\min}(s)$和 $H_{ap}(s)$，并画出全通系统 $H_{ap}(s)$的相频特性。

2）确定最小相移系统 $H_{\min}(s)$的逆系统 $G_1(s)$和全通系统 $H_{ap}(s)$的逆系统 $G_2(s)$，这两个逆系统是因果稳定的吗？为什么？

3）说明因果稳定的非最小相移系统是否可能具有因果稳定的逆系统？

解：1）由式(6-62)可知，最小相移系统 $H_{\min}(s)$和一阶全通系统 $H_{ap}(s)$分别为

$$H_{\min}(s)=\frac{(s+1)(s+2)}{(s+3)(s+4)(s+5)},\sigma>-3$$

$$H_{ap}(s)=\frac{s-1}{s+1}$$

相频特性如图 6-22 所示。

2）$G_1(s)=\dfrac{1}{H_{\min}(s)}=\dfrac{(s+3)(s+4)(s+5)}{(s+1)(s+2)}$，$G_2(s)=\dfrac{1}{H_{ap}(s)}=\dfrac{s+1}{s-1}$

因为 $G_1(s)$的全部极点均位于左半 s 平面，所以是因果稳定系统；$G_2(s)$有一个极点位于右半 s 平面，故不是因果稳定系统。

3）因为任何一个因果稳定的非最小相移系统都可分解为一个因果稳定的最小相移系统与一个全通系统的级联，所以都不会有一个因果稳定的逆系统。

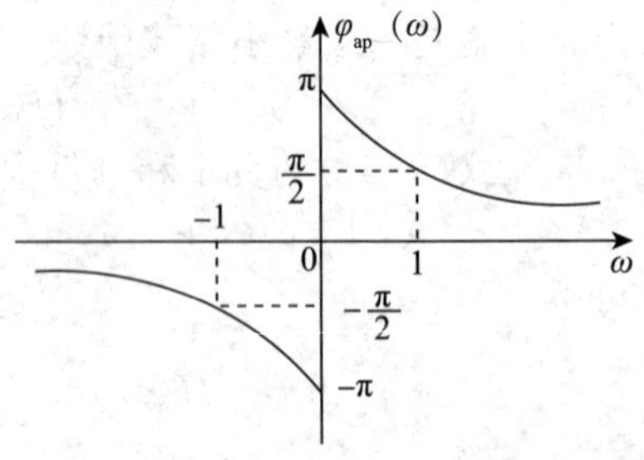

图 6-22 例 6-12 中全通系统相频特性

6.8 连续因果时不变稳定系统的正弦稳态响应

由于只有在稳定的系统中才有可能存在稳态响应，所以正弦稳态响应只存在于稳定的系统中。对于稳定的系统，当正弦激励信号 $x(t)$在 $t=0$ 时刻作用于系统时，经过无限长的时间(实际工程中认为只需经历有限长的时间)后，系统达到稳定工作状态。此时系统中的所有暂态响应已衰减为零，只剩下稳态响应，即正弦稳态响应。实际上，系统的正弦稳

态响应为零状态响应。

为了便于说明，设零状态连续因果时不变稳定系统的系统函数 $H(s)=\dfrac{N(s)}{D(s)}$ 只有单阶极点 $p_i(i=1,2,\cdots,n)$，若系统输入为因果正弦信号 $x(t)=A\sin(\omega t+\theta)\varepsilon(t)$，其单边拉氏变换为

$$X(s)=\frac{A(\omega\cos\theta+s\sin\theta)}{s^2+\omega^2}=\frac{A(\omega\cos\theta+s\sin\theta)}{(s-\mathrm{j}\omega)(s+\mathrm{j}\omega)}$$

于是，系统零状态响应 $y(t)$ 的单边拉氏变换为

$$\begin{aligned}Y(s)&=H(s)X(s)=H(s)\frac{A(\omega\cos\theta+s\sin\theta)}{(s-\mathrm{j}\omega)(s+\mathrm{j}\omega)}\\&=\frac{N_1(s)A(\omega\cos\theta+s\sin\theta)}{(s-p_1)(s-p_2)\cdots(s-p_i)\cdots(s-p_n)(s-\mathrm{j}\omega)(s+\mathrm{j}\omega)}\\&=\frac{k_1}{s-p_1}+\frac{k_2}{s-p_2}+\cdots+\frac{k_i}{s-p_i}+\cdots+\frac{k_n}{s-p_n}+\frac{c_1}{s+\mathrm{j}\omega}+\frac{c_2}{s-\mathrm{j}\omega}\\&=\left[\sum_{i=1}^{n}\frac{k_i}{s-p_i}\right]+\frac{c_1}{s+\mathrm{j}\omega}+\frac{c_2}{s-\mathrm{j}\omega}\end{aligned}\tag{6-64}$$

式(6-64)中，k_1、k_2、…、k_n 以及 c_1、c_2 均为部分分式展开式各项的系数，其中 c_1、c_2 分别为

$$\begin{aligned}c_1&=(s+\mathrm{j}\omega)Y(s)\big|_{s=-\mathrm{j}\omega}=(s+\mathrm{j}\omega)H(s)X(s)\big|_{s=-\mathrm{j}\omega}\\&=H(s)(s+\mathrm{j}\omega)\left.\frac{A(\omega\cos\theta+s\sin\theta)}{(s-\mathrm{j}\omega)(s+\mathrm{j}\omega)}\right|_{s=-\mathrm{j}\omega}\\&=AH(-\mathrm{j}\omega)\frac{\cos\theta-\mathrm{j}\sin\theta}{-2\mathrm{j}}=A\frac{\mathrm{e}^{-\mathrm{j}\theta}}{-2\mathrm{j}}H(-\mathrm{j}\omega)\end{aligned}$$

$$c_2=(s-\mathrm{j}\omega)Y(s)\big|_{s=\mathrm{j}\omega}=A\frac{\cos\theta+\mathrm{j}\sin\theta}{2\mathrm{j}}H(\mathrm{j}\omega)=A\frac{\mathrm{e}^{\mathrm{j}\theta}}{2\mathrm{j}}H(\mathrm{j}\omega)=c_1^*$$

由于

$$H(\mathrm{j}\omega)=|H(\mathrm{j}\omega)|\mathrm{e}^{\mathrm{j}\varphi(\omega)},H(-\mathrm{j}\omega)=|H(\mathrm{j}\omega)|\mathrm{e}^{-\mathrm{j}\varphi(\omega)}$$

所以对式(6-64)做单边拉氏反变换得系统的零状态响应为

$$\begin{aligned}y(t)&=\mathscr{L}^{-1}[Y(s)]\varepsilon(t)=\mathscr{L}^{-1}\left\{\frac{c_1}{s+\mathrm{j}\omega}+\frac{c_2}{s-\mathrm{j}\omega}+\left(\sum_{i=1}^{n}\frac{k_i}{s-p_i}\right)\right\}\varepsilon(t)\\&=\mathscr{L}^{-1}\left\{\frac{A|H(\mathrm{j}\omega)|}{s+\mathrm{j}\omega}\frac{\mathrm{e}^{-\mathrm{j}[\theta+\varphi(\omega)]}}{-2\mathrm{j}}+\frac{A|H(\mathrm{j}\omega)|}{s-\mathrm{j}\omega}\frac{\mathrm{e}^{\mathrm{j}[\theta+\varphi(\omega)]}}{2\mathrm{j}}+\left(\sum_{i=1}^{n}\frac{k_i}{s-p_i}\right)\right\}\varepsilon(t)\\&=\left[A|H(\mathrm{j}\omega)|\left(\frac{\mathrm{e}^{\mathrm{j}[\omega t+\theta+\varphi(\omega)]}-\mathrm{e}^{-\mathrm{j}[\omega t+\theta+\varphi(\omega)]}}{2\mathrm{j}}\right)+\left(\sum_{i=1}^{n}k_i\mathrm{e}^{p_it}\right)\right]\varepsilon(t)\\&=\Big[\underbrace{A|H(\mathrm{j}\omega)|\sin[\omega t+\theta+\varphi(\omega)]}_{\text{正弦稳态响应}y_{\mathrm{ss}}(t)}+\underbrace{\left(\sum_{i=1}^{n}k_i\mathrm{e}^{p_it}\right)}_{\text{暂态响应}y_{\mathrm{ts}}(t)}\Big]\varepsilon(t)\end{aligned}\tag{6-65}$$

由于系统是稳定的，所以必有 $\mathrm{Re}[p_i]=\sigma_i<0(i=1,2,\cdots,n)$，因此式(6-65)等号右边的和式 $\sum\limits_{i=1}^{n}k_i\mathrm{e}^{p_it}$ 所代表的暂态响应将随着 $t\to\infty$ 而趋近于零。当 $t\to\infty$ 时，也就是当系统达到稳定工作状态时，系统的零状态响应 $y(t)$ 中就只剩下系统的正弦稳态响应 $y_{\mathrm{ss}}(t)$ 了，即：

$$y_{ss}(t) = A|H(j\omega)|\sin[\omega t + \theta + \varphi(\omega)] \tag{6-66}$$

由 6.4 节和式(6-66)可知，线性时不变因果稳定系统零状态响应中的稳态响应完全由激励信号的极点所确定，在频率为 ω 的正弦周期激励信号 $x(t)=A\sin(\omega t+\theta)\varepsilon(t)$ 的作用下，稳定系统的正弦稳态响应 $y_{ss}(t)$ 是一个和激励信号同频率的正弦周期信号，但是其幅度要被系统在该频率点的幅频特性值 $|H(j\omega)|$ 加权，并且要附加一个系统在该频率点上的相位值 $\varphi(\omega)$。

【例 6-13】 已知某带通滤波器的系统函数为

$$H(s) = \frac{2s}{(s+1)^2 + 100^2}$$

若激励信号为 $x(t)=(1+\cos t)\cos(100t)\varepsilon(t)$，求该滤波器的稳态响应 $y_{ss}(t)$。

解：因为 $H(s)$ 的极点均在左半 s 平面上，所以系统是稳定的，系统的频率响应存在，并且为

$$H(j\omega) = H(s)|_{s=j\omega} = \frac{2j\omega}{(j\omega+1)^2 + 100^2}$$

$$x(t) = [(1+\cos t)\cos(100t)]\varepsilon(t) = [\cos(100t) + 0.5\cos(101t) + 0.5\cos(99t)]\varepsilon(t)$$

当 $s=j100$ 时，可得：

$$H(j100) = \frac{j200}{(j100+1)^2 + 100^2} = \frac{j200}{j200+1} \approx 1$$

当 $s=j101$ 时，可得：

$$H(j101) = \frac{j202}{(j101+1)^2 + 100^2} = \frac{j200}{-101^2 + j202 + 100^2 + 1} \approx 1$$

当 $s=j99$ 时，可得：

$$H(j99) = \frac{j198}{(j99+1)^2 + 100^2} = \frac{j198}{-99^2 + j198 + 100^2 + 1} \approx 1$$

故稳态响应为

$$y_{ss}(t) = \cos(100t) + 0.5\cos(101t) + 0.5\cos(99t)$$

6.9 线性时不变系统的模拟

我们知道，将一个具体的物理系统抽象为数学模型，以便于分析和研究系统的各种性能，这在理论上具有十分重要的意义。线性时不变系统都可以用线性常系数微分方程来描述，将这种描述所代表的系统加以模拟和表示，不仅在理论上而且对于工程实际更具有一定的价值。

6.9.1 线性时不变系统模拟的概念

在工程实际中，常常需要通过对实际系统做实验研究来分析：当系统参数或输入信号改变时，系统响应或性能的变化情况，而在系统设计和实现过程中，也经常需要知道按某种要求选择或设计的系统能否具有预期的特性，其性能在什么情况下可以达到最佳，或某些条件或系统参数发生了变化，系统能否正常工作等，在很多情况下，这些问题并不需要在实验室仿制或根据真实系统来解决，而只要根据真实系统的数学描述，构成与真实系统具有同样数学模型(例如，完全相同的时域、频域或复频域表示)、用模拟装置组成的实验系统来模拟实际系统以进行分析研究就可以了。这种按照实际系统的数学描述，用模拟装置对实际系统的性能进行分析研究的方法，称为系统模拟或系统仿真。系统模拟一般都是用模拟计算机或数字计算机来实现，也可在专用的实验设备上实现。

我们知道，将一个实际线性时不变系统的输入输出关系抽象描述为线性常系数微分方

程时，所涉及的基本运算有三种，即连续时间数乘、相加和微分，这三种运算能够分别用三种连续时间基本模拟部件(数乘器、加法器和微分器)实现。从原理上说，积分器和微分器都可以用来模拟微分方程表示的动态连续系统，然而由于微分器为敏感元件，易受外界干扰，从而造成工作不稳定，此外还会加重噪声；积分器的抗干扰能力比微分器强(特别是对脉冲式的工业干扰)，可实现的精度也高于微分器，因此，实际系统往往采用积分器来实现。在实际中，加法器、数乘器和积分器，都是用含有运算放大器的电路来实现的。三种运算器的表示符号及其时域、s 域中输入输出的关系如表 6-3 所示。

表 6-3 模拟和表示线性时不变系统的三种基本运算部件的符号及其时域、s 域中输入输出关系

名　称	时域表示	s 域表示	信号流图表示	实现器件
加法器	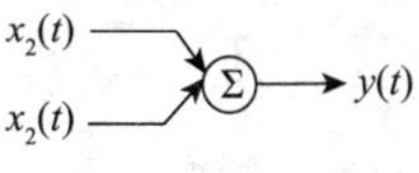 $x_2(t)$、$x_2(t)$ → Σ → $y(t)$ $y(t)=x_1(t)+x_2(t)$	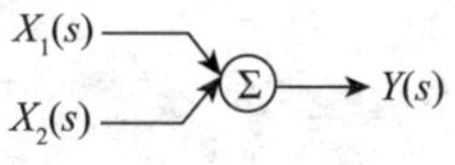 $X_1(s)$、$X_2(s)$ → Σ → $Y(s)$ $Y(s)=X_1(s)+X_2(s)$	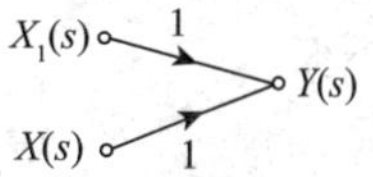 $X_1(s)$ —1→ $Y(s)$，$X(s)$ —1→ $Y(s)$ $Y(s)=X_1(s)+X_2(s)$	运算放大器
数乘器	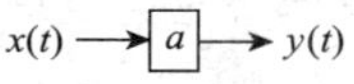 $x(t)$ → a → $y(t)$ $y(t)=ax(t)$	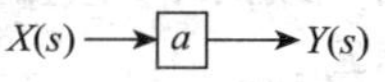 $X(s)$ → a → $Y(s)$ $Y(s)=aX(s)$	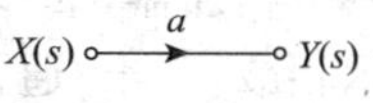 $X(s)$ —a→ $Y(s)$ $Y(s)=aX(s)$	运算放大器
积分器	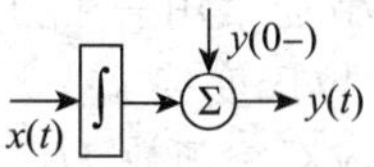 $x(t)$ → ∫ → Σ → $y(t)$，$y(0-)$ $y(t)=\int_{-\infty}^{t}x(\tau)\mathrm{d}\tau$ $=y(0_-)+\int_{0_-}^{t}x(\tau)\mathrm{d}\tau$ 其中，$y(0_-)=\int_{-\infty}^{0}x(\tau)\mathrm{d}\tau$	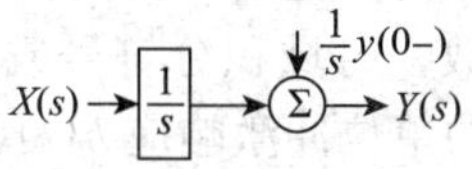 $X(s)$ → $\frac{1}{s}$ → Σ → $Y(s)$，$\frac{1}{s}y(0-)$ $Y(s)=\frac{1}{s}X(s)+\frac{1}{s}y(0_-)$ 其中，$y(0_-)=\int_{-\infty}^{0_-}x(\tau)\mathrm{d}\tau$，为响应 $y(t)$ 的初始状态	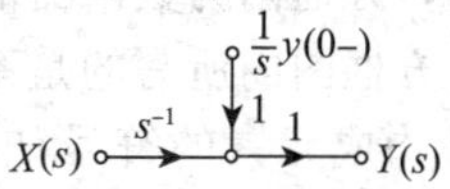 $X(s)$ —s^{-1}→ ○ —1→ $Y(s)$，$\frac{1}{s}y(0-)$ —1→ ○ $Y(s)=\frac{1}{s}X(s)+\frac{1}{s}y(0_-)$	运算放大器

在实验室中用加法器、数乘器和积分器来模拟给定系统的数学模型——微分方程或系统函数 $H(s)$，称为线性时不变系统的模拟，简称系统模拟。系统的模拟是系统综合的基础。经过模拟得到的系统称为模拟系统。

从系统模拟的定义可知，这种模拟仅仅是数学意义上的模拟，即所模拟的并非是实际系统本身，而是系统的数学模型：微分方程或系统函数 $H(s)$。此外，我们知道，对于用相同的微分方程描述的各种系统，在具有相同数学形式的激励作用下，其响应(即微分方程解的数学形式)也完全相同，只是方程中系数 a_i、b_j 中含有的系统参数和输入输出信号中的系数所具有的物理量纲才会因具体物理系统的不同而异。因此，对于任何实际系统而言，只要它们的数学模型相同，则它们的模拟系统就一样，因而可以在实验室里用同一个物理装置(即模拟系统)通过实验对具有同样数学描述的系统的特性进行研究。例如，当系统参数或输入信号改变时，系统的工作是否稳定，系统的时域响应或频率响应如何变化，系统的性能指标能否满足要求等。所有这些都可用实验仪器直接进行观测或在计算机的输出装置上直接显示出来，非常便于通过调整系统参数等方式来确定系统的最佳参数和最佳工作状态。此外，模拟系统的输出信号就是系统微分方程的解，通常称为模拟解。这比直接求解系统的微分方程简便，这充分说明系统模拟的重要实用意义和理论价值。

通常，在实验室进行系统模拟之前，需要在理论上根据微分方程或系统函数 $H(s)$ 绘制出系统的实现结构，即用加法器、数乘器和积分器的表示符号连接而成的方框图表示，一般称为系统模拟图，也称为模拟(方)框图或结构框图。从广义上说，线性时不变系统以及线性移不变系统的模拟和表示都可以利用方框图和信号流图来实现。显然，系统模拟图与系统的微分方程或系统函数 $H(s)$ 在描述系统特性方面是等价的。

若将数乘器的常数、时域积分符号或积分的拉氏变换 s^{-1} 置于方框之内，则可以认为连续线性时不变系统的模拟图由下面四种元素构成。

(1) 信号线

信号线(支路)是一条带有箭头的直线，箭头表示信号的传递方向，在直线旁标示所传递信号的时间函数或其拉氏变换式。

(2) 分支点

具有两个或两个以上支路离开的节点称为分支点，简称分点，有时也称为引出点或测量点。分支点表示信号引出或测量的位置。分支点在图形上用一个实心点表示，因为在分支点处只取出信号而不取出能量，所以信号能量并不减少，即从同一个分支点引出的各信号保持原信号不变。

(3) 相加点

两个或两个以上支路指向的节点，简称合点，有时也称为比较点或综合点。相加点在图形上表示为一个相加器，即表示对两个或两个以上的信号进行加减运算，符号“+”表示相加，“-”表示相减，“+”通常省略不写。

(4) 传递环节

传递环节接收输入信号并将其变换为其他信号输出。传递环节通常用一个方框表示，在系统模拟图中，方框内为数乘器的常数、时域积分符号或积分的拉氏变换 s^{-1}，在下一节系统的表示中，方框图内所写的是系统的单位冲激响应 $h(t)$(时域)或系统函数 $H(s)$(复频域)。

上述四种构成元素的符号如图 6-23 所示，所传递的信号既可用时间函数形式表示，也可用对应的拉氏变换式来表示。

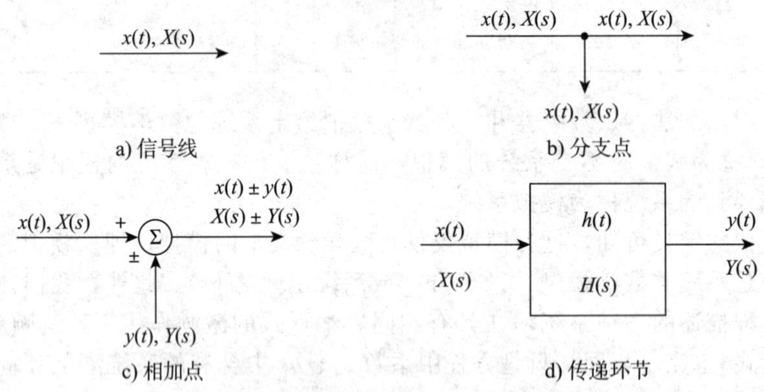

图 6-23 系统模拟或表示的四种构成元素

6.9.2 线性时不变系统的模拟图

对于线性时不变系统而言，常用的模拟图有四种实现结构：直接型、级联型、并联型和混联型(级联和并联共存)，前三种为基本形式。在模拟计算机中，每一个实际的积分器都备有专用的输入初始条件的引入端，当进行模拟实验时，每一个积分器都要引入它应有的初始条件。在下面画系统模拟图时，为了方便说明，设系统的初始状态为零，即系统处于零状态。此时，模拟系统的输出信号仅为系统的零状态响应。

我们知道，描述 N 阶因果线性时不变系统的 N 阶线性实系数常微分方程及其对应的系统函数分别可表示为

$$\sum_{i=0}^{n} a_i y^{(i)}(t) = \sum_{j=0}^{m} b_j x^{(j)}(t) \tag{6-67}$$

$$H(s)=\frac{Y(s)}{X(s)}=\frac{\sum_{j=0}^{m}b_js^j}{\sum_{i=0}^{n}a_is^i}=\frac{b_ms^m+b_{m-1}s^{m-1}+\cdots+b_1s+b_0}{a_ns^n+a_{n-1}s^{n-1}+a_{n-2}s^{n-2}+\cdots+a_1s+a_0}$$

$$=\frac{b_ms^{-(n-m)}+b_{m-1}s^{-(n-m+1)}+\cdots+b_1s^{-(n-1)}+b_0s^{-n}}{a_n+a_{n-1}s^{-1}+a_{n-2}s^{-2}+\cdots+a_1s^{-(n-1)}+a_0s^{-n}} \tag{6-68}$$

在式(6-67)和式(6-68)中，假定 $m\leqslant n$。式(6-68)中最后一个等式是将前一个等式中的分子、分母同乘以 s^{-n}得到的，以便用积分器来实现 $H(s)$。由于系统为因果系统，式(6-68)中 $H(s)$的收敛域为其最右边极点右边的 s 平面。下面讨论常用的四种模拟实现结构。

1. 直接型实现结构

直接型结构分为直接Ⅰ型和直接Ⅱ型两种。

(1) 用微分方程描述的因果线性时不变系统的直接型实现结构

首先来看用一阶微分方程描述的一阶因果线性时不变系统，即：

$$a_1y^{(1)}(t)+a_0y(t)=b_1x^{(1)}(t)+b_0x(t) \tag{6-69}$$

由于用微分方程描述的系统一般用积分运算实现。为此对式(6-69)两边求一次积分可得：

$$a_1y(t)+a_0\int_{-\infty}^{t}y(\tau)\mathrm{d}\tau=b_1x(t)+b_0\int_{-\infty}^{t}x(\tau)\mathrm{d}\tau \tag{6-70}$$

在式(6-70)中，令

$$w(t)=b_1x(t)+b_0\int_{-\infty}^{t}x(\tau)\mathrm{d}\tau \tag{6-71}$$

显然，式(6-71)可以用图 6-24a 表示。将式(6-71)代入式(6-70)并经移项处理可得：

$$y(t)=\frac{1}{a_1}\left[w(t)-a_0\int_{-\infty}^{t}y(\tau)\mathrm{d}\tau\right] \tag{6-72}$$

式(6-72)可以用图 6-24b 表示。将图 6-24a 和 b 级联后可得图 6-25，该图为式(6-69)或式(6-70)的模拟图。由卷积交换律可知，对于线性时不变系统而言，两个级联的子系统互换位置后，整个系统的输入输出关系保持不变。因此，在图 6-25 中交换两个子系统的位置后所得到的如图 6-26 所示的系统仍然具有式(6-69)或式(6-70)给定的输入输出关系。由于图 6-25 中两个积分器有同一个输入，故可将两个积分器合并，得到如图 6-27 所示的实现结构。由于式(6-69)和式(6-70)所表示的输入输出关系相同，所以图 6-27 为一阶微分方程式(6-69)及其所描述的一阶因果线性时不变系统的模拟图。

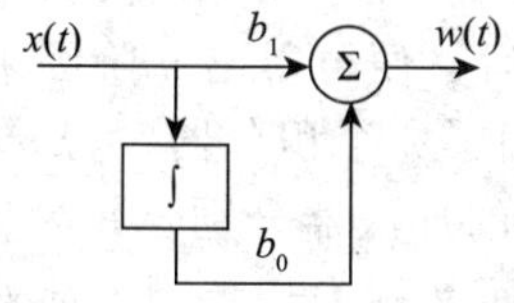

a) 一阶因果线性时不变非递归系统

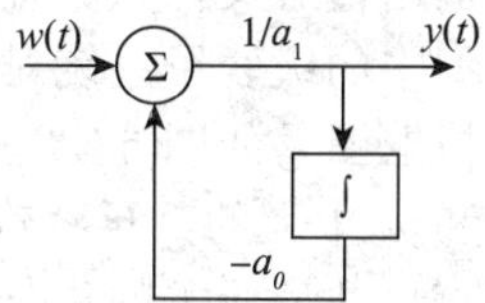

b) 一阶因果线性时不变递归系统

图 6-24　一阶因果线性时不变系统的模拟图

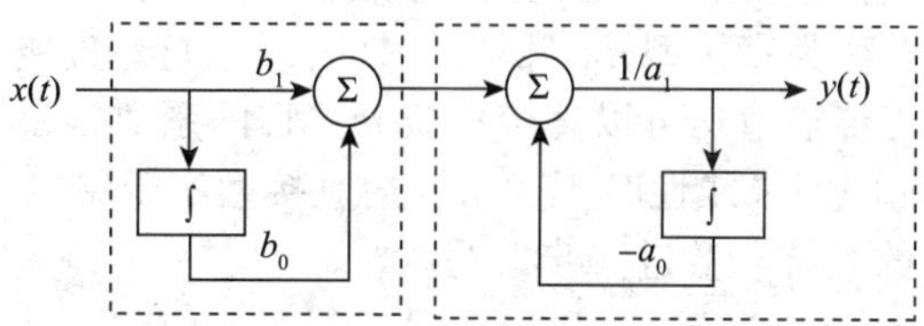

图 6-25　一阶因果线性时不变系统的模拟图(递归-非递归级联)：直接Ⅰ型

显然，由于少用了一个积分器，图 6-27 比图 6-26 要经济。在系统实现中常将后者的形式称为直接Ⅰ型，前者的形式称为直接Ⅱ型，也称为规范型。一般而言，若实现系统的积分器个数没有冗余，N 阶微分方程对应的系统实现结构中应只有 n 个积分器。

在一般的 N 阶常系数微分方程式(6-69)中，设 $m=n$ 并对两边进行 n 次积分可得：

$$a_n y(t)+a_{n-1}\int_{-\infty}^{t} y(\tau)\mathrm{d}\tau+\cdots+a_0\underbrace{\int_{-\infty}^{t}\cdots\int_{-\infty}^{t}}_{n} y(\tau)\mathrm{d}\tau=b_n x(t)$$
$$+b_{n-1}\int_{-\infty}^{t} x(\tau)\mathrm{d}\tau+\cdots+b_0\underbrace{\int_{-\infty}^{t}\cdots\int_{-\infty}^{t}}_{n} x(\tau)\mathrm{d}\tau \tag{6-73}$$

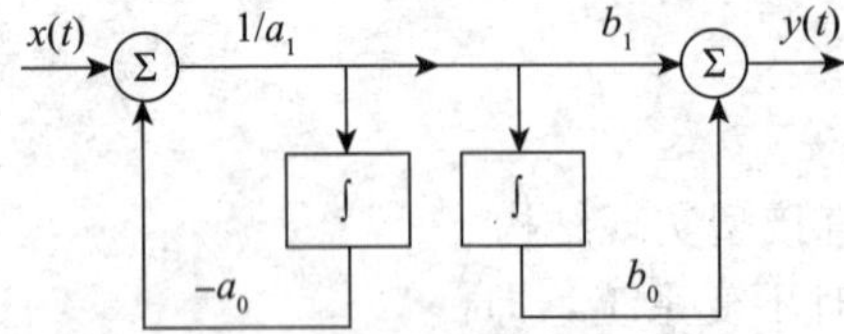

图 6-26 交换图 6-24 中级联子系统的位置后的模拟图：直接Ⅰ型

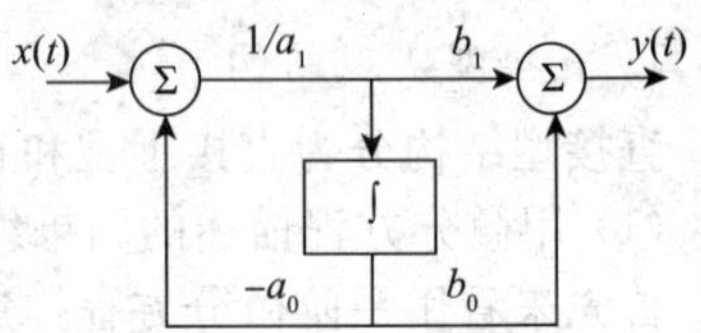

图 6-27 一阶因果线性时不变系统的模拟图：直接Ⅱ型

在式(6-73)中，令

$$w(t)=b_n x(t)+b_{n-1}\int_{-\infty}^{t} x(\tau)\mathrm{d}\tau+\cdots+b_0\underbrace{\int_{-\infty}^{t}\cdots\int_{-\infty}^{t}}_{n} x(\tau)\mathrm{d}\tau \tag{6-74}$$

将式(6-74)代入式(6-73)并经移项处理可得：

$$y(t)=\frac{1}{a_n}\left(w(t)-a_{n-1}\int_{-\infty}^{t} y(\tau)\mathrm{d}\tau-\cdots-a_0\underbrace{\int_{-\infty}^{t}\cdots\int_{-\infty}^{t}}_{n} y(\tau)\mathrm{d}\tau\right) \tag{6-75}$$

显然，类似于一阶系统，由式(6-74)和式(6-75)可以得出各自的模拟图以及直接Ⅰ型的实现结构图(其中，使用了 $2n$ 个积分器，若 $m\neq n$，则要使用 $n+m$ 个积分器)，由此可见，用微分方程式(6-67)描述的因果线性时不变系统也可以视为一个由式(6-74)表示的非递归系统(从器件构成上说，是由数乘器、积分器的级联和并联构成的连续线性时不变系统，从输入输出关系上说，当前输出仅与输入有关，从方程系数上来说，式(6-67)中的系数 $a_i=0$)和一个由式(6-75)表示的递归系统(从器件构成上说，是数乘器、积分器通过反馈连接组成的连续线性时不变系统，从输入输出关系上说，当前输出不仅与当前输入有关，还与过去的输出值有关，从方程系数上来说，式(6-67)中的系数 a_i，b_j 均不为零)的级联。将直接Ⅰ型中的级联子系统对调再合并积分器后，便可得出 n 阶因果线性时不变系统的直接Ⅱ型模拟框图，如图 6-29 所示，其中，使用了 n 个积分器，若 $m\neq n$，则积分器的使用数目为 n 和 m 中大的，再将输入和输出信号处的加法器分别合并为一个，则只需两个加法器。由于直接Ⅱ型所需的积分器数目最少，因而又称为规范型，显然，它是直接Ⅰ型的简化结构，是一种最为经济有效的实现结构。事实上，图 6-28 中直接Ⅰ型的 $2n$ 个加法器可以合并为一个加法器。

若 $x(t)$ 只有 m 阶导数($m<n$)，令上述各模拟框图中相应系数 $b_j(j>m)$ 为零即可。上面讨论的实现结构之所以称为直接型模拟框图，是因为它们是直接从微分方程或系统函数导出的，这时，各个支路传输值均可以直接从微分方程的系数推出。

(2) 用系统函数表征的因果线性时不变系统的直接型实现结构

将式(6-68)所表示的系统函数进一步改写为

$$H(s)=\frac{Y(s)}{X(s)}=\frac{W(s)}{X(s)}\cdot\frac{Y(s)}{W(s)}=H_1(s)H_2(s) \tag{6-76}$$

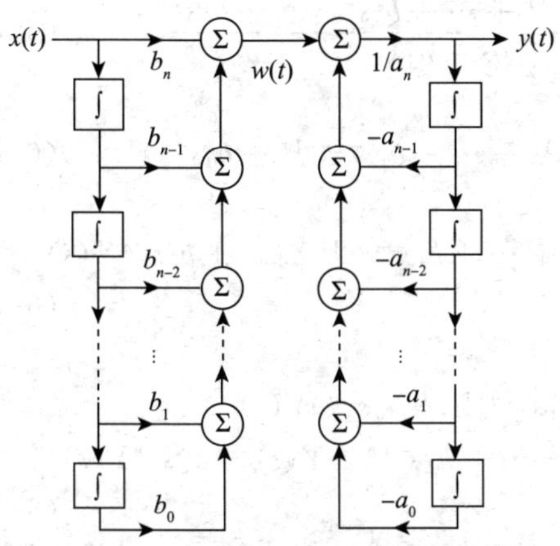

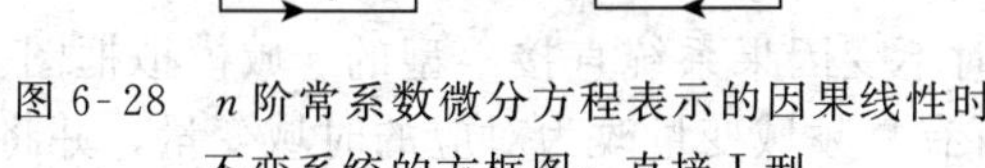
图 6-28　n 阶常系数微分方程表示的因果线性时不变系统的方框图：直接Ⅰ型

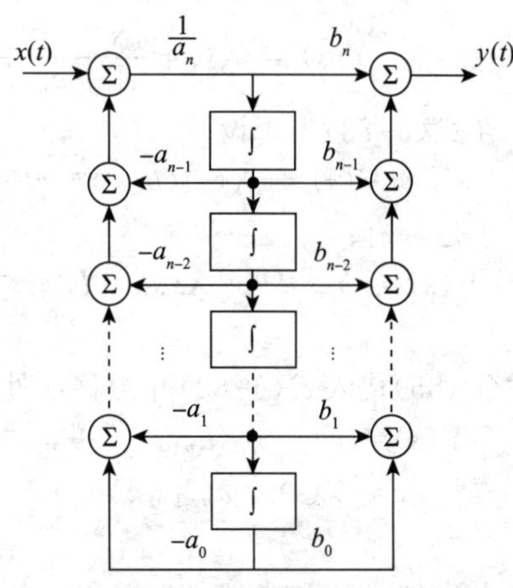

图 6-29　n 阶常系数微分方程表示的因果线性时不变系统的方框图：直接Ⅱ型

在式(6-68)中，为了表示方便，设 $a_n=1$，因而有：

$$H_1(s)=\frac{W(s)}{X(s)}=\frac{1}{1+a_{n-1}s^{-1}+a_{n-2}s^{-2}+\cdots+a_1s^{-(n-1)}+a_0s^{-n}} \tag{6-77}$$

$$H_2(s)=\frac{Y(s)}{W(s)}=b_ms^{-(n-m)}+b_{m-1}s^{-(n-m+1)}+\cdots+b_1s^{-(n-1)}+b_0s^{-n} \tag{6-78}$$

因此，由式(6-77)可得：

$$W(s)=\frac{X(s)}{1+a_{n-1}s^{-1}+a_{n-2}s^{-2}+\cdots+a_1s^{-(n-1)}+a_0s^{-n}} \tag{6-79}$$

将式(6-79)改写为

$$W(s)(1+a_{n-1}s^{-1}+a_{n-2}s^{-2}+\cdots+a_1s^{-(n-1)}+a_0s^{-n})=X(s) \tag{6-80}$$

则有：

$$W(s)=X(s)-a_{n-1}s^{-1}W(s)-a_{n-2}s^{-2}W(s)-\cdots-a_1s^{-(n-1)}W(s)-a_0s^{-n}W(s) \tag{6-81}$$

由式(6-78)可得系统输出信号的单边拉氏变换为

$$\begin{aligned}Y(s)&=(b_ms^{-(n-m)}+b_{m-1}s^{-(n-m+1)}+\cdots+b_1s^{-(n-1)}+b_0s^{-n})W(s)\\&=b_ms^{-(n-m)}W(s)+b_{m-1}s^{-(n-m+1)}W(s)+\cdots+b_1s^{-(n-1)}W(s)+b_0s^{-n}W(s)\end{aligned} \tag{6-82}$$

由式(6-81)和式(6-82)可以画出式(6-68)所对应的 s 域方框图，称为直接Ⅱ型(规范型)，如图 6-30 所示，其中 $m=n-1$，s^{-1} 表示积分器。

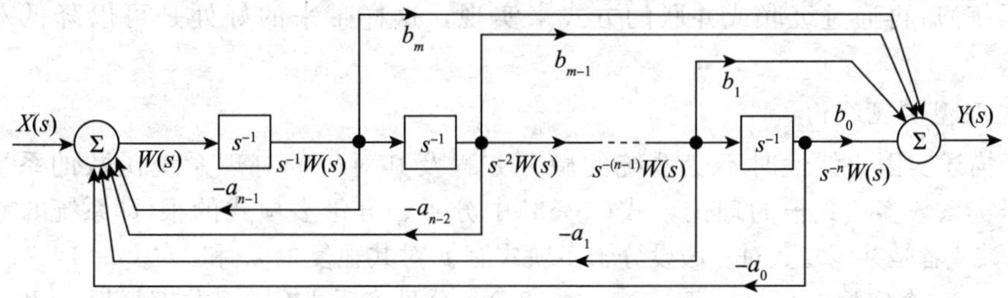

图 6-30　一般 n 阶线性时不变因果系统直接Ⅱ型的 s 域模拟图

由式(6-68)可得：

$$Y(s)=X(s)\frac{b_m s^{-(n-m)}+b_{m-1}s^{-(n-m+1)}+\cdots+b_1 s^{-(n-1)}+b_0 s^{-n}}{1+a_{n-1}s^{-1}+a_{n-2}s^{-2}+\cdots+a_1 s^{-(n-1)}+a_0 s^{-n}} \tag{6-83}$$

在式(6-83)中，设

$$V(s)=X(s)(b_m s^{-(n-m)}+b_{m-1}s^{-(n-m+1)}+\cdots+b_1 s^{-(n-1)}+b_0 s^{-n}) \tag{6-84}$$

于是，有：

$$V(s)=b_m s^{-(n-m)}X(s)+b_{m-1}s^{-(n-m+1)}X(s)+\cdots+b_1 s^{-(n-1)}X(s)+b_0 s^{-n}X(s) \tag{6-85}$$

将式(6-85)代入式(6-83)并经移项处理可得：

$$\begin{aligned}Y(s)&=V(s)-(a_{n-1}s^{-1}+a_{n-2}s^{-2}+\cdots+a_1 s^{-(n-1)}+a_0 s^{-n})Y(s)\\&=V(s)-a_{n-1}s^{-1}Y(s)-a_{n-2}s^{-2}Y(s)-\cdots-a_1 s^{-(n-1)}Y(s)-a_0 s^{-n}Y(s)\end{aligned} \tag{6-86}$$

由式(6-85)和式(6-86)可得一般 N 阶线性时不变因果系统直接Ⅰ型的 s 域模拟框图。显然，若将图6-30 中的 s^{-1} 改为积分运算符，所有复频域变量改为对应的时域变量，并将输入信号和输出信号连接的 n 个加法器分别合并为一个加法器，且 $b_j=0(j>m,\ m<n)$，则与图 6-29 完全一致。

需要指出的是，直接形式的模拟框图仅适用于 $m\leqslant n$ 的情况，当 $m>n$ 时，就无法模拟了。此外，可以看到，由于直接型中系统函数 $H(s)$的所有零、极点均由微分方程中的各个系数 a_i 或 b_j 决定的，因此，若系统任一参数 a_i 或 b_j 发生变化，则 $H(s)$的所有极点(或零点)都将变化，因此，有时用直接型模拟图分析系统参数对系统性能的影响并不方便，特别是对高阶系统尤其如此。

必须明确的是，对于用微分方程描述的因果线性时不变系统，既可以由系统的复频域输入输出关系或系统函数 $H(s)$得到它们的三种实现结构，也可以根据频域输入输出关系或频率响应 $H(\mathrm{j}\omega)$或 $H(\mathrm{e}^{\mathrm{j}\Omega})$(见第 8 章)得出系统的三种实现结构，两种方法及其所得结果完全相同。但是，利用系统函数 $H(s)$来获得系统的实现结构完全可以不受系统稳定性的限制，只要是用微分方程描述的因果线性时不变系统，都可以用本节介绍的方法得到所希望的系统实现结构，这也正是通常采用系统函数的复频域表示来讨论系统三种实现结构的原因。显然，对于任何不稳定的系统，即使构成了实现结构，也无实用意义，因此，从实际应用上来说，利用系统函数 $H(s)$实现的系统也必须要求是稳定的。若用频率响应 $H(\mathrm{j}\omega)$或 $H(\mathrm{e}^{\mathrm{j}\Omega})$来实现系统结构，则要求系统必须是稳定的，因为只有稳定的因果线性时不变系统才存在频率响应。

上面从因果线性时不变系统的微分方程以及系统函数出发，得到了系统的直接型实现结构，至于级联实现结构、并联实现结构以及混联实现结构则只能由系统的系统函数或频率响应获得。一般说来，对于一个高阶系统，往往将其化成低阶系统(例如，一阶或二阶系统)后再通过级联或并联的方式来实现，这样带来的好处是可以降低对系统精度的要求。

2. 级联型实现结构

由于描述实因果线性时不变系统的微分方程及其对应的有理系统函数的系数均为实数，根据实系数多项式根的理论，式(6-68)中分子、分母多项式的根(即系统的零、极点)只能是实数或者是共轭复数对。假设分子多项式有 g 对共轭复根 λ_j 和 λ_j^* $(j=1,2,\cdots,g)$；其余为 $m-2g$ 个实根 $z_j(j=1,2,\cdots,m-2g)$；分母多项式有 q 对共轭复根 γ_i 和 γ_i^* $(i=1,2,\cdots,q)$；其余为 $n-2q$ 个实根 $p_i(i=1,2,\cdots,n-2q)$，将分子多项式和分母多项式中的 $\gamma(2,3,\cdots)$重根视为 γ 个相同的单根，于是，式(6-68)可以按零、极点因式分解为最一般的零、极点分布表示形式，即：

$$H(s)=\frac{Y(s)}{X(s)}==\frac{\sum_{j=0}^{m}b_js^j}{\sum_{i=0}^{n}a_is^i}=\frac{b_ms^{-(n-m)}+b_{m-1}s^{-(n-m+1)}+\cdots+b_1s^{-(n-1)}+b_0s^{-n}}{a_n+a_{n-1}s^{-1}+a_{n-2}s^{-2}+\cdots+a_1s^{-(n-1)}+a_0s^{-n}}$$

$$=\frac{b_m}{a_n}s^{m-n}\frac{1+\left(\frac{b_{m-1}}{b_m}\right)s^{-1}+\cdots+\left(\frac{b_1}{b_m}\right)s^{-(m-1)}+b_0s^{-m}}{1+\left(\frac{a_{n-1}}{a_n}\right)s^{-1}+\left(\frac{a_{n-2}}{a_n}\right)s^{-2}+\cdots+\left(\frac{a_1}{a_n}\right)s^{-(n-1)}+\left(\frac{a_0}{a_n}\right)s^{-n}}$$

$$=\frac{b_m}{a_n}s^{m-n}\frac{\prod_{j=1}^{g}(1-\lambda_js^{-1})(1-\lambda_j^*s^{-1})}{\prod_{i=1}^{q}(1-\gamma_is^{-1})(1-\gamma_i^*s^{-1})}\cdot\frac{\prod_{j=1}^{m-2g}(1-z_js^{-1})}{\prod_{i=1}^{n-2q}(1-p_is^{-1})}\tag{6-87}$$

将式(6-87)中每对复数共轭极点合并成一个实系数的二阶因式(二次因式)，例如：

$$(1-\gamma_is^{-1})(1-\gamma_i^*s^{-1})=1-2\text{Re}[\gamma_i]s^{-1}+|\gamma_i|^2s^{-2}$$

于是，式(6-87)又可以表示为

$$H(s)=\frac{Y(s)}{X(s)}=\frac{b_m}{a_n}s^{m-n}\frac{\prod_{i=1}^{g}(1+\beta_{1i}s^{-1}+\beta_{2i}s^{-2})}{\prod_{i=1}^{q}(1+\alpha_{1i}s^{-1}+\alpha_{2i}s^{-2})}\cdot\frac{\prod_{i}^{m-2g}(1-z_is^{-1})}{\prod_{i}^{n-2q}(1-p_is^{-1})}\tag{6-88}$$

式(6-88)中，$\alpha_{1i}=-2\text{Re}[\gamma_i]$，$\alpha_{2i}=|\gamma_i|^2$，$\beta_{1i}=-2\text{Re}[\lambda_i]$，$\beta_{2i}=|\lambda_i|^2$。实际上，式(6-88)中的因子 s^{m-n} 也是一个或多个实系数的一阶或二阶因式。式(6-88)表明，这类有理系统函数的分子和分母多项式可分解成一阶和二阶因子的乘积，即它们可以写成一阶和二阶实有理子系统函数相乘的形式，由于系统函数相乘表示线性时不变系统的级联，所以这类系统可以用实一阶和二阶子系统级联形式来模拟，即可以用若干个一阶和二阶实因果子系统与一个 H_0 的数乘器级联而成，而这些一阶和二阶子系统函数 $H_i^{(1)}(s)$、$H_i^{(2)}(s)$ 最一般的形式分别为

$$H_i^{(1)}(s)=\frac{Y_i^{(1)}(s)}{X_i^{(1)}(s)}=\frac{1-z_is^{-1}}{1-p_is^{-1}}\tag{6-89}$$

$$H_i^{(2)}(s)=\frac{Y_i^{(2)}(s)}{X_i^{(2)}(s)}=\frac{1+\beta_{1i}s^{-1}+\beta_{2i}s^{-2}}{1+\alpha_{1i}s^{-1}+\alpha_{2i}s^{-2}}\tag{6-90}$$

它们分别称为一阶(环)节和二阶(环)节。实际上，一阶(环)节可以视为二阶(环)节的特例，即二次方系数为零的二阶(环)节。$H_i^{(2)}(s)$中有两个极点和两个零点，只需用两个积分器就可实现，在图 6-31b 中就用了两个积分器、两个加法器和若干个数乘器，其中，$W(s)$是为方便求出系统函数 $H_i^{(2)}(s)$增设的中间变量。

将式(6-90)与图 6-31b 对比可知，系统函数中的各项系数均是很有规律地直接出现在该图中，例如，分子中的系数按 s 的阶次依序出现在前向通路中，分母中的系数则依序出现在反馈环路中，并且分母中 s 的最高阶次和积分器的个数相同。显然，图 6-31b 的这种结构为直接Ⅱ型，其优点在于可以很方便地根据式(6-90)这种标准形式的结构，直接从系统函数画出其系统模拟框图，反之也可以直接从系统模拟框图写出对应的系统函数。

类似地，也可由式(6-89)一阶系统的系统函数 $H_i^{(1)}(s)$画出对应的直接Ⅱ型(规范型)模拟框图，如图 6-31a 所示，显然，它是图 6-31b 的特殊形式，即少一个积分环节。

在实际应用中，对于高阶系统，为了降低对系数精度的要求，通常将其分解为一阶或

二阶子系统这种低阶系统的级联或并联。由此可知，对于用式(6-89)这类线性实系数微分方程描述的连续或因果线性时不变系统，可以用一些如图 6-31 所示的连续一阶和二阶因果系统级联构成。由于各二阶(环)节的零、极点均可以单独调整，并且零、极点的搭配比较灵活，故级联结构应用较多。

【例 6-14】 一个连续线性时不变因果系统的系统函数为

$$H(s)=\frac{3s-3}{s^3+5s^2+8s+6}=\frac{3(s-1)}{(s^2+2s+2)(s+3)}$$

试画出其 s 域模拟图。

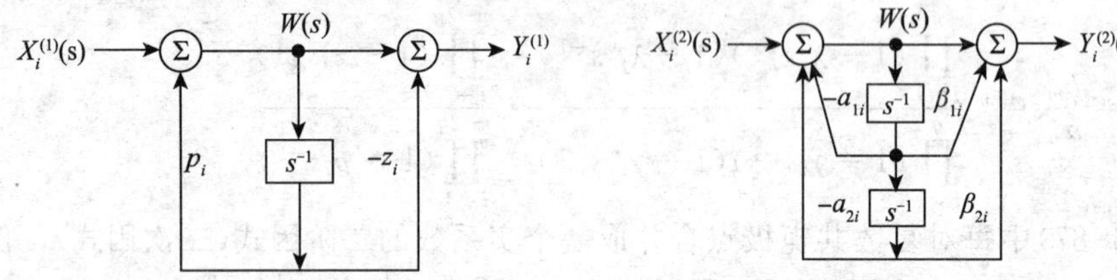

a) 一阶因果线性时不变子系统 $H_i^{(1)}(s)$　　b) 二阶因果线性时不变子系统 $H_i^{(2)}(s)$

图 6-31　级联形式中一阶和二阶因果线性时不变子系统的直接Ⅱ型的 s 域模拟图

解：该系统有一对一阶共轭复极点 $-1\pm\mathrm{j}$，一个一阶实极点 -3，一个一阶实零点 1，故可改写为

$$H(s)=\frac{3s-3}{s^3+5s^2+8s+6}=3\cdot\frac{s^{-2}}{1+2s^{-1}+2s^{-2}}\cdot\frac{1-s^{-1}}{1+3s^{-1}} \tag{6-91}$$

式(6-91)对应的模拟框图如图 6-32a 所示。由于线性时不变系统的级联次序可以任意调换，所以可以将构成图 6-32a 中的三个系统级联次序任意调换，得到等效该系统的其他级联结构的模拟框图。此外，若将式(6-91)的分子乘或除以 s^{-1} 可得 $H(s)$ 的另一种形式，即：

$$H(s)=3\cdot\frac{s^{-2}}{1+2s^{-1}+2s^{-2}}\cdot\frac{1-s^{-1}}{1+3s^{-1}}=3\cdot\frac{s^{-1}-s^{-2}}{1+2s^{-1}+2s^{-2}}\cdot\frac{s^{-1}}{1+3s^{-1}} \tag{6-92}$$

由式(6-92)可得其对应的模拟框图，如图 6-32b 所示。

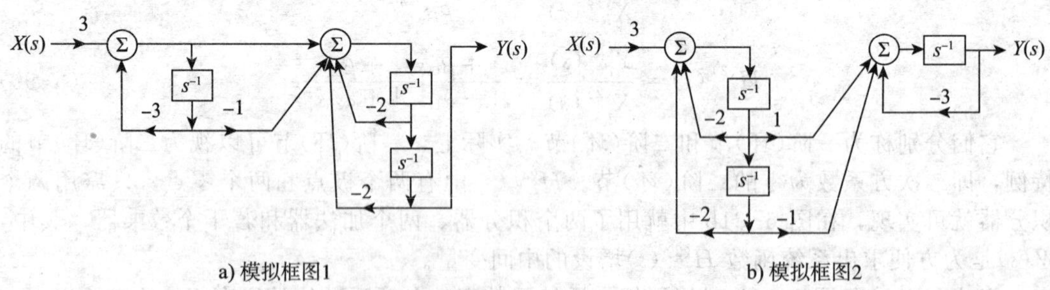

a) 模拟框图1　　b) 模拟框图2

图 6-32　例 6-14 图

3. 并联型实现结构

要实现系统的并联连接形式，则必须将有理系统函数式(6-68)展开成部分分式，即表示为一些实一阶和二阶因果系统函数之和的形式。这里先讨论式(6-68)中 $H(s)$ 所表示的系统只有一阶极点的简单情况，并假设有 q 对互不相等的一阶共轭极点 γ_i 和 γ_i^*，$i=1$，2，…，q，其余 $n-2q$ 个为彼此不同的一阶实极点 p_i ($i=2q+1$，$2q+2$，…，n)，这时，式(6-68)中 $H(s)$ 的部分分式展开为

$$H(s)=\frac{Y(s)}{X(s)}=\frac{\sum_{j=0}^{m}b_js^j}{\sum_{i=0}^{n}a_is^i}=\frac{b_m}{a_n}+\sum_{i=1}^{q}\left(\frac{k_{ci}}{s-\lambda_i}+\frac{k_{ci}^*}{s-\lambda_i^*}\right)+\sum_{i=2q+1}^{n}\frac{k_i}{s-p_i} \tag{6-93}$$

$$=\frac{b_m}{a_n}+\sum_{i=1}^{q}\left(\frac{k_{ci}s^{-1}}{1-\lambda_is^{-1}}+\frac{k_{ci}^*s^{-1}}{1-\lambda_i^*s^{-1}}\right)+\sum_{i=2q+1}^{n}\frac{k_is^{-1}}{1-p_is^{-1}}$$

式(6-93)中，常数项$\frac{b_m}{a_n}$对应$m=n$时的情况，当$m<n$时就没有这一项，k_{ci}和k_{ci}^*是每一对一阶共轭复极点因子的展开系数，它们分别也互为共轭复数。若将式(6-93)中共轭成对的一次因式组合起来，也可以得到实系数的二次因式，即：

$$\frac{k_{ci}s^{-1}}{1-\lambda_is^{-1}}+\frac{k_{ci}^*s^{-1}}{1-\lambda_i^*s^{-1}}=\frac{\beta_{1i}s^{-1}+\beta_{2i}s^{-2}}{1+\alpha_{1i}s^{-1}+\alpha_{2i}s^{-2}} \tag{6-94}$$

式(6-94)中，$\alpha_{1i}=-2\mathrm{Re}[\lambda_i]$，$\alpha_{2i}=|\lambda_i|^2$，$\beta_{1i}=2\mathrm{Re}[k_{ci}]$，$\beta_{2i}=-2\mathrm{Re}[\lambda_ik_{ci}^*]$。因此，式(6-94)可以表示为

$$H(s)=\frac{Y(s)}{X(s)}=\frac{\sum_{j=0}^{m}b_js^j}{\sum_{i=0}^{n}a_is^i}=\frac{b_m}{a_n}+\sum_{i=1}^{q}\frac{\beta_{1i}s^{-1}+\beta_{2i}s^{-2}}{1+\alpha_{1i}s^{-1}+\alpha_{2i}s^{-2}}+\sum_{i=2q+1}^{n}\frac{k_is^{-1}}{1-p_is^{-1}} \tag{6-95}$$

式(6-95)中两个求和项均为实系数的连续一阶和二阶因果系统函数，即：

$$H_i^{(1)}(s)=\frac{Y_i^{(1)}(s)}{X_i^{(1)}(s)}=\frac{k_is^{-1}}{1-p_is^{-1}}\text{ 和 }H_i^{(2)}(s)=\frac{Y_i^{(2)}(s)}{X_i^{(2)}(s)}=\frac{\beta_{1i}s^{-1}+\beta_{2i}s^{-2}}{1+\alpha_{1i}s^{-1}+\alpha_{2i}s^{-2}}$$

它们分别如图 6-33a、b 所示。

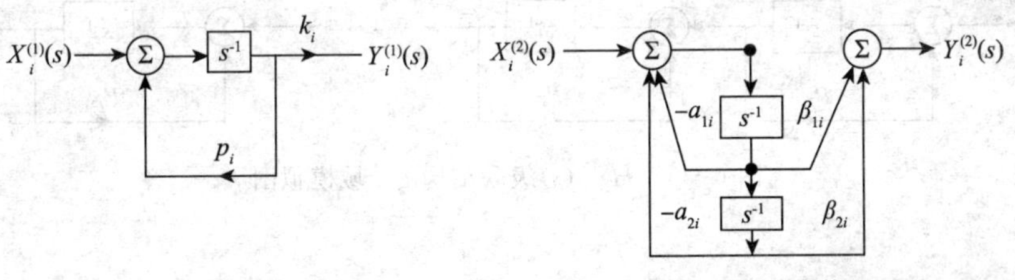

a) 连续一阶因果系统$H_i^{(1)}(s)$　　b) 连续二阶因果系统$H_i^{(2)}(s)$

图 6-33　并联形式中连续一阶和二阶因果线性时不变子系统的直接Ⅱ型的 s 域模拟图

由此可知，对于用式(6-67)这种线性实系数微分方程描述的连续因果线性时不变系统，可以用一些如图 6-33 所示的连续一阶和二阶因果系统并联构成，当$m=n$时，还有一个数乘器$\frac{b_m}{a_n}$并联支路。

【例 6-15】 一个连续因果线性时不变系统的系统函数为

$$H(s)=\frac{2s+4}{s^3+3s^2+5s+3}$$

试画出其 s 域模拟图。

解：将 $H(s)$展开为部分分式可得：

$$H(s)=\frac{2s+4}{s^3+3s^2+5s+3}=\frac{2s+4}{(s+1)(s^2+2s+3)}$$

$$=\frac{1}{s+1}+\frac{-s+1}{s^2+2s+3}=\frac{s^{-1}}{1+s^{-1}}+\frac{-s^{-1}+s^{-2}}{1+2s^{-1}+3s^{-2}}$$

$H(s)$所对应的 s 域模拟框图如图 6-34 所示。

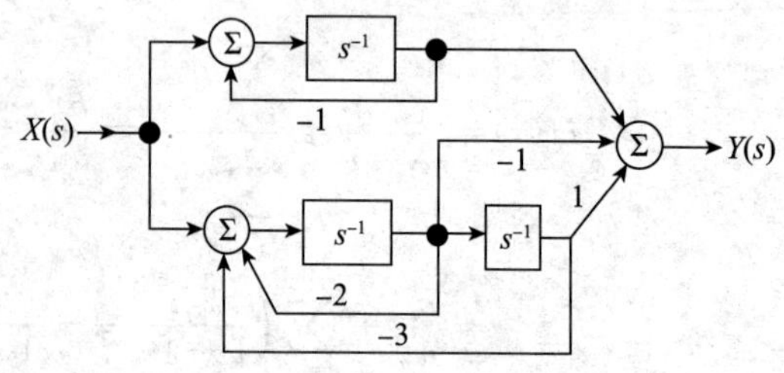

图 6-34 例 6-15 图

4. 混联型实现结构

现在讨论式(6-68)中 $H(s)$所表示的系统具有高阶极点时的并联实现结构。这实际上是一种特殊的混联结构，即级联结构和并联结构共存的混合形式。

假设式(6-68)的分母多项式有一个 l_i 阶重实根 p_i，则根据部分分式展开法可知，对应实极点 p_i 的子系统函数为 l_i 项之和，即：

$$H_i^{(1)}(s)=\frac{Y_i^{(1)}(s)}{X_i^{(1)}(s)}=\sum_{j=1}^{l_i}k_{ij}\left(\frac{s^{-1}}{1-p_is^{-1}}\right)^j=\sum_{j=1}^{l_i}H_{ij}^{(1)}(s)=\sum_{j=1}^{l_i}\frac{Y_{ij}^{(1)}(s)}{X_{ij}^{(1)}(s)} \quad (6\text{-}96)$$

式(6-96)表明，其中第 j 项为

$$H_{ij}^{(1)}(s)=\frac{Y_{ij}^{(1)}(s)}{X_{ij}^{(1)}(s)}=k_{ij}\left(\frac{s^{-1}}{1-p_is^{-1}}\right)^j$$

它可以用 j 个结构相同的因果线性时不变子系统的级联结构、再级联一个数乘器 k_{ij} 来实现，如图 6-35 所示。

于是，式(6-96)中 $H_i^{(1)}(s)$表示的 l_i 阶并联子系统，将由如图 6-35 所示的 l_i 条级联支路的并联来实现，总共需要$(1+2+\cdots+l_i)$个完全相同的一阶线性时不变子系统。事实上，用 l_i 个级联支路的并联实现需用的资源较多，可以改用图 6-36 中的级联/并联(即混联)结构来等效实现，此时只需要 l_i 个相同的一阶因果线性时不变子系统。

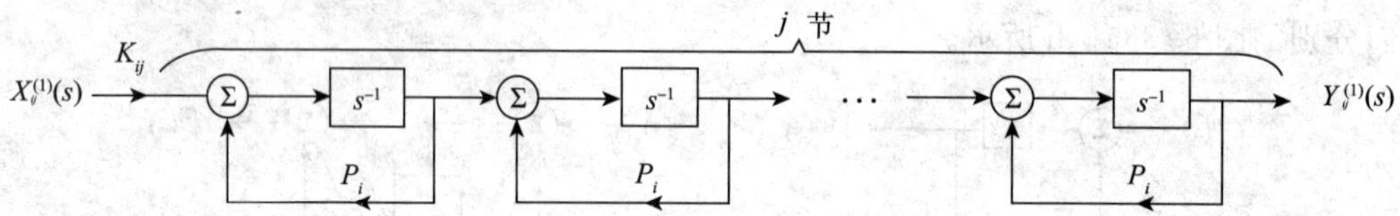

图 6-35 $H_{ij}^{(1)}(s)$级联结构的 s 域模拟图

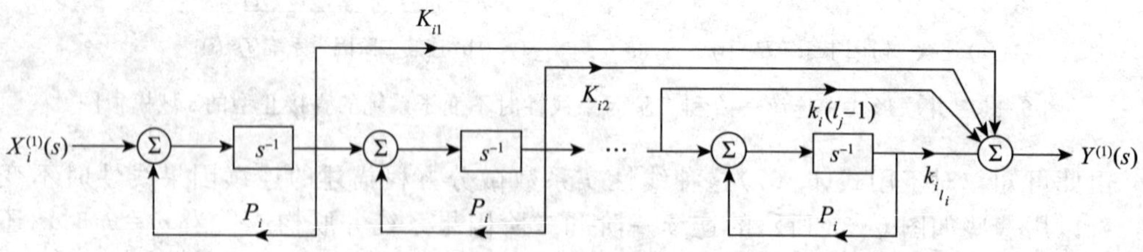

图 6-36 $H_i^{(1)}(s)$的级联/并联(即混联结构)的 s 域模拟图

由上面的讨论可知，对于用 N 阶线性微分式(6-67)描述的因果线性时不变系统$(m\leqslant n)$，其级联实现结构以及并联实现结构和直接Ⅱ型实现结构一样，也只需用 n 个积分器，因此级联结构和并联结构也是一种规范型的实现结构。

【例 6-16】 一个因果连续线性时不变系统的系统函数为

$$H(s)=\frac{2s+3}{s^4+7s^3+16s^2+12s}$$

试画出其 s 域模拟图。

解：将 $H(s)$改写为

$$H(s)=\frac{2s+3}{s^4+7s^3+16s^2+12s}=\frac{2s+3}{s(s+3)(s+2)^2}$$
$$=\frac{\frac{1}{4}}{s}+\frac{1}{s+3}+\frac{-\frac{5}{4}}{s+2}+\frac{\frac{1}{2}}{(s+2)^2}$$

进一步再改写为

$$H(s)=\frac{1}{s}\cdot\frac{1}{4}\cdot\frac{5s+3}{s+3}+\frac{-\frac{5}{4}}{s+2}+\frac{\frac{1}{2}}{s^2+4s+4}$$
$$=\frac{1}{s}\cdot\frac{1}{4}\cdot\frac{5+3s^{-1}}{1+3s^{-1}}+\frac{-\frac{5}{4}s^{-1}}{1+2s^{-1}}+\frac{\frac{1}{2}s^{-2}}{1+4s^{-1}+4s^{-2}}$$

由此可画出对应的混联结构的 s 域模拟框图，如图 6-37 所示。

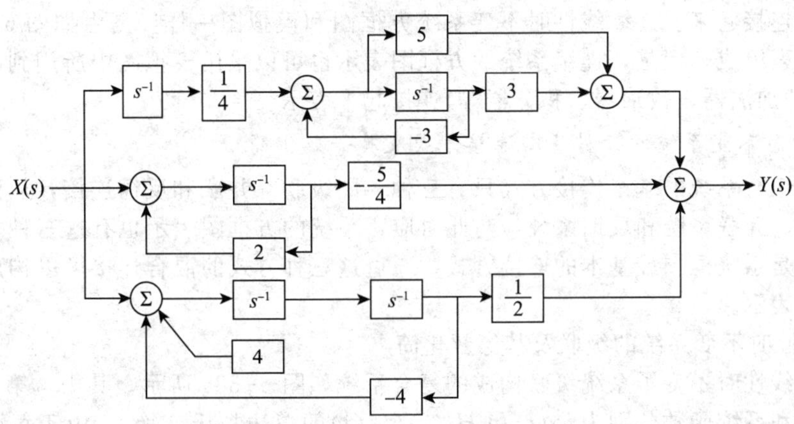

图 6-37 例 6-16 混联结构的 s 域模拟图

需要指出的是，对于一个给定的常微分方程或系统函数 $H(s)$，对应的模拟图可以有无穷多种，例如，与直接型实现结构一样，在级联结构和并联结构中每一节的具体实现也有不同的形式。例如，在级联结构中，分子、分母采用不同的一阶或二阶因子，组合成的一阶或二阶子系统就不一样，从而得到不同的级联实现形式；在并联结构中，每个并联支路中的数乘器可放在支路中的任何级联位置上。此外，除了本节讨论的三种基本型实现结构以外，这类因果线性时不变系统还有一些其他形式的实现结构，例如 T 型实现结构。在实际模拟时，究竟应采用哪一种形式的模拟图，这要根据所研究问题的目的、需要和方便性而定。每一种形式的模拟图都有相应的工程应用背景。

6.10 线性时不变系统的表示

对于连续线性时不变系统，特别是用微分方程表示的因果线性时不变系统，有很多种表示方法，从数学表示上来讲，有微分方程、输入输出卷积关系、单位冲激响应或单位阶跃响应、频率响应或系统函数，它们之间存在着唯一的对应关系；从图形表示上来讲，有方框图和信号流图(见 6.10.2 节)。系统的方框图和信号流图避开了系统的内部结构，着眼于信号在系统中的传递关系，特别是系统的输入输出关系。

6.10.1 线性时不变系统的方框图表示

通常，一个实际系统是由许多单元或部件组成的，将这些部件或单元各自用实现其相应运算功能的方框表示，然后将这些方框按系统的功能要求及信号流动的方向连接起来而构成的图就称为系统的方框图表示，简称系统的框图。

任何一个基本的因果连续线性时不变系统都可以用一个带有输入箭头(左边)和输出箭头(右边)符号的矩形方框图表示，如图 6-38b 所示，框内的 $h(t)$ 和 $H(s)$ 分别表示系统的单位冲激响应(时域)或系统函数(复频域)。该方框图在时域中完成了激励信号 $x(t)$ 与单位冲激响应 $h(t)$ 的卷积积分运算，在复频域中实现了 $x(t)$ 的拉氏变换 $X(s)$ 与系统函数 $H(s)$ 的乘积运算，分别对应式(6-4)或式(6-5)，这表明同一个系统的方框图表示与数学描述是一一对应的。

若干个子系统可以通过一定的连接方式构成一个复杂系统，称为复合系统，通常也简称为系统。因此，利用方框图来表示系统可以一目了然地看出一个大系统是由哪些子系统组成的，各子系统之间的关系以及信号是如何在系统内部流动的。显然，若已知各子系统的特性以及它们之间的连接关系就可以通过这些子系统来分析整个系统，从而使复杂系统的分析简单化，反之，在设计一个复杂系统时，可以先将各个子系统分别设计好，再按照要求将它们连接起来。连续线性时不变系统方框图和模拟图一样，是由如图 6-23 所示的四种基本元素组成。但是，连续系统的方框图表示也可以采用模拟图中所用到的最为简单的子系统(即加法器、数乘器、积分器等)连接起来表示。

1. 线性时不变系统的三种基本连接方式及其等效化简

我们知道，系统的基本连接方式只有三种，即级联、并联和反馈连接，从而构成基本的级联系统、并联系统和反馈系统，与此对应，系统的方框图表示也有这三种基本的连接方式，它们是系统框图最基本的连接方式，通过这三种方式的混合连接可以构成任意复杂系统的结构表示。

(1) 线性时不变系统的级联及其等效化简

由 n 个线性时不变子系统级联构成的复合系统如图 6-38a 所示，其中，第 i 个子系统的冲激响应和系统函数分别为 $h_i(t)$ 和 $H_i(s)$($h_i(t)$ 的单边拉氏变换)。由于每个子系统的输出同时又是与它相连的后一个子系统的输入，因而从第一个子系统直至最后一个子系统逐个求解各个系统的输入输出关系，再利用它们消去中间各输入输出变量，便可求出复合系统的冲激响应 $h(t)$ 与各子系统的冲激响应 $h_i(t)$($i=1, 2, \cdots, n$)之间的关系：

$$h(t) = h_1(t) * h_2(t) * \cdots * h_i(t) * \cdots * h_n(t) \tag{6-97}$$

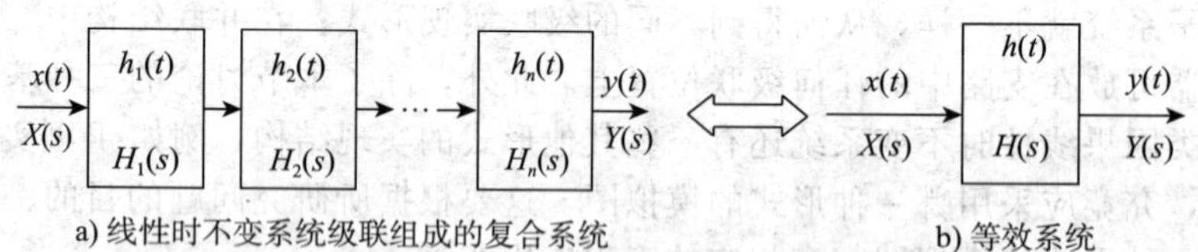

a) 线性时不变系统级联组成的复合系统　　b) 等效系统

图 6-38　n 个线性时不变系统的级联及其等效系统

若 $h_i(t)$($i=1, 2, \cdots, n$)和 $h(t)$ 为因果函数，由式(6-97)并根据单边拉氏变换的时域卷积性质可以得到复合系统的系统函数 $H(s)$ 与子系统的系统函数 $H_i(s)$($i=1, 2, \cdots, n$)之间的关系：

$$H(s) = H_1(s) \cdot H_2(s) \cdot \cdots \cdot H_i(s) \cdot \cdots \cdot H_n(s),$$
$$\mathrm{RC}_H \supset \mathrm{RC}_{H_1} \cap \mathrm{RC}_{H_2} \cap \cdots \cap \mathrm{RC}_{H_n} \tag{6-98}$$

由式(6-97)、式(6-98)可得 n 个线性时不变子系统级联后的等效系统，如图 6-38b 所示。

(2) 线性时不变系统的并联及其等效化简

由 n 个线性时不变系统子系统并联构成的复合系统如图 6-39a 所示，其中，第 i 个子系统的冲激响应和系统函数分别为 $h_i(t)$ 和 $H_i(s)$($h_i(t)$ 的单边拉氏变换)，由于复合系统

的输入 $x(t)$同时又是各子系统的输入，复合系统的输出 $y(t)$等于各子系统的输出之和，因此可以求得复合系统的冲激响应 $h(t)$与子系统的冲激响应 $h_i(t)(i=1, 2, \cdots, n)$之间的关系，如下代数和形式：

$$h(t)=h_1(t)\pm h_2(t)\pm\cdots\pm h_i(t)\pm\cdots\pm h_n(t)=\sum_{i=1}^{n}h_i(t) \tag{6-99}$$

式(6-99)中，$\sum$表示代数和运算。若 $h_i(t)$和 $h(t)$为因果信号，其单边拉氏变换分别为 $H_i(s)$和 $H(s)$，根据单边拉氏变换的线性性质，由式(6-99)可得复合系统的系统函数 $H(s)$与子系统的系统函数 $H_i(s)$之间的关系，如下代数和形式：

$$\begin{aligned}H(s)&=H_1(s)\pm H_2(s)\pm\cdots\pm H_i(s)\pm\cdots\pm H_n(s)\\&=\sum_{i=1}^{n}H_i(s),\mathrm{RC}_H\supset\mathrm{RC}_{H_1}\cap\mathrm{RC}_{H_2}\cap\cdots\cap\mathrm{RC}_{H_n}\end{aligned} \tag{6-100}$$

在式(6-100)中均取“＋”号，可得 n 个子系统并联后的等效系统，如图 6-39b 所示。

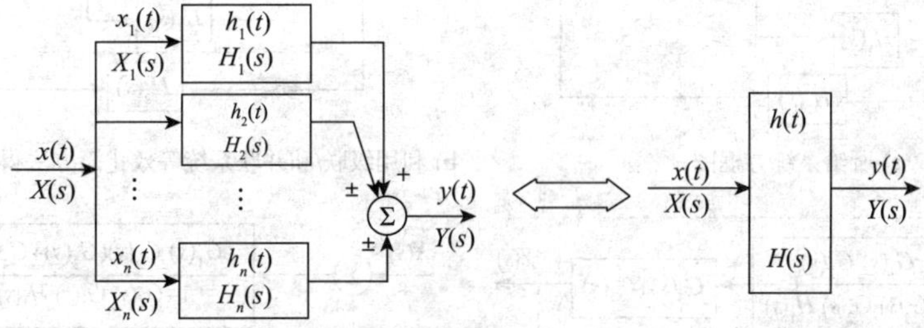

图 6-39　n 个线性时不变系统的并联及其等效系统

(3) 线性时不变系统的反馈连接及其等效化简

图 6-40a 所示为一个反馈系统方框图，根据图中所示的连接关系，可以求得整个系统的系统函数，为此，先写出响应和激励之间的关系为

$$\begin{aligned}Y(s)&=[X(s)\pm H_2(s)Y(s)]H_1(s)\\&=X(s)H_1(s)\pm H_1(s)H_2(s)Y(s)\end{aligned} \tag{6-101}$$

由式(6-101)可以求得图 6-40a 所示反馈连接系统的系统函数为

$$H(s)=\frac{Y(s)}{X(s)}=\frac{H_1(s)}{1\pm H_1(s)H_2(s)} \tag{6-102}$$

注意式(6-102)中 $H(s)$的分母中 $H_1(s)H_2(s)$这一项的符号选择。当反馈信号 $H_2(s)Y(s)$和输入信号 $X(s)$相减时，$H_1(s)H_2(s)$前取“＋”，即有$1+H_1(s)H_2(s)$。此时，称该系统为负反馈系统。当反馈信号和输入信号相加时，$H_1(s)H_2(s)$前取“－”，即有 $1-H_1(s)H_2(s)$，此时，称该系统为正反馈系统。在系统分析和设计中，反馈系统占有极其重要的地位。在图 6-40a 中，$H_1(s)$所在的支路称为前向通路，$H_2(s)$所在的支路称为反馈通路或反馈环路。

由式(6-102)可得反馈系统的等效系统如图 6-40b 所示。

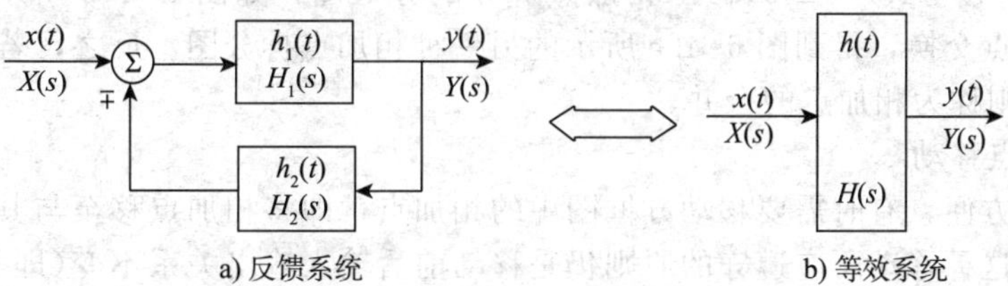

图 6-40　反馈系统及其等效系统

显而易见，任何复杂的单输入单输出线性时不变系统，无非是混合应用级联、并联和反馈互联这三种连接方式而构成的。在以上三种基本连接方式中，系统函数之间均为代数运算关系，因而系统框图分析法主要用于 s 域。

【例 6-17】 试分别利用级联、并联和反馈系统的等效化简方法求图 6-41a 所示系统的方框图。

解：分别利用级联和并联系统等效化简的方法得到如图 6-41b 所示的等效方框图，再分别利用反馈和级联系统等效化简得到如图 6-41c、d 所示的等效方框图，对图 6-41d 还可以利用反馈系统等效的方法加以等效简化。

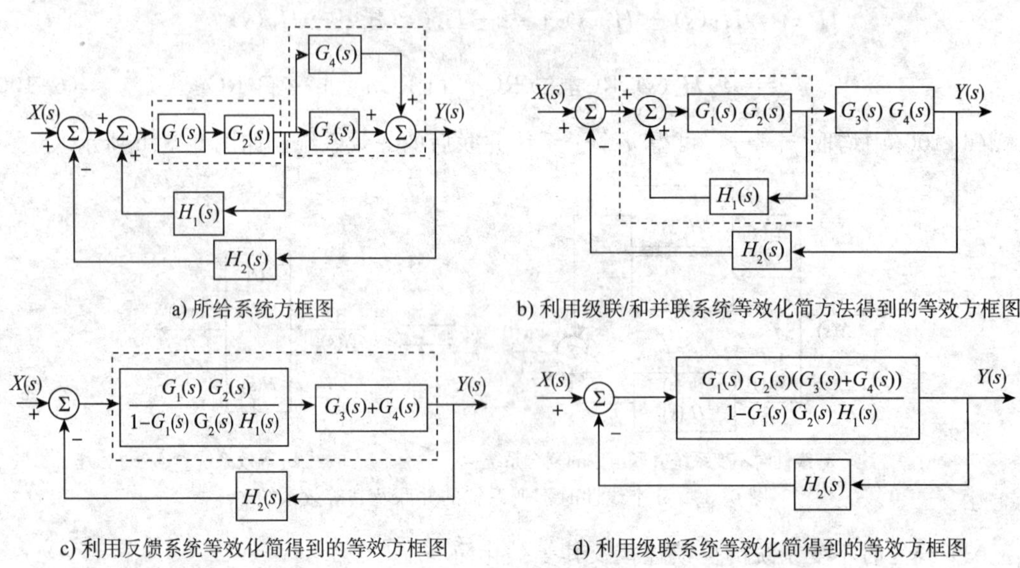

图 6-41　例 6-17 中系统的方框图

2. 方框图的等效化简

对于一个较复杂的 s 域系统方框图，往往希望直接从图形上，而非列出原各框图所对应的一组联立方程，并通过消去中间变量，再将它们化为一个简单的等效方框图去求出系统函数，这时除了上面讨论的三种基本连接方式及其等效化简外，还有一些等效化简的规则。

(1) 相加点的拆分与合并

设相加点如图 6-42a 所示，于是有：

$$X_4(s) = X_1(s) + X_2(s) - X_3(s) \tag{6-103}$$

令

$$X_5(s) = X_1(s) + X_2(s) \tag{6-104}$$

将式(6-104)代入式(6-103)可得：

$$X_4(s) = X_5(s) - X_3(s) \tag{6-105}$$

由式(6-104)与式(6-105)做出相加点拆分的方框图，如图 6-42b 所示。将图 6-42b 中的两个相加点交换，得到图 6-42c 所示的另一种相加点拆分图。反之，若由图 6-42c 得出图 6-42a，则称为相加点的合并。

(2) 相加点移动

为了计算方便，有时需要移动方框图中的相加点，即将相加点移至与其所连接的方框之前或之后。这种移动所应遵守的原则仍是移动前后输入输出关系不变(即等效原则)，也就是移动前后方框图中的输出保持不变。下面分别介绍相加点后移与前移。

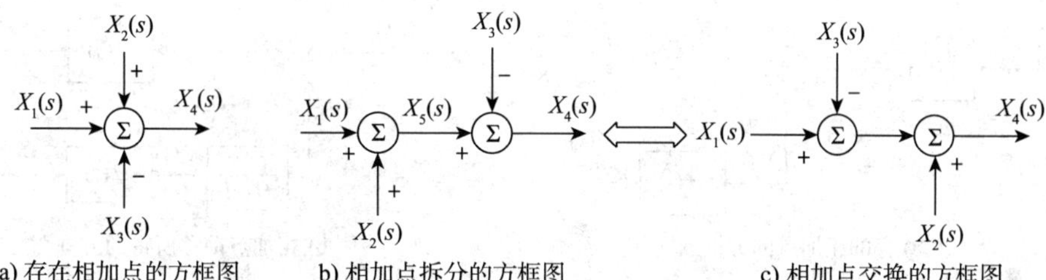

图 6-42　相加点拆分与合并的图示

1）相加点后移。如图 6-43a 所示，$X_1(s)$、$X_2(s)$为加法器的输入信号，$X_3(s)$为 $H_i(s)$的输出信号，由于相加点位于 $H_i(s)$的输入端，因此有：

$$X_3(s) = H_i(s)(X_1(s) \pm X_2(s)) \tag{6-106}$$

对式(6-106)右边利用分配律可得：

$$X_3(s) = H_i(s)X_1(s) \pm H_i(s)X_2(s) \tag{6-107}$$

由式(6-107)得出的方框图如图 6-43b 所示。由此得出的规则是：相加点后移时，加法器各输入信号均乘以相加点后的系统函数，接着再在输出点相加。

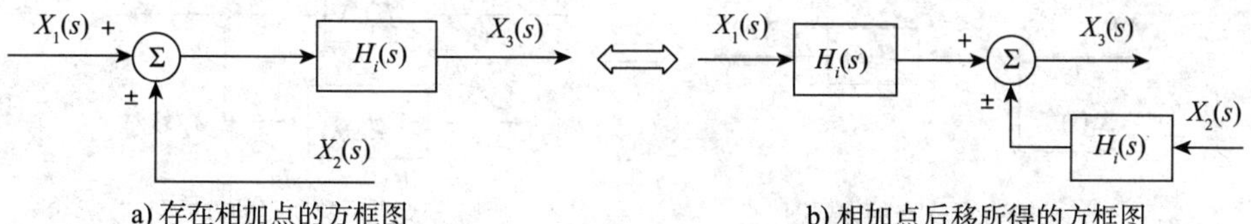

图 6-43　相加点后移的图示

2）相加点前移。如图 6-44a 所示，设相加点位于 $H_i(s)$的输出端，因此对输出信号 $X_3(s)$而言有：

$$X_3(s) = H_i(s)X_1(s) \pm X_4(s) = H_i(s)X_1(s) \pm H_j(s)X_2(s) \tag{6-108}$$

对式(6-108)右边做恒等变形处理可得：

$$X_3(s) = H_i(s)\left(X_1(s) \pm \frac{1}{H_i(s)}X_4(s)\right) = H_i(s)\left(X_1(s) \pm \frac{H_j(s)}{H_i(s)}X_2(s)\right) \tag{6-109}$$

由式(6-109)做出的方框图如图 6-44b、c 所示。由此得出的规则是：相加点前移时，该移动信号(如图 6-44 中的 $X_4(s)$)乘以相加点前的系统函数的倒数(此处为$\frac{1}{H_i(s)}$)后，再与原输入信号相加。

(3) 分支点移动

当系统中出现分支点时，可将分支点移至与其邻接的方框之前或之后，下面分别讨论分支点的后移和前移。

1）分支点后移。如图 6-45a 所示，分支点位于 $H_i(s)$之前，因此可得：

$$X_2(s) = H_i(s)X_1(s) \tag{6-110}$$

由式(6-110)可得：

$$X_1(s) = \frac{1}{H_i(s)}X_2(s) = \frac{1}{H_i(s)}[H_i(s)X_1(s)] \tag{6-111}$$

由式(6-110)和(6-111)可得分支点后移的方框图，如图 6-45b 所示。这表明，分支点后移时，被移动支路要串接一个与之相连的方框，从而保证该支路的输出信号(此处为 $X_1(s)$)不变。

2）分支点前移。如图 6-46a 所示，分支点位于在 $H_i(s)$之后，因此可得：

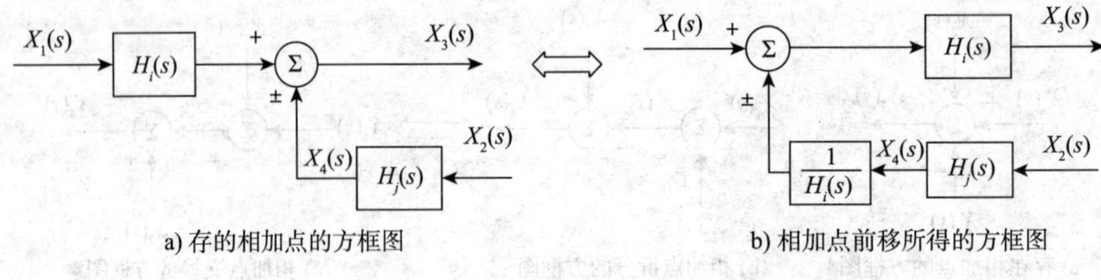

a) 存的相加点的方框图　　b) 相加点前移所得的方框图

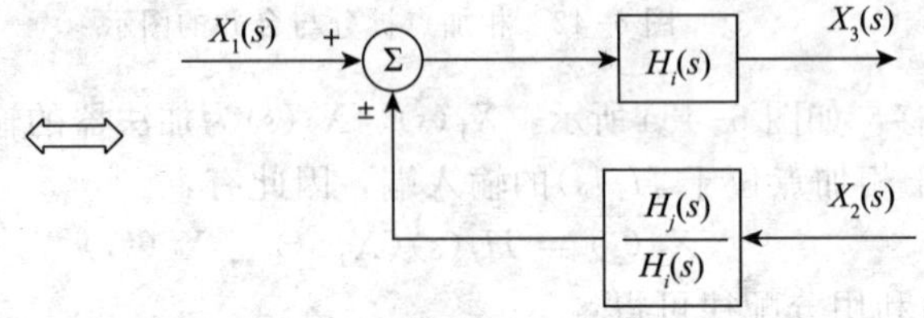

c) 由b)所得的相加点前移方框图

图 6-44　相加点前移的图示

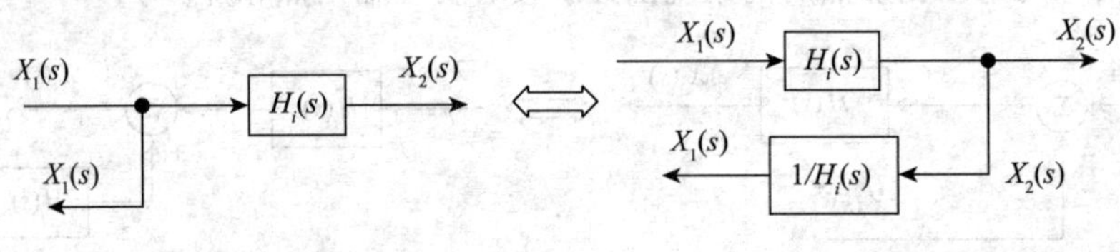

a) 存在分支点的方框图　　b) 分支点后移所得的方框图

图 6-45　分支点后移的图示

$$X_2(s)=H_i(s)X_1(s) \tag{6-112}$$

由式(6-112)可得出分支点前移后的方框图，如图 6-46b 所示。这表明，分支点前移时，被移动支路也需串接一个与之相连的方框，从而保证该支路的输出信号(此处为 $X_2(s)$)不变。

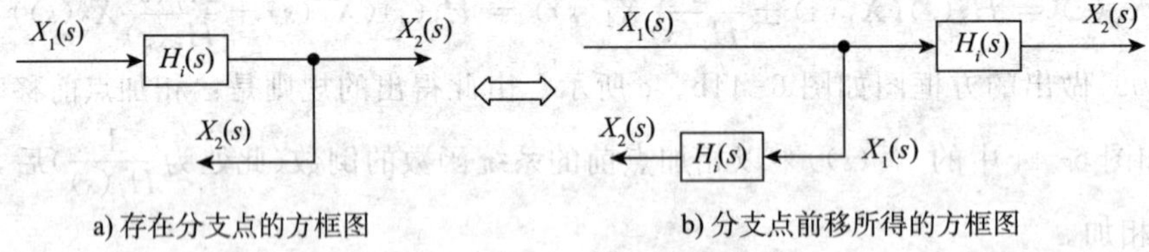

a) 存在分支点的方框图　　b) 分支点前移所得的方框图

图 6-46　分支点前移

需要注意的是，在系统方框图的化简过程中，有时为了便于方框的级联、并联以及反馈连接的等效化简，需要移动加法器和分支点的位置，这时在移动前后必须保证信号的等效性，并且加法器和分支点之间一般不宜交换其位置。此外，“－”号可以在信号线上越过方框移动，但不能越过加法器和分支点。

利用方框图的化简规则可以比较容易地得出复杂系统的方框图，进而求出系统函数。应该指出的是，方框图的化简规则在原理上对于模拟图也是适用的。

【例 6-18】 设由电阻和电容构成的两级 RC 电路的初始状态为零，其 s 域电路模型如图 6-47所示。1) 试画出该电路的 s 域方框图；2) 用方框图化简规则求系统函数$H(s)=\dfrac{U_o(s)}{U_i(s)}$。

解： 1) 所给电路有 2 个独立回路和 3 个独立节点，因而需要选取 5 个独立电路变量，

除输入电压 $U_i(s)$ 和输出电压 $U_o(s)$（作为两个节点电压）外，还需选取 3 个中间变量，它们是回路电流 $I_1(s)$ 和 $I_2(s)$，以及节点电压 $U_1(s)$，根据图 6-47 可以得出关于所选 3 个电路变量的因果关系方程，即回路 1 和回路 2 的 KVL 方程，以及节点 1 的 KCL 方程，有：

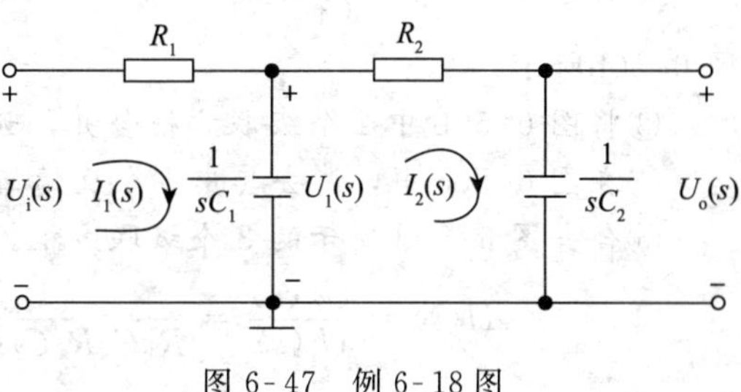

图 6-47　例 6-18 图

$$\begin{cases}U_i(s)-U_1(s)=R_1I_1(s)\\ U_1(s)-U_o(s)=R_2I_2(s)\\ U_1(s)=\dfrac{1}{sC_1}(I_1(s)-I_2(s))\end{cases}\tag{6-113}$$

由式(6-113)可以得出关于 R_1、C_1 和 R_2 的方框图表示方程，即：

$$I_1(s)=\frac{1}{R_1}[U_i(s)-U_1(s)]\tag{6-114}$$

$$U_1(s)=\frac{1}{sC_1}(I_1(s)-I_2(s))\tag{6-115}$$

$$I_2(s)=\frac{1}{R_2}[U_1(s)-U_o(s)]\tag{6-116}$$

电容 C_2 的方框图表示方程为

$$U_o(s)=\frac{1}{sC_2}I_2(s)\tag{6-117}$$

式(6-114)、式(6-115)和式(6-116)表明，在 R_1、C_1 和 R_2 的方框前有相加点Σ，对应的方框图如图 6-48 所示。注意输入和输出信号，并将图 6-48 中各方框图依次组合起来就得到两级 RC 电路的方框图，如图 6-49 所示，其中，信号从输入变量 $U_i(s)$ 开始，经过中间变量 $I_1(s)$、$U_1(s)$ 和 $I_2(s)$ 向输出变量 $U_o(s)$ 传输。

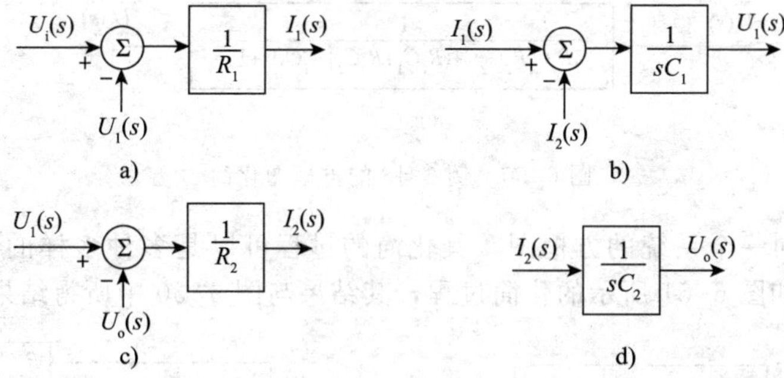

图 6-48　元件 R_1、C_1、R_2 和 C_2 的电压、电流关系所对应的方框图

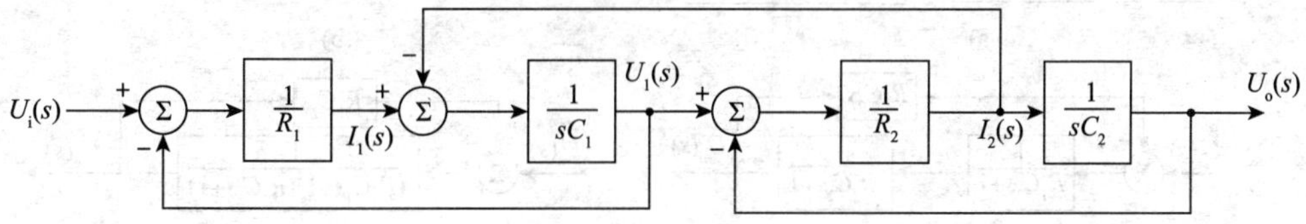

图 6-49　例 6-18 的方框图

2）按方框图化简规则对图 6-49 所示的方框图进行化简，其化简过程如下：

①将 $\dfrac{1}{R_1}$ 方框前面的相加点后移，$\dfrac{1}{sC_2}$ 方框后面的分支点前移，如图 6-50a 所示。

②将图 6-50a 中$\dfrac{1}{sC_1}$方框前的 2 个相加点交换位置，消去 2 个基本反馈回路，如图 6-50b所示。

③将图 6-50b 中 2 个级联方框合并，如图 6-50c 所示。

④在图 6-50c 中，消去其中 1 个反馈回路，如图 6-50d 所示。

⑤合并图 6-50d 所示的 3 个级联方框，如图 6-50e 所示，据此得出系统函数为

$$H(s)=\frac{U_o(s)}{U_i(s)}=\frac{1}{R_1C_1R_2C_2s^2+(R_1C_1+R_2C_2+R_1C_2)s+1}$$

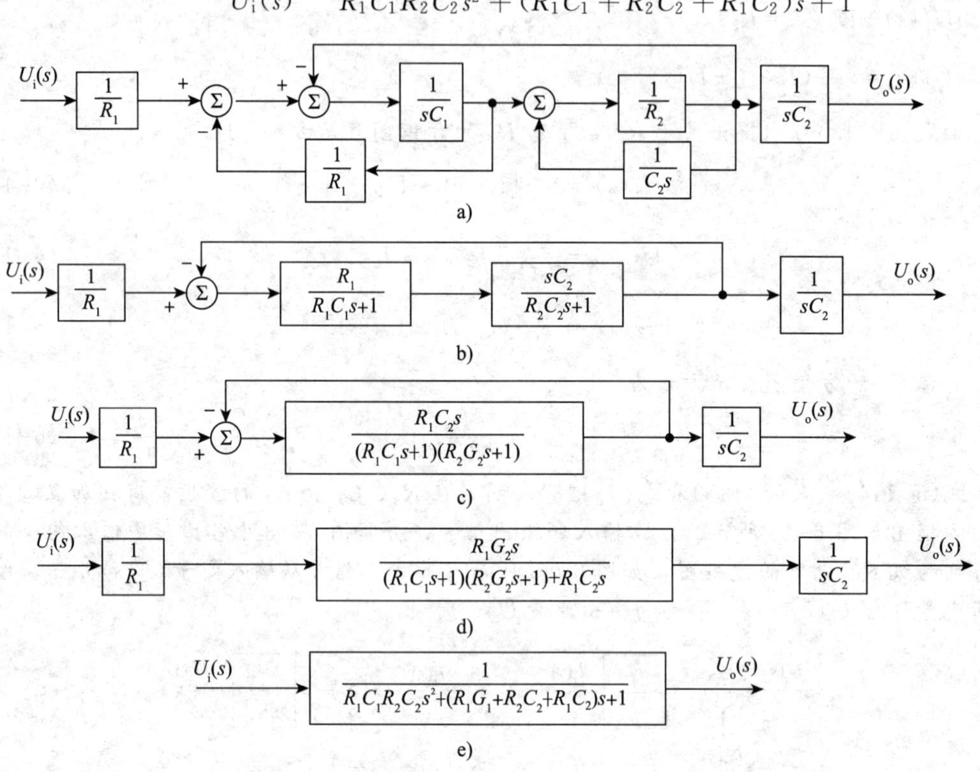

图 6-50 例 6-18 的方框图化简

显然，对于同一个系统的方框图，其化简的过程可以是多种多样的，例如，对于例 6-18，也可以有如图 6-51 所示的化简过程，其结果与图 6-50 中所得结果完全相同。

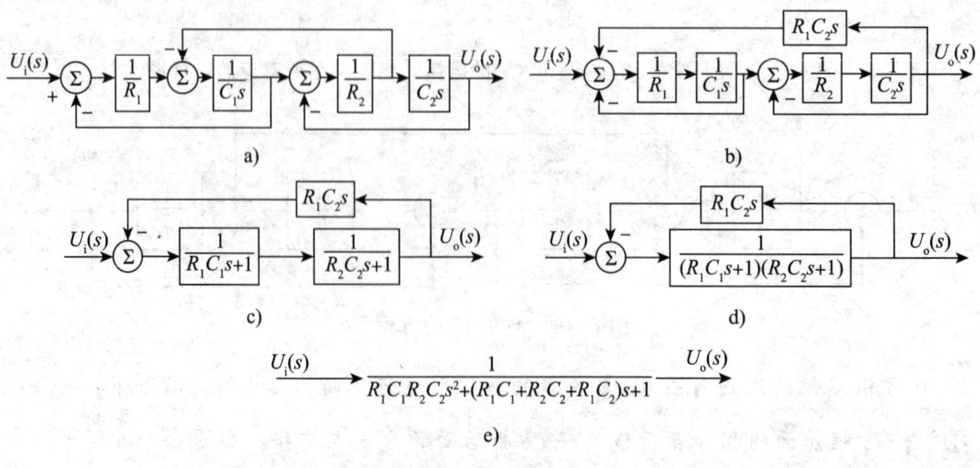

图 6-51 例 6-18 的方框图的另一种化简方法

【例 6-19】 某个系统方框图如图 6-52a 所示，若要求将该系统方框图等效变换成如图 6-52b 和 c 所示的方框图结构，试求 $H(s)$、$G(s)$的表达式。

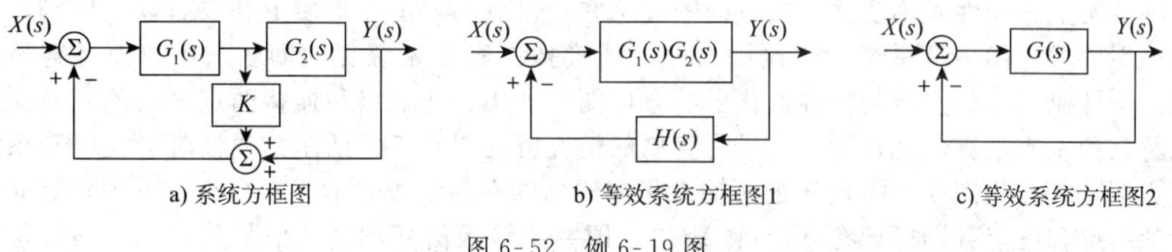

图 6-52　例 6-19 图

解：在图 6-52a 中将引出点后移，再将比较点合并，便可得到图 6-53a，将其与图 6-52b对比可得：

$$H(s)=1+\frac{K}{G_2(s)}$$

将图 6-53a 中 $1+\dfrac{K}{G_2(s)}$分解，可得图 6-53b，再将图 6-53b 中的反馈系统等效为一个系统，得到图 6-53c 所示的系统，将图 6-53c 与图 6-52c 对比，可以求出 $G(s)=\dfrac{G_1G_2}{1+KG_1}$。

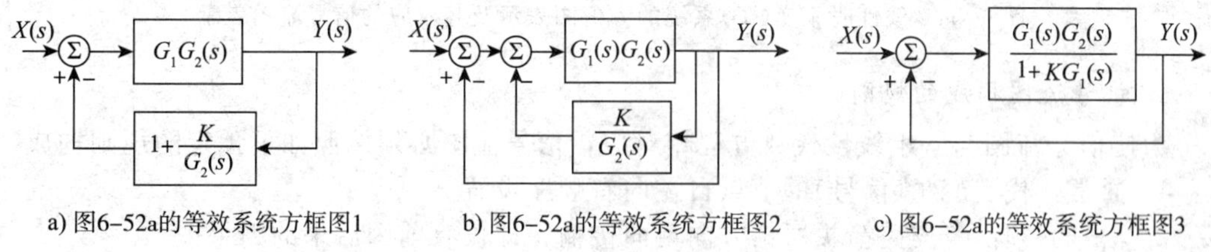

图 6-53　例 6-19 的等效系统方框图

可以看到，系统的模拟图和方框图都是以方框图的形式给出的，但是两者之间却是有区别的，首先在使用目的上，模拟图是一种系统的实现框图或实现结构图，用于按照所给出的连接方式在实验室里实现模拟系统来进行模拟(仿真)实验，方框图则主要用于以图形的形式来表示实际系统，以便对系统进行理论分析和研究；其次在图形的具体表现上，由于模拟图中仅使用数乘器、加法器和积分器，所以方框中不是数乘器就是积分器或其所对应的系统函数 s^{-1}，而方框图表示中的方框里通常都不是 s^{-1}，而是该方框所代表的实际部件或子系统(例如，RC 电路组成的惯性元件，RLC 电路组成的振荡元件等)的系统函数，尽管也可以将最为简单的子系统(即加法器、数乘器、积分器等)连接起来，做出方框图来表示连续系统，再者在模拟图里并没有方框图表示中的反馈系统的概念，并且模拟图的连接是规则化的。

6.10.2　线性时不变系统的信号流图表示

对于一个线性时不变系统而言，利用方框图描述系统结构是一种非常直观、有用的方法，应用方框图化简规则，可以方便地求出其对应的系统函数。不过，当系统结构很复杂时，方框图的化简过程相当烦琐。信号流图则是描述系统结构的另一种简便、有效的方法，并且根据通用的梅森公式就可更方便地求出线性时不变系统的系统函数。

信号流图原本是用点和线组成的结构图来描述线性方程组各变量间的因果关系，用它来表示和分析线性时不变系统是由美国麻省理工学院(MIT)的梅森(Mason)教授于 20 世纪 50 年代初首次提出的，这时信号流图中节点代表方程中的变量(即信号)，通常以小圆圈表示，支路是连接两个节点的有向线段，用以表示信号或变量间的传输关系，支路旁标注的支路增益(单位增益 1 可以省略不标)是该支路连接的两个节点所表示的因果信号间的系统函数(转移函数)或频率响应，因此，支路相当于数乘器。

事实上，线性时不变系统的方框图表示和信号流图表示在本质上并没有什么区别，但是，用信号流图表示系统，要比用方框图或模拟图表示系统更加简明清晰，而且容易画图。信号流图实际上就是一种简化了的方框图，即用一些节点和连接两点之间的有向支路代替三种基本运算单元，例如，最为简单的情况就是图 6-54a 所示的线性时不变(子)系统的方框图可以用图 6-54b 所示的由输入指向输出的有向线段表示。在图 6-54b 中，有向线段的起点和终点分别标记有 $X(s)$和 $Y(s)$，即系统输入信号和输出信号的拉氏变换，这些有向线段的端点称为节点，左边节点代表输入端，右边节点代表输出端，节点间的支路表示信号传输的路径，因此，信号流图中的一条支路与方框图中的一个方框意义相同，信号的传输方向用线段中部的箭头表示，并将该线性时不变(子)系统，即支路的系统函数 $H(s)$(也可以是频率响应$H(\mathrm{j}\omega)$)标记在箭头旁，因而有 $Y(s)=H(s)X(s)$，$H(s)$为信号支路的增益。

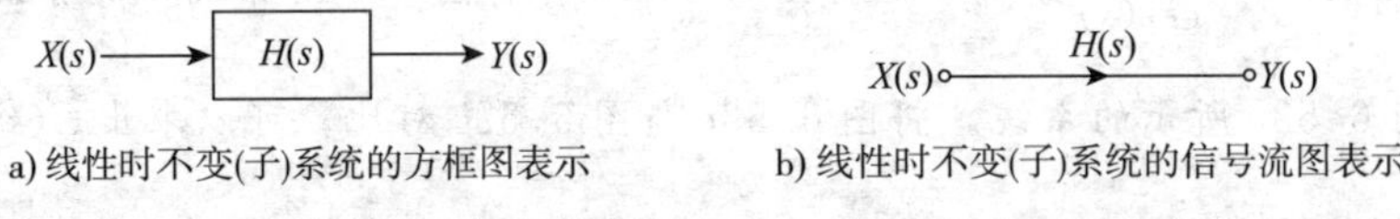

a) 线性时不变(子)系统的方框图表示　　b) 线性时不变(子)系统的信号流图表示

图 6-54　线性时不变(子)系统的方框图表示及其对应的信号流图表示

1. 信号流图构成的规则

为使信号流图与一组线性代数方程相对应，信号流图必须按照如下预定的规则构成：

1）通常，代表变量(信号)的节点自左向右顺序设置。

2）信号必须沿着支路箭头所指方向单向传输，即仅有前因后果的因果关系。

3）信号流经某条支路时，必须乘以该支路的增益而变换为另一个信号(支路的数乘器作用)，再输入到该支路所指向的节点，如图 6-55a 所示。

4）从同一节点出发，流向各支路的所有信号均用该节点的变量表示，例如，在图 6-55b中，从节点信号 $X(s)$出发，流向各支路的所有信号均为 $X(s)$，这种有两个或两个以上支路离开的节点也称为分支点或分点。

5）任一个节点所标识的信号是所有流入该节点的信号的代数和，而与由此节点发出的信号无关，如图 6-55c 所示，这种两个或两个以上支路指向的节点也称为相加点或和点，这表明，节点在信号流图中除代表信号或变量外，还具有对流入节点的信号或变量求取代数和的作用，在表 6-3 中也可以看出这种节点就是加法器。

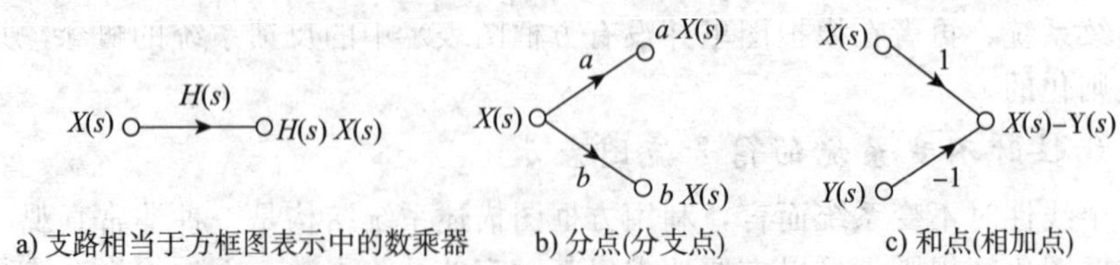

a) 支路相当于方框图表示中的数乘器　　b) 分点(分支点)　　c) 和点(相加点)

图 6-55　信号流图构成规则的图示

在下面各节中，为了表示简便起见，有时会略去复频域自变量 s，例如，$X(s)$表示为 X。

2. 信号流图的术语

除了节点、支路和支路增益外，在连续线性时不变系统的信号流图表示法中，其他术语的定义如下：

1)（输）入支路：流入某一节点的支路。如图 6-56 所示的节点 X_3 连有一条入支路，其增益为 H_1。

2)（输）出支路：流出某一节点的支路。如图 6-56 所示的节点 X_3 的出支路为 $X_3 \to X_4$，$X_3 \to X_5$ 和 $X_3 \to X_2$，每条出支路上都标注了增益，分别为 H_2、H_4 和 H_5。

3) 源节点(输入节点)：仅连有输出支路的节点。源节点一般用来表示系统的输入信号，如图 6-56 所示的节点 X_1。

4) 汇节点(输出节点)：仅连有输入支路的节点。汇节点通常用来表示系统的输出信号，如图 6-56 所示的节点 X_6。为了把输出信号表示为汇节点，有时需要加上一条增益为 1 的支路。如图 6-56 所示的 X_6 就是从节点 X_5 引来的，该支路增益为单位增益 1。

5) 混合节点：既连有输入支路，又连有输出支路的节点。如图 6-56 所示的节点 X_2、X_3、X_4、X_5。由于任一个节点的变量值等于流入该节点的全部信号的叠加，不得计及从该节点流出的信号(即输出支路的信号)，所以若设有 n 个节点信号，$X_j(j=1, 2, \cdots, n, j\neq i)$经支路传输为 $t_{ji}(j=1, 2, \cdots, n, j\neq i)$的支路流入混合节点 X_i，则该混合节点信号的值为

$$X_i = \sum_{j=1(j\neq i)}^{n} X_j t_{ji}$$

例如，图 6-56 中的混合节点 X_2 连有三条输入支路和一条输出支路，因此有 $X_2 = X_1 + H_5 X_3 + H_6 X_4$。显然，信号流图中共有三类节点，即输入节点、输出节点和混合节点。

6) 通路：从任一个节点出发沿着支路箭头所示的方向，连续地经过各相连的节点和支路到达另一节点的路径。

7) 开通路：与任一个节点相遇不多于一次的通路。显然，开通路的起始节点与终止节点不是同一个节点。如图 6-56 所示的通路：$X_1 \xrightarrow{1} X_2 \xrightarrow{H_1} X_3 \xrightarrow{H_2} X_4 \xrightarrow{H_3} X_5$为从节点 X_1 到 X_5 的开通路。

8) 前向通路：从输入节点到输出节点的开通路或者说从输入节点到输出节点，通过任何节点的次数不多于一次的通路。如图 6-56 所示的 $X_1 \to X_2 \to X_3 \to X_4 \to X_5 \to X_6$ 和 $X_1 \to X_2 \to X_3 \to X_5 \to X_6$均为前向通路。前向通路上各支路增益的积称为前向通路(总)增益。

9) 回路(环路)：起始节点和终止节点为同一节点，而且除该节点外，信号通过其他任何节点不多于一次的闭合通路，简称为闭通路。例如，图 6-56 所示中 $X_2 \xrightarrow{H_1} X_3 \xrightarrow{H_5} X_2$ 和 $X_2 \xrightarrow{H_1} X_3 \xrightarrow{H_2} X_4 \xrightarrow{H_6} X_2$等均为回路。

10) 回路增益(环路增益)：回路中所有支路增益的积。例如，回路 $X_2 \xrightarrow{H_1} X_3 \xrightarrow{H_2} X_4 \xrightarrow{H_6} X_2$ 的增益为 $H_1 H_2 H_6$。

11) 自回路(自环)：仅包含一个节点和一条支路的环路。如图 6-56 所示的 $X_4 \xrightarrow{H_7} X_4$ 为自环，其自环增益为 H_7。

12) 不接触：两条通路间或两个回路间或一条通路与一个环路间无公共节点，则称它们互不接触。

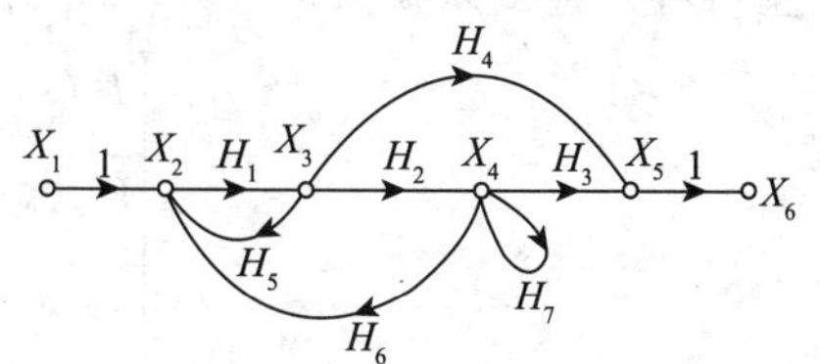

图 6-56　线性时不变系统的信号流图示例

13) 互不接触回路：相互间没有任何公共节点的回路。如图 6-56 所示的 $X_2 \to X_3 \to X_2$ 与 $X_4 \to X_4$ 没有公共节点，故这两个回路为互不接触的回路。

3. 信号流图的绘制

信号流图的绘制主要有两种方法，其一是直接根据由电网络所建立的关于电路变量的线性代数方程组得到。这时，首先选取输入、输出和中间变量(一般选回路电流及节点电压为中间变量)，再依据 KCL、KVL 或 VCR 列出所选变量满足的方程，然后开始绘制信号流图。具体是：先按照变量之间的因果关系从左到右为每个变量指定一个节点且将它们顺序排列，再用标明支路增益的支路按照所列方程表示的变量间的因果关系(用支路箭头表示)将各节点变量正确地连接起来，便可得到系统的信号流图。若利用网络图论的方法，则可以更为系统与方便地完成绘制；由于信号流图与方框图之间具有确定的对应关系，所以另一种绘制信号流图的方法是根据方框图来进行，这时既可以先由方框图得出关于节点变量的线性代数方程组，再由此方程组绘出信号流图，也可以直接由方框图与信号流图的转换关系得出对应的信号流图，对于比较简单的方框图，只需用一条支路代替一个方框来表示系统函数，用具有一条输出支路和一条以上输入支路的节点表示和点，用具有一条输入支路和一条以上输出支路的节点表示为一个分点。

【例 6-20】 在图 6-57 所示的初始状态为零的 s 域电路模型中，$U_1(s)$为输入电压，$U_6(s)$为输出电压，试绘制该电路的信号流图。

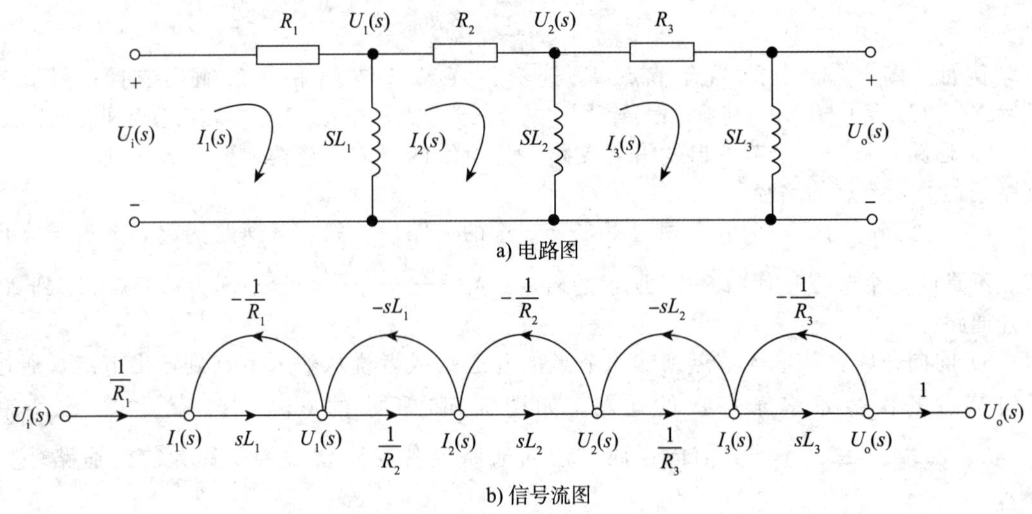

a) 电路图

b) 信号流图

图 6-57 例 6-20 图

解：所给电路有 3 个独立回路和 4 个独立节点，因而需要选取 7 个独立电路变量，除输入电压 $U_i(s)$和输出电压 $U_o(s)$(作为两个节点电压)外，还需选取 5 个中间变量，它们是回路电流 $I_1(s)$、$I_2(s)$、$I_3(s)$和节点电压 $U_1(s)$、$U_2(s)$。首先列出关于 $I_1(s)$、$I_2(s)$、$I_3(s)$的 KVL 方程以及关于 $U_1(s)$、$U_2(s)$、$U_o(s)$的 KCL 方程，再按照因果关系将各变量重新排列得出方程组为

$$\begin{cases} I_1(s) = \dfrac{1}{R_1}[U_i(s) - U_1(s)] \\ U_1(s) = sL_1[I_1(s) - I_2(s)] \\ I_2(s) = \dfrac{1}{R_2}[U_1(s) - U_2(s)] \\ U_2(s) = sL_2[I_2(s) - I_3(s)] \\ I_3(s) = \dfrac{1}{R_3}[U_2(s) - U_o(s)] \\ U_o(s) = sL_3 I_3(s) \end{cases} \tag{6-118}$$

在线性代数方程组(6-118)的每一方程中，位于右边的变量是原因变量(输入变量)，位于左边变量是结果变量(输出变量)，而系数是该方程所表示的子系统的输入节点(表示原因变量)和输出节点(表示结果变量)间的系统增益(转移函数)，因此，根据方程式(6-118)中7个变量之间的因果关系将它们从左到右依次排列为$U_i(s)$、$I_1(s)$、$U_1(s)$、$I_2(s)$、$U_2(s)$、$I_3(s)$、$U_o(s)$，再用小圆圈标出对应的节点，然后依据每一个方程中的系数以相应增益的支路将各节点连接起来便得到图6-57a所示电路的信号流图表示，如图6-56b所示，这时节点排序从输入节点经过中间节点到输出节点。图6-57b中增加了一条传输值为1的支路，使输出$U_o(s)$成为汇节点。

对于较为复杂的系统，其信号流程往往不清楚，这时需要对描述系统的代数方程加以变形，使之成为适合绘制信号流图的关系式。一般而言，一个线性系统的s域代数向量方程可以表示为

$$\boldsymbol{AX}(s)=\boldsymbol{BF}(s) \tag{6-119}$$

式(6-119)中，$\boldsymbol{X}(s)$为n维信号变量列向量，有$\boldsymbol{X}(s)=[X_1(s),X_2(s),\cdots,X_n(s)]^T$，$\boldsymbol{F}(s)$为$p$维输入变量列向量，$\boldsymbol{A}$、$\boldsymbol{B}$为对应的系数矩阵，维数分别为$n\times n$和$n\times p$。显然，要使信号流程清晰，应将式(6-119)中所有信号变量均表示为输入变量$\boldsymbol{F}(s)$与各信号变量$\boldsymbol{X}(s)$的加权代数和，为此，在式(6-119)两边同时加$\boldsymbol{X}(s)$，于是有：

$$\boldsymbol{AX}(s)+\boldsymbol{X}(s)=\boldsymbol{BF}(s)+\boldsymbol{X}(s) \tag{6-120}$$

将式(6-120)中的$\boldsymbol{X}(s)$用$\boldsymbol{F}(s)$与$\boldsymbol{X}(s)$表示，可得：

$$\begin{aligned}\boldsymbol{X}(s)&=\boldsymbol{AX}(s)+\boldsymbol{X}(s)-\boldsymbol{BF}(s)=(\boldsymbol{A}+\boldsymbol{I})\boldsymbol{X}(s)-\boldsymbol{BF}(s)\\&=[(\boldsymbol{A}+\boldsymbol{I})\ -\boldsymbol{B}]\begin{bmatrix}\boldsymbol{X}(s)\\\boldsymbol{F}(s)\end{bmatrix}\\&=\boldsymbol{C}\begin{bmatrix}\boldsymbol{X}(s)\\\boldsymbol{F}(s)\end{bmatrix}\end{aligned} \tag{6-121}$$

式(6-121)为所需表达式，其中，$\boldsymbol{I}$为单位矩阵。$n\times(n+p)$维的联接矩阵$\boldsymbol{C}=[(\boldsymbol{A}+\boldsymbol{I})-\boldsymbol{B}]$，是一个增广矩阵，其中各元素$C_{ij}$表示了信号变量间相应的传输值，$C_{ij}$为零表示节点$j$与节点$i$之间无支路联接，$C_{ij}$非零则表示节点$j$至节点$i$之间有一条传输值为$C_{ij}$的有向支路。这样，选择式(6-121)中各变量$\boldsymbol{X}_1(s)$，$\boldsymbol{X}_2(s)$，…，$\boldsymbol{X}_n(s)$以及$\boldsymbol{F}(s)$为信号流图中的节点，再根据联接矩阵$\boldsymbol{C}$中的各元素$\boldsymbol{C}_{ij}$便可画出式(6-119)，也就是式(6-121)所对应的信号流图。在画信号流图时，节点位置的设置是任意的，但为使信号流图清晰，在布置节点时应尽量避免出现支路相互交叉的情况。

【例6-21】 设I_s为某电路的输入电流变量，$\boldsymbol{X}(s)=[U_1(s),U_2(s),U_3(s)]^T$为节点电压变量，$s$域节点电压方程组的矩阵形式为

$$\begin{bmatrix}1 & s & 0\\ \frac{1}{s} & 1 & 1\\ 3 & \frac{1}{s} & -1\end{bmatrix}\begin{bmatrix}U_1(s)\\U_2(s)\\U_3(s)\end{bmatrix}=\begin{bmatrix}1\\-1\\0\end{bmatrix}I_s(s)$$

试绘制该电路的信号流图。

解： 为使信号流图中节点$U_1(s)$、$U_2(s)$上无自环，可将所给方程组的第一个方程和第二个方程两端同时反号，得到：

$$\begin{bmatrix}-1 & -s & 0\\ -\frac{1}{s} & -1 & -1\\ 3 & \frac{1}{s} & -1\end{bmatrix}\begin{bmatrix}U_1(s)\\U_2(s)\\U_3(s)\end{bmatrix}=\begin{bmatrix}-1\\1\\0\end{bmatrix}I_s(s)$$

与式(6-119)比较可知：

$$\boldsymbol{A}=\begin{bmatrix}-1 & -s & 0\\ -\frac{1}{s} & -1 & -1\\ 3 & \frac{1}{s} & -1\end{bmatrix},\ \boldsymbol{B}=\begin{bmatrix}-1\\ 1\\ 0\end{bmatrix}$$

于是，联接矩阵为

$$\boldsymbol{C}=[(\boldsymbol{A}+\boldsymbol{I})-\boldsymbol{B}]=\begin{bmatrix}0 & -s & 0 & 1\\ -\frac{1}{s} & 0 & -1 & -1\\ 3 & \frac{1}{s} & 0 & 0\end{bmatrix}$$

因此得到原节点电压方程组的等价矩阵形式为

$$\begin{bmatrix}U_1(s)\\ U_2(s)\\ U_3(s)\end{bmatrix}=\begin{bmatrix}0 & -s & 0 & 1\\ -\frac{1}{s} & 0 & -1 & -1\\ 3 & \frac{1}{s} & 0 & 0\end{bmatrix}\begin{bmatrix}U_1(s)\\ U_2(s)\\ U_3(s)\\ I_s(s)\end{bmatrix}$$

选 $U_1(s)$、$U_2(s)$、$U_3(s)$及 $I_s(s)$为信号变量，则该电路的信号流图应具有 4 个节点。由 C_{ij} 可以绘制信号流图，如图 6-58 所示。

需要指出的是，本例并没有指定输出变量。当选定输出变量后，可将信号流图按流程适当整理，并引入传输值为 1 的支路，使输入变量成为源节点，输出变量成为汇节点。例如，图 6-58 中增加的传输值为 1 的支路，即 $I_s(s)\rightarrow I_s(s)$ 及 $U_3(s)\rightarrow U_3(s)$，使 $I_s(s)$和 $U_3(s)$分别作为汇节点和源节点，则信号流图更加清楚。

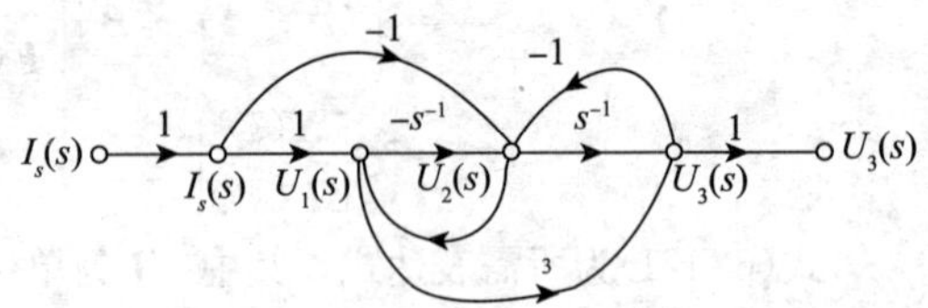

图 6-58 例 6-21 的信号流图

4. 信号流图的化简

信号流图是描述线性时不变系统的线性代数方程组的一种图形表示，因此，和系统的方框图表示一样，可以按一些代数运算规则对其拓扑结构加以等效化简，以减少流图的支路或节点的个数，从而便于求取系统函数。信号流图的基本化简规则如下。

(1) 同向级联支路的化简

在给定的两节点之间，如果有 $n(n\geqslant 2)$条首尾相接的同方向级联支路，并且在所有相邻两支路的公共节点上只有一条入支路和一条出支路，如图 6-59a 所示，此时可将这 n 条支路复合成一条支路，该支路的传输值为该 n 条支路传输值的积。对于图 6-59a 而言，有：

$$\begin{cases}X_1=H_1X_0\\ X_2=H_2X_1\\ \vdots\qquad\vdots\\ X_n=H_nX_{n-1}\end{cases}\tag{6-122}$$

方程组(6-122)可以通过逐个带入而成为一个方程，即：

$$X_n=\left(\prod_{i=1}^{n}H_i\right)X_0=HX_0\tag{6-123}$$

式(6-123)中，$H=\prod\limits_{i=1}^{n}H_i$。由式(6-123)可以绘出相应的信号流图，如图 6-59b 所示，它是图 6-59a 的等效信号流图。

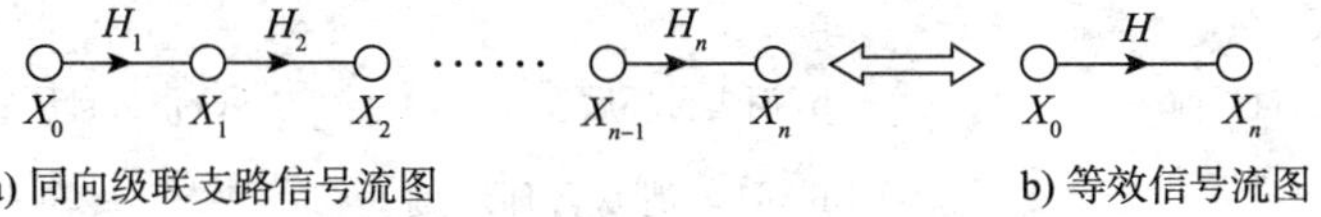

a) 同向级联支路信号流图　　b) 等效信号流图

图 6-59　同方向级联支路信号流图的化简

(2) 同向并联支路的化简

若给定的两个节点 X_i 和 X_j 之间有 $n(n\geqslant 2)$ 条方向相同的并联支路，则可将其合并成一条支路，该支路的传输值为这 n 支路传输值的和。对于图 6-60a 而言，有：

$$X_j = H_1X_i + H_2X_i + \cdots + H_nX_i \tag{6-124}$$

将式(6-124)改写为

$$X_j = (\sum_{k=1}^{n}H_k)X_i = HX_i \tag{6-125}$$

式(6-125)中，$H=\sum\limits_{k=1}^{n}H_k$。由式(6-125)可以绘出相应的等效信号流图，如图 6-60b 所示。

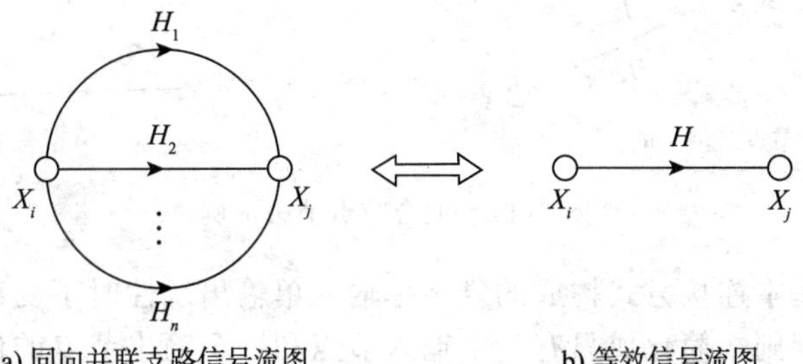

a) 同向并联支路信号流图　　b) 等效信号流图

图 6-60　同向并联支路信号流图的化简

(3) 消除自环

在图 6-61a 中，有：

$$\begin{cases}X_2 = H_1X_1 + H_3X_2\\ X_3 = H_2X_2\end{cases} \tag{6-126}$$

由式 (6-126)中的第一个方程式可得：

$$X_2 = \frac{H_1}{1-H_3}X_1 \tag{6-127}$$

将式(6-127)代入式(6-126)中的第二个方程式可得：

$$X_3 = \frac{H_1H_2}{1-H_3}X_1 = HX_1 \tag{6-128}$$

式(6-128)中，$H=\frac{H_1H_2}{1-H_3}$。由式(6-128)可以绘出相应的等效信号流图，如图 6-61b 所示，其中自环已被消除，然后再用级联化简得到图 6-61c。

(4) 消去混合节点

如果一个节点包含有多条入支路和多条出支路，可将每条入支路的始端节点和所有出支路的末端节点用一条新支路直接相联。由此得出每一条新支路的传输值分别等于相应的

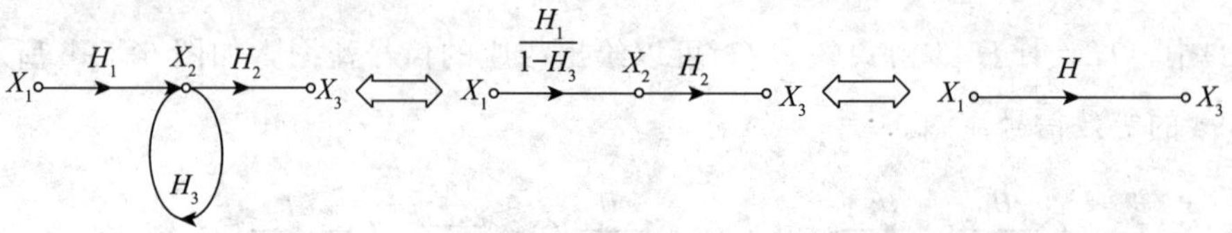

a) 消去自环前　　b) 消去自环后　　c) 消去自环后再用级联化简

图 6-61　消去自环示例

入支路的传输值和相应的出支路的传输值的积，方向由入支路的始端节点指向出支路的末端节点。例如，在图 6-62a 中有：

$$\begin{cases}X_4 = H_3X_3 = H_3(H_1X_1 + H_2X_2) = H_3H_1X_1 + H_3H_2X_2 \\ X_5 = H_4X_3 = H_4(H_1X_1 + H_2X_2) = H_4H_1X_1 + H_4H_2X_2 \\ X_6 = H_5X_3 = H_5(H_1X_1 + H_2X_2) = H_5H_1X_1 + H_5H_2X_2\end{cases} \tag{6-129}$$

由式(6-129)可得对应于图 6-62a 的简化信号流图，如图 6-62b 所示，其中混合节点 X_3 已被消去。

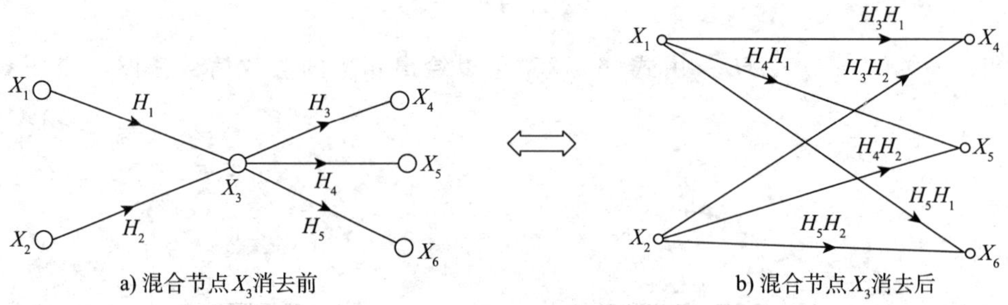

a) 混合节点X_3消去前　　b) 混合节点X_3消去后

图 6-62　混合节点消去示例

任何通过三种基本连接方式构成的复杂单输入单输出线性时不变系统的信号流图，都可以利用上述化简规则，简化成只有一个输入节点和一个输出节点的信号流图，从而可以方便地得到该系统的系统函数或频率响应。例如，图 6-63a 所示为一个正反馈系统与其他支路串联的系统，利用消去混合节点的方法，可以消去混合节点 X_2，得到图 6-63b，也可画成图 6-63c 的形式，应用消除自环的方法可以得出图 6-63d。在图 6-63 中令 $H_1=1$ 便得到单个正反馈系统的信号流图的简化流图。

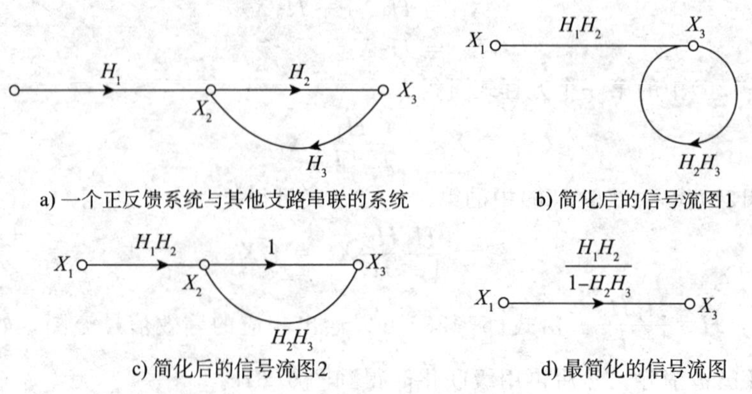

a) 一个正反馈系统与其他支路串联的系统　　b) 简化后的信号流图1

c) 简化后的信号流图2　　d) 最简化的信号流图

图 6-63　反馈系统与其他支路的串联时的简化

【例 6-22】 试通过化简图 6-64a 所示的信号流图，求该流图所描述系统的系统函数

$H(s)=\frac{X_6(s)}{X_1(s)}$。

解：对于图 6-64a 所示的信号流图，可先利用消去混合节点的规则消去混合节点 X_4，得到图 6-64b。再消去混合节点 X_3，得到图 6-64c。然后再利用并联支路合并规则，将支路 $H_2H_4H_6$ 和 H_3H_6 合并，得图 6-64d。通过消除自环，得到图 6-64e。最后，将图 6-64e中两条串联支路合并成图 6-64f，此时，输入节点 X_1 到输出节点 X_6 的传输方程为

$$X_6 = \frac{H_1(H_3+H_2H_4)H_6}{1-H_4H_5H_6}X_1$$

因此，该信号流图所描述系统的系统函数为

$$H(s)=\frac{X_6(s)}{X_1(s)}=\frac{H_1(H_3+H_2H_4)H_6}{1-H_4H_5H_6}$$

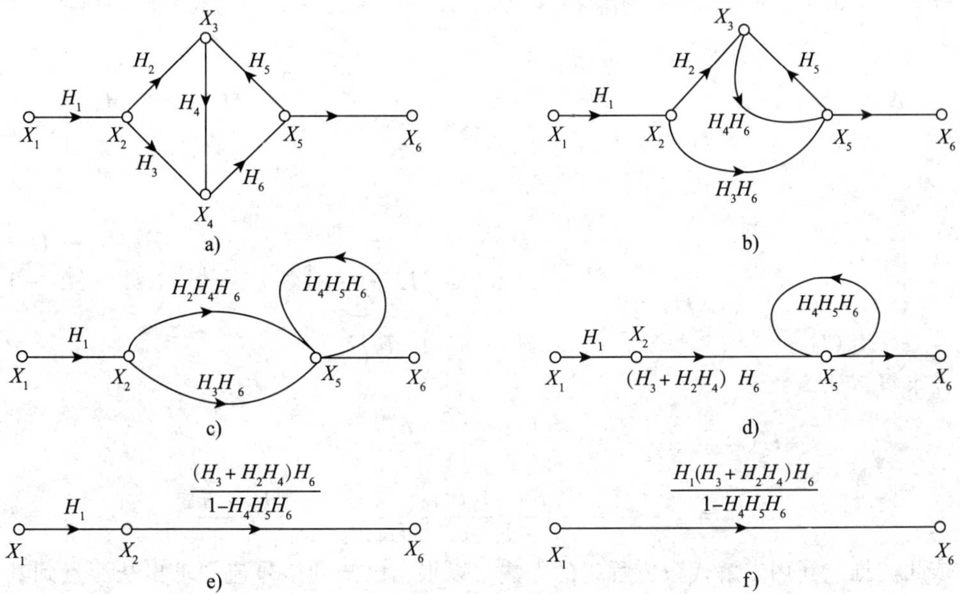

图 6-64　例 6-22 图

5. 通过代数方程组求节点变量值与系统函数

由于信号流图在本质上对应于线性代数方程组，因此，在已知源点(即输入信号)的情况下，解该方程组，就可以求出各节点变量的值，也就是可以求出所需求的系统函数。

如果流图中除了源点之外有 n 个节点，则可以得到由 n 个方程组成、含有 n 个未知数的线性代数方程组。但是，为了简化方程组的求解过程，应当尽量减少需要求解的节点个数。例如，对于图 6-65 所示的信号流图，有：

$$\begin{cases} X_1 = s^{-1}X_0 \\ X_2 = H_1X_0 + H_2X_1 + H_5X_3 \\ X_3 = H_3X_1 + H_4X_2 + H_6X_3 \\ X_4 = X_2 \end{cases} \tag{6-130}$$

可以先不管节点 X_4，于是式(6-130)中的第四个方程就可以省去，这样就只需要解含有 3 个未知数且由 3 个方程联立而成的方程组，显然，一旦解出 X_2，也就得到 X_4。

一般说来，这种线性代数方程组有且只有一组解，此外，通常也不需要解出每个节点变量，因此，比较方便的求解方法是采用克拉默法则。

【例 6-23】 用求解代数方程组的方法求图 6-65 所示系统的系统函数 $H(s)=\dfrac{X_4(s)}{X_0(s)}$。

解：在这种情况下，显然只需要解出节点变量 X_2。由节点值表示式(6-130)中前三个方程可得：

$$\begin{cases} X_1 = s^{-1}X_0 \\ -H_2X_1+X_2-H_5X_3 = H_1X_0 \\ H_3X_1+H_4X_2+(H_6-1)X_3 = 0 \end{cases} \tag{6-131}$$

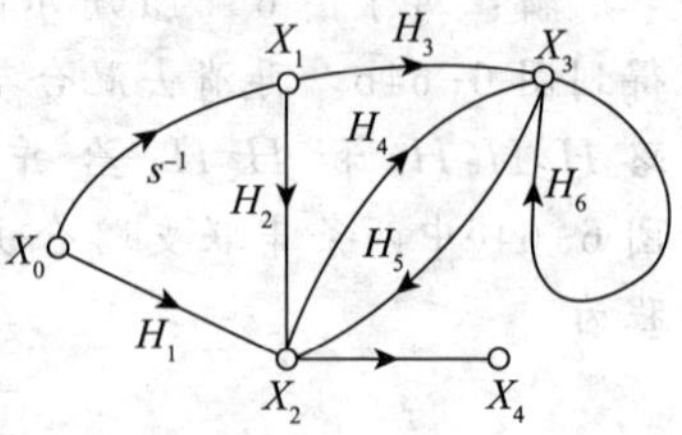

X1
H3
X3
H4
s-1
H2
H6
X0
H5
H1
X2
X4

图 6-65 求解节点变量值的信号流图

将方程组(6-131)用矩阵形式表示为

$$\begin{bmatrix} 1 & 0 & 0 \\ -H_2 & 1 & -H_5 \\ H_3 & H_4 & (H_6-1) \end{bmatrix}\begin{bmatrix} X_1 \\ X_2 \\ X_3 \end{bmatrix}=\begin{bmatrix} s^{-1}X_0 \\ H_1X_0 \\ 0 \end{bmatrix} \tag{6-132}$$

对式(6-132)应用克拉默法可求得 $X_2=\dfrac{\boldsymbol{\Delta}_2}{\boldsymbol{\Delta}}$，其中 $\boldsymbol{\Delta}$ 为系数行列式矩阵，即：

$$\boldsymbol{\Delta}=\begin{bmatrix} 1 & 0 & 0 \\ -H_2 & 1 & -H_5 \\ H_3 & H_4 & (H_6-1) \end{bmatrix}=\begin{bmatrix} 1 & -H_5 \\ H_4 & (H_6-1) \end{bmatrix}=H_6-1+H_4H_5$$

而 $\boldsymbol{\Delta}_2$ 为

$$\boldsymbol{\Delta}_2=\begin{bmatrix} 1 & s^{-1}X_0 & 0 \\ -H_2 & H_1X_0 & -H_5 \\ H_3 & 0 & (H_6-1) \end{bmatrix}=\begin{bmatrix} H_1X_0 & -H_5 \\ 0 & (H_6-1) \end{bmatrix}-s^{-1}X_0\begin{bmatrix} -H_2 & -H_5 \\ H_3 & (H_6-1) \end{bmatrix}$$

$$=H_1X_0(H_6-1)-s^{-1}X_0[-H_2(H_6-1)+H_5H_3]$$

于是可求得系统函数为

$$H(s)=\frac{X_4(s)}{X_0(s)}=\frac{X_2(s)}{X_0(s)}=\frac{\boldsymbol{\Delta}_2}{\boldsymbol{\Delta}\times X_0(s)}$$

$$=\frac{H_1(H_6-1)+H_2(H_6-1)s^{-1}-H_3H_5s^{-1}}{H_6-1+H_4H_5}$$

依此类推，利用求解代数方程组的方法可以根据已知的信号流图求出从源点到其他任何一个节点的系统函数。

6. 方框图与信号流图的相互转换

由于方框图和信号流图都是用来表示系统的，因此两者之间具有对应关系。信号流图以简单支路代替一个方框来表示系统函数(传输函数)，用具有一条输出支路和一条以上输入支路的节点表示一个相加点，用具有一条输入支路和一条以上输出支路的节点表示一个分支点。因此，信号流图可以根据系统方程组绘制，也可根据系统方框图绘制。反之，由系统信号流图可以写出方程组，也可以绘制出对应的系统框图。因此，两者之间可以无须通过代数方程组而直接从图形上进行相互转换，其一般规则是：

1) 在转换过程中，信号流动的方向(即支路方向)正、负号不能改变。

2) 若方框图中相加点与分支点相邻，且相加点在前，分支点在后，如图 6-66a 所示，则应在对应的信号流图中将这两点合为一个混合节点，如图 6-66b 所示。根据这两图写出的输入变量和输出变量之间的关系式是相同的，即 $Y=X_1+X_2$。

3) 若方框图中相加点与分支点相邻，且分支点在前，相加点在后，如图 6-67a 所示，则应在对应的信号流图的分支点与相加点之间，增加一条传输值为 1 的支路，如图 6-67b 所示。

4) 在方框图中，若输入节点上有反馈信号和输入信号叠加，如图 6-68a 所示，则在对

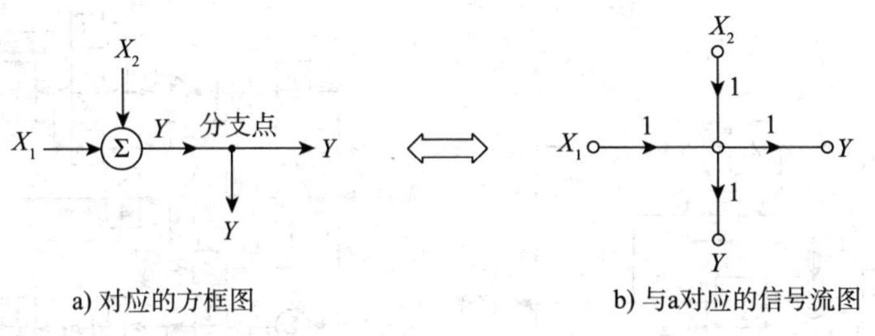

图 6-66　方框图中先“相加点”后“分支点”及其对应的信号流图

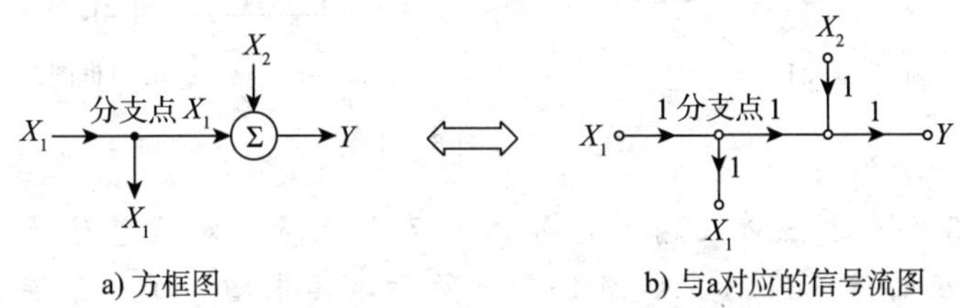

图 6-67　方框图中先“分支点”后“相加点”及其对应的信号流图

应的信号流图中，应在输入节点与此相加点之间增加一条传输值为 1 的支路，如图 6-68b 所示，这是因为在信号流图中，只有输出支路的节点，称为输入节点(源点)，它是系统的输入端，而源点是不能有输入支路的，所以若系统有反馈存在，且反馈到输入信号处，这时需在反馈信号流入点与输入信号的源点之间增加一个传输值为 1 的支路。

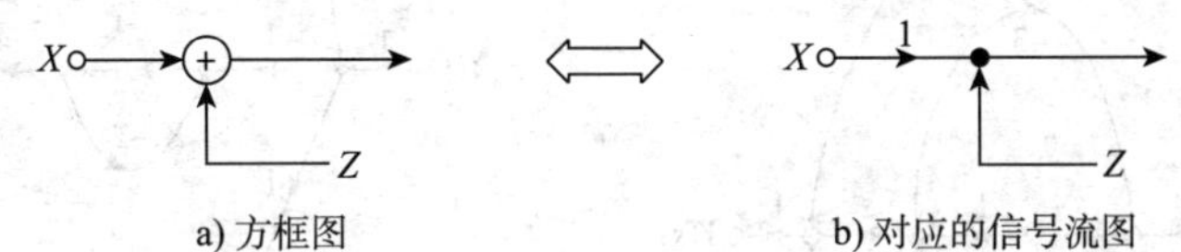

图 6-68　输入节点上有反馈信号的方框图及其对应的信号流图

5) 在方框图中，若输出节点上有反馈信号流出时，如图 6-69a 所示，则在对应的信号流图中，可从输出节点上多引出一条传输值为 1 的支路(为了表示简便，也可以不增加)，如图 6-69b 所示，这是因为在信号流图中的输出节点(汇点)，只有输入支路。汇点是不能有输出支路的。因此，如果系统的输出信号要反馈回去，则需要在汇点与反馈起点之间增加一条传输值为 1 的支路。

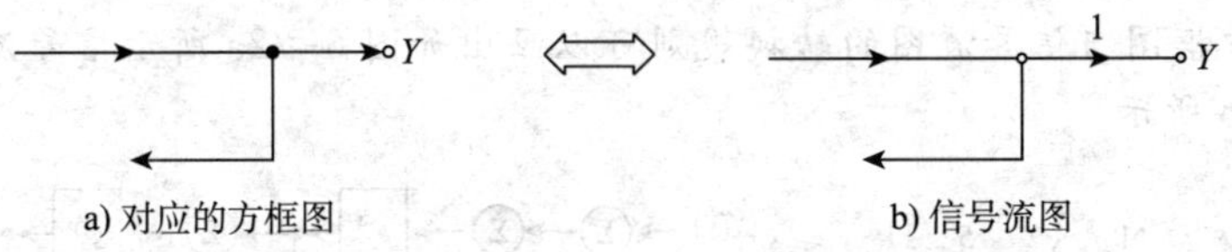

图 6-69　输出节点上有反馈信号引出的方框图及其对应的信号流图

6) 在方框图中的两个相加点之间，对应地，在信号流图中有时可能需要增加一条传输值为 1 的支路，以便将这两个相加点隔开，这取决于是否出现相接触的环路，若不增加，则会出现环路的接触，从而引起求 $H(s)$的错误，此时就必须增加；若不增加，也不会出现环路的接触，此时就可以不增加。

【例 6-24】　试画出与图 6-70a、b 所示方框图对应的信号流图。

解：在图 6-70a 的方框图中，有 8 个方框，对应的信号流图应有 8 个支路，其中共

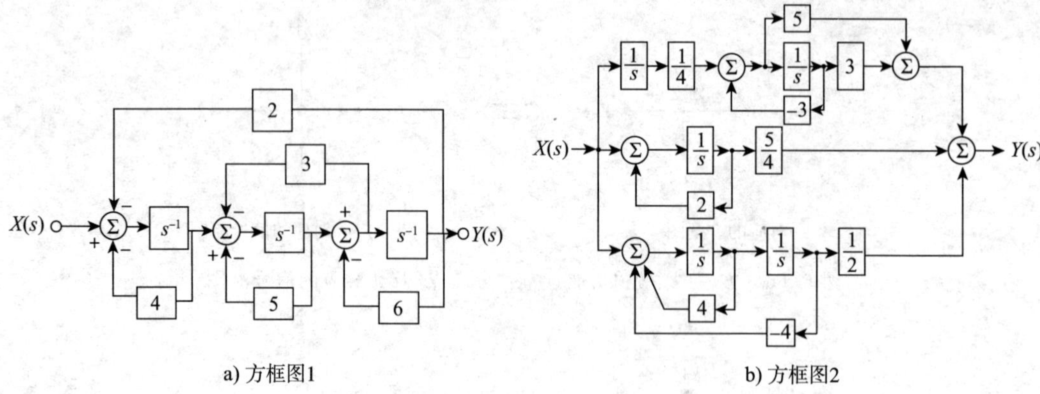

a) 方框图1　　b) 方框图2

图 6-70　例 6-24 图

有 3 个相加点、3 个分支点以及输入信号，共 7 个变量，对应着信号流图中的 7 个节点，由此画出对应的信号流图，如图 6-71a 所示，其中增加了一条连接输出变量$Y(s)$的传输值为 1 的单位传输支路。类似地，可以由图 6-70b 对应得出图 6-71b 所示的信号流图。

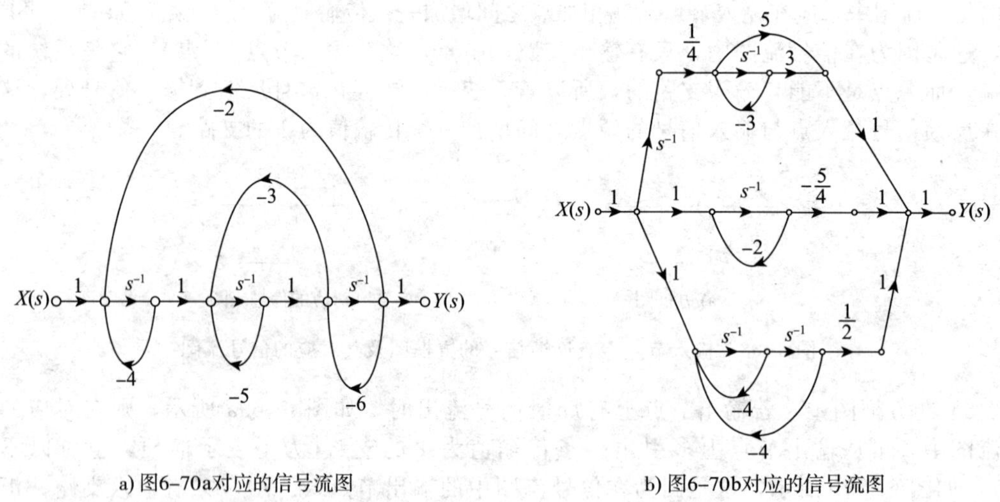

a) 图6-70a对应的信号流图　　b) 图6-70b对应的信号流图

图 6-71　图 6-70 中方框图对应的信号流图

【例 6-25】 已知系统的信号流图如图 6-72a 所示。试画出对应的方框图。

解：根据方框图与信号流图的转换规则可以画出如图 6-72a 所示信号流图对应的方框图，如图 6-72b 所示。

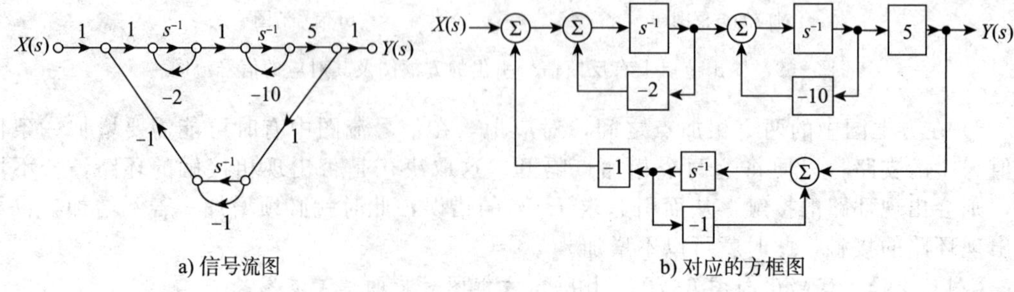

a) 信号流图　　b) 对应的方框图

图 6-72　例 6-25 图

7. 信号流图的梅森公式

对于比较复杂的信号流图，利用流图化简的方法求输入输出之间的系统函数的步骤比较复杂，事实上，利用梅森公式，在信号流图中用观察法可以直接写出系统内任何非独立节点 $Y(s)$与任何独立节点 $X(s)$之间的系统函数 $H(s)$。由于梅森公式的证明比较烦琐，所以此处只给出具体形式及其说明。梅森公式为

$$H(s)=\frac{Y(s)}{X(s)}=\frac{1}{\Delta}\sum_{i}P_i\Delta_i \tag{6-133}$$

式(6-133)分母中的 Δ 称为信号流图的特征行列式，有：

$$\Delta=1-\sum_{j}L_j+\sum_{m,n}L_mL_n-\sum_{p,q,r}L_pL_qL_r+\cdots \tag{6-134}$$

式(6-134)中各项的含意如下：

1) L_j 为第 j 个回路的传输函数，它等于构成第 j 个回路的各支路的传输函数的乘积，$\sum\limits_{j}L_j$ 为信号流图中所有不同回路的传输函数的和。

2) L_mL_n 为两个互不接触回路传输函数的乘积，$\sum\limits_{m,n}L_mL_n$ 为所有两两互不接触回路的传输函数乘积的和。

3) $L_pL_qL_r$ 为三个互不接触回路的传输函数的乘积，$\sum\limits_{p,q,r}L_pL_qL_r$ 为所有三个互不接触回路的传输函数乘积的和。

……

式(6-133)中，i 表示由源节点至所求汇节点的第 i 条前向通路的标号，P_i 为由源节点至所求汇节点的第 i 条前向通路的传输函数，它等于第 i 条前向通路上所有支路传输函数的乘积；Δ_i 为第 i 条前向通路特征行列式的余因子，它是与第 i 条前向通路不接触的子流图的特征行列式，也就是说，Δ_i 是在原信号流图中除去第 i 条前向通路后，即除去第 i 条前向通路上所有节点和支路后，剩余信号流图(原信号流图的子流图)的特征行列式，其计算仍按式(6-134)进行。求和 $\sum\limits_{i}$ 是针对由源节点至所求汇节点的所有前向通路来进行的。

【例 6-26】 试求图 6-73a 所示信号流图的系统函数 $H(s)=\dfrac{Y(s)}{X(s)}$。

解： 1) 求特征行列式，为此首先求回路增益。图 6-73a 中共有八个回路，分别如图 6-73b、c、d、e、f、g、h、i 所示，各回路的增益分别为

$L_1=H_2H_5$，$L_2=H_3H_6$，$L_3=H_8H_9$，$L_4=H_{10}H_{11}$，$L_5=H_5H_7H_8$，$L_6=H_5H_6H_7H_{10}$，$L_7=H_3H_8H_{11}$，$L_8=H_6H_9H_{10}$。所给信号流图中仅有一对两两互不接触的回路，如图 6-73j所示，故有：

$$L_9L_{10}=(H_2H_5)(H_{10}H_{11})=H_2H_5H_{10}H_{11}$$

所给信号流图中没有三个及三个以上的互不接触的回路，因此，按式(6-134)可以求出所给信号流图的特征行列式为

$$\begin{aligned}\Delta=1-(&H_2H_5+H_3H_6+H_8H_9+H_{10}H_{11}+H_5H_7H_8+H_5H_6H_7H_{10}\\&+H_3H_8H_{11}+H_6H_9H_{10})+H_2H_5H_{10}H_{11}\end{aligned}$$

2) 求前向通路的传输函数 P_i 以及该前向通路对应的 Δ_i。图 6-73a 中有四条前向通路，分别如图 6-72k、l、m 和 n 所示，因此有：

$P_1=H_1H_2H_3H_4$，$P_2=H_1H_2H_9H_{10}H_4$，$P_3=H_1H_7H_8H_3H_4$，$P_4=H_1H_7H_{10}H_4$，$P_i(i=1,2,3,4)$的余因子式 Δ_i 均为 1。

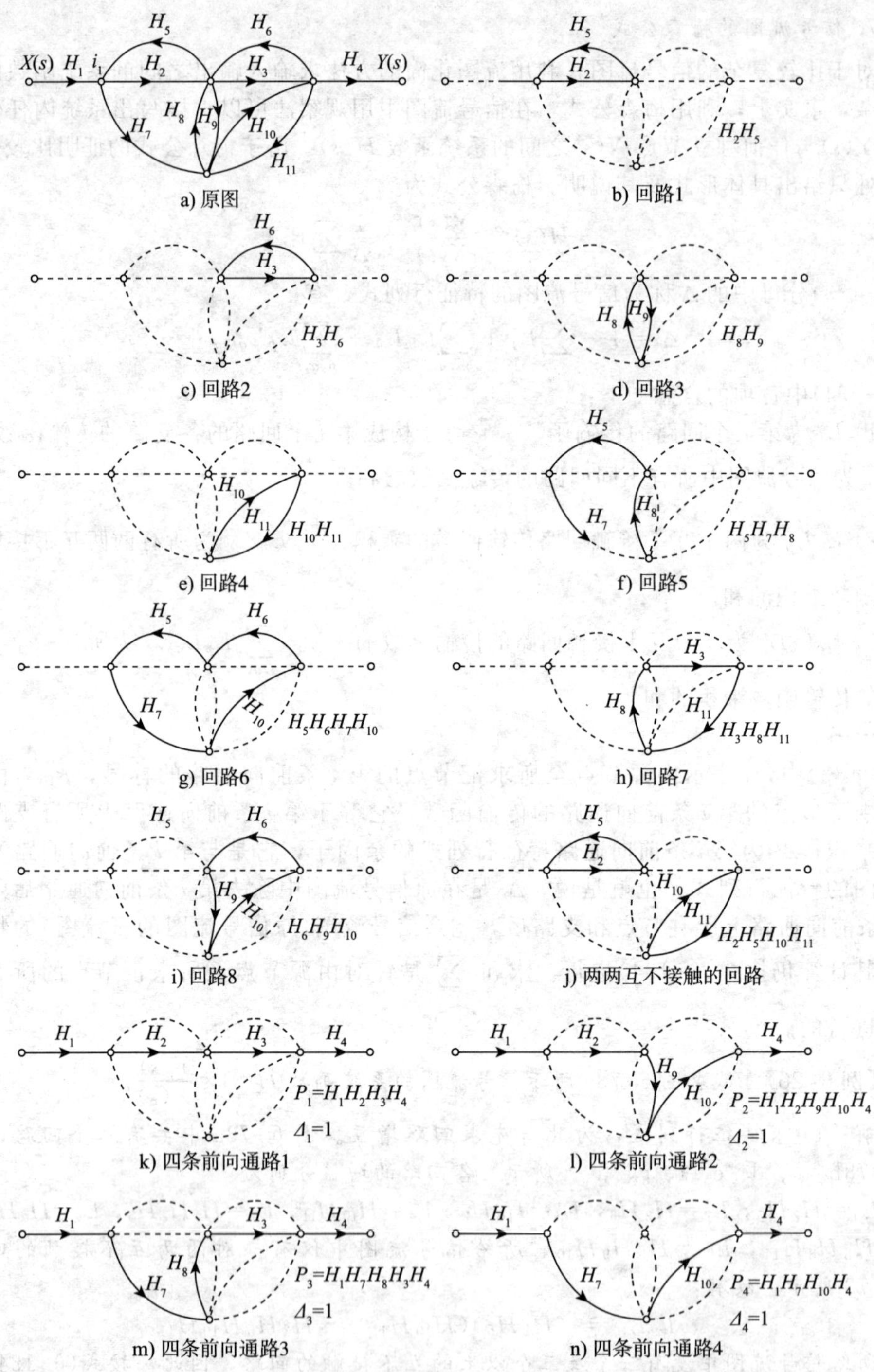

图 6-73　例 6-26 图

3）由梅森公式（6-133）可得所求系统函数为

$$H(s)=\frac{\sum_{i=1}^{4}P_i\Delta_i}{\Delta}$$

$$=\frac{H_1H_2H_3H_4+H_1H_2H_9H_{10}H_4+H_1H_7H_8H_3H_4+H_1H_7H_{10}H_4}{1-(H_2H_5+H_3H_6+H_8H_9+H_{10}H_{11}+H_5H_7H_8+H_5H_6H_7H_{10}+H_3H_8H_{11}+H_6H_9H_{10})+H_2H_5H_{10}H_{11}}$$

通过以上讨论可知，由信号流图求系统函数共有 3 种方法，即代数方程求解法、流图化简法以及用梅森公式求解法，而应用梅森公式则是最为简便的方法，利用梅森公式可以很快地从已知的信号流图得出对应的系统函数，或者反之。因此，梅森公式具有极大的优越性。

8. 信号流图的转置

所谓信号流图的转置实际上就是对其形式所做的一种变换，这种变换只需要对原流图做两项变动：①将源点和汇点交换位置；②各支路的信号传输方向反向，但每条支路的支路传输值保持不变。

因为描述同一个系统的方程组可以表示成不同的形式，所以可以对应画出不同的信号流图。因此，对于一个给定的系统，其信号流图的形式并不是唯一的。可以证明，当信号流图中只有一个源点和一个汇点时，转置后的流图与原流图具有相同的系统函数。这可以看作是梅森公式的一个推论。

图 6-74a 所示为一个系统的信号流图，对其做上述两项更改，可以得到流图 6-74b，再按习惯将源点画在左边，汇点画在右边，即将流图 6-74b 转动 180°就得到流图 6-74c，图 6-74b 和图 6-74c 完全等价，只是画法不同而已。根据梅森公式，很容易得到这三个流图的系统函数，它们是相同的，均为

$$H(s)=\frac{Y(s)}{X(s)}=\frac{H_1+H_2s^{-1}}{1-(-H_0s^{-1})}=\frac{H_1s+H_2}{s+H_0}$$

应该注意的是，转置流图和原流图中各节点所代表的信号是有变化的。此外，由于信号流图与方框图可以等效表示同一个系统，所以对方框图也可以进行转置。因此，描述同一个系统的信号流图与方框图都至少有原图及其转置图两种表示形式。

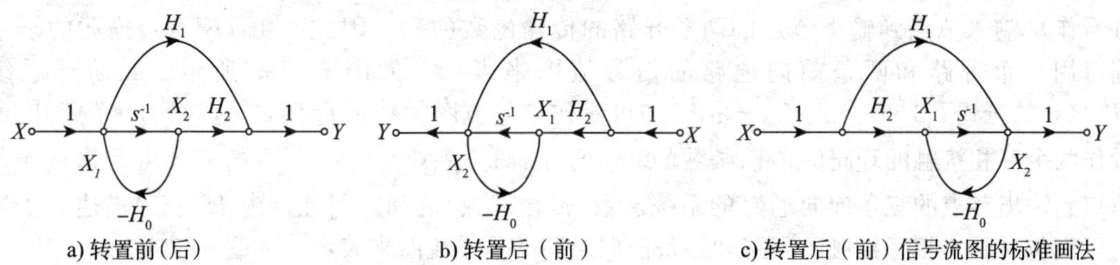

图 6-74 信号流图及其转置图

9. 线性时不变系统的信号流图形式

对应于线性时不变系统模拟的方框图，其信号流图形式的联接方式有直接型、级联型、并联型，以及混联(级联和并联共存)。

(1) 直接型

在式(6-68)的分母中，令 $a_n=1$，故由梅森公式可知，式(6-68)的分母 $1-[-a_{n-1}s^{-1}-a_{n-2}s^{-2}-\cdots-a_1s^{-(n-1)}-a_0s^{-n}]$可以视为 n 个回路的信号流图的特征行列式，而且各个回路都互相接触，没有两个及两个以上互不接触的回路，这 n 个回路的回路增益分别为 $-a_{n-1}s^{-1}$，$-a_{n-2}s^{-2}$，…，$-a_1s^{-(n-1)}$，$-a_0s^{-n}$；式(6-68)的分子可看作$(m+1)$条前向通路的增益的和，并且各前向通路都没有不接触回路，因而每一条前向通路的特征行列式余因子 $\Delta_i=1$，$i=0$，1，2，…，m。这样，就得到如图 6-75a 和 b 所示的 N 阶微分方程表示的因果线性时不变系统的两种信号流图，其中图 6-75a 为直接Ⅱ型实现结构的信号流图表示，图 6-75b 中的信号流图为图 6-75a 中信号流图的转置。

(2) 级联型

根据梅森增益公式，前述级联型一阶子系统 $H_i^{(1)}(s)$的分母(见式(6-95))：$1-p_is^{-1}$

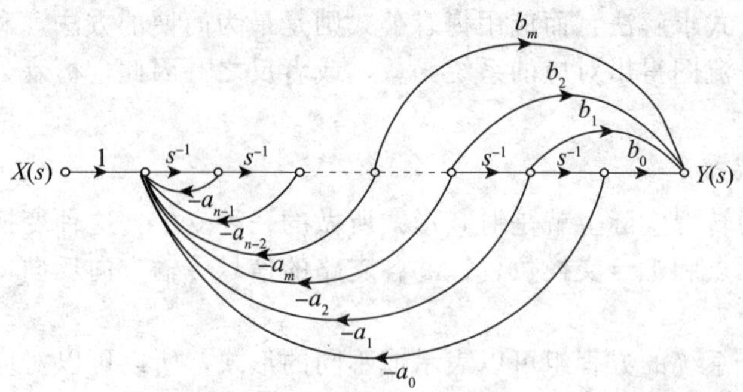

a) n阶微分方程表示的因果线性时不变系统直接II型实现结构的信号流图

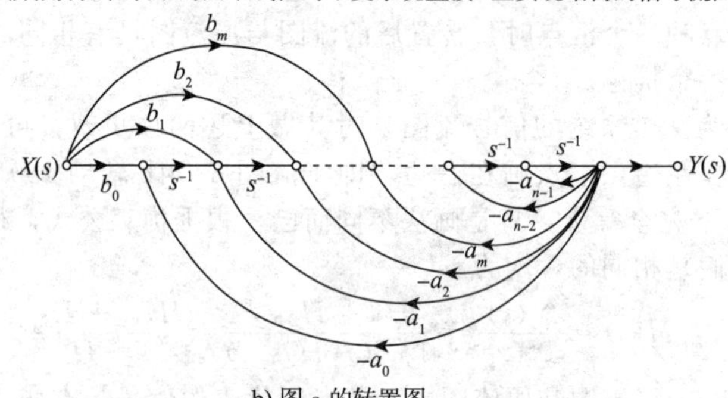

b) 图 a 的转置图

图 6-75　因果线性时不变系统直接Ⅱ型实现结构的信号流图及其转置图

可看作信号流图的特征行列式 Δ，$p_i s^{-1}$为一个环路的传输函数。分子：$1-z_i s^{-1}$中的二项可看作从输入节点到输出节点的两条开路的传输函数的和。因此，由 $H_i^{(1)}(s)$描述的子系统可用一个环路和两条前向通路的信号流图来表示，如图 6-76a 所示。二阶子系统 $H_i^{(2)}(s)$的分母：$1-(-\alpha_{1i}s^{-1}-\alpha_{2i}s^{-2})$可看作信号流图的特征行列式 Δ，括号内的两项可看作两个互相接触的环路的传输函数的和。分子：$1+\beta_{1i}s^{-1}+\beta_{2i}s^{-2}$中的三项可看作从输入节点到输出节点的三条前向通路的系统函数(传输函数)的和。因此，由 $H_i^{(2)}(s)$描述的子系统可用包含两个相互接触的环路和三条前向通路的信号流图来表示，如图 6-76b 所示。

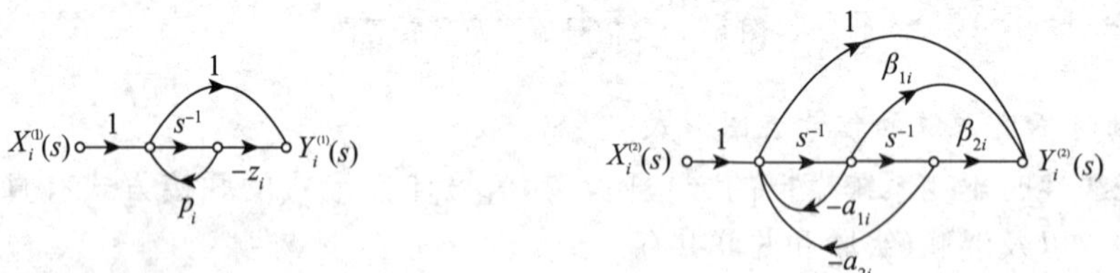

a) 一阶子系统$X_i^{(1)}(s)$的信号流图　　b) 二阶子系统$X_i^{(2)}(s)$的信号流图

图 6-76　线性时不变系统级联型一阶子系统 $H_i^{(1)}(s)$和二阶子系统 $H_i^{(2)}(s)$对应的信号流图

(3) 并联型

由系统函数式(6-95)中一阶子系统 $H_i^{(1)}(s)$和二阶子系统 $H_i^{(2)}(s)$的表示式可以得出对应的信号流图，分别如图 6-77a 和 b 所示。

【例 6-27】 已知某系统的系统函数为

$$H(s)=\frac{Y(s)}{X(s)}=\frac{s+3}{s^3+5s^2+8s+4}$$

试用直接Ⅱ型、级联型、并联型画出该系统的信号流图。

解：1) 直接型：将所给 $H(s)$改写为

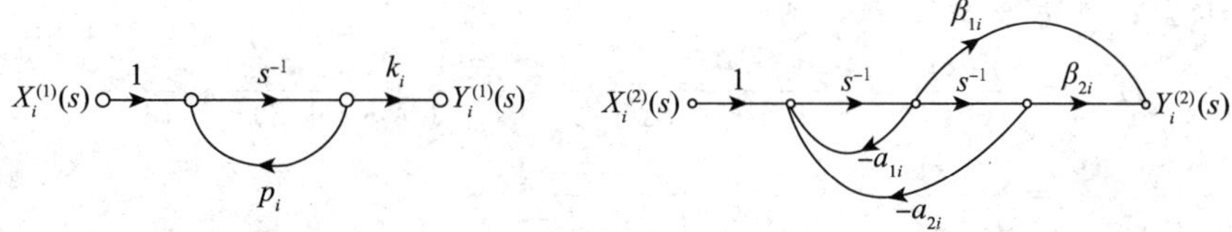

a) 一阶子系统$X_i^{(1)}(s)$的信号流图　　　　b) 二阶子系统$X_i^{(2)}(s)$的信号流图

图 6-77　线性时不变系统并联型一阶子系统 $H_i^{(1)}(s)$和二阶子系统 $H_i^{(2)}(s)$对应的信号流图

$$H(s)=\frac{Y(s)}{X(s)}=\frac{s+3}{s^3+5s^2+8s+4}=\frac{s^{-2}+3s^{-3}}{1+5s^{-1}+8s^{-2}+4s^{-3}} \tag{6-135}$$

根据式(6-135)画出直接Ⅱ型的信号流图，如图 6-78 所示，从而也可得出其转置的信号流图。

2）级联型：将所给 $H(s)$改写为

$$\begin{aligned}H(s)&=\frac{Y(s)}{X(s)}=\frac{s+3}{s^3+5s^2+8s+4}=\frac{1}{s+1}\cdot\frac{s+3}{s+2}\cdot\frac{1}{s+2}\\&=\frac{s^{-1}}{1+s^{-1}}\cdot\frac{1+3s^{-1}}{1+2s^{-1}}\cdot\frac{s^{-1}}{1+2s^{-1}}\end{aligned} \tag{6-136}$$

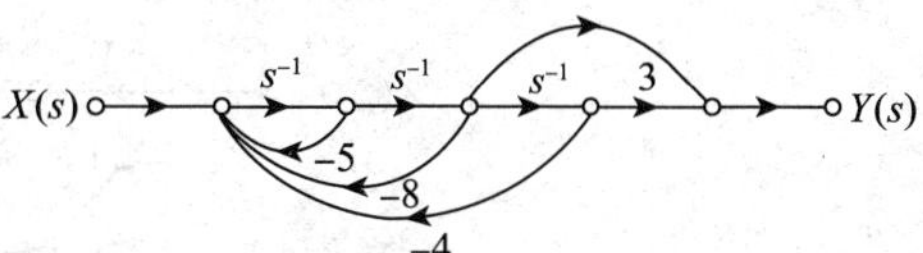

图 6-78　例 6-27 直接Ⅱ型实现结构的信号流图

式(6-136)对应的信号流图如图 6-79a 所示，由此可知，在对子流图做级联时，各子流图之间的连接支路传输值为“1”，有的可在级联时略去，有的则不行，如图 6-79a 中二、三级之间的传输函数为“1”的支路就略去了，而一、二级之间的则不可略去，否则会导致本不接触的回路变成接触的了，从而导致系统函数 $H(s)$发生变化，得出错误的结果，一般来说，若相级联的两个子流图中前一个支路的输出节点无其他输出支路，即只输出至下一级子流图，则可略去，比较典型的函数形式为$\frac{1}{s}$，$\frac{s+b}{s+a}$等。

此外，若将所给 $H(s)$改写为

$$H(s)=\frac{Y(s)}{X(s)}=\frac{s+3}{s^3+5s^2+8s+4}=\frac{1}{s+1}\cdot\frac{s+3}{s^2+4s+4}=\frac{s^{-1}}{1+s^{-1}}\cdot\frac{s^{-1}+3s^{-2}}{1+4s^{-1}+4s^{-2}} \tag{6-137}$$

则可以得出式(6-137)对应的信号流图，如图 6-79b)所示。

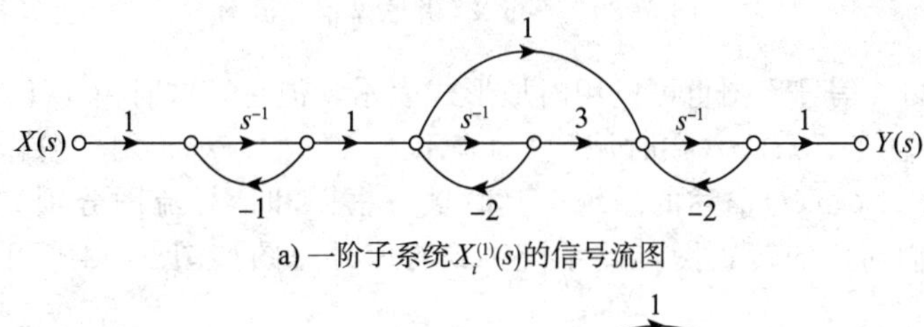

a) 一阶子系统$X_i^{(1)}(s)$的信号流图

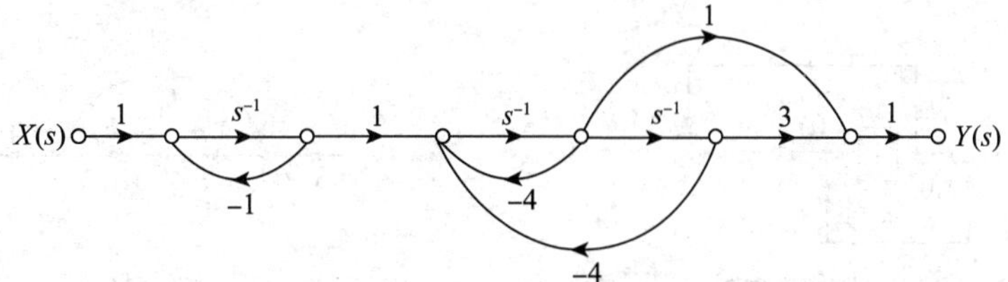

b) 二阶子系统$X_i^{(2)}(s)$的信号流图

图 6-79　例 6-27 级联型信号流图

3）并联型：将所给 $H(s)$ 改写为

$$H(s)=\frac{Y(s)}{X(s)}=\frac{s+3}{s^3+5s^2+8s+4}=\frac{2}{s+1}+\frac{-1}{(s+2)^2}+\frac{-2}{s+2}$$
$$=\frac{2s^{-1}}{1+s^{-1}}+\frac{-s^{-2}}{(1+2s^{-1})^2}+\frac{-2s^{-1}}{1+2s^{-1}}$$
$$=\frac{2s^{-1}}{1+s^{-1}}+\frac{s^{-1}}{1+2s^{-1}}\left(-2+\frac{-s^{-1}}{1+2s^{-1}}\right) \tag{6-138}$$

则可以得出式(6-138)对应的信号流图，如图 6-80a 所示。这时需要注意的是，重根的二次式和一次式的流图必须级联画在一起，即二次式在流图中是通过在一次式后再级联一个一次式来实现的，否则会得出错误的结果，这一点可以用此例做进一步说明，具体如下：

$$\frac{-1}{(s+2)^2}+\frac{-2}{s+2}=\frac{1}{s+2}\left(-2+\frac{-1}{s+2}\right)=\frac{s^{-1}}{1+2s^{-1}}\left(-2+\frac{-s^{-1}}{1+2s^{-1}}\right)$$

此外，若将所给 $H(s)$ 改写为

$$H(s)=\frac{Y(s)}{X(s)}=\frac{s+3}{s^3+5s^2+8s+4}=\frac{2}{s+1}+\frac{-2s-5}{s^2+4s+4}=\frac{2s^{-1}}{1+s^{-1}}+\frac{-2s^{-1}-5s^{-2}}{1+4s^{-1}+4s^{-2}} \tag{6-139}$$

则可以得出式(6-139)对应的信号流图，如图 6-80b 所示。

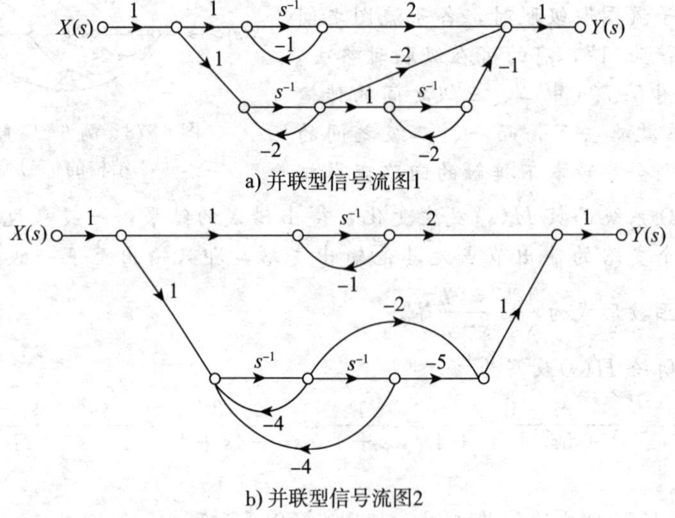

图 6-80　例 6-27 并联型信号流图

类似于方框图，信号流图也可以用时域形式表示，但是，这时由于不在 s 域，所以不采用 $H(s)$ 而采用传输算子 $H(p)$（在时域中）的表示式。例如，对于用一阶微分方程 $y^{(1)}(t)+a_0y(t)=b_1x^{(1)}(t)+b_0x(t)$ 描述的系统，其时域方框图和信号流图分别如图 6-81a 和 b 所示，也可画出它们对应的转置图，此系统 s 域的信号流图如图 6-74 所示，其中 $H_0=a_0$，$H_1=b_1$，$H_2=b_0$。

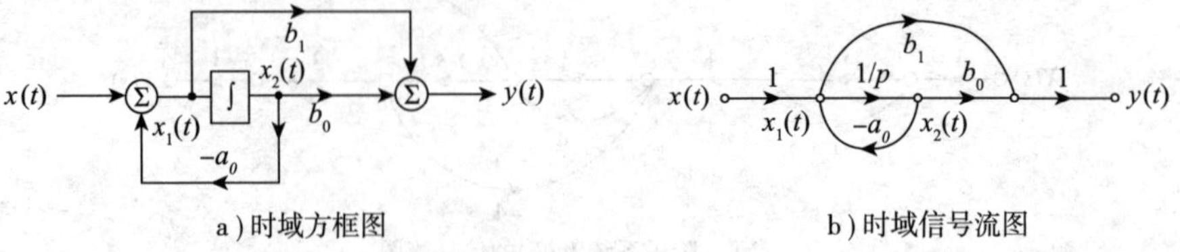

图 6-81　时域方框图和信号流图

习题

6-1　已知某连续系统的微分方程为

$$y'(t)+4y'(t)+3y(t)=x'(t)+2x(t)$$

求系统函数 $H(s)$。

6-2　某连续时间系统的系统函数 $H(s)=\dfrac{3s-0.5}{(s^2+0.5s-1.5)e^{2s}}$，试确定其收敛域和零、极点分布，并求出该系统的单位冲激响应 $h(t)$。

6-3　已知某连续系统的系统函数 $H(s)$的零、极点分布图如题 6-3 图所示，且 $H(0)=5$，当初始条件 $y(0^+)=2$，$y'(0^+)=3$，激励 $x(t)=e^{-t}\varepsilon(t)$时，求该系统的系统函数 $H(s)$，系统的零输入响应、零状态响应和全响应。

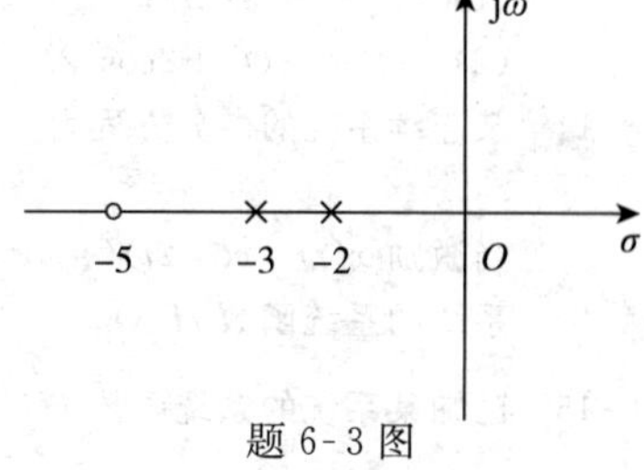

题 6-3 图

6-4　已知某连续系统的微分方程为

$$y''(t)+5y'(t)+6y(t)=x'(t)-x(t)$$

且 $y(0_-)=3$，$y'(0^-)=1$，$x(t)=\delta(t)-\delta(t-1)$，分别求系统的零输入响应 $y_{zi}(t)$、零状态响应 $y_{zs}(t)$和全响应。

6-5　已知某二阶系统的自由响应模式为$(C_1e^{-2t}+C_2e^{-3t})\varepsilon(t)$，当激励 $x(t)=(1+e^{-t})\varepsilon(t)$时，系统的零状态响应 $y_{zs}(t)=\left(\dfrac{5}{3}e^{-3t}+\dfrac{1}{3}\right)\varepsilon(t)$，由此写出描述系统的微分方程。

6-6　已知某系统的系统函数 $H(s)=\dfrac{s}{s^2+3s+2}$，则：

(1)若输入信号为 $x(t)=10\varepsilon(t)$，求系统的响应，并指出它的自由响应分量与强迫响应分量；

(2)若输入信号为 $x(t)=10\sin t\cdot\varepsilon(t)$，求系统的响应，并指出它的自由响应分量与强迫响应分量。

6-7　已知某系统的系统函数 $H(s)=\dfrac{K}{s(s^2+s+1)(s+2)+K}$，确定使系统稳定时 K 的取值范围。

6-8　给定某系统的系统函数 $H(s)$的零、极点分布如题 6-8 图所示，令 s 沿 jω 轴移动，由矢量因子的变化分析频响特性，粗略绘出幅频与相频曲线。

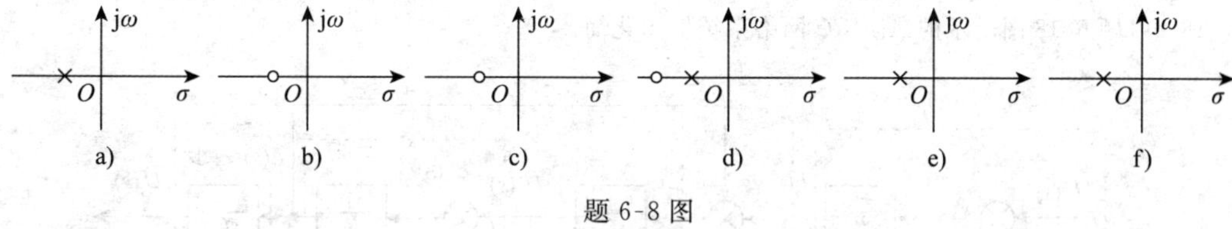

题 6-8 图

6-9　考虑一个冲击响应为 $h(t)=e^{-i}\varepsilon(t)$的低通滤波器，设该滤波器的输入信号 $x(t)=\cos i$，设此时系统的输出信号 $y_1(t)=A\cos(t+\theta)$，试计算 A 和 θ 的值。如果一个一阶全通滤波器和这个低通滤波器级联，该全通滤波器可以对相位失真进行校正且输出信号 $y_2(t)=B\cos(t)$，试计算此时的系统函数。

6-10　如题 6-10 图所示电路，求它的电压比函数 $H(s)=\dfrac{U_2(s)}{U_1(s)}$，并画出零、极点分布图，说明此系统是否为全通系统。

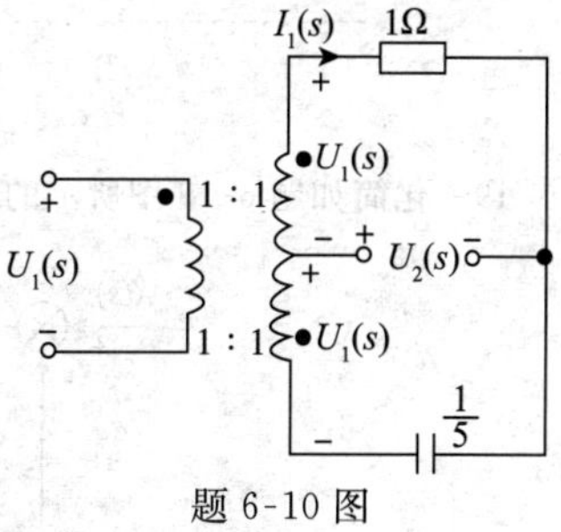

题 6-10 图

6-11　将非最小相移函数 $H(s)=\dfrac{s^2+2s+2}{s^2+4s+20}$分解成全通函数和最小相移函数。

6-12　根据题图 6-12 所示 s 平面的零、极点分布图，分别指出它们是否是最小相移网络函数。如果不是，则它们应由零、极点如何分布的最小相移网络和全通网络来组合。

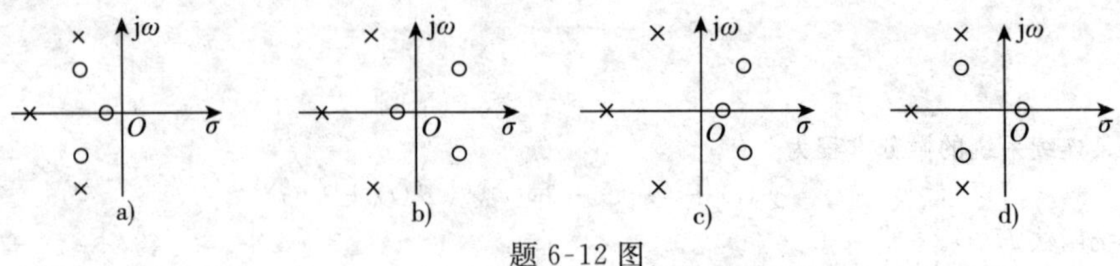

题 6-12 图

6-13 对于一个系统函数为 $H(s)=\dfrac{s-2}{s^2+4s+4}$ 的系统，求出下列输入的稳态响应 $y_{ss}(t)$。

(1) $x(t)=8\cos(2t)$；

(2) $x(t)=4\varepsilon(t)+8\cos(2t+15°)$。

6-14 某连续系统的微分方程为

$$y'(t)+ay(t)=bx(t)$$

当激励 $x(t)=\cos(2t)(-\infty<t<\infty)$时，$y(t)=2\cos(2t-45°)$，求微分方程中的未知常数 a、b 和该系统的系统函数 $H(s)$。

6-15 已知某系统的系统函数 $H(s)=\dfrac{2s+3}{s^4+7s^3+16s^2+12s}$，试用直接型、级联型、并联型和混联型的模拟图表示。

6-16 如题 6-16 图所示的系统，欲使 $H(s)=\dfrac{Y(s)}{X(s)}=2$，求子系统的系统函数 $H_1(s)$。

6-17 已知如题 6-17 图所示的系统。

(1)求系统函数 $H(s)$；

(2)求当激励 $x(t)=e^{-2t+1}\varepsilon(t)$时的零状态响应 $y(t)$。

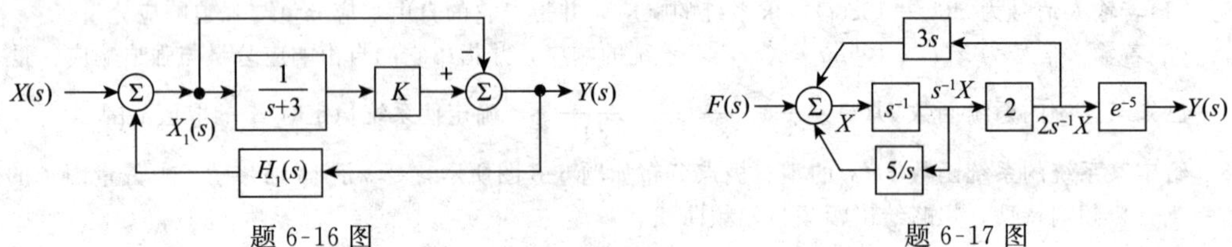

题 6-16 图　　题 6-17 图

6-18 将题 6-18 图所示的二阶 RC 网络系统框图化简。

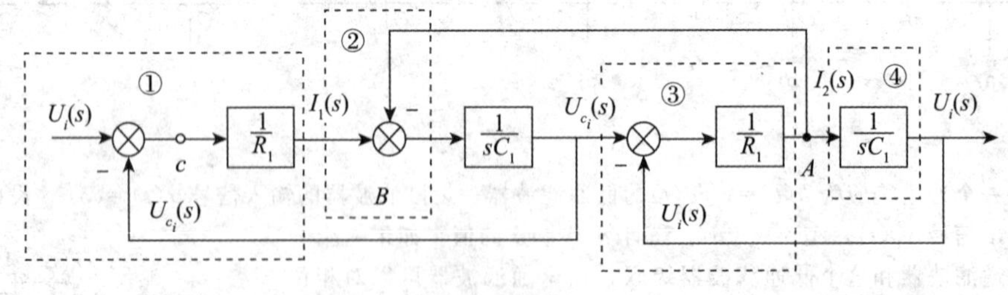

题 6-18 图

6-19 化简如题 6-19 图所示的方框图，并求出系统函数。

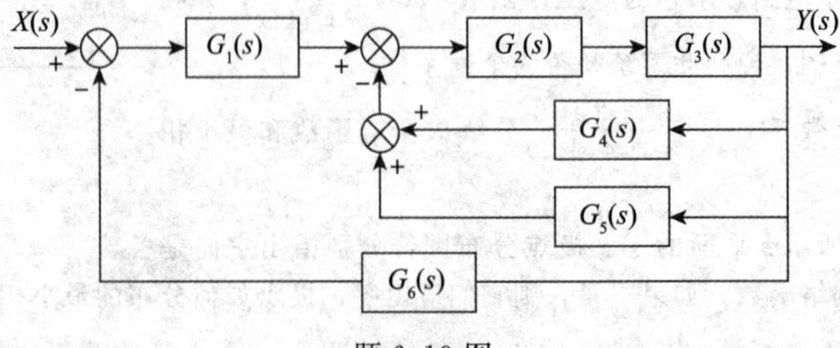

题 6-19 图

6-20 试化简如题 6-20 图所示的系统方框图，并求出系统函数。

6-21 已知某连续系统的方框图如题 6-21 图所示，画出系统的信号流图。

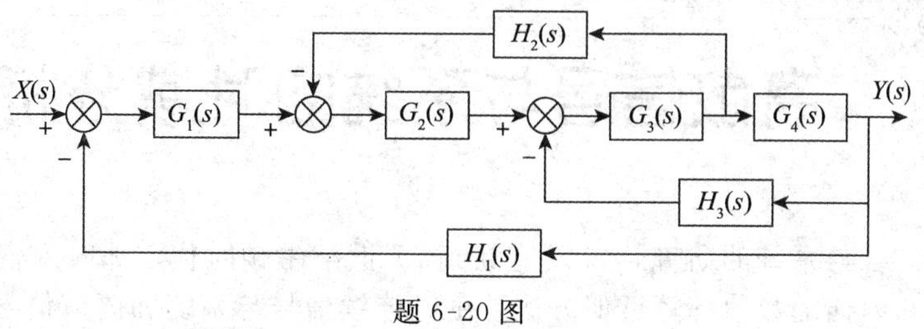

题 6-20 图

6-22 画出如题 6-22 图所示系统方框图对应的信号流图。

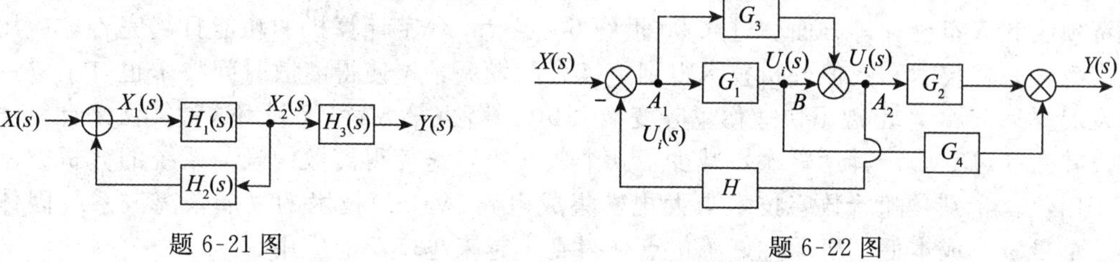

题 6-21 图　　题 6-22 图

6-23 已知系统的信号流图如题 6-23 图所示，求系统的传递函数 $H(s)$。

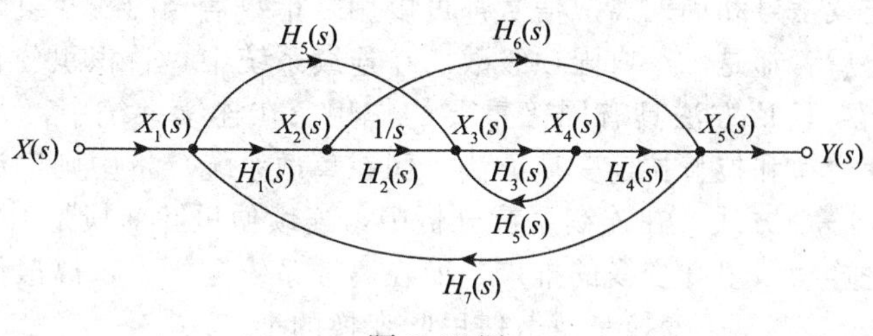

题 6-23 图

6-24 系统信号流图如题 6-24 图所示，求系统函数 $H(s)$。

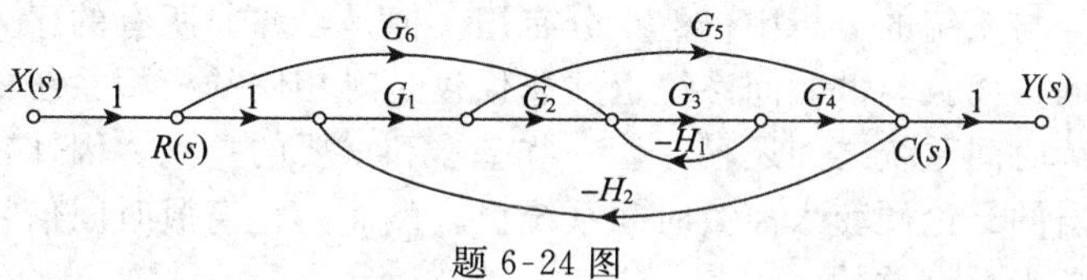

题 6-24 图

6-25 已知某系统的系统函数 $H(s)=\dfrac{5(s+1)}{s(s+2)(s+5)}$，试画出三种形式的信号流图。

6-26 已知某物理可实现系统的信号流程如题 6-26 图所示。

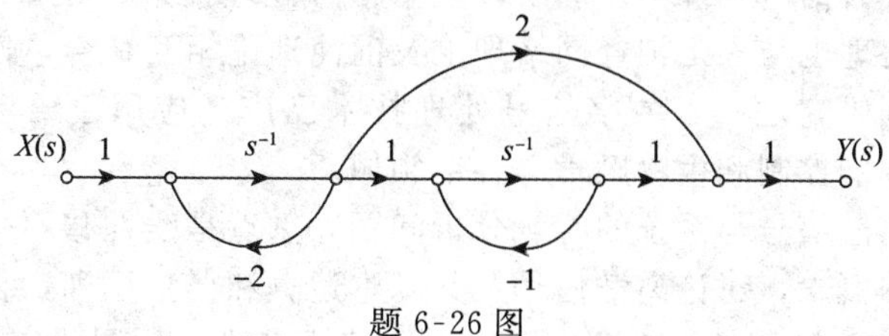

题 6-26 图

(1) 求系统函数 $H(s)$；

(2) 试问该系统是否是因果的？是否是稳定的？

(3) 求输入 $x(t)=\cos 2t$，$-\infty<t<+\infty$ 时的输出。

第7章 离散信号与系统的时域分析

对于离散信号与系统的研究，可以追溯到17世纪牛顿时代，那时人们就已经开始研究微分、积分和内插的数值计算近似方法。由于连续信号与系统和离散信号与系统的研究各有其应用背景，因此，两者沿着各自的道路并行发展，这表现在连续信号与系统的研究主要是集中在物理学和电路理论方面，而离散信号与系统的研究则主要集中在数值分析、经济预测和人口统计等方面。进入20世纪50年代，数字计算机的功能日趋完善，应用日益广泛，采样技术和数值分析技术得到了极大的发展，这使得离散时间技术也有了进一步的发展。1965年，出现了快速傅里叶变换(FFT)算法(第8章)，利用这种算法来计算离散傅里叶变换(DFT)，其运算次数减少了几个数量级，这使得离散信号与系统的分析方法得以实用化，特别是随着数字技术与大规模集成电路(VLSI)技术的发展，离散系统因体积小、重量轻、成本低、机动性好等优点，得到了越来越广泛的应用。

离散信号与系统的理论和连续信号与系统的，具有一定的相似性，但也有很大的不同。例如，周期连续信号和周期离散信号都可以用复指数信号的线性组合来表示，但前者是一个无穷级数，后者却是一个有限项级数。在连续系统中，卷积积分有着重要意义，而在离散系统中，“卷积和”方法具有同等重要的作用。在连续系统中，大都采用变换域方法，即连续傅里叶变换和拉普拉斯变换方法，而在离散系统分析中则广泛采用离散傅里叶变换与z变换(第9章)方法。在连续系统分析中，连续傅里叶变换是s平面虚轴处的拉氏变换，拉氏变换是连续傅里叶变换的推广，而在离散系统分析中，离散傅里叶变换则是在z平面单位圆处的z变换，z变换是离散傅里叶变换的推广。

与连续信号与系统分析方法的使用顺序类似，对于离散信号与系统，也将按照时域分析、频域和z域分析方法的顺序依次讨论。前面所学到的关于连续信号与系统的概念和分析方法在离散信号与系统的分析中仍然十分有用。但是，并非所有的序列都是从连续时间信号中采样得到的，而且离散时间系统也并非仅仅是对相应的模拟系统的近似。此外，离散时间系统与连续时间系统之间还存在着一些基本和重要的差别。因此，不能将从连续时间系统理论中得出的结论硬套入离散时间系统里，然而，将离散时间信号与连续时间信号关联起来讨论却是十分有益的。

时域离散信号与系统的理论、技术目前正以惊人的速度发展着，特别是由它形成的“数字信号处理”学科的应用日益广泛，近年来，各种高速数字信号处理芯片已成为系列产品，并应用于各种实时信号处理中。同时，数字信号处理技术、计算机技术及VLSI技术相互渗透，而信号处理也与人工神经网络理论及混沌理论相互结合，使其成为当今信息科学领域最活跃的基础研究之一，数字信号处理技术已广泛应用于语音、图像、地震、雷达、声纳、遥感、智能控制和生物医学等各个领域。

本章讨论一维离散信号与系统的时域分析问题，重点是线性移不变系统。首先介绍离散信号与系统的基本概念，讨论离散信号及其基本运算和典型序列，在阐述离散系统基本概念的基础上，讨论离散系统的特性，即线性、移不变性、因果性、稳定性与记忆性等；接着，详细地介绍采用常系数线性差分方程对离散系统进行描述和求解的方法，即离散系统的时域分析方法，之后，分别求解典型的离散信号：单位样值序列和单位阶跃序列输入离散系统所产生的响应——单位样值响应(离散系统的时域特性)与单位阶跃响应，最后讨论离散线性卷积和与反卷积和的计算方法。

7.1　离散信号——序列

在第1章中已经知道，所谓连续是指自变量没有间断，即信号的自变量可以在定义域内取任意值，对于时域连续信号，则是指在任意时刻 $t(-\infty<t<\infty)$，信号函数值都有定义；离散则是指自变量有间断，信号的自变量不能在定义域内取任意值，而只能取一组离散的规定值(例如整数值)，在规定值之外的自变量是没有意义的。因此，如果信号只在一系列离散时间 $n(n=0,\ \pm1,\ \pm2,\ \cdots)$ 上有定义，即有确定的函数值，而在其他时间内没有定义，则为离散时间信号，简称离散信号。

通常，对连续时间信号 $x(t)$ 以等间隔 T(T 为抽样周期)进行抽样，得到以 nT(n 为整数)作为宗量的离散时间信号，即 $x(nT)$。然而在有些情况下，会对离散时间信号进行非实时处理，即根据需要取用已预先存储在寄存器中的离散时间信号，甚至将它们的时间顺序颠来倒去，所以 nT 并不一定代表具体的时刻，而只表明时域离散信号数据的前后顺序。此外，离散时间数据并非全是由采样得来的，因此也不一定以 nT 作为变量，于是可以将抽样间隔或时间间隔 T 略去，而直接以 $x(n)$ 表示离散时间变量，这样还可以表示不同抽样间隔下的信号，尽管实际工作中为了分析和处理的方便，一般都采用均匀抽样间隔。由此可见，自变量 n 代表各函数值出现的离散序号，因而离散时间信号 $x(n)$ 也就是一个时间序列或者说就是一组序列值的集合。因此，可以将一个离散信号定义成整数定义域内函数 $x(n)$ 构成的一组有序数列的集合，即一个序列，一般用集合符号 $\{x(n)\}$，$\forall n\in Z$ 来表示，整数 n 表示序列的序号，花括号中的 $x(n)$ 表示第 n 个离散点的序列值。因此，序列可以用列举的方法直接写成：

$$\{x(n)\}=\{x(-\infty),\cdots,x(-2),x(-1),x(0),x(1),x(2)\cdots,x(\infty)\} \tag{7-1}$$

为了简化书写，通常直接用通项 $x(n)$ 代替序列 $\{x(n)\}$ 的集合符号来表示序列，即将 $x(n)$ 和 $\{x(n)\}$ 视为相等：$x(n)=\{x(n)\}$。这样，$x(n)$ 就有两重含义：依据具体情况可以代表一个序列或代表序列中第 n 个数值。

对于一个具体的序列，往往需要知道哪个序列值对应于 $n=0$ 点，这时可以采用下面这种列举方法：

$$x(n)=\{\cdots,0,1,2,3,\underset{\substack{\uparrow\\ n=0}}{4},3,2,1,0,\cdots\},\forall n\in Z \tag{7-2}$$

式(7-2)中的箭头指向表示 $x(n)$ 在 $n=0$ 的序列值。n 值规定为自左向右逐一递增。对于有限长因果序列 $\{x(n)\}$，还有一种较为简便的列举形式，即用第一项对应 $n=0$ 的序列值，这时 $n<0$ 的所有序列值均为0，例如，$x(n)=\{1,\ 4,\ 7,\ -5,\ 6;\ n=0,\ 1,\ 2,\ 3,\ 4\}$。当序列 $x(n)$ 有解析式时，则可直接用它表示该序列。此时，式(7-2)就可以表示为

$$x(n)=\begin{cases}x(n)=0, & -\infty<n\leqslant -4\\ 4+n, & -3\leqslant n\leqslant -1\\ 4-n, & 0\leqslant n\leqslant 3\\ 0, & 4\leqslant n<\infty\end{cases} \tag{7-3}$$

或

$$x(n)=\begin{cases}4-|n|, & |n|\leqslant 3\\ 0, & \text{其他}\end{cases} \tag{7-4}$$

正如第1章所述，序列的第三种表示方法是用图形做直观表示，图中以竖线段的长短

代表各序号点处序列值的大小，且在端头以一个实心圆点结束。例如，图 7-1 所示为式 (7-3)或式(7-4)中的序列。

除了上述表示方法外，序列 $x(n)$还可以按表 7-1 的列表方法表示。这种方法通常用于记录实际中采集到的离散信号。

表 7-1　序列的列表表示法

n	…	…	−3	−2	−1	0	1	2	3	4	…	…
$x(n)$	…	…	0	2	0.5	1	0	1	0.5	0	…	…

离散信号的自变量取整数值的原因可以从离散信号的来源得到解释。通常，离散信号产生于两个方面。首先，许多物理现象、过程以及实际生活情况本身就是离散信号，例如，长途电话通话费是按 6s 为 1 个单位进行计费的离散信号，如果你打电话的时间超过 6s 而少于 12s，就得支付两个计费单位的电话费。这样，抽象成数学表达式后，非整数的自变量也就毫无实际意义了。再者，银行活期存款利息也是按月计算的离散信号。另一方面，有些离散信号是连续信号经抽样后得到的，即抽样所得到的样本值就构成一个离散信号。例如，语音信号、音乐信号原本都是连续信号。但是，在互联网上传送的却是对它们抽样后所得到的数字信号，即离散信号，并且自变量 n 作为抽样时刻只能是整数值，例如，第 $n(n=1, 2, \cdots)$ 次抽样。对于非整数值的抽样时刻，不存在样本值。

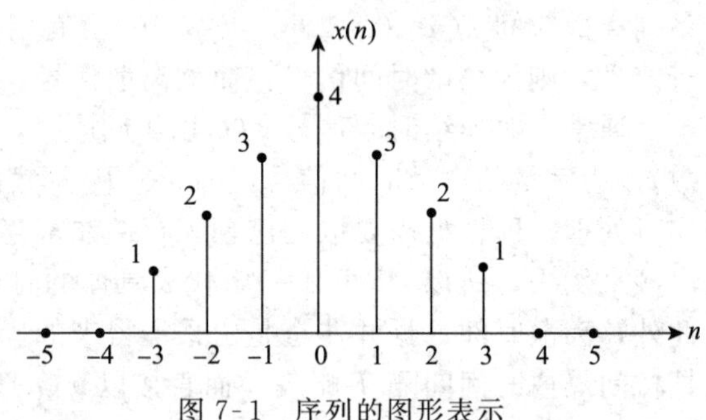

图 7-1　序列的图形表示

应该注意的是，因为 $x(n)$并不一定是对连续时间信号抽样后的结果，所以它不仅可以表示时间信号，也可以表示非时间信号。例如，某一时刻电路中各独立节点的电位以及全球各大城市的气温就不是一个按时间顺序而是按节点和城市顺序编号排列的序列，也就是说，离散信号可以表示相当广泛的物理以及自然和社会现象，因此，序列强调的是一组数的顺序，而淡化顺序本身所表示的物理意义。我们知道，$x(n)$不一定是抽样信号，它可以是某种实际采集信号的记录。尽管如此，通常我们仍将对应于某个序号 n 的数值统称为第 n 个样点的“样值”，在相邻两个样值之间的时间(即没有记录的其他时刻)未给出函数值，因此，$x(n)$在整数 n 值处才有定义，对于非整数 n 值，序列值是没有定义或者说是不确定的，但不能理解为零，从连续信号抽样构成离散时间信号的过程也能说明这一点。此外，序列 $x(n)$不仅可以表示时间序列，也可以表示频域、相关域等其他域上的一组有序数，并且从数学研究的角度来看，$x(n)$既可以是实量，也可以是复量。

总而言之，无论离散时间信号是如何产生的，离散时间信号处理系统都具有许多卓越的特点，它们可以很灵活地用诸如电荷转移器件、表面声波器件、通用数字计算机或高速微处理器等各种技术手段来实现。整个信号处理系统也能用 VLSI 技术实现。离散时间系统可以用来对模拟系统进行仿真，更为重要的是实现那些用连续时间硬件无法实现的信号变换。因此，当需要用到一些高端和灵活的信号处理时，往往就要用到信号的离散时间表示。

7.2　序列的基本运算

与连续时间系统分析类似，在离散时间系统的分析中，经常会遇到离散时间信号的运算，基本有序列的加、减、积、移位及变换等，下面分别加以简要介绍。

1. 序列的和与差

两序列 $x_1(n)$与 $x_2(n)$的和与差是指它们同序号(n)的序列值逐项对应相加、减而构成一个新序列 $x_3(n)$，表示为

$$x_3(n) = x_1(n) \pm x_2(n)$$

利用模拟电子线路中的同相加法运算电路可以实现连续时间信号的和运算，而离散时间信号的和运算则可以利用计算机程序(即由数组元素相加语句作为循环体的数组加法程序)来实现。

2. 序列的积

两序列 $x_1(n)$与 $x_2(n)$的积就是指它们同序号(n)的序列值逐项对应相乘而构成一个新序列 $x_3(n)$，表示为

$$x_3(n) = x_1(n)x_2(n)$$

序列相乘运算的一个特例是序列的数乘，即序列 $x_1(n)$与一个特殊的序列(即一个不为零的复常数或实常数 a)相乘得到一个新的序列 $x_2(n)$，即：

$$x_2(n) = ax_1(n)$$

当 a 为实数且 $a>1$ 时，就是通常所说的放大作用，即将序列 $x_1(n)$的幅度放大了 a 倍。

需要注意的是，在对两个信号做和、差与积的运算时，要求它们不但要有相同的长度而且要有相同的定义域。例如，两个序列 $x_1(n)$和 $x_2(n)$分别为

$$x_1(n)=\{1.1,4.4,7.7,-5.5,6.6;n=0,1,2,3,4\}$$
$$x_2(n)=\{0.1,0.4,0.7,-0.5,0.6,0.4;n=0,1,2,3,4,5\}$$

它们不能相加、减或相乘。若确实需要对它们做这种运算，可先在较短的序列后边补零，以使两者有相同的长度，于是分别有

$$x_1(n)+x_2(n)=\{1.2,4.8,8.4,-6,7.2,0;n=0,1,2,3,4,5\}$$
$$x_1(n)\times x_2(n)=\{0.11,0.4,0.7,-0.5,0.6,0.4;n=0,1,2,3,4,5\}$$

连续时间信号的积运算可以用模拟电子线路中的乘法运算电路实现。在通信电路中，调制器和混频器可以抽象为一个连续时间乘法器。实现离散时间信号积运算的常用例子是由两个数组元素的相乘语句作为循环体的计算机程序。

3. 序列的移位

序列 $x(n)$的移位运算是指用整数自变量 $n-m$ 或 $n+m$ 代换 $x(n)$中的自变量 n，以形成一个新的序列。在波形上是指 $x(n)$逐项依次移动某个指定序位 m 而形成的一个新的序列，当 m 为正整数时，$x(n-m)$是将 $x(n)$逐项依次右移(延时)m 位的结果，$x(n+m)$则是将$x(n)$逐项依次左移(超前)m 位的结果。当 $m<0$ 时，结论相反。作为实现序列延时的实际离散系统就是移位寄存器或存储器。

序列移位运算也可以用移位算子中的滞后算子 $E^{-1}=1/E$ 或超前算子 E 及其幂次来表示，一般有：

$$\left.\begin{aligned} E^{-m}x(n) &= x(n-m), m=0,\pm 1,\pm 2,\cdots \\ E^{m}x(n) &= x(n+m), m=0,\pm 1,\pm 2,\cdots \end{aligned}\right\}$$

信号序列移位运算在信号处理中可以用一个时移系统来实现。

4. 序列的差分运算

离散信号的差分运算是指同一个序列中相邻序号的两个序列之差。按所取序号次序的不同分为前向差分和后向差分。

序列 $x(n)$的一阶前向差分运算和一阶后向差分运算分别用相应的算子 Δ 和∇定义：

$$\Delta x(n)=x(n+1)-x(n) \tag{7-5a}$$

$$\nabla x(n)=x(n)-x(n-1) \tag{7-5b}$$

由此可见，序列的差分仍然是一个序列。显然，前向差分和后向差分运算可以相互转换，例如，

$$\Delta x(n-1)=\nabla x(n) \tag{7-6}$$

若对序列 $x(n)$进行多次差分运算就成为高阶差分，一般地，$k(k=1, 2, 3, \cdots)$阶差分可以表示为

$$\Delta^k x(n)=\Delta[\Delta^{k-1}x(n)] \tag{7-7a}$$

$$\nabla^k x(n)=\nabla[\nabla^{k-1}x(n)] \tag{7-7b}$$

式(7-7a)和式(7-7b)分别称为序列 $x(n)$的 k 阶前向差分和 k 阶后向差分。例如，利用一阶差分式(7-5a)和式(7-5b)可得序列 $x(n)$的二阶前向差分和二阶后向差分：

$$\begin{aligned}\Delta^2 x(n)&=\Delta[\Delta x(n)]=\Delta[x(n+1)-x(n)]\\&=\Delta x(n+1)-\Delta x(n)=x(n+2)-2x(n+1)+x(n)\end{aligned} \tag{7-8a}$$

$$\begin{aligned}\nabla^2 x(n)&=\nabla[\nabla x(n)]=\nabla[x(n)-x(n-1)]\\&=\nabla x(n)-\nabla x(n-1)=x(n)-2x(n-1)+x(n-2)\end{aligned} \tag{7-8b}$$

序列 $x(n)$的 k 阶前向差分的一般计算式为

$$\begin{aligned}\Delta^k x(n)=&x(n+k)-C_k^1 x(n+k-1)+C_k^2 x(n+k+2)-\cdots\\&+(-1)^{k-1}C_k^{k-1}x(n+1)+(-1)^k x(n)\end{aligned}$$

其中，$C_k^j(j=1, 2, \cdots, k-1)$为二次项系数。

显而易见，差分算子 Δ、∇与移位算子 E 之间是有联系的，其表示为式(7-9a)和式(7-9b)的形式：

$$\Delta x(n)=(E-1)x(n) \tag{7-9a}$$

$$\nabla x(n)=(1-E^{-1})x(n) \tag{7-9b}$$

可得：

$$\begin{cases}\Delta=E-1\\ \nabla=1-E^{-1}\end{cases} \tag{7-10}$$

我们知道，一个连续时间微分器就是模拟电子线路中的一个微分运算电路，而按式(7-5b)编写的计算差分子程序即可实现一阶后向差分运算。一阶差分器在数字信号处理和数字通信中有着广泛的应用，在差分脉冲编码(DPCM)和差分相移键控(DPSK)系统中，均包含一个一阶差分器。

5. 反褶(转置、倒置)

序列 $x(n)$的反褶是指用$-n$ 代换 $x(n)$中的自变量 n，反褶的图形表示就是以 $n=0$ 的纵轴为对称轴将序列 $x(n)$加以反褶(折叠)，如图 7-2 所示。利用反褶系统可实现信号的反褶运算。

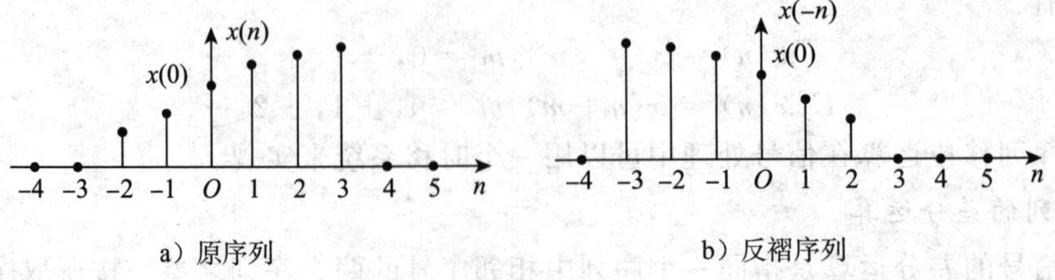

图 7-2 序列反褶的图形表示

6. 累加

将序列 $x(n)$累加所得到的累加序列 $y(n)$定义为

$$y(n)=\sum_{k=-\infty}^{n}x(k)=\sum_{k=-\infty}^{n-1}x(k)+x(n)=y(n-1)+x(n) \tag{7-11}$$

式(7-11)表明，序列 $y(n)$在某个指定序号 n_0 上的值等于当前序号 n_0 的值 $x(n_0)$与 n_0 以前所有 n 上的 $x(n)$值的总和。通过一种简单实际离散系统(即累加器)可以实现序列的累加运算。序列的累加运算对应着连续信号的积分运算。

模拟电子线路中的积分运算电路是一个积分器，按式(7-11)右式编写的计算机累加子程序可实现累加运算。其最常见的例子是统计学中的累加计算法。

7. 序列的平滑

将序列 $x(n)$做平滑运算所得到的序列 $y(n)$为

$$y(n)=\frac{1}{2N+1}\sum_{k=-N}^{N}x(n-k) \tag{7-12}$$

这种运算在实际中有着相当广泛的应用，例如，在股票分析和统计学研究中，若关注的是某个数据的变化趋势，但在这个总的变化趋势中，往往包含由某些偶然因素造成的随机起伏(或波动)。在这种情况下，为了保留数据的变化趋势，去掉随机起伏，所采用的方法就是在一个移动的区间上对这些数据取平均，如式(7-12)所示，它也称为滑动求平均。

这种运算可以通过综合应用移位、相加和数乘运算的方法实现。

8. 序列的时间尺度(比例)变换

序列 $x(n)$的尺度变换类似于连续信号的尺度变换，改变 $x(n)$的长度而构成一个新的序列，又称为序列的重排。若将序列 $x(n)$进行尺度变换，则得到的序列 $x_{\mathrm{d}}(n)$是：

$$x_{\mathrm{d}}(n)=x(Mn),M\text{ 为正整数} \tag{7-13}$$

称 $x_{\mathrm{d}}(n)$是由 $x(n)$做 M 倍的抽取所产生的抽取序列。若 $x(n)$的抽样频率为 f_{s}，则$x_{\mathrm{d}}(n)$的抽样频率将为 f_{s}/M，降低了 M 倍(即以 $M-1$ 个点为间隔从 $x(n)$中选取相应的序列点)，将余下的序列值去除后再将所选出的序列点上的值重新依次排列所得到的就是经过尺度变换的新序列。由于这种尺度变换的过程会使原序列的长度有所缩短，因而称为对序列的抽取或压缩排列。

若对序列 $x(n)$进行尺度变换所得到的序列 $x_{(\mathrm{L})}(n)$是：

$$x_{(\mathrm{L})}(n)=\begin{cases}x\left(\dfrac{n}{L}\right), & n\text{ 为 }L\text{ 的整数倍}\\ 0, & \text{其他 }n\end{cases} \tag{7-14}$$

则表示序列 $x_{(\mathrm{L})}(n)$是由 $x(n)$做 L(正整数)倍的插值所产生的。若 $x(n)$的抽样频率为 f_{s}，则 $x_{(\mathrm{L})}(n)$的抽样频率为 Lf_{s}，提高了 L 倍，即在 $x(n)$序列中相邻两序号之间插入 $L-1$ 个零值后所构成的序列。由于这种尺度变换的过程会使原序列长度增长，所以也称为对序列的内插(零值)或扩展排列。一般来说，在对序列进行内插时，插入的值可以按照需要来定义，并非一定插入零值。在图 7-3 中，尺度变换序列分别为 $x_{\mathrm{d}}(n)=x(2n)$和$x_{(\mathrm{L})}(n)=x\left(\frac{n}{2}\right)$，由于 $x_{\mathrm{d}}(n)$和 $x_{(\mathrm{L})}(n)$中的序号只能取整数，即 $n=0$，±1，±2，…，故 $x_{\mathrm{d}}(n)=x(2n)$是一个对 $x(n)$进行抽取的序列，只取 $x(n)$的偶数点，但对于 $x_{(\mathrm{L})}(n)=x\,\frac{n}{2}$而言，若$\frac{n}{2}$不是整数，则 $x(n)$无定义，故 $x_{(\mathrm{L})}(n)$是 $x(n)$的增抽样序列，即在 $x(n)$的每两个样点之间插入一个零值样点。从图 7-3b、c 中可以看出，抽取和内插零值后形成的新序列

$x(2n)$和$x\left(\frac{n}{2}\right)$分别是将原序列$x(n)$压缩和延伸了一倍。抽取与内插是多抽样率信号处理中的基本变换运算。

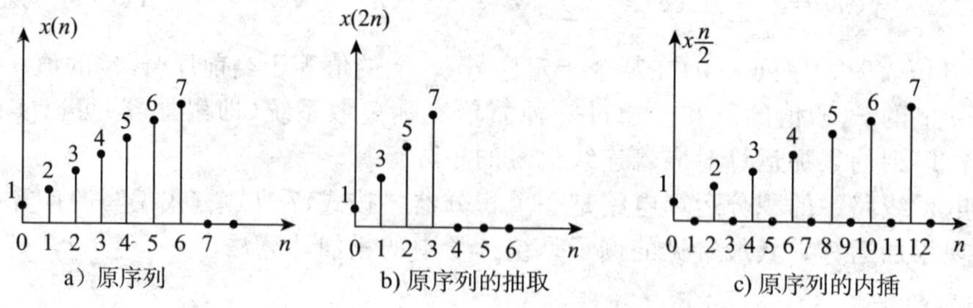

图 7-3 序列的抽取与内插

序列的和、差、积、移位和反褶运算和连续信号的相同，而尺度变换却有所不同，其原因在于序列中的自变量n只能取整数。例如，当$M=L=2$时，与连续信号的尺度变换相比，$x(2n)$或$x\left(\frac{n}{2}\right)$并不是序列$x(n)$简单地在时间轴上按比例增加一倍或者说经时间轴压缩$\frac{1}{2}$后的结果，而是以$\frac{1}{2}$的抽样频率从$x(n)$中每隔2点抽取1点或者说从$x(n)$中抽取$n$为偶数的样点，例如，如果$x(n)$是连续时间信号$x(t)$的抽样，则$x(2n)$相当于将$x(n)$对$x(t)$的抽样间隔从$T$增加到$2T$，即若

$$x(n) = x(t)\big|_{t=nT}$$

则有：

$$x(2n) = x(t)\big|_{t=n2T}$$

$x(2n)$是$x(n)$的抽取序列。这也是这种运算称为抽取的原因，一般来说，当$M>1$且为整数时，$x(Mn)$由$x(n)$中抽取n为M的整数倍的一些样点(包括$n=0$点)组成。

在数字信号处理中，序列的抽取和内插零运算可以用离散时间抽取器和内插零系统来实现。离散时间抽取器和内插零系统有着广泛的应用，它们构成了多抽样率系统中的基本单元。

应该注意的是，对于连续时间信号来说，其尺度变换是可逆的，即可以将一个被压缩$\frac{1}{c}$或扩展了c倍的连续时间信号以同样的尺度展宽或压缩，进而恢复成原信号。但是，离散时间信号的情况则是不同的，对于一个经过内插所得的序列，可以通过抽取再恢复出原序列，然而却不能将一个经过抽取得到的序列通过内插恢复成原序列。其原因在于对序列进行抽取时，丢弃了未被抽取到的序列点上的序列值，因而在经过抽取后的序列中已经不存在这些被舍弃的序列值。这种不可逆性是连续时间信号与离散时间信号在尺度变换上的最大区别。

序列$x(n)$的移位、反褶和尺度变换运算都涉及序列变量n的改变，例如，序列$x(n)$经尺度变换、反褶再移位所得到的序列$x[M(n-k)]$。因此，经这些运算所得的序列往往不易确定，若利用列表的方法则比较容易得出所求序列。

【例 7-1】 给定序列$x(n)$如表 7-2 所示，求序列$y(n)=2x\left(-\frac{n}{2}+3\right)$。

表 7-2 序列 $x(n)$

n	−6	−5	−4	−3	−2	−1	0	1	2	3	4	5	6	7
$x(n)$	2	7	−4	1	3	−2	6	−4	3	5	−2	7	−3	2

解：将序列 $y(n)=2x\left(-\frac{n}{2}+3\right)$ 改写为 $y(n)=2x(k)$。其中，$k=-(n/2)+3$，而 n 是序列 $y(n)$ 的序号，于是，表 7-3 通过计算变量 $k=-(n/2)+3$ 可得到序列 $y(n)$。

表 7-3　由序列 $x(n)$ 计算 $y(n)=2\times\left(-\frac{n}{2}+3\right)$

n	−6	−5	−4	−3	−2	−1	0	1	2	3	4	5	6	7
k	6		5		4		3		2		1		0	
$x(k)$	3		7		−2				8		−4		6	
$y(n)$	6	0	14	0	−4	0	10	0	6	0	−8	0	12	0

9. 序列的能量和功率

离散非周期序列 $x(n)$ 的能量 E 定义为各样值的平方和，即：

$$E=\sum_{n=-\infty}^{\infty}|x(n)|^2 \tag{7-15a}$$

这类似于连续信号，当且仅当 $0<E<\infty$ 时，$x(n)$ 称为能量序列。式(7-15a)中的绝对值符号使得该定义可以适用于复指数序列。

无限长非周期序列 $x(n)$ 的平均功率 P 为 $x(n)$ 在有限区段 $[-k,k]$ 上能量的平均值，并使 $k\to\infty$，即：

$$P=\lim_{k\to+\infty}\frac{1}{2k+1}\sum_{n=-k}^{k}|x(n)|^2 \tag{7-15b}$$

或

$$P=\lim_{k\to+\infty}\frac{1}{2k}\sum_{n=-k}^{k-1}|x(n)|^2 \tag{7-15c}$$

式(7-15b)和式(7-15c)中，k 为正整数。

周期为 N 的周期序列 $x(n)$ 的平均功率 P 为

$$P=\frac{1}{N}\sum_{n=0}^{N-1}|x(n)|^2 \tag{7-15d}$$

即一个周期的平均能量。无限长序列的平均功率可能是有限的，也可能是无限的。例如，对于周期序列 $x(n)=2(-1)^n\varepsilon(n)$，由于其能量为

$$E=\sum_{n=1}^{+\infty}|2(-1)^n|^2=\sum_{n=1}^{+\infty}4=+\infty$$

其平均功率为

$$P=\lim_{k\to+\infty}\frac{1}{2k+1}\sum_{n=-k}^{k}|2(-1)^n u(n)|^2=\lim_{k\to+\infty}\frac{1}{2k+1}\sum_{n=-k}^{k}4=\lim_{k\to+\infty}\frac{4(k+1)}{2k+1}=2$$

故该周期序列属于功率信号。

最后一种(即第 10 种)基本运算称为卷积(和)，由于它要分别用到前述的反褶、移位、相乘和相加这四种运算，所以是一种综合运算，它构成了求解线性移不变系统零状态响应的一种重要方法，因而后面会有专门介绍。

7.3　典型序列及其基本特性

与典型连续信号在连续时间系统分析中所起的作用一样，典型序列在离散时间系统分析中占有十分重要的地位，一方面仍然是因为它们通常是从实际物理现象中抽象出来的，

并且能够反映众多物理现象的变化过程，所以具有代表性；另一方面则是因为利用这些基本序列也可以表示或组合出许多复杂序列。

1. 单位样值序列

在离散序列中，最基本、最简单的序列为单位样值序列 $\delta(n)$，其定义为

$$\delta(n)=\begin{cases}1, & n=0\\0, & n\neq 0\end{cases} \tag{7-16}$$

单位样值序列也称为单位脉冲序列、单位函数、单位取样序列或单位冲激序列。它在离散序列与系统分析中所起的作用完全类似于单位冲激信号 $\delta(t)$ 在连续时间系统分析中所起的作用。但是，与 $\delta(t)$ 作为广义函数本质的不同是 $\delta(n)$ 是一个普通函数，它在 $n=0$ 时取值为 1 而非∞。前者是一种物理上不可实现的数学极限，后者却是物理上可以实现的真实序列。$\delta(n)$ 的波形如图 7-4 所示。

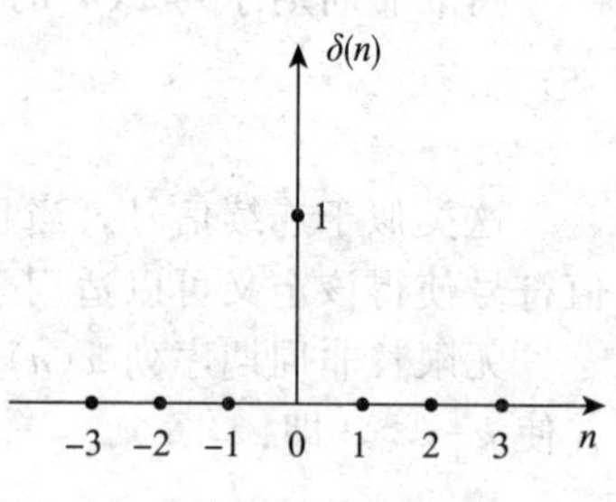

图 7-4 单位样值序列 $\delta(n)$

由 $\delta(n)$ 的定义式(7-16)可以直接推出其延迟 m 个单位所构成的序列 $\delta(n-m)$，即：

$$\delta(n-m)=\begin{cases}1, & n=m\\0, & n\neq m\end{cases} \tag{7-17}$$

从 $\delta(n)$ 定义式(7-16)还可以直接得出单位样值序列的基本性质，即偶函数性、尺度变换性、乘积性、筛选性(抽样性或采样性)和线性组合性。偶函数性可以表示为

$$\delta(n)=\delta(-n)$$

尺度变换性可以表示为

$$\delta(an)=\delta(n)$$

乘积性可以表示为

$$\begin{cases}x(n)\delta(n-m)=x(m)\delta(n-m)\\x(n)\delta(n)=x(0)\delta(n)\end{cases} \tag{7-18}$$

在式(7-18)两边对变量 n 求和便可得 $\delta(n)$ 的筛选特性，即：

$$\begin{cases}\displaystyle\sum_{n=-\infty}^{\infty}x(n)\delta(n-m)=x(m)\\\displaystyle\sum_{n=-\infty}^{\infty}x(n)\delta(n)=x(0)\end{cases} \tag{7-19}$$

这类似于单位冲激信号 $\delta(t)$ 的筛选性，即通过式(7-19)所示的运算可以将序列 $x(n)$ 在某点的样本值筛选出来。由式(7-18)中的第一式可知，当 $n=m$ 时，$\delta(n-m)=1$，则：

$$x(m)\delta(n-m)=\begin{cases}x(n), & m=n\\0, & m\neq n\end{cases}$$

由于 $\delta(n-m)$ 仅在 $n=m$ 点取有限值 1，所以任何序列 $x(n)$ 均可以分解为单位样值序列的移位加权和，即可以表示为

$$x(n)=\sum_{m=-\infty}^{\infty}x(m)\delta(n-m) \tag{7-20}$$

式(7-20)对应于任何连续信号 $x(t)$ 的分解式，即对应于 $x(t)$ 的卷积积分表示式：$x(t)=\int_{-\infty}^{\infty}x(\tau)\delta(t-\tau)\mathrm{d}\tau$，所以式(7-20)实际上也是任何序列 $x(n)$ 的卷积和表示式：$x(n)=\sum\limits_{m=-\infty}^{\infty}x(m)\delta(n-m)=x(n)*\delta(n)$。同理，任何序列 $x(n)$ 的移位运算可以表示为

$$x(n-n_0)=\sum_{m=-\infty}^{\infty}x(m)\delta(n-n_0-m)=x(n)*\delta(n-n_0) \tag{7-21}$$

即任何序列 $x(n)$与移位的单位样值序列做卷积和运算等于该序列自身做移位运算。

由于式(7-20)中 $x(m)$为 $x(n)$在 $n=m$ 点的样值，所以这种分解称为样值分解，其基本思想是组合用 $x(n)$各点对应样值加权后的单位样值序列来表示 $x(n)$。这表明，样值分解同时也是离散信号的一种表示方法。例如，时限序列 $x(n)=\begin{cases}n，n=1，2，3\\0，n\text{ 为其他值}\end{cases}$也可以表示为单位样值序列的线性组合，即 $x(n)=\delta(n-1)+2\delta(n-2)+3\delta(n-3)$，这样，离散信号就共有 5 种表示形式，分别为列举、解析(闭式)、图形、表格和单位样值序列的线性组合。

此外，类似于复合单位冲激函数 $\delta(at+b)$，对于复合单位样值序列 $\delta\left(\frac{n}{N}+k\right)$，有：

$$\delta\left(\frac{n}{N}+k\right)=\delta(n+kN),N\text{ 为非零整数}$$

类似于连续信号，离散信号也有一种奇偶分解方式，即任何序列 $x(n)$可以分解为一个偶序列分量 $x_e(n)$和一个奇序列分量 $x_o(n)$的和，即：

$$x(n)=x_e(n)+x_o(n) \tag{7-22}$$

式(7-22)中，有：

$$x_e(n)=\frac{x(n)+x(-n)}{2},\text{且有 }x_e(-n)=x_e(n)$$

$$x_o(n)=\frac{x(n)-x(-n)}{2},\text{且有 }x_o(-n)=-x_o(n)$$

2. 单位阶跃序列

单位阶跃序列用符号 $\varepsilon(n)$表示，其定义为

$$\varepsilon(n)=\begin{cases}1,n\geqslant 0\\0,n<0\end{cases} \tag{7-23}$$

$\varepsilon(n)$类似于连续信号 $\varepsilon(t)$，但应注意 $\varepsilon(n)$在 $n=0$ 时取确定值 1。这一点与单位阶跃信号$\varepsilon(t)$是不同的，$\varepsilon(t)$在 $t=0$ 点发生跃变，往往没有定义，或定义为 $\varepsilon(0_-)$与 $\varepsilon(0_+)$的平均值为$\frac{1}{2}$。$\varepsilon(n)$的波形如图 7-5 所示。

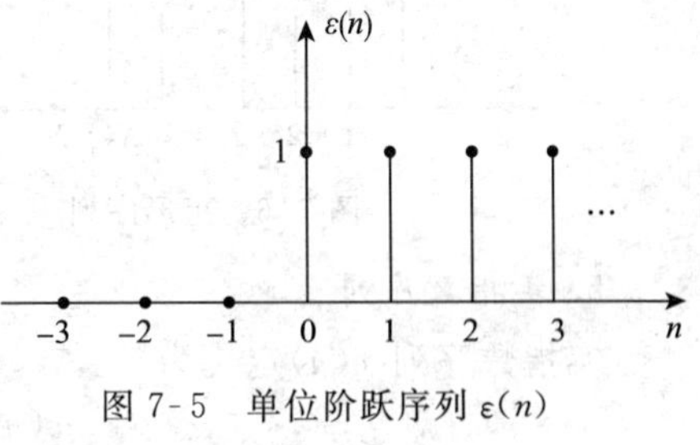

图 7-5　单位阶跃序列 $\varepsilon(n)$

单位阶跃序列 $\varepsilon(n)$的基本特性是单边性，即当 $n<0$ 时，$\varepsilon(n)$全为 0，而当 $n\geqslant 0$ 时，$\varepsilon(n)$全为 1。利用 $\varepsilon(n)$的这种特性可以构成许多单边序列，例如，单边正弦序列 $\sin(\Omega_0 n)\varepsilon(n)$等。

显然，根据 $\varepsilon(n)$和 $\delta(n)$的定义式可以看出，$\varepsilon(n)$是延迟分别为 $m=0，1，2，\cdots$的序列 $\delta(n-m)$的和，即有：

$$\begin{aligned}\varepsilon(n)&=\delta(n)+\delta(n-1)+\delta(n-2)+\cdots+\delta(n-m)+\cdots\\&=\sum_{m=0}^{\infty}\delta(n-m)\end{aligned} \tag{7-24}$$

式(7-24)再次表明任何序列都可以表示为单位样值序列的线性组合。在式(7-24)中做变量代换 $n-m=m'$，还可以将 $\varepsilon(n)$与 $\delta(n)$的关系表示为

$$\varepsilon(n)=\sum_{m'=-\infty}^{n}\delta(m') \tag{7-25}$$

式(7-25)中的累加关系可以类比于连续信号中 $\varepsilon(t)$与 $\delta(t)$之间的积分关系。式(7-24)或

式(7-25)表明$\varepsilon(n)$是$\delta(n)$的求和，反之，$\delta(n)$是$\varepsilon(n)$的一阶后向差分，即有：

$$\delta(n)=\varepsilon(n)-\varepsilon(n-1)$$

3. 矩形序列

矩形序列(矩形脉冲函数序列、门函数序列)用符号$R_N(n)$(N为正整数)表示，其定义为

$$R_N(n)=\begin{cases}1, & 0\leqslant n\leqslant N-1\\ 0, & \text{其他}\end{cases} \tag{7-26}$$

该序列类似于连续时间系统分析中的矩形脉冲函数，如图7-6所示。将$R_N(n)$延迟m个单位时所形成的序列记为$R_N(n-m)$，其取值为1的范围是从$n=m$到$n=m+N-1$。$R_N(n)$和$R_N(n-m)$也常记为$G_N(n)$和$G_N(n-m)$，字母R和G分别取自英文单词：Rectangle(矩形)和Gate(门)的第一个字母。

显然，由$R_N(n)$、$\delta(n)$和$\varepsilon(n)$的定义可以证明，它们之间的关系分别为

$$\begin{aligned}R_N(n)&=\delta(n)+\delta(n-1)+\cdots+\delta[n-(N-1)]\\&=\sum_{m=0}^{N-1}\delta(n-m)\end{aligned}$$

$$R_N(n)=\varepsilon(n)-\varepsilon(n-N)$$

4. 斜变序列

斜变序列$x(n)$的定义为

$$x(n)=n\varepsilon(n) \tag{7-27}$$

由式(7-27)可知，它类似于连续信号中的单位斜变信号$t\varepsilon(t)$。类似地，还可给出$n^2\varepsilon(n)$、$n^3\varepsilon(n)$，…，$n^m\varepsilon(n)$等序列。图7-7为斜变序列的波形图。

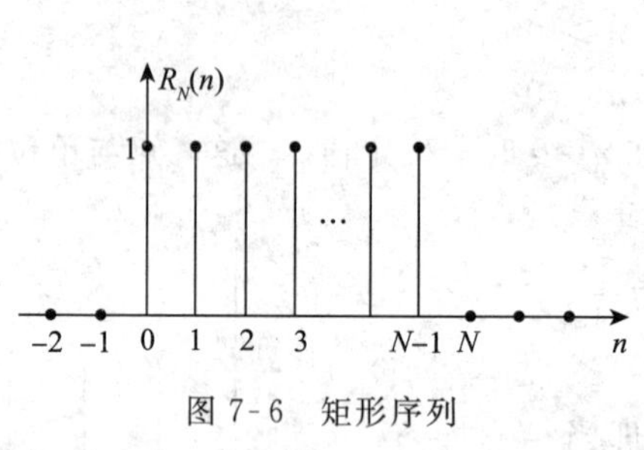

图7-6 矩形序列

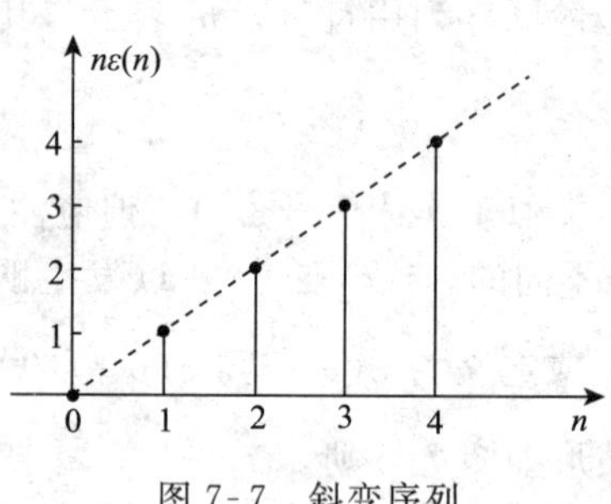

图7-7 斜变序列

5. 实指数序列

实指数序列$x(n)$定义为

$$x(n)=Ca^n, C、a \text{ 为实数} \tag{7-28}$$

由于实系数C并不影响$x(n)$的性状，所以下面仅就$C=1$的情况加以讨论。若$a>0$，$x(n)$均为正值且单调变化，有三种情况：①单调增长的正实指数序列($a>1$)；②常数序列($a=1$)；③单调衰减的正实指数序列($0<a<1$)。它们分别如图7-8a、b和c所示，并对应着连续时间实指数信号的三种形式。若$a<0$，即$a=-|a|$，$x(n)$在按指数规律增长或衰减的同时，其序列值还发生正负交替变化，另外一种情况则是仅做正负交替变化，分别如图7-8d、f和e所示。这种振荡现象在连续时间实指数信号中是没有的。总之，当$|a|>1$时，$x(n)$随n的增加按指数规律增长，为发散序列，如图7-8a和d所示；当$|a|<1$时，$x(n)$随n的增加按指数规律衰减，为收敛序列，如图7-8c和f所示。若$|a|=1$，则$x(n)$为常数序列(收敛序列)，如图7-8b和e所示。对于序列a^{-n}(a为实数)的情况可以做类似讨论。

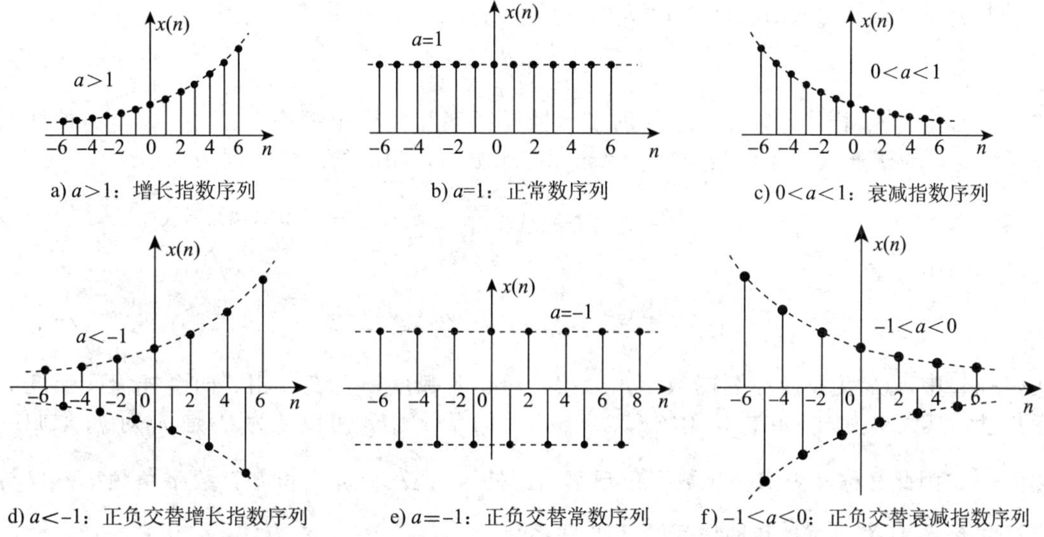

图 7-8　实指数序列的六种形式

若将实指数序列的取值范围限制在区间 $n\geqslant 0$ 内，则可得到单边实指数序列，即：

$$x(n)=Ca^n\varepsilon(n),\ C、a\ 为实数 \tag{7-29}$$

在 $C=1$ 的情况下，其对应的图形只需在图 7-8 中截取 $n\geqslant 0$ 的部分则可。

6. 周期序列

若序列 $x(n)$对于所有 n 存在一个最小的正整数 N，且满足：

$$x(n)=x(n+N) \tag{7-30}$$

则称该序列是一个最小周期(简称周期)为 N 的周期性序列，N 也称为基本周期。显然，周期 N 为周期序列变化一周时所含有的样值个数。

7. 正弦序列

其包络值按正弦规律变化的离散序列 $x(n)$称为正弦序列，定义为

$$x(n)=A\sin(\Omega_0 n+\varphi_0) \tag{7-31}$$

在式(7-31)中，若 n 为无量纲，数字角频率 Ω_0 与初相 φ_0 的单位均为弧度，为任意实数，幅值 A 和 φ_0 的含义与连续信号的相同，但 Ω_0 的含义与一般连续时间正弦信号模拟角频率 ω_0 的概念不同。例如，若把余弦函数 $x(t)=\cos(\omega t)$看成初相角为零且角速度为 ω 的单位旋转向量在横坐标轴上的投影，根据 $\Omega=\omega T$，就可以把余弦序列 $x(n)=\cos(\Omega n)$的角频率 Ω 理解为在抽样间隔 T 期间，该旋转向量转过的角度(见图 7-9)。

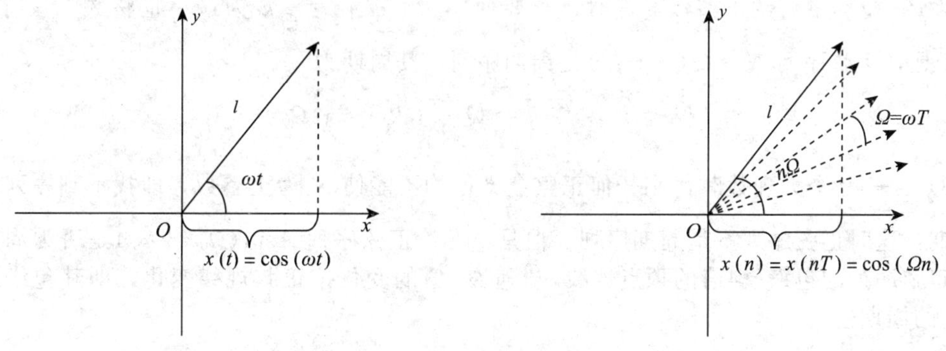

图 7-9　正弦序列角频率 Ω 的几何意义

由于离散信号定义的时间为 $t=nT$，所以有：

$$t=nT=\frac{n}{f_s}=\frac{2\pi n}{\Omega_s} \tag{7-32}$$

式(7-32)中，f_s(样本/秒)和 Ω_s 分别表示抽样频率和抽样角频率，$T(=1/f_s)$为抽样间隔。因此，对于连续正弦信号 $x(t)=A\sin(\omega_0 t+\varphi_0)$，相应的离散序列为

$$x(n)=A\sin(\omega_0 nT+\varphi_0)=A\sin\left(n\frac{2\pi\omega_0}{\Omega_s}+\varphi_0\right)=A\sin(n\Omega_0+\varphi_0) \tag{7-33}$$

式(7-33)中，有：

$$\Omega_0=\frac{2\pi\omega_0}{\Omega_s}=\omega_0 T=\frac{\omega_0}{f_s}=\frac{2\pi f_0}{f_s} \tag{7-34}$$

式(7-34)中，Ω_0 为正弦序列的数字角频率，单位为弧度，它表示相邻两个样值间弧度的变化量，其大小为归一化模拟角频率 ω_0(rad/s)的 $T(s)$倍。可以认为 Ω_0 是 ω_0 对 f_s 取归一化值$\frac{\omega_0}{f_s}$，因此又称其为归一化数字角频率。此外，由 $\Omega_0=\omega_0 T$ 可知，数字角频率不仅与模拟频率 ω_0 有关，而且和抽样间隔 T 相联系。

与连续时间正弦函数 $A\sin(\omega_0 t+\varphi_0)$一定是变量 t 的周期函数(周期为$\frac{2\pi}{\omega_0}$)不同，正弦序列 $x(n)=A\sin(n\Omega_0+\varphi_0)$并不一定是变量 n 的周期函数，其原因在于 n 只能取整数值，而在整数域内未必能找到一个 N 使得对于所有的 n 均满足周期序列的定义 $x(n+N)=x(n)$，即：

$$A\sin[(n+N)\Omega_0+\varphi_0]=A\sin(n\Omega_0+N\Omega_0+\varphi_0)=A\sin(n\Omega_0+\varphi_0)$$

由此可知，要使 $A\sin(n\Omega_0+\varphi_0)$为变量 n 的周期函数，必须有：

$$N\Omega_0=2k\pi,k\text{ 为整数}$$

成立，即应有：

$$N=\left(\frac{2\pi}{\Omega_0}\right)k \tag{7-35}$$

按照式(7-35)中周期 N 必须取整数的要求(k 需为整数，且它的取值需保证 N 为最小正整数)，分三种情况讨论如下：

1) 当$\frac{2\pi}{\Omega_0}$为整数时，由式(7-35)可知，只需 $k=1$，$N=\frac{2\pi}{\Omega_0}$则为最小正整数，此时正弦序列的周期就是 N。

2) 当$\frac{2\pi}{\Omega_0}$不是整数，而是一个有理数时，由于有理数可以表示为有理分数，所以可设

$$\frac{2\pi}{\Omega_0}=\frac{P}{Q}$$

其中，P、Q 为不可约正整数，这时，若要使 $N=\left(\frac{2\pi}{\Omega_0}\right)k=\frac{P}{Q}k$ 为最小正整数，只有 $k=Q$，于是，正弦序列 $A\sin(\Omega_0 n+\varphi_0)$是周期序列，其周期为

$$N=P=\frac{2\pi}{\Omega_0}k=Q\frac{2\pi}{\Omega_0}(\text{大于 }2\pi/\Omega_0)$$

3) 当$\frac{2\pi}{\Omega_0}$是个无理数时，则任何正整数 k 值均不能使 N 为正整数，即找不到序列的重复周期，这时正弦序列不是周期序列。但是，无论正弦序列 $A\sin(\Omega_0 n+\varphi_0)$是否为周期信号，正弦序列的包络(样值的顶点连线)却随 Ω_0 值的变化按正弦规律变化，即其包络总具有 2π 的周期性。

综上所述，正弦序列 $A\sin(\Omega_0 n+\varphi_0)$为周期序列的充要条件是$\frac{2\pi}{\Omega_0}$为有理分式，即为整

数或有理数。例如，对于正弦序列 $\sin\frac{\pi}{6}n$ 而言，由于 $N=\frac{2\pi}{\Omega_0}=\frac{2\pi}{\pi/6}=12\pi$，为整数，故该序列为周期序列，而对于正弦序列 $\sin\frac{1}{6}n$ 来说，由于 $N=\frac{2\pi}{\Omega_0}=\frac{2\pi}{1/6}=12\pi$，为无理数，不存在周期，故该序列为非周期序列。

对由连续时间信号 $\sin(\omega_0 t)$ 在每隔等间隔时间 T 上各点进行抽样，即令 $t=nT$ 得到正弦序列：

$$x(n)=\sin(\omega_0 t)\big|_{t=nT}=\sin(\omega_0 nT)=\sin(\Omega_0 n) \tag{7-36}$$

式(7-36)中，$\Omega_0=\omega_0 T$，因此仅当$\frac{2\pi}{\omega_0 T}$为有理数或整数时，$x(n)$才是 n 的周期序列。

对于周期正弦序列而言，Ω_0 反映了序列值依次按正弦包络变化的速率或者说序列值周期性重复的速率。例如，$\Omega_0=\frac{2\pi}{N}=\frac{2\pi}{10}=0.2\pi$，则序列值每隔 $N=10$ 个样点重复一次；$\Omega_0=\frac{2\pi}{N}=\frac{2\pi}{100}=0.02\pi$，则序列值每隔 $N=100$ 个样点才重复一次。图 7-10a 和 b 所示分别为一个基本周期 $N=27$ 的周期正弦序列和一个非周期正弦序列。

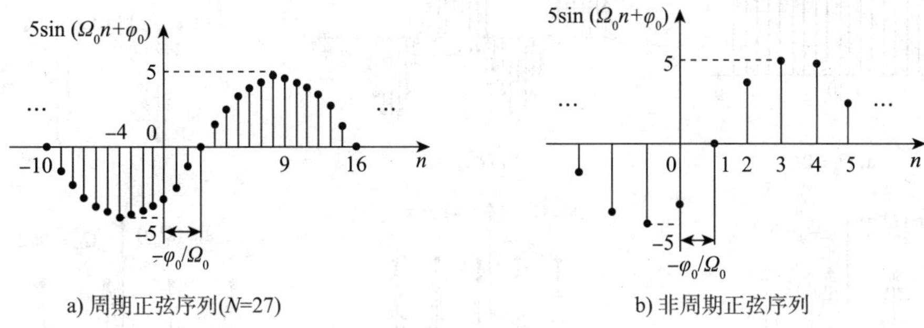

图 7-10　周期正弦序列和非周期正弦序列波形示例

我们知道，对于连续正弦信号 $x(t)=A\sin(\omega_0 t+\varphi_0)$而言，频率或角频率都是反映信号变化快慢的物理量，频率或角频率越大，变化速度越快，但是，对于离散正弦序列 $x(n)=A\sin(\Omega_0 n+\varphi_0)$而言，却并非 Ω_0 越大，变化越快，而是当 $\Omega_0\leqslant\pi$ 时，Ω_0 越大，序列变化越快；当 $\Omega_0>\pi$ 时，Ω_0 越大，序列变化越慢。图 7-11 给出了 Ω_0 在 $0\sim2\pi$ 取不同值时，正弦序列 $x(n)=\sin(\Omega_0 n)$ 波形图的变化情况。由该图可见，当 $\Omega_0=0$ 和 2π 时，$x(n)=1$，即不随 n 变化，两者变化速率一样，如图 7-11a 和 i 所示；当 $\Omega_0=\frac{\pi}{8}$ 和 $\frac{15\pi}{8}$ 时，有：

$$x(n)=\sin\left(\frac{\pi n}{8}\right)\text{和 } x(n)=\sin\left(\frac{15\pi n}{8}\right)=\sin\left(\frac{\pi n}{8}\right)$$

两者变化速率一样，如图 7-11b 和 h 所示；当 $\Omega_0=\frac{\pi}{4}$ 和 $\frac{7\pi}{4}$ 时，有：

$$x(n)=\sin\left(\frac{\pi n}{4}\right)\text{和 } x(n)=\sin\left(\frac{7\pi n}{4}\right)=\sin\left(\frac{\pi n}{4}\right)$$

两者变化速率也一样，如图 7-11c 和 g 所示；当 $\Omega_0=\pi/2$ 和 $3\pi/2$ 时，有：

$$x(n)=\sin\left(\frac{\pi n}{2}\right)\text{和 } x(n)=\sin\left(\frac{3\pi n}{2}\right)=\sin\left(\frac{\pi n}{2}\right)$$

两者变化速率仍一样，如图 7-11d 和 f 所示；当 $\Omega_0=\pi$ 时，有：

$$x(n)=\sin(\pi n)$$

其变化速率最高，如图 7-11e 所示。由此可见，当 $\Omega_0<\pi$ 时，随着正弦序列角频率 Ω_0 的增加，序列的变化加快，即相邻两个样值之间的函数差值越来越大。当 $\Omega_0=\pi$ 时，相邻两个样值在最大值和最小值上交替变化，即函数差值最大，这时序列的变化速度达到最快。当 Ω_0 越过 π 继续增大时，序列的变化速度反而又逐渐变慢，直至 $\Omega_0=2\pi$ 时，序列又回到与 $\Omega_0=0$ 时相同的、恒定不变的状态。这表明，正弦序列随 Ω_0 的变化是有规律的，即其低频变化(序列值的慢变化)位于 $\Omega_0=0$、2π 或 π 的偶数倍附近，而高频变化(序列值的快变化)则位于 $\Omega_0=\pm\pi$ 或 π 的奇数倍附近，最高角频率(即变化最快时的角频率)Ω_0 的值为 π。这一结论可以推广到任意一个离散周期序列中，究其所以然，是因为离散信号的最小周期 N 值只能等于 2，因而最高角频率 $\Omega_0=\dfrac{2\pi}{N}$ 只能等于 $\pm\pi$，而 0 或 2π 为序列在频率域中的最低角频率。

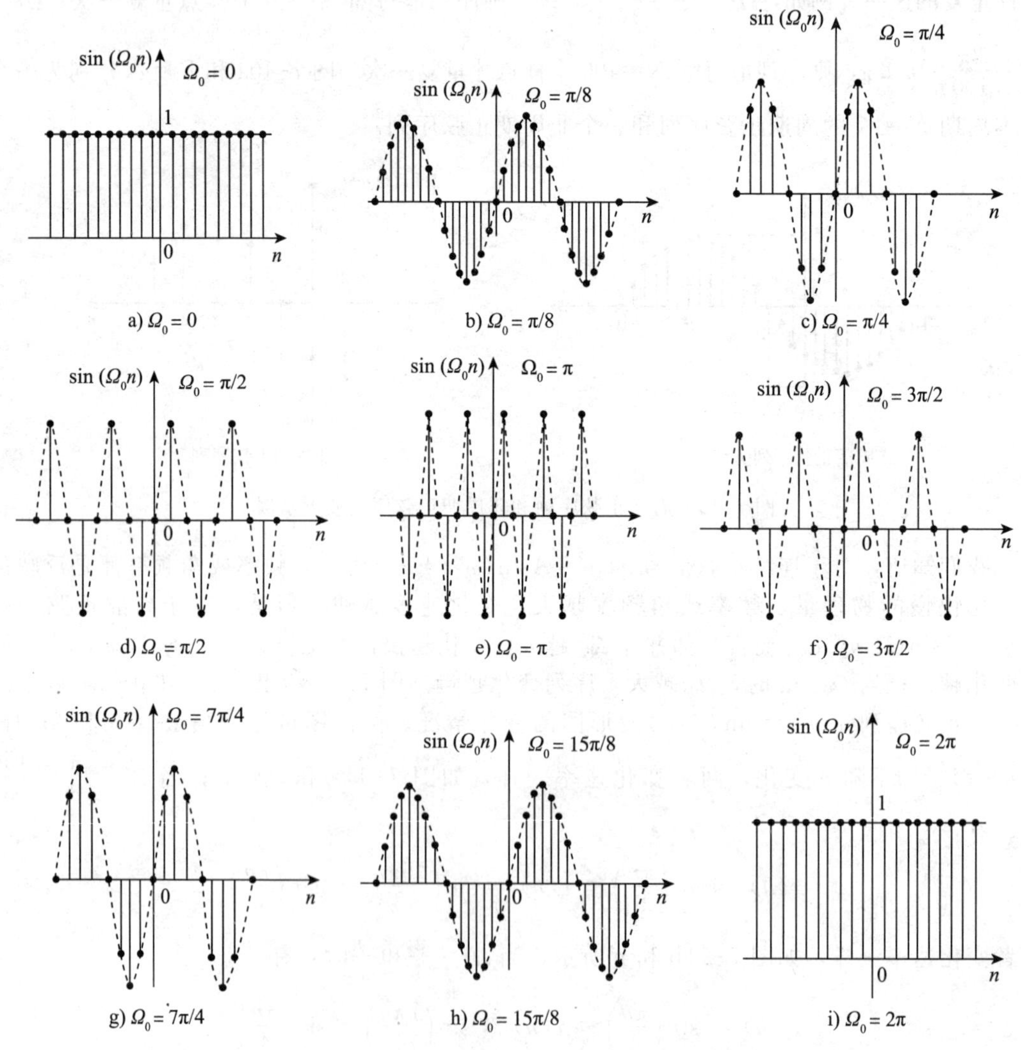

图 7-11　正弦序列的数字角频率 Ω_0 在 $0\sim2\pi$ 取几个典型值时的波形

由以上讨论可知，正弦序列 $A\sin(\Omega_0 n+\varphi_0)$ 和正弦信号 $A\sin(\omega_0 t+\varphi_0)$ 之间存在着一些区别，主要表现为：

1) 在时域上，正弦序列 $A\sin(\Omega_0 n+\varphi_0)$ 相对于变量 n 来说，并不一定是周期函数，仅当$\frac{2\pi}{\Omega_0}$为整数或有理数时，才为周期函数；而正弦信号$A\sin(\omega_0 t+\varphi_0)$相对于变量$t$来说，一定是周期函数。

2）在频域上，正弦序列$A\sin(\Omega_0 n+\varphi_0)$相对于角频率$\Omega_0$来说，是以$2\pi$为最小周期的周期性函数(不一定是序列)，这是因为$n$为整数值时，对于任何$\Omega_0$来说，恒有：

$$A\sin(\Omega_0 n+\varphi_0)=A\sin[(\Omega_0+2\pi)n+\varphi_0]$$

这表明，在数字角频率轴上相差2π整数倍的所有正弦序列值都相同，因此对于$A\sin(\Omega_0 n+\varphi_0)$的讨论仅需在$\Omega_0$的任何一个$2\pi$范围内进行就够了，惯常所取的区间为$-\pi\leqslant\Omega_0\leqslant\pi$或$0\leqslant\Omega_0\leqslant 2\pi$，这称为$\Omega_0$的主值区间。由式(7-34)也可说明这一点，当$f_0$由0增至$f_s$时，$\Omega_0$由0增至$2\pi$，当$f_0$由0减至$-f_s$时，$\Omega_0$由0变为$-2\pi$，当$f_0$再增加或减少$f_s$的整数倍时，$\Omega_0$重复$0\sim\pm2\pi$。因此，无论正弦序列是否为变量$n$的周期性序列，统称$\Omega_0$为正弦序列的数字角频率，其主值范围规定为$-\pi\leqslant\Omega_0\leqslant\pi$或$0\leqslant\Omega_0\leqslant 2\pi$，这是因为正弦序列作为$\Omega_0$的函数是以$2\pi$为周期的周期性函数。但是，对于正弦信号$A\sin(\omega_0 t+\varphi_0)$而言，不同$\omega_0$对应不同角频率的连续信号。$\omega_0$的取值不受限制，可以是$-\infty<\omega_0<\infty$，并且正弦信号$A\sin(\omega_0 t+\varphi_0)$相对于角频率$\omega_0$来说不是周期函数，这是由于$t$为实数，所以不可能存在一个$\omega_q$，使得对于任何实数$t$来说恒有$A\sin(\omega_0 t+\varphi_0)=A\sin[(\omega_0+\omega_q)t+\varphi_0]$成立，或者说不可能找到一个$\omega_q$，使得对于任何$t$恒有$\omega_q t=2k\pi$成立。

3）若将连续时间正弦信号经过抽样变换为正弦序列，就相应地把无限的频率范围(连续时间正弦信号)映射(变换)到有限的频率范围内，序列信号所携带的频率是用序列的包络(连续信号)来定义的，而包络并非是唯一的，凡是经过序列值的连续正弦信号均为包络，即有：

$$\sin(\omega_1 t)\big|_{t=nT}=x(nT)=\sin(\omega_0 nT)$$

其中，$\omega_1=\omega_0+\frac{2\pi k}{T}$，$k=\pm1$、$\pm2$，通常取所有包络频率的最小者，称为基本频率，即正弦序列包含的基本频率的描述范围为$0\leqslant\omega<\frac{2\pi}{T}$或$-\frac{\pi}{T}\leqslant\omega<\frac{\pi}{T}$，因此有：

$$0\leqslant\Omega<2\pi\text{ 或 }-\pi\leqslant\Omega<\pi$$

这表明，在进行数字信号分析和处理时，正弦序列的频率只能在$-\pi\leqslant\Omega_0\leqslant\pi$或$0\leqslant\Omega_0\leqslant 2\pi$内取值，即正弦序列$A\sin(\Omega_0 n+\varphi_0)$的最高角频率为$\pm\pi$，此时序列变化最快，最低角频率是0或$2\pi$；而连续时间正弦信号$A\sin(\omega_0 t+\varphi_0)$的最高角频率为无穷大($\omega_0=\infty$)，此时正弦信号变化最快。

产生上述差别的根本原因是连续信号与离散信号在自变量取值上的不同，即连续信号的自变量t可取任意值(连续之意)，而离散信号的自变量n只能取整数(离散之意)。

图7-12表示了数字角频率的物理意义，图中所示是一个以转速为ω旋转的圆盘，以边缘圆点表示一个采样时刻，于是，相邻两个采样时刻间圆盘转过的角度为$\Omega=\omega T$，即数字角频率。显然，若在相邻的采样间隔之间，圆盘多转了一圈或几圈，或者反方向转动，而到达图示位置，观察者是无法分辨的。因此，主值频率指的是这些频率中绝对值最小者，可见其取值必定小于π，即有$-\pi\leqslant\Omega<\pi$或$0\leqslant\Omega<2\pi$。

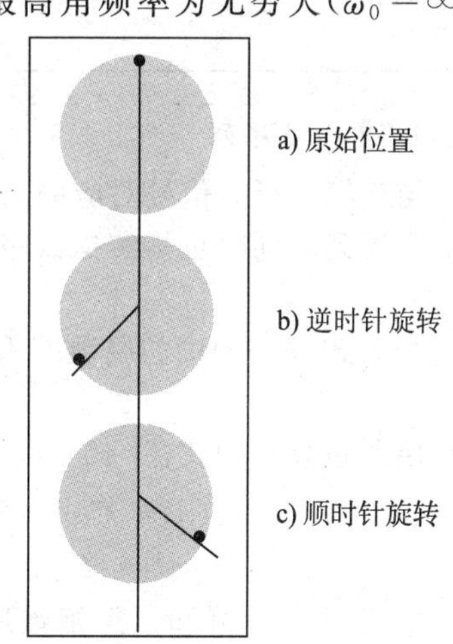

图7-12　数字角频率物理意义的说明

8. 虚指数序列

序列值是复数的序列称为复数序列，简称复序列。虚指数序列 $e^{j\Omega_0 n}$ 是常用的复序列，也是信号分析中最常用到的基本序列之一，其每个样值均可以是具有实部和虚部的复数。对于一个连续形式的虚指数信号 $e^{j\omega_0 t}$，以时间间隔 T 进行抽样，将得到离散信号(即虚指数序列)，有：

$$\begin{aligned} x(n) &= e^{j\omega_0 t}\big|_{t=nT} = e^{j\omega_0 nT} = e^{j\Omega_0 n} \\ &= \cos\Omega_0 n + j\sin\Omega_0 n \end{aligned} \tag{7-37}$$

式(7-37)中，$\Omega_0=\omega_0 T$，为数字频率，由此可见，数字频率 Ω_0 不仅与模拟频率 ω_0 有关，而且和抽样间隔 T 相联系。由于 $e^{j\Omega_0 n}$ 的实部和虚部均为正弦序列，因此，$e^{j\Omega_0 n}$ 具有正弦序列的所有特点，例如，它并非对任何 Ω_0 值都是 n 的周期序列。只有当 $\frac{2\pi}{\Omega_0}$ 为整数或有理数时，才是 n 的、周期为 2π 的周期序列，这与连续时间虚指数信号 $e^{j\omega_0 t}$ 对任何 ω_0 值来说，一定是 t 的周期信号是不同的。与正弦序列唯一不同的是随 Ω_0 值的变化，$e^{j\Omega_0 n}$ 也具有 2π 的周期性，但并不按正弦规律变化。虚指数序列的极坐标表示形式为

$$x(n) = |x(n)|e^{j\arg[x(n)]} \tag{7-38}$$

式(7-38)中，有 $|x(n)|=1$，$\arg[x(n)]=\Omega_0 n$。

虚指数序列和正弦序列在离散信号和系统的频域分析中有着非常重要的应用。表 7-4 对比了**连续虚指数信号与虚指数序列的特性**。

表 7-4 连续虚指数信号 $e^{j\omega_0 t}$ 与虚指数序列 $e^{j\Omega_0 n}$ 的特性对比

$e^{j\omega_0 t}$	$e^{j\Omega_0 n}$
对于不同的 ω_0 值，$e^{j\omega_0 t}$ 的值不同	对于相差 2π 的整数倍的 Ω_0 值，$e^{j\Omega_0 n}$ 的值相同，即对频率 Ω_0 具有周期性
信号不同，即 ω_0 值越大，$e^{j\omega_0 t}$ 振荡的速率越高	变化速率不是 Ω_0 越大，变化越快，而是当 $\Omega_0\leqslant\pi$ 时，Ω_0 越大，$e^{j\Omega_0 n}$ 变化越快；当 $\Omega_0>\pi$ 后，Ω_0 越大，$e^{j\Omega_0 n}$ 变化越慢
对于任意 ω_0 值，$e^{j\omega_0 t}$ 均为 t 的周期信号	只有当 $\Omega_0=\frac{2\pi m}{N}$，$N>0$ 且 m 为整数时，$e^{j\Omega_0 n}$ 才为 n 的周期信号
基波频率为 ω_0	基波频率为 $\frac{\Omega_0}{m}$，N 和 m 为公约数
基波周期 $T_0=\begin{cases}=\infty, & \omega_0=0 \\ =\frac{2\pi}{\omega_0}, & \omega_0\neq 0\end{cases}$	基波周期 $N=\begin{cases}=1, & \Omega_0=0 \\ =\left(\frac{2\pi}{\Omega_0}\right)m, & \Omega_0\neq 0\end{cases}$，$N$ 和 m 为公约数

9. 复指数序列

与连续复指数信号对应的离散复指数序列概括了实指数序列、虚指数序列和正弦序列等 3 种序列，同时也是实指数序列和虚指数序列的一般形式，其定义为

$$x(n) = Ca^n，C、a \text{ 为复数} \tag{7-39}$$

若将式(7-39)中的复数 C 和 a 分别用极坐标形式表示为

$$C = |C|e^{j\varphi},\ a = |a|e^{j\Omega_0} \tag{7-40}$$

则利用欧拉公式和式(7-40)可将式(7-39)改写为

$$\begin{aligned} x(n) &= Ca^n = |C||a|^n e^{j(\Omega_0 n+\varphi)} \\ &= |C||a|^n\cos(\Omega_0 n+\varphi) + j|C||a|^n\sin(\Omega_0 n+\varphi) \end{aligned} \tag{7-41}$$

由式(7-41)可知，**复指数序列为复(数)序列**。当 $|a|=1$，其为一般的虚指数序列，实部和虚部均为正弦序列；当 $|a|<1$ 时，其实部和虚部均为幅值按指数规律衰减的正弦

序列；当$|a|>1$时，其实部和虚部均为幅值按指数规律增长的正弦序列，这三种序列的图形分别如图7-13a、b、c所示。

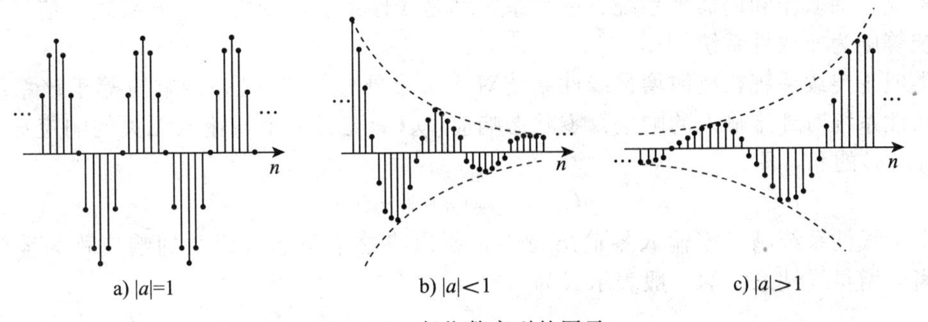

图7-13　复指数序列的图示

7.4　离散系统的基本概念与基本特性

7.4.1　离散系统的基本概念

类似于连续系统，一个离散时间系统从数学上也可以抽象成一种变换或映射，即将输入序列$x(n)$按照某种变换规则，使它唯一地映射为输出序列$y(n)$，则可以表示为

$$y(n)=T[x(n)] \tag{7-42}$$

式(7-42)中，T代表输入输出映射或运算关系的算子，$T[\cdot]$则代表这种映射、运算或函数关系$y(n)=f[x(n)]$，如图7-14所示。于是，一个离散系统既有作为物理模型的硬件装置，又有与之对应的数学模型表示式。

类似于连续系统，根据离散系统输入和输出之间的特性关系$y(n)=T[x(n)]$，也可以将系统划分为线性系统和非线性系统、移不变(时不变)系统和移变(时变)系统、因果系统和非因果系统、稳定系统和不稳定系统等各种类型。本书主要讨论线性移不变系统。下面讨论离散系统的一些基本特性，借此可以判断系统的属性。

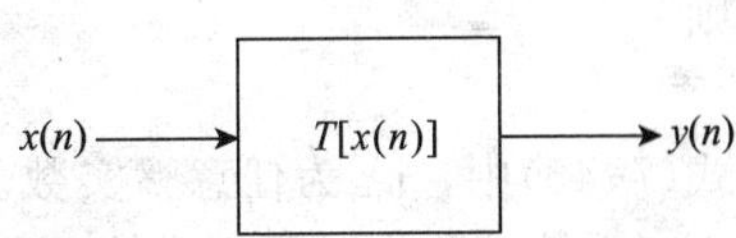

图7-14　离散系统的方框图表示

我们知道，传统的系统特性定义均是按系统的组成来划分的，例如，系统中除了独立源(非线性元件)外，只要还含有一个非线性元件，则该系统就是非线性的。然而，现代的系统特性定义则均是从系统的输入输出关系来定义的，即只要某系统的输入输出关系具备某种输入输出特性定义，则该系统就具有这种特性，而无须关注其组成元件。但是，传统系统与现代系统的特性之间存在着一定的联系。

7.4.2　离散系统的基本特性

1. 线性

离散系统线性的概念和定义完全类似于连续系统，即满足叠加原理的离散系统称为线性离散系统，这时只是输入和输出信号为离散信号$x(n)$和$y(n)$。对于可以分解为若干简单序列线性组合的复杂输入序列作用下的线性离散系统，用**线性性质**计算相应的响应是很方便的，例如对于复指数序列的响应。

类似于连续系统，由齐次性可知，线性离散系统也必须满足零输入零输出特性，这只是离散系统为线性系统的必要条件，也就是说，不具有零输入零输出特性的离散系统必定不是线性系统，而具备零输入零输出特性的离散系统未必就是线性系统，因为还需判断该系统是否同时满足可加性。

由线性的定义可知，完成相应信号序列运算的数乘器、累加器、差分器、移序系统、反褶系统、抽取器和内插零系统、平滑系统都是线性系统，反之，平方系统、信号取模运算系统等则为非线性系统。

类似于连续系统，离散增量线性系统对于某个外施输入 $x(n)$ 的响应等于该系统所对应的线性系统对外施输入的响应：零状态响应 $y_{zs}(n)$ 与另一个与输入无关的响应——零输入响 $y_{zi}(n)$ 的和，即：

$$y(n) = y_{zi}(n) + y_{zs}(n) \tag{7-43}$$

由于线性系统满足零输入零输出特性，所以将这个与输入无关的响应称为零输入响应。离散增量线性系统的一般表示式为

$$y(n) = y_{zi}(n) + y_{zs}(n) = y_{zi}(n) + \sum_{i=-\infty}^{\infty} h(i)x(n-i) \tag{7-44}$$

式(7-44)中，$y_{zs}(n) = \sum\limits_{i=-\infty}^{\infty} h(i)x(n-i)$，为零状态响应。

由式(7-44)可知，类似于连续增量线性系统的情况，离散增量线性系统响应也可以进行如图 7-23 所示的结构分解，并且其特性也可以利用线性系统的分析方法来讨论。

2. 移不变性

完全类似于连续系统，对于任何时刻的 n_0 和任何输入 $x(n)$，离散系统的输出 $y(n)$ 满足：若 $x(n)=0$，$n<n_0$，则 $y(n)=0$，$n<n_0$，此时，称系统是初始松弛的。

一个在同样初始状态(包括初始松弛)下的离散时间系统，对于任何输入 $x(n)$ 的输出为 $y(n)$，而对于输入 $x(n-n_0)$ 的输出为 $y(n-n_0)$，则该系统为移不变离散系统，即若有

$$y(n) = T[x(n)]$$

则

$$y(n-n_0) = T[x(n-n_0)] \tag{7-45}$$

式(7-45)中，n_0 为任意整实数。若序列的样点值为时间函数，即变量 n 表示时间，则移不变系统就称为时不变系统。否则，只要有某个输入信号 $x(n)$ 使上述条件不成立，就是移变系统。在本书中，将离散时不变系统均称为移不变系统。

由于移不变系统从数学上讲，也是其输入与输出之间的映射关系在运算过程中不随时间而变，所以若某银行系统的存款利率永远不变，则该系统为移不变系统，因为储户存款所得利息与其存入的日期无关，仅是存入日期推迟 n_0 天，取息日期也相应地要推迟 n_0 天。

式(7-45)表明，要检验一个系统是否为移不变系统，可以将原输入 $x(n)$ 所产生的输出 $y(n)$ 直接平移后的结果 $y(n-n_0)$ 与由 $x(n)$ 平移后的 $x(n-n_0)$ 输入系统所产生的输出 $T[x(n-n_0)]$ 相比较，如图 7-15 所示，若 $y(n-n_0)=T[x(n-n_0)]$，则系统是移不变系

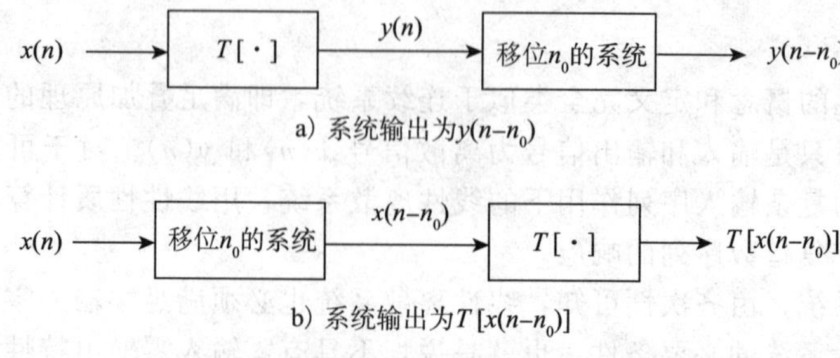

图 7-15　离散系统的移不变性判定

统，否则为移变系统。这同时也说明，移不变系统的输出与对输入的变换运算和移位运算的先后次序无关，此为移不变系统特有的性质：移不变系统 $T[\cdot]$和任意移位系统级联的次序是可以交换的，即这两个级联系统是等效的。

另外，也可以从系统参数的角度来看，若系统的输入输出特性方程中出现了时变参数 n，则为移变系统。

需要注意的是，对于移不变系统而言，其输入 $x(n)$移位多少，则零状态响应也相应移位多少，因为零输入响应仅与初始状态有关而与外施输入无关。

由移不变性的定义可知，完成相应序列运算的数乘器、移位系统、差分器都是移不变的。在图 7-16 中，由于 $y_1(n)\neq y_2(n)$，则说明反褶系统为移变系统。类似可以证明抽取器和内插零系统也都是移变系统。

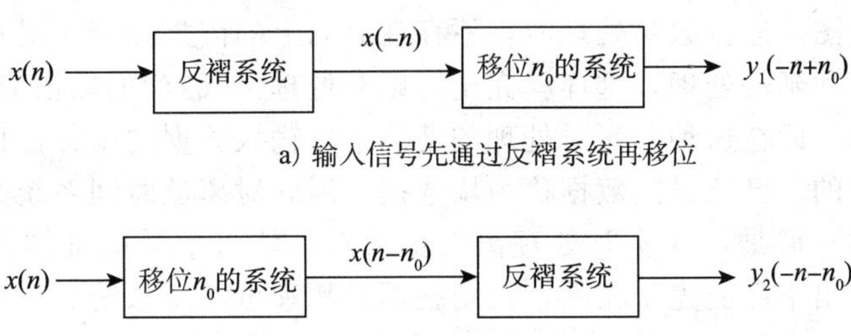

a) 输入信号先通过反褶系统再移位

b) 输入信号先移位再通过反褶系统

图 7-16　反褶系统为移变系统的图示

同时具有线性和移不变性的离散时间系统称为线性移不变(Linear Shift Invariant, LSI)，简称 LSI 系统。由于很多实际的系统均可视为线性移不变系统，它们在数学上易于表示和分析研究，所以也易于设计，并且已经形成了一套完整有效的理论体系，因此在理论和实际中都具有重要意义。

类似于连续时不变系统具有微分性和积分性，线性移不变系统具有差分性和累加性。

1）差分性

若输入 $x(n)$差分，则线性移不变系统的零状态响应 $y_{zs}(n)$也差分，即若输入 $x(n)$产生零状态响应 $y_{zs}(n)$，则输入$\nabla x(n)$产生零状态响应$\nabla y_{zs}(n)$；

2）累加性

若输入 $x(n)$累加，则线性移不变系统的零状态响应 $y_{zs}(n)$也累加，即若输入 $x(n)$产生零状态响应 $y_{zs}(n)$，则输入 $\sum\limits_{k=-\infty}^{n} x(k)$ 产生零状态响应 $\sum\limits_{k=-\infty}^{n} y_{zs}(k)$。

对于差分性可以这样证明：由于 $x(n)\rightarrow y_{zs}(n)$，所以由移不变特性可知 $x(n-1)\rightarrow y_{zs}(n-1)$，再由线性可知$[x(n)-x(n-1)]\rightarrow[y_{zs}(n)-y_{zs}(n-1)]$，即有$\nabla x(n)\rightarrow\nabla y_{zs}(n)$。对于累加性可做类似证明。

可以由差分性或累加性的定义，判断一个离散系统是否具有差分性或累加性即判断下述表示式：

$$T[\nabla^k x(n)]=\nabla^k y(n)$$

或

$$T\left[\sum_{k=-\infty}^{n} x(k)\right]=\sum_{k=-\infty}^{n} y(k)$$

是否成立，这表明，若系统由进行了 k 阶差分或累加的输入所产生的输出等于由输出直接进行 k 阶差分或累加后的结果，则该系统具有差分性或累加性，否则不具有差分性或累加性。

3. 因果性

完全类似于连续系统，因果离散系统对于任意 n，应满足下述方程：

$$y_{zs}(n)=f[x(n),x(n-1),x(n-2),\cdots]$$

或

$$y_{zs}(n)=f[x(n-k)],k\geqslant 0 \tag{7-46}$$

式(7-46)中，$f[\cdot]$为任意函数。显然，对于连续时间系统而言，因果性是不可违背的规律。因此，若自变量是时间，则连续时间非因果系统是不存在的或物理上不可实现的。然而对于离散时间系统来说，非因果系统却是大量存在的。这是因为，一方面，离散序列的变量 n 未必是时间变量。例如，对一幅存储在计算机中的图像来说，此时的序列变量 n 为空间变量。对静止图像进行数字处理时，不存在时间上的因果顺序。另一方面，对于离散序列可以进行存储和延时处理，这样就完全可以在处理 n_0 时刻的输出时，用 n_0 时刻以后的输入值参与运算，即在这种非实时处理的情况下，输入数据的全体是已知的，这时非因果系统是可以实现的。已记录的数据称为块数据。因此对离散时间系统来说，讨论非因果系统还是有意义的。但是，在实时处理离散信号时，输入信号的抽样值是逐个进入系统的，这时系统的输出不可能先于输入，否则就不是物理可实现系统。这种数据输入方式称为**序贯数据方式**。

需要注意的是，上述因果性的定义只适用于输入和输出具有相同抽样率的离散系统，若两者的抽样率不同，因果性的定义则需另行定义。

按照因果性的定义可知，完成相应序列运算的累加器、一阶后向差分器、延时移位器属于因果系统。然而，一阶前向差分器、超前系统和平滑系统是非因果系统。由因果性的定义式(7-46)可知，一个因果离散时间平滑系统的输入输出关系应为

$$y(n)=\frac{1}{N}\sum_{k=0}^{N}x(n-k)$$

至于反褶系统 $y(n)=x(-n)$，由于它对任意输入信号，只有当时刻 $n\geqslant 0$ 时，输出信号值才等于过去某时刻的输入信号值，而当 $n<0$ 时，输出信号值等于将来某时刻的输入信号值，即不是所有时刻都符合因果的概念，故为非因果系统。

完全类似于连续系统，反因果离散系统对于任意 n，应满足下述方程：

$$y_{zs}(n)=f[x(n),x(n+1),x(n+2),\cdots]$$

或

$$y_{zs}(n)=f[x(n-k)],k\leqslant 0 \tag{7-47}$$

显然，反因果系统属于非因果系统。

4. 稳定性

若一个初始松弛的离散系统，对于任何有界输入，其输出也是有界的，则该系统是稳定的。

这种从输入输出关系来定义离散系统的稳定性称为有界输入有界输出(Bounded Input and Bounded Output，BIBO)稳定，即若任何输入 $x(n)$满足：

$$|x(n)|\leqslant B_x,\forall n\in Z \tag{7-48}$$

则对于稳定的离散系统，其输出 $y(n)$有：

$$|y(n)|\leqslant B_y,\forall n\in Z \tag{7-49}$$

式(7-48)和式(7-49)中，B_x 和 B_y 均为有限的正实常数，即有$\exists B_x>0$，$\exists B_y>0$。例如，某离散系统的输入输出关系为

$$y(n)=\left(\frac{1}{2}\right)^{|n|}x(n)$$

若$|x(n)|<B_x$且$\exists B_x>0$，则有：

$$|y(n)|=\left|\left(\frac{1}{2}\right)^{|n|}x(n)\right|=\left(\frac{1}{2}\right)^{|n|}|x(n)|<\left(\frac{1}{2}\right)^{|n|}B_x<B_x$$

可见，该离散系统为稳定系统。显然，只要存在某个能产生无界输出的有界输入，系统就是不稳定的。

根据有界输入、有界输出稳定性的定义可知，完成相应序列运算的相加器、相乘器(包括数乘器)、移序系统、一阶差分器、反褶系统、平滑器、抽取器和内插零系统都是稳定系统，然而，累加器却是不稳定的，因为输入为$x(n)=\varepsilon(n)$，其输出为

$$y(n)=\sum_{k=-\infty}^{n}x(k)=(n+1)\varepsilon(n)$$

因随$n\to\infty$，$y(n)\to\infty$，所以它为无界信号。系统稳定性的重要意义主要表现在两个方面：一方面，对于稳定系统和不稳定系统所采用的分析方法不完全一样，适合于稳定系统的分析方法，一般并不适合于不稳定系统，只有拉普拉斯变换和z变换才适合于某些不稳定系统；另一方面，从系统设计和实现的角度讲，稳定系统是有意义的，不稳定系统却难以为实际所用。

5. 可逆性

我们知道，若能够根据离散系统的零状态响应唯一确定(即所谓重构)系统的输入，则称该系统是可逆的，否则是不可逆的。从数学上讲，对离散可逆系统来说，其输出$y(n)$和输入$x(n)$之间构成的映射(函数)关系$y(n)=T[x(n)]$是一个单值映射(函数)，而且这种单值映射是双向的，即存在着一个可逆映射。因此，映射关系$y(n)=T[x(n)]$必须是严格单调的，即在$-\infty<x(n)<\infty$范围内，$y(n)$均为单调信号，因为能够由因变量**唯一确定自变量的**函数(即存在唯一反函数的原函数)必须是严格单调的，只有这样才能保证反函数也是单值的，即严格单调函数。换言之，**可逆性也可表述为**若一个离散系统对每一个不同的输入信号都产生不同的输出信号，则该系统具有可逆性，即存在其**逆系统**。反之，对两个不同的输入信号，系统产生相同的输出信号，那么该系统就不是可逆的。对于任何可逆系统，必定存在另一个系统，其信号变换关系为$T^{-1}[\cdot]$，将其与原可逆系统级联后，所产生的输出可恢复出原可逆系统的输入信号$x(n)$，即两者级联构成一个恒等系统，这是可逆系统所特有的一个性质，也是判定系统是否可逆的充分必要条件。通常把系统$T^{-1}[\cdot]$称为可逆系统的逆系统。

按照可逆性的定义可知，累加器是可逆系统，因为它在任何时刻的输入信号值减去前一时刻的输入信号值，就是该时刻的输出信号值，即：

$$y(n)-y(n-1)=\sum_{k=-\infty}^{n}x(k)-\sum_{k=-\infty}^{n-1}x(k)=x(n)$$

这表明一阶差分器就是累加器的逆系统，这是因为差分与累加互为逆运算。另外，延时n_0的延时系统的逆系统是超前n_0的超前系统的逆系统，故移序系统也是可逆系统。对于数乘系统$cx(n)$而言，只要$c\neq0$，它也为可逆系统，逆系统为$x(n)/c$。但是，平方系统$y(n)=x^2(n)$和取模运算系统$y(n)=|x(n)|$均是不可逆的，因为对于两个不同的输入信号，它们可能产生相同的输出信号。此外，对于任何输入信号，输出信号都为0的系统也是不可逆的。

可逆性和逆系统在实际应用中有着十分重要的意义。对于许多信号处理，都希望能从处理或变换后的信号中恢复出原信号。最为典型的例子就是通信系统中的一系列信号处

理，例如，发送设备中的幅度压扩器、编码器、调制器和频率预加重等，这些信号处理系统都必须是可逆的，以便能在接收设备中，用相应的逆系统(幅度反压扩器、解码器、解调器和去加重电路等)，恢复出发送端的原信号。

6. 无记忆性

若离散系统对于任何输入信号 $x(n)$，在任何时刻 n 的输出 $y(n)$只取决于同一时刻 n 的输入信号，而与其他时刻的输入信号值无关，则该系统是无记忆的。

按照无记忆性的定义可知，完成相应运算的相加器、相乘器(包括数乘器)，以及模/数转换中的量化器都是无记忆系统，相反，完成相应运算的累加器、时移系统、一阶差分系统、反褶系统以及抽取器、内插零系统都是有记忆系统。

需要注意的是，记忆性与因果性和反因果性之间的关联与区别，所有无记忆系统必定是因果系统，但不能认为有记忆系统一定是非因果系统，有些有记忆系统是因果的，例如累加器，而另一些有记忆系统则是非因果的，例如式(7-11)所表述的平滑系统，还有一些有记忆系统是反因果的，例如，一阶前向差分器和超前系统。

【例 7-2】 设某离散系统输入 $x(n)$与输出 $y(n)$之间的关系为 $y(n)=T[x(n)]=nx(n)$，试判断该系统是否为 1) 线性；2) 移不变；3) 无记忆；4) 因果；5) 稳定。

解：1)由系统输入输出特性可知，输入 $x_1(n)$、$x_2(n)$时，响应分别为

$$y_1(n) = T[x_1(n)] = nx_1(n)$$
$$y_2(n) = T[x_2(n)] = nx_2(n)$$

以 $x(n)=\alpha x_1(n)+\beta x_2(n)$作为激励时，系统响应为

$$\begin{aligned} y(n) &= T[x(n)] = nx(n) = n[\alpha x_1(n) + \beta x_2(n)] \\ &= \alpha nx_1(n) + \beta nx_2(n) = \alpha y_1(n) + \beta y_2(n) \end{aligned}$$

即有：

$$T[\alpha x_1(n) + \beta x_2(n)] = \alpha T[x_1(n)] + \beta T[x_2(n)]$$

因此该系统是线性的。

2) 系统对于输入 $x(n-m)$的输出为

$$T[x(n-m)] = nx(n-m)$$

系统对于 $x(n)$的输出 $y(n)$移位 m 位后为

$$y(n-m) = (n-m)x(n-m)$$

即：

$$y(n-m) \neq T[x(n-m)]$$

因此，该系统为移变系统。另外，也可以从系统参数的角度来看，由于该系统的输入输出特性方程中出现了时变参数 n，所以为移变系统。

3) 因为在 n 处的输出值仅取决于 n 处的输入值，所以该系统是无记忆的。

4) 输出不取决于将来的输入值，故该系统为因果系统。

5) 根据 BIBO 稳定性定义，可任选一个有界输入函数，例如 $x(n)=\varepsilon(n)$，这时可得 $y(n)=n\varepsilon(n)$，这表明，有界的单位阶跃输入序列产生无界的递增输出序列 $y(n)$，即 $y(n)$ 随 n 的增加而增加，所以该系统是不稳定的。

7.5 离散系统的数学模型：差分方程

7.5.1 差分方程的基本概念

在连续系统中，输入输出信号是其自变量的连续函数，所以可以用微分、积分方程来描述这类系统的输入输出关系。对于离散系统，自变量 n 为离散整型值，输入输出序列只

定义在这种离散点上，不存在导数或微分的概念，因而只能用信号相邻两点处的差值表示它们的变化，这就是差分，即用差分代替微分表示序列的变化率。因此，离散系统的输入输出关系只能用差分方程来描述，这种方程是由离散自变量 n 及其序列 $x(n)$、$y(n)$，以及它们的移位序列 $x(n-m)$、$y(n-m)$或 $x(n+m)$、$y(n+m)$（m 为任意正整数）等有限项组合而成的，一般可以表示为

$$y(n)=f[n,y(n-1),y(n-2),\cdots,y(n-N),x(n),x(n-1),x(n-2),\cdots,x(n-M)] \tag{7-50}$$

或

$$y(n)=g[n,y(n+1),y(n+2),\cdots,y(n+N),x(n),x(n+1),x(n+2),\cdots,x(n+M)] \tag{7-51}$$

式(7-50)、式(7-51)中，M、N 为整数，并且若其中各变量（序列）仅有一次幂且不存在彼此的乘积项，则称其为线性差分方程，这时 $f(\cdot)$为线性函数，否则称为非线性差分方程；若式(7-50)、式(7-51)中不含自变量 n 或者说这两式中各项的系数（所描述系统的参量）均为常数，则称其为常系数差分方程，否则为变系数差分方程。非线性变系数差分方程描述的系统称为非线性移变系统。对于它们，目前还缺乏有效的工程分析方法，往往要借助于数值分析方法进行研究。

线性常系数微分方程是由连续自变量 t 的函数 $x(t)$、$y(t)$及其各阶导数$\dfrac{\mathrm{d}^m x(t)}{\mathrm{d}t^m}$、$\dfrac{\mathrm{d}^m y(t)}{\mathrm{d}t^m}$（$m=1$，2，…）或积分等有限项线性组合而成的。

与连续系统的情况类似，最常见而又最重要的一类离散系统是用线性常系数差分方程描述的系统。与一个 n 阶线性常系数微分方程式(2-67)相对应的离散时间方程就是 n 阶线性常系数差分方程：

$$\sum_{k=0}^{N}a_k y(n-k)=\sum_{r=0}^{M}b_r x(n-r),a_N\neq 0 \tag{7-52}$$

$$\sum_{k=0}^{N}a_k y(n+k)=\sum_{r=0}^{M}b_r x(n+r),a_N\neq 0 \tag{7-53}$$

式(7-52)和式(7-53)是由序列 $x(n)$、$y(n)$及其移位序列线性组合而成的，即只含有因子 a_k 与 $y(n-k)$或 $y(n+k)$的倍乘，以及 b_r 与 $x(n-r)$或 $x(n+r)$的加法运算（线性运算），而因子 a_k 或 b_r 均为与独立变量（即序号）n 无关的常系数，故称式(7-52)和式(7-53)为线性常系数差分方程。

在式(7-52)中，输出序列 $y(n)$的序号自 n 以递减方式给出，称为后向（或向右移序）差分方程，在式(7-53)中，$y(n)$之序号自 n 以递增方式给出，称为前向（或向左移序）差分方程。后向差分方程多用于因果系统和数字滤波器的分析，前向差分方程多用于系统的状态变量分析。类似于微分方程，差分方程也有阶数的概念。任意一个差分方程的阶数等于其左端输出序列 $y(n)$的变量序号的最高值与最低值的差，因此，式(7-52)为 N 阶后向线性常系数差分方程，式(7-53)则为 N 阶前向线性常系数差分方程。差分方程的阶数为其所描述的离散系统的阶数。

应该注意的是，在线性常系数差分方程中，各序列的序号都增加或减少同样的数目，该差分方程所描述的输入输出关系保持不变，因此，通过变量代换就可以将前向差分方程式(7-53)改为后向差分方程(7-52)，或者反之。例如，

$$2y(n+2)+3y(n+1)+y(n)=x(n+2)+x(n+1)-x(n)$$

它是一个线性常系数二阶前向差分方程，将其中各序列的序号都减 2 或者做变量代换

$n'=n+2$，即用 $n-2$ 表示 n，原方程就变为

$$2y(n)+3y(n-1)+y(n-2)=x(n)+x(n-1)-x(n-2)$$

这是一个二阶后向差分方程。这表明对于具有相同初始状态的同一个 N 阶线性移不变系统，由于移不变性可以同时用前向和后向这两种形式的方程来描述，在同样的输入下所得出的输出相同。

在连续时间系统分析中，曾利用 n 阶微分算子 p^n 和 n 阶积分算子 p^{-n} 分别表示对函数的微分和积分运算，从而将微分方程表示为算子形式的代数方程。与此类似，在离散系统分析中，采用 m 阶滞后算子 $E^{-m}(m=1, 2, \cdots)$ 和 m 阶超前算子 $E^m(m=1, 2, \cdots)$，则可以将差分方程表示为算子代数方程的形式，例如，利用滞后算子 $E^{-m}(m=1, 2, \cdots)$ 可以将 N 阶后向差分方程式(7-52)表示为

$$\begin{aligned}&(a_0+a_1E^{-1}+\cdots+a_{N-1}E^{-N+1}+a_NE^{-N})y(n)\\&=(b_0+b_1E^{-1}+\cdots+b_{M-1}E^{-M+1}+b_ME^{-M})x(n)\end{aligned} \tag{7-54}$$

若 $N\geqslant M$，式(7-54)两边分别乘以 E^N 后，变为

$$\begin{aligned}&(a_0E^N+a_1E^{N-1}+\cdots+a_{N-1}E+a_N)y(n)\\&=(b_0E^N+b_1E^{N-1}+\cdots+b_{M-1}E^{N-M+1}+b_ME^{N-M})x(n)\\&=E^{N-M}(b_0E^M+b_1E^{M-1}+\cdots+b_{M-1}E+b_ME^0)x(n)\end{aligned} \tag{7-55}$$

将式(7-55)中与 $y(n)$ 和 $x(n)$ 相乘的多项式分别简记为 $N(E)$ 和 $D(E)$，即：

$$\begin{aligned}D(E)&=a_0E^N+a_1E^{N-1}+\cdots+a_{N-1}E+a_N\\N(E)&=b_0E^N+b_1E^{N-1}+\cdots+b_{M-1}E^{N-M+1}+b_ME^{N-M}\\&=E^{N-M}(b_0E^M+b_1E^{M-1}+\cdots+b_{M-1}E+b_ME^0)\end{aligned}$$

则由式(7-55)可以得出 $y(n)$ 的表示式为

$$y(n)=\frac{N(E)}{D(E)}x(n)=H(E)x(n) \tag{7-56}$$

式(7-56)称为离散系统的算子方程，其中 $H(E)$ 定义为

$$H(E)=\frac{N(E)}{D(E)} \tag{7-57}$$

称为离散系统响应 $y(n)$ 对输入 $x(n)$ 的传输算子或转移算子，为 E 的两个实系数有理多项式的比，其在离散系统分析中的作用与 $H(p)$ 在连续系统分析中的作用相同，完整地描述了离散系统的输入输出关系。$D(E)$ 称为差分方程或离散系统的特征多项式，$D(E)=0$ 称为差分方程或离散系统的特征方程，其根则称为差分方程或离散系统的特征根，也称为系统的自然频率或固有频率。

利用转移算子 $H(E)$ 可以将离散移不变系统用图 7-17 所示的方框图表示。

$x(n)\longrightarrow \boxed{H(E)} \longrightarrow y(n)$

图 7-17 利用转移算子 $H(E)$ 表示的离散移不变系统的方框图

我们知道，积分算子 $p^{-n}(n=1, 2, \cdots)$ 和微分算子 $p^n(n=1, 2, \cdots)$ 同时作用于函数时的顺序不可随意交换，例如 $p\cdot\frac{1}{p}\neq\frac{1}{p}\cdot p$，由此可知“先积后微 p 可消”，“先微后积 p 不可消”，例如 $p\cdot\frac{1}{p}x(t)=x(t)$（可消去 p），$\frac{1}{p}\cdot px(t)=x(t)-x(-\infty)\neq x(t)$（不可消去 p），但是，滞后算子 $E^{-m}(m=1, 2, \cdots)$ 和超前算子 $E^m(m=1, 2, \cdots)$ 同时作用于序列时的顺序则可随意交换，两者的作用可以抵消，即位于分子和分母上的算子可以相消，例如，

$$E^k\left[\frac{1}{E^m}x(n)\right]=\frac{1}{E^m}[E^kx(n)]=x(n+k-m)$$

需要注意的是，与连续系统算子 p 的情况类似，对于含算子多项式的等式(例如 $D(E)y(n)=N(E)x(n)$)，以及传输算子 $H(E)$或者算子方程(例如 $y(n)=H(E)x(n)$)中的公因子算子 E 是不能随意消去的，因为一旦消去公因子 E，则所描述的离散系统的阶数就要降低，从而，这些算式或方程就无法正确反映原系统的特性。然而，由算子 E 组成的离散系统的算子多项式完全类似于描述连续系统的算子多项式，可以像普通代数多项式一样做加、减、乘及因式分解。这些表明由算子 E 组成的多项式或方程也并非是普通的代数多项式或代数方程。

差分方程是微分方程形式的对偶表示，所以对于差分方程所描述的离散系统也可像模拟线性常系数微分方程所描述的连续系统那样，用适当的运算单元联接起来加以模拟。从物理上可以看到，电学中连续时不变系统是由 R、L、C 等基本元件组成的，系统内部的数学运算关系可以归结为三种能表示线性时不变特性的运算关系，即微分(积分)、乘系数和相加。由式(7-52)和式(7-53)可知，线性常系数差分方程涉及的 3 个基本运算为序列延时(移位)、数乘和相加，因此，其对应离散系统的基本组成单元或基本物理元件是移位器(也称单位延时器或延迟器)、加法器和数乘器，后两者和模拟连续时间系统所用的相同，关键不同的是单位延时器。其作用是将序列向后移序一个间隔，若是时间则是延迟一个时间间隔 T。模拟离散时间系统所用的延时器相当于模拟连续时间系统所用的积分器，因为它能将输入数据储存起来，于 T 秒后在输出处释放出或者说它保留其输入的前一个值，因而延时器也是一个具有记忆的元件。模拟离散系统的三个基本元件的符号如图 7-18 所示，图 7-18a 中以符号$\frac{1}{E}$或 E^{-1}，以及 D 或 T 表示单位移位或单位延时，图 7-18b用符号Σ表示两序列相加，若该加法器输入信号的箭头旁标有运算符号“+”或“−”，就进行相应的加、减运算，若无，则表示对输入信号进行相加运算，图 7-18c 中以符号⊗代表序列与系数相乘，为使图形表示简化，也常在圆圈内或信号传送线旁标注与输入信号相乘的系数。显然，这些基本元件分别都是一个最简单的离散系统，由它们按照一定的运算关系所绘出的模拟框图对应着一个线性移不变系统输入输出描述式：线性常系数差分方程。因此，所谓离散系统的模拟就是用延时器、加法器、乘法器这些基本运算单元模拟原系统，使其与原系统具有相同的数学模型。用模拟方框图表示线性常系数差分方程有利于对此类方程描述的系统进行仿真或实现，此外，还能对这类系统的数字硬件实现提供一些简便而有效的方式。

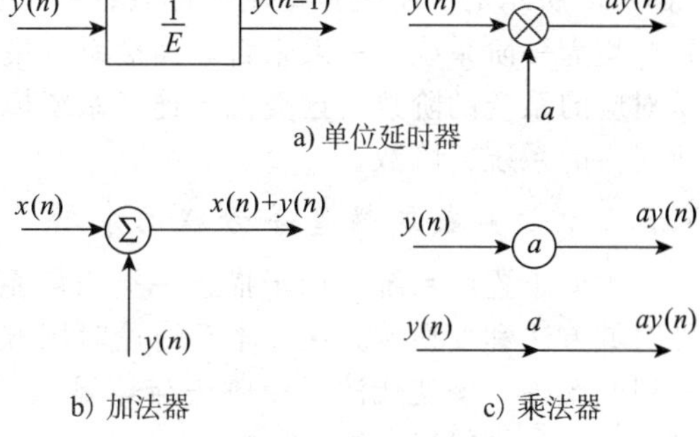

图 7-18　离散系统的基本元件符号

【例 7-3】 图 7-19 是由单个移位器、数乘器(a 为常数)和加法器组成的一个简单离散系统的模拟框图，试写出描述其输入 $x(n)$与输出 $y(n)$关系的差分方程。

解：围绕图 7-19 中的加法器列写其输出与输入关系，可以得到：

$$y(n)=ay(n-1)+x(n)$$

由此可以得出该离散系统的输入输出关系为

$$y(n)-ay(n-1)=x(n) \tag{7-58}$$

可见，式(7-58)是线性常系数一阶后向差分方程。在已知 $y(n)$边界条件的情况下，解此差分方程便可求出该系统的输出序列 $y(n)$。

【例 7-4】 图 7-20 所示为离散系统的模拟图，试写出描述该系统的差分方程。

解：由于其中移位器的输入端应为 $y(n+1)$，所以环绕加法器写出其输出与输入的关系，可得：

$$y(n+1)=ay(n)+x(n)$$

即：

$$-ay(n)+y(n+1)=x(n) \tag{7-59}$$

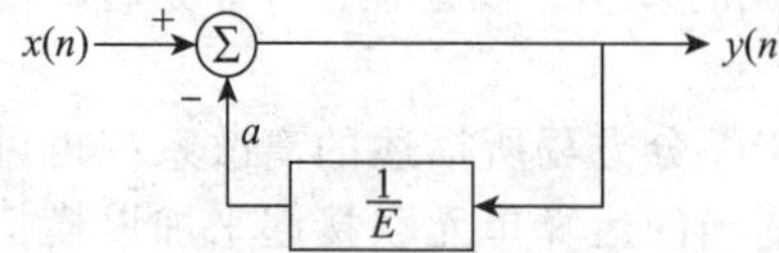

图7-19 例 7-3 中离散系统的模拟框图

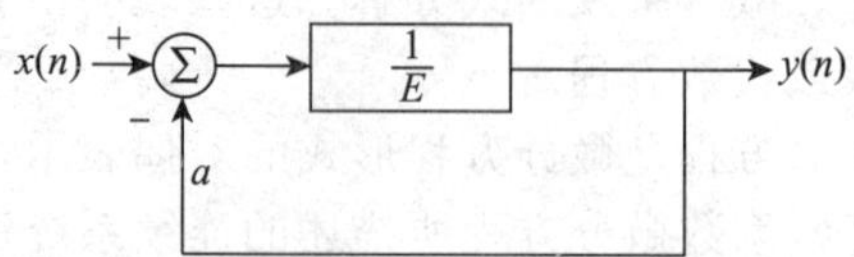

图 7-20 例 7-4 中离散系统的模拟框图

显然，式(7-59)是线性常系数一阶前向差分方程，比较图 7-19 和图 7-20 可知，这两个系统除了输出信号的取出端不同外，没有本质上的差别。图 7-19 中的 $y(n)$取自移位器的输入端，图 7-20 中的 $y(n)$则取自移位器的输出端，由于模拟框图并不涉及系统的初始状态或初始条件，即线性常系数差分方程的定解条件，所以若这两个系统的输入 $x(n)$相同，则两者的输出形式相同，只是后者较前者延时一位。

类似于连续系统，离散系统的阶数就是其对应的差分方程的阶数，除此之外，也可以通过用于描述系统的差分方程所对应的系统模型来考察系统的阶数。例如，在图 7-19 和图 7-20 所示的系统模拟框图中都只有一个**独立**的移位器，因此这两个**框图所对应的**离散系统均为一阶系统。一般来言，离散系统模型图中所含有的**独立**移位器的个数就是该模型所对应的系统的阶数，这类似于连续系统模型图中所含有的**独立**积分器的个数就是该模型所对应的系统的阶数。

7.5.2 常系数线性差分方程的求解

类似于连续系统，用于描述一类离散系统的常系数线性差分方程的求解有两种方法，即时域方法和变换域方法。本章讨论时域方法，变换域方法将在第 8 章中讨论。时域解法一般有 3 种，即迭代法、经典法与零输入、零状态响应法，其中经典法是时域求解的基础。下面分别给以介绍。

1. 迭代法

差分方程式(7-52)或式(7-53)实际上是一个具有递推关系的代数方程。因此，当给定个数为 $m(1\leqslant m\leqslant N)$的一组或一个初始值($m=1$ 对应于一阶差分方程，$m=N$ 则对应于 N 阶差分方程)和输入序列，就可以利用迭代(递推)关系求得该差分方程的解，特别是当输入信号接入系统之前，系统的输出为零时，用迭代法(递推法)求解差分方程是很简单和直观的。

对于 N 阶后向常系数线性差分方程式(7-52)，附上定解条件可以表示为

$$\begin{cases}\sum_{k=0}^{N}a_k y(n-k)=\sum_{r=0}^{M}b_r\,x(n-r)\\ y(-m)=y_m,m=1,2,\cdots,N\end{cases} \tag{7-60}$$

式(7-60)中的定解条件是利用迭代法求解差分方程所必需的，后面我们可以知道这种定解条件的表示并不失一般性。

假定 $a_0\neq0$，由式(7-60)可知，其输出 $y(n)$可以表示为一个线性组合式，即：

$$y(n)=\frac{1}{a_0}\Big[-\sum_{k=1}^{N}a_k y(n-k)+\sum_{r=0}^{M}b_r x(n-r)\Big],n\geqslant n_0 \tag{7-61}$$

式(7-61)称为递归方程或自回归方程。它表明，式(7-52)所描述系统在任何时刻 n 的输出

序列值 $y(n)$可以直接由系统在该时刻及其以前 $M+1$ 个序贯的输入序列值(即 $x(n)$和 $x(n-r)(r=1, 2, \cdots, M)$)，以及该时刻以前的 N 个序贯的输出序列值(即 $y(n-k)(k=1, 2, \cdots, N)$)来确定。例如，若要从 $n=n_0$ 开始计算 $y(n)$，必须已知 $y(n_0-1)$，$y(n_0-2)$，…，$y(n_0-N)$，以及 $n\geqslant n_0-M$ 的共$M+1$ 个 $x(n)$值，也就是说，这是一个根据当前和过去的输入和过去的输出来确定当前输出样值的过程，因而在数学上是一种递归的过程，它构成了线性常系数差分方程的迭代算法或称递推算法。

因为式(7-61)是由当前和过去的输入以及过去的输出来确定当前的输出，所以称为后推方程，例如，当给定 N 个过去的输出序列值 $y(-m)$，$m=1, 2, \cdots, N$ 作为初始值就可以先利用式(7-61)及给定的输入序列 $x(n)$求出 $n=n_0=0$ 时刻的输出值 $y(0)$，即：

$$y(0)=\frac{1}{a_0}\left[-\sum_{k=1}^{N}a_k y(-k)+\sum_{r=0}^{M}b_r x(-r)\right]$$

求得 $y(0)$之后，再利用已知的 $y(-m)$，$m=1, 2, \cdots, N-1$ 和输入 $x(n)$可求出 $y(1)$，这样就可依次计算出 $y(2)$，$y(3)$，…，即可以逐个计算出 $n\geqslant 0$ 的所有输出序列值，这说明后推方程式(7-61)是用来求出式(7-60)中给定定解条件(即给定输出序列值)之后时刻的所有输出序列值，它是一个以差分方程(7-60)的部分或全部解 $y(n)$来表示的差分方程，符合因果系统的定义式(7-46)，故描述的是一个因果系统。

由于利用后推方程式(7-61)无法求出给定定解条件时刻之前的输出值 $y(n)$，$n<-N$，因此将式(7-60)重新改写，即改写为前推方程的形式，有：

$$y(n-N)=\frac{1}{a_N}\left[-\sum_{k=0}^{N-1}a_k y(n-k)+\sum_{r=0}^{M}b_r x(n-r)\right], n<-N \tag{7-62}$$

式(7-62)表明，对于任意 n 时刻的输出序列值，也可直接用该时刻及其以后共 $M+1$ 个序贯的输入序列值(即 $x(n)$和 $x(n-r)(r=1, 2, \cdots, M)$)，以及 N 个将来时刻的序贯的输出序列值 $y(n-k)(k=0, 1, \cdots, N-1)$来确定。因此，前推方程式(7-62)是用来求出式(7-60)中给定定解条件之前时刻的所有输出序列值，即已知 $x(n)$和 $y(-m)$，$m=1, 2, \cdots, N$，就可以利用式(7-62)逐个计算出 $n<-N$ 时的所有输出序列值 $y(-N-1)$，$y(-N-2)$，…。显然，式(7-62)为非因果解的形式，因而该方程是一个描述非因果系统的差分方程。

总之，在给定 N 个序贯输出序列值作为定解条件时，这 N 个值后面(向 $n>0$ 方向)的输出序列值可以通过将所给差分方程安排成以 n 的前向运算的递推关系(即前推方程)求出；这 N 个值后面(向 $n<0$ 方向)的输出序列值则可以通过将所给差分方程安排成以 n 的后向运算的递推关系(即后推方程)求出。

式(7-60)在实际中描述的是一个反馈系统，所以也称为递归系统。当 $N=0$，$a_0\neq 0$ 时，该式变为

$$y(n)=\sum_{r=0}^{M}\frac{b_r}{a_0}x(n-r) \tag{7-63}$$

式(7-63)是一个无迭代式，称为非递归方程，它说明系统的第 n 个输出值 $y(n)$仅仅与输入有关，即由系统的当前输入值 $x(n)$及 M 个过去的输入值 $x(n-r)(r=1, 2, \cdots, M)$决定，而与系统输出的过去值无关，即无须递归地利用先前已经算出的输出值来计算现在的输出值，因而无须给出 n 时刻之前的输出值作为求解 $y(n)$的定解条件。在实际中它描述的是一个无反馈系统，也称为非递归系统，且是因果的。

应该注意的是，非递归系统除了式(7-63)所示的因果系统，还有非因果系统，例如，$y(n)=\frac{1}{3}[x(n-1)+x(n)+x(n+1)]$表示一个滑动平均系统的数学模型，其在任何时刻的

输出等于现时刻 n、前一时刻 $n-1$ 和后一时刻 $n+1$ 的输入数据的平均值。

【例 7-5】 设例 7-2 中差分方程的输入序列 $x(n)=C\delta(n)$，C 为任意常数，且分别有 $y(-1)=0$ 和 $y(-1)=y_{-1}\neq 0$，求相应的输出序列 $y(n)$。

解 1) 当 $y(-1)=0$ 时，由于 $x(n)=C\delta(n)$，所以在 $n<0$ 的区间内有：

$$y(n)=0$$

由于给定的初始状态是 $y(n)=0$，$n<0$，所以应向着 $n>0$ 的方向进行递推。在 $n\geqslant 0$ 的区间内，原方程的迭代关系为

$$y(n)=ay(n-1)+x(n)$$

以 $n=0$ 为起点，可以计算出相继的 $y(n)$ 值，有：

$$y(0)=ay(-1)+x(0)=0+C=C$$
$$y(1)=ay(0)+x(1)=Ca+0=Ca$$
$$y(2)=ay(1)+x(2)=Ca^2+0=Ca^2$$
$$\vdots$$
$$y(n)=ay(n-1)+x(n)=Ca^n+0=Ca^n$$

其一般形式为

$$y(n)=Ca^n\varepsilon(n)$$

容易推证，所给差分方程描述的系统为线性时不变和因果系统。如果 $|a|<1$，则系统还是稳定的。

2) 当 $y(-1)=y_{-1}$ 时，为了向着 $n<0$ 的方向进行递推，在 $n\leqslant -1$ 的区间内，将所给方程改写为前推方程的递推关系：

$$y(n-1)=a^{-1}[y(n)-x(n)]$$

或

$$y(n)=a^{-1}[y(n+1)-x(n+1)]$$

以 $n=-1$ 为起点可以计算出相继的 $y(n)$ 值为

$$y(-1)=y_{-1}$$
$$y(-2)=a^{-1}[y(-1)-x(-1)]=a^{-1}y_{-1}$$
$$y(-3)=a^{-1}[y(-2)-x(-2)]=a^{-2}y_{-1}$$
$$\vdots$$

因此可得：

$$y(n)=a^{n+1}y_{-1},n\leqslant -1 \tag{7-64}$$

再利用所给后推形式的差分方程向着 $n>0$ 的方向进行递推，可以求出在 $n\geqslant 0$ 区间内各 $y(n)$ 值，有：

$$y(0)=ay(-1)+x(0)=ay_{-1}+C$$
$$y(1)=ay(0)+x(1)=ay(0)+0=a(ay_{-1}+C)=a^2y_{-1}+aC$$
$$y(2)=ay(1)+x(2)=a(a^2y_{-1}+aC)=a^3y_{-1}+a^2C$$
$$y(3)=ay(2)+x(3)=ay(2)+0=a(a^3y_{-1}+a^2C)=a^4y_{-1}+a^3C$$
$$\vdots$$

据此可得：

$$y(n)=a^{n+1}y_{-1}+Ca^n,n\geqslant 0 \tag{7-65}$$

将式(7-64)和式(7-65)结合起来可得递推结果为

$$y(n)=a^{n+1}y_{-1}+Ca^n\varepsilon(n),-\infty<n<\infty \tag{7-66}$$

由式(7-66)可知，当 $C=0$(即输入为零)时，输出为 $y(n)=a^{n+1}y_{-1}$，$-\infty<n<\infty$，

即不满足线性系统在全部时间内零输入零输出要求，故给定常系数线性差分方程所描述的系统是非线性的。由于响应在外施激励 $x(n)=C\delta(n)$ 加入之前已经有了，所以系统是非因果的，系统输出可以从 $n=-1$ 开始向两个方向做递推计算得到也说明了这一点。当输入序列的位移为 $x_d(n)=x(n-n_0)=C\delta(n-n_0)$，则系统响应为

$$y_d(n)=a^{n+1}y_{-1}+Ca^{n-n_0}\varepsilon(n-n_0)\neq y(n-n_0),-\infty<n<\infty$$

因而系统又是移变的。如果 $|a|<1$，则系统是稳定的。

我们知道，例 7-5 中所给出的值 $y(-1)$ 称为该一阶差分方程所对应的一阶离散系统的初始状态。所谓初始状态是指系统在输入序列加入之前所处的状态，它是求得系统响应所必需的。对于一个 N 阶差分方程所描述的 N 阶系统，应有 N 个初始状态值。若输入序列在 $n=n_0$ 时接入系统（$x(n)=0$，$n<n_0$），系统的初始状态为

$$y(n_0-1),y(n_0-2),y(n_0-3),\cdots,y(n_0-N)$$

而初始条件则为

$$y(n_0),y(n_0+1),y(n_0+2),\cdots,y(n_0+N-1)$$

显然，初始状态也可以是 $n<n_0$ 以前的任意 N 个序贯值，初始条件也可以是 $n\geqslant n_0$ 以后的任意 N 个序贯值，前者与 $y(n_0-1)$、$y(n_0-2)$、$y(n_0-3)$、…、$y(n_0-N)$ 的关系和后者与 $y(n_0)$、$y(n_0+1)$、$y(n_0+2)$、…、$y(n_0+N-1)$ 的关系均可由所给定的差分方程联系起来。系统的初始状态反映了在输入序列接入以前系统的全部历史信息。一般认为，输入序列在 $n=0$（即 $n_0=0$）时接入系统，这时，初始状态为 $y(-1)$、$y(-2)$、$y(-3)$、…、$y(-N)$，而初始条件则为 $y(0)$、$y(1)$、$y(2)$、…、$y(N-1)$。因此，在离散系统中，初始松弛也是指 $y(n_0-1)=y(n_0-2)=y(n_0-3)=\cdots=y(n_0-N)=0$，在 $n_0=0$ 时则为 $y(-1)=y(-2)=y(-3)=\cdots=y(-N)=0$。这些与描述连续系统微分方程的情况是类似的。

由例 7-5 还可以看出，一个线性常系数差分方程的递推方向取决于它所对应系统的初始状态，即差分方程所描述的系统既可以是因果系统，也可以是非因果系统，这取决于初始状态，若给定的初始状态使递推向着 $n>0$ 方向进行，则该差分方程描述的系统是因果系统，反之则为非因果系统。对于实际系统，用递推法求解时，总是由初始条件向 $n>0$ 方向递推的，所得到的是一个因果解，而对于一个差分方程，当向 $n<n_0=0$ 方向递推求出这部分解或仅有这部分解时，则必须应用式(7-62)，而所得的解是非因果解时，该差分方程所对应的系统为非因果系统。

必须强调指出的是，与连续系统的情况相似，在离散系统中，所谓"初始松弛"也并非在某个固定时刻点上的零初始条件，而是指在任何时刻 n_0，只要任意输入序列在此刻前为零，输出序列就一直为零，即对于任意 n_0，若任意输入 $x(n)=0$，$n<n_0$，则：

$$y(n)=0,n<n_0$$

迭代法是解差分方程的一种原始方法，易于用计算机实现，且方法简单、概念清晰，但对于高阶系统来讲就比较烦琐，所以一般仅用于一阶系统，并且通常只能得出有限数值解而难以给出闭式解析解，因此迭代法常用来求取系统的初始条件。但是，差分方程的迭代解法是实现数字滤波器的一种基本方法。

2. 经典法：自由响应与强迫响应

(1) 常系数线性差分方程解的结构

常系数线性差分方程的经典解法完全类似于第 2 章中常系数线性微分方程的经典解法。设 N 阶后向非齐次差分方程式(7-52)的完全解（完全响应）为 $y(n)$，它可以分解为对应的齐次方程解 $y_h(n)$ 和非齐次方程的一个特解 $y_p(n)$，即：

$$y(n)=y_h(n)+y_p(n) \tag{7-67}$$

式(7-67)中的齐次解由方程的特征根确定，特解由输入信号和系统特性共同决定。在离散系统分析中，称 $y_h(n)$为自由响应，$y_p(n)$为强迫响应。下面分别介绍齐次解与特解的求解方法。

(2) 自由响应(齐次解)的形式

式(7-52)所对应的齐次方程形式为

$$\sum_{k=0}^{N} a_k y(n-k) = 0 \tag{7-68}$$

首先讨论式(7-68)所对应的一阶齐次方程，令 $N=1$，$a_0=1$，$a_1=-\lambda$，可得：

$$y(n) - \lambda y(n-1) = 0 \tag{7-69}$$

设 $y(-1)=b\neq 0$，并在式(7-69)中令 $n=0$，则有：

$$y(0) = \lambda y(-1) = \lambda b$$

由此可知，$y(n)\neq 0(n\geqslant 0)$。一般来说，如果一个 N 阶齐次差分方程的解存在且不恒等于零，则其初始状态 $y(-1)$、$y(-2)$、…、$y(-N)$不能全部为零。满足这个条件的离散系统的初始状态称为非零初始状态，而它的解则称为零输入响应。

从式(7-69)可知：

$$\frac{y(1)}{y(0)} = \frac{y(2)}{y(1)} = \frac{y(3)}{y(2)} = \cdots = \frac{y(n)}{y(n-1)} = \lambda$$

因此，解序列 $y(n)$为一个公比等于 λ(取决于所给定的差分方程的系统特性)的几何级数。于是求出 $y(n)$的形式为

$$y(n) = C\lambda^n \tag{7-70}$$

其中，C 为根据系统的初始条件决定的常数。若令式(7-70)中的 $n=0$，则有：

$$y(0) = C = \lambda b$$

于是，可得一阶齐次差分方程式(7-69)的解为

$$y(n) = b \cdot \lambda^{n+1} \tag{7-71}$$

那么，对于 N 阶差分方程，其齐次解是否和一阶差分方程一样，是由形式为 $C\lambda^n$ 的序列项组合而成的呢？为此将 $y(n)=C\lambda^n$(C、λ 均是与 n 无关的待定量)带入式(7-68)可得：

$$\sum_{k=0}^{N} a_k C\lambda^{n-k} = 0 \tag{7-72}$$

消去式(7-72)中的常数 C，并逐项乘以 λ^{N-n}可得：

$$a_0\lambda^N + a_1\lambda^{N-1} + a_2\lambda^{N-2} + \cdots + a_{N-1}\lambda + a_N = 0 \tag{7-73}$$

式(7-73)称为差分方程式(7-52)的特征方程，对其因式分解可得：

$$a_0(\lambda-\lambda_1)(\lambda-\lambda_2)\cdots(\lambda-\lambda_N) = a_0\prod_{k=1}^{N}(\lambda-\lambda_k) = 0 \tag{7-74}$$

或

$$(\lambda-\lambda_1)(\lambda-\lambda_2)\cdots(\lambda-\lambda_N) = \prod_{k=1}^{N}(\lambda-\lambda_k) = 0 \tag{7-75}$$

特征方程式(7-74)或式(7-75)的根 $\lambda_k(k=1, 2, \cdots, N)$称为齐次差分方程(7-68)或其特征方程(7-73)的特征根。如果 λ_k 是特征方程式(7-73)的根，比较式(7-68)和式(7-72)可知，$y(n)=C\lambda_k^n$ 是式(7-68)的一个解。

在具体讨论差分方程式的齐次解之前，介绍一个关于齐次差分方程解的叠加原理：若 $y_1(n)$、$y_2(n)$、…、$y_N(n)$是 N 阶线性齐次差分方程式(7-68)的 N 个线性无关的解，则该方程的通解 $y(n)$为

$$y(n) = C_1y_1(n) + C_2y_2(n) + \cdots + C_Ny_N(n)$$

其中，C_1、C_2、…、C_N 是 N 个彼此独立的任意常数。

因此，N 阶差分方程齐次解可以利用解的叠加原理得到。根据特征根的三种不同情况，差分方程式的齐次解对应着三种形式，下面分别进行讨论。可以看到，尽管差分方程的齐次解也由方程的特征根组成，但解的一般形式却不同于微分方程的情况。

1) 差分方程有 N 个相异的实数特征根。在 λ_1、λ_2、…、λ_N 均为单根的情况下，根据齐次差分方程的叠加原理可得 N 阶齐次差分方程式(7-68)的通解为

$$y(n)=C_1\lambda_1^n+C_2\lambda_2^n+\cdots+C_N\lambda_N^n \tag{7-76}$$

显然，式(7-76)中 $C_k\lambda_k^n(k=1,2,\cdots,N)$ 均为式(7-68)的解，常数 C_1、C_2、…、C_N 由边界条件确定。由此可见，差分方程式(7-52)齐次解的求取问题已转化为求解式(7-75)中各特征根 λ_1、λ_2、…、λ_N 以及根据边界条件确定齐次解中待定常数 C_1、C_2、…、C_N 的问题。

不论从求解步骤还是从解的形式来看，差分方程式和微分方程式之间存在着很多相似之处。微分方程的齐次解一般具有 $e^{\lambda_k t}$ 的形式，而差分方程的齐次解一般具有 λ_k^n 的形式。

2) 差分方程有重特征根。 在特征根有重根的情况下，齐次解的形式将略有不同(与连续系统微分方程对应情况类似，出现 $e^{\alpha_k t}$、$te^{\alpha_k t}$……项)。假定 λ_1 是特征方程的 K 重根，其余 $N-K$ 个根 λ_{K+1}、λ_{K+2}、…、λ_N 均为单根，这时，特征方程(7-75)变为

$$(\lambda-\lambda_1)^K(\lambda-\lambda_{K+1})\cdots(\lambda-\lambda_N)=0 \tag{7-77}$$

那么，相应于 λ_1 的齐次解 $y_{\lambda_1}(n)$将有 K 项，即有：

$$\begin{aligned}y_{\lambda_1}(n)&=\sum_{k=1}^{K}C_k n^{K-k}\lambda_1^n=C_1n^{K-1}\lambda_1^n+C_2n^{K-2}\lambda_1^n+\cdots+C_{K-1}n\lambda_1^n+C_K\lambda_1^n\\&=(C_1n^{K-1}+C_2n^{K-2}+\cdots+C_{K-1}n+C_K)\lambda_1^n\end{aligned} \tag{7-78}$$

式(7-78)中括号内是一个关于变量 n 的 $K-1$ 次多项式。我们知道，式(7-78)中的 $C_K\lambda_1^n$ 是齐次差分方程式(7-72)的一个解。现在证明 $C_{K-1}n\lambda_1^n$ 也是一个解。

在 λ 不等于零的情况下，在特征方程式(7-72)两边同乘以 λ^{N-n} 可得：

$$\lambda^{N-n}\sum_{k=0}^{N}a_k\lambda^{n-k}=0 \tag{7-79}$$

将式(7-79)对 λ 求一阶导数，则有：

$$(N-n)\lambda^{N-n-1}\sum_{k=0}^{N}a_k\lambda^{n-k}+\lambda^{N-n}\sum_{k=0}^{N}a_k(n-k)\lambda^{n-k-1}=0 \tag{7-80}$$

即：

$$(N-n)\lambda^{N-n}\sum_{k=0}^{N}a_k\lambda^{n-k}+\lambda^{N-n}\sum_{k=0}^{N}a_k(n-k)\lambda^{n-k}=0 \tag{7-81}$$

由于 λ_1 为 K 重根，满足：

$$\sum_{k=0}^{N}a_k\lambda_1^{N-k}=0 \tag{7-82}$$

所以将 λ_1 代入式(7-81)有：

$$(N-n)\lambda_1^{N-n}\sum_{k=0}^{N}a_k\lambda_1^{n-k}+\lambda_1^{N-n}\sum_{k=0}^{N}a_k(n-k)\lambda_1^{n-k}=0 \tag{7-83}$$

将式(7-82)代入式(7-83)可得：

$$\sum_{k=0}^{N}a_k(n-k)\lambda_1^{n-k}=0 \tag{7-84}$$

将式(7-84)与式(7-68)比较可知，$C_{K-1}n\lambda_1^n$ 也是一个齐次解。再将式(7-81) 对 λ 求

一阶导数，并利用式(7-82)和式(7-84)，则可以证明 $C_{K-2}n^2\lambda_1^n$ 也是一个齐次解。同理可证，其他各项 $C_{K-3}n^3\lambda_1^n$，$C_{K-4}n^4\lambda_1^n$，…，$C_1n^{K-1}\lambda_1^n$ 也满足式(7-68)。

因此，根据齐次差分方程解的叠加原理，此时，式(7-68)的解为

$$y(n)=C_1n^{K-1}\lambda_1^n+C_2n^{K-2}\lambda_1^n+\cdots+C_{K-1}n\lambda_1^n+C_K\lambda_1^n+\sum_{i=K+1}^{N}C_i\lambda_i^n \tag{7-85}$$

显然，式(7-85)这种解的形式不难类推到具有多个重特征根的情况。

由此可知，差分方程齐次解的叠加原理又可以具体地表述为差分方程的齐次解是所有与特征根对应的齐次解的和。

3) 差分方程有共轭特征根。如果特征方程式(7-73)的系数 a_0、a_1、a_2、…、a_N 均为实数，那么它的根要么是实根，要么含有以共轭形式出现的复根。设有一对共轭复根为 $\lambda_{1,2}=\alpha e^{\pm j\varphi}$，此时齐次解中常数项 C_1、C_2 也必是一对共轭常数，有：

$$C_1=|C_1|e^{j\theta},C_2=|C_1|e^{-j\theta}$$

由于共轭特征根仍为一种单根，所以这一对共轭复根可以合成为一个余弦序列：

$$C_1\lambda_1^n+C_2\lambda_2^n=|C_1|\alpha^n[e^{j(n\varphi+\theta)}+e^{-j(n\varphi+\theta)}]=2|C_1|\alpha^n\cos(n\varphi+\theta)$$

这说明这部分齐次解的形式或为等幅正弦序列($\alpha=1$)或为增幅正弦序列($\alpha>1$)，或为衰减正弦序列($\alpha<1$)。

对应 r 重共轭复根的情况，也容易得出所对应的齐次解形式。

(3) 强迫响应(特解)的形式

现在讨论特解的求解问题。在一些较简单情况中，线性非齐次差分方程式的特解是很容易求得的。例如，对于式(7-86)所示的简单非齐次差分方程，即方程右边仅含 $x(n)$(一般为 $x(n)=x(n)\varepsilon(n)$)项的方程：

$$\sum_{k=0}^{N}a_ky(n-k)=x(n) \tag{7-86}$$

可以通过观察方程右边激励项 $x(n)$的形式来选择含有未知系数的特解形式，并将此特解代入原非齐次差分方程中，经与右端自由项比较，从而确定特解中的待定系数。表7-5中列出了与差分方程(7-86)右边一些典型激励所对应的特解形式，其中 D、D_i 均为待定系数。

表 7-5 激励函数 $x(n)$与特解 $y_p(n)$的对应形式

激励 $x(n)$的形式	对应特解(强迫响应)$y_p(n)$的形式
K(常数)	D(常数)
n^m	$D_0+D_1n+D_2n^2+\cdots+D_mn^m$(所有特征根均不等于1) $(D_0+D_1n+D_2n^2+\cdots+D_mn^m)n^r$(有 r 重特征根且均等于1)
e^{an}(a 为实数)	De^{an}
$e^{j\Omega n}$	$De^{j\Omega n}$(D 为复数)
$\cos n\Omega_0$ 或 $\sin n\Omega_0$	$D_1\cos n\Omega_0+D_2\sin n\Omega_0$ 或 $A\cos(n\Omega_0-\theta)$，其中 $Ae^{j\theta}=D_1+jD_2$
α^n	$D\alpha^n$(α 不是特征方程的根) $(D_0+D_1n)\alpha^n$(α 为特征方程的单根) $(D_0+D_1N+D_2n^2+\cdots+D_{r-1}n^{r-1}+D_rn^r)\alpha^n$($\alpha$ 为特征方程 r 重根)
$\alpha^n\cos n\Omega_0$ 或 $\alpha^n\sin n\Omega_0$	$\alpha^n(D_1\cos n\Omega_0+D_2\sin n\Omega_0)$或 $A\alpha^n\cos(n\Omega_0-\theta)$，其中 $Ae^{j\theta}=D_1+jD_2$

当求出 N 阶非齐次后向差分方程式(7-86)的完全解后，其中所含有的 N 个待定常数

可以通过用所附加的 N 个**定解条件**来确定。由于式(7-86)中激励 $x(n)$ 的区间是 $-\infty<n<\infty$，所以全响应区间也是 $-\infty<n<\infty$，因此完全解中的 N 个待定常数可以由任意 N 个独立的 $y(n)$ 值确定。例如，$\{y(-1)、y(-2)、\cdots、y(-N)\}$ 或 $\{y(0)、y(1)、\cdots、y(N-1)\}$。

实际因果系统的激励 $x(n)$ 一般是在 $n=0$ 时刻接入系统的。这时，简单形式的 N 阶线性非齐次后向差分方程可以表示为

$$\sum_{k=0}^{N} a_k y(n-k) = x(n)\varepsilon(n) \tag{7-87}$$

由于 $n\geqslant 0$ 时，$x(n)\varepsilon(n)=x(n)$，因此，这种输入情况下仍可通过查表 7-4 确定系统的强迫响应。显然，此时强迫响应的解区间为 $n\geqslant 0$，所以非齐次差分方程式(7-87)全响应解中的 N 个待定常数应根据 $n\geqslant 0$ 内的 N 个 $y(n)$ 值来确定的。如果给定的 N 个**特定条件是**初始条件 $y(0)、y(1)、\cdots、y(N-1)$，将这组值代入全响应的表达式中，便可以得出 N 个联立方程，从中即可解出 N 个待定系数。一般情况下，对于因果系统，所给出的 N 个特定条件是系统的初始状态 $y(-1)、y(-2)、\cdots、y(-N)$，而系统的初始条件在输入不为零的条件下是由初始状态和输入共同引起的，而且是不同的。因此，可以根据给定的非齐次差分方程和初始状态值 $\{y(-1)、y(-2)、\cdots、y(-N)\}$ 通过迭代得出初始条件值 $\{y(0)、y(1)、\cdots、y(N-1)\}$，即初始状态和初始条件可以通过对差分方程用迭代法进行相互转换。实际上，对于形如(7-87)这种简单差分方程，即右端只含有 $x(n)=x(n)\varepsilon(n)$ 项而不含 $x(n)$ 的移位序列的差分方程，当给定的特定条件为系统的初始状态 $y(-1)$、$y(-2)、\cdots、y(-N)$ 时，可以按表 7-4 求出强迫响应后，直接用 $y(-1)、y(-2)、\cdots$、$y(-N)$ 确定全响应表达式中的 N 个待定系数，其结果与用 $y(0)、y(1)、\cdots、y(N-1)$ 所得出的结果完全相同。一方面是由于从后面讨论的单位样值序列 $\delta(n)$ 产生的单位样值响应可知，式(7-87)右端不存在 $\delta(n)$ 或 $\delta(n-m)$，类似于连续系统，初始状态不会发生跳变，所以可以直接应用初始状态求出 N 个待定系数。另一方面，也可以将式(7-87)中信号的起始时间由 $n=0$ 改为 $n=-N$，这时全响应的解区间就相应地由 $n\geqslant 0$ 变成了 $n\geqslant -N$，因此此时的 $y(-1)、y(-2)、\cdots、y(-N)$ 也就成为了初始条件。

对于式(7-62)所示的一般非齐次后向差分方程，即方程右端除了 $x(n)\varepsilon(n)$ 项外还含有 $x(n)\varepsilon(n)$ 的移序项的方程，将激励序列 $x(n)$ 带入差分方程的右端再进行化简后，即可得到一个单独的激励项 $x'(n)=x'(n)\varepsilon(n)$，观察其函数形式，选择特解的形式，再代入方程求得特解中的待定系数。由此可得全响应解 $y(n)=y_h(n)+y_p(n)$，其中 N 个待定系数必须用初始条件 $y(0)、y(1)、\cdots、y(N-1)$ 而不能用初始状态 $y(-1)、y(-2)、\cdots$、$y(-N)$ 来确定。若给定的定解条件是这组初始状态，则需利用这些初始状态以及原始方程通过递推求出初始条件 $y(0)、y(1)、\cdots、y(N-1)$，接着再利用它们确定全响应解中的 N 个待定系数。

【例 7-6】 已知某离散系统的差分方程为 $y(n)+2y(n-1)+y(n-2)=x(n)$，其中激励函数 $x(n)=3^n$，且 $y(-1)=0$，$y(0)=0$。求系统全响应 $y(n)$。

解 1) 求齐次方程通解 $y_h(n)$。由系统的特征方程 $\lambda^2+2\lambda+1=0$ 解得特征根为重根 $\lambda_1=\lambda_2=-1$，所以得出：

$$y_h(n)=(C_1+C_2 n)(-1)^n$$

2) 求非齐次方程特解 $y_p(n)$。基于激励 $x(n)=3^n$，设 $y_p(n)$ 为

$$y_p(n)=D\times 3^n$$

将 $y_p(n)$ 代入原始差分方程中可得：

$$D\times 3^n+2D\times 3^{n-1}+D\times 3^{n-2}=3^n$$

在上式中消去 3^n，解出 $D=\frac{9}{16}$，因此 $y_p(n)=\frac{9}{16}\times 3^n$。

3）写出全响应形式并由所给特定条件确定待定常数。全响应为

$$y(n)=y_h(n)+y_p(n)=(C_1+C_2n)(-1)^n+\frac{9}{16}\times 3^n$$

从差分方程可见，原始方程对所有 n 都成立，故 $n=0$，$n=-1$ 两点应在全响应解区间内。因此，将 $y(-1)=0$，$y(0)=0$ 代入全响应 $y(n)$ 中求得 $C_1=-\frac{3}{4}$，$C_2=-\frac{9}{16}$，则全响应为

$$y(n)=\underbrace{\left(-\frac{3}{4}n-\frac{9}{16}\right)(-1)^n}_{\substack{\text{齐次解}\\(\text{自由响应分量})}}+\underbrace{\frac{9}{16}\times 3^n}_{\substack{\text{特解}\\(\text{强迫响应分量})}}$$

【例 7-7】 某系统的差分方程为 $y(n)-4y(n-1)+3y(n-2)=x(n)$，其中激励函数 $x(n)=2^n\varepsilon(n)$，且 $y(-1)=0$，$y(-2)=\frac{1}{2}$。求系统的全响应 $y(n)$。

解 1）求齐次方程通解 $y_h(n)$。由系统的特征方程 $\lambda^2-4\lambda+3=0$ 可知特征根为两个单实根 $\lambda_1=1$ 及 $\lambda_2=3$。因此得出：

$$y_h(n)=C_1(1)^n+C_2(3)^n=C_1+C_2(3)^n$$

2）求非齐次方程特解 $y_p(n)$。根据激励 $x(n)=2^n\varepsilon(n)$，设 $y_p(n)=D(2)^n\varepsilon(n)$，将 $y_p(n)$代入原始差分方程可得：

$$D(2)^n-4D(2)^{n-1}+3D(2)^{n-2}=2^n$$

在上式中消去 2^n，解得 $D=-4$，因此 $y_p(n)=-4(2)^n\varepsilon(n)$。

3）写出全响应形式并由特定条件确定待定系数。全响应为

$$y(n)=y_h(n)+y_p(n)=[C_1+C_2(3)^n-4(2)^n]\varepsilon(n)$$

根据初始状态值，并利用原始方程迭代得到初始条件：

$$y(0)=4y(-1)-3y(-2)+1=-\frac{1}{2}$$

$$y(1)=4y(0)-3y(-1)+2=0$$

将 $y(0)=-\frac{1}{2}$，$y(1)=0$ 代入全响应表达式中，可联立解得 $C_1=\frac{5}{4}$，$C_2=\frac{9}{4}$，因此系统的全响应为

$$y(n)=y_h(n)+y_p(n)=\frac{5}{4}+\frac{9}{4}(3)^n-4(2)^n=\Big[\underbrace{\frac{5}{4}+\frac{1}{4}(3)^{n+2}}_{\substack{\text{齐次解}\\(\text{自由响应分量})}}-\underbrace{(2)^{n+2}}_{\substack{\text{特解}\\(\text{强迫响应分量})}}\Big]\varepsilon(n)$$

读者可以直接将题中的初始状态 $y(-1)=0$，$y(-2)=\frac{1}{2}$代入全响应表示式中解出 C_1、C_2，并将它们与用初始条件 $y(0)=-\frac{1}{2}$，$y(1)=0$ 求得的结果比较，会发现这两个结果相同。

【例 7-8】 某因果离散系统的差分方程为 $y(n)+4y(n-1)+4y(n-2)=2x(n)+8x(n-2)$，其中激励函数 $x(n)=2^n\varepsilon(n)$，且 $y(-1)=0$，$y(-2)=2$。求系统全响应 $y(n)$。

解：1）求齐次通解 $y_h(n)$。由系统的特征方程 $\lambda^2+4\lambda+4=0$ 可知特征根为重根$\lambda_{1,2}=-2$，因此可得齐次通解：

$$y_h(n)=(C_1n+C_2)(-2)^n$$

2）求非齐次方程特解 $y_p(n)$。当 $n\geqslant 2$ 时，将差分方程改写为

$$y(n)+4y(n-1)+4y(n-2)=2\,(2)^n\varepsilon(n)+8\,(2)^{n-2}\varepsilon(n-2)=4\,(2)^n$$

因此设 $y_p(n)=D\,(2)^n$，$n\geqslant 0$，将 $y_p(n)$ 带入上面 $n\geqslant 2$ 时的差分方程式，可得 $D=1$，因此有：

$$y_p(n)=(2)^n, n\geqslant 0$$

3）写出全响应形式并由特定条件确定待定系数。全响应为

$$y(n)=y_h(n)+y_p(n)=(C_1n+C_2)\,(-2)^n+2^n, n\geqslant 0$$

根据起始状态 $y(-1)=0$，$y(-2)=2$，并利用所给差分方程递推导出 $y(0)$ 和 $y(1)$。将原差分方程改写成：

$$y(n)=2\,(2)^n\varepsilon(n)+8\,(2)^{n-2}\varepsilon(n-2)-4y(n-1)-4y(n-2)$$

在该式中令 $n=0$ 和 $n=1$，可得初始条件为

$$y(0)=2\varepsilon(0)+2\varepsilon(-2)-4y(-1)-4y(-2)=-6$$

$$y(1)=2\varepsilon(1)+2\varepsilon(-1)-4y(0)-4y(-1)=28$$

将所得初始条件代入上面含有待定系数 C_1、C_2 的 $y(n)$ 表示式中，可得：

$$y(0)=C_2+1=-6$$

$$y(1)=-2C_1-2C_2+2=28$$

解得 $C_1=-6$，$C_2=-7$，故全响应为

$$y(n)=(-6n-7)\,(-2)^n+2^n, n\geqslant 0$$

需要注意的是，这里不能直接用 $y(-1)=0$，$y(-2)=2$ 来确定待定常数 C_1 和 C_2。

使用经典法便于从物理概念上说明各响应分量之间的关系，同时这也是求解差分方程的基本方法之一，但其整体求解过程比较烦琐，在解决具体问题时已较少采用。

3. 零输入、零状态响应方法

与连续时间系统时域分析法求解微分方程一样，离散时间因果系统的时域分析法除了可以分解为自由响应分量和强迫响应分量外，还可以分别求解相应的齐次差分方程以求出仅由初始状态所引起的零输入响应 $y_{zi}(n)$，以及求解非齐次差分方程以求出仅由激励所引起的零状态响应 $y_{zs}(n)$，再将两者叠加得出全响应，即：

$$y(n)=y_{zi}(n)+y_{zs}(n) \tag{7-88}$$

将式(7-88)代入式(7-52)并考虑系统的初始状态或初始条件，可以得出：

$$\begin{cases}\sum_{k=0}^{N}a_ky_{zi}(n-k)+\sum_{k=0}^{N}a_ky_{zs}(n-k)=\sum_{r=0}^{M}b_rx(n-r)\\ \text{初始状态为}\{y(-1),y(-2),\cdots,y(-N)\}\\ \text{或初始条件为}\{y(0),y(1),\cdots,y(N-1)\}\end{cases} \tag{7-89}$$

式(7-89)中，$\{y(0), y(1), \cdots, y(N-1)\}$ 与 $\{y(-1), y(-2), \cdots, y(-N)\}$ 可以通过差分方程式(7-52)并利用递推法互相推出。但是，一般而言，对于差分方程式(7-52)，若已知初始条件 $y(0)$，$y(1)$，…，$y(N-1)$，应用经典法求解比较方便；若已知初始状态 $y(-1)$，$y(-2)$，…，$y(-N)$，则应用分别求零输入、零状态响应的方法比较简便。

(1) 初始状态和初始条件

由式(7-88)可知，系统的全响应值 $y(m)$ 与零输入响应值 $y_{zi}(m)$ 和零状态响应值 $y_{zs}(m)$ 存在如下关系：

$$y(m)=y_{zi}(m)+y_{zs}(m) \tag{7-90}$$

因此，可以认为系统的全响应、零输入响应和零状态响应分别都有自己的初始状态和初始条件。在实际应用中，测量到的系统初始条件一般是零输入和零状态的初始条件的和，无

法仅对其中某一部分进行测量，因而对于通常给出的初始条件，若无特别说明，应该是两部分的和，即系统全响应的初始条件。假设输入信号是在 $n=0$ 时开始接入因果系统，则有 $y_{zs}(n)=0$，$n<0$，因此，由式(7-90)可得：

$$y(m) = y_{zi}(m), m < 0 \tag{7-91}$$

若给定的是系统在 $n\leqslant 0$ 区间上的值，即 $y(-1)$、$y(-2)$、…，也就是系统的初始状态，由于这些样值点上系统的零状态响应值一定是零，所以此时系统的初始条件同时也是系统零输入响应的初始条件。故系统的初始状态$\{y(-1), y(-2), \cdots, y(-N)\}$即为零输入响应的初始状态$\{y_{zi}(-1), y_{zi}(-2), \cdots, y_{zi}(-N)\}$或者说是零输入时的初始条件，它与系统的初始条件$\{y(0), y(1), \cdots, y(N-1)\}$不是一回事。因为由式(7-90)和式(7-91)可知，系统的初始条件$\{y(0), y(1), \cdots, y(N-1)\}$是零输入响应的初始条件$\{y_{zi}(0), y_{zi}(1), \cdots, y_{zi}(N-1)\}$和零状态响应的初始条件$\{y_{zs}(0), y_{zs}(1), \cdots, y_{zs}(N-1)\}$对应值的和，系统的初始状态$\{y(-1), y(-2), \cdots, y(-N)\}$即为零输入响应的初始状态$\{y_{zi}(-1), y_{zi}(-2), \cdots, y_{zi}(-N)\}$。$\{y_{zi}(0), y_{zi}(1), \cdots, y_{zi}(N-1)\}$是仅由系统的初始状态引起的，$\{y_{zs}(0), y_{zs}(1), \cdots, y_{zs}(N-1)\}$则是由系统的 N 个零初始状态和输入信号共同形成的。

(2) 零输入响应

对于 N 阶差分方程式(7-52)所描述的系统，如果输入为因果信号，则系统的零输入响应是输入为零时，仅由系统的初始状态 $y(-1)$、$y(-2)$、…、$y(-N)$所引起的响应。这时，描述系统的 N 阶非齐次差分方程变为齐次方程，该齐次方程解中的待定系数必须用初始状态值 $y(-1)$、$y(-2)$、…、$y(-N)$确定。因此，零输入响应 $y_{zi}(n)$是下列齐次方程的解：

$$\begin{cases} \sum_{k=0}^{N} a_k y_{zi}(n-k) = 0 \\ y_{zi}(-1) = y(-1), y_{zi}(-2) = y(-2), \cdots, y_{zi}(-N) = y(-N) \end{cases} \tag{7-92}$$

如果给定的不是或不全是初始状态值，则必须用原非齐次差分方程和所给定的初始条件迭代求出初始状态值，以此确定零输入响应解中的待定常数。因为在输入序列不为零的情况下，所给出的初始条件通常是由初始状态和输入序列共同引起的，在直接求解全响应时，它们可以用来确定全响应的待定系数，但是为了确定零输入响应中的待定系数，则只能用仅由初始状态引起的所谓初始条件(即初始状态自身)。例如，如果已知的是系统的初始条件 $y(0)$，$y(1)$，…，$y(N)$，由于系统的初始条件是由输入序列和系统的初始状态共同引起的，因此，必须将初始条件转化为初始状态，这可以在所给的非齐次差分方程(有输入作用)中代入初始条件值求出初始状态值 $y(-1)$、$y(-2)$、…、$y(-N)$，即初始条件 $y(k)$和初始状态 $y(-k)$可以利用系统差分方程应用迭代法互相转换。此外，由 $y_{zi}(-1)=y(-1)$，$y_{zi}(-2)=y(-2)$，…，$y_{zi}(-N)=y(-N)$与齐次差分方程可以迭代得出 $y_{zi}(n)$表达式中的 N 个特定系数，或根据直接给出的 $y_{zi}(n)$的 N 个初始条件值 $y_{zi}(0)$，$y_{zi}(1)$，…，$y_{zi}(N-1)$也可以定出 $y_{zi}(n)$表达式中的 N 个待定常数。这表明，$y_{zi}(k)$和 $y_{zi}(-k)$也可以利用迭代法根据 $y_{zi}(n)$满足的差分方程互相转换。由于在求 $y_{zi}(n)$时差分方程右边为 0，所以与连续系统的情况一样，可以用系统的初始状态代替零输入响应的初始条件直接计算零输入响应式中的待定系数。

由于系统的初始状态是 $n<0$ 时 $y_{zi}(n)$的对应值，所以当使用这些值来确定 $y_{zi}(n)$中的待定系数并且要使所求出的零输入响应 $y_{zi}(n)$中包含这些项，即零输入响应的时间范围为 $n\geqslant -N$，则不必在 $y_{zi}(n)$的表达式之后乘以具有截取特性的单位阶跃序列 $\varepsilon(n)$。但是，若采用 $y_{zi}(0)$，$y_{zi}(1)$，…，$y_{zi}(N-1)$来确定 $y_{zi}(n)$中的待定系数或者即使利用系统的初

始状态值来确定 $y_{zi}(n)$ 中的待定系数而又要仅截取 $n\geqslant 0$ 时的 $y_{zi}(n)$，则可以在所求得 $y_{zi}(n)$ 的表达式之后乘以 $\varepsilon(n)$。推而广之，若采用 $\{y_{zi}(m),\ \cdots,\ y_{zi}(N+m-1)\}(m\geqslant 0)$ 来确定 $y_{zi}(n)$ 中的待定系数，$y_{zi}(n)$ 的表示式则一般乘以 $\varepsilon(n-m)$。这种情况与对连续时间系统零输入响应的分析是一样的。

零输入响应的时域计算，可以用迭代法、经典法以及采用传输算子的方法。迭代法是根据所给定的初始状态值逐步迭代出零输入响应的表示式，后两种求解方法不存在本质差异，这与连续系统的情况对应相似。

【例 7-9】 已知某离散系统的差分方程为 $y(n)+\frac{1}{2}y(n-1)-\frac{1}{2}y(n-2)=x(n)$，输入 $x(n)=2^n\varepsilon(n)$，初始状态为 $y(-1)=1$，$y(-2)=0$，求系统的零输入响应。

解：由原方程得出求零输入响应的方程为

$$\begin{cases}y_{zi}(n)+\frac{1}{2}y_{zi}(n-1)-\frac{1}{2}y_{zi}(n-2)=0\\ y_{zi}(-1)=y(-1)=1,y_{zi}(-2)=y(-2)=0\end{cases}$$

系统的特征方程为 $\lambda^2+\frac{1}{2}\lambda-\frac{1}{2}=0$，特征根为 $\lambda_1=-1$，$\lambda_2=\frac{1}{2}$，故有：

$$y_{zi}(n)=C_{zi1}\,(-1)^n+C_{zi2}\left(\frac{1}{2}\right)^n$$

其中，C_{zi1}、C_{zi2} 可以由初始值 $y_{zi}(-1)=y(-1)=1$，$y_{zi}(-2)=y(-2)=0$ 求出，即由

$$\begin{cases}1=y_{zi}(-1)=C_{zi1}\,(-1)^{-1}+C_{zi2}\left(\frac{1}{2}\right)^{-1}\\ 0=y_{zi}(-2)=C_{zi1}\,(-1)^{-2}+C_{zi2}\left(\frac{1}{2}\right)^{-2}\end{cases}$$

求得 $C_{zi1}=-\frac{2}{3}$，$C_{zi2}=\frac{1}{6}$，所以系统的零输入响应为

$$y_{zi}(n)=-\frac{2}{3}\,(-1)^n+\frac{1}{6}\left(\frac{1}{2}\right)^n$$

待定系数也可以由零状态响应初始值 $y_{zi}(0)$、$y_{zi}(1)$ 求出。这两个初始值可以通过下述零输入响应方程

$$\begin{cases}y_{zi}(n)+\frac{1}{2}y_{zi}(n-1)-\frac{1}{2}y_{zi}(n-2)=0\\ y_{zi}(-1)=y(-1)=1,y_{zi}(-2)=y(-2)=0\end{cases}$$

通过迭代求出，则 $y_{zi}(0)=-\frac{1}{2}$，$y_{zi}(1)=\frac{3}{4}$，将它们代入含有待定系数 $y_{zi}(n)$ 的表示式可求得相同的 C_{zi1}、C_{zi2}。这时，$y_{zi}(n)$ 可以表示为

$$y_{zi}(n)=\left[-\frac{2}{3}\,(-1)^n+\frac{1}{6}\left(\frac{1}{2}\right)^n\right]\varepsilon(n)$$

【例 7-10】 已知某离散系统差分方程为 $y(n)+3y(n-1)+2y(n-2)=x(n)$，其中 $x(n)=\varepsilon(n)$ 并且有 $y(0)=1$，$y(1)=0$，求系统的零输入响应。

解：　由系统的特征方程 $\lambda^2+3\lambda+2=0$ 求得特征根为 $\lambda_1=-1$，$\lambda_2=-2$。因此，零输入响应为

$$y_{zi}(n)=C_{zi1}\,(-1)^n+C_{zi2}\,(-2)^n$$

由于已知的是系统的初始条件，而零输入响应中的待定系数必须由系统的初始状态才能决定。因此，要先将系统的初始条件转化为系统的初始状态。在原始差分方程中分别令 $n=0$ 和 1 可得：

$$\begin{cases} y(0)+3y(-1)+2y(-2)=\varepsilon(0)=1 \\ y(1)+3y(0)+2y(-1)=\varepsilon(1)=0 \end{cases}$$

在上式中代入 $y(0)=1$ 和 $y(1)=0$ 可以求出 $y_{zi}(-1)=y(-1)=-1$，$y_{zi}(-2)=y(-2)=\frac{3}{2}$。将它们代入零输入响应表示式可得 $C_{zi1}=2$，$C_{zi2}=-2$。于是，所求零输入响应为

$$y_{zi}(n)=2\,(-1)^n-2\,(-2)^n$$

【例 7-11】 已知某离散系统的差分方程为 $y(n+2)+5y(n+1)+6y(n)=x(n)$，其中 $x(n)=\varepsilon(n)$，且有 $y(1)=1$，$y(2)=0$，求此系统的零输入响应 $y_{zi}(n)$。

解：对前向差分方程的求解可以采用两种方法。

方法一：可以把前向差分方程转化为下列的后向差分方程求解，这时有：

$$y(n)+5y(n-1)+6y(n-2)=x(n-2)$$

由于 $x(n-2)=\varepsilon(n-2)$，所以输入序列在 $n=2$ 时接入系统，因此初始状态为 $y(1)$、$y(0)$，在所得后向差分方程中，令 $n=2$ 可得：

$$y(2)+5y(1)+6y(0)=\varepsilon(0)=1$$

解得 $y(0)=-\frac{2}{3}$，所以

$$y_{zi}(0)=y(0)=-\frac{2}{3},y_{zi}(1)=y(1)=1$$

于是，零输入响应 $y_{zi}(n)$满足

$$y_{zi}(n)+5y_{zi}(n-1)+6y_{zi}(n-2)=0$$

其特征根为 $\lambda_1=-2$，$\lambda_2=-3$，所以齐次解为

$$y_{zi}(n)=C_{zi1}\,(-2)^n+C_{zi2}\,(-3)^n$$

将初始状态代入上式可得

$$y_{zi}(0)=C_{zi1}+C_{zi2}=-\frac{2}{3}$$

$$y_{zi}(1)=-2C_{zi1}-3C_{zi2}=1$$

解得 $C_{zi1}=\frac{1}{3}$，$C_{zi2}=-1$，于是零输入响应为

$$y_{zi}(n)=\frac{1}{3}\,(-2)^n-(-3)^n,n\geqslant 0$$

方法二：直接用所给前向差分方程确定初始状态。在所给差分方程中，令 $n=-1$(激励接入的前一时刻)，可得：

$$y(1)+5y(0)+6y(-1)=\varepsilon(-1)=0$$

这说明 $y(1)$、$y(0)$、$y(-1)$等值与输入序列无关，仅与初始状态有关，即为初始状态。若在所给前向差分方程中，令 $n=0$，则：

$$y(2)+5y(1)+6y(0)=\varepsilon(0)=1$$

由此可见 $y(2)$的值与输入序列有关，是由输入序列和初始状态共同引起的，因而不能用来确定零输入响应的系数，必须从给出的定解条件由差分方程递推出所需的初始条件，即系统的初始状态值。将所给 $y(1)=1$，$y(2)=0$ 代入上面 $y(2)$、$y(1)$、$y(0)$所满足的方程，可得：

$$y(0)=-\frac{2}{3}$$

因此，

$$y_{zi}(0)=y(0)=-\frac{2}{3},y_{zi}(1)=y(1)=1$$

后面的求解过程与方法一相同：利用所给前向差分方程求出其特征根为 $\lambda_1=-2$，$\lambda_2=-3$，再求出零输入响应。

如果要利用传输算子法求解系统的零输入响应，可以先根据差分方程求出 $H(E)$，再由 $D(E)=0$ 求出特征根，根据特征根的不同情况得出零输入响应的形式，最后通过所给特定条件确定待定系数。这类似于连续系统的情况。

(3) 零状态响应

如果输入是因果信号，则 N 阶差分方程式(7-52)所描述系统的零状态响应 $y_{zs}(n)$是在系统的初始状态 $y(-1)=y(-2)=\cdots=y(-N)=0$，即 $y_{zs}(-1)=y_{zs}(-2)=\cdots=y_{zs}(-N)=0$ 的情况下，仅由输入信号作用所引起的响应，所以在零状态响应 $y_{zs}(n)$的表达式后面一般要乘以 $\varepsilon(n)$。由于零状态响应 $y_{zs}(n)$满足非齐次差分方程，所以按照经典法可知，零状态响应需包括齐次解和特解两部分，即：

$$y_{zs}(n)=y_{zsh}(n)+y_{zsp}(n) \tag{7-93}$$

$y_{zs}(n)$中的 N 个待定系数应利用由系统的 N 个零初始状态值和输入信号共同形成的 N 个零状态响应的初始条件来确定，一般取 $y_{zs}(0)$，$y_{zs}(1)$，…，$y_{zs}(N-1)$，它们可以将 N 个零初始状态值 $y(-1)=y(-2)=\cdots=y(-N)=0$，实际上是将 $y_{zs}(-1)=y_{zs}(-2)=\cdots=y_{zs}(-N)=0$ 代入到所给定的非齐次差分方程式(有输入信号作用)，也就式(7-88)中做迭代运算得到。因此，对于因果输入信号，系统的零状态响应 $y_{zs}(n)(n\geqslant 0)$是满足下述初始条件的非齐次差分方程的解：

$$\begin{cases}\sum_{k=0}^{N}a_k y_{zs}(n-k)=\sum_{r=0}^{M}b_r x(n-r),n\geqslant 0\\ y_{zs}(0),y_{zs}(1),\cdots,y_{zs}(N-1)\big|_{y_{zs}(-1)=y_{zs}(-2)=\cdots=y_{zs}(-N)=0}\end{cases} \tag{7-94}$$

由于式(7-94)的右边除了有 $x(n)\varepsilon(n)$，还包括 $x(n)\varepsilon(n)$的移位序列，所以比较简便的方法是先计算出单个输入 $x(n)\varepsilon(n)$作用下系统的零状态响应 $y_{zs0}(n)$，再利用线性移不变特性求出整个系统的 $y_{zs}(n)$：

$$y_{zs}(n)=\sum_{r=0}^{M}b_r y_{zs0}(n-r) \tag{7-95}$$

零状态响应的时域解法一般分为 4 种，即迭代法、经典法、传输算子法和卷积和法。其中应用迭代法求解在例 7-5 中已做过介绍，下面介绍经典法和传输算子法，卷积和法将在 7.9.2 节讨论。

(1) 经典法

用经典法求解零状态响应式(7-93)与一般用经典法求解非齐次差分方程在方法上完全相同。

【例 7-12】 求例 7-9 中系统的零状态响应。

解： 所求零状态响应的方程为

$$\begin{cases}y_{zs}(n)+\frac{1}{2}y_{zs}(n-1)-\frac{1}{2}y_{zs}(n-2)=2^n\varepsilon(n)\\ y_{zs}(-1)=1,\ y_{zs}(-2)=0\end{cases}$$

在例 7-9 中已求出齐次解为

$$y_{zsh}(n)=C_{zs1}(-1)^n+C_{zs2}\left(\frac{1}{2}\right)^n$$

由于特征根不等于 2，所以可设特解为

$$y_{zsp}(n)=D(2)^n$$

将所设特解代入所给非齐次方程，可得 $D=\frac{8}{9}$。因此，零状态响应表示式为

$$y_{zs}(n)=y_{zsh}(n)+y_{zsp}(n)=\left[C_{zs1}\ (-1)^n+C_{zs2}\left(\frac{1}{2}\right)^n+\frac{8}{9}\ (2)^n\right]$$

为求得待定常数 C_{zs1}、C_{zs2}，应根据零初始状态 $y(-1)=y_{zs}(-1)=1$、$y(-2)=y_{zs}(-2)=0$ 和输入信号确定出 $y_{zs}(n)$ 的初始条件 $y_{zs}(0)$ 和 $y_{zs}(1)$，这可以在 $y_{zs}(n)$ 满足的题给非齐次差分方程中令 $n=0$ 和 1 迭代得出，即：

$$y_{zs}(0)=1-\frac{1}{2}y_{zs}(-1)+\frac{1}{2}y_{zs}(-2)=1$$

$$y_{zs}(1)=2-\frac{1}{2}y_{zs}(0)+\frac{1}{2}y_{zs}(-1)=\frac{3}{2}$$

将所得 $y_{zs}(0)=1$、$y_{zs}(1)=\frac{3}{2}$ 代入 $y_{zs}(n)$ 的表示式中可以求出 $C_{zs1}=\frac{2}{9}$，$C_{zs2}=-\frac{1}{9}$。因此，零状态响应为

$$y_{zs}(n)=\left[\frac{2}{9}\ (-1)^n-\frac{1}{9}\left(\frac{1}{2}\right)^n+\frac{8}{9}\ (2)^n\right]\varepsilon(n)$$

如果方程式(7-88)右端只含有 $x(n)\varepsilon(n)$ 一项，不含 $x(n)\varepsilon(n)$ 的移位序列项，也可以直接利用 $y(-1)=y(-2)=\cdots=y(-N)=0$，也就是 $y_{zs}(-1)=y_{zs}(-2)=\cdots=y_{zs}(-N)=0$ 确定待定系数，因此，在此例中也可以将 $y(-1)=0$、$y(-2)=0$，即 $y_{zs}(-1)=0$，$y_{zs}(-2)=0$ 代入零状态响应的表示式可得：

$$y_{zs}(-1)=C_{zs1}\ (-1)^{-1}+C_{zs2}\ \left(\frac{1}{2}\right)^{-1}+\frac{8}{9}\ (2)^{-1}=0$$

$$y_{zs}(-2)=C_{zs1}\ (-1)^{-2}+C_{zs2}\ \left(\frac{1}{2}\right)^{-2}+\frac{8}{9}\ (2)^{-2}=0$$

由上式可以得出完全相同的 C_{zs1}、C_{zs2} 值，但省略了迭代求 $y_{zs}(0)$ 和 $y_{zs}(1)$ 的过程。

(2) 传输算子法

传输算子式表示有始离散时间信号。类似于一个因果连续信号 $x(t)$ 可以用单位冲激信号 $\delta(t)$ 和传输算子 $H(p)$ 来表示，利用传输算子 $H(E)$ 和单位样值序列 $\delta(n)$ 也可以表示有始离散信号。在式(7-56)中，令 $x(n)=\delta(n)$，$H(E)=Y(E)$，则：

$$y(n)=Y(E)\delta(n) \tag{7-96}$$

式(7-96)表明，不同的算子式 $Y(E)$ 对应着不同的有始离散信号 $y(n)$，即两者的表示式是一一对应关系，列于表 7-6 中。

表 7-6 有始离散信号 $y(n)$ 与 $Y(E)$ 的对应关系

序 号	$Y(E)$	$y(n)$
1	A	$A\delta(n)$
2	E^N	$\delta(n+N)$
3	$\frac{1}{E^N}$	$\delta(n-N)$
4	$\frac{E}{E-a}$	$a^n\varepsilon(n)\quad(a\neq0)$
5	$\frac{1}{E-a}$	$a^{n-1}\varepsilon(n-1)\quad(a\neq0)$
6	$\frac{E}{(E-a)^2}$	$na^{n-1}\varepsilon(n)\quad(a\neq0)$
7	$\frac{E}{(E-a)^{K+1}}$	$\frac{1}{K!}n(n-1)(n-2)\cdots(n-K+1)a^{n-K}\varepsilon(n)\quad(a\neq0)$
8	$\frac{E}{E-\mathrm{e}^{\gamma T}}$	$\mathrm{e}^{\gamma Tn}\varepsilon(n)$

（续）

序 号	$Y(E)$	$y(n)$
9	$\frac{E}{(E-e^{\gamma T})^2}$	$ne^{\gamma T(n-1)}\varepsilon(n)$
10	$\frac{1}{E-e^{\gamma T}}$	$e^{\gamma T(n-1)}\varepsilon(n-1)$
11	$\frac{E}{(E-e^{\gamma T})^{K+1}}$	$\frac{1}{K!}n(n-1)(n-2)\cdots(n-K+1)e^{\gamma T(n-K)}\varepsilon(n)$
12	$\frac{E^2}{(E-a)^2}$	$(n+1)a^n\varepsilon(n)\quad(a\neq 0)$
13	$A\frac{E}{E-a}+A^*\frac{E}{E-a^*}$，$A=A_0e^{j\theta}$，$a=e^{(\alpha+j\Omega_0)T}$	$2A_0e^{\alpha Tn}\cos(\Omega_0nT+\theta)\varepsilon(n)\quad(a\neq 0)$

【例 7-13】 某因果离散信号 $y(n)$的表示式为

$$y(n)=\frac{E}{E-a}\delta(n)(a\neq 0)$$

试求对应于算子式 $Y(E)=\frac{E}{E-a}$的 $y(n)$的函数表示式。

解：将所给 $y(n)$的表示式转变为差分方程可得：

$$y(n+1)-ay(n)=\delta(n+1)$$

根据系统的因果性可知，当 $n\leqslant -1$ 时，输入 $\delta(n+1)=0$，故输出 $y(n)=0$，以此为初始条件，对差分方程式从 $n=0$ 进行迭代运算容易得出：

$$y(n)=a^n\varepsilon(n)$$

因此可知，若用符号↔表示对应关系，则有

$$Y(E)=\frac{E}{E-a}\leftrightarrow a^n\varepsilon(n)=y(n)$$

【例 7-14】 某因果离散信号 $y(n)$表示式为

$$y(n)=\frac{E^2}{E^2-E-2}\delta(n)$$

试求对应于转移算子表示式 $Y(E)=\frac{E^2}{E^2-E-2}$的 $y(n)$的函数表示式。

解：由例 7-13 可知，因果离散信号对应的 $Y(E)$的基本形式是$\frac{E}{E-a}$。因此，为了最终在 $Y(E)$的部分分式展开式中得到这种形式，必须先将 $Y(E)$表示式两边除以 E，再对$\frac{Y(E)}{E}$进行部分分式展开，然后两边同乘以 E 即可。将$\frac{Y(E)}{E}$做部分分式展开可得：

$$\frac{Y(E)}{E}=\frac{E}{(E+1)(E-2)}=\frac{1/3}{E+1}+\frac{2/3}{E-2}$$

因而有

$$Y(E)=\frac{E^2}{(E+1)(E-2)}=\frac{1}{3}\cdot\frac{E}{E+1}+\frac{2}{3}\cdot\frac{E}{E-2}$$

因此，

$$\begin{aligned}y(n)=Y(E)\delta(n)&=\frac{1}{3}\cdot\frac{E}{E+1}\delta(n)+\frac{2}{3}\cdot\frac{E}{E-2}\delta(n)\\&=\left[\frac{1}{3}\cdot(-1)^n+\frac{2}{3}\cdot(2)^n\right]\varepsilon(n)\end{aligned}$$

由式(7-96)可知，这种因果离散信号算子表示式中的 $y(n)$ 实际上是该算子表示式对应的差分方程式所描述的线性移不变系统在 $\delta(n)$ 作用下的单位样值响应，这类似于连续系统的情况。

由于 $Y(E)$ 和 $y(n)$ 是一一对应关系，所以在已知有始离散信号 $y(n)$ 的表示式的情况下，也可以求出对应的算子表示式 $Y(E)$。

【例 7-15】 试求因果信号 $y(n)=a^n\cos(n\Omega_0+\theta)\varepsilon(n)$ 所对应的 $Y(E)$。

解：利用欧拉公式将 $y(n)$ 中的 $\cos(n\Omega_0+\theta)$ 变为指数函数形式，以便利用算子表达式，因此，

$$\begin{aligned}y(n)&=a^n\cos(n\Omega_0+\theta)\varepsilon(n)=\frac{a^n}{2}\left[\mathrm{e}^{\mathrm{j}(n\Omega_0+\theta)}+\mathrm{e}^{-\mathrm{j}(n\Omega_0+\theta)}\right]\varepsilon(n)\\&=\frac{1}{2}\mathrm{e}^{\mathrm{j}\theta}(a\mathrm{e}^{\mathrm{j}\Omega_0})^n\varepsilon(n)+\frac{1}{2}\mathrm{e}^{-\mathrm{j}\theta}(a\mathrm{e}^{-\mathrm{j}\Omega_0})^n\varepsilon(n)\\&=\left[\frac{1}{2}\mathrm{e}^{\mathrm{j}\theta}\frac{E}{E-a\mathrm{e}^{\mathrm{j}\Omega_0}}+\frac{1}{2}\mathrm{e}^{-\mathrm{j}\theta}\frac{E}{E-a\mathrm{e}^{-\mathrm{j}\Omega_0}}\right]\delta(n)\end{aligned}$$

于是，可求出 $y(n)$ 所对应的 $Y(E)$ 为

$$Y(E)=\frac{1}{2}\mathrm{e}^{\mathrm{j}\theta}\frac{E}{E-a\mathrm{e}^{\mathrm{j}\Omega_0}}+\frac{1}{2}\mathrm{e}^{-\mathrm{j}\theta}\frac{E}{E-a\mathrm{e}^{-\mathrm{j}\Omega_0}}=\frac{E^2\cos\theta-aE\cos(\theta-\Omega_0)}{E^2-2aE\cos\Omega_0+a^2}$$

2）算子法求零状态响应。因果系统在输入信号作用下所产生的零状态响应 $y_{zs}(n)$ 也为因果信号，而因果信号是可以用算子表示的，所以当因果信号 $x(n)$ 用算子式表示为 $x(n)=X(E)\delta(n)$ 时，将其代入式(7-56)中便可得 $y_{zs}(n)$ 的算子表示式

$$\begin{aligned}y_{zs}(n)&=H(E)x(n)=H(E)X(E)\delta(n)\\&=Y_{zs}(E)\delta(n)\end{aligned}\tag{7-97}$$

式(7-97)中，$Y_{zs}(E)=H(E)X(E)$，这表明零状态响应作为一种因果信号是可以用算子式来表示和求解的，并且同为因果信号的 $y_{zs}(n)$ 与 $x(n)$ 的算子表示式之间存在着必然的联系，利用式(7-97)可以求出由差分方程式(7-94)所描述的线性移不变系统在因果输入信号作用下的零状态响应 $y_{zs}(n)$。

【例 7-16】 已知某系统的模拟框图如图 7-21 所示，输入为 $x(n)=2^n\varepsilon(n)$，零输入响应初始条件为 $y_{zi}(0)=8$，$y_{zi}(1)=3$，试求：1）系统的差分方程；2）零输入响应；3）零状态响应；4）全响应。

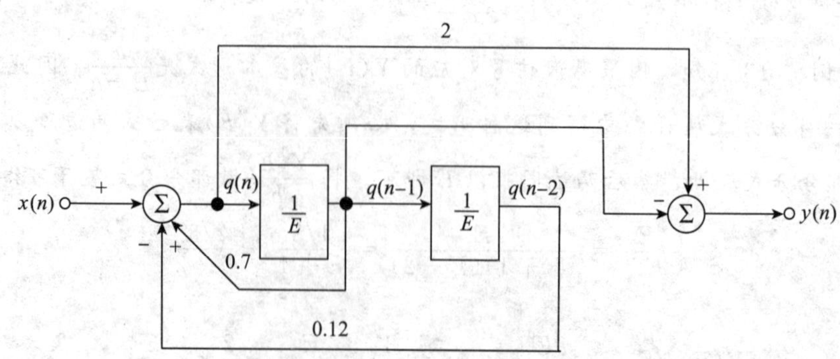

图 7-21 例 7-16 系统的模拟框图

解：1）**求差分方程**。在第一个加法器的输出处增设输出变量 $q(n)$，以此变量写出该加法器的输入输出关系式：

$$q(n)=x(n)+0.7q(n-1)-0.12q(n-2)\tag{7-98}$$

因此得出第一个差分方程为

$$q(n)-0.7q(n-1)+0.12q(n-2)=x(n) \tag{7-99}$$

由式(7-99)可得 $q(n)$ 的算子表示形式：

$$q(n)=\frac{E^2}{E^2-0.7E+0.12}x(n) \tag{7-100}$$

对第二个加法器以 $y(n)$ 为输出可得第二个差分方程：

$$y(n)=2q(n)-q(n-1) \tag{7-101}$$

将 $y(n)$ 表示为算子形式：

$$y(n)=(2-E^{-1})q(n) \tag{7-102}$$

将式(7-100)代入式(7-102)可得：

$$y(n)=\frac{2E^2-E}{E^2-0.7E+0.12}x(n)=\frac{2-E^{-1}}{1-0.7E^{-1}+0.12E^{-2}}x(n) \tag{7-103}$$

将式(7-103)写成差分方程形式为

$$y(n)-0.7y(n-1)+0.12y(n-2)=2x(n)-x(n-1) \tag{7-104}$$

现在再来看反向过程，即直接由所给差分方程绘出系统模拟方框图的一般性方法。对于像式(7-104)这种右边存在 $x(n)$ 的移序项的差分方程，需引入中间变量 $q(n)$，将原差分方程式(7-104)改写成两个方程，即式(7-99)和(7-101)(**注意改写原理与规律**)，再根据这两个方程分别以 $q(n)$ 和 $y(n)$ 作为两个加法器输出画出系统模拟方框图。这种方法可以推广到 N 阶差分方程式(7-52)中，而对于方程右边只含有 $x(n)$ 项的 N 阶差分方程式无须引入中间变量，便可直接根据所给差分方程一举绘出系统的模拟方框图。在第10章将专门讨论由所给差分方程方程绘出系统模拟方框图的一般性方法。

2) **求零输入响应**。由式(7-103)可知，系统的传输算子 $H(E)$ 为

$$H(E)=\frac{y(n)}{x(n)}=\frac{E(2E-1)}{E^2-0.7E+0.12}=\frac{E(2E-1)}{(E-0.3)(E-0.4)}$$

令 $D(E)=(E-0.3)(E-0.4)=0$，可以求出系统的特征根为0.3和0.4，应用所给零输入响应初始条件可得零输入响应为

$$y_{zi}(n)=[2(0.3)^n+6(0.4)^n]\varepsilon(n)$$

3) **求零状态响应**。应用式(7-97)可得零状态响应为

$$\begin{aligned}y_{zs}(n)&=H(E)x(n)=H(E)X(E)x(n)=Y_{zs}(E)\delta(n)\\&=\frac{E(2E-1)}{(E-0.3)(E-0.4)}\cdot\frac{E}{(E-0.2)}\delta(n)\\&=\left[-\frac{6E}{(E-0.2)}+\frac{12E}{(E-0.3)}-\frac{4E}{(E-0.4)}\right]\delta(n)\\&=[-6(0.2)^n+12(0.3)^n-4(0.4)^n]\varepsilon(n)\end{aligned}$$

在上式中，对 $Y_{zs}(E)$ 先采用 $Y_{zs}(E)/E$ 进行部分分式展开，再得出 $Y_{zs}(E)$ 代入该式。

4) **求全响应**。系统全响应为

$$\begin{aligned}y(n)&=y_{zi}(n)+y_{zs}(n)\\&=[2\times(0.3)^n+6\times(0.4)^n]\varepsilon(n)+[-6\times(0.2)^n+12\times(0.3)^n-4\times(0.4)^n]\varepsilon(n)\\&=2[7\times(0.3)^n+(0.4)^n-3\times(0.2)^n]\varepsilon(n)\end{aligned}$$

4. 全响应两种分解方式之间的联系

与连续系统相同，离散系统差分方程的全响应(全解)也有两种不同的分解方式，即零输入响应和零状态响应、自由响应和强迫响应。为了简单起见，设特征根 $\lambda_k(k=1, 2, \cdots, N)$ 均为单根，按照前面的分析可知全响应为

$$
\begin{aligned}
y(n) &= y_h(n) + y_p(n) \\
&= \underbrace{\sum_{k=1}^{N} C_k \lambda_k^n}_{\text{自由响应(齐次解}y_h(n))} + \underbrace{y_p(n)}_{\text{强迫响应(特解)}} \\
&= \underbrace{\sum_{k=1}^{N} C_{zik} \lambda_k^n}_{\text{零输入响应}y_{zi}(n)} + \underbrace{\sum_{k=1}^{N} C_{zsk} \lambda_k^n + y_p(n)}_{\text{零状态响应}y_{zs}(n)} \\
&= \underbrace{\sum_{k=1}^{N} (C_{zik} + C_{zsk}) \lambda_k^n}_{\text{自由响应(齐次解)}} + \underbrace{y_p(n)}_{\text{强迫响应(特解)}}
\end{aligned}
\tag{7-105}
$$

由式(7-105)可知，两种分解方式有明显的区别，即尽管自由响应与零输入响应都是齐次方程的解，但是，零输入响应 $y_{zi}(n)$只是经典法中的齐次解 $y_h(n)$，即自由响应的一部分($y_{zi}(n) \neq y_h(n)$)，其形式与齐次解完全相同，而两者的系数并不相同，C_{zik} 仅由系统的初始状态决定，而 C_k 则是由初始状态和激励共同决定，即有 $C_k = C_{zik} + C_{zsk}$。零状态响应 $y_{zs}(n)$既包含了自由响应 $y_h(n)$中余下的另一部分(齐次方程的解)，又包含了强迫响应 $y_p(n)$($y_{zs}(n) \neq y_p(n)$)。

与连续系统类似，在离散系统的响应中，随着序号 n 的增大而逐渐消失的分量称为暂态响应，反之则称为稳态响应，这种分解方式是自由响应和强迫响应分解的一种特例。一般而言，如果差分方程的特征根$|\lambda_i| < 1$($i=1, 2, \cdots, N$)，则自由响应随着序号 n 的增加而逐渐衰减到零，这样的系统就称为稳定系统，而此时的自由响应即为暂态响应。与连续稳定系统相似，离散稳定系统在阶跃序列或有始周期序列的作用下，其强迫响应为稳态响应。

【例 7-17】 已知某系统的差分方程为 $y(n)+3y(n-1)+2y(n-2)=x(n)-2x(n-1)$，若 $x(n)=\varepsilon(n)$，$y(0)=6$，$y(1)=-13$，试求：1)系统的零输入响应和零状态响应；2)全响应；3)自由响应与强迫响应；4)稳态响应与暂态响应。

解：1) 求零输入响应和零状态响应。

①**先求零输入响应**。为此需求出系统的初始状态 $y(-1)$、$y(-2)$，将 $n=0$ 和 $n=1$ 代入原始差分方程可得：

$$
\begin{cases}
y(0) + 3y(-1) + 2y(-2) = \varepsilon(0) - 2\varepsilon(-1) = 1 \\
y(1) + 3y(0) + 2y(-1) = \varepsilon(1) - 2\varepsilon(0) = -1
\end{cases}
$$

利用 $y(0)=6$，$y(1)=-13$ 求出初始状态 $y(-1)=-3$，$y(-2)=2$。系统的特征方程为 $\lambda^2+3\lambda+2=0$，故特征根为 $\lambda_1=-1$，$\lambda_2=-2$。因而零输入响应表示式为

$$
y_{zi}(n) = C_{zi1}(-1)^n + C_{zi2}(-2)^n
$$

将 $y(-1)=y_{zi}(-1)=-3$，$y(-2)=y_{zi}(-2)=2$ 代入上式可得 $C_{zi1}=1$，$C_{zi2}=4$。因此零输入响应为

$$
y_{zi}(n) = [(-1)^n + 4(-2)^n]\varepsilon(n)
$$

②**求零状态响应**。根据定义，零状态响应应满足初始状态为 $y_{zs}(-1)=0$，$y_{zs}(-2)=0$ 的方程，即：

$$
\begin{cases}
y_{zs}(n) + 3y_{zs}(n-1) + 2y_{zs}(n-2) = \varepsilon(n) - 2\varepsilon(n-1) \\
y_{zs}(-1) = 0, y_{zs}(-2) = 0
\end{cases}
\tag{7-106}
$$

这时，可以先令初始状态为零，求激励 $x(n)$ 作用下系统的零状态响应 $y_{zs0}(n)$，即求解方程：

$$\begin{cases} y_{zs0}(n)+3y_{zs0}(n-1)+2y_{zs0}(n-2)=x(n) \\ y_{zs0}(-1)=0, y_{zs0}(-2)=0 \end{cases} \tag{7-107}$$

由于 $x(n)=\varepsilon(n)$，所以该非齐次方程的特解设为 $y_{zs0p}(n)=D$，代入方程式(7-107)可得 $y_{zs0p}(n)=\frac{1}{6}$。因此零状态响应 $y_{zs0}(n)$表达式为

$$y_{zs0}(n)=y_{zs0h}(n)+y_{zs0p}(n)=\left[C_{zs01}(-1)^n+C_{zs02}(-2)^n+\frac{1}{6}\right]\varepsilon(n) \tag{7-108}$$

由于式(7-107)右端只含有 $x(n)$并无 $x(n)$的移序项，所以可以用两种方法确定 $y_{zs0}(n)$表达式(7-108)中的待定系数 C_{zs01}和 C_{zs02}。其一是直接将 $y_{zs0}(-1)=y(-1)=0$，$y_{zs0}(-2)=y(-2)=0$ 代入式(7-108)得出：

$$\begin{cases} y_{zs0}(-1)=C_{zs01}(-1)^{-1}+C_{zs02}(-2)^{-1}+\frac{1}{6}=0 \\ y_{zs0}(-2)=C_{zs01}(-1)^{-2}+C_{zs02}(-2)^{-2}+\frac{1}{6}=0 \end{cases}$$

由此解出 $C_{zs01}=-\frac{1}{2}$，$C_{zs02}=\frac{4}{3}$。其二是在式(7-107)中分别令 $n=0$，$n=1$ 可得 $y_{zs0}(0)=1$，$y_{zs0}(1)=-2$，将其代入式(7-108)可得相同的 C_{zs01}和 C_{zs02}。因此可得：

$$y_{zs0}(n)=\left[-\frac{1}{2}(-1)^n+\frac{4}{3}(-2)^n+\frac{1}{6}\right]\varepsilon(n)$$

需要注意的是，在 $y_{zs0}(n)$表示式的右边必需添加 $\varepsilon(n)$。

对于激励 $-2x(n-1)=-2\varepsilon(n-1)$，根据线性移不变系统的齐次性和移不变特性，对应的零状态响应为

$$\begin{aligned} y_{zs1}(n)&=-2y_{zs0}(n-1) \\ &=-2\left[-\frac{1}{2}(-1)^{n-1}+\frac{4}{3}(-2)^{n-1}+\frac{1}{6}\right]\varepsilon(n-1) \\ &=\left[-(-1)^n+\frac{4}{3}(-2)^n-\frac{1}{3}\right]\varepsilon(n-1) \end{aligned}$$

再利用线性移不变系统的可加性即可求出所给方程的解，即系统对于整个激励 $x(n)-2x(n-1)=\varepsilon(n)-2\varepsilon(n-1)$的零状态响应为

$$\begin{aligned} y_{zs}(n)&=y_{zs0}(n)+y_{zs1}(n)=y_{zs0}(n)-2y_{zs0}(n-1) \\ &=\left[-\frac{1}{2}(-1)^n+\frac{4}{3}(-2)^n+\frac{1}{6}\right]\varepsilon(n)+\left[-(-1)^n+\frac{4}{3}(-2)^n-\frac{1}{3}\right]\varepsilon(n-1) \\ &=\left[-\frac{1}{6}-\frac{3}{2}(-1)^n+\frac{8}{3}(-2)^n\right]\varepsilon(n) \end{aligned}$$

2）**求全响应。**系统的全响应为

$$\begin{aligned} y(n)&=y_{zi}(n)+y_{zs}(n) \\ &=\left[(-1)^n+4(-2)^n\right]\varepsilon(n)+\left[-\frac{1}{6}-\frac{3}{2}(-1)^n+\frac{8}{3}(-2)^n\right]\varepsilon(n) \\ &=\left[-\frac{1}{6}-\frac{1}{2}(-1)^n+\frac{20}{3}(-2)^n\right]\varepsilon(n) \end{aligned}$$

3）**求自由响应与强迫响应。**由全响应表示式可以求出自由响应 $y_h(n)$和强迫响应 $y_p(n)$，分别为

$$y_h(n)=\left[-\frac{1}{2}(-1)^n+\frac{20}{3}(-2)^n\right]\varepsilon(n) \text{ 和 } y_p(n)=-\frac{1}{6}\varepsilon(n)$$

4）**求稳态响应与暂态响应。**由全响应表示式可以求出暂态响应 $y_{ts}(n)$和稳态响应

$y_{ss}(n)$，分别为

$$y_{ts}(n)=\frac{20}{3}(-2)^n\varepsilon(n) \text{ 和 } y_{ss}(n)=\left[-\frac{1}{6}-\frac{1}{2}(-1)^n\right]\varepsilon(n)$$

另一种确定 C_{zi1}、C_{zi2} 的方法是先求出**零状态响应，再求出零输入响应** $y_{zi}(n)=C_{zi1}(-1)^n+C_{zi2}(-2)^n$，这时求出的全响应为

$$y(n)=y_{zi}(n)+y_{zs}(n)=C_{zi1}(-1)^n+C_{zi2}(-2)^n+\left[-\frac{1}{6}-\frac{3}{2}(-1)^n+\frac{8}{3}(-2)^n\right]\varepsilon(n) \tag{7-109}$$

在式(7-109)中带入初始条件 $y(0)=6$，$y(1)=-13$，也可求出 $C_{zi1}=1$，$C_{zi2}=4$。显然，对于此题若采用算子法计算系统的零状态响应则要简便得多，读者可以试一下。

需要明确的是，对于一般后向差分方程式(7-52)，若 $M\leqslant N$，可以采用例 7-8 的解法；若 $M>N$，则必需如同例 7-17 利用线性和移不变性质来求解。

7.6 用常系数线性差分方程描述的系统为线性移不变因果系统的条件

在 7.5 节中讨论了常系数线性差分方程的解法，本节则讨论在什么条件下，用这类差分方程描述的系统为线性移不变系统，即这类系统的性质与其数学描述之间的关系，进而明确零输入响应和零状态响应是分析这类系统更为有效的时域方法。

实际的连续或离散时间系统中有许多都可以被视为线性时不变或线性移不变系统或者在较宽松的条件下可以归结为这类系统。许多构成复杂系统的基本系统，例如数乘器、相加器、累加器、微分器、一阶差分器、时移系统以及许多滤波器等，本身也都是线性时不变或线性移不变系统。

类似于线性时不变系统，线性移不变系统由于能同时满足线性和移不变性，分析起来十分方便，目前已开发出一整套完整、严密且十分有效的分析方法。例如，卷积法、z 变换法和离散傅里叶变换等，因而在信号与系统的理论和方法中具有特别重要的地位。

类似于线性常系数微分方程的情况，线性常系数差分方程式(7-52)和式(7-53)本身也满足线性叠加性质，因为这些方程中所包含的运算(即数乘运算和相加运算)均为线性运算。但是，不能就此认为这类方程所描述的系统一定是线性移不变系统，这就是说，一个常系数线性差分方程并不一定代表的是因果系统，也不一定表示的是线性移不变系统，其原因在于系统的性质不仅取决于描述系统的差分方程本身，还取决于差分方程的初始条件或边界条件(即系统的初始状态)，同一个常系数线性差分方程由于初始状态的不同，可能表征不同性质的系统，即共同使用方程和初始状态才能完整地描述一个物理系统，所得解则是该系统完全且唯一确定的解，就像静电场中的唯一性定理：满足一定边界条件的泊松方程或拉普拉斯方程的解才是唯一的。

类似于常系数线性微分方程，常系数线性差分方程的形式也仅取决于它所描述系统的外在结构和参数的大小。

下面讨论由线性常系数差分方程式(7-52)和式(7-53)描述的系统与线性移不变因果系统之间的关系。对于一个用 N 阶常系数差分方程表示的离散系统，其完整的数学描述式可以表示为

$$\begin{cases}\displaystyle\sum_{k=0}^{N}a_k y(n-k)=\sum_{r=0}^{M}b_r x(n-r)\\ y(n_0+k)=y_k,k=0,1,\cdots,N-1 \text{ 或 } k=-1,\cdots,-(N-1),-N\end{cases} \tag{7-110}$$

或

$$\begin{cases}\displaystyle\sum_{k=0}^{N} c_k y(n+k) = \sum_{r=0}^{M} d_r x(n+r) \\ y(n_0+k) = y_k, k=0,1,\cdots,N-1 \text{ 或 } k=-1,\cdots,-(N-1),-N\end{cases} \tag{7-111}$$

在式(7-110)、式(7-111)中，定解条件 y_k 是在给定输入 $x(n)$的情况下，方程式(7-110)、式(7-111)有唯一解 $y(n)$的必要条件。一般地，y_k 是输出 $y(n)$的任意 N 个序贯的序列值，这里是某一样值点 n_0及其以后共 N 个序贯的输出序列值。显然，两种不同形式的差分方程式(7-110)和式(7-111)可以描述同一个离散时间系统，尽管方程的系数 a_k、b_r 与 c_k、d_r 是不同的，但它们却存在着确定的关系。因此，下面仅对式(7-110)进行讨论。

若在式(7-110)中，令

$$w(n) = \sum_{r=0}^{M} b_r x(n-r) \tag{7-112}$$

则差分方程式(7-110)所描述的系统可以分解为两个系统的级联，如图 7-22 所示，其中零阶差分方程式(7-112)所描述的系统为显式的信号变换关系，表示线性移不变因果非递归系统，类似于连续系统，也可以求出它的单位样值响应 $h_1(n) = \sum\limits_{r=0}^{M} b_r\delta(n-r)$，由 $h_1(n)$可以确定其线性移不变因果性质。因此，研究一般 N 阶线性常系数差分方程式(7-110)所描述的系统的性质就归结为讨论 N 阶线性常系数差分方程式(7-113)所描述的系统的性质，其中，为了便于讨论结果的一般化，设输入为 $x(n)$(并非式(7-110)中的 $x(n)$)，因此有

$$\begin{cases}\displaystyle\sum_{k=0}^{N} a_k y(n-k) = x(n) \\ \text{定解条件}: y(n_0+k) = y_k, k=0,1,\cdots,N-1 \text{ 或 } k=-1,\cdots,-(N-1),-N\end{cases} \tag{7-113}$$

如前所述，线性常系数差分方程式(7-113)本身也满足线性叠加性质，但是，不能就此认为所描述的就一定是线性系统。下面讨论线性常系数差分方程式(7-113)与其所描述系统的线性、因果性和移不变性之间的关系。

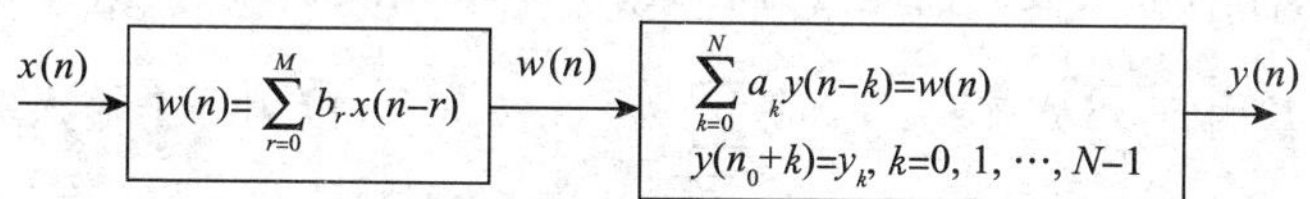

图 7-22　用式(7-110)描述的系统可分解为两个系统的级联

1. 线性

为了使说明过程简单，设方程式(7-113)具有 N 个互不相同的特征根，由常系数线性差分方程的经典解法可知，方程(7-113)所描述系统的完全解如式(7-105)所示。在定解条件不全为零的情况下，当系统的输入 $x(n)$为零时，系统输出 $y(n)$中的特解$y_p(n)$也为零，并且齐次解由特解或由输入产生的系数 C_{zsk} 也为零，但是，由不全为零的定解条件 y_k 确定的待定系数C_{zik}不全为零。因此，这时系统的输出 $y(n)$不为零(在特征根包含重根的情况下也可以得出同样的结论)，由于一个线性系统必须具有零输入零输出特性，所以用一般的 N 阶常系数线性差分方程式(7-110)、式(7-111)描述的离散系统在非零定解条件下不是一个线性系统。只有在零定解条件(y_k 均为零)下，C_{zik} 才会全为零，系统才满足零输入零输出特性。由于定解条件和初始状态可以根据给定差分方程通过迭代得到，所以这个结论对于任意时刻下的 y_k 均成立。可以证明：由式(7-113)描述的离散系统在零给定条件下是一个线性系统，例如，某差分方程为

$$y(n) + ay(n-1) = x(n)\varepsilon(n)$$

它所描述的系统在 $y(-1)=y_{-1}=0$ 的情况下才为线性系统，因为若 $y(-1)=y_{-1}\neq 0$，对于 $n\leqslant -1$ 而言，这时尽管输入信号为零，输出信号却不为零，违背了零输入零输出的原理，故系统为非线性系统。因此，可以得出结论：一般 N 阶常系数线性差分方程式(7-110)、式(7-111)所描述的离散系统只有在零给定条件，即零定解或初始松弛条件(所有初始状态值均为 0)下才是一个线性系统。

在差分方程式(7-113)的定解条件不全为零，即该方程所描述的系统并非初始松弛(**只要有一个初始状态值不为 0**)时，可以将系统的初始状态和输入信号的作用分开来研究系统的响应，即将系统响应表示为零状态响应与零输入响应的叠加，其中，零状态响应为仅由系统输入 $x(n)$决定而与定解条件或初始状态无关，即在初始状态为零情况下的解。因此，若输入 $x(n)$为零，$y_{zs}(n)$必为零，这是由原方程以及零定解条件(非零定解条件时，令定解条件或初始状态为零)所描述的线性系统的响应，零输入响应则是在输入$x(n)$为零时仅由系统的非零初始状态产生的响应，它可以利用由原方程得到的齐次方程以及原非零定解条件求出。这就是说，用非零定解条件下 N 阶线性常系数差分方程式(7-113)描述的系统的输出可以视为两个系统输出(即一个具有零定解条件的线性系统的输出 $y_{zs}(n)$)与另一个等于原系统零输入响应 $y_{zi}(n)$的叠加，如图 7-23 所示。这两个系统所对应的差分方程是原差分方程分解的结果，分别为

$$\begin{cases}\sum_{k=0}^{N} a_k y_{zs}(n-k)=x(n)\\ \text{定解条件}: y(n_0+k)=0, k=0,1,\cdots,N-1 \text{ 或 } k=-1,\cdots,-(N-1),-N\end{cases}$$

$$\begin{cases}\sum_{k=0}^{N} a_k y_{zi}(n-k)=0\\ \text{定解条件}: y(n_0+k)=y_k, k=0,1,\cdots,N-1 \text{ 或 } k=-1,\cdots,-(N-1),-N\end{cases}$$

由此可见，具有非零定解条件的常系数线性差分方程所描述的系统的特性与增量线性系统的一致，也就是，尽管这种系统整体上不是线性系统，但却是增量线性系统。显然，用具有非零定解条件的常系数线性差分方程式(7-110)或式(7-111)所描述的系统也可以用图 7-23 来表示，其中，$\sum_{r=0}^{M} b_r x(n-r)$ 或 $\sum_{r=0}^{M} d_r x(n+r)$ 可以用一个输入等效表示。

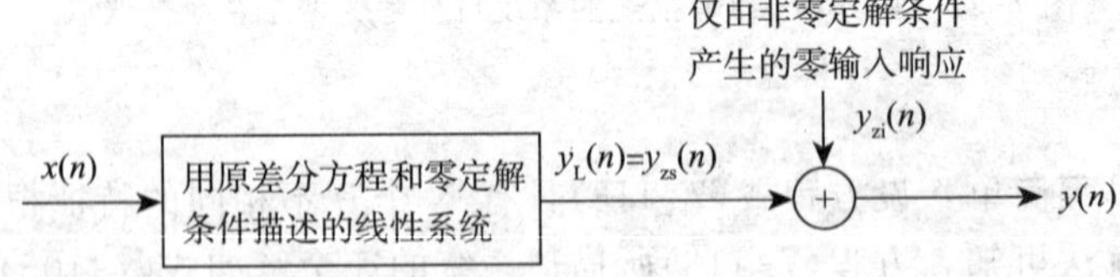

图 7-23 非零定解条件下的线性差分方程式(7-113)所描述的增量线性系统的结构表示

2. 因果性

在实际的信号与系统问题中，所有客观存在的连续或离散因果系统均服从初始松弛的物理规律，可以证明，离散线性系统的因果性等价于初始静止或初始松弛条件，对于任何时刻 n_0和任何输入 $x(n)$，输出 $y(n)$满足，若 $x(n)=0$，$n<n_0$，则 $y(n)=0$，$n<n_0$(需要注意的是，n_0是一个任意指定的值，即初始松弛并不是规定某个固定时刻 $y(n)$的值为零，而是根据 $x(n)$开始不为零的时刻调节 $y(n)$开始不为零的时间起点)。因此，若式(7-113)所描述的离散系统处于初始松弛状态，则系统由在 $n=n_0$开始激励的非零输入所产生的持续时间为 $n\geqslant n_0$的响应可以用初始状态 $y(n_0-1)=y(n_0-2)=y(n_0-3)=\cdots=y(n_0-N)=0$

来计算。显然，在初始松弛条件下，有 $y_{zi}(n)=0$，即式(7-113)所描述的离散系统只有对应的线性系统的零状态响应 $y_{zs}(n)$，由此可知，由常系数线性差分方程式(7-110)、式(7-111)描述的系统在初始时为松弛的，则该系统是因果的，因此，满足初始松弛条件的离散系统同时是线性系统和因果系统。另外，我们知道，对于 n 阶常系数微分方程式(2-67)，要保证它描述的系统是因果的，必须有 $N\geqslant M$，而对于 N 阶常系数差分方程式(7-110)所描述系统的因果性则无此要求，但是却要求 $a_0\neq 0$。因此，若要使得方程式(7-110)、式(7-111)所描述的系统是因果系统，方程定解条件的时刻不可以是任意时刻，而必须是系统非零输入施加之前的时刻，也就是，若系统的非零输入在 $n=n_0$ 开始加入，则应有 $y(n_0-1)=y(n_0-2)=y(n_0-3)=\cdots=y(n_0-N)=0$。例如，某差分方程为

$$y(n)+ay(n-1)=x(n)\varepsilon(n)$$

有 $N=1$，$M=0$，$a_0=1\neq 0$，因此，若 $y(-1)=0$，则该差分方程所描述的系统是因果的。若有一个一阶系统的差分方程为

$$y(n-1)=x(n)$$

有 $N=1$，$M=0$，$a_0=0$，做变量代换可将该方程等效改写为

$$y(n)=x(n+1)$$

显然可知，该系统不是因果系统。

需要注意的是，对于非线性离散系统而言，即使它满足初始松弛条件，也可能是非因果系统，或者因果非线性系统也可能不满足初始松弛条件。这说明，只有对于线性系统而言，其因果性才等价于初始松弛条件。

3. 移不变性

类似于线性讨论，一般线性常系数差分方程式(7-110)、式(7-111)以及式(7-113)本身满足移不变性，这也是因为这些方程中所包含的运算(延时运算、数乘运算和相加运算)都是移不变性运算。但是，仍不能就此认为这类差分方程所描述的系统一定是移不变系统。式(7-113)所描述的系统在非零定解条件下是一个增量线性系统，系统响应中的零输入响应分量 $y_{zi}(n)$是由系统内部信号引起的而与外部输入无关，因此，当输入 $x(n)$做平移时，$y_{zi}(n)$是不会产生相同平移的，特别是当 $y_{zi}(n)$为常数时则根本不会产生平移。这样，一般而言，图 7-23 所示的增量线性系统不具有移不变性，但是，若零输入响应分量$y_{zi}(n)$为零，即系统输出中只有输入 $x(n)$产生线性响应 $y_{zs}(n)$，可以证明这种零定解条件下的线性系统也不具有移不变性，究其原因是，在式(7-113)中，硬性指定了系统在某个时刻或某个时间段的零定解条件，而移不变特性要求系统输入在时间上做任意平移时，其输出也应做相同的平移。由此可知，这种硬性规定的零定解条件本身就违背了移不变的定义。因此，为使这类线性系统具有移不变性，就不能有固定时刻的零定解条件，而必须使零定解条件的时刻 n_0随着输入在时间上的平移做相同的平移，即不是在某固定时刻给定零定解条件，而是随着输入加入的不同时刻来改变零定解条件的时间起点，以保证输入信号在任意时刻接入之前，系统输出均为零。例如，某差分方程为

$$y(n)+ay(n-1)=x(n)$$

所描述的系统在初始状态 $y(n_0-1)=y_{-1}=0$ 的情况下才具有移不变性，即在区间$n\geqslant n_0$内，相同的输入产生相同的输出，n_0为非零激励 $x(n)$加入的任意起始时刻。

需要注意的是，满足因果性则初始松弛的系统是移不变的，但反之并不一定成立。例如，若按照反因果性(对于任意 n_0，若 $x(n)=0$，$n\geqslant n_0$，则 $y(n)=0$，$n\geqslant n_0$)来给定差分方程的零定解条件，则该方程所描述的系统同样也是线性移不变的。显然，这对于自变量为时间变量的系统毫无意义，但是对于自变量为非时间变量的系统却是很重要的(这类线性移不变系统可以用双边 z 变换进行分析(见第 9 章))。由此可知，线性常系数差分方程

式描述的线性移不变系统除了可以是满足初始松弛条件的因果线性移不变系统，还可以是反因果或非因果的线性移不变系统。

综上所述，可以得出：$a_0 \neq 0$ 的线性常系数差分方程式(7-110)、式(7-113)所描述系统的因果性与移不变是一致的，若对于任意输入均规定同一时刻或时间段的零定解条件，尽管系统是线性系统，但它不是时不变系统也不是非因果系统，只有满足系统初始松弛条件，即在非零激励加入之前，用线性常系数差分方程所描述的系统没有能量储存(对于电网络而言，所有电容上的电压以及所有电感中的电流均为0)，或者说在非零激励加入之前系统是松弛的，这类系统才是线性移不变的，也是因果的，即为线性移不变因果系统。这就是说，在初始静止松弛下，差分方程式(7-110)或式(7-111)确定了一个唯一的因果线性移不变系统。作为一个特殊的差分式(7-63)，它所描述的也是一个线性移不变因果系统。

由于初始松弛条件实际上表明的是系统内部能量处于一种静止状态，所以实际的因果系统都是满足该条件的，即初始松弛表示这种系统具有零初始条件或零初始状态。以时间为自变量的实际系统均为因果系统，若在当前激励加入时，系统不处于静止状态，即其内部储能不等于零，但这并不违背初始松弛条件。因为在当前输入加入之前的输出尽管不是由本次输入造成的，然而却仍不是系统所固有的(因为任何实际系统在最初的原始状态下总是松弛的)，而是由本次输入之前系统曾受到的外部激励所残留给系统的一个非零能量状态，事实上，这个激励在本次输入开始作用时早已结束，即使本次输入不加进来，系统内部的非零能量状态也会产生输出(即所谓零输入响应)。系统内部的这种非零能量状态可以用本次输入接入之前的非零初始状态或来非零初始条件表示。因此，用线性常系数差分方程所描述的实际因果系统可以表示为我们熟悉的形式，即：

$$\begin{cases}\sum_{k=0}^{N} a_k y(n-k) = \sum_{r=0}^{M} b_r x(n-r) \\ \text{初始状态：} y(-k) = y_k, k = 1,2,\cdots,N \\ \text{初始条件：} y(k) = y'_k, k = 0,1,2,\cdots,N-1\end{cases} \tag{7-114}$$

式(7-114)中，$x(n)=0$，$n<0$，且系统响应为 $y(n)$，$n\geqslant 0$，由于一般只关心当前输入接入后系统的输出，所以通常取 $y(n)$，$n\geqslant 0$，至于本次输入之前所产生的系统输出则可以由前一次输入和系统当时的状态求出，若无前次输入，则本次输入之前的状态即为本次输入之前所产生的系统输出。系统输入接入的时刻选为 $n_0=0$ 完全是为了求解方便而已，初始状态代表本次输入加入前系统内部的历史状态，它与本次输入一起构成了求解此次输入产生的响应所需的全部信息。

显然，式(7-114)所描述的因果系统可以表示为如图 7-24 所示的增量线性移不变系统结构，由此可知，对于输入 $x(n)=0$，$n<0$，系统响应 $y(n)$，$n\geqslant 0$ 有两个分量，一个分量是由原差分方程和零初始条件或零初始状态一起描述的因果线性移不变系统对于输入 $x(n)=0$，$n<0$ 的响应，即零状态响应 $y_{zs}(n)$，它与系统的非零初始条件或非零初始状态无关，仅取决于系统当前的输出，另一个分量是仅由系统的非零初始状态或非零初始条件产生的响应，即零输入响应 $y_{zi}(n)$，于是有：

$$y(n) = y_{zs}(n) + y_{zi}(n), n \geqslant 0$$

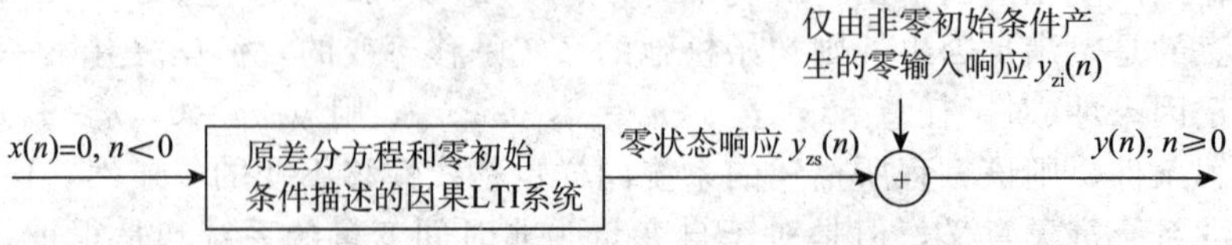

图 7-24 用式(7-114)描述的因果的增量线性移不变系统的结构

如前所述，在应用经典法求解式(7-114)所描述的离散因果系统时，由于初始条件仅代表本次输入加入前系统的历史能量状态，并不等同于它和输入信号共同作用产生的有关输出的“信息”。对于输入信号在 $n=0$ 时加入的情况，输出 $y(n)$，$n\geqslant 0$ 中的特解部分与 $n<0$ 时的是不同的，因此，在应用经典法求解式(7-114)所描述的离散因果系统在给定输入 $x(n)=0$，$n<0$ 下的全响应时，必需利用初始条件：$y(k)=y'_k$，$k=0$，1，2，…，$N-1$。若给定的是初始状态：$y(-k)=y'_k$，$k=1$，2，…，N，则必须利用原始方程和初始条件通过递推求出初始条件：$y(k)=y'_k$，$k=0$，1，2，…，$N-1$。应用全响应分解为零状态响应和零输入响应的求解方法有时可以避开由初始状态求初始条件的问题，即可以直接应用初始状态，因而比经典法要简便一些。

【例 7-18】 对于例 7-3 中的线性常系数差分方程，若初始状态为 $y(-1)=1$，试讨论该方程所对应系统的线性、移不变性以及因果性。

解：设输入信号 $x_1(n)=\delta(n)$，$x_2(n)=\delta(n-1)$，$x_3(n)=\delta(n)+\delta(n-1)$，以此来检验系统是否为线性移不变因果系统。

1) $x_1(n)=\delta(n)$，$y_1(-1)=1$ 时，原差分方程变为

$$\begin{cases} y_1(n) = ay_1(n-1)+\delta(n) \\ y_1(-1) = 1 \end{cases}$$

利用迭代法从 $n=0$ 开始迭代可求出：

$$y_1(n) = (1+a)a^n\varepsilon(n) \tag{7-115}$$

2) $x_2(n)=\delta(n-1)$，$y_2(-1)=1$ 时，原差分方程变为

$$\begin{cases} y_2(n) = ay_2(n-1)+\delta(n-1) \\ y_2(-1) = 1 \end{cases}$$

利用迭代法从 $n=0$ 开始迭代可求出：

$$y_2(n) = (1+a^2)a^{n-1}\varepsilon(n-1)+a\delta(n) \tag{7-116}$$

3) 当 $x_3(n)=\delta(n)+\delta(n-1)$，$y_3(-1)=1$ 时，原差分方程变为

$$\begin{cases} y_3(n) = ay_3(n-1)+\delta(n)+\delta(n-1) \\ y_3(-1) = 1 \end{cases}$$

利用迭代法从 $n=0$ 开始迭代可求出：

$$y_3(n) = (1+a+a^2)a^{n-1}\varepsilon(n-1)+(1+a)\delta(n) \tag{7-117}$$

由式(7-115)和式(7-116)可知：

$$y_1(n) = T[\delta(n)], y_2(n) = T[\delta(n-1)]$$

但是由于 $y_2(n)\neq y_1(n-1)$，因此该方程所描述的系统为移变系统，再由式(7-117)可知：

$$y_3(n) = T[\delta(n)+\delta(n-1)] \neq T[\delta(n)]+T[\delta(n-1)] = y_1(n)+y_2(n)$$

故该方程所描述的系统为非线性系统。此外，由于系统的初始状态不为零，所以它还是非因果系统。

7.7 线性常系数差分方程的建立与主要应用

实际中存在着许多本质性的离散系统，例如，生物的群体增长、电工电子与信息问题、股市行情、银行利率、菲波那契(Fibonacci)数列问题等。另外，随着计算机技术和应用水平的日益提高，越来越多的连续系统都采用对应的离散系统来进行仿真分析，所有这些都需要首先建立差分方程。从实际问题出发建立差分方程一般来说有两个途径：

1) 对已建立的连续系统的微分方程进行数值近似，从而得到微分方程的离散型逼近(即差分方程)。这时要从微分方程出发，将微分关系恢复为差商关系(例如将一阶微分 $\frac{\mathrm{d}y}{\mathrm{d}x}$

恢复为一阶差商$\frac{\nabla y}{\nabla x}=\frac{y(n)-y(n-1)}{x(n)-x(n-1)}$）即可得到连续系统离散化的差分方程。这种从微分恢复差商，即从连续过渡到对应的离散系统需要用到下述关系：

$$\left.\frac{\mathrm{d}y(t)}{\mathrm{d}t}\right|_{t=nT}\cong\frac{\nabla y(n)}{T},\nabla y(n)=y(n)-y(n-1)$$

$$\begin{aligned}\left.\frac{\mathrm{d}^2y(t)}{\mathrm{d}t^2}\right|_{t=nT}&=\left.\frac{\mathrm{d}}{\mathrm{d}t}\left(\frac{\mathrm{d}y(t)}{\mathrm{d}t}\right)\right|_{t=nT}=\frac{\mathrm{d}y(t)/\mathrm{d}t\,|_{t=nT}-\mathrm{d}y(t)/\mathrm{d}t\,|_{t=(n-1)T}}{T}\\&\cong\frac{[y(n)-y(n-1)]/T-[y(n-1)-y(n-2)]/T}{T}\\&=\frac{1}{T^2}[y(n)-2y(n-1)+y(n-2)]\end{aligned}$$

当然，也可以直接由$\left.\frac{\mathrm{d}^2y(t)}{\mathrm{d}t^2}\right|_{t=nT}$得出对应的差商式：

$$\left.\frac{\mathrm{d}^2y(t)}{\mathrm{d}t^2}\right|_{t=nT}=\left.\frac{\mathrm{d}}{\mathrm{d}t}\left(\frac{\mathrm{d}y(t)}{\mathrm{d}t}\right)\right|_{t=nT}\cong\frac{\nabla}{T}\left(\frac{\nabla y(n)}{T}\right)=\frac{\nabla}{T}\left(\frac{y(n)-y(n-1)}{T}\right)=\frac{\nabla^2y(n)}{T^2},$$

其中，

$$\nabla^2y(n)=\nabla\{\nabla y(n)\}=\nabla y[n]-\nabla y[n-1]=y(n)-2y(n-1)+y(n-2)$$

类似可得：

$$\begin{aligned}\left.\frac{\mathrm{d}^3y(t)}{\mathrm{d}t^3}\right|_{t=nT}\cong\frac{\nabla^3y(n)}{T^3},\nabla^3y(n)&=\nabla[\nabla^2y(n)]=\nabla^2[\nabla y(n)]=\nabla^2y(n)-\nabla^2y(n-1)\\&=y(n)-3y(n-1)+3y(n-2)-y(n-3)\end{aligned}$$

依次类推，可得出$y^{(n)}(t)$的离散化近似。在上述表达式中T为离散化的样值间隔。显然，T取值越小，其近似程度越高。当然，也可以采用前向差分格式，分别得到后向差分方程、前向差分方程。

2）对本质离散性问题直接建模（即列写差分方程）。对于这样的问题，其输入和输出变量均设为离散时间序列，然后根据问题自身的内在规律列写联系输入和输出的差分方程。一般而言，差分方程输出序列的第n个值不仅决定同一个n值的输入值，而且还与前面或后面的输出值有关，每个输出值必须依序保留，才能正确表示出输出与输入之间的关系。

此外，从系统分析的角度来说，若给出用系统方框图表示的系统模型，由于每个子方框反映某种数学运算功能，因此根据各子方框输出与输入之间的约束关系，从加法器的输出入手也可以写出系统的差分方程。

下面通过三个例子来说明如何从上述两种途径建立差分方程以及差分方程的应用。作为差分方程的一种重要应用，下面首先来讨论微分方程的离散化或者说用差分方程来近似微分方程以解决微分方程的数值计算问题。

【例 7-19】 任何一个一阶连续系统的微分方程式都可以表示为下式，试求对应的差分方程。

$$\frac{\mathrm{d}y(t)}{\mathrm{d}t}+ay(t)=\beta x(t),\alpha、\beta\text{为常数}$$

解：对于连续时间函数$x(t)$及$y(t)$，由于需要求得响应$y(t)$在离散时刻$t=nT$（n取整数）的值，所以取样值$x(nT)$和$y(nT)$，并假设时间间隔T（某个确定的正数）取得足够小，则可以将描述连续系统的微分方程离散化，并近似为差分方程。因此，所给微分方程可以写成：

$$\left.\frac{\mathrm{d}y(t)}{\mathrm{d}t}\right|_{t=nT}+ay(nT)=\beta x(nT)\tag{7-118}$$

由上面的讨论可知，当T足够小并且$y(t)$为一连续函数时，可以近似认为

$$\left.\frac{\mathrm{d}y(t)}{\mathrm{d}t}\right|_{t=nT}=\frac{y(nT)-y[(n-1)T]}{T}\tag{7-119}$$

式(7-119)称为后向欧拉算法，将其代入式(7-118)后，可得：

$$\frac{y(nT)-y[(n-1)T]}{T}+ay(nT)=\beta x(nT) \tag{7-120}$$

由于 $x(nT)$和 $y(nT)$只是激励 $x(t)$和响应 $y(t)$在一些离散时间点 $t=nT$ 上的数值，所以式(7-120)可以转换成差分方程，即：

$$\frac{y(n)-y(n-1)}{T}+ay(n)=\beta x(n) \tag{7-121}$$

整理式(7-121)便可将原一阶微分方程转换成一阶后向差分方程：

$$y(n)-\frac{1}{(1+\alpha T)}y(n-1)=\frac{\beta T}{(1+\alpha T)}x(n) \tag{7-122}$$

若将微分项改用近似式

$$\left.\frac{\mathrm{d}y(t)}{\mathrm{d}t}\right|_{t=nT}=\frac{y[(n+1)T]-y(nT)}{T}$$

则原一阶微分方程变为一个一阶前向差分方程，即：

$$y(n+1)+(\alpha T-1)y(n)=\beta Tx(n) \tag{7-123}$$

式(7-122)和式(7-123)表明描述连续系统的微分方程的近似方程即为差分方程。有了差分方程就可以用迭代法轻松地对连续系统进行数值计算，而得到 $y(t)$的近似结果 $y(n)$。例如，对于图 7-25 中的 RC 低通电路(充电电路)，可以求出电容上的电压 $y(t)$与电压源激励 $x(t)$之间所满足的微分方程：

$$\frac{\mathrm{d}y(t)}{\mathrm{d}t}+\frac{1}{RC}y(t)=\frac{1}{RC}x(t) \tag{7-124}$$

如果电容上的初始电压 $y(0^-)=0$，激励信号 $x(t)=\varepsilon(t)\mathrm{V}$，则可以求得电容电压：

$$y(t)=(1-\mathrm{e}^{-\frac{t}{RC}})\varepsilon(t)\mathrm{V} \tag{7-125}$$

$y(t)$的波形如图 7-25c 所示，是一个指数充电曲线。根据式(7-122)，微分方程式(7-124)可以近似改写成差分方程式(7-126)，即：

$$y(n)-\frac{RC}{RC+T}y(n-1)=\frac{T}{RC+T}x(n) \tag{7-126}$$

对 $x(t)=\varepsilon(t)$抽样可得 $x(n)=\varepsilon(n)$，对应于 $y(0_-)=0$ 有 $y(-1)=0$，则可以求得 $y(n)$，$y(n)$的端点连线与 $y(t)$波形近似。图 7-25c 给出了当 $R=1\Omega$、$C=1F$、$T=0.2s$ 时用 Matlab 软件计算得出的 $y(n)$波形。可见，它和 $y(t)$非常相近，若 T 越小，两者的近似程度就越好。

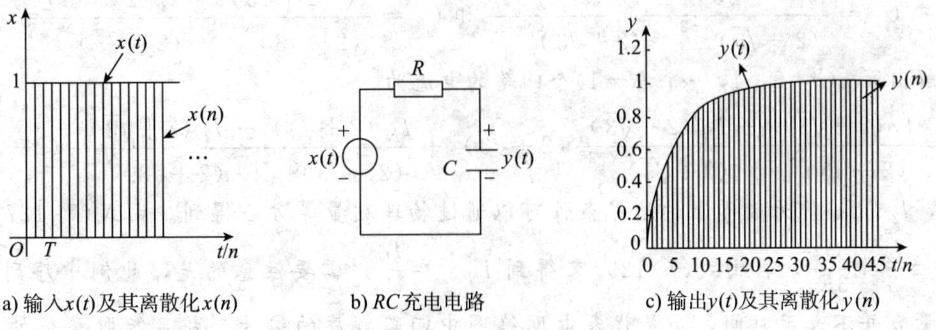

图 7-25　RC 低通电路及其数值求解

由此可见，利用微分与差商的关系式就可以将一个微分方程转化为一个差分方程，即将一个连续系统转化为一个离散系统，借此对微分方程所表述的实际问题进行数值计算分析。但是，必须引起充分注意的是，将微分方程近似为差分方程的条件是样值间隔 T 要足够小，T 越小，$y(n)$ 越接近 $y(t)$，即近似程度越好。当相邻的两个样点无限靠近，即 $\Delta t=T\to 0$ 时，差分就转变为微分，用计算机求解微分方程时所用的欧拉法、龙格库塔法等就是根据这一原理实现的。

【例 7-20】 图 7-26 所示为某梯形电阻网络，其中 $R_1=2R_2$，U_s 为电压源，求该网络内任何回路中的电流。

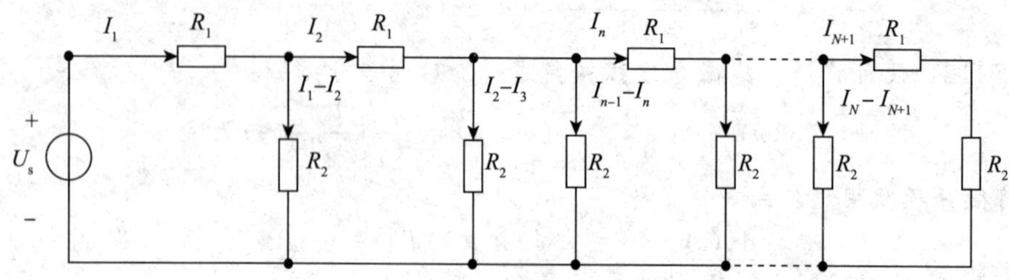

图 7-26 例 7-20 的梯形电阻网络

解：1）**建立差分方程**。以下标表示序列的序号，根据 KVL 导出各个回路电流之间的关系，具体如下：

$$\text{第一个回路}: I_1R_1+(I_1-I_2)R_2-U_s=0 \tag{7-127}$$

$$\text{第 } n \text{ 个回路}: I_nR_1+(I_n-I_{n+1})R_2-(I_{n-1}-I_n)R_2=0 \tag{7-128}$$

$$\text{第 } N+1 \text{ 个回路}: I_{N+1}R_1+I_{N+1}R_2-(I_N-I_{N+1})R_2=0 \tag{7-129}$$

在第 n 个回路 KVL 方程式(7-128)中使 $R_1=2R_2$ 可得差分方程为

$$I_{n+1}-4I_n+I_{n-1}=0 \tag{7-130}$$

2）**求解方程**。式(7-130)的特征方程为

$$\lambda^2-4\lambda+1=0$$

解出特征根为 $\lambda=2\pm\sqrt{3}$。因此，方程式(7-130)的通解为

$$I_n=C_1\,(2+\sqrt{3})^n+C_2\,(2-\sqrt{3})^n \tag{7-131}$$

在式(7-131)中，分别令 $n=2$ 及 $n=N$，可得到：

$$I_2=C_1\,(2+\sqrt{3})^2+C_2\,(2-\sqrt{3})^2$$

$$I_N=C_1\,(2+\sqrt{3})^N+C_2\,(2-\sqrt{3})^N$$

从中解出待定系数 C_1、C_2，分别为

$$C_1=\frac{I_2\,(2-\sqrt{3})^N-I_N\,(2-\sqrt{3})^2}{(2-\sqrt{3})^{N-2}-(2+\sqrt{3})^{N-2}} \text{ 和 } C_2=\frac{I_N\,(2+\sqrt{3})^2-I_2\,(2+\sqrt{3})^N}{(2-\sqrt{3})^{N-2}-(2+\sqrt{3})^{N-2}}$$

因此解出第 $n(n=3,4,\cdots,N-1)$ 个回路的电流为

$$I_n=\frac{I_2\,(2-\sqrt{3})^N-I_N\,(2-\sqrt{3})^2}{(2-\sqrt{3})^{N-2}-(2+\sqrt{3})^{N-2}}(2+\sqrt{3})^n+\frac{I_N\,(2+\sqrt{3})^2-I_2\,(2+\sqrt{3})^N}{(2-\sqrt{3})^{N-2}-(2+\sqrt{3})^{N-2}}(2-\sqrt{3})^n$$

其中，I_2、I_N 作为数学上的边界条件可以通过物理测量等方法得到。由式(7-127)可求出 $I_1=\dfrac{I_2}{3}+\dfrac{U_s}{3R_2}$，再由式(7-129)又得到 $I_{N+1}=\dfrac{I_N}{4}$。需要注意的是，此例中序列 I_n 的自变量 n 并不表示时间，而是代表电网络图中回路顺序的编号，即只能取整数的序号。显然，对于例 7-20 中的电路也可选择各节点电压作为离散变量。为了求解节点电压可任选一个典型节，设其电压分别为 u_{n-1}、u_n、u_{n+1} 或 u_n、u_{n+1}、u_{n+2}，对节点 u_n 或 u_{n+1} 列写节点电压方程即可得到一个关于节点电压 u_n 的线性常系数差分方程，解之便可求出节点电压。

对于具有重复结构的电路，例如电路中包含了许多相同节的串级(如多级放大器、滤波器等)，可以通过列写差分方程来进行分析。因为这时只要对其中一个典型节列写差分方程进行分析即可。图 7-26 所示梯形电阻网络便是一个具有重复结构的电路。

【例 7-21】 客户向银行借贷住房款的总额为 P，偿还贷款期限为 L 个月，I 为银行贷款月利率，若用户每月的还款额数相同，均为 R，则用户每月应还贷款的计算公式为

$$R=\frac{I(1+I)^L}{(1+I)^L-1}P \tag{7-132}$$

试按照上述问题的描述建立相应的数学模型，并导出式(7-132)。这种还贷方式就是所谓的等额均还，即在贷款期限内每月以相等的还贷额 R 归还部分本金和利息。

解：1) **建立差分方程**。本题中的银行贷款这个离散事件抽象出的数学模型应为一阶差分方程。为此，设用户在第 n 个月末的欠款余额为 $y(n)$，则 $y(n-1)$ 就是用户在第 $n-1$ 个月末的欠款余额。于是，用户在当前月份的欠款余额 $y(n)$ 将是用户在上个月的欠款余额 $y(n-1)$ 加上上个月的利息 $Iy(n-1)$ 后再减去用户本月的还款 R，即：

$$y(n)=y(n-1)+Iy(n-1)-R \tag{7-133}$$

整理式(7-133)可得出所建立的数学模型，即一阶差分方程：

$$y(n)-(1+I)y(n-1)=-R,n\geqslant 1 \tag{7-134}$$

2) **求出方程的齐次解、特解和完全解**。由式(7-134)的特征方程：

$$\lambda-(1+I)=0$$

可以求出其特征根为 $1+I$，故方程的齐次解为 $C(1+I)^n$，其中，C 为待定系数。设方程的特解为常数 D，将其带入式(7-134)可得：

$$D-(1+I)D=-R$$

解出 $D=\frac{R}{I}$，故方程的完全解可写为

$$y(n)=C(1+I)^n+\frac{R}{I} \tag{7-135}$$

现在来确定式(7-135)中的常系数 C。为此必须定出一个初值。完全解 $y(n)$ 的初值 $y(0)$ 就是用户的贷款总额 P。因此，在方程式(7-135)中令 $n=0$ 并代入 $y(0)=P$，可得：

$$C=P-\frac{R}{I} \tag{7-136}$$

因此相应的完全解为

$$y(n)=\left(P-\frac{R}{I}\right)(1+I)^n+\frac{R}{I},n\geqslant 0 \tag{7-137}$$

3) **导出用户每月偿还贷款计算式**。因为假设在第 L 个月后用户还清本息，故有

$$y(L)=0$$

这样，式(7-137)就可变为

$$\left(P-\frac{R}{I}\right)(1+I)^L+\frac{R}{I}=0 \tag{7-138}$$

整理式 (7-138)可得出：

$$R=\frac{I(1+I)^L}{(1+I)^L-1}P \tag{7-139}$$

例如，若用户贷款总金额为 20 万元，即 $P=200000$，贷款期限为 10 年，即 $L=120$，银行月利息 $I=0.00345$，将这些数据代入式(7-139)可求得用户每月应还款数额 $R=2038.23$元。可见，用户在10 年中共还给银行本息 244587.6 元，其中，本金是 20 万元，利息是 44587.6 元。

7.8 离散系统的单位样值响应与单位阶跃响应

7.8.1 单位样值响应

线性离散时间系统对于单位样值序列 $\delta(n)$ 的零状态响应，称为单位样值响应，一般用 $h(n)$ 表示，其作用与连续系统中由 $\delta(t)$ 产生的单位冲激响应 $h(t)$ 相同，即利用它可以通过卷积和方便地求解线性移不变系统对任意输入的零状态响应，利用单位样值响应还可以描述线性移不变系统的固有特性，如因果性、稳定性等。

既可以在时域，也可以在 z 变换域中求解 $h(n)$，后者比较简单。这里先讨论其时域求解方法。$h(n)$ 的时域求解一般可以采用 4 种方法，即迭代法、经典法、转移算子法以及利用单位阶跃响应与单位样值响应之间的关系。

在差分方程基本解法(即迭代法)的介绍中，我们已经通过例 7-5 在 $y(-1)=0$ 的条件下给出一个一阶系统 $h(n)$ 的求解示例。另一种行之有效的方法是与求解连续系统单位冲激响应 $h(t)$ 时一样化零状态响应为零输入响应，即**等效初始条件法**，其实质是经典法中求差分方程的齐次解。

1. 经典法(等效初始条件法)

将 $x(n)=\delta(n)$、$y(n)=h(n)$ 代入差分方程的一般式(7-52)，可得：

$$\sum_{k=0}^{N} a_k h(n-k) = \sum_{r=0}^{M} b_r \delta(n-r) \tag{7-140}$$

由于所讨论的是线性移不变因果系统，可以应用线性移不变特性，因而为了求解方便，先求出方程式(7-140)右端仅有 $\delta(n)$ 时系统的零状态响应 $h_0(n)$，这时，由式(7-140)可得：

$$\sum_{k=0}^{N} a_k h_0(n-k) = \delta(n) \tag{7-141}$$

由式(7-141)可知，既已定义初始状态为零，即 $h_0(-1)=h_0(-2)=\cdots=h_0(-N)=0$，若再无外施激励 $\delta(n)$，则必有 $h_0(0)=0$，由于 $\delta(n)$ 仅在 $n=0$ 的瞬时时刻取值为 1，而在 $n>0$时为零，故 $\delta(n)$ 的接入对于因果系统必产生非零的 $h_0(0)$，这表明 $n=0$ 时输入到系统的信号$\delta(n)$ 的作用完全可以等效转化为系统在 $n=0$ 时的初始条件 $h_0(0)$。因此，对于 $n>0$，系统的单位样值响应是由作为非零初始条件 $h_0(0)$ 产生的一种零输入响应，也是式(7-141)所对应的齐次方程的解，而其初始条件 $h_0(0)$ 可以通过描述系统的差分方程式(7-141)求得。在式(7-141)中，令 $n=0$ 可得：

$$a_0 h_0(0) + a_1 h_0(-1) + a_2 h_0(-2) + \cdots + a_N h_0(-N) = \delta(0) = 1$$

应用零状态条件 $h_0(-1)=h_0(-2)=\cdots=h_0(-N+1)=h_0(-N)=0$ 可得：

$$h_0(0) = \frac{1}{a_0}$$

因此，求解满足下列等效初始条件的齐次差分方程：

$$\begin{cases} \displaystyle\sum_{k=0}^{N} a_k h_0(n-k) = 0 \\ h_0(0) = \dfrac{1}{a_0}, h_0(-1) = h_0(-2) = \cdots = h_0(-N+1) = 0 \end{cases} \tag{7-142}$$

便可得到 $n\geqslant 0$ 以后的 $h_0(n)$。由于式(7-141)右端只有输入序列本身 $x(n)=\delta(n)$，所以也可以通过在方程式(7-141)中分别令 $n=0$，1，2…，$N-1$ 并利用 $h_0(-1)=h_0(-2)=\cdots=h_0(-N+1)=h_0(-N)=0$ 建立一组递推关系式以得出另一组初始条件 $h_0(0)$，$h_0(1)$，…，$h_0(N-2)$，$h_0(N-1)$，利用这组初始条件来确定 $h_0(n)$ 中的 N 个待定系数，与用

式(7-142)中的等效初始条件所得结果相同。尽管如此，由于这组初始条件一般均不为零，所以用它以确定待定系数时要费事得多，故而较少使用。一旦求出 $h_0(n)$，根据线性移不变特性可得式(7-140)对应系统的单位样值响应：

$$h(n)=\sum_{r=0}^{M}b_r h_0(n-r) \tag{7-143}$$

由于 $h_0(n)$ 与式(7-68)的解(即齐次解)或零输入响应形式完全相同，因而其线性组合构成的单位样值响应 $h(n)$ 也与零输入响应形式完全相同，利用这种方法也容易求得式(7-63)所对应的线性移不变因果系统的单位样值响应：

$$h(n)=\sum_{r=0}^{M}\frac{b_r}{a_0}\delta(n-r)=\begin{cases}\dfrac{b_n}{a_0},0\leqslant n\leqslant M\\ 0,其他\end{cases}$$

由于该单位样值响应的非零值区间的长度是有限的，故而称这种系统为有限长单位冲激响应系统(Finite Impulse Response，FIR)

【例 7-22】 已知一个离散因果系统的差分方程为

$$y(n)-5y(n-1)+6y(n-2)=x(n)-3x(n-2)$$

求系统的单位样值响应 $h(n)$。

解法 1：等效初始条件法与叠加原理。 令 $x(n)=\delta(n)$，$y(n)=h(n)$，将原方程改写为

$$h(n)-5h(n-1)+6h(n-2)=\delta(n)-3\delta(n-2) \tag{7-144}$$

根据线性移不变特性，可将式(7-144)分解为两个式子，即：

$$h_0(n)-5h_0(n-1)+6h_0(n-2)=\delta(n) \tag{7-145}$$

和

$$h_1(n)-5h_1(n-1)+6h_1(n-2)=-3\delta(n-2)$$

对于 $h_0(n)$ 所满足的方程，由定义可知应有 $h_0(-1)=0$，$h_0(-2)=0$，由式(7-145)可以求出 $h_0(0)=1$。由于整个系统的特征方程为 $\lambda^2-5\lambda+6=0$，特征根为 $\lambda_1=2$，$\lambda_2=3$，因此，$h_0(n)$ 的形式为

$$h_0(n)=(C_1 2^n+C_2 3^n) \tag{7-146}$$

在式(7-146)中代入 $h_0(-1)=0$，$h_0(0)=1$ 可以求出 $C_1=-2$，$C_2=3$，所以有：

$$h_0(n)=(3^{n+1}-2^{n+1})\varepsilon(n) \tag{7-147}$$

再求系统在 $-3\delta(n-2)$ 作用下的响应 $h_1(n)$。根据线性移不变特性，若 $\delta(n)$ 引起的响应为 $h_0(n)$，$-3\delta(n-2)$ 产生的响应则为

$$h_1(n)=-3h_0(n-2)=-3(3^{n-1}-2^{n-1})\varepsilon(n-2) \tag{7-148}$$

应用叠加原理求式(7-147)和式(7-148)中的 $h_0(n)$ 和 $h_1(n)$，并将它们相加可求出系统单位样值响应 $h(n)$ 为

$$\begin{aligned}h(n)&=h_0(n)+h_1(n)=(3^{n+1}-2^{n+1})\varepsilon(n)-3(3^{n-1}-2^{n-1})\varepsilon(n-2)\\&=(3^{n+1}-2^{n+1})[\delta(n)+\delta(n-1)+\varepsilon(n-2)]-3(3^{n-1}-2^{n-1})\varepsilon(n-2)\\&=\delta(n)+5\delta(n-1)+(2\times 3^n-2^{n-1})\varepsilon(n-2)\\&=\delta(n)+(2\times 3^n-2^{n-1})\varepsilon(n-1)\end{aligned} \tag{7-149}$$

解法 2：等效初始条件法。 这时，仍然遵循化零状态响应为零输入响应的思想，在区间 $n>2$，原方程的求解问题演变为

$$\begin{cases}h(n)-5h(n-1)+6h(n-2)=0\\ 等效初始条件:h(1)、h(2)\ 或\ h(2)、h(3)\ 等\end{cases} \tag{7-150}$$

由式(7-150)可知，关键问题是如何选择等效初始条件，而正确选择的要求是必需同时包括所有激励信号，即$\delta(n)$和$-3\delta(n-2)$的作用。由于所求为区间$n\geqslant 2$的单位样值响应，所以如果全选$n<2$的$h(n)$值，例如，将$h(0)$、$h(-1)$或$h(0)$、$h(1)$等作为等效初始条件显然不对，因为这样，激励$-3\delta(n-2)$对等效初始条件的作用尚未计入。因此，为了将对应于$n\geqslant 2$的由两个激励对等效初始条件的贡献都考虑进去，应该采用区间$n\geqslant 1$中$h(1)$和$h(2)$作为等效初始条件，事实上，也可以选用该区间上任意两个$h(n)$值，例如，用$h(2)$和$h(3)$等来确定待定常数。但是，所选用的值中不能含有此区间以外的值，例如$h(0)$和$h(2)$。利用零状态定义$h(-1)=0$、$h(-2)=0$以及原始差分方程的递推关系：

$$h(n) = 5h(n-1) - 6h(n-2) + \delta(n) - 3\delta(n-2)$$

可求得$h(0)=1$，$h(1)=5$，$h(2)=16$，这表明，倘若选择$h(1)$和$h(2)$，必需先求出$h(0)$的值，从而便于表示系统在$n\geqslant 0$的响应。由**解法 1** 中所求出的特征根可知，式(7-150)解的形式为

$$h(n) = (C_3 2^n + C_4 3^n) \tag{7-151}$$

式(7-151)中的待定系数可由边界条件$h(1)=5$，$h(2)=16$求出，则$C_3=-1/2$，$C_4=2$。于是求出系统在$n\geqslant 2$时的响应为$(2\times 3^n - 2^{n-1})$。考虑到系统响应有$h(0)=1$，$h(1)=5$，所以系统的总响应为

$$\begin{aligned} h(n) &= \delta(n) + 5\delta(n-1) + (2\times 3^n - 2^{n-1})\varepsilon(n-2) \\ &= \delta(n) + (2\times 3^n - 2^{n-1})\varepsilon(n-1) \end{aligned}$$

可见，这两种方法解得的结果是一致的。另外还可以看到，由式(7-147)和式(7-149)可知，由于$h(0)=1$和$h(2)=16$分别是两个不同区间上不同解函数$h(n)=3^{n+1}-2^{n+1}$ $(0\leqslant n\leqslant 1)$和$h(n)=2\times 3^n - 2^{n-1}$ $(n\geqslant 2)$的函数值，它们不可能同时满足这两个相异的解函数，所以如果选择$h(0)$和$h(2)$作为初始条件来确定区间$n\geqslant 2$上函数$h(n)=(C_3 2^n + C_4 3^n)$中的待定系数C_3和C_4，其结果一定是错误的，因此，只能选择区间$n\geqslant 1$上的任何两个$h(n)$值作为初始条件，因为$h(1)$就已经开始考虑到$\delta(n)$的作用了。

这种解法很容易推广到方程右边包括$\delta(n)$移序项的$x(n-n_0)$阶差分方程式(7-140)的单位样值响应求解，即同时考虑方程右边所有冲激激励作用而无须应用叠加原理。显然，这时单位样值响应作为齐次解的等效初始条件可以取$n\geqslant M-1$区间中N个$h(n)$值，它们可以由零状态值$h(-1)=h(-2)=\cdots=h(-N)=0$及原始差分方程迭代得到，同时迭代出的还有响应值$h(0)$，$h(1)$，…，$h(M-1)$。

2. 传输算子法

将$x(n)=\delta(n)$代入式(7-56)得到

$$h(n) = \frac{N(E)}{D(E)}\delta(n) = H(E)\delta(n) \tag{7-152}$$

将式(7-152)中的传输算子$H(E)$展开成部分分式，查表7-5便可求出$h(n)$。例7-13和例7-14实际上就是利用传输算子法求单位样值响应的例子，下面再举一例。

【例 7-23】 利用传输算子法求例7-22中差分方程所表示系统的单位样值响应$h(n)$。

解：利用滞后算子将所给差分方程变为

$$(1 - 5E^{-1} + 6E^{-2})y(n) = (1 - 3E^{-2})x(n)$$

由此得出系统差分方程的传输算子为

$$H(E) = \frac{y(n)}{x(n)} = \frac{E^2 - 3}{E^2 - 5E + 6}$$

所以求得单位样值响应为

$$h(n)=H(E)\delta(n)=\frac{E^2-3}{E^2-5E+6}\delta(n)=\left[1+\frac{5E-9}{(E-2)(E-3)}\right]\delta(n)$$

$$=\left(1-\frac{1}{E-2}+\frac{6}{E-3}\right)\delta(n)=\delta(n)-(2)^{n-1}\varepsilon(n-1)+6\,(3)^{n-1}\varepsilon(n-1)$$

$$=\delta(n)+[2\times 3^n-(2)^{n-1}]\varepsilon(n-1)=\delta(n)+(2\times 3^n-2^{n-1})[\delta(n-1)+\varepsilon(n-2)]$$

$$=\delta(n)+5\delta(n-1)+(2\times 3^n-2^{n-1})\varepsilon(n-2)$$

$$=\delta(n)+(2\times 3^n-2^{n-1})\varepsilon(n-1)$$

7.8.2　单位阶跃响应

线性离散系统对于单位阶跃序列 $\varepsilon(n)$ 的零状态响应称为单位阶跃响应，一般记为 $s(n)$。类似于连续时间系统，离散系统的单位样值响应 $h(n)$ 与阶跃响应 $s(n)$ 也存在着确定的关系。当系统输入为 $\varepsilon(n)=\sum\limits_{m=0}^{\infty}\delta(n-m)$ 或 $\varepsilon(n)=\sum\limits_{k=-\infty}^{n}\delta(k)$ 时，根据线性移不变特性可以得出其单位阶跃响应为

$$s(n)=\sum_{m=0}^{\infty}h(n-m) \tag{7-153}$$

或

$$s(n)=\sum_{k=-\infty}^{n}h(k) \tag{7-154}$$

对于因果系统，式(7-154)可以表示为

$$s(n)=\sum_{k=0}^{n}h(k) \tag{7-155}$$

当系统输入为 $\delta(n)=\nabla\varepsilon(n)=\varepsilon(n)-\varepsilon(n-1)$ 时，根据线性移不变特性，则可以得出单位样值响应为

$$h(n)=\nabla s(n)=s(n)-s(n-1) \tag{7-156}$$

式(7-153)、式(7-154)或式(7-155)、式(7-156)利用线性移不变特性分别建立了线性移不变系统的单位样值响应 $h(n)$ 与单位阶跃响应 $s(n)$ 之间的关系，当已知其中一个响应时，可以借助它们求出另一个响应。

【例 7-24】 已知某零状态因果系统的差分方程为

$$y(n)-2y(n-1)=4x(n)+x(n-1)$$

试求：1）系统的单位样值响应 $h(n)$；2）系统的单位阶跃响应 $s(n)$。

解：1）应用等效初始条件法与叠加原理求 $h(n)$。先求系统在仅有 $\delta(n)$ 作用下的单位样值响应 $h_0(n)$，它应满足下列方程：

$$h_0(n)-2h_0(n-1)=\delta(n)$$

由此可求出该系统的等效初始条件 $h_0(0)=1$，系统的特征方程为 $\lambda-2=0$，故特征根 $\lambda=2$，因而求出：

$$h_0(n)=C\,(2)^n\varepsilon(n)$$

代入 $h_0(0)=1$，可得 $h_0(n)=(2)^n\varepsilon(n)$。根据线性移不变特性，原系统在 $4\delta(n)+\delta(n-1)$ 作用下所产生的响应为

$$h(n)=4h_0(n)+h_0(n-1)=4\cdot(2)^n\varepsilon(n)+(2)^{n-1}\varepsilon(n-1)$$

2）由系统的单位样值响应与单位阶跃响应关系可以求出：

$$s(n)=\sum_{m=0}^{\infty}h(n-m)=\sum_{m=0}^{\infty}[4\cdot 2^{n-m}\varepsilon(n-m)+2^{n-m-1}\varepsilon(n-m-1)]$$

$$= 4 \cdot 2^n \sum_{m=0}^{n} 2^{-m} \varepsilon(n) + 2^{n-1} \sum_{m=0}^{n-1} 2^{-m} \varepsilon(n-1)$$

$$= (8 \cdot 2^n - 4)\varepsilon(n) + (2^n - 1)\varepsilon(n-1)$$

7.9 线性移不变系统的卷积和

我们知道，对于线性移不变系统，可以利用卷积积分求其零状态响应。类似地，在离散时间系统的分析中，卷积和也是一种求线性移不变系统零状态响应的十分重要的方法。

7.9.1 卷积和的定义与性质

1. 卷积和的定义

线性移不变系统在$\delta(n)$作用下的零状态响应，即单位样值响应为$h(n)$，由系统的移不变性与齐次性可知，系统对$x(m)\delta(n-m)$的零状态响应为$x(m)h(n-m)$($m=0$，± 1，± 2，…，$\pm\infty$)，根据系统的可加性，离散信号$\sum\limits_{m=-\infty}^{\infty} x(m)\delta(n-m)$所产生的零状态响应为$\sum\limits_{m=-\infty}^{\infty} x(m)h(n-m)$。由于任意输入序列$x(n)$均可以表示为$\delta(n)$及其移位序列的线性组合，即：

$$x(n) = \sum_{m=-\infty}^{\infty} x(m)\delta(n-m) \tag{7-157}$$

所以线性移不变系统对任意输入序列$x(n)$的零状态响应$y_{zs}(n)$为

$$y_{zs}(n) = \sum_{m=-\infty}^{\infty} x(m)h(n-m) \tag{7-158}$$

式(7-158)右边即为$x(n)$与$h(n)$的卷积和，用符号 * 简记为

$$y_{zs}(n) = x(n) * h(n) \tag{7-159}$$

通过变量代换可以证明，式(7-158)中变量$n-m$与m或者说符号h与x可以交换，即有：

$$\begin{aligned} y_{zs}(n) &= \sum_{m=-\infty}^{\infty} x(m)h(n-m) = \sum_{m=-\infty}^{\infty} h(m)x(n-m) \\ &= x(n) * h(n) = h(n) * x(n) \end{aligned} \tag{7-160}$$

式(7-160)表明，卷积和满足交换律，即卷积和的结果与卷积和的两个序列的先后次序无关。因此，一个单位样值响应为$h(n)$的线性移不变系统对输入$x(n)$的零状态响应与一个单位样值响应为$x(n)$的线性移不变系统对输入$h(n)$的零状态响应是完全相同的。

这里用“ * ”符号来表示“离散卷积和”，有时也称为“线性卷积和”或简称为“卷积和”或“卷积”。这与以后将引入的“圆周卷积”(或“循环卷积”)是不同的。

由于线性移不变系统的零状态响应$y_{zs}(n)$等于输入序列$x(n)$与系统单位样值响应$h(n)$的卷积和，所以如果已知系统的单位样值响应，就不必通过求解差分方程，而可以方便地利用卷积运算求出系统对任意输入信号的零状态响应。由式(7-160)可知，从求解零状态响应的角度来看，线性移不变系统的$h(n)$在时域中可以完全代表一个系统，但仅限于线性移不变系统。此外，它还可以表征这种系统的固有特性。

显然，类同于连续卷积，离散卷积只有卷积和收敛才存在卷积结果，即任意两个离散信号的卷积不一定都存在，具体是：①若两个信号都是因果信号或反因果信号以及两个信号都是或者至少有一个是有限长信号，则卷积和存在；②若信号是无限长信号，可将其分

解成因果信号和反因果信号，再考虑卷积和是否存在；③若两个信号分别为因果信号和反因果信号，则不一定存在卷积和。

若 $x(n)$、$h(n)$均为有限长序列，则有：

$$x(n)=\begin{cases}x(n),\ N_1\leqslant n\leqslant N_2\\0,\text{其他}\end{cases},h(n)=\begin{cases}h(n),N_3\leqslant n\leqslant N_4\\0,\text{其他}\end{cases}$$

由于 $x(m)$的非零值区间为 $N_1\leqslant m\leqslant N_2$，其非零点的个数为 $L_x=N_2-N_1+1$，而 $h(n-m)$，即 $h(n)$的非零值区间为 $N_3\leqslant n-m\leqslant N_4$，非零点的个数为 $L_h=N_4-N_3+1$，将所列出的两个不等式相加即得卷积结果 $y_{zs}(n)$的非零点范围为

$$N_1+N_3\leqslant n\leqslant N_2+N_4 \tag{7-161}$$

在此区间外不是 $x(m)$为零，就是 $h(n-m)$为零，所以 $y_{zs}(n)$的非零点的个数为

$$L_y=L_x+L_h-1 \tag{7-162}$$

即线性卷积的长度等于参与卷积的两序列的长度之和减 1。因此，如果任意一个长度为 N 的因果激励序列 $x(n)$作用于长度为 M 的线性移不变因果系统 $h(n)$，则系统的零状态响应 $y_{zs}(n)$可以写为

$$y_{zs}(n)=\sum_{m=0}^{n}h(m)x(n-m)=\sum_{m=0}^{n}x(m)h(n-m),0\leqslant n\leqslant N+M-2 \tag{7-163}$$

若将式(7-163)按 n 取不同值展开，可以得出各个时刻输出值，写成矩阵式为

$$\begin{bmatrix}y(0)\\y(1)\\\vdots\\y(M-1)\\\vdots\\y(N-1)\\\vdots\\y(L-1)\end{bmatrix}=\begin{bmatrix}x(0)&&\\x(1)&x(0)&&0\\\vdots&&\ddots&\\x(M-1)&\cdots&\cdots&x(0)\\\vdots&\ddots&&\vdots\\x(N-1)&\cdots&\cdots&x(n-m)\\&\ddots&&\vdots\\0&&\ddots&\vdots\\&&&x(N-1)\end{bmatrix}\begin{bmatrix}h(0)\\h(1)\\\vdots\\h(M-1)\end{bmatrix} \tag{7-164}$$

或

$$\boldsymbol{Y}=\boldsymbol{XH} \tag{7-165}$$

由此可见，离散卷积的物理实质是将输入序列中的每一个样值单独通过系统时的响应在不同时刻进行叠加而得出整个输入作用于系统的响应。这个矩阵形式也有利于理解卷积和的数学含义。

虽然卷积和的表达式与卷积积分的表达式十分相似，但是，不应该把卷积和视为卷积积分的一种近似。在连续系统中卷积积分主要起着一种理论上的作用，而下面会看到，卷积和除了在理论上具有重要意义外，还用作离散线性系统的一种具体实现，广泛应用于数字信号处理。

2. 卷积和的性质

离散序列卷积和的代数运算与卷积积分有相似的运算规律，也服从交换律、结合律、分配律和时不变性。

(1)交换律

$$x_1(n)*x_2(n)=x_2(n)*x_1(n) \tag{7-166}$$

(2)结合律

$$x_1(n)*[x_2(n)*x_3(n)]=[x_1(n)*x_2(n)]*x_3(n)=x_2(n)*[x_1(n)*x_3(n)] \tag{7-167}$$

这表明，三个信号的卷积和是其中任意两个信号的卷积和的结果再与第三个信号做卷积。显然，结合律成立的条件是其中任意两个信号的卷积和均存在。

(3)分配律

$$x_1(n)*[x_2(n)+x_3(n)]=x_1(n)*x_2(n)+x_1(n)*x_3(n) \tag{7-168}$$

交换律和结合律应用于线性移不变的级联，分配律是线性运算中叠加性的表现，应用于线性移不变的并联，这三个性质都可以利用卷积和的定义直接加以证明。

(4)时不变性(位移性)

若 $x(n)=x_1(n)*x_2(n)$，则有：

$$x_1(n-n_1)*x_2(n)=x_1(n)*x_2(n-n_1)=x(n-n_1),n_1\text{ 为整数} \tag{7-169}$$

$$x_1(n-n_1)*x_2(n-n_2)=x_1(n-n_2)*x_2(n-n_1)=x(n-n_1-n_2),n_1、n_2\text{ 为整数} \tag{7-170}$$

利用卷积的交换律可以证明式(7-169)和式(7-170)。应用时不变性式(7-170)可以得出一个与单位冲激函数卷积类似的**移位性质**，即：

$$x(n-n_1)*\delta(n-n_2)=x(n-n_1-n_2),n_1、n_2\text{ 为整数} \tag{7-171}$$

特别地可得

$$x(n)*\delta(n-n_0)=x(n-n_0),n_0\text{ 为整数} \tag{7-172}$$

式(7-172)表明，任意信号 $x(n)$ 与单位样值位移序列 $\delta(n-n_0)$ 的卷积等于该信号本身位移 n_0。当 $n_0=0$ 时，有 $x(n)*\delta(n)=x(n)$。应用卷积定义可以证明任意序列 $x(n)$ 与单位阶跃序列 $\varepsilon(n)$ 的卷积为

$$x(n)*\varepsilon(n)=\sum_{k=-\infty}^{n}x(k) \tag{7-173}$$

显然，这类似与单位阶跃函数的卷积特性，只是此处是求和而不是积分。

(5) 差分与求和性质

相应于连续卷积的微分和积分性质，离散卷积和有差分与求和性质，即若 $x_1(n)*x_2(n)=x(n)$，则有卷积和的差分性质为

$$\nabla x_1(n)*x_2(n)=x_1(n)*\nabla x_2(n)=\nabla[x_1(n)*x_2(n)]=\nabla x(n) \tag{7-174}$$

$$\Delta x_1(n)*x_2(n)=x_1(n)*\Delta x_2(n)=\Delta[x_1(n)*x_2(n)]=\Delta x(n) \tag{7-175}$$

利用卷积的分配律容易证明上式。卷积和的求和性质为

$$\sum_{k=-\infty}^{n}x_1(k)*x_2(n)=x_1(n)*\sum_{k=-\infty}^{n}x_2(k)=\sum_{k=-\infty}^{n}[x_1(k)*x_2(k)]=\sum_{k=-\infty}^{n}x(k) \tag{7-176}$$

利用卷积和定义可以证明式(7-176)。

(6)差分与求和的卷积和

类似于连续卷积中将微分与积分性质结合在一起得到一个有用的结论，这里将差分与求和结合起来可得：

$$\nabla x_1(n)*\sum_{k=-\infty}^{n}x_2(k)=x_1(n)*x_2(n) \tag{7-177}$$

在式(7-177)中代入一阶后向差分的定义式，再利用卷积和的定义式即可证明。

灵活地运用卷积和的性质往往可以简化卷积和的运算过程。值得强调指出的是，同连续卷积一样，卷积和及其基本性质不仅是一种数学运算方法，而且有着实际的物理意义。例如，卷积和的某些基本性质可以用来描述线性移不变系统的连接方式等，在 7.10 节将会看到这一点。

【例 7-25】 已知某系统的单位样值响应 $h(n)=\left(\frac{1}{2}\right)^n\varepsilon(n)$，输入信号 $x(n)=\varepsilon(n)$，试求它的零状态响应 $y_{zs}(n)$。

解：利用差分与求和的卷积性质求解。应用后向差分公式以及求和公式分别可得：

$$\nabla x(n)=x(n)-x(n-1)=\varepsilon(n)-\varepsilon(n-1)=\delta(n)$$

$$\begin{aligned}\sum_{k=-\infty}^{n}h(k)&=\sum_{k=-\infty}^{n}\left(\frac{1}{2}\right)^k\varepsilon(k)=\left[\sum_{k=0}^{n}\left(\frac{1}{2}\right)^k\right]\varepsilon(n)\\&=\left[\frac{1-\left(\frac{1}{2}\right)^{n+1}}{1-\frac{1}{2}}\right]\varepsilon(n)=\left[2-\left(\frac{1}{2}\right)^n\right]\varepsilon(n)\end{aligned}$$

因此，系统的零状态响应为

$$\begin{aligned}y_{zs}(n)&=x(n)*h(n)=\nabla x(n)*\sum_{k=-\infty}^{n}h(k)\\&=\delta(n)*\left[2-\left(\frac{1}{2}\right)^n\right]\varepsilon(n)=\left[2-\left(\frac{1}{2}\right)^n\right]\varepsilon(n)\end{aligned}$$

7.9.2 卷积和的计算

卷积和的时域计算方法主要有定义式法、图形计算法、单位样值序列卷积法、序列阵列表法、对位相乘求和法和算子法，下面分别加以讨论。

1. 利用定义式直接计算卷积

在已知两个离散信号函数式的情况下，可以用定义式来计算它们的卷积和。这是最基本的计算方法，因为当两个离散信号具有很多样值，特别是无限长序列时，借助图形用手工计算很不方便，甚至是不可能的。尽管用定义式计算卷积可以得到闭合函数解，但在计算时应特别注意运算的上下限以及求和结果的非零值所在区间。

【例 7-26】 某离散系统的单位样值响应为 $h(n)=\alpha^n\varepsilon(n)$，试求系统在输入 $x(n)=\beta^n\varepsilon(n)$时的零状态响应 $y_{zs}(n)$。

解：对于 $n<0$，有 $y_{zs}(n)=0$；对于 $n\geqslant0$，利用卷积和公式可得：

$$\begin{aligned}y_{zs}(n)&=\sum_{m=0}^{n}x(m)h(n-m)\\&=\sum_{m=0}^{n}\beta^m\alpha^{n-m}=\alpha^n\sum_{m=0}^{n}(\beta\alpha^{-1})^m\end{aligned}$$

应用几何级数的求和公式：

$$\sum_{n=n_1}^{n_2}a^n=\begin{cases}\dfrac{a^{n_1}-a^{n_2+1}}{1-a}, & a\neq1\\ n_2-n_1+1, & a=1\end{cases}$$

可得此时系统在区间 $n\geqslant0$ 内的零状态响应为

$$y_{zs}(n)=\alpha^n\frac{1-(\beta\alpha^{-1})^{n+1}}{1-(\beta\alpha^{-1})}=\begin{cases}\dfrac{\alpha^{n+1}-\beta^{n+1}}{\alpha-\beta}, & \alpha\neq\beta\\(n+1)\alpha^n, & \alpha=\beta\end{cases}$$

在利用定义式计算卷积和的过程中，经常会用到几何级数的求和公式，为此，特列表 7-7 供查用。

表 7-7 级数的求和公式

序号	求和公式	序号	求和公式
1	$\sum_{n=n_1}^{n_2} a^n = \begin{cases} \frac{a^{n_1}-a^{n_2+1}}{1-a} & (a\neq 1) \\ n_2-n_1+1 & (a=1) \end{cases}$	5	$\sum_{m=-\infty}^{n} m\varepsilon(m) = \frac{1}{2}n(n+1)\varepsilon(n)$
2	$\sum_{n=n_1}^{\infty} a^n = \frac{a^{n_1}}{1-a} \quad (\vert a\vert<1)$	6	$\sum_{m=-\infty}^{n} m^2\varepsilon(m) = \frac{1}{6}n(n+1)(2n+1)\varepsilon(n)$
3	$\sum_{n=-\infty}^{n_2} a^n = \frac{a^{n_2}}{1-a^{-1}} \quad (\vert a\vert>1)$	7	$\sum_{n=0}^{\infty} na^n = \frac{a}{(1-a)^2} \quad (\vert a\vert<1)$
4	$\sum_{m=-\infty}^{n} \varepsilon(m) = (n+1)\varepsilon(n)$	8	$\sum_{n=0}^{\infty} n^2a^n = \frac{a^2+a}{(1-a)^3} \quad (\vert a\vert<1)$

2. 采用图形计算法求取卷积

由卷积定义可见，离散线性卷积与连续线性卷积(积分)有许多相似之处。时域中连续线性卷积的图形计算法是将卷积的过程分解为反褶、平移、相乘、积分四个计算步骤，离散线性卷积的图解计算法也有四个计算步骤，仅最后一步与前者不同，为对乘积后的非零值图形求和而不是求积分。

【例 7-27】 已知某系统的单位样值响应 $h(n)=R_6(n)$，激励信号 $x(n)=R_3(n)-R_3(n-3)$。试求系统的零状态响应 $y_{zs}(n)$。

解：与连续卷积一样，离散卷积也可以借助图形分区间求出卷积结果。图 7-27d 和 e 中分别绘出了卷积式中序列 $x(m)$ 以及 $h(n-m)$ 对应不同位移量 n 的图形，由该图可知：

1）当 $n<0$ 时，$x(m)$ 与 $h(n-m)$ 的非零值波形无重叠部分，相乘结果处处为零，即 $y_{zs}(n)=0$。

2）当 $0\leqslant n\leqslant 2$ 时，从 $m=0$ 到 $m=n$ 的范围内，$x(m)$ 与 $h(n-m)$ 有交叠，相乘而得的结果为非零值，则：

$$y_{zs}(n)=\sum_{m=0}^{n}x(m)h(n-m)=\sum_{m=0}^{n}1\cdot 1=n+1$$

3）当 $3\leqslant n\leqslant 5$ 时，从 $m=0$ 到 $m=n$ 的范围内，有：

$$y_{zs}(n)=\sum_{m=0}^{n}x(m)h(n-m)=\sum_{m=0}^{2}1\cdot 1-\sum_{m=3}^{n}1\cdot 1=3-(n-2)=5-n$$

4）当 $0\leqslant n-5\leqslant 2$，即 $5\leqslant n\leqslant 7$ 时，从 $m=n-5$ 到 $m=5$ 的范围内，有：

$$y_{zs}(n)=\sum_{m=n-5}^{5}x(m)h(n-m)=\sum_{m=n-5}^{2}1\cdot 1-\sum_{m=3}^{5}1\cdot 1=5-n$$

5）当 $3\leqslant n-5\leqslant 5$，即 $8\leqslant n\leqslant 10$ 时，从 $m=n-5$ 到 $m=5$ 的范围内，有：

$$y_{zs}(n)=\sum_{m=n-5}^{5}x(m)h(n-m)=\sum_{m=n-5}^{5}(-1)\cdot 1=n-11$$

6）当 $n-5\geqslant 6$，即 $n\geqslant 11$ 时，$h(m)$ 与 $x(n-m)$ 的非零值没有重叠部分。因此，这时 $y_{zs}(n)=0$。

将上面的计算结果综合起来可得所求零状态响应的表示式为

$$y_{zs}(n)=\begin{cases}0, & n<0\\ n+1, & 0\leqslant n\leqslant 2\\ 5-n, & 3\leqslant n\leqslant 7\\ 11-n, & 8\leqslant n\leqslant 10\\ 0, & n\geqslant 11\end{cases}$$

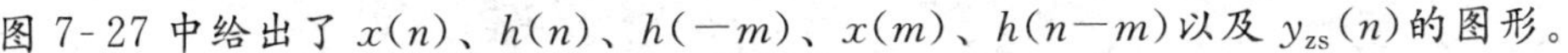

图 7-27 中给出了 $x(n)$、$h(n)$、$h(-m)$、$x(m)$、$h(n-m)$以及 $y_{zs}(n)$的图形。

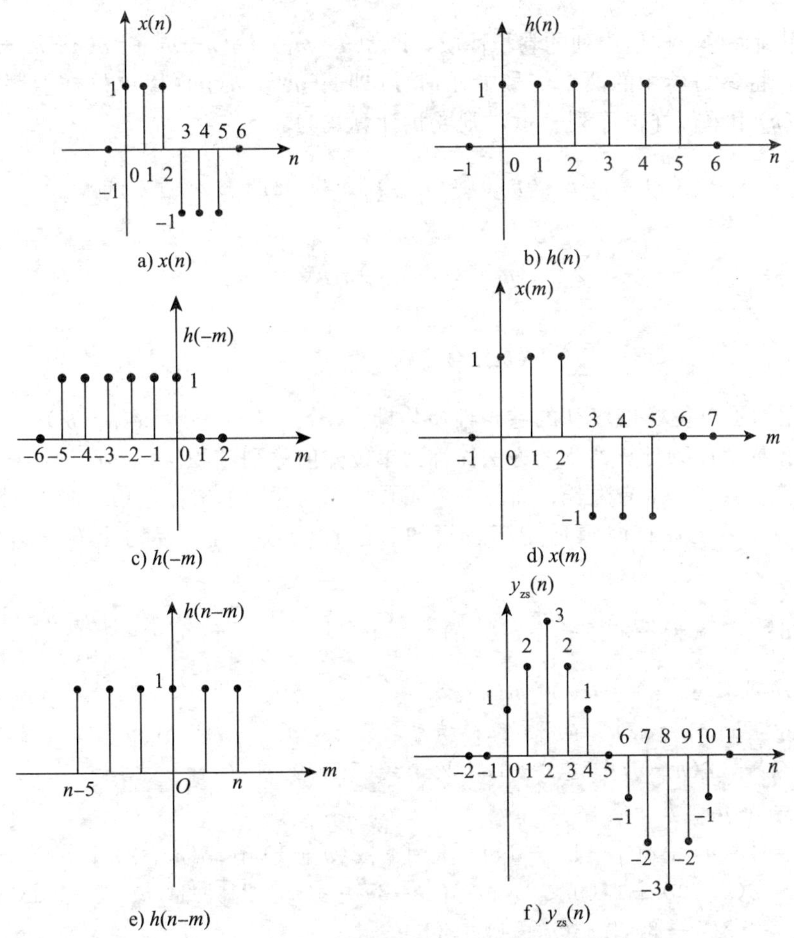

a) $x(n)$ b) $h(n)$ c) $h(-m)$ d) $x(m)$ e) $h(n-m)$ f) $y_{zs}(n)$

图 7-27 例 7-27 中计算卷积和用到的有关序列及卷积和 $y_{zs}(n)$

3. 利用单位样值序列计算卷积

利用单位样值序列计算卷积的原理基于一切离散信号均可以表示为幅值与位置均不同的单位样值序列的形式。这时，有两种具体的计算方法。

方法 1：将参与卷积的两个信号均用单位样值序列表示。于是，将任意线性移不变系统的输入信号 $x(n)$和单位样值响应 $h(n)$均用单位样值序列表示为

$$\begin{cases} x(n) = x(n) * \delta(n) = \sum\limits_{m_1=-\infty}^{\infty} x(m_1)\delta(n-m_1) \\ h(n) = h(n) * \delta(n) = \sum\limits_{m_2=-\infty}^{\infty} h(m_2)\delta(n-m_2) \end{cases} \tag{7-178}$$

式(7-178)中，$x(m_1)$和 $h(m_2)$分别为 $x(n)$和 $h(n)$对应 $\delta(\cdot)$在不同点的强度，因此，$x(n)$和 $h(n)$的卷积可以表示为

$$\begin{aligned} y_{zs}(n) &= x(n) * h(n) = \left[\sum_{m_1=-\infty}^{\infty} x(m_1)\delta(n-m_1)\right] * \left[\sum_{m_2=-\infty}^{\infty} h(m_2)\delta(n-m_2)\right] \\ &= \sum_{m_1=-\infty}^{\infty}\sum_{m_2=-\infty}^{\infty} [x(m_1)\delta(n-m_1)] * [h(m_2)\delta(n-m_2)] \end{aligned}$$

$$= \sum_{m_1=-\infty}^{\infty}\sum_{m_2=-\infty}^{\infty} x(m_1)h(m_2)\delta(n-m_1-m_2) \tag{7-179}$$

式(7-179)用到了单位样值序列的卷积性质，即 $\delta(n-m_1)*\delta(n-m_2)=\delta(n-m_1-m_2)$。

方法 2：将参与卷积的两个信号中任信号(即 $x(n)$或 $h(n)$)用单位样值序列表示。例如，若将 $x(n)$用单位样值序列表示，则卷积计算式为

$$y_{zs}(n)=x(n)*h(n)=\left[\sum_{m=-\infty}^{\infty} x(m)\delta(n-m)\right]*h(n)$$

$$=\sum_{m=-\infty}^{\infty} x(m)[\delta(n-m)*h(n)] \tag{7-180}$$

$$=\sum_{m=-\infty}^{\infty} x(m)h(n-m)$$

式(7-180)用到了单位样值序列的卷积性质，即 $x(n)*\delta(n-m)=x(n-m)$。

利用单位样值序列计算卷积的方法简称为单位样值序列卷积法。一般地，若对两个信号进行卷积运算，其中一个有限长，而另一个无限长，则利用单位样值信号求卷积往往比较简便。但是，通常手工计算时只适用于较短的有限长信号，且不易写出卷积结果的闭合表示式。

【例 7-28】 已知两个有限长序列 $x(n)=\begin{cases}1, & n=0,1,2\\0, & n\text{为其他值}\end{cases}$和 $h(n)=\begin{cases}n, & n=1,2,3\\0, & n\text{为其他值}\end{cases}$，利用单位样值序列求 $y_{zs}(n)=x(n)*h(n)$。

解法 1：将 $x(n)$和 $h(n)$都用单位样值序列表示，即 $x(n)=\delta(n)+\delta(n-1)+\delta(n-2)$，$h(n)=\delta(n-1)+2\delta(n-2)+3\delta(n-3)$，故由式(7-179)可得：

$$\begin{aligned}y_{zs}(n)&=x(n)*h(n)\\&=[\delta(n)+\delta(n-1)+\delta(n-2)]*[\delta(n-1)+2\delta(n-2)+3\delta(n-3)]\\&=\delta(n-1)+2\delta(n-2)+3\delta(n-3)+\delta(n-2)+2\delta(n-3)+3\delta(n-4)\\&\quad+\delta(n-3)+2\delta(n-4)+3\delta(n-5)\\&=\delta(n-1)+3\delta(n-2)+6\delta(n-3)+5\delta(n-4)+3\delta(n-5)\end{aligned}$$

即 $y_{zs}(n)=\left(\cdots,0,\underset{\underset{n=0}{\uparrow}}{0},1,3,6,5,3,0,0,\cdots\right)$

解法 2：仅将 $x(n)$和 $h(n)$中的任一序列用单位样值序列表示，例如，$x(n)=\delta(n)+\delta(n-1)+\delta(n-2)$，而 $h(n)=n[\varepsilon(n)-\varepsilon(n-4)]$，故由式(7-180)可得

$$\begin{aligned}y_{zs}(n)&=x(n)*h(n)\\&=[\delta(n)+\delta(n-1)+\delta(n-2)]*h(n)\\&=h(n)+h(n-1)+h(n-2)\\&=n[\varepsilon(n)-\varepsilon(n-4)]+(n-1)[\varepsilon(n-1)-\varepsilon(n-5)]+(n-2)[\varepsilon(n-2)-\varepsilon(n-6)]\\&=\delta(n-1)+3\delta(n-2)+6\delta(n-3)+5\delta(n-4)+3\delta(n-5)\end{aligned}$$

所得结果同于解法 1。依据 $y_{zs}(n)$的表示式可以画出对应的图形，如图 7-28 所示。

4. 应用序列阵列表法计算卷积

分析离散卷积式(7-160)可知，卷积求和符号内两个相乘的序列值 $x(m)$和 $h(n-m)$的序号之和恒等于 n，将这些乘积相加便得到序号为 n 的卷积值 $y_{zs}(n)$。因此，若设序列 $x(n)$和 $h(n)$均为因果信号，并将 $h(n)$的值由 $h(0)$开始从左到右按序排成一行，$x(n)$的值由 $x(0)$开始从上到下按序排成一列，可列出如表 7-8 所示的一个表格，在表中行与列的交叉处填入对应的两序列值的积，这时可以看到，表内沿各对角斜线上(对应一个常数 n

值)各乘积项 $x(k)h(l)$中序号 k 由 0 增至 n，而 l 由则 n 减至 0 时，但乘积项 $x(k)h(l)$的序号和$(k+l)$始终为常数 n 值。因此，与式(7-163)对照可知，表中沿斜线各项的和就是 $h(n)$与$x(n)$的卷积和在$(k+l)$点上的值 $y_{zs}(k+l)$。例如，$n=3$ 时，沿 $h(3)$到 $x(3)$的斜线上各项的和为

$$y_{zs}(3)=x(3)h(0)+x(2)h(1)+x(1)h(2)+x(0)h(3)$$

显然，序列阵列表法对于无限长序列无法得出最终卷积结果，因而只适用于两个有限长序列的卷积，特别是当参加卷积的两个序列都是短序列时特别简便。显然，列表法不易得到闭式解。

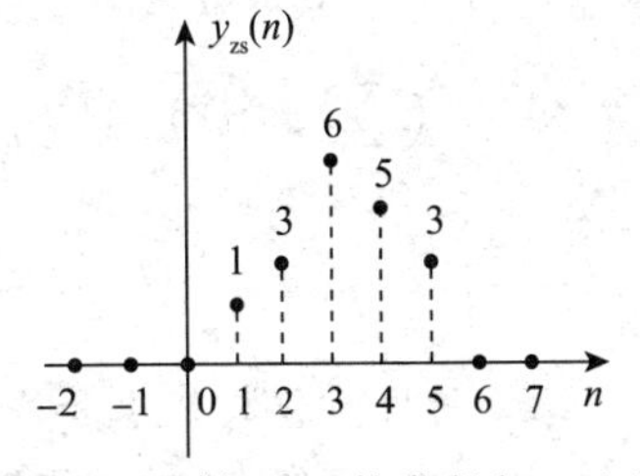

图 7-28　例 7-28 的卷积和 $y_{zs}(n)$

表 7-8　序列阵列表法求卷积和

	$h(0)$	$h(1)$	$h(2)$	$h(3)$	…
$x(0)$	$x(0)h(0)$	$x(0)h(1)$	$x(0)h(2)$	$x(0)h(3)$	…
$x(1)$	$x(1)h(0)$	$x(1)h(1)$	$x(1)h(2)$	$x(1)h(3)$	…
$x(2)$	$x(2)h(0)$	$x(2)h(1)$	$x(2)h(2)$	$x(2)h(3)$	…
$x(3)$	$x(3)h(0)$	$x(3)h(1)$	$x(3)h(2)$	$x(3)h(3)$	…
⋮	⋮	⋮	⋮	⋮	…

序列阵列表法虽是由因果序列的卷积推出的，但是，它同样适用于非因果序列卷积和的计算。这时，只需在表 7-7 中从 $y_{zs}(0)$向左上推移，即可依次得到 $y_{zs}(-1)$、$y_{zs}(-2)$、$y_{zs}(-3)$、…。

【例 7-29】　计算序列 $x(n)=\left\{1,\ 2,\ \underset{\uparrow}{0},\ 3,\ 2\right\}$与 $h(n)=\left\{1,\ \underset{\uparrow}{4},\ 2,\ 3\right\}$的卷积和 $y_{zs}(n)$。

解：由于 $x(n)$与 $h(n)$都是较短的非因果序列，所以可以按照表 7-7 所示的列表规律求解，列表如图 7-29 所示。由该表可以计算出 $x(n)$与 $h(n)$的卷积和，而由式(7-161)又可以确定 $y_{zs}(n)$第一个非零值的位置为 $N_1+N_3=(-2)+(-1)=-3$。因此，$y_{zs}(n)$为

$$y_{zs}(n)=\left\{1,6,10,\underset{\underset{0}{\uparrow}}{10},20,14,13,6\right\}$$

$h(n)$ \ $x(n)$		$x(-2)$	$x(-1)$	$x(0)$	$x(1)$	$x(2)$
		1	2	0	3	2
$h(-1)$	1	1	2	0	3	2
$h(0)$	4	4	8	0	12	8
$h(1)$	2	2	4	0	6	4
$h(2)$	3	3	6	0	9	6

图 7-29　例 7-29 序列阵列表计算卷积和

在离散卷积中，可以证明参与卷积的两个序列 $x(n)$的所有项的和与 $h(n)$的所有项的和的乘积恰好等于卷积结果 $y_{zs}(n)$的所有项的和，这是离散卷积的一个重要性质，利用这

个性质和式(7-162)可以检验计算结果的正确性。例如，对于例 7-29 除了 $L_y = L_x + L_h - 1 = 5 + 4 - 1 = 8$ 成立之外，还应有：

$$\left(\sum_{n=-2}^{2} x(n)\right) \cdot \left(\sum_{n=-1}^{2} h(n)\right) = (1+2+0+3+2) \times (1+4+2+3) = 80$$

$$\left(\sum_{n=-3}^{4} y_{zs}(n)\right) = (1+6+10+10+20+14+13+6) = 80$$

5. 利用对位相乘求和法计算卷积

由式(7-163)可知，若将序号变量改写为下标变量，并引入哑变量 c 作为指标变量，以便做系数比较，则可以得到两个分别对应于序列 $x(n)$ 和 $h(n)$ 且以 c 为变量的多项式，则有：

$$x(c) = x_0 + x_1 c + x_2 c^2 + x_3 c^3 + \cdots$$
$$h(c) = h_0 + h_1 c + h_2 c^2 + h_3 c^3 + \cdots$$

设它们的积为

$$y(c) = x(c)h(c) = y_0 + y_1 c + y_2 c^2 + y_3 c^3 + \cdots \tag{7-181}$$

对比变量 c 的系数可知，式(7-181)中应有：

$$y_0 = x_0 h_0$$
$$y_1 = x_0 h_1 + x_1 h_0$$
$$y_2 = x_0 h_2 + x_1 h_1 + x_2 h_0$$
$$y_3 = x_0 h_3 + x_1 h_2 + x_2 h_1 + x_3 h_0$$
$$\cdots\cdots$$

一般地，有：

$$y_n = \sum_{m=0}^{n} x_m h_{n-m} \tag{7-182}$$

由式(7-182)可知，多项式 $x(c)$ 与 $h(c)$ 的积 $y(c)$ 中 c 的 n 次幂系数 y_n 的表示式与卷积式(7-163)相同。这说明，直接利用多项式相乘的原理可以计算卷积和。

【例 7-30】 某离散系统的单位样值响应 $h(n) = \left\{\underset{\uparrow 0}{0}, 1, 4, 2\right\}$，激励信号 $x(n) = \left\{\underset{\uparrow 0}{2}, 1, 3, 2, 4\right\}$。试求它们的卷积和 $y_{zs}(n)$。

解：对于两个有限长序列，可以利用多项式乘法计算卷积。设

$$h(c) = 0 + c + 4c^2 + 2c^3 \leftrightarrow h(n) = \{\underset{\uparrow}{0}, 1, 4, 2\}$$

$$x(c) = 2 + c + 3c^2 + 2c^3 + 4c^4 \leftrightarrow x(n) = \{\underset{\uparrow}{2}, 1, 3, 2, 4\}$$

将两序列样值以各自 n 的最高值按右对齐进行排列后，按照普通的乘法运算相乘，但中间结果不要进位(多项式乘法原理)，最后将位于同一列的中间结果相加可得卷积和序列，即：

```
        {2,1,3,2,4} = h(n)
    ×     {0,1,4,2} = x(n)
    ---------------------------
          0  0  0  0  0
             2  1  3  2  4
                8  4 12  8 16
 +                 4  2  6  4  8
 -----------------------------------
     {0, 2, 9, 11, 16, 18, 20, 8} = y_zs(n)
      ↑
```

显然，这种方法对于非因果序列的卷积运算仍成立，这时卷积和序列的起始点的 n 值按式(7-161)确定。

6. 使用算子法计算卷积

我们知道，有始序列 $x_1(n)$ 和 $x_2(n)$ 可以用算子式分别表示为

$$x_1(n) = X_1(E)\delta(n) \text{ 和 } x_2(n) = X_2(E)\delta(n)$$

设 $x_1(n)$ 和 $x_2(n)$ 卷积和的结果为 $x(n)$，其算子式为 $X(E)$，于是有：

$$\begin{aligned} x(n) &= x_1(n) * x_2(n) = X_1(E)\delta(n) * X_2(E)\delta(n) \\ &= X_1(E)X_2(E)\delta(n) = X(E)\delta(n) \end{aligned} \tag{7-183}$$

式(7-183)中 $X(E)=X_1(E)X_2(E)$。可见，用算子求卷积和与连续卷积的算子法求解在原理和方法步骤上是完全一样的。

【例 7-31】 已知某离散系统的单位样值响应为 $h(n)=3^n\varepsilon(n-1)$，输入为 $x(n)=2^n\varepsilon(n-2)$。试求系统的零状态响应 $y_{zs}(n)$。

解：首先分别对 $h(n)$、$x(n)$ 变形可得：

$$\begin{aligned} h(n) &= 3^n\varepsilon(n-1) = 3\,(3)^{n-1}\varepsilon(n-1) = 3\,(3)^n\varepsilon(n) * \delta(n-1) \\ &= \frac{3E}{E-3}\delta(n) * E^{-1}\delta(n) = \frac{3}{E-3}\delta(n) \\ x(n) &= 2^n\varepsilon(n-2) = 4\,(2)^{n-2}\varepsilon(n-2) = 4\,(2)^n\varepsilon(n) * \delta(n-2) \\ &= \frac{4E}{E-2}\delta(n) * \delta(n-2) = \frac{4E}{E-2}\delta(n) * E^{-2}\delta(n) \end{aligned}$$

应用卷积公式可得：

$$\begin{aligned} y_{zs}(n) &= h(n) * x(n) = 3^n\varepsilon(n-1) * 2^n\varepsilon(n-2) = \frac{3}{E-3}\delta(n) * \frac{4E}{E-2}\delta(n) * E^{-2}\delta(n) \\ &= \frac{12}{E(E-2)(E-3)}\delta(n) = \left(\frac{36E^{-2}}{E-3} - \frac{24E^{-2}}{E-2}\right)\delta(n) \\ &= \left(\frac{36E}{E-3} - \frac{24E}{E-2}\right)E^{-3}\delta(n) = \left(\frac{36E}{E-3} - \frac{24E}{E-2}\right)\delta(n) * E^{-3}\delta(n) \\ &= (36\times 3^n - 24\times 2^n)\varepsilon(n) * \delta(n-3) \\ &= (36\times 3^{n-3} - 24\times 2^{n-3})\varepsilon(n-3) = \left(\frac{4}{3}\times 3^n - 3\times 2^n\right)\varepsilon(n-3) \end{aligned}$$

为了计算方便，将常用信号的卷积和列于表 7-9 中。

表 7-9 常用信号的卷积和

序号	$x_1(n),\ n\geqslant 0$	$x_2(n),\ n\geqslant 0$	$x_1(n) * x_2(n),\ n\geqslant 0$
1	$x(n)$	$\delta(n)$	$x(n)$
2	$x(n)$	$\delta(n-n_0)$	$x(n-n_0)$
3	n	$\varepsilon(n)$	$\frac{1}{2}n(n+1)\varepsilon(n)$
4	$x(n)$	$\varepsilon(n)$	$\sum_{i=0}^{n} x(i)$
5	$\varepsilon(n)$	$\varepsilon(n)$	$n+1$
6	a^n	$\varepsilon(n)$	$\frac{1-a^{n+1}}{1-a},\ a\neq 1$
7	$e^{\lambda n}$	$\varepsilon(n)$	$\frac{1-e^{\lambda(n+1)}}{1-e^{\lambda}}$

（续）

序　号	$x_1(n),\ n\geqslant 0$	$x_2(n),\ n\geqslant 0$	$x_1(n)*x_2(n),\ n\geqslant 0$
8	a_1^n	a_2^n	$\dfrac{a_1^{n+1}-a_2^{n+1}}{a_1-a_2}$，$a_1\neq a_2$
9	a^n	a^n	$(n+1)a^n$
10	n	n	$\dfrac{(n-1)n(n+1)}{6}$
11	$e^{\lambda_1 n}$	$e^{\lambda_1 n}$	$\dfrac{e^{\lambda_1(n+1)}-e^{\lambda_2(n+1)}}{e^{\lambda_1}-e^{\lambda_2}}$，$\lambda_1\neq\lambda_2$
12	$e^{\lambda n}$	$e^{\lambda n}$	$(n+1)e^{\lambda n}$
13	$a_1^n\cos(\Omega_0 n+\theta)$	a_2^n	$\dfrac{a_1^{n+1}\cos[\Omega_0(n+1)+\theta-\varphi]-a_2^{n+1}\cos(\theta-\varphi)}{\sqrt{a_1^2+a_2^2-2a_1a_2\cos\Omega_0}}$ $\varphi=\arctan\left(\dfrac{a_1\sin\Omega_0}{a_1\cos\Omega_0-a_2}\right)$

7.10 用单位样值响应表征的线性移不变系统的特性

类似于线性时不变系统的单位冲激响应 $h(t)$，线性移不变系统的单位样值响应 $h(n)$ 也主要有两方面的作用，其一是用来求解线性移不变系统对任意输入的零状态响应，其二是描述线性移不变系统的特性。事实上，在推出利用单位抽样响应与激励信号的卷积和来求解系统的零状态响应时就已经用到了离散系统的线性和时不变性，因此线性卷积和所代表的零状态响应本身就是离散系统这两个特性的反映。除此之外，线性移不变系统的稳定性、因果性、记忆性、可逆性以及系统的互联性也可以完全由其单位样值响应来表征，因而在离散系统的时域分析中，单位抽样响应为系统是否具有这些特性的一种判据。下面就来讨论如何用单位样值响应表征线性移不变系统的上述特性。

1. 稳定性

在有界输入有界输出稳定性定义下，一个线性移不变系统稳定的充分必要条件是其单位抽样响应绝对可求和，即：

$$\sum_{n=-\infty}^{\infty}|h(n)|<\infty \tag{7-184}$$

证明：1）**充分性**：设输入 $x(n)$有界，其边界为 B_x，则对于所有 n 有 $|x(n)|\leqslant B_x$，则：

$$|y_{zs}(n)|=\left|\sum_{m=-\infty}^{\infty}h(m)x(n-m)\right|\leqslant\sum_{m=-\infty}^{\infty}|h(m)||x(n-m)|\leqslant B_x\sum_{n=-\infty}^{\infty}|h(n)|$$

可见，为了保证$|y_{zs}(n)|$有界，则只需要 $\sum\limits_{n=-\infty}^{\infty}|h(n)|<\infty$。

2）**必要性**：用反证法，当 $\sum\limits_{n=-\infty}^{\infty}|h(n)|<\infty$ 不成立时，只要能找到一个有界输入使系统产生无界输出，就表明系统不稳定。因此，为了使系统稳定，就必须满足 $\sum\limits_{n=-\infty}^{\infty}|h(n)|<\infty$，从而可以证明条件的必要性。假设系统稳定，但却有 $\sum\limits_{n=-\infty}^{\infty}|h(n)|=\infty$，这时可以定义，即找到了一个有界输入信号，有：

$$x(n)=\mathrm{sgn}[h(-n)]=\frac{h(-n)}{|h(-n)|}=\begin{cases}1,h(-n)>0\\0,h(-n)=0\\-1,h(-n)<0\end{cases}$$

对应的系统输出在 $n=0$ 的值为

$$y_{zs}(0)=\sum_{m=-\infty}^{\infty}h(m)x(0-m)=\sum_{m=-\infty}^{\infty}\frac{h^2(m)}{|h(m)|}=\sum_{m=-\infty}^{\infty}|h(m)|=\infty$$

即此时系统的有界输入产生的输出却是无界的。这与系统稳定的假设矛盾。因此若系统稳定，必有 $\sum\limits_{n=-\infty}^{\infty}|h(n)|<\infty$ 成立。

2. 因果性

一个线性移不变系统具有因果性的充分必要条件是：

$$h(n)=0,n<0 \tag{7-185}$$

或

$$h(n)=h(n)\varepsilon(n) \tag{7-186}$$

证明： 1）**充分性**：设 $h(n)=0$，$n<0$ 成立，则当 $m>n_0$时，$h(n_0-m)=0$，因此，系统在任意点 $n=n_0$的输出为

$$\begin{aligned}y_{zs}(n_0)&=\sum_{m=-\infty}^{\infty}x(m)h(n_0-m)\\&=\sum_{m=-\infty}^{n_0}x(m)h(n_0-m)+\sum_{m=n_0+1}^{\infty}x(m)h(n_0-m)=\sum_{m=-\infty}^{n_0}x(m)h(n_0-m)\end{aligned} \tag{7-187}$$

式(7-187)表明，这时输出序列 $y_{zs}(n)$在任意点 $n=n_0$的值与输入序列 $x(n)$在 $n>n_0$的值无关，因而系统是因果的。

2）**必要性**：系统在任意点 $n=n_0$的输出可以表示为

$$\begin{aligned}y_{zs}(n_0)&=\sum_{m=-\infty}^{\infty}x(m)h(n_0-m)\\&=\sum_{m=-\infty}^{n_0}x(m)h(n_0-m)+\sum_{m=n_0+1}^{\infty}x(m)h(n_0-m)\end{aligned} \tag{7-188}$$

由式(7-188)可知，如果当 $m<0$ 时，$h(m)\neq0$，则可以得出 $m>n_0$时，$h(n_0-m)\neq0$，于是，由式(7-188)第二个等式右边的第二个项和式可知，此时系统输出 $y_{zs}(n)$在任意点$n=n_0$处的值除了与输入序列 $x(n)$在 $n\leqslant n_0$时的值有关(式(7-188)中的第一项和式)，还与 $x(n)$在 $n>n_0$时的值有关(式(7-188)中的第二项和式)，即系统不是因果系统。因此可知，要保证系统是因果的，必须有 $h(n)=0$，$n<0$。

从概念上说，因果性是专门针对系统特性而言的，而对于信号并没有因果性之说。但是，由于表示因果离散系统特性的表示式(7-185)是一个单边时域函数，所以有时也将一个满足 $x(n)=0(n<0)$的右边序列定义为因果序列。

因果、稳定的线性移不变系统是一种非常重要的系统，该系统的单位样值响应是因果的(单边的)且是绝对可求和的，即要满足：

$$\begin{cases}h(n)=h(n)\varepsilon(n)\\\sum\limits_{n=-\infty}^{\infty}|h(n)|<\infty\end{cases}$$

【例 7-32】 设两个线性移不变系统的单位冲激响应分别为：1)$h(n)=a^n\varepsilon(n)$，(2)$h(n)=$

$-a^n\varepsilon(-n-1)$，试确定它们的因果性与稳定性。

解：1）由于满足 h(n)=0，n<0，故此系统为因果系统。

由于 $\sum_{n=-\infty}^{\infty}|\boldsymbol{h}(\boldsymbol{n})|=\sum_{n=-\infty}^{\infty}|\boldsymbol{a}^n|=\begin{cases}\dfrac{1}{1-|\boldsymbol{a}|}, & |\boldsymbol{a}|<1\\ \infty, & |\boldsymbol{a}|\geqslant 1\end{cases}$，所以只有当 $|\boldsymbol{a}|<1$ 时，系统才是稳定的。当 a 为实数且 $0<a<1$ 以及 $a>1$ 时，$h(n)$ 的图形分别为图 7-8c 和 a 取 $n\geqslant 0$ 的部分。

(2) 由于不满足 $h(n)=0$，$n<0$，故此系统为非因果系统。

$$\text{由于}\sum_{n=-\infty}^{\infty}|h(n)|=\sum_{n=-\infty}^{-1}|a^n|=\sum_{n=1}^{\infty}|a|^{-n}=\sum_{n=1}^{\infty}\frac{1}{|a|^n}=\frac{\dfrac{1}{|a|}}{1-\dfrac{1}{|a|}}\begin{cases}\dfrac{1}{|a|-1}, & |a|>1\\ \infty, & |a|\leqslant 1\end{cases}$$

所以只有当 $|a|>1$ 时，系统才是稳定的。当 a 为实数且 $a>1$ 时，$h(n)$ 的波形如图 7-30 所示。

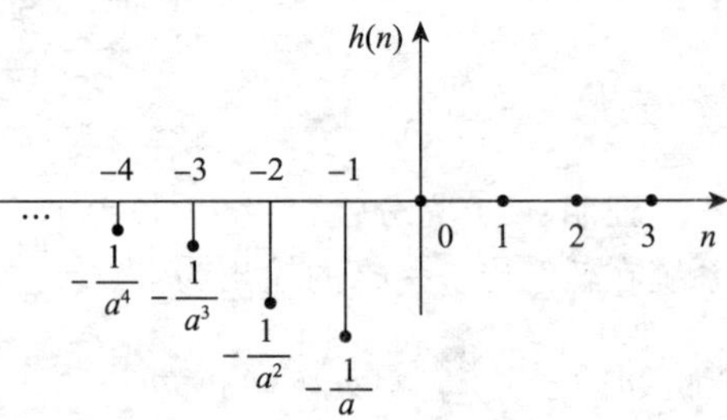

图 7-30 例 7-32 中 $h(n)=-a^n\varepsilon(-n-1)$ $(a>1)$ 的波形

3. 记忆性

我们知道，系统的无记忆性定义为系统在任意时刻的输出信号值只取决于同一时刻的输入信号值，而与其他时刻的输入信号值无关。对于线性移不变系统，其输出为

$$\begin{aligned}y_{zs}(n)&=\sum_{m=-\infty}^{\infty}x(m)h(n-m)\\&=\sum_{m=-\infty}^{n-1}x(m)h(n-m)+x(n)h(0)+\sum_{m=n+1}^{\infty}x(m)h(n-m)\end{aligned}\tag{7-189}$$

可见，只有当系统的 $h(n)$ 满足式(7-190)的条件，即：

$$h(n)=0, n\neq 0\tag{7-190}$$

该系统才是无记忆的。因此，记忆系统的单位样值响应 $h(n)$ 当 $n\neq 0$ 时不会全都为零。例如，$h(n)=\delta(n)+\delta(n-1)$ 所表征的系统为记忆系统，因为该系统的输出为

$$\begin{aligned}y(n)&=x(n)*h(n)=x(n)*[\delta(n)+\delta(n-1)]\\&=x(n)*\delta(n)+x(n)*\delta(n-1)=x(n)+x(n-1)\end{aligned}$$

另外，系统 $h(n)=\varepsilon(n)$ 也是有记忆的，因为该系统的输出为

$$\begin{aligned}y(n)&=x(n)*\varepsilon(n)=\sum_{m=-\infty}^{\infty}x(m)\varepsilon(n-m)\\&=\sum_{m=-\infty}^{n}x(m)\varepsilon(n-m)+\sum_{m=n+1}^{\infty}x(m)\varepsilon(n-m)=\sum_{m=-\infty}^{n}x(m)\end{aligned}$$

与过去的全部输入有关。由式(7-189)可知，在整个线性移不变系统中，仅数乘系统或恒等系统（$y(n)=kx(n)$）是无记忆的，其 $h(n)$ 为

$$h(n)=k\delta(n)\tag{7-191}$$

除此之外，所有其他线性移不变系统均为有记忆系统。因此，式(7-191)为线性移不变系统构成无记忆系统的充要条件，其中，$k=h(0)$ 为常数。

4. 可逆性

在信道均衡、地震勘探和反卷积运算等应用中，一个重要的系统性质是可逆性，它由系统的输出确定系统的输入，这个性质称为系统的**可逆性**。具有可逆性的系统称为**逆系**

统。为了保证一个系统是可逆的，对不同的输入需要产生不同的输出。换句话说，给定任何两个输入 $x_1(n)$和 $x_2(n)$且 $x_1(n)\neq x_2(n)$，对于输出 $y_1(n)$和 $y_2(n)$，必有 $y_1(n)\neq y_2(n)$成立。从系统的输入输出关系上来看，具有**可逆性的系统**，它的输入输出关系必须为严格单调函数。因为只有这样，其反函数才是单值的，即才是存在的。例如，由 $y(n)=x(n)g(n)$定义的系统，当且仅当 $g(n)\neq 0$ 是可逆的。特别地，给定 $y(n)$和对于所有 n 为非零的 $g(n)$，可以得出 $x(n)=\dfrac{y(n)}{g(n)}$。

此外，按照可逆系统的定义，逆系统与原系统级联后所构成的复合系统的输出应等于该复合系统的输入，即两者级联后构成了一个恒等系统。

可以证明，若一个线性移不变系统是可逆的，则其逆系统也是线性移不变系统。因此，若设可逆线性移不变系统与其逆系统的单位样值响应分别为 $h(n)$和 $h_{\mathrm{inv}}(n)$且复合系统的输入和输出分别为 $x(n)$和 $z(n)(=x(n))$，则应有：

$$z(n)=(h(n)*x(n))*h_{\mathrm{inv}}(n)=x(n)*h(n)*h_{\mathrm{inv}}(n)=x(n) \tag{7-192}$$

因此，若要求(7-192)的最后一个等式成立，则 $h(n)$和 $h_{\mathrm{inv}}(n)$应满足的关系，即线性移不变系统的可逆条件为

$$h(n)*h_{\mathrm{inv}}(n)=h_{\mathrm{inv}}(n)*h(n)=\delta(n) \tag{7-193}$$

式(7-193)中应用了卷积和的交换律，该式表明，可逆线性移不变系统与其逆系统互为可逆系统。显然，式(7-193)是一个求和方程，而求逆系统也是一个反卷积求解问题(见7.11 节)。因此，在一般情况下，已知 $h(n)$，根据式(7-193)判断系统的可逆性并求出对应逆系统的单位样值响应是非常困难的。但是，对于一些较为简单的线性移不变系统，还是可以根据式(7-193)来判断其可逆性并求出逆系统的单位样值响应。例如，对于时移量为 n_0的系统，其单位样值响应为 $h(n)=\delta(n-n_0)$，由于

$$\delta(n-n_0)*\delta(n+n_0)=\delta(n)$$

所以其逆系统为超前 n_0的时移系统。

有关线性移不变系统的**逆系统问题**的讨论在变换域中将会变得相当简单，既满足稳定条件又满足因果条件的线性时不变离散系统是我们的主要研究对象。在第 10 章中将把稳定性、因果性与系统函数 $H(z)$联系起来考虑，请注意对比。

【例 7-33】 某线性移不变系统的单位样值响应为

$$h(n)=\delta(n)+\delta(n-1)$$

该系统是否存在逆系统？

解：根据 $h(n)$的形式以及卷积的分配律，选取序列 $h_{\mathrm{I}}(n)=(-1)^n\varepsilon(n)$，可得：

$$h(n)*h_{\mathrm{I}}(n)=\sum_{m=-\infty}^{\infty}[\delta(n-m)+\delta(n-1-m)](-1)^m\varepsilon(m)=\delta(n)$$

故它为可逆系统，逆系统的单位样值响应 $h_{\mathrm{I}}(n)=(-1)^n\varepsilon(n)$。

需要强调指出的是，上述这些性质是系统的固有性质，而非输入对某个系统的性质，即有可能找到一些输入，针对该输入这些性质成立，但是，对某些输入存在着某个性质，并不意味着该系统就具有该性质，具有这个性质的系统必需对所有任意输入都成立。例如，一个不稳定的系统有可能对某些有界的输入，其输出是有界的，但是具有稳定性质的系统必须是对所有有界的输入，其输出都是有界的。若恰好能够找到一种输入使该系统性质不成立，则能证明此系统不具有这个性质。

5. 互联性

与连续系统一样，实际系统基本的连接方式一般有两种：级联与并联。由于线性移不变系统可以用单位样值响应 $h(n)$来描述，所以可以用单位样值响应来描述它们的这两种

连接特性。

(1) 系统的级联

对图 7-31a 同时应用结合律与交换律可得：

$$\begin{aligned} y(n) &= [x(n) * h_1(n)] * h_2(n) \\ &= x(n) * [h_1(n) * h_2(n)] \\ &= x(n) * [h_2(n) * h_1(n)] \\ &= [x(n) * h_2(n)] * h_1(n) \end{aligned} \tag{7-194}$$

式(7-194)表明，对于一个级联所成的线性移不变复合系统而言，其单位样值响应或输出与其中各线性移不变子系统的级联顺序无关，即它们的输入输出关系都是等效的。因此，图 7-31 中给出的四个系统是等效的。由式(7-194)可得：

$$h(n) = h_1(n) * h_2(n) = h_2(n) * h_1(n) \tag{7-195}$$

这个结论可以推广到任意多个线性移不变系统级联的情况。

(2) 系统的并联

在图 7-32a 中应用卷积的分配律可知，对于并联后形成的线性移不变复合系统有：

$$y(n) = h_1(n) * x(n) + h_2(n) * x(n) = [h_1(n) + h_2(n)] * x(n) = h(n) * x(n) \tag{7-196}$$

式(7-196)中有：

$$h(n) = h_1(n) + h_2(n) \tag{7-197}$$

即图 7-32 中给出的两个系统是等效的。这个结果可以推广到任意多个线性移不变系统并联的情况。

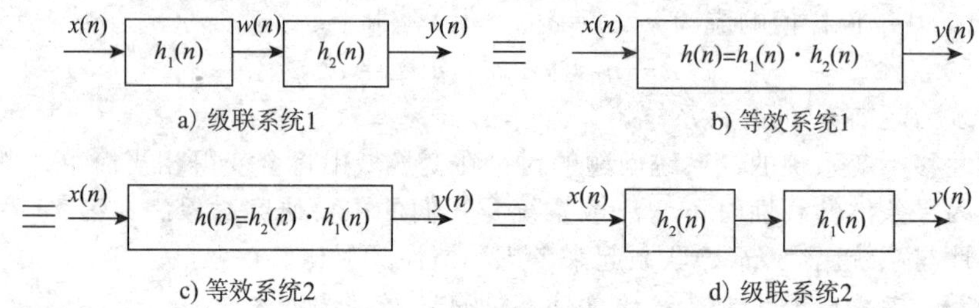

图 7-31 两个线性移不变系统的时域级联及其等效系统

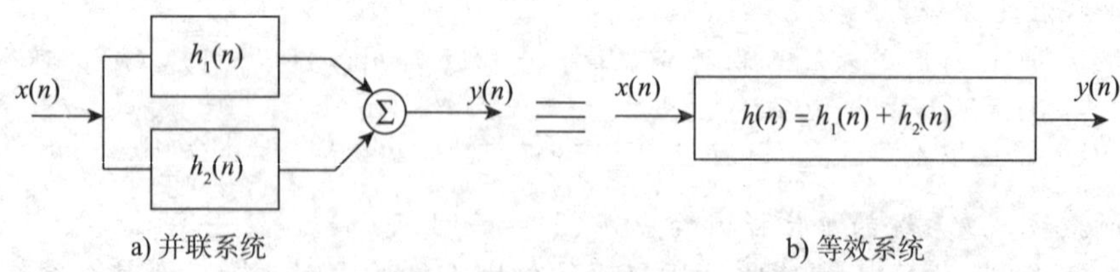

图 7-32 两个线性移不变系统的时域并联及其等效系统

应该强调指出的是，与连续系统中用单位冲激响应 $h(t)$ 描述的系统特性只能是线性时不变系统的特性一样，在离散系统中，用单位样值响应 $h(n)$ 描述的系统特性只能是线性移不变系统的特性，倘若不是线性移不变系统，则上述各种特性的表达式可能就不成立。

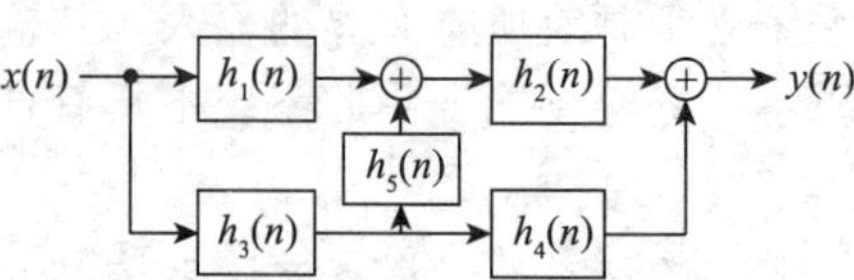

图 7-33 例 7-34 图

【例 7-34】 试求图 7-33 中 5 个线性移不变子系统连接而成的复合系统的单位冲激响应 $h(n)$。

解： 在图 7-33 中第一个加法器的输出处增设

一个变量 $z(n)$，如图 7-34 所示，于是根据系统连接方式和等效原理可得：

$$z(n)=[h_1(n)+h_3(n)*h_5(n)]*x(n)$$

$$y(n)=h_2(n)*z(n)+h_3(n)*h_4(n)*x(n)$$

将上述 $z(n)$ 的表达式带入系统输出 $y(n)$ 的表示式，可得：

$$y(n)=[h_2(n)*h_1(n)+h_2(n)*h_3(n)*h_5(n)+h_3(n)*h_4(n)]*x(n)$$

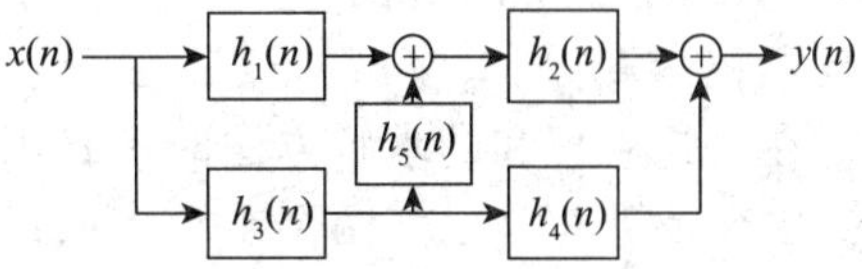

图 7-34　在图 7-33 中增设变量 $z(n)$ 后的系统图

于是求出整个系统的单位冲激响应为

$$h(n)=h_2(n)*h_1(n)+h_2(n)*h_3(n)*h_5(n)+h_3(n)*h_4(n)$$

7.11　反卷积

我们知道，对于线性移不变因果系统来说，卷积和是在已知其因果输入信号 $x(n)$ 和单位样值响应 $h(n)$ 的情况下计算其零状态响应 $y(n)$ 的过程，即有：

$$y(n)=x(n)*h(n)=\sum_{m=0}^{n}x(m)h(n-m)=\sum_{m=0}^{n}h(m)x(n-m),n\geqslant 0 \quad (7\text{-}198)$$

但是，在很多信号处理的实际问题中要求对式(7-198)做逆运算，即已知 $x(n)$ 和 $y(n)$ 求解 $h(n)$ 或已知 $y(n)$ 与 $h(n)$ 求解 $x(n)$。这两类运算统称为反卷积或解卷积。在控制理论与工程技术中，又将由 $x(n)$ 和 $y(n)$ 求 $h(n)$ 称为线性时不变系统的“系统辨识”问题，其实质就是要由给定的输入信号和所得到的输出信号得出系统的等效模型。

反卷积可以用于解决很多实际问题。例如，在地震信号处理、地质勘探或石油勘探等问题中，往往是对地下待测目标发射信号 $x(n)$ 并将地层包括目标在内看成一个单位抽样响应为 $h(n)$ 的线性时不变系统，则所测得反射回波信号就是输出 $y(n)$，由此可以计算出被测地下面的 $h(n)$，以判断其物理特性。

反卷积的求解方法可以分为时域法和变换域法两类。在时域方法中利用反卷积求解 $h(n)$ 或 $x(n)$，可以通过解卷积和方程得到。相比之下，在连续时间系统分析中，则难以由卷积积分运算写出其简明的逆运算表达式。

将式(7-198)改写为

$$y(n)=\sum_{m=0}^{n-1}x(m)h(n-m)+x(n)h(0) \quad (7\text{-}199)$$

由式(7-199)可以得出已知 $y(n)$ 和 $h(n)$ 求解输入信号 $x(n)$ 的递推关系式：

$$\begin{cases}x(0)=\dfrac{y(0)}{h(0)}\\ x(n)=\dfrac{\left[y(n)-\sum\limits_{m=0}^{n-1}x(m)h(n-m)\right]}{h(0)},n\geqslant 1\end{cases} \quad (7\text{-}200)$$

在式(7-200)中需要用到 $n-1$ 位之前的全部 $x(n)$ 值。对于式(7-198)做类似的改写可得已知 $y(n)$ 和 $x(n)$ 求解单位样值响应 $h(n)$ 的递推关系式：

$$\begin{cases}h(0)=\dfrac{y(0)}{x(0)}\\ h(n)=\dfrac{\left[y(n)-\sum\limits_{m=0}^{n-1}h(m)x(n-m)\right]}{x(0)},n\geqslant 1\end{cases} \quad (7\text{-}201)$$

显然，由于卷积和满足交换律，所以只需将式(7-200)和(7-201)中的变量符号 x 和 h 做交换，便可以实现这两式的互推。对于有限长的短序列，可以利用式(7-198)或(7-199)逐个手工计算 $x(n)$ 或 $h(n)$ 的各序列值，而对于长序列则可以利用计算机编程很容易地完成上述反卷积运算。

在讨论卷积和的求解方法时，我们曾经介绍了利用多项式乘法原理来计算卷积和的方法。由于反卷积是已知两个乘积多项式的积而求取参与乘积中的一个多项式，所以可以利用多项式除法来求解反卷积问题。

【例 7-35】 已知某线性移不变系统的输入与输出分别为 $x(n)=\{\underset{\uparrow}{2},1,3,2,4\}$ 和 $y(n)=\{\underset{\uparrow}{2},9,11,16,18,20,8\}$，试求系统的单位冲激响应 $h(n)$。

解：将 $x(n)$ 和 $y(n)$ 写成多项式形式可得 $x(c)=2+c+3c^2+2c^3+4c^4$，$y(c)=2+9c+11c^2+16c^3+18c^4+20c^5+8c^6$，运用长除法求出 $h(c)$ 为

$$
\begin{array}{r}
1+4c+2c^2=h(c)\qquad\qquad\qquad\qquad\qquad \\
2+c+3c^2+2c^3+4c^4\,\big)\,\overline{2+9c+11c^2+16c^3+18c^4+20c^5+8c^6} \\
\underline{2+c+3c^2+2c^3+4c^4\qquad\qquad\qquad\qquad\qquad} \\
8c+8c^2+14c^3+14c^4\qquad\qquad\qquad \\
\underline{8c+4c^2+12c^3+8c^4+16c^5\qquad\qquad} \\
4c^2+2c^3+6c^4+4c^5\qquad\qquad \\
\underline{4c^2+2c^3+6c^4+4c^5+8c^6} \\
0\qquad\qquad\qquad\qquad\qquad\qquad\qquad\qquad
\end{array}
$$

由商多项式可以得出 $h(n)=\{\underset{\uparrow}{1},4,2\}$。类似地，若已知 $y(n)$ 和 $h(n)$，采用长除法则可求出 $x(n)$。

习题

7-1 分别绘出以下各序列的图形。

(1) $x(n)=\left(\frac{1}{2}\right)^n\varepsilon(n)$；
(2) $x(n)=\left(-\frac{1}{2}\right)^n\varepsilon(n)$；
(3) $x(n)=2^n\varepsilon(n)$；
(4) $x(n)=(-2)^n\varepsilon(n)$；
(5) $x(n)=2^n\varepsilon(n-1)$；
(6) $x(n)=2^{n-1}\varepsilon(n-1)$；
(7) $x(n)=2^{n-1}\varepsilon(n)$；
(8) $x(n)=2^{n+1}\varepsilon(n+1)$。

7-2 某离散时间信号 $x(n)$ 如题图 7-2a 所示，试绘出下列信号的图形。

(1) $x(n-2)$；
(2) $x(4-n)$；
(3) $x(2n)$；
(4) $x(2n+1)$；
(5) $x(n)\varepsilon(2-n)$；
(6) $x(n-1)\delta(n-3)$；
(7) $\frac{1}{2}x(n)+\frac{1}{2}(-1)^n x(n)$；
(8) $x(n^2)$。

7-3 已知序列 $x_1(n)=\begin{cases}2^{-n}, & n\geqslant 1\\ 0, & n<-1\end{cases}$，$x_2(n)=\begin{cases}n+1, & n\geqslant 0\\ 2^n, & n<0\end{cases}$，试计算 $y(n)=x_1(n)x_2(n)$。

7-4 序列与题 7-3 中相同，试计算 $y(n)=x_1(n)+x_2(n)$。

7-5 设 $x(n)=\begin{cases}\frac{1}{2}\left(\frac{1}{2}\right)^n, & n\geqslant 1\\ 0, & n<-1\end{cases}$，$y(n)=\sum\limits_{k=-\infty}^{n}x(n)$，求 $y(n)$ 并画出图形。

7-6 试求题 7-3 中序列 $x_1(n)$ 的前向一阶差分和后向一阶差分。

7-7 试判断下列信号是否是周期序列，若是周期序列，试写出相应周期。

(1) $x(n)=\cos\left(\frac{2\pi}{3}n\right)+\sin\left(\frac{3\pi}{5}n\right)$
(2) $x(n)=\cos\left(\frac{8\pi}{7}n+2\right)$

(3) $x(n)=\sin^2\left(\frac{\pi}{8}n\right)$　(4) $x(n)=\cos\left(\frac{n}{4}\right)\times\sin\left(\frac{\pi}{4}n\right)$

(5) $x(n)=2\cos\left(\frac{\pi}{4}n\right)+\sin\left(\frac{\pi}{8}n\right)-2\cos\left(\frac{\pi}{6}n\right)$　(6) $x(n)=e^{j\left(\frac{n}{3}+\pi\right)}$

7-8　判断下列系统是否为线性系统、非移变系统、稳定系统、因果系统、无记忆系统。

(1) $y(n)=2x(n)+3$　(2) $y(n)=x(n)\sin\left[\frac{2\pi}{3}n+\frac{\pi}{6}\right]$

(3) $y(n)=\sum_{k=-\infty}^{n}x(k)$　(4) $y(n)=\sum_{k=n_0}^{n}x(k)$

(5) $y(n)=x(n)g(n)$

7-9　对于下列每一个系统试指出它是否为线性系统、非移变系统、稳定系统、因果系统。

(1) $T[(n)]=g(n)x(n)$　(2) $T[x(n)]=\sum_{k=n_0}^{n}x(k)$

(3) $T[(n)]=\sum_{k=n-n_0}^{n+n_0}x(k)$　(4) $T[(n)]=x(n-n_0)$

7-10　已知某线性移不变因果系统的差分方程为 $y(n)=p_0x(n)+p_1x(n-1)-d_1y(n-1)$，其中，$x(n)$ 和 $y(n)$ 分别表示系统的输入和输出。求该系统的逆系统的差分方程。

7-11　已知如题 7-11 图所示的系统。

(1) 求系统的差分方程；

(2) 若激励 $x(n)=\varepsilon(n)$，全响应的初始值 $y(0)=9$，$y(1)=13.9$，求系统的零输入响应 $y_{zi}(n)$；

(3) 求系统的零状态响应 $y_{zs}(n)$；

(4) 求全响应 $y(n)$。

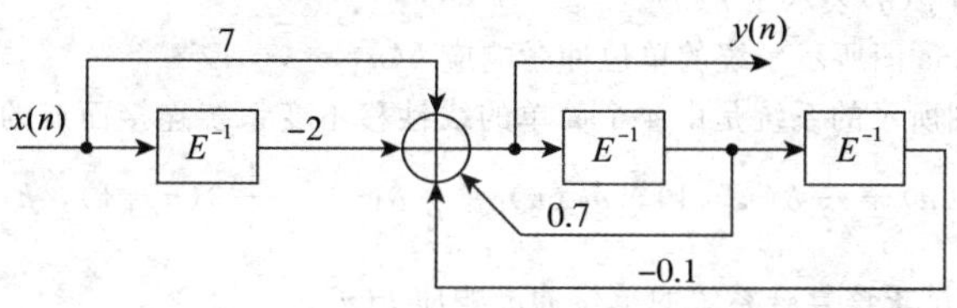

题 7-11 图

7-12　离散系统的差分方程 $y(n)-5y(n-1)+6y(n-2)=\varepsilon(n)$，系统的初始状态 $y(-1)=3$，$y(-2)=2$，试用齐次解加特解的方法求解系统的响应 $y(n)$。

7-13　已知离散时间系统的差分方程如下：

$y(n+3)-2y(n+2)-y(n+1)+2y(n)=x(n+1)-x(n)$

若输入信号 $x(n)=(-2)^n\varepsilon(n)$，试求系统的零状态响应，并指出其中的自由响应分量和强迫分量。

7-14　如果在第 n 个月月初向银行存款 $x(n)$ 元，月息为 a，每月利息不取，试用差分方程写出第 n 月初的本利和 $y(n)$。设 $x(n)=10$ 元，$a=0.003$，$y(0)=20$ 元，求 $y(n)$；若 $n=12$，求 $y(12)$。

7-15　已知某系统在激励 $x_1(n)=\varepsilon(n)$ 作用下的完全响应 $y_1(n)=\left(\frac{1}{2}\times3^{n+2}-\frac{1}{2}\right)\varepsilon(n)$，在 $x_2(n)=\varepsilon(n-1)$ 激励下的完全响应 $y_2(n)=\left(\frac{7}{2}\times3^n-\frac{1}{2}\right)\varepsilon(n)$：

(1) 求系统的单位冲激响应。

(2) 求系统的零输入响应。

(3) 求系统在 $x_3(n)=(-1)^n\varepsilon(n)$ 激励下的零状态响应。

7-16　讨论一个输入为 $x(n)$，输出为 $y(n)$ 的系统，系统的输入输出关系由下列两个性质确定：

①$y(n)-ay(n-1)=x(n)$；②$y(0)=1$。

(1) 判断该系统是否是时不变系统；

(2) 判断该系统是否为线性系统；

(3) 假设差分方程(性质①)保持不变，但规定 $y(0)$ 值为零，(1)(2)的答案是否改变。

7-17 用转移算子法求下列差分方程所描述系统的单位样值响应 $h(n)$。

(1) $y(n+3)-2\sqrt{2}\,y(n+2)+y(n+1)+0y(n)=x(n)$

(2) $y(n+2)-y(n+1)+\dfrac{1}{4}y(n)=x(n)$

7-18 (1)已知一个离散系统的单位样值响应 $h(k)=(k+1)\varepsilon(k)$，试求单位阶跃响应 $g(k)$；

(2) 已知一个离散系统的单位阶跃响应 $g(k)=2^k\varepsilon(k)$，试求单位序列响应 $h(k)$。

7-19 以下各系列是系统的单位样值响应，分别讨论系统的因果稳定性。

(1) $h(n)=\delta(n)$； (2) $h(n)=\delta(n+4)$；

(3) $h(n)=\varepsilon(3-n)$； (4) $h(n)=3^n\varepsilon(-n)$；

(5) $h(n)=0.5^n\varepsilon(n)$。

7-20 已知两序列 $x(n)=\{\underset{\uparrow}{2},1,5\}$ 和 $h(n)=\{\underset{\uparrow}{3},1,4,2\}$，利用多项式乘法求卷积和 $y(n)=x(n)*h(n)$。

7-21 已知离散信号 $x(n)=\varepsilon(n)-\varepsilon(n-4)$，试求下列卷积和：

(1) $x(n)*x(n)$； (2) $x(n)*x(n)*x(n)$。

7-22 已知离散信号：$x_1=G_3(n)-G_3(n-3)$，$x_2=G_6(n)$，求卷积和 $s(n)=x_1(n)*x_2(n)$。

7-23 已知两个时限序列：

$$x(n)=\begin{cases}1, n=0,1,2\\0, n\ 为其他值\end{cases}$$

用排表法求 $y(n)=x(n)*h(n)$。

7-24 已知 $x_1(n)=n[\varepsilon(n)-\varepsilon(n-6)]$，$x_2(n)=\varepsilon(n+6)$，求卷积和 $y(n)=x_1(n)*x_2(n)$。

7-25 设两序列 $g(n)$ 和 $h(n)$ 分别为 $g(n)=x_1(n)*x_2(n)*x_3(n)$ 和 $h(n)=x_1(n-N_1)*x_2(n-N_2)*x_3(n-N_3)$，试用 $g(n)$ 表示出 $h(n)$。

7-26 (1) 试求出题 7-26a 图所示系统的单位冲激响应 $h(n)$。

(2) 如题 7-26b 图所示的系统是由 4 个简单的线性移不变系统连接而成的，它们的单位冲激响应分别为 $h_1(n)=\delta(n)+\dfrac{1}{2}\delta(n-1)$，$h_2(n)=\dfrac{1}{2}\delta(n)-\dfrac{1}{4}\delta(n-1)$，$h_3(n)=2\delta(n)$，$h_4(n)=-2\left(\dfrac{1}{2}\right)^n\varepsilon(n)$，试求该复合系统的单位冲激响应 $h(n)$。

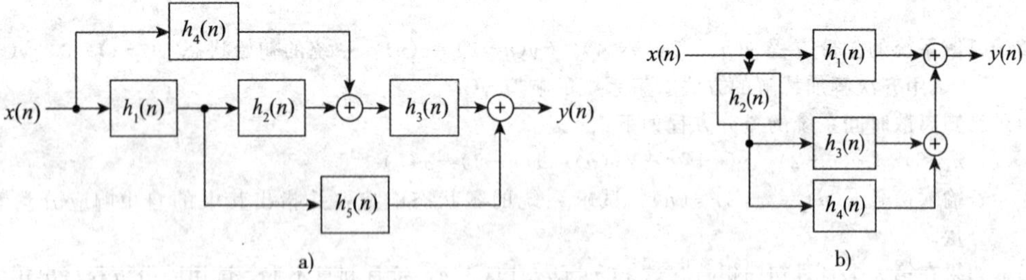

题 7-26 图

7-27 如题 7-27 图所示系统中，已知 $h_1(n)=\delta(n)-\delta(n-2)$，$h_2(n)=\delta(n)-\delta(n-1)$。试求此级联系统的单位样值响应 $h(n)$，又当 $x(n)=\varepsilon(n)$时，计算 $y(n)$。

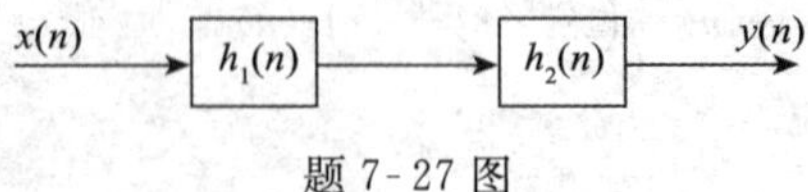

题 7-27 图

7-28 知两序列 $y(n)=\{\underset{\uparrow}{6},5,24,13,22,10\}$ 和 $x(n)=\{\underset{\uparrow}{2},1,5\}$，利用多项式除法求反卷积 $h(n)$。

7-29 某地质勘探测试设备发射的信号为 $x(n)=\delta(n)+\dfrac{1}{2}\delta(n-1)$，接收回波信号为 $y(n)=\left(\dfrac{1}{2}\right)^n\varepsilon(n)$，试将地层反射特性的系统函数用 $h(n)$ 表示，且满足 $y(n)=h(n)*x(n)$。

第 8 章 离散时间傅里叶变换、离散傅里叶变换和快速傅里叶变换

我们知道，对连续信号与系统的分析除了可以在时域中进行之外，还可以在变换域，即频域和复频域中进行，与此类似，对于离散时间信号与系统不仅可以在时域中进行分析，也可以在变换域，即在频域和复频域中进行分析，它们分别是这一章和下两章将要讨论的 z 变换及其应用于离散系统的分析方法。

本章介绍离散时间信号和系统的频域分析工具，包括周期序列的离散时间傅里叶级数(DFS)和非周期序列的离散时间傅里叶变换(DTFT)、离散傅里叶变换和反变换(DFT)及其快速算法(即快速傅里叶变换)和快速傅里叶反变换(FFT)。

离散傅里叶变换是针对有限长序列提出的另一种傅里叶表示，DFT 本身也是一个序列，而不是一个连续变量的函数，它相应于对信号的傅里叶变换进行频率的等间隔取样的样本。作为序列的傅里叶表示，DFT 除了在理论上十分重要外，在实现各种数字信号处理算法中还起着核心作用，这是因为有计算 DFT 的高效算法(即 FFT)。

通过本章的讨论可以知道，离散信号和连续信号的傅里叶分析有着不少相似之处，例如，两者都是利用复指数来表示信号。但两者也存在着重要差别，首先，离散非周期信号的傅里叶变换是角频率的周期函数，而连续时间信号的频谱则不一定是周期的；此外，离散周期信号的傅里叶变换是一个有限项序列，而连续周期信号的傅里叶变换则是一个无穷项序列。

8.1 线性移不变系统对复指数输入序列的响应

对于一个单位样值响应为 $h(n)$的线性移不变系统，当输入 $x(n)$为任意的复指数序列，即有 $x(n)=z^n$(z 为任意复数)时，则系统的输出 $y(n)$可以利用卷积和求出：

$$y(n)=\sum_{m=-\infty}^{\infty}h(m)x(n-m)=\sum_{m=-\infty}^{\infty}h(m)z^{n-m}=z^n\sum_{m=-\infty}^{\infty}h(m)z^{-m} \tag{8-1}$$

式(8-1)中的和式与自变量 n 无关，令

$$H(z)=\sum_{m=-\infty}^{\infty}h(m)z^{-m} \tag{8-2}$$

式(8-2)中，$H(z)$为复常数，其值取决于 z。由式(8-1)和式(8-2)可得：

$$y(n)=z^nH(z) \tag{8-3}$$

由式(8-3)可知，线性移不变系统对任意复指数输入信号 z^n 的响应 $y(n)$仍为同一个复指数信号，不同的是其幅度由 1 变为 $H(z)$。按照数学中有关线性函数变换的理论，若有一个函数经过线性变换后保持原函数不变，仅是原函数乘以一个常数(通常为复数)，那么这种函数便称为该线性函数变换的特征函数，而它经过线性变换后所乘的复常数，则称为在该线性函数变换下特征函数的特征值。由于线性移不变系统的卷积和所表示的输入输出关系是一种线性函数变换，所以从数学的观点来看，复指数信号 z^n 是线性移不变系统的特征函数或特征信号(序列)，而由式(8-2)确定的 $H(z)$称为与该特征函数相关的系统特征值，由于 $H(z)$反映了系统对输入信号的“加工处理”作用，所以又称为线性移不变系统的

系统函数。对于连续线性时不变系统可以利用卷积积分做类似讨论，离散系统中的 z^n 和 $H(z)$分别对应于连续系统中的复指数输入信号 e^{st} 和 $H(s)$。

若线性移不变系统的任何输入 $x(n)$可以表示为一组复指数序列的线性组合，即：

$$x(n)=\sum_k a_k z_k^n \tag{8-4}$$

则由式(8-3)和系统的线性性质可知，线性移不变系统对 $x(n)$的响应应为

$$y(n)=\sum_k y_k(n)=\sum_k a_k H(z_k) z_k^n \tag{8-5}$$

可见，式(8-5)和式(8-4)具有相同的线性组合结构，仅多出一个加权因子 $H(z_k)$。这表明，只要任意输入 $x(n)$能表示为复指数序列的线性组合，则可以直接利用式(8-5)很方便地得出与线性移不变系统对应的响应。

本章仅考虑一般复指数序列 z^n 在 $|z|=1$ 时的一个子集(在第 9 章将考虑更为一般的情况)，即虚指数序列 $e^{j\Omega n}$，并讨论如何用这类基本信号构成相当广泛的一类信号，即离散时间傅里叶级数。

8.2 周期序列的离散时间傅里叶级数

一个周期为 N 的离散信号 $x_N(n)$可以定义为

$$x_N(n)=x_N(n+N) \tag{8-6}$$

式(8-6)中，N 为最小正整数，又称为基波周期。对于基波频率 $\Omega_0=2\pi/N$ 的虚指数序列 $e^{j\frac{2\pi}{N}n}$，由于有

$$e^{j\frac{2\pi}{N}(n+N)}=e^{j\frac{2\pi}{N}n} \tag{8-7}$$

因此，$e^{j\frac{2\pi}{N}n}$是一个周期为 N 的周期序列。

我们知道，连续时间虚指数信号 $e^{j\omega_0 t}$是基波频率为 ω_0、基波周期为 $T_0=\frac{2\pi}{|\omega_0|}$的周期信号，而一组周期性虚指数信号可以组成一个信号集，即：

$$\varphi_k(t)=\{e^{jk\omega_0 t}(e^{jk\frac{2\pi}{T_0}t}),k=0,\pm1,\pm2,\cdots\} \tag{8-8}$$

可见，在这个信号集中，当 $k=0$ 时，$\varphi_k(t)$为常数，而 $\varphi_k(t)(k\neq0)$都是周期信号，其基波频率为$|k\omega_0|$，基波周期为 $T_k=\frac{2\pi}{|k\omega_0|}=\frac{T_0}{|k|}$，因此，$\varphi_k(t)$有一个大小为 $T_0=\frac{2\pi}{|\omega_0|}$的公共周期。这表明，在此信号集中，任何一个信号的频率都是基波频率 ω_0的整数倍，因而 $\varphi_k(t)$是一个具有谐波关系的虚指数信号集。例如，

$k=0$(零次谐波或直流)：$\varphi_0(t)=1$；$k=1$(1 次谐波或基波)：$\varphi_1(t)=e^{j\Omega_0 t}$；

$k=2$(2 次谐波)：$\varphi_2(t)=e^{j2\Omega_0 t}$；…；$k=n$($n$ 次谐波)：$\varphi_n(t)=e^{jn\Omega_0 t}$。

类似地，所有以 N 为周期的周期虚指数序列也可以构成一个序列集，有：

$$\varphi_k(n)=\{e^{jk\Omega_0 n}(e^{jk\frac{2\pi}{N}n}),k=0,\pm1,\pm2,\cdots\} \tag{8-9}$$

这个序列集也是周期的，其基波周期和基波频率分别为 N 和 $\Omega_0=\frac{2\pi}{N}$。由于序列集中每一个序列的频率均为基波频率 $\Omega_0=\frac{2\pi}{N}$的整数倍，因而各个序列的频率是谐波关系。

虽然对于任何 $k\neq0$ 的整数，$\varphi_k(t)$都是周期的，但其中每一个信号却是各不相同的，因此，$\varphi_k(t)$中具有无穷多个互不相同的谐波信号。这一点与虚指数序列集的情况有所不同，这是因为任何在频率上相差 2π 整数倍的虚指数序列都是相同的，即若 k 为整数，则有：

$$e^{j(k+N)\frac{2\pi}{N}n}=e^{jk\frac{2\pi}{N}n} \tag{8-10}$$

或

$$\varphi_{k+N}(n)=\varphi_k(n) \tag{8-11}$$

式(8-10)或式(8-11)表明，$e^{jk\frac{2\pi}{N}n}$随k也成周期变化，且周期为N。因此，在序列集$\varphi_k(n)$中每当k变化一个N的整数倍时，所得到的序列完全相同，即有：

$$\varphi_{-1}(n)=\varphi_{N-1}(n),\varphi_0(n)=\varphi_N(n),\varphi_1(n)=\varphi_{N+1}(n),\cdots,\varphi_k(n)=\varphi_{k+rN}(n),r\text{ 为整数} \tag{8-12}$$

于是，在这个周期为N的虚指数序列集中，只有k取任何N个相继整数，即k可以取$k=0$，1，…，$N-1$；$k=3$，4，…，$N+1$，$N+2$等，$\varphi_k(n)=\{e^{jk\frac{2\pi}{N}n}\}$才是各不相同或者说相互独立的虚指数序列。因此，我们可以将这个周期性的虚指数序列集表示为$\varphi_k(n)=\{e^{jk\frac{2\pi}{N}n}$，$k=\langle N\rangle\}$，其中，$\langle N\rangle$代表整数域中任何$N$个相继整数的区间。

1. 离散时间傅里叶级数展开式

我们知道，在连续时间信号的傅里叶级数分析中，周期信号$x(t)$可以展开为由直流、基波以及无穷多个谐波，即$e^{jk\omega_0 t}$($k=0$，±1，±2，…)构成的级数。与此相应，在离散时间信号的傅里叶级数分析中，一个周期为N的周期序列$x_N(n)$可以用$\varphi_k(n)$中所有独立的N个虚指数序列的线性组合表示，即：

$$x_N(n)=\sum_{k=\langle N\rangle}X_N(k)\varphi_k(n)=\sum_{k=\langle N\rangle}X_N(k)e^{jk\frac{2\pi}{N}n},\quad -\infty<n<\infty \tag{8-13}$$

式(8-13)就是周期序列$x_N(n)$的DFS展开式，与连续时间傅里叶级数(CFS)的情况相同，$X_N(k)$称为DFS的系数，也称为$x_N(n)$的频谱系数，它通常是一个关于k的复函数。由于$e^{jk\frac{2\pi}{N}n}$随k也成周期变化，周期为N，所以式(8-13)中的求和限$k=\langle N\rangle$表示在任何周期N内对k求和，即只需从某一个整数开始，连续取够N个整数值。因此，对式(8-13)右端在任一个周期N内对k求和所得结果都是相同的。显然，与连续时间傅里叶级数为无限项级数不同，DFS为有限项级数。任何周期为N的周期序列$x_N(n)$都可以分解为N项独立的虚指数序列$\{e^{jk\frac{2\pi}{N}n}$，$k=\langle N\rangle\}$的线性组合。

2. 傅里叶级数的系数

为了确定式(8-13)中DFS的系数$X_N(k)$，我们先来证明一个重要的关系式。在几何级数求和公式

$$\sum_{n=0}^{N-1}q^n=\begin{cases}N, & q=1\\ \dfrac{1-q^N}{1-q}, & q\neq1\end{cases} \tag{8-14}$$

中令$q=e^{jk\frac{2\pi}{N}}$，注意在$k=0$，$\pm N$，$\pm2N$，…时，$e^{jk\frac{2\pi}{N}}=1$，故有：

$$\sum_{n=0}^{N-1}e^{jk\frac{2\pi}{N}n}=\begin{cases}N, & k=0,\pm N,\pm2N,\cdots\\ \dfrac{1-e^{jk\frac{2\pi}{N}N}}{1-e^{jk\frac{2\pi}{N}}}=\dfrac{1-e^{j2k\pi}}{1-e^{jk\frac{2\pi}{N}}}=0, & \text{其余 }k\text{ 值}\end{cases} \tag{8-15}$$

由于在求和式(8-15)中的任何序列项$e^{jk\frac{2\pi}{N}n}$都是周期的，其周期为N，而周期序列在一个周期内的求和与起点无关，因此，式(8-15)在任何一个长度为N的区间内求和都是成立的，即应有：

$$\sum_{n=\langle N\rangle}e^{jk\frac{2\pi}{N}n}=\begin{cases}N, & k=0,\pm N,\pm2N,\cdots\\ 0, & \text{其余 }k\text{ 值}\end{cases} \tag{8-16}$$

式(8-16)表明，除直流信号在一个周期内的求和不为零外，基波和高次谐波在任何周期内

的求和均为零。由式(8-16)还可知，$\varphi_k(n)$构成了区间 $n=\langle N\rangle$上一个正交序列集，其正交性可以表示为

$$\sum_{n=\langle N\rangle}\varphi_k(n)\varphi_l^*(n)=\sum_{n=\langle N\rangle}\mathrm{e}^{\mathrm{j}(k-l)\frac{2\pi}{N}n}=\begin{cases}N, & |k-l|=mN, \quad m=0,1,2,\cdots\\ 0, & |k-l|\neq mN, \quad m=0,1,2,\cdots\end{cases} \tag{8-17}$$

式(8-17)中，k、l 均为整数，$n=\langle N\rangle$表示在任何周期 N 内对 n 求和。式(8-17)表明，离散序列的直流 $\mathrm{e}^{\mathrm{j}0\frac{2\pi}{N}n}$、基波 $\mathrm{e}^{\mathrm{j}\frac{2\pi}{N}n}$、二次谐波 $\mathrm{e}^{\mathrm{j}2\frac{2\pi}{N}n}$、…、$(N-1)$次谐波 $\mathrm{e}^{\mathrm{j}(N-1)\frac{2\pi}{N}n}$之间是相互正交的。

在式(8-13)两边同乘以 $\mathrm{e}^{-\mathrm{j}m\frac{2\pi}{N}n}$，并在一个周期内对 n 求和，可得：

$$\begin{aligned}\sum_{n=\langle N\rangle}x_N(n)\mathrm{e}^{-\mathrm{j}m\frac{2\pi}{N}n}&=\sum_{n=\langle N\rangle}\left[\mathrm{e}^{-\mathrm{j}m\frac{2\pi}{N}n}\sum_{k=\langle N\rangle}X_N(k)\mathrm{e}^{\mathrm{j}k\frac{2\pi}{N}n}\right]\\&=\sum_{k=\langle N\rangle}X_N(k)\left[\sum_{n=\langle N\rangle}\mathrm{e}^{\mathrm{j}(k-m)\frac{2\pi}{N}n}\right](\text{交换求和次序})\end{aligned} \tag{8-18}$$

由式(8-16)可知，式(8-18)中右端内层和式对 n 求和时，只有当$(k-m)$为零或是 N 的整数倍时，才不为零。因此，若将 m 与 k 两者的取值范围选得相同，则当 $k\neq m$ 时，该和式等于零，而当 $k=m$ 时，式(8-18)右边内层和式等于 N，这时，该式右边等于 $X_N(k)N$，因而有：

$$X_N(k)=\frac{1}{N}\sum_{n=\langle N\rangle}x_N(n)\mathrm{e}^{-\mathrm{j}k\frac{2\pi}{N}n} \tag{8-19}$$

利用式(8-19)可以确定周期序列 DFS 展开式(8-13)中的系数。式(8-13)和式(8-19)分别称为综合公式和分析公式，它们对于周期序列所起的作用，与第 3 章中连续时间傅里叶级数的一对公式对于连续周期信号所起的作用完全相同。

3. 展开式系数 $X_N(k)$的性质

DFS 的系数 $X_N(k)$有与连续傅里叶级数系数 X_n 相似的性质，但是，两者之间的根本区别在于 $X_N(k)$具有周期性。下面列出 $X_N(k)$的性质。

1) 若 $x_N(n)$是一个周期为 N 的周期序列，则 $X_N(k)$也是一个周期为 N 的周期序列，即有：

$$X_N(k+N)=X_N(k) \tag{8-20}$$

由此可得 $X_N(-1)=X_N(N-1)$，$X_N(0)=X_N(n)$，$X_N(1)=X_N(N+1)$等。由于周期为 N 的周期序列只包含有限的 N 项独立分量，因此只要取 $X_N(k)$的一个周期，就可以由式(8-13)叠加出该周期序列。通常，将 $X_N(k)$中 k 从 0 到 $N-1$ 取值的这个周期称为 $x_N(n)$频谱，即 $X_N(k)$的主值周期，简称为主周期。在式(8-19)中，由于虚指数序列 $\mathrm{e}^{-\mathrm{j}k\frac{2\pi}{N}n}$随 k 以 N 为周期变化，若对 k 的取值范围不加限制，允许其取任意整数则可证明。

2) 若 $x_N(n)$是实周期序列时，则 $X_N(k)$具有共轭对称性，即：

$$X_N(-k)=X_N^*(k) \tag{8-21}$$

因为 $x_N(n)$是实周期序列，由式(8-19)可得：

$$X_N(-k)=\frac{1}{N}\sum_{n=\langle N\rangle}x_N(n)\mathrm{e}^{\mathrm{j}k\frac{2\pi}{N}n}=\left[\frac{1}{N}\sum_{n=\langle N\rangle}x_N(n)\mathrm{e}^{-\mathrm{j}k\frac{2\pi}{N}n}\right]^*=X_N^*(k)$$

3) $X_N(k)$的模和相角分别是 k 的偶函数和奇函数，$X_N(k)$的实部和虚部分别是 k 的偶函数和奇函数。

由性质 2)可以推出性质 3)。性质 2)、3)与连续时间傅里叶级数系数的性质完全一致。有关 DFS 的性质可以参考有关教科书，这里不再列举。

【例8-1】 求序列 $x(n)=\sin(\Omega_0 n)$ 的频谱系数。

解：对于正弦序列来说，由于 $\frac{2\pi}{\Omega_0}$ 的比值为一个整数、两个整数的比或无理数，则可能出现三种不同的情况，而只有在前两种情况下，$x(n)$ 才是周期序列。因此，所给信号的DFS仅适用于前两种情况，对于第三种非周期序列的情况是不适用的。

1）当 $\frac{2\pi}{\Omega_0}$ 为整数 N，即 $\Omega_0=\frac{2\pi}{N}$ 时，$x(n)$ 为周期序列，其基波周期为 N，该序列可以展开为两个虚指数序列的和，即：

$$x(n)=\frac{1}{2\mathrm{j}}\mathrm{e}^{\mathrm{j}\frac{2\pi}{N}n}-\frac{1}{2\mathrm{j}}\mathrm{e}^{-\mathrm{j}\frac{2\pi}{N}n}$$

将上式与式(8-13)比较，可以得到一个周期 N 内的系数为

$$X_N(1)=\frac{1}{2\mathrm{j}},\quad X_N(-1)=-\frac{1}{2\mathrm{j}},\quad X_N(k)=0,\quad k\neq\pm 1$$

由于这些系数也是以 N 为周期重复的，所以还有 $X_N(N+1)=\frac{1}{2\mathrm{j}}$，$X_N(N-1)=-\frac{1}{2\mathrm{j}}$，$X_N(N+k)=0$，$k\neq\pm 1$ 等。图8-1画出了 $N=5$ 时的傅里叶级数系数，可见，这些系数是以 $N=5$ 为周期无限重复的，在式(8-13)中只用到其中任一周期。

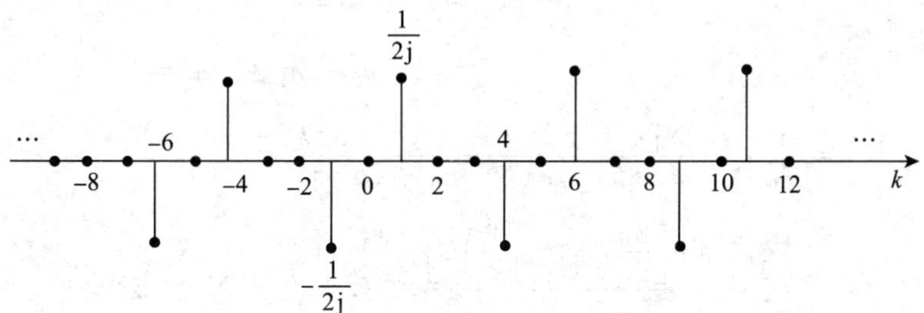

图8-1　$x(n)=\sin\frac{2\pi}{5}n$ 的DFS系数

2）当 $\frac{2\pi}{\Omega_0}$ 为两个整数之比 $\frac{N}{P}$，即 $\Omega_0=2\pi\frac{P}{N}$ 且 P 和 N 没有公因子时，$x(n)$ 是周期序列，其基波周期也为 N，可以展开为下列两个虚指数序列的和，即：

$$x(n)=\frac{1}{2\mathrm{j}}\mathrm{e}^{\mathrm{j}P\frac{2\pi}{N}n}-\frac{1}{2\mathrm{j}}\mathrm{e}^{-\mathrm{j}P\frac{2\pi}{N}n}$$

将上式与式(8-13)比较，可以得到一个周期 N 内的系数为

$$X_N(p)=\frac{1}{2\mathrm{j}},\quad X_N(-P)=-\frac{1}{2\mathrm{j}},\quad X_N(k)=0,\quad k\neq\pm P$$

图8-2画出了 $P=3$，$N=5$ 时的傅里叶级数系数，可见，这些系数仍是周期性的，例如 $X_N(2)=X_N(7)=-\frac{1}{2\mathrm{j}}$，$X_N(-7)=X_N(3)=\frac{1}{2\mathrm{j}}$ 等。

由此可知，周期性正弦序列 $x(n)=\sin(\Omega_0 n)$ 在长度为 N 的任一周期内仅有两个非零的DFS系数。

【例8-2】 与连续周期矩形脉冲信号相对应的周期矩形脉冲序列 $x_N(n)$ 如图8-3所示，可以表示为

$$x_N(n)=\sum_{l=-\infty}^{\infty}R_{2N_1+1}(n-lN),\text{其中 }R_{2N_1+1}(n)=\begin{cases}1,|n|\leqslant N_1\\0,|n|>N_1\end{cases}$$

试求该序列的DFS系数并绘出频谱图。

解：应用式(8-19)计算DFS系数 $X_N(k)$ 时，根据图8-3中 $x_N(n)$ 波形的偶对称性可

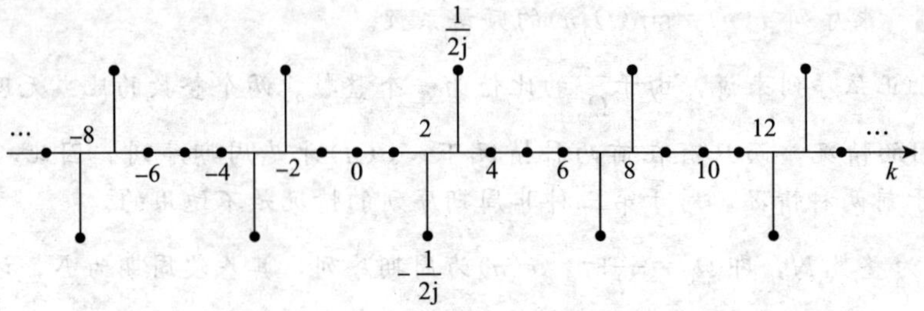

图 8-2　$x(n)=\sin 3\frac{2\pi}{5}n$ 的 DFS 系数

知，求和区间选为 $0\sim(N-1)$ 是不便于计算的，因此，可以选为关于 $n=0$ 的对称区间，于是有：

$$
\begin{aligned}
X_N(k) &= \frac{1}{N}\sum_{n=-N_1}^{N_1} x_N(n)\mathrm{e}^{-\mathrm{j}k\frac{2\pi}{N}n} = \frac{1}{N}\sum_{n=-N_1}^{N_1}\mathrm{e}^{-\mathrm{j}k\frac{2\pi}{N}n} \\
&= \frac{1}{N}\cdot\frac{\mathrm{e}^{\mathrm{j}k\frac{2\pi}{N}N_1}-\mathrm{e}^{-\mathrm{j}k\frac{2\pi}{N}(N_1+1)}}{1-\mathrm{e}^{-\mathrm{j}\frac{2\pi}{N}k}} \left[\begin{array}{l} \text{利用}\sum\limits_{n=n_1}^{n_2}a^n \\ =\begin{cases}\dfrac{a^{n_1}-a^{n_2+1}}{1-a}, & a\neq 1\\ n_2-n_1+1, & a=1\end{cases}\end{array}\right] \\
&= \frac{1}{N}\cdot\frac{\mathrm{e}^{-\mathrm{j}k\frac{\pi}{N}}\left[\mathrm{e}^{\mathrm{j}k\frac{2\pi}{N}\left(\frac{2N_1+1}{2}\right)}-\mathrm{e}^{-\mathrm{j}k\frac{2\pi}{N}\left(\frac{2N_1+1}{2}\right)}\right]}{\mathrm{e}^{-\mathrm{j}k\left(\frac{\pi}{N}\right)}\left[\mathrm{e}^{\mathrm{j}k\left(\frac{\pi}{N}\right)}-\mathrm{e}^{-\mathrm{j}k\left(\frac{\pi}{N}\right)}\right]} \\
&= \begin{cases}\dfrac{1}{N}\cdot\dfrac{\sin\left[\dfrac{2\pi}{N}\left(N_1+\dfrac{1}{2}\right)k\right]}{\sin\left[\left(\dfrac{\pi}{N}\right)k\right]}, & k\neq 0,\pm N,\pm 2N,\cdots \\ \dfrac{2N_1+1}{N}, & k=0,\pm N,\pm 2N,\cdots\end{cases}
\end{aligned}
\tag{8-22}
$$

显然，直接根据式(8-22)画出 $x_N(n)$ 的频谱图是不方便的，因此，这里采用与连续时间周期矩形脉冲信号频谱相似的绘制方法，先分析 $X_N(k)$ 的包络。为此，将式(8-22)中的 $\frac{2\pi k}{N}$ 代换为连续变量 Ω，即可得到：

$$
X_N(k) = \frac{1}{N}\cdot\left.\frac{\sin\left[\dfrac{(2N_1+1)\Omega}{2}\right]}{\sin\dfrac{\Omega}{2}}\right|_{\Omega=\frac{2\pi}{N}k}, \quad k\neq 0,\pm N,\pm 2N,\cdots \tag{8-23}
$$

由式(8-23)可知，$X_N(k)$ 的包络具有函数 $\frac{\sin\alpha x}{\sin x}$ 的形状。将此包络以 $\frac{2\pi}{N}$ 为间隔取离散样本并乘以 $\frac{1}{N}$ 就可以得到 $X_N(k)$。因此，在绘制频谱时，根据 $\frac{\sin\alpha x}{\sin x}$ 的特点，首先将 $0\sim 2\pi$ 的频率范围按 $2N_1+1$ 等分，画出包络线，再将包络以 $\frac{2\pi}{N}$ 为间隔取样并乘以 $\frac{1}{N}$ 即可。

我们知道，连续时间周期性矩形脉冲信号的频谱是非周期的离散频率函数，其包络具有函数 $\mathrm{Sa}(x)=\frac{\sin x}{x}$ 的形式，而离散时间周期性矩形脉冲的傅里叶系数是周期函数，所以其包络也一定是周期变化的，例 8-2 中的是 $\frac{\sin(\alpha x)}{\sin x}$ 的形状，故而不再是 $\mathrm{Sa}(x)$ 的形状。

图 8-4所示的频谱图是对图 8-3 中的周期矩形脉冲序列取 $N_1=2$，信号周期分别为 $N=10$、$N=20$ 和 $N=40$ 绘制而成的。

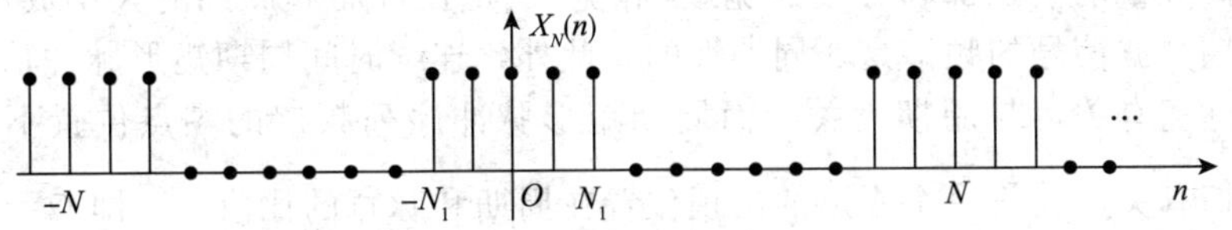

图 8-3 周期矩形脉冲序列

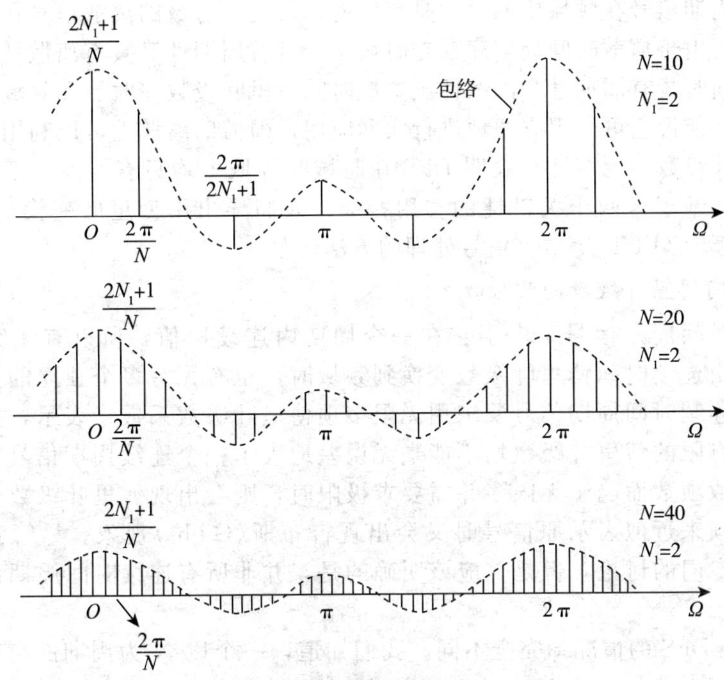

图 8-4 周期矩形脉冲序列的频谱

由图 8-4 可以看出，由于周期矩形脉冲序列具有周期性，可以展开成不同频率的谐波分量的线性组合，因此，其频谱具有离散性，并且是以 N(对 Ω 而言是以 2π)为周期的。由式(8-23)可知，谐波分量的大小和方波的宽度(脉宽)N_1 成正比，而和周期 N 的大小成反比。比较图 8-4 中的 a、b 和 c 可见，当脉冲宽度 N_1 保持不变时，频谱包络的形状不变，而随着 N 的增大，谱线的幅度和间隔都减小，即组成 $x_N(n)$的频谱分量增多了，而当周期 N 保持不变，脉冲宽度 N_1 改变时，频谱包络的形状就会发生变化。例如，当图 8-3中周期矩形脉冲序列取 $N_1=3$，$N=10$ 时，则其频谱将如图 8-5 所示。将该图与图 8-4 中 a对比可知，脉冲宽度 N_1 越大，则频谱包络的主瓣宽度越窄，反之越宽。

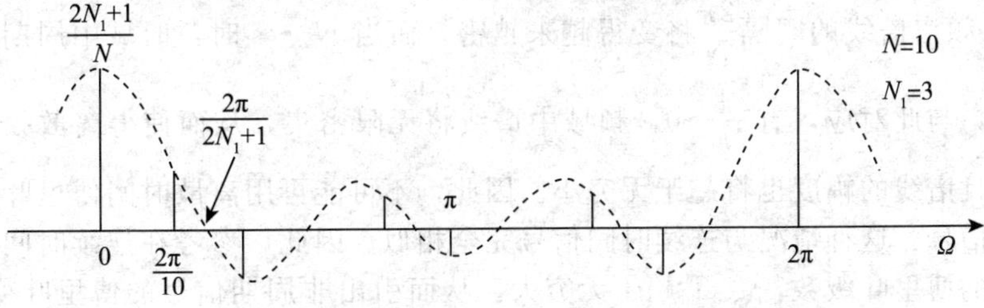

图 8-5 $N_1=3$，$N=10$ 时周期矩形脉冲的频谱

将周期序列的频谱图 8-3 和连续时间周期方波信号的频谱图 3-6 进行比较可知，两者都是周期信号，均可以展开成不同频率的谐波分量的线性组合，因此，它们的频谱都具有离散性，谐波分量的大小都和方波的宽度(脉宽)成正比，而和周期的大小成反比。但是，连续时间周期方波信号的频谱是非周期性的，此外，连续时间周期矩形脉冲信号频谱的零点位置只与脉宽有关，与周期无关，而周期矩形脉冲序列频谱的零点位置不仅与脉宽有关，还与周期有关，其第一个零点的出现位置在周期和脉宽的比值上，即 $\Omega=\frac{2\pi}{N}$处。

应该指出的是，在信号的傅里叶分析中，周期性和离散性之间存在着唯一的对应关系，即时域的周期信号在频域中的频谱是离散的，反之，时域的离散信号在频域中的频谱则具有周期性。由于离散时间周期序列在时域中既具有周期性又具有离散性，所以其在频域中的频谱也同时具有周期性和离散性。离散时间傅里叶级数在时域和频域中的这种双重周期性和离散性使得它可以很方便地进行实际应用，即借助离散性可以利用计算机来计算离散时间傅里叶级数，周期性则表明 DFS 在时域和频域中均只有有限个不同的值，十分便于实际计算。基于这两个关键性的实用特征，人们导出了傅里叶变换的计算机分析、DFT 及其快速算法(FFT)等数字信号处理的方法。

4. 离散时间傅里叶级数的收敛性

对于连续时间周期信号，由于它在一个周期内连续取值，所以有无穷多个独立的值，因此它经由连续时间傅里叶级数变换到频域时，也有无穷多个独立的傅里叶级数系数值，即一个连续时间周期信号要求用无限多项傅里叶级数系数来表示，换句话说就是任何一个项数有限的傅里叶级数均不能毫无误差地表示一个连续周期信号，但是，当我们不断增加所取项数而趋于无限多并需要求极限时，则会出现傅里叶级数是否收敛的问题，而用有限项来近似表示原信号时又会出现吉布斯(Gibbs)现象。尽管我们没有对这类收敛性进行专门的讨论，但是，应该明确的是，并非所有连续时间周期信号都能展开成傅里叶级数。

相比之下，DFS 的情况却完全不同。我们知道，一个以 N 为周期的离散时间序列只有 N 个序列值是独立的，这 N 个独立的序列值就组成了信号的一个周期。而 DFS 的系数也是以 N 为周期的，它也只有 N 个独立的值。因此，DFS 实质上就是将序列在时域中 N 个独立的值变换为频域中 N 个对应的独立值，所以只要我们在频域中取够一个周期内 N 个独立的值 X_k，再将这 N 个独立值用所对应的复指数序列线性组合起来就可以完全表示周期为 N 的原离散时间信号 $x_N(n)$。显然，若用有限项级数来近似表示原信号，则项数越多，越接近原信号。因此，DFS 不存在收敛问题，也不存在吉布斯现象，这也是它和连续时间傅里叶级数之间的一个差别。

8.3 非周期序列的离散时间傅里叶变换

从 8.2 节关于周期性矩形脉冲序列的频谱讨论中，我们已经知道，随着这个序列的周期 N 增大，频谱谱线的间隔$\frac{2\pi}{N}$将变得越来越密，而当 $N\to\infty$时，时域中周期序列将变成非周期序列，与此对应，有$\frac{2\pi}{N}\to 0$，频域中谱线将无限密集，从而使得离散频谱演化为连续频谱，并且谱线的幅度也将趋于无穷小。因此，不可能再用离散时间傅里叶级数来表述离散非周期信号，这种情况与连续时间信号完全相似。因此，参考在连续时间情况下，针对周期信号的傅里叶级数，令 T 趋于无穷大，从而引出非周期信号的傅里叶变换的方法，由周期序列的 DFS 来建立非周期离散时间信号的傅里叶变换表示式，称为离散时间傅里叶变换，它在分析序列的频谱，研究离散时间系统的频域特性以及在信号通过系统后频域的分析等方面均十分重要。

1. 非周期序列的离散时间傅里叶变换

图 8-6a 所示为具有有限持续期 $|n|\leqslant N_1$（N_1 为正整数）的非周期序列 $x(n)$，将 $x(n)$ 做周期延拓便可以得到一个周期为 N 的周期序列 $x_N(n)$，如图 8-6b 所示，其中，为了避免两个相邻序列重叠，N 要取得足够大，有 $N\geqslant 2N_1+1$。这时，$x(n)$ 是 $x_N(n)$ 的主值周期，即有：

$$x(n)=\begin{cases}x_N(n), & |n|\leqslant N_1\\ 0, & |n|>N_1\end{cases} \tag{8-24a}$$

或 $x_N(n)$ 是 $x(n)$ 的周期延拓，即：

$$x_N(n)=\sum_{r=-\infty}^{\infty}x(n-rN) \tag{8-24b}$$

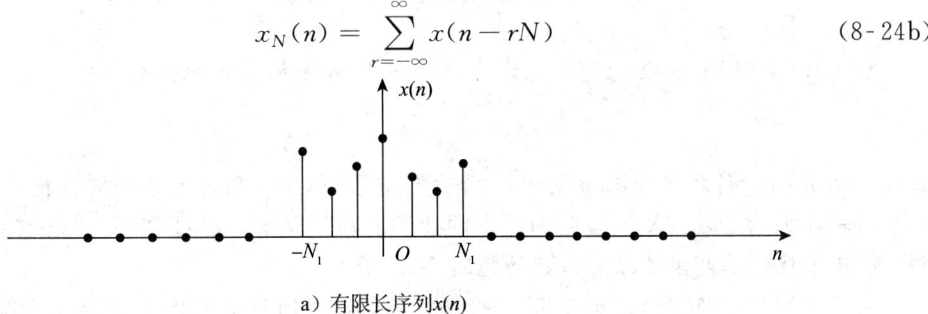

a）有限长序列$x(n)$

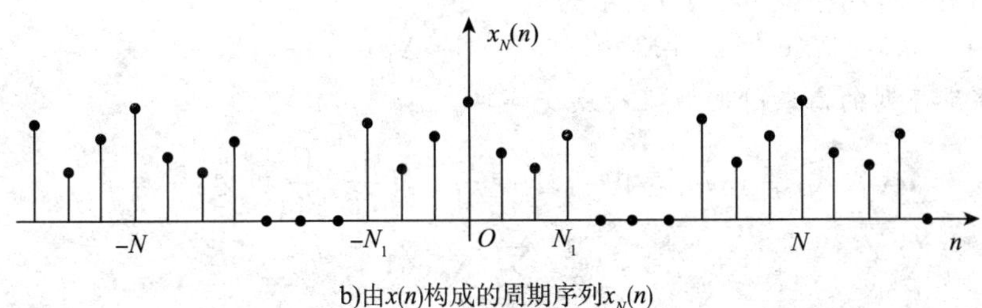

b）由$x(n)$构成的周期序列$x_N(n)$

图 8-6 非周期序列与周期序列之间的关系

显然，随着周期 N 的增大，$x_N(n)$ 就会在一个更长的时间段内与 $x(n)$ 一致，而当 $N\to\infty$ 时，在整个时间范围内，或者说对于任意 n 值，都有 $x_N(n)=x(n)$。

我们知道，周期序列 $x_N(n)$ 的离散傅里叶级数为

$$x_N(n)=\sum_{k=\langle N\rangle}X_N(k)\mathrm{e}^{\mathrm{j}k\frac{2\pi}{N}n} \tag{8-25}$$

$$X_N(k)=\frac{1}{N}\sum_{n=\langle N\rangle}x_N(n)\mathrm{e}^{-\mathrm{j}k\frac{2\pi}{N}n} \tag{8-26}$$

由于在区间 $|n|\leqslant\frac{N}{2}$ 所在的这个周期内，有 $x_N(n)=x(n)$，所以可以将式(8-26)的求和区间 $\langle N\rangle$ 选在该周期内，于是有：

$$X_N(k)=\frac{1}{N}\sum_{n=-N_1}^{N_1}x_N(n)\mathrm{e}^{-\mathrm{j}k\frac{2\pi}{N}n}=\frac{1}{N}\sum_{n=-\infty}^{\infty}x(n)\mathrm{e}^{-\mathrm{j}k\frac{2\pi}{N}n} \tag{8-27}$$

因此，

$$NX_N(k)=\sum_{n=-\infty}^{\infty}x(n)\mathrm{e}^{-\mathrm{j}k\frac{2\pi}{N}n} \tag{8-28}$$

式(8-28)两边取极限 $N\to\infty$ 时，频谱间隔 $\Omega_0=\frac{2\pi}{N}$ 趋于无穷小量 $d\Omega$，$k\Omega_0=k\cdot\frac{2\pi}{N}$ 趋于连续频率变量 Ω，$X_N(k)$ 趋于零而并不等于零，$NX_N(k)$ 的极限为 Ω 的函数，可以记为 $X(\Omega)$，但是为了便于与第 9 章离散时间信号的 z 变换相对应，将此极限记为 $X(e^{j\Omega})$。于是，由式(8-28)可得：

$$X(e^{j\Omega})=\text{DTFT}[x(n)]=\sum_{n=-\infty}^{\infty}x(n)e^{-j\Omega n} \tag{8-29}$$

式(8-29)称为非周期序列 $x(n)$ 的离散时间傅里叶变换，它是以 $e^{j\Omega n}$ 的完备正交函数集对非周期序列 $x(n)$ 做正交展开的。由于 $e^{-j\Omega n}$ 是变量 Ω 以 2π 为周期的周期性函数，所以非周期序列 $x(n)$ 的频谱密度函数 $X(e^{j\Omega})$ 是一个以 2π 为周期的 Ω 的连续周期函数，通常，把区间 $[-\pi,\pi]$ 称为 Ω 的主值区间。Ω 是以弧度为单位的数字频率，它不同于连续信号傅里叶变换式中以弧度/秒为单位的模拟频率 ω。

对比式(8-29)和式(8-19)可以得出 $X_N(k)$ 与 $X(e^{j\Omega})$ 之间的关系为

$$X_N(k)=\frac{1}{N}X(e^{j\Omega})\bigg|_{\Omega=k\Omega_0=k\frac{2\pi}{N}} \tag{8-30}$$

式(8-30)表明，周期序列离散傅里叶级数的系数 $X_N(k)$ 就是与其相对应的非周期序列，即有限长序列的 DTFT$X(e^{j\Omega})$ 在 $k\Omega_0$ 点的抽样值，非周期序列的 DTFT$X(e^{j\Omega})$ 则是与其相对应的周期序列的傅里叶级数系数的包络 $NX_N(k)$。

一般情况下，$X(e^{j\Omega})$ 是实变量 Ω 的复值函数，可以用其实部 $X_R(e^{j\Omega})$ 和虚部 $X_I(e^{j\Omega})$ 或幅度谱 $|X(e^{j\Omega})|$ 和相位谱 $\varphi(\Omega)$ 表示为

$$X(e^{j\Omega})=|X(e^{j\Omega})|e^{j\varphi(\Omega)}=X_R(e^{j\Omega})+jX_I(e^{j\Omega}) \tag{8-31}$$

2. 非周期序列的离散时间傅里叶反变换

将式(8-30)代入式(8-13)并考虑到 $\Omega_0=\frac{2\pi}{N}$，即 $\frac{1}{N}=\frac{\Omega_0}{2\pi}$ 可得：

$$x_N(n)=\frac{1}{2\pi}\sum_{k=\langle N\rangle}X(e^{jk\Omega_0})e^{jk\Omega_0 n}\Omega_0 \tag{8-32}$$

在式(8-32)中，当 $N\to\infty$ 时，左边有 $x_N(n)=x(n)$，右边的求和运算将变为积分运算，且 $\Omega_0=\frac{2\pi}{N}\to d\Omega$，$k\Omega_0=k\,\frac{2\pi}{N}\to\Omega$。同时，由于 k 的取值周期为 N，$k\Omega_0=\frac{k2\pi}{N}$ 的取值周期为 2π，故当 $N\to\infty$ 时，$k\Omega_0=\frac{k2\pi}{N}\to\Omega$ 的取值周期也为 2π，即式(8-32)中变量 k 的求和区间 N 将变为变量 Ω 的积分区间 2π，于是，式(8-32)就变为一个非周期信号的傅里叶分析式，有：

$$x(n)=\frac{1}{2\pi}\int_{2\pi}X(e^{j\Omega})e^{j\Omega n}d\Omega \tag{8-33}$$

在式(8-33)的被积函数中，$X(e^{j\Omega})$ 和 $e^{j\Omega n}$ 都是以 2π 为周期的 Ω 的连续周期函数，因此乘积 $X(e^{j\Omega})e^{j\Omega n}$ 也是一个 Ω 的连续周期函数，且周期等于 2π，则式(8-33)中的积分区间可以是任何一个长度为 2π 的区间，对应于式(8-32)中 k 的取值周期 N。

式(8-33)表明，时域中的非周期序列 $x(n)$ 可以分解为无穷多个频率从 $0\sim2\pi$ 连续分布的虚指数序列的线性组合，每个虚指数分量的幅度为 $\frac{1}{2\pi}X(e^{j\Omega})d\Omega$。

由于 $X(e^{j\Omega})$ 是一个可以反映各频率分量大小的频率加权系数，所以和连续时间信号的情况一样，将 $X(e^{j\Omega})$ 定义为序列 $x(n)$ 的 DTFT。式(8-29)和式(8-33)也分别称为分析公式和综合公式。

由式(8-33)和式(3-56)可以看出，非周期连续时间信号$x(t)$和非周期离散时间信号$x(n)$都可以展开为虚指数信号的加权积分，并且它们的傅里叶级数系数和傅里叶变换之间又都存在相同的关系，即它们的傅里叶级数系数可以用它们的傅里叶变换在等间隔抽样点上的样本值来表示。由式(3-55)和式(8-29)可知，连续时间傅里叶变换和离散时间傅里叶变换都是频率的连续函数，但是，离散时间傅里叶变换是一个以 2π 为周期的周期函数，而连续时间傅里叶变换一般是非周期函数。此外，离散时间傅里叶级数综合公式中频率变量的积分区间为 $N\Omega_0=2\pi$，而非无穷大。这两个差别产生的根本原因在于周期为 N 的虚指数序列中只有 N 个虚指数序列是独立的，其频率区间为 $N\Omega_0=2\pi$，即在频率上相差 2π 的虚指数序列是完全相同的。因此，对于周期序列来说，就表现为傅里叶系数是周期性的，而离散傅里叶级数是有限项级数和，对于非周期序列来说，则表现为 $X(e^{j\Omega})$ 的周期性，而综合公式只在一个频率区间 $N\Omega_0=2\pi$ 内积分。

3. 非周期序列的离散时间傅里叶变换的收敛性

如果非周期序列的长度有限，则因在有限持续区间内序列绝对可和，所以不存在任何收敛问题，但是，如果非周期序列的长度无限长，式(8-29)为无穷项求和，就必需考收敛问题，即对于无限长的非周期序列，并不一定能保证它的离散时间傅里叶变换都存在。与连续时间傅里叶变换收敛要求信号绝对可积的充分条件直接对应，如果序列 $x(n)$满足绝对可和条件，即：

$$\sum_{n=-\infty}^{\infty}|x(n)|<\infty \tag{8-34}$$

或者若 $x(n)$的能量有限，即：

$$\sum_{n=-\infty}^{\infty}|x(n)|^2<\infty \tag{8-35}$$

则式(8-29)一定收敛。但是，应该注意的是，由于有

$$\sum_{n=-\infty}^{\infty}|x(n)|^2\leqslant\left[\sum_{n=-\infty}^{\infty}|x(n)|\right]^2 \tag{8-36}$$

所以绝对可和的序列一定平方可和，而平方可和的序列并不一定绝对可和，因此，这里的绝对可和与平方可和的条件并不是等价的。例如，序列 $x(n)=\sin\dfrac{\Omega_c n}{\pi n}$为能量有限信号，是平方可和的，但它并不绝对可和。若 $x(n)$绝对可和，式(8-29)这个无穷级数就一致收敛于关于 Ω 的连续函数 $X(e^{j\Omega})$，所谓一致收敛是指

$$\lim_{N\to\infty}\left|X(e^{j\Omega})-\sum_{n=-N}^{N}x(n)e^{-j\Omega n}\right|=\lim_{N\to\infty}|X(e^{j\Omega})-X_N(e^{j\Omega})|$$

若 $x(n)$的能量有限，即平方可和而非绝对可和，则级数式(8-29)将以均方误差等于零的方式收敛(均方收敛)于 $X(e^{j\Omega})$，即：

$$\lim_{N\to\infty}\int_{-\pi}^{\pi}\left|X(e^{j\Omega})-\sum_{n=-N}^{N}x(n)e^{-j\Omega n}\right|^2 d\Omega=\lim_{N\to\infty}\int_{-\pi}^{\pi}|X(e^{j\Omega})-X_N(e^{j\Omega})|^2 d\Omega=0$$

此时，在 $X(e^{j\Omega})$的间断点处就会产生所谓的吉布斯现象。

应该注意的是，序列的绝对可和与平方可和只是离散时间傅里叶变换收敛的充分条件，如同连续时间信号的傅里叶变换一样，离散时间傅里叶变换存在的充分必要条件至今尚未找到。

至此，我们讨论了 4 种时域信号，即连续时间周期信号、连续时间非周期信号、离散周期信号、离散非周期时间信号的傅里叶分析表示式，这些表示式在时域和频域上，均具

有离散性和周期性、连续性和非周期性之间的一一对应关系。例如，时域的周期性对应于频域的离散性，时域的非周期性对应于频域的连续性。表 8-1 列出了这 4 种信号的傅里叶分析的定义式及其时域和频域的对应关系。

表 8-1　4 种信号的傅里叶分析的定义式及其时域和频域的对应关系

时域	周　期	非　周　期	
连续	傅里叶级数 $x(t)=\sum\limits_{n=-\infty}^{\infty} c_n \mathrm{e}^{\mathrm{j}n\omega_0 t}$ $X(n)=\dfrac{1}{T_0}\int_{t_0}^{t_0+T_0} x(t)\mathrm{e}^{-\mathrm{j}n\omega_0 t}\mathrm{d}t$ 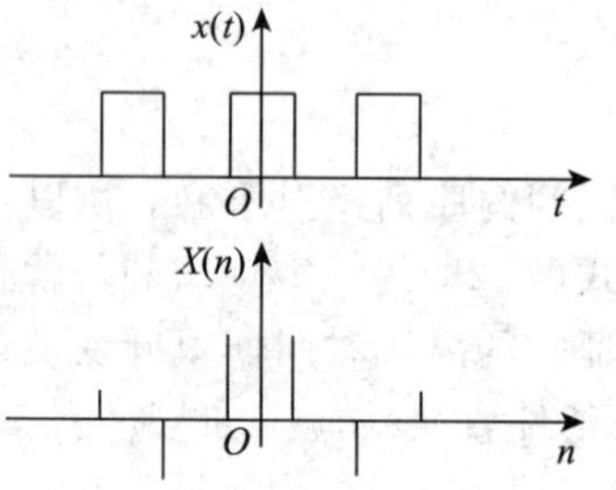	傅里叶变换 $x(t)=\dfrac{1}{2\pi}\int_{-\infty}^{\infty} X(\mathrm{j}\omega)\mathrm{e}^{\mathrm{j}\omega t}\mathrm{d}\omega$ $X(\mathrm{j}\omega)=\int_{-\infty}^{\infty} x(t)\mathrm{e}^{-\mathrm{j}\omega t}\mathrm{d}t$ 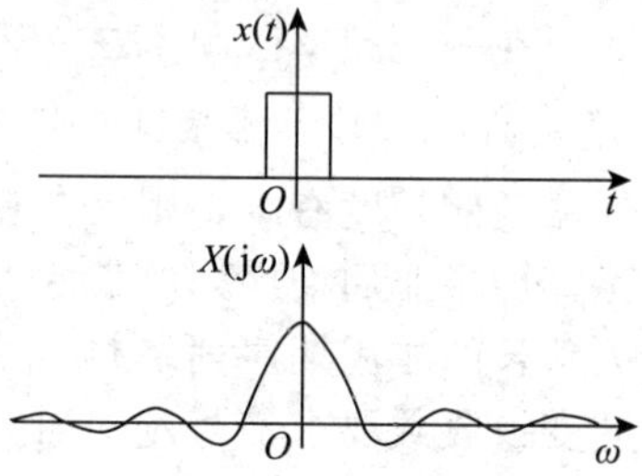	非周期
离散	离散时间傅里叶级数 $x_N(n)=\sum\limits_{k=\langle N\rangle} X_N(k)\mathrm{e}^{\mathrm{j}k\Omega_0 n}$ $X_N(k)=\dfrac{1}{N}\sum\limits_{n=\langle N\rangle} x_N(n)\mathrm{e}^{-\mathrm{j}k\Omega_0 n}$ 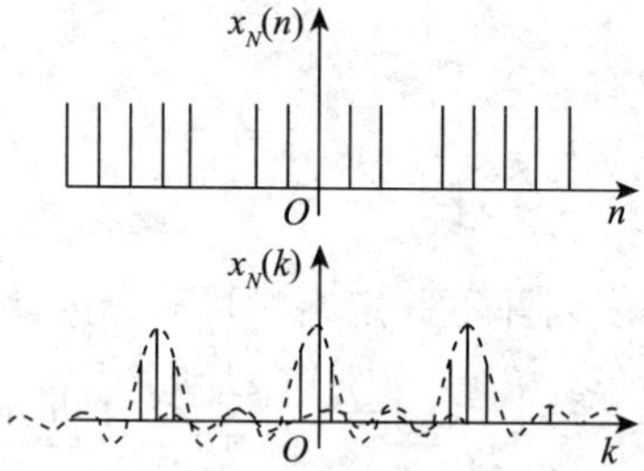	离散时间傅里叶变换 $x(n)=\dfrac{1}{2\pi}\int_{\Omega=(2\pi)} X(\mathrm{e}^{\mathrm{j}\Omega})\mathrm{e}^{\mathrm{j}\Omega n}\mathrm{d}\Omega$ $X(\mathrm{e}^{\mathrm{j}\Omega})=\sum\limits_{n=-\infty}^{\infty} x(n)\mathrm{e}^{-\mathrm{j}\Omega n}$ 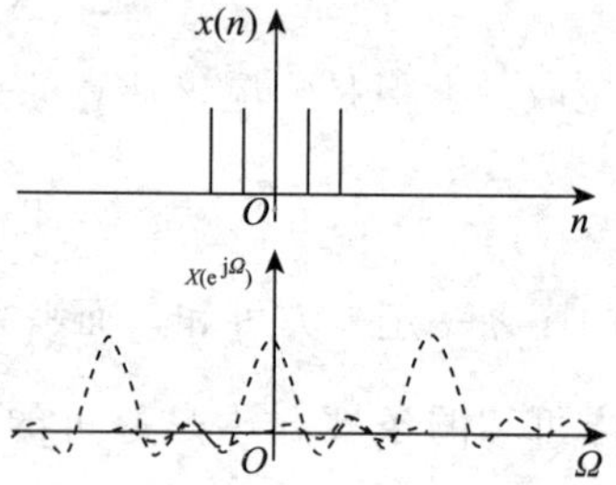	周期
	离　散	连　续	频域

8.4　离散时间傅里叶变换与连续时间傅里叶变换之间的关系

我们知道，在时域中，离散信号与连续信号之间的关系可以通过采样，即 $x(n)=x(t)\big|_{t=nT}$ 建立，本节讨论它们在频域中的关系，即序列的傅里叶变换与连续信号的傅里叶变换之间的关系。将 $t=nT$ 带入连续时间傅里叶反变换式(3-56)中可得：

$$x(nT)=\frac{1}{2\pi}\int_{-\infty}^{\infty} X(\mathrm{j}\omega)\mathrm{e}^{\mathrm{j}\omega nT}\mathrm{d}\omega=\frac{1}{2\pi}\sum_{r=-\infty}^{\infty}\int_{\frac{(2r-1)\pi}{T}}^{\frac{(2r+1)\pi}{T}} X(\mathrm{j}\omega)\mathrm{e}^{\mathrm{j}\omega nT}\mathrm{d}\omega$$

（将积分区间分解成无限多个 $\dfrac{2\pi}{T}$ 区间）

$$=\frac{1}{2\pi}\sum_{r=-\infty}^{\infty}\int_{-\frac{\pi}{T}}^{\frac{\pi}{T}} X\left(\mathrm{j}\omega'-\mathrm{j}\frac{2\pi}{T}r\right)\mathrm{e}^{\mathrm{j}\omega' nT}\mathrm{e}^{-\mathrm{j}2\pi rn}\mathrm{d}\omega' \quad \left(\omega'=\omega-\frac{2\pi}{T}r\right)$$

$$=\frac{1}{2\pi}\sum_{r=-\infty}^{\infty}\int_{-\frac{\pi}{T}}^{\frac{\pi}{T}}X\left(\mathrm{j}\omega-\mathrm{j}\frac{2\pi}{T}r\right)\mathrm{e}^{\mathrm{j}\omega nT}\mathrm{e}^{-\mathrm{j}2\pi rn}\mathrm{d}\omega \quad (\text{仍用 } \omega \text{ 表示变量,即令 } \omega'=\omega)$$

$$=\frac{1}{2\pi}\int_{-\frac{\pi}{T}}^{\frac{\pi}{T}}\sum_{r=-\infty}^{\infty}X\left(\mathrm{j}\omega-\mathrm{j}\frac{2\pi}{T}r\right)\mathrm{e}^{\mathrm{j}\omega nT}\mathrm{d}\omega$$

$$=\frac{1}{2\pi}\int_{-\frac{\pi}{T}}^{\frac{\pi}{T}}\sum_{r=-\infty}^{\infty}X\left(\mathrm{j}\frac{\Omega}{T}-\mathrm{j}\frac{2\pi}{T}r\right)\mathrm{e}^{\mathrm{j}\Omega n}\mathrm{d}\frac{\Omega}{T} \quad \left(\text{令 } \omega=\frac{\Omega}{T}\right)$$

$$=\frac{1}{2\pi}\int_{-\pi}^{\pi}\left[\frac{1}{T}\sum_{r=-\infty}^{\infty}X\left(\mathrm{j}\frac{\Omega}{T}-\mathrm{j}\frac{2\pi}{T}r\right)\right]\mathrm{e}^{\mathrm{j}\Omega n}\mathrm{d}\Omega \tag{8-37}$$

对比式(8-37)与离散时间傅里叶反变换式(8-33)，便可得出离散时间傅里叶变换，即离散序列的傅里叶变换 $X(\mathrm{e}^{\mathrm{j}\Omega})$ 与连续时间傅里叶变换(连续信号的傅里叶变换) $X(\mathrm{j}\omega)$ 之间的关系：

$$X(\mathrm{e}^{\mathrm{j}\Omega})=\frac{1}{T}\sum_{r=-\infty}^{\infty}X\left(\mathrm{j}\frac{\Omega}{T}-\mathrm{j}\frac{2\pi}{T}r\right) \tag{8-38}$$

在第 3 章得出了采样信号 $x_s(t)$ 的连续时间傅里叶变换 $X_s(\omega)$ 与连续信号 $x(t)$ 的连续时间傅里叶变换 $X(\omega)$ 之间的关系式(3-152)，将该式与式(8-38)对比可知，序列(离散时间)的傅里叶变换和采样信号(连续时间)的傅里叶变换一样，均是以对应的连续时间傅里叶变换 $X(\mathrm{j}\omega)$ 以周期 $\omega_s=\frac{2\pi}{T}=\frac{2\pi}{T_s}=2\pi f_s$ 进行周期延拓的结果。这表明，带限模拟信号的频谱 $X(\mathrm{j}\omega)$ 经频率尺度变换 $\Omega=\omega T$ 后，在数字频率域以 2π 为周期进行周期延拓，就可以得到与其抽样对应的序列的频谱 $X(\mathrm{e}^{\mathrm{j}\Omega})$。

【例 8-3】 设 $x(t)=\cos(2\pi f_0 t)$，$f_0=50\mathrm{Hz}$，以采样频率 $f_s=200\mathrm{Hz}$ 对 $x(t)$ 进行采样，得到采样信号 $x_s(t)$ 和时域离散信号 $x(n)$，试求 $x(t)$、$x_s(t)$ 和 $x(n)$ 的傅里叶变换。

解：1) 根据连续时间傅里叶变换式(3-55)可得 $x(t)$ 的傅里叶变换：

$$X(\mathrm{j}\omega)=\mathscr{F}[x(t)]=\int_{-\infty}^{\infty}(\cos 2\pi f_0 t)\mathrm{e}^{-\mathrm{j}\omega t}\mathrm{d}t=\int_{-\infty}^{\infty}[\mathrm{e}^{\mathrm{j}2\pi f_0 t}+\mathrm{e}^{-\mathrm{j}2\pi f_0 t}]\mathrm{e}^{-\mathrm{j}\omega t}\mathrm{d}t$$
$$=\pi[\delta(\omega-2\pi f_0)+\delta(\omega+2\pi f_0)]$$

$X(\mathrm{j}\omega)$ 是 $\omega=\pm 2\pi f_0$ 处的单位冲激函数，强度为 π，如图 8-7 所示。

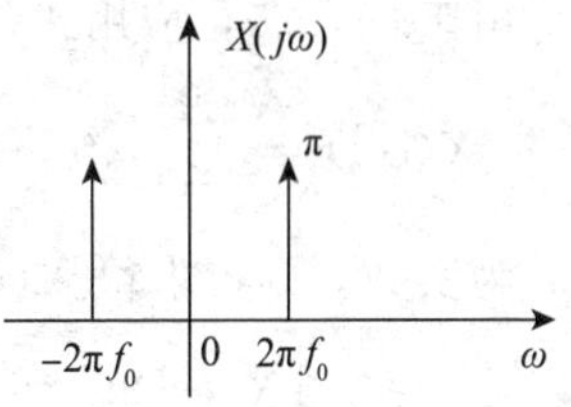

图 8-7　$x(t)$ 的傅里叶变换 $X(\mathrm{j}\omega)$

2) 以 $f_s=200\mathrm{Hz}$ 对 $x(t)$ 进行采样，得到采样信号 $x_s(t)$，$x_s(t)$ 与 $x(t)$ 之间的关系为

$$x_s(t)=\sum_{n=-\infty}^{\infty}x(nT)\delta(t-nT)=\sum_{n=-\infty}^{\infty}\cos(2\pi f_0 nT)\delta(t-nT)$$

根据采样信号 $x_s(t)$ 和模拟信号 $x(t)$ 的傅里叶变换之间的关系，可得到：

$$X_s(\mathrm{j}\omega)=\mathscr{F}[x_s(t)]=\frac{1}{T}\sum_{k=-\infty}^{\infty}X(\mathrm{j}\omega-\mathrm{j}k\omega_s)$$
$$=\frac{\pi}{T}\sum_{k=-\infty}^{\infty}[\delta(\omega-k\omega_s-2\pi f_0)+\delta(\omega-k\omega_s+2\pi f_0)]$$

即 $X_s(\mathrm{j}\omega)$ 是以 $\omega_s=2\pi f_s$ 为周期对 $X(\mathrm{j}\omega)$ 周期进行延拓而成。

3) 应用式(8-38)即可得到序列 $x(n)$ 的傅里叶变换，即：

$$X(\mathrm{e}^{\mathrm{j}\Omega})=\frac{\pi}{T}\sum_{k=-\infty}^{\infty}[\delta(\Omega f_s-k\cdot 2\pi f_s-2\pi f_0)+\delta(\Omega f_s-k\cdot 2\pi f_s+2\pi f_0)] \tag{8-39}$$

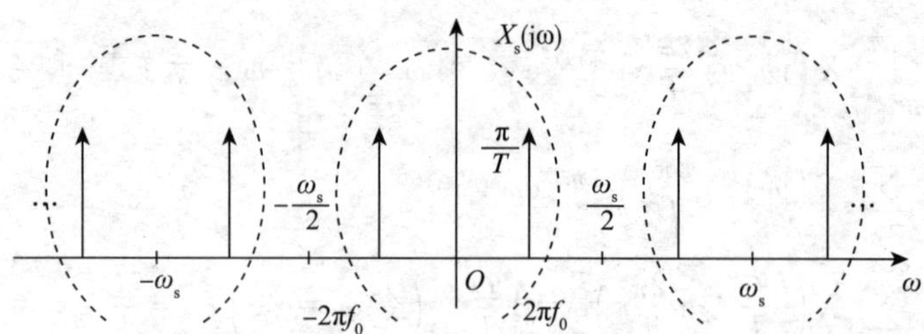

图 8-8 采样信号 $x_s(t)$的傅里叶变换 $X_s(j\omega)$

将 $f_0=50\text{Hz}$，$f_s=200\text{Hz}$ 代入式(8-39)，求括号中项为零时的 Ω 值，有 $\Omega=2\pi k\pm\frac{\pi}{2}$，因此，$X(e^{j\Omega})$可用下式表示：

$$X(e^{j\Omega})=\frac{\pi}{T}\sum_{k=-\infty}^{\infty}\left[\delta\left(\Omega-2\pi k-\frac{\pi}{2}\right)+\delta\left(\Omega-2\pi k+\frac{\pi}{2}\right)\right]$$

$X(e^{j\Omega})$的波形如图 8-9 所示。

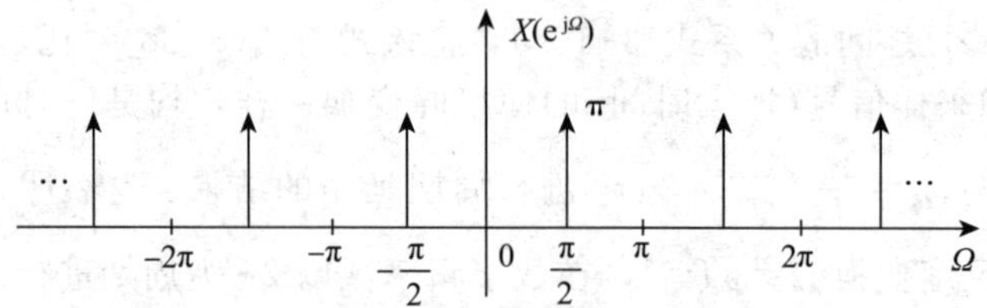

图 8-9 序列 $x(n)$的傅里叶变换 $X(e^{j\Omega})$

8.5 典型非周期序列的离散时间傅里叶变换

下面利用 DTFT 的定义求解几种常见非周期序列的傅里叶变换，并将它们与对应的连续时间信号及其变换进行对比。

1. 单边指数序列 $x(n)=a^n\varepsilon(n)$，$|a|<1$

由于$|a|<1$，应用式(8-29)可直接求得其频谱函数为

$$X(e^{j\Omega})=\sum_{n=-\infty}^{\infty}a^n\varepsilon(n)e^{-j\Omega n}=\sum_{n=0}^{\infty}(ae^{-j\Omega})^n=\frac{1}{1-ae^{-j\Omega}}=\frac{1}{1-a\cos\Omega+ja\sin\Omega}$$

若 a 为实数，则可求得 $X(e^{j\Omega})$的幅频特性和相频特性分别为

$$|X(e^{j\Omega})|=\frac{1}{\sqrt{1+a^2-2a\cos\Omega}},\quad \varphi(\Omega)=-\arctan\left(\frac{a\sin\Omega}{1-a\cos\Omega}\right)$$

图 8-10a 和 b 分别绘出了 $0<a<1$ 和 $-1<a<0$ 时单边指数序列的波形以及对应的幅度谱和相位谱。可见，幅度谱、相位谱都是以 2π 为周期的周期函数，因而一般只要画出 $0\sim2\pi$或$-\pi\sim\pi$ 的谱线图即可。

此外，从图 8-10a 和 b 中还可以看出 $0<a<1$ 和 $-1<a<0$ 时幅频特性的差别。由于虚指数序列 $e^{j\Omega n}$具有周期性，即 $\Omega=0$ 和 $\Omega=2\pi$ 都是同一个信号，因此位于 $\Omega=0$，$\pm2\pi$ 和其他 π 的偶数倍附近都相应于低频，而 $\Omega=\pm\pi$，$\pm3\pi$ 或其他 π 的奇数倍附近都相应于高频。可以看到，在图 8-10a 中，由于序列值变化较慢，所以幅度谱集中在 $\Omega=0$，$\pm2\pi$，$\pm4\pi$，…附近，即频谱能量主要集中在低频附近，具有低通特性；在图 8-10b 中，由于序列值正负交替，变化较快，故其幅度谱集中在 $\Omega=\pm\pi$，$\pm3\pi$，…附近，即频谱能量主要

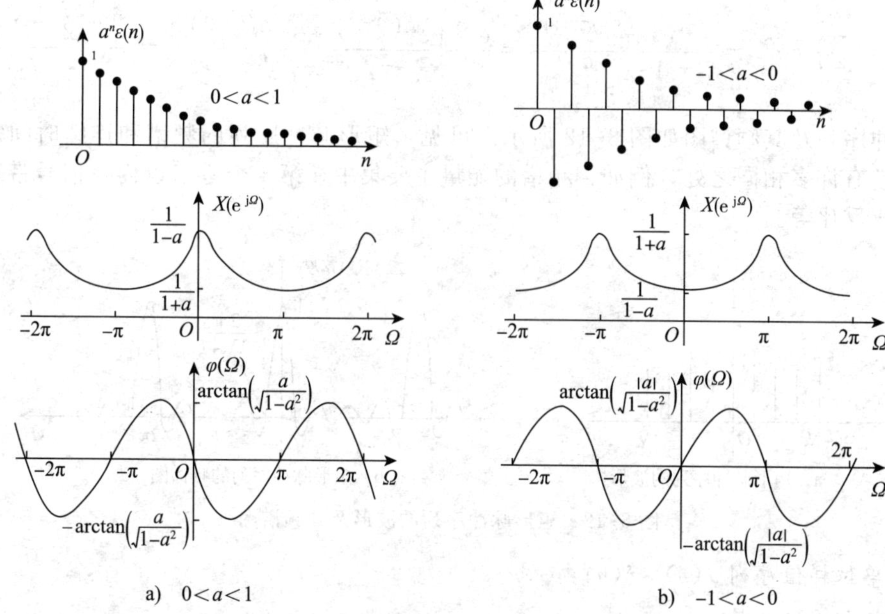

图 8-10　单边指数序列的波形及其频谱图

集中在高频附近，具有高通特性。$|a|$越接近于1，其幅频特性曲线越尖。

2. 双边指数序列 $x(n)=a^{|n|}$，$|a|<1$

这是一个双边指数衰减偶序列，由式(8-29)可得：

$$X(e^{j\Omega})=\sum_{n=-\infty}^{\infty}a^{|n|}e^{-j\Omega n}=\sum_{n=-\infty}^{-1}a^{-n}e^{-j\Omega n}+\sum_{n=0}^{\infty}a^{n}e^{-j\Omega n}$$

$$=\sum_{n=1}^{\infty}(ae^{j\Omega})^n+\sum_{n=0}^{\infty}(ae^{-j\Omega})^n \quad [\text{对上等式的第一个和式进行代换}:m=-n]$$

$$=\sum_{n=0}^{\infty}(ae^{j\Omega})^n-1+\sum_{n=0}^{\infty}(ae^{-j\Omega})^n=\frac{1}{1-ae^{j\Omega}}-1+\frac{1}{1-ae^{-j\Omega}}$$

$$=\frac{1-a^2}{1-2a\cos\Omega+a^2}$$

可见，$x(n)$为实偶序列，其频谱也是一个实偶函数，其相位谱为零。当$0<a<1$时，双边指数序列的频谱图如图8-11所示。

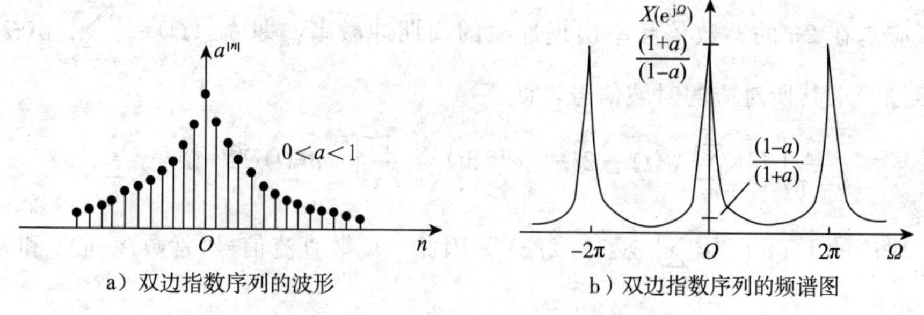

a）双边指数序列的波形　　b）双边指数序列的频谱图

图 8-11　双边指数序列的波形及其频谱图

3. 矩形脉冲序列 $x(n)=\varepsilon(n+N_1)-\varepsilon(n-N_1)$

这是一个有限长序列，应用式(8-29)可得：

$$X(\mathrm{e}^{\mathrm{j}\Omega})=\sum_{n=-N_1}^{N_1}\mathrm{e}^{-\mathrm{j}\Omega n}=\frac{\mathrm{e}^{\mathrm{j}\Omega N_1}-\mathrm{e}^{-\mathrm{j}\Omega(N_1+1)}}{1-\mathrm{e}^{-\mathrm{j}\Omega}}=\frac{\mathrm{e}^{-\mathrm{j}\frac{\Omega}{2}}\left[\mathrm{e}^{\mathrm{j}\Omega\left(\frac{2N_1+1}{2}\right)}-\mathrm{e}^{-\mathrm{j}\Omega\left(\frac{2N_1+1}{2}\right)}\right]}{\mathrm{e}^{-\mathrm{j}\frac{\Omega}{2}}\left[\mathrm{e}^{\mathrm{j}\frac{\Omega}{2}}-\mathrm{e}^{-\mathrm{j}\frac{\Omega}{2}}\right]}=\frac{\sin\left[\frac{\Omega}{2}(2N_1+1)\right]}{\sin\left(\frac{\Omega}{2}\right)}$$

矩形脉冲序列及其频谱图如图 8-12 所示。可见，矩形脉冲序列的频谱和连续时间矩形信号的频谱有许多相同之处，例如，频谱的能量主要集中在第 1 个零点以内，信号带宽和信号脉宽成反比等。

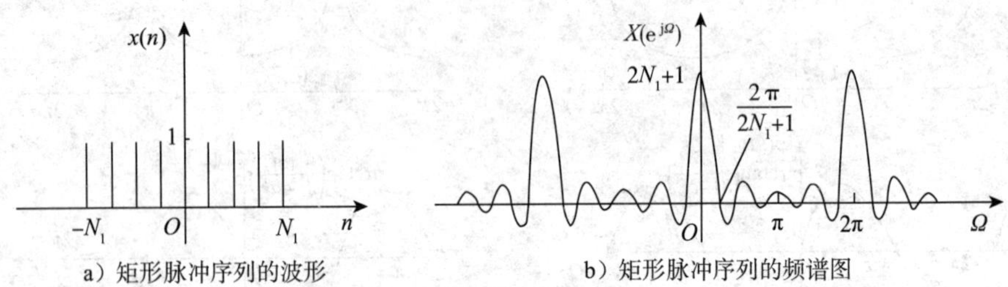

图 8-12 矩形脉冲序列的波形及其频谱图

4. 单位样值序列 $x(n)=\delta(n)$

由式(8-29)可得：

$$X(\mathrm{e}^{\mathrm{j}\Omega})=\sum_{n=-\infty}^{\infty}\delta(n)\mathrm{e}^{-\mathrm{j}\Omega n}=1$$

$\delta(n)$的频谱为 1，这表明单位脉冲信号包含了所有的频率分量，而且这些频率分量的幅度和相位都相同。$\delta(n)$的波形及频谱如图 8-13 所示。

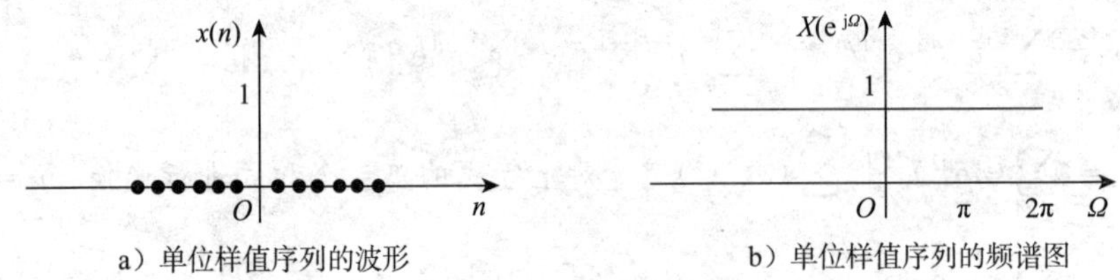

图 8-13 单位样值序列的波形及其频谱图

5. 常数序列 $x(n)=1$

常数序列显然不满足式(8-34)所示的绝对可和条件，因而不能直接应用式(8-29)求出频谱。在第 3 章的讨论中我们知道，连续常数信号 1 的频谱函数为 $2\pi\delta(\omega)$，而任何序列的离散时间傅里叶变换必须是频域 Ω 上周期为 2π 的周期函数，因此，作为 $\delta(\omega)$在离散域中的对偶，应是在 2π 的整数倍频率出现冲激的周期冲激串，即 $\delta_{2\pi}(\Omega)=\sum_{l=-\infty}^{\infty}\delta(\Omega-2\pi l)$，应用式(8-33)求其所对应的时域信号，即：

$$\frac{1}{2\pi}\int_{2\pi}\left[\sum_{l=-\infty}^{\infty}\delta(\Omega-2l\pi)\right]\mathrm{e}^{\mathrm{j}\Omega n}\,\mathrm{d}\Omega=\frac{1}{2\pi}\int_{-\pi}^{\pi}\delta(\Omega)\mathrm{e}^{\mathrm{j}\Omega n}\,\mathrm{d}\Omega=\frac{1}{2\pi}$$

可见，$\frac{1}{2\pi}$对应的 DTFT 为 $\sum_{l=-\infty}^{\infty}\delta(\Omega-2l\pi)$，因此，离散直流信号(常数序列)1 和频域中强度为 2π 的周期单位冲激函数 $2\pi\sum_{l=-\infty}^{\infty}\delta(\Omega-2l\pi)$ 构成离散时间傅里叶变换对，即有：

$$X(\mathrm{e}^{\mathrm{j}\Omega})=2\pi\sum_{l=-\infty}^{\infty}\delta(\Omega-2l\pi)$$

常数序列及其频谱如图 8-14 所示。

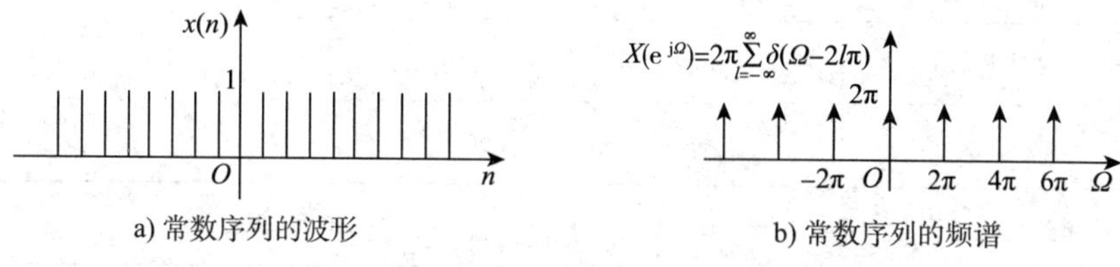

图 8-14　常数序列及其频谱图

6. 符号函数序列 $x(n)=\mathrm{sgn}(n)$

sgn(n)如图 8-15 所示，它可以看成是由连续信号 sgn(t)经抽样得到的离散时间序列，即有：

$$\mathrm{sgn}(n)=\begin{cases}1, & n>0\\0, & n=0\\-1, & n<0\end{cases}$$

它同样不满足绝对可和的条件，即无法直接应用式(8-29)求得频谱。然而，该序列可以看成是双边指数序列 $a^n\varepsilon(n)-a^{-n}\varepsilon(-N)$在 a 趋于 1 时的极限，即：

$$\mathrm{sgn}(n)=\lim_{a\to 1}[a^n\varepsilon(n)-a^{-n}\varepsilon(-N)],\quad 0<a<1$$

由于

$$\mathrm{DTFT}[a^n\varepsilon(n)]=\frac{1}{1-a\mathrm{e}^{-\mathrm{j}\Omega}},\mathrm{DTFT}[a^{-n}\varepsilon(-N)]=\sum_{n=-\infty}^{0}a^{-n}\mathrm{e}^{-\mathrm{j}\Omega n}=\sum_{n=0}^{\infty}(a\mathrm{e}^{\mathrm{j}\Omega})^n=\frac{1}{1-a\mathrm{e}^{\mathrm{j}\Omega}}$$

所以

$$X(\mathrm{e}^{\mathrm{j}\Omega})=\lim_{a\to 1}\left(\frac{1}{1-a\mathrm{e}^{-\mathrm{j}\Omega}}-\frac{1}{1-a\mathrm{e}^{\mathrm{j}\Omega}}\right)=\lim_{a\to 1}\left(\frac{-2\mathrm{j}a\sin\Omega}{1-2a\cos\Omega+a^2}\right)=\frac{-\mathrm{j}\sin\Omega}{1-\cos\Omega}$$

可见，由于 sgn(n)是一个实奇序列，因而其离散时间傅里叶变换是一个关于 Ω 的虚奇函数。

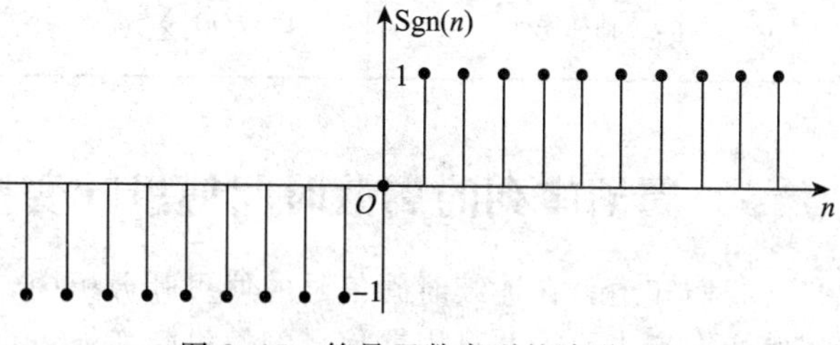

图 8-15　符号函数序列的波形

7. 单位阶跃序列 $x(n)=\varepsilon(n)$

由于单位阶跃序列不满足绝对可和条件，所以参照连续信号 ε(t)频谱的求法，可以将 ε(n)表示为

$$\varepsilon(n)=\frac{1}{2}[1+\mathrm{sgn}(n)+\delta(n)]$$

应用上面所求出的三个序列(即 1、sgn(n)和 δ(n))的离散时间傅里叶变换，可得：

$$\begin{aligned}X(\mathrm{e}^{\mathrm{j}\Omega})&=\frac{1}{2}\left(1-\frac{\mathrm{j}\sin\Omega}{1-\cos\Omega}\right)+\pi\sum_{k=-\infty}^{\infty}\delta(\Omega-2\pi k)=\frac{1-\mathrm{e}^{\mathrm{j}\Omega}}{2(1-\cos\Omega)}+\pi\sum_{k=-\infty}^{\infty}\delta(\Omega-2\pi k)\\&=\frac{1-\mathrm{e}^{\mathrm{j}\Omega}}{(1-\mathrm{e}^{-\mathrm{j}\Omega})(1-\mathrm{e}^{\mathrm{j}\Omega})}+\pi\sum_{k=-\infty}^{\infty}\delta(\Omega-2\pi k)\\&=\frac{1}{1-\mathrm{e}^{-\mathrm{j}\Omega}}+\pi\sum_{k=-\infty}^{\infty}\delta(\Omega-2\pi k)\end{aligned}$$

由以上讨论可知，离散时间傅里叶变换有着与连续时间傅里叶变换相似的特点，推导得到的频谱也有着对应关系，但它们又有着根本的区别，离散时间信号的频谱是以 2π 为周期的周期函数，这一点读者应特别注意。表 8-2 列出了常见序列的离散时间傅里叶变换。

表 8-2 常见序列的离散时间傅里叶变换

序号	信号	变换式
1	单位冲激信号	$\delta(n) \xleftrightarrow{\text{DTFT}} 1$
2	常数	$1 \xleftrightarrow{\text{DTFT}} 2\pi \sum_{k=-\infty}^{\infty} \delta(\Omega-2k\pi)$
3	单位阶跃序列	$\varepsilon(n) \xleftrightarrow{\text{DTFT}} \dfrac{1}{1-\mathrm{e}^{-\mathrm{j}\Omega}}+\pi \sum_{k=-\infty}^{\infty} \delta(\Omega-2k\pi)$
4	单边指数序列	$a^n\varepsilon(n) \xleftrightarrow{\text{DTFT}} \dfrac{1}{1-a\mathrm{e}^{-\mathrm{j}\Omega}}, \lvert a\rvert<1$
5	双边指数序列	$a^{\lvert n\rvert} \xleftrightarrow{\text{DTFT}} \dfrac{1-a^2}{1-2a\cos\Omega+a^2}$
6	矩形脉冲序列	$\varepsilon[n+N_1]-\varepsilon[n-N_1] \xleftrightarrow{\text{DTFT}} \dfrac{\sin\left[\dfrac{\Omega}{2}(2N_1+1)\right]}{\sin\left(\dfrac{\Omega}{2}\right)}$
7	抽样函数序列	$\dfrac{\Omega_c}{\pi}\mathrm{Sa}(\Omega_c n) \xleftrightarrow{\text{DTFT}} \sum_{k=-\infty}^{\infty}[\varepsilon(\Omega+\Omega_c-2k\pi)-\varepsilon(\Omega+\Omega_c-2k\pi)]$
8	正弦指数序列	$\mathrm{e}^{\mathrm{j}\Omega_0 n} \xleftrightarrow{\text{DTFT}} 2\pi \sum_{k=-\infty}^{\infty} \delta(\Omega-\Omega_0-2k\pi)]$
9	正弦序列	$\sin(\Omega_0 n) \xleftrightarrow{\text{DTFT}} \dfrac{\pi}{\mathrm{j}} \sum_{k=-\infty}^{\infty}[\delta(\Omega-\Omega_0-2k\pi)-\delta(\Omega-\Omega_0-2k\pi)]$
10	余弦序列	$\cos(\Omega_0 n) \xleftrightarrow{\text{DTFT}} \pi \sum_{k=-\infty}^{\infty}[\delta(\Omega-\Omega_0-2k\pi)+\delta(\Omega+\Omega_0-2k\pi)]$
11	周期序列	$X(\mathrm{e}^{\mathrm{j}\Omega})=\Omega_0 \sum_{R=-\infty}^{\infty} X_1(\mathrm{e}^{\mathrm{j}k\Omega_0})\delta(\Omega-k\Omega_0)$
12	周期冲激序列	$\sum_{l=-\infty}^{\infty}\delta[n-lN] \xleftrightarrow{\text{DTFT}} \Omega_0 \sum_{k=-\infty}^{\infty}\delta[\Omega-k\Omega_0]$
13	抽样序列	$x(n)\sum_{l=-\infty}^{\infty}\delta[n-lN] \xleftrightarrow{\text{DTFT}} \dfrac{1}{N}\sum_{k=0}^{N-1} X(\mathrm{e}^{\mathrm{j}(\Omega-k\Omega_s)})$

8.6 周期序列的离散时间傅里叶变换

我们知道，在连续时间信号的傅里叶分析中，对周期信号与非周期信号都可以用其傅里叶变换来表示，并且周期信号的傅里叶变换表示式是利用对周期信号的傅里叶级数展开式两边取傅里叶变换的方法导出的。这类似于连续时间信号的情况，由于任意周期序列都不满足绝对可和的条件，所以不能直接应用式(8-29)求得离散时间傅里叶变换。于是就套用连续时间信号中所用的方法，在周期序列的傅里叶级数展开式(8-13)两边取离散时间傅里叶变换得出周期序列的离散时间傅里叶变换，从而也使周期序列与非周期序列都可以统一地用离散时间傅里叶变换来表示。为此，必须先求出式(8-13)中周期性虚指数序列 $\mathrm{e}^{\mathrm{j}k\frac{2\pi}{N}n}=\mathrm{e}^{\mathrm{j}k\Omega_0 n}\left(\Omega_0=\dfrac{2\pi}{N}\right)$的离散时间傅里叶变换。

1. 周期性虚指数序列 $\mathrm{e}^{\mathrm{j}\Omega_0 n}$的离散时间傅里叶变换

在连续时间的情况下，$\mathrm{e}^{\mathrm{j}\omega_0 t}$和 $2\pi\delta(\omega-\omega_0)$是一对傅里叶变换，作为 $2\pi\delta(\omega-\omega_0)$在离散域中的对偶，应是 $2\pi\sum_{l=-\infty}^{\infty}\delta(\Omega-\Omega_0-2l\pi)$，如图 8-16 所示，它所对应的离散时间傅里叶反变换由式(8-33)可以求得：

$$\frac{1}{2\pi}\int_{2\pi}\left[\sum_{l=-\infty}^{\infty}2\pi\delta(\Omega-\Omega_0-2\pi l)\right]e^{j\Omega n}\,d\Omega \tag{8-40}$$

由于在任意一个长度为 2π 的积分区间内只含有式(8-40)中和式的一个单位样值信号，所以若式(8-40)右边 2π 的积分区间选择包含 $\Omega=\Omega_0+2\pi r$(r 为任意整数)处的单位样值信号，则该式可以表示为

$$\begin{aligned}\frac{1}{2\pi}\int_{2\pi}\left[\sum_{l=-\infty}^{\infty}2\pi\delta(\Omega-\Omega_0-2l\pi)\right]e^{j\Omega n}\,d\Omega &= \int_{-\infty}^{\infty}\delta(\Omega-\Omega_0-2\pi r)e^{j\Omega n}\,d\Omega\\ &= e^{j\Omega n}\big|_{\Omega=\Omega_0+2\pi r}=e^{j(\Omega_0+2\pi r)n}\\ &= e^{j\Omega_0 n}\end{aligned} \tag{8-41}$$

式(8-41)表明，有：

$$\mathrm{DTFT}[e^{j\Omega_0 n}]=2\pi\sum_{l=-\infty}^{\infty}\delta(\Omega-\Omega_0-2l\pi) \tag{8-42}$$

实际上这也是对常数序列 $x(n)=1$ 应用离散时间傅里叶变换频移性质的直接结果。

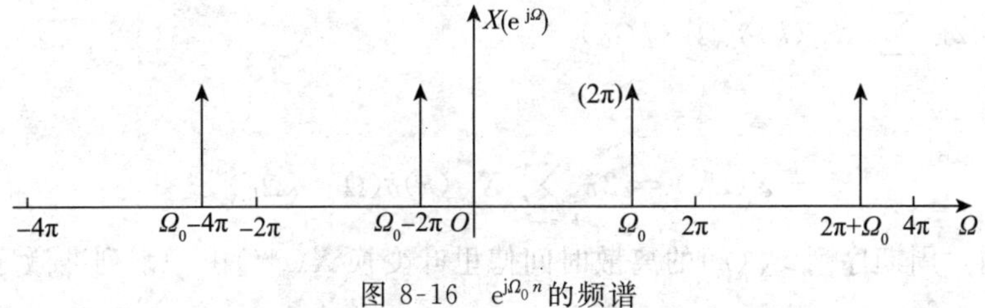

图 8-16　$e^{j\Omega_0 n}$的频谱

2. 一般周期序列的离散时间傅里叶变换

对任何周期为 N 的周期序列 $x_N(n)$ 的傅里叶级数展开式(8-13)两边同时取 DTFT，并应用式(8-42)可得：

$$\begin{aligned}X(e^{j\Omega}) &= \sum_{k=\langle N\rangle}X_N(k)\cdot\mathrm{DTFT}[e^{jk\Omega_0 n}]\\ &= 2\pi\sum_{k=\langle N\rangle}X_N(k)\cdot\sum_{l=-\infty}^{\infty}\delta(\Omega-k\Omega_0-2l\pi)\\ &= 2\pi\sum_{l=-\infty}^{\infty}\sum_{k=0}^{N-1}X_N(k)\delta(\Omega-k\Omega_0-2l\pi)\quad [k\text{ 的取值范围选为 }0\sim N-1]\\ &= 2\pi\sum_{l=-\infty}^{\infty}\sum_{k=0}^{N-1}X_N(k)\delta[\Omega-(k+lN)\Omega_0]\quad [2\pi=N\Omega_0]\end{aligned} \tag{8-43}$$

注意：$X_N(k)$是以 N 为周期的周期函数，即有：

$$X_N(k)=X_N(k+lN),\quad l=0,\pm1,\pm2,\cdots \tag{8-44}$$

则式(8-43)右边的各项可以分别表示为

……

$$l=0:\sum_{k=0}^{N-1}X_N(k)\delta[\Omega-k\Omega_0]$$

$$\begin{aligned}l=1:\sum_{k=0}^{N-1}X_N(k)\delta[\Omega-(k+N)\Omega_0] &= \sum_{k=0}^{N-1}X_N(k+N)\delta[\Omega-(k+N)\Omega_0]\\ &= \sum_{k=N}^{2N-1}X_N(k)\delta(\Omega-k\Omega_0)\quad (k'=k+N)\end{aligned}$$

$$l=2:\sum_{k=0}^{N-1}X_N(k)\delta[\Omega-(k+2N)\Omega_0]=\sum_{k=0}^{N-1}X_N(k+2N)\delta(\Omega-(k+2N)\Omega_0)$$

$$=\sum_{k=2N}^{3N-1}X_N(k)\delta(\Omega-k\Omega_0)\quad(k'=k+2N)$$

……

$$l=m:\sum_{k=0}^{N-1}X_N(k)\delta[\Omega-(k+mN)\Omega_0]=\sum_{k=0}^{N-1}X_N(k+mN)\delta(\Omega-(k+mN)\Omega_0)$$

$$=\sum_{k=mN}^{(m+1)N-1}X_N(k)\delta(\Omega-k\Omega_0)\quad(k'=k+mN)$$

……

因此，式(8-43)可以简化表示为

$$X(e^{j\Omega})=\cdots+2\pi\sum_{k=0}^{N-1}X_N(k)\delta(\Omega-k\Omega_0)+\cdots+2\pi\sum_{k=mN}^{(m+1)N-1}X_N(k)\delta(\Omega-k\Omega_0)+\cdots$$

$$=2\pi\sum_{k=-\infty}^{\infty}X_N(k)\delta(\Omega-k\Omega_0)$$

即：

$$X(e^{j\Omega})=2\pi\sum_{k=-\infty}^{\infty}X_N(k)\delta(\Omega-k\Omega_0)\tag{8-45}$$

式(8-45)表明，周期序列$x_N(n)$的离散时间傅里叶变换$X(e^{j\Omega})$由一系列冲激序列组成，各个冲激序列仅出现在$x_N(n)$的各次谐波频率点上，即基波频率$\Omega_0=\dfrac{2\pi}{N}$的整数k倍频率上，位于频率$\Omega_k=\dfrac{2\pi k}{N}$处的冲激序列强度为$2\pi X_N(k)$。由于傅里叶级数的系数$X_N(k)$是以$N$为周期的(相当于$\Omega$以$2\pi$为周期)，所以从上面对应不同$k$值的表示式可以看出，$X(e^{j\Omega})$是一个周期等于$N$的周期函数。

可以看到，式(8-45)与连续时间周期信号的傅里叶变换表示式完全对应，其含义也相同。类似于连续时间周期信号，对于$X_N(k)$即可以利用其定义式求取，也可以利用单个周期内信号的离散时间傅里叶变换求得，即：

$$X_N(k)=\frac{1}{N}X_1(e^{j\Omega})\bigg|_{\Omega=k\Omega_0}\tag{8-46}$$

式(8-46)中，$X_1(e^{j\Omega})$是周期序列$x_N(n)$在第一个周期内的信号$x_1(n)$的离散时间傅里叶变换。若将式(8-46)代入到式(8-45)，则可得：

$$\begin{aligned}X(e^{j\Omega})&=\frac{2\pi}{N}\sum_{k=-\infty}^{\infty}X_1(e^{jk\Omega_0})\delta(\Omega-k\Omega_0)\\&=\Omega_0\sum_{k=-\infty}^{\infty}X_1(e^{jk\Omega_0})\delta(\Omega-k\Omega_0)\end{aligned}\tag{8-47}$$

式(8-47)表明了周期序列的离散时间傅里叶变换与它的单个周期内序列的离散时间傅里叶变换之间的关系。

【例 8-4】 求$x(n)=\cos\Omega_0 n$的离散时间傅里叶变换。

解：由欧拉公式可知，$\cos(\Omega_0 n)=\dfrac{1}{2}(e^{j\Omega_0 n}+e^{-j\Omega_0 n})$，由式(8-42)的变换式可得：

$$X(e^{j\Omega})=\pi\sum_{k=-\infty}^{\infty}[\delta(\Omega-\Omega_0-2k\pi)+\delta(\Omega+\Omega_0-2k\pi)]$$

应该注意的是，$\cos\Omega_0 n$ 并不一定是周期的，只在 $\frac{2\pi}{\Omega_0}$ 为整数或有理数时，该序列才具有周期性。$X(e^{j\Omega})$ 如图 8-17 所示。

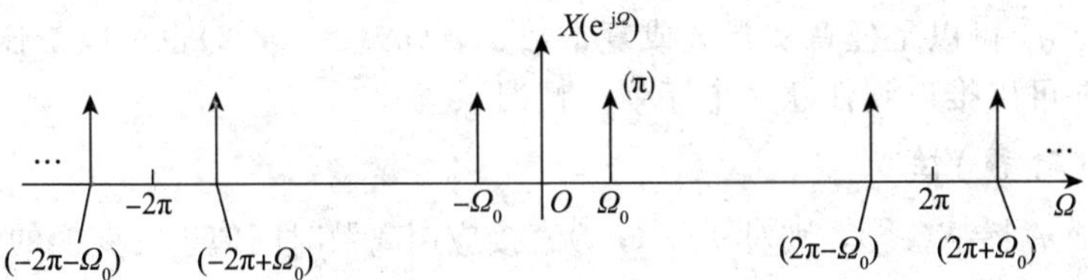

图 8-17　余弦序列的频谱

【例 8-5】 求周期抽样序列串 $x(n)=\sum_{l=-\infty}^{\infty}\delta(n-lN)$ 的离散时间傅里叶变换。

解：根据离散时间周期序列傅里叶级数的定义可求得：

$$X_N(k)=\frac{1}{N}\sum_{n=0}^{N-1}x(n)e^{-jk\Omega_0 n}=\frac{1}{N}\sum_{n=0}^{N-1}\delta(n)e^{-jk\Omega_0 n}=\frac{1}{N}$$

因此，由式(8-45)可求得周期抽样序列串的变换式为

$$X(e^{j\Omega})=\Omega_0\sum_{k=-\infty}^{\infty}\delta(\Omega-k\Omega_0)$$

由此可知，与连续时间傅里叶变换的情况相同，周期抽样序列串的变换式是一个周期冲激信号，如图 8-18 所示，可见，若时域周期 N 增大，即抽样序列间的间隔增大，则频域中冲激信号之间的间隔($\Omega_0=\frac{2\pi}{N}$)(基波频率)减小。

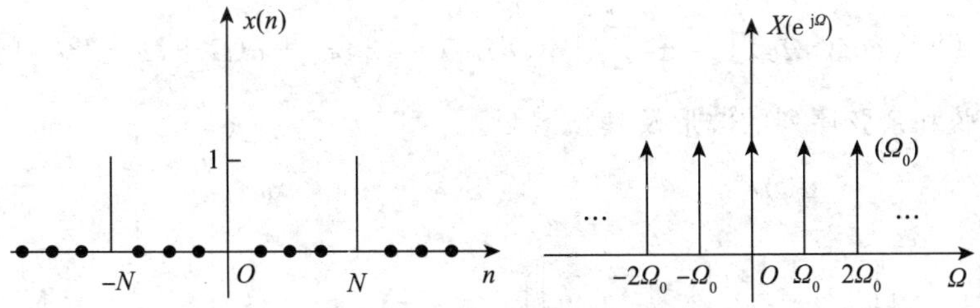

图 8-18　周期抽样序列串及其离散时间傅里叶变换

8.7　离散时间傅里叶变换的基本性质

类似于连续时间信号的傅里叶变换，离散时间信号的傅里叶变换同样具有很多重要的性质，它们不仅深刻地揭示了这种变换的本质，而且对于简化信号的正变换或反变换的求解也是十分有用的。在下面的讨论中可以看到，离散时间傅里叶变换的许多性质与连续时间傅里叶变换的基本相同却又存在着一些明显的差异。此外，由于离散时间傅里叶变换与离散时间傅里叶级数之间有着十分密切的联系，因此，该变换的众多性质可以直接用到离散时间傅里叶级数中去，以下不加证明地给出离散时间傅里叶变换的性质。

8.7.1　周期性

有别于连续时间傅里叶变换，离散时间信号 $x(n)$ 的离散时间傅里叶变换 $X(e^{j\Omega})$ 对于 Ω 以 2π 为周期，即：

$$X(e^{j(\Omega+2\pi)})=X(e^{j\Omega})$$

8.7.2 线性

若 $\mathrm{DTFT}[x_1(n)]=X_1(\mathrm{e}^{\mathrm{j}\Omega})$、$\mathrm{DTFT}[x_2(n)]=X_2(\mathrm{e}^{\mathrm{j}\Omega})$，则：

$$\mathrm{DTFT}[a_1x_1(n)+a_2x_2(n)]=a_1X_1(\mathrm{e}^{\mathrm{j}\Omega})+a_2X_2(\mathrm{e}^{\mathrm{j}\Omega}) \tag{8-48}$$

其中，系数 a_1、a_2 可以是任意实常数或复常数，$x_i(n)(i=1,2)$也可以是任意有界的实序列或复序列，并可以推广到任意多个序列的情况。

8.7.3 位移(时移)性

若 $\mathrm{DTFT}[x(n)]=X(\mathrm{e}^{\mathrm{j}\Omega})$，则对 $x(n-n_0)$直接应用离散时间傅里叶变换的定义式(8-29)，并通过变量代换可得：

$$\mathrm{DTFT}[x(n-n_0)]=\mathrm{e}^{-\mathrm{j}\Omega n_0}X(\mathrm{e}^{\mathrm{j}\Omega}) \tag{8-49}$$

式(8-49)表明，序列位移(时移)后其幅频特性保持不变，相频特性附加一个线性相移，即时域位移对应频域相移。

8.7.4 频移性

若 $\mathrm{DTFT}[x(n)]=X(\mathrm{e}^{\mathrm{j}\Omega})$，则：

$$\mathrm{DTFT}[\mathrm{e}^{\mathrm{j}\Omega_0 n}x(n)]=X(\mathrm{e}^{\mathrm{j}(\Omega-\Omega_0)}) \tag{8-50}$$

式(8-50)表明，时域调制对应于频域位移。显然，对于变换对 $\mathrm{DTFT}[1]=2\pi\sum\limits_{k=-\infty}^{\infty}\delta(\Omega-2\pi k)$，利用频移性质即得 $\mathrm{DTFT}[\mathrm{e}^{\mathrm{j}\Omega_0 n}]=2\pi\sum\limits_{k=-\infty}^{\infty}\delta(\Omega-\Omega_0-2\pi k)$，这与式(8-42)的结论一致。再利用欧拉公式和线性性质可以求得正弦和余弦序列的 DTFT，分别为

$$\mathrm{DTFT}[\sin(n\Omega_0)]=\frac{\pi}{\mathrm{j}}\sum_{k=-\infty}^{\infty}[\delta(\Omega-\Omega_0-2k\pi)-\delta(\Omega+\Omega_0-2k\pi)]$$

$$\mathrm{DTFT}[\cos(n\Omega_0)]=\pi\sum_{k=-\infty}^{\infty}[\delta(\Omega-\Omega_0-2k\pi)+\delta(\Omega+\Omega_0-2k\pi)]$$

图 8-19 为正弦和余弦序列的波形及其频谱图。

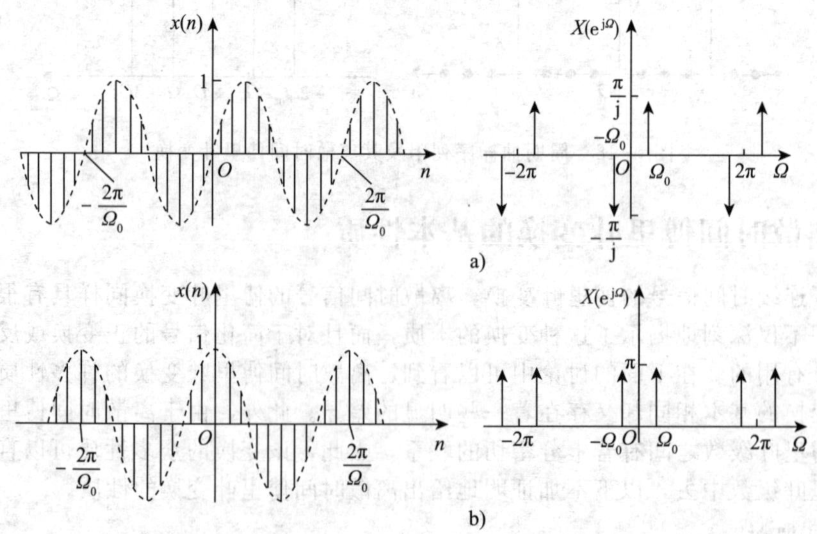

图 8-19 正弦和余弦序列的波形及其频谱图

8.7.5 对称性

DTFT 具有许多非常有用的对称性质。在具体讨论对称性之前，先定义共轭对称序列

和共轭反对称序列。

1. 共轭对称序列与共轭反对称序列

复序列 $\dot{x}_e(n)$ 和 $\dot{x}_o(n)$ 分别满足

$$\dot{x}_e(n) = \dot{x}_e(-n) \tag{8-51}$$

和

$$\dot{x}_o(n) = -\dot{x}_o^*(-n) \tag{8-52}$$

则 $\dot{x}_e(n)$ 和 $\dot{x}_o(n)$ 分别称为共轭对称序列与共轭反对称序列。任一复序列 $\dot{x}(n)$ 可以分解为一个共轭对称序列分量 $\dot{x}_e(n)$ 与一个共轭反对称序列分量 $\dot{x}_o(n)$ 之和，即

$$\dot{x}(n) = \dot{x}_e(n) + \dot{x}_o(n) \tag{8-53}$$

对式(8-53)两边取共轭再反褶，并利用式(8-51)和式(8-52)可得：

$$\dot{x}^*(-n) = \dot{x}_e^*(-n) + \dot{x}_o^*(-n) = \dot{x}_e(n) - \dot{x}_o(n) \tag{8-54}$$

由式(8-53)和式(8-54)可以求出共轭对称序列分量和共轭反对称序列分量分别为

$$\dot{x}_e(n) = \frac{1}{2}[\dot{x}(n) + \dot{x}^*(-n)] \tag{8-55}$$

$$\dot{x}_o(n) = \frac{1}{2}[\dot{x}(n) - \dot{x}^*(-n)] \tag{8-56}$$

同样，一个复序列 $\dot{x}(n)$ 的离散时间傅里叶变换 $X(e^{j\Omega})$ 也可以分解为共轭对称序列分量和共轭反对称序列分量的和，即：

$$X(e^{j\Omega}) = X_e(e^{j\Omega}) + X_o(e^{j\Omega}) \tag{8-57}$$

式(8-57)中，$X_e(e^{j\Omega})$ 和 $X_o(e^{j\Omega})$ 分别称为共轭对称分量与共轭反对称分量。它们各满足

$$X_e(e^{j\Omega}) = X_e^*(e^{-j\Omega}) \tag{8-58}$$

$$X_o(e^{j\Omega}) = -X_o^*(e^{-j\Omega}) \tag{8-59}$$

$X(e^{j\Omega})$ 与共轭对称分量 $X_e(e^{j\Omega})$、共轭反对称分量 $X_o(e^{j\Omega})$ 的关系为

$$X_e(e^{j\Omega}) = \frac{1}{2}[X(e^{j\Omega}) + X^*(e^{-j\Omega})] \tag{8-60}$$

$$X_o(e^{j\Omega}) = \frac{1}{2}[X(e^{j\Omega}) - X^*(e^{-j\Omega})] \tag{8-61}$$

【例 8-6】 试求复序列 $e^{j\omega n}$ 和 $je^{j\omega n}$ 的共轭对称序列分量和共轭反对称序列分量。

解：将 $\dot{x}(n)=e^{j\omega n}$ 中的 n 用 $-n$ 代替，再取共轭可知它满足式(8-51)或者由式(8-55)、式(8-56)可知，$e^{j\omega n}$ 本身就是共轭对称序列，其共轭反对称分量为零。同样的，由式(8-52)或者由式(8-55)、式(8-56)可知，$je^{j\omega n}$ 本身就是共轭反对称序列，其共轭对称分量为零。由此可知，一般有 $j\dot{x}_e(n)=\dot{x}_o(n)$，$j\dot{x}_o(n)=\dot{x}_e(n)$。

2. 复序列离散时间傅里叶变换的对称性

1) 若 $\text{DTFT}[\dot{x}(n)]=X(e^{j\Omega})$，则：

$$\text{DTFT}[\dot{x}^*(n)] = \sum_{n=-\infty}^{\infty} \dot{x}^*(n)e^{-j\Omega n} = \left[\sum_{n=-\infty}^{\infty} \dot{x}(n)e^{j\Omega n}\right]^* = X^*(e^{-j\Omega}) \tag{8-62}$$

$$\text{DTFT}[\dot{x}^*(-n)] = \sum_{n=-\infty}^{\infty} \dot{x}^*(-n)e^{-j\Omega n} = \left[\sum_{n=-\infty}^{\infty} \dot{x}(n)e^{-j\Omega n}\right]^* = X^*(e^{j\Omega}) \tag{8-63}$$

式(8-62)和式(8-63)是 DTFT 的共轭性。

2) 设复序列 $\dot{x}(n)$ 的实部分量和虚部分量分别为 $x_r(n)$ 和 $jx_i(n)$，即有 $\dot{x}(n)=x_r(n)+jx_i(n)$，且 $\text{DTFT}[\dot{x}(n)]=X(e^{j\Omega})$，则 $x_r(n)$ 和 $jx_i(n)$ 的 DTFT 分别为

$$\text{DTFT}[x_r(n)] = \frac{1}{2}\text{DTFT}[\dot{x}(n) + \dot{x}^*(n)] = [X(e^{j\Omega}) + X^*(e^{-j\Omega})] = X_e(e^{j\Omega}) \tag{8-64}$$

$$\mathrm{DTFT}[\mathrm{j}x_{\mathrm{i}}(n)]=\frac{1}{2}\mathrm{DTFT}[\dot{x}(n)-\dot{x}^{*}(n)]=\frac{1}{2}[X(\mathrm{e}^{\mathrm{j}\Omega})-X^{*}(\mathrm{e}^{-\mathrm{j}\Omega})]=X_{\mathrm{o}}(\mathrm{e}^{\mathrm{j}\Omega}) \tag{8-65}$$

可见，时域序列的实部分量 $x_{\mathrm{r}}(n)$ 和虚部分量 $\mathrm{j}x_{\mathrm{i}}(n)$ 与该序列的频域函数的共轭对称序列分量和共轭反对称序列分量相对应。

3）设 $\dot{x}(n)=\dot{x}_{\mathrm{e}}(n)+\dot{x}_{\mathrm{o}}(n)$，$X(\mathrm{e}^{\mathrm{j}\Omega})=X_{\mathrm{R}}(\mathrm{e}^{\mathrm{j}\Omega})+\mathrm{j}X_{\mathrm{I}}(\mathrm{e}^{\mathrm{j}\Omega})$，则：

$$\mathrm{DTFT}[\dot{x}_{\mathrm{e}}(n)]=\frac{1}{2}\mathrm{DTFT}[\dot{x}(n)+\dot{x}^{*}(-n)]=\frac{1}{2}[X(\mathrm{e}^{\mathrm{j}\Omega})+X^{*}(\mathrm{e}^{\mathrm{j}\Omega})]=X_{\mathrm{R}}(\mathrm{e}^{\mathrm{j}\Omega}) \tag{8-66}$$

$$\mathrm{DTFT}[\dot{x}_{\mathrm{o}}(n)]=\frac{1}{2}\mathrm{DTFT}[\dot{x}(n)-\dot{x}^{*}(-n)]=\frac{1}{2}[X(\mathrm{e}^{\mathrm{j}\Omega})-X^{*}(\mathrm{e}^{\mathrm{j}\Omega})]=\mathrm{j}X_{\mathrm{I}}(\mathrm{e}^{\mathrm{j}\Omega}) \tag{8-67}$$

可见，时域序列的共轭对称分量和共轭反对称分量与该序列频域函数的实部和虚部相对应。

4）实序列离散时间傅里叶变换的对称性。

实序列 $x(n)(x(n)=x^{*}(n))$ 的 DTFT 具有共轭对称性，即：

$$X(\mathrm{e}^{\mathrm{j}\Omega})=X^{*}(\mathrm{e}^{-\mathrm{j}\Omega})\quad[\text{在式(8-59)中应用条件}:x(n)=x^{*}(n)] \tag{8-68}$$

因此，当 $X(\mathrm{e}^{\mathrm{j}\Omega})$ 用直角坐标表示，即 $X(\mathrm{e}^{\mathrm{j}\Omega})=X_{\mathrm{R}}(\mathrm{e}^{\mathrm{j}\Omega})+\mathrm{j}X_{\mathrm{I}}(\mathrm{e}^{\mathrm{j}\Omega})$ 时，则由式(8-68)可知：

$$X_{\mathrm{R}}(\mathrm{e}^{\mathrm{j}\Omega})=X_{\mathrm{R}}(\mathrm{e}^{-\mathrm{j}\Omega}) \tag{8-69}$$

$$X_{\mathrm{I}}(\mathrm{e}^{\mathrm{j}\Omega})=-X_{\mathrm{I}}(\mathrm{e}^{-\mathrm{j}\Omega}) \tag{8-70}$$

由式(8-69)、式(8-70)可知，实序列 $x(n)$ 的离散时间傅里叶变换的实部 $X_{\mathrm{R}}(\mathrm{e}^{\mathrm{j}\Omega})$ 是 Ω 的偶函数，虚部 $X_{\mathrm{I}}(\mathrm{e}^{\mathrm{j}\Omega})$ 是 Ω 的奇函数。

当 $X(\mathrm{e}^{\mathrm{j}\Omega})$ 用极坐标表示，即 $X(\mathrm{e}^{\mathrm{j}\Omega})=|X(\mathrm{e}^{\mathrm{j}\Omega})|\mathrm{e}^{\mathrm{j}\arg[X(\mathrm{e}^{\mathrm{j}\Omega})]}$ 时，则由式(8-68)可知：

$$|X(\mathrm{e}^{\mathrm{j}\Omega})|=|X(\mathrm{e}^{-\mathrm{j}\Omega})| \tag{8-71}$$

$$\arg[X(\mathrm{e}^{\mathrm{j}\Omega})]=-\arg[X(\mathrm{e}^{-\mathrm{j}\Omega})] \tag{8-72}$$

由式(8-71)、式(8-72)可知，实序列 $x(n)$ 的幅频特性 $|X(\mathrm{e}^{\mathrm{j}\Omega})|$ 是 Ω 的偶函数，相频特性 $\arg[X(\mathrm{e}^{\mathrm{j}\Omega})]$ 是 Ω 的奇函数。

任一实序列 $x(n)$ 总能分解为一个偶对称序列分量和一个奇对称序列分量的和，即 $x(n)=x_{\mathrm{e}}(n)+x_{\mathrm{o}}(n)$。其中，偶对称序列 $x_{\mathrm{e}}(n)$ 和奇对称序列 $x_{\mathrm{o}}(n)$ 分别满足 $x_{\mathrm{e}}(n)=x_{\mathrm{e}}(-n)$ 和 $x_{\mathrm{o}}(n)=-x_{\mathrm{o}}(-n)$。因此有：

$$x_{\mathrm{e}}(n)=\frac{1}{2}[x(n)+x(-n)] \tag{8-73}$$

$$x_{\mathrm{o}}(n)=\frac{1}{2}[x(n)-x(-n)] \tag{8-74}$$

由式(8-73)、式(8-74)可得：

$$\mathrm{DTFT}[x_{\mathrm{e}}(n)]=X_{\mathrm{R}}(\mathrm{e}^{\mathrm{j}\Omega}) \tag{8-75}$$

$$\mathrm{DTFT}[x_{\mathrm{o}}(n)]=\mathrm{j}X_{\mathrm{I}}(\mathrm{e}^{\mathrm{j}\Omega}) \tag{8-76}$$

式(8-75)、式(8-76)表明，实序列偶分量 $x_{\mathrm{e}}(n)$ 的离散时间傅里叶变换为原序列傅里叶变换的实部分量 $X_{\mathrm{R}}(\mathrm{e}^{\mathrm{j}\Omega})$，奇分量 $x_{\mathrm{o}}(n)$ 的离散时间傅里叶变换为原序列傅里叶变换的虚部分量 $\mathrm{j}X_{\mathrm{I}}(\mathrm{e}^{\mathrm{j}\Omega})$。

8.7.6 时域卷积特性

若 $y(n)=x(n)*h(n)$ 且 $\mathrm{DTFT}[y(n)]=Y(\mathrm{e}^{\mathrm{j}\Omega})$，$\mathrm{DTFT}[h(n)]=H(\mathrm{e}^{\mathrm{j}\Omega})$，则：

$$Y(\mathrm{e}^{\mathrm{j}\Omega})=X(\mathrm{e}^{\mathrm{j}\Omega})H(\mathrm{e}^{\mathrm{j}\Omega}) \tag{8-77}$$

和连续时间系统一样，系统响应和激励之间的频域关系式(8-77)是分析线性移不变系统的重要工具，它不仅将时域的卷积运算简化为频域的乘法运算，提供了一种由频域计算零状态响应的简易方法，而且说明了系统响应 $Y(\mathrm{e}^{\mathrm{j}\Omega})$ 是离散系统频率响应 $H(\mathrm{e}^{\mathrm{j}\Omega})$ 对激励信号频谱 $X(\mathrm{e}^{\mathrm{j}\Omega})$ 进行加权的结果。产生这种时域卷积特性的根本原因是由于虚指数序列 $\mathrm{e}^{\mathrm{j}\Omega n}$ 是线性移不变系统的特征函数。若将输入序列 $x(n)$ 分解成虚指数序列的线性组合，每个虚指数分量的振幅都是无穷小，但均正比于 $X(\mathrm{e}^{\mathrm{j}\Omega})$，这些虚指数分量通过系统时，系统对这些分量的振幅加权一个 $H(\mathrm{e}^{\mathrm{j}\Omega})$。应该注意的是，该特性不能直接用于两个序列都是周期序列的情况，因为在这种情况下，卷积和不收敛。

8.7.7　频域卷积特性(调制特性)

若 $y(n)=x(n)z(n)$，且 $\mathrm{DTFT}[y(n)]=Y(\mathrm{e}^{\mathrm{j}\Omega})$，$\mathrm{DTFT}[x(n)]=X(\mathrm{e}^{\mathrm{j}\Omega})$，$\mathrm{DTFT}[z(n)]=Z(\mathrm{e}^{\mathrm{j}\Omega})$，则：

$$Y(\mathrm{e}^{\mathrm{j}\Omega})=\frac{1}{2\pi}X(\mathrm{e}^{\mathrm{j}\Omega})*Z(\mathrm{e}^{\mathrm{j}\Omega})=\frac{1}{2\pi}\int_{-\pi}^{\pi}X(\mathrm{e}^{\mathrm{j}\theta})Z(\mathrm{e}^{\mathrm{j}(\Omega-\theta)})\mathrm{d}\theta \tag{8-78}$$

式(8-78)表明，和连续时间傅里叶变换一样，在离散时间傅里叶变换中，时域相乘对应于频域卷积。需要注意的是，由于 $X(\mathrm{e}^{\mathrm{j}\Omega})$ 和 $Z(\mathrm{e}^{\mathrm{j}\Omega})$ 都是周期等于 2π 的周期函数，所以式(8-78)中的卷积是周期卷积。周期卷积与一般的非周期信号卷积的区别在于积分运算是在一个周期区间内进行的，并且由于周期卷积中参与卷积的两个函数必须具有相同的基波周期，因而卷积结果是和参与卷积的函数具有相同周期的周期函数，这也正是周期卷积的基本特点。

频域卷积性质有两个重要应用，其一是调制，即与正弦指数信号相乘以对信号的频谱进行搬移，如频移性质；其二是加窗，即与有限长的窗口函数相乘以对时域信号进行截断，如数字滤波器的设计。加窗的方法在信号分析、系统设计、离散傅里叶变换等许多方面都有着重要应用，其主要原因在于不可能对一个无限长的信号进行处理，故而需要一个窗口函数对其进行截断处理。

8.7.8　序列的反褶

若 $\mathrm{DTFT}[x(n)]=X(\mathrm{e}^{\mathrm{j}\Omega})$，则：

$$\mathrm{DTFT}[x(-n)]=X(\mathrm{e}^{-\mathrm{j}\Omega}) \tag{8-79}$$

8.7.9　时域差分与累加

时域差分表明，若 $\mathrm{DTFT}[x(n)]=X(\mathrm{e}^{\mathrm{j}\Omega})$，则：

$$\mathrm{DTFT}[\nabla x(n)]=\mathrm{DTFT}[x(n)-x(n-1)]=(1-\mathrm{e}^{-\mathrm{j}\Omega})X(\mathrm{e}^{\mathrm{j}\Omega}) \tag{8-80}$$

利用线性和时移特性可以证明式(8-80)。时域累加表明，若 $\mathrm{DTFT}[x(n)]=X(\mathrm{e}^{\mathrm{j}\Omega})$，则有：

$$\mathrm{DTFT}\Big[\sum_{k=-\infty}^{\infty}x(k)\Big]=\frac{X(\mathrm{e}^{\mathrm{j}\Omega})}{1-\mathrm{e}^{-\mathrm{j}\Omega}}+\pi X(\mathrm{e}^{\mathrm{j}0})\sum_{k=-\infty}^{\infty}\delta(\Omega-2k\pi) \tag{8-81}$$

由于 $\sum\limits_{k=-\infty}^{\infty}x(k)=x(n)*\varepsilon(n)$ 且 $\mathrm{DTFT}[\varepsilon(n)]=\dfrac{1}{1-\mathrm{e}^{-\mathrm{j}\Omega}}+\pi\sum\limits_{k=-\infty}^{\infty}\delta(\Omega-2k\pi)$，再根据时域卷积特性即可证明式(8-81)。与连续时间傅里叶变换的积分性质一样，式(8-81)中右边的冲激信号反映了累加和信号 $\sum\limits_{k=-\infty}^{\infty}x(k)$ 中含有的直流分量或平均值。其中，$X(\mathrm{e}^{\mathrm{j}0})=\sum\limits_{n=-\infty}^{\infty}x(n)$ 是序列 $x(n)$ 的直流分量或平均值。当累加和信号中不含直流分量，即 $\Omega\neq 0$ 时，

有 $\text{DTFT}\left[\sum_{k=-\infty}^{\infty} x(k)\right]=\frac{X(\mathrm{e}^{\mathrm{j}\Omega})}{1-\mathrm{e}^{-\mathrm{j}\Omega}}$。

由于离散时间信号的差分与求和分别对应于连续时间信号的微分与积分，因此，离散序列差分与求和的离散时间傅里叶变换分别对相应于连续信号微分与积分的傅里叶变换。若在式(8-80)和式(8-81)中，将 $1-\mathrm{e}^{-\mathrm{j}\Omega}$ 代换以 $\mathrm{j}\omega$，就对应于连续信号微分与积分的傅里叶变换。

8.7.10 序列的线性加权

若 $\text{DTFT}[x(n)]=X(\mathrm{e}^{\mathrm{j}\Omega})$，则：

$$\text{DTFT}[nx(n)]=\mathrm{j}\frac{\mathrm{d}}{\mathrm{d}\Omega}[X(\mathrm{e}^{\mathrm{j}\Omega})] \tag{8-82}$$

8.7.11 时域和频域的尺度变换性

我们知道，连续时间傅里叶变换的尺度变换性说明信号在时域中的压缩与扩展分别对应着其频谱在频域中的扩展与压缩。由于离散时间信号的自变量只能取整数值，因而它不能像连续时间信号那样进行尺度变换。例如，$x(Mn)$中的 M 只能定义为整数，因而不能选用$0<M<1$ 来减慢序列的变化，即不能像连续时间信号那样进行时域扩展，而当 M 为大于 1 的整数时，$x(Mn)$也不能使原序列的变化加速或者说对原序列进行压缩，这时，$x(Mn)$除了保持原序列 $x(n)$中的一些序列值外，将丢失原序列 $x(n)$中的另一些序列值，一般说来，当 $M>1$ 且为整数时，$x(Mn)$是由自 $x(n)$中抽取 n 为 M 的整数倍的那些样点(包括 $n=0$ 点)所组成的，例如，$x(2n)$仅抽取了 $x(n)$中偶数样点的样本值，而丢弃了 $x(n)$中奇数样点的样本值。由于信息的丢失，$x(2n)$将不同于 $x(n)$，因而对其进行尺度变换也就毫无意义。

正是因为尺度因子 M 只能限取整数以及由此带来的信息丢失，所以不能对离散时间信号进行与连续时间信号含义完全相同的尺度变换。但是，可以对 $x(n)$进行内插得到 $x_{(L)}(n)$，它是一个和连续时间信号尺度变换类同的，对于 $x(n)$进行时域扩展的结果，即设 L 是一个大于 1 的正整数，且有：

$$x_{(L)}(n)=\begin{cases}x\left(\dfrac{n}{L}\right), & n \text{ 为 } L \text{ 的整数倍} \\ 0, & \text{其他 } n\end{cases} \tag{8-83}$$

式(8-83)是对离散时间信号进行时域扩展的定义式，其中 $x_{(L)}(n)$是在 $x(n)$中每两个相邻的样值之间插入 $L-1$ 个零值后所构成的序列。显然，由式(8-83)可知：

$$x_{(L)}(Ln)=x(n) \tag{8-84}$$

这表明，式(8-84)定义的内插过程是可逆的。

通常，对序列进行抽取的过程是不可逆的，故而经抽取所得序列的傅里叶变换与原序列的傅里叶变换之间没有必然的联系，所以这里只讨论序列内插后所得序列 $x_{(L)}(n)$与原序列 $x(n)$的傅里叶变换之间的关系。设 $x(n)$的离散时间傅里叶变换为$X(\mathrm{e}^{\mathrm{j}\Omega})$，则由式(8-82)及式(8-84)可得 $x_{(L)}(n)$的离散时间傅里叶变换为

$$X_{(L)}(\mathrm{e}^{\mathrm{j}\Omega})=\sum_{n=-\infty}^{\infty} x_{(L)}(n)\mathrm{e}^{-\mathrm{j}\Omega n}=\sum_{m=-\infty}^{\infty} x_{(L)}(mL)\mathrm{e}^{-\mathrm{j}(\Omega L)m} \quad [n=mL, m \text{ 为整数}]$$

$$=\sum_{m=-\infty}^{\infty} x(m)\mathrm{e}^{-\mathrm{j}(\Omega L)m}=X(\mathrm{e}^{\mathrm{j}L\Omega}) \tag{8-85}$$

式(8-85)表明了时域和频域的相反关系，即当 $L\geqslant 2$ 时，和连续时间信号一样，对序列 $x(n)$在时域中进行扩展时，其离散时间傅里叶变换 $X(\mathrm{e}^{\mathrm{j}\Omega})$在频域中将会进行相应的压缩。

由于 $X(\mathrm{e}^{\mathrm{j}\Omega})$ 的周期为 2π，故有：

$$X(\mathrm{e}^{\mathrm{j}L\Omega}) = X(\mathrm{e}^{\mathrm{j}L(\Omega+\frac{2\pi k}{L})}) \tag{8-86}$$

即 $X(\mathrm{e}^{\mathrm{j}L\Omega})$ 的周期为$\dfrac{2\pi}{L}$，这意味着频域中的压缩。

作为式(8-83)的特例，可知当 $L=-1$ 时，式(8-79)成立。在离散时间傅里叶级数中有着类似的尺度变换性，即若

$$x_{N(L)}(n) = \begin{cases} x_N\left(\dfrac{n}{L}\right), & n \text{ 为 } L \text{ 的整数倍} \\ 0, & \text{其他 } n \end{cases}$$

周期为 LN，则：

$$\mathrm{DTFT}[x_{N(L)}(n)] = \frac{1}{L} X_N(k) \tag{8-87}$$

频域周期为$\dfrac{2\pi}{L}$。

图 8-20 分别给出了矩形脉冲序列 $x(n)$、$x_{(2)}(n)$ 和 $x_{(3)}(n)$ 及其频谱的图形。

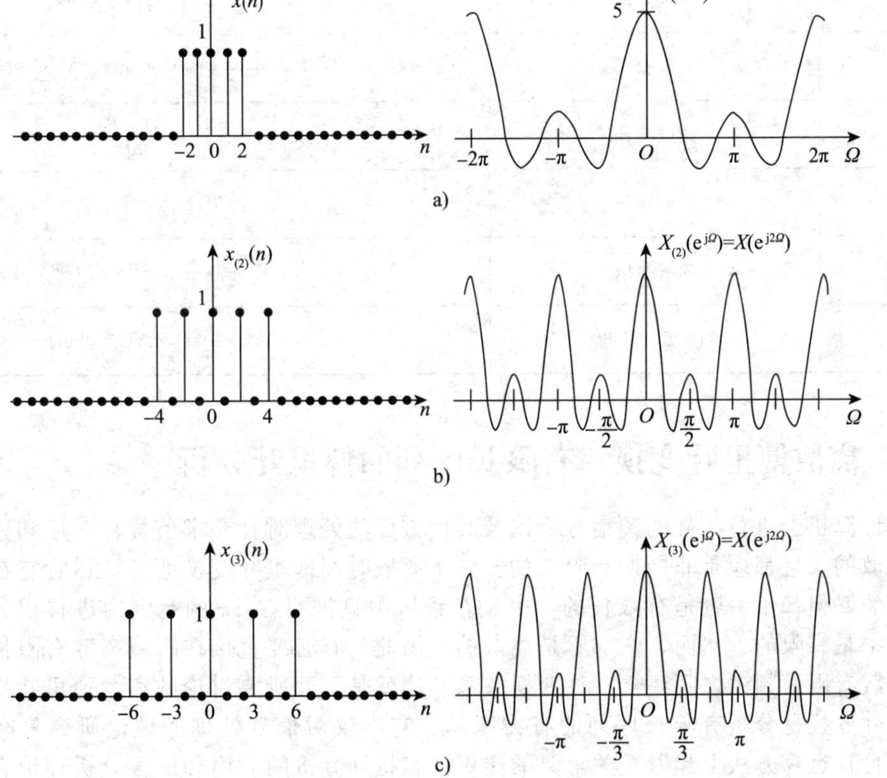

图 8-20　离散时间信号的尺度变换性：时域扩展对应于域频域压缩

8.7.12　DTFT 中的帕斯瓦尔定理

若 $\mathrm{DTFT}[x(n)]=X(\mathrm{e}^{\mathrm{j}\Omega})$，则

$$\sum_{n=-\infty}^{\infty} |x(n)|^2 = \frac{1}{2\pi}\int_{-\pi}^{\pi} |X(\mathrm{e}^{\mathrm{j}\Omega})|^2 \mathrm{d}\Omega$$

帕斯瓦尔(Parseval)定理表明，序列在时域中的总能量等于其频域中的总能量，频域中的总

能量等于其傅里叶变换模平方$|X(e^{j\Omega})|^2$在一个周期内的积分取平均。因此，$|X(e^{j\Omega})|^2$是信号的能量频谱密度函数，其反映了信号的能量在频域的分布情况，$|X(e^{j\Omega})|^2 d\Omega$是信号在$d\Omega$这一极小频带内的能量。因此说，帕斯瓦尔定理是序列的能量定理。

为了查阅方便，将离散时间傅里叶变换的主要性质列于表 8-3 中。

表 8-3 离散时间傅里叶变换的主要性质

序 号	性 质	时频域对应关系式
1	线性	$\sum_{i=1}^{N} a_i x_i(n) \xleftrightarrow{\text{DTFT}} \sum_{i=1}^{n} X_i(e^{j\Omega})$
2	对称性	$x^*(n) \xleftrightarrow{\text{DTFT}} X^*(e^{-j\Omega})$
3	共轭对称性	$X^*(e^{j\Omega}) = X^*(e^{-j\Omega})$
4	时移性	$x[n-n_0] \xleftrightarrow{\text{DTFT}} e^{-j\Omega n_0} X(e^{j\Omega})$
5	时域扩展	$x_{(a)}(n) \xleftrightarrow{\text{DTFT}} X(e^{ja\Omega})$
6	差分	$\nabla x(n) \xleftrightarrow{\text{DTFT}} X(e^{j\Omega})(1-e^{-j\Omega})$
7	求和	$\sum_{m=-\infty}^{n} x(m) \xleftrightarrow{\text{DTFT}} \frac{1}{1-e^{-j\Omega}} X(e^{j\Omega}) + \pi X(e^{j0}) \sum_{k=-\infty}^{\infty} \delta(\Omega - 2k\pi)$
8	频域微分	$nx(n) \xleftrightarrow{\text{DTFT}} j\frac{dX(e^{j\Omega})}{d\Omega}$
9	时域卷积	$x(n) * h(n) \xleftrightarrow{\text{DTFT}} X(e^{j\Omega}) H(e^{j\Omega})$
10	频域卷积	$x(n) z(n) \xleftrightarrow{\text{DTFT}} \frac{1}{2\pi} X(e^{j\Omega}) * Z(e^{j\Omega})$
11	帕斯瓦尔定理	$\sum \vert x(n) \vert^2 = \frac{1}{2\pi} \int_{2\pi} \vert X(e^{j\Omega}) \vert d\Omega$

8.8 离散傅里叶变换：有限长序列的傅里叶分析

在计算机上进行信号的频谱分析以及其他方面的处理时，要求信号在时域和频域中都应是离散的，且都应是非周期有限长的。对于离散时间傅里叶变换而言，尽管它在时域中是离散的，但却不一定是有限长的，由于在频域中只需要在 2π 的范围内进行积分，所以在频域中是有限的，然而，它却不是离散的。因此，有必要直接在时域离散有限长序列与频域离散有限长频谱之间建立一种变换关系，这就是下面所要讨论的离散傅里叶变换。离散傅里叶变换是分析有限长序列的有力工具。它不仅对信号处理的理论研究具有重要意义，而且在运算方法上起着至关重要的作用，它将计算机的应用和信号分析理论有机结合在一起，使得谱分析、卷积、相关运算等都可以通过 DFT 在计算机上实现。

8.8.1 由离散傅里叶级数建立离散傅里叶变换

我们知道，在已经讨论过的 4 种傅里叶分析式中，只有离散周期信号及其傅里叶级数在时域与频域中都是离散的，因而首先满足了我们所希望的第一点，即具有离散性。但是，无论是其时域序列还是频域序列均是以 N 为周期的。

由于周期为 N 的周期序列可以由其主周期内的 N 个独立值唯一确定，它的离散傅里叶级数系数也是以 N 为周期的，故而也可以由其主周期的 N 个独立值唯一确定。因此，从本质上看，离散傅里叶级数就是将时域的 N 个独立值唯一变换为频域的 N 个独立值。这样，只要对一个周期序列 $x_N(n)$截取其主周期($0\leqslant n\leqslant N-1$)，就可以得到一个长度为 N 的有限长序列 $x(n)$，与此同时，对该周期序列的离散傅里叶级数系数也截取其"主值区间"($0\leqslant n\leqslant N-1$)，就可以得到一个频域的 N 点有限长序列 $X(k)$，这两个时域与频域有限长序列之间的变换关系是专门针对有限长序列而人为定义的离散傅里叶变换。下面将根据周期序列和有限长序列本质上的联系，由周期序列的离散傅里叶级数表示式引出有限长序列的离散频域表示，即离散傅里叶变换。

对于一个长度为 N 的有限长序列 $x(n)$，由于它在区间 $0\leqslant n\leqslant N-1$ 以外均为零，所以可以将它视为周期为 N 的周期序列 $x_N(n)$中的第一个周期，即主值区间的序列值，而 $x_N(n)$则是将 $x(n)$以 N 为周期进行周期延拓的结果，这样，$x_N(n)$与 $x(n)$之间的关系可以分别表示为

$$x(n)=\begin{cases}x_N(n), & 0\leqslant n\leqslant N-1\\ 0, & \text{其他 } n\end{cases}\tag{8-88}$$

或

$$x_N(n)=\sum_{r=-\infty}^{\infty}x(n+rN),r\text{ 为整数}\tag{8-89}$$

由于有限长序列 $x(n)$是周期序列 $x_N(n)$主值区间上的序列，故称为 $x_N(n)$的主值序列，两者的关系如图 8-21 所示。可见，$x(n)$可以看作是乘以一个对应于"主值区间"的长度为 N 的矩形序列 $R_N(n)$，因而式(8-88)可以更加方便地表示为

$$x(n)=x_N(n)R_N(n)\tag{8-90}$$

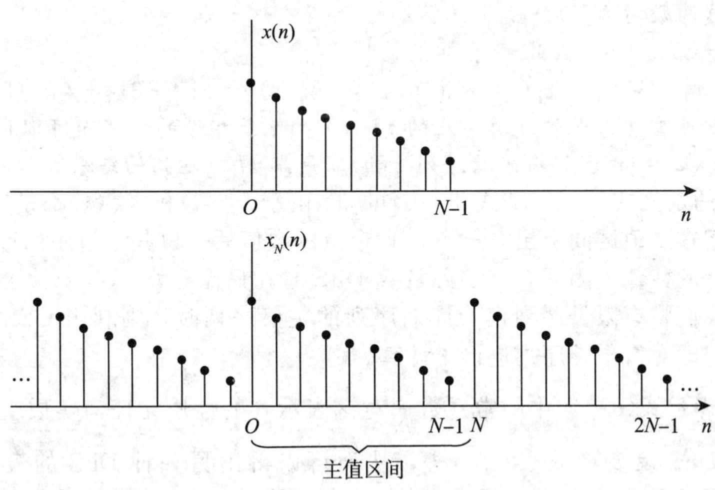

图 8-21　有限长序列与周期序列的关系

由于 $x(n)$的长度 N 是有限值，所以对于不同的 r 值，各项 $x(n+rN)$并不会彼此重叠，因此，为了书写表达方便，可以将对有限长序列 $x(n)$以 N 为周期进行周期性延拓的结果 $\sum\limits_{r=-\infty}^{\infty}x(n+rN)$ 用 $x[\langle n\rangle_N]$表示，即 $x[\langle n\rangle_N]$就是一个以 N 点为周期的周期序列 $x_N(n)$，于是，也可以将式 (8-89)改写为更加简洁的形式，即：

$$x_N(n)=x[\langle n\rangle_N]\tag{8-91}$$

式(8-91)中$\langle n\rangle_N$ 也可以等价表示成 n 以 N 为模的运算式即($n\mathrm{mod}(N)$)。$\langle n\rangle_N$ 是求 n 对 N 的余数(或 n 对 N 取模值)运算表示式，即若设 n 被 N 除，可以得到一个最大整数商 q

及余数 n_1：

$$n = qN + n_1 \quad (0 \leqslant n_1 \leqslant N-1, \quad n_1、q \text{为整数}) \tag{8-92}$$

则 n_1 为 n 对 N 的余数，无论 n_1 再加多少倍的 N，余数皆为 n_1，即有：

$$\langle n \rangle_N = n\bmod N = n_1, 0 \leqslant n_1 \leqslant N-1 \tag{8-93}$$

这表明，周期性重复出现的 n 所对应的 $x[\langle n \rangle_N]$ 值是相等的，可以表示为

$$x[\langle n \rangle_N] = x[\langle qN + n_1 \rangle_N] = x(n_1) \tag{8-94}$$

显然，与式（8-94）具有相同意义的是，对于周期序列 $x_N(n)$ 来说，它在 n_1 点的值 $x_N(n_1)$ 与 $x_N(n)$ 延展整数倍周期后所在点 $n=qN+n_1$ 处的值是相等的，即有：

$$x_N(n) = x_N(qN + n_1) = x_N(n_1) \tag{8-95}$$

而 $x_N(n_1)$ 是周期序列在其主值区间的序列值，故有：

$$x_N(n_1) = x(n_1) \tag{8-96}$$

由式(8-94)、式(8-95) 和式 (8-96)可得：

$$x_N(n) = x[\langle n \rangle_N] = x_N(n_1) = x(n_1) \tag{8-97}$$

因此，式(8-91)成立。式(8-91)可以用一种比较形象化的方法加以说明，即假想有限长序列 $x(n)$ 缠绕在一个周长等于序列长度 N 的圆柱体上。当我们重复地转动圆柱体的圆周，就等于是在重复有限长序列。因此，用一个有限长序列来表示周期序列就相当于将有限长序列沿着该圆柱体缠绕；当要从周期序列恢复有限长序列时，可以想象成将圆柱体展开并把它铺平，从而使周期序列表示在线性时间轴上，而不是在循环(以 N 为模)时间轴上。

类似于序列 $x[\langle n \rangle_N]$ 的含义，序列 $x[\langle -n \rangle_N]$ 则表示将有限长序列 $x(-N)$ 以 N 为周期进行周期性延拓的结果。

【例 8-7】 试求周期为 $N=8$ 的序列 $x_N(n)$ 在 $n=21$ 和 $n=-3$ 的序列值。

解：先求这两数对 N 的余数。由于 $n=21=2\times8+5$ 和 $n=-3=(-1)\times8+5$ 所以有 $\langle 21 \rangle_8=5$ 和 $((-3))_8=5$。因此可得

$$x_8(21) = x[\langle 21 \rangle_8] = x_8(5) = x(5), \quad x_8(-3) = x[\langle -3 \rangle_8] = x_8(5) = x(5)$$

由此说明，周期性重复出现的 n 所对应的 $x[\langle n \rangle_N]$ 值是相等的，因而可以用求余数运算式 $\langle n \rangle_N$ 表示的 $x[\langle n \rangle_N]$ 代表将有限长序列 $x(n)$ 以周期 N 做延拓的结果。

根据 DFS 的定义式(8-13)和式(8-19)可知，由于 $x_N(n)$ 和 $X_N(k)$ 都是以 N 为周期的，所以只要求它们在主值区间上出 $0\sim(N-1)$ 个点的数值后，以其主值序列进行周期延拓即可求出其余各点的数值。因此，在实际计算 DFS 时，只需在 $0\sim(N-1)$ 区间内做计算即可。这样，当我们将有限长序列视为周期序列的主值序列时，则利用 DFS 算出了主值区间的周期序列，即对有限长序列进行了计算。

由于 DFS 表示式(8-19)中的常系数 $\frac{1}{N}$ 对该表示式的性质无任何实质上的影响，因而可以将其置于 DFS 反变换式(8-13)中，从而可以得出另一种 DFS 的表示形式，即将式(8-19)中 $NX_N(k)$ 表示为 $X_{NN}(k)$，则式(8-13)和式(8-19)可以分别改写为

$$x_N(n) = \frac{1}{N}\sum_{k=\langle N \rangle} X_{NN}(k)\mathrm{e}^{\mathrm{j}k\frac{2\pi}{N}n}, \quad -\infty < n < \infty \tag{8-98}$$

$$X_{NN}(k) = \sum_{n=\langle N \rangle} x_N(n)\mathrm{e}^{-\mathrm{j}k\frac{2\pi}{N}n} \tag{8-99}$$

若将周期序列 $X_{NN}(k)$ 在主值区间($0\leqslant n\leqslant N-1$)内表示为 $X(k)$，并将求和范围取为主值区间，这时有 $x_N(n)=x(n)$，因此，“借用”DFS 的形式可以得到时域中 N 点有限长序列 $x(n)$ 与频域中 N 点有限长序列 $X(k)$ 的变换关系——离散傅里叶变换，即：

$$x(n) = \mathrm{IDFT}[X(k)] = \frac{1}{N}\sum_{k=0}^{N-1} X(k)\mathrm{e}^{\mathrm{j}\frac{2\pi}{N}kn} = \frac{1}{N}\sum_{k=0}^{N-1} X(k)W_N^{-kn}, \quad 0 \leqslant n \leqslant N-1 \tag{8-100}$$

$$X(k)=\mathrm{DFT}[x(n)]=\sum_{n=0}^{N-1}x(n)\mathrm{e}^{-\mathrm{j}\frac{2\pi}{N}kn}=\sum_{n=0}^{N-1}x(n)W_N^{kn},\quad 0\leqslant k\leqslant N-1 \tag{8-101}$$

式(8-100)和式(8-101)中，$W_N=\mathrm{e}^{-\mathrm{j}\frac{2\pi}{N}}$。由于 DFT 是将 DFS 的主值提取出来而定义的一对变换式，因而两者具有完全相同的形式，但是，它们分别是针对有限长的非周期序列 $x(n)$和 $X(k)$以及无限长的周期序列 $x_N(n)$和 $X_{NN}(k)$定义的，这两种变换之间存在着本质上的固有联系：

$$x(n)=x_N(n)R_N(n) \tag{8-102}$$

$$X(k)=X_{NN}(k)R_N(k) \tag{8-103}$$

$$x_N(n)=x[\langle n\rangle_N] \tag{8-104}$$

$$X_{NN}(k)=X[\langle k\rangle_N] \tag{8-105}$$

可以看出，DFS 是经过严格数学推证得到的，而 DFT 则是将 DFS 的主值抽取出来人为定义的一种变换，其主要目的就是能够对有限长序列进行计算机分析，即在时域和频域的 N 个值之间建立一种唯一的对应关系。然而，从物理概念上讲，DFS 是符合实际信号特性的，因此它反映了一种客观的物理现象，而 DFT 却不然，因为实际物理信号中不可能存在一个时域有限、频域也有限的信号。因此可以说，主观定义出的 DFT 是合理而不合情的。

比较式(8-29)和式(8-101)可知，有限长序列 $x(n)$的离散傅里叶变换 $X(k)$是离散时间傅里叶变换 $X(\mathrm{e}^{\mathrm{j}\Omega})$在一个周期$[0,2\pi)$内的等间隔抽样，即有：

$$X(k)=\mathrm{DFT}[x(n)]=X(\mathrm{e}^{\mathrm{j}\Omega})\big|_{\Omega=\Omega_k=\frac{2\pi}{N}k},k=0,1,\cdots,N-1 \tag{8-106}$$

式 (8-106)表明，离散傅里叶变换除了可以用以计算离散傅里叶级数的主值外，还可以用来计算离散时间傅里叶变换。这是因为离散傅里叶变换源自离散傅里叶级数，而离散傅里叶级数又与离散时间傅里叶变换有关，即 $X(k)$也是序列 $x(n)$的离散时间傅里叶变换的抽样值。因此，只要满足抽样定理，就可以从 $X(k)$中恢复出原来的连续频谱 $X(\mathrm{e}^{\mathrm{j}\Omega})$。同样，若对连续时间信号用抽样加以离散化，则利用离散傅里叶变换也可以对连续时间傅里叶变换进行近似分析。此外，应用离散傅里叶变换还可以实现有限长序列卷积的快速计算。

8.8.2 离散傅里叶变换的矩阵计算式

离散傅里叶变换的变换式对式(8-100)和式(8-101)是一线性方程组，它由 N 个 $x(n)$的值变换或映射为另外 N 个值 $X(k)$，因而可以用矩阵方程来表示。设向量 x 由时域序列 $x(n)$的 N 个样本值构成，即 $\boldsymbol{x}=[x(0)\quad x(1)\quad\cdots\ x(N-1)]^{\mathrm{T}}$，向量 $\boldsymbol{X}$ 由频域序列 $X(k)$的 N 个离散傅里叶变换系数构成，即 $\boldsymbol{X}=[X(0)\quad X(1)\quad\cdots\ X(N-1)]^{\mathrm{T}}$。由式(8-101)可得有限长序列的离散傅里叶变换的矩阵形式表示，即：

$$\boldsymbol{X}=\boldsymbol{D}_N\boldsymbol{x} \tag{8-107}$$

式(8-107)中 $\boldsymbol{D}_N$ 为 $N\times N$ 维 DFT 方阵，表示为

$$\boldsymbol{D}_N=\begin{bmatrix}W_N^0 & W_N^0 & W_N^0 & \cdots & W_N^0\\ W_N^0 & W_N^1 & W_N^2 & \cdots & W_N^{(N-1)}\\ W_N^0 & W_N^2 & W_N^4 & \cdots & W_N^{2(N-1)}\\ \vdots & \vdots & \vdots & \ddots & \vdots\\ W_N^0 & W_N^{N-1} & W_N^{2(N-1)} & \cdots & W_N^{(N-1)(N-1)}\end{bmatrix}=\begin{bmatrix}1 & 1 & 1 & \cdots & 1\\ 1 & W_N^1 & W_N^2 & \cdots & W_N^{(N-1)}\\ 1 & W_N^2 & W_N^4 & \cdots & W_N^{2(N-1)}\\ \vdots & \vdots & \vdots & \ddots & \vdots\\ 1 & W_N^{N-1} & W_N^{2(N-1)} & \cdots & W_N^{(N-1)(N-1)}\end{bmatrix} \tag{8-108}$$

由 IDFT 定义式(8-100)同样可得 IDFT 的矩阵表示为

$$\boldsymbol{x}=\boldsymbol{D}_N^{-1}\boldsymbol{X} \tag{8-109}$$

式(8-109)中，$\boldsymbol{D}_N^{-1}$ 是 $N\times N$ 维的 IDFT 方阵，有：

$$D_N^{-1}=\frac{1}{N}\begin{bmatrix}W_N^0 & W_N^0 & W_N^0 & \cdots & W_N^0\\ W_N^0 & W_N^{-1} & W_N^{-2} & \cdots & W_N^{-(N-1)}\\ W_N^0 & W_N^{-2} & W_N^{-4} & \cdots & W_N^{-2(N-1)}\\ \vdots & \vdots & \vdots & \ddots & \vdots\\ W_N^0 & W_N^{-(N-1)} & W_N^{-2(N-1)} & \cdots & W_N^{-(N-1)(N-1)}\end{bmatrix}$$

$$=\begin{bmatrix}1 & 1 & 1 & \cdots & 1\\ 1 & W_N^{-1} & W_N^{-2} & \cdots & W_N^{-(N-1)}\\ 1 & W_N^{-2} & W_N^{-4} & \cdots & W_N^{-2(N-1)}\\ \vdots & \vdots & \vdots & \ddots & \vdots\\ 1 & W_N^{-(N-1)} & W_N^{-2(N-1)} & \cdots & W_N^{-(N-1)(N-1)}\end{bmatrix} \tag{8-110}$$

由式(8-108)与式(8-110)可得：

$$D_N^{-1}=\frac{1}{N}D_N^{*} \tag{8-111}$$

从序列离散傅里叶变换的矩阵式(8-107)和式(8-109)可见，对于各种长度相同的时域序列$x(n)$来说，都是经过相同的变换矩阵 D_N 产生相应的频域序列 $X(k)$。例如，对于所有长度 $N=4$ 的序列 $x(n)$，由式(8-108)可得其 4×4 的 DFT 矩阵 D_N 为

$$D_4=\begin{bmatrix}1 & 1 & 1 & 1\\ 1 & -\mathrm{j} & -1 & \mathrm{j}\\ 1 & -1 & 1 & -1\\ 1 & \mathrm{j} & -1 & -\mathrm{j}\end{bmatrix}$$

因此，当序列为 $x(n)=\cos\left(\frac{2\pi}{N}n\right)$时，由式(8-104)以及 $W_4=\mathrm{e}^{-\mathrm{j}\frac{2\pi}{4}}=-\mathrm{j}$ 可得其 4 点 DFT 序列 $X(k)$为

$$\begin{bmatrix}X(0)\\X(1)\\X(2)\\X(3)\end{bmatrix}=\begin{bmatrix}W_4^0 & W_4^0 & W_4^0 & W_4^0\\ W_4^0 & W_4^1 & W_4^2 & W_4^3\\ W_4^0 & W_4^2 & W_4^4 & W_4^6\\ W_4^0 & W_4^3 & W_4^6 & W_4^9\end{bmatrix}\begin{bmatrix}x(0)\\x(1)\\x(2)\\x(3)\end{bmatrix}=\begin{bmatrix}1 & 1 & 1 & 1\\ 1 & -\mathrm{j} & -1 & \mathrm{j}\\ 1 & -1 & 1 & -1\\ 1 & \mathrm{j} & -1 & -\mathrm{j}\end{bmatrix}\begin{bmatrix}1\\0\\-1\\0\end{bmatrix}=\begin{bmatrix}0\\2\\0\\2\end{bmatrix}$$

$x(n)$与 $X(k)$的图形如图 8-22 所示。反之，当 $X(k)=[0\quad 2\quad 0\quad 2]^{\mathrm{T}}$ 时，利用式(8-97)和式(8-109)、式(8-110)可以求出其 IDFT 为 $x=[x(0)\quad x(1)\quad x(2)\quad x(3)]^{\mathrm{T}}=[1\quad 0\quad -1\quad 0]^{\mathrm{T}}$。其中 D_N^{-1} 为

$$D_N^{-1}=\frac{1}{4}\begin{bmatrix}W_4^0 & W_4^0 & W_4^0 & W_4^0\\ W_4^0 & W_4^{-1} & W_4^{-2} & W_4^{-3}\\ W_4^0 & W_4^{-2} & W_4^{-4} & W_4^{-6}\\ W_4^0 & W_4^{-3} & W_4^{-6} & W_4^{-9}\end{bmatrix}=\frac{1}{4}\begin{bmatrix}1 & 1 & 1 & 1\\ 1 & \mathrm{j} & -1 & -\mathrm{j}\\ 1 & -1 & 1 & -1\\ 1 & -\mathrm{j} & -1 & \mathrm{j}\end{bmatrix}$$

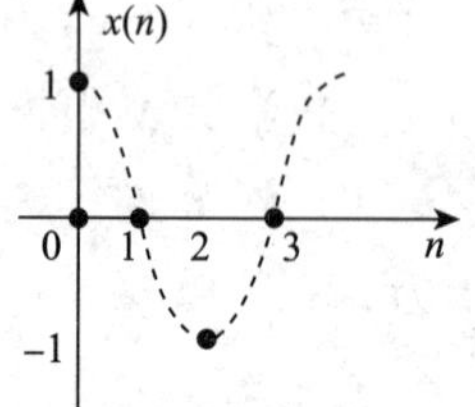

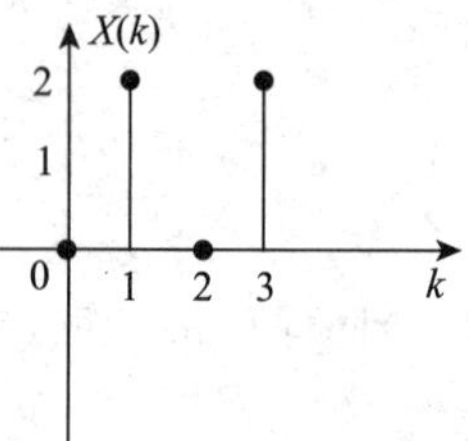

图 8-22 $x(n)=\cos\left(\frac{2\pi}{N}n\right)(N=4)$与 $X(k)$的图形

8.9 离散傅里叶变换的性质

DFT 在形式上是对 N 点有限长序列的时域和频域变换关系。但是，它蕴含着先把 N 点的信号做周期延拓然后进行 DFS 变换，最后从 DFS 变换中提取主值周期。这一点对透彻理解 DFT 的性质十分关键，事实上，DFT 性质中的循环位移、循环卷积等都是建立在这一概念基础之上的。DFT 的性质是离散傅里叶变换在数字信号处理中应用的理论基础。

1. 线性

若 $\mathrm{DFT}[x_1(n)]=X_1(k)$，$\mathrm{DFT}[x_2(n)]=X_2(k)$，则：

$$\mathrm{DFT}[a_1x_1(n)+a_2x_2(n)]=a_1X_1(k)+a_2X_2(k) \tag{8-112}$$

式(8-112)中 a_1、a_2 为任意常数。需要注意的是，若 $x_1(n)$和 $x_2(n)$的长度不等，则必须将其中较短的序列增补零值以加长到两个序列的长度相等。因为长度为 N 的序列 $x(n)$，其 $X(k)$是序列频谱 $X(\mathrm{e}^{\mathrm{j}\Omega})$在$[0，2\pi]$区间内 N 个等分频率点上的样值。两个长度不等序列 $x_1(n)$和 $x_2(n)$的离散傅里叶变换 $X_1(k)$和 $X_2(k)$的长度也不相等，从而 $X_1(1)$和$X_2(1)$以及 $X_1(2)$和 $X_2(2)$等在频域中表示的不是同一个频率点，将它们相加起来是毫无意义的。

对式(8-113)可以直接应用 DFT 的定义加以证明，并推广到任意多个序列的情况。

2. 隐含周期性

若 $\mathrm{DFT}[x(n)]=X(k)$，则：

$$X(k+mN)=X(k),\quad m=0,\pm1,\pm2,\cdots \tag{8-113}$$

应用离散傅里叶变换定义式(8-102)，并注意到 W_N^{nk} 的周期为 $N(W_N^{nN}=\mathrm{e}^{-\mathrm{j}2\pi n}=1)$便可得证。由于 W_N^{-nk} 也是以 N 为周期，所以 $X(k)$的离散傅里叶反变换 $x(n)$也是以 N 为周期的序列，即尽管 N 点离散傅里叶变换与反变换的定义区间都是$[0，N-1]$，但是，如果将变量 k 和 n 的取值域扩大为$(-\infty，\infty)$，则 $X(k)$与 $x(n)$就可表现出周期性。因此，在使用 DFT 时，必须注意所处理时域或频域有限长序列都是作为周期序列的一个周期来表示的。

3. 对偶性

若 $\mathrm{DFT}[x(n)]=X(k)$，则：

$$\mathrm{DFT}\left[\frac{1}{N}X(n)\right]=x(-k)=x(N-k) \tag{8-114}$$

证明：在离散傅里叶反变换式(8-100)中将变量 n 取负号可得：

$$x(-n)=\frac{1}{N}\sum_{k=0}^{N-1}X(k)W_N^{nk} \tag{8-115}$$

交换式(8-115)中的变量 n 与 k 可得：

$$x(-k)=\frac{1}{N}\sum_{n=0}^{N-1}X(n)W_N^{nk}=\mathrm{DFT}\left[\frac{1}{N}X(n)\right] \tag{8-116}$$

式(8-116)表明，若已知序列 $x(n)$的离散傅里叶变换结果 $X(k)$，则当一时间序列的表示式具有频谱序列 $X(k)$的形式，即为 $X(n)$时，其对应 DFT 的形式则为 $x(-k)$，即 $X(n)$的对应频谱序列具有原时间序列 $x(n)$在时间上倒置的形状。

由于将有限长序列(时域或频域)视为周期为 N 的序列中的一个周期，所以有：

$$x(-n)=x(N-n) \tag{8-117}$$

和

$$X(-k)=X(N-k) \tag{8-118}$$

4. 时间反演特性(对称性)

若 $\mathrm{DFT}[x(n)]=X(k)$，则：

$$\mathrm{DFT}[x(-n)] = X(-k) = X(N-k) \tag{8-119}$$

证明：在离散傅里叶反变换式(8-100)中将变量 n 用 $-n$ 代替，可得：

$$x(-n) = \frac{1}{N}\sum_{k=0}^{N-1} X(k) W_N^{nk} \tag{8-120}$$

在式(8-120)中设 $k=-l$，则有

$$x(-n) = \frac{1}{N}\sum_{l=0}^{-(N-1)} X(-l) W_N^{-nl} \tag{8-121}$$

由于 $X(-l)$和 W_N^{-nl} 均是以 N 为周期的周期序列，所以在一个周期$[0, -(N-1)]$和另一周期$[0, N-1]$的求和结果是相同的，因此式(8-121)可以表示为

$$x(-n) = \frac{1}{N}\sum_{k=0}^{N-1} X(-k) W_N^{-nk}$$

由此性质可以推论出：

1) 若 $x(n)$为一偶对称序列，即 $x(n)=x(-n)$，则其 DFT 也为偶对称序列，即有：

$$X(k) = X(-k) = X(N-k) \tag{8-122}$$

2) 若 $x(n)$为一奇对称序列，即 $x(n)=-x(-n)$，则其 DFT 也为奇对称序列，即有：

$$X(k) = -X(-k) = -X(N-k) \tag{8-123}$$

5. 圆周移位(循环移位)特性

(1) 有限长序列圆周移位的概念

位于区间 $0\leqslant n\leqslant N-1$ 的有限长序列 $x(n)$经线性移位 n_0位后所得序列 $x(n-n_0)$($n_0>0$ 为右移，$n_0<0$ 为左移)仍为有限长序列，但其所在区间却变为 $n_0\leqslant n\leqslant N+n_0-1$。显然，若将移位前后的两个序列分别取 DFT，它们的求和范围则是不同的，分别为 $0\sim N-1$和 $n_0\sim N+n_0-1$，并且当移位的位数改变时，DFT 的求和范围也需随之而变。这种线性移位就是通常所说的移位，它十分不便于对移位序列进行 DFT 的计算。此外，由于长度为 N 的有限长序列$x(n)$在区间 $0\leqslant n\leqslant N-1$ 内取非零值(如图 8-23a 所示)，若令其沿坐标右移 n_0位后仍在区间 $0\leqslant n\leqslant N-1$ 内取值，则将发生信息损失。为了使有限长序列经任意位数的移位后仍在区间 $0\leqslant n\leqslant N-1$ 内，从而使得其 DFT 的取值范围保持在该区间不变，我们引入有限长序列圆周移位的概念。首先在时域中讨论圆周移位的概念，所谓圆周移位是指对长度为 N 的有限长序列 $x(n)$，以 N 为周期进行周期延拓生成周期序列$x_N(n)$，再将 $x_N(n)$移位后取其主值区间($0\leqslant n\leqslant N-1$)上的序列值，即圆周移位有“三部曲”：周期延拓、移位、取主值序列，如图 8-23b、c、d 所示。因此，若将一个 N 点有限长序列 $x(n)$经 n_0点圆周移位后的序列记为 $x_{n_0}(n)$，则其定义为

$$x_{n_0}(n) = x[\langle n-n_0\rangle_N] R_N(n) \tag{8-124}$$

式(8-124)中，$n_0>0$ 表示圆周右移，$n_0<0$ 表示圆周左移。$x[\langle n-n_0\rangle_N]$表示 $x(n)$的周期延拓序列 $x_N(n)$位移 n_0点的结果，即有：

$$x[\langle n-n_0\rangle_N] = x_N(n-n_0) \tag{8-125}$$

$x[\langle n-n_0\rangle_N]R_N(n)$是 $x(n)$经周期延拓再移位后的周期序列的主值序列，因而 $x_{n_0}(n)$仍然是一个 N 点有限长序列，如图 8-23d 所示。

对于圆周移位从图形上可以有两种理解方式。由于这种位移实质上就是周期序列移位后取其主值序列，因此，对于主值区间 $0\leqslant n\leqslant N-1$ 的序列值而言，如果有若干序列值从该区间的一端移出，则必有相邻周期具有同样大小的序列值会从另一端移入该区间。例如，在图 8-23 中，序列 $x(n)$在圆周移位后不仅仍是一个 N 点有限长序列，而且样值所在的区间 $0\leqslant n\leqslant N-1$ 以及 N 个样值所含的信息均与原序列 $x(n)$相同，只是各个样值所在

位置发生了变化，即产生了移位。这是因为 $x(n)$ 向右移 2 位后，移出区间 $0\leqslant n\leqslant N-1$ 的两个序列值又从左边循环回来了。因此，这可以想象为将序列 $x(n)$ 的 N 个值按 n 从小到大逆时针依次排列在一个 N 等分圆周的对应点上。由于序列长度为 N，所以相邻两点的间隔为 $\frac{2\pi}{N}$ 的角度。通常，将圆上水平的右端点记为 $n=0$ 点，对应的序列值为 $x(0)$。然后，在 n 点位置保持不变的情况下，将 $x(n)$ 的全部序列值沿圆周逆时针依次旋转 n_0 位（对 $x(n)$ 做圆周右移：$n_0>0$），即 n_0 个 $\frac{2\pi}{N}$ 的角度或沿圆周顺时针依次旋转 $|n_0|$ 位（对 $x(n)$ 做圆周左移：$n_0<0$），也就是说，序列 $x(n)$ 的圆周移位就相当于自变量 n 值不动，序列值 $x(n)$ 在圆周上绕着圆心旋转。最后，从水平方向上原 $n=0$ 点出发，仍按初始 n 从小到大的逆时针排列方向读出对应点的序列值则为序列 $x(n)$ 经圆周位移后得到的序列 $x_{n_0}(n)$，而当我们环绕圆周连续不断地观察下去时，所看到的就是周期变化的序列 $x_N(n)$。图 8-23e、f 表示对应于图 8-23d 的圆周右移过程。

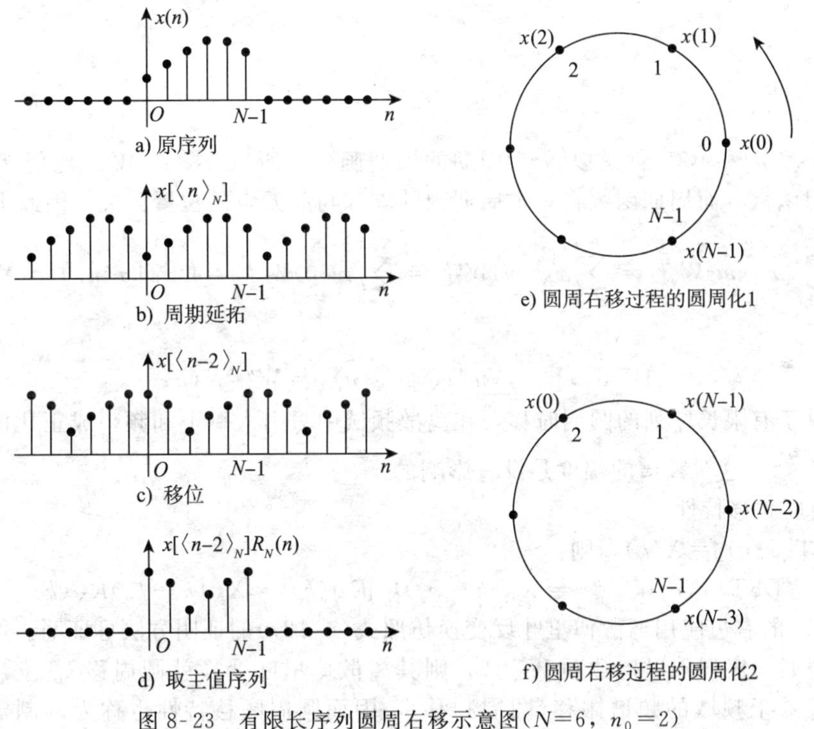

图 8-23　有限长序列圆周右移示意图（$N=6$，$n_0=2$）

图 8-24 给出了圆周移位与线性移位结果的比较。

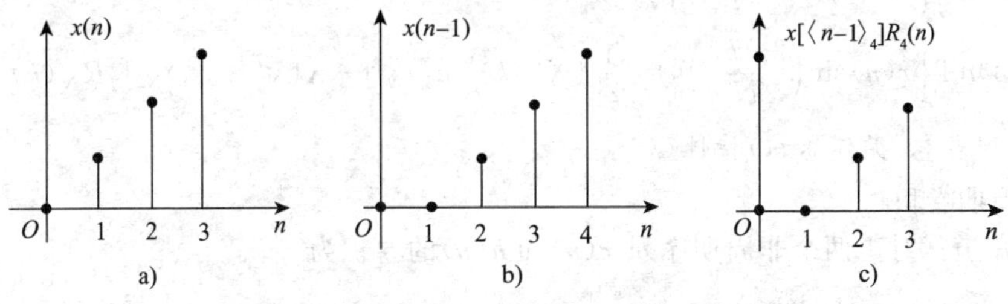

图 8-24　圆周右移与线性位移的比较

与时域圆周移位（简称圆周时移）相对应，对于频域有限长序列 $X(k)$，同样可以建立圆周移位(循环移位)的概念，即对长度为 N 的有限长序列 $X(k)$，以 N 为周期进行周期延拓生成周期序列 $X_N(k)$，再将 $X_N(k)$位移后得到 $X_N(k-k_0)$，用 $R_N(k)$截取其主值区间($0\leqslant n\leqslant N-1$)上的序列值，即 $X_N(k-k_0)R_N(k)$，它也是 $X(k)$的频域圆周移位，简称圆周频移。

(2) 圆周时移特性

若 $\mathrm{DFT}[x(n)]=X(k)$，则：

$$\mathrm{DFT}\{x[\langle n-n_0\rangle_N]R_N(n)\}=W_N^{n_0k}X(k) \tag{8-126}$$

证明：对有限长序列 $x(n)$进行圆周位移后所得序列 $x[\langle n-n_0\rangle_N]R_N(n)$做离散傅里叶变换，可得：

$$\begin{aligned}\mathrm{DFT}\{x[\langle n-n_0\rangle_N]R_N(n)\}&=\mathrm{DFT}\{x_N(n-n_0)R_N(n)\}\\&=\sum_{n=0}^{N-1}x_N(n-n_0)W_N^{nk}\quad\begin{bmatrix}\text{圆周移位保证 DFT 恒在}\\\text{主值区间}:0\leqslant n\leqslant N-1\end{bmatrix}\\&=\sum_{m=-n_0}^{N-n_0-1}x_N(m)W_N^{(m+n_0)k}\quad[m=n-n_0]\\&=W_N^{n_0k}\sum_{m=-n_0}^{N-n_0-1}x_N(m)W_N^{mk}\end{aligned}$$

由于 $x_N(m)$和 W_N^{mk} 都是以 N 为周期的周期函数，所以 $x_N(m)W_N^{mk}$ 也仍然是以 N 为周期的周期函数，而周期函数在一个周期内的求和与起始点的位置无关，因此上面和式为

$$\sum_{m=-n_0}^{N-n_0-1}x_N(m)W_N^{mk}=\sum_{m=0}^{N-1}x_N(m)W_N^{mk}=\sum_{m=0}^{N-1}x(m)W_N^{mk}=\mathrm{DFT}[x(n)]=X(k)$$

因此可证：

$$\mathrm{DFT}\{x[\langle n-n_0\rangle_N]R_N(n)\}=W_N^{n_0k}X(k)$$

这表明，对于有限长序列的圆周时移，在离散频域中只引入一个和频率成正比的线性相移 $W_N^{n_0k}=\mathrm{e}^{-\mathrm{j}n_0\frac{2\pi}{N}k}$，这对频谱的幅度是没有影响的。

(3) 圆周频移特性

若 $\mathrm{DFT}[x(n)]=X(k)$，则：

$$\mathrm{DFT}\{x(n)W_N^{-k_0n}\}=X[\langle k-k_0\rangle_N]R_N(k)=X_N(k-k_0)R_N(k) \tag{8-127}$$

对式(8-127)的右边应用离散傅里叶反变换仿照式(8-127)的证明方法可证明。圆周频移特性表明，若时间序列乘以指数项 $W_N^{-k_0n}$，则其离散傅里叶变换就圆周移 k_0 位，即时域序列的调制等效于频域的频谱搬移(圆周频移)，因而圆周频移特性也称为调制定理。根据式(8-127)并利用欧拉公式可以得出：

$$\mathrm{DFT}\left\{x(n)\cos\left(\frac{2\pi nk_0}{N}\right)\right\}=\frac{1}{2}\{X[\langle k-k_0\rangle_N]+X[\langle k+k_0\rangle_N]\}R_N(k) \tag{8-128}$$

$$\mathrm{DFT}\left\{x(n)\sin\left(\frac{2\pi nk_0}{N}\right)\right\}=\frac{1}{2\mathrm{j}}\{X[\langle k-k_0\rangle_N]-X[\langle k+k_0\rangle_N]\}R_N(k) \tag{8-129}$$

6. 圆周卷积(循环卷积)特性

(1) 周期卷积

我们知道，对于两个非周期序列 $x(n)$和 $h(n)$的卷积为

$$y_1(n)=\sum_{m=-\infty}^{\infty}x(m)h(n-m)=\sum_{m=-\infty}^{\infty}h(m)x(n-m) \tag{8-130}$$

然而，卷积式(8-130)不能直接用于两个无限长序列的周期序列中，因为这时卷积和不收

敛。对于线性移不变系统而言，它表示当系统的单位样值响应 $h(n)$ 为周期序列时，有 $\sum_{n=-\infty}^{\infty}|h(n)|=\infty$，因而系统是不稳定的，即有界输入将产生无界输出，从而也就不存在一个确定的频率响应 $H(e^{j\Omega})$（见式(10-50)）。

在卷积运算的实际应用中，两个具有相同周期的序列（比如说 N 的周期序列 $x_N(n)$ 和 $h_N(n)$）的卷积却是十分有用的，这种卷积称为周期卷积，其定义为

$$\begin{aligned} y_N(n) &= x_N(n) * h_N(n) = h_N(n) * x_N(n) \\ &= \sum_{m=\langle N\rangle} x_N(m)h_N(n-m) = \sum_{m=\langle N\rangle} h_N(m)x_N(n-m) \end{aligned} \tag{8-131}$$

为了便于区别，将式(8-130)所定义的一般的非周期卷积运算称为线性卷积。由式(8-131)可知，周期卷积的计算过程和线性卷积的基本相同，也是先将其中一个序列，比如说 $h_N(n)$ 反褶再右移 n 位，然后与序列 $x_N(n)$ 相乘，差别仅在于所得乘积的求和范围，即周期卷积的求和仅在任一周期内进行，用 $m=\langle N\rangle$ 表示，但是，一般选为$[0, N-1]$。因此，两个周期序列的卷积和也是收敛的。由于参变量 n 不限于一个周期区间内，而是取任意整数，因而可以求得任意 n 值的 $y_N(n)$。图 8-25 给出了周期卷积的图解过程。将周期序列 $h_N(m)$ 绕 $m=0$ 的纵轴反褶得到 $h_N(-m)$，即 $h_N(0-m)$，再在 $0\sim N-1$ 这个周期范围内将 $h_N(0-m)$ 与 $x_N(m)$ 的对应点（即 m 相同点）的值相乘，然后将这 N 个乘积相加，便求得 $y_N(0)$ 的值，接着将周期序列 $h_N(-m)$ 右移一位得到 $h_N(1-m)$，并且仍在 $0\sim N-1$ 这个周期范围内计算 $h_N(1-m)$ 与 $x_N(m)$ 的各对应点乘积并求和。由于 $h_N(n)$ 为周期序列，随着 n 的增加，周期序列 $h_N(n-m)$ 在 m 轴上不断右移，当某个周期的序列值从求和区间的一端移出去，其相邻周期的序列值则从另一端移入该求和区间，而当 $n=N$ 时，周期序列 $h_N(n-m)$ 正好右移了一个整周期，显然，序列 $h_N(n-m)$ 与序列 $h_N(-m)$ 完全相同，因此该序列看上去和没有右移前完全一样，这样不断右移，将周而复始地重复此过程，即移动 n、$n+N$、$n+2N$、…，周期卷积和的结果是相同的，因此有：

$$y_N(n) = y_N(n+N)$$

即周期卷积 $y_N(n)$ 也是一个以 N 为周期的周期序列，因而只需计算 n 由 $0\sim N-1$ 的 $y_N(n)$ 就可以了，并且周期卷积的结果与选定哪一个长度为 N 的区间作为求和区间无关，所以用符号 $m=\langle N\rangle$ 表示。

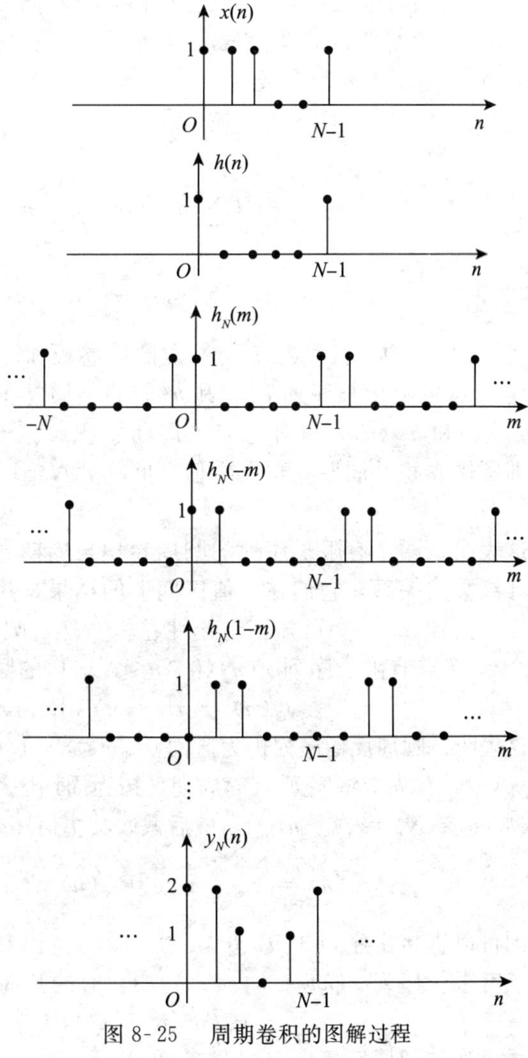

图 8-25　周期卷积的图解过程

若设 $x(n)$ 和 $h(n)$ 分别为 $x_N(n)$ 和 $h_N(n)$ 的主值序列，则它们都是长度为 N 的有限长

序列，故有 $x_N(n-m)=x[\langle n-m\rangle_N]$，$h_N(n-m)=h[\langle n-m\rangle_N]$。由于在式(8-131)中，求和变量 m 在 $0\sim N-1$ 变化，因而有$x[\langle m\rangle_N]=x(m)$以及 $h\langle m\rangle_N=h(m)$，所以式(8-131)可以改写为

$$y_N(n)=x_N(n)*h_N(n)=\sum_{m=0}^{N-1}x(m)h[\langle n-m\rangle_N]=\sum_{m=0}^{N-1}h(m)x[\langle n-m\rangle_N] \tag{8-132}$$

通过上述讨论可以知道两序列的线性卷积与周期卷积主要有以下 3 点区别：

1）线性卷积对参与卷积的两个序列无任何特别要求，周期卷积则要求两个序列是周期相同的周期序列；

2）线性卷积的求和范围是由参与卷积的两个序列的长度与所在区间确定的，周期卷积的求和范围则是参与卷积的周期序列的一个周期；

3）线性卷积所得序列的长度由参与卷积的两个序列的长度决定，周期卷积的结果是与参与卷积的两个序列同周期的周期序列。

（2） 有限长序列的时域圆周卷积和(循环卷积和)

设 $x(n)$和 $h(n)$均为长度为 N 且定义在区间$[0,N-1]$上的两个有限长序列，则它们的 N 点圆周卷积和定义为

$$\begin{aligned}y_c(n)&=x(n)\,Ⓝ\,h(n)=h(n)\,Ⓝ\,x(n)\\&=\Big\{\sum_{m=0}^{N-1}x(m)h[\langle n-m\rangle_N]\Big\}R_N(n)\\&=\Big\{\sum_{m=0}^{N-1}h(m)x[\langle n-m\rangle_N]\Big\}R_N(n)\quad[\text{通过变量代换}]\end{aligned} \tag{8-133}$$

式(8-133)中，符号Ⓝ表示 N 点圆周卷积和。比较式(8-132)、式(8-133)可见，两个长度均为 N 的有限长序列 $x(n)$和 $h(n)$的圆周卷积实质上就是先将它们延拓成周期为 N 的序列 $x_N(n)$和 $h_N(n)$，再对它们求周期卷积 $x_N(n)*h_N(n)$，最后对周期卷积的结果取主值，即圆周卷积是周期卷积在主值区间$[0,N-1]$上的值，即为 N 点有限长序列，有：

$$y_c(n)=y_N(n)R_N(n) \tag{8-134}$$

这表明，两个有限长序列的圆周卷积与周期卷积的关系类似于离散傅里叶变换与离散傅里叶级数的关系，它们在主值区间上的结果是相同的。

由式(8-133)可知，与线性卷积一样，圆周卷积也可以借助图形求解。为此，我们先介绍 N 点有限长序列 $x(n)(0\leqslant n\leqslant N-1)$的圆周反褶的定义，即：

$$y_{ci}(n)=x[\langle -n\rangle_N]R_N(n)=x[\langle N-n\rangle_N]R_N(n)$$

这表明，圆周反褶序列仍为区间 $0\leqslant n\leqslant N-1$ 上的 N 点有限长序列。若要得到圆周反褶序列 $y_{ci}(n)$，首先应将序列 $x(n)$周期延拓为周期序列 $x_N(n)=x[\langle n\rangle_N]$，然后将 $x_N(n)$反褶得到序列 $x_N(-N)=x[\langle -n\rangle_N]$，最后截取其主值序列，即为 $y_{ci}(n)$。如果将上述定义改写为

$$y_{ci}(n)=x[\langle -n\rangle_N]R_N(n)=\begin{cases}x(0),n=0\\x(N-n),n=1,2,\cdots,(N-1)\end{cases}$$

则可以直接由序列 $x(n)(0\leqslant n\leqslant N-1)$得出其对应的圆周反褶序列 $y_{ci}(n)$。例如，一个 5 点有限长序列 $x(n)=\{5,4,4,3,3\}$的圆周反褶序列为

$$y_{ci}(n)=x[\langle -n\rangle_5]R_5(n)=\{5,3,3,4,4\}$$

原序列与圆周反褶序列如图 8-26 所示。

于是，在式(8-133)的第一个卷积和式中保持 $x(m)$不动，对 $h(m)$形成圆周反褶序列 $h[\langle -m\rangle_N]R_N(m)$，再按照圆周移位从一端移出区间$[0,N-1]$的部分又会从另一端依序移入的原则，将该反褶序列右移 $n(n=0,1,2,\cdots,N-1)$位形成 $h[\langle n-m\rangle_N]R_N(m)$，

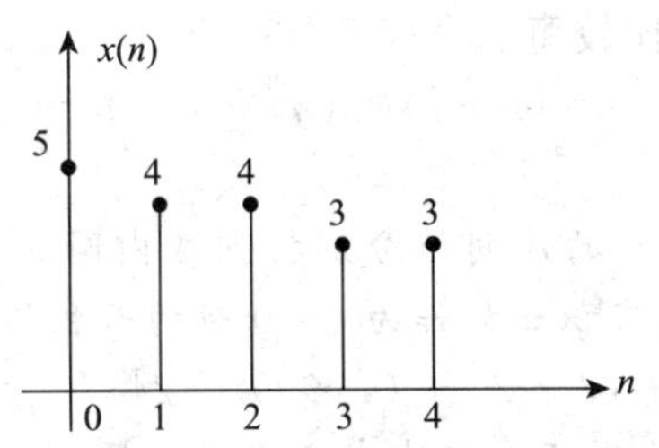

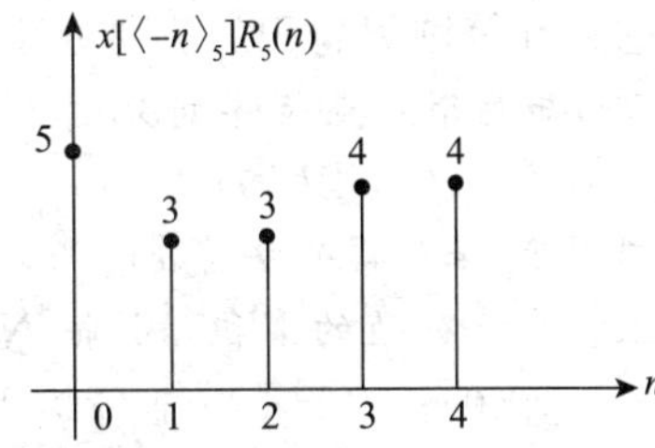

图 8-26　5点有限长序列的圆周反褶序列

然后从 $n=0$ 开始直到 $n=N-1$，对每个 n 值应用式(8-133)，分别将 $x(m)$ 与 $h[\langle n-m\rangle_N]R_N(m)$ 在 $0\leqslant m\leqslant N-1$ 主值区间内的对应值相乘，然后将结果逐项相加，则可得到该 n 值的圆周卷积 $y_c(n)$ 值，最后，集合以上所得的序列值则可得圆周卷积和序列 $y_c(n)(n=0,1,2,\cdots,N-1)$。由此可知，应用式(8-133)计算单个圆周卷积序列值的图解法可以概括为4个步骤：圆周反褶、圆周移位、对应相乘、相加求和。

由于在卷积过程中将 $x(m)$ 限定在 $0\leqslant m\leqslant N-1$ 区间内，但是对 $h[\langle -m\rangle_N]R_N(m)$ 要做圆周移位，所以称为圆周卷积。

若要对长度不足 N 点的序列 $x(n)$ 和 $h(n)$ 做 N 点圆周卷积，则需先在序列后补零值，使它们变成 N 点序列后，再按上面步骤做两者的圆周卷积。

圆周卷积的时域主要有三种计算方法：①图解法；②同心圆法；③解析式计算。下面分别进行举例。

【例 8-8】 已知两个长度为4的序列分别为 $x(n)=\{1,2,0,1;n=0,1,2,3\}$，$h(n)=\{2,2,1,1;n=0,1,2,3\}$，试求圆周卷积 $y_c(n)=x(n)④h(n)$。

解：按照求解圆周卷积的步骤可知，首先应将两个序列的自变量由 n 变为 m，即有 $x(m)$ 和 $h(m)$，如图 8-27a、b 所示。再将 $h(m)$ 圆周反褶、圆周移位后的图形 $h[\langle 0-m\rangle_4]R_4(m)$、$h[\langle 1-m\rangle_4]R_4(m)$、$h[\langle 2-m\rangle_4]R_4(m)$、$h[\langle 3-m\rangle_4]R_4(m)$ 分别示于图 8-27c、d、e、f。依次将所得 $h[\langle n-m\rangle_4]R_4(m)(n=0,1,2,3)$ 分别与 $x(m)$ 相乘、求和，即由公式 $y_c(n)=x(n)④h(n)=\left\{\sum\limits_{m=0}^{3}x(m)h[\langle n-m\rangle_4]\right\}R_4(n)$ 可得：

$$\begin{aligned}
y_c(0)&=x(0)h(0)+x(1)h(3)+x(2)h(2)+x(3)h(1)\\
&=(1\times2)+(2\times1)+(0\times1)+(1\times2)=6\\
y_c(1)&=x(0)h(1)+x(1)h(0)+x(2)h(3)+x(3)h(2)\\
&=(1\times2)+(2\times2)+(0\times1)+(1\times1)=7\\
y_c(2)&=x(0)h(2)+x(1)h(1)+x(2)h(0)+x(3)h(3)\\
&=(1\times1)+(2\times2)+(0\times2)+(1\times1)=6\\
y_c(3)&=x(0)h(3)+x(1)h(2)+x(2)h(1)+x(3)h(0)\\
&=(1\times1)+(2\times1)+(0\times2)+(1\times2)=5
\end{aligned}$$

综合以上结果可得4点圆周卷积为

$$y_c(n)=6\delta(n)+7\delta(n-1)+6\delta(n-2)+5\delta(n-3)$$

根据式(8-133)可知，由于圆周卷积运算涉及圆周移位，因此可以将 $x(n)$ 的序列值按顺时针方向 N 等分地排列在内圆周上，以 $n=0$ 对齐将序列 $h(n)$ 按逆时针方向 N 等分地排列在另一个同心外圆周上，这时，将两个圆周上对应点的序列值相乘后相加，便得到 $n=0$ 时刻的序列值 $y_c(0)$。然后固定 $x(n)$ 所在的内圆周，依次将序列 $h(n)$ 对应的外圆周顺时针旋转一位或者将序列 $h(n)$ 对应的外圆周固定，而将内圆周上的序列 $x(n)$ 逆时针方向旋转一位，再分别将两个圆周对应样值点上的序列值相乘后再相加，便可得到卷积序列的下一个值。这种计算圆周卷积的简易方法对比较短的序列尤其适合。

【例 8-9】 已知两个 4 点长序列分别为 $x(n)=(n+1)R_4(n)$ 和 $h(n)=(4-n)R_4(n)$，试求圆周卷积 $y_c(n)=x(n)④h(n)$。

解：按照圆周 N 等分排列法将 $x(n)$ 和 $h(n)$ 的序列值分别排列在内圆和同心外圆上，然后求两个圆上相应序列值的乘积，并把 N 项乘积相加作为 $n=0$ 时的卷积值：

$$y_c(0)=(1\times4)+(2\times1)+(3\times2)+(4\times3)=24$$

用求圆周卷积的方法，得出图 8-28 中 c～f，由此可以依次求得当两个圆周处于不同相对位置时的卷积序列值为

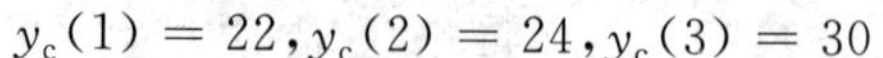

$$y_c(1)=22, y_c(2)=24, y_c(3)=30$$

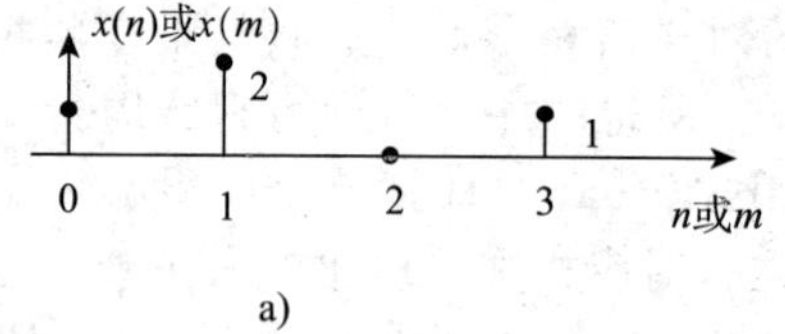

a)

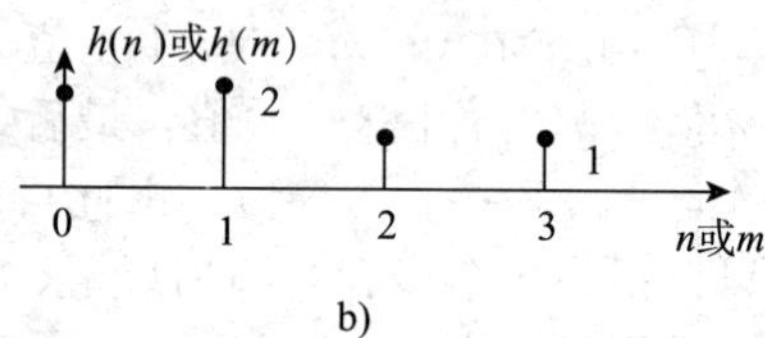

b)

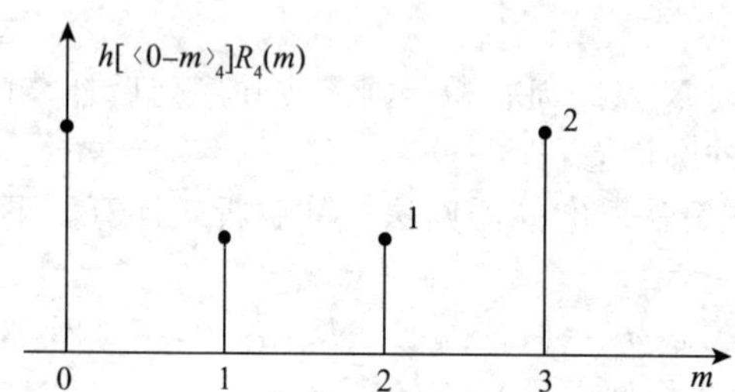

m	0	1	2	3
$x(m)$	1	2	0	1
$h[\langle 0-m\rangle_4]R_4(m)$	2	1	1	2
乘积：$x(m)h[\langle 0-m\rangle_4]R_4(m)$	2	2	0	2
求和：$y_c(0)=\sum_{m=0}^{3}x(m)h[\langle 0-m\rangle_4]R_4(n)=6$				

c)

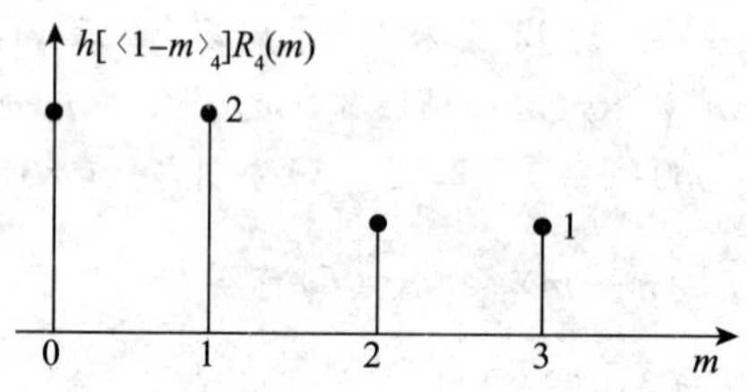

m	0	1	2	3
$x(m)$	1	2	0	1
$h[\langle 1-m\rangle_4]R_4(m)$	2	2	1	1
乘积：$x(m)h[\langle 1-m\rangle_4]R_4(m)$	2	4	0	1
求和：$y_c(1)=\sum_{m=0}^{3}x(m)h[\langle 1-m\rangle_4]R_4(n)=7$				

d)

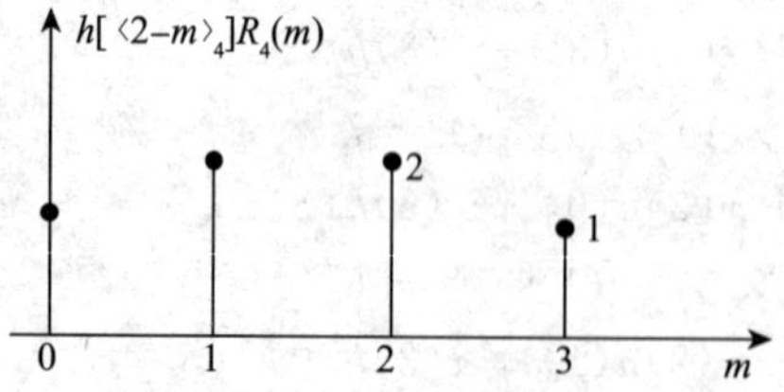

m	0	1	2	3
$x(m)$	1	2	0	1
$h[\langle 2-m\rangle_4]R_4(m)$	1	2	2	1
乘积：$x(m)h[\langle 2-m\rangle_4]R_4(m)$	1	4	0	1
求和：$y_c(2)=\sum_{m=0}^{3}x(m)h[\langle 2-m\rangle_4]R_4(n)=6$				

e)

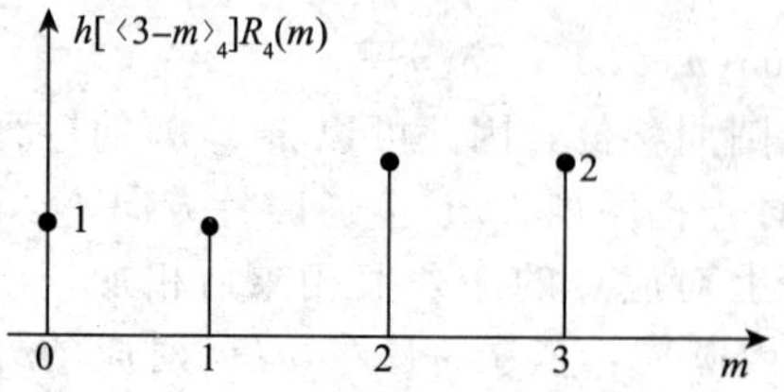

m	0	1	2	3
$x(m)$	1	2	0	1
$h[\langle 3-m\rangle_4]R_4(m)$	1	1	2	2
乘积：$x(m)h[\langle 3-m\rangle_4]R_4(m)$	1	2	0	2
求和：$y_c(3)=\sum_{m=0}^{3}x(m)h[\langle 3-m\rangle_4]R_4(n)=5$				

f)

图 8-27 用图解法求两个有限长序列的圆周卷积

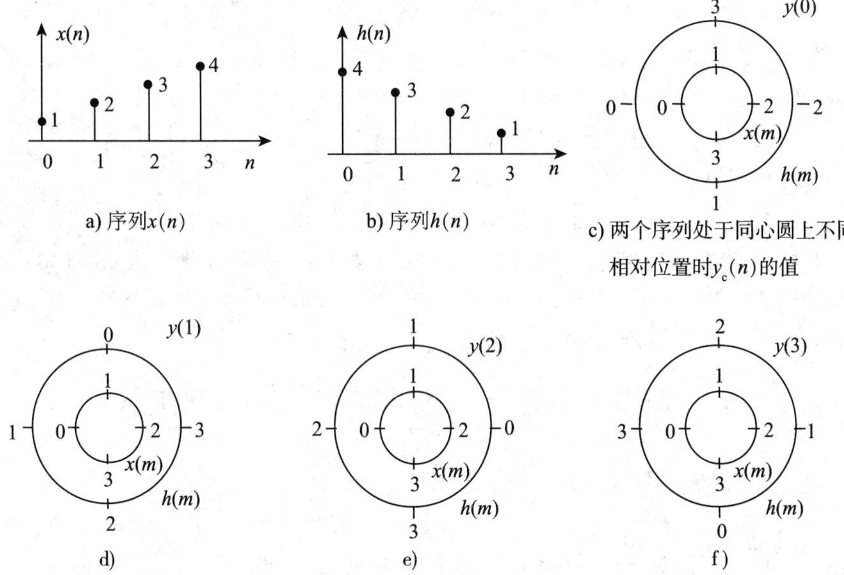

a) 序列$x(n)$　b) 序列$h(n)$　c) 两个序列处于同心圆上不同相对位置时$y_c(n)$的值

d)　e)　f)

图 8-28　用两个同心圆法求圆周卷积

故圆卷积为

$$y_c(n) = 24\delta(n) + 22\delta(n-1) + 24\delta(n-2) + 30\delta(n-3)$$

如果序列 $x(n)$和 $h(n)$都是定义在区间$[0, N-1]$上的有限长序列，则由圆周卷积式(8-134)可知它可以用矩阵形式表示。设

$$\boldsymbol{y}_c = [y_c(0)y_c(1)y_c(2)\cdots y_c(N-2)y_c(N-1)]^T$$

$$\boldsymbol{x} = [x(0)x(1)x(2)\cdots x(N-2)x(N-1)]^T$$

$$\boldsymbol{h} = [h(0)h(1)h(2)\cdots h(N-2)h(N-1)]^T$$

以及

$$\boldsymbol{H} = \begin{pmatrix} h(0) & h(N-1) & h(N-2) & \cdots & h(1) \\ h(1) & h(0) & h(N-1) & \cdots & h(2) \\ h(2) & h(1) & h(0) & \cdots & h(3) \\ \vdots & \vdots & \vdots & & \vdots \\ h(N-2) & h(N-3) & h(N-4) & \cdots & h(N-1) \\ h(N-1) & h(N-2) & h(N-3) & \cdots & h(0) \end{pmatrix}$$

和

$$\boldsymbol{X} = \begin{pmatrix} x(0) & x(N-1) & x(N-2) & \cdots & x(1) \\ x(1) & x(0) & x(N-1) & \cdots & x(2) \\ x(2) & x(1) & x(0) & \cdots & x(3) \\ \vdots & \vdots & \vdots & & \vdots \\ x(N-2) & x(N-3) & x(N-4) & \cdots & x(N-1) \\ x(N-1) & x(N-2) & x(N-3) & \cdots & x(0) \end{pmatrix}$$

则圆周卷积式的矩阵形式可以表示为

$$\boldsymbol{y}_c = \boldsymbol{Hx} = \boldsymbol{Xh} \tag{8-135}$$

式(8-135)中 N 阶方阵 $\boldsymbol{H}$ 或 $\boldsymbol{X}$ 称为循环矩阵或圆周卷积矩阵，由第一行开始，依次向右移动一个元素，移出去的元素又在下一行的最左边出现，即每一行都是由 $h(0)$，$h(N-1)$，…，$h(1)$这 N 个元素按照此规则连续移动所生成的，因而将 $\boldsymbol{H}$ 称为循环矩阵，

其中每个对角线上的元素都是相等的。例如，例 8-7 中的圆周卷积可以用矩阵形式表示为

$$\begin{bmatrix} y_c(0) \\ y_c(1) \\ y_c(2) \\ y_c(3) \end{bmatrix} = \begin{bmatrix} h(0) & h(3) & h(2) & h(1) \\ h(1) & h(0) & h(3) & h(2) \\ h(2) & h(1) & h(0) & h(3) \\ h(3) & h(2) & h(1) & h(0) \end{bmatrix} \begin{bmatrix} x(0) \\ x(1) \\ x(2) \\ x(3) \end{bmatrix} = \begin{bmatrix} 2 & 1 & 1 & 2 \\ 2 & 2 & 1 & 1 \\ 1 & 2 & 2 & 1 \\ 1 & 1 & 2 & 2 \end{bmatrix} \begin{bmatrix} 1 \\ 2 \\ 0 \\ 1 \end{bmatrix} = \begin{bmatrix} 6 \\ 7 \\ 6 \\ 5 \end{bmatrix}$$

除了可以利用式(8-135)对圆周卷积做解析计算之外，类似于线性卷积，还可以利用将任意序列用单位样值序列来表示的方法计算圆周卷积。将圆周卷积式(8-133)中 $h(n)$或 $x(n)$分别表示为 $h(n)=h(n_0)\delta(n-n_0)(0\leqslant n_0\leqslant N-1)$或 $x(n)=x(n_0)\delta(n-n_0)(0\leqslant n_0\leqslant N-1)$，则样点 n 对应的圆周卷积序列值为

$$\begin{aligned} y_c(n) = x(n) \; Ⓝ \; h(n) = h(n) \; Ⓝ \; x(n) &= \left\{\sum_{m=0}^{N-1} x(m)h[\langle n-m\rangle_N]\right\}R_N(n) \\ &= h(n_0)\left\{\sum_{m=0}^{N-1} x(m)\delta[\langle n-n_0-m\rangle_N]\right\}R_N(n) \\ &= h(n_0)\sum_{m=0}^{N-1} x(m)\delta(n-n_0-m) \quad [\text{求和只在圆周卷积的主值区间上进行}] \\ &= h(n_0)x[\langle n-n_0\rangle_N]R_N(n) \quad [x(n)\text{具有隐含周期性,故其移位为圆周移位}] \\ &= x(n_0)h[\langle n-n_0\rangle_N]R_N(n) \quad [\text{由于卷积满足交换律,将上式中的字母 } x \text{ 和 } h \text{ 交换}] \end{aligned}$$

这表明，任一 N 点序列 $x(n)(0\leqslant n\leqslant N-1)$与 $\delta(n-n_0)$求 N 点圆周卷积的结果等于原序列做对应的圆周移 n_0 位。在上式中令 $n_0=0$ 可知，任一 N 点序列 $x(n)(0\leqslant n\leqslant N-1)$与 $\delta(n)$求 N 点圆周卷积的结果等于原序列本身。

【例 8-10】 试利用解析法计算例 8-9 中两个 4 点长序列 $x(n)=(n+1)R_4(n)$和 $h(n)=(4-n)R_4(n)$的 4 点圆周卷积。

解：将 $x(n)=(n+1)R_4(n)$表示为

$$x(n) = \delta(n) + 2\delta(n-1) + 3\delta(n-2) + 4\delta(n-3)$$

应用圆周卷积计算式可以求出各个卷积序列值为

$$\begin{aligned} y_c(n) &= x(n)④h(n) = h(n)④x(n) \\ &= h(n)④\delta(n) + 2h(n)④\delta(n-1) + 3h(n)④\delta(n-2) + 4h(n)④\delta(n-3) \\ &= h(n) + 2h[\langle n-1\rangle_4]R_4(n) + 3h[\langle n-2\rangle_4]R_4(n) + 4h[\langle n-3\rangle_4]R_4(n) \\ &= 24\delta(n) + 22\delta(n-1) + 24\delta(n-2) + 30\delta(n-3) \quad [\text{四个序列对应值相加}] \end{aligned}$$

上面的运算过程可以用算式表示为

$$\begin{array}{lcrrrr} h(n)④\delta(n) & = & 4 & 3 & 2 & 1 \\ 2h(n)④\delta(n-1) & = & 2 & 8 & 6 & 4 \\ 2h(n)④\delta(n-2) & = & 6 & 3 & 12 & 9 \\ 4h(n)④\delta(n-3) & = & 12 & 8 & 4 & 16 \\ & + & & & & \\ \hline & & 24 & 22 & 24 & 30 \end{array}$$

(3)有限长序列的时域线性卷积与时域圆周卷积之间的关系

我们知道，对于两个长度分别为 N_1 和 N_2 的有限长序列 $x(n)(0\leqslant n\leqslant N_1-1)$和 $h(n)(0\leqslant n\leqslant N_2-1)$，其线性卷积可以表示为

$$y_l(n) = x(n) * h(n) = \sum_{m=-\infty}^{\infty} x(m)h(n-m) = \sum_{m=0}^{N_1-1} x(m)h(n-m) \tag{8-136}$$

$y_l(n)$仍是一个有限长序列，其非零区间为 $0\leqslant n\leqslant N_1+N_2-2$，即其长度为 N_1+N_2-1。

现在来看 $x(n)$和 $h(n)$求圆周卷积的情况。由于在对两个有限长序列求圆周卷积时，

必需规定它们的长度相等。若两个序列的长度不等，可将较短的一个补零，以构成两个等长序列再求卷积，并且经卷积后所得序列的长度与参与卷积序列的长度相同。因此，首先将 $x(n)$ 和 $h(n)$ 的长度通过补零加长到 L 点，即在 $x(n)$ 的 N_1 点序列值之后补上 $L-N_1$ 个零值，在 $h(n)$ 的 N_2 点序列值之后补上 $L-N_2$ 个零值，从而将它们视为两个长度均为 L 的有限长序列，其线性卷积为

$$y_L(n)=x(n)*h(n)=\sum_{m=-\infty}^{\infty}x(m)h(n-m)=\sum_{m=0}^{L-1}x(m)h(n-m) \tag{8-137}$$

显然，通过补零的方式加长序列的长度不会影响线性卷积 $y_L(n)$ 的结果，所以 $y_L(n)$ 的非零值长度仍为 N_1+N_2-1，而补零后 $x(n)$ 与 $h(n)$ 的 L 点圆卷积则为

$$\begin{aligned}
y_c(n) &= x(n)\ \text{Ⓛ}\ h(n)\\
&=\Big\{\sum_{m=0}^{L-1}x(m)h[\langle n-m\rangle_L]\Big\}R_L(n)\\
&=\Big\{\sum_{m=0}^{L-1}x(m)\Big[\sum_{r=-\infty}^{\infty}h(n+rL-m)\Big]\Big\}R_L(n)\\
&\quad\Big[h[\langle n\rangle_L]=\sum_{r=-\infty}^{\infty}h(n+rL)\text{：}h(n)\text{ 的 }L\text{ 点周期延拓}\Big]\\
&=\Big\{\sum_{r=-\infty}^{\infty}\sum_{m=0}^{L-1}x(m)h(n+rL-m)\Big\}R_L(n)\quad[\text{交换求和次序}]\\
&=\Big\{\sum_{r=-\infty}^{\infty}\Big[\sum_{m=0}^{L-1}x(m)h(n+rL-m)\Big]\Big\}R_L(n)\\
&=\sum_{r=-\infty}^{\infty}y_L(n+rL)R_L(n)\quad[\text{代入线性卷积式(8-134)}]\\
&=y_L[\langle n\rangle_L]R_L(n)
\end{aligned}\tag{8-138}$$

式(8-138)表明，通过添零加长至 L 的有限长序列 $x(n)$ 和 $h(n)$ 的 L 点圆周卷积 $y_c(n)$ 是它们的线性卷积 $y_L(n)$ 以 L 为周期延拓的周期序列的主值序列。由于 $y_L(n)$ 有 N_1+N_2-1 个非零值，所以延拓的周期 L 必须满足：

$$L\geqslant N_1+N_2-1 \tag{8-139}$$

此时，线性卷积的周期延拓序列的各延拓周期才不会交叠，而圆周卷积 $y_c(n)$ 中前 N_1+N_2-1 个值正好是 $y_c(n)$ 的全部非零序列值，即 $y_L(n)$，而 $y_c(n)$ 中余下的 $L-(N_1+N_2-1)$ 个样点上的序列值则是补充的零值。因此，式(8-139)就是圆周卷积等于线性卷积的必要条件，当此条件得到满足时，则可以用圆周卷积来计算线性卷积，有：

$$y_L(n)=\begin{cases}y_c(n), & 0\leqslant n\leqslant N_1+N_2-2,\\ 0, & \text{其他 } n \text{ 值}\end{cases} \tag{8-140}$$

显然，由于存在着增补零值的问题，所以只有在两个序列的长度有限并且比较接近时，利用离散傅里叶变换计算两序列的线性卷积才会有较高的效率。

如果 N_1 大于 N_2，则 $x(n)$ 和 $h(n)$ 的 N_1 点圆周卷积 $y_c(n)$ 为

$$y_c(n)=\Big\{\sum_{m=0}^{N_1-1}x(m)h_1[\langle n-m\rangle_{N_1}]\Big\}R_{N_1-1}$$

上式中 $h_1(n)$ 是对 $h(n)$ 补充 N_1-N_2 个零值构成的序列，即：

$$h_1(n)=\begin{cases}h(n), & n=0,1,\cdots,(N_2-1)\\ 0, & n=N_2,(N_2+1),\cdots,(N_1-1)\end{cases}$$

而 $x(n)$和 $h(n)$的线性卷积 $y_L(n)$的长度为 N_1+N_2-1，对其以周期 N_1 延拓并相加得到序列 $y_{LN_1}(n)$，如图 8-29 所示，可见 $y_{LN_1}(n)$的主值序列的前 N_2-1 个点存在混叠。因此，在 $y_c(n)$中有：

$$y_c(m)=y_L(m),\quad m=N_2-1,N_2,\cdots,N_1-1$$

即圆周卷积 $y_c(n)$中最后 N_1-N_2+1 个点与两序列的线性卷积 $y_L(n)$的结果相同。

显然，当 $N_1=N_2=N$ 时，对应的 N 点圆周卷积与线性卷积的关系如图 8-30 所示。

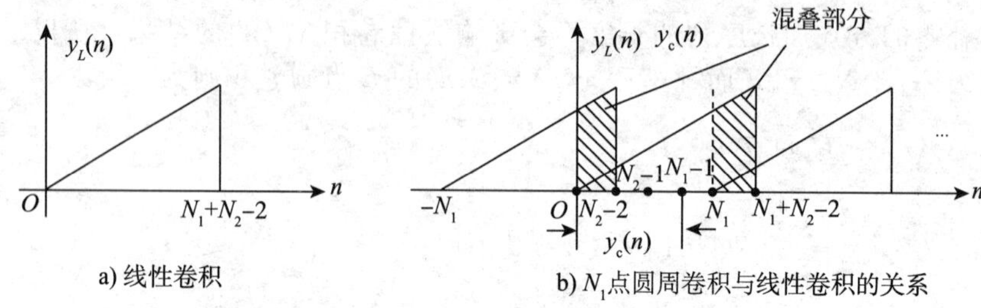

图 8-29 N_1 点圆周卷积与线性卷积的关系

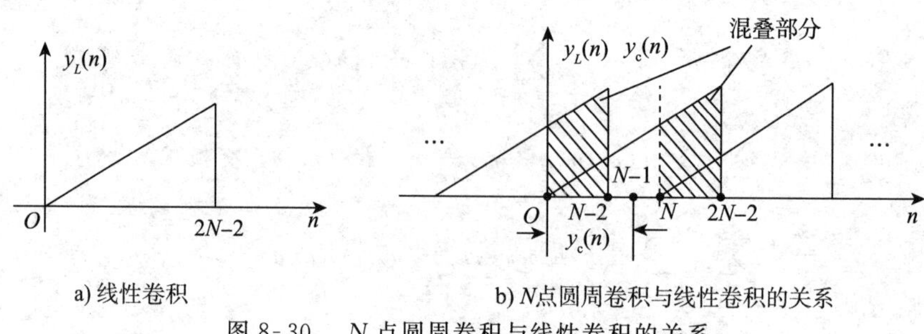

图 8-30 N 点圆周卷积与线性卷积的关系

(4) 时域圆周卷积特性

若 $x(n)$、$h(n)$均为 N 点有限长序列，它们的离散傅里叶变换分别为 $\mathrm{DFT}[x(n)]=X(k)$，$\mathrm{DFT}[h(n)]=H(k)$，且 $y_c(n)=x(n)\text{Ⓝ}h(n)$，则：

$$Y_c(k)=\mathrm{DFT}[y_c(n)]=X(k)H(k) \tag{8-141}$$

证明：

$$\begin{aligned}
Y_c(k)&=\mathrm{DFT}[y_c(n)]=\mathrm{DFT}[x(n)\text{Ⓝ}h(n)]\\
&=\mathrm{DFT}\Big[\sum_{m=0}^{N-1}x(m)h[\langle n-m\rangle_N]R_N(n)\Big]\\
&=\sum_{n=0}^{N-1}\Big[\sum_{m=0}^{N-1}x(m)h[\langle n-m\rangle_N]R_N(n)\Big]W_N^{nk}\\
&=\sum_{m=0}^{N-1}x(m)\sum_{n=0}^{N-1}h[\langle n-m\rangle_N]R_N(n)W_N^{nk}\\
&=\sum_{m=0}^{N-1}x(m)W_N^{mk}H(k)\quad\Big[\text{圆周时移：}\sum_{n=0}^{N-1}\{h[\langle n-m\rangle_N]R_N(n)\}W_N^{nk}=H(k)W_N^{mk}\Big]\\
&=X(k)H(k)
\end{aligned}$$

同理可证：

$$\mathrm{DFT}[h(n)\text{Ⓝ}x(n)]=H(k)X(k) \tag{8-142}$$

时域圆周卷积特性式(8-141)或式(8-142)表明，两有限长序列的时域圆周卷积的离散傅里叶变换等于这两个序列离散傅里叶变换的乘积。圆周卷积除了可以直接用定义式(8-134)或图解法以及基于圆移位的同心圆来计算外，还可以类似于线性卷积用时域圆周卷积特性进行计算。

【例 8-11】 试利用时域圆周卷积特性计算例 8-8 中的序列 $x(n)$和 $h(n)$的圆周卷积 $y_c(n)$。

解：首先分别求出序列 $x(n)$和 $h(n)$的 4 点离散傅里叶变换为

$$X(k)=\sum_{n=0}^{3}x(n)\mathrm{e}^{-\mathrm{j}\frac{2\pi}{4}nk}=x(0)+x(1)\mathrm{e}^{-\mathrm{j}2\frac{\pi k}{4}}+x(2)\mathrm{e}^{-\mathrm{j}4\frac{\pi k}{4}}+x(3)\mathrm{e}^{-\mathrm{j}6\frac{\pi k}{4}}$$

$$=1+2\mathrm{e}^{-\mathrm{j}\frac{\pi k}{2}}+\mathrm{e}^{-\mathrm{j}\frac{3\pi k}{2}},\quad k=0,1,2,3$$

因此有

$$X(0)=1+2+1=4$$
$$X(1)=1-\mathrm{j}2+\mathrm{j}=1-\mathrm{j}$$
$$X(2)=1-2-1=-2$$
$$X(3)=1+\mathrm{j}2-\mathrm{j}=1+\mathrm{j}$$

类似地，可以求出 $H(0)=6$，$H(1)=1-\mathrm{j}$，$H(2)=0$，$H(3)=1+\mathrm{j}$。由 $Y_c(k)=X(k)H(k)$可以求出：

$$\begin{bmatrix}Y_c(0)\\Y_c(1)\\Y_c(2)\\Y_c(3)\end{bmatrix}=\begin{bmatrix}X(0)H(0)\\X(1)H(1)\\X(2)H(2)\\X(3)H(3)\end{bmatrix}=\begin{bmatrix}24\\-\mathrm{j}2\\0\\\mathrm{j}2\end{bmatrix}$$

应用离散傅里叶逆变换公式可以求出圆周卷积为

$$y_c(n)=\mathrm{IDFT}[Y_c(k)]=\frac{1}{4}\sum_{k=0}^{3}Y_c(k)\mathrm{e}^{\mathrm{j}\frac{2\pi}{4}kn}=\frac{1}{4}(24-\mathrm{j}2\mathrm{e}^{\mathrm{j}\frac{\pi}{2}n}+\mathrm{j}2\mathrm{e}^{\mathrm{j}\frac{3\pi}{2}n})$$

将 $n=0$，1，2，3 依次代入上式，最后求得的圆周卷积值与例 8-7 中的计算结果相符。

也可以利用离散傅里叶变换的矩阵算式（8-108）和式(8-110)求出$[X(0),X(1),X(2),X(3)]^{\mathrm{T}}$，$[H(0),H(1),H(2),H(3)]^{\mathrm{T}}$和$[y_c(0),y_c(1),y_c(2),y_c(3)]^{\mathrm{T}}$，DFT 矩阵 $\boldsymbol{D}_4$ 和 IDFT 矩阵 $\boldsymbol{D}_4^*$ 分别为

$$\boldsymbol{D}_4=\begin{bmatrix}1&1&1&1\\1&-\mathrm{j}&-1&\mathrm{j}\\1&-1&1&-1\\1&\mathrm{j}&-1&-\mathrm{j}\end{bmatrix},\boldsymbol{D}_4^*=\begin{bmatrix}1&1&1&1\\1&\mathrm{j}&-1&-\mathrm{j}\\1&-1&1&-1\\1&-\mathrm{j}&-1&\mathrm{j}\end{bmatrix}$$

(5) 利用 DFT(FFT)计算两个有限长序列的线性卷积

DFT 的快速算法 FFT 的出现，使 DFT 在数字通信、语音信号处理、图像处理、功率谱估计、系统分析与仿真、雷达理论、光学、医学、地震以及数值分析等众多领域都得到极为广泛的应用。然而，所有这些应用一般均是以卷积和相关运算的具体处理为依据，或是以 DFT 作为连续傅里叶变换的近似为基础。因此，只要掌握了用 DFT 计算卷积和相关系数以及用 DFT 对连续信号、序列进行谱分析这两种 DFT 基本应用的原理，就为用 DFT 解决数字滤波和系统分析等问题铺垫了基础。

通常，在实际问题中需要求解的均为线性卷积，例如，输入信号 $x(n)$通过单位冲激响应为 $h(n)$的系统，其输出就是这两者的线性卷积。由于直接计算线性卷积的算法效率较低，而时域圆周卷积在频域上对应于两序列的 DFT 的乘积，并且 DFT 的计算可以采用其快速算法(快速傅里叶变换：FFT)来完成，因此，通过 DFT 运算求两序列的圆周卷积比直接计算其线性卷积要快得多，进而可以利用圆周卷积与线性卷积的关系得到线性卷积

的结果。若长度为 N_1 的序列 $x(n)$和长度为 N_2 的序列 $h(n)$分别是线性移不变系统的激励和冲激响应，它们的离散傅里叶变换分别为 $X(k)$和 $H(k)$，则 $y_c(n)=\text{IDFT}[Y_c(k)]=\text{IDFT}[X(k)H(k)]$，这并非系统的零状态响应序列，只有当 $x(n)$和 $h(n)$补零加长到 $L(L\geqslant N_1+N_2-1)$后再做 DFT 运算，$y_c(n)=\text{IDFT}[Y_c(k)]$才等于系统的输出序列，也就是 $x(n)$和$h(n)$的线性卷积 $y_l(n)$。其一般步骤为：

1）将序列 $x(n)$和 $h(n)$分别补零，使其成为 L 点的有限长序列 $x_L(n)$和 $h_L(n)$，且满足：

$$L\geqslant N_1+N_2-1$$

2）利用离散傅里叶变换式(8-101)分别求取 $x_L(n)$和 $h_L(n)$的 L 点 DFT，即 $X_L(k)$和 $H_L(k)$；

3）求出 $X_L(k)$和 $H_L(k)$的乘积：$Y_c(k)=\text{DFT}[y_c(n)]=X_L(k)H_L(k)$；

4）利用离散傅里叶反变换式(8-100)计算出 $Y_c(k)$的 L 点 IDFT，即 $y_c(n)$，由于这时 $x_L(n)$和 $h_L(n)$圆周卷积的长度 L 满足 $L\geqslant N_1+N_2-1$，所以该圆周卷积的结果就等于 $x(n)$和 $h(n)$的线性卷积，即有：

$$y_c(n)=x_L(n)\,\textcircled{L}\,h_L(n)=x(n)*h(n)=y_L(n),0\leqslant n\leqslant N_1+N_2-2。$$

以上第二步求 $x_L(n)$和 $h_L(n)$的 DFT 以及第四步求 $Y_c(k)$的 IDFT 都可以用 FFT 算法完成，第三步是简单的乘法运算。这是利用 DFT(FFT)计算有限长序列线性卷积的高效算法，其流程图如图 8-31 所示。

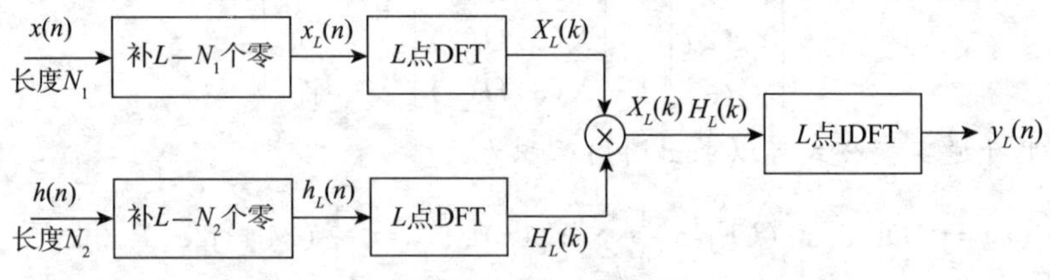

图 8-31 应用 DFT 计算线性卷积的流程图($L\geqslant N_1+N_2-1$)

(6) 频域圆周卷积特性

若 $\text{DFT}[x(n)]=X(k)$，$\text{DFT}[h(n)]=H(k)$，则：

$$\begin{aligned}\text{DFT}[x(n)h(n)]&=\frac{1}{N}X(k)\,\textcircled{N}\,H(k)\\&=\frac{1}{N}\sum_{m=0}^{N-1}X(m)H[\langle k-m\rangle_N]R_N(k)\\&=\frac{1}{N}\sum_{m=0}^{N-1}H(m)X[\langle k-m\rangle_N]R_N(k)\end{aligned}\tag{8-143}$$

式(8-143)的证明方法与时域圆周卷积特性的类似。

7. 奇、偶、虚、实性与对称性

我们知道，序列的离散傅里叶级数以及离散时间傅里叶变换的对称性是通常意义下的对称性，即关于坐标原点(序列的奇对称)或纵坐标(序列的偶对称)的对称性。显然，对于一个定义在区间 $0\leqslant n\leqslant N-1$ 上，长度为 N 的有限长序列 $x(n)$，无法以这种对称性来分析它的奇偶对称性，并且 $x(n)$的离散傅里叶变换区间是 $0\leqslant n\leqslant N-1$，而$x(n)$翻转后的有限长序列 $x(-N)$则位于区间$-N+1\leqslant n\leqslant 0$ 上，无法讨论其离散傅里叶变换。正是由于离散傅里叶变换涉及的序列 $x(n)$和 $X(k)$都是主值区间内的主值序列，所以它们的对称性是针对一个周期内而言的。因此，在分析有限长序列的离散傅里叶变换的对称性时，需要引进有限长序列的圆周共轭对称概念，而它又与周期序列的共轭对称性的概念有关，因为有限长序列的离散傅里叶变换隐含有周期性(周期等于序列长度 N)，所以下面先定义周期共轭对称序列和周期共轭反对称序列。

（1）周期共轭对称序列和周期共轭反对称序列

若周期为 N 的周期性复序列 $\dot{x}_{ep}[\langle n\rangle_N]$ 满足：

$$\dot{x}_{ep}[\langle n\rangle_N] = \dot{x}_{ep}^*[\langle -n\rangle_N] \tag{8-144}$$

则称 $\dot{x}_{ep}[\langle n\rangle_N]$ 为周期共轭对称序列，而若周期为 N 的周期性复序列 $\dot{x}_{op}[\langle n\rangle_N]$ 满足：

$$\dot{x}_{op}[\langle n\rangle_N] = -\dot{x}_{op}^*[\langle -n\rangle_N] \tag{8-145}$$

则称 $\dot{x}_{op}[\langle n\rangle_N]$ 为周期共轭反对称序列。由前面 $\dot{x}_{ep}[\langle n\rangle_N]$ 和 $\dot{x}_{ep}[\langle n\rangle_N]$ 的表示方法可知，式(8-144)和式(8-145)中 $\dot{x}_{ep}[\langle n\rangle_N]$ 和 $\dot{x}_{op}[\langle n\rangle_N]$ 分别是有限长序列 $\dot{x}_{ep}(n)$ 和 $\dot{x}_{op}(n)$ 以 N 为周期延拓的结果，而 $\dot{x}_{ep}[\langle -n\rangle_N]$ 和 $\dot{x}_{op}[\langle -n\rangle_N]$ 则分别是有限长序列 $\dot{x}_{ep}(-N)$ 和 $\dot{x}_{op}(-N)$ 以 N 为周期延拓的结果。

我们知道，任一周期复序列 $\dot{x}[\langle n\rangle_N]$ 可以表示为一个周期共轭对称序列 $\dot{x}_{ep}[\langle n\rangle_N]$ 和一个周期共轭反对称序列 $\dot{x}_{op}[\langle n\rangle_N]$ 的和，即：

$$\dot{x}[\langle n\rangle_N] = \dot{x}_{ep}[\langle n\rangle_N] + \dot{x}_{op}[\langle n\rangle_N] \tag{8-146}$$

这时，$\dot{x}_{ep}[\langle n\rangle_N]$ 和 $\dot{x}_{op}[\langle n\rangle_N]$ 分别称为周期序列 $\dot{x}[\langle n\rangle_N]$ 的周期共轭对称序列分量和周期共轭反对称序列分量。

（2）圆周共轭对称序列和圆周共轭反对称序列

$\dot{x}_{ep}[\langle n\rangle_N]$ 和 $\dot{x}_{op}[\langle n\rangle_N]$ 主值区间上的主值序列均为有限长复序列，分别称为圆周共轭对称序列 $\dot{x}_{ep}(n)$ 和圆周共轭反对称序列 $\dot{x}_{op}(n)$，各满足下列定义关系：

$$\dot{x}_{ep}(n) = \dot{x}_{ep}[\langle n\rangle_N]R_N(n) = \dot{x}_{ep}^*[\langle -n\rangle_N]R_N(n) = \dot{x}_{ep}^*(N-n) \tag{8-147}$$

$$\dot{x}_{op}(n) = \dot{x}_{op}[\langle n\rangle_N]R_N(n) = -\dot{x}_{op}^*[\langle -n\rangle_N]R_N(n) = -\dot{x}_{op}^*(N-n) \tag{8-148}$$

式(8-147)、式(8-148)中，由于经延拓的序列 $\dot{x}(n)$ 具有周期性，故 $\dot{x}^*[\langle -n\rangle_N]R_N(n)=\dot{x}(N-n)$。显然，式(8-147)和式(8-148)中变量 n 的取值区间为 $0\leqslant n\leqslant N-1$。因此，在理解序列 $\dot{x}(N-n)$ 时，由于序列 $\dot{x}(n)$ 的定义区间是 $0\leqslant n\leqslant N-1$，所以当 $n=0$ 时，$\dot{x}(N)$ 没有定义，所以需要将 $\dot{x}(n)$ 进行周期延拓后再分析其对称性。这样，$\dot{x}(N)$ 就是下一个周期的第一个样点值。因而可以说所谓圆周共轭对称序列和反对称序列就是有限长序列经周期延拓后可成为对称和反对称的序列。设 $\dot{x}_{ep}(n)$ 的实部和虚部分别为 $x_{epr}(n)$ 和 $x_{epi}(n)$，模和辐角分别为 $|\dot{x}_{ep}(n)|$ 和 $\arg[\dot{x}_{ep}(n)]$，即：

$$\dot{x}_{ep}(n) = x_{epr}(n) + \mathrm{j}x_{epi}(n) = |\dot{x}_{ep}(n)|\mathrm{e}^{\mathrm{j}\arg[\dot{x}_{ep}(n)]} \tag{8-149}$$

将式(8-149)中的 n 改换为 $N-n$ 并在等式两边取共轭，可得：

$$\dot{x}_{ep}^*(N-n) = x_{epr}(N-n) - \mathrm{j}x_{epi}(N-n) = |\dot{x}_{ep}(N-n)|\mathrm{e}^{-\mathrm{j}\arg[\dot{x}_{ep}(N-n)]} \tag{8-150}$$

由式(8-147)、式(8-149)和式(8-150)可知：

$$|\dot{x}_{ep}(n)| = |\dot{x}_{ep}(N-n)| \tag{8-151}$$

$$\arg[\dot{x}_{ep}(n)] = -\arg[\dot{x}_{ep}(N-n)] \tag{8-152}$$

$$x_{epr}(n) = x_{epr}(N-n) \tag{8-153}$$

$$x_{epi}(n) = -x_{epi}(N-n) \tag{8-154}$$

式(8-151)～(8-154)表明，圆周共轭对称序列 $\dot{x}_{ep}(n)$ 的模偶对称、辐角奇对称或者实部偶对称、虚部奇对称。也就是说，若将 $\dot{x}_{ep}(n)$ 分布在 N 等分的圆上，序列以 $n=0$ 为中心，在左、右两半圆上呈共轭对称，即模偶对称、辐角奇对称或者实部偶对称、虚部奇对称。图 8-32 中 a、c、d、e、f 表示了这种圆周共轭对称性，其中“ * ”表示对应点为序列取共轭后的值。

类似地，在式(8-148)中设$\dot{x}_{op}(n)$的实部和虚部分别为$x_{opr}(n)$和$x_{opi}(n)$，模和辐角分别为$|\dot{x}_{op}(n)|$和$\arg[\dot{x}_{op}(n)]$，则有：

$$|\dot{x}_{op}(n)| = -|\dot{x}_{op}(N-n)| \tag{8-155}$$

$$\arg[\dot{x}_{op}(n)] = -\arg[\dot{x}_{op}(N-n)] \tag{8-156}$$

$$x_{opr}(n) = -x_{opr}(N-n) \tag{8-157}$$

$$x_{opi}(n) = x_{opi}(N-n) \tag{8-158}$$

式(8-155)～式(8-158)表明，所谓序列$\dot{x}_{op}(n)$呈圆周共轭反对称是指该序列的模奇对称、辐角奇对称或者实部奇对称、虚部偶对称，即若将$\dot{x}_{op}(n)$分布在N等分的圆上，在以$n=0$为中心的左半圆和右半圆上，序列呈共轭反对称，即实部奇对称、虚部偶对称或者模奇对称、辐角奇对称。图8-32b表示了这种序列的圆周共轭反对称性。

事实上，当N为偶数时，将式(8-147)、式(8-148)中的n改换为$\frac{N}{2}-n$可得：

$$\dot{x}_{ep}\left(\frac{N}{2}-n\right) = \dot{x}_{ep}^*\left(\frac{N}{2}+n\right),\quad 0 \leqslant n \leqslant \frac{N}{2}-1$$

$$\dot{x}_{op}\left(\frac{N}{2}-n\right) = -\dot{x}_{op}^*\left(\frac{N}{2}+n\right),\quad 0 \leqslant n \leqslant \frac{N}{2}-1$$

由上式可以更清楚地看清有限复长序列共轭对称性与反对称性的含义。

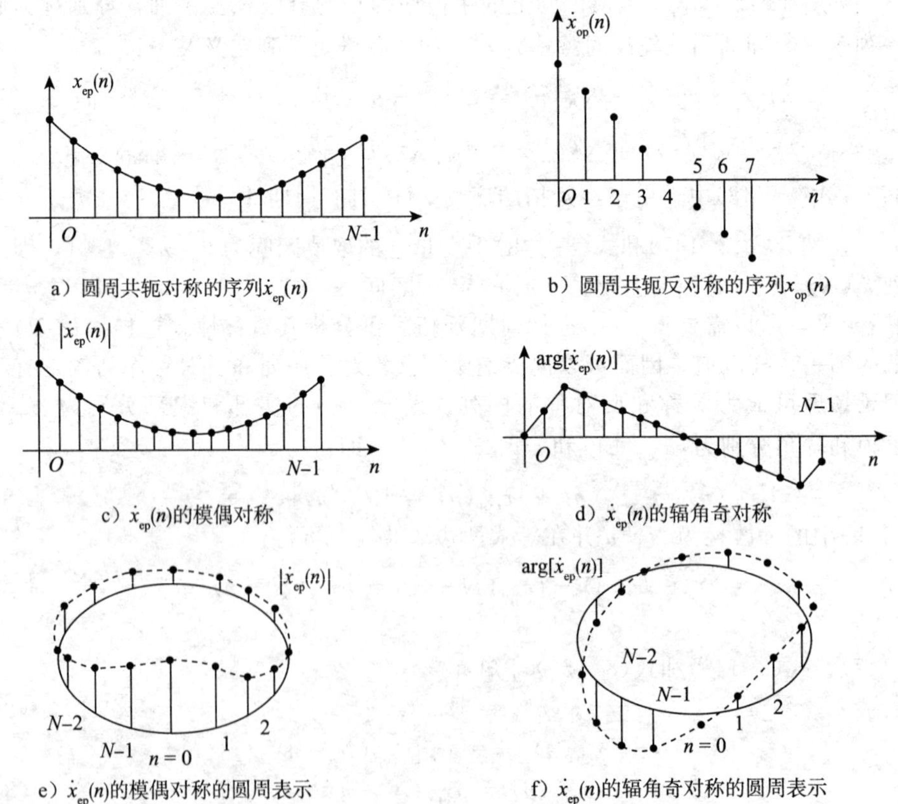

a）圆周共轭对称的序列$\dot{x}_{ep}(n)$

b）圆周共轭反对称的序列$x_{op}(n)$

c）$\dot{x}_{ep}(n)$的模偶对称

d）$\dot{x}_{ep}(n)$的辐角奇对称

e）$\dot{x}_{ep}(n)$的模偶对称的圆周表示

f）$\dot{x}_{ep}(n)$的辐角奇对称的圆周表示

图8-32 满足圆周共轭对称的序列$\dot{x}_{ep}(n)$和圆周共轭反对称的序列$\dot{x}_{op}(n)$

由图8-32a和b可以更直观地看出，由于圆周共轭对称序列$\dot{x}_{ep}(n)$和圆周共轭反对称序列$\dot{x}_{op}(n)$分别具有共轭偶对称和共轭奇对称的特征，所以又可以称为圆周共轭偶对称序列和圆周共轭奇对称序列。

任一长度为 N 有限长复序列 $\dot{x}(n)$ 可以视为它以 N 为周期进行周期延拓所得序列 $\dot{x}[\langle n\rangle_N]$ 的主值序列。因此，对式(8-146)中的周期序列取主值序列可得：

$$\begin{aligned}\dot{x}(n) &= \dot{x}[\langle n\rangle_N]R_N(n)\\ &= \{\dot{x}_{\mathrm{ep}}[\langle n\rangle_N]+\dot{x}_{\mathrm{op}}[\langle n\rangle_N]\}R_N(n)\\ &= \dot{x}_{\mathrm{ep}}(n)+\dot{x}_{\mathrm{op}}(n)\quad[\text{代入式(8-145)和式(8-146)}]\end{aligned}\tag{8-159}$$

式(8-159)表明，序列 $\dot{x}(n)$ 可以分解为两个长度相同的序列分量，即圆周共轭对称分量序列 $\dot{x}_{\mathrm{ep}}(n)$ 和圆周共轭反对称分量序列 $\dot{x}_{\mathrm{op}}(n)$ 的和。

将式(8-159)中的 n 改换为 $N-n$ 再取复共轭，并利用式(8-147)、式(8-148)可得：

$$\begin{aligned}\dot{x}^*(N-n) &= \dot{x}_{\mathrm{ep}}^*(N-n)+\dot{x}_{\mathrm{op}}^*(N-n)\\ &= \dot{x}_{\mathrm{ep}}(n)-\dot{x}_{\mathrm{op}}(n)\end{aligned}\tag{8-160}$$

由式(8-159)和式(8-160)可以得出 $\dot{x}_{\mathrm{ep}}(n)$ 和 $\dot{x}_{\mathrm{op}}(n)$ 的表达式为

$$\begin{aligned}\dot{x}_{\mathrm{ep}}(n) &= \frac{1}{2}[\dot{x}[\langle n\rangle_N]+\dot{x}^*[\langle -n\rangle_N]]R_N(n)\\ &= \frac{1}{2}[\dot{x}(n)+\dot{x}^*(N-n)]\end{aligned}\tag{8-161}$$

$$\begin{aligned}\dot{x}_{\mathrm{op}}(n) &= \frac{1}{2}\{\dot{x}[\langle n\rangle_N]-\dot{x}^*[\langle -n\rangle_N]\}R_N(n)\\ &= \frac{1}{2}[\dot{x}(n)-\dot{x}^*(N-n)]\end{aligned}\tag{8-162}$$

(3) 圆周偶对称序列与圆周奇对称序列

若长度为 N 的有限长实序列 $x_{\mathrm{ep}}(n)$ 和 $x_{\mathrm{op}}(n)$ 各满足定义式：

$$x_{\mathrm{ep}}(n)=x_{\mathrm{ep}}[\langle n\rangle_N]R_N(n)=x_{\mathrm{ep}}[\langle -n\rangle_N]R_N(n)=x_{\mathrm{ep}}(N-n)\tag{8-163}$$

$$x_{\mathrm{op}}(n)=x_{\mathrm{op}}[\langle n\rangle_N]R_N(n)=-x_{\mathrm{op}}[\langle -n\rangle_N]R_N(n)=-x_{\mathrm{op}}(N-n)\tag{8-164}$$

则分别称为圆周偶对称序列和圆周奇对称序列。式(8-163)、式(8-164)中应有 $0\leqslant n\leqslant N-1$。显然，对于 N 为偶数的圆周奇对称序列，在式(8-164)中将 n 换为 $\frac{N}{2}$，可得 $x_{\mathrm{op}}\left(\frac{N}{2}\right)=0$，而无论 N 为偶数或奇数，由式(8-164)可知，都有 $x_{\mathrm{op}}(0)=0$。

类似于式(8-159)，对于任一长度为 N 的有限长实序列 $x(n)$，有：

$$\begin{aligned}x(n) &= x[\langle n\rangle_N]R_N(n)=[x_{\mathrm{ep}}[\langle n\rangle_N]+x_{\mathrm{op}}[\langle n\rangle_N]]R_N(n)\\ &= x_{\mathrm{ep}}(n)+x_{\mathrm{op}}(n)\end{aligned}\tag{8-165}$$

此时，$x_{\mathrm{ep}}(n)$ 和 $x_{\mathrm{op}}(n)$ 分别称为 $x(n)$ 的圆周偶对称序列分量和圆周奇对称序列分量。采用与式(8-161)、式(8-162)同样的推导方法，可得：

$$\begin{aligned}x_{\mathrm{ep}}(n) &= \frac{1}{2}\{x[\langle n\rangle_N]+x[\langle -n\rangle_N]\}R_N(n)\\ &= \frac{1}{2}[x(n)+x(N-n)]\end{aligned}\tag{8-166}$$

$$\begin{aligned}x_{\mathrm{op}}(n) &= \frac{1}{2}\{x[\langle n\rangle_N]-x[\langle -n\rangle_N]\}R_N(n)\\ &= \frac{1}{2}[x(n)-x(N-n)]\end{aligned}\tag{8-167}$$

对于一个分布在区间 $0\leqslant n\leqslant N-1$ 或 $0\leqslant k\leqslant N-1$ 上的时域或频域有限长实序列，可以用两种简单的方法来判断其偶(奇)对称性：其一是将所要判别的序列在 $n=N$ 处补上与 $n=0$ 处相同的序列值，从而构成一个新的序列，如果该新序列对于 $n=\frac{N}{2}$ 而言是偶(奇)对称的；

则原序列就一定是偶(奇)对称的，否则就不是偶(奇)对称的；其二是由于实序列$x_{ep}(n)$和$x_{op}(n)$都隐含周期性，所以如果将它们分别排列在N等分的圆周上，则可以看出它们分别在左半圆周和右半圆周上关于$n=0$呈现偶对称或奇对称。这就是$x_{ep}(n)$和$x_{op}(n)$分别称为圆周偶对称序列和圆周奇对称序列的原因。因此，也可以用这种方法来判断一个N点实序列的偶(奇)对称性。

【例 8-12】 对于一个 8 点实序列 $x(n)=\{0,3,6,5,4,3,2,1\}$，试用解析法和图解法求$x(n)$的圆周偶对称序列分量$x_{ep}(n)$和圆周奇对称序列分量$x_{op}(n)$。

解：1) 解析法。按定义可以求出：

$$x(N-n)=x[\langle -n\rangle_N]R_N(n)=\{0,1,2,3,4,5,6,3\}$$

由式(8-166)可以求出：

$$x_{ep}(n)=\frac{1}{2}[x(n)+x(N-n)]=\{0,2,4,4,4,4,4,2\}$$

由式(8-167)可以求出：

$$x_{op}(n)=\frac{1}{2}[x(n)-x(N-n)]=\{0,1,2,1,0,-1,-2,-1\}$$

2) 图解法。根据式(8-166)和式(8-167)求解$x_{ep}(n)$和$x_{op}(n)$的过程和结果用图 8-33 表示。$x_{ep}(n)$和$x_{op}(n)$的圆周偶对称性和圆周奇对称性如图 8-34 所示。显然，这种图示法比图 8-32e 和 f 更方便但不如它们直观。

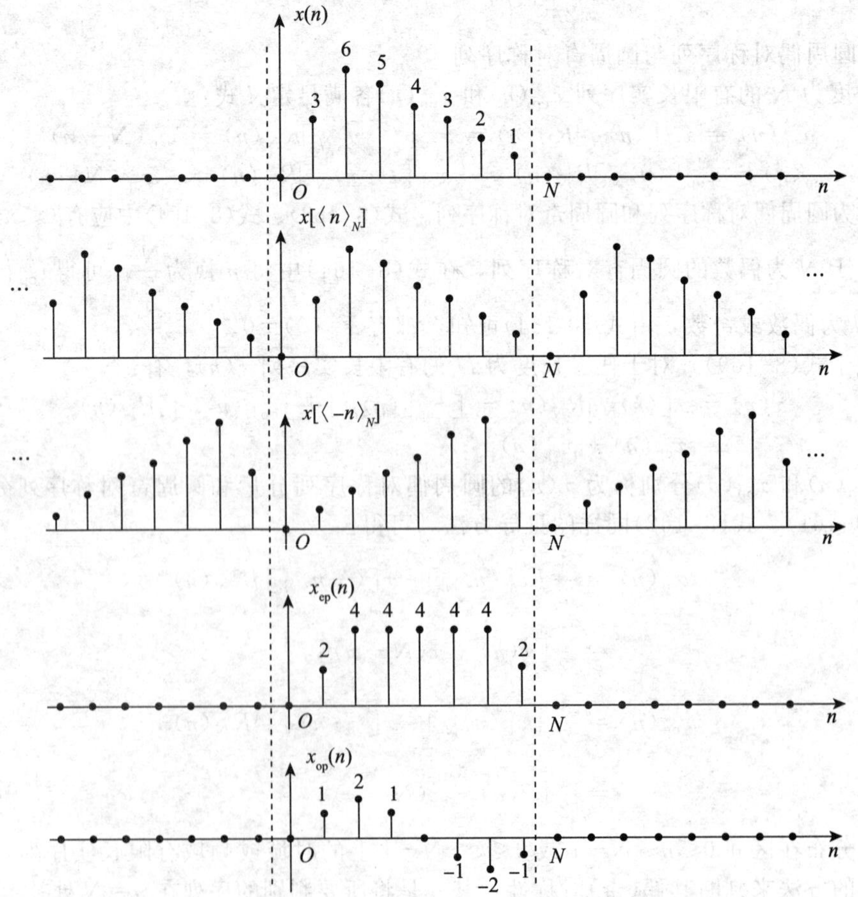

图 8-33 $x_{ep}(n)$和$x_{op}(n)$的图解表示

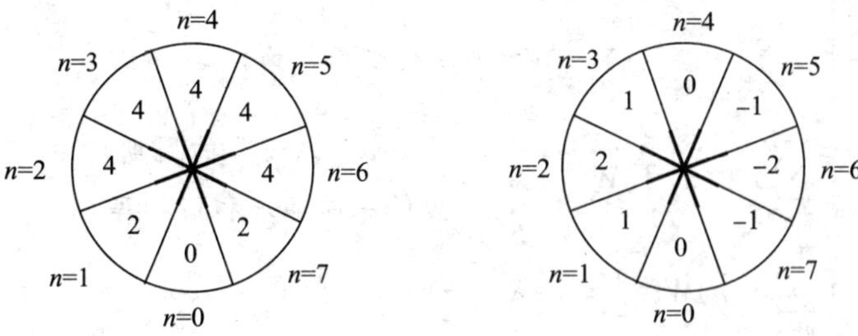

图 8-34 $x_{ep}(n)$的圆周偶对称性和 $x_{op}(n)$的圆周奇对称性

(4) 复序列离散傅里叶变换的共轭对称性

1) 若 $\dot{x}^*(n)$是 N 点有限长复序列 $\dot{x}(n)$的共轭序列，且 $\mathrm{DFT}[\dot{x}(n)]=X(k)$，则

$$\mathrm{DFT}[\dot{x}^*(n)]=\begin{cases}X^*[\langle -k\rangle_N]R_N(k)=X^*(-k)\\ X^*[\langle N-k\rangle_N]R_N(k)=X^*(N-k)\end{cases}\tag{8-168}$$

证明：根据离散傅里叶变换的定义可得：

$$\begin{aligned}\mathrm{DFT}[\dot{x}*(n)]&=\sum_{n=0}^{N-1}\dot{x}*(n)W_N^{kn}R_N(k)\\&=\Big[\sum_{n=0}^{N-1}\dot{x}(n)W_N^{-kn}\Big]^*R_N(k)\\&=\begin{cases}X^*[\langle -k\rangle_N]R_N(k)=X^*(-k)\\ \Big[\sum_{n=0}^{N-1}\dot{x}(n)W^{(N-k)n}\Big]^*R_N(k)\qquad [\text{应用 } W_N^{Nn}=\mathrm{e}^{-\mathrm{j}\frac{2\pi}{N}nN}=\mathrm{e}^{-\mathrm{j}2\pi n}=1]\\ =X^*[\langle N-k\rangle_N]R_N(k)=X^*(N-k)\end{cases}\end{aligned}$$

由式(8-168)可知，在时域中，若有限长复序列及其共轭序列分别为 $\dot{x}(n)$和$\dot{x}^*(n)$，则它们对应的离散傅里叶变换存在着圆周共轭对称关系，即时域共轭对应频域离散傅里叶变换的圆周共轭。

需要注意的是，在 $k=0$ 时不能使用 $X^*[\langle N-k\rangle_N]R_N(k)=X^*(N-k)$，因为这时有 $X^*[\langle N-0\rangle_N]R_N(k)=X^*(N-0)=X^*(n)$，而 $X(k)$的取值区间为 $0\leqslant k\leqslant N-1$，所以 $X(n)$已超出主值区间。因此，式(8-168)的严格表达式应该去掉 $X^*(N-k)$，为

$$\mathrm{DFT}[\dot{x}^*(n)]=\begin{cases}X^*[\langle -k\rangle_N]R_N(k)=X^*(-k)\\ X^*[\langle N-k\rangle_N]R_N(k)\end{cases}$$

这样，当 $k=0$ 时，由上式可得正确结果，即 $X^*[\langle N-0\rangle_N]R_N(k)=X^*(0)$。但是，由于 $X(k)$可认为是分布在 N 等分的圆周上，其末点(即其始点)，或者说由于 $X(k)$的隐含周期性(即 $X(n)=X(0)$)，所以可以认为 $X^*(n)=X^*(0)$。因此，一般仍采用式(8-168)的习惯形式。在以下有关对称性的讨论中，对于 $X(n)$均认为 $X[\langle N\rangle_N]R_N(k)=X(0)$成立。

2) 若 $\dot{x}^*(n)$是 N 点有限长复序列 $\dot{x}(n)$的共轭序列，且 $\mathrm{DFT}[\dot{x}(n)]=X(k)$，则：

$$\mathrm{DFT}[\dot{x}^*\langle -n\rangle_N R_N(n)]=\mathrm{DFT}[\dot{x}^*(N-n)]=X^*(k)\tag{8-169}$$

证明：

$$\begin{aligned}\mathrm{DFT}[\dot{x}^*[\langle -n\rangle_N]R_N(n)]&=\sum_{n=0}^{N-1}\dot{x}^*[\langle -n\rangle_N]R_N(n)W_N^{kn}\\&=\Big[\sum_{n=0}^{N-1}\dot{x}[\langle -n\rangle_N]W_N^{-kn}\Big]^*\end{aligned}$$

$$= \left[\sum_{n=-(N-1)}^{0} \dot{x}[\langle n \rangle_N] W_N^{kn} \right]^* \quad \text{(变量代换)}$$

$$= \left[\sum_{n=0}^{N-1} \dot{x}[\langle n \rangle]_N W_N^{kn} \right]^* \quad \begin{pmatrix} \dot{x}[\langle n \rangle]_N 、W_N^{kn} \text{ 的周期均为 } N, \\ \text{故任一周期求和值相等} \end{pmatrix}$$

$$= \left[\sum_{n=0}^{N-1} \dot{x}(n) W_N^{kn} \right]^* = X^*(k) \tag{8-170a}$$

式(8-170)表明，在时域中，若一有限长序列是序列 $\dot{x}(n)$的圆周共轭对称序列$\dot{x}^*\langle -n \rangle_N R_N(n)$，则它们对应的离散傅里叶变换存在着共轭关系，即时域的圆周共轭对应频域中离散傅里叶变换的共轭。当 $\dot{x}(n)$为实序列，即有 $\dot{x}^*(n)=\dot{x}(n)=x(n)$且 $\text{DFT}[x(n)]=X(k)$时，由式(8-170a)可得：

$$\text{DFT}[x[\langle -n \rangle_N] R_N(n)] = X[\langle -k \rangle_N] R_N(k) \tag{8-170b}$$

式(8-170b)为实序列 $x(n)$经圆周反褶所得序列 $x[\langle -n \rangle_N] R_N(n)$的离散傅里叶变换。

3）若长度为 N 的有限长复序列 $\dot{x}(n)$的实部分量和虚部分量分别为 $x_r(n)$和 $jx_i(n)$，即有：

$$\dot{x}(n) = x_r(n) + jx_i(n) \tag{8-171}$$

并且 $\text{DFT}[\dot{x}(n)]=X(k)$，则 $x_r(n)$和 $jx_i(n)$的离散傅里叶变换分别为

$$\text{DFT}[x_r(n)] = \frac{1}{2}[X(k) + X^*(N-k)] = X_{ep}(k) \tag{8-172}$$

$$\text{DFT}[jx_i(n)] = \frac{1}{2}[X(k) - X^*(N-k)] = X_{op}(k) \tag{8-173}$$

证明：利用式(8-168)、式(8-161)以及式(8-162)可得：

$$\text{DFT}[x_r(n)] = \frac{1}{2}\text{DFT}[\dot{x}(n) + \dot{x}^*(n)] = \frac{1}{2}\{\text{DFT}[\dot{x}(n)] + \text{DFT}[\dot{x}^*(n)]\}$$

$$= \frac{1}{2}[X(k) + X^*(N-k)] = X_{ep}(k)$$

$$\text{DFT}[jx_i(n)] = \frac{1}{2}\text{DFT}[\dot{x}(n) - \dot{x}^*(n)] = \frac{1}{2}[X(k) - X^*(N-k)] = X_{op}(k)$$

由离散傅里叶变换的线性性质以及式(8-172)、式(8-173)可得：

$$X(k) = \text{DFT}[\dot{x}(n)] = \text{DFT}[x_r(n) + jx_i(n)] = X_{ep}(k) + X_{op}(k) \tag{8-174}$$

由式(8-172)和式(8-173)可知，复序列 $\dot{x}(n)$实部分量和虚部分量的离散傅里叶变换分别为 $\dot{x}(n)$离散傅里叶变换 $X(k)$的圆周共轭对称分量 $X_{ep}(k)$和圆周共轭反对称分量$X_{op}(k)$。

4）若将长度为 N 的有限长复序列 $\dot{x}(n)$表示为圆周共轭对称分量 $x_{ep}(n)$与圆周共轭反对称分量 $x_{op}(n)$的和，即：

$$\dot{x}(n) = \dot{x}_{ep}(n) + \dot{x}_{op}(n)$$

有 $\text{DFT}[\dot{x}(n)]=X(k)$，且设 $X(k)=X_R(k)+jX_I(k)$，则：

$$\text{DFT}[\dot{x}_{ep}(n)] = \text{Re}[X(k)] = X_R(k) \tag{8-175}$$

$$\text{DFT}[\dot{x}_{op}(n)] = j\text{Im}[X(k)] = jX_I(k) \tag{8-176}$$

证明：根据式(8-161)和式(8-162)可得：

$$\text{DFT}[\dot{x}_{ep}(n)] = \frac{1}{2}\text{DFT}[\dot{x}(n) + \dot{x}^*(N-n)] = \frac{1}{2}[X(k) + X^*(k)]$$

$$= \text{Re}[X(k)] = X_R(k)$$

$$\text{DFT}[\dot{x}_{op}(n)] = \frac{1}{2}\text{DFT}[\dot{x}(n) - \dot{x}^*(N-n)] = \frac{1}{2}[X(k) - X^*(k)]$$

$$= \mathrm{jIm}[X(k)] = \mathrm{j}X_I(k)$$

式(8-175)、式(8-176)表明，若有限长复序列 $\dot{x}(n)$满足圆周共轭对称特性，则它的离散傅里叶变换 $X(k)$为频域实序列；若有限长复序列 $\dot{x}(n)$满足圆周共轭反对称特性，则其离散傅里叶变换 $X(k)$为频域纯虚序列。

(5) 实序列离散傅里叶变换的奇、偶、虚、实及对称性

1) 若 $x(n)$为长度为 N 的有限长实序列，即有 $x(n)=x^*(n)$，且 $\mathrm{DFT}[x(n)]=X(k)$，则：

$$X(k) = X^*(-k) = X^*(N-k) \tag{8-177}$$

即 $X(k)$为一个圆周共轭对称序列，其实部为圆周偶对称序列分量，虚部为圆周奇对称序列分量，模为圆周偶对称序列分量，辐角为圆周奇对称序列分量。

对式 $x(n)=x^*(n)$两边取离散傅里叶变换，并利用式(8-168)即可证得。

若设 $X(k)$的实部和虚部分别为 $X_R(k)$和 $X_I(k)$，幅频特性和相频特性分别为 $|X(k)|$和 $\arg[X(k)]$，即有：

$$X(k) = X_R(k) + \mathrm{j}X_I(k) = |X(k)|\mathrm{e}^{\mathrm{j}\arg[X(k)]} \tag{8-178}$$

因而有：

$$X_R(k) = X_R(N-k) \tag{8-179}$$

$$X_I(k) = -X_I(N-k) \tag{8-180}$$

$$|X(k)| = |X(N-k)| \tag{8-181}$$

$$\arg[X(k)] = -\arg[X(N-k)] \tag{8-182}$$

由式(8-179)～(8-182)可知，实序列 $x(n)$的离散傅里叶变换 $X(k)$在 $k=0\sim N$ 范围内，是对 $k=\frac{N}{2}$点呈对称分布的，其模 $|X(k)|$和实部 $X_R(k)$均偶对称于 $k=\frac{N}{2}$点，而辐角 $\arg[X(k)]$和虚部 $X_I(k)$则都奇对称于 $k=\frac{N}{2}$点。式(8-181)和式(8-182)表明，有限长实序列的离散傅里叶变换 $X(k)$是圆周共轭对称的，即在 $0\sim N$ 的范围内，对于$\frac{N}{2}$点是对称分布的，即 $|X(k)|$偶对称，$\arg[X(k)]$奇对称，注意这时 $X(n)=X(0)$。图 8-35示例给出 $N=7$ 和 $N=8$ 两种情况下 $|X(k)|$的偶对称分布图。若将 $X(k)$分布在一个 N 等分的圆周上，它就以 $k=0$ 为中心，在左、右两半圆上呈共轭对称。

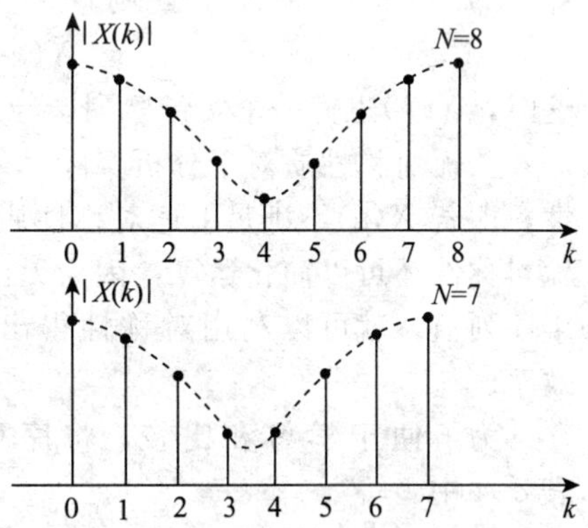

图 8-35　实序列 $x(n)$的离散傅里叶变换模 $|X(k)|$的偶对称分布图

2) 若 $x(n)$为长度为 N 的有限长实序列，且具有圆周偶对称性，即 $x(n)=x(-N)=x(N-n)$，则 $x(n)$的离散傅里叶变换 $X(k)$也是实序列，且也具有圆周偶对称性，即：

$$X(k) = X(-k) = X(N-k) \tag{8-183}$$

证明：由于 $x(n)$为实序列，有 $x(n)=x^*(n)$，对该式两边取离散傅里叶变换并应用式(8-168)可得：

$$X(k) = X^*(-k) = X^*(N-k) \tag{8-184}$$

又因为 $x(n)$为偶序列，即有 $x(n)=x(-N)$，因此可得：

$$X(k) = X(-k) = X(N-k) \tag{8-185}$$

由式(8-184)和式(8-185)可知有 $X(-k)=X^*(-k)$和 $X(k)=X(-k)$成立，它们分别说

明 $X(k)$为实偶序列。因此，式(8-183)成立。

3) 若 $x(n)$为长度为 N 的有限长实序列，且具有圆周奇对称性，即 $x(n)=-x(-N)=-x(N-n)$，则 $x(n)$的离散傅里叶变换 $X(k)$是纯虚序列，且具有圆周奇对称性，即：

$$X(k)=-X(-k)=-X(N-k) \tag{8-186}$$

证明：由于 $x(n)$为实序列，有 $x(n)=x^*(n)$，对该式两边取离散傅里叶变换并应用式(8-168)可得

$$X(k)=X^*(-k)=X^*(N-k) \tag{8-187}$$

又因为 $x(n)$为奇序列，即有 $x(n)=-x(-N)$，在该式两边取离散傅里叶变换可得：

$$X(k)=-X(-k)=-X(N-k) \tag{8-188}$$

由式(8-187)和式(8-188)可知有 $X(k)=-X(-k)$和 $X^*(-k)=-X(-k)$成立，它们分别说明 $X(k)$为圆周奇对称和纯虚序列，简称虚奇序列，故式(8-186)成立。

(6) 虚序列离散傅里叶变换的奇、偶、虚、实及对称性

1) 若 $x(n)$为纯虚序列，即 $x(n)=-x^*(n)$，且 $\mathrm{DFT}[x(n)]=X(k)$，则：

$$X(k)=-X^*(-k)=-X^*(N-k) \tag{8-189}$$

这时，$X(k)$为一个圆周共轭反对称序列，其实部呈圆周奇对称，虚部呈圆周偶对称。在式$x(n)=-x^*(n)$两边取离散傅里叶变换，并利用式(8-168)即可证得。

2) 若 $x(n)$为虚序列且具有圆周偶对称性，即满足 $x(n)=-x^*(n)$和 $x(n)=x(-N)$，并且 $\mathrm{DFT}[x(n)]=X(k)$，则：

$$X(k)=-X^*(-k)=X(-k) \tag{8-190}$$

此时，$X(k)$也为一个虚偶序列。对式 $x(n)=-x^*(n)$和 $x(n)=x(-N)$两边分别取离散傅里叶变换并利用式(8-168)以及奇序列离散傅里叶变换的结论即可证得。

3) 若 $x(n)$为虚序列且具有圆周奇对称性，即满足 $x(n)=-x^*(n)$和 $x(n)=-x(-N)$，并且 $\mathrm{DFT}[x(n)]=X(k)$，则：

$$X(k)=X^*(k)=-X(-k) \tag{8-191}$$

这时，$X(k)$也为一个实奇序列。与式(8-190)类似可证。

共轭对称性质对于分析实际信号非常有用，首先可以根据判断 DFT 运算结果的正确性，即若 $X(k)$不满足上述对称性质，则表明 DFT 的运算过程有误，其次根据 DFT 的共轭对称性还可以简化运算，因为无论是共轭偶对称还是共轭奇对称，只要求出 $X(k)$的一半序列值，就可以利用对称性得出 $X(k)$的另一半序列值，从而可以提高 DFT 的运算效率。

为了便于学习和比较，将序列及其离散傅里叶变换的奇、偶、虚、实特性列于表 8-4 中。

表 8-4 离散傅里叶变换的奇、偶、虚、实特性

$x(n)$[或 $X(k)$]	$X(k)$[或 $x(n)$]
奇对称	奇对称
偶对称	偶对称
虚 数	实部为奇对称、虚部为偶对称
实 数	实部为偶对称、虚部为奇对称
虚数偶对称	虚数偶对称
虚数奇对称	实数奇对称
实数偶对称	实数偶对称
实数奇对称	虚数奇对称

8. DFT 中的帕斯瓦尔定理

若 $\dot{y}^*(n)$ 是 N 点有限长复序列 $\dot{y}(n)$ 的共轭序列，且 $\text{DFT}[\dot{x}(n)]=X(k)$，$\text{DFT}[\dot{y}(n)]=Y(k)$，则：

$$\sum_{n=0}^{N-1}x(n)y^*(n)=\frac{1}{N}\sum_{k=0}^{N-1}X(k)Y^*(k) \tag{8-192}$$

证明：

$$\sum_{n=0}^{N-1}\dot{x}(n)\dot{y}^*(n)=\sum_{n=0}^{N-1}\dot{x}(n)\Big[\frac{1}{N}\sum_{k=0}^{N-1}Y(k)W_N^{-kn}\Big]^*\left[\text{应用式}:\dot{y}(n)=\frac{1}{N}\sum_{k=0}^{N-1}Y(k)W_N^{-kn}\right]$$

$$=\frac{1}{N}\sum_{k=0}^{N-1}Y^*(k)\Big[\sum_{n=0}^{N-1}\dot{x}(n)W_N^{kn}\Big]=\frac{1}{N}\sum_{k=0}^{N-1}X(k)Y^*(k)$$

在式(8-192)中令 $y(n)=x(n)$，则有：

$$\sum_{n=0}^{N-1}\dot{x}(n)\dot{x}^*(n)=\frac{1}{N}\sum_{k=0}^{N-1}X(k)X^*(k)$$

即有：

$$\sum_{n=0}^{N-1}|\dot{x}(n)|^2=\frac{1}{N}\sum_{k=0}^{N-1}|X(k)|^2 \tag{8-193}$$

式(8-193)表明一个序列在时域中的能量与在频域中的能量是相等的。

8.10 分段卷积法：短序列与长序列的线性卷积

我们知道，两个序列的线性卷积运算有着很多的具体应用。然而，在某些实际场合，参与线性卷积的两个序列中，有可能一个序列(如线性移不变系统的单位样值响应 $h(n)$)较短，而另一个较长或其长度并不确定，甚至是无穷长(如输入序列 $x(n)$)。这样，若等到将长序列全部存储完毕后再进行卷积运算，则会因需要计算机存储量过大，等待长序列输入的时间过长而无法满足实时处理的要求。对于这种情况，如果直接采用 8-8 节中所提出的利用 DFT 快速计算两有限长序列的线性卷积，则需要将两序列补零至它们的长度之和。显然，由于两序列长度的显著差异性，所以对于短序列要增补很多零值，因而利用 DFT 计算线性卷积就不会达到快速的效果，甚至可能比直接计算序列线性卷积的运算量更大。为了有效利用离散傅里叶变换解决长短序列线性卷积所存在的这种问题，可以在长序列的数据尚未全部采集齐的情况下将长序列进行分段，使其每一段都与短序列的长度接近并对两者采用 DFT 方法求卷积，最后依次将各段卷积的结果按某种方式组合起来，这样，即可以满足实时性的要求，又可以利用离散傅里叶变换快速计算各段卷积。这种将长序列分为短序列求卷积的方法称为分段卷积法，共有两种，即重叠相加法和重叠保留法。

设 $h(n)$ 为长度为 N 的有限长因果序列，$x(n)$ 为无穷长因果序列(例如语音信号、地震波动信号、宇宙通信中产生的某些信号等)或其长度远远大于 N 的有限长因果序列，下面讨论 $h(n)$ 和 $x(n)$ 的分段卷积的计算方法。

8.10.1 重叠相加法

将长序列 $x(n)$ 依次分解为长度均为 L(L 与 $h(n)$ 的长度 N 相近或相等)，且互不重叠的短序列，如图 8-36 所示。对于有限长的 $x(n)$，若最后一段短序列不足 L 点，可以后添零值来补齐。设以 $x_k(n)$($k=0$, 1, 2, …)表示 $x(n)$ 的第 k 段，即第 k 个子序列，则有：

$$x_k(n)=\begin{cases}x(n), & kL\leqslant n\leqslant[(k+1)L-1]\\ 0, & \text{其他}\end{cases}$$
$$=x(n)R_L(n-kL) \tag{8-194}$$

式(8-194)中 $R_L(n)$为长度为 L 的矩形序列。各个子序列 $x_k(n)(k=0, 1, 2, \cdots)$的时间起点与 $x(n)$的一致，均为原点 $n=0$。因此有：

$$x(n)=\sum_{k=0}^{\infty}x_k(n) \tag{8-195}$$

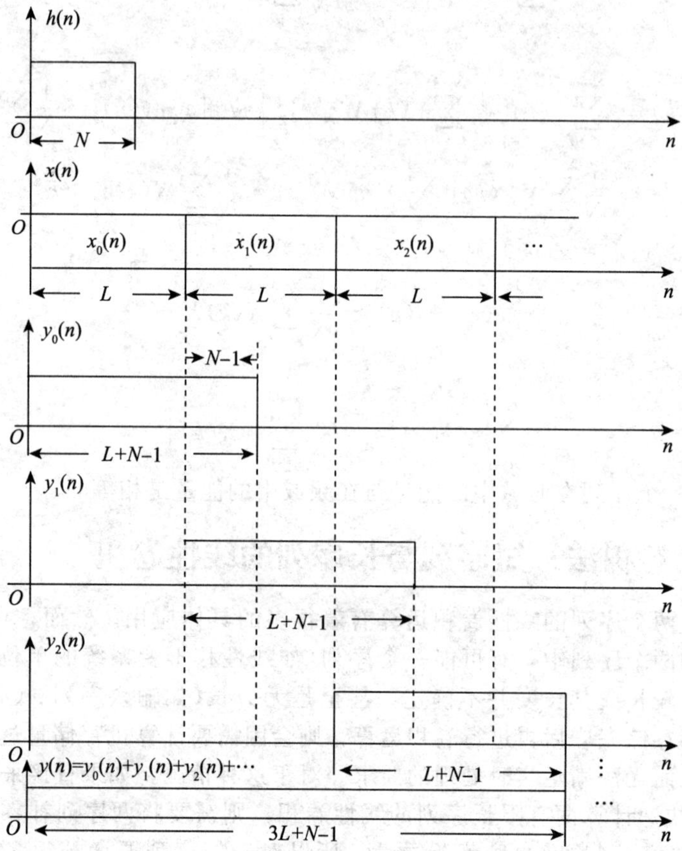

图 8-36 重叠相加法分段卷积的示意表示

应用式(8-195)，对 $x(n)$与 $h(n)$的线性卷积进行如下分解：

$$\begin{aligned}
y_{\mathrm{L}}(n) &= \sum_{m=0}^{\infty}x(m)h(n-m)=\sum_{m=0}^{\infty}\Big[\sum_{k=0}^{\infty}x_k(m)\Big]h(n-m)\\
&=\sum_{m=0}^{L-1}x_0(m)h(n-m)+\sum_{m=L}^{2L-1}x_1(m)h(n-m)+\cdots+\sum_{m=kL}^{(k+1)L-1}x_k(m)h(n-m)+\cdots\\
&=\sum_{k=0}^{\infty}\Big[\sum_{m=kL}^{(k+1)L-1}x_k(m)h(n-m)\Big]=\sum_{k=0}^{\infty}y_k(n)
\end{aligned} \tag{8-196}$$

式(8-196)表明，$x(n)$与 $h(n)$的线性卷积已经分解为各个短序列 $x_k(n)(k=0, 1, 2, \cdots)$与 $h(n)$的线性卷积 $y_k(n)$的和(若 $x(n)$为无限长序列，则为无穷多个和)，其中 $y_k(n)$为

$$y_k(n)=\sum_{m=kL}^{(k+1)L-1}x_k(m)h(n-m), kL\leqslant n\leqslant(k+1)L+N-2 \tag{8-197}$$

由于短序列 $x_k(n)$和序列 $h(n)$的长度分别为 L 和 N，故 $y_k(n)$的长度为 $L+N-1$。将式(8-194)与式(8-197)比较可知，$y_k(n)$比 $x_k(n)$多出的点数为

$$[(k+1)L+N-2]-[(k+1)L-1]=N-1 \tag{8-198}$$

由式(8-197)可知，第一个短卷积 $y_0(n)$所在区间为 $0\leqslant n\leqslant L+N-2$，第二个短卷积 $y_1(n)$所在区间为 $L\leqslant n\leqslant 2L+N-2$，这表明，这两个短卷积在区间 $L\leqslant n\leqslant L+N-2$ 内有 $N-1$ 个卷积序列值是重叠的。类似地，第三个短卷积 $y_2(n)$所在区间为 $2L\leqslant n\leqslant 3L+N-2$，它和第二个短卷积在区间 $2L\leqslant n\leqslant 2L+N-2$ 内也有 $N-1$ 个卷积序列值重叠。通常，由于任意两个相邻的短卷积 $y_k(n)$和短卷积 $y_{k+1}(n)$的非零值区间分别为

$$kL\leqslant n\leqslant (k+1)L+N-2 \tag{8-199}$$

$$(k+1)L\leqslant n\leqslant (k+2)L+N-2 \tag{8-200}$$

因此，它们的非零值部分的重叠区间为

$$(k+1)L\leqslant n\leqslant (k+1)L+N-2 \tag{8-201}$$

由式(8-201)可知，重叠的样点数或序列值个数为

$$[(k+1)L+N-2]-[(k+1)L]+1=N-1 \tag{8-202}$$

即由于每一个线性短卷积的长度均为 $L+N-1$，而任一个短卷积序列 $y_k(n)$的非零值的起点和紧随其后相邻的短卷积序列 $y_{k+1}(n)$的非零值的起点相距 L 个点，所以 $y_k(n)$的尾部和 $y_{k+1}(n)$的首部在区间$(k+1)L\leqslant n\leqslant (k+1)L+N-2$ 内就会有 $N-1$ 个非零卷积序列值重叠。因此，为了按式(8-196)得出两序列 $x(n)$与 $h(n)$线性卷积的正确结果，重叠区域内的卷积值 $y(n)$应该是将这部分重叠序列值，即 $y_k(n)$的最后 $N-1$ 个序列值与 $y_{k+1}(n)$的最前 $N-1$ 个序列值对应相加起来，则：

$$y(n)=y_k(n)+y_{k+1}(n),(k+1)L\leqslant n\leqslant (k+1)L+N-2$$

重叠相加法正是因此而命名的。产生这种重叠的原因是由于线性卷积本身的特点所决定的，即在卷积时，将一个序列(如 $h(n)$)反褶后，沿坐标轴从左边“移入”$x(n)$，在右边“移出”$x(n)$，故而在 $x(n)$的前后各有一个“过渡区”，其长度均为 $N-1$。因此，将 $x(n)$分段进行卷积，在每一段的前后都会产生这样的“过渡区”，使得每一段的 $y_k(n)$都不能完全和相对应的 $y(n)$相等。

重叠相加法中每一段短卷积 $y_k(n)=x_k(n)*h(n)(k=0,1,2,\cdots)$都是线性卷积，因此，可以直接用任一种线性卷积的计算方法来计算，但是，在实际问题中，当点数多达几百点以上时，则应该用离散傅里叶变换(快速傅里叶变换算法)来计算各段线性卷积 $y_k(n)(k=0,1,2,\cdots)$，这时，离散傅里叶变换的长度 L_0 应满足 $L_0\geqslant L+N-1$。由于式(8-196)中的求和并不是将各段线性卷积的结果直接拼接在一起，而是需要在某些区间内将前后两段卷积的结果重叠相加才能得到完整的线性卷积和序列 $y_l(n)$，所以在算得各段线性卷积 $y_k(n)(k=0,1,2,\cdots)$之后，应该按照将重叠部分对应相加的原则按式(8-196)求和。

【例 8-13】 设两个有限长序列分别为 $x(n)=2n+3(0\leqslant n\leqslant 16)$和 $h(n)=n+1(0\leqslant n\leqslant 3)$，利用重叠相加法计算线性卷积 $y_l(n)=h(n)*x(n)$。

解：若按分段长度 $L=7$ 对序列 $x(n)$进行分段，则可以分解为 3 段，即：

$$x_0(n)=\{\underset{\uparrow}{3},5,7,9,11,13,15;\}$$

$$x_1(n)=\{17,19,21,23,25,27,29;\}$$

$$x_2(n)=\{31,33,35;\}$$

将 $x(n)$的各段 $x_0(n)$、$x_1(n)$和 $x_2(n)$分别与序列 $h(n)$求线性卷积可得各段卷积结果为

$y_0(n)=x_0(n)*h(n)=\{3, 11, 26, 50, 70, 90, 110, \underline{113, 97, 60}; n=0, 1, 2, 3, 4, 5, 6, 7, 8, 9\}$

$y_1(n)=x_1(n)*h(n)=\{\underline{17, 53, 110}, 190, 210, 230, 250, \underline{239, 195, 116}; n=7, 8, 9, 10, 11, 12, 13, 14, 15, 16\}$

$y_2(n)=x_2(n)*h(n)=\{\underline{31,\ 95,\ 194},\ 293,\ 237,\ 140;\ n=14,\ 15,\ 16,\ 17,\ 18,\ 19\}$

由于序列 $h(n)$ 的长度 $N=4$，通过相邻段 $N-1=3$ 点（上面短卷积结果中下划线所标示的样点值）重叠对应相加，即可得到所求线性卷积序列为

$$y_L(n)=h(n)*x(n)=\{\underset{\uparrow}{3},11,26,50,70,90,110,\underline{130,150,170},190,210,230,250,\underline{270,290,310},293,237,140\}$$

8.10.2 重叠保留法

在上面讨论的重叠相加法中每一段短卷积均为线性卷积运算。重叠保留法对于每一段短卷积所采用的运算是圆周卷积，然后取出圆周卷积中和线性卷积相同的部分。

由圆周卷积和线性卷积的关系可知，在 N 点序列 $h(n)$ 与 $L_0(L_0=L+N-1)$ 点序列 $x_i(n)$ 进行 L_0 点圆周卷积运算时，卷积和中的前 $N-1$ 个点存在混叠，与线性卷积结果不符，这是因为在计算圆周卷积时，$h(0)$，$h(1)$，…，$h(N-1)$ 分别要和 $x_i(n)$ 的首尾部进行运算造成的，然而，后面 $L=L_0-N+1$ 个点的值与进行线性卷积所得到的相同。因此，为了得到所需的线性卷积和，必需在每一段圆周卷积结果中将其前面的混叠部分舍弃掉。如果这时仍如同重叠相加法中那样，将 $x(n)$ 分割成长度为 $L(L>N)$ 的信号段，并用 L 点离散傅里叶变换处理卷积，而又要舍去前面 $N-1$ 个点混叠值，则各卷积段之间就无法正确衔接起来。因此，可以将长序列 $x(n)$ 分割成为各长度均为 L_0 并有重叠的信号段 $x_i(n)(i=0,\ 1,\ 2,\ \cdots)$，为此，首先将 $x(n)$ 切分成各段长度为 L 的自然段 $x'_i(n)(i=0,\ 1,\ 2,\ \cdots)$，如图 8-37 所示，然后在首段短序列 $x'_0(n)$ 前补充 $N-1$ 个零值点，以使其构成 L_0 点序列段 $x_0(n)$，接着在各自然段 $x'_i(n)(i=1,\ 2,\ \cdots)$ 前面加上其前一自然段最后 $N-1$ 个点的样值，形成长度为 L_0 的 $x_i(n)(i=1,\ 2,\ \cdots)$，所以这种方法称为重叠保留法，由于最终要将 $x_i(n)(i=0,\ 1,\ 2,\ \cdots)$ 与 $h(n)$ 的圆周卷积结果 $y_{ci}(n)$ 中前面重叠的部分舍去，所以又称为重叠舍去法。

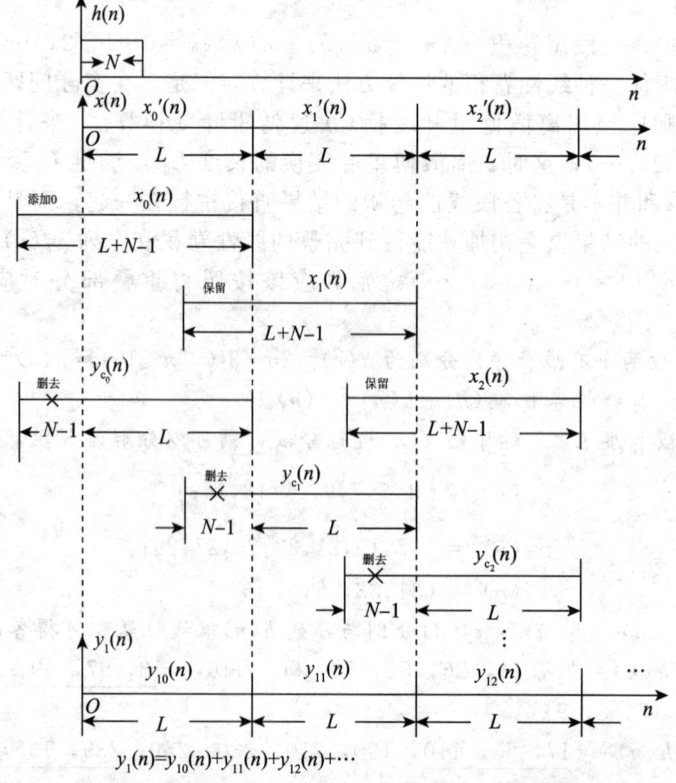

图 8-37 重叠保留法分段卷积的示意表示

对比图 8-36 和图 8-37 可知，重叠保留法中的短序列的长度为 $L_0(L_0=L+N-1)$，除 $x_0(n)$外，各分段 $x_i(n)$实质上是在重叠相加法 L 点自然分段的 $x_k(n)$的基础上，再向前多取 $x(n)$的 $N-1$ 个点形成的，即 $x_i(n)$的点数比 $x_k(n)$的点数要多出 $N-1$ 个点。但是，由于 L 的长度在两种方法中都一样，所以对同一个序列 $x(n)$来说，分段序列 $x_k(n)$和 $x_i(n)$的个数实际上是一样的。

由于第 i 段 $x_i(n)(i=0，1，2，\cdots)$的尾部与第 $i+1$ 段的首部之间有 $N-1$ 个序列值是重复的，故将 L_0 点的 $x_i(n)(i=1，2\cdots)$定义为

$$x_i(n)=\begin{cases}x(n), & (iL-N+1)\leqslant n\leqslant[(i+1)L-1], i=1,2,\cdots\\ 0, & \text{其他}\end{cases} \tag{8-203}$$

在 $x(n)$前增补 $N-1$ 个零值才能形成 L_0 点的 $x_0(n)$，即：

$$x_0(n)=\begin{cases}0, & (-N+1)\leqslant n\leqslant -1\\ x(n), & 0\leqslant n\leqslant (L-1)\\ 0, & \text{其他}\end{cases} \tag{8-204}$$

将短序列 $x_i(n)(i=0，1，2，\cdots)$与 $h(n)$进行 L_0 点圆周卷积时，需要在 $h(n)$后面要补 $L-1$个零值使其与 $x_i(n)$具有相同的长度 L_0，这时有：

$$y_{ci}(n)=x_i(n)\ \textcircled{\scriptsize L_0}\ h(n), (iL-N+1)\leqslant n\leqslant[(i+1)L-1], i=0,1,\cdots$$

显然，$y_{ci}(n)(i=0，1，\cdots)$的长度也为 L_0，它与 $x_i(n)$处于同一个区间。根据 7.9 节所得出的结论，若令 $N_1=L+N-1$，$N_2=N$，则有：

$$N_1-N_2+1=L+N-1-N+1=L$$

因此，在圆周卷积 $y_{ci}(n)$结果中，最后 L 点与 $x_i(n)$和 $h(n)$线性卷积结果在该段的值完全相同。由 7.9 节可知，这 L 个点所构成的序列正是待求的序列 $y_{li}(n)(i=0，1，\cdots)$，它也是从 $x_i(n)$和 $h(n)$的线性卷积(长度为 $L+2N-2$)结果

$$y_i(n)=x_i(n)*h(n)=\sum_{m=iL-N+1}^{(i+1)L-1}x_i(m)h(n-m), iL-N+1\leqslant n\leqslant (i+1)L+N-2 \tag{8-205a}$$

中前、后各剔除($N-1$)个点后余下的序列，即：

$$y_{li}(n)=\begin{cases}y_i(n), iL\leqslant n\leqslant[(i+1)L-1]\\ 0, \quad \text{其他}\end{cases} \tag{8-205b}$$

可以用式(8-205)以线性卷积的方法获取待求的各段线性卷积 $y_{li}(n)$，就此也可以同重叠相加法中短序列的线性卷积加以比较。

由于圆周卷积的长度为 $L+N-1$，所以从图 8-37 中可以看出，相邻的两段圆周卷积结果中，含有 $N-1$ 点重叠。因此，只要计算出各分段序列 $x_i(n)$与 $h(n)$的 L_0 点圆周卷积 $y_{ci}(n)$，将各 $y_{ci}(n)$中前 $N-1$ 个重叠值删去，保留后面未重叠的 L 个值即得该段线性卷积值 $y_{li}(n)$，即：

$$y_{li}(n)=\begin{cases}y_{ci}(n), iL\leqslant n\leqslant[(i+1)L-1]\\ 0\end{cases}$$
$$=y_{ci}(n)R_L(n-iL),\quad i=0,1,\cdots \tag{8-206}$$

将相邻各段保留的 L 个值，即 $y_{li}(n)$前后依次拼接起来便得最终的线性卷积和 $y_l(n)$，即：

$$y_l(n)=x(n)*h(n)=\sum_{i=0}^{\infty}y_{li}(n)$$

图 8-37 是重叠保留法的示意图。

【例 8-14】　已知序列 $x(n)=2n+1$，$0\leqslant n\leqslant 18$；$h(n)=\{1，3，2，4\}$，试按 $L=4$ 利

用重叠保留法计算线性卷积 $y(n)=x(n)*h(n)$。

解：由于序列 $h(n)$ 的长度 $N=4$，故每段应保留前一段最后 $N-1=3$ 个样点值。对于第一段需要在前面填充 3 个零。因为 $L_0=L+N-1=7$，且序列 $x(n)$ 的长度为 19 点，则序列 $x(n)$ 可划分为 6 段，即：

$$x_0(n)=\{\underline{0,0,0},\underset{\uparrow}{1},3,5,7\}$$

$$x_1(n)=\{\underline{3,5,7},9,11,13,15\}$$

$$x_2(n)=\{\underline{11,13,15},17,19,21,23\}$$

$$x_3(n)=\{\underline{19,21,23},25,27,29,31\}$$

$$x_4(n)=\{\underline{27,29,31},33,35,37,0\}$$

$$x_5(n)=\{\underline{35,37,0},0,0,0,0\}$$

分别计算 $x_i(n)(i=0,1,\cdots,5)$ 与 $h(n)$ 的 $L_0=7$ 的圆周卷积，得：

$$y_{c0}(n)=x_0(n)⑦h(n)=\{\underline{43,34,28},\underset{\uparrow}{1},6,16,32\}$$

$$y_{c1}(n)=x_1(n)⑦h(n)=\{\underline{118,96,88},52,72,92,112\}$$

$$y_{c2}(n)=x_2(n)⑦h(n)=\{\underline{198,176,168},132,152,172,192\}$$

$$y_{c3}(n)=x_3(n)⑦h(n)=\{\underline{278,256,248},212,232,252,272\}$$

$$y_{c4}(n)=x_4(n)⑦h(n)=\{\underline{241,258,172},292,312,332,313\}$$

$$y_{c5}(n)=x_5(n)⑦h(n)=\{\underline{35,142,181},214,148,0,0\}$$

删去各 $y_{ci}(n)(i=0,1,\cdots,5)$ 前面的 3 个样本后，再把所剩 $y_{ci}(n)(i=0,1,\cdots,5)$ 的序列值依次拼接在一起，便可得到线性卷积的结果为

$$y_l(n)=\{\underset{\uparrow}{1},6,16,32,52,72,92,112,132,152,172,192,$$
$$212,232,252,272,292,312,332,313,214,148\}$$

重叠保留法中序列的循环卷积实际上都是用离散傅里叶变换来计算的，以提高运算效率。

由上面的分析可知，重叠相加法和重叠保留法在细节上存在着差异，但是，其基本思想仍然是一致的，即都是通过逐段卷积的方式来完成整个线性卷积的计算，并且为了减少运算次数，每个分段点数均为 $L_0(=L+N-1)$。重叠相加法采用的是 $L_0(=L+N-1)$ 点离散傅里叶变换，每段卷积实际上只能得到 $L_0-(N-1)$ 个数据，因为其最后的 $N-1$ 个点与下一段卷积结果相加才能输出。重叠保留法采用的也是 $L_0(=L+N-1)$ 点离散傅里叶变换，但是，由于前面的 $N-1$ 个数据必须舍去，故而每段卷积可得到的输出数据的个数也为 $L-(N-1)$。因此，这两种方法中每一段卷积(无论是圆周卷积还是线性卷积)所得出的输出数据的个数是相同的，因此这两种方法的运算效率是相同的。

8.11 利用离散傅里叶变换近似分析连续非周期信号的频谱

在工程实际中，经常遇到的信号是连续非周期信号，其中多数并不存在数学解析式，因而与之对应的频谱函数无法直接利用连续傅里叶变换的定义式进行解析计算，而必需采用数值方法做近似计算。由于连续非周期信号 $x(t)$ 及其频谱函数 $X(j\omega)$ 均为连续函数，所以要对其进行离散化处理，而为了利用有限长序列的离散傅里叶变换，还需要对它们进行截断处理，由此通过建立序列 $x(n)$ 的离散傅里叶变换 $X(k)$ 与连续非周期信号 $x(t)$ 的傅里叶变换 $X(j\omega)$ 之间的关系，便可以利用离散傅里叶变换对 $X(j\omega)$ 进行近似分析得出其频谱。

8.11.1 用离散傅里叶变换近似分析连续时间信号的频谱

连续非周期时间信号 $x(t)$ 的连续傅里叶变换为

$$X(\mathrm{j}\omega)=\int_{-\infty}^{\infty}x(t)\mathrm{e}^{-\mathrm{j}\omega t}\mathrm{d}t \tag{8-207}$$

首先，对 $x(t)$ 以抽样周期 T_s（抽样频率为 $f_s=1/T_s$，$\omega_s=\dfrac{2\pi}{T_s}$）进行时域抽样得到序列 $x_s(n)$。于是，原序列便可以近似地用一系列等间距（T_s）的矩形脉冲来代替，各脉冲的幅值取其起始点的抽样值，即 $x_s(n)=x(t)\big|_{t=nT_s}$。由于 $t=nT_s$，故 $\mathrm{d}t(=(n+1)T_s-nT_s)\to T_s$，$\int_{-\infty}^{\infty}\mathrm{d}t\to\sum_{n=-\infty}^{\infty}T_s$，将所有矩形脉冲的面积相加就可得出式(8-207)，即 $x(t)$ 频谱的近似式为

$$X(\mathrm{j}\omega)\approx T_s\sum_{n=-\infty}^{\infty}x_s(n)\mathrm{e}^{-\mathrm{j}\omega nT_s} \tag{8-208}$$

为了建立有限长序列的离散傅里叶变换，将无限长时域序列 $x_s(n)$ 截断成从 $t=0$（即 $n=0$）开始的 N 点（包含 N 个时域抽样值）有限长序列 $x(n)$，这时 $x(n)$ 对应于 $x(t)$ 的截取长度为 $T_0=NT_s$，即用离散傅里叶变换所能够分析的 $x(t)$ 的时间长度，称为记录长度。显然，也可以先对 $x(t)$ 按 T_0 长度截断，然后再对所截取部分进行 N 点等间隔抽样得出 $x(n)$。这样，式(8-208)可进一步近似为

$$X(\mathrm{j}\omega)\approx T_s\sum_{n=0}^{N-1}x(n)\mathrm{e}^{-\mathrm{j}\omega nT_s} \tag{8-209}$$

由于时域中以抽样频率 $f_s=\dfrac{1}{T_s}$ 进行抽样之后，在频域中就会产生以 f_s 为周期的周期延拓。根据时域采样理论可知，若频域是带限信号，则有可能不会形成混叠而成为周期为 f_s 的连续周期频谱序列。

在时域中进行有限化和离散化的处理之后，在频域则要进行离散化处理，以便对频谱进行数值分析。这时，将频域的一个周期 f_s 等间隔分为 N 段，即取 N 个样点 $f_s=NF_0$，F_0 为每个样点的频率间隔或 $\omega_0=\dfrac{\omega_s}{N}$。这时，可以得出时域记录长度 T_0 与频域抽样间隔 F_0 的关系为

$$T_0=NT_s=\frac{N}{f_s}=\frac{1}{F_0} \tag{8-210}$$

在式(8-209)中设 $\omega=k\omega_0$，且有：

$$\omega_0T_s=\frac{\omega_sT_s}{N}=\frac{2\pi}{N}$$

于是可得：

$$\begin{aligned}X(\mathrm{j}k\omega_0)&=X(\mathrm{j}\omega)\big|_{\omega=k\omega_0}\approx T_s\sum_{n=0}^{N-1}x(n)\mathrm{e}^{-\mathrm{j}k\omega_0nT_s}\\&=T_s\sum_{n=0}^{N-1}x(n)\mathrm{e}^{-\mathrm{j}\frac{2\pi}{N}kn}=T_s\cdot\mathrm{DFT}[x(n)]=T_s\cdot X(k)\end{aligned} \tag{8-211}$$

式(8-211)表明，在已知 $x(t)$ 的情况下，用 $X(k)$ 可以对其频谱 $X(\mathrm{j}\omega)$ 进行近似分析。

8.11.2　利用离散傅里叶反变换近似分析连续非周期信号

同理，从连续时间傅里叶反变换式

$$x(t)=\frac{1}{2\pi}\int_{-\infty}^{\infty}X(\mathrm{j}\omega)\mathrm{e}^{\mathrm{j}\omega t}\mathrm{d}\omega \tag{8-212}$$

出发，分别通过对时域和频域进行离散化和截断处理，可以在已知频谱 $X(\mathrm{j}\omega)$ 的情况下，用离散傅里叶反变换近似分析其对应的时域信号 $x(t)$。

首先，以 ω_1 或 $F_1=\frac{2\pi}{\omega_1}$ 为间距对频谱 $X(\mathrm{j}\omega)$ 进行等间隔抽样，从中截取 N 点得到有限长序列 $X(k)=X(\mathrm{j}\omega)\big|_{\omega=k\omega_1}(0\leqslant k\leqslant N-1)$，这时，采用离散傅里叶反变换所能分析频谱 $X(\mathrm{j}\omega)$ 的最高频率为 $\omega_m=N\omega_1$ 或 $f_m=NF_1$。设 $\omega=k\omega_1$，则 $\mathrm{d}\omega=(k+1)\omega_1-k\omega_1=\omega_1$，$\int_{-\infty}^{\infty}\mathrm{d}\omega\rightarrow\sum_{k=0}^{N-1}\omega_1$。因此，时域信号 $x(t)$ 可以近似为

$$x(t)=\frac{1}{2\pi}\int_{-\infty}^{\infty}X(\mathrm{j}\omega)\mathrm{e}^{\mathrm{j}\omega t}\mathrm{d}\omega\approx\frac{\omega_1}{2\pi}\sum_{k=0}^{N-1}X(k)\mathrm{e}^{\mathrm{j}k\omega_1 t}\tag{8-213}$$

由于频域离散化会导致时域周期延拓，延拓周期为 $T_1=\frac{2\pi}{\omega_1}$。对时域信号的一个周期进行 N 点等间隔抽样，则抽样周期为 $T_s=\frac{T_1}{N}$，于是式(8-213)可进一步近似为

$$\begin{aligned}x(n)&=x(t)\big|_{t=nT_s}\approx\frac{\omega_1}{2\pi}\sum_{k=0}^{N-1}X(k)\mathrm{e}^{\mathrm{j}k\omega_1 nT_s}=\frac{1}{T_1}\sum_{k=0}^{N-1}X(k)\mathrm{e}^{\mathrm{j}\frac{2\pi}{N}kn}\\&=\frac{1}{T_1}\cdot N\cdot\mathrm{IDFT}[X(k)]=\frac{1}{T_s}\mathrm{IDFT}[X(k)]\left(\begin{array}{l}\text{由 }T_1=\frac{2\pi}{\omega_1}\text{ 和 }T_s=\frac{T_1}{N}\\\text{得 }\omega_1T_s=\frac{2\pi}{N}\end{array}\right)\end{aligned}\tag{8-214}$$

式(8-214)表明，在已知 $X(\mathrm{j}\omega)$ 的情况下，可以对其对应的时域信号 $x(n)$ 进行近似分析。

类似地，也可以利用离散傅里叶变换对周期为 $T_0\left(\omega_0=\frac{2\pi}{T_0}\right)$ 的连续时间周期信号 $x_{T_0}(t)$ 进行近似的频谱分析和时域分析，即有：

$$X(\mathrm{j}k\omega_0)\approx\frac{1}{N}\mathrm{DFT}[x(n)]\tag{8-215}$$

$$x(n)=x_{T_0}(t)\big|_{t=nT_s}\approx N\cdot\mathrm{IDFT}[X(\mathrm{j}k\omega_0)]\tag{8-216}$$

在式(8-215)和式(8-216)中，$x(n)$ 是由 $x_{T_0}(t)$ 在一个周期 $[0,T_0]$ 内的 N 点抽样值所构成的序列，T_s 为时域抽样周期，有 $T_s=\frac{T_0}{N}$。

8.11.3 利用离散傅里叶变换近似分析连续时间信号频谱时出现的问题

利用离散傅里叶变换对实际工程中所见的连续信号进行频谱分析时，需要做近似处理，这包括对时域信号进行离散化(抽样)和有限化(截断)处理，以及对频谱信号进行离散化(抽样)处理，因而其结果必然存在着一定的误差，同时也会带来以下问题。

1. 频域混叠

由连续时间傅里叶变换的尺度变换性质可知，若 $x(t)$ 的傅里叶变换为 $X(\mathrm{j}\omega)$，则 $x(at)$ 的傅里叶变换为 $\frac{X\left(\frac{\mathrm{j}\omega}{a}\right)}{|a|}$($a$ 为常数)，即信号 $x(t)$ 若沿时间轴压缩(或扩展)了 a 倍，其频谱将在频率轴上扩展(或压缩)a 倍。这说明，信号的时宽和带宽既不可能同时缩小，也不可能同时扩大。可以证明，两者也不可能同为有限值，即若信号的时宽有限，则其带宽(频宽)必为无限(非带限)，反之亦然。这就是信号时宽和带宽的相互制约关系。最为典型的例子就是单个矩形脉冲信号 $g(t)$，其频谱 $G(\mathrm{j}\omega)$ 为 sinc 函数，若 $g(t)$ 为有限长，则 $G(\mathrm{j}\omega)$ 在 ω 轴上均有值；若 $g(t)$ 的宽度趋于无穷，则 $G(\mathrm{j}\omega)$ 趋于 $\delta(\omega)$；反之，若 $g(t)$ 趋于 $\delta(t)$，则 $G(\mathrm{j}\omega)$ 在频域中趋于一条直线。这表明，从理论上严格地说，时宽有限的带限信

号是不存在的。

由时域抽样理论可知，在对连续时间信号进行时域抽样时，必需要求信号是带限的，而且抽样频率 $f_s\left(=\frac{1}{T_s}\right)$应大于或等于连续时间信号频谱的最高频率 f_m(即谱分析范围)的两倍，即 $f_s \geqslant 2f_m$，否则，抽样信号的频谱函数在频率$\frac{f_s}{2}$(称为折叠频率)近旁会产生频谱混叠。因此，对于带限连续时间信号，如果时域抽样频率低于这个要求，就将在频域中出现频谱混叠现象，此时若对抽样所得序列进行离散傅里叶变换运算，将不能如实反映原信号的频谱，也将使进一步的数字处理失去正确的依据。但是，如果将抽样频率选得太高(例如，对于持续时间很长的信号)，就必然会在一定的时间间隔内使抽样点数过多，从而造成对计算机存储量需求过高而且计算时间也会太长，不利于实时处理。因此，通常采用截取有限点进行离散傅里叶变换的方法。因此，用离散傅里叶变换分析连续信号的频谱必然是近似的。近似程度与截取长度、信号带宽和抽样频率等有关。显然，对非带限的连续时间信号来说，由于其不满足时域抽样定理的要求，则频谱混叠是不可避免的。

解决连续时间信号离散化过程中的频谱混叠问题主要有两种方法：①对于带限连续信号，只需要提高抽样频率使之满足时域抽样定理则可；②对于非带限连续信号，特别是频宽很宽或无限宽的连续时间信号，一般采用预滤波法即可根据实际情况在对信号进行时域抽样前先对其进行低通滤波以滤除其不突出的高频成分(近似处理)，使其成为带限信号。工程实际中的连续信号一般都不是带限信号，通常都要预先经过一个模拟低通滤波器(称为抗混叠滤波器)将高于 f_m 频率的信号分量(高频成分)加以滤除，即将连续时间信号频谱的最高频率 f_m 限制为抽样频率 f_s 的一半，即$\frac{f_s}{2}$。按照抽样定理，有：

$$f_s \geqslant 2f_m$$

故应有：

$$T_s = \frac{1}{f_s} \leqslant \frac{1}{2f_m} \tag{8-217}$$

因此，在工程实际中，对带限信号通常将抽样频率取为连续时间信号频谱的最高频率 f_m 的 2.5～3 倍，即：

$$f_s = (2.5 \sim 3.0)f_m \tag{8-218}$$

将离散傅里叶变换应用于连续信号 $x(t)$的频谱分析方法如图 8-38 所示。

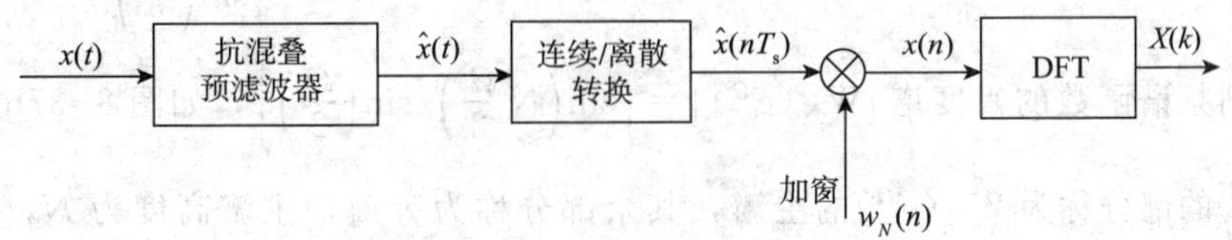

图 8-38　将离散傅里叶变换应用于对连续信号 $x(t)$做频谱分析的示意说明

对于连续时间信号 $x(t)$频谱的最高频率 f_m，有一个近似确定的方法。根据时域变化越快，则高频分量越丰富这一点，可以从观测或记录下来的某一时间段的波形或数据中选择变化速率最快的两相邻峰谷点之间的时间间隔为半个周期，如图 8-39 中 x_a 和 x_b 两点，有：

$$t_d = \frac{T_m}{2}$$

从而有：

$$f_{\mathrm{m}}=\frac{1}{2t_{\mathrm{d}}}\quad\left[T_{\mathrm{m}}=\frac{1}{f_{\mathrm{m}}}\right]\tag{8-219}$$

一旦定出 f_{m}，就可以确定抽样频率 $f_{\mathrm{s}}>2f_{\mathrm{m}}$。

若已知连续时间信号频谱为无限宽，则可以选取占信号总能量98%左右的频带宽度（$|f|<f_{\mathrm{m}}$ 范围内的能量）的 f_{m} 作为信号的最高频率，进而可以确定抽样频率 f_{s}。

应该明确指出的是，频域混叠并非是在应用离散傅里叶变换分析信号频谱过程中才会产生的问题，在利用离散时间傅里叶变换完成同样的工作时也需要减小因频域混叠所带来的误差。

2. 信号截断与频谱泄露

由于任何在频域上受限的信号 $x(t)$ 在时域上均为无限长，所以当对带限连续时间信号抽样以使其成为离散时间序列时，所得到的必然是无限长序列 $x(n)$。然而，离散傅里叶变换是对有限长序列定义的，因此，为了能对这种无限长的离散化序列进行离散傅里叶变换处理，必需将其在时域中截断以使它成为限制在 $0\leqslant n\leqslant N$ 内的有限长序列 $x_1(n)$，即将 $x(n)$ 与一个窗口序列 $w_N(n)$ 相乘得到：

$$x_1(n)=x(n)w_N(n)\tag{8-220}$$

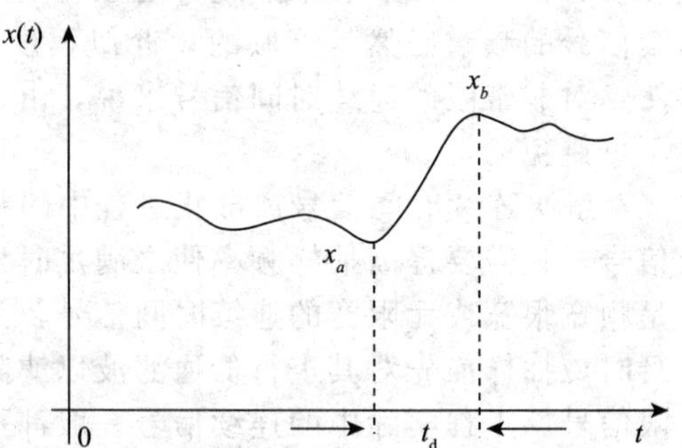

图 8-39 估算连续时间信号频谱的最高频率 f_{m}

这称为时域加窗。由离散时间傅里叶变换卷积性质可知，时域中两个序列相乘对应着频域中这两个序列的离散时间傅里叶变换的周期卷积，即：

$$X_1(\mathrm{e}^{\mathrm{j}\Omega})=\mathrm{DTFT}[x_1(n)]=\frac{1}{2\pi}\int_{-\pi}^{\pi}X(\mathrm{e}^{\mathrm{j}\theta})W_N(\mathrm{e}^{\mathrm{j}(\Omega-\theta)})\mathrm{d}\theta\tag{8-221}$$

式(8-221)中，$X_1(\mathrm{e}^{\mathrm{j}\Omega})$、$X(\mathrm{e}^{\mathrm{j}\theta})$ 和 $W_N(\mathrm{e}^{\mathrm{j}\Omega})$ 分别为 $x_1(n)$、$x(n)$ 和 $w_N(n)$ 的频谱。当 $w_N(n)$ 为矩形序列 $R_N(n)$ 时，相当于对序列 $x(n)$ 做直接截断处理。矩形窗 $w_N(n)$ 如图 8-40a所示，其离散时间傅里叶变换 $W_N(\mathrm{e}^{\mathrm{j}\Omega})$ 为

$$W_N(\mathrm{e}^{\mathrm{j}\Omega})=\mathrm{DTFT}[R_N(n)]=\sum_{k=0}^{N-1}\mathrm{e}^{-\mathrm{j}k\Omega}=\mathrm{e}^{-\mathrm{j}\frac{\Omega(N-1)}{2}}\frac{\sin\left(N\dfrac{\Omega}{2}\right)}{\sin\left(\dfrac{\Omega}{2}\right)}$$

矩形窗序列频谱函数的幅度谱 $|W_N(\mathrm{e}^{\mathrm{j}\Omega})|=\left|\sin\left(N\dfrac{\Omega}{2}\right)/\sin\left(\dfrac{\Omega}{2}\right)\right|$，如图 8-37b 所示。其中 $|\Omega|\leqslant\dfrac{2\pi}{N}$ 的部分称为 $W_N(\mathrm{e}^{\mathrm{j}\Omega})$ 的主瓣，其余部分称为旁瓣，主瓣高度为 N，旁瓣幅度较小。主瓣的有效宽度为 $\dfrac{2\pi}{N}$，零点位置由 $\sin\left(N\dfrac{\Omega}{2}\right)$ 确定，分别位于 $\Omega=\dfrac{2\pi n}{N}$（$n=\pm1$，±2，…）。

从图 8-40 可见，主瓣在 $\Omega=0$ 处有一个峰值，这表明矩形窗函数主要由直流分量组成。由于矩形窗函数在其两个端点处突然截断，这使得频谱中也包含了较为丰富的高频分量(见图 8-40b)。显然，时域中窗口宽度 N 越大，主瓣和旁瓣越窄，旁瓣的幅度也会跟着增加，但主瓣与旁瓣幅值的比则是固定的。当 $N\to\infty$ 时，$W_N(\mathrm{e}^{\mathrm{j}\Omega})$ 趋于位于 $\Omega=0$ 处的单位冲激函数 $\delta(\Omega)$，此时由于任何函数 $X(\mathrm{e}^{\mathrm{j}\Omega})$ 与单位冲激函数的卷积等于该函数本身，所

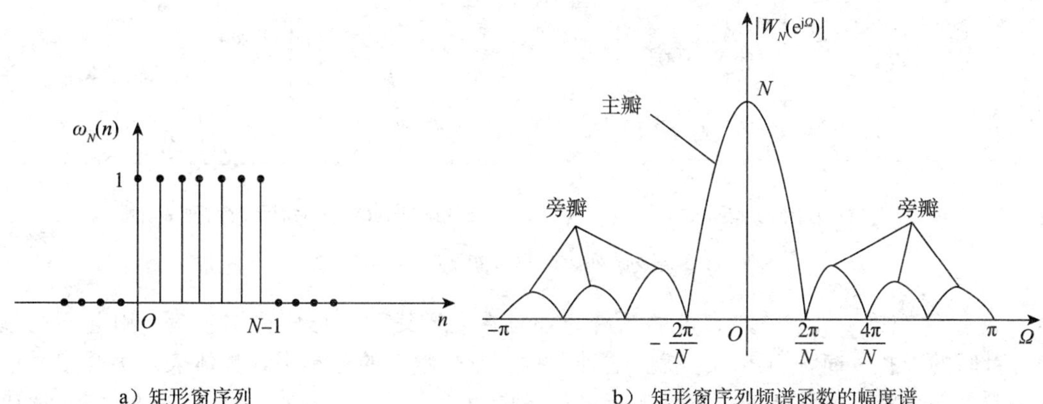

a）矩形窗序列　　　　b）矩形窗序列频谱函数的幅度谱

图 8-40　矩形窗序列及其幅频特性

以式(8-221)的卷积结果近似为 $X_1(e^{j\Omega})=\frac{1}{2\pi}X(e^{j\Omega})$，即用长度为无穷大的矩形窗序列对 $x(n)$没有进行任何截断处理。因此，在实际中对序列进行加窗截断处理时，N 总为一个有限值，即 $W_N(e^{j\Omega})$ 的旁瓣总是存在的，因而通过卷积的作用，截断后的序列的频谱 $X_1(e^{j\Omega})$必有别于原信号的频谱 $X(e^{j\Omega})$，即产生了失真，这种失真来源于 $W_N(e^{j\Omega})$，因为 $W_N(e^{j\Omega})$的频谱为无限长，所以 $x_1(n)$的频谱 $X_1(e^{j\Omega})$相对于原信号 $x(n)$的频谱 $X(e^{j\Omega})$出现“拖尾”，造成频谱向两旁展宽、扩散，也就是说 $X(e^{j\Omega})$的频率成分从其原有的频率处“泄漏”到其他频率处了，这就是所谓的频谱泄漏。泄漏使得频谱变模糊，谱的分辨率降低。

【例 8-15】　试以余弦信号 $x(t)=\cos(\omega_0 t)$，$-\infty<t<+\infty$说明时域加窗对连续信号频谱分析的影响。

解：$x(t)$的频谱函数为

$$X(j\omega)=\pi[(\delta(\omega+\omega_0)+\delta(\omega-\omega_0)]$$

如图 8-41a 所示。在满足抽样定理的条件下以抽样频率 $f_s=\frac{1}{T_s}$对 $x(t)$进行抽样，则抽样后的序列为

$$x(n)=\cos(\omega_0 nT_s)=\cos(\Omega_0 n),-\infty<n<+\infty$$

其中，$\Omega_0=\omega_0 T_s$。抽样所得序列 $x[n]$的频谱函数为

$$X(e^{j\Omega})=\pi\sum_{k=-\infty}^{\infty}[\delta(\Omega-\Omega_0-2k\pi)+\delta(\Omega+\Omega_0+2k\pi)]$$

它在一个周期$[-\pi,\pi]$内为两个冲激信号。若对无限长序列 $x(n)$加矩形窗截短，即 $x_1(n)=x(n)w_N(n)$。由式(8-221)可知，加窗后的有限长序列 $x_1(n)$的频谱函数为

$$X_1(e^{j\Omega})=\frac{1}{2}[W_N(\Omega+\Omega_0)+W_N(\Omega-\Omega_0)]$$

图 8-41b 为用窗宽 $N=32$ 的矩形窗截断后所得序列的频谱，其中，为了比较连续信号频谱 $X(j\omega)$与连续信号所对应抽样序列 $x(n)$被截断后的序列 $x_1(n)$的频谱 $X_1(e^{j\Omega})$之间的相互关系，利用模拟角频率 ω 作为自变量坐标。由图 8-41 可见，原来在 ω_0(见图 8-41a)处的一根谱线变成了连续频谱(见图 8-41b)，即频率分量从 ω_0 处“泄漏”到其他频率处了，原来在一个周期$(0\sim\omega_s)$内只有两个非零值频率，现在几乎在所有的频率上都有非零值。

一般来说，加窗处理对于连续信号频谱分析的影响主要反映在两方面：

1）信号的时域加窗突然截断信号 $x(n)$会导致在信号的频谱中产生频谱泄漏，使得计算出的频谱中含有多余的高频分量；

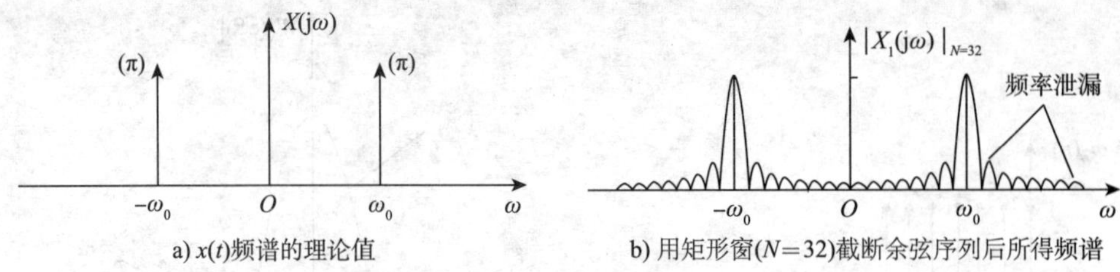

a) $x(t)$频谱的理论值　　b) 用矩形窗($N=32$)截断余弦序列后所得频谱

图 8-41　余弦序列频谱与截断余弦序列后的频谱

2）谱线变成了具有一定宽度的谱峰，并且在主谱线两边形成许多旁瓣，引起不同频率分量间的干扰，简称为谱间干扰。这种干扰会影响频谱的分辨率，具体表现为强信号谱的旁瓣可能会淹没弱信号的主谱线或将强信号谱的旁瓣误认为是另一个信号的谱线，造成假信号现象，从而给谱分析带来较大误差。

减小泄漏的方法主要有两种：

1）加大矩形窗的宽度 N，一方面可以减少 $W_N(e^{j\Omega})$的主瓣宽度，改善频谱分辨率，另一方面则会增加旁瓣的能量，反而造成更多的频谱泄漏，影响信号中较弱频率分量的分辨。

2）为减少旁瓣泄漏，常采用幅度逐渐减小的非矩形窗，如余弦窗以及三角形窗等，因而可减少由矩形窗突然截断而产生的较高的旁瓣分量。常用的汉明（Hamming）窗如图 8-42所示，它是以增加主瓣宽度来降低旁瓣能量的，与矩形窗类似，其主瓣宽度和窗函数的长度 N 成反比。但是，即使对于同一个窗函数，增加长度 N 虽然可以减小主瓣宽度，但却又增加了旁瓣泄漏。因此，为了在主瓣宽度和旁瓣泄漏之间得到较好的平衡，可以根据实际信号的特性选用合适的窗函数。

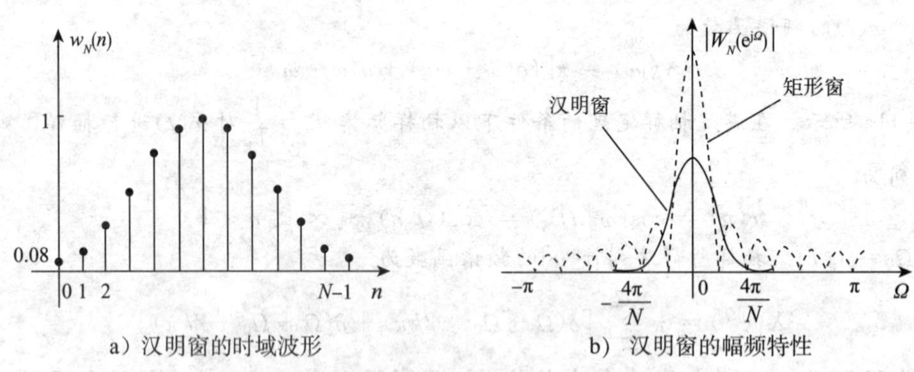

a）汉明窗的时域波形　　b）汉明窗的幅频特性

图 8-42　汉明窗的时域与幅频特性

应该指出的是，由于先进行时域抽样再进行加窗处理与先进行加窗处理再进行时域抽样所得到的有限长序列是完全相同的，因而可以推出频谱泄露必将导致频谱扩展，使频谱的最高频率超过折叠频率$\frac{f_s}{2}$，造成频谱混叠失真，即泄漏是不能与混叠完全分开的。

3. 栅栏效应

由于离散傅里叶变换 $X_1(k)$只是对有限长序列 $x_1(n)$的频谱 $X_1(e^{j\Omega})$在有限个离散点 $\Omega=\frac{2\pi}{N}k\,(0\leqslant k\leqslant N-1)$处进行等间隔抽样所得到的样本值，因而这些抽样频率点之间的频谱情况是未知的，这就如同透过一个栅栏去观察原信号的频谱，所能看到的只是栅栏缝内的那部分，而无法看到被栅栏遮挡住的部分(即未被抽样所抽到的那部分，这种现象通常被形象地称为“栅栏效应”。

栅栏效应是在利用离散傅里叶变换分析连续信号频谱过程中无法克服的现象，而有时 $X_1(e^{j\Omega})$ 的某些重要信息恰好就在抽样点之间，故需要减小栅栏效应。为此，可以在 $X_1(e^{j\Omega})$ 中抽取更多的样点值。一种方法是在序列 $x_1(n)$ 后面增补 $(M-N)$ 个零值，以构成一个长度为 $M(M>N)$ 的新序列 $x_2(n)$，即：

$$x_2(n)=\begin{cases}x_1(n), & 0\leqslant n\leqslant N-1\\ 0, & N\leqslant n\leqslant M-1\end{cases} \tag{8-222}$$

在序列补零后，由于 $x_1(n)$ 的长度仍为 N，因而 $X_1(e^{j\Omega})$ 并没有变化，这时 $x_2(n)$ 所对应的频谱函数也仍等于 $X_1(e^{j\Omega})$，增补零值的效果实际上是改变了抽样点的位置，即在对序列 $x_2(n)$ 进行 M 点的离散傅里叶变换时，由于在频域中的抽样间隔变小为 $\frac{f_s}{M}$，计算所得的频谱 $X_2(k)$ 实际上是 $X_1(e^{j\Omega})$ 在一个周期 $[0,\ 2\pi]$ 内的 M 个等间隔抽样点的抽样值，因而可以显示出 $X_1(e^{j\Omega})$ 的更多频谱信息，即：

$$\begin{aligned}X_2(k)&=\text{DFT}[x_2(n)]=\sum_{n=0}^{M-1}x_2(n)W_M^{nk}\\&=\sum_{n=0}^{N-1}x_1(n)W_M^{nk}=\sum_{n=0}^{N-1}x_1(n)e^{-j\Omega n}\Big|_{\Omega=\frac{2\pi}{M}k}\\&=X_1(e^{j\Omega})\Big|_{\Omega=\frac{2\pi}{M}k},0\leqslant k\leqslant M-1\end{aligned} \tag{8-223}$$

式(8-223)表明，$X_2(k)$ 相当于用更多的频率采样点以近似得出原连续信号的频谱，这必然使样点间的距离更近(单位圆上的样点更多)，谱线更密，在谱线紧密后，原来看不到的谱分量就有可能看到了。这可以想象为栅栏的缝隙间隔缩小了，因而栅栏效应有所改善。例如，设 $f_s=9000\text{Hz}$，$N=36$，则各采样点的频率为

$$F_{k1}=\frac{9000}{36}k=250k,0\leqslant k\leqslant 35$$

即将 0～9000Hz 的频率分成了 36 个频率采样点，每两个采样点之间的频率间隔为 250Hz。若在 $x_1(n)$ 后面增补 9 个零值点，使序列增长到 45 个点，则这时的各采样点频率变为

$$F_{k2}=\frac{9000}{45}k=200k,0\leqslant k\leqslant 44$$

于是，将 0～9000Hz 的频率分成了 44 个频率采样点，每两个采样点之间的频率间隔约为 200Hz。

在一般的实际问题中，“栅栏”将大的频谱遮住的情况很少发生，所以“栅栏”效应并不是个严重问题。

4. 频率分辨率

由于离散傅里叶变换本身并不是有限长序列的频谱，而只是该频谱的等间隔样本值，所以在利用离散傅里叶变换分析信号的频谱时，就存在一个频率分辨率的问题，它可以表示所进行的离散傅里叶变换反映原信号频谱的精细程度。

离散傅里叶变换是对有限长序列的 z 变换在单位圆上进行等间隔抽样的结果。将 z 平面的幅角 Ω(也是离散信号的数字角频率)的一周(2π)进行 N 等分得到抽样点的数字角频率，为 $\Omega_k=(\frac{2\pi}{N})k$，$k=0,\ 1,\ \cdots,\ N-1$。因此，频率抽样间隔 Ω_Δ 为

$$\Omega_\Delta=\Delta\Omega=\Omega_{k+1}-\Omega_k=2\pi/N \tag{8-224}$$

由式(8-224)可见，N 越大，Ω_Δ 就越小，即谱线之间的距离就越近，频谱分析也就越准确。因而将频域抽样间隔 Ω_Δ 定义为数字域的频率分辨率，表示在应用离散傅里叶变换进

行频谱分析时在频率轴上所能得到的最小频率(谱)间隔。显然，Ω_{Δ} 越小，频率分辨率越高，频谱分析就越接近 $X(\mathrm{j}\omega)$。离散信号的频率还可以用模拟角频率 ω 和模拟频率 F 来表示，它们与数字角频率 Ω 之间的关系为

$$\Omega = \omega T_{\mathrm{s}} = 2\pi F T_{\mathrm{s}} = \frac{2\pi F}{f_{\mathrm{s}}} \tag{8-225}$$

因而可得：

$$F = \frac{\Omega}{2\pi T_{\mathrm{s}}} \tag{8-226}$$

由此可得到模拟域的频率分辨率 F_0 与有限长序列的长度 N 及时域抽样频率 f_{s} 之间的关系：

$$\begin{aligned} F_0 = \Delta F = F_{k+1} - F_k &= \frac{\Omega_{k+1} - \Omega_k}{2\pi T_{\mathrm{s}}} = \frac{\Delta\Omega}{2\pi T_{\mathrm{s}}} \\ &= \frac{1}{2\pi T_{\mathrm{s}}}\left(\frac{2\pi(k+1)}{N} - \frac{2\pi k}{N}\right) = \frac{1}{NT_{\mathrm{s}}} = \frac{f_{\mathrm{s}}}{N} = \frac{1}{T_0} \end{aligned} \tag{8-227}$$

式(8-227)表明模拟域的频率分辨率 F_0 只与有效数据的实际长度有关，即与信号的实际长度 T_0 成反比，也就是信号持续时间越长，模拟域的频率分辨率越高。因为在数据记录长度 T_0 一定的情况下，N 增大，则抽样时间缩短，而其乘积仍为 T_0，所以无论怎样选择时域抽样频率 f_{s}，均无法改变模拟域的频率分辨率，即不能靠增加抽样点数 N 来提高模拟域的频率分辨率，即使通过在原信号尾部补零来增加抽样点数也无法提高模拟域的频率分辨率，因为信号长度 T_0 是指原信号的信号长度，抽样点数 N 也是指这个长度上的抽样点数，而不是补零后的序列长度或抽样点数。例如，若原序列数据长度为 T_{01}，抽样点数为 N_1，补零后新序列的数据长度为 T_{02}，抽样点数为 N_2，则：

$$\frac{F_{01}}{F_{02}} = \frac{\dfrac{f_{\mathrm{s}}}{N_1}}{\dfrac{f_{\mathrm{s}}}{N_2}} = \frac{N_2}{N_1} = \frac{T_{02}}{T_{01}} \tag{8-228}$$

由于 $N_2 > N_1$，故 $F_{02} < F_{01}$，似乎补零之后，模拟域的频率分辨率提高了，其实不是，因为补零不能增加数据的有效长度，所以上式在进行补零后实际数据的有效长度仍为 T_{01}，有效抽样点数也仍为 N_1，即通过补零是无法增加任何信息的，因此不能真正提高模拟域的频率分辨率，频率分辨率仍为$\dfrac{f_{\mathrm{s}}}{N_1} = \dfrac{1}{T_{01}}$而不是$\dfrac{f_{\mathrm{s}}}{N_2} = \dfrac{1}{T_{02}}$。对于前面所举的例子，其模拟域的频率分辨率实际上是 250Hz，而不是 200Hz。

然而，由式(8-224)可见，通过在时域序列后面添加一定数目的零可以增大抽样点数 N，从而改善数字域的频率分辨率。因此，对加长序列进行离散傅里叶变换时，由于点数增加相当于调整了原来栅栏的间隙，即导致了较长的离散傅里叶变换运算，从而可以得到原序列的离散傅里叶变换的较高密度的频谱。

频率分辨率是对实际信号进行频谱分析时需要考虑的重要参数，该参数与对序列尾部补零后所得高密度频谱之间有着很大的区别。

【例 8-16】 已知序列为 $x(n) = \cos(0.48\pi n) + \cos(0.52\pi n)$，试就此序列分析频率分辨率和高密度频谱之间的区别。

解：图 8-43a、b 所示为所给信号 $x(n)$(10 点)及其 10 点离散傅里叶变换 $X(k)$的幅度谱，幅度谱的横坐标已经转化为对应的数字频率，以便于从图中看出信号的数字频率。显然，无法从图 8-43b 中辨识出所给信号 $x(n)$所包含的频率分量。因此，在 10 点 $x(n)$的尾部填充 90 个零值构成序列 $x_1(n)$，即：

$$x_1(n)=\begin{cases}x(n), & 0\leqslant n\leqslant 9\\0, & 10\leqslant n\leqslant 99\end{cases}$$

$x_1(n)$及其对应的100点离散傅里叶变换$X_1(k)$的幅度谱图分别如图8-43c、d所示，由于信号的实际有效长度未变，故从图8-43d中仍无法辨认出所给信号$x(n)$所包含的频率分量。但是，通过添补零值，使得频域抽样密度增大，得到了高密度频谱。要分析所给信号$x(n)$所包含的频率分量，只有增加信号的持续时间，为此构造序列$x_2(n)$，有：

$$x_2(n)=x(n),\quad 0\leqslant n\leqslant 99$$

$x_2(n)$及其对应的100点离散傅里叶变换$X_2(k)$的幅度谱分别如图8-43e、f所示。简单地说，所谓频率分辨率实际上就是指在频域中能够辨认的频率，即频域抽样中两相邻点间的频率间隔，也就是信号的基波频率，因此，从图8-43f中可以非常清晰地分辨出所给信号$x(n)$包含的两个频率分量，其分别为0.48π和0.52π，图8-43f为相应的高分辨率幅度谱。

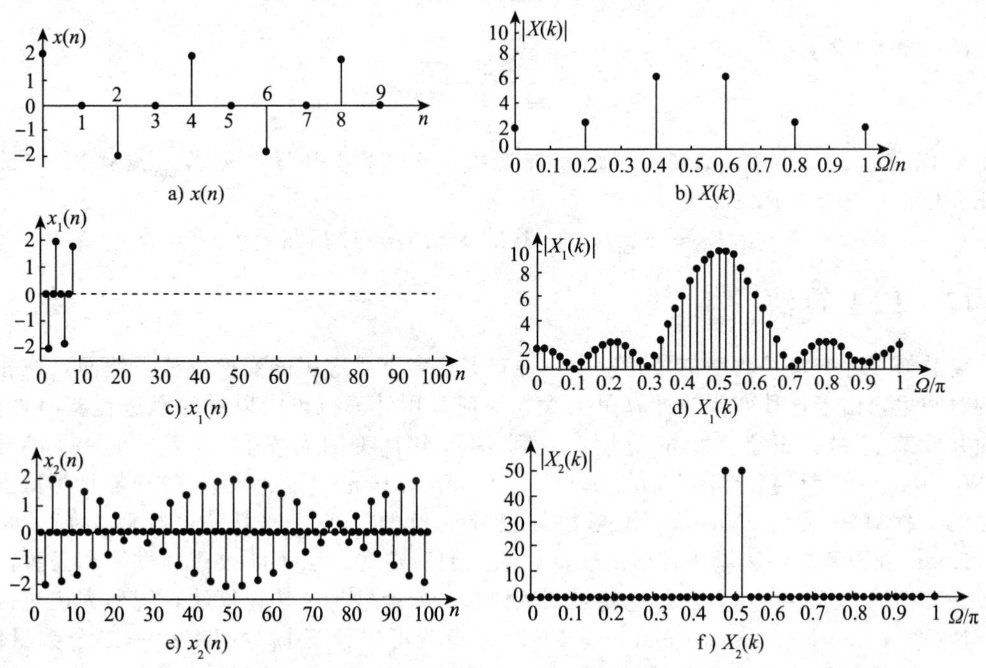

图8-43　高分辨率频谱与高密度频谱的比较

8.12　利用离散傅里叶变换分析连续信号谱时的参数选择

通过上面的分析可知，在利用离散傅里叶变换对连续时间信号的频谱进行分析时，会遇到3个问题，即频谱混叠、频谱泄露和栅栏效应。其中，频谱混叠与连续时间信号的时域抽样间隔有关，频谱泄露与信号的时域加窗截短的长度有关，栅栏效应与离散傅里叶变换的点数有关。在实际应用中，通常已知的是待分析的连续时间信号频谱的最高频率f_m（即谱分析范围），以及所要求的利用离散傅里叶变换进行频谱分析的频谱分辨率。下面根据信号的傅里叶变换理论给出利用离散傅里叶变换进行频谱分析时参数选择的几个原则。

首先为了避免在离散傅里叶变换运算中发生频谱混叠现象，则要确定信号的时域抽样频率f_s，它应满足时域抽样定理，即$f_s\geqslant 2f_m$。因此，抽样间隔T_s应满足式(8-217)。

其次，利用所希望的频谱分析的频谱分辨率F_0，按照式(8-210)确定信号抽样的持续时间T_0。根据抽样间隔T_s和信号抽样的持续时间T_0确定离散傅里叶变换的点数N：

$$N\geqslant\frac{T_{0\min}}{T_{s\max}}=\frac{2f_m}{F_0}\qquad\left[NT_s=T_0,T_s=\frac{1}{f_s},T_0=\frac{1}{F_0},f_s\geqslant 2f_m\right]\qquad(8\text{-}229)$$

式(8-229)是满足给定指标的最少点数，一般取满足该式的2的整数幂次，以便利用离散傅里叶变换的快速算法计算。

以上讨论了应用离散傅里叶变换时会遇到的几个问题，只有对它们熟悉才能对计算过程中出现的问题进行正确的分析，不至于得出错误的计算结果。

【例8-17】 利用离散傅里叶变换对连续时间信号进行近似频谱分析的FFT处理器可以估算实际信号的频谱，现对一个已知最高频率 $f_m=5\text{kHz}$ 的连续时间信号进行分析，要求频率分辨率 $F_0\leqslant 10\text{Hz}$，试确定：1）最短信号记录长度 T_0；2）抽样点间的最大时间间隔 T_s；3）最少抽样点数 N_{min}。

解：由抽样定律可得 $f_s\geqslant 2f_m=2\times 5\times 10^3=10\text{kHz}$，因此可得抽样点间的最大时间间隔为

$$T_s=\frac{1}{f_s}=1/10\times 10^3=0.1\text{ms}$$

由式(8-229)可得：

$$N_{min}=\frac{2f_m}{F_0}=\frac{2\times 5\times 10^3}{10}=1000$$

在使用FFT时，抽样点数必须为2的整数次幂，所以最少抽样点数 N_{min} 应取 $2^{10}=1024$，因此最短信号记录长度应为

$$T_0=N_{min}T_s=1024\times 0.1=102.4\text{ms}$$

8.13 FFT算法

离散傅里叶变换是数字信号处理中一种有着众多重要应用的变换方法。然而，在相当长的时间里，由于这种变换的计算量太大，即使采用计算机也难以对问题进行实时处理，因而并没有得到真正意义上的应用。直到1965年，美国人库利(J. W. Cooley)和图基(J. W. Tukey)在《计算数学》(*Mathematics of Computation*)杂志上发表了《机器计算傅里叶级数的一种算法》的文章，提出了离散傅里叶变换的一种快速算法，之后又有了桑德(G. Sande)和图基的快速算法相继出现，后来人们对这些算法不断改进、发展和完善，形成了一套高速有效的运算方法，这就是离散傅里叶变换的各种快速算法，统称为快速傅里叶变换(Fast Fourier Transformation，FFT)，一般可以使运算时间缩短一二个数量级，从而使得离散傅里叶变换得到了广泛的实际应用。

8.13.1 直接按照定义计算离散傅里叶变换的运算量

从 N 点有限长序列的离散傅里叶变换和离散傅里叶反变换定义式(8-100)和式(8-101)可知，两者的差别仅在于 W_N^{nk} 的指数符号不同，以及差一个常数倍因子 $\frac{1}{N}$，即它们的运算量是完全相同的。因此，下面仅考察DFT的运算量。

通常，$x(n)$ 和 W_N^{nk} 均为复数，$X(k)$ 也为复数。因此，利用式(8-101)每计算一个频率分量 $X(k)$ 的值，需要进行 N 次复数乘法($x(n)$ 与 W_N^{nk} 相乘)以及 $(N-1)$ 次复数加法，而 $X(k)$ 一共有 N 个点 $(0\leqslant k\leqslant N-1)$，所以按照定义直接计算 N 点DFT的运算量为 $N\times N=N^2$ 次复数乘法，以及 $N(N-1)$ 次复数加法。在实际运算中，复数运算是通过实数运算来完成的，因此，可将式(8-101)改写成

$$X(k)=\sum_{n=0}^{N-1}x(n)W_N^{nk}=\sum_{n=0}^{N-1}\{\text{Re}[x(n)]+\text{jIm}[x(n)]\}\{\text{Re}[W_N^{nk}]+\text{jIm}[W_N^{nk}]\}$$

$$=\sum_{n=0}^{N-1}\{\text{Re}[x(n)]\text{Re}[W_N^{nk}]-\text{Im}[x(n)]\text{Im}[W_N^{nk}]$$

$$+\mathrm{j}(\mathrm{Re}[x(n)]\mathrm{Im}[W_N^{nk}]+\mathrm{Im}[x(n)]\mathrm{Re}[W_N^{nk}])\} \tag{8-230}$$

将和式(8-230)中括号内的运算因子与算式$(a+\mathrm{j}b)(c+\mathrm{j}d)=(ac-db)+\mathrm{j}(ad+bc)$类比可知，实现一次复数乘法 $x(n)W_N^{nk}$ 共需 4 次实数乘法和 2 次实数加法，而一次复数加法$(a+\mathrm{j}b)+(c+\mathrm{j}d)=(a+c)+\mathrm{j}(b+d)$则需要 2 次实数加法，因此，每直接计算一个 $X(k)$需要 $4N$ 次实数乘法及 $2N+2(N-1)=2(2N-1)$次实数加法。这样，完成整个 DFT 运算总共需要 $4N^2$ 次实数乘法和 $N\times2(2N-1)\approx4N^2$ 次实数加法。可见，直接计算 DFT 的运算量与 N^2 成正比，当 N 很大时，所需运算量是相当大的。例如，当 $N=2^{10}=1024$ 时，总共约需 400 万次乘法运算。这对于实时性要求很强的信号处理来说，将对计算速度提出非常苛刻的要求。因此，为了使 DFT 真正能够实际应用，必需改进计算方法，以大大减少运算次数，从而提高运算速度。

8.13.2　降低运算量的基本途径：利用旋转因子 W_N^{nk} 的特性与序列 $x(n)$ 的分解

可以看到，在序列 $x(n)$的 DFT 计算式(8-102)中仅涉及两个运算元素，即 W_N^{nk} 以及序列 $x(n)$自身，因而它们是降低运算量的关键所在。下面分别对 W_N^{nk} 的特性和序列 $x(n)$加以考察。

1. 旋转因子 W_N^{nk} 的特性

由于 W_N^{nk} 的模为 1，所以它只改变与它相乘者的幅角而不会影响其幅度，故称为**旋转因子**(Twiddle Factor)，它具有下列 3 个特性。

1) 周期性：W_N^{nk} 对于 n 或 k 都具有周期性，即：

$$\begin{cases}W_N^{nk}=W_N^{k(n+N)} & [\text{对 } n \text{ 具有周期性}]\\ W_N^{nk}=W_N^{n(k+N)} & [\text{对 } k \text{ 具有周期性}]\end{cases}\quad\left[\begin{array}{l}W_N^{nk}=\mathrm{e}^{-\mathrm{j}\left(\frac{2\pi}{N}\right)nk}\text{ 是一个}\\ \text{周期为 } N \text{ 的复指数序列}\end{array}\right] \tag{8-231}$$

更一般的表述形式为 $W_N^{nk}=W_N^{nk+rN}$(r 为整数)或 $W_N^{nk(\mathrm{mod}N)}=W_N^{nk}$。虽然 W_N^{nk} 中的 n 和 k 都不大于N，但两者的乘积却可能会超过 N，最大值可达$(N-1)^2$。因此，在 $nk>N$ 的情况下，若利用 W_N^{nk+rN} 均有相同的 W_N^{nk} 值，这就会大大减少运算次数。例如，当 $N=4$ 时，有 $W_4^6=W_4^2$，$W_4^9=W_4^1$。

2) 对称性。

$$(W_N^{nk})^*=W_N^{-nk}=W_N^{(N-k)n}=W_N^{(N-n)k}\quad[W_N^{Nr}=\mathrm{e}^{-\mathrm{j}\left(\frac{2\pi}{N}\right)rN}=\mathrm{e}^{-\mathrm{j}2\pi r}=1, r\text{ 为整数}] \tag{8-232}$$

$$WN^{\left(nk\pm\frac{N}{2}\right)}=-W_N^{nk}\quad[\mathrm{e}^{-\mathrm{j}\frac{2\pi}{N}\left(nk\pm\frac{N}{2}\right)}=-\mathrm{e}^{-\mathrm{j}\frac{2\pi}{N}nk}] \tag{8-233}$$

$$WN^{\left(\pm\frac{N}{2}\right)}=-1\quad[\mathrm{e}^{-\mathrm{j}\frac{2\pi}{N}\left(\pm\frac{N}{2}\right)}=\mathrm{e}^{\mp\mathrm{j}\pi}=-1] \tag{8-234}$$

例如，若 $N=4$，则 $W_4^3=-W_4^1$，$W_4^2=-W_4^0$。由式(8-234)还可得：

$$W_N{}^{\left(\pm\frac{N}{2}\right)k}=(-1)^k=\begin{cases}1, & k\text{ 为偶数}\\ -1, & k\text{ 为奇数}\end{cases}\quad[\mathrm{e}^{-\mathrm{j}\frac{2\pi}{N}\left(\pm\frac{N}{2}\right)k}=\mathrm{e}^{\mp\mathrm{j}k\pi}] \tag{8-235}$$

利用对称性，可以将 N 点运算 $\mathrm{Re}[x(n)]\cdot\mathrm{Re}[W_N^{nk}]$$(0\leqslant n\leqslant N-1)$化为如下的$\frac{N}{2}$点运算，即：

$$\mathrm{Re}[x(n)]\cdot\mathrm{Re}[W_N^{nk}]+\mathrm{Re}[x(N-n)]\cdot\mathrm{Re}[W_N^{k(N-n)}]=$$

$$\{\mathrm{Re}[x(n)]+\mathrm{Re}[x(N-n)]\}\cdot\mathrm{Re}[W_N^{nk}]\quad\left[0\leqslant n\leqslant\frac{N}{2}-1\right]$$

对于 $\mathrm{Im}[x(n)]\mathrm{Im}[W_N^{nk}]$$(0\leqslant n\leqslant N-1)$也可做类似改变。这样，运算点数减半使得复数乘法由 N^2 次减少为$\left(\frac{N}{2}\right)^2$ 次，但不会减少复数加法的次数。

3) W_N^{nk} 的可压缩性和扩展性(合称为可约性)：

$$W_{N/q}^{nk/q} = W_{qN}^{qnk} = W_N^{nk} \quad [N/q \text{ 为整数}] \tag{8-236}$$

$$W_{qN}^{k} = W_N^{k/q} \quad [\mathrm{e}^{-\mathrm{j}\frac{2\pi}{qN}k} = \mathrm{e}^{-\mathrm{j}\frac{2\pi}{N}(\frac{k}{q})}] \tag{8-237}$$

2. 序列 $x(n)$的分解

将长序列分解为短序列的过程称为抽取(Decimation)或分组(通常按序号的偶、奇数进行抽取或分组)。以不同方法分解原序列就形成不同的快速算法，其中对时域序列 $x(n)$按时间变量 n 进行抽取以将其逐级分解为一组子序列，然后利用子序列的 DFT 来实现整个序列的 DFT 的分解算法称为时间抽取(Decimation in Time，DIT)FFT 算法；同理，也可以对频域序列 $X(k)$按频率变量 k 进行抽取和分解，这类算法称为频率抽取(Decimation in Frequency，DIF)FFT 算法。在分解时，一般将序列长度 N 表示为较小因数 $r_k(k=1,2,\cdots,m)$的乘积，即 $N=r_1r_2\cdots r_m$(m 为正整数)，若令这些因数相等，便得到一种较为有用的分解方式，即 $N=r^m$，这时，因数 r 称为基(Radix)，所谓基是 FFT 运算中最小 DFT 运算单元。通常，选取 $r=2$，有 $N=2^m$，即通过分解，序列最小的 DFT 运算单元为 2 点，即基等于 2。倘若实际信号的长度不满足该条件，可以在其尾部补零至 2^m 个点，以保证分解后，偶数点数和奇数点数相同。补零只是使得对信号频谱的抽样变得更密一些。在不允许通过补零加长序列的情况下，可以使用任意基的 FFT 算法。

因此，FFT 的基本思想是将计算 N 点序列的 DFT 逐次分解为计算较短序列的 DFT(“分而治之”)，并利用旋转因子 W_N^{nk} 的周期性与对称性将 DFT 运算中的某些项加以合并，以达到减少运算量的目的。

除了上述两种提高运算效率的解决方案之外，在应用通用的计算机或专用硬件实现 FFT 运算的过程中，算法会为输入和输出序列、旋转因子以及中间计算结果等分配存储单元。显然，为提高算法效率，要求这些存储空间越小越好。因此，很多 FFT 算法通过所谓“原位运算(In-Place)”实现在同一个存储单元中保存输入数据、中间结果和最终的 DFT 运算结果来大幅减少所需的存储空间，借以提高算法效率。

本节主要分别讨论按时间抽取的基 2 快速傅里叶算法和按频率抽取的基 2 快速傅里叶算法，以下各简称为基 2 时域抽选 FFT 算法和基 2 频域抽选 FFT 算法。

8.13.3 基 2 时域抽选 FFT 算法(库利－图基算法)

基 2 时域抽选 FFT 算法是将时域序列 $x(n)$逐次分解(抽取)为长度减半的偶序号子序列和奇序号子序列，并用这些子序列的 DFT 实现原序列的 DFT 的一种算法。

1. 算法原理

(1)第一次分解

在式(8-101)中将长度为 $N(N=2^m)$(m 为正整数，故 N 为偶数)的序列 $x(n)(0\leqslant n\leqslant N-1)$按序号 n 分别取偶数$\left(n=2r,\ 0\leqslant r\leqslant\frac{N}{2}-1\right)$和奇数$\left(n=2r+1,\ 0\leqslant r\leqslant\frac{N}{2}-1\right)$分解为两个长度均为$\frac{N}{2}$的子序列，即：

$$\begin{cases} x_1(r) = x(2r)(\text{由 } n \text{ 取偶数的 } x(n) \text{ 部分构成的序列}) \\ x_2(r) = x(2r+1)(\text{由 } n \text{ 取奇数的 } x(n) \text{ 部分构成的序列}) \end{cases}, 0 \leqslant r \leqslant \frac{N}{2}-1 \tag{8-238}$$

图 8-44 所示为将一个长度为 8 的序列按 n 的奇、偶分解为两个序列的示例。

因此，式(8-101)关于原序列 $x(n)$的 DFT 可以化为这两个序列和的 DFT，即：

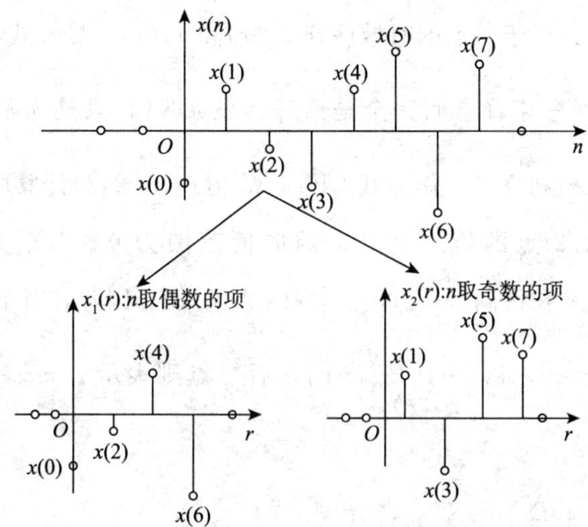

图 8-44　以因子 2 分解长度 $N=8$ 的序列

$$
\begin{aligned}
X(k) &= \mathrm{DFT}[x(n)] = \sum_{n=0}^{N-1} x(n)W_N^{nk} = \sum_{\substack{n=0 \\ (n=\text{偶数})}}^{N-2} x(n)W_N^{nk} + \sum_{\substack{n=1 \\ (n=\text{奇数})}}^{N-1} x(n)W_N^{nk} \\
&= \sum_{r=0}^{\frac{N}{2}-1} x(2r)W_N^{2rk} + \sum_{r=0}^{\frac{N}{2}-1} x(2r+1)W_N^{(2r+1)k} \quad \left[\text{变量代换}\begin{cases} n\text{ 为偶数时}, n=2r \\ n\text{ 为奇数时}, n=2r+1 \end{cases}\right] \\
&= \sum_{r=0}^{\frac{N}{2}-1} x_1(r)W_N^{2rk} + W_N^k \sum_{r=0}^{\frac{N}{2}-1} x_2(r)W_N^{2rk} \\
&= \sum_{r=0}^{\frac{N}{2}-1} x_1(r)W_{\frac{N}{2}}^{rk} + W_N^k \sum_{r=0}^{\frac{N}{2}-1} x_2(r)W_{\frac{N}{2}}^{rk}, 0 \leqslant k \leqslant N-1 \ [\text{应用式(8-237)}: W_{qN}^k = W_N^{\frac{k}{q}}]
\end{aligned}
\tag{8-239}
$$

不难看出，式(8-239)右边第一个和式和第二个和式分别是由偶序号和奇序号 $x(n)$ 构成的 $\frac{N}{2}$点 DFT，若将它们表示为 $X_1(k)$ 和 $X_2(k)$，则有：

$$
X_1(k) = \sum_{r=0}^{\frac{N}{2}-1} x_1(r)W_{\frac{N}{2}}^{rk} = \sum_{r=0}^{\frac{N}{2}-1} x(2r)W_{\frac{N}{2}}^{rk} = \mathrm{DFT}[x_1(r)], 0 \leqslant k \leqslant \frac{N}{2}-1 \tag{8-240}
$$

$$
X_2(k) = \sum_{r=0}^{\frac{N}{2}-1} x_2(r)W_{\frac{N}{2}}^{rk} = \sum_{r=0}^{\frac{N}{2}-1} x(2r+1)W_{\frac{N}{2}}^{rk} = \mathrm{DFT}[x_2(r)], 0 \leqslant k \leqslant \frac{N}{2}-1 \tag{8-241}
$$

因此，由式(8-239)可知，原序列 $x(n)$ 的 N 点 DFT$X(k)$ 在计算格式上已经分解为两个$\frac{N}{2}$点的 DFT，即 $X_1(k)$ 和 $X_2(k)$。将式(8-240)和式(8-241)带入式(8-239)可得：

$$
X(k) = X_1(k) + W_N^k X_2(k), \quad 0 \leqslant k \leqslant N-1 \tag{8-242}
$$

式(8-242)表明，通过 $X_1(k)$ 和 $X_2(k)$ 这两个$\frac{N}{2}$点的 DFT 的线性组合还可以得到 N 点 DFT$X(k)$。

显然，仅从数学计算的角度来看，由于导出式(8-242)的每一步对 $k=0$，1，…，$N-1$都是成立的，因而 $x(n)$ 离散傅里叶变换的 N 个值 $X(k)(0 \leqslant k \leqslant N-1)$ 本可以全都由式(8-242)求得。但是，对于$\frac{N}{2}$点的时域序列$x_1(r)$和$x_2(r)$，尽管式(8-240)、式(8-241)都是$\frac{N}{2}$项求和，但并不意味着它们完全是前$\frac{N}{2}$点的DFT，只是通常仅取$k=0，1，\cdots，\left(\frac{N}{2}-1\right)$范围内的$X_1(k)$和$X_2(k)$作为其DFT，故用式(8-242)计算所得只是$X(k)$的前一半，即其在$k=0\sim N/2$点的值。由于$k$的取值范围为$0\sim N-1$，所以还应该针对式(8-242)进一步考虑$k$在区间$\left[\frac{N}{2}，N-1\right]$内的$X(k)$值。因此，对于式(8-242)中的自变量$k$，令其前$\frac{N}{2}$点为$k=0，1，\cdots，\left(\frac{N}{2}-1\right)$，后$\frac{N}{2}$点则表示为$k+\frac{N}{2}$。于是，对于后$\frac{N}{2}$点，由式(8-240)可得：

$$
\begin{aligned}
X_1\left(k+\frac{N}{2}\right) &= \sum_{r=0}^{\frac{N}{2}-1} x_1(r) W_{\frac{N}{2}}^{r\left(k+\frac{N}{2}\right)} \\
&= \sum_{r=0}^{\frac{N}{2}-1} x_1(r) W_{\frac{N}{2}}^{rk} \quad \left[\text{周期性}:W_{\frac{N}{2}}^{r\left(k+\frac{N}{2}\right)} = W_{\frac{N}{2}}^{rk}\right] \\
&= X_1(k),\quad 0 \leqslant k \leqslant \frac{N}{2}-1
\end{aligned} \tag{8-243}
$$

同理，由式(8-241)可得：

$$
X_2\left(k+\frac{N}{2}\right) = X_2(k),\quad 0 \leqslant k \leqslant \frac{N}{2}-1 \tag{8-244}
$$

式(8-243)和式(8-244)表明，$X_1(k)$和$X_2(k)$在后$\frac{N}{2}$点$\left(\frac{N}{2}\leqslant k\leqslant N-1\right)$的值分别等于其在前$\frac{N}{2}$点$\left(0\leqslant k\leqslant \frac{N}{2}-1\right)$的值，这是DFT具有隐含周期性的必然结果。

将式(8-243)和式(8-244)带入式(8-242)并考虑到W_N^k的对称性(即$W_N^{\left(k+\frac{N}{2}\right)}=-W_N^k$，可以得出后$\frac{N}{2}$点($\frac{N}{2}\leqslant k\leqslant N-1$)$X(k)$值的计算式：

$$
\begin{aligned}
X\left(k+\frac{N}{2}\right) &= X_1\left(k+\frac{N}{2}\right) + W_N^{\left(k+\frac{N}{2}\right)} X_2\left(k+\frac{N}{2}\right) \\
&= X_1(k) - W_N^k X_2(k), 0 \leqslant k \leqslant \frac{N}{2}-1
\end{aligned} \tag{8-245}
$$

这样，利用旋转因子的周期性和对称性，一个N点序列$x(n)$的离散傅里叶变换$X(k)$可以分解为两个$\frac{N}{2}$点的离散傅里叶变换$X_1(k)$和$X_2(k)$的线性组合，即：

$$
\begin{cases}
X(k) = X_1(k) + W_N^k X_2(k) \\
X\left(k+\frac{N}{2}\right) = X_1(k) - W_N^k X_2(k)
\end{cases}, 0 \leqslant k \leqslant \frac{N}{2}-1 \tag{8-246}
$$

因此，只要按式(8-240)和式(8-241)求出$\left[0，\frac{N}{2}-1\right]$区间上$X_1(k)$和$X_2(k)$值，则由式(8-246)做线性组合便可求出整个$k$值区间$[0，N-1]$上的全部$X(k)$值，即用$X_1(k)$和$X_2(k)$在区间$\left[0，\frac{N}{2}-1\right]$内的值就可以完整地表示$X(k)$。

式(8-246)中的运算关系可以用如图8-45a所示的信号流图表示，其形状如同一只蝴蝶，故又称为蝶形(流)图，图中支路旁的数字表示该支路的传输函数，未标注数字的支路，其传输函数为1，整个蝶形图构成一个双输入、双输出系统，且输入输出均为频域数据，输入是分别对偶、奇数点时域序列做DFT所得的$X_1(k)$和$X_2(k)$，再经过蝶形运算顺序(即先相乘后相加减)最终合成输出$X(k)$值。由于式(8-246)中只有$X_2(k)$才乘以加权因子W_N^k，$X_1(k)$是不需加权的，因此，蝶形运算也可用蝶形结的形式来表示，如图8-45b所示。显然，它是与图8-45a对应的简化蝶形(流)图，并约定其中的右上角输出是左上与左下支路相加的结果，右下角输出是左上与左下支路相减的结果，有了这个约定，图中就无须标出−1了。

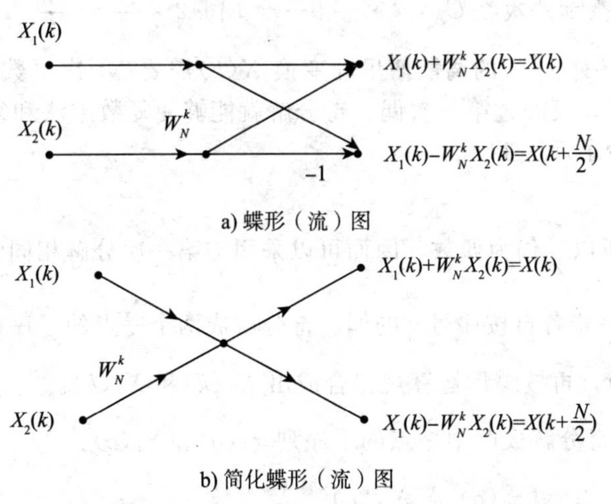

图8-45　基2时域抽选FFT算法的蝶形(流)图

由图8-45可见，完成一个蝶形运算，需要一次复数乘法，即$W_N^k X_2(k)$和两次复数加法(加、减各一次)。所谓蝶形运算实际上是将低点数的DFT结果组合成高点数DFT结果的一种运算过程。

上面的分解组合过程以$N=8=2^3$为例表示于图8-46中，即一个$N=8$点DFT首先被分解为两个$\frac{N}{2}=4$点DFT，再经蝶形运算组合而得，其中$X(k)(k=0,1,2,3)$和$X(k)(k=4,5,6,7)$分别由式(8-246)中的第一式和第二式给出。

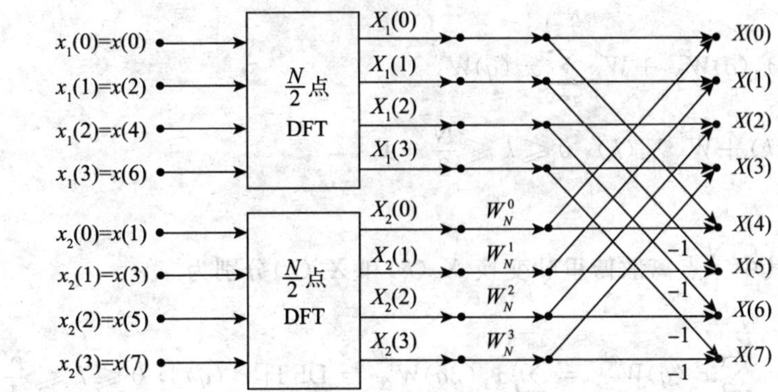

图8-46　第一次分解：将一个N点序列DFT分解为两个$\frac{N}{2}$点序列DFT的运算流图($N=8$)

(2) 第一次分解后的运算量评估

由经过第一次分解后所得式(8-246)可知，计算一个N点序列DFT，共需要计算两个$\frac{N}{2}$点序列的DFT，即$X_1(k)$和$X_2(k)$以及$\frac{N}{2}$个蝶形运算，而计算一个$\frac{N}{2}$点DFT总共需要

$\left(\frac{N}{2}\right)^2$次复数乘法和$\frac{N}{2}\left(\frac{N}{2}-1\right)$次复数加法，再将两个$\frac{N}{2}$点离散傅里叶变换$X_1(k)$和$X_2(k)$通过蝶形运算合成为$N$点离散傅里叶变换$X(k)$时又需要$\frac{N}{2}$次复数乘法和$2\times\frac{N}{2}=N$次复数加法。因此，经过第一次偶、奇分解后，计算一个N点DFT所需的总运算量为

$$\text{复数乘法次数 } C_M\text{：}2\times\left(\frac{N}{2}\right)^2+\frac{N}{2}=\frac{N}{2}(N+1)\approx\frac{N^2}{2}$$

$$\text{复数加法次数 } C_A\text{：}2\times\frac{N}{2}\left(\frac{N}{2}-1\right)+2\times\frac{N}{2}=\frac{N^2}{2}$$

直接计算一个N点序列$x(n)$的离散傅里叶变换$X(k)$需要N^2次复数乘法和$N(N-1)$次复数加法。由此可知，仅经过第一次偶、奇分解就能够使复数乘法和复数加法的运算次数比直接计算时各减少了近一半。

(3) 进一步分解

由于$N=2^m$，所以$\frac{N}{2}$仍为偶数，因而可以采用与第一次分解相同的方法，将$\frac{N}{2}$点子序列$x_1(r)$和$x_2(r)$进一步各自按序号r的偶、奇分解成两个$\frac{N}{4}$点的子序列，通过计算$\frac{N}{4}$点序列的离散傅里叶变换，再按蝶形运算规律合成出$X_1(k)$和$X_2(k)$。

将$x_1(r)$按偶、奇分解成两个$\frac{N}{4}$点的子序列$x_3(q)$和$x_4(q)$：

$$\begin{cases}x_3(q)=x_1(2q)\\ x_4(q)=x_1(2q+1)\end{cases},\ 0\leqslant q\leqslant\frac{N}{4}-1 \tag{8-247}$$

于是，$X_1(k)$又可以表示为

$$\begin{aligned}X_1(k)&=\mathrm{DFT}[x_1(r)]=\sum_{r=0}^{\frac{N}{2}-1}x_1(r)W_{\frac{N}{2}}^{rk}=\sum_{\substack{r=0\\(r=\text{偶数})}}^{\frac{N}{2}-2}x_1(r)W_{\frac{N}{2}}^{rk}+\sum_{\substack{r=1\\(r=\text{奇数})}}^{\frac{N}{2}-1}x_1(r)W_{\frac{N}{2}}^{rk}\\&=\sum_{q=0}^{\frac{N}{4}-1}x_1(2q)W_{\frac{N}{2}}^{2qk}+\sum_{q=0}^{\frac{N}{4}-1}x_1(2q+1)W_{\frac{N}{2}}^{(2q+1)k}\left[\text{变量代换}\begin{cases}r\text{为偶数时},r=2q\\ r\text{为奇数时},r=2q+1\end{cases}\right]\\&=\sum_{q=0}^{\frac{N}{4}-1}x_3(q)W_{\frac{N}{4}}^{qk}+W_{\frac{N}{2}}^{k}\sum_{q=0}^{\frac{N}{4}-1}x_4(q)W_{\frac{N}{4}}^{qk}\\&=X_3(k)+W_{\frac{N}{2}}^{k}X_4(k),\ 0\leqslant k\leqslant\frac{N}{2}-1\end{aligned} \tag{8-248}$$

式(8-248)中，其中$\frac{N}{4}$点离散傅里叶变换$X_3(k)$和$X_4(k)$分别为

$$X_3(k)=\sum_{q=0}^{\frac{N}{4}-1}x_3(q)W_{\frac{N}{4}}^{qk}=\sum_{r=0}^{\frac{N}{4}-1}x_1(2q)W_{\frac{N}{4}}^{qk}=\mathrm{DFT}[x_3(q)],\ 0\leqslant k\leqslant\frac{N}{4}-1 \tag{8-249}$$

$$X_4(k)=\sum_{q=0}^{\frac{N}{4}-1}x_4(q)W_{\frac{N}{4}}^{qk}=\sum_{q=0}^{\frac{N}{4}-1}x_1(2q+1)W_{\frac{N}{4}}^{qk}=\mathrm{DFT}[x_4(q)],\ 0\leqslant k\leqslant\frac{N}{4}-1 \tag{8-250}$$

类似第一次分解，利用两个$\frac{N}{4}$点离散傅里叶变换 $X_3(k)$和 $X_4(k)$的周期性(均为$\frac{N}{4}$的周期函数)，即：

$$X_3(k)=X_3\left(k+\frac{N}{4}\right),\ 0\leqslant k\leqslant\frac{N}{4}-1 \tag{8-251}$$

$$X_4(k)=X_4\left(k+\frac{N}{4}\right),\ 0\leqslant k\leqslant\frac{N}{4}-1 \tag{8-252}$$

以及旋转因子的对称性：$W_{\frac{N}{2}}^{k+\frac{N}{4}}=-W_{\frac{N}{2}}^{k}$，可以得到 $X_1(k)$后$\frac{N}{4}$点的计算式。于是，利用 $X_3(k)$和 $X_4(k)$在区间$\left[0,\ \frac{N}{4}-1\right]$内的值就可以完整地表示$\frac{N}{2}$点离散傅里叶变换$X_1(k)$，即有合成式：

$$\begin{cases}X_1(k)=X_3(k)+W_{\frac{N}{2}}^{k}X_4(k)=X_3(k)+W_N^{2k}X_4(k)\\ X_1\left(k+\frac{N}{4}\right)=X_3(k)-W_{\frac{N}{2}}^{k}X_4(k)=X_3(k)-W_N^{2k}X_4(k)\end{cases},\ 0\leqslant k\leqslant\frac{N}{4}-1 \tag{8-253}$$

式(8-253)中，将旋转因子统一为以 N 为周期，即 $W_{\frac{N}{2}}^{k}=W_N^{2k}$。

同理，也可以将 $x_2(r)$按序号 r 的偶、奇分解成两个$\frac{N}{4}$点的子序列 $x_5(q)$和 $x_6(q)$：

$$\begin{cases}x_5(q)=x_2(2q)\\ x_6(q)=x_2(2q+1)\end{cases},\ 0\leqslant q\leqslant\frac{N}{4}-1 \tag{8-254}$$

根据式(8-246)可以直接得到$\frac{N}{2}$点离散傅里叶变换 $X_2(k)$的合成式：

$$\begin{cases}X_2(k)=X_5(k)+W_{\frac{N}{2}}^{k}X_6(k)=X_5(k)+W_N^{2k}X_6(k)\\ X_2\left(k+\frac{N}{4}\right)=X_5(k)-W_{\frac{N}{2}}^{k}X_6(k)=X_5(k)-W_N^{2k}X_6(k)\end{cases},\ 0\leqslant k\leqslant\frac{N}{4}-1 \tag{8-255}$$

式(8-255)中，$X_5(k)$和 $X_6(k)$分别为偶、奇序号子序列 $x_5(q)$和 $x_6(q)$的$\frac{N}{4}$点 DFT，其表示式类似于 $X_3(k)$和 $X_4(k)$。

这样，经过第二次分解，又将一个$\frac{N}{2}$点 DFT 分解为两个$\frac{N}{4}$点 DFT，它们的线性组合式分别为式(8-253)、式(8-255)，每式中有$\frac{N}{4}$个蝶形运算。图 8-47 给出了当$N=8$时以 $X_1(k)$为例，将一个$\frac{N}{2}$点 DFT 分解为两个$\frac{N}{4}$点 DFT，再由这两个$\frac{N}{4}$点 DFT 组合成一个$\frac{N}{2}$点 DFT 的流图，$X_2(k)$的分解组合流图与此类似。这样，一个 $N=8$ 点 DFT 就被分解为 4 个$\frac{N}{4}=2$ 点 DFT，如图 8-48 所示，其中将旋转因子均统一为以 N 周期，即 $W_{\frac{N}{2}}^{k}=W_N^{2k}$。根据上面的分析可知，利用 4 个$\frac{N}{4}$点 DFT 以及两级蝶形组合运算(二次分解后)来计算 N 点 DFT，比只用一次分解蝶形组合(一次分解后)的运算量又大约减少了一半。

以此类推，可以按照上述方法继续分解下去。显然，由于 $N=2^m$，所以要对序列

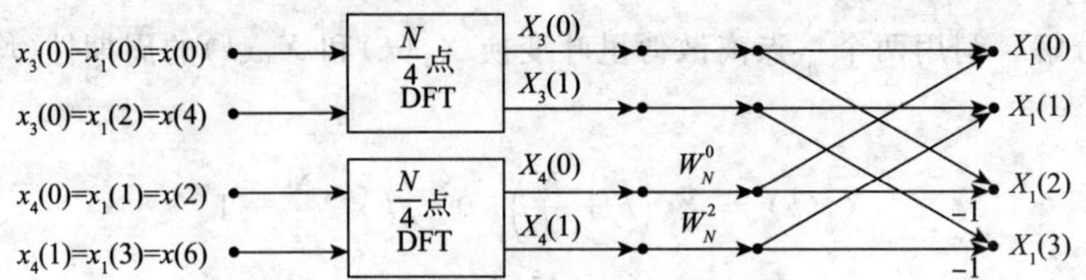

图 8-47　第二次分解：将一个$\frac{N}{2}$点 DFT 分解为两个$\frac{N}{4}$点 DFT 的运算流图($N=8$)

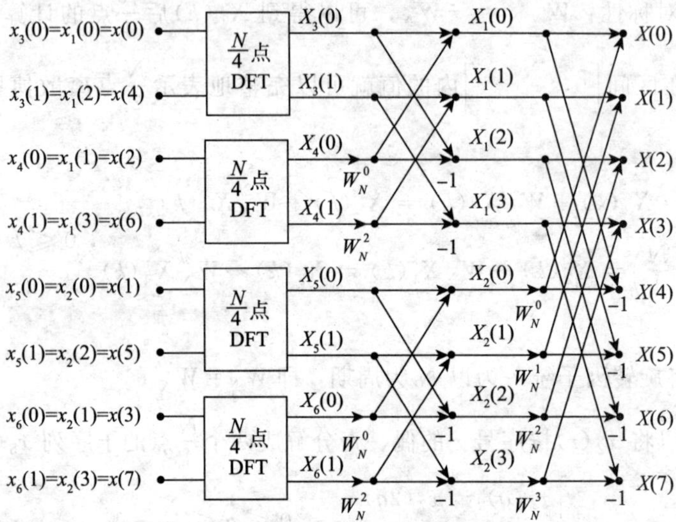

图8-48　二次分解后：将一个 N 点 DFT 分解为四个$\frac{N}{4}$点 DFT 的运算流图($N=8$)

$x(n)(0\leqslant n\leqslant N-1)$连续进行 $m-1$ 次偶奇分解(组)，直至得到 $2^{(m-1)}\left(=\frac{N}{2}\right)$个 2 点序列为止。此时，一个 $N=2^m$ 点序列 DFT 的计算就转化为 $2^{(m-1)}$个 2 点序列 DFT 的计算再加上 $m-1$ 级蝶形组合运算，而当 $N=2$ 时，2 点序列$\{x(0),\ x(1)\}$的 DFT 可以表示为

$$X(k)=\sum_{n=0}^{1}x(n)W_2^{nk}=x(0)W_2^0+x(1)W_2^k=x(0)+x(1)W_2^k,k=0,1 \tag{8-256}$$

即：

$$\begin{cases}X(0)=x(0)+x(1)W_2^0=x(0)+x(1)=x(0)+W_N^0x(1)\\X(1)=x(0)+x(1)W_2^1=x(0)-x(1)=x(0)-W_N^0x(1)\end{cases} \tag{8-257}$$

式(8-257)对应的 DFT 运算流图如图 8-49a 所示。可以看出，2 点序列的 DFT 计算也是蝶形运算，且它的旋转因子 $W_N^0=1$。由于 1 点序列的 1 点 DFT 就是其本身，即：

$$\begin{cases}X_{(1)}(0)=\sum\limits_{n=0}^{0}x(0)W_1^0=x(0)\\X_{(1)}(1)=\sum\limits_{n=0}^{0}x(1)W_1^0=x(1)\end{cases} \tag{8-258}$$

所以 2 点序列的 DFT 可以视为 2 个 1 点 DFT 的线性组合，如图 8-49b 所示，它等价于图 8-49a。

因此，在对 $N=2^m$ 点序列按变量 n 的偶、奇性进行 $m-1$ 次分解(组)后，还可以进行最后一次(第 m 次)分解，即将其$\frac{N}{2}$个 2 点序列的 DFT 分解为 N 个 1 点序列的DFT，但是，

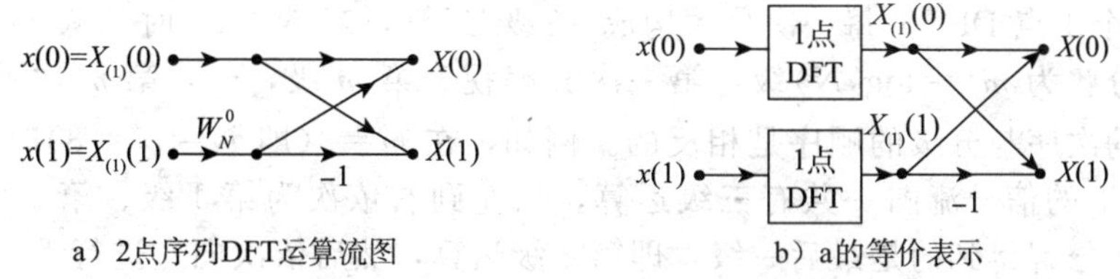

图 8-49　2 点序列 DFT 运算流图

与之前分解过程有所不同的是，这次分解并不改变时域序列值的排序，其原因在于此次分解是对 2 点序列进行的，不论偶、奇性。当 $N=8=2^3$ 时，以 $x_3(r)$为例，由式(8-249)可得：

$$\begin{cases}X_3(0)=X_3(0)+W_2^0X_3(1)=x(0)+W_2^0x(4)=x(0)+W_N^0x(4)\\X_3(1)=X_3(0)+W_2^1X_3(1)=x(0)+W_2^1x(4)=x(0)-W_N^0x(4)\end{cases}\tag{8-259}$$

式(8-259)对应的 DFT 运算流图如图 8-50 所示。$x_i(r)(i=4,5,6)$的分解过程与 $x_3(r)$类似。

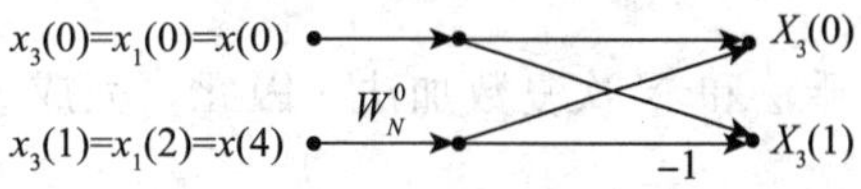

图 8-50　第三次分解：将 2 点 DFT 分解为两个 1 点 DFT

通过上述分析可知，对于一个 $N=2^m$ 点序列 $x(n)(0\leqslant n\leqslant N-1)$，通过不断按其在时序上是偶数还是奇数将其分解短点偶、奇序号直至 1 点序列，即：

$$x(n)=\begin{cases}x(2\gamma)=\begin{cases}x(2\cdot 2q)=x(4q)=\cdots & x(0),x(4),x(8),\cdots\\x[2(2q+1)]=x(4q+2)=\cdots & x(2),x(6),x(10),\cdots\end{cases}\\x(2\gamma+1)=\begin{cases}x(2\cdot 2q+1)=x(4q+1)=\cdots & x(1),x(5)x(9),\cdots\\x[2(2q+1)+1]=x(4q+3)=\cdots & x(3),x(7),x(11),\cdots\end{cases}\end{cases}$$

以便化长序列 DFT 为短序列 DFT，因此，最终只需从原序列 $x(n)$出发，经过 m 级蝶形组合运算即可求得它的 DFT，这就是所谓的基 2 时域抽选 FFT 算法。图 8-51 给出了一个 $N=8=2^3$ 点序列 $x(n)(0\leqslant n\leqslant N-1)$按基 2 时域抽选 FFT 算法并经过上述 3 次分解后的蝶形运算流图。

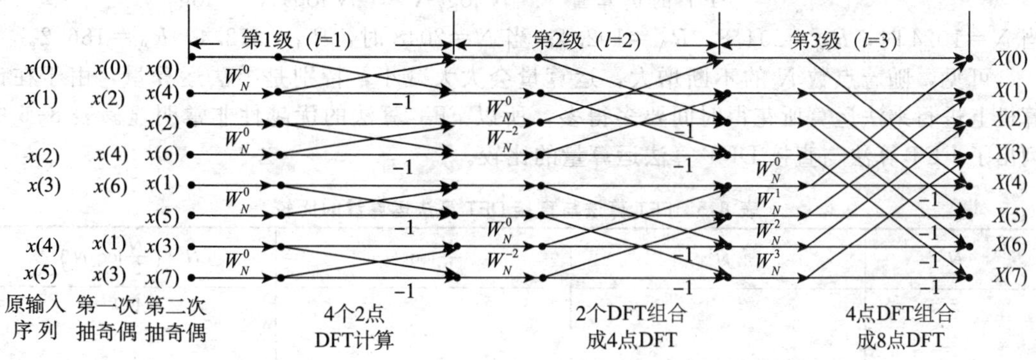

图 8-51　基 2 时域抽选 FFT 算法的运算流图($N=8=2^3$)

2. 算法特点

通过上面以 $N=8=2^3$ 点 DFT 为例对基 2 时域抽选 FFT 算法原理的讨论，可以得出一般基 2 时域抽选 $N=2^m$ 点 FFT 算法的特点。

(1)分解级数

基 2 时域抽选 FFT 算法对时域序列的分解过程是：首先将一个 N 点 DFT 分解为 2 个 $\frac{N}{2}$点 DFT，再分解为 4 个$\frac{N}{4}$点 DFT，进而分解为 8 个$\frac{N}{8}$点 DFT，直至$\frac{N}{2}$个 2 点 DFT，最

后分解为 N 个 1 点 DFT。每一次分解构成“一级”运算，当 $N=2^m$ 时，从 $x(n)$ 到 $X(k)$ 的信号流图应分解为 $m(=\log_2 N)$ 级，第一次分解视为第 m 级，…，第 m 次分解视为第 1 级，即分解的次序与分级的顺序是相反的。例如，在 $m=3$(即 $N=2^3=8$)时，图 8-51所示的 8 点 DFT 的信号流图一共有三级运算，从左到右依次为第 1 级、第 2 级和第 3 级，但是，第一次分解得到的是最后一级，即第 3 级运算，然后依次向左进行下一次分解，得到相应的蝶形运算级。

(2)蝶形运算个数与运算量大小

基 2 时域抽选 FFT 算法中的各级运算均是由蝶形组合运算构成的，当 $N=2^m$ 时，每一级都包含 $\frac{N}{2}$ 个蝶形运算单元，所以蝶形运算个数总共有 $m\times\frac{N}{2}=\frac{N}{2}\log_2 N$。由于每一个蝶形又只需要一次复数乘法和两次复数加法(加、减各一次)，所以每级运算均需 $\frac{N}{2}$ 次复数乘法和 N 次复数加法。因此，完成 m 级运算总共需要 $m\times\frac{N}{2}\times 1=\frac{N}{2}\log_2 N$ 次复数乘法以及 $m\times\frac{N}{2}\times 2=N\log_2 N$ 次复数加法。但是，实际的运算量要小于所给出的数字，因为当系数 $W_N^0=1$(共有 $1+2+4+\cdots+2^{m-1}=\sum\limits_{i=0}^{m-1}2^i=2^m-1=N-1$ 个)，$W_N^{\frac{N}{4}}=-\mathrm{j}$ 时，并不需要进行乘法运算。然而，这种情况在直接计算 DFT 时也是存在的。此外，当 N 较大时，这种情况相对很少。因此，为了统一进行比较，下面都不考虑这些特例。

这样，N 点基 2 时域抽选 FFT 算法同时减小了直接计算 N 点 DFT 所用的复数乘法次数(N^2)和复数加法次数($N(N-1)$)，两者运算量之比为

$$\text{乘法：}R_{\mathrm{M}}=\frac{\text{DFT 的运算量}}{\text{FFT 的运算量}}=\frac{N^2}{\frac{N}{2}\log_2 N}=\frac{2N}{\log_2 N}$$

$$\text{加法：}R_{\mathrm{A}}=\frac{\text{DFT 的运算量}}{\text{FFT 的运算量}}=\frac{N(N-1)}{N\log_2 N}\approx\frac{N^2}{N\log_2 N}=\frac{N}{\log_2 N}$$

当 $N=1024$ 时，$R_{\mathrm{M}}=204.8$，$R_{\mathrm{A}}=102.4$；当 $N=2048$ 时，$R_{\mathrm{M}}=372.4$，$R_{\mathrm{A}}=186.2$。

可见，随着点数 N 的不断增大，运算量会大大减小，特别是乘法运算量，由于在计算机上进行乘法运算所花得时间要多得多，所以 FFT 算法的优越性非常明显。表 8-5 中列出了 FFT 算法与直接 DFT 算法运算量的比较。

表 8-5 FFT 算法与直接 DFT 算法运算量的比较

N	N^2	$\frac{N}{2}\log_2 N$	$N^2/\left(\frac{N}{2}\log_2 N\right)$
2	4	2	4.0
4	16	4	4.0
8	64	12	5.4
16	256	32	8.0
32	1 024	80	12.8
64	4 096	192	21.4
128	16 384	448	36.6
256	65 536	1 024	64.0
512	262 144	2 304	113.8
1 024	1 048 576	5 120	204.8
2 048	4 194 304	11 264	372.4

3. 算法规律

为了能够比较简便地得出任何 $N=2^m$ 点基 2 时域抽选 FFT 算法的信号流图，下面给出了该算法在运算形式上的一些规律。

(1) 蝶形运算单元中两节点的间距

由图 8-51 可以看到，其输出序列是按自然排序的，输入序列却不然，这称为倒位序。由此可以得知，对于任何以这种方式对输入输出进行排序的 $N=2^m$ 点基 2 时域抽选 FFT 算法，其信号流图中每一级运算内均有 N 个节点及其对应的节点变量和 $\frac{N}{2}$ 个蝶形运算单元，每一级内任一蝶形运算单元中的节点 (i, j) 都是上下成对出现的，故称为对偶节点，并且同一级内任一蝶形运算单元中对偶节点的间距 $(j-i)$ 是相同的，但不同级内蝶形运算单元中对偶节点的间距则是不同的，即第一级(第一列)内每个蝶形运算单元中两节点的间距为 1，第二级(第二列)内每个蝶形运算单元中两节点的间距为 2，第三级(第三列)内每个蝶形运算单元中两节点的间距为 4，…，以此类推，在第 $l(l=1, 2, \cdots, m)$ 级运算单元中，每个蝶形单元中上、下两节点 i、j 的间距为 2^{l-1}，即相距 2^{l-1} 个点，可以表示为 $j-i=2^{l-1}$。

(2) 原位运算(同址运算)

所谓原位运算是指每一级运算的中间结果直至最后输出均存放于原来存放输入数据的存储单元中，无须增加额外的存储空间。之所以能够采用这种原位运算方式是由 FFT 中蝶形运算的特点所决定的，即每一级蝶形运算仅仅取决于前一级蝶形运算的结果，而与其他蝶形运算无关。由图 8-51 可以推知，在包含于 $N=2^m$ 点基 2 时域抽选 FFT 算法计算流程内的 m 级蝶形组合运算中，若将每一级(列)的输入视为一个序列，该算法实际上完成的是从所给时域序列 $x(n)$ 到 DFT 序列 $X(k)$ 的逐级迭代运算，如图 8-52 所示，其中第一级完成的是 $\frac{N}{2}$ 个 2 点短序列的 DFT 计算，后面各级蝶形计算都是逐级由短序列的 DFT 组合成对应长序列的 DFT，从而最终得到序列 $x(n)$ 的 DFT。图 8-52 中时域序列 $X^{(0)}(k)(k=0, 1, \cdots, N-1)$ 并不是 $x(n)$，它是将 $x(n)$ 位序倒置后的结果，例如在图 8-51 中 $N=2^3=8$ 的情况下，序列 $X^{(0)}(k)$ 与序列 $x(n)$ 之间的对应关系为

$$X^{(0)}(0)=x(0) \quad X^{(0)}(4)=x(1)$$
$$X^{(0)}(1)=x(4) \quad X^{(0)}(5)=x(5)$$
$$X^{(0)}(2)=x(2) \quad X^{(0)}(6)=x(3)$$
$$X^{(0)}(3)=x(6) \quad X^{(0)}(7)=x(7)$$

就此稍后进行说明。

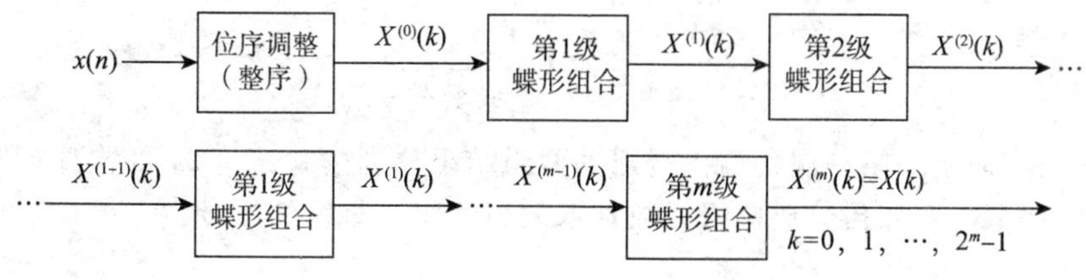

图 8-52　$N=2^m$ 点 DFT 基 2 时域抽选 FFT 算法的计算流程

这种迭代运算是非常有规律的，其每级(列)计算均由 $\frac{N}{2}$ 个蝶形运算构成，在数学上从式(8-246)、式(8-253)出发可以证明，第 $l(l=1, 2, \cdots, m)$ 级蝶形结构中每一个基本迭代运算的一般形式为

$$\begin{cases} X^{(l)}(i) = X^{(l-1)}(i) + W_N^r X^{(l-1)}(j) \\ X^{(l)}(j) = X^{(l-1)}(i) - W_N^r X^{(l-1)}(j) \end{cases}, r = 2^{(m-l)} \cdot i, i = 0,1,2,\cdots,(2^{(l-1)}-1), j = i + 2^{(l-1)} \tag{8-260}$$

式(8-260)中，i、j 为数据所在行数，也就是节点的位置，该式所对应的蝶形组合运算如图 8-53 所示。

由图 8-53 可见，从第 $l-1$ 级(列)取出行 i、j 处两节点(i，j)上的数据$\{X^{(l-1)}(i)$，$X^{(l-1)}(j)\}$进行蝶形组合运算后，即可得到第 l 级(列)中与 $l-1$ 级相同行 i、j 处两节点(i，j)上的输出数据$\{X^{(l)}(i)$，$X^{(l)}(j)\}$。此时，由于$\{X^{(l-1)}(i)$，$X^{(l-1)}(j)\}$不再参与第 l 级(列)其他蝶形结构中的计算，所以可以将输出结果$\{X^{(l)}(i)$，$X^{(l)}(j)\}$分别存放在$\{X^{(l-1)}(i)$，$X^{(l-1)}(j)\}$所在的存储单元内。这样，每完成一个蝶形组合运算，就可将其输出保存在输入曾占用过的存储单元内，即用输出覆盖输入，一旦本级所有蝶形运算都完成后，第 $l-1$ 级(列)全部数据 $X^{(l-1)}(k)(0\leqslant k\leqslant N-1)$就完全由第 l 级(列)的全部数据 $X^{(l-1)}(k)(0\leqslant k\leqslant N-1)$所代替，也就是说，若将输入数据 $x(n)(0\leqslant n\leqslant N-1)$存放在一个具有 N 个存储单元的存储器内，则在按每级$\frac{N}{2}$个蝶形运算全部完成后再开始下一级蝶形运算的次序进行全部蝶形运算的过程中，所有中间运算结果直至最后 DFT 输出 $X(k)=X^{(m)}(k)$均以蝶形为单位仍存储在该同一个存储器内，即信号流图中位于同一水平线上所有节点的数据将使用相同的存储单元。显然，这种在整个 FFT 运算中利用同一个存储单元存储蝶形运算内全部输入输出数据的原位运算结构可以节省大量内存空间，大幅降低系统成本，提高运算效率，便于硬件实现。

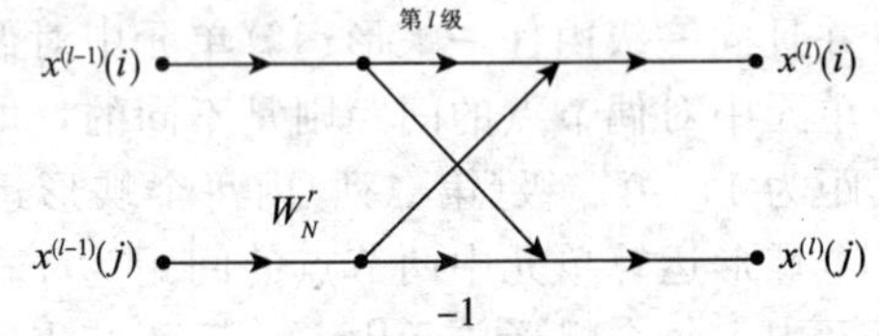

图 8-53 基 2 时域抽选 FFT 算法的蝶形运算结构的一般形式

(3) 倒位序

1) 倒位序规律。由运算流图 8-51 可见，在基 2 时域抽选 FFT 算法中，变换后的输出序列 $X(k)$的序号是按照自然顺序(又称正序)排列的，但是，输入序列 $x(n)$的序号却不是按自然顺序排列的，这种排列看似混乱，实际上是有规律的，恰为二进制码位的倒序。这是由每次按时间抽取时对输入序列 $x(n)$按偶数序号、奇数序号分组，直到最终分解为 2 点的 DFT 后输入数据不再改变顺序而造成的。

为了便于说明二进制码位的倒序输入，先来看十进制下分解排序的情况。从图 8-46 和图 8-48 可见，输入序列 $x(n)$的序号通过前两次分解发生了两次变更。第一次(分解)将其自然序号 $n=0$，1，2，3，4，5，6，7 按偶数、奇数分成两组，即：

$$\underbrace{0,2,4,6}_{\text{偶数组}} \;\Big|\; \underbrace{1,3,5,7}_{\text{奇数组}}$$

第二次(分解)是将第一次(分解)得出的两组结果分别按 0，1，2，3 次序(数字的自然顺序)排列的偶数、奇数再分成两组，故抽取后得 4 组，每组的序号为

$$\underbrace{\underbrace{0,4,}_{\text{偶数组}} \Big| \underbrace{2,6,}_{\text{奇数组}}}_{\text{偶数组}} \;\Big|\; \underbrace{\underbrace{1,5,}_{\text{偶数组}} \Big| \underbrace{3,7,}_{\text{奇数组}}}_{\text{奇数组}}$$

此为输入序列 $x(n)$的序号排列。这个规律可以应用于 N 为 2 的更高次幂的情况。对于 $N=2^m$ 点序列 $x(n)(0\leqslant n\leqslant N-1)$，若将第 0 个序号数和第一个序号数分别表示为 $D(0)$、$D(1)$，以此类推，第 U 个序号数用 $D(U)$表示，则这种倒位序输入序号的排列方法，还可以用通式表示为：

$$\text{初始序号值:}\begin{cases} D(0)=0 & [\text{第 0 个序号数为 0}] \\ D(1)=\dfrac{N}{2} & [\text{当 } N=8 \text{ 时,第 1 个序号数为}\dfrac{N}{2}=4] \end{cases} \tag{8-261}$$

$$\text{序号值}(U\geqslant 2)\text{:}\begin{cases} D(2U)=\dfrac{D(U)}{2} \\ D(2U+1)=D(2U)+\dfrac{N}{2} \end{cases},U=0,1,2,\cdots \tag{8-262}$$

例如，当 $N=8$ 时，从 0 计起的第 4 个序号为 $D(4)=\dfrac{D(2)}{2}=\dfrac{D(1)}{4}=1$，对应于倒位序的输入序列值为 $x(1)$。利用这种方法，对于任意 $N=2^m$ 点的情况，都可以得出正确的输入序列的抽选次序。

当 $N=8=2^3$ 时，应该用三位二进制数 $n_2n_1n_0$ 标明序列的十进制序号 n，即$(n)_{10}=(n_2n_1n_0)_2$，下标 10 和 2 分别表示十进制和二进制。表 8-6 给出了正序数和倒序数的对照关系。

表 8-6　正序数和倒序数($N=8$)的对照关系

顺序数	十进制$(n)_{10}$	0	1	2	3	4	5	6	7
	十进制$(n_2n_1n_0)_2$	000	001	010	011	100	101	110	111
倒位序	十进制$(n_0n_1n_2)_2$	000	100	010	110	001	101	011	111
	十进制$(n)_{10}$	0	4	2	6	1	5	3	7

由表 8-6 可见，只要将正序数的二进制表示$(n_2n_1n_0)_2$ 的高位和低位倒置即可得到倒序数$(n_0n_1n_2)_2$。结合表 8-6 和图 8-52 可知，将十进制正序数所对应的二进制数的序位倒置，则可得基 2 时域抽选 FFT 算法输入序列的输入顺序，因此，该算法的输入呈倒位序的形式。

若将序号 n=0，1，2，3，4，5，6，7 改用二进制数来表示上述分解情况，则当对输入序列 $x(n)$第一次进行奇偶分解时，偶数点序列出现在图 8-46 的上半部，奇数点序列出现在该图的下半部，这种数据的划分结构实际上可以由二进制最低位 n_0的取值来反映，即若序列号的最低位 $n_0=0$，则无论 n_1、n_2 为何值，该序号为偶数，因此会出现在上半部，若 $n_0=1$，则无论 n_1、n_2 为何值，该序号为奇数，因此会出现在下半部；第二次进行奇偶分解时则按次最低位 n_1 进行，而不管原来的子序列是偶序列还是奇序列，有$n_1=0$为偶数，$n_1=1$ 为奇数，这样分别对第一次得到的偶、奇两组序列再进行偶奇分解，从而得到 4 组子序列，它们是偶序列中的子偶数序列、偶序列中的子奇数序列、奇序列中的子偶数序列、奇序列中的子奇数序列，以此类推。这个不断分成偶数子序列和奇数子序列的过程也可以用图 8-54 所示的树状图表示，可以看出，输入的十进制“乱”序实际上是其用二进制表示的数码位按高低位码倒置而得到的。

一般地，当 $N=2^m$ 时，$x(n)$的正序号数可以用 m 位二进制 $n_{m-1}n_{m-2}\cdots n_2n_1n_0$表示，随着从 n_0位等于 0 或 1 将 $x(n)$分解为偶、奇两组子序列开始逐次进行分解，所对应的输入数据的序号就由 $n_{m-1}n_{m-2}\cdots n_2n_1n_0$逐步变为 $n_{m-2}n_{m-3}\cdots n_1n_0n_{m-1}$，$n_{m-3}n_{m-4}\cdots n_0n_{m-2}n_{m-1}$，…，最后第 m 次按 n_{m-1}位的 0 或 1 再分别对前面$\dfrac{N}{2}$组进行偶、奇分解，

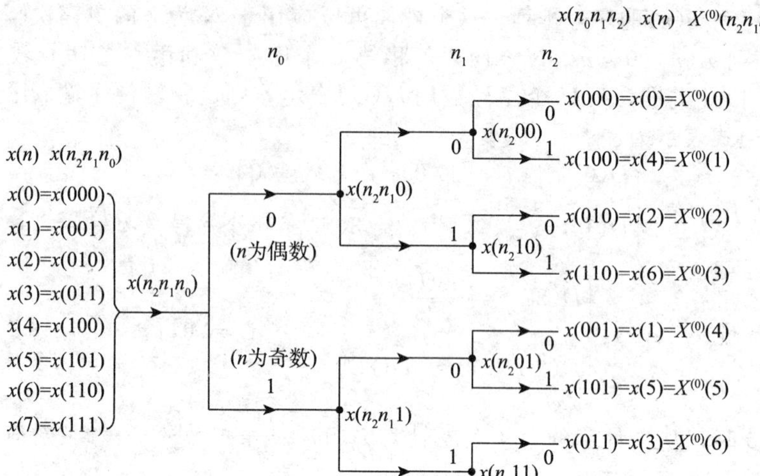

图 8-54 不断分成偶数子序列和奇数子序列的过程树状图($N=8$)

$x(n)$的全部均成为倒位序 $n_0n_1n_2\cdots n_{m-2}n_{m-1}$。

2）倒位序的实现。当 $N=2^m$ 时，十进制数 k 和二进制数的关系可以表示为

$$k=\sum_{i=0}^{m-1}k_i2^i \tag{8-263}$$

若用 $\bar{k}$ 表示倒位序运算，则 $\bar{k}$ 的二进制数表示则为 $\bar{k}=\sum\limits_{i=0}^{m-1}k_i2^{m-1-i}$ 。因此，在图 8-54 中，序列 $X^{(0)}(k)$和 $x(n)$之间的倒位序关系为

$$X^{(0)}(k)=x(\bar{k}),k=0,1,\cdots,N-1 \tag{8-264}$$

式(8-264)中，$x(n)$的序号变量改为 k，以与 $X^{(0)}(k)$的序号变量表示保持一致。由上面倒位序形成过程的讨论可知，式(8-264)中倒位序运算可以简单表示为

$$\overline{k_{m-1}k_{m-2}\cdots k_2k_1k_0}=k_0k_1k_2\cdots k_{m-2}k_{m-1} \tag{8-265}$$

在实际计算时，特别是当 N 值较大时，直接将输入数据按码位倒置的顺序排列好后再输入计算机是十分不便的，因此，一般是先按自然顺序将输入序列存入存储单元，再经过变址运算，把自然顺序存储转换为码位倒置次序后开始 FFT 计算。例如，在图 8-54 中，当 $N=8$ 时输入序列 $x(n)$的序号 k(n 改记为 k)的二进制表示为 $k_2k_1k_0$，其倒位序 $\bar{k}$ 的二进制表示为 $k_0k_1k_2$。因此，在原来自然顺序时应该存放 $x(k)$的单元，在倒位序时则应储置 $x(\bar{k})$，例如，$x(6)$的序号是 $k=(6)_{10}=1\times2^2+1\times2^1+0\times2^0=(110)_2$，而其倒位序的二进制数为$(\bar{6})_{10}=(\overline{110})_2=(011)_2=0\times2^2+1\times2^1+1\times2^0=(3)_{10}$，即 $\bar{k}=(3)_{10}$，所以原存放 $x(6)=x(110)$的单元在码位倒置后应存入 $x(3)=x(011)=X^{(0)}(011)$。

实现倒位序的变址功能如图 8-55 所示($N=8$)。为了不额外增加存储单元，针对按自然顺序存放在存储单元中的输入序列值，将某些单元的内容对调即可得到按倒位序存储的输入序列值，即当 $n=\bar{n}$ 时，数据不必对调，“住”原址不动，例如，第一个序列值 $x(0)$和最后一个序列值 $x(7)$；当 $n\neq\bar{n}$ 时，必须将存放 $x(n)$单元内的 $x(n)$与存放 $x(\bar{n})$单元内的 $x(\bar{n})$对调。为防止把已调换过的数据再次调换(又回到原状)，只需看 $\bar{n}$ 是否小于 n，若是，则意味着此 $x(n)$在前面已和 $x(\bar{n})$互换过了，故无须再对换，只有当 $\bar{n}$ 大于 n 时，才需要将原存放 $x(n)$与存放 $x(\bar{n})$两单元内的数据对换。这样，就在进行 FFT 运算前将按顺序存放的输入序列变为 FFT 原位运算必需的倒位序输入序列。倒位序运算可以通过硬件

电路或软件编程实现。

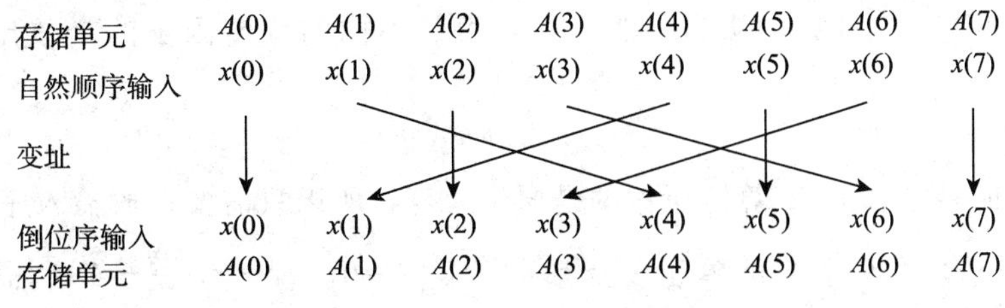

图 8-55　输入序列倒位序的变址处理($N=8$)

(4) 组

为了分析的方便，通常将 FFT 运算流图中每一级的$\frac{N}{2}$个蝶形单元分成若干个组，可以看到，同级的每一组均有着相同的结构和 W_N^r 的分布。在 $N=2^m$ 的情况下，第一级蝶形单元分为$\frac{N}{2}$组，第二级分为$\frac{N}{4}$组，依次分组下去，最后一级(即第 m 级)的所有蝶形单元分成为$\frac{N}{2^m}$组(即一组)。通常，第 $l(l=1, 2, \cdots, m)$级$\frac{N}{2}$个蝶形单元的分组数为$\frac{N}{2^l}(l=1, 2, \cdots m)$。

(5) 旋转因子 W_N^r 的分布规律

在 FFT 的运算流图中，每级蝶形运算中旋转因子 W_N^r 的分布与蝶形运算的级数有着确定关系。例如，若 $N=8$，由式(8-246)、式(8-255)和式(8-259)可知：

1) $l=1$ 时，有 $W_N^r=W_{\frac{N}{4}}^k=W_{2^l}^k$，$k=0$，有 1 个旋转因子；

2) $l=2$ 时，有 $W_N^r=W_{\frac{N}{2}}^k=W_{2^l}^k$，$k=0, 1$，有 2 个不同的旋转因子；

3) $l=3$ 时，有 $W_N^r=W_N^k=W_{2^l}^k$，$k=0, 1, 2, 3$，有 4 个不同的旋转因子。

进一步可以发现 $N=2^m$ 时每一级 W_N^r 的分布规律：第 $l=m$ 级，即经第一次分解后蝶形单元被分为$\frac{N}{2m}(=1)$组(当 $N=8$ 时对应图 8-51 中最右边一级)，其中有 $2^{m-1}\left(=\frac{N}{2}\right)$个不同的旋转因子，即 W_N^k，$k=0, 1, \cdots, 2^{m-1}-1$；第 $l=m-1$ 级，即经第二次分解后蝶形单元被分为$\frac{N}{2^{m-1}}(=2)$组，每组有 $2^{m-2}\left(=\frac{N}{4}\right)$个基本的蝶形单元，故有 $2^{m-2}\left(=\frac{N}{4}\right)$个不同的旋转因子，即 $W_{\frac{N}{2}}^k=W_N^{2k}$，$k=0, 1, \cdots, \frac{N}{4}-1$。以此类推，再往下分解直到最后一次分解，即第一级含有$\frac{N}{2}$个相同的基本蝶形单元，它们的旋转因子均为 W_N^k，$k=0$。

一般地，第 $l(l=1, 2, \cdots, m)$级$\frac{N}{2}$个蝶形运算单元被分解成$\frac{N}{2^l}$组，每组由 2^{l-1} 个基本的蝶形单元组成，故在第 l 级共有 2^{l-1} 个不同的旋转因子(每组蝶形运算个数)，它们是：

$$W_N^r = W_{2^l}^k, k = 0,1,\cdots,2^{l-1} - 1$$

由于 $2^l=2^m\times2^{l-m}=N\cdot2^{l-m}$，所以第 l 级蝶形单元中旋转因子 W_N^r 分布的一般规律为

$$W_N^r = W_{2^l}^k = W_{N\times 2^{l-m}}^k = W_N^{k\times 2^{(m-l)}}, k = 0,1,2,\cdots,2^{l-1}-1$$

式中，$r=k\times 2^{(m-l)}$。可见，从第一级开始，每级不同的旋转因子的个数比前一级增加一倍。

4. 存储单元

由于基 2 时域抽选 FFT 算法所做的是原位运算，所以只需要存放输入序列 $x(n)(n=0, 1, \cdots, N-1)$的 N 个存储单元以及系数 $W_N^r\left(r=0, 1, \cdots, \frac{N}{2}-1\right)$所需的$\frac{N}{2}$个存储单元。

8.13.4 基 2 频域抽选 FFT 算法(桑德—图基算法)

与基 2 时域抽选 FFT 算法按时间序号 n 的偶奇性对有限长序列 $x(n)$进行分解(抽取)相对应，基 2 频域抽选 FFT 算法按频率序号 k 的偶奇性对 $x(n)$的离散傅里叶变换 $X(k)$进行分解，这相当于对 $x(n)$进行前后对半分解。

1. 算法原理

(1)第一次分解

设 $N(N=2^m$，m 为正整数)点有限长序列 $x(n)(0\leqslant n\leqslant N-1)$，在 $X(k)$按序号 k 的偶、奇数分解之前，先将序列 $x(n)$按 n 的自然顺序前后对半分为两个子序列，这时，$x(n)$的 N 点离散傅里叶变换为

$$\begin{aligned}X(k)&= \mathrm{DFT}[x(n)] = \sum_{n=0}^{N-1} x(n)W_N^{nk} = \sum_{n=0}^{\frac{N}{2}-1} x(n)W_N^{nk} + \sum_{n=\frac{N}{2}}^{N-1} x(n)W_N^{nk}\\&= \sum_{n=0}^{\frac{N}{2}-1} x(n)W_N^{nk} + \sum_{n=0}^{\frac{N}{2}-1} x\left(n+\frac{N}{2}\right)W_N^{\left(n+\frac{N}{2}\right)k} \quad \left[\text{在和式}\sum_{n=\frac{N}{2}}^{N-1} x(n)W_N^{nk}\text{ 中令 } m = n-\frac{N}{2}\right]\\&= \sum_{n=0}^{\frac{N}{2}-1}\left[x(n)+x\left(n+\frac{N}{2}\right)W_N^{\frac{Nk}{2}}\right]W_N^{nk}, k = 0,1,\cdots N-1\end{aligned} \tag{8-266}$$

式(8-266)中，系数为 W_N^{nk}，而不是 $W_{\frac{N}{2}}^{nk}$，因此不是$\frac{N}{2}$点 DFT。由于 $W_N^{\frac{Nk}{2}}=(-1)^k$，故式(8-266)可变为

$$X(k) = \sum_{n=0}^{\frac{N}{2}-1}\left[x(n)+(-1)^k x\left(n+\frac{N}{2}\right)\right]W_N^{nk}, k = 0,1,\cdots N-1 \tag{8-267}$$

式(8-267)中，当 k 为偶数时，$(-1)^k=1$，方括号内的求和项变为 $x(n)+x\left(n+\frac{N}{2}\right)$，而当 k 为奇数时，$(-1)^k=-1$，求和项则变为 $x(n)-x\left(n+\frac{N}{2}\right)$，这正好构成一个蝶形计算。因此，可以按 $k=2r$(偶数)和 $k=2r+1$(奇数)，$r=0, 1, \cdots, \frac{N}{2}-1$，将式(8-267)中的$X(k)$分解为两个$\frac{N}{2}$点子序列，即：

$$\begin{cases}X_1(r) = X(2r)\\X_2(r) = X(2r+1)\end{cases}, r = 0,1,\cdots,\frac{N}{2}-1 \tag{8-268}$$

将式(8-268)代入式(8-267)中可得：

$$\begin{cases} X_1(r) = \sum_{n=0}^{\frac{N}{2}-1}\left[x(n)+x\left(n+\frac{N}{2}\right)\right]W_N^{2rn} = \sum_{n=0}^{\frac{N}{2}-1}\left[x(n)+x\left(n+\frac{N}{2}\right)\right]W_{\frac{N}{2}}^{rn} \\ X_2(r) = \sum_{n=0}^{\frac{N}{2}-1}\left[x(n)-x\left(n+\frac{N}{2}\right)\right]W_N^{(2r+1)n} = \sum_{n=0}^{\frac{N}{2}-1}\left\{\left[x(n)-x\left(n+\frac{N}{2}\right)\right]W_N^n\right\}W_{\frac{N}{2}}^{rn} \end{cases},$$

$$r=0,1,\cdots,\frac{N}{2}-1 \tag{8-269}$$

式(8-269)表明，方括号内序列 $x(n)(0\leqslant n\leqslant N-1)$的前一半——$x(n)\left(0\leqslant n\leqslant\frac{N}{2}-1\right)$与后一半——$x(n)\left(\frac{N}{2}\leqslant n\leqslant N-1\right)$的和的$\frac{N}{2}$点 DFT 等于 $X(k)$的偶数点序列，$x(n)$的前一半与后一半的差再与 W_N^n 的积的$\frac{N}{2}$点 DFT 等于 $X(k)$的奇数点序列。令式(8-269)中方括号内的两个$\frac{N}{2}$点序列分别为 $x_1(n)$和 $x_2(n)$，即：

$$\begin{cases} x_1(n) = x(n)+x\left(n+\frac{N}{2}\right) \\ x_2(n) = \left[x(n)-x\left(n+\frac{N}{2}\right)\right]W_N^n \end{cases},0\leqslant n\leqslant\frac{N}{2}-1 \tag{8-270}$$

则由式(8-269)可得 $x_1(n)$和 $x_2(n)$的$\frac{N}{2}$点 DFT 为

$$\begin{cases} X_1(r) = X(2r) = \sum_{n=0}^{\frac{N}{2}-1}x_1(n)W_{\frac{N}{2}}^{rn} = \mathrm{DFT}[x_1(n)] \\ X_2(r) = X(2r+1) = \sum_{n=0}^{\frac{N}{2}-1}x_2(n)W_{\frac{N}{2}}^{rn} = \mathrm{DFT}[x_2(n)] \end{cases},r=0,1,\cdots,\frac{N}{2}-1 \tag{8-271}$$

式(8-270)的运算可以用蝶形运算信号流图来表示，如图 8-56 所示，其中 W_N^n 仍为旋转因子。与基 2 时域抽选 FFT 算法中蝶形运算完成的组合功能有所不同，基 2 频域抽选 FFT 算法中的蝶形运算所完成的是转化功能，即将时域长点数序列转化为短点数序列。

图 8-56b 为 a 的简化表示，并约定图中右上角输出是左上与左下支路的相加输出，右下角输出是左上与左下支路的相减输出，因而在图中就不用标出-1了。可以看出，该信号流图的双输入和双输出均为时域数据，即输入序列为 $x(n)$的前一半和后一半，运算顺序是先加减后乘，与基 2 时域抽选 FFT 算法蝶形图的正好相反。这是因为式(8-270)和式(8-246)所对应的信号流图在运算结构上呈转置关系(先将流图中所有支路信号的流向反向，并保持所有支路增益不变，然后将输入和输出互换位置)，虽然两者中旋转因子所处的位置不同，但这两种蝶形运算具有相同的运算量，即一次复数乘法和两次复数加法(加、减各一次)。

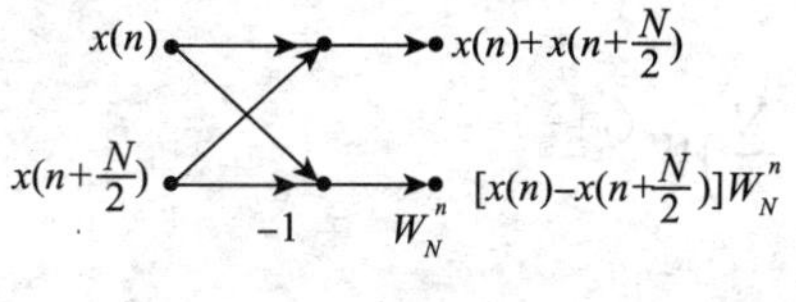

a）蝶形（流）图

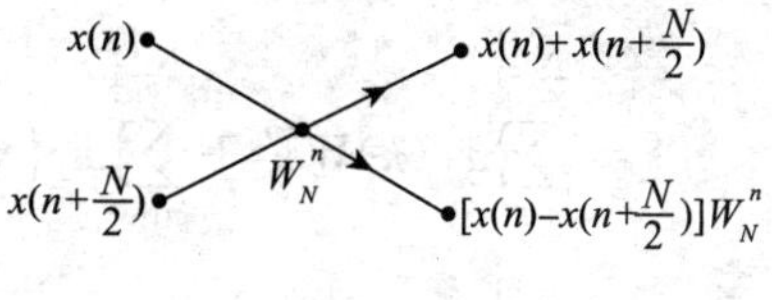

b）简化蝶形（流）图

图 8-56　基 2 频域抽选 FFT 算法的蝶形(流)图

这样，通过第一次分解就将一个 N 点离散傅里叶变换 $X(k)(0\leqslant k\leqslant N-1)$ 的计算化为一级蝶形转化运算和两个 $\frac{N}{2}$ 点 DFT 计算，即首先通过 $\frac{N}{2}$ 个蝶形运算将 N 点长序列 $x(n)$ 转化为两个 $\frac{N}{2}$ 点短序列 $x_1(n)$ 和 $x_2(n)$；然后分别对 $x_1(n)$ 和 $x_2(n)$ 进行 $\frac{N}{2}$ 点 DFT 得到 $X(k)$ 的偶数点序列 $X_1(r)$ 和奇数点序列 $X_2(r)$，即先进行蝶形运算再进行 DFT 运算；最后，对位于上半部的偶序列 $X_1(r)$ 和位于下半部的奇序列 $X_2(r)$ 重新排序便可得到原序列的 N 点离散傅里叶变换 $X(k)(k=0, 1, \cdots, N-1)$，这种计算顺序和基 2 时域抽选 FFT 算法的是不同的。图 8-57 是对 $N=8$ 点序列通过一次分解后的信号流图。对比图 8-46 和图 8-57 可知，这两个信号流图之间呈转置关系，即在图 8-46所示的信号流图中，将输入改为输出，输出改为输入，并在保持所有支路增益不变的情况下将所有支路信号反向，便可得出图 8-57 所示的信号流图。由于两个信号流图具有转置关系，所以它们的运算量完全相同，即共需 $\frac{N}{2}(N+1)$ 次复数乘法和 $\frac{N^2}{2}$ 次复数加法。这表明，与基 2 时域抽选 FFT 算法进行时域一次偶、奇分解时一样，基 2 频域抽选 FFT 算法通过频域一次偶、奇分解来间接完成 N 点 DFT 计算所需的运算量可比直接计算大约减少一半。

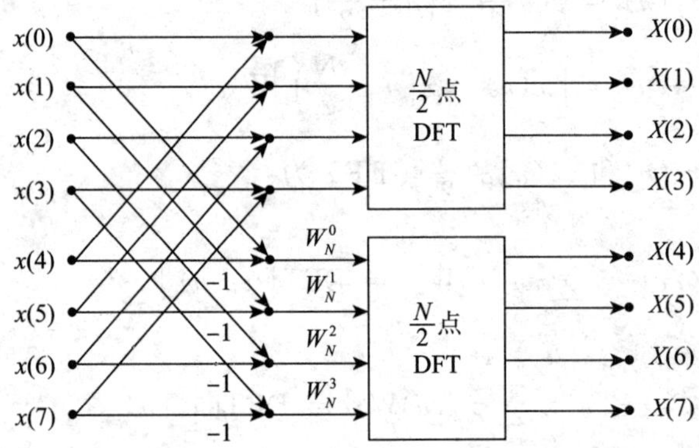

图 8-57 第一次分解：将一个 N 点序列 DFT 分解为两个 $\frac{N}{2}$ 点序列 DFT 的信号流图($N=8=2^3$)

(2) 第二次分解

与基 2 时域抽选 FFT 算法的推导过程一样，由于 $N=2^m$，$\frac{N}{2}$ 仍为偶数，所以可以用与上面同样的方法将所得的每个 $\frac{N}{2}$ 点 DFT 的结果继续分解为偶数组与奇数组，从而将一个 $\frac{N}{2}$ 点 DFT 进一步分解为两个 $\frac{N}{4}$ 点的 DFT。将 $X_1(r)$ 式中的求和分成前半部分和后半部分，则有：

$$\begin{aligned}X_1(r) &= \sum_{n=0}^{\frac{N}{2}-1} x_1(n)W_{\frac{N}{2}}^{rn} = \sum_{n=0}^{\frac{N}{4}-1} x_1(n)W_{\frac{N}{2}}^{rn} + \sum_{n=\frac{N}{4}}^{\frac{N}{2}-1} x_1(n)W_{\frac{N}{2}}^{rn} \\ &= \sum_{n=0}^{\frac{N}{4}-1} x_1(n)W_{\frac{N}{2}}^{rn} + \sum_{n=0}^{\frac{N}{4}-1} x_1\left(n+\frac{N}{4}\right)W_{\frac{N}{2}}^{(n+\frac{N}{4})r} \\ &= \sum_{n=0}^{\frac{N}{4}-1}\left[x_1(n) + W_{\frac{N}{2}}^{r\frac{N}{4}} x_1\left(n+\frac{N}{4}\right)\right]W_{\frac{N}{2}}^{nr},\ r=0,1,2,\cdots,\frac{N}{2}-1\end{aligned} \tag{8-272}$$

由于 $W_{\frac{N}{2}}^{r\frac{N}{4}}=W_N^{r\frac{N}{2}}=(-1)^r$，所以式(8-272)可变为：

$$X_1(r)=\sum_{n=0}^{\frac{N}{4}-1}\left[x_1(n)+(-1)^r x_1\left(n+\frac{N}{4}\right)\right]W_{\frac{N}{2}}^{nr},\ r=0,1,2,\cdots,\frac{N}{2}-1 \tag{8-273}$$

参考前面的做法，令 $r=2q$(偶数)和 $r=2q+1$(奇数)，分别将式(8-273)中的 $X_1(r)$分解为两个$\frac{N}{4}$点子序列，有：

$$\begin{aligned}X_1(2q)=X_3(q)&=\sum_{n=0}^{\frac{N}{4}-1}\left[x_1(n)+x_1\left(n+\frac{N}{4}\right)\right]W_{\frac{N}{2}}^{2nq}\\&=\sum_{n=0}^{\frac{N}{4}-1}\left[x_1(n)+x_1\left(n+\frac{N}{4}\right)\right]W_{\frac{N}{4}}^{nq},\ q=0,1,2,\cdots,\frac{N}{4}-1\end{aligned} \tag{8-274}$$

$$\begin{aligned}X_1(2q+1)=X_4(q)&=\sum_{n=0}^{\frac{N}{4}-1}\left[x_1(n)-x_1\left(n+\frac{N}{4}\right)\right]W_{\frac{N}{2}}^{n(2q+1)}\\&=\sum_{n=0}^{\frac{N}{4}-1}\left[x_1(n)-x_1\left(n+\frac{N}{4}\right)W_{\frac{N}{2}}^{n}\right]W_{\frac{N}{4}}^{nq},\ q=0,1,2,\cdots,\frac{N}{4}-1\end{aligned} \tag{8-275}$$

在式(8-274)和式(8-275)中分别令

$$\begin{cases}x_3(n)=x_1(n)+x_1\left(n+\frac{N}{4}\right)\\x_4(n)=\left[x_1(n)-x_1\left(n+\frac{N}{4}\right)\right]W_{\frac{N}{2}}^{n}\end{cases},\ n=0,1,2,\cdots,\frac{N}{4}-1 \tag{8-276}$$

将式(8-276)带入式(8-274)和(8-275)中可得：

$$\begin{cases}X_1(2q)=X_3(q)=\sum_{n=0}^{\frac{N}{4}-1}x_3(n)W_{\frac{N}{4}}^{nq}\\X_1(2q+1)=X_4(q)=\sum_{n=0}^{\frac{N}{4}-1}x_4(n)W_{\frac{N}{4}}^{nq}\end{cases},\ q=0,1,2,\cdots,\frac{N}{4}-1 \tag{8-277}$$

同理，$X_2(r)$也可以再分解为两个$\frac{N}{4}$点 DFT，即 $X_5(q)$、$X_6(q)$。这样，原 N 点 DFT 的计算变为两级蝶形转化运算和 4 个$\frac{N}{4}$点 DFT 的计算，从而使总的运算量又大致减少一半。图 8-58 给出了当 $N=8$ 时第二次分解基 2 频域抽选 FFT 算法的运算流图。

由于 $N=2^m$，以此类推，这个按序号 k 的偶、奇性对序列 $X(k)$连续进行偶、奇分解的过程可以一直进行下去，直至经过 m 次分解而最终得到 $2^{(m-1)}=\frac{N}{2}$个长度为 2 的序列为止。同时域分解一样，第 m 次分解实际上是进行 2 点序列的 DFT 计算，也就是旋转因子为 1 的蝶形运算，其中只有加、减运算，但为了统一运算结构，也为了便于比较，仍用系数为 W_N^0 的蝶形运算来表示。因此，对于 $N(=2^m)$点序列 $x(n)(0\leqslant n\leqslant N-1)$来说，基 2 频域抽选 FFT 算法实际上是从原序列 $x(n)$出发，通过 m 级蝶形转化运算求得它的 DFT。

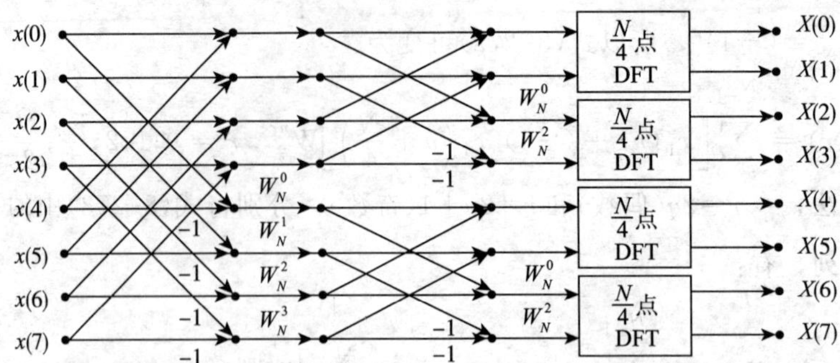

图 8-58 第二次分解：将一个 N 点序列 DFT 分解为 4 个 $\frac{N}{4}$点序列 DFT 的运算流图（$N=8=2^3$）

图 8-59 所示为当 $N=8$ 时经 3 次分解（第三次分解将 8 点 DFT 分解为 8 个 1 点 DFT）后所得的完整的基 2 频域抽选 FFT 算法的运算流图。

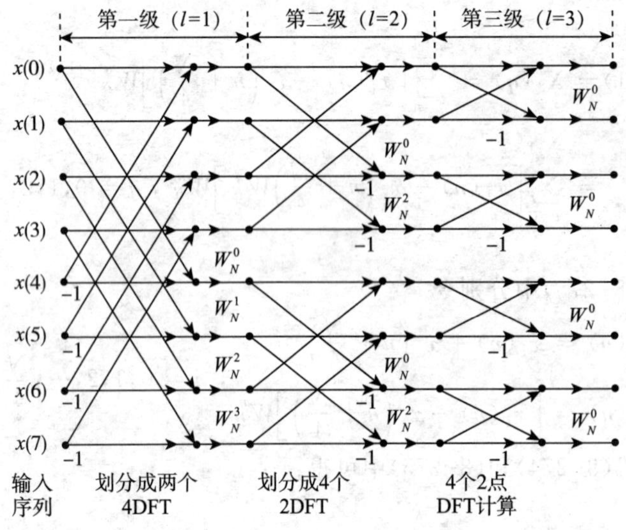

图 8-59 基 2 频域抽选 FFT 算法的运算流图（$N=8=2^3$）

对比图 8-51 和图 8-59 可以得出结论：基 2 时域抽选 FFT 算法的运算流图和基 2 频域抽选 FFT 算法的运算流图是互为倒置的，两者的计算过程都是连续迭代，且具有相同的运算量。

2. 算法规律与特点

通过上面的讨论，可以得出基 2 频域抽选 $N=2^m$ 点 FFT 算法的一般规律与特点，具体如下。

(1) 分解级数、蝶形运算个数与运算量大小

基 2 频域抽选 $N=2^m$ 点 FFT 算法与基 2 时域抽选 $N=2^m$ 点 FFT 算法类似，共有 $m(=\log_2 N)$级运算，每级(列)有$\frac{N}{2}$个蝶形单元，蝶形运算总数也为 $m\times\frac{N}{2}=\frac{N}{2}\log_2 N$。

(2) 蝶形运算单元中两节点的间距与原位运算

由图 8-59 可见，第一级(第一列)内每个蝶形运算单元中两节点的间距为 4，第二级(第二列)内每个蝶形运算单元中两节点的间距为 2，第三级(第三列)内每个蝶形运算单元中两节点的间距为 1，…，以此类推，在第 $l(l=1, 2, \cdots, m)$级运算中，每个蝶形单元中上、下两节点 i、j 的间距为 $2^{m-l}=\frac{N}{2^l}$，即相距 2^{m-l}个点，可以表示为 $j=i+2^{m-l}$。

由图 8-59 可以推知，在 $N=2^m$ 点基 2 频域抽选 FFT 算法计算流程内包含的 m 级蝶形转化运算中，若将每一级(列)的输入视为一个序列，该算法实际上完成的是从所给时域序列 $x(n)$到 DFT 序列 $X(k)$的逐级迭代运算，如图 8-60 所示，前面各级蝶形运算都是不断将长序列分解为短序列，最后一级完成$\frac{N}{2}$个 2 点短序列的 DFT 运算，从而得 DFT 结果 $x^{(m)}(k)$。由于基 2 频域抽选 FFT 算法的运算流图与基 2 时域抽选 FFT 算法的运算流图存在转置关系，所以频域算法的输入为正序，即 $x^{(0)}(n)=x(n)(0\leqslant n\leqslant(N-1))$，输出 $x^{(m)}(k)$为倒序，对其倒序后才能得到自然顺序的 $X(k)$。由于基 2 时域抽选 FFT 算法是输入序列按偶、奇分解，所以 $x(n)$的顺序要按倒序重排，而输出序列按前后分半，故 $X(k)$的顺序不需要重排；基 2 频域抽选 FFT 算法则是输出序列按偶、奇分解，所以 $X(k)$的顺序要按倒序重排，而输入序列按前后分半，故 $x(n)$的顺序不需要重排。

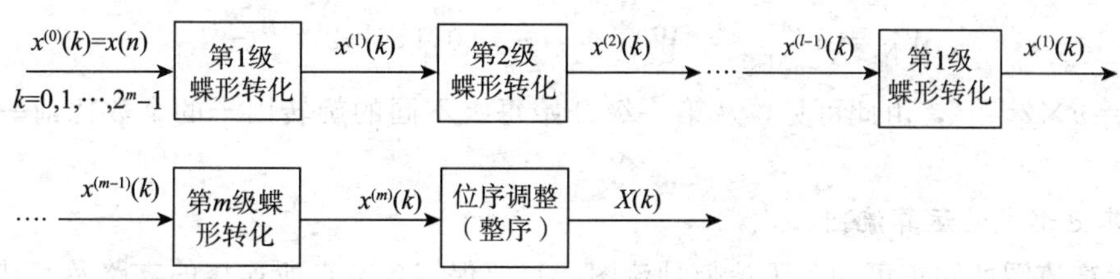

图 8-60　$N=2^m$ 点 DFT 基 2 频域抽选 FFT 算法的计算流程

从图 8-59 可知，图 8-60 中每级(列)$\frac{N}{2}$个蝶形单元中的任一蝶形运算都具有图 8-61 所示的结构。由于基 2 时域抽选 FFT 算法的运算流图和基 2 频域抽选 FFT 算法的运算流图之间存在着倒置关系，所以后者的第 l 级蝶形转化应与前者的第$(m+1-l)$级蝶形组合相对应。因此，根据式(9-257)可以得出第 $l(l=1,2,\cdots,m)$级蝶形结构中每一个基本迭代运算的一般形式为

$$\begin{cases}x^{(l)}(i)=x^{(l-1)}(i)+x^{(l-1)}(j)\\x^{(l)}(j)=[x^{(l-1)}(i)-x^{(l-1)}(j)]W_N^r\end{cases}$$

$$r=2^{(l-1)}\cdot i,i=0,1,2,\cdots,2^{(m-l)}-1,j=i+2^{(m-l)} \tag{8-278}$$

式(8-278)中，i、j 为数据所在行数，即节点的位置。序列 $x^{(l-1)}(i)$为第 $l(l=1,2,\cdots,m)$级蝶形转化的输入序列，$x^{(l)}(i)$则为输出序列。该式说明了在对序列 $x^{(l-1)}(n)$进行蝶形转换时正确确定 $2^{(m-1)}$ 个蝶形运算的输入和旋转因子的方法，并表明：基 2 频域抽选 $N=2^m$ 点 FFT 算法也是原位计算，可以减少对存储空间的要求。比较图 8-53 和图 8-61 可知，两者具有转置关系。

应该明确的是，在基 2 时域抽选 FFT 算法中，蝶形计算所实现的是由两个短序列的 DFT 组合成相应长序列的 DFT，而在基 2 频域抽选 FFT 算法中，蝶形计算所完成的则是将一个长序列分解为两个短序列。

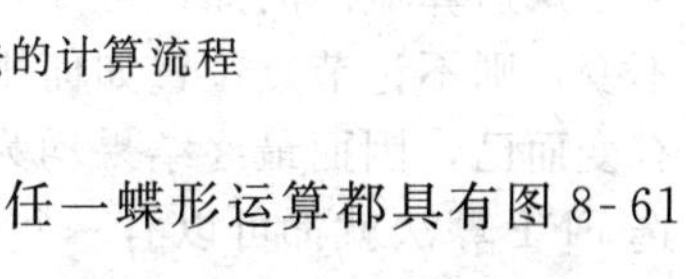

图 8-61　基 2 频域抽选 FFT 算法的蝶形运算结构的一般形式

(3) 旋转因子 W_N^r 的分布规律

由图 8-59 可知，在基 2 频域抽选 $N=2^m$ 点 FFT 算法的运算流图中，每级蝶形运算中旋转因子 W_N^r 的分布与蝶形运算的级数也有着确定关系。由式(8-270)、式(8-276)可以推知 $N=2^m$ 时每一级 W_N^r 的分布规律：第一($l=1$)级(列)，即经第一次转化后，蝶形单元被分为$\frac{N}{2^m}(=1)$组(当 $N=8$ 时对应图 8-59 中最左边一级)，其中不同旋转因子的个数为

$2^{m-1}\left(=\frac{N}{2}\right)$，顺序为 W_N^0，W_N^1，…，$W_N^{\left(\frac{N}{2}-1\right)}$，第二($l=2$)级(列)，即经第二次转化后，蝶形单元被分为 $\frac{N}{2^{m-1}}(=2)$ 组，每组有 $2^{m-2}\left(=\frac{N}{4}\right)$ 个不同的旋转因子，顺序为 W_N^0，W_N^2，…，$W_N^{\left(\frac{N}{2}-2\right)}$，依次再往后转化直到最后一次转化(即第 m 级)蝶形单元被分为 $\frac{N}{2}$ 组，也就是含有 $\frac{N}{2}$ 个相同的基本蝶形单元，它们的旋转因子均为 W_N^r，$r=0$。

一般地，第 $l(l=1, 2, \cdots, m)$ 级 $\frac{N}{2}$ 个蝶形运算单元被分解成 $2^{(l-1)}$ 组，每组由 2^{m-l} 个基本的蝶形单元组成，故在第 l 级中共有 2^{m-l} 个不同的旋转因子(每组蝶形运算个数)，即：

$$W_N^r = W_{\frac{N}{2^{(l-1)}}}^n = W_N^{n\times 2^{(l-1)}}, n = 0,1,\cdots,2^{(m-l)}-1$$

其中，$r=n\times 2^{(l-1)}$，由此可见，从第一级开始每级不同的旋转因子的个数比前一级减少一半。

3. 其他形式的运算流图

从运算流图的知识可知，无论何种流图，只要保持各节点所连接的支路及其传输系数不变，则不论节点位置如何排列，所得到的流图都是等效的，只是数据的提取与存放次序有变而已，因而最终结果均为输入时域序列的 DFT。这样，时域抽选 FFT 算法和频域抽选 FFT 算法就都可以有一些不同形式的流图，图 8-51 和图 8-59 仅为 $N=8$ 情况下最为典型的两种形式。

8.13.5 基 2 时域抽选 FFT 算法与基 2 频域抽选 FFT 算法的比较

由上述分析可知，时域抽选 FFT 算法与频域抽选 FFT 算法之间有着明确的对应关系，即由某一特定的时域抽选 FFT 算法可以直接得到具有相似特点的频域抽选 FFT 算法，反之亦然。

这两种算法输入输出的自然顺序与倒位序排列并不是它们的本质差异，因为可以将它们的输入或输出进行重排，使其输入或输出顺序变为自然顺序与倒位序顺序。时域抽选 FFT 算法与频域抽选 FFT 算法之间的实质性区别在于前者是逐次将序号 n 分解成偶奇序列，后者则是逐次将序号 k 分解成偶奇序列，因而使得它们的蝶形运算结构的一般形式(图 8-53 和图 8-61)有所不同，表 8-7 列出了这两种算法的主要异同点。

表 8-7 基 2 时域抽选 $N=2^m$ 点 FFT 算法与基 2 频域抽选 $N=2^m$ 点 FFT 算法比较

FFT / 规则	基 2 时域抽选 FFT 算法	基 2 频域抽选 FFT 算法
输入、输出序列的序号排列	输入倒位序，输出自然顺序	输入自然序，输出倒位序
蝶形单元	$\begin{cases}X^{(l)}(i)=X^{l-1}(i)+W_N^r X^{(l-1)}(j)\\X^{(l)}(j)=X^{(l-1)}(i)-W_N^r X^{(l-1)}(j)\end{cases}$ 图中标注：$X^{(l-1)}(i)$，$X^{(l)}(i)$，W_N^r，$X^{(l-1)}(j)$，-1，$X^{(l)}(j)$	$\begin{cases}X^{(l)}(i)=X^{l-1}(i)+X^{l-1}(j)\\X^{(l)}(j)=[X^{(l-1)}(i)-X^{(l-1)}(j)]W_N^r\end{cases}$ 图中标注：$x^{(l-1)}(i)$，$x^{(l)}(i)$，W_N^r，$x^{(l-1)}(j)$，-1，$x^{(l)}(j)$
蝶形运算级数	$m=\log_2 N$	$m=\log_2 N$
第一级蝶形单元节点距离	2^{l-1}，即 $j=i+2^{l-1}$	2^{m-l}，即 $j=i+2^{m-l}$

（续）

规则 \ FFT	基2时域抽选 FFT 算法	基2频域抽选 FFT 算法
第一级蝶形单元 W_N^r 因子	$W_{2^l}^k=W_N^{k2^{(m-l)}}$，$k=0,1,\cdots,2^{l-1}-1$	$W_N^{k2^{(l-1)}}$，$k=0,1,\cdots,2^{m-l}-1$
运算量	复数乘法：$\frac{N}{2}\log_2 N$ 复数加法：$N\log_2 N$	复数乘法：$\frac{N}{2}\log_2 N$ 复数加法：$N\log_2 N$

至此，简要介绍了基2时域抽选 FFT 算法与基2频域抽选 FFT 算法。实际上，还有很多其他 FFT 算法，例如基4 FFT 算法、混合基 FFT 算法、分裂基 FFT 算法等。这些 FFT 算法在原理上有很多共同点，而在硬件实现上难易程度又各不相同。由于现代高速数字信号处理器(DSP)中实现一次乘法运算的时间与实现一次加法运算的时间完全相同，所以更高基的 FFT 算法所节省的运算量极为有限，而基数越大算法越复杂，因此，实际中基2 FFT 算法得到了广泛的应用，而且基2 FFT 算法的基本思想也是其他算法必要的理论基础。

8.13.6 实数序列的 FFT 算法

上面的 FFT 算法都是将需要处理的有限长序列 $x(n)$ 作为复信号来讨论的。然而，在实际应用中，$x(n)$ 一般均为实信号，显然，这时若将实信号视为虚部为零的复信号再利用上述的 FFT 算法来计算其离散傅里叶变换，则会浪费一半的存储空间并耗费约一半的运算量。

为了缩短运算时间、节省硬件资源，可以考虑直接对实数据进行变换，例如离散哈特莱变换(DHT)；也可以利用实信号的频谱对称性实现对实信号的 FFT 变换或用 $\frac{N}{2}$ 点 FFT 计算一个 N 点序列的 DFT。本节仅讨论后者。

1. 利用一个 N 点复序列的 FFT 同时计算两个 N 点实序列的 DFT

利用 N 点复序列的 FFT 同时计算两个 N 点实序列的 DFT 是最早提出的一种方法。根据序列 DFT 的共轭对称性可知，任意复序列实部分量的 DFT 对应于其 DFT 的圆周共轭对称分量，而虚部分量的 DFT 对应于其 DFT 圆周共轭反对称分量，因此可以用一次 N 点 DFT 计算两个实序列的 DFT。

设 $x_1(n)$ 和 $x_2(n)$ 分别是两个长度均为 N 的实序列，由此合成出一个 N 点复序列 $x(n)$，即：

$$x(n)=x_1(n)+\mathrm{j}x_2(n),\ 0\leqslant n\leqslant N-1 \tag{8-279}$$

再设 $X_1(k)$、$X_2(k)$ 和 $X(k)$ 分别为 $x_1(n)$、$x_2(n)$ 和 $x(n)$ 的 N 点 DFT，由 DFT 的线性性质可得：

$$X(k)=X_1(k)+\mathrm{j}X_2(k) \tag{8-280}$$

式(8-280)中，$X_1(k)$、$X_2(k)$ 一般来说为复序列。对于复序列 $X(k)$ 又有：

$$X(k)=X_{\mathrm{ep}}(k)+X_{\mathrm{op}}(k) \tag{8-281}$$

$X_{\mathrm{ep}}(k)$ 和 $X_{\mathrm{op}}(k)$ 分别为 $X(k)$ 圆周共轭对称分量和圆周共轭反对称分量。根据 DFT 的共轭对称性可得：

$$X_{\mathrm{ep}}(k)=\mathrm{DFT}[x_1(n)]=\frac{1}{2}[X(k)+X^*(N-k)] \tag{8-282}$$

$$X_{\mathrm{op}}(k)=\mathrm{DFT}[\mathrm{j}x_2(n)]=\frac{1}{2}[X(k)-X^*(N-k)] \tag{8-283}$$

因此，

$$X_1(k)=\mathrm{DFT}[x_1(n)]=X_{\mathrm{ep}}(k)=\frac{1}{2}[X(k)+X^*(N-k)],0\leqslant k\leqslant N-1 \tag{8-284}$$

$$X_2(k)=\mathrm{DFT}[x_2(n)]=-\mathrm{j}X_{\mathrm{op}}(k)=-\mathrm{j}\,\frac{1}{2}[X(k)-X^*(N-k)],0\leqslant k\leqslant N-1 \tag{8-285}$$

由式(8-284)和式(8-285)可知，只需进行一次 N 点复序列的 FFT，就可以同时得到两个 N 点实序列的 DFT，从而使运算量降低了一半。

【例 8-18】 已知两个 4 点实序列分别为 $x_1(n)=\{1,\ 2,\ 0,\ 1;\ n=0,\ 1,\ 2,\ 3\}$，$x_2(n)=\{2,\ 2,\ 1,\ 1;\ n=0,\ 1,\ 2,\ 3\}$，试利用 4 点序列 FFT 算法同时计算 $\mathrm{DFT}[x_1(n)]$和 $\mathrm{DFT}[x_2(n)]$。

解：序列 $x_1(n)$和 $x_2(n)$都是 4 点的实序列，因此可以构造出一个 4 点复序列 $x(n)$为

$$x(n)=x_1(n)+\mathrm{j}x_2(n)=\{1+\mathrm{j}2,2+\mathrm{j}2,\mathrm{j},1+\mathrm{j};n=0,1,2,3\}$$

根据基 2 时域抽选 4 点 FFT 运算流图的一般形式见图 8-62a 可得到对应于本例的图 8-62b，从中求出复序列 $x(n)$的离散傅里叶变换 $X(k)$为

$$X(k)=\mathrm{DFT}[x(n)]=\{4+\mathrm{j}6,2,-2,\mathrm{j}2;n=0,1,2,3\}$$

而 $X^*(N-k)$为

$$X^*(N-k)=\{4-\mathrm{j}6,-\mathrm{j}2,-2,2;n=0,1,2,3\}$$

因此，利用式(8-284)和式(8-285)可以得出两个所求实序列的 DFT，它们分别为

$$X_1(k)=\mathrm{DFT}[x_1(n)]=\{4,1-\mathrm{j},-2,1+\mathrm{j};n=0,1,2,3\}$$

$$X_2(k)=\mathrm{DFT}[x_2(n)]=\{6,1-\mathrm{j},0,1+\mathrm{j};n=0,1,2,3\}$$

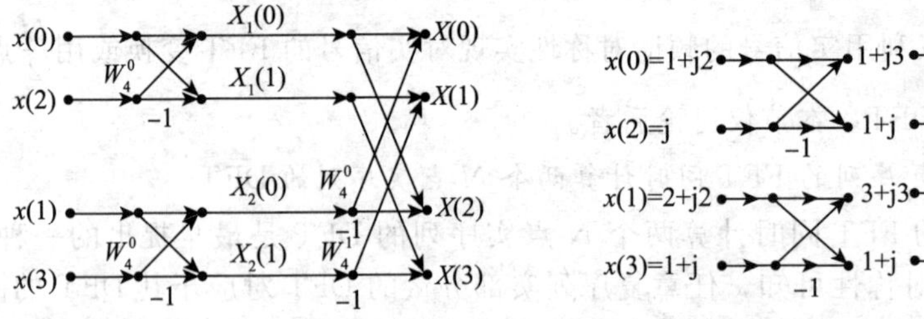

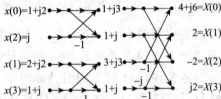

a）基2时域抽选4点FFT运算流图　　b) 应用4点FFT运算流图a计算复序列的DFT

图 8-62　例 8-17 的 4 点序列基 2 时间抽选 FFT 运算流图

2. 利用一个 N 点复序列的 FFT 计算 $2N$ 点实序列的 DFT

在一些 DSP 系统中，为了节省资源，经常只提供计算 N 点复序列的 FFT 程序，这时若要计算 $2N$ 点实序列 $x(n)$的 $2N$ 点离散傅里叶变换 $X(k)$，则需对该序列进行适当处理，以便直接利用 N 点复序列的 FFT 程序来计算 $2N$ 点实序列 $x(n)$的 DFT。为此，首先对 $x(n)$按偶、奇进行分解，以得到两个长度均为 N 的实序列，即：

$$\begin{cases}x_1(n)=x(2n)\\x_2(n)=x(2n+1)\end{cases},0\leqslant n\leqslant N-1 \tag{8-286}$$

接着构造一个 N 点复序列 $y(n)$，有：

$$y(n)=x_1(n)+\mathrm{j}x_2(n),\ 0\leqslant n\leqslant N-1 \tag{8-287}$$

对 $y(n)$计算一次 N 点 DFT 求出 $Y(k)$后，即可根据式(8-284)、式(8-285)同时求得 N 点实序列 $x_1(n)$和 $x_2(n)$的离散傅里叶变换 $X_1(k)$和 $X_2(k)$，而 $x_1(n)$和 $x_2(n)$分别是原实序列 $x(n)$的偶、奇子序列，即应用了基 2 时域抽选 FFT 算法的分解方法，因而套用式(8-246)可得：

$$\begin{cases}X(k)=X_1(k)+W_{2N}^kX_2(k)\\X(k+N)=X_1(k)-W_{2N}^kX_2(k)\end{cases},\ 0\leqslant k\leqslant N-1 \tag{8-288}$$

式(8-288)表明，一旦得出 $X_1(k)$ 和 $X_2(k)$ 就可以利用该式计算出 $2N$ 点实序列 $x(n)$ 的 DFT。

这种求解方法使用了一个 N 点 DFT 和一个基 2 时域抽选 FFT 算法的蝶形运算，因而当 N 较大时，计算效率约可提高一倍。

此外，也可以直接利用 N 点 FFT 程序分别计算出 N 点实序列 $x_1(n)$ 和 $x_2(n)$ 的离散傅里叶变换 $X_1(k)$ 和 $X_2(k)$，再利用式(8-288)求出 $X(k)$，这时计算量比上面的方法要大。

显然，根据这个原理，可以利用 N 点 FFT 程序计算长度为 $2^m\times N$(m 为正整数)序列的 DFT。

8.14　快速傅里叶反变换

对比 DFT 和 IDFT 的算式(8-101)和式(8-100)可以发现，后者比前者除了多乘一个系数 $\frac{1}{N}$ 和仅 W_N 的指数符号改变之外，其余均相同，即两者具有相同的运算结构，因而其性质呈现对称的特点，这就意味着完全可以根据现有 FFT 算法直接得出快速傅里叶反变换(IFFT)算法。此外，由于 W_N^{-nk} 和 W_N^{nk} 又具有相同的特性，所以 FFT 算法中的分解方式、排序方式以及蝶形运算结构都可以复用于构造 IFFT 算法，只是在命名上需要颠倒一下。

计算 DFT 时输入序列为 $x(n)$，输出序列为 $X(k)$，而计算 IDFT 时输入序列为 $X(k)$，输出序列为 $x(n)$。因此，若将时域抽选 FFT 算法用于计算 IFFT 时，由于原来是将时域序列 $x(n)$ 按 n 的偶、奇分解，而现在则是将 $X(k)$ 按 k 的偶、奇分解，所以这时得到的是频域抽选 IFFT 算法，反之，若将频域抽选 FFT 算法用于计算 IFFT，所得到的则是时频域抽选 IFFT 算法。

直接利用 FFT 算法的程序来计算 IFFT，只需将其中的输入序列 $x(n)$ 与输出序列 $X(k)$ 对调，将 W_N^{nk} 改换为 W_N^{-nk}，并将最后输出序列的每个元素乘以 $\frac{1}{N}$ 则可。由于 IDFT 计算式(8-101)比 DFT 计算式(8-102)多出系数 $\frac{1}{N}$，所以在 $N=2^m$ 点的情况下，有 m 级运算，故 $\frac{1}{N}=\left(\frac{1}{2}\right)^m$，因而可以将系数 $\frac{1}{N}$ 按 $\frac{1}{2}$ 分解到各级运算中去。于是，由图 8-53 和图 9-61分别可以得到 IFFT 的两种基本蝶形运算结构，如图 8-63a、b 所示。

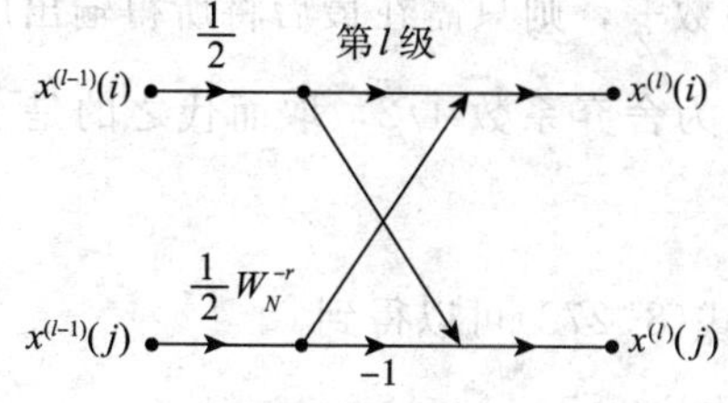

a）基2频域抽选IFFT的蝶形运算

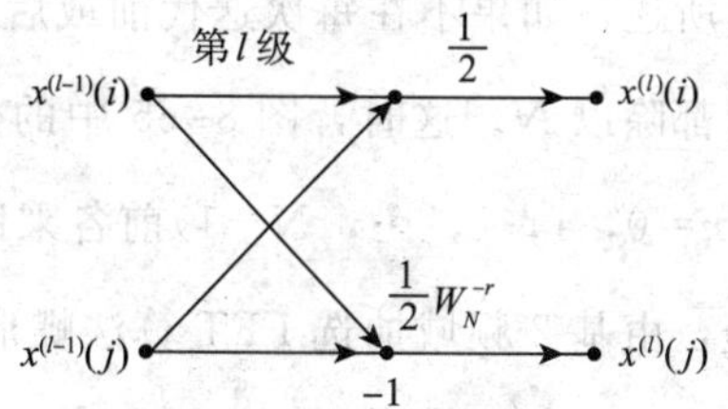

b）基2时域抽选IFFT的蝶形运算

图 8-63　IFFT 的两种基本蝶形运算结构

DFT 和 IDFT 的算式(8-101)和式(8-100)决定了可以有两种不同的方法导出 IFFT 算法。

1. 基于 FFT 算法直接定义 IFFT 算法

这里根据基 2 时域抽选 FFT 算法直接定义基 2 频域抽选 IFFT 算法。

显然，由基 2 时域抽选 FFT 算法的运算流图、蝶形运算通式还可以得出基 2 频域抽选 IFFT 算法的的运算流图、蝶形运算通式。在图 8-52 中将原输入 $x(n)$ 改为 $X(k)$，原输出 $X(k)$ 改为 $x(n)$ 可以得出基 2 频域抽选 IFFT 算法的运算流图(见图 8-64)。其中，序列 $x^{(m)}(n)$ 为待求序列 $x(n)$，而输入序列 $X(k)$ 与 $x^{(0)}(n)$ 的关系为 $x^{(0)}(n)=X(\overline{n})$。

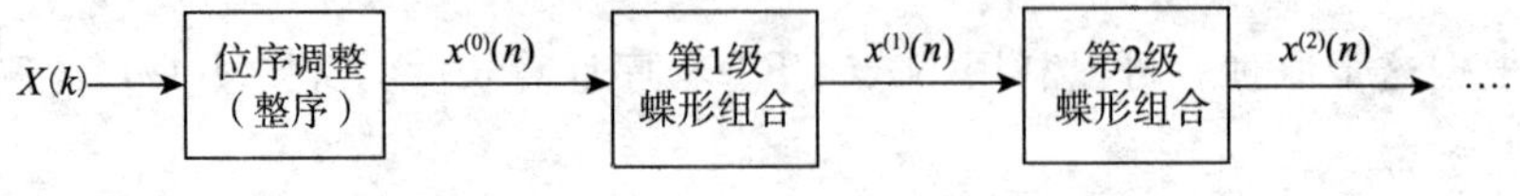

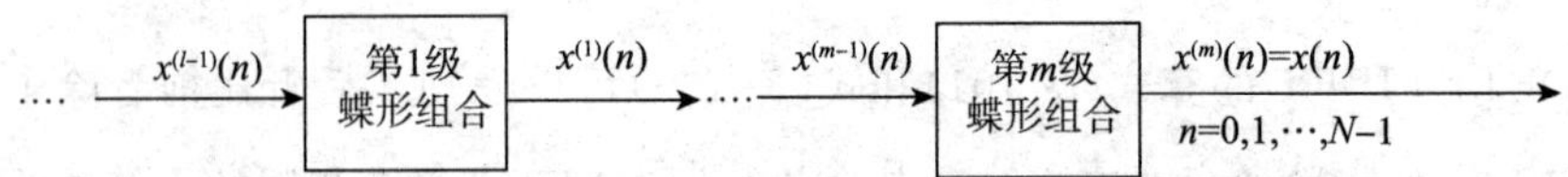

图 8-64 $N=2^m$ 点 IDFT 基 2 频域抽选 IFFT 算法的运算流图

由于 IDFT 计算式(8-100)比 DFT 计算式(8-101)多出系数 $\frac{1}{N}$，所以在 $N=2^m$ 点的情况下，有 m 级运算，故 $\frac{1}{N}=\left(\frac{1}{2}\right)^m$，即可以将系数 $\frac{1}{N}$ 按 $\frac{1}{2}$ 分解到各级运算中去。因此，图 8-64中第 $l(l=1，2，\cdots，m)$ 级迭代运算的一般形式可以由式(8-260)得出，则为

$$\begin{cases} x^{(l)}(i)=\dfrac{1}{2}x^{(l-1)}(i)+\dfrac{1}{2}W_N^{-r}x^{(l-1)}(j)=\dfrac{1}{2}[x^{(l-1)}(i)+W_N^{-r}x^{(l-1)}(j)] \\ x^{(l)}(\mathrm{j})=\dfrac{1}{2}x^{(l-1)}(i)-\dfrac{1}{2}W_N^{-r}x^{(l-1)}(j)=\dfrac{1}{2}[x^{(l-1)}(i)-W_N^{-r}x^{(l-1)}(j)] \end{cases},$$

$$r=2^{(m-l)}\cdot i,\ i=0,1,2,\cdots,2^{(l-1)}-1,\ j=i+2^{(l-1)} \tag{8-289}$$

由此可见，与 DFT 的基 2 时域抽选 FFT 算法相比，IDFT 的基 2 频域抽选 IFFT 算法具有大致相同的运算量，并且也是原位运算，其输入为倒序，输出为正序。图 8-65 给出了当 $N=8$ 时这种算法的运算流图，这只需在图 8-51 中将 W_N^r 改为 W_N^{-r}，并在每一级的各个蝶形中均加上相乘系数 $\frac{1}{2}$ 就可以得出。由于输入是频域序列 $X(k)$，分组过程也是按 k 的偶、奇性在频域中展开的，所以说这是一种基 2 频域抽选 IFFT 算法。

如前所述，如果不在每次迭代前或后乘上系数 $\frac{1}{2}$，则只需在最后将所得输出序列中的每个元素都除以 N。这时，图 8-65 中的变化仅为舍弃系数 1/2，取而代之的是在每个输出 $x(n)(n=0，1，2，\cdots，N-1)$ 前各乘以 $\frac{1}{N}$。

同理，由基 2 频域抽选 FFT 算法蝶形运算式(8-278)可以得到

$$\begin{cases} X^{(l)}(i)=\dfrac{1}{2}[X^{(l-1)}(i)+X^{(l-1)}(j)] \\ X^{(l)}(\mathrm{j})=\dfrac{1}{2}[X^{(l-1)}(i)-X^{(l-1)}(j)]W_N^{-r} \end{cases}$$

$$r=2^{(l-1)}\cdot i,\ i=0,1,2,\cdots,2^{(m-l)}-1,\ j=i+2^{(m-l)} \tag{8-290}$$

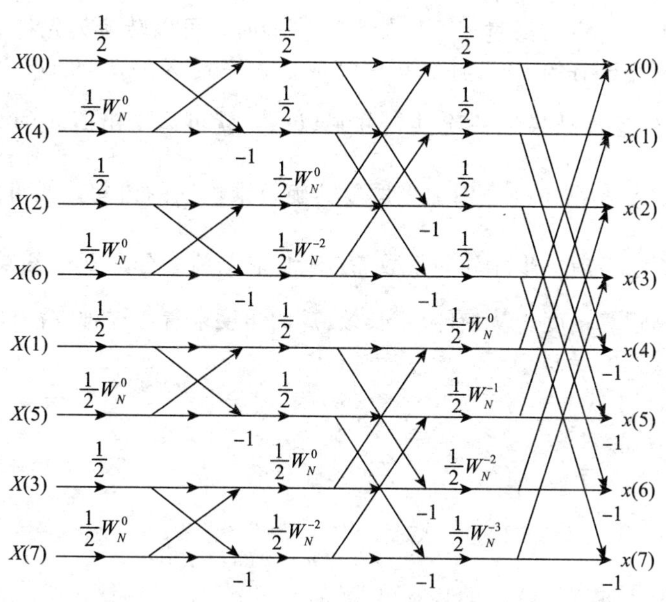

图 8-65　基 2 频域抽选 IFFT 算法的运算流图($N=8=2^3$)

式(8-290)所对应的蝶形运算单元如图 8-63b 所示。它可以由图 8-53 所示的运算流图经转置以后将系数 W_N^r 改为 W_N^{-r} 并添加系数 $\frac{1}{2}$ 而得。按照前述原则，可以直接在频域抽选 FFT 算法蝶形运算流图，即图 8-59 中将 W_N^r 改为 W_N^{-r} 并在每级运算中均乘以因子 $\frac{1}{2}$ 便得到图 8-66 所示的 IFFT 流图。

2. 直接根据 IDFT 定义导出 IFFT 算法

由于 DFT 与 IDFT 的算式结构具有对称性，因而完全可以借用 FFT 的计算机程序来计算 IFFT。对 IDFT 的表达式(8-100)两边取两次复共轭可得：

$$x(n)=\mathrm{IDFT}[X(k)]=\frac{1}{N}\sum_{k=0}^{N-1}X(k)W_N^{-kn}$$
$$=\frac{1}{N}\left[\sum_{k=0}^{N-1}X^*(k)W_N^{kn}\right]^*=\frac{1}{N}\{\mathrm{DFT}[X^*(k)]\}^* \tag{8-291}$$

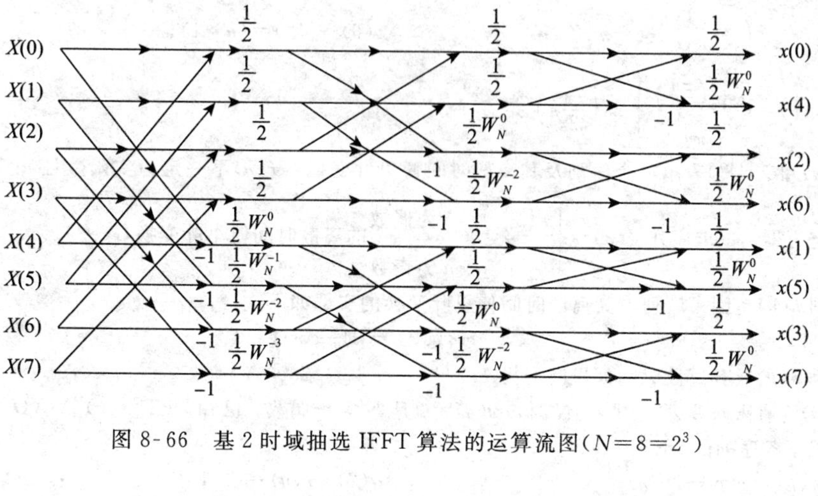

图 8-66　基 2 时域抽选 IFFT 算法的运算流图($N=8=2^3$)

由式(8-291)可知，由 $X(k)$通过 IFFT 来计算 $x(n)$时，可以转换为先将 $X(k)$取共轭得到 $X^*(k)$，再直接利用已有的 FFT 计算程序完成输入序列 $X^*(k)$的 DFT 变换，最后只需将所得到的 FFT 的运算结果取一次共轭并乘以$\frac{1}{N}$，就可以得出所求的 $x(n)$，即只需在 FFT 计算程序的开头和结尾处分别加上取复共轭及乘以$\frac{1}{N}$的语句，便可完成 IFFT 运算。然而，由于这种方法最后一步才处理系数$\frac{1}{N}$，所以它与将$\frac{1}{N}$分配到 m 级蝶形组合中的方法相比，不利于提高运算精度。从“有限字长效应”的角度来看，这种方法极有可能使得最终运算结果中含有较大的误差。

习题

8-1 已知周期序列

$$x(n)=\begin{cases}10, & 2\leqslant n\leqslant 6\\ 0, & n=0,1,7,8,9\end{cases}$$

周期为 $N=10$，试求 $X_N(k)=\mathrm{DFS}[x(n)]$。

8-2 设 $x(n)=R_3(n)$，$\dot{x}(n)=\sum\limits_{r=-\infty}^{\infty}x(n+7r)$，求 $\dot{X}(k)$，并画图表示 $\dot{x}(n)$、$\dot{X}(k)$。

8-3 设 $x_N(n)$为周期信号，周期 $N=8$，其傅里叶系数 $X_N(k)=-X_N(k-4)$。$x_N(n)$与 $y_N(n)$满足：$y_N(n)=\left[\frac{1+(-1)^n}{2}\right]x_N(n-1)$

(1) 求 $y_N(n)$的傅里叶系数 $Y_N(k)$；

(2) 求函数 $f(k)$，使其满足 $Y_N(k)=f(k)X_N(k)$。

8-4 已知下列信号的离散时间傅里叶变换，试确定它们所对应的原信号：

(1) $X(e^{j\Omega})=\begin{cases}0, & 0\leqslant|\Omega|<\Omega_0\\ 1, & \omega_0<|\Omega|\leqslant\pi\end{cases}$；

(2) $X(e^{j\Omega})=1-2e^{-j3\Omega}+4e^{j2\Omega}+3e^{-j6\Omega}$；

(3) $X(e^{j\Omega})=\sum\limits_{k=-\infty}^{\infty}(-1)^k\left(\Omega-\frac{k\pi}{2}\right)$。

8-5 试求下列序列的离散时间傅里叶变换：

(1) $x_1(n)=\delta(n-n_0)$；

(2) $x_2(n)=a^n\varepsilon(n+2)$，$0<a<1$；

(3) $x_3(n)=\sum\limits_{k=0}^{\infty}\left(\frac{1}{4}\right)^n\delta(n-3k)$；

(4) $x_4(n)=\begin{cases}\cos\left(\frac{\pi n}{3}\right), & -1\leqslant n\leqslant 4\\ 0, & 其他\end{cases}$；

(5) $x_5(n)=\left(\frac{1}{3}\right)^{|n|}\varepsilon(-n-2)$；

(6) $x_6(n)=(n-1)\left(\frac{1}{3}\right)^{|n|}$；

(7) $x_7(n)=\left[\frac{\sin\left(\frac{\pi n}{5}\right)}{\pi n}\right]\cos\left(\frac{7\pi}{2}n\right)$。

8-6 令 $x(n)$和 $X(e^{j\Omega})$表示一个序列及其离散时间傅里叶变换，$x(n)$不一定为实函数且 $n<0$ 时 $x(n)$也不一定为零，试求序列 $g(n)=\begin{cases}x\left(\frac{n}{2}\right) & n\text{ 为偶数}\\ 0 & n\text{ 为奇数}\end{cases}$的离散时间傅里叶变换 $G(e^{j\Omega})$。

8-7 若序列 $h(n)$是因果序列，其离散时间傅里叶变换的实部如下式：

$$H_R(e^{j\Omega})=1+\cos\Omega$$

求序列 $h(n)$及其离散时间傅里叶变换 $H(e^{j\Omega})$。

8-8 设 $x(n)$为有限长序列，当 $n\geqslant N$ 时，$x(n)=0$ 且 N 等于偶数。已知 $\mathrm{DFT}[x(n)]=X(k)$，试用$X(k)$表示以下各序列的 DFT：

(1) $x_1(n)=x(N-1-n)$；

(2) $x_2(n)=(-1)^n x(n)$；

(3) $x_3(n)=\begin{cases}x(n),\ 0\leqslant n\leqslant N-1\\x(n-N),\ N\leqslant n\leqslant 2N-1;\\0,\ n\text{为其他值}\end{cases}$　　(4) $x_4(n)=\begin{cases}x(n)+x\left(n+\dfrac{N}{2}\right),\ 0\leqslant n\leqslant \dfrac{N}{2}-1\\0,\ n\text{为其他值}\end{cases}$；

(5) $x_5(n)=\begin{cases}x(n),\ 0\leqslant n\leqslant N-1\\0,\ N\leqslant n\leqslant 2N-1\\0,\ n\text{为其他值}\end{cases}$　［DFT 的有限长度取 $2N$，k 取偶数］；

(6) $x_6(n)=\begin{cases}x\left(\dfrac{n}{2}\right),\ n\text{为偶数}\\0,\ n\text{为奇数}\end{cases}$　［DFT 的有限长度取 $2N$］；

(7) $x_7(n)=x(2n)\left[\text{DFT 的有限长度取}\dfrac{N}{2}\right]$。

8-9 $x(n)$是长度为 N 的有限长序列，$x_e(n)$、$x_o(n)$分别为 $x(n)$的圆周共轭偶部及奇部，即：

$$x_e(n)=x_e^*(N-n)=\frac{1}{2}[x(n)+x^*(N-n)]$$

$$x_o(n)=-x_o^*(N-n)=\frac{1}{2}[x(n)-x^*(N-n)]$$

试证明 $\text{DFT}[x_e(n)]=\text{Re}[X(k)]$；$\text{DFT}[x_o(n)]=\text{jIm}[X(k)]$。

8-10 证明离散傅里叶变换的若干对称性：

(1) $x[(n+m)]_N R_N(n)\leftrightarrow W_N^{-km}X(k)$；　(2) $x^*(n)\leftrightarrow X^*[(-k)]_N R_N(k)$；

(3) $x^*[(-n)]_N R_N(n)\leftrightarrow X^*(k)$；　(4) $\text{Re}[x(n)]\leftrightarrow X_{ep}(k)$；

(5) $\text{jIm}[x(n)]\leftrightarrow X_{op}(k)$。

8-11 求下列序列的 N 点 DFT。

(1) $x_1(n)=\varepsilon(n)-\varepsilon(n-n_0)$，$0<n_0<N$；　(2) $x_2(n)=4+\cos^2\left(\dfrac{2\pi}{N}n\right)$，$n=0,1,\cdots,N-1$；

(3) $x_3(n)=\delta(n)$；　(4) $x_4(n)=\delta(n-n_0)$，$0<n_0<N$；

(5) $x_5(n)=a^n$，$0\leqslant n\leqslant N-1$；　(6) $x_6(n)=\cos\left(\dfrac{2\pi}{N}nm\right)$，$0\leqslant n\leqslant N$，$0<m<N$。

8-12 $x(n)=\delta(n)+2\delta(n-2)+\delta(n-3)$

(1) 求 $x(n)$的 4 点 DFT；

(2) 若 $y(n)$是 $x(n)$与 $x(n)$的 4 点循环卷积，求 $y(n)$的 4 点 DFT；

(3) $h(n)=\delta(n)+\delta(n-1)+2\delta(n-3)$，求 $x(n)$与 $h(n)$的 4 点循环卷积 $v(n)$。

8-13 假设有序列 $x(n)(0\leqslant n\leqslant N-1)$，求其 N 点的 DFT$X(k)$，$0\leqslant k\leqslant N-1$，并利用 $X(k)$求出下式的 N 点 DFT。

(1) $u(n)=x(n)-x\left(n-\dfrac{N}{2}\right)$；　(2) $v(n)=x(n)+x\left(n-\dfrac{N}{2}\right)$；

(3) $y(n)=(-1)^n x(n)$。

8-14 已知序列 $x(n)=\left(\dfrac{1}{2}\right)^n\varepsilon(n)$的离散时间傅里叶变换为 $X(e^{j\Omega})$，又知一个有限长序列 $y(n)$，除 $0\leqslant n\leqslant 9$ 外，均有 $y(n)=0$，其 10 点 DFT$Y(k)$等于 $X(e^{j\Omega})$在其主周期内等间隔的 10 点抽样，求 $y(n)$。

8-15 若有 $x(n)(0\leqslant n\leqslant N-1)$，求满足下面条件的 N 点 DFT 序列 $X(k)(0\leqslant n\leqslant N-1)$。

(1) 能表示出当 N 是偶数时且对于所有 n，有 $x(n)=-x\left(n+\dfrac{N}{2}\right)$，则 $X(k)=0$(K 为偶数)。

(2) 能表示如果 N 是 4 的整数倍并且对于所有 n，有 $x(n)=-x\left(n+\dfrac{N}{4}\right)$，则 $X(k)=0$，$k=4l$，$0\leqslant l\leqslant\dfrac{N}{4}-1$。

8-16 定义一个长度为 12 的序列，$x(n)=\{3,-1,2,4,3,-2,0,1,-4,6,2,5\}$，$0\leqslant n\leqslant 11$，其 12 点 DFT 为 $X(k)$，$0\leqslant K\leqslant 11$。利用 $X(k)$不通过计算估计下式的 DFT。

(1) $X(0)$；(2) $X(6)$；(3) $\sum\limits_{k=0}^{11}X(k)$；(4) $\sum\limits_{k=0}^{11}e^{-j\frac{4\pi k}{6}}X(k)$；(5) $\sum\limits_{k=0}^{11}|X(k)|^2$。

8-17 已知 $h(n)$是实序列，其 8 点 DFT 的前 5 点值为{0.25，0.125－j0.3，0，0.125－j0.06，0.5}，试求 $h(n)$8 点 DFT 的后 3 点值。如果 $h_1(n)=h[(n+2)]_8R_8(n)$，求出 $h_1(n)$的 8 点 DFT 值。

8-18 给定一个计算复值序列 $x(n)$的 DFT 程序，如何利用这个程序计算 $X(k)$的 DFT 反变换？

8-19 已知一个 3000 点的序列与线性时不变滤波器求线性卷积，滤波器的单位采样响应长度为 60。为了利用快速傅里叶变换算法的计算效率，该滤波器用 128 点的离散傅里叶变换和离散傅里叶反变换实现。如果采用重叠相加法，为了完成滤波运算，需要多少 DFT 变换和 DFT 反变换？

8-20 已知 $x(n)$是长度为 N 的有限长序列，$X(k)=\mathrm{DFT}[x(n)]$。现在在 $x(n)$的每两点之间补进 $r-1$ 个 0 值，得到一个长度为 rN 的有限长序列 $y(n)$，即

$$y(n)=\begin{cases}x\left(\dfrac{n}{r}\right), n=ir, i=0,1,\cdots,N-1\\ 0, \quad 其他\end{cases}$$

求 $\mathrm{DFT}[y(n)]$与 $X(k)$的关系。

8-21 已知 $x(n)$是长度为 N 的有限长序列，$X(k)=\mathrm{DFT}[x(n)]$。现在将长度扩大 r 倍(在 $x(n)$后补 0 增长)，得到一个长度为 rN 的有限长序列 $y(n)$，且

$$y(n)=\begin{cases}x(n),\ 0\leqslant n\leqslant N-1\\ 0,\ N\leqslant n\leqslant rN-1\end{cases}$$

求 $Y(k)=\mathrm{DFT}[y(n)]$与 $X(k)$的关系。

8-22 若已知实有限长序列 $x_1(n)$、$x_2(n)$，其长度都为 N，且

$$\mathrm{DFT}[x_1(n)]=X_1(k),\qquad \mathrm{DFT}[x_2(n)]=X_2(k)$$
$$x_1(n)+\mathrm{j}x_2(n)=x(n),\qquad \mathrm{DFT}[x(n)]=X(k)$$

试证明下列关系式成立：

(1)$X_1(k)=\dfrac{1}{2}[X(k)+X^*(N-k)]$； (2)$X_2(k)=\dfrac{1}{2\mathrm{j}}[X(k)-X^*(N-k)]$。

8-23 已知两个有限长序列

$$x(n)=\cos\left(\frac{2\pi}{N}n\right)R_N(n),\ y(n)=\sin\left(\frac{2\pi}{N}n\right)R_N(n)$$

用直接卷积和 DFT 变换两种方法分别求解 $f(n)=x(n)ⓝ y(n)$，ⓝ为圆周卷积符号。

8-24 两个序列 $x_1(n)=\cos\left(\dfrac{2\pi n}{N}\right)$、$x_2(n)=\sin\left(\dfrac{2\pi n}{N}\right)$，求 $x_1(n)$和 $x_2(n)$的 N 点圆周卷积。

8-25 两个有限长序列 $x_1(n)$和 $x_2(n)$，在区间[0，99]以外的值为 0，两个序列在求圆周卷积后得到的新序列 $y(n)=x_1(n)ⓝ x_2(n)$，其中 $N=100$。若 $x_1(n)$仅在 $10\leqslant n\leqslant 39$ 时有非零值，确定 n 为哪些值时，$y(n)$一定等于 $x_1(n)$和 $x_2(n)$的线性卷积。

8-26 若一个长度为 8 点的序列 $x(n)$与一个长度为 3 点的序列 $h(n)$的线性卷积结果 $y(n)=x(n)*h(n)$，它是长度为 10 点的序列。假设整个输出 $y(n)$由两个 6 点的圆周卷积构成：$y_1(n)=x_1(n)⑥g(n)$，$y_2(n)=x_2(n)⑥g(n)$，其中，

$$g(n)=\begin{cases}h(n),\ n=0,1,2\\ 0, n=3,4,5\end{cases}$$

$$x_1(n)=\begin{cases}x(n),\ n=0,1,2,3\\ 0, n=4,5\end{cases}$$

$$x_2(n)=\begin{cases}x(n+4),\ n=0,1,2,3\\ 0,\ n=4,5\end{cases}$$

若 $y_1(n)$与 $y_2(n)$的值如下表所示：

n	0	1	2	3	4	5
$y_1(n)$	1	−2	−3	2	1	3
$y_2(n)$	2	−3	−4	3	−2	−2

求序列 $y(n)$。

8-27 序列 $x_1(n)$、$x_2(n)$如题 8-27a、b 图所示，设 $y(n)=x_1(n)ⓝ x_2(n)$，符号ⓝ为循环卷积符号。求 $y(n)$并画出 $y(n)$的图形。

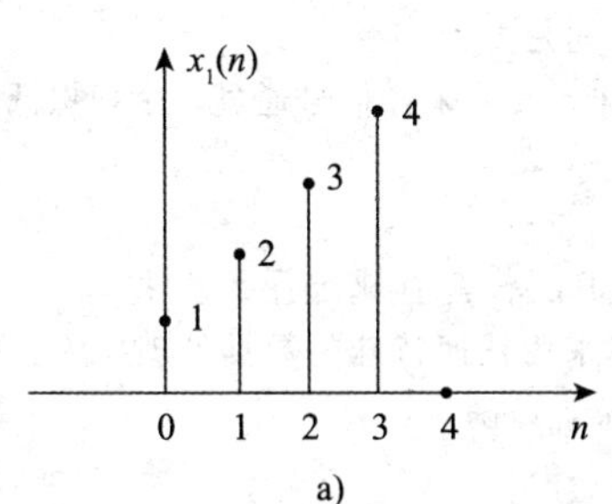

a)

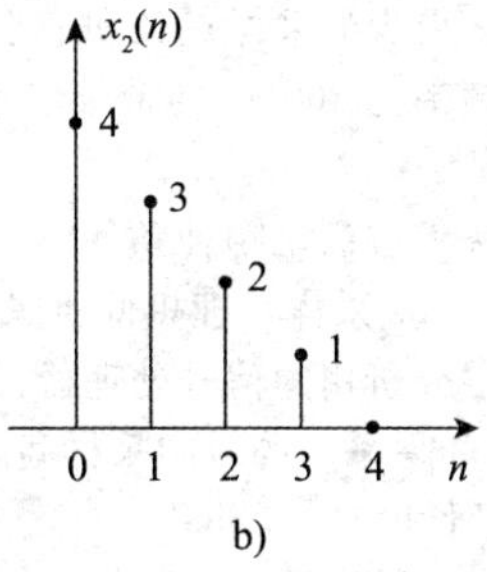

b)

题 8-27 图

8-28 题 8-28a、b 图所示为两个不同长度的有限长序列 $x_1(n)$、$x_2(n)$，其中 $x_1(n)$的长度 $N_1=4$，$x_2(n)$的长度 $N_2=3$，试应用圆周卷积计算线性卷积。

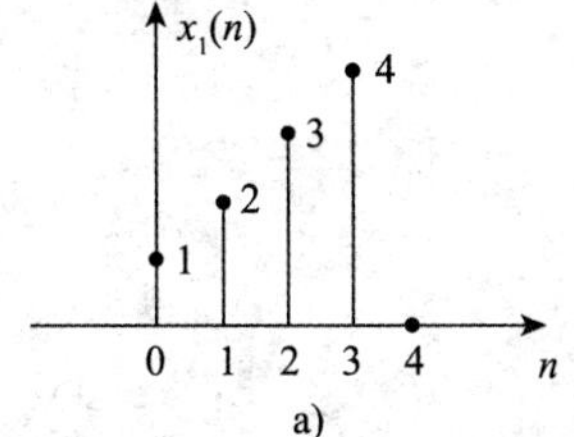

a)

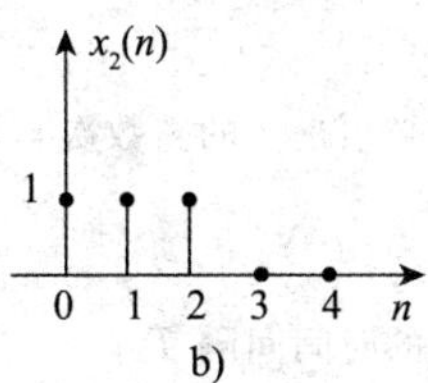

b)

题 8-28 图

8-29 题 8-29 图所示为一个 4 点序列 $x(n)$。

(1) 绘出 $x(n)$与 $x(n)$的线性卷积结果的图形。

(2) 绘出 $x(n)$与 $x(n)$的 4 点循环卷积结果的图形。

(3) 绘出 $x(n)$与 $x(n)$的 8 点循环卷积结果的图形，并将结果与(1)进行比较，说明线性卷积与循环卷积之间的关系。

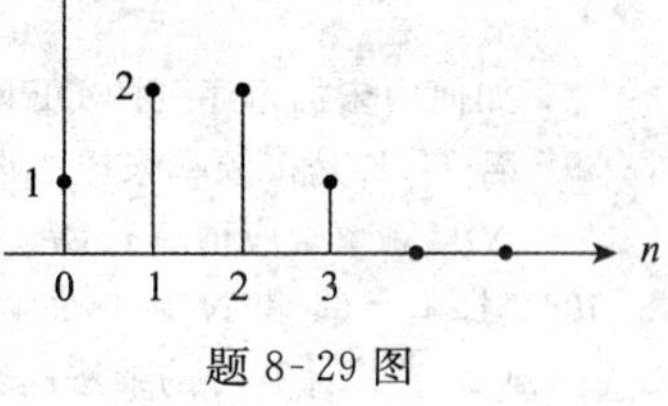

题 8-29 图

8-30 已知：

$x(n)=\delta(n)+3\delta(n-1)+3\delta(n-2)+2\delta(n-3)$

$h(n)=\delta(n)+\delta(n-1)+\delta(n-2)+\delta(n-3)$

试求 $x(n)$与 $h(n)$的 5 点循环卷积 $v(n)$。

8-31 已知以下 $X(k)$，求 IDFT$[X(k)]$。

(1) $$X(k)=\begin{cases}\dfrac{N}{2\mathrm{e}^{\mathrm{j}\theta}}, & k=m \\ \dfrac{N}{2\mathrm{e}^{-\mathrm{j}\theta}}, & k=N-m，其中 m 为正整数且 0<m<\dfrac{N}{2} \\ 0, & 其他\end{cases}$$

(2) $$X(k)=\begin{cases}\dfrac{-N}{2\mathrm{e}^{-\mathrm{j}\theta}}, & k=m \\ \dfrac{N}{2\mathrm{e}^{-\mathrm{j}\theta}}, & k=N-m，其中 m 为正整数且 0<m<\dfrac{N}{2} \\ 0, & 其他\end{cases}$$

8-32 求一个长度为 14 的实序列 $x(n)$的 14 点 DFT，前面 8 个样本已给出：

$X(0)=12$， $X(1)=-1+\mathrm{j}3$， $X(2)=3+\mathrm{j}4$， $X(3)=1-\mathrm{j}5$，

$X(4)=-2+\mathrm{j}2$， $X(5)=6+\mathrm{j}3$， $X(6)=-2-\mathrm{j}3$， $X(7)=10$。

求其剩下的 $X(k)$。不通过计算 $X(k)$的 IDFT 估计如下的序列 $x(n)$。

8-33 若 $x(n)$为纯虚序列，DFT$[x(n)]=X(k)$，将其分解为实部与虚部并记作 $X(k)=X_{\mathrm{r}}(k)+\mathrm{j}X_{\mathrm{i}}(k)$，试证明 $X_{\mathrm{r}}(k)$是 k 的奇函数，$X_{\mathrm{i}}(k)$是 k 的偶函数。

8-34 对实际信号进行频谱分析，要求频谱分辨率 $F\leqslant 10\mathrm{Hz}$，信号最高频率 $f_{\mathrm{c}}\leqslant 2.5\mathrm{kHz}$。试确定最小记录时间 $T_{\mathrm{p,min}}$、最大的采样间隔 $T_{\max}$、最小的采样点数 $N_{\min}$、如果 f_{c} 不变，要求频谱分辨率增

加 1 倍，那么最少的采样点数和最小的记录时间是多少？

8-35 对一个最高频率为 200Hz 的带限信号 $f(t)$采样，要使采样信号通过一个理想低通滤波器后能完全恢复 $f(t)$，则：

(1) 采样间隔 T 应满足哪种条件？

(2) 若以 $T=1\text{ms}$ 采样，理想低通滤波器的截止频率 f_c 应满足什么条件？

8-36 设有一个频谱分析用的信号处理器，假定没有采用任何特殊的数据处理措施，要求频率分辨率不大于 10Hz，如果采用的时间采样间隔为 0.1ms，试确定：

(1) 最小记录长度；

(2) 所允许处理的信号的最高频率；

(3) 在一个记录中的最少点数；

(4) 在频带宽度不变的情况下，将频率分辨率提高一倍的最少采样点数。

8-37 利用 DFT 对连续时间信号进行近似谱分析，现有一个 FFT 处理器，以用来估算实际信号的频谱，要求指标为：

1) 频率间的分辨率 $F\leqslant 5\text{Hz}$；

2) 信号的最高频率 $f_c\leqslant 1.25\text{kHz}$；

3) FFT 点数 N 必须是 2 的整数次幂。

试确定：

(1) 记录长度 T_p；

(2) 抽样点之间的时间间隔 T_s；

(3) 一个记录长度的点数 N。

8-38 在很多应用中都需要将一个序列与窗序列 $w(n)$相乘。设 $x(n)$是一个 N 点序列，$w(n)$是汉明窗：

$$w(n)=\frac{1}{2}+\frac{1}{2}\cos\left[\frac{2\pi}{N}\left(n-\frac{N}{2}\right)\right]$$

如何由未加窗序列的 DFT 来求加窗序列 $x(n)w(n)$的 DFT？

8-39 若 $H(k)$是按频率采样法设计的 FIR 滤波器的 M 点采样值。为了检验设计效果，需要观察更密的 N 点频率响应值。若 N、M 都是 2 的整数次方，且 $N>M$，请使用 FFT 运算来完成这个工作。

8-40 对 $N_1=64$ 和 $N_2=48$ 的两个复序列进行线性卷积，求：

(1) 直接计算时的乘法次数；

(2) 用 *FFT* 计算时的乘法次数。

8-41 已知 $X(k)$、$Y(k)$分别是两个 N 点实序列 $x(n)$、$y(n)$的 DFT 值，现需要根据 $X(k)$、$Y(k)$求 $x(n)$、$y(n)$值。为了提高效率，请设计一个 N 点 IFFT 运算一次完成。

8-42 已知 $X(k)$，$k=0,1,2,\cdots,2N-1$，它是一个 $2N$ 点实序列 $x(n)$的 DFT 值，现需要根据 $X(k)$求 $x(n)$值。为了提高运算效率，请设计一个 N 点 IFFT 运算一次完成。

第9章 z 变换

我们知道，傅里叶变换在表示和分析离散时间信号与系统中起着十分关键的作用，这一章所要讨论的 z 变换则是对离散序列进行的一种数学变换，它是离散时间信号与系统分析中对傅里叶变换的一种推广，其原始思想是英国数学家狄莫弗(De Moivre)于 1730 年引入在本质上与 z 变换相同的生成函数(Generating Function)时首先提出的，之后，从 19 世纪的拉普拉斯至 20 世纪的沙尔(H. L. Shal)等数学家不断对其进行完善。然而，直到 20 世纪 50 年代与 60 年代，随着采样数据控制系统、数字通信以及数字计算机的研究与实践迅速开展才得以实现 z 变换在工程上的应用，进而成为分析这些离散系统的重要数学工具。

类似于连续系统分析中拉氏变换可以将线性时不变系统的时域数学模型(微分方程)转化为 s 域的代数方程，z 变换则把线性移(时)不变离散系统的时域数学模型(差分方程)转换为 z 域的代数方程，使离散系统的分析同样得以简化，还可以利用系统函数来分析系统的时域特性、频率响应以及稳定性等，因而在数字信号处理、计算机控制系统等领域中有着非常广泛的应用。此外，数字信号处理技术的发展还为 z 变换的应用开辟了新的发展空间。

离散时间信号的 z 变换和连续时间信号的拉氏变换是互相对应的，并且它们各自与相应的傅里叶变换之间都有一种类似的关系。引入 z 变换的主要原因在于傅里叶变换并不是对所有的序列都收敛，因而能有一个包括更广泛信号的傅里叶变换的推广形式是十分有用的。此外，z 变换在分析问题时往往比傅里叶变换更为方便，并且是分析线性移不变系统的一个强有力的工具。

本章主要讨论 z 变换的定义、收敛域、性质等基础知识，并研究一个序列的特征是如何与 z 变换的性质联系起来的。

9.1 z 变换的定义

z 变换的定义可以从两个方面引出，一是由采样信号的拉氏变换过渡到 z 变换，二是直接针对离散信号得出。为了强调拉氏变换与 z 变换之间的联系，下面首先从抽样信号的拉氏变换推演出 z 变换。

9.1.1 从抽样信号的拉氏变换导出 z 变换

定义在区间 $-\infty<t<\infty$ 上的任意有界连续信号 $x(t)$($|x(t)|<\infty$)经过单位冲激周期信号

$$\delta_T(t)=\sum_{n=-\infty}^{\infty}\delta(t-nT)$$

抽样后，所得到的抽样信号 $x_s(t)$ 可以表示为

$$x_s(t)=x(t)\delta_T(t)=x(t)\sum_{n=-\infty}^{\infty}\delta(t-nT)=x(nT)\sum_{n=-\infty}^{\infty}\delta(t-nT) \tag{9-1}$$

式(9-1)中，T 为抽样间隔，对式(9-1)取双边拉氏变换可得：

$$X_s(s) = \int_{-\infty}^{\infty} x_s(t)\mathrm{e}^{-st}\mathrm{d}t = \int_{-\infty}^{\infty}\Big[\sum_{n=-\infty}^{\infty} x(nT)\delta(t-nT)\Big]\mathrm{e}^{-st}\mathrm{d}t$$

交换积分与求和次序，并利用冲激函数的性质可得：

$$X_s(s) = \sum_{n=-\infty}^{\infty} x(nT)\int_{-\infty}^{\infty}\delta(t-nT)\mathrm{e}^{-st}\mathrm{d}t = \sum_{n=-\infty}^{\infty} x(nT)\mathrm{e}^{-snT} \tag{9-2}$$

式(9-2)中，e^{-snT} 并不是复变量 s 的代数式，故引入一个新的复变量 z，即令

$$\begin{cases} z = \mathrm{e}^{sT} \\ s = \dfrac{1}{T}\ln z \end{cases} \tag{9-3}$$

这样，式(9-2)可变为与变量 $s=0$ 有关的函数，即有：

$$X_s(s)\big|_{s=\frac{1}{T}\ln z} = \sum_{n=-\infty}^{\infty} x(nT)z^{-n} = X(z) \tag{9-4}$$

于是得到一个以 z 为变量的代数式，即序列 $x(nT)$ 的 z 变换 $X(z)$，其本质上是序列 $x(nT)$ 的拉氏变换。若令 $T=1$，即有 $x(n)=x(t)\big|_{t=nT}=x(nT)$，则由式(9-4)可得：

$$X(z) = Z[x(n)] = \sum_{n=-\infty}^{\infty} x(n)z^{-n},\quad z\in R_x \tag{9-5}$$

式(9-5)中，符号 $Z[x(n)]$ 表示对任意有界序列 $x(n)$ ($|x(n)|<\infty$) 进行 z 变换，求和变量 n 为 $-\infty\sim\infty$ 表明这种 z 变换是针对一切 n 值都有定义的一般有界序列 $x(n)$ ($n=0$，±1，±2，…)而给出的，故称为序列 $x(n)$ 的双边 z 变换。R_x 是使和存在的 z 的取值范围，称为 $X(z)$ 的收敛域。

现在来讨论单边 z 变换的定义。单边 z 变换也是对任意有界序列 $x(n)$ ($-\infty<n<\infty$) 定义的，这时，可以假定 $x(t)$ 为一个连续因果信号，将上面推导中的单位冲激周期信号 $\delta_T(t)$ 表示式内的求和下限改为 0，对所得抽样信号 $x_s(t)$ 进行单边拉氏变换，并在变换结果中令 $z=\mathrm{e}^{sT}$、$T=1$，便可得到单边 z 变换的定义：

$$X(z) = Z[x(n)] = \sum_{n=0}^{\infty} x(n)z^{-n},\quad z\in R_x \tag{9-6}$$

在上面的双边和单边 z 变换的推导过程中，曾将抽样周期 T 归一化为 1，也就是将抽样频率 ω 归一化为 2π，于是得到 $x(n)=x(nT)$。这表明，若将离散序列视为是对连续信号进行抽样的结果，则可以认为抽样周期等于 1，抽样频率等于 2π。认识这一点有助于理解离散序列的频率特性。此外还设定 $z=\mathrm{e}^{sT}$ 或 $s=\dfrac{1}{T}\ln z$，由此将离散序列与连续信号在变换域中联系了起来，更明确地说就是在拉氏变换中的 s 平面与 z 变换中的 z 平面之间建立了一种映射关系，借此可以解释许多离散信号、系统与连续信号、系统之间相同的特性。

9.1.2 z 变换的原始定义

从抽样信号的拉氏变换推导出 z 变换，这不仅表明了这两种变换之间存在着众多的内在关系，而且贯通了连续系统与离散系统之间的有机联系，从而可以借助离散系统对连续系统进行近似的数值分析、计算和模拟。但是，实际上，从数学上也可以直接给出序列的双边 z 变换和单边 z 变换的定义，仍如式(9-5)和式(9-6)所示。这时，认为它们是 z 变换的原始或者说是基本定义。这种定义方式完全与连续时间信号、系统无关，同时不会使我们简单地认为 z 变换就是拉氏变换的自然延伸，从而更能表现出 z 变换自身的独立性与应用上的广泛性。

9.2　双边 z 变换与单边 z 变换的关系

由式(9-5)和式(9-6)可知，双边 z 变换与单边 z 变换的关系为

$$\begin{aligned}X(z) = Z[x(n)] &= \sum_{n=-\infty}^{\infty} x(n)z^{-n} = \sum_{n=-1}^{-\infty} x(n)z^{-n} + \sum_{n=0}^{\infty} x(n)z^{-n} \\ &= X_{\mathrm{L}}(z) + X_{\mathrm{R}}(z)\end{aligned},\quad z \in R_x \tag{9-7}$$

式(9-7)中，$X_{\mathrm{L}}(z)=\sum_{n=-1}^{-\infty} x(n)z^{-n}$，$X_{\mathrm{R}}(z)=\sum_{n=0}^{\infty} x(n)z^{-n}$，可见，因果序列的单边 z 变换与双边 z 变换的结果相同，否则两者不相等。由于单边 z 变换的求和下限为 $n=0$，所以任一有界序列 $x(n)$(因果或非因果序列)的单边 z 变换等于有界因果序列 $x(n)\varepsilon(n)$ 的双边 z 变换。

由式(9-5)和式(9-6)可知：①序列 $x(n)$ 的 z 变换 $X(z)$ 的实质是以序列值为加权系数的复变量 z 的幂级数，也就是复变函数中的罗朗级数。对于在区间$[n_1, n_2]$($n_1<0<n_2$)内存在非零有限值的序列，其双边 z 变换既包含 z 的正幂级数项($n<0$)，又包含 z 的负幂级数项($n>0$)，而其单边 z 变换仅为 z 的负幂级数。②序列的每个样点值都有一个对应的 z 变换，整个序列的 z 变换是所有样点值的 z 变换之和。

z 变换在离散系统中的应用与拉氏变换在连续系统中的应用类似。由于单边 z 变换可以考虑到初始条件，所以在已知系统的初始状态以及序列的初始条件下求取系统的瞬态响应，既可以求零输入响应，也可以求零状态响应。例如在求解因果系统差分方程的暂态解时，则需要用到单边 z 变换。另外，由于实际信号多为因果序列，单边 z 变换比双边 z 变换容易收敛，所以在实际中应用更广；双边 z 变换由于其中序列的取值范围为$(-\infty, +\infty)$，无法考虑初始条件，所以用于研究离散系统的稳态响应，例如在数字信号处理与数字滤波器的理论与技术中。双边 z 变换的信号不必限制在 $n>0$ 范围内，因而比单边 z 变换更能全面地讨论问题，例如 z 变换的性质与收敛域等；此外，双边 z 变换便于与双边拉氏变换，特别是傅里叶变换直接产生联系，因而较多地应用于信号处理理论中。

在零状态下或是对于因果序列，单边 z 变换便是双边 z 变换的特例。

9.3　z 变换的零、极点定义与阶数

类似于连续信号的拉氏变换，序列 $x(n)$ 的 z 变换式 $X(z)$ 是复变量 z 的函数，也是其收敛域 R_x 中的解析函数，而复变函数的零点和极点对复变函数的性质有着十分重要的影响，因此，了解零、极点分布十分有助于深入理解连续信号和线性时不变系统的复频域表示。

根据零点和极点的定义可知，若在 z 平面上有某点 z_i 使式(9-8)成立，即有：

$$\lim_{z \to z_i} X(z) = 0 \tag{9-8}$$

则 z_i 为 z 变换式 $X(z)$ 在 z 平面上的一个零点。若在所有零点中没有相等的数值，则称该零点为一阶零点，若有 k 个零点数值相等，则合称它们为一个 k 阶零点。

若在 z 平面上有某点 z_i 使式(9-9)成立，即有：

$$\lim_{z \to p_i} X(z) = \infty \tag{9-9}$$

则 p_i 为 $X(z)$ 在 z 平面上的一个极点。若在所有极点中没有相等的数值，则称该极点为一阶极点，若有 k 个极点数值相等，则合称它们为一个 k 阶极点。

在 z 平面上的零、极点分布图中，通常用“×”表示一阶极点，用“∗”表示二阶极点，用“○”表示一阶零点，用“◎”表示二阶零点。对于更高阶的零、极阶点，则用零、极分

布图中的文字加以说明。

本书中把除无限远点外的 z 平面称为有限 z 平面，记作 $|z| \neq \infty$。

【例 9-1】 矩形窗序列 $r_{2N_1+1}(n)$ 的定义如下：

$$r_{2N_1+1}(n) = \begin{cases} 1, & |n| \leqslant N_1 \\ 0, & |n| > N_1 \end{cases}$$

试求其双边 z 变换。

解：$r_{2N_1+1}(n)$ 的双边 z 变换为

$$R_{2N_1+1}(z) = \sum_{n=-\infty}^{\infty} r_{2N_1+1}(n) z^{-n} = \sum_{n=-N_1}^{N_1} r_{2N_1+1}(n) z^{-n} = \sum_{n=-N_1}^{N_1} z^{-n} \tag{9-10}$$

在式(9-10)中进行变量代换，令 $m=n+N_1$ 可得：

$$R_{2N_1+1}(z) = z^{N_1} \sum_{m=0}^{2N_1} z^{-m} = z^{N_1} \frac{1-z^{-(2N_1+1)}}{1-z^{-1}} = \frac{z^{(2N_1+1)}-1}{z^{N_1}(z-1)}, 0<|z|<\infty \tag{9-11}$$

式(9-11)中，分子多项式 $z^{(2N_1+1)}-1$ 的根 $z^{(2N_1+1)}=\mathrm{e}^{\mathrm{j}2k\pi}$ 是 $R_{2N_1+1}(z)$ 的一阶零点，即：

$$z = \mathrm{e}^{\mathrm{j}\frac{2\pi}{(2N_1+1)}k}, k=0, \pm 1, \pm 2, \cdots$$

从分母多项式看，$z=0$ 为 N_1 阶极点，$z=1$ 为一阶极点，而由于 $z=1$ 又是一阶零点，因此，$z=1$ 既不是零点，也不是极点。最后，当 $z \to \infty$ 时，$R_{2N_1+1}(z) \to \infty$，故无穷远点也为 N_1 阶极点。这表明，除 $z=0$ 和无穷远点以外，$R_{2N_1+1}(z)$ 均解析，其收敛域为除原点和无穷远点外的 z 平面。图 9-1 为 $R_{2N_1+1}(z)$ 的零、极点分布图，在单位圆周上，除 $z=1$（即（$\Omega=2k\pi$，$k=0$，± 1，± 2，…）外，等间隔地分布着 $2N_1$ 个一阶零点。

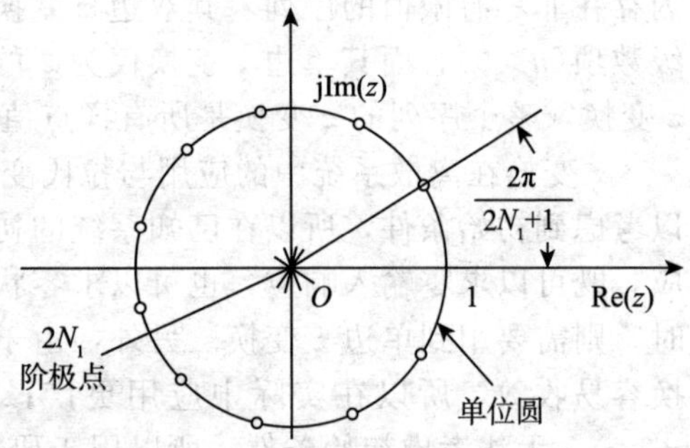

图 9-1 矩形窗序列 $r_{2N_1+1}(n)$ 的双边 z 变换的零、极点分布图

9.4 呈有理函数形式的 z 变换式的零、极点及其性质

9.4.1 呈有理函数形式的 z 变换式的零、极点

与拉氏变换式不同，根据 z 变换的定义可知，z 变换实际上是复变量 z^{-1} 的两边无限的幂级数，在复变函数理论中称为罗朗级数，因此，它总可以表示成同式(9-12)的有理函数，即：

$$X(z) = \frac{\sum_{r=0}^{M} b_r z^{-r}}{\sum_{k=0}^{N} a_k z^{-k}} = \frac{b_M z^{-M} + b_{M-1} z^{-(M-1)} + \cdots + b_1 z^{-1} + b_0}{a_N z^{-N} + b_{N-1} z^{-(N-1)} + \cdots + a_1 z^{-1} + a_0} \tag{9-12}$$

这也是 z 变换和拉氏变换的一个重要区别，这个区别也导致两者有一些不同的性质和方法。显然，z 变换也可以表示为 z 的一个有理分式的形式，即一般可以表示为

$$X(z) = \frac{N(z)}{D(z)} = \frac{b_m z^m + b_{m-1} z^{m-1} + \cdots + b_1 z + b_0}{a_n z^n + b_{N-1} z^{n-1} + \cdots + a_1 z + a_0} = X_0 \frac{\prod_{i=1}^{l} (z-z_i)^{\lambda_i}}{\prod_{i=1}^{k} (z-p_i)^{\gamma_i}} \tag{9-13}$$

z 变换式的这两种有理函数形式各有用处，一般说来，利用式(9-13)更易于考察其零、极点分布。而在第 10 章中将会看到，由于 z^{-1} 可以表示离散时间中的单位延时，所以采用式(9-12)的形式，便于分析和实现离散时间线性移不变系统。

式(9-13)表明，在有限 z 平面上，共有 l 个 λ_i 阶零点 z_i 以及 k 个 γ_i 阶极点 p_i。将式(9-12)改写为

$$X(z)=\frac{D(z)}{N(z)}=X_0\frac{z^{-M_1}\prod_{i=1}^{l}(1-z_iz^{-1})^{\lambda_i}}{z^{-N_1}\prod_{i=1}^{q}(1-p_iz^{-1})^{\gamma_i}} \tag{9-14}$$

式(9-14)中的分子和分母因子可以分别写成：

$$\begin{cases}(1-z_iz^{-1})^{\lambda_i}=\dfrac{(z-z_i)^{\lambda_i}}{z^{\lambda_i}}\\[2ex](1-p_iz^{-1})^{\gamma_i}=\dfrac{(z-p_i)^{\gamma_i}}{z^{\gamma_i}}\end{cases} \tag{9-15}$$

式(9-15)表明，z_i 是 $X(z)$的 λ_i 阶零点，无穷远点为 $X(z)$的 λ_i 阶极点；p_i 为 $X(z)$的 γ_i 阶极点，$z=0$ 为 $X(z)$的 γ_i 阶零点。因此，根据式(9-14)的形式，至少可方便地确定除原点外有限 z 平面上的零、极点及其各自的阶数，即 $z_i(1, 2, \cdots, l)$是 $X(z)$的 λ_i 阶零点，$p_i(i=1, 2, \cdots, q)$为 $X(z)$的 γ_i 阶极点，由第 10 章的讨论可知，与有理函数形式的拉氏变换类似，z 变换式所表示的时域或频域特性主要由它们在除原点外的有限 z 平面上的零、极点来反映。至于 $z=0$ 和无穷远点是 $X(z)$的零点还是极点，或者既不是零点，也不是极点，则可用其他方法确定，例如可以借助于下面介绍的有理象函数的零、极点的性质来确定。

9.4.2 呈有理函数形式的 z 变换式的零、极点的性质

与呈有理函数形式的拉氏变换式的情况相同，呈有理函数形式的 z 变换式的零、极点也具有以下几个性质：①零点和极点的孤立性；②零点和极点数目具有平衡性，即在计算零、极点的数目时，若每个高阶零点和高阶极点的数目均以等于其阶数的一阶零点和极点计算，在包含无穷远点的整个 z 平面中，零点的数目应等于极点的数目；③除原点外的有限 z 平面($0<|z|<\infty$)上零点和极点的充分性是，对于有理形式的拉氏变换或 z 变换，在除原点外的有限 z 平面($0<|z|<\infty$)上，它们的零点和极点数目是有限的，且有限 z 平面上的零点和极点的位置和阶数完全决定了象函数 $X(z)$的函数形式。

9.5 双边 z 变换的收敛域与 z 变换收敛域的基本性质

对于任意给定的有界序列 $x(n)$，使其 z 变换式所表示的级数收敛的所有 z 值之集合，称为 $x(n)$的 z 变换 $X(z)$的收敛域。

9.5.1 双边 z 变换的收敛域

与拉氏变换的情况类似，对于单边 z 变换，序列与其变换结果及其收敛域均存在着唯一对应关系，但是在双边 z 变换的情况下，对于不同的序列，尽管其 z 变换的收敛域不同却可能对应着完全相同的变换结果。为了清楚地说明这一点，下面举一个例子。

【例 9-2】 设序列 $x_1(n)=a^n\varepsilon(n)$和 $x_2(n)=-a^n\varepsilon(-n-1)$($a$ 为实数或复数)，试求它们的双边 z 变换。

解：由于序列 $x_1(n)$为因果序列，所以其双边 z 变换等于单边 z 变换，则：

$$X_1(z)=\sum_{n=-\infty}^{\infty}[a^n\varepsilon(n)]z^{-n}=\sum_{n=0}^{\infty}(az^{-1})^n$$

这是一个公比为 az^{-1} 的等比级数，所以若 $|az^{-1}|<1$，即 $|z|>|a|$，级数收敛，根据等比级数求和公式可得：

$$X_1(z)=\sum_{n=0}^{\infty}(az^{-1})^n=\frac{1}{1-az^{-1}}=\frac{z}{z-a},\ |z|>|a| \tag{9-16}$$

和拉氏变换一样，当序列 $x(n)$ 的 z 变换 $X(z)$ 为有理分式时，也可以用 z 平面上的零点(分子多项式的根)和极点(分母多项式的根)来表述 $X(z)$。式(9-16)中，$X_1(z)$ 的零点和极点分别为 $z=0$ 和 $z=a$，其收敛域是 z 平面上以原点为中心、$|a|$ 为半径的圆的全部圆外区域。图 9-2a 绘出了 $X_1(z)$ 的收敛域(阴影部分)，若 $|a|<1$，则收敛域包括了单位圆(以原点为中心、半径为 $|z|=1$ 的圆)，否则将不包括单位圆。

由于

$$\varepsilon(-n-1)=\begin{cases}1, & n\leqslant -1\\ 0, & n\geqslant 0\end{cases}$$

所以序列 $x_2(n)$ 为反因果序列，其双边 z 变换为

$$X_2(z)=\sum_{n=-\infty}^{\infty}[-a^n\varepsilon(-n-1)]z^{-n}=-\sum_{n=-\infty}^{-1}a^nz^{-n}\overset{n=-n'}{=}-\sum_{n'=1}^{\infty}a^{-n'}z^{n'}=1-\sum_{n'=0}^{\infty}(a^{-1}z)^{n'}$$

上式中第二项是一个等比级数，只有当 $|a^{-1}z|<1$ 即 $|z|<|a|$ 时级数才收敛，这时有：

$$X_2(z)=1-\frac{1}{1-a^{-1}z}=\frac{-a^{-1}z}{1-a^{-1}z}=\frac{z}{z-a},\quad |z|<|a| \tag{9-17}$$

由式(9-17)可知，$X_2(z)$ 的零点和极点分别为 $z=0$ 和 $z=a$，其收敛域是 z 平面上以原点为中心、$|a|$ 为半径的圆的全部圆内区域。图 9-2b 绘出了 $X_2(z)$ 的收敛域(阴影部分)。

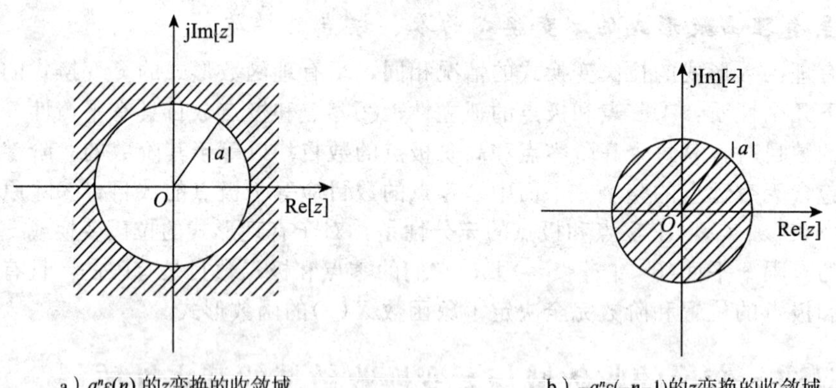

a) $a^n\varepsilon(n)$ 的z变换的收敛域　　b) $-a^n\varepsilon(-n-1)$的z变换的收敛域

图 9-2 指数序列 z 变换的收敛域

对比式(9-16)和式(9-17)可知，两个彼此不同的序列，其双边 z 变换 $X(z)$ 的表示式却是相同的，但它们的收敛域完全不同(当 a 相同时无公共区域)。在更为复杂的双边 z 变换中，同一个 z 变换式还可以对应多个时域序列，它们只能根据各自的收敛域来区分，因为如果不同序列的双边 z 变换相同，则它们的收敛域一定没有公共部分。这表明双边 z 变换式与其收敛域紧密关联。因此，为了确保双边 z 变换与时域序列之间存在唯一对应关系，在给出 $X(z)$ 的同时必须指明其收敛域。

9.5.2 z 变换收敛域的基本性质

由于双边 z 变换的收敛域如此重要，所以下面来讨论 z 变换收敛域的一般性质，它们

对于双边 z 变换和单边 z 变换都是适用的。

性质 1：z 变换 $X(z)$ 的收敛域是 z 平面上以原点为中心的同心圆环。

我们知道，z 变换的收敛属于一个级数收敛。根据级数理论可知，一个任意级数，只要由其各项的绝对值构成的所谓正项级数收敛，则该任意级数必收敛。因此，双边 z 变换式(9-5)所示的无穷级数收敛或者说 z 变换存在的充分条件是它满足绝对可和条件，即要求：

$$\sum_{n=-\infty}^{\infty} |x(n)z^{-n}| < \infty \tag{9-18}$$

显然这时有：

$$\sum_{n=-\infty}^{\infty} |x(n)z^{-n}| = \sum_{n=-\infty}^{\infty} |x(n)||z|^{-n} < \infty \tag{9-19}$$

由于 z 的极坐标形式为 $z=re^{j\Omega}$，所以可以将 $x(n)$ 的 z 变换看作是原序列 $x(n)$ 经指数加权后得到的序列 $x(n)r^{-n}$ 的傅里叶变换，因此，若对于 $z=re^{j\Omega}$ 值，$x(n)$ 的 z 变换收敛，则 $x(n)r^{-n}$ 的傅里叶变换收敛，这表明它们的收敛域仅决定于 $r=|z|$，而与 Ω 无关，也就是说，若在 z 平面上的一点 $z_0=r_0e^{j\Omega_0}$ 属于某个 z 变换式 $X(z)$ 的收敛域，则圆周 $z=r_0e^{j\Omega}$ $(-\infty<\Omega<\infty)$ 上的所有点都属于 $X(z)$ 的收敛域，即这个收敛域包含以原点为中心的圆周 $|z|=r_0$。于是，若有某个特定的 z 值在一个收敛域内，那么在同一个圆上(即模相同的 z)的全部 z 值都应位于该收敛域内，这说明 z 变换的收敛域是由同心圆环所组成的。由后面双边序列的 z 变换的收敛域可知，事实上，z 变换的收敛域必须是 z 平面上以原点为中心的同心圆环，且仅由一个单一的圆环组成，一般可以表示为

$$\text{ROC} = (R_{x_1} < |z| < R_{x_2}),\, 0 \leqslant R_{x_1} < R_{x_2} \leqslant \infty \tag{9-20}$$

式(9-20)中，R_{x_1}、R_{x_2} 为实数，该式表明在某些情况下，内边界 R_{x_1} 可以向内一直延伸到原点(即小到零)，此时收敛域呈圆盘状；或者外边界 R_{x_2} 则可以延伸到无穷远。因此，收敛域可以是部分 z 平面或整个 z 平面(包含无穷远点)。例如，序列 $-a^n\varepsilon(-n-1)$ 的 z 变换收敛域为 $0\leqslant|z|<a$，序列 $a^n\varepsilon(n)$ 的 z 变换收敛域为 $a<|z|\leqslant\infty$。只有当 $x(n)$ 是单位样值序列 $\delta(n)$ 时，其收敛域才是整个 z 平面。图 9-3 所示为 z 变换收敛域的一般形状。

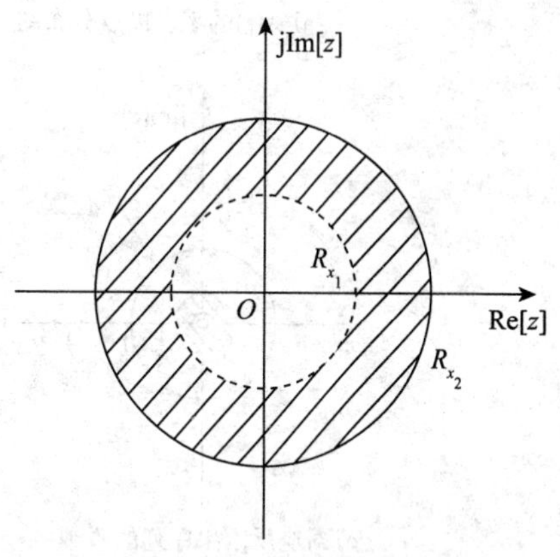

图 9-3　z 变换收敛域的一般形状

性质 2：在 z 变换 $X(z)$ 的收敛域内不能包含任何极点。

由复变函数理论可知，z 变换定义式(9-5)是一个罗朗级数，它在其收敛域内是解析的，即 z 变换函数及其导数在其收敛域内都是 z 的连续函数，也就是 z 变换函数是其收敛域内每一点上的解析函数。因此，收敛域内不能包括极点，即 z 平面上所有 $|z|=|p_i|(1, 2, \cdots,)$ 的点(通过该极点且以原点为圆心的圆周)都不在收敛域内，收敛域以通过某些极点的圆周作为边界，但边界不在收敛域内。这一点与拉氏变换的收敛域以过极点且平行于 $j\omega$ 轴的直线为边界相对应。

【例 9-3】 已知某 z 变换为 $X(z)=\dfrac{z^2}{\left(z-\frac{1}{3}\right)(z-4)}$，试指出其所有可能的收敛域。

解：$X(z)$ 的两个极点分别为 $p_1=\dfrac{1}{3}$ 和 $p_2=4$，在 $z=0$ 处有一个二阶零点，其零、极

点分布如图 9-4a 所示。根据上述收敛域的性质可知，该 z 变换式根据其极点的分布仅有 3 种可能的收敛域，分别如图 9-4b、c、d 所示。$0\leqslant z<4$ 不能构成收敛域，因为该域中包含了极点 $p_1=\frac{1}{3}$。图 9-4b 所示的收敛域 $z>4$ 是以最外边的极点 $z=4$ 为边界的，它对应于时域中的一个因果序列；图 9-4c 所示的收敛域 $z<\frac{1}{3}$ 是以最里边的极点 $z=\frac{1}{3}$ 为边界的，它对应于时域中的一个反因果序列；图 9-4d 所示的环形收敛域 $\frac{1}{3}<z<4$ 是分别以最里边的极点 $z=\frac{1}{3}$ 和最外边的极点 $z=4$ 为边界的，它对应时域中的一个双边序列。在这 3 种情况中，只有最后一种可能的收敛域包含了单位圆，因此唯有与它对应的序列的傅里叶变换收敛，也就其傅里叶变换存在。

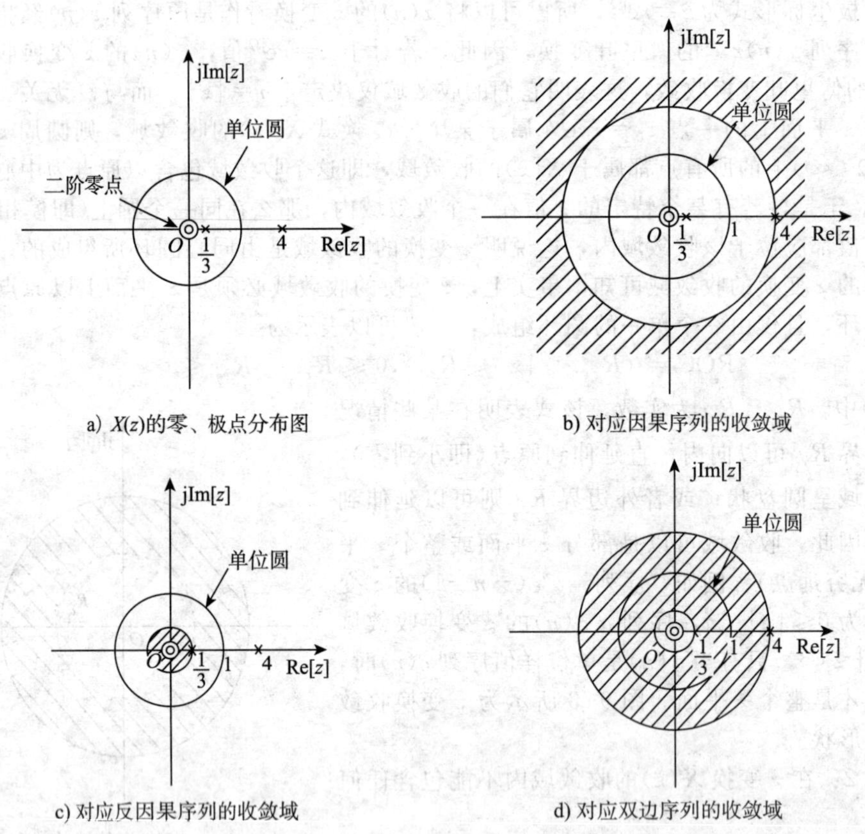

图 9-4 例 9-3 中 z 变换式的零、极点分布与 3 种可能的收敛域

9.6 序列特征与其双边 z 变换收敛域的对应关系

类似于连续信号，按照序列拓展的方向性对序列进行分类可以得出 4 类有界序列，即有限长序列、无限长右边序列、无限长左边序列和无限长双边序列。它们的不同特征决定了其双边 z 变换收敛域的不同特点。了解这些序列的特性与它们双边 z 变换收敛域特征之间的一一对应关系有助于 z 变换的求取与应用。

对于不等式(9-18)左边的正项级数，通常可以用两种方法判别其是否收敛。为了表示简单，令 $|x(n)z^{-n}|=a_n$，并设 $\lim\limits_{n\to\infty}\frac{a_{n+1}}{a_n}=\rho$(比值判定法)或 $\lim\limits_{n\to\infty}\sqrt[n]{a_n}=\rho$(根值判定法)，若

$\rho<1$，则正项级数收敛，于是双边 z 变换定义式（9-5）所示的级数也收敛，这时求出使 $\rho<1$的 z 取值范围，便是 $X(z)$的收敛域；若 $\rho>1$，则正项级数发散，因而双边 z 变换式(9-5)所示级数也发散；若 $\rho=1$，则无法确定，级数可能收敛也可能发散。这种判定级数收敛性并求出收敛域的方法对单边 z 变换定义式(9-6)也同样适用。

下面利用上述两种正项级数收敛的判定方法来讨论上述序列的特性与它们双边 z 变换收敛域特征之间的对应关系。

1. 有限长序列 $x(n)$

有限长序列也称为绝对可和时限序列，它是仅在有限长区间 $n_1\leqslant n\leqslant n_2(-\infty<n_1<n_2<\infty)$内取不全为零的有界值($|x(n)|<\infty$)，其他区间均取零值的有限长序列，其定义式为

$$x(n)\begin{cases}\neq 0, & n_1\leqslant n\leqslant n_2, n_1、n_2 \text{ 为有限整数值,即 } n_1\,\forall\, z、n_2\,\forall\, z\\ =0, & \text{其他}\end{cases}$$

且有 $\sum\limits_{n=-\infty}^{\infty}|x(n)|<\infty$，$x(n)$的双边 z 变换 $X(z)$的收敛域至少为有限 z 平面($|z|\neq\infty$)，即 $0<|z|<\infty$，有时可能还包括$|z|=0$ 或$|z|=+\infty$。

证明：对于有限长序列收敛域的确定，无须利用上述两种判定方法，便可以直接依据 n_1 和 n_2 的不同正负取值来判断。由式(9-18)可知，要使有限长序列 $x(n)$的 z 变换存在，也应满足绝对可和条件，即：

$$\sum_{n=n_1}^{n_2}|x(n)z^{-n}|=\sum_{n=n_1}^{n_2}|x(n)||z|^{-n}<\infty \tag{9-21}$$

由于有限长序列(即绝对可和时限序列)$x(n)$满足式(9-22)：

$$\sum_{n=n_1}^{n_2}|x(n)|<\infty \tag{9-22}$$

所以$|z|=1$ 可以使绝对可和条件式(9-21)成立，即$|z|=1$ 位于收敛域内。但是，随着 n 的正负取值不同，其他$|z|$值会使$|z|^{-n}$的收敛性有所不同，因此，下面直接依据 n_1 和 n_2 的正负取值得出 3 种不同情况：

1) $-\infty<n_1<n_2\leqslant 0$，这时绝对可和时限序列位于时域左半平面上，是一个有限长反因果序列，其 z 变换为有限项正幂级数。由于序列中均是 n 为负值的样点，所以不等式(9-21)左边为$|z|$的有限项正幂级数。因此，当$|z|\to+\infty$时，$|z|^{-n}\to+\infty$。因此，有限长反因果序列的双边 z 变换的收敛域是除$|z|=+\infty$点外的 z 平面，即$|z|<\infty$或 $0\leqslant|z|<\infty$，可以表示为$|z|=+\infty\notin\text{ROC}$。

2) $n_2>n_1\geqslant 0$，这时有限长序列位于时域右半平面上，为有限长因果序列，其 z 变换为有限项负幂级数。由于序列中均是 n 为正值的样点，所以不等式(9-21)左边为$|z|$的有限项负幂级数。因此当$|z|=0$ 时，$|z|^{-n}\to+\infty$。因此，有限长反因果序列的双边 z 变换的收敛域是除$|z|=0$ 点外的 z 平面，即$|z|>0$ 或 $0<|z|\leqslant\infty$，可以表示为$|z|=0\notin\text{ROC}$。

3) $n_1<0$，$n_2>0$，这时有限长序列为有限长双边序列，可以分解为一个有限长因果序列 $x_{\mathrm{R}}(n)$和一个有限长反因果序列 $x_{\mathrm{L}}(n)$的和，根据 z 变换的线性性质可知，有限长双边序列的 z 变换即为这两个序列的双边 z 变换的和，故有：

$$\sum_{n=n_1}^{n_2}|x(n)||z|^{-n}=\sum_{n=n_1}^{-1}|x_{\mathrm{L}}(n)||z|^{-n}+\sum_{n=0}^{n_2}|x_{\mathrm{R}}(n)||z|^{-n} \tag{9-23}$$

当$|z|\to+\infty$时，式(9-23)中第一个和式项中的$|z|^{-n}\to+\infty$，而当$|z|=0$ 时，式(9-23)

中第二个和式项中的$|z|^{-n}\to+\infty$，因此，有限长双边序列双边 z 变换的收敛域是不包括 $z=0$ 和 $z=\infty$ 的 z 平面，即 $0<|z|<\infty$，可以表示为 $|z|=0\notin \text{ROC}$ 及 $|z|=+\infty\notin\text{ROC}$。显然，它是上述两种情况的收敛域的公共部分。

【例 9-4】 试求序列 $x(n)=\begin{cases}a^n, & 0\leqslant n\leqslant N-1\\ 0, & \text{其他}\end{cases}$ 的双边 z 变换，其中 a 为实数或复数，并指出其零、极点。

解：序列 $x(n)$ 为一个有限长因果序列，其双边 z 变换与单边 z 变换相同，有：

$$X(z)=\sum_{n=-\infty}^{\infty}a^nz^{-n}=\sum_{n=0}^{N-1}(az^{-1})^n$$

$$=\frac{1-(az^{-1})^N}{1-az^{-1}}=\frac{1}{z^{N-1}}\frac{z^N-a^N}{z-a},|z|>0$$

由于 $x(n)$ 为一个有限长因果序列，所以其 z 变换收敛域必为 $|z|>0$。由 $X(z)$ 的表示式可知，其零点满足方程式 $z^N-a^N=0$，由于 $(e^{j\frac{2\pi k}{N}})^n=1$，$k=0$，1，…，$N-1$，所以 $X(z)$ 的 N 个零点为

$$z_k=ae^{j\frac{2\pi k}{N}},k=0,1,2,\cdots,N-1$$

$X(z)$ 在 $z=0$ 处有一个 $N-1$ 阶的重极点，在 $z=a$ 处有一个一阶极点。但是，这个一阶极点被位于该处的零点 $z_0=a(k=0)$ 抵消掉，从而使得 $X(z)$ 在 $z=a$ 处既无极点又无零点。因此，$X(z)$ 仅在 $z=0$ 处有一个 $N-1$ 阶的重极点，而其零点位于 $z_k=ae^{j\frac{2\pi k}{N}}(k=1,2,\cdots,N-1)$ 处，其零、极点图分布如图 9-5 所示。

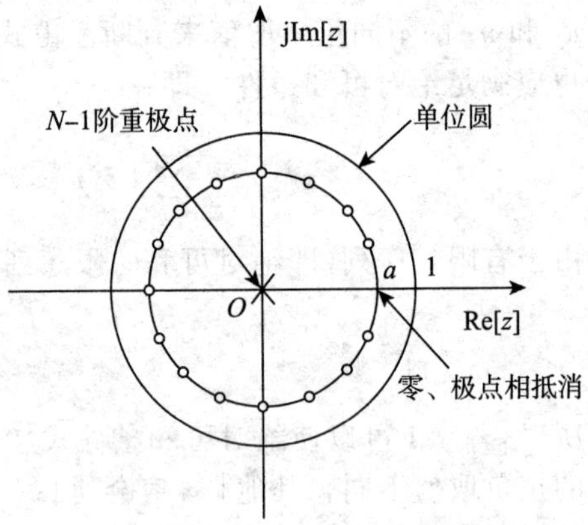

在本例中，当 $a=1$ 时，所给序列 $x(n)$ 即为矩形序列，因而可以推出矩形序列 R_N 的 z 变换为

$$X(z)=\frac{1-z^{-N}}{1-z^{-1}}=\frac{1}{z^{N-1}}\frac{z^N-1}{z-1},|z|>0$$

进一步，当 $a=1$ 而 $N=1$ 时，有 $x(n)=\delta(n)$，其 z 变换收敛域还要扩大，包括 $z=0$ 点，为整个 z 平面。

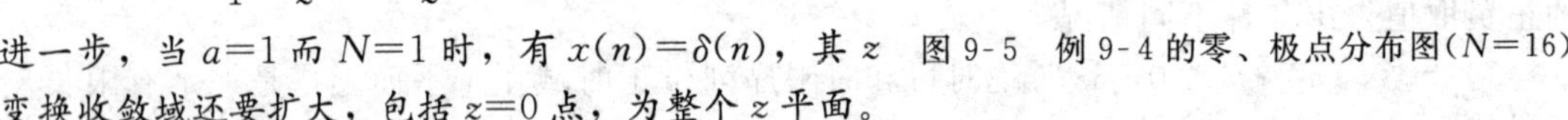

图 9-5 例 9-4 的零、极点分布图($N=16$)

2. 无限长右边序列 $x(n)$

无限长右边序列为仅在无限长区间$[n_1,\infty)$内取不全为零的有限值，而在区间 $n<n_1$ 内序列值全为零的无限长序列，其定义式为

$$x(n)\begin{cases}=0,n\leqslant n_1<\infty,n_1\text{ 为有限整数值,即 }\forall n_1\in z\\ \neq 0,\text{其他}\end{cases}$$

$x(n)$ 的双边 z 变换 $X(z)$ 的收敛域至多为 z 平面上圆半径为 R_{x_1} 的圆外区域，即有：

$$|z|>R_{x_1}$$

证明：无限长右边序列的双边 z 变换为

$$X(z)=\sum_{n=n_1}^{\infty}x(n)z^{-n},-\infty<n_1<\infty$$

由根值判定法可知，若 $\rho=\lim\limits_{n\to\infty}\sqrt[n]{|x(n)z^{-n}|}\leqslant\lim\limits_{n\to\infty}\sqrt[n]{|x(n)|}\,|z|^{-1}<1$，即若

$$|z|>\lim_{n\to\infty}\sqrt[n]{|x(n)|}=R_{x_1}$$

则 $X(z)$收敛。R_{x_1} 称为该级数的收敛半径。因此，无限长右边序列双边 z 变换的收敛域至多为 z 平面上半径为 R_{x_1} 的圆外区域，即 $|z|>R_{x_1}$。但是，根据 n_1 是正值还是负值，又可以分为以下两种情况：

1）$n_1<0$，这时序列为无限长右边非因果序列，其双边 z 变换 $X(z)$可以表示为

$$X(z)=\sum_{n=n_1}^{\infty}x(n)z^{-n}=\sum_{n=n_1}^{-1}x(n)z^{-n}+\sum_{n=0}^{\infty}x(n)z^{-n}$$

因此，若无限长右边非因果序列的双边 z 变换收敛，则必须满足：

$$\sum_{n=n_1}^{\infty}|x(n)z^{-n}|=\sum_{n=n_1}^{\infty}|x(n)||z|^{-n}=\sum_{n=n_1}^{-1}|x(n)||z|^{-n}+\sum_{n=0}^{\infty}|x(n)||z|^{-n}<\infty \quad (9\text{-}24)$$

由于不等式(9-24)左边的第一项和式 $\sum_{n=n_1}^{-1}|x(n)||z|^{-n}$ 均为$|z|$的正幂次项，它们只有在 $z\neq\infty$时才收敛，所以此时收敛域应为

$$R_{x_1}<|z|<\infty$$

2）$n_1\geqslant0$，这时序列为无限长因果序列，由于不等式(9-24)左边的和式项 $\sum_{n=n_1}^{\infty}|x(n)|\ |z|^{-n}$ 均为$|z|$的负幂次项，它们在$|z|=\infty$时收敛，所以此时收敛域可以包含 $z=\infty$，为

$$|z|>R_{x_1}$$

即为 z 平面上某个圆的圆外区域。

由于收敛域内不能包括极点，所以 R_{x_1} 应是 $X(z)$的所有极点中模值最大的极点的模值，可以表示为 $R_{x_1}=\max_{k}|p_k|(k=1,2,\cdots)$。

需要注意的是，有限长因果序列双边 z 变换的收敛域为$|z|>0$，即这时 $R_{x_1}=0$，其收敛域比一般无限长因果序列双边 z 变换的收敛域要大。

显而易见，任何序列单边 z 变换的收敛域和无限长因果序列双边 z 变换的收敛域类同，均为$|z|>R_{x_1}$。

3. *无限长左边序列 $x(n)$*

无限长左边序列为只在无限长区间$(-\infty,n_2]$内取不全为零的有限值而在区间 $n>n_2$ 内序列值全为零的无限长序列，其定义式为

$$x(n)\begin{cases}=0,n\geqslant n_2>-\infty,n_2\text{ 为有限值即 }\forall n_2\in z\\ \neq0,\text{其他}\end{cases}$$

$x(n)$的双边 z 变换 $X(z)$的收敛域至多为 z 平面上半径为 R_{x_2} 的圆内区域，即有：

$$|z|<R_{x_2}$$

证明：无限长左边序列的双边 z 变换为

$$X(z)=\sum_{n=-\infty}^{n_2}x(n)z^{-n},-\infty<n_2<\infty \quad (9\text{-}25)$$

若 $n_2<0$，和式(9-25)中求和变量 $n<0$。这时，为了便于应用根值判定法，则要进行变量代换$n'=-n$，得：

$$X(z)=\sum_{n'=-n_2}^{\infty}x(-n')z^{n'}=\sum_{n=-n_2}^{\infty}x(-n)z^{n} \quad (9\text{-}26)$$

由于求和结果与求和变量无关，故可将上式中的变量 n'再改回为 n。由根值判定法可知，若

$$\rho=\lim_{n\to\infty}\sqrt[n]{|x(-n)z^n|}\leqslant\lim_{n\to\infty}\sqrt[n]{|x(-n)|}\,|z|<1$$

即：

$$|z|<\frac{1}{\lim\limits_{n\to\infty}\sqrt[n]{|x(-n)|}}=R_{x_2}$$

则 $X(z)$收敛。因此，无限长左边序列双边 z 变换的收敛域是 z 平面上半径至多为 R_{x_2} 的圆内区域，即 $|z|<R_{x_2}$。但是，根据 n_2 是正值还是负值，又可以分为以下两种情况：

1）$n_2>0$，这时序列为无限长左边非反因果序列，其双边 z 变换可以表示为

$$X(z)=\sum_{n=-\infty}^{n_2}x(n)z^{-n}=\sum_{n=-\infty}^{-1}x(n)z^{-n}+\sum_{n=0}^{n_2}x(n)z^{-n}$$

因此，若无限长左边非反因果序列的双边 z 变换收敛，则必须满足：

$$\sum_{n=-\infty}^{n_2}|x(n)z^{-n}|=\sum_{n=-\infty}^{n_2}|x(n)|\,|z|^{-n}=\sum_{n=-\infty}^{-1}|x(n)|\,|z|^{-n}+\sum_{n=0}^{n_2}|x(n)|\,|z|^{-n}<\infty \tag{9-27}$$

由于不等式(9-27)左边的第二个和项式 $\sum\limits_{n=0}^{n_2}|x(n)|\,|z|^{-n}$ 均为$|z|$的负幂次项，它们只有在 $z\neq0$ 时才收敛，所以此时收敛域不能包括原点，为 z 平面上某个圆环，即：

$$0<|z|<R_{x_2}$$

2）$n_2\leqslant0$，这时序列为无限长反因果序列，由于不等式(9-27)左边的和项式 $\sum\limits_{n=-\infty}^{n_2}|x(n)|\,|z|^{-n}$ 均为$|z|$的正幂次项，它们在$|z|=0$ 时收敛，所以此时收敛域可以包含 $z=0$，为 z 平面上某个圆的圆内区域，即：

$$|z|<R_{x_2}$$

由于收敛域内不能包括极点，所以 R_{x_2} 应是 $X(z)$的所有极点中模值最小的极点的模值，可以表示为 $R_{x_2}=\min\limits_{k}|p_k|(k=1,\ 2,\ \cdots)$。

对于无限长右边序列和无限长左边序列，在例 9-2 中已经分别以 $a^n\varepsilon(n)$和$-a^n\varepsilon(-n-1)$为例求出了它们的双边 z 变换，并指明了其收敛域。

4. 无限长双边序列 $x(n)$

无限长双边序列是在无限长区间$(-\infty,\ +\infty)$内取非零有限值的无限长序列，其定义式为

$$x(n)\neq0,\quad \forall n\in z$$

$x(n)$的双边 z 变换 $X(z)$的收敛域至多为 z 平面上的一个圆环区域，即有：

$$R_{x_1}<|z|<R_{x_2}$$

证明：由于 $x(n)$的非零值在 n 轴原点的两边，所以它可以分解为一个无限长左边序列 $x_L(n)$和一个无限长右边序列 $x_R(n)$的和，根据 z 变换的线性性质可知，$x(n)$的双边 z 变换 $X(z)$可以表示为

$$X(z)=\sum_{n=-\infty}^{\infty}x(n)z^{-n}=\sum_{n=-\infty}^{-1}x_L(n)z^{-n}+\sum_{n=0}^{\infty}x_R(n)z^{-n}=X_L(z)+X_R(z)$$

所以 $X(z)$对应地为这两个序列 z 变换的叠加，其收敛域则为这两个 z 变换收敛域，即$|z|<R_{x_2}$和$|z|>R_{x_1}$的公共区域。若 $R_{x_2}>R_{x_1}$，则该公共区域存在，即无限长双边序列

z变换的收敛域为

$$R_{x_1} < |z| < R_{x_2}$$

其中，$R_{x_1}>0$，$R_{x_2}<\infty$，因此为z平面上的一个圆环区域，若$R_{x_1} \geqslant R_{x_2}$，则无限长左边序列和无限长右边序列的$z$变换无交叠的收敛域，此时无限长双边序列的双边$z$变换不收敛。

通过以上分析不难看出，双边序列是所有序列的一般形式，其他序列则可以看成是双边序列的一种特例。例如，有限长序列是在有限长区间$n_1 \leqslant n \leqslant n_2(-\infty<n_1<n_2<\infty)$内具有有限个非零值的双边序列；无限长右边序列是一种在无限长区间$n \geqslant n_1$内具有非零值的双边序列；无限长左边序列则是一种在无限长区间$n \leqslant n_2$内具有非零值的双边序列。因此，双边序列z变换的环状收敛域也是收敛域的一般形式(收敛域性质1)，而其他序列z变换的收敛域形状则是环状收敛域的一种特例。

【例9-5】 已知无限长双边指数序列为$x(n)=a^{|n|}$，其中$a>0$，求其双边z变换。

解：在$a<1$和$a>1$两种情况下，$x(n)$的波形分别如图9-6a、b所示。显然，双边指数序列可以表示成一个无限长右边序列和一个无限长左边序列之和，即：

$$x(n)=a^n\varepsilon(n)+a^{-n}\varepsilon(-n-1)$$

因此，所求双边z变换为

$$X(z)=\sum_{n=-\infty}^{\infty}x(n)z^{-n}=\sum_{n=-\infty}^{\infty}[a^n\varepsilon(n)+a^{-n}\varepsilon(-n-1)]z^{-n}=\sum_{n=0}^{\infty}a^nz^{-n}+\sum_{n=-\infty}^{-1}a^{-n}z^{-n}$$

由例9-2可知，有：

$$Z[a^n\varepsilon(n)]=\sum_{n=0}^{\infty}a^nz^{-n}=\frac{z}{z-a},\ |z|>|a|$$

和

$$Z[a^{-n}\varepsilon(-n-1)]=\sum_{n=-\infty}^{-1}a^{-n}z^{-n}=-\frac{z}{z-a^{-1}},\ |z|<\frac{1}{|a|}$$

由此可见，在双边指数序列的z变换式中，第一项级数在$|z|>|a|$内收敛，第二项级数在$|z|<\frac{1}{|a|}$内收敛。显然，若$a\geqslant 1$，则$|z|>|a|$和$|z|<\frac{1}{|a|}$没有重叠区域，即两个序列z变换收敛域的交集为空集，如图9-6c所示，这时，双边指数序列不存在双边z变换；例如，$a=1$时，双边指数序列变为常数序列$x(n)=1$，而$a>1$时则为双边增长的实指数序列，如图9-6b所示，它们均不存在双边z变换。若$a<1$，$|z|>|a|$和$|z|<\frac{1}{|a|}$有公共区域，如图9-6d所示，这时，双边指数序列的双边z变换为

$$X(z)=\sum_{n=0}^{\infty}a^nz^{-n}+\sum_{n=-\infty}^{-1}a^{-n}z^{-n}=\frac{z}{z-a}-\frac{z}{z-a^{-1}}=\frac{a^2-1}{a}\ \frac{z}{(z-a)(z-a^{-1})}$$

$$|a|<|z|<\frac{1}{|a|}$$

类似于连续信号，根据有限长序列、无限长右边序列、无限长左边序列和无限长双边序列取非零值的区间特点又常将它们分别称作有始有终序列、有始无终序列、无始有终序列和无始无终序列。

上述4种序列的收敛域及与其对应的4种连续信号的收敛域可以利用z变量和s变量的映射关系，即$z=e^{sT}$或$s=\frac{1}{T}\ln z$对应推导出。

通过上面的讨论可知，任何一个离散时间序列只要其存在z变换，则其变换的收敛域

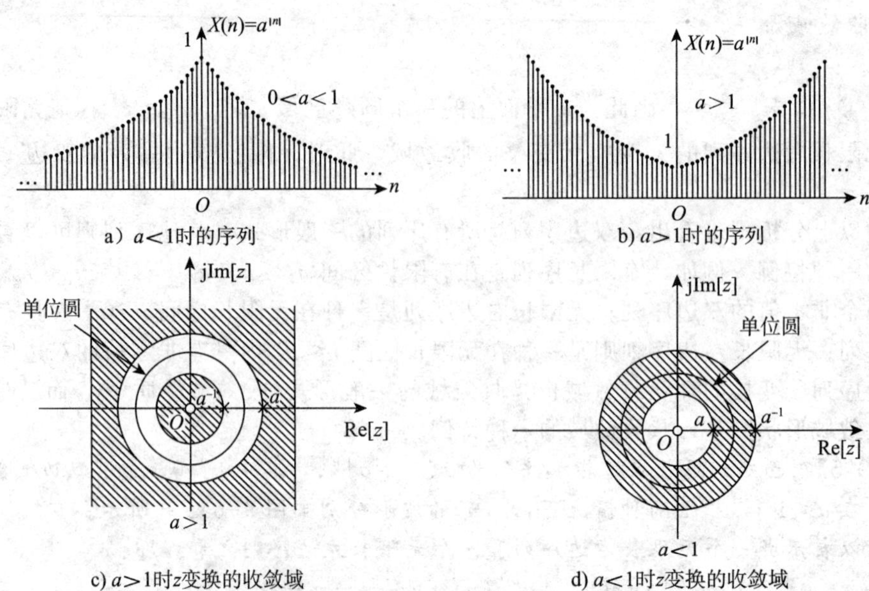

a）$a<1$时的序列　　b）$a>1$时的序列

c）$a>1$时z变换的收敛域　　d）$a<1$时z变换的收敛域

图 9-6　双边指数序列及其双边 z 变换的零、极点分布图与收敛域

就一定是上述 4 种情况之一。这表明，相当广泛的一类序列都有 z 变换表示，即使一些不存在傅里叶变换的序列，却也存在着 z 变换。

为了便于比较上述 4 类序列的形式与其收敛域特征的对应关系，将以上讨论结果列于表 9-1。

表 9-1　各种序列形式与其双边 z 变换收敛域的对应关系

名称	序列 $x(n)$ 的形式		双边 z 变换 $X(z)$ 的收敛域	
有限长序列	有限长因果序列：$n_1 \geqslant 0$　$n_2>0$			$\|z\|>0$
	有限长反因果序列：$n_1<0$　$n_2 \leqslant 0$			$\|z\|<\infty$
	有限长双边序列：$n_1<0$　$n_2>0$			$0<\|z\|<\infty$

（续）

名称	序列 $x(n)$ 的形式		双边 z 变换 $X(z)$ 的收敛域	
无限长右边序列	无限长右边非因果序列：$n_1<0$ $n_2=\infty$	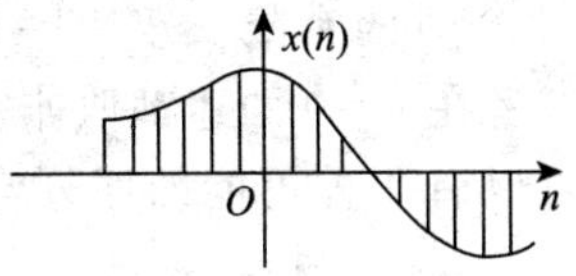	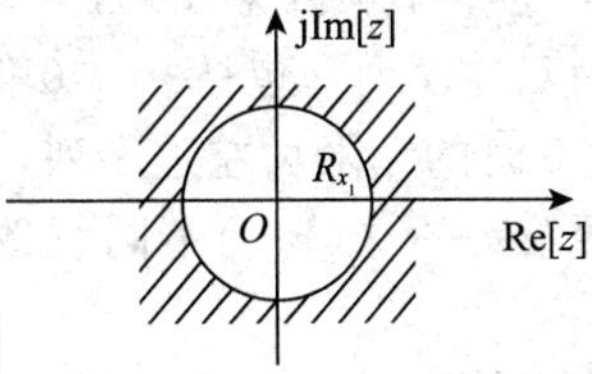	$R_{x_1}<\|z\|<\infty$
	无限长因果序列：$n_1\geqslant 0$ $n_2=\infty$	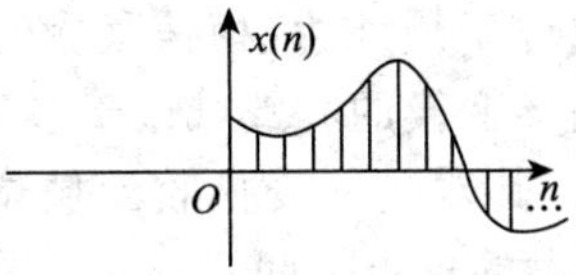	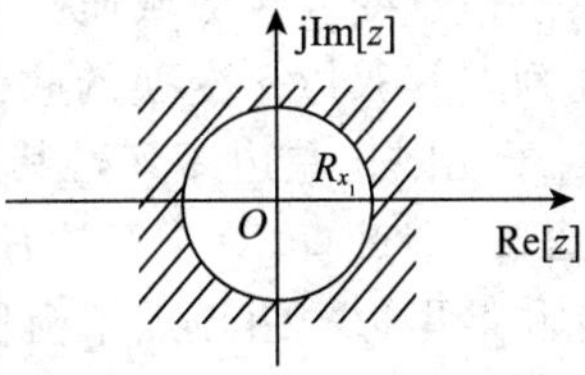	$\|z\|>R_{x_1}$
无限长左边序列	无限长左边非反因果序列：$n_1=-\infty$ $n_2>0$	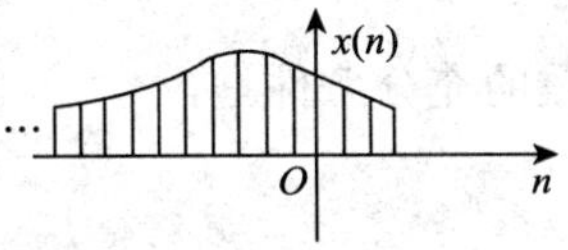	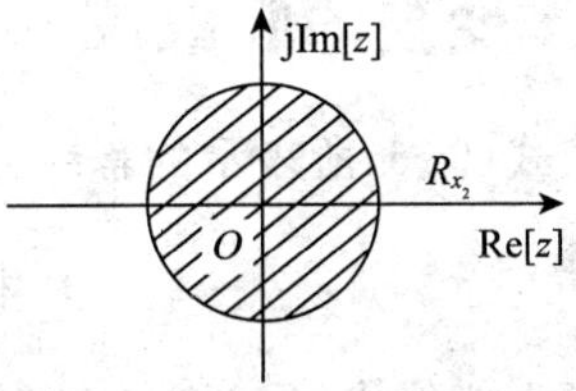	$0<\|z\|<R_{x_2}$
	无限长反因果序列：$n_1=-\infty$ $n_2\leqslant 0$	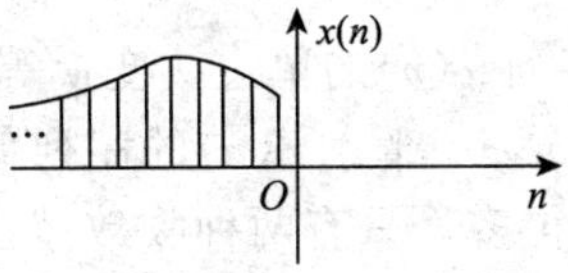	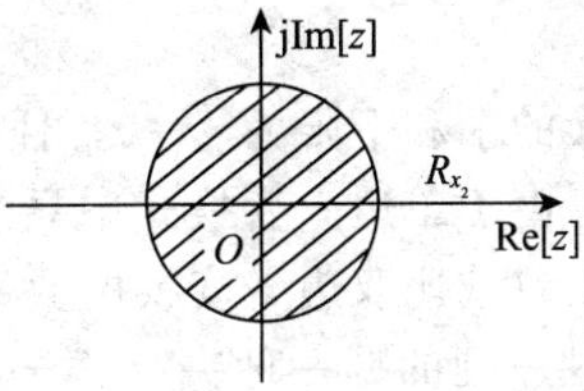	$\|z\|<R_{x_2}$
无限长双边序列	$n_1=-\infty$ $n_2=+\infty$	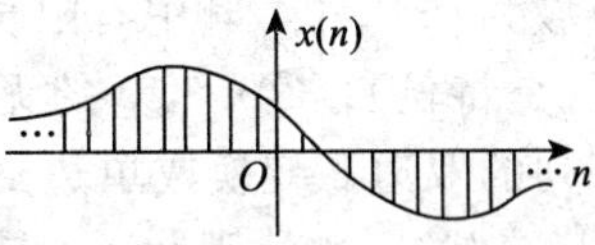	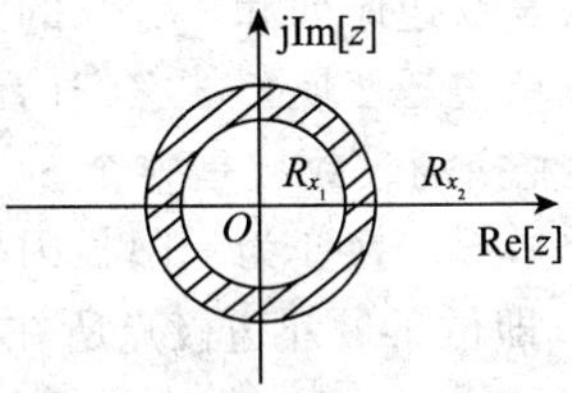	$R_{x_1}<\|z\|<R_{x_2}$

有了序列特征与其双边 z 变换收敛域的对应关系，就可以在给定 z 变换表示式 $X(z)$ 的情况下，根据不同的收敛域，确定 $X(z)$ 所对应的不同形式的 $x(n)$，而根据表 9-1 中所示双边 z 变换收敛域的分布特征可知，只要知道 $X(z)$ 在 z 平面上两个特殊点 $z=0$ 和 $z=\infty$ 处的收敛情况就可初步判定 $X(z)$ 所对应的 $x(n)$ 的形式。例如，若 $X(z)$ 在 $z=\infty$ 处收敛而在 $z=0$ 处不收敛，则由表 9-1 可知，此 $X(z)$ 仅可以对应一个因果序列，例如 $X(z)=1/z$ 就是在 $z=\infty$ 处收敛而在 $z=0$ 处不收敛，它只能对应一个因果序列 $x(n)=\delta(n-1)$；若 $X(z)$ 在 $z=0$ 处收敛，在 $z=\infty$ 处不收敛，则此 $X(z)$ 仅可以对应一个反因果序列，例如，$X(z)=z$ 在 $z=0$ 处收敛而在 $z=\infty$ 处不收敛，它只能对应一个反因果序列 $x(n)=\delta(n+1)$；若 $X(z)$ 在 $z=\infty$ 和 $z=0$ 处均收敛，则此 $X(z)$ 按照它的收敛域的不同情况可以有两种可能性，即在某个收敛域时对应一个因果序列，而在另外一个收敛域时却对应一个反因果序列，例如，对于 $X(z)=\dfrac{z}{(z-a)}$ 来说，$z=0$ 和 $z=\infty$ 都不是 $X(z)$ 的极点，故

$X(z)$在这两处均收敛，而收敛域是以极点为边界的，所以当给定$X(z)$的收敛域为$|z|>a$时，则对应$x(n)=a^n\varepsilon(n)$，为一个因果序列，而当收敛域为$|z|<a$时，则对应$x(n)=-a^n\varepsilon(-n-1)$，为一个反因果序列；如果$X(z)$在$z=0$和$z=\infty$处均不收敛，则$X(z)$所对应的序列即为双边序列，包括$n_1<0$但$n_2>0$时的有限长双边序列、$n_1<0$时的无限长右边序列、$n_2>0$时的无限长左边序列，这三者在$n=0$两边都取非零值，是特殊的双边序列。因此，按照给定的$X(z)$的不同收敛域可以有4种可能的序列与其对应，但最终结果只有一个。

根据z变换收敛域的性质2可知，一般来说，收敛域是以极点为边界的。因此，对于有限长序列，其双边z变换收敛域通常位于最里边极点$z=0$和最外边极点$z=\infty$之间；对于无限长右边序列，其双边z变换的收敛域位于最外边(模值最大)的极点的外部(可能包含$z=\infty$点)；对于无限长左边序列，其双边z变换的收敛域位于最里边(模值最小)的极点的内部(可能包含$z=0$点)；对于双边序列，其双边z变换收敛域位于最外边一组极点中模值最小的极点和最里边一组极点中模值最大的极点之间。

9.7 单边z变换的收敛域

单边z变换式(9-6)所表示的幂级数收敛的充分条件是：

$$\sum_{n=0}^{\infty}|x(n)z^{-n}|<\infty \tag{9-28}$$

因此，在z平面上能使式(9-28)左边级数收敛的所有z值的集合，称为单边z变换$X(z)$的收敛域。

单边z变换的求和下限为$n=0$，任何序列$x(n)$的单边z变换等于因果序列$x(n)\varepsilon(n)$的双边z变换。由于单边z变换式中只涉及$n\geqslant 0$部分$x(n)$的序列值而仅含有z的负幂次项，所以它的收敛域比双边z变换的要简单得多，只有两种收敛域。因为由任意有界序列$x(n)$分属于4种序列的哪一种决定了$x(n)\varepsilon(n)$可能为有限长因果序列或无限长因果序列，从而有：①有限长双边序列和$n_2>0$的无限长左边序列的单边z变换变为有限长因果序列的双边z变换或单边z变换，故它们的收敛域为$|z|>0$，其中有限长双边序列$\delta(n)$的单边z变换与双边z变换的收敛域是整个z平面(是特例)；②$n_1<0$的无限长右边序列和无限长双边序列的单边z变换变为无限长因果序列的双边z变换或单边z变换，故它们的收敛域为$|z|>R_{x_1}$，即位于最外边极点所在圆周外部的区域。因此，对于不同的序列，其单边z变换的收敛域必有公共部分。从广义上说，单边z变换只有一种收敛域形式，即位于z平面上某个圆域之外的区域。

我们知道，对于双边z变换，只有同时给定z变换式$X(z)$及其收敛域，时域序列$x(n)$和$X(z)$之间才是一一对应的，若仅给定$X(z)$的表示式而没有给出收敛域，$x(n)$和$X(z)$之间则不是一一对应的。但是，对于单边z变换，序列$x(n)$和$X(z)$之间的唯一对应性则是依据序列为因果序列还是双边序列而定的，具体有两种情况：①因果序列$x(n)$与其单边z变换函数$X(z)$之间即使没有特别指明，其收敛域也存在着一一对应关系。因此，一般不特别强调单边z变换的收敛域。②双边序列与其单边z变换函数$X(z)$之间不是一一对应的，例如，常数序列$x_1(n)=1$与单位阶跃序列$x_2(n)=\varepsilon(n)$具有相同的单边z变换函数，即$X_1(z)=X_2(z)=\dfrac{z}{z-1}$。

单边z变换收敛域的确定方法与双边z变换收敛域的确定方法完全相同，可以借鉴。

9.8 常用序列的 z 变换

下面直接根据双边 z 变换定义式(9-5)和单边 z 变换定义式(9-6)求出某些常用序列的 z 变换。

1. 单位样值序列 $\delta(n)$

单位样值序列可以认为是一种特殊的有限长单值($n_1=n_2=0$)双边序列，其双边 z 变换与单边 z 变换相同，有：

$$\begin{aligned} Z[\delta(n)] &= \sum_{n=-\infty}^{\infty}\delta(n)z^{-n} = \sum_{n=0}^{\infty}\delta(0)z^{0}+\delta(1)z^{-1}+\cdots \\ &= 1,\quad 0\leqslant |z|\leqslant\infty \end{aligned}$$

这表明，单位样值序列 z 变换的收敛域是整个 z 平面，它是有限长双边序列双边 z 变换的收敛域 $0<|z|<\infty$ 的一个特例。

2. 单位阶跃序列 $\varepsilon(n)$

单位阶跃序列 $\varepsilon(n)$ 为无限长因果序列，所以它的双边 z 变换和单边 z 变换相同，有：

$$Z[\varepsilon(n)] = \sum_{n=-\infty}^{\infty}\varepsilon(n)z^{-n} = \sum_{n=0}^{\infty}z^{-n} = \frac{1}{1-z^{-1}} = \frac{z}{z-1},\ |z|>1 \tag{9-29}$$

由于 $X(z)$ 是一个公比为 z^{-1} 的等比级数，故由此可求出收敛域，为 $|z^{-1}|<1$，即 $|z|>1$。$\varepsilon(n)$ 可以认为是 $a^n\varepsilon(n)$ 的一个特例($a=1$)。

3. 单边指数序列 $a^n\varepsilon(n)$ 和 $-a^n\varepsilon(-n-1)$

由于单边指数因果序列 $a^n\varepsilon(n)$ 为无限长因果序列，所以其双边 z 变换和单边 z 变换相同，在例 9-2 中已经求出为 $\dfrac{z}{z-a}$，收敛域为 $|z|>|a|$。当 $a=\mathrm{e}^{\pm \mathrm{j}\Omega_0}$ 时，即为单边虚指数因果序列 $\mathrm{e}^{\pm \mathrm{j}\Omega_0 n}\varepsilon(n)$，其 z 变换为 $\dfrac{z}{z-\mathrm{e}^{\pm \mathrm{j}\Omega_0}}$，收敛域均为 $|z|>1$。单边指数反因果序列 $-a^n\varepsilon(-n-1)$ 为无限长反因果序列，所以其单边 z 变换为零，双边 z 变换在例 9-2 中所求为 $\dfrac{z}{z-a}$，其收敛域为 $|z|<|a|$。

4. 双边指数序列 $a^{|n|}$

双边指数序列 $a^{|n|}$ 的双边 z 变换在例 9-5 中求出为 $\dfrac{a^2-1}{a}\dfrac{z}{(z-a)(z-a^{-1})}$，$|a|<|z|<\dfrac{1}{|a|}$，其单边 z 变换等于单边指数因果序列 $a^n\varepsilon(n)$ 的 z 变换。

5. 斜变序列 $n\varepsilon(n)$ 和 $-n\varepsilon(-n-1)$

由于斜变因果序列 $n\varepsilon(n)$ 为无限长因果序列，所以其双边 z 变换和单边 z 变换相同，有：

$$Z[n\varepsilon(n)] = \sum_{n=-\infty}^{\infty}n\varepsilon(n)z^{-n} = \sum_{n=0}^{\infty}nz^{-n}$$

由式(9-29)可知：

$$\sum_{n=0}^{\infty}z^{-n} = \frac{1}{1-z^{-1}},\ |z|>1$$

将上式两边各对 z^{-1} 求导，可得：

$$\sum_{n=0}^{\infty}n\,(z^{-1})^{n-1} = \frac{1}{(1-z^{-1})^2}$$

将上式两边分别乘 z^{-1}，便可得到斜变因果序列的 z 变换：

$$Z[n\varepsilon(n)]=\sum_{n=0}^{\infty}nz^{-n}=\frac{z}{(z-1)^2},\ |z|>1 \tag{9-30}$$

分别再对式(9-30)两边的 z^{-1} 求导数，可得：

$$Z[n^2\varepsilon(n)]=\frac{z(z+1)}{(z-1)^3},\ |z|>1$$

$$Z[n^3\varepsilon(n)]=\frac{z(z^2+4z+1)}{(z-1)^4},\ |z|>1$$

……

对于斜变反因果序列 $x(n)=-n\varepsilon(-n-1)$，可推得其双边 z 变换为

$$Z[-n\varepsilon(-n-1)]=\frac{z}{(z-1)^2},\ |z|<1 \tag{9-31}$$

斜变反因果序列的单边 z 变换为零。由式(9-30)、式(9-31)可见，$n\varepsilon(n)$ 与 $-n\varepsilon(-n-1)$ 的 z 变换表示式相同，但其收敛域不同，因果序列 $n\varepsilon(n)$ 的 z 变换收敛域为 $|z|>1$，而反因果序列 $-n\varepsilon(-n-1)$ 的 z 变换收敛域为 $|z|<1$。

6. 单边正弦 $\sin(\Omega_0 n)\varepsilon(n)$ 和单边余弦序列 $\cos(\Omega_0 n)\varepsilon(n)$

由于 $Z[\mathrm{e}^{\pm \mathrm{j}\Omega_0 n}\varepsilon(n)]=\dfrac{z}{z-\mathrm{e}^{\pm\mathrm{j}\Omega_0}}$，$|z|>1$，因此应用欧拉公式及 z 变换定义可以求出单边正弦因果序列 $\sin(\Omega_0 n)\varepsilon(n)$ 的双边和单边 z 变换：

$$\begin{aligned}Z[\sin(\Omega_0 n)\varepsilon(n)]&=Z\Big[\frac{1}{2\mathrm{j}}(\mathrm{e}^{\mathrm{j}\Omega_0 n}-\mathrm{e}^{-\mathrm{j}\Omega_0 n})\varepsilon(n)\Big]=\sum_{n=-\infty}^{\infty}\Big[\frac{1}{2\mathrm{j}}(\mathrm{e}^{\mathrm{j}\Omega_0 n}-\mathrm{e}^{-\mathrm{j}\Omega_0 n})\varepsilon(n)\Big]z^{-n}\\&=\sum_{n=0}^{\infty}\frac{1}{2\mathrm{j}}(\mathrm{e}^{\mathrm{j}\Omega_0 n}-\mathrm{e}^{-\mathrm{j}\Omega_0 n})z^{-n}=\frac{1}{2\mathrm{j}}\Big(\sum_{n=0}^{\infty}\mathrm{e}^{\mathrm{j}\Omega_0 n}z^{-n}-\sum_{n=0}^{\infty}\mathrm{e}^{-\mathrm{j}\Omega_0 n}z^{-n}\Big)\\&=\frac{1}{2\mathrm{j}}\Big(\frac{z}{z-\mathrm{e}^{\mathrm{j}\Omega_0}}-\frac{z}{z-\mathrm{e}^{-\mathrm{j}\Omega_0}}\Big)=\frac{z\sin\Omega_0}{z^2-2z\cos\Omega_0+1},|z|>1\end{aligned}$$

同理可得单边余弦因果序列 $\cos(\Omega_0 n)\varepsilon(n)$ 的双边和单边 z 变换为

$$Z[\cos(\Omega_0 n)\varepsilon(n)]=\frac{z(z-\cos\Omega_0)}{z^2-2z\cos\Omega_0+1},|z|>1$$

可以看到，单边正弦、余弦因果序列的 z 变换式都有两个极点 $p_1=\mathrm{e}^{\mathrm{j}\Omega_0}$ 和 $p_2=\mathrm{e}^{-\mathrm{j}\Omega_0}$，它们都位于单位圆上，且与正实轴的夹角分别为 Ω_0 和 $-\Omega_0$，这表明，复变量 $z=r\mathrm{e}^{\mathrm{j}\Omega}$ 中的辐角 Ω 在 z 复平面上是一个反映序列包络频率的变量。此外，无论单边正弦、余弦因果序列是否为周期序列，它们的 z 变换的收敛域均为 $|z|>1$。

读者还可以自行推导单边正弦反因果序列 $\sin(\Omega_0 n)\varepsilon(-n-1)$ 和单边余弦反因果序列 $\cos(\Omega_0 n)\varepsilon(-n-1)$ 的双边 z 变换，分别为：

$$Z[\sin(\Omega_0 n)\varepsilon(-n-1)]=\frac{z\sin\Omega_0}{z^2-2z\cos\Omega_0+1},|z|<1$$

$$Z[\cos(\Omega_0 n)\varepsilon(-n-1)]=\frac{-z(z-\cos\Omega_0)}{z^2-2z\cos\Omega_0+1},|z|<1$$

若在式(9-16)中设 $a=\beta\mathrm{e}^{\mathrm{j}\Omega_0}$，则由该式可得：

$$\begin{aligned}Z[a^n\varepsilon(n)]&=Z[\beta^n\mathrm{e}^{\mathrm{j}\Omega_0 n}\varepsilon(n)]\\&=\frac{1}{1-\beta\mathrm{e}^{\mathrm{j}\Omega_0}z^{-1}},\ |z|>|\beta|\end{aligned}$$

同理可得：

$$Z[\beta^n e^{-j\Omega_0 n}\varepsilon(n)] = \frac{1}{1-\beta e^{-j\Omega_0} z^{-1}}, |z|>|\beta|$$

利用欧拉公式，由上面两式可得单边指数因果衰减($\beta<1$)及增幅($\beta>1$)正弦、余弦序列的双边和单边 z 变换为

$$Z[\beta^n \sin(\Omega_0 n)\varepsilon(n)] = \frac{\beta z^{-1}\sin\Omega_0}{1-2\beta z^{-1}\cos\Omega_0+\beta^2 z^{-2}} = \frac{\beta z\sin\Omega_0}{z^2-2\beta z\cos\Omega_0+\beta^2}, |z|>|\beta|$$

以及

$$Z[\beta^n \cos(\Omega_0 n)\varepsilon(n)] = \frac{1-\beta z^{-1}\cos\Omega_0}{1-2\beta z^{-1}\cos\Omega_0+\beta^2 z^{-2}} = \frac{z(z-\beta\cos\Omega_0)}{z^2-2\beta z\cos\Omega_0+\beta^2}, |z|>|\beta|$$

表 9-2 中列出了常用序列的 z 变换式，便于查阅。

表 9-2 常用序列的 z 变换

序号	信号	双边 z 变换	收敛域 (ROC)	单边 z 变换	收敛域 (ROC)
1	$\delta(n)$	1	整个 z 平面	1	整个 z 平面
2	$\varepsilon(n)-\varepsilon(n-N)$	$\frac{1-Z^{-N}}{1-z^{-1}}$	$\|z\|>0$	$\frac{1-Z^{-N}}{1-z^{-1}}$	$\|z\|>0$
3	$\varepsilon(n)$	$\frac{z}{z-1}$	$\|z\|>1$	$\frac{z}{z-1}$	$\|z\|>1$
4	$a^{\|n\|}$	$\frac{a^2-1}{a}\frac{z}{(z-a)(z-a^{-1})}$	$\|a\|<\|z\|<\frac{1}{\|a\|}$	$\frac{z}{z-a}$	$\|a\|<\|z\|<\frac{1}{\|a\|}$
5	$a^n\varepsilon(n)$	$\frac{z}{z-a}$	$\|z\|>\|a\|$	$\frac{z}{z-a}$	$\|z\|>\|a\|$
6	$(-a)^n\varepsilon(n)$	$\frac{z}{z+a}$	$\|z\|>\|a\|$	$\frac{z}{z+a}$	$\|z\|>\|a\|$
7	$n\varepsilon(n)$	$\frac{z}{(z-1)^2}$	$\|z\|>1$	$\frac{z}{(z-1)^2}$	$\|z\|>1$
8	$na^n\varepsilon(n)$	$\frac{az}{(z-a)^2}$	$\|z\|>\|a\|$	$\frac{az}{(z-a)^2}$	$\|z\|>\|a\|$
9	$\sin(\Omega_0 n)\varepsilon(n)$	$\frac{z\sin\Omega_0}{z^2-2z\cos\Omega_0+1}$	$\|z\|>1$	$\frac{z\sin\Omega_0}{z^2-2z\cos\Omega_0+1}$	$\|z\|>1$
10	$\cos(\Omega_0 n)\varepsilon(n)$	$\frac{z(z-\cos\Omega_0)}{z^2-2z\cos\Omega_0+1}$	$\|z\|>1$	$\frac{z(z-\cos\Omega_0)}{z^2-2z\cos\Omega_0+1}$	$\|z\|>1$
11	$\beta^n\sin(\Omega_0 n)\varepsilon(n)$	$\frac{\beta z\sin\Omega_0}{z^2-2\beta z\cos\Omega_0+\beta^2}$	$\|z\|>\|\beta\|$	$\frac{\beta z\sin\Omega_0}{z^2-2\beta z\cos\Omega_0+\beta^2}$	$\|z\|>\|\beta\|$
12	$\beta^n\cos(\Omega_0 n)\varepsilon(n)$	$\frac{z(z-\beta\cos\Omega_0)}{z^2-2\beta z\cos\Omega_0+\beta^2}$	$\|z\|>\|\beta\|$	$\frac{z(z-\beta\cos\Omega_0)}{z^2-2\beta z\cos\Omega_0+\beta^2}$	$\|z\|>\|\beta\|$
13	$\sum_{k=0}^{\infty}\delta(n-kn_0)$	$\frac{1}{1-z^{-n_0}}$	$\|z\|>1$	$\frac{1}{1-z^{-n_0}}$	$\|z\|>1$
14	$-\varepsilon(-n-1)$	$\frac{z}{z-1}$	$\|z\|<1$	0	$\|z\|<1$

（续）

序号	信号	双边 z 变换	收敛域(ROC)	单边 z 变换	收敛域(ROC)
15	$-n\varepsilon(-n-1)$	$\frac{z}{(z-1)^2}$	$\|z\|<1$	0	$\|z\|<1$
16	$-a^n\varepsilon(-n-1)$	$\frac{z}{z-a}$	$\|z\|<\|a\|$	0	$\|z\|<\|a\|$
17	$-na^n\varepsilon(-n-1)$	$\frac{az}{(z-a)^2}$	$\|z\|<\|a\|$	0	$\|z\|<\|a\|$

9.9 z 变换的基本性质

我们知道，z 变换是一个幂级数，因此求取一个序列 z 变换的基本方法是直接利用 z 变换定义将其归结为等比级数求和，然而这种方法对于较为复杂的序列就显得相当麻烦。和其他各种数学变换一样，z 变换也具有许多基本性质，借助它们既可以根据简单常用序列的 z 变换方便地求出较为复杂序列的 z 变换，也可以简化 z 反变换的求取过程，还易于进行线性移不变系统的分析。

1. 线性

z 变换的线性表明，线性组合序列的 z 变换等于相组合序列 z 变换的线性组合，这个性质对于双边 z 变换和单边 z 变换均成立，即若任意有界序列 $x_1(n)$ 和 $x_2(n)$ 的双边或单边 z 变换为

$$Z[x_1(n)] = X_1(z), |z| \in R_{x_1}$$

和

$$Z[x_2(n)] = X_2(z), |z| \in R_{x_2}$$

则线性组合序列 $a_1x_1(n)+a_2x_2(n)$ 的双边或单边 z 变换为

$$Z[a_1x_1(n) + a_2x_2(n)] = a_1X_1(z) + a_2X_2(z),\ |z| \in (R_{x_1} \cap R_{x_2}) \tag{9-32}$$

式(9-32)中，a_1、a_2 为任意实数、复数。$|z|\in(R_{x_1}\cap R_{x_2})$表示经线性组合后的序列，其 z 变换的收敛域一般说来是相组合序列 z 变换收敛域的公共区域，或者说至少是相组合序列 z 变换收敛域的交集。例如，若 $|z|\in R_{x_1}$ 为 $R_{x_{11}}<|z|<R_{x_{12}}$，$|z|\in R_{x_2}$ 为 $R_{x_{21}}<|z|<R_{x_{22}}$，则 $R_{x_1}\cap R_{x_2}$ 为 $\max(R_{x_{11}}, R_{x_{21}})<|z|<\min(R_{x_{12}}, R_{x_{22}})$。由于单边 z 变换的收敛域一般为圆外区域，所以这时 $|z|\in R_{x_1}$ 和 $|z|\in R_{x_2}$ 可以分别表示为 $|z|>R_{x_1}$ 和 $|z|>R_{x_2}$，而线性组合后 z 变换的收敛域是以其中最大的极点模值为半径的圆外区域，即应为相组合序列 z 变换收敛域中的较小者，故有 $|z|>\max(R_{x_1}, R_{x_2})$。

但是，当 $X_i(z)(i=1, 2)$为有理分式时，线性组合 $a_1X_1(z)+a_2X_2(z)$有时会产生新的零点，出现零、极点相消的情况，若消去的极点正好是决定 $X_1(z)$收敛域 R_{x_1} 边界的极点和/或 $X_2(z)$收敛域 R_{x_2} 边界的极点，则组合序列 z 变换的收敛域就会比交集 $R_{x_1}\cap R_{x_2}$ 大，有时甚至能扩展到整个 z 平面。例如，在例 9-4 中，原序列 $x(n)$可以视为两个右边序列的差，即有：

$$x(n) = a^n[\varepsilon(n) - \varepsilon(n-N)] = a^n\varepsilon(n) - a^N a^{n-N}\varepsilon(n-N)$$

由例 9-2 可知，$a^n\varepsilon(n)$的 z 变换为

$$Z[a^n\varepsilon(n)] = \frac{z}{z-a}, |z| > |a|$$

应用本节后面介绍的 z 变换的位移性容易求出 $a^N a^{n-N}\varepsilon(n-N)$的 z 变换为

$$Z[a^N a^{n-N}\varepsilon(n-N)] = a^N Z[a^{n-N}\varepsilon(n-N)] = \frac{a^N z^{-N}}{1-az^{-1}}$$
$$= \frac{a^N z^{-N+1}}{z-a}, |z| > |a|$$

由 z 变换的线性性质可知 $x(n)$ 的 z 变换为

$$X(z) = \frac{z}{z-a} - \frac{a^N z^{-N+1}}{z-a} = \frac{1}{z^{N-1}} \frac{z^N - a^N}{z-a}, |z| > 0$$

线性组合新产生的零点 $z=a$ 消去了决定原序列 z 变换的收敛域 $|z|>|a|$ 边界的极点 $z=a$，结果使 $X(z)$ 仅在 $z=0$ 处有一个 $(N-1)$ 阶重极点，因此 $X(z)$ 的收敛域从本应为两个相组合的 z 变换收敛域的交集 $|z|>|a|$ 扩大到除 $z=0$ 点外的整个 z 平面。这种情况中最简单的就是 $N=1$，此时，因仅在 $z=a$ 处的零、极点相互抵消，故 $X(z)=1$，收敛域扩大为整个 z 平面，实际上由 $a^n\varepsilon(n)-a^n\varepsilon(n-1)=\delta(n)$ 也可知这个结果。

若新产生的零点没有消去决定 $X_1(z)$ 和/或 $X_2(z)$ 收敛域边界的极点，则线性组合 $a_1X_1(z)+a_2X_2(z)$ 的收敛域就等于 $R_{x_1}\cap R_{x_2}$。例如，$e^{j\Omega_0 n}\varepsilon(n)$ 和 $e^{-j\Omega_0 n}\varepsilon(n)$ 线性组合后，z 变换的极点为原两个序列 z 变换的极点组合，即无零、极点相消的情况，故 $\sin(\Omega_0 n)\varepsilon(n)$ 和 $\cos(\Omega_0 n)\varepsilon(n)$ 的 z 变换的收敛域与 $e^{j\Omega_0 n}\varepsilon(n)$ 和 $e^{-j\Omega_0 n}\varepsilon(n)$ 的 z 变换的收敛域相同，仍为 $|z|>1$。

由此可见，通常，利用 z 变换的性质求一个比原序列复杂的新序列的 z 变换时，其收敛域可能会发生变化，这可以根据所得计算结果的零、极点辨识。

z 变换的线性表明这种变换具有可加性与均匀性，即是一种线性变换，并可以推广到任意多个序列的线性组合情况下，直接应用 z 变换的定义式(9-5)就可以证明线性性质。

2. 位移(时移)性

z 变换的位移性反映了序列位移后，其 z 变换与原序列 z 变换之间的关系。由于双边 z 变换的定义变量 n 是从 $-\infty$ 开始的，而单边 z 变换的定义变量 n 则是从 0 开始的，所以它们的位移性表示式有所不同，下面分别进行讨论。

(1) 双边 z 变换的位移(时移)性

若任意有界序列 $x(n)$ 的双边 z 变换为

$$Z[x(n)] = X(z), |z| \in R_x$$

则 $x(n)$ 移位后所得序列 $x(n\pm n_0)$ 的双边 z 变换为

$$Z[x(n\pm n_0)] = z^{\pm n_0}X(z), |z| \in R_x[\text{可能增添或删除 } z=0 \text{ 或 } z=\infty \text{ 点}]$$

证明： 根据双边 z 变换的定义，则有：

$$Z[x(n\pm n_0)] = \sum_{n=-\infty}^{\infty} x(n\pm n_0)z^{-n} \overset{n'=n\pm n_0}{=} z^{\pm n_0}\sum_{n'=-\infty}^{\infty} x(n')z^{-n'} = z^{\pm n_0}X(z) \quad (9\text{-}33)$$

式(9-33)中，n_0 为任意正整数，故 $x(n+n_0)$ 和 $x(n-n_0)$ 分别表示序列 $x(n)$ 左移和右移后所得的序列，移位因子 $z^{\pm n_0}$ 反映了时域序列 $x(n)$ 移位后各个样值的位序变化。由于序列移位后的 z 变换仅是原序列的 z 变换乘以一个 z 的幂指数 $z^{\pm n_0}$，所以序列移位后只可能使其 z 变换在 $z=0$ 或 $z=\infty$ 处的零、极点产生变化。因此，序列移位前后 z 变换收敛域的差别也只有可能在这两点。由于无限长双边序列 z 变换的收敛域为环形区域($R_{x_1}<|z|<R_{x_2}$)，不包括 $z=0$ 和 $z=\infty$，所以序列移位后，其 z 变换的收敛域不会发生变化，除此之外，其他三种序列移位后，它们的 z 变换收敛域则可能在 $z=0$ 或 $z=\infty$ 处有所变化，即可能增添或删除 $z=0$ 或 $z=\infty$ 点。

下面按照表 9-1 中序列的分类，除无限长双边序列外，将其他序列左移或右移后，分别讨论它们的双边 z 变换收敛域在 $z=0$ 或 $z=\infty$ 点的变化情况。

对于左移序列 $x(n+n_0)$ 有以下 3 种情况：

1) 若 $x(n)$ 是一个因果序列 $x(n)$（有限长或无限长），$x(n+n_0)$ 可能不是因果的，若 $x(n+n_0)$ 不是因果的，则收敛域将在 $z=\infty$ 点发生变化，即删除原因果序列 $x(n)$ 的 z 变换 $X(z)$ 收敛域中的 $z=\infty$ 点，因此，$x(n+n_0)$ 的 z 变换收敛域不再包含 $z=\infty$。

2) 若 $x(n)$ 是一个无限长左边非反因果序列，$x(n+n_0)$ 则可能是反因果的，若 $x(n+n_0)$ 是反因果的，则收敛域将会在 $z=0$ 处发生变化，这时，$x(n)$ 的 z 变换收敛域中不含 $z=0$ 点，而 $x(n+n_0)$ 的 z 变换收敛域是在 $x(n)$ 的 z 变换收敛域中再添加 $z=0$ 点所得。

3) 若 $x(n)$ 是一个有限长双边序列，$x(n+n_0)$ 则可能不是反因果的，若 $x(n+n_0)$ 是反因果的，则收敛域将在 $z=0$ 处发生变化，$x(n+n_0)$ 的 z 变换收敛域是在 $x(n)$ 的 z 变换收敛域中再添加原本不含有的 $z=0$ 点所得。

对于右移序列 $x(n-n_0)$ 有以下 3 种情况：

1) 若 $x(n)$ 是一个反因果序列（有限长或无限长），$x(n-n_0)$ 可能不是反因果的，若 $x(n-n_0)$ 不是反因果的，则收敛域将在 $z=0$ 处发生变化，即删除原反因果序列 $x(n)$ 的 z 变换收敛域中的 $z=0$ 点，因此，这时 $x(n-n_0)$ 的 z 变换收敛域是删除 $x(n)$ 的 z 变换收敛域中 $z=0$ 点所得。

2) 若 $x(n)$ 是一个无限长右边非因果序列，$x(n-n_0)$ 可能是因果的，若 $x(n-n_0)$ 是因果的，则收敛域将在 $z=\infty$ 处发生变化，$x(n-n_0)$ 的 z 变换收敛域是在 $x(n)$ 的 z 变换收敛域中再添加 $z=\infty$ 点所得。

3) 若 $x(n)$ 是一个有限长双边序列，$x(n-n_0)$ 可能不是因果的，若 $x(n-n_0)$ 是因果的，则收敛域将在 $z=\infty$ 处发生变化，$x(n-n_0)$ 的 z 变换收敛域是在 $x(n)$ 的 z 变换收敛域中再添加 $z=\infty$ 点所得。

总之，如果原序列的 z 变换收敛域包括 $z=0$ 或 $z=\infty$，则序列移位后，z 变换的极点可能发生变化，从而收敛域也可能相应地改变，与原收敛域相比，可能会在收敛域中增加或删除 $z=0$ 或 $z=\infty$。例如，特殊的有限长双边序列 $\delta(n)$ 的 z 变换收敛域是整个 z 平面，但序列 $\delta(n-n_0)$ 的 z 变换为 z^{-n_0}，其收敛域可以表示为

$$\mathrm{ROC}=z\text{ 平面，但排除 }|z|=\begin{cases}+\infty, & n_0<0\\ 0, & n_0>0\end{cases}$$

例如，右移序列 $\delta(n-1)$ 的 z 变换为 z^{-1}，在 $z=0$ 处不收敛，应删除；而左移序列 $\delta(n+1)$ 的 z 变换为 z，在 $z=\infty$ 处不收敛，应删除。这是因为 $\delta(n-1)$ 是一个有限长的因果序列，而 $\delta(n+1)$ 是一个有限长的非因果序列。

(2) 单边 z 变换的位移（时移）性

设 $x(n)$ 为一个任意有界序列，由于其单边 z 变换等于 $x(n)\varepsilon(n)$ 的单边 z 变换，故 $x(n)$ 的单边 z 变换为

$$Z[x(n)\varepsilon(n)]=X(z),|z|>R_x$$

于是有：

1) $x(n)$ 左移 n_0（任意正整数）后所得序列 $x(n+n_0)$ 的单边 z 变换为

$$\begin{aligned}Z[x(n+n_0)\varepsilon(n)]&=z^{n_0}\left[X(z)-\sum_{k=0}^{n_0-1}x(k)z^{-k}\right]\\&=z^{n_0}X(z)-\sum_{k=0}^{n_0-1}x(k)z^{n_0-k},\\&|z|>R_x[\text{可能增加或删除 }z=0\text{ 或增加 }z=\infty\text{ 点}]\end{aligned}\tag{9-34}$$

2) $x(n)$ 右移 n_0 后所得序列 $x(n-n_0)$ 的单边 z 变换为

$$Z[x(n-n_0)\varepsilon(n)] = z^{-n_0}\left[X(z) + \sum_{k=-n_0}^{-1} x(k)z^{-k}\right]$$
$$= z^{-n_0}X(z) + \sum_{k=-n_0}^{-1} x(k)z^{-(n_0+k)},$$
$$|z| > R_x[\text{可能增加或删除 } z=0 \text{ 或增加 } z=\infty \text{ 点}] \tag{9-35}$$

3) $x(n)$右移n_0后所得序列$x(n-n_0)$，再乘以$\varepsilon(n-n_0)$以形成序列$x(n-n_0)\varepsilon(n-n_0)$，即因果序列$x(n)\varepsilon(n)$右移$n_0$后所得序列的单边$z$变换为

$$Z[x(n-n_0)\varepsilon(n-n_0)] = z^{-n_0}X(z), |z| > R_x[\text{可能增加或删除 } z=0 \text{ 或增加 } z=\infty \text{ 点}] \tag{9-36}$$

证明： 1) 由于$x(n+n_0)$的单边z变换等于$x(n+n_0)\varepsilon(n)$的单边z变换，故有：

$$Z[x(n+n_0)\varepsilon(n)] = \sum_{n=0}^{\infty} x(n+n_0)z^{-n} \overset{k=n+n_0}{=} \sum_{k=n_0}^{\infty} x(k)z^{-(k-n_0)}$$
$$= z^{n_0}\left[\sum_{k=0}^{\infty} x(k)z^{-k} - \sum_{k=0}^{n_0-1} x(k)z^{-k}\right]$$
$$= z^{n_0}\left[X(z) - \sum_{k=0}^{n_0-1} x(k)z^{-k}\right]$$
$$= z^{n_0}X(z) - \sum_{k=0}^{n_0-1} x(k)z^{n_0-k}$$

2) 同理，由于$x(n-n_0)$的单边z变换等于$x(n-n_0)\varepsilon(n)$的单边z变换，所以通过变量代换$k=n-n_0$可以证明序列$x(n)$左移n_0位后所得序列$x(n-n_0)$的单边z变换如式(9-36)所示。

3) 对$x(n-n_0)\varepsilon(n-n_0)$应用单边$z$变换定义可得：

$$Z[x(n-n_0)\varepsilon(n-n_0)] = \sum_{n=0}^{\infty}[x(n-n_0)\varepsilon(n-n_0)]z^{-n}$$
$$= \sum_{n=n_0}^{\infty} x(n-n_0)z^{-n} \overset{n'=n-n_0}{=} z^{-n_0}\sum_{n'=0}^{\infty} x(n')z^{-n'}$$
$$= z^{-n_0}X(z)$$

与单边拉氏变换的情况类似，由于序列的位移情况较多，因而其单边z变换的位移性质也就比较复杂，使用时应注意区分。例如，$x(n)\varepsilon(n)$的右移序列是$x(n-n_0)\varepsilon(n-n_0)$而不是$x(n-n_0)\varepsilon(n)$，即在一般情况下，$x(n-n_0)$并不等于$x(n-n_0)\varepsilon(n-n_0)$，只有在$x(n)$本身为因果序列时，$x(n-n_0)$、$x(n-n_0)\varepsilon(n-n_0)$以及$x(n-n_0)\varepsilon(n)$才相同，因而它们的$z$变换也才相等。显然，当$x(n)$本身是双边序列时，它们是不同的。$x(n)\varepsilon(n)$的左移是$x(n+n_0)\varepsilon(n+n_0)$，而不是$x(n+n_0)\varepsilon(n)$，只有当$x(n)$本身是有始序列或者说右边序列(即$n<n_0$，$x(n)=0$)时，两者才相同。

若$x(n)$为因果序列，则右移式(9-35)中的和式$\sum_{k=-n_0}^{-1} x(k)z^{-k}$等于零，所以由一般右移序列单边$z$变换式(9-35)可以得出因果序列右移后所得序列的单边z变换：

$$Z[x(n-n_0)\varepsilon(n)] = z^{-n_0}X(z), |z| > R_x(\text{可能删除 } z=0) \tag{9-37}$$

因为对于因果序列$x(n)$而言，左移式(9-34)中的和式$\sum_{k=0}^{n_0-1} x(k)z^{n_0-k}$不等于零，所以

因果序列左移后所得序列的单边 z 变换仍为式(9-34)。

由于实际中经常遇到的是因果信号，所以式(9-34)和式(9-37)是最常用的。注意式(9-36)和式(9-37)的形式是相同的。

由式(9-33)和式(9-34)、式(9-35)可见，双边 z 变换与单边 z 变换位移性的表示式是不同的，产生这种差异的根本原因在于单边 z 变换的求和变量 n 是从 0 开始对序列 $x(n)$ 取变换的。因此，当序列 $x(n)$ 左移 n_0 个单位形成序列 $x(n+n_0)$ 时，原序列值 $x(0)$，$x(1)$，…，$x(n_0-1)$ 将会移到 $n=0$ 的左边，所以对 $x(n+n_0)$ 进行单边 z 变换也就相应丢失了 n_0 个样值，即 $x(0)$，$x(1)$，…，$x(n_0-1)$ 的 z 变换，即式(9-34)中在原序列单边 z 变换 $X(z)$ 的基础上扣除 n_0 个数据点的 z 变换 $\sum\limits_{k=0}^{n_0-1}x(k)z^{-k}$。当序列 $x(n)$ 右移 n_0 个单位形成序列 $x(n-n_0)$ 时，将增加 n_0 个原序列样值，即 $x(-n_0)$，$x(-n_0+1)$，…，$x(-1)$，因此所得序列 $x(n-n_0)$ 的单边 z 变换就会在原序列单边 z 变换的基础上再添加 n_0 个数据点的 z 变换，即式(9-35)中的 $\sum\limits_{k=-n_0}^{-1}x(k)z^{-k}$，而将 $x(n)$ 右移 n_0 后所得序列 $x(n-n_0)$ 再乘以 $\varepsilon(n-n_0)$ 形成序列 $x(n-n_0)\varepsilon(n-n_0)$ 时，通过右移所增添的 n_0 个原序列样值：$x(-n_0)$，$x(-n_0+1)$，…，$x(-1)$ 由于乘以 $\varepsilon(n-n_0)$ 而置零了，这样，对所得序列 $x(n-n_0)\varepsilon(n-n_0)$ 进行单边 z 变换时只需将 $X(z)$ 乘上序列移位因子 z^{-n_0}，如式(9-36)所示，其中移位因子 z^{-n_0} 用来表示对应样值的位移。图 9-7 是一个序列 $x(n)$ 右移 1 点后，在其单边 z 变换中增加了 1 个样点的 z 变换的图示说明。

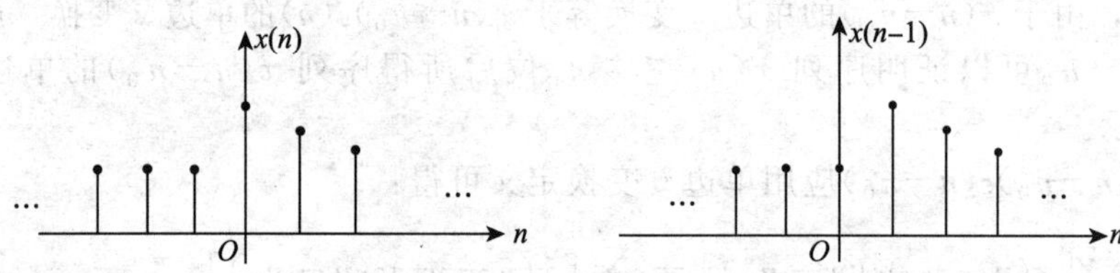

图 9-7 单边 z 变换的位移性说明

【例 9-6】 已知有界双边序列 $x(n)=\delta(n-1)+2\delta(n)+\delta(n+1)$，求 $x(n+1)$ 和 $x(n-1)$ 的单边 z 变换。

解：由单边 z 变换的定义先求出 $x(n)$ 的单边 z 变换，有：

$$X(z)=\sum_{n=0}^{\infty}[\delta(n-1)+2\delta(n)+\delta(n+1)]z^{-n}$$

$$=2+z^{-1},|z|>0$$

应用左位移性式(9-34)可以求出 $x(n+1)$ 的单边 z 变换为

$$Z[x(n+1)\varepsilon(n)]=z\Big[X(z)-\sum_{k=0}^{0}x(k)z^{-k}\Big]=z(2+z^{-1}-2)=1$$

可见，左移 1 位后所得序列 $x(n+1)$ 单边 z 变换的收敛域是在原序列 $x(n)$ 单边 z 变换的收敛域中增添了 $z=0$ 点，从而扩大到整个 z 平面，这是因为 $x(n+1)=\delta(n)$。应用右位移性式(9-35)可以求出 $x(n-1)$ 的单边 z 变换为

$$\begin{aligned}Z[x(n-1)\varepsilon(n)]&=z^{-1}\Big[X(z)+\sum_{k=-1}^{-1}x(k)z^{-k}\Big]\\&=z^{-1}(2+z^{-1}+z)=1+2z^{-1}+z^{-2}\end{aligned},|z|>0$$

可见，$x(n-1)$ 单边 z 变换的收敛域与原序列 $x(n)$ 单边 z 变换的收敛域相同。

【例 9-7】 设 $x_N(n)$是一个如图 9-8 所示的周期为 N 的因果周期序列，若它在第一个周期内的信号为 $x_1(n)$，则 $x(n)$可以视为 $x_1(n)$及其延时构成的序列，即：

$$x_N(n) = x_1(n) + x_1(n-N) + x_1(n-2N) + \cdots = \sum_{k=0}^{\infty} x_1(n-kN) \qquad (9\text{-}38)$$

试用 $x_1(n)$的 z 变换来表示 $x(n)$的 z 变换。

解：由于 $x_N(n)$和 $x_1(n)$均为因果序列，所以其双边 z 变换与单边 z 变换相等。$x_1(n)$是一个仅存在于 $n=0$ 到 $N-1$ 区间内的有限长序列，即有：

$$x_1(n) = x(n), 0 \leqslant n \leqslant N-1$$

$x_1(n)$的单边 z 变换为

$$X_1(z) = \sum_{n=0}^{N-1} x_N(n) z^{-n}, |z| > 0$$

对式(9-38)利用单边 z 变换的线性性质以及右移因果序列的单边 z 变换式(9-36)，可以求得 $x_N(n)$的单边 z 变换为

$$X_N(z) = X_1(z)[1 + z^{-N} + z^{-2N} + \cdots] = X_1(z) \sum_{k=0}^{\infty} z^{-kN}$$

其中，$\sum\limits_{k=0}^{\infty} z^{-kN}$是一个公比为 z^{-N}的无穷等比级数，当 $|z^{-N}|<1$，即 $|z|>1$ 时，级数可和，也就是 $X_N(z)$收敛，有：

$$X_N(z) = X_1(z) \sum_{k=0}^{\infty} (z^{-N})^k = \frac{1}{1-z^{-N}} X_1(z) = \frac{z^N}{z^N - 1} X_1(z), |z| > 1 \qquad (9\text{-}39)$$

可见，式(9-39)和周期为 T 的因果周期信号 $x(t)$的拉氏变换式 $X(s)=\dfrac{X_1(s)}{1-\mathrm{e}^{-sT}}$，$\sigma>0$ 是完全相似的。

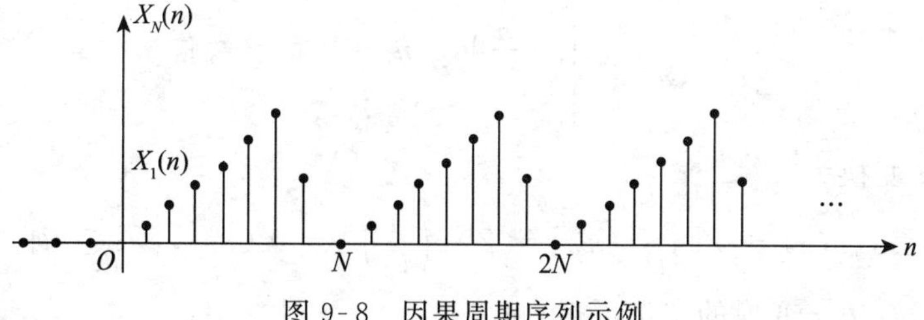

图 9-8 因果周期序列示例

由于 $x_1(n)$是一个 N 点有限长因果序列，所以其 z 变换式 $X_1(z)$在 $z=0$ 处有一个 $N-1$阶极点，而有理因式系数$\dfrac{z^N}{z^N-1}$在 $z=0$ 处有一个 N 阶零点，在单位圆上有 N 个一阶极点。由式(9-39)可知，$X_N(z)$的零、极点是由相乘项 $X_1(z)$和$\dfrac{z^N}{z^N-1}$的零、极点组合而成的，由于在 $z=0$ 处零、极点相消，所以 $X_N(z)$在 $z=0$ 处仅剩一个一阶零点，而在单位圆上有 N 个一阶极点，因此，因果周期序列的收敛域必然为 $|z|>1$，这和因果周期信号拉氏变换的收敛域为 $\sigma>0$ 也是一致的。

因果周期序列的典型实例是因果周期单位样值序列 $\delta_N(n) = \sum\limits_{k=0}^{\infty} \delta(n-kN)$，如图 9-9 所示，其第一个周期的序列为 $x_1(n)=\delta(n)$，对应的 z 变换为 $X_1(z)=1$，$|z|\geqslant 0$。应用式(9-39)可以求得其 z 变换为$\dfrac{z^N}{z^N-1}$，$|z|>1$，可见，该变换式的极点满足方程 $z^N=1$，

因而有 N 个极点均匀分布在单位圆上，而变换式的零点满足方程 $z^N=0$，所以在原点有一个 N 阶零点。当 $N=1$ 时，因果单位样值周期序列即为单位阶跃序列。

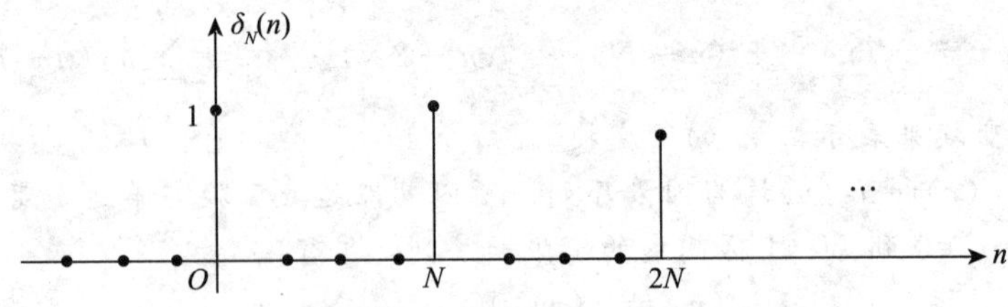

图 9-9　周期为 N 的因果周期单位样值序列 $\delta_N(n)$

3. 时域尺度(比例)变换

1) 若任意有界序列 $x(n)$ 的双边 z 变换为

$$Z[x(n)] = X(z), |z| \in R_x$$

则时域尺度变换所得序列 $x_{\mathrm{d}}(n)=x(Mn)$(M 为正整数)的双边 z 变换为

$$X_{\mathrm{d}}(z) = Z[x_{\mathrm{d}}(n)] = Z[x(Mn)] = X(z^{\frac{1}{M}}), |z| \in R_x^M$$

证明：根据双边 z 变换的定义可得：

$$X_{\mathrm{d}}(z) = \sum_{n=-\infty}^{\infty} x_{\mathrm{d}}(n) z^{-n} = \sum_{n=-\infty}^{\infty} x(Mn) z^{-n} \tag{9-40}$$

在式(9-40)中，令 $n'=Mn$，则有：

$$X_{\mathrm{d}}(z) = \sum_{n'=-\infty}^{\infty} x(n') z^{-\frac{n'}{M}} = \sum_{n'=-\infty}^{\infty} x(n') (z^{\frac{1}{M}})^{-n'} = X(z^{\frac{1}{M}}), |z| \in R_x^M$$

2) 若任意有界序列 $x(n)$ 的双边 z 变换为

$$Z[x(n)] = X(z), |z| \in R_x$$

则对于时域尺度变换所得序列

$$x_{(L)}(n) = \begin{cases} x\left(\dfrac{n}{L}\right), & n \text{ 为 } L \text{ 的整数倍} \\ 0, & \text{其他 } n \end{cases}$$

而言，其双边 z 变换为

$$X_{(L)}(z) = Z[x_{(L)}(n)] = Z\left[x\left(\frac{n}{L}\right)\right] = X(z^L), |z| \in R_x^{\frac{1}{L}}$$

证明：根据双边 z 变换的定义可得：

$$X_{(L)}(z) = Z[x_{(L)}(n)] = \sum_{n=-\infty}^{\infty} x\left(\frac{n}{L}\right) z^{-n} \tag{9-41}$$

在式(9-41)中，令 $n'=\dfrac{n}{L}$，则有：

$$X_{(L)}(z) = \sum_{n'=-\infty}^{\infty} x(n') z^{-Ln'} = \sum_{n'=-\infty}^{\infty} x(n') (z^L)^{-n'} = X(z^L), |z| \in R_x^{\frac{1}{L}}$$

4. z 域尺度变换(比例)与频移性

z 域尺度变换性描述了序列 $x(n)$ 经指数序列加权后所得序列的 z 变换与原序列 z 变换之间的关系。若任意有界序列 $x(n)$ 的双边 z 变换为

$$Z[x(n)] = X(z), |z| \in R_x$$

则序列 $z_0^n x(n)$ 的双边 z 变换为

$$Z[z_0^n x(n)] = X\left(\frac{z}{z_0}\right), |z| \in |z_0| R_x \tag{9-42}$$

证明：根据双边 z 变换的定义可得：

$$Z[z_0^n x(n)] = \sum_{n=-\infty}^{\infty} z_0^n x(n) z^{-n} = \sum_{n=-\infty}^{\infty} x(n)\left(\frac{z}{z_0}\right)^{-n} = X\left(\frac{z}{z_0}\right), |z| \in |z_0| R_x$$

式(9-42)中，z_0 可以为任意非零实数 a、纯虚数 $\mathrm{e}^{\mathrm{j}\Omega_0}$ 和复数 $r_0\mathrm{e}^{\mathrm{j}\Omega_0}$，所以加权指数序列 z_0^n 有实指数序列、虚指数序列和复指数序列 3 种情况，下面分别加以讨论。

(1) 实指数序列 $r_0^n(z_0=r_0>0)$：z 域的径向比例变换

这时，由式(9-42)可知：

$$Z[r_0^n x(n)] = X\left(\frac{z}{r_0}\right), |z| \in |r_0| R_x \tag{9-43}$$

式(9-43)表明，$x(n)$被实指数序列 r_0^n 加权(或调制)，其 z 平面将相应地扩展($r_0>1$ 或 $0<\frac{1}{r_0}<1$，$x(n)$被一个增长的实指数序列 r_0^n 加权)或压缩($0<r_0<1$ 或$\frac{1}{r_0}>1$，$x(n)$被一个衰减的实指数序列 r_0^n 加权)以变化为$\frac{z}{r_0}$，因而使得 $X(z)$的所有零、极点位置在 z 平面上仅沿径向移动$|r_0|$倍，收敛域也随之扩展或压缩$|r_0|$倍，变为$|r_0|R_x$。例如，若 $X(z)$的收敛域为 $R_{x_1}<|z|<R_{x_2}$，则 $X\left(\frac{z}{r_0}\right)$的收敛域为$|r_0|R_{x_1}<|z|<|r_0|R_{x_2}$。这时，也称式(9-42)为 z 变换的实指数加权性质。

(2) 虚指数序列 $\mathrm{e}^{\mathrm{j}\Omega_0 n}(z_0=\mathrm{e}^{\mathrm{j}\Omega_0})$：$z$ 域中的旋转

由式(9-24)可知：

$$Z[\mathrm{e}^{\mathrm{j}\Omega_0 n} x(n)] = X(\mathrm{e}^{-\mathrm{j}\Omega_0} z), |z| \in R_x \tag{9-44}$$

于是，z 域尺度变换就变成了频移，式(9-44)称为频移性质，由此式可知，由于 $\mathrm{e}^{\mathrm{j}\Omega_0 n}$的模为 1，辐角为 Ω_0，所以当序列 $x(n)$经频率为 Ω_0 的虚指数序列 $\mathrm{e}^{\mathrm{j}\Omega_0 n}$的时域调制而产生 $\mathrm{e}^{\mathrm{j}\Omega_0 n}x(n)$时，在 z 平面上的尺度展缩表现为 z 平面的旋转(即频移)，因此，$X(z)$所有零、极点的位置，包括收敛域，将绕 z 平面原点逆时针旋转一个 Ω_0 的弧度角，但没有径向上的变化，即其 z 变换的极点与原 z 变换的极点相比，辐角变化了 Ω_0 弧度而幅值不变，因而收敛域不变，仍和原序列 z 变换的收敛域相同。

显然，如果 $X(z)$的零、极点是共轭成对的，则经频移旋转后，$X(\mathrm{e}^{-\mathrm{j}\Omega_0}z)$的零、极点分布一般将失去这种共轭关系。

如果旋转量是 π 的奇数倍，即 $\Omega_0=(2k+1)\pi$，此时 $z_0=\mathrm{e}^{\mathrm{j}\Omega_0}=\mathrm{e}^{\mathrm{j}(2k+1)\pi}=-1$，则可以得到 z 域反转性质，即：

$$Z[(-1)^n x(n)] = X(-z), |z| \in R_x$$

图 9-10a、b 和 c 分别绘出了 $X(z)$、$X(\mathrm{e}^{-\mathrm{j}\Omega_0}z)$和 $X(-z)$的零极点分布及收敛域。

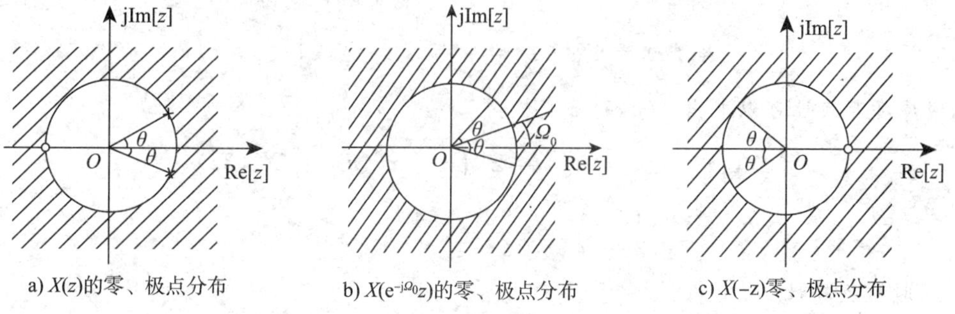

图 9-10 频移引起零、极点分布的变化

我们知道，连续傅里叶变换的调制定理是利用正弦、余弦信号去乘以一个信号，以使得乘积信号的频谱是原信号频谱的搬移结果，而式(9-44)表示一个序列和虚指数序列相乘后所得序列的频谱也是原序列频谱的搬移，但是，这种调制定理的频谱搬移特性是依靠零、极点在 z 平面上的旋转来实现的。

一个简单例子就是利用欧拉公式求 $\cos(\Omega_0 n)\varepsilon(n)$ 的 z 变换，已知 $X(z)=Z[x(n)]=Z[\varepsilon(n)]=\dfrac{z}{z-1}$，$|z|>1$，$\cos(\Omega_0 n)\varepsilon(n)=\dfrac{(\mathrm{e}^{\mathrm{j}\Omega_0 n}+\mathrm{e}^{-\mathrm{j}\Omega_0 n})}{2}$，$Z[\cos(\Omega_0 n)\varepsilon(n)]=\dfrac{1}{2}[X(\mathrm{e}^{-\mathrm{j}\Omega_0}z)+X(\mathrm{e}^{\mathrm{j}\Omega_0}z)]=\dfrac{1}{2}\left(\dfrac{\mathrm{e}^{-\mathrm{j}\Omega_0}z}{\mathrm{e}^{-\mathrm{j}\Omega_0}z-1}+\dfrac{\mathrm{e}^{\mathrm{j}\Omega_0}z}{\mathrm{e}^{\mathrm{j}\Omega_0}z-1}\right)=\dfrac{z(z-\cos\Omega_0)}{z^2-2z\cos\Omega_0+1}$，其收敛域未变，仍为 $|z|>1$。接着可以求 $\beta^n\cos(\Omega_0 n)\varepsilon(n)$ 的 z 变换，这时，应用第一种情况中的式(9-43)可以求得：

$$Z[\beta^n\cos(\Omega_0 n)\varepsilon(n)]=\frac{\dfrac{z}{\beta}\left(\dfrac{z}{\beta}-\cos\Omega_0\right)}{\left(\dfrac{z}{\beta}\right)^2-2\dfrac{z}{\beta}\cos\Omega_0+1}=\frac{z(z-\beta\cos\Omega_0)}{z^2-2\beta z\cos\Omega_0+\beta^2}$$

其收敛域为 $\left|\dfrac{z}{\beta}\right|>1$，即 $|z|>|\beta|$。这些结果与表 9-2 中所列的完全一致。

(3) 复指数序列 $r_0^n\mathrm{e}^{\mathrm{j}\Omega_0 n}(z_0=r_0\mathrm{e}^{\mathrm{j}\Omega_0})$：$z$ 域的径向比例变换与旋转

对于复指数序列 $z_0^n=(r_0\mathrm{e}^{\mathrm{j}\Omega_0})^n$，$z$ 域尺度变换性的形式为

$$Z[(r_0\mathrm{e}^{\mathrm{j}\Omega_0})^n x(n)]=X\left(\frac{z}{r_0\mathrm{e}^{\mathrm{j}\Omega_0}}\right),|z|\in|r_0|R_x$$

这种情况是(1)、(2)两种情况的综合，即为 z 域尺度变换性的一般情况。这时，$X(z)$ 在 z 平面上的尺度展缩表现为两方面，即其所有零、极点的位置，包括收敛域，不仅在 z 平面上沿径向移动 $|r_0|$ 倍，而且还要绕原点逆时针旋转一个 Ω_0 的弧度角，而由于零、极点的位置在径向上有 $|r_0|$ 倍的变化，所以这时收敛域在尺度上也相应地变化为 $|r_0|R_x$。

若以 z_0^{-n} 对序列 $x(n)$ 进行指数加权，则可得出：

$$Z[z_0^{-n}x(n)]=X(z_0 z),\ |z|\in R_x/|z_0|$$

z 域尺度变换性和频移性对单边 z 变换同样成立，这时，由于 $X(z)$ 的收敛域为 $|z|>R_x$，经 z 域尺度变换后，收敛域变化为 $|z|>|z_0|R_x$。

【例 9-8】 已知 $x(n)=\left(\dfrac{1}{3}\right)^n 4^{n+1}\varepsilon(n+1)$，求 $x(n)$ 的双边 z 变换。

解：令经实指数序列 $\left(\dfrac{1}{3}\right)^n$ 加权的序列为 $x_{\mathrm{a}}(n)=4^{n+1}\varepsilon(n+1)$，则原序列可以表示为 $x(n)=\left(\dfrac{1}{3}\right)^n x_{\mathrm{a}}(n)$，而 $x_{\mathrm{a}}(n)$ 的双边 z 变换可以利用位移性求出：

$$X_{\mathrm{a}}(z)=z\frac{z}{z-4}=\frac{z^2}{z-4},4<|z|<\infty$$

由 z 域尺度变换性可以求出 $x(n)$ 的 z 变换：

$$X(z)=Z[x(n)]=Z\left[\left(\frac{1}{3}\right)^n x_{\mathrm{a}}(n)\right]=X_{\mathrm{a}}(3z)$$

$$=\frac{(3z)^2}{3z-4}=\frac{9z^2}{3z-4},\frac{4}{3}<|z|<\infty$$

5. 时域反转性

时域反转性反映了序列的 z 变换与该序列反转后 z 变换的关系，即若任意有界序列 $x(n)$ 的双边 z 变换

$$Z[x(n)] = X(z), \ |z| \in R_x$$

则 $x(-n)$ 的双边 z 变换为

$$Z[x(-n)] = X\left(\frac{1}{z}\right), \ |z| \in \frac{1}{R_x} \tag{9-45}$$

证明：根据双边 z 变换的定义可得：

$$Z[x(-n)] = \sum_{n=-\infty}^{\infty} x(-n)z^{-n} \overset{n'=-n}{=} \sum_{n'=-\infty}^{\infty} x(n')\left(\frac{1}{z}\right)^{-n'} = X\left(\frac{1}{z}\right), \ |z| \in \frac{1}{R_x}$$

式(9-45)表明，$x(-n)$ 的 z 变换收敛域是 $x(n)$ 的 z 变换收敛域 R_x 的倒数，这是因为它们所对应的 z 变量成倒数关系，极点也成倒数关系的缘故。例如，若 z_0 是 R_x 中的一点，则 $\frac{1}{z_0}$ 点就会在 $\frac{1}{R_x}$ 中，若 $X(z)$ 的收敛域为 $R_{x_1} < |z| < R_{x_2}$，则 $X\left(\frac{1}{z}\right)$ 的收敛域为 $R_{x_1} < |z^{-1}| < R_{x_2}$，即有 $\frac{1}{R_{x_2}} < |z| < \frac{1}{R_{x_1}}$。显然，时域反转性仅对双边 z 变换成立。

事实上，在式(9-40)中令 $M=-1$ 也可证明式(9-45)成立。

由式(9-45)可知，对于偶序列 $x(n)=x(-n)$，有 $X(z)=X\left(\frac{1}{z}\right)$；而对于奇序列 $x(n)=-x(-n)$，则应有 $X(z)=-X\left(\frac{1}{z}\right)$，因此，可以利用 z 域特性 $X(z)=X\left(\frac{1}{z}\right)$ 和 $X(z)=-X\left(\frac{1}{z}\right)$ 是否成立来判断它们所对应的时域序列的奇、偶对称性。

【例 9-9】 已知因果序列 $x(n)\varepsilon(n)$ 的 z 变换为 $X(z)$，$|z|>R_x$，试求反因果序列 $x(-n)\varepsilon(-n-1)$ 的双边 z 变换。

解：先由时域反转性质求出 $x(-n)\varepsilon(-n)$ 的双边 z 变换为

$$Z[x(-n)\varepsilon(-n)] = X\left(\frac{1}{z}\right), |z| < \frac{1}{R_x}$$

例如，$x(n)=\varepsilon(n)$ 的 z 变换为 $X(z)=\frac{1}{1-z^{-1}}=\frac{z}{z-1}$，$|z|>1$，故 $\varepsilon(-n)$ 的 z 变换为 $X(z^{-1})=\frac{1}{1-z}=-\frac{z^{-1}}{1-z^{-1}}$，$|z|<1$。

将反因果序列 $x(-n)\varepsilon(-n-1)$ 表示为

$$x(-n)\varepsilon(-n-1) = x(-n)\varepsilon(-n) - x(0)\delta(n)$$

对上式两边取双边 z 变换，并在等式右边应用 z 变换的线性性质便可得到反因果序列 $x(-n)\varepsilon(-n-1)$ 的双边 z 变换：

$$X[x(-n)\varepsilon(-n-1)] = X\left(\frac{1}{z}\right) - x(0), |z| < \frac{1}{R_x}$$

应用上述结果可以求出 $\varepsilon(-n-1)$ 的双边 z 变换为 $\frac{z}{1-z}$，$|z|<1$，而 $-\varepsilon(-n-1)$ 的双边 z 变换为 $\frac{z}{z-1}$，$|z|<1$。显然，由于 $\varepsilon(-n-1)$ 和 $-\varepsilon(-n-1)$ 的形式比较简单，所以直接用定义求它们的双边 z 变换比较简单。

6. z 域微分性(序列线性加权)

若任意有界序列 $x(n)$ 的双边 z 变换

$$Z[x(n)] = X(z), |z| \in R_x$$

则序列 $nx(n)$ 的双边 z 变换为

$$Z[nx(n)]=-z\frac{\mathrm{d}}{\mathrm{d}z}X(z),|z|\in R_x$$

证明：根据双边 z 变换的定义可得：

$$X(z)=\sum_{n=-\infty}^{\infty}x(n)z^{-n},|z|\in R_x \tag{9-46}$$

令式(9-46)两边对 z 求导数，并在等式右边交换求和与求导的顺序可得：

$$\begin{aligned}\frac{\mathrm{d}X(z)}{\mathrm{d}z}&=\sum_{n=-\infty}^{\infty}x(n)\frac{\mathrm{d}}{\mathrm{d}z}(z^{-n})=\sum_{n=-\infty}^{\infty}[-nx(n)]z^{-n-1}\\&=-z^{-1}\sum_{n=-\infty}^{\infty}[nx(n)]z^{-n}=-z^{-1}Z[nx(n)]\end{aligned} \tag{9-47}$$

令式(9-47)两边乘以$(-z)$，可得：

$$Z[nx(n)]=-z\frac{\mathrm{d}X(z)}{\mathrm{d}z} \tag{9-48}$$

由于 $n^2x(n)=n[nx(n)]$，所以应用式(9-48)可求得序列 $n^2x(n)$的双边 z 变换：

$$\begin{aligned}Z[n^2x(n)]&=Z\{n[nx(n)]\}=-z\frac{\mathrm{d}}{\mathrm{d}z}\{Z[nx(n)]\}=-z\frac{\mathrm{d}}{\mathrm{d}z}\left[-z\frac{\mathrm{d}}{\mathrm{d}z}X(z)\right]\\&=z^2\frac{\mathrm{d}^2X(z)}{\mathrm{d}z^2}+z\frac{\mathrm{d}X(z)}{\mathrm{d}z}\end{aligned}$$

用同样的方法可知，通常，序列 $n^mx(n)$的双边 z 变换为

$$Z[n^mx(n)]=\left[-z\frac{\mathrm{d}}{\mathrm{d}z}\right]^mX(z),\quad |z|\in R_x$$

其中，有：

$$\left[-z\frac{\mathrm{d}}{\mathrm{d}z}\right]^m=\underbrace{-z\frac{\mathrm{d}}{\mathrm{d}z}\left[-z\frac{\mathrm{d}}{\mathrm{d}z}\cdots\left(-z\frac{\mathrm{d}}{\mathrm{d}z}X(z)\right)\right]}_{m\text{次求导运算}},m\geqslant 1\text{ 且为整数}$$

对于有理函数形式的 $X(z)$，微分不仅不改变其收敛域，也不改变极点位置，既不会出现新极点，也不会失去原有极点，每进行一次微分，只是使原极点的阶数增加一阶，所以 $X(z)$的微分乘以 z^m 后，其极点位置与 $X(z)$的极点位置相同，仅仅是阶数不同，因而序列线性加权 z 变换的收敛域与原序列 z 变换的收敛域相同。

z 域微分性(序列线性加权)对单边 z 变换也成立，这时的收敛域为$|z|>R_x$。

【例 9-10】 已知因果序列 $x(n)=n(n-1)a^{n-2}\varepsilon(n)$，试求 $x(n)$的双边 z 变换。

解：对 $a^n\varepsilon(n)$应用位移性可得序列 $a^{n-1}\varepsilon(n-1)$的双边 z 变换：

$$Z[a^{n-1}\varepsilon(n-1)]=z^{-1}\cdot\frac{z}{z-a}=\frac{1}{z-a},\quad |z|>|a|$$

根据 z 域微分性质式(9-48)可得：

$$Z[na^{n-1}\varepsilon(n-1)]=(-z)\cdot\frac{\mathrm{d}}{\mathrm{d}z}\left(\frac{1}{z-a}\right)=\frac{z}{(z-a)^2},\quad |z|>|a| \tag{9-49}$$

对式(9-49)应用位移性可得：

$$Z[(n-1)a^{n-2}\varepsilon(n-2)]=z^{-1}\cdot\frac{z}{(z-a)^2}=\frac{1}{(z-a)^2},\quad |z|>|a| \tag{9-50}$$

对式(9-50) 应用 z 域微分性质式(9-48)可得：

$$Z[n(n-1)a^{n-2}\varepsilon(n-2)]=(-z)\cdot\frac{\mathrm{d}}{\mathrm{d}z}\left[\frac{1}{(z-a)^2}\right]=\frac{2z}{(z-a)^3},\quad |z|>|a| \tag{9-51}$$

由于当 $n=0$，$n=1$ 时，$n(n-1)a^{n-2}=0$，所以有：

$$n(n-1)a^{n-2}\varepsilon(n-2)=n(n-1)a^{n-2}\varepsilon(n) \tag{9-52}$$

对式(9-52)两边取双边 z 变换，并应用式(9-51)可以求出：

$$Z[n(n-1)a^{n-2}\varepsilon(n)]=\frac{2z}{(z-a)^3},\quad |z|>|a| \tag{9-53}$$

按照上述求解过程，对式(9-53)反复应用位移性和 z 域微分性质式，可以得出一个重要的 z 变换对：

$$Z\left[\frac{1}{k!}n(n-1)(n-2)\cdots(n-k+1)a^{n-k}\varepsilon(n)\right]=-\frac{z}{(z-a)^{k+1}},\quad |z|>|a| \tag{9-54a}$$

式(9-54a)中，$k=0, 1, 2, \cdots$。同理，根据 $a^n\varepsilon(-n-1)$ 的双边 z 变换$\frac{-z}{z-a}$，$|z|<|a|$，还可以求出另一个重要的 z 变换对：

$$Z\left[-\frac{1}{k!}n(n-1)(n-2)\cdots(n-k+1)a^{n-k}\varepsilon(-n-1)\right]=\frac{z}{(z-a)^{k+1}},\quad |z|<|a| \tag{9-54b}$$

对一些非有理函数形式的 z 变换，也可以不用 z 反变换的求法而用 z 域微分性质式(9-48)来求它们的反变换，例如，对于 $X(z)=\ln(1+az^{-1})$，$|z|>|a|$，可以根据 z 域微分性质求得：

$$Z[nx(n)]=-z\frac{\mathrm{d}X(z)}{\mathrm{d}z}=-z\frac{\mathrm{d}}{\mathrm{d}z}[\ln(1+az^{-1})]=\frac{az^{-1}}{1+az^{-1}},\quad |z|>|a|$$

这样，利用 z 域微分性就可将一个非有理函数的 z 变换式转换为一个有理函数表示式。根据 $a^n\varepsilon(n)$ 的 z 变换为$\frac{1}{1-az^{-1}}$，$|z|>|a|$ 可知，$(-a)^n\varepsilon(n)$ 的 z 变换为$\frac{1}{1+az^{-1}}$，$|z|>|a|$，而由位移性可得，$(-a)^{n-1}\varepsilon(n-1)$ 的 z 变换为$\frac{z^{-1}}{1+az^{-1}}$，$|z|>|a|$，所以可求出 $X(z)=\ln(1+az^{-1})$ 的反变换为 $x(n)=\frac{a(-a)^{n-1}\varepsilon(n-1)}{n}=-\frac{(-a)^n}{n}\varepsilon(n-1)$。同理，根据 $a^n\varepsilon(n)$ 的 z 变换为$\frac{1}{1-az^{-1}}$，$|z|>|a|$，可以求出$\frac{az^{-1}}{(1-az^{-1})^2}$，$|z|>|a|$ 的 z 反变换为序列 $na^n\varepsilon(n)$。

7. 时域卷积性(z 域相乘)

时域卷积性表明，两个序列卷积的 z 变换等于这两个序列的 z 变换相乘，即若任意有界序列 $x_1(n)$ 和 $x_2(n)$ 的双边 z 变换分别为

$$Z[x_1(n)]=X_1(z),|z|\in R_{x_1};Z[x_2(n)]=X_2(z),|z|\in R_{x_2}$$

则序列 $x_1(n)*x_2(n)$ 的双边 z 变换分别为

$$Z[x_1(n)*x_2(n)]=X_1(z)X_2(z),\quad |z|\in(R_{x_1}\cap R_{x_2}) \tag{9-55}$$

证明：根据双边 z 变换以及卷积的定义可得：

$$\begin{aligned}Z[x_1(n)*x_2(n)]&=\sum_{n=-\infty}^{\infty}[x_1(n)*x_2(n)]z^{-n}=\sum_{n=-\infty}^{\infty}\left[\sum_{k=-\infty}^{\infty}x_1(k)x_2(n-k)\right]z^{-n}\\&=\sum_{k=-\infty}^{\infty}x_1(k)\sum_{n=-\infty}^{\infty}x_2(n-k)z^{-n}\quad[\text{交换求和次序}]\\&=\sum_{k=-\infty}^{\infty}x_1(k)[z^{-k}X_2(z)]\quad[\text{根据双边 }z\text{ 变换的位移特性}]\end{aligned}$$

$$= \Big[\sum_{k=-\infty}^{\infty} x_1(k)z^{-k}\Big]X_2(z) = X_1(z)X_2(z)$$

与线性性质收敛域的情况相同，在一般情况下，卷积序列 z 变换的收敛域至少是参与卷积运算两序列 z 变换收敛域的公共区域。但是，若 $X_1(z)$和 $X_2(z)$相乘的有零、极点相消，而如果消去的极点恰好是决定收敛域 R_{x_1} 和/或 R_{x_2} 边界的极点，则收敛域将可能比交集 $R_{x_1} \cap R_{x_2}$ 更大(在例 9-11 中，若$|a|>1$，则收敛域不变)。

时域卷积性质是线性移不变系统 z 域分析的理论依据，同时也给卷积和，特别是有限长序列的卷积和计算提供了一种简便的算法，即可以将 $x_1(n)$与 $x_2(n)$的卷积和运算转化为 $X_1(z)$与 $X_2(z)$乘积的 z 反变换运算，有：

$$x_1(n) * x_2(n) = Z^{-1}[X_1(z)X_2(z)] \tag{9-56}$$

这与连续卷积采用变换域(s 域拉普拉斯变换或 ω 域傅里叶变换)函数相乘再求反变换的计算方法完全相同。

应该指出的是，单边 z 变换的时域卷积性质在形式上和双边 z 变换卷积式(9-55)完全相同。但是，由于在单边 z 变换中求和变量 n 的定义域为 $n\geqslant 0$，所以就要求参与卷积的两个序列 $x_1(n)$和 $x_2(n)$都必须是因果序列，否则，应用式(9-55)所求出的结果将是错误的。由于因果序列 $x_1(n)$和 $x_2(n)$的单边 z 变换 $X_1(z)$与 $X_2(z)$的收敛域各为$|z|>R_{x_1}$ 和$|z|>R_{x_2}$，所以在求时域卷积后单边 z 变换 $X_1(z)$与 $X_2(z)$的收敛域一般应为$|z|>\max(R_{x_1}, R_{x_2})$。

此外，位移定理还可以视为时域卷积定理的一个特例，因为 $x(n-n_0)=x(n)*\delta(n-n_0)$，而 $\delta(n-n_0)$的 z 变换为 z^{-n_0}。

【例 9-11】 已知序列 $x(n)=\varepsilon(n)$，$h(n)=a^n\varepsilon(n)-a^{n-1}\varepsilon(n-1)$，$|a|<1$，试求这两个序列的卷积 $y(n)=x(n)*h(n)$。

解：为了应用时域卷积性质 (9-56)求解，先求出两序列的 z 变换：

$$X(z) = \frac{z}{z-1}, |z|>1 \text{ 和 } H(z) = \frac{z}{z-a} - z^{-1}\cdot\frac{z}{z-a} = \frac{z-1}{z-a}, \quad |z|>|a|$$

于是可得：

$$Y(z) = X(z)H(z) = \frac{z}{z-1}\cdot\frac{z-1}{z-a} = \frac{z}{z-a}, \quad |z|>a$$

因此，由式 (9-56)并通过反变换可得卷积：

$$y(n) = x(n)*h(n) = Z^{-1}[Y(z)] = Z^{-1}[X(z)H(z)] = Z^{-1}\Big(\frac{z}{z-a}\Big) = a^n\varepsilon(n)$$

显然，由于 $X(z)$的极点 $z=1$ 和 $H(z)$的零点 $z=1$ 在两者相乘时相抵消，且这个被抵消的极点恰好是决定 $X(z)$收敛域的边界，故 $Y(z)$的收敛域比 $X(z)$与 $H(z)$收敛域的交叠区域要大($|a|<1$)，扩大为如图 9-11所示中斜线部分。

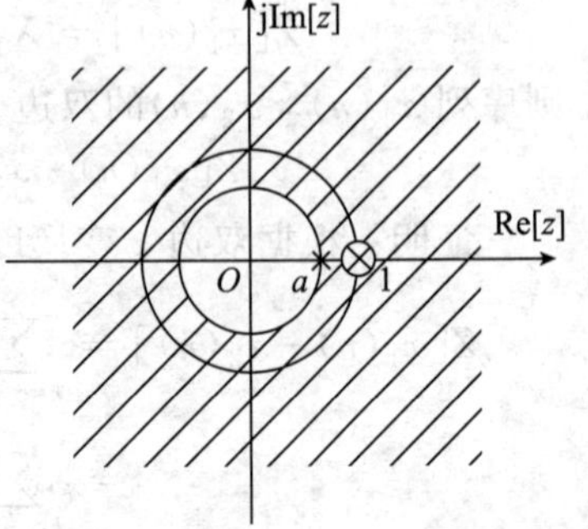

图 9-11 例 9-11 的零极点分布与收敛域

8. z 域复卷积性*(序列相乘)

与时域卷积性相对应，z 域复卷积性表明，两个序列相乘的 z 变换等于这两个序列 z 变换的卷积，即若任意有界复序列 $x_1(n)$和 $x_2(n)$的双边 z 变换分别为

$$Z[x_1(n)] = X_1(z), \quad |z| \in R_{x_1}$$

$$Z[x_2(n)] = X_2(z), \quad |z| \in R_{x_2}$$

则 $x_1(n)$和 $x_2(n)$乘积的双边 z 变换为

$$Z[x_1(n)x_2(n)]=\frac{1}{2\pi j}\oint_{c_1}X_1(v)X_2\left(\frac{z}{v}\right)v^{-1}dv,\quad |z|\in(R_{x_1}R_{x_2})\tag{9-57}$$

或

$$Z[x_1(n)x_2(n)]=\frac{1}{2\pi j}\oint_{c_2}X_1\left(\frac{z}{v}\right)X_2(v)v^{-1}dv,\quad |z|\in(R_{x_1}R_{x_2})\tag{9-58}$$

式(9-57)或式(9-58)中，c_1 为积分变量 v 平面上 $X_1(v)$ 与 $X_2\left(\frac{z}{v}\right)$ 收敛域的重叠部分内环绕原点逆时针旋转的围线；c_2 为积分变量 v 平面上 $X_1\left(\frac{z}{v}\right)$ 与 $X_2(v)$ 收敛域的重叠部分内环绕原点逆时针旋转的围线；$|z|\in(R_{x_1}R_{x_2})$ 表示 $Z[x_1(n)x_2(n)]$ 的收敛域一般为 $X_1(v)$ 与 $X_2\left(\frac{z}{v}\right)$ 或 $X_1\left(\frac{z}{v}\right)$ 与 $X_2(v)$ 收敛域的重叠部分。若设 $|z|\in R_{x_1}$ 和 $|z|\in R_{x_2}$ 分别为 $R_{x_{11}}<|z|<R_{x_{12}}$ 和 $R_{x_{21}}<|z|<R_{x_{22}}$，则对于(9-57)中的围线 c_1 有：

$$R_{x_{11}}<|v|<R_{x_{12}}\tag{9-59}$$

$$R_{x_{21}}<\left|\frac{z}{v}\right|<R_{x_{22}},\ 即\frac{|z|}{R_{x_{22}}}<|v|<\frac{|z|}{R_{x_{21}}}\tag{9-60}$$

因此，c_1 是 v 平面上的圆环收敛域($X_1(v)$ 与 $X_2\left(\frac{z}{v}\right)$ 收敛域的重叠部分)

$$\max\left(R_{x_{11}},\frac{|z|}{R_{x_{22}}}\right)<|v|<\min\left(R_{x_{12}},\frac{|z|}{R_{x_{21}}}\right)\tag{9-61}$$

中环绕原点逆时针旋转的围线。显然，式(9-61)也是被积函数 $X_1(v)X_2\left(\frac{z}{v}\right)v^{-1}$ 在 v 平面上的收敛域。相应地，$Z[x_1(n)x_2(n)]$ 的收敛域一般为 $X_1(v)$ 和 $X_2\left(\frac{z}{v}\right)$ 收敛域的重叠部分，将式(9-59)和式(9-60)相乘即可得 $Z[x_1(n)x_2(n)]$ 在 z 平面上的收敛域至少为

$$R_{x_{11}}R_{x_{21}}<|z|<R_{x_{12}}R_{x_{22}}\tag{9-62}$$

证明：根据双边 z 变换的定义可得：

$$\begin{aligned}Z[x_1(n)x_2(n)]&=\sum_{n=-\infty}^{\infty}[x_1(n)x_2(n)]z^{-n}\\&=\sum_{n=-\infty}^{\infty}\left[\frac{1}{2\pi j}\oint_{c_1}X(z)z^{n-1}dz\right]x_2(n)z^{-n}\\&\quad[将\ x_1(n)\ 用\ z\ 反变换式(9\text{-}99)\ 表示]\\&=\frac{1}{2\pi j}\sum_{n=-\infty}^{\infty}\left[\oint_{c_1}X_1(v)v^n\frac{dv}{v}\right]x_2(n)z^{-n}\\&\quad[将积分变量用\ v\ 表示,以免后面混淆变量]\\&=\frac{1}{2\pi j}\oint_{c_1}\left[X_1(v)\sum_{n=-\infty}^{\infty}x_2(n)\left(\frac{z}{v}\right)^{-n}\right]\frac{dv}{v}\quad[交换积分与求和的次序]\\&=\frac{1}{2\pi j}\oint_{c_1}X_1(v)X_2\left(\frac{z}{v}\right)v^{-1}dv\end{aligned}$$

从以上证明过程可以看出，$X_1(v)$ 的收敛域也就是 $X_1(z)$ 的收敛域，$X_2\left(\frac{z}{v}\right)$ 的收敛域 $\left(\frac{z}{v}\text{的区域}\right)$ 也就是 $X_2(z)$ 的收敛域(z 的区域)，即式(9-59)、式(9-60)成立，故式(9-62)

成立，同时也证明了收敛域。

由于乘积 $x_1(n)x_2(n)$的先后次序可以互换，故 X_1 和 X_2 的位置也可以互换，因而同样可以证明式(9-58)成立。此时围线 c_2 所在 v 平面的收敛域为

$$\max\left(R_{x_{21}},\frac{|z|}{R_{x_{12}}}\right)<|v|<\min\left(R_{x_{22}},\frac{|z|}{R_{x_{11}}}\right)$$

此时，$Z[x_1(n)x_2(n)]$在 z 平面上的收敛域仍至少为式(9-62)。

z 域复卷积性表示式(9-57)或式(9-58)的右边是一个围线积分，应用时需要确定被积函数的哪些极点位于积分围线内部，并注意积分围线的正确选择。当 $X_1(z)$、$X_2(z)$是有理式时，可以利用留数定理进行计算。但是，由于在一般情况下，式(9-57)或式(9-58)的计算较烦琐，故而用得不多，而对于一些常见序列的相乘，可以用诸如尺度变换、z 域微分等其他性质求其 z 变换。

z 域复卷积性对单边 z 变换也成立。这时，$|z|\in R_{x_1}$ 和 $|z|\in R_{x_2}$ 分别为 $|z|>R_{x_1}$ 和 $|z|>R_{x_2}$，由式(9-57)中 $X_1(v)$的收敛域为 $|v|>R_{x_1}$ 和 $X_2\left(\frac{z}{v}\right)$的收敛域为 $\left|\frac{z}{v}\right|>R_{x_2}$ 可知，$Z[x_1(n)x_2(n)]$在 z 平面上的收敛域为 $|z|>R_{x_1}R_{x_2}$。

式(9-57)或式(9-58)之所以称为 z 域复卷积公式，是因为它们类似于卷积积分，为了说明这一点，令积分围线是一个以原点为中心的圆，即令 $v=\rho e^{j\theta}$，$z=re^{j\Omega}$，代入式(9-57)可得：

$$\begin{aligned}Z[x_1(n)x_2(n)]&=\frac{1}{2\pi j}\oint_{c_1}X_1(\rho e^{j\theta})X_2\left(\frac{re^{j\Omega}}{\rho e^{j\theta}}\right)\frac{d(\rho e^{j\theta})}{\rho e^{j\theta}}\\&=\frac{1}{2\pi}\oint_{c_1}X_1(\rho e^{j\theta})X_2\left(\frac{r}{\rho}e^{j(\Omega-\theta)}\right)d\theta\end{aligned}$$

由于 c_1 是圆，故 θ 的积分限为 $-\pi\sim\pi$，所以上式变为

$$Z[x_1(n)x_2(n)]=\frac{1}{2\pi}\int_{-\pi}^{\pi}X_1(\rho e^{j\theta})X_2\left(\frac{r}{\rho}e^{j(\Omega-\theta)}\right)d\theta \tag{9-63}$$

由式(9-58)同理可证

$$Z[x_1(n)x_2(n)]=\frac{1}{2\pi}\int_{-\pi}^{\pi}X_1\left(\frac{r}{\rho}e^{j(\Omega-\theta)}\right)X_2(\rho e^{j\theta})d\theta \tag{9-64}$$

式(9-63)和式(9-64)的右边可以看作是以 θ 为变量的 $X_1(\rho e^{j\theta})$与 $X_2(\rho e^{j\theta})$在 $-\pi\sim\pi$ 的一个周期上的卷积积分，故称为周期卷积。特别是 $\rho=r=1$ 时，式(9-63)和式(9-64)变为离散时间傅里叶变换的序列乘积性质，等式右边是周期为 2π 的两周期函数的周期卷积。

z 域尺度变换性与频移性以及 z 域微分性(序列线性加权)可以视为 z 域卷积性(序列相乘)的两种典型的特殊情况，并均可以从式(9-57)或式(9-58)中推导出来。

【例 9-12】 已知两序列为 $x(n)=a^n\varepsilon(n)$，$h(n)=b^{n-1}\varepsilon(n-1)$，试求 $Z[x(n)h(n)]$。

解： $X(z)=Z[x(n)]=Z[a^n\varepsilon(n)]=\dfrac{z}{z-a}$，　$|z|>|a|$

$$H(z)=Z[h(n)]=Z[b^{n-1}\varepsilon(n-1)]=\frac{1}{z-b},\quad |z|>|b|$$

利用式 (9-57)可得：

$$\begin{aligned}Z[x(n)h(n)]&=\frac{1}{2\pi j}\oint_c\frac{v}{v-a}\cdot\frac{1}{\frac{z}{v}-b}\cdot\frac{1}{v}dv\\&=\frac{1}{2\pi j}\oint_c\frac{v}{(v-a)(z-bv)}dv,|z|>|ab|\end{aligned}$$

由于 $X(v)$ 的收敛域为 $|v|>|a|$，$H\left(\frac{z}{v}\right)$ 的收敛域为 $\left|\frac{z}{v}\right|>|b|$，故两者的重叠区为 $|a|<|v|<\left|\frac{z}{b}\right|$，因而围线只包围一个极点 $v=a$，如图 9-12所示。

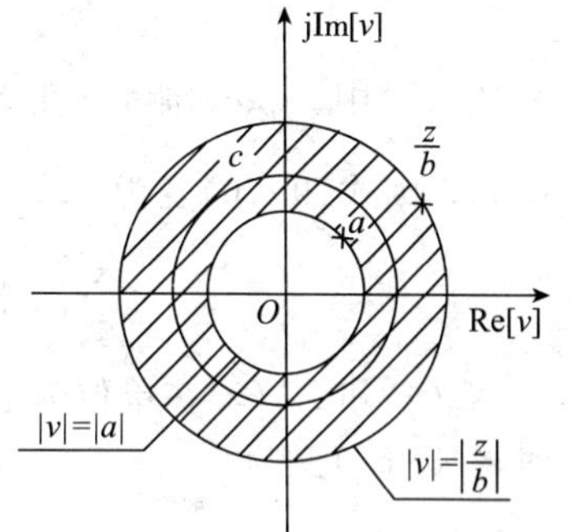

图9-12 例 9-12 中 v 平面的收敛域

利用留数定理可以求得：

$$\begin{aligned} Z[x(n)h(n)] &= \frac{1}{2\pi \mathrm{j}}\oint_c \frac{v}{(v-a)(z-bv)}\mathrm{d}v \\ &= \mathrm{Res}\left[\frac{v}{(v-a)(z-bv)}\right]\Bigg|_{v=a} \\ &= \frac{a}{z-ab}, \quad |z|>|ab| \end{aligned}$$

9. 共轭性

若任意有界复序列 $x(n)$ 的双边 z 变换为

$$Z[x(n)] = X(z), |z| \in R_x$$

则 $x(n)$ 的共轭序列 $x^*(n)$ 的双边 z 变换为

$$Z[x^*(n)] = X^*(z^*), |z| \in R_x \tag{9-65}$$

证明：由双边 z 变换的定义可得：

$$\begin{aligned} Z[x^*(n)] &= \sum_{n=-\infty}^{\infty} x^*(n)z^{-n} = \sum_{n=-\infty}^{\infty}[x(n)(z^*)^{-n}]^* = \left[\sum_{n=-\infty}^{\infty} x(n)(z^*)^{-n}\right]^* \\ &= X^*(z^*), |z| \in R_x \end{aligned}$$

共轭性也适用于单边 z 变换。

10. 帕斯瓦尔定理*

若任意有界复序列 $x_1(n)$ 和 $x_2(n)$ 的双边 z 变换分别为

$Z[x_1(n)] = X_1(z)$，$R_{x_{11}} < |z| < R_{x_{12}}$ 和 $Z[x_2(n)] = X_2(z)$，$R_{x_{21}} < |z| < R_{x_{22}}$

其中，$R_{x_{11}}$、$R_{x_{12}}$、$R_{x_{21}}$ 和 $R_{x_{22}}$ 满足：

$$R_{x_{11}}R_{21} < 1 < R_{x_{12}}R_{22} \tag{9-66}$$

则：

$$\sum_{n=-\infty}^{\infty} x_1(n)x_2^*(n) = \frac{1}{2\pi \mathrm{j}}\oint_c X_1(z)X_2^*\left(\frac{1}{z^*}\right)z^{-1}\mathrm{d}z \tag{9-67}$$

式(9-67)中，“*”表示取复共轭，积分围线 c 在 $X_1(z)$ 和 $X_2^*\left(\frac{1}{z^*}\right)$ 的公共收敛域内，即：

$$\max\left[R_{x_{11}}, \frac{1}{R_{x_{22}}}\right] < |z| < \min\left[R_{x_{12}}, \frac{1}{R_{x_{21}}}\right]$$

证明：利用 z 域复卷积性表示式(9-57)和共轭性表示式(9-65)可得：

$$\begin{aligned} Z[x_1(n)x_2^*(n)] &= \sum_{n=-\infty}^{\infty} x_1(n)x_2^*(n)z^{-n} \\ &= \frac{1}{2\pi \mathrm{j}}\oint_c X_1(v)X_2^*\left(\frac{z^*}{v^*}\right)v^{-1}\mathrm{d}v \end{aligned}, R_{x_{11}}R_{x_{21}} < |z| < R_{x_{12}}R_{x_{22}} \tag{9-68}$$

由于假设式(9-66)成立，所以 $|z|=1$ 在式(9-68)所示的双边 z 变换的收敛域内，也就是该双边 z 变换式在 $|z|=1$ 处收敛。因此，在式(9-68)中令 $z=1$ 可得：

$$\sum_{n=-\infty}^{\infty} x_1(n)x_2^*(n) = \frac{1}{2\pi \mathrm{j}}\oint_c X_1(v)X_2^*\left(\frac{1}{v^*}\right)v^{-1}\mathrm{d}v \tag{9-69}$$

将式(9-69)中复变量 v 改为 z，则可得到 z 域的帕斯瓦尔定理为

$$\sum_{n=-\infty}^{\infty} x_1(n)x_2^*(n) = \frac{1}{2\pi \mathrm{j}}\oint_c X_1(z)X_2^*\left(\frac{1}{z^*}\right)z^{-1}\mathrm{d}z \tag{9-70}$$

式(9-70)中，积分围线 c 在 $X_1(z)$和 $X_2^*\left(\frac{1}{z^*}\right)$的公共收敛域内，若 $x_1(n)$和 $x_2(n)$均为实序列，则式(9-70)变为

$$\sum_{n=-\infty}^{\infty} x_1(n)x_2(n) = \frac{1}{2\pi \mathrm{j}}\oint_c X_1(z)X_2\left(\frac{1}{z}\right)z^{-1}\mathrm{d}z \tag{9-71}$$

若 $X_1(z)$和 $X_2(z)$在单位圆上均收敛，则围线 c 可取为 z 平面上的单位圆，即 $z=\mathrm{e}^{\mathrm{j}\Omega}$，这时式(9-67)变为

$$\sum_{n=-\infty}^{\infty} x_1(n)x_2^*(n) = \frac{1}{2\pi}\int_{-\pi}^{\pi} X_1(\mathrm{e}^{\mathrm{j}\Omega})X_2^*(\mathrm{e}^{\mathrm{j}\Omega})\mathrm{d}\Omega \tag{9-72}$$

若 $x_1(n)=x_2(n)=x(n)$，则又有：

$$\sum_{n=-\infty}^{\infty} |x(n)|^2 = \frac{1}{2\pi}\int_{-\pi}^{\pi} |X(\mathrm{e}^{\mathrm{j}\Omega})|^2\mathrm{d}\Omega \tag{9-73}$$

式(9-72)和式(9-73)是序列及其傅里叶变换的帕斯瓦尔公式，式(9-73)表明了帕斯瓦尔定理的含义。我们知道，序列的傅里叶变换是连续周期函数，区间 $\Omega=-\pi\sim+\pi$ 为一个周期。由式(9-73)可知，时域中所求序列的能量与频域中用频谱密度 $X(\mathrm{e}^{\mathrm{j}\Omega})$来计算序列的能量是一致的。

11. *z 域积分性(序列除以 $n+k$)*

若任意有界序列 $x(n)$的双边 z 变换为

$$Z[x(n)] = X(z), |z| \in R_x$$

则序列$\frac{x(n)}{n+k}$ 的双边 z 变换为

$$Z\left[\frac{x(n)}{n+k}\right] = z^k\int_z^{\infty}\frac{X(\xi)}{\xi^{k+1}}\mathrm{d}\xi,\quad |z| \in R_x \tag{9-74}$$

式(9-74)中，k 为整数，且 $n+k>0$。若 $k=0$ 且 $n>0$，则有：

$$Z\left[\frac{x(n)}{n}\right] = \int_z^{\infty}\frac{X(\xi)}{\xi}\mathrm{d}\xi, |z| \in R_x \tag{9-75}$$

证明：根据双边 z 变换定义可知，若序列 $x(n)$的双边 z 变换存在，则它所表示的级数在其收敛域内绝对可和且一致收敛，因而可逐项积分，因此令式(9-5)两边除以 z^{k+1} 并从 z 到∞积分可得到：

$$\int_z^{\infty}\frac{X(z)}{z^{k+1}}\mathrm{d}z = \int_z^{\infty}\frac{1}{z^{k+1}}\left[\sum_{n=-\infty}^{\infty}x(n)z^{-n}\right]\mathrm{d}z = \int_z^{\infty}\left[\sum_{n=-\infty}^{\infty}x(n)z^{-(n+k+1)}\right]\mathrm{d}z \tag{9-76}$$

为了避免混淆，将式(9-76)中与积分下限为同一变量的积分变量 z 改为 ξ，并交换积分与求和次序，有：

$$\begin{aligned}\int_z^{\infty}\frac{X(\xi)}{\xi^{k+1}}\mathrm{d}\xi &= \int_z^{\infty}\left[\sum_{n=-\infty}^{\infty}x(n)\xi^{-(n+k+1)}\right]\mathrm{d}\xi = \sum_{n=-\infty}^{\infty}x(n)\int_z^{\infty}\xi^{-(n+k+1)}\mathrm{d}\xi \\ &= \sum_{n=-\infty}^{\infty}x(n)\left[\frac{\xi^{-(n+k)}}{-(n+k)}\right]\Bigg|_z^{\infty} = \sum_{n=-\infty}^{\infty}x(n)\frac{z^{-(n+k)}}{(n+k)}\quad [(n+k)>0] \\ &= z^{-k}\sum_{n=-\infty}^{\infty}\frac{x(n)}{(n+k)}z^{-n}\end{aligned} \tag{9-77}$$

将式(9-77)两端乘以 z^k 可得：

$$Z\left[\frac{x(n)}{(n+k)}\right]=z^k\int_z^{\infty}\frac{X(z)}{\xi^{k+1}}\mathrm{d}\xi$$

z 域积分性也适用于单边 z 变换，这时，收敛域为 $|z|>R_x$。

【例 9-13】 试求下面两序列的 z 变换。

1) $x_1(n)=\dfrac{a^n\varepsilon(n)}{n+1}$；

2) $x_2(n)=\dfrac{a^n\varepsilon(n-1)}{n}$。

解：1) 因为 $Z[a^n\varepsilon(n)]=\dfrac{z}{z-a}$，$|z|>|a|$，所以根据式(9-74)可得：

$$Z\left[\frac{a^n\varepsilon(n)}{n+1}\right]=z\int_z^{\infty}\frac{\frac{\xi}{\xi-a}}{\xi^2}\mathrm{d}\xi=z\int_z^{\infty}\frac{1}{\xi(\xi-a)}\mathrm{d}\xi=z\int_z^{\infty}\frac{1}{a}\left(\frac{1}{\xi-a}-\frac{1}{\xi}\right)\mathrm{d}\xi$$

$$=\frac{z}{a}\ln\frac{\xi-a}{\xi}\bigg|_z^{\infty}=\frac{z}{a}\ln\frac{z}{z-a},\quad |z|>|a|$$

2) 因为 $Z[a^n\varepsilon(n-1)]=Z[aa^{n-1}\varepsilon(n-1)]=az^{-1}\dfrac{z}{z-a}=\dfrac{a}{z-a}$，$|z|>|a|$，所以由式(9-75)可得：

$$Z\left[\frac{a^n\varepsilon(n-1)}{n}\right]=\int_z^{\infty}\frac{a}{\xi(\xi-a)}\mathrm{d}\xi=\int_z^{\infty}\left(\frac{1}{\xi-a}-\frac{1}{\xi}\right)\mathrm{d}\xi=\ln\frac{\xi-a}{\xi}\bigg|_z^{\infty}=\ln\frac{z}{z-a},\quad |z|>|a|$$

12. 时域累加性

若任意有界序列 $x(n)$ 的双边 z 变换为

$$Z[x(n)]=X(z),|z|\in R_x$$

则：

$$Z\left[\sum_{k=-\infty}^{n}x(k)\right]=\frac{1}{1-z^{-1}}X(z)=\frac{z}{z-1}X(z),|z|\in \text{包括 } R_x\cap(|z|>1) \quad (9\text{-}78)$$

证明：由于任意有界序列 $x(n)$ 与单位阶跃序列的卷积等于对该序列的求和，故有：

$$Z\left[\sum_{k=-\infty}^{n}x(k)\right]=Z[x(n)*\varepsilon(n)]=\frac{z}{z-1}X(z),|z|\in R_x\cap(|z|>1)[\text{时域卷积性}]$$

其中，$|z|\in$包括 $R_x\cap(|z|>1)$表示如果乘积$\dfrac{z}{z-1}X(z)$中没有零、极点相消，则其收敛域是 $x(n)$和 $\varepsilon(n)$各自 z 变换收敛域的重叠部分，如果$\dfrac{z}{z-1}$的极点 $z=1$ 被 $X(z)$的零点消去，则累加和 z 变换的收敛域为 $X(z)$的收敛域 R_x。例如，若 $X(z)$的收敛域为 $R_{x_1}<|z|<R_{x_2}$，则累加和 z 变换的收敛域应为$|z|>1$ 和 $R_{x_1}<|z|<R_{x_2}$ 的公共部分，即应为 $\max(R_{x_1},1)<|z|<R_{x_2}$。时域有限项累加性对因果序列 $x(n)$或者说对单边 z 变换也适用，这时，累加和的形式为 $\sum\limits_{k=0}^{n}x(k)$，其 z 变换的结果仍为$\dfrac{z}{z-1}X(z)$，由于 $X(z)$的收敛域为$|z|>R_x$，故累加和 z 变换的收敛域应为$|z|>1$ 和$|z|>R_x$ 的重叠部分$|z|>\max(R_x,1)$。

【例 9-14】 求序列 $x(n)=\sum\limits_{k=0}^{n}(-1)^k$ 的 z 变换。

解：已知 $Z[(-1)^n\varepsilon(n)]=\dfrac{z}{z+1}$，$|z|>1$，所以由式(9-78)可得：

$$Z\Big[\sum_{k=0}^{n}(-1)^k\varepsilon(n)\Big]=\frac{z}{z-1}\cdot\frac{z}{z+1}=\frac{z^2}{z^2-1},|z|>1$$

13. 初值定理

(1) 无限长右边序列的初值定理

若有界序列 $x(n)$在 $n<n_1$($n_1\leqslant 0$ 且为整数)时有 $x(n)=0$，且 $x(n)$的双边 z 变换为

$$Z[x(n)]=X(z),\quad R_{x_1}<|z|<\infty$$

则 $x(n)$的初值 $x(n_1)$为

$$x(n_1)=\lim_{z\to\infty}z^{n_1}X(z)$$

证明：根据双边 z 变换的定义，有：

$$X(z)=\sum_{n=-\infty}^{\infty}x(n)z^{-n}=\sum_{n=n_1}^{\infty}x(n)z^{-n}$$

$$=x(n_1)z^{-n_1}+x(n_1+1)z^{-(n_1+1)}+x(n_1+2)z^{-(n_1+2)}+\cdots \tag{9-79}$$

在式(9-79)两边乘以 z^{n_1}，将初值 $x(n_1)$单独表示出来，再取 $z\to\infty$的极限，得出初值：

$$x(n_1)=\lim_{z\to\infty}z^{n_1}X(z) \tag{9-80}$$

当 $n_1=0$，$x(n)$为因果序列，这时，$X(z)$的收敛域为$|z|>R_{x_1}$，由式(9-80)可知序列的初值为

$$x(0)=\lim_{z\to\infty}X(z) \tag{9-81}$$

这表明，如果因果序列 $x(n)$的初值 $x(0)$为一个有限值，则$\lim\limits_{z\to\infty}X(z)$为同一有限值。因此，若 $X(z)$为有理函数，其分子的阶次不可能高于分母的阶次，即零点的个数不可能多于极点的个数，同时，从$\lim\limits_{z\to\infty}X(z)$也可以看出，因果序列 z 变换的收敛域应包括 $z=\infty$点，这是一个根据收敛域判别序列是否为因果序列(有限长或无限长)的判据。

在式(9-79)中令 $n_1=0$，并将初值 $x(1)$单独表示出来，又可得出因果序列 $x(n)$在 $n=1$处的值：

$$x(1)=\lim_{z\to\infty}z[X(z)-x(0)]$$

反复应用式(9-79)，可推出因果序列 $x(n)$在任意样点的值：

$$x(m)=\lim_{z\to\infty}z^m\Big[X(z)-\sum_{k=0}^{m-1}x(k)z^{-k}\Big],m=0,1,2,\cdots \tag{9-82}$$

可以看出，式(9-82)等式的右边是对 $x(n)$左移 m 位后所得序列 $x(n+m)\varepsilon(n)$的 z 变换求极限。显然，式(9-82)左端 $x(n)$在 $n=m$ 的值为该式右端左移序列 $x(n+m)\varepsilon(n)$在 $n=0$ 的值，即等于$\lim\limits_{z\to\infty}\{Z[x(n+m)\varepsilon(n)]\}$，因此称式(9-82)为因果序列的广义初值定理。

(2) 无限长左边序列的初值定理

若有界序列 $x(n)$在 $n>n_2$($n_2\geqslant 0$ 且为整数)时 $x(n)=0$，且 $x(n)$的双边 z 变换为

$$Z[x(n)]=X(z),0<|z|<R_{x_2}$$

则 $x(n)$的初值 $x(n_2)$为

$$x(n_2)=\lim_{z\to 0}z^{n_2}X(z)$$

证明：根据双边 Z 变换的定义，有：

$$X(z)=\sum_{n=-\infty}^{\infty}x(n)z^{-n}=\sum_{n=-\infty}^{n_2}x(n)z^{-n}$$

$$=x(n_2)z^{-n_2}+x(n_2-1)z^{-(n_2-1)}+x(n_2-2)z^{-(n_2-2)}+\cdots \tag{9-83}$$

在式(9-83)两边乘以 z^{n_2}，将初值 $x(n_2)$ 单独表示出来，再取 $z\to0$ 的极限，得出初值：

$$x(n_2)=\lim_{z\to0}z^{n_2}X(z) \tag{9-84}$$

当 $n_2=0$，$x(n)$ 为反因果序列，这时，$X(z)$ 的收敛域为 $|z|<R_{x_2}$，由式(9-84)可知序列的初值为

$$x(0)=\lim_{z\to0}X(z) \tag{9-85}$$

在式(9-83)中令 $n_2=0$，可得

$$x(-1)=\lim_{z\to0}z^{-1}[X(z)-x(0)]$$

反复应用式(9-83)可推出反因果序列 $x(n)$ 的广义初值定理：

$$x(-m)=\lim_{z\to0}z^{-m}\left[X(z)-\sum_{k=0}^{m-1}x(-k)z^k\right],\quad m=0,1,2,\cdots \tag{9-86}$$

在利用初值定理求各种序列 $x(n)$ 的初值 $x(0)$ 时，大多是用因果序列和反因果序列的初值定理。对于因果序列和反因果序列，应该先根据给定的收敛域以及 $X(z)$ 在 $z=\infty$ 或 0 处的收敛情况，判定对应的序列是因果还是反因果的，再利用对应的初值定理求出初值。

当根据给定的 $X(z)$ 及收敛域判定出对应的序列为双边序列时，包括 $n_1<0$、$n_2>0$ 的有限长双边序列以及无限长双边序列，可将 $X(z)$ 进行部分分式展开，然后针对 $X(z)$ 的每一部分分式，根据它的收敛域及其在 $z=0$ 与 ∞ 处的收敛情况，判定对应的序列是因果还是非因果的，再利用相应的初值定理求初值 $x(0)$。这种方法也适用于求取 $n_1<0$ 的无限长右边非因果序列或 $n_2>0$ 的无限长左边非反因果序列的初值 $x(0)$，因为它们都是特殊的双边序列。

【例 9-15】 已知

$$X(z)=\frac{\frac{5}{6}z^2-\frac{7}{6}z}{z^2-2.5z+1}$$

试利用初值定理求 $x(0)$。

解：将 $\frac{X(z)}{z}$ 部分分式展开后，可得：

$$X(z)=\frac{\frac{5}{6}z^2-\frac{7}{6}z}{z^2-2.5z+1}=\frac{\frac{5}{6}z^2-\frac{7}{6}z}{(z-0.5)(z-2)}=\frac{\frac{1}{2}z}{z-0.5}+\frac{\frac{1}{3}z}{z-2}$$

由上式可得 $X(z)$ 的两个极点分别为 $p_1=0.5$，$p_2=2$，其全部可能的收敛域为 $|z|<0.5$，$0.5<|z|<2$，$|z|>2$。由于对于不同的收敛域，$X(z)$ 对应不同的序列。因此，应该对这三种收敛域分别求得相应序列的初值 $x(0)$：

1) $|z|<0.5$，且 $X(z)$ 在 $z=0$ 处收敛，故对应于一个反因果序列，这时，初值为

$$x(0)=\lim_{z\to0}X(z)=\lim_{z\to0}\frac{\frac{5}{6}z^2-\frac{7}{6}z}{(z-0.5)(z-2)}=0$$

2) $|z|>2$，且 $X(z)$ 在 $z=\infty$ 处收敛，故对应于一个因果序列，这时，初值为

$$x(0)=\lim_{z\to\infty}X(z)=\lim_{z\to\infty}\frac{\frac{5}{6}z^2-\frac{7}{6}z}{z^2-2.5z+1}=\frac{5}{6}$$

3) $0.5<|z|<2$，对应于一个双边序列，由上面 $X(z)$ 的部分分式展开式可知，其中

第一项 $X_{\mathrm{R}}(z)=\dfrac{\frac{1}{2}z}{z-0.5}$ 的收敛域为 $|z|>0.5$，且在 $z=\infty$ 处收敛，故对应于一个因果序列。第二项 $X_{\mathrm{L}}(z)=\dfrac{\frac{1}{3}z}{z-2}$ 的收敛域为 $|z|<2$，且在 $z=0$ 处收敛，故对应于一个反因果序列，分别利用因果与反因果序列的初值定理，可以求得：

$$x(0)=\lim_{z\to\infty}\frac{\frac{1}{2}z}{z-0.5}+\lim_{z\to 0}\frac{\frac{1}{3}z}{z-2}=\frac{1}{2}$$

14. 终值定理

(1) 无限长右边序列的终值定理

若有界序列 $x(n)$ 在 $n<n_1$（$n_1\leqslant 0$ 且为整数）时 $x(n)=0$，并且 $x(n)$ 的双边 z 变换为

$$Z[x(n)]=X(z),\quad R_{x_1}<|z|<\infty \text{ 且 } 0<R_{x_1}<1$$

则 $x(n)$ 的终值为

$$x(\infty)=\lim_{z\to 1}\frac{z-1}{z}X(z) \tag{9-87}$$

或

$$x(\infty)=\lim_{z\to 1}(z-1)X(z) \tag{9-88}$$

由于式(9-87)和式(9-88)取 $z\to 1$ 的极限，所以终值定理要求 $X(z)$ 除允许在 $z=+1$ 处有一阶极点外，其余极点全部在单位圆内，即要求 $\dfrac{z-1}{z}X(z)$ 的收敛域包含单位圆，这时 $x(n)$ 的终值存在（即有限）且唯一。

证明：根据双边 z 变换的定义，则有：

$$\begin{aligned}Z[x(n)-x(n-1)]&=\sum_{n=-\infty}^{\infty}[x(n)-x(n-1)]z^{-n}=\sum_{n=n_1}^{\infty}[x(n)-x(n-1)]z^{-n}\\&=X(z)-z^{-1}X(z)=(1-z^{-1})X(z)\quad[\text{根据线性性质和位移性}]\end{aligned} \tag{9-89}$$

由式(9-89)可知：

$$(1-z^{-1})X(z)=\frac{z-1}{z}X(z)=\sum_{n=n_1}^{\infty}[x(n)-x(n-1)]z^{-n} \tag{9-90}$$

对式(9-90)取 $z\to 1$ 的极限，若 $X(z)$ 在 $z=1$ 处有一阶极点，其余极点在单位圆内，则 $(1-z^{-1})X(z)$ 的收敛域包含单位圆，$z=1$ 在收敛域内。因此，

$$\begin{aligned}\lim_{z\to 1}\frac{z-1}{z}X(z)&=\lim_{z\to 1}\sum_{n=n_1}^{\infty}[x(n)-x(n-1)]z^{-n}\\&=\sum_{n=n_1}^{\infty}[x(n)-x(n-1)]\\&=[x(n_1)-x(n_1-1)]+[x(n_1+1)-x(n_1)]\\&\quad+[x(n_1+2)-x(n_1+1)]+\cdots+x(\infty)\end{aligned} \tag{9-91}$$

根据无限长右边序列的定义，在式(9-91)的右端，$x(n_1-1)=0$，且除 $x(\infty)$ 外其余各项的和均为零。因此可得：

$$x(\infty)=\lim_{z\to 1}\frac{z-1}{z}X(z)$$

当 $n_1=0$，$x(n)$即为因果序列，这时，$X(z)$的收敛域为$|z|>R_{x_1}$，序列的终值 $x(\infty)$可由式(9-88)求出。

(2) 无限长左边序列的终值定理

以上推导了无限长右边序列(包括因果序列)的终值定理，同理可以推出无限长左边序列以及反因果序列的终值 $x(\infty)$为

$$x(\infty)=\lim_{z\to 1}\frac{1-z}{z}X(z) \tag{9-92}$$

值得注意的是，只有在 $n\to\infty$时 $x(n)$收敛的情况下，才可应用终值定理。但是，一般已知的是 $X(z)$，而并不知道 $x(n)$是否收敛，况且若已知 $x(n)$的表示式也就不需要用终值定理求其终值了，因此在应用终值定理时，必须事先利用 $X(z)$的收敛域判断 $x(n)$是否收敛，其判据是只有当 $X(z)$的收敛域包括单位圆时，$x(n)$才会在 $n\to\infty$时收敛。此判据的意义可以直接从式(9-87)、式(9-88)和式(9-92)中求 $z=1$ 的极限运算看出，因为这个运算必须在 $X(z)$的收敛域内进行，这就要求单位圆必须在收敛域内，即 $X(z)$的极点必须在单位圆内，否则，该极限运算将毫无意义。因此，在 $X(z)$的收敛域不包括单位圆的情况下应用终值定理将会得出错误的结果。不过有一个例外情况，即上面所说的，当 $X(z)$在单位圆上 $z=+1$ 点处只有一个一阶极点，而其余极点都在单位圆内时，终值定理仍成立。

初值定理和终值定理还常用于检验单边 z 变换的结果是否正确。

【例 9-16】 已知 $X(z)=\dfrac{z}{z+1}$，$|z|>1$，试求与 $X(z)$对应的序列 $x(n)$的终值 $x(\infty)$。

解：由于 $X(z)$的极点在 $z=-1$ 处，在单位圆上，所以 $x(\infty)$不存在，即终值定理不适用，若根据终值定理，则有：

$$x(\infty)=\lim_{z\to 1}\frac{z-1}{z}X(z)=\lim_{z\to 1}\frac{z-1}{z+1}=0$$

这个结果是错误的，因为由例 9-14 可知，$X(z)=\dfrac{z}{z+1}$，$|z|>1$ 所对应的序列为 $x(n)=(-1)^n\varepsilon(n)$，这表明，随着 n 的增加，$x(n)$的值为$+1$ 和-1 交替出现，$x(\infty)$是不确定的，而不是零值。

【例 9-17】 已知 $X(z)=\dfrac{4z^2-3z}{2(z-1)\left(z-\frac{1}{2}\right)}$，$|z|>1$，试求与 $X(z)$对应的序列 $x(n)$的终值 $x(\infty)$。

解：$X(z)$在单位圆上 $z=+1$ 处有一个一阶极点，另一个极点 $p=\dfrac{1}{2}$在单位圆内，因此符合应用终值定理的条件，根据式(9-87)可得：

$$x(\infty)=\lim_{z\to 1}\frac{z-1}{z}\cdot\frac{4z^2-3z}{2(z-1)\left(z-\frac{1}{2}\right)}=\lim_{z\to 1}\frac{4z-3}{2\left(z-\frac{1}{2}\right)}=1$$

事实上，由下面将要介绍的 z 反变换可知，$X(z)$可以通过部分分式展开为 $X(z)=\dfrac{z}{z-1}+\dfrac{z}{z-\frac{1}{2}}$，它所对应的序列为 $x(n)=\varepsilon(n)+\left(\dfrac{1}{2}\right)^n\varepsilon(n)$，其终值为 $x(\infty)=1$，结果得到验证。

表 9-3 中列出了 z 变换的主要性质。

表 9-3 z 变换的主要性质

序号	性质	双边单边z变换	信号(序列)	z变换
1	线性	双边、单边	$a_1x_1(n)+a_2x_2(n)$	$a_1X_1(z)+a_2X_2(z)$
2	时域平移	双边	$x(n\pm n_0)$	$z^{\pm n_0}X(z)$
		单边(左移)	$x(n+n_0)\varepsilon(n)$	$z^{n_0}[X(z)-\sum\limits_{k=0}^{n_0-1}x(k)z^{-k}]$
		单边(右移)	$x(n-n_0)\varepsilon(n)$	$z^{-n_0}[X(z)+\sum\limits_{k=-n_0}^{-1}x(k)z^{-k}]$
			$X(z)$	$z^{-n_0}X(z)$
3	z域尺度	双边、单边	$z_0^{\ n}x(n)$	$X\left(\dfrac{z}{z_0}\right)$
4	时域反转	双边	$x(-n)$	$X(z^{-1})$
5	z域微分	双边、单边	$nx(n)$	$-z\dfrac{\mathrm{d}X(z)}{\mathrm{d}z}$
6	时域卷积	双边、单边	$x_1(n)*x_2(n)$	$X_1(z)X_2(z)$
7	z域复卷积	双边、单边	$x_1(n)x_2(n)$	$\dfrac{1}{2\pi\mathrm{j}}\oint_{c_1}X_1(v)X_2\left(\dfrac{z}{v}\right)v^{-1}\mathrm{d}v$ 或 $\dfrac{1}{2\pi\mathrm{j}}\oint_{c_2}X_1\left(\dfrac{z}{v}\right)X_2(v)v^{-1}\mathrm{d}v$
8	时域延拓	单边	$x_N(n)=\sum\limits_{m=0}^{\infty}x(n-mN)\varepsilon(n-mN)$	$X_N(z)=\dfrac{X(z)}{1-z^{-N}}$
9	初值定理	双边	$x(n)$	$x(n_1)=\lim\limits_{z\to\infty}z^{n_1}X(z)$
		单边	$x(n)$	$x(0)=\lim\limits_{z\to\infty}X(z)$
10	终值定理	双边、单边	$x(\infty)=\lim\limits_{z\to 1}(z-1)X(z)$	

9.10 z 反变换

由 z 变换 $X(z)$ 及其收敛域求取对应序列 $x(n)$ 的计算过程称为 z 反变换，可以表示为

$$x(n)=Z^{-1}[X(z),R_x] \tag{9-93}$$

求 z 反变换通常有三种方法，即部分分式展开法、幂级数展开法(长除法)和围线积分法(留数法)，对于简单的情况可以直接用观察法求得相应的 z 反变换，例如，对于有限长序列，从其 $X(z)$ 的多项式形式就可以直接得出所要求的对应序列 $x(n)$，对于一些简单的 z 变换式还可以直接应用 z 变换的性质来求其反变换。

9.10.1 z 反变换的一般定义

z 反变换的定义既可以由离散时间傅里叶变换导出，也可以由复变函数中的柯西积分定理导出。我们知道，复变函数理论中的柯西积分定理为

$$\frac{1}{2\pi\mathrm{j}}\oint_c z^{k-1}\mathrm{d}z=\begin{cases}1, & k=0\\0, & k\neq 0\end{cases} \tag{9-94}$$

式(9-94)中，积分路径 c 是一条 z 平面上环绕坐标原点沿逆时针方向的围线。已知序列

$x(n)$的双边 z 变换的定义为

$$X(z)=\sum_{n=-\infty}^{\infty}x(n)z^{-n},\quad R_{x_1}<|z|<R_{x_2} \tag{9-95}$$

在式(9-95)两边乘以 z^{k-1}(k 为任一整数)，然后沿一条完全位于 $X(z)$的收敛域内、围绕 z 平面坐标原点、逆时针方向的围线 c 进行围线积分，如图 9-13 所示，可得：

$$\frac{1}{2\pi\mathrm{j}}\oint_c X(z)z^{k-1}\mathrm{d}z=\frac{1}{2\pi\mathrm{j}}\oint_c\Big[\sum_{n=-\infty}^{\infty}x(n)z^{-n}\Big]z^{k-1}\mathrm{d}z \tag{9-96}$$

若 $\sum_{n=-\infty}^{\infty}|x(n)|<\infty$，即序列 $x(n)$绝对可和，则式(9-96)中的积分与求和可交换次序，有：

$$\frac{1}{2\pi\mathrm{j}}\oint_c X(z)z^{k-1}\mathrm{d}z=\sum_{n=-\infty}^{\infty}x(n)\Big[\frac{1}{2\pi\mathrm{j}}\oint_c z^{k-n-1}\mathrm{d}z\Big] \tag{9-97}$$

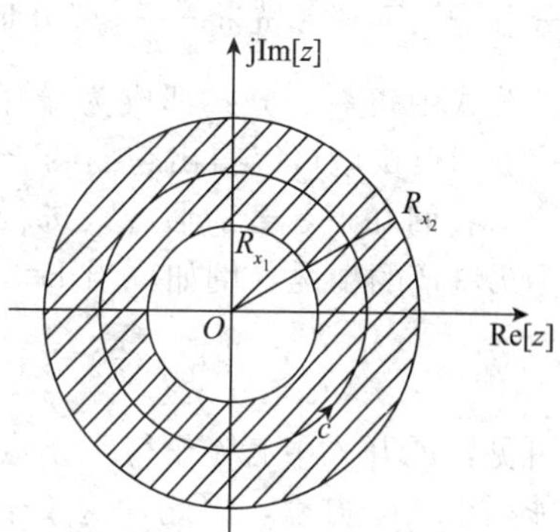

图 9-13 围线积分法的积分路径

由柯西积分定理式(9-94)可知，当 $n=k$ 时，式(9-97)右边的围线积分等于 1，否则积分等于零，即有：

$$\frac{1}{2\pi\mathrm{j}}\oint_c z^{k-n-1}\mathrm{d}z=\begin{cases}1,\ n=k\\0,\ n\neq k\end{cases}$$

因为 k 为任意整数，所以在式(9-97)右边的和式中只有 $n=k$ 这一项不为零，其余各项均为零，于是可得：

$$\frac{1}{2\pi\mathrm{j}}\oint_c X(z)z^{k-1}\mathrm{d}z=x(k) \tag{9-98}$$

将式(9-98)中的 k 用 n 代替，便可得到 $X(z)$的 z 反变换 $x(n)$，用如下围线积分表示：

$$x(n)=\frac{1}{2\pi\mathrm{j}}\oint_c X(z)z^{n-1}\mathrm{d}z,\quad c\in(R_{x_1},R_{x_2}) \tag{9-99}$$

式(9-99)中，$n=0$，±1，±2，…

若在式(9-95)中采用单边 z 变换，按照同样的推导过程也可以得到式(9-99)，不过此时 $X(z)$的收敛域应为$|z|>R_x(R_x\geqslant0)$，逆时针方向的积分围线 c 仍应围绕原点并在收敛域内，这是式(9-99)的一种特殊情况，因此，式(9-99)为 z 反变换的一般定义式。

9.10.2 双边 z 反变换的计算

双边 z 反变换可以在给定 $X(z)$及其收敛域后，根据式(9-99)计算得出，但是该式是复变函数的积分，计算较为复杂，因而一般利用复变函数的留数定理来求解。此外，还有部分分式展开法和幂级数法。下面分别讨论这三种方法。

1. 部分分式展开法

z 变换的部分分式展开法和拉氏变换的相同，是将有理分式 $X(z)$展开为基本常用的部分分式 $X_k(z)$的和，即 $X(z)=\sum_i X_i(z)$，并且根据 $X(z)$的收敛域是每一部分分式收敛域的公共部分来确定每一部分分式的收敛域。由于所展开的每一部分分式都是常见序列的 z 变换，因而可以非常容易地求出每一部分分式的 z 反变换 $x_i(n)$，于是由线性性质可以求出 $X(z)$的 z 反变换 $x(n)=Z^{-1}\Big[\sum_i X_i(z)\Big]=\sum_i Z\big[X_i(z)\big]=\sum_i x_i(n)$。

我们知道，有理分式 $X(z)$可以表示为 z 或 z^{-1}的多项式的比，这里假设为前者的形式，则有：

$$X(z)=\frac{N(z)}{D(z)}=\frac{b_L z^L+b_{L-1}z^{L-1}+\cdots+b_1 z+b_0}{a_P z^P+b_{P-1}z^{P-1}+\cdots+a_1 z+a_0},\quad z\in R_x \tag{9-100}$$

式(9-100)中，$a_k(k=0, 1, \cdots, P)$，$b_m(m=0, 1, \cdots, L)$均为实系数。

从表9-2可见，z变换的基本形式为$\frac{z}{z-a}$、$\frac{z}{(z-1)^2}$和$\frac{az}{(z-a)^2}$等。显然，与常见信号的拉氏变换式不同的是，这里分子上都有复变量z。因此，为了使$X(z)$能通过部分分式最终分解为这种常见序列的z变换形式，则不能像拉氏反变换那样，直接将$X(z)$展开成部分分式，而必须先将$\frac{X(z)}{z}$展开成部分分式，通过在展开式两边乘z，才能使得$X(z)$的部分分式中每一个分式都成为分子上含有变量z的基本z变换形式，接着，通过观察或查表9-2很快就可以得出它们的z反变换。

我们知道，若对假分式进行部分分式分解，其分解的系数是不唯一的，式(9-100)即为$L\geqslant P$的情况，例如，当$L=P=2$时，若有：

$$X(z)=\frac{z^2+5z+1}{z^2-4}=\frac{K_1 z+K_2}{z-2}+\frac{K_3 z+K_4}{z+2}$$

可见，展开式中有4个待定系数$K_i(i=1, \cdots, 4)$，但是通过与$X(z)$的分子进行比较，只能列出3个方程，因此，这4个待定系数的解是不唯一的。然而，在给定了收敛域时，z变换式$X(z)$与其反变换序列式$x(n)$具有唯一对应的关系。因此，必须对z变换真分式进行展开。但是，事实上，只能对$\frac{X(z)}{z}$进行部分分式展开，这就要求$\frac{X(z)}{z}$必须是真分式。在式(9-100)中，当$L\leqslant P$时，$\frac{X(z)}{z}$必为真分式，于是可以直接对其进行部分分式展开以求z反变换，而当$L>P$时，$X(z)$和$\frac{X(z)}{z}$均为假分式，此时需要先用多项式长除法将$X(z)$分解为一个z的有理多项式与一个真分式的和，即：

$$\begin{aligned}X(z)&=\frac{N(z)}{D(z)}=C_0+C_1 z+C_2 z^2+\cdots+C_{L-P}z^{L-P}+\frac{N_f(z)}{D(z)},\quad |z|\in R_x\\&=C(z)+X_f(z)\end{aligned} \tag{9-101}$$

式(9-101)中，有理多项式$C(z)=C_0+C_1 z+C_2 z^2+\cdots+C_{L=P}z^{L-P}$，$C_i(i=0, 1, \cdots, L-P)$为实系数，真分式$X_f(z)=\frac{N_f(z)}{D(z)}$。显然，若$L=P$，则只有$C_0$一项，而当$L<P$时，则$C_i=0(i=0, 1, \cdots, L-P)$。$C(z)$的反变换为$C(n)=\sum_{i=0}^{L-P}C_i\delta(n+i)$，对于真分式$X_f(z)=\frac{N_f(z)}{D(z)}$，则可以将$\frac{X_f(z)}{z}$展开为部分分式以求出$X_f(z)$的$z$反变换。因此，只需要具体讨论当$L\leqslant P$时，对$\frac{X(z)}{z}$进行部分分式展开以求$z$反变换的过程。下面将根据$X(z)$极点的3种类型，分别加以阐述。

(1) $X(z)$的极点为互异实数极点

若$X(z)$的全部极点$p_1, p_2, \cdots, p_P$均为单实极点且不为零，则$\frac{X(z)}{z}$的极点也为单实极点，可以展开为

$$\frac{X(z)}{z}=\frac{K_0}{z}+\frac{K_1}{z-p_1}+\frac{K_2}{z-p_2}+\cdots+\frac{K_p}{z-p_p}=\sum_{i=0}^{P}\frac{K_i}{z-p_p} \tag{9-102}$$

式(9-102)中，$p_0=0$，待定系数K_i的计算式为

$$K_i=(z-p_i)\frac{X(z)}{z}\bigg|_{z=p_i},i=0,1,\cdots,P \tag{9-103}$$

式(9-103)中，系数 K_0 对应于极点 $p_0=0$ 的系数，有：

$$K_0=[X(z)]|_{z=0}=\frac{b_L}{a_P}$$

一旦确定了系数 K_i($i=0$，1，…，P)后，在式(9-102)两端乘以 z 便可得到 $X(z)$的表示式：

$$X(z)=\sum_{i=0}^{P}\frac{K_iz}{z-p_i}=K_0+\sum_{i=1}^{P}\frac{K_iz}{z-p_i},|z|\in R_x \tag{9-104}$$

由于 $X(z)$的部分分式展开式中每一个分式项 $X_i(z)$均只有一个极点 p_i，所以 $X_i(z)$的收敛域 R_{x_i} 只能是 z 平面上圆周($|z|=|p_i|$)的外部或内部，因此，可以根据收敛域的性质及其与极点的关系或者 $X(z)$的收敛域 R_x 为这些 R_{x_i} 的交集($R_x=R_{x_1}\cap R_{x_2}\cap\cdots\cap R_{x_P}$)来确定 $X_i(z)$的收敛域 R_{x_i} 在圆周($|z|=|p_i|$)的外部($|z|>|p_i|$)或内部($|z|<|p_i|$)。于是，展开式(9-104)中除 K_0 外每一个分式项 $X_i(z)$的反变换是因果序列 $Z[p_i^n\varepsilon(n)]=\frac{z}{z-p_i}$，$|z|>|p_i|$或反因果序列 $Z[-p_i^n\varepsilon(-n-1)]=\frac{z}{z-p_i}$，$|z|<|p_i|$，它们的和即为 $X(z)$的反变换 $x(n)$。

下面按 $X(z)$收敛域的 3 种情况分别进行讨论：

1) $X(z)$的收敛域为圆外区域$|z|>R_{x_a}$，这时，R_{x_a} 必为 $X(z)$的 P 个极点 p_1，p_2，…，p_P 中模值最大的一个极点的幅值，即有 $R_{x_a}=\max\limits_i\{|p_i|\}$，则 $X(z)$的反变换 $x(n)$是一个因果序列，为各因果序列 $x_i(n)$的和，即有：

$$x(n)=K_0\delta(n)+\sum_{i=1}^{P}K_i\ (p_i)^n\varepsilon(n) \tag{9-105}$$

2) $X(z)$的收敛域为圆内区域$|z|<R_{x_b}$，这时 R_{x_b} 为 $X(z)$的 P 个极点 p_1，p_2，…，p_P 中模值最小的一个极点的幅值，即有 $R_{x_b}=\min\limits_i\{|p_i|\}$，则 $X(z)$的反变换 $x(n)$是一个反因果序列，为各反因果序列 $x_i(n)$的和，即有：

$$x(n)=K_0\delta(n)-\sum_{i=1}^{P}K_i\ (p_i)^n\varepsilon(-n-1) \tag{9-106}$$

3) $X(z)$的收敛域为环形区域 $R_{x_a}<|z|<R_{x_b}$，这时，假设 R_{x_b} 为 $X(z)$的 M 个极点 p_1，p_2，…，p_M 中模值最小的一个极点的幅值，即有 $R_{x_b}=\min\{|p_1|,\ |p_2|,\ \cdots,\ |p_M|\}$，与这 M 个极点对应的部分分式的 z 反变换为反因果序列；R_{x_a} 则为 $X(z)$的其余$P-M$个极点 p_{M+1}，p_{M+2}，…，p_P 中模值最大的一个极点的幅值，即有 $R_{x_a}=\max\{|p_{M+1}|,\ |p_{M+2}|,\ \cdots,\ |p_P|\}$，这 $P-M$ 个极点对应的部分分式的 z 反变换为因果序列。具有环状收敛域的 $X(z)$的反变换 $x(n)$应为一个双边序列，即为以上各因果序列与各反因果序列的和，于是有：

$$x(n)=K_0\delta(n)-\sum_{i=1}^{M}K_i\ (p_i)^n\varepsilon(-n-1)+\sum_{i=M+1}^{P}K_i\ (p_i)^n\varepsilon(n) \tag{9-107}$$

【例 9-18】 已知 $X(z)=\frac{z^2+3z}{(z-1)(z-2)(z-3)}$，在下列 3 种收敛域：1) $|z|>3$，2) $|z|<1$，3) $2<|z|<3$ 的情况下分别求 $X(z)$的 z 反变换 $x(n)$。

解：将$\frac{X(z)}{z}$展开为部分分式：

$$\frac{X(z)}{z}=\frac{z+3}{(z-1)(z-2)(z-3)}=\frac{2}{z-1}-\frac{5}{z-2}+\frac{3}{z-3}$$

故有：

$$X(z)=\frac{2z}{z-1}-\frac{5z}{z-2}+\frac{3z}{z-3}$$

其中，$X_1(z)=\frac{2z}{z-1}$的极点为 $p_1=1$，$X_2(z)=-\frac{5z}{z-2}$的极点为 $p_2=2$，$X_3(z)=\frac{3z}{z-3}$的极点为 $p_3=3$。

1) 由 $X(z)$的收敛域 R_x 为 $|z|>3$ 可知，$X(z)$为一个因果序列，这时，只有当 $X_1(z)$、$X_2(z)$和 $X_3(z)$的收敛域分别为 $R_{x_1}=|z|>1$，$R_{x_2}=|z|>2$，$R_{x_3}=|z|>3$ 时，才能使 $X(z)$展开式中的这 3 项分式的收敛域 R_{x_1}、R_{x_2} 和 R_{x_3} 的交集($R_x=R_{x_1}\cap R_{x_2}\cap R_{x_3}$)为 $|z|>3$，即满足：

$$X(z)=\frac{2z}{z-1}-\frac{5z}{z-2}+\frac{3z}{z-3},\quad |z|>3$$

因此，$X_i(z)(i=1,2,3)$均对应为因果序列，$X(z)$的反变换 $x(n)$是 $X_i(z)(i=1,2,3)$的反变换 $x_i(n)(i=1,2,3)$的和，有：

$$x(n)=(2-5\times 2^n+3\times 3^n)\varepsilon(n)$$

2) 由 $X(z)$的收敛域 R_x 为 $|z|<1$ 可知，这时，$X(z)$所对应的序列为反因果序列，因此，只有当 $X_1(z)$、$X_2(z)$和 $X_3(z)$的收敛域分别为 $R_{x_1}=|z|<1$，$R_{x_2}=|z|<2$，$R_{x_3}=|z|<3$，才能使 $X(z)$展开式中的这 3 项分式的收敛域 R_{x_1}、R_{x_2} 和 R_{x_3} 的交集($R_x=R_{x_1}\cap R_{x_2}\cap R_{x_3}$)为 $|z|<1$，即满足：

$$X(z)=\frac{2z}{z-1}-\frac{5z}{z-2}+\frac{3z}{z-3},\quad |z|<1$$

因此，$X_i(z)(i=1,2,3)$均对应为反因果序列，$X(z)$的反变换 $x(n)$是 $X_i(z)(i=1,2,3)$的反变换 $x_i(n)(i=1,2,3)$的和，有：

$$x(n)=-(2+5\times 2^n-3\times 3^n)\varepsilon(-n-1)$$

3) 由 $X(z)$的收敛域 R_x 为 $2<|z|<3$ 可知，这时，$X(z)$所对应的序列为双边序列。因此应将 $X(z)$的部分分式按其极点分布分为收敛域交集为 $|z|>2$ 和收敛域交集为 $|z|<3$ 的两部分，再分别求出构成收敛域交集为 $|z|>2$ 的部分分式项所对应的因果序列，以及构成收敛域交集为 $|z|<3$ 的部分分式项所对应的反因果序列，$x(n)$即为这两种序列的和。由 $X(z)$的收敛域 R_x 为 $2<|z|<3$ 可知，只有 $X_1(z)$和 $X_2(z)$的收敛域分别为 $R_{x_1}=|z|>1$，$R_{x_2}=|z|>2$，R_{x_1}和 R_{x_2} 的交集 $R_{x_1}\cap R_{x_2}$ 才为 $|z|>2$，即有：

$$X_1(z)+X_2(z)=\frac{2z}{z-1}-\frac{5z}{z-2},\ |z|>2$$

而当 $X_3(z)$的收敛域 R_{x_3} 满足 $R_{x_3}=|z|<3$，即有：

$$X_3(z)=\frac{3z}{z-3},\ |z|<3$$

只有这样，才能使 $X(z)$展开式中的这 3 项分式的收敛域 R_{x_1}、R_{x_2} 和 R_{x_3} 的交集($R_x=R_{x_1}\cap R_{x_2}\cap R_{x_3}$)为 $2<|z|<3$，即：

$$X(z)=X_1(z)+X_2(z)+X_3(z)=\frac{2z}{z-1}-\frac{5z}{z-2}+\frac{3z}{z-3},\ 2<|z|<3$$

因此，$X_1(z)$和 $X_2(z)$的反变换为因果序列，$X_3(z)$的反变换则为反因果序列，$X(z)$的反变换 $x(n)$是 $X_i(z)(i=1,2,3)$的反变换 $x_i(n)(i=1,2,3)$的和，有：

$$x(n)=(2-5\times 2^{n})\varepsilon(n)-3\times 3^{n}\varepsilon(-n-1)$$

(2) $X(z)$的极点中含有共轭复数极点但无重极点

这是(1)的一种特殊情况。设 $X(z)$有一对共轭复数极点 $p_{1,2}=a\pm \mathrm{j}b=r\mathrm{e}^{\pm\mathrm{j}\alpha}$，则由式(9-104)可得 $X(z)$的部分分式展开式：

$$X(z)=\sum_{i=0}^{P}\frac{K_{i}z}{z-p_{i}}=K_{0}+\frac{K_{1}z}{z-p_{1}}+\frac{K_{2}z}{z-p_{2}}+\sum_{i=3}^{P}\frac{K_{i}z}{z-p_{i}},\ |z|\in R_{x}\quad(9\text{-}108)$$

式(9-108)中，待定系数 $K_{i}(i=0,1,\cdots,P)$ 仍按式(9-103)计算。与拉氏反变换相同，由于 p_1 和 p_2 为共轭复数，故 K_1 和 K_2 也为共轭复数。因此，若设 $K_1=|K_1|\mathrm{e}^{\mathrm{j}\theta}$，则 $K_2=|K_1|\mathrm{e}^{-\mathrm{j}\theta}$，于是，$X(z)$可以表示为

$$X(z)=\sum_{i=0}^{P}\frac{K_{i}z}{z-p_{i}}=K_{0}+\frac{|K_{1}|\mathrm{e}^{\mathrm{j}\theta}z}{z-r\mathrm{e}^{\mathrm{j}\alpha}}+\frac{|K_{1}|\mathrm{e}^{-\mathrm{j}\theta}z}{z-r\mathrm{e}^{-\mathrm{j}\alpha}}+\sum_{i=3}^{P}\frac{K_{i}z}{z-p_{i}},\ |z|\in R_{x}\quad(9\text{-}109)$$

设式(9-109)中复数共轭极点对应的部分分式为 $X_{c}(z)=\frac{|K_{1}|\mathrm{e}^{\mathrm{j}\theta}z}{z-r\mathrm{e}^{\mathrm{j}\alpha}}+\frac{|K_{1}|\mathrm{e}^{-\mathrm{j}\theta}z}{z-r\mathrm{e}^{-\mathrm{j}\alpha}}$，其 z 反变换 $x_{c}(n)$也有 3 种情况：

1) 当 $X(z)$的收敛域为$|z|>R_{x_1}$时，有：

$$\begin{aligned}x_{c}(n)&=\{|K_{1}|[\mathrm{e}^{\mathrm{j}\theta}(r\mathrm{e}^{\mathrm{j}\alpha})^{n}+\mathrm{e}^{-\mathrm{j}\theta}(r\mathrm{e}^{-\mathrm{j}\alpha})^{n}]\}\varepsilon(n)\\&=\{|K_{1}|r^{n}[\mathrm{e}^{\mathrm{j}(\alpha n+\theta)}+\mathrm{e}^{-\mathrm{j}(\alpha n+\theta)}]\}\varepsilon(n)\\&=2|K_{1}|r^{n}\cos(\alpha n+\theta)\varepsilon(n)\end{aligned}$$

2) 当 $X(z)$收敛域为$|z|<R_{x_2}$时，有：

$$x_{c}(n)=-2|K_{1}|r^{n}\cos(\alpha n+\theta)\varepsilon(-n-1)$$

3) $X(z)$的收敛域为环形区域 $R_{x_1}<|z|<R_{x_2}$：根据共轭极点所在位置，按 $X(z)$的极点为互异实数极点中的第三种情况来分析，$x_{c}(n)$为因果序列或反因果序列，其表示式也和此情况中的表示式相同。

(3) $X(z)$含有重极点

设 $X(z)$在 $z=p_{i}$ 处有一个 m 阶重极点，其余 $q(=P-m)$个为互异单极点，则$\frac{X(z)}{z}$可以展开为

$$\frac{X(z)}{z}=\frac{K_{0}}{z}+\sum_{r=1}^{q}\frac{K_{r}}{z-p_{r}}+\sum_{j=1}^{m}\frac{K_{1j}}{(z-p_{i})^{j}}=\sum_{r=0}^{q}\frac{K_{r}}{z-p_{r}}+\sum_{j=1}^{m}\frac{K_{1j}}{(z-p_{i})^{j}}\quad(9\text{-}110)$$

式(9-110)中，$K_{r}(r=0,1,2,\cdots,q)$仍按式(9-103)来确定，对 K_{1j} 可以采用与推导拉氏反变换部分分式有多重极点下待定系数相同的方法，从而得出两种情况下完全相同的待定系数计算式，即：

$$K_{1j}=\frac{1}{(m-j)!}\left\{\frac{\mathrm{d}^{(m-j)}}{\mathrm{d}z^{(m-j)}}\left[(z-p_{i})^{m}\frac{X(z)}{z}\right]\right\}\Bigg|_{z=p_{i}},j=1,2,\cdots,m\quad(9\text{-}111)$$

一旦确定了 K_{r} 和 K_{1j}，$X(z)$可以表示为

$$X(z)=K_{0}+\sum_{r=1}^{q}\frac{K_{r}z}{z-p_{r}}+\sum_{j=1}^{m}\frac{K_{1j}z}{(z-p_{i})^{j}}\quad(9\text{-}112)$$

设式(9-112)中重极点所对应的部分分式为

$$X_{\mathrm{d}}(z)=\sum_{j=1}^{m}\frac{K_{1j}z}{(z-p_{i})^{j}}\quad(9\text{-}113)$$

式(9-113)中，$X_{\mathrm{d}}(z)$的 z 反变换 $x_{\mathrm{d}}(n)$与共轭复数极点一样也有 3 种情况，当 $X(z)$的收敛域为$|z|>R_{x_1}$时，$x_{\mathrm{d}}(n)$为因果序列，有：

$$x_{\mathrm{d}}(n)=\left[K_{11}p_i^n+K_{12}np_i^{n-1}+\cdots+K_{1m}\frac{n(n-1)\cdots(n-m+2)}{(m-1)!}p_i^{n-m+1}\right]\varepsilon(n) \tag{9-114}$$

式(9-114)中，对于 $X_{\mathrm{d}}(z)$的各项反变换，可以在指数序列 $p_i^n\varepsilon(n)$的 z 变换式两边逐次对 p_i 求微分推出，首先有：

$$Z[p_i^n\varepsilon(n)]=\frac{z}{z-p_i} \tag{9-115}$$

在式(9-115)两边对 p_i 求微分，可得：

$$Z[np_i^{n-1}\varepsilon(n)]=\frac{z}{(z-p_i)^2} \tag{9-116}$$

在式(9-116)两边对 p_i 求微分，可得：

$$Z[n(n-1)p_i^{n-2}\varepsilon(n)]=\frac{2z}{(z-p_i)^3} \tag{9-117}$$

对于式(9-117)，又有：

$$Z\left[\frac{n(n-1)p_i^{n-2}\varepsilon(n)}{2}\right]=\frac{z}{(z-p_i)^3} \tag{9-118}$$

$$\cdots$$

在上述 z 变换式两边对 p_i 逐次求 $m-1$ 次微分，可以得出：

$$Z[n(n-1)\cdots(n-m+2)p_i^{n-m+1}\varepsilon(n)]=\frac{(m-1)!z}{(z-p_i)^m}$$

即有：

$$Z\left[\frac{n(n-1)\cdots(n-m+2)p_i^{n-m+1}\varepsilon(n)}{(m-1)!}\right]=\frac{z}{(z-p_i)^m},\quad m=1,2,\cdots \tag{9-119}$$

显然，也可以直接利用式(9-54a)得出 z 反变换式(9-114)。

当 $X(z)$的收敛域为$|z|<R_{x_2}$ 时，为了判断 $x_{\mathrm{d}}(n)$为反因果序列，可以在指数序列 $-p_i^n\varepsilon(-n-1)$的 z 变换式两边逐次对 p_i 求微分推出或直接利用式(9-54b)得出：

$$x_{\mathrm{d}}(n)=-\left[K_{11}p_i^n+K_{12}np_i^{n-1}+\cdots+K_{1m}\frac{n(n-1)\cdots(n-m+2)}{(m-1)!}p_i^{n-m+1}\right]\varepsilon(-n-1) \tag{9-120}$$

当 $X(z)$的收敛域为环形区域 $R_{x_1}<|z|<R_{x_2}$ 时，结合重极点 p_i 所在位置，得出 $x_{\mathrm{d}}(n)$为如上所示形式的因果序列或反因果序列。

若 $X(z)$中有二阶共轭复数极点 $p_{1,2}=a\pm \mathrm{j}b=r\mathrm{e}^{\pm\mathrm{j}\alpha}$，则它们所对应的部分分式为

$$X_{\mathrm{e}}(z)=\frac{|K_{11}|\mathrm{e}^{\mathrm{j}\theta_1}z}{(z-r\mathrm{e}^{\mathrm{j}\alpha})^2}+\frac{|K_{12}|\mathrm{e}^{\mathrm{j}\theta_2}z}{(z-r\mathrm{e}^{\mathrm{j}\alpha})}+\frac{|K_{11}|\mathrm{e}^{-\mathrm{j}\theta_1}z}{(z-r\mathrm{e}^{-\mathrm{j}\alpha})^2}+\frac{|K_{12}|\mathrm{e}^{-\mathrm{j}\theta_2}z}{(z-r\mathrm{e}^{-\mathrm{j}\alpha})} \tag{9-121}$$

若 $X(z)$的收敛域为$|z|>R_{x_1}$，则 $X_{\mathrm{e}}(z)$的 z 反变换 $x_{\mathrm{e}}(n)$为因果序列，即：

$$x_{\mathrm{e}}(n)=2r^n[|K_{11}|n\cos(\alpha n+\theta_1)+|K_{12}|\cos(\alpha n+\theta_2)]\varepsilon(n) \tag{9-122}$$

若 $X(z)$的收敛域为$|z|<R_{x_2}$，则 $X_{\mathrm{e}}(z)$的 z 反变换 $x_{\mathrm{e}}(n)$为反因果序列，即

$$x_{\mathrm{e}}(n)=-2r^n[|K_{11}|n\cos(\alpha n+\theta_1)+|K_{12}|\cos(\alpha n+\theta_2)]\varepsilon(-n-1) \tag{9-123}$$

若 $X(z)$的收敛域为 $R_{x_1}<|z|<R_{x_2}$，$x_{\mathrm{e}}(n)$为因果序列或反因果序列取决于 $X_{\mathrm{e}}(z)$的极点位置与 $X(z)$的收敛域的关系，判别方法如前所述。

【例 9-19】 已知 $X(z)=\dfrac{z(z^3+2z^2-4z+8)}{(z-2)^2(z^2+4)}$，$|z|>2$，求 $X(z)$的 z 反变换 $x(n)$。

解：将$\dfrac{X(z)}{z}$展开为部分分式：

$$\frac{X(z)}{z}=\frac{z^3+2z^2-4z+8}{(z-2)^2(z^2+4)}=\frac{z^3+2z^2-4z+8}{(z-2)^2(z+j2)(z-j2)}$$
$$=\frac{K_{12}}{(z-2)^2}+\frac{K_{11}}{(z-2)}+\frac{K_1}{(z+j2)}+\frac{K_2}{(z-j2)}$$

其中，系数 K_{11}、K_{12}、K_1 和 K_2 分别为

$$K_{11}=\frac{\mathrm{d}}{\mathrm{d}z}\left[(z-2)^2\frac{X(z)}{z}\right]\bigg|_{z=2}=1,\quad K_{12}=(z-2)^2\frac{X(z)}{z}\bigg|_{z=2}=2$$
$$K_1=(z+j2)\frac{X(z)}{z}\bigg|_{z=-j2}=j\frac{1}{2},\quad K_2=(z-j2)\frac{X(z)}{z}\bigg|_{z=j2}=-j\frac{1}{2}$$

于是可得：

$$X(z)=\frac{2z}{(z-2)^2}+\frac{z}{(z-2)}+\frac{j}{2}\cdot\frac{z}{(z+j2)}-\frac{j}{2}\cdot\frac{z}{(z-j2)}$$
$$=\frac{2z}{(z-2)^2}+\frac{z}{(z-2)}+\frac{2z}{z^2+4}$$

$X(z)$的 4 个部分分式的极点分别为 $p_{1,2}=2$(其中有一个为二阶极点)，$p_3=-j2$，$p_4=j2$。显然，只有它们的收敛域 R_{x_i} $(i=1, 2, 3, 4)$均为$|z|>2$，它们的交集才是 $X(z)$的收敛域$|z|>2$，此时，这 4 个部分分式所对应的序列均为因果序列，有：

$$Z^{-1}\left[\frac{2z}{(z-2)^2}\right]=n2^n\varepsilon(n),\quad Z^{-1}\left[\frac{z}{z-2}\right]=2^n\varepsilon(n)$$
$$Z^{-1}\left[\frac{j}{2}\cdot\frac{z}{(z+j2)}-\frac{j}{2}\cdot\frac{z}{(z-j2)}\right]=Z^{-1}\left[\frac{2z}{z^2+4}\right]=Z^{-1}\left[\frac{2z\sin 90^\circ}{z^2-2z\times 2\cos 90^\circ+4}\right]$$
$$=2^n\sin\left(\frac{n\pi}{2}\right)\varepsilon(n)$$

于是，$X(z)$的反变换 $x(n)$为这些因果序列的和，即：

$$x(n)=2^n\left[n+1+\sin\left(\frac{n\pi}{2}\right)\right]\varepsilon(n)$$

2. 幂级数展开法

由双边 z 变换的定义式(9-5)可知，z 变换 $X(z)$实际上是复变量 z 和 z^{-1} 的幂级数，该幂级数的系数即为对应的离散序列 $x(n)$。因此，若给定的 $X(z)$能在其收敛域内展开成一个 z 的幂级数，则与此定义式对比就可以直接确定 z 反变换 $x(n)$的各个序列值。

将 $X(z)$在其收敛域内展开成 z 的幂级数通常有两种方法，即泰勒级数展开法和长除法。

(1) 泰勒级数展开法

若将所给 $X_R(z)$或 $X_L(z)$在其收敛域内展开成如下形式的泰勒级数：

$$X_R(z)=\sum_{n=0}^{\infty}x_R(n)z^{-n},\ |z|>R_{x_R} \tag{9-124}$$

或

$$X_L(z)=\sum_{n=-\infty}^{-1}x_L(n)z^{-n},\ |z|<R_{x_L} \tag{9-125}$$

则根据式(9-124)或式(9-125)中的系数便可分别归纳出对应的因果序列 $x_R(n)$或反因果序列 $x_L(n)$。

用泰勒级数展开法求 z 反变换既适用于有理分式形式的 z 变换，也适用于一些非有理分式形式的 z 变换，这是因为并不是所有非有理函数形式的 z 变换都很容易找到其泰勒级数展开式。

【例 9-20】 求下列 $X(z)$ 的 z 反变换：1) $X(z)=\log\left(\frac{1}{1-az^{-1}}\right)$，$|z|>|a|$；2) $X(z)=\log\left(\frac{1}{1-a^{-1}z}\right)$，$|z|<|a|$。

解：1) $\log(1-v)$ 的泰勒幂级数展开式为

$$\log(1-v)=-\sum_{n=1}^{+\infty}\frac{1}{n}v^n,|v|<1 \tag{9-126}$$

给定的 z 变换式 $X(z)=\log\left(\frac{1}{1-az^{-1}}\right)=-\log(1-az^{-1})$，$|z|>|a|$。因为收敛域是 $|z|>|a|$，即 $|az^{-1}|<1$，则由展开式(9-126)。可得 $X(z)$ 的幂级数展开式：

$$X(z)=\sum_{n=1}^{+\infty}\frac{1}{n}(az^{-1})^n=\sum_{n=1}^{+\infty}\left(\frac{1}{n}a^n\right)z^{-n}$$

由此可得：

$$x(n)=\begin{cases}\frac{1}{n}a^n,n\geqslant 1\\ 0,n\leqslant 0\end{cases}$$

即反变换为一个因果序列，有 $x(n)=\frac{1}{n}a^n\varepsilon(n-1)$。

2) $X(z)=\log\left(\frac{1}{1-a^{-1}z}\right)=-\log(1-a^{-1}z)$，$|z|<|a|$。因为收敛域是 $|z|<|a|$，即 $|a^{-1}z|<1$，则由式(9-126)可得 $X(z)$ 的幂级数展开式：

$$X(z)=\sum_{n=1}^{+\infty}\frac{1}{n}(a^{-1}z)^n=\sum_{n=-1}^{-\infty}-\frac{1}{n}(a^{-1}z)^{-n}=\sum_{n=-1}^{-\infty}\left(-\frac{1}{n}a^n\right)z^{-n}$$

由此可得：

$$x(n)=\begin{cases}0, & n\geqslant 0\\ -\frac{1}{n}a^n, & n\leqslant -1\end{cases}$$

即反变换为一个反因果序列，有 $x(n)=-\frac{1}{n}a^n\varepsilon(-n-1)$。此题也可用 z 变换的微分性质求解，读者可以试一试。

当给定 $X(z)$ 的收敛域为 $R_{x_R}<|z|<R_{x_L}$ 时，可以将 $X(z)$ 分解为 $X_R(z)$ 和 $X_L(z)$ 两部分，再应用泰勒级数展开法。

(2) 长除法

若 $X(z)$ 为有理分式：$X(z)=\frac{N(z)}{D(z)}$，则可以直接通过 $N(z)$ 除以 $D(z)$，即多项式长除法把 $X(z)$ 展开成 z 和 z^{-1} 的幂级数，所得级数的系数即为原序列 $x(n)$。这时，幂级数展开法又称为长除法。

我们知道，对于一般的双边序列 $x(n)$，其双边 z 变换为 z 和 z^{-1} 的幂级数，即有：

$$\begin{aligned}X(z)&=\sum_{n=-\infty}^{\infty}x(n)z^{-n}=\sum_{n=-\infty}^{-1}x(n)z^{-n}+\sum_{n=0}^{\infty}x(n)z^{-n}\\&=X_L(z)+X_R(z)\end{aligned},R_{x_1}<|z|<R_{x_2} \tag{9-127}$$

式(9-127)中，有：

$$X_R(z)=\sum_{n=0}^{\infty}x(n)z^{-n},\ |z|>R_{x_1} \tag{9-128}$$

$$X_L(z)=\sum_{n=-\infty}^{-1}x(n)z^{-n},\ |z|<R_{x_2} \tag{9-129}$$

应该注意的是，级数中的幂次必须是依次的，若缺项，则需用系数零来填补。我们知道，只有 $X(z)$ 的表示式连同其收敛域一起才能唯一地确定原序列 $x(n)$。因此，在利用长除法求双边 z 反变换时，必须先根据所给定 $X(z)$ 的收敛域特征判断 $x(n)$ 属于何种序列（右边序列、左边序列或双边序列），再分别通过长除运算得到所求的序列 $x(n)$。于是，根据收敛域的不同形式，长除法有下列 3 种情况。

1) $X(z)$ 的收敛域 $|z|>R_{x_1}$。这时，收敛域在极点外侧，也就是 $X(z)$ 为因果序列 $x(n)$ 的双边 z 变换，因此，在式(9-127)中仅有向 z 的负幂级数拓展的负幂次项，由式(9-128)可知，应将 $X(z)$ 在 $|z|>R_{x_1}$ 内展开成 z^{-1} 的升幂或 z 的降幂级数，即有：

$$X(z)=X_R(z)=\sum_{n=0}^{\infty}x(n)z^{-n}=x(0)z^0+x(1)z^{-1}+x(2)z^{-2}+\cdots,|z|>R_{x_1} \tag{9-130}$$

为此，需将 $N(z)$ 和 $D(z)$ 均按 z^{-1} 的升幂或 z 的降幂次序排列，之后再进行长除。显然，按 z 的降幂排列之后再进行长除比较方便。

【例 9-21】 已知 $X(z)=\dfrac{z^2+z}{z^3-3z^2+3z-1}$，$|z|>1$，求 $X(z)$ 的 z 反变换 $x(n)$。

解：由给定的收敛域 $|z|>1$ 可知，$x(n)$ 为因果序列，因此，将 $X(z)$ 的分子、分母按 z 的降幂排列，之后进行长除可得：

$$\begin{array}{r l}
 & z^{-1}+4z^{-2}+9z^{-3}+16z^{-4}+\cdots \\
z^3-3z^2+3z-1 \,\big) & z^2+z \\
 & \underline{z^2-3z+3-z^{-1}} \\
 & 4z-3+z^{-1} \\
 & \underline{4z-12+12z^{-1}-4z^{-2}} \\
 & 9-11z^{-1}+4z^{-2} \\
 & \underline{9-27z^{-1}+27z^{-2}-9z^{-3}} \\
 & 16z^{-1}-23z^{-2}+9z^{-3} \\
 & \underline{16z^{-1}-48z^{-2}+48z^{-3}-16z^{-4}} \\
 & \cdots\cdots
\end{array}$$

观察长除结果可以归纳得出：

$$X(z)=z^{-1}+4z^{-2}+9z^{-3}+16z^{-4}+\cdots=\sum_{n=0}^{\infty}n^2z^{-n}=\sum_{n=-\infty}^{\infty}[n^2\varepsilon(n)]z^{-n}$$

因此求得 $X(z)$ 的反变换为 $x(n)=n^2\varepsilon(n)$。

2) $X(z)$ 的收敛域 $|z|<R_{x_2}$。此时，收敛域在极点内侧，也就 $X(z)$ 为反因果序列 $x(n)$ 的双边 z 变换，在式(9-127)中仅有向 z 的正幂级数拓展的正幂次项。因此，由式(9-129)可知，应将 $X(z)$ 在 $|z|<R_{x_2}$ 内展开成 z 的升幂或 z^{-1} 的降幂级数，即：

$$X(z)=X_L(z)=\sum_{n=-\infty}^{-1}x(n)z^{-n}=\cdots+x(-3)z^3+x(-2)z^2+x(-1)z^1,|z|<R_{x_2} \tag{9-131}$$

为此，需将 $N(z)$ 和 $D(z)$ 按 z 的升幂或 z^{-1} 的降幂次序排列，之后再进行长除。

【例 9-22】 已知 $X(z)=\dfrac{z}{z^2-4z+4}$，$|z|<2$，求 $X(z)$ 的 z 反变换 $x(n)$。

解：从给定的收敛域$|z|<2$可知，$x(n)$为反因果序列，因此，可将$X(z)$的分子、分母按z的升幂排列，之后进行长除，即：

$$
\begin{array}{r|l}
 & \frac{1}{4}z+\frac{1}{4}z^2+\frac{3}{16}z^3+\frac{1}{8}z^4+\cdots \\
\hline
4-4z+z^2 & z-z^2+\frac{1}{4}z^3 \\
 & \underline{z-z^2+\frac{1}{4}z^3} \\
 & \quad z^2-\frac{1}{4}z^3 \\
 & \quad \underline{z^2-z^3+\frac{1}{4}z^4} \\
 & \quad\quad \frac{3}{4}z^3-\frac{1}{4}z^4 \\
 & \quad\quad \underline{\frac{3}{4}z^3-\frac{3}{4}z^4+\frac{3}{16}z^5} \\
 & \quad\quad\quad \frac{1}{2}z^4-\frac{3}{16}z^5 \\
 & \quad\quad\quad \cdots\cdots
\end{array}
$$

由以上长除结果可以归纳出：

$$X(z)=\frac{1}{4}z+\frac{1}{4}z^2+\frac{3}{16}z^3+\cdots=\sum_{n=-\infty}^{-1}(-n2^{n-1})z^{-n}=\sum_{n=-\infty}^{-\infty}[-n2^{n-1}\varepsilon(-n-1)]z^{-n}$$

故求得$X(z)$的反变换为$x(n)=-n2^{n-1}\varepsilon(-n-1)$。

3) $X(z)$的收敛域$R_{x_1}<|z|<R_{x_2}$。这时，收敛域在两个相邻的极点之间，也就是$X(z)$为双边序列$x(n)$的双边z变换，因此，式(9-127)是同时向z的负幂和正幂两个方向拓展的幂级数。根据前面的分析，我们知道，对于双边序列进行双边z变换的圆环状收敛域而言，位于内圆上与内圆以内的极点$p_{(+)i}(i=1,2,\cdots)$对应于因果序列，位于外圆上与外圆以外的极点$p_{(-)i}(i=1,2,\cdots)$则对应于反因果序列。因此，在进行长除法之前必须先根据式(9-127)和$X(z)$的收敛域及极点分布，通过部分分式展开将$X(z)$分解为两个部分分式，即只含极点$p_{(-)i}$的$X_L(z)$和只含极点$p_{(+)i}$的$X_R(z)$的和，再分别依据上述1)和2)的长除法规则求出与$X_L(z)$和$X_R(z)$对应的反因果序列部分$x_L(n)$和因果序列部分$x_R(n)x_+(n)$，然后将它们叠加，便可得到所要求的$x(n)$。显然，对于其z反变换为双边序列的部分分式，由于要按所给的不同收敛域分为两部分分式来处理，无法直接应用长除法，所以不宜用长除法求解。

【例 9-23】 已知$X(z)=\dfrac{5z}{z^2+z-6}$，$2<|z|<3$，求$X(z)$的z反变换$x(n)$。

解：由$X(z)$的环状收敛域$2<|z|<3$可知，$x(n)$必为双边序列。将$\dfrac{X(z)}{z}$展开成部分分式后，可以求出$X(z)$为

$$X(z)=-\frac{z}{z+3}+\frac{z}{z-2},\quad 2<|z|<3$$

$$X(z)=-\frac{z}{z+3}+\frac{z}{z-2}=X_-(z)+X_+(z),\quad 2<|z|<3 \tag{9-132}$$

由式(9-132)可知，$X(z)$的两个极点分别为$p_1=-3$(外圆上的极点)和$p_2=2$(内圆上的极点)。显然，只有满足：

$$X_L(z)=-\frac{z}{z+3},|z|<3 \quad 和 \quad X_R(z)=\frac{z}{z-2},|z|>2$$

$|z|>2$和$|z|<3$的交集$R_{x_L}\cap R_{x_R}$才不是空集，而为$X(z)$的收敛域R_x：$2<|z|<3$，即

满足式(9-132)。将 $X_L(z)$ 的分子、分母按 z 的升幂排列，$X_R(z)$ 的分子、分母按 z 的降幂排列，并分别进行长除可得：

$$X_L(z)=-\frac{1}{3}z+\frac{1}{9}z^2-\frac{1}{27}z^3+\frac{1}{81}z^4+\cdots$$
$$=\sum_{n=-\infty}^{-1}(-3)^n z^{-n}=\sum_{n=-\infty}^{\infty}[(-3)^n\varepsilon(-n-1)]z^{-n},\ |z|<3$$

$$X_R(z)=1+2z^{-1}+4z^{-2}+8z^{-3}+\cdots=\sum_{n=0}^{\infty}2^n z^{-n}=\sum_{n=-\infty}^{\infty}[2^n\varepsilon(n)]z^{-n},\ |z|>2$$

于是可得到与 $X_L(z)$ 和 $X_R(z)$ 对应的 z 反变换分别为 $x_L(n)=(-3)^n\varepsilon(-n-1)$，$x_R(n)=2^n\varepsilon(n)$，$X(z)$ 的 z 反变换 $x(n)$ 为 $x_L(n)$ 与 $x_R(n)$ 的和，即有：

$$x(n)=x_R(n)+x_L(n)=2^n\varepsilon(n)+(-3)^n\varepsilon(-n-1)$$

实际上，在这个简单的示例中，可以直接对 $X_L(z)$ 和 $X_R(z)$ 的部分分式表示式应用常用序列的 z 变换对，便可得出 $X(z)$ 的 z 反变换。

3. 围线积分法(留数法)

我们知道，直接用计算围线积分式(9-122)求双边 z 反变换比较麻烦，一般都是采用留数定理来求解。

所谓留数定理，即包含所有极点的围线积分值等于各个极点的围线积分值的和，而每个极点的围线积分值称为该极点的留数。因此，若函数 $X(z)z^{n-1}$ 在围线 c 上连续并在 c 以内有 L 个极点 $p_l(l=1,2,\cdots,L)$，而在 c 以外有 M 个极点 $p_m(m=1,2,\cdots,M)$(L、M 均为有限正整数)，则 $X(z)z^{n-1}$ 沿围线 c 逆时针方向的积分等于 $X(z)z^{n-1}$ 在围线 c 内部各极点上的留数的和或 $X(z)z^{n-1}$ 沿围线 c 顺时针方向的积分等于 $X(z)z^{n-1}$ 在围线 c 以外各极点上的留数的和，即有：

$$\frac{1}{2\pi j}\oint_c X(z)z^{n-1}dz=\sum_{c内极点:l=1}^{L}\mathrm{Res}[X(z)z^{n-1}]|_{z=p_l} \tag{9-133}$$

或

$$\frac{1}{2\pi j}\oint_c X(z)z^{n-1}dz=\sum_{c外极点:m=1}^{M}\mathrm{Res}[X(z)z^{n-1}]|_{z=p_m} \tag{9-134}$$

式(9-134)应用的条件是 $X(z)z^{n-1}$ 在 $z=\infty$ 有二阶或二阶以上零点，即分母多项式 z 的阶次要比分子多项式 z 的阶次高二阶或二阶以上。由于

$$\frac{1}{2\pi j}\oint_c X(z)z^{n-1}dz=-\frac{1}{2\pi j}\oint_c X(z)z^{n-1}dz \tag{9-135}$$

所以由式(9-133)和式(9-134)可得：

$$\sum_{c内极点:l=1}^{L}\mathrm{Res}[X(z)z^{n-1}]|_{z=p_l}=-\sum_{c外极点:m=1}^{M}\mathrm{Res}[X(z)z^{n-1}]|_{z=p_m} \tag{9-136}$$

将式(9-133)和式(9-136)分别代入式(9-99)可得：

$$x(n)=\frac{1}{2\pi j}\oint_c X(z)z^{n-1}dz=\sum_{c内极点:l=1}^{L}\mathrm{Res}[X(z)z^{n-1}]|_{z=p_l} \tag{9-137}$$

或

$$x(n)=\frac{1}{2\pi j}\oint_c X(z)z^{n-1}dz=-\sum_{c外极点:m=1}^{M}\mathrm{Res}[X(z)z^{n-1}]|_{z=p_m} \tag{9-138}$$

与式(9-134)一样，应用式(9-138)来计算 $x(n)$ 也必须满足 $X(z)z^{n-1}$ 的分母多项式 z 的阶次比分子多项式 z 的阶次高二阶或二阶以上。

在计算 $x(n)$时，主要根据 n 值的变化判断围线 c 内、外哪边有多重极点并避免来决定采用式（9-137)还是式(9-138)，例如，当 n 大于某值时，函数 $X(z)z^{n-1}$ 在 $z=\infty$ 处，即在围线 c 的外部可能有多重极点，此时若选用式(9-138)计算留数就比较麻烦，而选 c 的内部极点计算留数，即用式（9-137)则较为简单；反之，当 n 小于某值时，函数$X(z)z^{n-1}$ 在$z=0$处，即在围线的内部可能有多重极点，通常就会选用式(9-138)来计算留数。需要特别注意的是，在计算 $n<0$ 的序列值时，由于 n 取不同负值，$X(z)z^{n-1}$ 在 $z=0$ 处会出现不同阶次的极点，特别是围线内不包括 $X(z)$任何极点的反因果序列。因此，为了避免在 n 为不同负值时，逐一求 $z=0$ 处的留数，也应采用式(9-138)来计算，这时还应考虑到位于围线 c 外的 $z=\infty$是否为 $X(z)z^{n-1}$ 的极点。

一般情况下，$X(z)$是 z 的有理分式，这时，有理分式 $X(z)z^{n-1}$ 在任一个 $m(m=1, 2, \cdots)$阶极点 p_i 处的留数计算式如下：

$$\underset{z=p_i}{\mathrm{Res}}[X(z)z^{n-1}]=\frac{1}{(m-1)!}\frac{\mathrm{d}^{m-1}}{\mathrm{d}z^{m-1}}[(z-p_i)^m X(z)z^{n-1}]\bigg|_{z=p_i} \tag{9-139}$$

式(9-139)是利用部分分式展开法内重极点分式中系数的计算式(9-111)得到的。

【例 9-24】 已知 $X(z)=\dfrac{3z}{-2z^2+5z-2}$，求其收敛域分别为 1) $|z|>2$；2) $|z|<\dfrac{1}{2}$时对应的序列 $x(n)$。

解：由 $X(z)$表达式可以得出：

$$X(z)z^{n-1}=\frac{-\dfrac{3}{2z^n}}{\left(z-\dfrac{1}{2}\right)(z-2)} \tag{9-140}$$

1) 由收敛域$|z|>2$ 可知，$x(n)$应为因果序列，因而只需求 $n\geqslant 0$ 情况下的留数。由式（9-140)可知，此时逆时针围线 c 内只包含两个一阶极点 $p_1=\dfrac{1}{2}$和 $p_2=2$，因此用式(9-140)求 $X(z)$的反变换比较简单，根据式(9-139)并按一阶极点计算可得：

$$\begin{aligned}
x(n)&=\sum_{l=1}^{2}\mathrm{Res}[X(z)z^{n-1}]\big|_{z=p_l}=\sum_{l=1}^{2}\mathrm{Res}\left[\frac{-\dfrac{3}{2}z^n}{\left(z-\dfrac{1}{2}\right)(z-2)}\right]\Bigg|_{z=p_l}\\
&=\left[\frac{-\dfrac{3}{2}z^n}{\left(z-\dfrac{1}{2}\right)(z-2)}\cdot\left(z-\frac{1}{2}\right)\right]\Bigg|_{z=\frac{1}{2}}+\left[\frac{-\dfrac{3}{2}z^n}{\left(z-\dfrac{1}{2}\right)(z-2)}\cdot(z-2)\right]\Bigg|_{z=2}\\
&=\left[\left(\frac{1}{2}\right)^n-2^n\right]\varepsilon(n)
\end{aligned}$$

2) 由收敛域$|z|<\dfrac{1}{2}$可知，$x(n)$为反因果序列，因而只需求在$n<0$ 情况下的留数。当$n<0$ 时，由式（9-140)可知，在逆时针积分围线 c 内只有位于 $z=0$ 处的一个极点，且其阶数随着$|n|$的增大也逐次增加，例如，当 $n=-1$ 时，为一阶极点，当 $n=-2$ 时，为二阶极点，…。为了避免逐阶求 $z=0$ 处的留数，宜用式(9-138)进行计算。显然，这也符合使用式(9-138)的条件，即 $X(z)z^{n-1}$ 的分母多项式 z 的阶次比分子多项式 z 的阶次高二阶或二阶以上。除了注意到函数 $X(z)z^{n-1}$ 在围线 c 外有两个极点 $p_1=\dfrac{1}{2}$和 $p_2=2$，通常还应考虑 $z=\infty$是否为其极点，此例中 $z=\infty$不是极点。因此，当$n<0$ 时，有：

$$x(n)=-\sum_{m=1}^{2}\text{Res}[X(z)z^{n-1}]\Big|_{z=z_m}=-\sum_{m=1}^{2}\left[\frac{-\frac{3}{2}z^n}{\left(z-\frac{1}{2}\right)(z-2)}\right]\Bigg|_{z=z_m}$$

$$=-\left[\frac{-\frac{3}{2}z^n}{\left(z-\frac{1}{2}\right)(z-2)}\cdot\left(z-\frac{1}{2}\right)\right]\Bigg|_{z=\frac{1}{2}}-\left[\frac{-\frac{3}{2}z^n}{\left(z-\frac{1}{2}\right)(z-2)}\cdot(z-2)\right]\Bigg|_{z=2}$$

$$=\left[-\left(\frac{1}{2}\right)^n+2^n\right]\varepsilon(-n-1)$$

【例 9-25】 已知 $X(z)=\frac{24}{(z+1)(z-2)(z-3)}$，$1<|z|<2$，求对应的序列 $x(n)$。

解：由所给收敛域 $1<|z|<2$ 可知，收敛域为一个圆环，逆时针积分围线 c 在此圆环内所包含的 $X(z)z^{n-1}$ 各个极点的留数的和即为所求序列：

$$x(n)=\sum_{l}\text{Res}[X(z)z^{n-1}]\Big|_{z=p_l}=\sum_{l}\text{Res}\left[\frac{24z^{n-1}}{(z+1)(z-2)(z-3)}\right]\Bigg|_{z=p_l}$$

其中，$x(n)$为双边序列，n 可取任意整数，即有 $n=0$，±1，±2，…，因此需用 z^{n-1} 的幂次 $n-1$ 来确定 $X(z)z^{n-1}$ 极点的两种分布情况，即当 $n-1\geqslant0(n\geqslant1)$ 时 $X(z)$的极点为 $X(z)z^{n-1}$ 的极点，而当 $n\leqslant0$ 时，$X(z)z^{n-1}$ 较 $X(z)$ 在 $z=0$ 处增加了一个极点，其阶数随着$|n|$的增大也逐次增加。因此，有：

1）当 $n\geqslant1$ 时，$X(z)z^{n-1}$ 在积分围线 c 内只有一个极点 $p_1=-1$，所以这部分序列为

$$x_{R_1}(n)=\text{Res}\left[\frac{24z^{n-1}}{(z+1)(z-2)(z-3)}\right]\Bigg|_{z=-1}$$

$$=\left[\frac{24z^{n-1}}{(z+1)(z-2)(z-3)}(z+1)\right]\Bigg|_{z=-1}=2(-1)^{n-1}$$

则有 $x_{R_1}(n)=2(-1)^{n-1}\varepsilon(n-1)$。

2）当 $n\leqslant0$ 时，$X(z)z^{n-1}$ 在积分围线 c 内有两个极点 $p_1=-1$，$p_2=0$。由于 $n=0$ 是属于因果序列$(n\geqslant0)$的序列值而不是反因果序列$(n<0)$的序列值，所以单独计算 $n=0$ 点处$X(z)z^{n-1}$这两个极点的留数值，它们分别为

$$\text{Res}\left[\frac{24}{z(z+1)(z-2)(z-3)}\right]\Bigg|_{z=0}=\left[\frac{24}{z(z+1)(z-2)(z-3)}z\right]\Bigg|_{z=0}=4$$

$$\text{Res}\left[\frac{24}{z(z+1)(z-2)(z-3)}\right]\Bigg|_{z=-1}=\left[\frac{24}{z(z+1)(z-2)(z-3)}(z+1)\right]\Bigg|_{z=-1}=-2$$

序列 $x(n)$在 $n=0$ 点处留数的和为 $x(0)=4-2=2$。因此，因果序列为

$$x_R(n)=2\delta(n)+2(-1)^{n-1}\varepsilon(n-1)$$

在 $n<0$ 时，$X(z)z^{n-1}$ 在积分围线 c 外只有两个极点 $p_1=2$，$p_2=3$，这时，符合式(9-138)的使用条件，其留数分别为

$$-\text{Res}\left[\frac{24z^{n-1}}{(z+1)(z-2)(z-3)}\right]\Bigg|_{z=2}=-\left[\frac{24z^{n-1}}{(z+1)(z-2)(z-3)}(z-2)\right]\Bigg|_{z=2}=2^{n+2}$$

$$-\text{Res}\left[\frac{24z^{n-1}}{(z+1)(z-2)(z-3)}\right]\Bigg|_{z=3}=-\left[\frac{24z^{n-1}}{(z+1)(z-2)(z-3)}(z-3)\right]\Bigg|_{z=3}=-2\times3^n$$

这时，反因果序列 $x_L(n)=[2^{n+2}-2\times3^n]\varepsilon(-n-1)$。也可以直接计算出 $n\leqslant0$ 时的留数后得到：

$$x_2(n)=(2^{n+2}-2\times3^n)\varepsilon(-n)=(2^{n+2}-2\times3^n)[\varepsilon(-n-1)+\delta(n)]$$

$$= (2^{n+2} - 2\times 3^n)\varepsilon(-n-1) + 2\delta(n) = x_L(n) + 2\delta(n)$$

其结果是相同的。将以上两部分相加可得：

$$x(n) = x_R(n) + x_L(n) = 2\delta(n) + 2(-1)^{n-1}\varepsilon(n-1) + (2^{n+2} - 2\times 3^n)\varepsilon(-n-1)$$

由以上讨论可知，利用留数法可以对各种有理变换式求 z 反变换，但计算过程较复杂。因此，一般而言，对于有理变换式多用长除法或部分分式展开法求 z 反变换。长除法简单，尤其适用于收敛域限于某个圆内或圆外的单边序列，其优点是无须知道变换式 $X(z)$ 的极点位置，易于计算机实现，缺点是在直接相除过程中有时会产生较大的舍入误差，而在比较复杂的情况下，难以得出 $x(n)$ 的闭合式。因此，部分分式展开法是一种较为简便且用得最多的实用方法。

9.10.3 单边 z 反变换的计算

与双边 z 反变换的计算方法类同，对于单边 z 反变换，也有 3 种基本的计算方法，即部分分式展开法、幂级数法和留数法。单边 z 变换是因果序列的双边 z 变换，其收敛域为 $|z|>R_x$，z 反变换为因果序列。因此，单边 z 反变换的上述 3 种基本计算方法与 $|z|>R_x$ 时的双边 z 反变换的计算方法相同，可以沿用，故不再举例说明。

9.11 z 变换与拉氏变换的关系

9.11.1 s 平面与 z 平面的映射关系

在从抽样信号的拉氏变换导出 z 变换时，我们曾给出复变量 z 与 s 之间的关系式(9-3)，从而将连续信号和离散序列在变换域中联系了起来，即建立了 s 平面和 z 平面之间的联系。式(9-3)中 T 为抽样信号的时间间隔，它与抽样频率(又称重复频率) ω_s 构成了一个十分重要的关系，即：

$$\omega_s = \frac{2\pi}{T}$$

为了便于推导 s 平面和 z 平面的映射关系，这里将 s 表示为直角坐标形式，而将 z 表示为极坐标形式，即：

$$\begin{cases} s = \sigma + j\omega \\ z = re^{j\Omega} \end{cases} \tag{9-141}$$

将式(9-141)入式(9-3)，可得：

$$re^{j\Omega} = e^{(\sigma+j\omega)T}$$

因而有：

$$r = e^{\sigma T} = e^{\sigma\frac{2\pi}{\omega_s}} \tag{9-142}$$

$$\Omega = \omega T = 2\pi\frac{\omega}{\omega_s} \tag{9-143}$$

式(9-142)、式(9-143)表明，z 的模 r 只与 s 的实部 σ 相对应，而 z 的相角 Ω 只与 s 的虚部 ω 相对应。因此，由式(9-142)可以得出：

1）s 平面的虚轴($\sigma=0$，ω 为任意值)映射到 z 平面的单位圆上($|z|=r=1$，Ω 为任意值)。

2）s 平面中平行于虚轴的直线($\sigma=\sigma_0$(常数)，ω 为任意值)映射到 z 平面为圆。当 $\sigma_0<0$，即为左半平面的平行线时，映射为 z 平面单位圆之内的圆($|z|=r<1$，Ω 为任意值)；当 $\sigma_0>0$，即为右半平面的平行线时，映射为 z 平面单位圆之外的圆($|z|=r>1$，Ω 为任意值)。

3）左半 s 平面($\sigma<0$，ω 为任意值)映射到 z 平面单位圆内($|z|=r<1$，Ω 为任意值)。

4）右半 s 平面($\sigma>0$，ω 为任意值)映射到 z 平面单位圆外($|z|=r>1$，Ω 为任意值)。

r 与 σ 的上述映射关系见表 9-4。

由式(9-143)可以得出：

1）s 平面的实轴($\omega=0$，σ 为任意值)映射到 z 平面的正实轴($\Omega=0$，r 为任意值)。

2）s 平面平行于实轴的直线($\omega=\omega_0$(常数)，σ 为任意值)映射到 z 平面是始于原点辐角为 $\Omega=\omega_0 T$ 的辐射线($\Omega=\omega_0 T$(常数)，r 为任意值)。当 $\omega_0<0$，即为下半平面的平行线时，映射为 z 平面上的辐射线($\Omega<0$，r 为任意值)；当 $\omega_0>0$，即为上半平面的平行线时，映射为 z 平面上的辐射线($\Omega>0$，r 为任意值)。

3）s 平面上通过 $\omega=\dfrac{k\omega_s}{2}=\dfrac{k\pi}{T}(k=\pm1，\pm3，\cdots)$($\sigma$ 为任意值)而平行于实轴的直线映射到 z 平面为负实轴$\left(\Omega=\dfrac{k\omega_s}{2}T=k\pi(k=\pm1，3，\cdots)，r \text{ 为任意值}\right)$。

4）s 平面在虚轴上 ω 自 $-\dfrac{\omega_s}{2}=-\dfrac{\pi}{T}$ 至 $\dfrac{\omega_s}{2}=\dfrac{\pi}{T}$($\sigma$ 为任意值)的一条水平带状区域映射到 z 平面为整个 z 平面$\left(\Omega=\omega T=-\dfrac{\omega_s}{2}\cdot\dfrac{2\pi}{\omega_s}=-\pi \text{ 至 } \pi\right)$，同时，由于有：

$$e^{s_0 T}=e^{T(\sigma_0+j\omega_0)}=e^{\sigma_0 T+jT(\omega_0+\frac{2\pi}{T})}=e^{\sigma_0 T+jT(\omega_0+\omega_s)}$$

所以每当 ω 变化 $\omega_s=\dfrac{2\pi}{T}$，即沿 s 平面的虚轴向上或向下纵向平移 $\dfrac{2\pi}{T}$ 带状区域时，Ω 则相应变化 2π，即将整个 z 平面又重叠覆盖一遍。这表明，从 s 平面到 z 平面的映射是多值的。与此对应，从 z 平面到 s 平面的映射也是多值的，z 平面上的一个点 $z=re^{j\Omega}$ 映射到 s 平面将是无穷多个点。由式 $z=e^{sT}$ 可得：

$$\begin{aligned} s &= \frac{1}{T}\ln z=\frac{1}{T}\ln(re^{j\Omega})=\frac{1}{T}\ln re^{j(\Omega+2k\pi)} \\ &= \frac{1}{T}\ln r+j\frac{\Omega+2k\pi}{T}，k \text{ 为整数} \end{aligned} \tag{9-144}$$

此外，由式(9-142)和式(9-143)还可以得出：s 平面的坐标原点($\sigma=0$，$\omega=0$)映射到 z 平面的正实轴上 $z=1$ 的点($r=1$，$\Omega=0$)，s 平面的任意一个点 $s_i=\sigma_i+j\omega_i$(σ_i=任意值，ω_i=任意值)映射到 z 平面的点 $z_i=e^{s_i T}$。

上述 s 平面与 z 平面的映射关系列于表 9-4 中。

表 9-4 s 平面与 z 平面映射关系

s 平面($s=\sigma+j\omega$)		z 平面($z=re^{j\Omega}$)	
虚轴 ($\sigma=0$) (任意 ω)	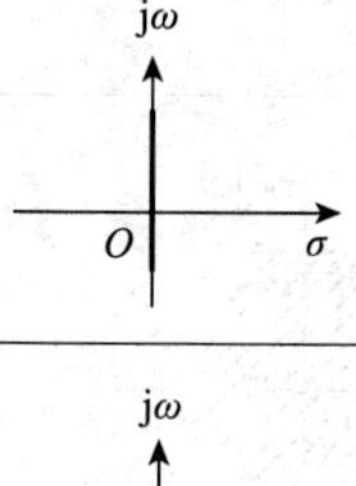 jω, O, σ	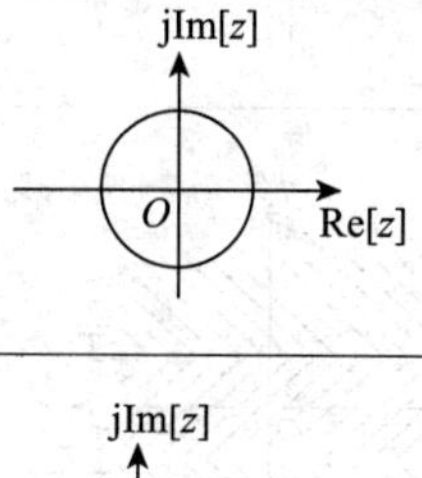 jIm[z], O, Re[z]	单位圆 ($r=1$) (任意 Ω)
实轴 (任意 σ) ($\omega=0$)	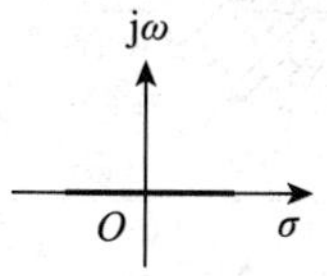 jω, O, σ	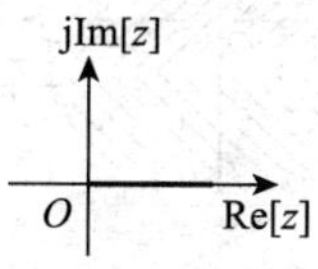 jIm[z], O, Re[z]	正实轴 (任意 r) ($\Omega=0$)
坐标原点 ($\sigma=0$) ($\omega=0$)	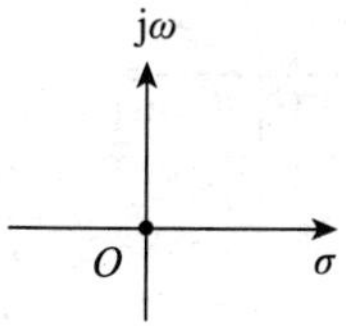 jω, O, σ	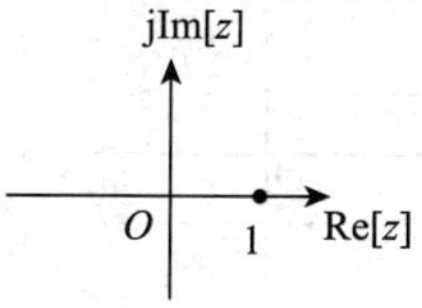 jIm[z], O, 1, Re[z]	点 $z=1$

（续）

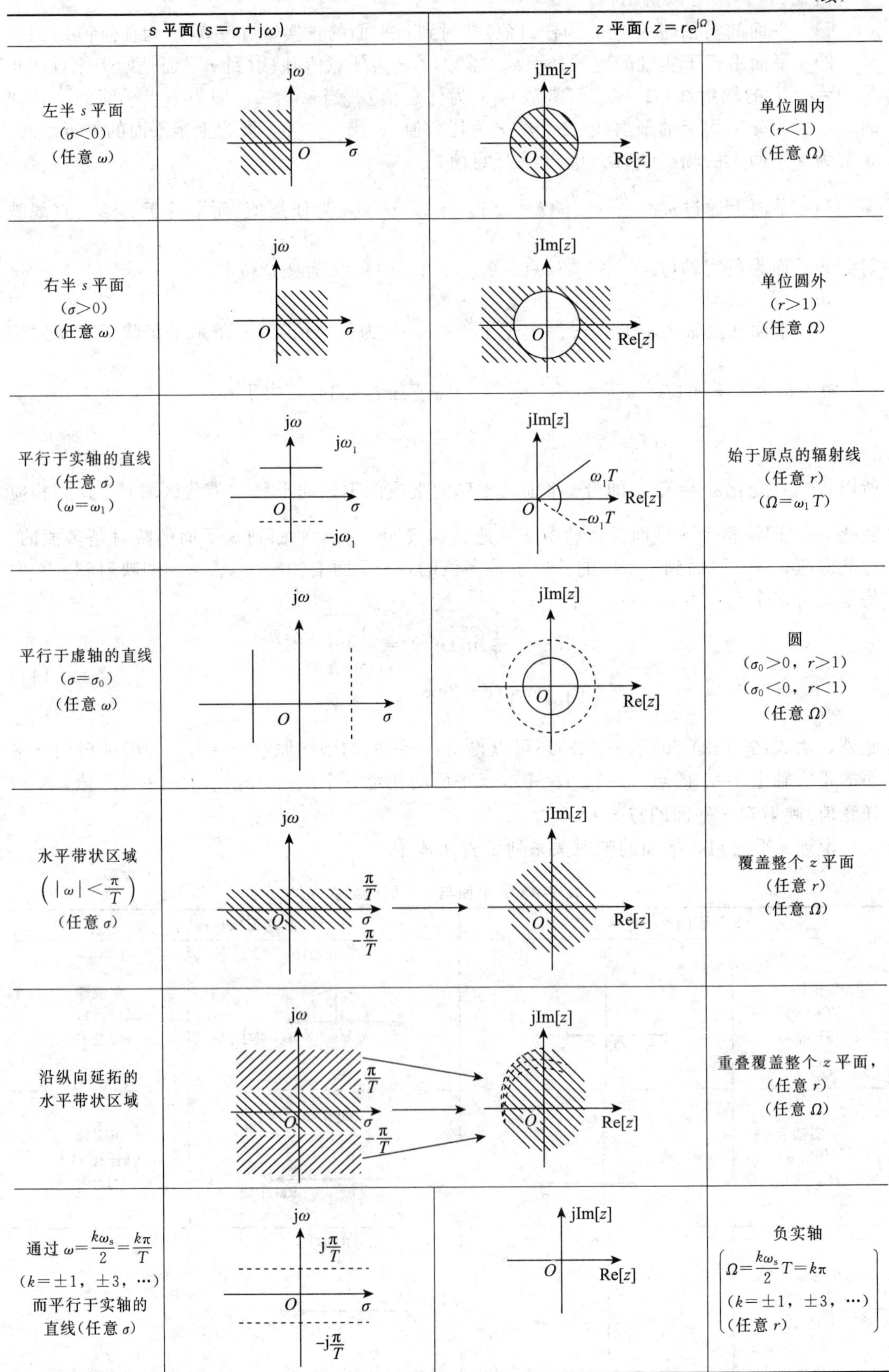

	s 平面（$s=\sigma+\mathrm{j}\omega$）	z 平面（$z=r\mathrm{e}^{\mathrm{j}\Omega}$）	
左半 s 平面 （$\sigma<0$） （任意 ω）			单位圆内 （$r<1$） （任意 Ω）
右半 s 平面 （$\sigma>0$） （任意 ω）			单位圆外 （$r>1$） （任意 Ω）
平行于实轴的直线 （任意 σ） （$\omega=\omega_1$）			始于原点的辐射线 （任意 r） （$\Omega=\omega_1 T$）
平行于虚轴的直线 （$\sigma=\sigma_0$） （任意 ω）			圆 （$\sigma_0>0$，$r>1$） （$\sigma_0<0$，$r<1$） （任意 Ω）
水平带状区域 $\left(\lvert\omega\rvert<\frac{\pi}{T}\right)$ （任意 σ）			覆盖整个 z 平面 （任意 r） （任意 Ω）
沿纵向延拓的 水平带状区域			重叠覆盖整个 z 平面， （任意 r） （任意 Ω）
通过 $\omega=\frac{k\omega_s}{2}=\frac{k\pi}{T}$ （$k=\pm1$，±3，…） 而平行于实轴的 直线（任意 σ）			负实轴 $\left(\Omega=\frac{k\omega_s}{2}T=k\pi\right.$ （$k=\pm1$，±3，…） $\left.（任意 r）\right)$

9.11.2　z 变换与拉氏变换之间的关系

在实际工作中，常常需要在已知一个连续信号拉氏变换的情况下，直接求出对此信号抽样后所得离散序列的 z 变换，而不是先由拉氏反变换求原函数，再经抽样进而进行 z 变换，这就要求建立两种变换之间的关系。

由于实际信号多为因果信号，所采用的拉氏变换是单边的。因此，下面仅介绍单边 z 变换与单边拉氏变换之间的关系。我们知道，连续信号 $x(t)$ 与其拉氏变换 $X(s)$ 的关系为

$$x(t)=\frac{1}{2\pi \mathrm{j}}\int_{\sigma-\mathrm{j}\infty}^{\sigma+\mathrm{j}\infty}X(s)\mathrm{e}^{st}\mathrm{d}s \tag{9-145}$$

将式(9-145)中的 $x(t)$ 以抽样间隔 T 进行抽样可得：

$$x(nT)=x(t)\big|_{t=nT}=\frac{1}{2\pi \mathrm{j}}\int_{\sigma-\mathrm{j}\infty}^{\sigma+\mathrm{j}\infty}X(s)\mathrm{e}^{snT}\mathrm{d}s,\quad n=0,1,2,\cdots \tag{9-146}$$

对式(9-146)中的抽样信号 $x(nT)$ 取单边 z 变换，有：

$$\begin{aligned}X(z)&=\sum_{n=0}^{\infty}x(nT)z^{-n}\\&=\sum_{n=0}^{\infty}\left[\frac{1}{2\pi \mathrm{j}}\int_{\sigma-\mathrm{j}\infty}^{\sigma+\mathrm{j}\infty}X(s)\mathrm{e}^{snT}\mathrm{d}s\right]z^{-n}\\&=\frac{1}{2\pi \mathrm{j}}\int_{\sigma-\mathrm{j}\infty}^{\sigma+\mathrm{j}\infty}X(s)\left[\sum_{n=0}^{\infty}(\mathrm{e}^{sT}z^{-1})^{n}\right]\mathrm{d}s\quad[\text{交换积分与求和次序}]\end{aligned}$$

当 $|\mathrm{e}^{sT}z^{-1}|<1$ 时，即 $|z|>|\mathrm{e}^{sT}|$ 时，有：

$$X(z)=\frac{1}{2\pi \mathrm{j}}\int_{\sigma-\mathrm{j}\infty}^{\sigma+\mathrm{j}\infty}\frac{X(s)}{1-\mathrm{e}^{sT}z^{-1}}\mathrm{d}s \tag{9-147}$$

利用式(9-147)即可由 $x(t)$ 的拉氏变换 $X(s)$ 直接求相应的 $x(n)[x(n)=x(t)|_{t=nT}]$ 的 z 变换 $X(z)$。下面讨论式(9-147)的求解方法。在系统稳定的情况下，$X(s)$ 的极点 p_i 均位于左半 s 平面上，而函数 $X_1(s)=\dfrac{1}{1-\mathrm{e}^{sT}z^{-1}}$ 的极点则可将其中变量 s 改为 p 后，再代入 $z=\mathrm{e}^{sT}$ 求出：

$$\mathrm{e}^{-(s-p)T}=1=\mathrm{e}^{\mathrm{j}2\pi k},\quad k=0,\pm1,\pm2,\cdots$$

所求极点为

$$p_k=s+\mathrm{j}\frac{2\pi}{T}k,\quad k=0,\pm1,\pm2,\cdots$$

由于是因果系统，有 $\sigma=\mathrm{Re}[s]>0$，所以 $X_1(s)=\dfrac{1}{1-\mathrm{e}^{sT}z^{-1}}$ 的无穷多个极点 p_k 均位于右半 s 平面上。我们将式(9-147)的积分路径 $\sigma-\mathrm{j}\infty\sim\sigma+\mathrm{j}\infty$ 选在 $X(s)$ 的极点 p_i 与 $X_1(s)$ 的极点 p_k 之间，如图 9-14 所示，而利用留数定理求式(9-147)的复变函数积分时，需要将积分路径构成围线。为此，我们选择围线 c，它是由积分路线 $\sigma-\mathrm{j}\infty\sim\sigma+\mathrm{j}\infty$ 与 s 左半平面上半径无限大的半圆 R 构成的，如图 9-14 所示。显然，积分围线 c 包围了 $X(s)$ 的所有极点，而不包围 $X_1(s)=\dfrac{1}{1-\mathrm{e}^{sT}z^{-1}}$ 的极点，则式(9-147)可以表示为

$$X(z)=\frac{1}{2\pi \mathrm{j}}\int_{\sigma-\mathrm{j}\infty}^{\sigma+\mathrm{j}\infty}\frac{X(s)}{1-\mathrm{e}^{sT}z^{-1}}\mathrm{d}s=\frac{1}{2\pi \mathrm{j}}\oint_{c}\frac{X(s)}{1-\mathrm{e}^{sT}z^{-1}}\mathrm{d}s-\frac{1}{2\pi \mathrm{j}}\int_{R}\frac{X(s)}{1-\mathrm{e}^{sT}z^{-1}}\mathrm{d}s \tag{9-148}$$

根据复变函数理论可以证明，式(9-148)中的右边第二项等于零，即有：

$$\frac{1}{2\pi \mathrm{j}}\int_{R}\frac{X(s)}{1-\mathrm{e}^{sT}z^{-1}}\mathrm{d}s=0$$

因此有：

$$X(z)=\frac{1}{2\pi \mathrm{j}}\int_{\sigma-\mathrm{j}\infty}^{\sigma+\mathrm{j}\infty}\frac{X(s)}{1-\mathrm{e}^{sT}z^{-1}}\mathrm{d}s=\frac{1}{2\pi \mathrm{j}}\oint_{c}\frac{X(s)}{1-\mathrm{e}^{sT}z^{-1}}\mathrm{d}s=\sum_{i}\mathrm{Res}\left[\frac{X(s)}{1-\mathrm{e}^{sT}z^{-1}}\right]\Bigg|_{X(s)\text{的极点}p_i} \tag{9-149}$$

假设 $x(t)$ 的拉氏变换部分分式 $X(s)$ 只含有一阶极点 p_i，则 $X(s)$ 可以表示为

$$X(s)=\sum_{i}\frac{K_i}{s-p_i} \tag{9-150a}$$

此时，$x(nT)$ 的 z 变换为

$$X(z)=\sum_{i}\frac{K_i}{1-\mathrm{e}^{p_iT}z^{-1}} \tag{9-150b}$$

式(9-150b)仍为变量 z 的有理函数，其中 K_i 为 $X(s)$ 在极点 p_i 处的留数，即部分分式的系数，e^{p_iT} 则是 $X(s)$ 的极点 $s=p_i$ 通过 $z=\mathrm{e}^{sT}$ 映射为 $X(z)$ 的极点(当极点 $s=p_i$ 在左半 s 平面上，则 e^{p_iT} 位于单位圆内)，借助这两点可以直接从 $X(s)$ 的有理表示式(9-150a)中得出 $X(z)$ 的表达式(9-150b)。

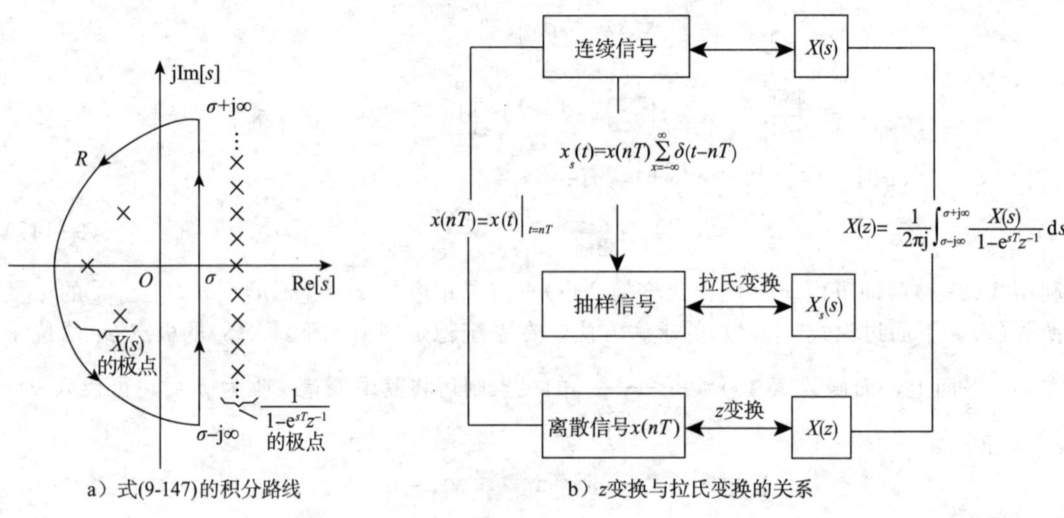

a）式(9-147)的积分路线　　b）z变换与拉氏变换的关系

图 9-14　式 (9-147)的积分路线以及 z 变换与拉氏变换的关系

【例 9-26】 已知正弦信号 $x(t)=\sin(\omega_0 t)\varepsilon(t)$ 的拉氏变换为 $X(s)=\frac{\omega_0}{s^2+\omega_0^2}$，求抽样序列 $\sin(\omega_0 nT)\varepsilon(nT)$ 的 z 变换。

解：可以求出 $X(s)$ 的极点位于 $p_1=\mathrm{j}\omega_0$，$p_2=-\mathrm{j}\omega_0$，其留数分别为 $K_1=-\frac{\mathrm{j}}{2}$，$K_2=\frac{\mathrm{j}}{2}$。于是，$X(s)$ 的部分分式展开式为

$$X(s)=\frac{-\frac{\mathrm{j}}{2}}{s-\mathrm{j}\omega_0}+\frac{\frac{\mathrm{j}}{2}}{s+\mathrm{j}\omega_0}$$

由式(9-150b)可以直接求出 $\sin(\omega_0 nT)\varepsilon(nT)$ 的 z 变换为

$$X(z)=\frac{-\frac{\mathrm{j}}{2}}{1-z^{-1}\mathrm{e}^{\mathrm{j}\omega_0 T}}+\frac{\frac{\mathrm{j}}{2}}{1-z^{-1}\mathrm{e}^{\mathrm{j}\omega_0 T}}$$

$$= \frac{z^{-1}\sin\omega_0 T}{1-2z^{-1}\cos\omega_0 T + z^{-2}}$$

可以验证，此结果与按定义求得的结果(即与表 9-2 中列出的结果)完全相同，只需注意其中的关系式 $\Omega_0=\omega_0 T$。这种由拉氏变换部分分式直接求其对应的 z 变换表示式的方法在借助模拟滤波器原理设计数字滤波器时会用到。表 9-5 列出了常用连续信号 $x(t)$ 的拉氏变换 $X(s)$ 与抽样序列 $x(nT)$ 的 z 变换的对应关系。

表 9-5 常用信号的拉氏变换与 z 变换对照表

序 号	$X(s)$	$x(t)$	$x(nT)$	$X(z)$
1	1	$\delta(t)$	$\delta(nT)$	1
2	$\frac{1}{s}$	$\varepsilon(t)$	$\varepsilon(nT)$	$\frac{z}{z-1}$
3	$\frac{1}{s^2}$	t	nT	$\frac{zT}{(z-1)^2}$
4	$\frac{1}{s+a}$	e^{-at}	e^{anT}	$\frac{z}{z-e^{-aT}}$
5	$\frac{2}{s^3}$	t^2	$(nT)^2$	$\frac{T^2 z(z+1)}{(z-1)^3}$
6	$\frac{\omega_0}{s^2+\omega_0^2}$	$\sin(\omega_0 T)$	$\sin(n\omega_0 T)$	$\frac{z\sin(\omega_0 T)}{z^2-2z\cos(\omega_0 T)+1}$
7	$\frac{s}{s^2+\omega_0^2}$	$\cos(\omega_0 T)$	$\cos(n\omega_0 T)$	$\frac{z[z-\cos(\omega_0 T)]}{z^2-2z\cos(\omega_0 T)+1}$
8	$\frac{1}{(s+a)^2}$	te^{at}	nTe^{-anT}	$\frac{Tze^{-aT}}{(z-e^{-aT})^2}$
9	$\frac{\omega_0}{(s+a)^2+\omega_0^2}$	$e^{-aT}\sin(\omega_0 T)$	$e^{-anT}\sin(n\omega_0 T)$	$\frac{ze^{-aT}\sin(\omega_0 T)}{z^2-2ze^{-aT}\cos(\omega_0 T)+e^{-2aT}}$
10	$\frac{s+a}{(s+a)^2+\omega_0^2}$	$e^{-at}\cos(\omega_0 t)$	$e^{-anT}\cos(n\omega_0 T)$	$\frac{z^2-ze^{-aT}\cos(\omega_0 T)}{z^2-2ze^{-aT}\cos(\omega_0 T)+e^{2aT}}$

9.12 离散时间傅里叶变换、离散傅里叶变换及 z 变换之间的关系

到现在为止，我们已经学习了 3 种不同的频域分析方法，即 DTFT、DFT 以及 z 变换。虽然 z 变换和 DTFT 的分析对象并不局限于有限长序列，但是 DFT 是专门针对有限长序列的。因此，这里仅限于讨论有限长序列 $x(n)$ 的 DTFT、DFT 以及 z 变换之间的关系。

9.12.1 由 z 变换、离散时间傅里叶变换确定离散傅里叶变换

对于有限长序列 $x(n)(0\leqslant n\leqslant N-1)$，其 z 变换为

$$X(z)=\sum_{n=0}^{N-1}x(n)z^{-n},\quad |z|>0 \tag{9-151}$$

由于 $x(n)(0\leqslant n\leqslant N-1)$ 为因果有限长序列，所以其 z 变换 $X(z)$ 的收敛域为 $|z|>0$，即 z 平面上的单位圆 $z=e^{j\Omega}(0\leqslant\Omega<2\pi)$ 位于 $X(z)$ 的收敛域内，也就是 $X(z)$ 在 $z=e^{j\Omega}(0\leqslant\Omega<2\pi)$ 处收敛，所以可以在式(9-151)中取 $z=e^{j\Omega}$ 得到：

$$X(e^{j\Omega})=X(z)\big|_{z=e^{j\Omega}}=\sum_{n=0}^{N-1}x(n)e^{-j\Omega n} \tag{9-152}$$

式(9-152)表明因果有限长序列在 z 平面中单位圆上的 z 变换即为其 DTFT，如图 9-15 所示。

若将 z 平面上单位圆 N 等分，如图 9-16 所示，即令

$$z_k = \mathrm{e}^{\mathrm{j}\left(\frac{2\pi}{N}\right)k}, \quad k = 0,1,\cdots,N-1 \tag{9-153}$$

则由于这 N 个等间隔抽样点均满足式(9-151)，所以在这些点处的 z 变换为

$$\begin{aligned} X(z)\big|_{z=z_k} &= X(z_k) = \sum_{n=0}^{N-1} x(n)\mathrm{e}^{-\mathrm{j}k\frac{2\pi}{N}n} \\ &= \sum_{n=0}^{N-1} x(n)W_N^{kn} = \mathrm{DFT}[x(n)] = X(k), \quad 0 \leqslant k \leqslant N-1 \end{aligned} \tag{9-154}$$

这表明，长度为 N 的因果有限长序列 $x(n)$ 在单位圆上等间隔抽样点 $z_k=\mathrm{e}^{\mathrm{j}\left(\frac{2\pi}{N}\right)k}$，$k=0$，1，…，$N-1$ 处的 z 变换的值即为该序列的离散傅里叶变换 $X(k)$。

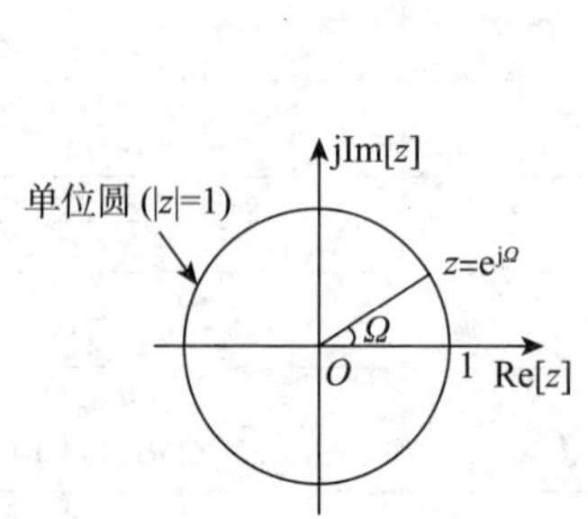

图 9-15 因果有限长序列在 z 平面中单位圆上的 z 变换即为其 DTFT

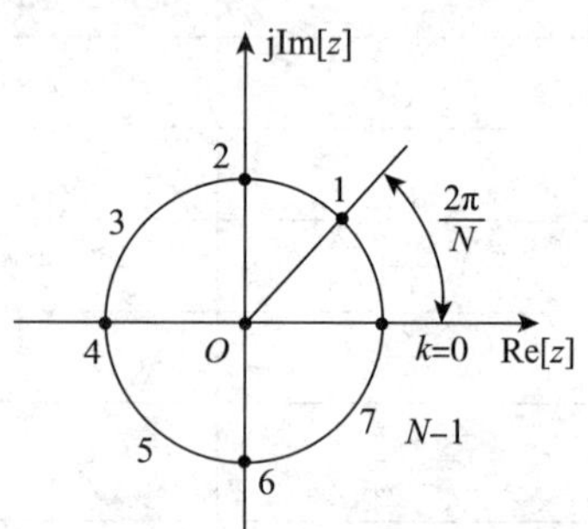

图 9-16 对单位圆上的 z 变换进行等间隔抽样($N=8$)

考虑到式(9-152)可以得出 DTFT 与 DFT 之间的关系为

$$\begin{aligned} X(\mathrm{e}^{\mathrm{j}\Omega})\big|_{\Omega=\Omega_k=\frac{2\pi}{N}k} &= \sum_{n=0}^{N-1} x(n)\mathrm{e}^{-\mathrm{j}\frac{2\pi}{N}kn} \\ &= \sum_{n=0}^{N-1} x(n)W_N^{kn} = \mathrm{DFT}[x(n)] = X(k) \end{aligned}, 0 \leqslant k \leqslant N-1 \tag{9-155}$$

式(9-155)表明，由于 $X(\mathrm{e}^{\mathrm{j}\Omega})$ 是以 2π 为周期的连续函数，所以有限长序列 $x(n)$ 的离散傅里叶变换 $X(k)$ 相当于对连续函数 $X(\mathrm{e}^{\mathrm{j}\Omega})$ 在$[0, 2\pi)$区间以 $\dfrac{2\pi}{N}$ 为间隔对 Ω 进行等间隔抽样的结果，DFT 的点数 N 则表示了抽样点的个数。显然，抽样点数不同，所对应的抽样间隔也就不同，从而抽样得到的序列(即不同点的 DFT 结果)也不相等。

这样，有限长序列 $x(n)$ 的离散傅里叶变换 $X(k)$ 实际上就是对单位圆上的 z 变换 $X(z)$ 或离散时间傅里叶变换 $X(\mathrm{e}^{\mathrm{j}\Omega})$ 的 N 点抽样。由此可知，采用尾部补零的方法，可以得到对 $X(\mathrm{e}^{\mathrm{j}\Omega})$ 抽样更密的抽样值，即得到高密度的频谱抽样。

我们知道，有限长序列 $x(n)$ 的离散时间傅里叶变换 $X(\mathrm{e}^{\mathrm{j}\Omega})$ 是变量 Ω 在定义域$[0, 2\pi)$上的连续函数，而其离散傅里叶变换 $X(k)$ 的频率变量 k 则为定义域$[0, N-1]$上的整数。因此，为了说明频率变量 k 所对应的真实频率，需要建立频率点 k 与数字频率点 Ω_k 之间的关系。由式(9-155)可知，在 k 点处的 DFT 值 $X(k)$ 与 $\dfrac{2\pi k}{N}$ 处的 $X(\mathrm{e}^{\mathrm{j}\Omega})$ 值相对应，即有 $\Omega_k=\dfrac{2\pi k}{N}$，于是得：

$$k = \frac{N\Omega_k}{2\pi} \tag{9-156}$$

例如，对于直流分量而言，其数字频率 $\Omega_k=0$，则 $k=0$；若对最高频率分量而言，$\Omega_k=\pi$，则 $k=\dfrac{N}{2}$。

9.12.2 由离散傅里叶变换确定 z 变换、离散时间傅里叶变换

显然，对 $X(k)$ 求离散傅里叶反变换即可得到原序列 $x(n)$，若再对 $x(n)$ 进行 z 变换就可以得出 $X(z)$。这说明，当有限长序列 z 变换在单位圆上的 N 个抽样值确定后，z 变换在整个 z 平面上的取值也就随着确定了。下面推导过程为由 $X(k)$ 确定 $X(z)$ 的表达式。

$$\begin{aligned}
X(z) &= \sum_{n=0}^{N-1} x(n) Z^{-n} \\
&= \sum_{n=0}^{N-1}\left[\frac{1}{N}\sum_{k=0}^{N-1} X(k) W_N^{-nk}\right] z^{-n} \quad \left[\text{代入反变换:} x(n) = \frac{1}{N}\sum_{k=0}^{N-1} X(k) W_N^{-nk}\right] \\
&= \frac{1}{N}\sum_{k=0}^{N-1} X(k) \cdot \left(\sum_{n=0}^{N-1} W_N^{-nk} z^{-n}\right) \quad [\text{交换求和次序}] \\
&= \frac{1}{N}\sum_{k=0}^{N-1} X(k) \cdot \left[\sum_{n=0}^{N-1} (W_N^{-k} z^{-1})^n\right] \\
&= \frac{1}{N}\sum_{k=0}^{N-1} X(k) \cdot \left(\frac{1 - W_N^{-Nk} z^{-N}}{1 - W^{-k} z^{-1}}\right) \quad \left[\text{几何级数求和公式:} \sum_{n=0}^{n_2} a^n = \frac{1 - a^{n_2+1}}{1-a}, a \neq 1\right] \\
&= \sum_{k=0}^{N-1} X(k) \left(\frac{1}{N} \cdot \frac{1 - z^{-N}}{1 - W_N^{-k} z^{-1}}\right) \quad \left[W_N^{-Nk} = e^{j(\frac{2\pi}{N})Nk} = e^{j2k\pi} = 1\right]
\end{aligned} \tag{9-157}$$

式(9-157)为由单位圆上 z 变换的 N 个等间隔频率抽样值 $X(k)$ 确定 $X(z)$ 的表达式，也称为 $X(z)$ 的内插公式或插值公式。注意到式(9-157)末尾括号中的式子为变量 z 的函数，可用符号 $\phi_k(z)$ 表示，称为内插函数，有：

$$\phi_k(z) = \frac{1}{N}\frac{1 - z^{-N}}{1 - W_N^{-k} z^{-1}} \tag{9-158}$$

令 $\phi_k(z)$ 的分子为零可知，$\phi_k(z)$ 在单位圆的 N 等分点上有：

$$z_l = e^{j\frac{2\pi l}{N}}, \quad l = 0,1,\cdots,k,\cdots,N-1$$

即有 N 个零点。若令 $\phi_k(z)$ 的分母为零，可得其中一个极点为

$$p = W_N^{-k} = e^{j\frac{2\pi k}{N}}$$

当 $l=k$ 时，$\phi_k(z)$ 的分子、分母均为零，运用洛必达法则可以求出 $\phi_k(z)=1$，因而再一次验证了前面已确定的关系式(9-154)。由此可知，内插函数 $\phi_k(z)$ 只在本身抽样点 $l=k$ 处不为零，而在其他 $N-1$ 个抽样点 l 上($l=0, 1, \cdots, N-1, l\neq k$)均为零点，即有 $N-1$ 个零点，而它在 $z=0$ 处有 $N-1$ 阶极点，如图 9-17 所示。

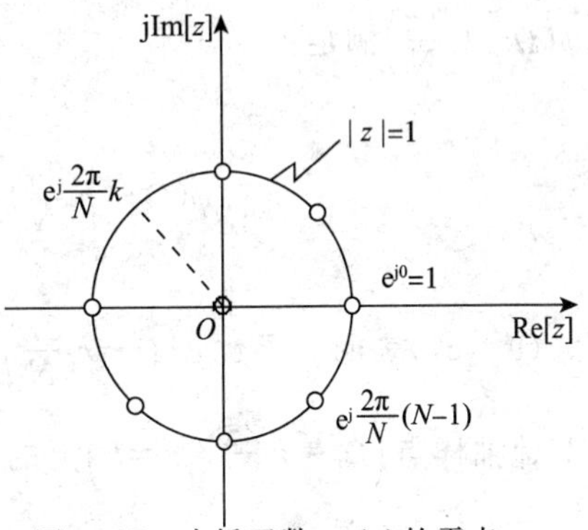

图 9-17 内插函数 $\phi_k(z)$ 的零点、极点($z=0$ 处为 $N-1$ 阶极点)

现在来讨论频率响应。首先利用式(9-158)将式(9-157)改写为

$$X(z) = \sum_{k=0}^{N-1} X(k)\phi_k(z) \tag{9-159}$$

由于 $X(e^{j\Omega})$ 是单位圆上的 z 变换，所以也可以将 $X(z)$ 的内插表达式(9-159)中的 z 仅限于单位圆上，即令 $z=e^{j\Omega}$，则可以得出以 $X(k)$ 表示的 DTFT，即频率响应特性 $X(e^{j\Omega})$ 为

$$X(e^{j\Omega}) = \sum_{k=0}^{N-1} X(k)\phi_k(e^{j\Omega}) \tag{9-160}$$

式(9-160)中，$\phi_k(\mathrm{e}^{\mathrm{j}\Omega})$为

$$\phi_k(\mathrm{e}^{\mathrm{j}\Omega})=\frac{1}{N}\cdot\frac{1-\mathrm{e}^{-\mathrm{j}\Omega N}}{1-\mathrm{e}^{-\mathrm{j}\left(\Omega-k\frac{2\pi}{N}\right)}} \tag{9-161}$$

为了简化表示式(9-161)，引入符号 $\psi(\Omega)$，即令

$$\psi(\Omega)=\frac{1}{N}\cdot\frac{1-\mathrm{e}^{-\mathrm{j}\Omega N}}{1-\mathrm{e}^{-\mathrm{j}\Omega}} \tag{9-162}$$

于是有：

$$\phi_k(\mathrm{e}^{\mathrm{j}\Omega})=\frac{1}{N}\cdot\frac{1-\mathrm{e}^{-\mathrm{j}\Omega N}}{1-\mathrm{e}^{-\mathrm{j}\left(\Omega-k\frac{2\pi}{N}\right)}}=\frac{1}{N}\cdot\frac{1-\mathrm{e}^{-\mathrm{j}\left(\Omega-k\frac{2\pi}{N}\right)N}}{1-\mathrm{e}^{-\mathrm{j}\left(\Omega-k\frac{2\pi}{N}\right)}}=\psi\left(\Omega-k\frac{2\pi}{N}\right) \tag{9-163}$$

将式(9-163)代入式(9-160)可得：

$$X(\mathrm{e}^{\mathrm{j}\Omega})=\sum_{k=0}^{N-1}X(k)\psi\left(\Omega-k\frac{2\pi}{N}\right) \tag{9-164}$$

由式(9-162)可得：

$$\psi(\Omega)=\frac{1}{N}\cdot\frac{1-\mathrm{e}^{-\mathrm{j}\Omega N}}{1-\mathrm{e}^{-\mathrm{j}\Omega}}=\frac{1}{N}\cdot\frac{\sin\left(\frac{\Omega N}{2}\right)}{\sin\left(\frac{\Omega}{2}\right)}\mathrm{e}^{-\mathrm{j}\Omega\left(\frac{N-1}{2}\right)} \tag{9-165}$$

式(9-164)就是由单位圆上 z 变换的等间隔抽样值 $X(k)$确定 $X(\mathrm{e}^{\mathrm{j}\Omega})$的内插表示式。其中，$\psi(\Omega)$也称为内插函数。由式(9-165)可知，频域内插函数 $\psi(\Omega)$具有如下性质：

$$\psi\left(r\frac{2\pi}{N}\right)=\begin{cases}0, r=1,2,\cdots,N-1\left(\Omega=r\frac{2\pi}{N}, r=1,2,\cdots,N-1\right)\\1, r=0(\Omega=0)\end{cases} \tag{9-166}$$

$\psi(\Omega)$的幅度特性(见式(9-165))与相位特性(内插函数 $\psi(\Omega)$具有线性相位)如图 9-18 所示，其中，相位是线性相移加上一个 π 的整数倍的相移，后一个相移是由于 $\psi(\Omega)$每隔$\frac{2\pi}{N}$的整数倍相位翻转，即 $\psi(\Omega)$由正变负或由负变正，因此每隔$\frac{2\pi}{N}$的整数倍，相位要加上 π。由于当 $\Omega=0$ 时，$\psi(\Omega)=1$，当 $\Omega=r\frac{2\pi}{N}$($r=1$，2，…，$N-1$)时，$\psi(\Omega)=0$，所以 $\psi\left(\Omega-k\frac{2\pi}{N}\right)$满足：

$$\psi\left(\Omega-k\frac{2\pi}{N}\right)=\begin{cases}1, & \Omega=k\frac{2\pi}{N}=\Omega_k\\0, & \Omega=r\frac{2\pi}{N}=\Omega_r,\quad r\neq k\end{cases} \tag{9-167}$$

式(9-167)表明，函数 $\psi\left(\Omega-k\frac{2\pi}{N}\right)$在本抽样点$\left(\Omega_k=k\frac{2\pi}{N}\right)$上的值 $\psi\left(\Omega_k-k\frac{2\pi}{N}\right)$为 1，而在其他抽样点$\left(\Omega_r=r\frac{2\pi}{N}, r\neq k\right)$上的值 $\psi\left(\Omega_r-k\frac{2\pi}{N}\right)$为零。由式(9-164)可知，整个频率响应 $X(\mathrm{e}^{\mathrm{j}\Omega})$是由 N 个 $\psi\left(\Omega-k\frac{2\pi}{N}\right)$函数线性组合而成的，其中，每个函数的加权系数为 $X(k)$。因此，由式(9-167)可知，在每个抽样点 $\Omega=\Omega_k=k\frac{2\pi}{N}$($k=0$，1，…，$N-1$)上，$X(\mathrm{e}^{\mathrm{j}\Omega})$就等于该点的 $X(k)$值，因为其余各抽样点的内插函数在这一点上的值都等于零而不会发生作用，即有：

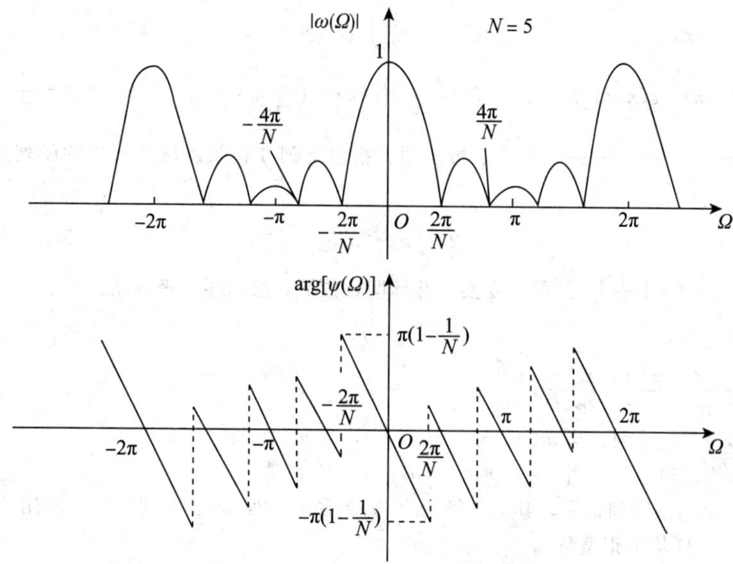

图 9-18 $\psi(\Omega)$的幅度特性与相位特性($N=5$)

$$X(\mathrm{e}^{\mathrm{j}\Omega})\big|_{\Omega=\Omega_k=\frac{2\pi}{N}k}=X(k),\quad k=0,1,\cdots,N-1 \tag{9-168}$$

这再一次证明了 DFT 和 DTFT 之间的关系式(9-155)，而在各抽样点之间的$X(\mathrm{e}^{\mathrm{j}\Omega})$值则由各抽样点的加权内插函数：$X(k)\psi\left(\Omega-k\frac{2\pi}{N}\right)$在所求$\Omega$点上的值叠加得到，如图 9-19 所示，该图是在假定$X(\mathrm{e}^{\mathrm{j}\Omega})$只有正、负值的情况下所得的示意图，因为通常$X(\mathrm{e}^{\mathrm{j}\Omega})$和$X(k)$均为复数，因而应有：

$$\left|X(\mathrm{e}^{\mathrm{j}\Omega})\right|\big|_{\Omega=\Omega_k=\frac{2\pi}{N}k}=\left|X(k)\right| \tag{9-169}$$

$$\arg[X(\mathrm{e}^{\mathrm{j}\Omega})]\big|_{\Omega=\Omega_k=\frac{2\pi}{N}k}=\arg[X(k)] \tag{9-170}$$

由此可见，将离散的频域序列$X(k)$通过内插函数和内插公式可以恢复为连续的频域函数$X(\mathrm{e}^{\mathrm{j}\Omega})$。

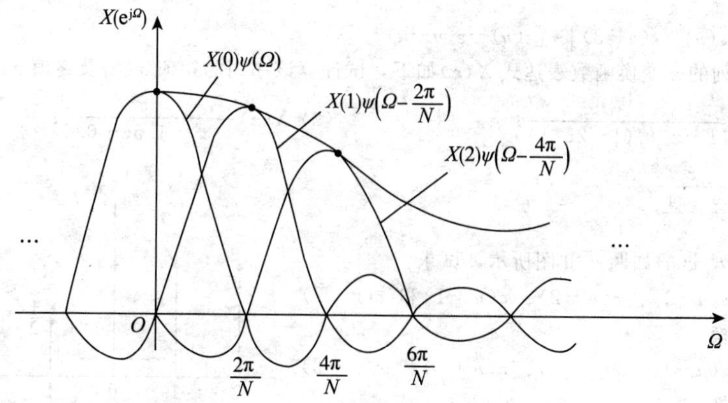

图 9-19 由内插函数求得$X(\mathrm{e}^{\mathrm{j}\Omega})$的图示

习题

9-1 求出下列序列的z变换$X(z)$，并标明收敛域，绘出$X(z)$的零、极点图。

(1) $\left(\frac{1}{2}\right)^n\varepsilon(n)$；　　(2) $\left(-\frac{1}{4}\right)^n\varepsilon(n)$；　　(3) $\left(\frac{1}{3}\right)^{-n}\varepsilon(n)$；

(4) $\left(\frac{1}{3}\right)^n\varepsilon(-n)$；　(5) $-\left(\frac{1}{2}\right)^n\varepsilon(-n-1)$；　(6) $\delta(n+1)$；

(7) $\left(\frac{1}{2}\right)^n[\varepsilon(n)-\varepsilon(n-10)]$；　(8) $\left(\frac{1}{2}\right)^n\varepsilon(n)+\left(\frac{1}{3}\right)^n\varepsilon(n)$；　(9) $\delta(n)-\frac{1}{8}\delta(n-3)$。

9-2 试绘出 $X(z)=\dfrac{-3z^{-1}}{2-5z^{-1}+2z^{-2}}$的零、极点图，指出下列 3 种收敛域所对应的序列类型，并求出序列的表示式。

(1) $|z|>2$；　(2) $|z|<0.5$；　(3) $0.5<|z|<2$。

9-3 求双边序列 $x(n)=\left(\frac{1}{2}\right)^{|n|}$ 的 z 变换，并标明收敛域，绘出零、极点图。

9-4 已知 $x(n)$的 z 变换：

$$X(z)=\frac{z^3(z^4+a_3z^3+a_2z^2+a_1z+a_0)}{z^5+b_4z^4+b_3z^3+b_2z^2+b_1z+b_0}$$

(1) 若 $x(n)$为右边序列，当 $n\leqslant n_0$ 时，$x(n)=0$，求 n_0 值；

(2) 若 $x(n)$为左边序列，当 $n\geqslant n_1$ 时，$x(n)=0$，求 n_1 值。

9-5 设 $x(n)$是一个离散时间信号，其 z 变换为 $X(z)$，Roc$=R$，对于下列信号，利用 $X(z)$求它们的 z 变换(常数 L、M 均为正整数)。

(1) $\Delta x(n)=x(n)-x(n-1)$(Δ 记作一次差分算子)；

(2) $x_1(n)=\begin{cases}x(\frac{n}{L}), & n=\cdots\pm L, \pm 2L, \cdots \\ 0, & \text{其他 } n\end{cases}$；

(3) $x_2(n)=x(Mn)$。

9-6 利用线性性质求下列序列的 z 变换，并标明其收敛域。

(1) $x(n)=a^n\varepsilon(-n)-a^n\varepsilon(-n-1)$；

(2) $x(n)=\left(\frac{1}{2}\right)^n[\varepsilon(n)-\varepsilon(n-6)]$；

(3) $x(n)=\varepsilon(n-1)-\varepsilon(n-2)$。

9-7 利用 z 变换的性质求下列序列 $x(n)$的 z 变换 $X(z)$。

(1) $(-1)^n n\varepsilon(n)$；　(2) $(n-1)^2\varepsilon(n-1)$；

(3) $\dfrac{a^n}{n+1}\varepsilon(n)$；　(4) $\sum\limits_{i=0}^{n}(-1)^i$；

(5) $(n+1)[\varepsilon(n)-\varepsilon(n-3)]*[\varepsilon(n)-\varepsilon(n-4)]$。

9-8 已知因果序列的 z 变换函数表达式 $X(z)$如下，试计算该序列的初值 $x(0)$及终值 $x(\infty)$。

(1) $X(z)=\dfrac{1+z^{-1}+z^{-2}}{(1+z^{-1})(1-2z^{-1})}$；　(2) $X(z)=\dfrac{z^2}{z^2-1.5z+0.5}$；

(3) $X(z)=\dfrac{z}{z^2-\frac{1}{4}}$。

9-9 离散时间序列 $x(n)$如题 9-9 图所示，试求：

(1) $x(n)$、$x(n-1)$、$x(n-2)$、$x(n+1)$和 $x(n+2)$的双边 z 变换。

(2) $x(n)$、$x(n-1)$、$x(n-2)$、$x(n+1)$和 $x(n+2)$的单边 z 变换。

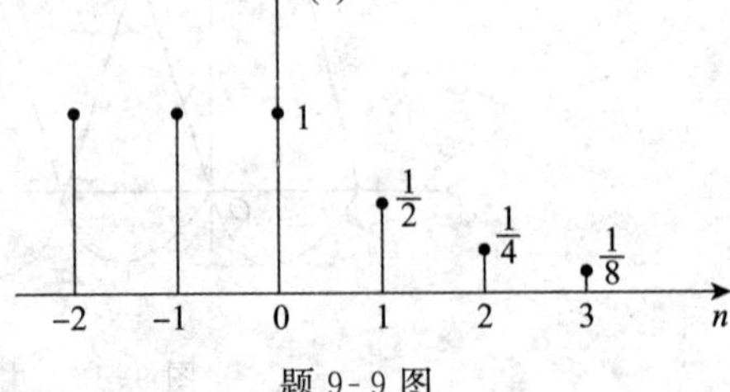

题 9-9 图

9-10 利用 z 变换的性质求解下列序列的 z 变换，并标明其收敛域。

(1) $x_1(n)=(n-1)\varepsilon(n-1)$；　(2) $x_2(n)=\left[\sum\limits_{k=0}^{n}(-1)^k\right]\varepsilon(n)$；

(3) $x_3(n)=(2)^n\varepsilon(-n+1)$；　(4) $x_4(n)=|n-3|\varepsilon(n)$；

(5) $x_5(n)=2^{-|n|}$。

9-11 已知下列 z 变换式 $X(z)$和 $Y(z)$，试利用 z 域卷积定理求 $x(n)$与 $y(n)$乘积的 z 变换：

(1) $X(z)=\frac{1}{1-0.5z^{-1}}(|z|>0.5)$；

$Y(z)=\frac{1}{1-2z}(|z|<0.5)$。

(2) $X(z)=\frac{0.99}{(1-0.1z^{-1})(1-0.1z)}(0.1<|z|<10)$；

$Y(z)=\frac{1}{1-10z}(|z|>0.1)$。

(3) $X(z)=\frac{z}{z-e^{-b}}(|z|>e^{-b})$；

$Y(z)=\frac{z\sin\Omega_0}{z^2-2z\cos\Omega_0+1}(|z|>1)$。

9-12 因果序列 $x(k)$满足方程

$$\sum_{i=0}^{k-1}x(i)=3k\varepsilon(k)*[(-0.5)^k\varepsilon(k)]$$

求序列 $x(k)$。

9-13 已知 $X(z)=\frac{z^3+2z^2+1}{z^3-1.5z^2+0.5z}$，$|z|>1$，求 $x(n)$。

9-14 求下列 z 变换所对应的序列。

(1) $X(z)=\frac{1}{1+0.5z^{-1}}\left(|z|>\frac{1}{2}\right)$；

(2) $X(z)=\frac{1-0.5z^{-1}}{1+\frac{3}{4}z^{-1}+\frac{1}{8}z^{-2}}\left(|z|>\frac{1}{2}\right)$；

(3) $X(z)=\frac{1-0.5z^{-1}}{1-0.25z^{-2}}\left(|z|>\frac{1}{2}\right)$；

(4) $X(z)=\frac{1-az^{-1}}{z^{-1}-a}\left(|z|>\left|\frac{1}{a}\right|\right)$。

9-15 利用部分分式展开法，求出下列 $X(z)$的 z 反变换：

(1) $X(z)=\frac{9z^2}{9z^2-9z+2}$，$|z|>\frac{2}{3}$；

(2) $X(z)=\frac{9z^2}{9z^2-9z+2}$，$|z|<\frac{1}{3}$；

(3) $X(z)=\frac{9z^2}{9z^2-9z+2}$，$\frac{1}{3}<|z|<\frac{2}{3}$。

9-16 已知 $X(z)=\ln\left(1+\frac{a}{z}\right)(|z|>|a|)$，求对应的序列 $x(n)$。(提示：利用级数展开式 $\ln(1+y)=\sum_{n=1}^{\infty}(-1)^{n+1}\frac{y^n}{n},y<1$)。

9-17 求 $X(z)=\frac{2z^3-5z^2+z+3}{(z-1)(z-2)}(|z|<1)$的 z 反变换。

9-18 求下列 z 变换式的 z 反变换。

(1) $X(z)=\frac{1}{z^2-5z+6}$，$|z|>3$；

(2) $X(z)=\frac{z^{-1}}{(1-6z^{-1})^2}$，$|z|>6$。

9-19 已知 z 变换

$$X(z)=\frac{-9z^2-13z}{(z+1)(z+2)(z-3)}$$

对于 $X(z)$的各种收敛域，试分别求出其对应的 z 反变换 $x(n)$。

9-20 利用幂级数展开法求 $X(z)=e^z(|z|<\infty)$所对应的序列 $x(n)$。

9-21 试用 z 变换与拉普拉斯变换之间的关系求解下列问题：

(1) 已知 $x(t)=te^{-at}\varepsilon(t)$的 $X(s)=\frac{1}{(s+a)^2}$，求 $ne^{-an}\varepsilon(n)$的 z 变换。

(2) 已知 $x(t)=t^2\varepsilon(t)$的 $X(s)=\frac{2}{s^3}$，求 $n^2\varepsilon(n)$的 z 变换。

9-22 已知序列 $x_1(n)=(n+3)\varepsilon(n+2)$，$x_2(n)=(-n+3)\varepsilon(-n+2)$，试证明：

(1) $X_2(z)=X_1\left(\frac{1}{z}\right)$；

(2) 若 $z=z_0$ 是 $X_1(z)$的一个极点(或零点)，则 $z=\frac{1}{z_0}$是 $X_2(z)$的一个极点(或零点)。

9-23 试利用序列的 DFT 及其与 z 变换之间的关系求解序列 $x(n)=nR_N(n)$ 的 DFT。

9-24 已知序列 $x(n)=a^n\varepsilon(n)$，$0<a<1$，现对其 z 变换 $X(z)$ 在单位圆上 N 等分采样，采样值为 $X(k)=X(z)\mid_{z=W_N^{-k}}$，求有限长序列 IDFT$[X(k)]$。

9-25 对于矩形序列 $x(n)=R_N(n)$，试求：

(1) $Z[x(n)]$并画出其零、极点分布；

(2) 频谱 $X(e^{j\Omega})$并画出幅频特性曲线图；

(3) DFT$[x(n)]$，并对照 $X(e^{j\Omega})$进行分析。

第10章

离散时间系统的复频域分析

在前面的章节里，用时域分析方法分析、讨论了用微分方程或差分方程描述的一类因果增量线性系统、线性时不变系统以及线性移不变系统(本书的线性时不变系统以及线性移不变系统分别专指连续系统和离散系统情况)，并对连续时间系统进行了频域分析(连续时间傅里叶变换)和复频域分析(拉氏变换)，对离散系统进行了频域分析(离散傅里叶变换)。本章主要介绍离散线性移不变系统的系统函数，离散时间系统的零状态响应与零输入响应的复频域(即 z 域)求解，利用系统函数的零、极点分布分析系统的时域特性，利用离散系统函数的零、极点分布确定系统的频率响应、线性移不变系统的正弦稳态响应、线性移不变系统的框图表示和信号流图表示。

10.1 线性移不变系统的系统函数

与连续时间系统分析中利用拉氏变换得到线性时不变系统的系统函数类似，利用 z 变换也可以得到线性移不变系统的系统函数。因此，对于这两类系统，系统函数的定义方式与作用等都是相同的。例如，利用系统函数可以简化系统零状态响应的求解，而利用系统函数的零、极点则可以分析线性移不变系统的基本特性。

对于线性移不变系统，其系统函数用 $H(z)$ 表示，定义为零状态响应 $y_{zs}(n)$ 的 z 变换 $Y_{zs}(z)$ 与因果激励信号 $x(n)$ 的 z 变换 $X(z)$ 之比，即：

$$H(z)=\frac{Y_{zs}(z)}{X(z)} \tag{10-1a}$$

一般常简记为

$$H(z)=\frac{Y(z)}{X(z)} \tag{10-1b}$$

对于由差分方程式(7-52)描述的 N 阶线性移不变系统，根据式(9-131)和式(10-1)可知：

$$H(z)=\frac{Y_{zs}(z)}{X(z)}=\frac{\sum_{r=0}^{M}b_r z^{-r}}{\sum_{k=0}^{N}a_k z^{-k}}=\frac{b_0+b_1z^{-1}+b_2z^{-2}+\cdots+b_Mz^{-M}}{a_0+a_1z^{-1}+a_2z^{-2}+\cdots+a_Nz^{-N}} \tag{10-2}$$

由系统函数与差分方程的关系式(10-2)可见，系统函数 $H(z)$ 只与差分方程的系数 a_k、b_r 有关，而与系统的激励和响应无关，这表明，系统函数仅决定于系统自身的特性并且与差分方程之间存在着一一对应关系，即由系统的差分方程可以得到 $H(z)$，也可以由 $H(z)$ 得到系统的差分方程，这也正是将 $H(z)$ 称为系统函数，以及可以利用它来描述系统的根本原因所在。此外，由于式(10-2)中的 a_k、b_r 为实系数，所以说可以用差分方程表述的线性移不变系统，其系统函数一定是一个复变量 z 的有理分式，这一点是系统函数有着众多应用的理论依据。

需要明确指出的是，尽管通过差分方程可以得出系统函数，但是，差分方程本身并没有给出系统函数的收敛域。因此，式(10-2)中的 $H(z)$ 可以表示不同的系统，即同一系统函数，收敛域不同，所代表的系统就不同，所以对于用系统函数描述的系统必须同时给出系统或者说系统函数的收敛域，而在确定系统函数的收敛域时，应该考虑系统函数的极点位置，再结合系统的基本特性：因果性、稳定性等附加条件。例如，若系统是因果系统，其收敛域必须包括无穷远点，若系统是稳定系统，其收敛域必须包括单位圆在内，这样就可以得出系统函数的收敛域。

与连续系统的情况类同，线性移不变系统的系统函数不仅与差分方程联系密切，而且还与系统的单位样值响应构成 z 变换对。我们知道，线性移不变系统的零状态响应 $y(n)$ 为激励信号 $x(n)$与系统单位样值响应 $h(n)$的线性卷积和，即：

$$y(n) = x(n) * h(n) \tag{10-3}$$

对式(10-3)两边取 z 变换，并应用 z 变换的时域卷积定理可得：

$$Y(z) = X(z)H(z) \tag{10-4}$$

式(10-4)中，$X(z)$，$H(z)$分别为 $x(n)$，$h(n)$的 z 变换，因此有：

$$H(z) = Z[h(n)] = \sum_{n=-\infty}^{\infty} h(n)z^{-n} \tag{10-5a}$$

若系统是因果的，则单位样值响应为 $h(n)=h(n)\varepsilon(n)$，这时，系统函数与单位样值响应的 z 变换对关系可以表示为

$$H(z) = Z[h(n)] = \sum_{n=0}^{\infty} h(n)z^{-n} \tag{10-5b}$$

显然，与连续系统类似，根据式 (10-4)可知，通过系统函数 $H(z)$可提供另一种求零状态响应的简便方法，即 $y(n)=z^{-1}[Y(z)]=z^{-1}[X(z)H(z)]$。

与线性时不变系统的情况相同，线性移不变系统的系统函数也分为“策动点函数”和“转移函数”两大类。

类似于连续系统的情况，线性移不变的系统函数根据不同的已知条件有多种求解方法，常见的5种为：①对系统的单位样值响应 $h(n)$求 z 变换；②对系统的差分方程输入因果信号后，两边同时求零状态下的 z 变换；③对系统的输入信号和零状态响应取 z 变换，可利用定义式(10-1)求取；④由系统的模拟框图列写出 z 域输入输出方程或根据信号流图用梅森公式计算；⑤对于稳定系统，由系统的传输算子 $H(E)$可得 $H(z)=H(E)|_{E=z}$。

【例 10-1】 描述某离散系统的差分方程为

$$y(n) + y(n-1) - \frac{3}{4}y(n-2) = 2x(n) - kx(n-1)$$

已知该系统的系统函数 $H(z)$在 $z=1$ 处的值为 1，试求 1)差分方程中的常量 k；2)系统的单位样值响应 $h(n)$。

解：1) 根据系统函数的定义，已知差分方程求系统函数 $H(z)$时，应令系统为零状态系统。因此，对所给差分方程两边取 z 变换可得：

$$Y(z) + z^{-1}Y(z) - \frac{3}{4}z^{-2}Y(z) = 2X(z) - kz^{-1}X(z)$$

故

$$H(z) = \frac{Y(z)}{X(z)} = \frac{2-kz^{-1}}{1+z^{-1}-\frac{3}{4}z^{-2}} = \frac{z(2z-k)}{z^2+z-\frac{3}{4}} = \frac{2z(z-0.5k)}{(z-0.5)(z+1.5)}$$

由于 $H(z)$的收敛域不含极点，而 $H(z)$的极点为 0.5 和 -1.5，故 $H(z)$的收敛域只可能是下列 3 种情况之一：$|z|>1.5$、$|z|<0.5$ 和 $0.5<|z|<1.5$，由于 $H(1)$存在，所以 $H(z)$的收敛域只能是 $0.5<|z|<1.5$。将 $H(1)=1$ 代入 $H(z)$的表示式可得：

$$H(1) = \frac{2(1-0.5k)}{(1-0.5)(1+1.5)} = \frac{2(1-0.5k)}{0.5\times 2.5}$$

由此解得 $k=0.75$。

2) 将$\frac{H(z)}{z}$进行部分分式展开，得：

$$\frac{H(z)}{z}=\frac{2z-0.75}{(z-0.5)(z+1.5)}=\frac{0.125}{z-0.5}+\frac{1.875}{z+1.5}$$

$$H(z)=\frac{0.125z}{z-0.5}+\frac{1.875z}{z+1.5},\ 0.5<|z|<1.5$$

对 $H(z)$取 z 反变换可得单位样值响应 $h(n)$：

$$h(n)=0.125(0.5)^n\varepsilon(n)-1.875(-1.5)^n\varepsilon(-n-1)$$

10.2　离散时间系统的零状态响应与零输入响应的 z 域求解

这里讨论如何使用单边 z 变换求解用线性常系数差分方程描述的因果增量线性系统的零状态响应和零输入响应的 z 域解法。

如果输入信号在 $n=0$ 时刻之前的∞时刻加入系统或者系统的初始状态为零且输入 $x(n)$是因果信号，则可以对差分方程式(7-52)进行双边 z 变换，根据双边 z 变换的线性性质与位移性可得：

$$\sum_{k=0}^{N}a_kY(z)z^{-k}=\sum_{r=0}^{M}b_rX(z)z^{-r} \tag{10-6}$$

由式 (10-6)可得：

$$Y(z)=\frac{\sum\limits_{r=0}^{N}b_rz^{-r}}{\sum\limits_{k=0}^{N}a_kz^{-k}}X(z) \tag{10-7}$$

对式(10-7)进行 z 反变换便可求出系统零状态响应，也就是此时的全响应 $y(n)$。

下面讨论利用单边 z 变换求解差分方程式 (7-52)。对该式两边取单边 z 变换，并应用线性性质和位移性可得：

$$\sum_{k=0}^{N}a_kz^{-k}\Big[Y(z)+\sum_{l=k}^{-1}y(l)z^{-l}\Big]=\sum_{r=0}^{M}b_rz^{-r}\Big[X(z)+\sum_{m=-r}^{-1}x(m)z^{-m}\Big] \tag{10-8}$$

式(10-8)中，$y(l)(-N\leqslant l\leqslant -1)$为系统的初始状态。一般情况下，离散系统的输入信号 $x(n)$为因果信号并且系统是因果系统，这时，式(10-8)右边的 $\sum\limits_{m=-r}^{-1}x(m)z^{-m}$ 项等于零，此时该式变为

$$\sum_{k=0}^{N}a_kz^{-k}[Y(z)+\sum_{l=-k}^{-1}y(l)z^{-l}]=\sum_{r=0}^{M}b_rz^{-r}X(z) \tag{10-9}$$

由式(10-9)解得因果离散系统在因果输入信号作用下全响应 $y(n)$的单边 z 变换 $Y(z)$为

$$Y(z)=\frac{-\sum\limits_{k=0}^{N}\Big[a_kz^{-k}\sum\limits_{l=-k}^{-1}y(l)z^{-1}\Big]}{\sum\limits_{k=0}^{N}a_kz^{-k}}+\frac{\sum\limits_{r=0}^{M}b_rz^{-r}}{\sum\limits_{k=0}^{N}a_kz^{-k}}X(z)=Y_{zi}(z)+Y_{zs}(z) \tag{10-10}$$

由式(10-10)可见，系统全响应 $y(n)$的单边 z 变换 $Y(n)$由两项组成，第一项 $Y_{zi}(z)$ $=-\frac{\sum\limits_{k=0}^{N}\Big[a_kz^{-k}\sum\limits_{l=-k}^{-1}y(l)z^{-1}\Big]}{\sum\limits_{k=0}^{N}a_kz^{-k}}$ 与 $X(n)$，即与 $x(n)$无关，是当输入 $x(n)=0$ 时仅由系统的

初始状态 $y(-1)$、$y(-2)$、…、$y(-N)$引起的零输入响应 $y_{zi}(n)$的单边 z 变换；第二项 $y_{zs}(z)=\dfrac{\sum\limits_{r=0}^{M}b_rz^{-r}X(z)}{\sum\limits_{k=0}^{N}a_kz^{-k}}$ 与 $y(-1)$、$y(-2)$、…、$y(-N)$无关，是当初始状态 $y(l)=0(-N\leqslant l\leqslant -1)$时仅由输入 $x(n)$引起的零状态响应 $y_{zs}(n)$的单边 z 变换。这样，借助于单边 z 变换的线性性质，可自动分离出零输入响应和零状态响应。因此，分别求解 $y_{zi(z)}$、$y_{zs}(z)$和 $Y(z)$的单边 z 反变换，即可以得出系统零输入响应 $y_{zi}(n)$、零状态响应 $y_{zs}(n)$和全响应 $y(n)$。

应该指出的是，在利用 z 变换求解离散系统的差分方程时，若系统的初始状态为零且输入是因果信号，则可以用单边 z 变换，也可以用双边 z 变换来求解，而当系统的初始状态不为零或者输入为非因果信号时，则只能用单边 z 变换来求解。这是因为单边 z 变换与双边 z 变换的位移性是不同的，要将系统的非零初始状态值或非因果输入序列中小于零的序列值纳入对差分方程的 z 变换中，只有借助于单边 z 变换的位移性。

根据 n 阶线性常系数差分方程式 (7-52)，在 z 域求解系统的零状态响应与零输入响应时，其全响应为

$$y(n)=y_{zi}(n)+y_{zs}(n)$$

因此有：

$$\begin{cases}y(-k)=y_{zi}(-k)+y_{zs}(-k), & k=1,2,\cdots,n-1\\ y(k)=y_{zi}(k)+y_{zs}(k), & k=0,1,2,\cdots,n-1\end{cases}\tag{10-11}$$

对于因果系统，若输入 $x(n)$为因果信号，则 $y_{zs}(-k)(k=1, 2, \cdots, n)$等于零，但 $y_{zs}(k)$一般并不等于零，因而有：

$$\begin{cases}y(-k)=y_{zi}(-k), & k=1,2,\cdots,n-1\\ y(k)=y_{zi}(k)+y_{zs}(k), & k=0,1,2,\cdots,n-1\end{cases}$$

这样，就可以根据原差分方程分别建立关于 $y_{zi}(n)$和 $y_{zs}(n)$的差分方程。例如，将差分方程式 (7-52)所描述的因果系统表示为

$$\begin{cases}\sum\limits_{k=0}^{N}a_ky(n-k)=\sum\limits_{r=0}^{M}b_rx(n-r), & x(n)=x(n)\varepsilon(n)\\ y(-k)=D_k\neq 0,k=1,2,\cdots,n\end{cases}\tag{10-12}$$

则零输入响应 $y_{zi}(n)$所满足的差分方程为

$$\begin{cases}\sum\limits_{k=0}^{N}a_ky_{zi}(n-k)=0\\ y_{zi}(-k)=y(-k)=D_k\neq 0, & k=1,2,\cdots,n\end{cases}\tag{10-13}$$

零状态响应 $y_{zs}(n)$所满足的微分方程为

$$\begin{cases}\sum\limits_{k=0}^{N}a_ky_{zs}(n-k)=\sum\limits_{r=0}^{M}b_rx(n-r),x(-k)=0, & k=1,2,\cdots,M\\ y_{zs}(-k)=0, & k=1,2,\cdots,n\end{cases}\tag{10-14}$$

分别对式(10-13)和式(10-14)两边取单边 z 变换，即可求得 $Y_{zi}(z)$和 $Y_{zs}(z)$，再对其施行单边 z 反变换就可得到 $y_{zi}(n)$、$y_{zs}(n)$，进而得到 $y(n)$。显然，对于描述因果系统的差分方程，利用单边 z 变换求解比直接用时域方法求解要简单得多。此外，初始值 $y(k)$和 $y(-k)$可由描述系统的差分方程应用递推法相互推得，$y_{zi}(k)$和 $y_{zi}(-k)$也可用递推法根据 $y_{zi}(n)$所满足的差分方程相互转换，具体方法和 $y(k)$与 $y(-k)$之间相互转换的方法

类似。

【例 10-2】 已知一个线性移不变因果系统满足的差分方程：

$$y(n)+\frac{3}{4}y(n-1)+\frac{1}{8}y(n-2)=x(n)+3x(n-1)$$

系统的初始条件和初始状态值分别为 $y(0)=1$，$y(-1)=-6$，输入 $x(n)=\left(\frac{1}{2}\right)^n\varepsilon(n)$，试求系统的零输入响应、零状态响应和全响应。

解法 1：若直接针对所给差分方程应用右移单边 z 变换性质取 z 变换，则需要知道系统的初始状态值 $y(-1)$和 $y(-2)$，而所给系统特定条件为 $y(0)=1$，$y(-1)=-6$，为了计算方便，可以将后向差分方程转换成前向差分方程，即将原方程中的 n 用 $n+1$ 表示，则有：

$$y(n+1)+\frac{3}{4}y(n)+\frac{1}{8}y(n-1)=x(n+1)+3x(n) \tag{10-15}$$

这是一个前向差分方程。由于移不变性，原始差分方程与特定条件 $y(0)=1$，$y(-1)=-6$ 所表示的系统和移位后差分方程式 (10-15)与特定条件 $y(0)=1$，$y(-1)=-6$ 表示的系统相同，因而两者对于同一个输入的响应必相同。对式 (10-15)两边取单边 z 变换，并应用其位移性可得：

$$zY(z)-zy(0)+\frac{3}{4}Y(z)+\frac{1}{8}[z^{-1}Y(z)+y(-1)]=zX(z)-zx(0)+3X(z)$$

代入 $y(0)=1$，$y(-1)=-6$ 以及 $x(n)=1$ 可得：

$$Y(z)=-\frac{\frac{3}{4}z^{-1}}{1+\frac{3}{4}z^{-1}+\frac{1}{8}z^{-2}}+\frac{1+3z^{-1}}{1+\frac{3}{4}z^{-1}+\frac{1}{8}z^{-2}}X(z)$$

其中，$X(z)=Z[x(n)]=\dfrac{1}{\left(1-\frac{1}{2}z^{-1}\right)}$，所以零输入响应和零状态响应的单边 z 变换分别为

$$Y_{zi}(z)=\frac{\frac{3}{4}z^{-1}}{\left(1+\frac{1}{2}z^{-1}\right)\left(1+\frac{1}{4}z^{-1}\right)}$$

$$Y_{zs}(z)=\frac{1+3z^{-1}}{1+\frac{3}{4}z^{-1}+\frac{1}{8}z^{-2}}X(z)=\frac{1+3z^{-1}}{1+\frac{3}{4}z^{-1}+\frac{1}{8}z^{-2}}\cdot\frac{1}{1-\frac{1}{2}z^{-1}}$$

$$=\frac{1+3z^{-1}}{\left(1+\frac{1}{2}z^{-1}\right)\left(1+\frac{1}{4}z^{-1}\right)\left(1-\frac{1}{2}z^{-1}\right)}$$

将它们展开成部分分式可得：

$$Y_{zi}(z)=\frac{3}{1+\frac{1}{4}z^{-1}}-\frac{3}{1+\frac{1}{2}z^{-1}}$$

$$Y_{zs}(z)=\frac{\frac{7}{3}}{1-\frac{1}{2}z^{-1}}-\frac{5}{1+\frac{1}{2}z^{-1}}+\frac{\frac{11}{3}}{1+\frac{1}{4}z^{-1}}$$

对它们分别求单边 z 逆变换，得到零输入响应 $y_{zi}(n)$和零状态响应 $y_{zs}(n)$为

$$y_{zi}(n)=\left[3\left(-\frac{1}{4}\right)^n-3\left(-\frac{1}{2}\right)^n\right]\varepsilon(n)$$

$$y_{zs}(n)=\left[\frac{7}{3}\left(\frac{1}{2}\right)^n-5\left(-\frac{1}{2}\right)^n+\frac{11}{3}\left(-\frac{1}{4}\right)^n\right]\varepsilon(n)$$

因此，该系统对 $x(n)=\left(\frac{1}{2}\right)^n\varepsilon(n)$的全响应为

$$y(n)=y_{zs}(n)+y_{zi}(n)=\left[\frac{7}{3}\left(\frac{1}{2}\right)^n+\frac{14}{3}\left(-\frac{1}{4}\right)^n-8\left(-\frac{1}{2}\right)^n\right]\varepsilon(n)$$

解法 2：直接对所给差分方程两边分别取单边 z 变换，并应用左移单边 z 变换性质可得：

$$Y(z)+\frac{3}{4}[z^{-1}Y(z)+y(-1)]+\frac{1}{8}[z^{-2}Y(z)+z^{-1}y(-1)+y(-2)]$$
$$=X(z)+3z^{-1}X(z)$$

整理后得到：

$$Y(z)=-\frac{\frac{3}{4}y(-1)+\frac{1}{8}y(-2)+\frac{1}{8}y(-1)z^{-1}}{1+\frac{3}{4}z^{-1}+\frac{1}{8}z^{-2}}+\frac{1+3z^{-1}}{1+\frac{3}{4}z^{-1}+\frac{1}{8}z^{-2}}X(z)$$

上式中的 $y(-2)$可令原差分方程中的 $n=0$ 并利用 $y(0)=1$，$y(-1)=-6$ 以及 $x(0)=1$，$x(-1)=0$ 求得，即有：

$$y(-2)=8\left[x(0)+3x(-1)-y(0)-\frac{3}{4}y(-1)\right]=36$$

在 $Y(z)$表示式中代入 $y(-1)=-6$，$y(-2)=36$ 以及 $X(z)=Z[x(n)]=\dfrac{1}{1-\frac{1}{2}z^{-1}}$可得：

$$Y(z)=\frac{\frac{3}{4}z^{-1}}{\left(1+\frac{1}{2}z^{-1}\right)\left(1+\frac{1}{4}z^{-1}\right)}+\frac{1+3z^{-1}}{1+\frac{3}{4}z^{-1}+\frac{1}{8}z^{-2}}\cdot\frac{1}{1-\frac{1}{2}z^{-1}}$$

由此可见，所求 $Y(z)$与解法 1 的完全相同。对它们取 z 逆变换则可以求出与前面相同的零输入响应、零状态响应和全响应。显然，解法 2 比解法 1 多出了求初始状态值 $y(-2)$这一步。

【例 10-3】 已知二阶离散系统的差分方程为

$$y(n)-5y(n-1)+6y(n-2)=x(n-1)$$

$x(n)=2^n\varepsilon(n)$，$y(-1)=1$，$y(-2)=1$，试分别根据 $y_{zi}(n)$和 $y_{zs}(n)$满足的方程求系统的零输入响应 $y_{zi}(n)$、零状态响应 $y_{zs}(n)$以及全响应 $y(n)$。

解：1）$y_{zi}(n)$满足的方程为

$$y_{zi}(n)-5y_{zi}(n-1)+6y_{zi}(n-2)=0 \qquad (10\text{-}16)$$

$y_{zi}(n)$的初始状态为 $y_{zi}(-1)=y(-1)$，$y_{zi}(-2)=y(-2)$。对式(10-16)两边取单边 z 变换可得：

$$Y_{zi}(z)=\frac{(5-6z^{-1})y(-1)-6y(-2)}{1-5z^{-1}+6z^{-2}}=\frac{8z}{z-2}-\frac{9z}{z-3},\quad |z|>3 \qquad (10\text{-}17)$$

对式(10-17)两边取单边 z 反变换可得：

$$y_{zi}(n)=(2^{n+3}-3^{n+2})\varepsilon(n)$$

2）$y_{zs}(n)$满足的差分方程为

$$y_{zs}(n)-5y_{zs}(n-1)+6y_{zs}(n-2)=x(n-1) \qquad (10\text{-}18)$$

$y_{zs}(n)$的初始状态 $y_{zs}(-1)$、$y_{zs}(-2)$均为零。对式(10-18)两边取单边 z 变换可得：

$$Y_{zs}(z)=\frac{z^{-1}}{1-5z^{-1}+6z^{-2}}X(z)=\frac{3z}{z-3}-\frac{3z}{z-2}-\frac{2z}{(z-2)^2},|z|>3 \quad (10\text{-}19)$$

对式(10-19)两边取单边 z 反变换可得：

$$y_{zs}(n)=[3^{n+1}-(3+n)2^n]\varepsilon(n)$$

3) 全响应为

$$y(n)=y_{zi}(n)+y_{zs}(n)=[5(2)^n-2(3)^{n+1}-n(2)^n]\varepsilon(n)$$

10.3 利用线性移不变系统的系统函数的零、极点分布分析系统的时域特性

与连续时间系统的情况类似，线性移不变系统的零、极点图反映了系统函数的零、极点在 z 平面上的分布情况，它也是系统的一种表征形式，即已知一个系统的零、极点图及收敛域可以完全画出该系统，改变系统零、极点的分布就会直接影响系统的时域和频域特性。因此，可以利用其系统函数的零、极点分布分析系统的基本特性。我们知道，对于一个用线性常系数差分方程描述的线性移不变系统来说，其系统函数 $H(z)$可以表示为 z^{-1} 或 z 的实系数有理分式，因此，其分子和分母的多项式都可以分解为因子相乘的形式。这样，当 a_0、b_0 均不为零时，由式(10-2)可得：

$$H(z)=\frac{\sum_{r=0}^{M}b_rz^{-r}}{\sum_{k=0}^{N}a_kz^{-k}}=\frac{b_0\sum_{r=0}^{M}\frac{b_r}{b_0}z^{-r}}{a_0\sum_{k=0}^{N}\frac{a_k}{a_0}z^{-k}}=G\frac{\sum_{r=0}^{M}\beta_rz^{-r}}{\sum_{k=0}^{N}\alpha_kz^{-k}}=G\frac{1+\beta_1z^{-1}+\beta_2z^{-2}+\cdots+\beta_Mz^{-M}}{1+\alpha_1z^{-1}+\alpha_2z^{-2}+\cdots+\alpha_Nz^{-N}}$$

(10-20)

式(10-20)中，$G=\frac{b_0}{a_0}$为系统函数的幅度因子，$\beta_r=\frac{b_r}{b_0}$，$\alpha_k=\frac{\alpha_k}{\alpha_0}$。由于限于讨论实因果线性移不变系统，故系数 a_k、b_r、α_k 和 β_r 均为实数。根据实系数多项式根的理论，式(10-20)中，分子、分母多项式的根即系统的零点和极点，只能是实数或者是共轭复数对。假设将共轭复根，特别是重根视为多个相同的单根，则式(10-20)可以表示为

$$H(z)=\frac{\sum_{r=0}^{M}b_rz^{-r}}{\sum_{k=0}^{N}a_kz^{-k}}=G\frac{\sum_{r=1}^{M}(1-z_rz^{-1})}{\sum_{k=1}^{N}(1-p_kz^{-1})} \quad (10\text{-}21)$$

式(10-21)中，第二个等式是分别针对第一个等式分子、分母中的两个 z^{-1} 多项式进行因式分解而得到的，分子中任一因子$(1-z_rz^{-1})=\frac{z-z_r}{z}$都在 $z=z_r$ 处产生 $H(z)$的一个零点，并在 $z=0$ 处产生一个极点，而分母中任一因子$(1-p_kz^{-1})=\frac{z-p_k}{z}$均在$z=p_k$ 处产生 $H(z)$的一个极点，并在 $z=0$ 处产生一个零点。因此系统函数 $H(z)$包括可能存在于$z=0$ 或 $z=\infty$的零、极点。

若单位样值响应 $h(n)$为实数，即 $h(n)=h^*(n)$，则 $H(z)$为共轭对称函数，即有：

$$H(z)=H^*(z^*)$$

而且 $H(z)$的极点、零点都是以共轭对称对的形式出现，即若在 $z=z_0$ 处有一个极(零)点，则在 $z=z_0^*$ 处也有一个极(零)点。

另一种表示系统函数式(10-20)的方法是将其表示为 z 的正幂形式，这时将该式的分子、分母同乘 z^{M+N}，即得：

$$H(z)=z^{N-M}\frac{b_0z^M+b_1z^{M-1}+\cdots+b_{M-1}z+b_M}{a_0z^N+a_1z^{N-1}+\cdots+a_{N-1}z+a_N}=Gz^{N-M}\frac{\prod_{r=1}^{M}(z-z_r)}{\prod_{k=1}^{N}(z-p_k)} \tag{10-22}$$

由式(10-22)可知，当 $N>M$ 时，系统在 $z=0$ 处有一个 $N-M$ 阶零点；当 $M>N$ 时，系统在 $z=0$ 处有一个 $M-N$ 阶极点。由于 $H(z)$的零点和极点由差分方程的实系数 a_k 与 b_r 决定，所以它们可能是实数、虚数或一般的复数，当为虚数或一般的复数时，必然成对共轭出现。由式(10-20)和式(10-22)可见，除去仅影响系统函数幅度大小的比例常数 $G=\frac{b_0}{a_0}$ 以外，系统函数完全由其所有的零、极点确定。因此，系统函数 $H(z)$的零、极点分布以及 $H(z)$的收敛域决定了系统的众多特性，而借助零、极点分布分析系统的方法有时称为系统的零、极点分析法。

由于线性移不变系统的系统函数 $H(z)$与单位样值响应 $h(n)$构成 z 变换对，而系统函数除幅度因子外完全由其零、极点确定，因此，反映系统时域特性的 $h(n)$与系统函数 $H(z)$的零、极点分布之间必然存在着本质上的联系。

为了简单起见，先设 $H(z)$的所有极点 $p_k(k=1, 2, \cdots, N)$都是一阶极点，若 $N\geqslant M$（否则可以用多项式除法将 $H(z)$化为 z^{-1}的有理真分式与 z 的负幂项的和），则系统函数 $H(z)$可以展开成如下部分分式的和的形式，即：

$$H(z)=G\frac{\prod_{r=1}^{M}(1-z_rz^{-1})}{\prod_{k=1}^{N}(1-p_kz^{-1})}=C_0+\sum_{k=1}^{N}\frac{C_kz}{z-p_k} \tag{10-23}$$

若 $H(z)$的收敛域 $|z|>\max\limits_k(|p_k|)$，对式(10-23)取 z 反变换，系统的单位样值响应为

$$h(n)=Z^{-1}[H(z)]=C_0\delta(n)+\sum_{k=1}^{N}C_k(p_k)^n\varepsilon(n) \tag{10-24}$$

由式(10-24)可知，$h(n)$的每一项时间序列的函数形式仅取决于 $H(z)$的一个极点。幅值系数 C_k 与 $H(z)$的零点分布有关，$H(z)$零点位置的异动不会改变 $h(n)$的变化模式，而只会影响其幅度大小和相位。与线性时不变系统的系统函数 $H(s)$的零、极点分布对系统单位冲激响应 $h(t)$的影响方式一样，系统函数 $H(z)$的极点在 z 平面上的分布情况完全决定了单位样值响应 $h(n)$的性状，而对于一个离散序列，其性状通常指的是序列包络的变化趋势和变化频率。此外，由于 $H(z)$分母多项式中 $X(z)=0$ 是系统的特征方程，所以 $H(z)$的极点还决定了系统自由响应(包括零输入响应以及零状态响应中的自由响应分量)的形式。

若 $H(z)$含有一个 $m(m>1)$阶极点 p_1，其余为单极点，则 $H(z)$的部分分式可以表示为

$$H(z)=C_0+\sum_{k=1}^{m}\frac{C_{1k}}{(1-p_1z^{-1})^k}+\sum_{k=m+1}^{N}\frac{C_k}{(1-p_kz^{-1})} \tag{10-25}$$

若 $H(z)$的收敛域 $|z|>\max\limits_k(|p_k|)$，则式(10-25)中 $H(z)$所对应的单位样值响应为

$$h(n)=C_0\delta(n)+\sum_{k=1}^{m}\frac{C_{1k}(n+1)(n+2)\cdots(n+k-1)}{(k-1)!}p_1^n\varepsilon(n)+\sum_{k=m+1}^{N}C_kp_k^n\varepsilon(n) \tag{10-26}$$

由于因果系统 $H(z)$的收敛域为$|z|>R_H$，即其收敛域的边界为一个圆，所以可以将$H(z)$的极点(实极点和共轭极点)在 z 平面上的位置分为 3 个部分：单位圆内、单位圆上和单位圆外，根据极点在这 3 个区域里的分布情况，可以分别讨论极点对 $h(n)$变化规律，即包络特性的影响。

1. $H(z)$的极点 p_k 在单位圆内($|p_k|=r<1$)

1) p_k 为 $H(z)$的一阶实数极点，即 $p_k=\pm r$ 在实轴上，则 $H(z)$展开式中含有：

$$H_k(z)=\frac{C_k}{1-p_kz^{-1}}=\frac{C_kz}{z-p_k}$$

它对应着指数序列 $h_k(n)=C_k(p_k)^n\varepsilon(n)$。由于$|p_k|<1$，所以 $h_k(n)$是衰减的，而且极点越靠近原点衰减得越快。当 $p_k>0$ 时呈指数衰减，且恒为正值；当 $p_k<0$ 时，$h_k(n)$的值正负交替变化，也呈指数衰减规律，或者说$|h_k(n)|$的变化情况与 $p_k>0$ 时的相同。

2) p_k 为 $H(z)$的二阶实数极点，则 $H(z)$展开式中通常含有

$$H_k(z)=\frac{C_{11}}{(1-p_kz^{-1})}+\frac{C_{12}}{(1-p_kz^{-1})^2}$$

它所对应的单位样值响应分量为

$$h_k(n)=C_{11}p_k^n\varepsilon(n)+C_{12}(n+1)p_k^n\varepsilon(n)$$

由于$|p_k|<1$，所以当 n 较大时仍是衰减的，而且当 $n\to\infty$时 $h_k(n)\to 0$。同样，若 $H(z)$在单位圆内有更高阶的实极点，则对应的单位样值响应分量在 n 较大时仍是衰减的。

3) $H(z)$含有一对一阶共轭复数极点，即 $p_{1,2}=re^{j\Omega_0}$，则在 $H(z)$展开式中必定对应含有：

$$H_{1,2}(z)=\frac{C_1}{1-re^{j\Omega_0}}+\frac{C_1^*}{1-re^{-j\Omega_0}}=\frac{C_1z}{z-re^{j\Omega_0}}+\frac{C_1^*z}{z-re^{-j\Omega_0}}$$

它所对应的单位样值响应分量 $h_{1,2}(n)$为幅度按$(r)^n$ 规律变化、呈衰减振荡的正弦序列，即有：

$$\begin{aligned}h_{1,2}(n)&=C_1(p_k)^n+C_1^*(p_k^*)^n=C_1(re^{j\Omega_0})^n+C_1(re^{-j\Omega_0})^n=|C_1|e^{j\varphi}r^ne^{jn\Omega_0}+|C_1|e^{-j\varphi}r^ne^{jn\Omega_0}\\&=2|C_1|r^n\cos(n\Omega_0+\varphi)\varepsilon(n)\end{aligned}$$

其中，$C_1=|C_1|e^{j\varphi}$；r 决定着衰减的快慢，r 越小衰减越快；Ω_0 决定着正弦振荡的角频率。当 $p_{1,2}$位于右半 z 平面时，$h_{1,2}(n)$呈衰减振荡正弦序列；当 $p_{1,2}$位于左半 z 平面时，$h_{1,2}(n)$的值正负交替变化，也呈衰减振荡正弦变化趋势。

若在单位圆内有更高阶的共轭极点，它所对应的单位样值响应分量在 n 较大时仍是衰减的。总之，由于$|p_k|<1$，$H(z)$在单位圆内的极点对应于单位样值响应分量 $h(n)$中的响应分量及其包络都随 n 增大而衰减且最终趋于零。

2. $H(z)$的极点 p_k 在单位圆上($|p_k|=r=1$)

1) $H(z)$含有的一阶实数极点只可能有 $p_1=1$ 或 $p_2=-1$，故在 $H(z)$展开式中必定对应有：

$$H_1(z)=\frac{C_1}{1-z^{-1}}=\frac{C_1z}{z-1}\text{ 或 }H_2(z)=\frac{C_2}{1+z^{-1}}=\frac{C_2z}{z+1},$$

它们分别对应着阶跃序列 $h_1(n)=C_1\varepsilon(n)$和幅值恒定但正负交替变化的序列 $h_2(n)=C_2(-1)^n\varepsilon(n)$。显然，$|h_2(n)|$也为阶跃序列。

2）$H(z)$含有一阶共轭复数极点，即：

$$p_{1,2}=\mathrm{e}^{\pm \mathrm{j}\Omega_0},H_{1,2}(z)=\frac{C_1}{1-\mathrm{e}^{\mathrm{j}\Omega_0}z^{-1}}+\frac{C_1^*}{1-\mathrm{e}^{-\mathrm{j}\Omega_0}z^{-1}}=\frac{C_1 z}{z-\mathrm{e}^{\mathrm{j}\Omega_0}}+\frac{C_1^* z}{z-\mathrm{e}^{-\mathrm{j}\Omega_0}},$$

则对应于$h_{1,2}(n)$的序列为呈等幅振荡的正弦序列，即有：

$$h_{1,2}(n)=C_1(p_k)^n+C_1^*(p_k^*)^n=C_1(\mathrm{e}^{\mathrm{j}\Omega_0})^n+C_1^*(\mathrm{e}^{-\mathrm{j}\Omega_0})^n=2|C_1|\cos(n\Omega_0+\varphi)\varepsilon(n)$$

其中，$C_1=|C_1|\mathrm{e}^{\mathrm{j}\varphi}$。

总之，由于$|p_k|=1$，$H(z)$在单位圆上的一阶极点所对应$h(n)$中的响应分量为阶跃序列或正弦序列，这时，$h(n)$的包络不随n值的大小而改变，即为一等幅的包络；$H(z)$在单位圆上的二阶以及更高阶极点所对应$h(n)$中的响应分量均随n的增大而增大，最终趋于无穷大。

3. $H(z)$的极点p_k在单位圆外（$|p_k|=r>1$）

由于$|p_k|>1$，$H(z)$在单位圆外的极点p_k所对应的$h(n)$的响应分量及其包络与单位圆内的极点所对应的响应分量类型及其包络相似，但随n的增大而增大，最终趋于无穷大。

线性移不变实因果系统的系统函数$H(z)$的一阶和二阶极点在z平面上的位置与$h(n)$形状的关系如图10-1所示。

类似于线性时不变系统，线性移不变系统的极点分布直接影响着系统的时域振动模式，而系统的零点分布则影响着系统振动模式的幅度大小。若系统的极点为单阶实数极点，则系统的时域响应过程为单调变化；若系统的极点为复数极点，则系统的时域响应过程为振荡变化。变化趋势是增长的还是衰减的取决于系统的极点分布位置：若极点分布在单位圆内，则系统的时域响应过程为衰减变化；若系统极点分布在单位圆外，则系统的时域响应过程为增长变化；若极点分布在单位圆上，则系统的时域响应过程为等幅变化过程。

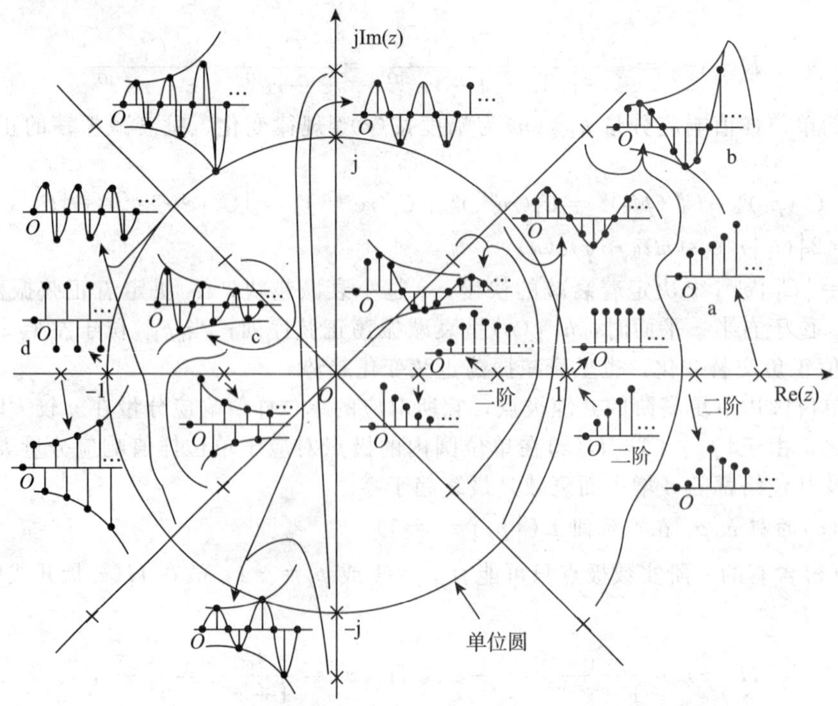

图10-1 线性移不变实因果系统的系统函数$H(z)$的一阶和二阶极点在z平面上的位置与$h(n)$形状的关系

下面讨论 $h(n)$ 的包络特性。由图 10-1 可见，极点的半径大小决定着序列包络的变化趋势，而极点的辐角表示序列的包络频率(振荡频率)，所以极点的辐角大小决定了序列包络频率的高低。当 $\Omega_0=0$ 时，无振荡，此为序列包络频率(振荡频率)的最小值；当 $\Omega_0=\pi$ 时，$\cos(n\Omega_0+\varphi)=\cos(n\pi+\varphi)$，响应项随 n 每移序一次便进行一次正负变号，即经二次移序就完成一次振荡，因而对于离散序列而言，其包络的最高频率(即最高振荡频率)为 π。图 10-1中 a、b、c、d 为 4 种典型的极点位置及其对应的序列波形，其中，图 10-1a、d 为一阶实极点的情况，图 10-1b、c 为共轭复极点的情况。由此图可以看出极点位置与序列包络变换的对应关系和包络频率的变化规律，当辐角处于 $0\sim\pi$ 时，随着辐角的增加，包络频率也逐渐升高；然而，当辐角处于 $\pi\sim2\pi$ 时，包络频率并不是随辐角的增加而增加，而是随辐角的增加而逐渐降低，直到 2π 时又恢复为 0。这也表明，对离散时间序列而言，其包络的最高频率等于 π。离散序列的最高包络频率等于 π 有两方面原因。首先，从时域来看，由于离散序列的自变量 n 只能取整数，所以周期序列的最小周期就只能等于 2，这样，序列包络的最高频率就只能等于 π。图 10-1d 就是一个周期等于 2 的周期序列。其次，从抽样定理来看，由于 z 变换是抽样信号的拉氏变换，且抽样周期 T_s 归一化为 1，即抽样频率等于 2π。于是，根据抽样定理，当序列的最高包络频率超过 π 时，抽样信号的频谱就会出现混叠，而混叠的效应是出现一个低频信号，这也就是在离散时间信号的傅里叶变换中所讨论的欠抽样效应。这样，当序列的最高包络频率超过 π 时，若抽样频率为 2π，则抽样所得序列的包络频率将低于 π，因此，序列包络的最高频率只能等于 π。图 10-2 是对余弦信号进行欠抽样的图解说明，其中，连续信号的频率为 $\frac{3\pi}{2}$，抽样频率为 2π。由图 10-2 可见，抽样后所得序列的包络频率降低为 $\frac{\pi}{2}$。

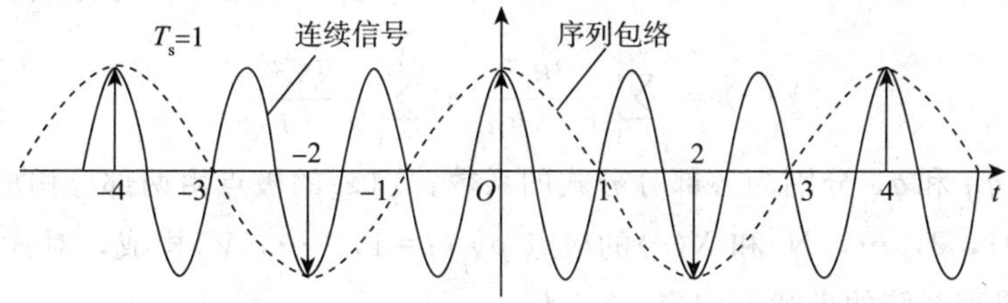

图 10-2　对余弦信号进行欠抽样的图解说明

事实上，这里也可以直接借助 $z\sim s$ 平面的映射关系，将 $s(s=\sigma+j\omega)$ 域零、极点分析的结论用于 $z(z=re^{j\Omega})$ 域分析之中，从而由 $H(s)$ 的极点分布与 $h(t)$ 的形状关系对应得出 $H(z)$ 的极点分布与 $h(n)$ 的形状关系。在连续系统中，$h(t)$ 的幅度和振荡频率分别取决于 $H(z)$ 极点的实部和虚部，而在离散系统中，$h(n)$ 的幅度和振荡频率分别取决于 $H(z)$ 极点的模和辐角。

10.4　利用系统函数的零、极点分布分析自由响应和强迫响应、暂态响应和稳态响应

类似于连续时间系统的情况，这里对用 n 阶线性常系数差分方程描述的因果增量线性系统，由 $X(z)$ 与 $H(z)$ 的极点分布特性来考察系统完全响应中的自由响应(齐次解)和强迫响应(特解)。下面讨论用 n 阶线性常系数差分方程描述的因果线性移不变系统的零状态响应中的自由响应和强迫响应。

10.4.1 零状态响应中的自由响应和强迫响应分量

对于系统函数为$\{H(z), R_h\}$的线性移不变因果系统，其$H(z)$与因果激励信号的z变换$\{X(z), R_x\}$以及零状态响应的单边z变换$\{Y(z), R_y \supset R_h \cap R_x\}$之间的关系为

$$Y(z) = H(z)X(z) \tag{10-27}$$

假定$H(z)$、$X(z)$均为有理函数，则有：

$$H(z) = \frac{N(z)}{D(z)} = \frac{\sum_{r=0}^{M} b_r z^{-r}}{\sum_{k=0}^{N} a_k z^{-k}} = Gz^{N-M} \frac{\prod_{r=1}^{M}(z - z_{H_r})}{\prod_{k=1}^{N}(z - p_{H_k})}$$

$$X(z) = \frac{P(z)}{Q(z)} = \frac{\sum_{k=0}^{U} d_k z^{-k}}{\sum_{l=0}^{V} c_l z^{-l}} = Lz^{V-U} \frac{\prod_{k=1}^{U}(z - z_{X_k})}{\prod_{l=1}^{V}(z - P_{X_l})}$$

为了讨论简单起见，$H(z)$、$X(z)$的极点均设为一阶极点(并不影响分析所得结论)，且$H(z)$和$X(z)$没有相同的极点，而两者相乘并无零、极点相消，此外，还假定相乘结果$Y(z)$为有理真分式，则$Y(z)$可以用部分分式法展开为

$$Y(z) = H(z)X(z) = \frac{\sum_{r=0}^{M} b_r z^{-r}}{\sum_{k=0}^{N} a_k z^{-k}} \cdot \frac{\sum_{k=0}^{U} d_k z^{-k}}{\sum_{l=0}^{V} c_l z^{-l}} = GLz^{N+V-M-U} \frac{\prod_{r=1}^{M}(z - z_{H_r})}{\prod_{k=1}^{N}(z - p_{H_k})} \cdot \frac{\prod_{k=1}^{U}(z - z_{X_k})}{\prod_{l=1}^{V}(z - p_{X_l})} \tag{10-28}$$

由于$M \leqslant N$，$U \leqslant V$，所以将式(10-28)中的$Y(z)$按$\frac{Y(z)}{z}$进行部分分式展开，可得：

$$Y(z) = \sum_{i=1}^{N} \frac{q_{H_i} z}{z - p_{H_i}} + \sum_{l=1}^{V} \frac{q_{X_l} z}{z - p_{X_l}} \tag{10-29}$$

式(10-29)中，q_{H_i}和q_{X_l}分别为各部分分式的系数，$Y(z)$的极点由两部分构成，即由$H(z)$的极点$p_{H_i}(i=1, 2, \cdots, N)$和$X(z)$的极点$p_{X_l}(l=1, 2\cdots, V)$构成，对式(10-29)取单边$z$变换即可得到系统的零状态响应$y(n)$为

$$y(n) = \underbrace{\sum_{i=1}^{N} q_{H_i}(p_{H_i})^n \varepsilon(n)}_{\text{系统函数}H(z)\text{极点产生的自由响应}} + \underbrace{\sum_{l=1}^{V} q_{X_l}(p_{X_l})^n \varepsilon(n)}_{\text{输入象函数}X(z)\text{产生的强迫响应}} \tag{10-30}$$

类似于连续系统的情况，若$H(z)$和$X(z)$有相同的极点，例如，p_{HX_r}同时是它们的一阶极点，则它就成为$Y(z)$的二阶极点，由部分分式展开法可知，p_{HX_r}将产生如下的响应分量，即：

$$(q_{r1}(p_{HX_r})^n + q_{r2}(n+1)(p_{HX_r})^n)\varepsilon(n)$$

由于这种响应分量是由$H(z)$和$X(z)$的极点共同产生的，所以区分它是自由响应还是强迫响应已无毫无意义。

10.4.2 完全响应中的自由响应分量和强迫响应分量

类似于连续系统的情况，对于用n阶线性常系数差分方程描述的因果增量线性系统，用单边z变换所得到的系统响应可以分解为零状态响应和零输入响应两部分，其中的零状态响应与上面讨论的相同，也由自由响应和强迫响应两部分组成，前者也是由系统函数

$H(z)$的极点产生，后者同样是由$X(z)$的极点形成，由式(10-28)和式(10-30)可知，若某个或某些$H(z)$的极点被$X(z)$的零点消去，则在零状态响应中就不会再有被消去的$H(z)$的极点所对应的自由响应分量，然而，由式(10-28)可知，零输入响应的单边拉氏变换式的极点全部是$H(z)$的极点，没有$X(z)$的极点，因此，零输入响应全部属于自由响应。

在式(10-28)中，设$H(z)$的极点为$p_{H_i}(i=1, 2, \cdots, n)$，$X(z)$的极点为$p_{X_l}(l=1, 2, \cdots, v)$，且仍假设所有极点均为一阶的(不会影响分析结论)，将式(10-28)改写为

$$Y(z)=H(z)X(z)+\frac{-\sum_{k=0}^{N}\left[a_k z^{-k}\sum_{l=-k}^{-1}y(l)z^{-1}\right]}{\sum_{k=0}^{N}a_k z^{-k}}$$

$$=\underbrace{GLz^{N+V-M-U}\frac{\prod_{(r=1}^{M}z-z_{H_r})}{\prod_{(k=1}^{N}z-p_{H_k})}\cdot\frac{\prod_{(k=1}^{U}z-z_{X_k})}{\prod_{(l=1}^{V}z-p_{X_l})}}_{\text{零状态响应}}+\underbrace{\frac{-\sum_{k=0}^{N}\left[a_k z^{-k}\sum_{l=-k}^{-1}y(l)z^{-1}\right]}{\sum_{k=0}^{N}a_k z^{-k}}}_{\text{零输入响应}} \tag{10-31}$$

$$=\underbrace{GLz^{N+V-M-U}\frac{\prod_{(r=1}^{M}z-z_{H_r})}{\prod_{(k=1}^{N}z-p_{H_k})}\cdot\frac{\prod_{(k=1}^{U}z-z_{X_k})}{\prod_{(l=1}^{V}z-p_{X_l})}}_{\text{零状态响应}}+\underbrace{\frac{C(z)}{\prod_{k=1}^{N}(s-p_{H_i})}}_{\text{零输入响应}}$$

对式(10-31)按$\frac{Y(z)}{z}$进行部分分式展开后可得：

$$Y(z)=\underbrace{\sum_{k=1}^{N}\frac{K_{H_k}z}{s-p_{H_k}}+\sum_{l=1}^{V}\frac{K_{X_l}z}{s-p_{X_l}}}_{\text{零状态响应}}+\underbrace{\sum_{k=1}^{N}\frac{K_{Y_k}z}{s-p_{H_k}}}_{\text{零输入响应}}=\underbrace{\sum_{k=1}^{N}\frac{K_{H_k}z}{s-p_{H_k}}+\sum_{k=1}^{N}\frac{K_{Y_k}z}{s-p_{H_k}}}_{\text{自由响应}}+\underbrace{\sum_{l=1}^{V}\frac{K_{X_l}z}{s-p_{X_l}}}_{\text{强迫响应}} \tag{10-32}$$

式(10-32)中，第一项构成的响应仅含$H(z)$的极点(即其变化规律仅由系统决定)，为自由响应；第二项构成的响应仅含$X(z)$的极点(即其变化规律仅由激励决定)，为强迫响应。例如，在例10-2中，$-8\left(-\frac{1}{2}\right)^n+\frac{14}{3}\left(-\frac{1}{4}\right)^n$为自由响应分量，$\frac{7}{3}\left(\frac{1}{2}\right)^n$为强迫响应分量。

10.5　利用系统函数的极点分布确定线性移不变系统的因果性、稳定性

下面利用系统函数的极点分布分析线性移不变系统的基本特性，即因果性、稳定性。

10.5.1　因果性

在时域中，线性移不变系统具有因果性的充要条件是其单位样值响应为$h(n)=h(n)\varepsilon(n)$，即$h(n)$为一因果序列，因此其z变换，即系统函数$H(z)$的收敛域必为一个圆外区域，可以表示为$|z|>R_H$，又由于收敛域内不能包含任何极点，所以必须有：

$$|z|>R_H\geqslant\max_i(|p_i|) \tag{10-33}$$

式(10-33)表明，在z域中，线性移不变系统具有因果性的充分必要条件为系统函数$H(z)$

的收敛域为 z 平面内包含 $H(z)$ 所有极点的圆周外侧区域(简称圆外区域)。若 $H(z)$ 为有理分式且其分子的最高阶次高于分母的最高阶次，则利用长除法可知，$H(n)$ 的 z 变换式中包含 z 的正幂，故在 $z=\infty$ 处 $H(z)$ 无界，不满足式(10-33)，此时 $H(z)$ 的收敛域为 $R_H<|z|<\infty$，即 $h(n)$ 为一个无限长右边非因果序列。因此，对于 $H(z)$ 为有理分式的情况，其对应的线性移不变系统只有在 $H(z)$ 分子的最高阶次不高于分母的最高阶次时，该系统才具有因果性。

同理，若线性移不变系统为非因果或反因果的，则应有 $h(n)=0$，$n\geqslant 0$，即 $h(n)$ 为一个反因果序列，因此其 z 变换，即系统函数 $H(z)$ 的收敛域必须为

$$|z|<R_H\leqslant \min_i(|p_i|) \tag{10-34}$$

式(10-34)表明，在 z 域中，线性移不变系统具有反因果性的充分必要条件为系统函数 $H(z)$ 的收敛域为 z 平面内不包含 $H(z)$ 所有极点的圆周内侧区域(简称圆内区域)。

总之，只有 $H(z)$ 的收敛域为 $R_{x_-}<|z|\leqslant\infty$，即必须包含 $|z|=\infty$ 或者 $H(z)$ 分子的最高阶次不高于分母的最高阶次时，$h(n)$ 才是因果序列，即该线性移不变系统才是因果的。需要注意的是，这与线性时不变系统的对应情况是不同的。

10.5.2 稳定性

在时域中，基于 BIBO 稳定性定义，线性移不变系统稳定的充要条件是其单位样值响应 $h(n)$ 绝对可和，在 z 域中，则可以表示为其系统函数 $H(z)$ 的收敛域应包括单位圆，或者说 $H(z)$ 的所有极点都必须位于单位圆内。

首先证明单位圆在 $H(z)$ 的收敛域内是系统稳定的充分条件。由于系统函数可以表示为

$$H(z)=\sum_{n=-\infty}^{\infty}h(n)z^{-n} \tag{10-35}$$

根据 z 变换的定义和级数理论，若 $H(z)$ 存在，则在其收敛域内，式 (10-35)右边的级数项应绝对可和，即：

$$\sum_{n=-\infty}^{\infty}|h(n)z^{-n}|<\infty \tag{10-36}$$

假设单位圆在 $H(z)$ 的收敛域内，即 $H(z)$ 在 $|z|=1$ 处收敛，则由式 (10-36)可以得出：

$$\sum_{n=-\infty}^{\infty}|h(n)z^{-n}|\Big|_{|z|=1}=\sum_{n=-\infty}^{\infty}|h(n)|<\infty$$

这表明，如果单位圆在 $H(z)$ 的收敛域内，系统的单位样值响应就绝对可和，即系统稳定。

现在证明，若系统是稳定系统，即系统的单位样值响应绝对可和，则系统函数的收敛域一定要包括单位圆。假设系统函数 $H(z)$ 的 N 个极点 $p_i(i=1,2,\cdots,N)$ 均为一阶极点，故有：

$$H(z)=\sum_{i=0}^{N}\frac{K_i z}{z-p_i} \tag{10-37}$$

因此，系统的单位样值响应为

$$h(n)=\sum_{i=0}^{N}K_i\,(p_i)^n \tag{10-38}$$

我们知道，对一个线性移不变离散系统而言，系统稳定的时域充要条件是其单位抽样响应绝对可和，即应有：

$$\sum_{n=-\infty}^{\infty}|h(n)|<\infty \tag{10-39}$$

为利用式 (10-39)，对式(10-38)两边取绝对值，再对 n 求和可得：

$$\sum_{n=-\infty}^{\infty}|h(n)|=\sum_{n=-\infty}^{\infty}\left|\sum_{i=0}^{N}K_i\ (p_i)^n\right|\leqslant\sum_{i=0}^{N}|K_i|\sum_{n=-\infty}^{\infty}|p_i|^n \tag{10-40}$$

由于式(10-40)右边的双重求和中第一个求和 $\sum_{i=0}^{N}|K_i|$ 为有限项，其中，K_i 是常数，因此，为使右边小于∞，即满足式(10-39)，则式 (10-40)右边的每一项幂指数均须绝对可和，即有：

$$\sum_{n=-\infty}^{\infty}|p_i|^n<\infty \tag{10-41}$$

对于式(10-41)，可以结合系统的单位样值响应序列与收敛域的对应关系具体加以讨论。

1) 若系统为因果系统，即单位样值响应 $h(n)$为因果序列，式(10-41) 变为

$$\sum_{n=0}^{\infty}|p_i|^n<\infty \tag{10-42}$$

要使式(10-42)成立，则系统函数的极点 p_i 必须满足：

$$|p_i|<1(i=1,2,\cdots,N)$$

由于因果序列 $h(n)$的 z 变换，即 $H(z)$的收敛域位于最外边极点的外侧，即 $|z|>\max\limits_{i}(|p_i|)$，因此，因果系统的系统函数的收敛域须包括单位圆。

2) 若系统为反因果系统，即单位样值响应 $h(n)$为反因果序列，式(10-41) 变为

$$\sum_{n=-\infty}^{-1}|p_i|^n<\infty \tag{10-43}$$

要使式(10-43)成立，则系统函数的极点 p_i 必须满足：

$$|p_i|>1(i=1,2,\cdots,N) \tag{10-44}$$

但由于反因果序列 $h(n)$ 的 z 变换 $H(z)$ 的收敛域位于最里边极点的内侧，即 $|z|<\min\limits_{i}(|p_i|)$，因此，反因果系统的系统函数的收敛域也要包括单位圆。

3) 若系统为双边系统，即单位样值响应 $h(n)$为双边序列，这时可以将其视为一个因果序列和反因果序列的叠加，因此根据上面两条结果易知，该系统的系统函数的收敛域仍须包括单位圆。

这样，根据一阶极点的情况，证明了系统函数 $H(z)$的收敛域包括单位圆是系统稳定的必要条件。事实上，所证结论对多重极点也是成立的。因此，在 BIBO 稳定意义下判断一个线性移不变系统是否稳定，可以从其系统函数 $H(z)$的所有极点是否都在单位圆($|z|=1$)内(不包括单位圆本身)来确定，即无论对于因果系统、反因果系统还是双边系统，均有下述性质成立：

1) $H(z)$的极点全部在单位圆内的系统，即 $H(z)$的收敛域包括单位圆($|z|=1$)(这实际上是要求 $H(e^{j\Omega})$必须存在而且连续)，其单位样值响应是收敛的，系统是稳定的，反之亦然。这一结论常被作为离散系统稳定性的判据，并可用图 10-3 加以说明。

2) 对于 $H(z)$的一阶极点在单位圆上的系统，其单位样值响应的幅度不随 n 变化，系统处于临界稳定，反之亦然。

3) 对于 $H(z)$在单位圆上有二阶/二阶以上极点或在单位圆外有极点的系统，其单位样值响应是发散的，系统是不稳定的，反之亦然。

10.5.3 因果稳定的线性移不变系统

对于一个由差分方程式(7-52)描述的线性移不变系统，其因果性和稳定性不一定是互

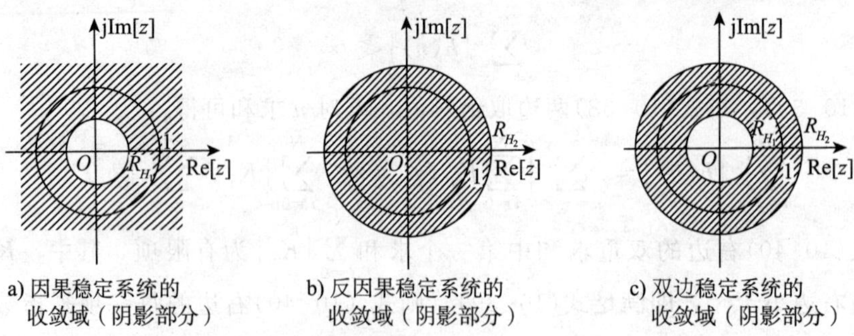

图 10-3　稳定系统的收敛域(阴影部分)

为兼有的。由上述分析可知，一个线性移不变因果系统稳定的充要条件是：其系统函数 $H(z)$的收敛域必须位于最外边极点的外面，同时又包括单位圆，即 $H(z)$的所有极点都必须在单位圆($|z|=1$)内(不包括单位圆本身)，这可以表示为$|z|>R_{H_1}$(因果系统收敛域)且 $R_{H_1}<1$(稳定：收敛域包括单位圆)，也就是

$$1\leqslant|z|\leqslant\infty$$

这就是说，一个线性移不变稳定因果系统的 $H(z)$的收敛域必须包括从单位圆到∞的整个 z 域，简而言之，$H(z)$的收敛域必须包括单位圆和∞点。相应地，时域上有 $\lim\limits_{n\to\infty}|h(n)|=0$。

事实上，要求一个线性移不变系统是稳定的因果系统，还有其他一些约束条件，例如佩利一维纳准则：如果 $h(n)$能量有限，且 $n<0$ 时，$h(n)=0$，则：

$$\int_{-\pi}^{\pi}|\ln|H(\mathrm{e}^{\mathrm{j}\Omega})||\,\mathrm{d}\Omega<\infty$$

该准则的要点之一是一个稳定的因果系统，其频率响应在任意有限频带上不为零。因此，任何稳定的理想频率选择性滤波器都是反因果的，因为 $H(\mathrm{e}^{\mathrm{j}\Omega})$在某些频段上为零值，例如截止频率为 Ω_c 的理想低通滤波器 $H_{LP}(\mathrm{e}^{\mathrm{j}\Omega})$，当$|\Omega|>\Omega_c$ 时，$H_{LP}(\mathrm{e}^{\mathrm{j}\Omega})=0$，不能满足佩利一维纳准则的要求，所以它是反因果的。佩利一维纳准则是系统在物理上可实现的必要条件，而可实现的系统是指既是稳定的又是因果的系统。

有时也应用临界稳定的概念，即若 $H(z)$的极点中，除了单位圆内部有极点外，在单位圆上还有单阶极点，而在单位圆外无极点，则称因果系统为临界稳定的。因果稳定系统的收敛域如图 10-3a 所示。

显然，一个线性移不变反因果系统，其稳定的充要条件是其 $H(z)$的收敛域必须位于最里边极点的内部，同时又包括单位圆，即 $H(z)$的所有极点必须都位于单位圆($|z|=1$)外(不包括单位圆本身)，可以表示为 $0\leqslant|z|<R_{H_2}$(反因果系统收敛域)且 $R_{H_2}>1$(稳定：收敛域包括单位圆)，如图 10-3b 所示。

若 $H(z)$的极点中，除了单位圆外部有极点外，在单位圆上还有单阶极点，而单位圆内部无极点，则称反因果系统为临界稳定的。

由于对一般的非因果系统，即双边系统($H(z)$的收敛域为一个圆环区域内部)而言，可以视为因果系统与反因果系统的叠加，所以，若要系统稳定，则其子因果系统和子反因果系统都必须稳定，若其中有一个子系统不稳定，则整个系统就不稳定。因此，可以得出其单位样值响应为双边序列 $h(n)=h_R(n)\varepsilon(n)+h_L(n)\varepsilon(-n-1)$的双边系统稳定的充要条件为 $H(z)$的部分极点位于单位圆之内(不包括单位圆本身)，而另一部分极点则位于单位圆之外(不包括单位圆本身)，即：

$$R_{H_1}<|z|<R_{H_2}\text{［双边系统收敛域］}$$

且 $R_{H_1}<1$，$R_{H_2}>1$(稳定：收敛域包括单位圆)，如图 10-3c 所示。

【例 10-4】　已知某系统的系统函数为 $H(z)=\dfrac{z(z-0.5)}{(z+0.5)(z-2)}$，试求其所对应的单位样值响应，并说明系统的稳定性和因果性。

解：由于这里并没有给出 $H(z)$ 的收敛域，所以首先应根据 $H(z)$ 的极点求出所有可能的收敛域。$H(z)$ 的两个零点分别为 $z_1=0$ 和 $z_2=0.5$，两个极点分别为 $p_1=-0.5$ 和 $p_2=2$。零、极点分布如图 10-4 所示。由 $H(z)$ 的极点分布可知，$H(z)$ 有 3 种可能的收敛域：

1) $|z|<0.5$，收敛域为一圆内区域但并不包含单位圆，所以此时的系统是不稳定的非因果系统，将 $H(z)$ 展开为部分分式可得：

$$H(z)=\frac{z(z-0.5)}{(z+0.5)(z-2)}=\frac{0.4z}{z+0.5}+\frac{0.6z}{z-2}$$

故其单位序列响应为

$$h(n)=-\left[0.4\,(-0.5)^n+0.6\,(2)^n\right]\varepsilon(-n-1)$$

2) $0.5<|z|<2$，收敛域为圆环内区域，且包含单位圆，所以此时的系统是稳定的非因果系统，其单位序列响应为

$$h(n)=0.4\,(-0.5)^n\varepsilon(n)-0.6\,(2)^n\varepsilon(-n-1)$$

3) $|z|>2$，收敛域为一圆外区域，并不包含单位圆，所以此时的系统是不稳定的因果系统，其单位序列响应为

$$h(n)=\left[0.4\,(-0.5)^n+0.6\,(2)^n\right]\varepsilon(n)$$

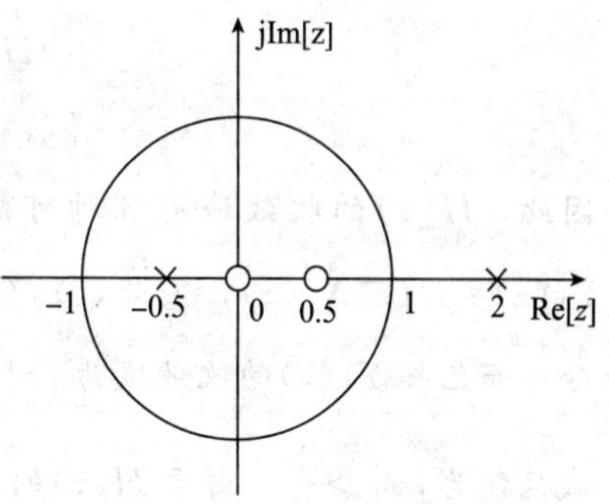

图 10-4　例 10-4 的零极点分布图

【例 10-5】　已知某线性移不变系统的起始状态为 0，当系统的输入为 $x_1(n)=\left(\dfrac{1}{6}\right)^n\varepsilon(n)$ 时，系统的零状态响应为 $y_1(n)=\left[a\left(\dfrac{1}{2}\right)^n+10\left(\dfrac{1}{3}\right)^n\right]\varepsilon(n)$；当系统的输入为 $x_2(n)=(-1)^n\varepsilon(n)$，系统的稳态响应为 $y_2(n)=\dfrac{7}{4}(-1)^n\varepsilon(n)$。试确定系统函数 $H(z)$，并说明系统的因果性、稳定性。

解：显然，只要确定了系统零状态响应中的待定系数 a，就可以确定系统函数，而该待定系数要由所给的稳态响应确定。为此，先写出输入信号和零状态响应的 z 变换，然后再根据定义写出系统函数的形式。由于

$$X_1(z)=\frac{z}{z-\frac{1}{6}},\ |z|>\frac{1}{6}\ \text{和}\ Y_1(z)=\frac{az}{z-\frac{1}{2}}+\frac{10z}{z-\frac{1}{3}}=\frac{z\left[(a+10)z-\left(\frac{a}{3}+5\right)\right]}{\left(z-\frac{1}{2}\right)\left(z-\frac{1}{3}\right)},\ |z|>\frac{1}{3}$$

所以系统函数为

$$H(z)=\frac{Y_1(z)}{X_1(z)}=\frac{\left[(a+10)z-\left(\frac{a}{3}+5\right)\right]\left(z-\frac{1}{6}\right)}{\left(z-\frac{1}{2}\right)\left(z-\frac{1}{3}\right)}$$

由于 $x_2(n)=(-1)^n\varepsilon(n)=e^{jn\pi}\varepsilon(n)$，这相当于激励信号的频率为 $\Omega_0=\pi$，而已知系统的稳态响应为

$$y_2(n)=\frac{7}{4}(-1)^n\varepsilon(n)$$

于是根据稳态响应与系统频率响应之间的关系可知：

$$\frac{7}{4}(-1)^n\varepsilon(n) = (-1)^n\varepsilon[n]H(\mathrm{e}^{\mathrm{j}\pi})$$

因此

$$H(-1) = \frac{7}{4}$$

将此结果代入上面的 $H(z)$ 中可得：

$$H(z)\big|_{z=-1} = \frac{\left[(a+10)z - \left(\frac{a}{3}+5\right)\right]\left(z-\frac{1}{6}\right)}{\left(z-\frac{1}{2}\right)\left(z-\frac{1}{3}\right)}\Bigg|_{z=-1} = \frac{-\left(\frac{4a}{3}+15\right)\left(-\frac{7}{6}\right)}{\left(-\frac{3}{2}\right)\left(-\frac{4}{3}\right)} = \frac{7}{4}$$

从而求得 $a=-9$，由此而得系统函数为

$$H(z) = \frac{(z-2)\left(z-\frac{1}{6}\right)}{\left(z-\frac{1}{2}\right)\left(z-\frac{1}{3}\right)}$$

因此，$H(z)$ 的收敛域有 3 种可能，即 $|z|>\frac{1}{2}$、$|z|<\frac{1}{3}$ 和 $\frac{1}{3}<|z|<\frac{1}{2}$。然而，由于 $Y_1(z)=H(z)X_1(z)$，因此，$Y_1(z)$ 的收敛域必须包括 $H(z)$ 和 $X_1(z)$ 的收敛域的重叠部分，而已知 $Y_1(z)$ 的收敛域为 $|z|>\frac{1}{3}$，$X_1(z)$ 的收敛域为 $|z|>\frac{1}{6}$，因此，$H(z)$ 的收敛域只能为 $|z|>\frac{1}{3}$。由于 $H(z)$ 的收敛域包括单位圆和∞，所以该系统是一个稳定的因果系统。此外，从 $H(z)$ 的分子阶次没有高于分母阶次也可知该系统为因果系统。

10.6 朱里稳定性判据

我们知道，要判断线性移不变因果系统的稳定性，需要计算 $H(z)$ 的极点，以确定 $H(z)$ 的极点是否均位于 z 平面的单位圆内，这对于高阶系统来说往往是比较困难的。朱里(Jury)判据给出了一种无须计算 $H(z)$ 的极点而直接判断系统是否稳定的方法，即只需要判断系统特征方程 $D(z)=0$ 的特征根是否在单位圆内即可。显然，对于高阶离散因果系统，利用朱里准则判断系统的稳定性比较方便。

朱里判据是在不明确以 z 复平面的原点为中心的单位圆相对多项式的根的位置的情况下判别系统稳定性的方法。设特征多项式为

$$D(z) = a_n z^n + a_{n-1}z^{n-1} + \cdots + a_1 z + a_0$$

列写朱里阵列如下：

$z^k(k=n,\ n-1,\ \cdots,\ 1,\ 0)$	朱里阵列	辅助项
z^n	$\alpha_0^n\quad \alpha_1^n\quad \alpha_2^n\quad \cdots\quad \alpha_{n-1}^n\quad \alpha_n^n$ $\alpha_n^n\quad \alpha_{n-1}^n\quad \alpha_{n-2}^n\quad \cdots\quad \alpha_1^n\quad \alpha_0^n$	$c_n=\frac{\alpha_n^n}{\alpha_0^n}$
z^{n-1}	$\alpha_0^{n-1}\quad \alpha_1^{n-1}\quad \alpha_2^{n-1}\quad \cdots\quad \alpha_{n-1}^{n-1}$ $\alpha_{n-1}^{n-1}\quad \alpha_{n-2}^{n-1}\quad \alpha_{n-3}^{n-1}\quad \cdots\quad \alpha_0^{n-1}$	$c_{n-1}=\frac{\alpha_{n-1}^{n-1}}{\alpha_0^{n-1}}$
…	… … … … … …	…
z^1	$\alpha_0^1\quad \alpha_1^1$ $\alpha_1^1\quad \alpha_0^1$	$c_1=\frac{\alpha_1^1}{\alpha_0^1}$
z^0	α_0^0	

朱里阵列共有$(2n+1)$行，在α_n^k组成的朱里阵列表中，每一个$z^k(k=n,\ n-1,\ \cdots,\ 1,\ 0)$对应两行，其中第一行称为主行，第二行称为辅助行，$\alpha_n^k$上标表示其所在的$z^k$的行数，该行数即为$z^k(k=0,\ 1,\ 2,\ \cdots,\ n)$的幂，下标则与列数相关。朱里阵列中的元素可以按照如下规律构造：

1）第一行中的主行元素对应为z^n，将特征多项式的系数按降序排列可得，有：

$$\alpha_i^n = \alpha_{n-i}, \quad i = 0,1,\cdots,n$$

2）每个$z^k(k=n,\ n-1,\ \cdots,\ 1,\ 0)$对应的辅助行是将主行得到的系数按照相反的顺序排列得出的。

3）除第一行外，其他主行的元素为

$$\alpha_i^{n-j} = \alpha_i^{n-j+1} - c_{n-j+1}\alpha_{n-j+1-i}^{n-j+1}, \quad \forall 0 \leqslant i \leqslant n-j$$

它是由前一行的辅助行和主行的系数通过上式计算得出的。

在使用朱里判据时可以定义集合S为

$$S = \{a_0^k, k = n-1,\cdots,0\}$$

即选择阵列中除第一行以外的每个主行的第一个元素组成S，当α_0^n为正时，S中符号为正的元素的数目等于特征多项式在单位圆内的根的数目，而符号为负的元素的数目等于特征多项式在单位圆外的根的数目。例如，设一个线性移不变系统的特征多项式为

$$D(z) = z^3 - 4z^2 + 3z + 2$$

则朱里阵列如下：

z^3	1	−4	3	2	
	2	3	−4	1	$c_3=\frac{2}{1}=2$
z^2	−3	−10	11		$c_2=\frac{11}{-3}=-3.67$
	11	−10	−3		
z^1	37.4	−46.7			$c_1=\frac{-46.7}{37.4}=-1.25$
	−46.7	37.4			
z^0	−20.9				

由此可得：

$$S = \{-3, 37.4, -20.9\}$$

可见$D(z)$有两个在单位圆外的根和一个在单位圆内的根。因此，该系统是不稳定的。

若特征多项式为：

$$D(z) = 2z^3 - z$$

则朱里阵列为

z^3	2	0	−1	0	$c_3=0$
	0	−1	0	2	
z^2	2	0	−1		$c_2=-0.5$
	−1	0	2		
z^1	1.5	0			$c_1=0$
z^0	0	1.5			
	1.5				

这时，集合 S 为

$$S=\{2,1.5,1.5\}$$

由此可知，$D(z)$的所有根都在单位圆内，因此该系统是稳定的。

【例 10-6】 试利用朱里阵列检验下列特征多项式 $D(z)$所表征的线性移不变因果系统是否稳定：

1) $D(z)=2z^3+2z^2+2z+1$；　　2) $D(z)=3z^4+3z^3+z^2+3z+1$

解：1) 朱里阵列为

$$\begin{array}{c|cccc|c}
z^3 & 2 & 2 & 2 & 1 & \\
 & 1 & 2 & 2 & 2 & c_3=\dfrac{1}{2} \\
z^2 & 2-\dfrac{1}{2}\times 1=1.5 & 2-\dfrac{1}{2}\times 2=1 & 2-\dfrac{1}{2}\times 2=1 & & c_2=\dfrac{1}{1.5}=\dfrac{2}{3} \\
 & 1 & 1 & 1.5 & & \\
z^1 & \dfrac{5}{6} & \dfrac{1}{3} & & & \\
 & \dfrac{1}{3} & \dfrac{5}{6} & & & c_1=\dfrac{2}{5} \\
z^0 & 0.7 & & & &
\end{array}$$

由此可得集合 $S=\{1.5,\dfrac{5}{6},0.7\}$，由于其中的元素均大于零，所以该系统是稳定的。

2) 朱里阵列为

$$\begin{array}{c|ccccc|c}
z^4 & 3 & 3 & 1 & 3 & 1 & \\
 & 1 & 3 & 1 & 3 & 3 & c_4=\dfrac{1}{3} \\
z^3 & \dfrac{8}{3} & 2 & \dfrac{2}{3} & 2 & & c_3=\dfrac{3}{4} \\
 & 2 & \dfrac{2}{3} & 2 & \dfrac{8}{3} & & \\
z^2 & \dfrac{7}{6} & \dfrac{3}{2} & -\dfrac{5}{6} & & & c_2=-\dfrac{5}{7} \\
 & -\dfrac{5}{6} & \dfrac{3}{2} & \dfrac{7}{6} & & & \\
z^1 & \dfrac{37}{21} & \dfrac{18}{7} & & & & c_1=\dfrac{54}{37} \\
 & \dfrac{18}{7} & \dfrac{37}{21} & & & & \\
z^0 & -2 & & & & &
\end{array}$$

由此可得集合 $S=\left\{\dfrac{8}{3},\dfrac{7}{6},\dfrac{37}{21},-2\right\}$，由于其中的元素有负数，所以该系统是不稳定的。

此外，由于利用集合 S 来判断系统的不稳定有时计算量过大，所以可以通过计算 $D(1)$和$(-1)^nD(-1)$的符号来直接得出不稳定的结论，因为稳定系统必须满足：

$$\begin{cases}D(1)>0\\(-1)^nD(-1)>0\end{cases}$$

对于例 10-6 中的 2)有：

$$D(1)=11>0 \text{ 和 } (-1)^4 D(-1)=-1<0$$

所以该系统不稳定。

需要注意的是，由于朱里判据实质上是判断 $H(z)$的极点是否都在单位圆内，因此，该判据只能用于判断因果系统的稳定性，对于非因果系统是不适用的。

在建立朱里阵列时可能会遇到在主行的第一列出现一个零的情况，从而无法将朱里阵列继续列写下去，此时可能又有以下两种情况。

1. 某主行上的第一个元素为零且该行至少有一个元素不是零

当朱里阵列中某主行的第一个元素为零时，尽管无法继续列写朱里阵列，但是可以立即得出该系统是不稳定的或临界稳定的结论，因为这时对应的特征多项式 $D(z)$在单位圆外部或者在单位圆上有根。对于这种情况，本书不进行深入讨论。

2. 任一主行全为零

此时可以按照如下的规则建立朱里阵列：

1) 利用该全零行前一主行的元素来组成一个辅助多项式 $Q(z)$，该多项式的根同时也是特征多项式 $D(z)$的根。

2) 以多项式$\dfrac{\mathrm{d}Q(z)}{\mathrm{d}z}$的系数代替全零行继续列写朱里阵列，若 S 中的元素均为正且零行之前没有元素，则特征多项式的根就在单位圆上，而 S 中负元素的数目即为 $D(z)$在单位圆外的根的数目。

事实上，主行全为零是一种非常特殊的情况，例如，假设一个特征多项式为

$$D(z)=az^2+bz+c(a\neq 0)$$

其朱里阵列为

$$\begin{array}{c|ccc|l}
z^2 & a & b & c & k=\dfrac{c}{a} \\
 & c & b & a & \\
z^1 & & & & \\
z^0 & & & &
\end{array}$$

若要使 z^1 对应的元素全为零，即出现主行全为零的情况，则有：

$$\begin{cases} a-ck=0 \\ b-bk=0 \end{cases} \Rightarrow \begin{cases} a-\dfrac{c^2}{a}=0 \\ b\left(1-\dfrac{c}{a}\right)=0 \end{cases}$$

因此可得$\begin{cases} c=-a \\ b=0 \end{cases}$或 $a=c$，这种情况比较少见。下面给出两个例子。设有特征多项式为

$$D(z)=z^2-2.5z+1$$

其朱里阵列为：

$$\begin{array}{c|ccc|l}
z^2 & 1 & -2.5 & 1 & c_2=1 \\
 & 1 & -2.5 & 1 & \\
z^1 & 0 & & 0 & \\
z^0 & & & &
\end{array}$$

由此可得辅助多项式为

$$Q(z)=z^2-2.5z+1$$

其中的各项系数是零行前一主行的元素，而零行的元素则用

$$\frac{\mathrm{d}Q(z)}{\mathrm{d}z}=2z-2.5$$

中各项的系数来代替。然后再按照正常的方法列写朱里阵列：

$$\begin{array}{c|ccc|l}
z^2 & 1 & -2.5 & 1 & \\
 & 1 & -2.5 & 1 & c_2=1 \\
z^1 & 2 & -2.5 & & \\
 & -2.5 & 2 & & c_1=-1.125 \\
z^0 & -1.125 & & &
\end{array}$$

由此可得集合：

$$S=\{2,-1.125\}$$

由于其中有一个正的元素和一个负的元素，所以 $D(z)$ 有一个在单位圆内的根和一个在单位圆外的根，故该系统是不稳定的。

现在考虑如下特征多项式：

$$D(z)=z^3-0.5z^2+z-0.5$$

其朱里阵列为

$$\begin{array}{c|cccc|l}
z^3 & 1 & -0.5 & 1 & -0.5 & \\
 & -0.5 & 1 & -0.5 & 1 & c_3=-0.5 \\
z^2 & 0.75 & 0 & 0.75 & & \\
 & 0.75 & 0 & 0.75 & & c_2=1 \\
z^1 & 0 & 0 & & & \\
z^0 & & & & &
\end{array}$$

由于阵列中出现了零行，所以该系统是不稳定或临界稳定的。

列写辅助多项式：

$$Q(z)=0.75z^2+0.75$$

由此可得

$$\frac{\mathrm{d}Q(z)}{\mathrm{d}z}=1.5z$$

故朱里阵列为

$$\begin{array}{c|cccc|l}
z^3 & 1 & -0.5 & 1 & -0.5 & \\
 & -0.5 & 1 & -0.5 & 1 & c_3=-0.5 \\
z^2 & 0.75 & 0 & 0.75 & & \\
 & 0.75 & 0 & 0.75 & & c_2=1 \\
z^1 & 1.5 & 0 & & & \\
 & 0 & 1.5 & & & c_1=0 \\
z^0 & 1.5 & & & &
\end{array}$$

由此可得 $S=\{0.75, 1.5, 1.5\}$，其中的元素均为正。此外，由于朱里阵列中有一个正的元素出现在零行之前，故系统有一个极点在单位圆内，剩下的两个在单位圆外或单位圆上。

可以证明，对于以上两种情况，特征多项式会有根出现在单位圆的外部或在单位圆

上，因此对应的系统一定是不稳定或者临界稳定的。

10.7　线性移不变系统的可逆性

对于一个系统函数给定为$H(z)$的线性移不变系统，其对应的逆系统定义为系统函数为$H_{\text{inv}}(z)$的逆系统与$H(z)$级联后，总的系统函数等于1，即有$H(z)H_{\text{inv}}(z)=1$或$h(n)*h_{\text{inv}}(n)=\delta(n)$，因此可得：

$$H_{\text{inv}}(z)=\frac{1}{H(z)} \tag{10-45}$$

应用式(10-45)可知，式(10-21)所描述的线性移不变系统的逆系统的系统函数为

$$H_{\text{inv}}(z)=\frac{1}{G}\frac{\prod\limits_{k=1}^{N}(1-p_k z^{-1})}{\prod\limits_{r=1}^{M}(1-z_r z^{-1})} \tag{10-46}$$

由式(10-46)可知，$H(z)$的零点为$z=z_r$，极点为$z=p_k$以及另外可能在$z=0$和$z=\infty$的零点和/或极点，而$H_{\text{inv}}(z)$的零点和极点正好分别是$H(z)$的极点和零点。显然，$H_{\text{inv}}(z)$的收敛域必须受到式(10-45)的约束，而式(10-45)成立的条件是逆系统$H_{\text{inv}}(z)$和原系统$H(z)$必须具有重叠的收敛域，即可逆系统的收敛域为$H(z)$和$H_{\text{inv}}(z)$收敛域的重叠部分，这也就是线性移不变系统存在可逆系统的充要条件。

【例10-7】　已知描述一个线性移不变系统的系统函数为$H(z)=\dfrac{z^{-1}-0.5}{1-0.9z^{-1}}$，$|z|>0.9$，试求其对应的逆系统$H_{\text{inv}}(z)$。

解：由$H(z)$可以求出$H_{\text{inv}}(z)$为

$$H_{\text{inv}}(z)=\frac{1-0.9z^{-1}}{z^{-1}-0.5}=\frac{-2+1.8z^{-1}}{1-2z^{-1}}$$

由此可见，$H_{\text{inv}}(z)$有两种可能的收敛域$|z|>2$和$|z|<2$，由于这两个区域都可与$|z|>0.9$发生重叠，所以均可构成逆系统。收敛域为$|z|>2$时，逆系统$H_{\text{inv1}}(z)$为因果系统但不稳定；收敛域为$|z|<2$时，逆系统$H_{\text{inv2}}(z)$为稳定系统却是非因果的。它们的单位样值响应分别为$h_{\text{inv1}}(n)=2(2)^n\varepsilon(n)+1.8(2)^{n-1}\varepsilon(n-1)$，$h_{\text{inv2}}(n)=2(2)^n\varepsilon(-n-1)-1.8(2)^{n-1}\varepsilon(-n)$。

10.8　离散时间系统的频域特性

我们知道，连续时间傅里叶变换在连续信号与系统的分析中占有十分重要的作用。利用它不仅可以对信号的频谱进行分析，为信号的加工处理提供理论依据，而且可以应用它来求解系统的响应，在频域中对系统的各种特性进行分析。与此相似，在离散系统的分析中也可以应用第8章所讨论的离散信号的傅里叶变换进行分析。这一节将结合离散系统z域分析讨论离散时间系统的频域特性。

10.8.1　虚指数序列激励的零状态响应与系统频率响应

对于任何离散周期信号$x_N(n)$，利用离散傅里叶级数可以将其表示为虚指数信号$e^{jk\left(\frac{2\pi}{N}\right)n}$的线性组合，而利用离散时间傅里叶变换则可以将任何非离散周期信号$x(n)$表示为虚指数信号$e^{j\Omega n}$的线性组合。因此，与连续时间的情况一样，虚指数序列$e^{j\Omega n}$是离散系统分析中的一个基本信号。事实上，$e^{jk\left(\frac{2\pi}{N}\right)n}$只是当$\Omega=k\left(\dfrac{2\pi}{N}\right)$的一个特例。

为了研究离散时间系统对输入频谱的处理作用，需要定义离散系统的频率响应，即在正弦序列 $\sin(\Omega n+\varphi)$或 $\cos(\Omega n+\varphi)$激励下，稳定离散系统的稳态响应随正弦序列角频率 Ω 变化的特征。显然，这个定义和连续时间系统的是一致的。由于正弦序列可以由虚指数序列 $e^{j\Omega n}(-\infty<n<\infty)$叠加而成，所以为了得到一般化的结论，先考虑虚指数序列激励下的零状态响应，再讨论输入为正弦序列时的情况。

假设 $x(n)=z^n=e^{j\Omega n}$ 在 $n=-\infty$时接入系统，即在任何指定 n 值($n\neq-\infty$)时刻来观察系统都认为输入已经接入很长时间了，这时稳定系统的零状态响应就等于稳态响应，且零状态响应也就是全响应，它可以利用卷积和求出，有：

$$y(n)=\sum_{m=-\infty}^{\infty}h(m)x(n-m)=e^{j\Omega n}\sum_{m=-\infty}^{\infty}h(m)e^{-j\Omega m} \tag{10-47}$$

在式(10-47)中可以看到，由于 $\sum\limits_{m=-\infty}^{\infty}h(m)e^{-j\Omega m}$ 仅是 Ω 的函数，所以对变量 n 来说，它为一个常数，而 $e^{j\Omega n}$ 是一个周期信号，因此，系统响应 $y(n)$将不会随 n 的增加而衰减到 0，因此为稳态响应。并且由式(10-47)可知，在 $\sum\limits_{m=-\infty}^{\infty}h(m)e^{-j\Omega m}$ 收敛的情况下，稳态响应 $y(n)$等于 $e^{j\Omega n}$ 乘以一个仅与 Ω 有关的复常数，因而仍是一个虚指数序列且与输入同频率。

对于 $n=0$ 时接入系统的虚指数序列 $x(n)=e^{j\Omega n}\varepsilon(n)$，系统的零状态响应为

$$\begin{aligned}y(n)&=\sum_{m=-\infty}^{\infty}h(m)x(n-m)\\&=\sum_{m=-\infty}^{\infty}h(m)e^{j\Omega(n-m)}\varepsilon(n-m)=e^{j\Omega n}\sum_{m=-\infty}^{n}h(m)e^{-j\Omega m}\end{aligned} \tag{10-48}$$

此时，零状态响应也就是全响应，而由于零状态响应包括强迫响应分量和一部分自由响应分量，故由式(10-48)可得系统的稳态响应为

$$\begin{aligned}y_{ss}(n)&=\lim_{n\to\infty}y(n)=\lim_{n\to\infty}\left(e^{j\Omega n}\sum_{m=-\infty}^{n}h(m)e^{-j\Omega m}\right)\\&=e^{j\Omega n}\sum_{m=-\infty}^{\infty}h(m)e^{-j\Omega m}\ (e^{j\Omega n}\ \text{为周期信号},\lim_{n\to\infty}e^{j\Omega n}=e^{j\Omega n})\end{aligned} \tag{10-49}$$

此时，稳态响应表达式与式 (10-47)完全相同。在式 (10-47)和式(10-49)中定义

$$H(e^{j\Omega})=\sum_{m=-\infty}^{\infty}h(m)e^{-j\Omega m} \tag{10-50}$$

由式(10-50) 可知，$H(e^{j\Omega})$是系统单位样值响应 $h(n)$的离散时间傅里叶变换，称为离散系统的频率响应，也称为频率特性。与连续线性时不变系统的情况类似，当用频率响应表征一个线性移不变系统时，首先必须保证该系统的单位样值响应绝对可和，其频率响应才存在。这表明，频率响应只能用于描述稳定的线性移不变系统，它表征了稳定系统对不同频率的离散正弦激励信号产生的正弦稳态响应(大小和相位)是如何随频率的变化而变化的。

我们知道，单位样值响应和系统函数构成一对 z 变换，即有：

$$H(z)=\sum_{m=-\infty}^{\infty}h(m)z^{-m} \tag{10-51}$$

对比式(10-50) 和式(10-51)可见，频率响应 $H(e^{j\Omega})$是系统函数 $H(z)$在单位圆 $z=e^{j\Omega}$上的值，即：

$$H(e^{j\Omega})=H(z)\big|_{z=e^{j\Omega}} \tag{10-52}$$

显然，式 (10-52)成立的前提是系统函数的收敛域需包括单位圆，即该式也只能用于稳定

系统，否则，若系统函数 $H(z)$在单位圆上的值不存在，则用式(10-52)求解系统的频率响应将会得出错误的结论。这也就是说，只有对于稳定系统，$\sum_{m=-\infty}^{\infty} h(m)e^{-j\Omega m}$ 才收敛，系统才存在稳态响应。因此，应用式(10-50)的定义，由式(10-49)便可得到稳定系统在虚指数序列 $e^{j\Omega n}$ 的作用下的零状态响应，即稳态响应的计算式为

$$y_{ss}(n) = H(e^{j\Omega})e^{j\Omega n} \tag{10-53}$$

由式(10-53)可知，在虚指数序列的作用下，线性移不变稳态系统的稳态响应仍为一个与输入同频率的虚指数序列，但乘以 $H(e^{j\Omega})$，使输出响应的幅度和相位较输入发生相应的改变。

由于 $e^{j\Omega}$是周期为 2π 的连续周期函数，所以有：

$$H(e^{j(\Omega+2\pi)}) = \sum_{m=-\infty}^{\infty} h(m)e^{-j(\Omega+2\pi)m} = \sum_{m=-\infty}^{\infty} h(m)e^{-j\Omega m} = H(e^{j\Omega})$$

这表明频率响应 $H(e^{j\Omega})$也是 Ω 的周期为 2π 的连续周期复函数。频率响应的周期性是离散系统有别于连续系统的一个突出特点。

应该注意的是，若采用模拟频率表示频率响应特性，则有 $H(e^{j\omega T})$，这时，$H(e^{j\omega T})$是周期为 $\omega_s=\frac{2\pi}{T}$的连续周期函数，而当 $T=1$ 时，则为 $\omega_s=2\pi$ 的连续周期函数。

一般情况下，$H(e^{j\Omega})$为复数，可以表示为

$$H(e^{j\Omega}) = |H(e^{j\Omega})|e^{j\varphi(\Omega)} = H_R(e^{j\Omega}) + jH_I(e^{j\Omega}) \tag{10-54}$$

正如 $h(n)$完全表征了线性移不变系统的时域特性，$H(e^{j\Omega})$完全表征了线性移不变系统的频域特性，式(10-54)中的$|H(e^{j\Omega})|$和 $\varphi(\Omega)$分别反映了系统稳态响应的幅度值和相位值随激励信号频率而变的特性。因此，表示系统对不同频率信号幅度进行放大或衰减的$|H(e^{j\Omega})|$称为离散系统的幅频特性或幅度响应，表征系统对不同频率信号相位的超前或滞后的 $\varphi(\Omega)$称为相频特性或相频响应，它影响着输入信号相位的滞后情况。

由于 $h(n)$是实系数序列，故 $H(e^{j\Omega})$满足共轭对称性，即 $H(e^{j\Omega})=H^*(e^{-j\Omega})$，也就是 $H(e^{j\Omega})$的幅频特性$|H(e^{j\Omega})|$为 Ω 的偶函数，有$|H(e^{j\Omega})|=|H(e^{-j\Omega})|$，这种偶对称如图 10-7 所示，实际上，对于实系数的 $h(n)$，幅频响应都具有偶对称的特点，这点从数学上很容易得到证明，这个特性表明，只需知道[0，π]范围内的$|H(e^{j\Omega})|$，整个周期内的$|H(e^{j\Omega})|$自然也就知道了。

在实际工程中，幅频特性通常以 dB 为单位，即可表示为

$$|H(e^{j\Omega})|(\mathrm{dB}) = 20\log_{10}|H(e^{j\Omega})| = 20\log_{10}\left(\sqrt{H_R^2(e^{j\Omega})+H_I^2(e^{j\Omega})}\right)$$

幅频响应是周期为 2π 的函数，一方面是因为 $H(e^{j\Omega})$是周期为 2π 的周期函数，另一方面是因为离散系统可以看作是从对应的连续系统采样得到的。由于时域的采样等效于频域的周期延拓，采样频率 f_s 对应的数字频率就是 2π，因此离散线性移不变系统的频率响应是周期性的，且周期为 2π，因而自然地，幅频响应与频率响应是同周期的。

由式(10-54)可知，相频特性与实部、虚部的关系为

$$\varphi(\Omega) = \arctan\frac{H_I(j\Omega)}{H_R(j\Omega)} \tag{10-55}$$

和幅频特性一样，相频特性也是周期性的，并且周期为 2π，因此，通常也只列出一个周期的相频特性。由 $H(e^{j\Omega})$的共轭对称性可知，相频特性 $\varphi(\Omega)$为 Ω 的奇函数(奇对称)，即$\varphi(\Omega)=-\varphi(-\Omega)$，这一点与连续系统的情况相似，因此已知[0，π]内的 $\varphi(\Omega)$，也就知道了整个周期内的 $\varphi(\Omega)$。

由式(10-55)可知，表示$\varphi(\Omega)$的反正切函数的值域为$\left[-\frac{\pi}{2},\ \frac{\pi}{2}\right]$，即$\varphi(\Omega)$只位于第1象限或第4象限。这显然与实际不符，因为复数的相位可能为4个象限中的任何值，即复数相位的值域应为$[-\pi,\ \pi]$。事实上，若考虑到象限，反正切函数的值域也可以为$[-\pi,\ \pi]$。例如，一个复数值的虚部和实部之比为1，若从严格的反正切函数定义来说，计算出的相位处于第1象限中。然而在第3象限，虚部和实部之比也是正数。这样，首先判断虚部的符号，若虚部为正数，则相位为第1象限；若虚部为负数，则相位为第3象限。因此，可以把反正切函数值域的定义扩展到$[-\pi,\ \pi]$。此外，同样是1，若虚部为正数，说明相位在第1象限中，根据式(10-55)计算出来的相位为$\frac{\pi}{4}$。但我们知道，若一个复数的相位为$\frac{9\pi}{4}$，其虚部和实部之比也是1，但通过式(10-55)得不到$\frac{9\pi}{4}$，而只能得到$\frac{\pi}{4}$。这就产生了所谓的模糊，即由式(10-55)计算出的相位和真实的相位可能相差2π的整数倍。这种模糊性表现在相频特性曲线上就是相位经常有2π的跳跃，如图10-5a所示。对于这种模糊造成的相频特性曲线的不连续，可以通过数学上所谓解缠绕的方法加以解决，从而得到连续的相频特性曲线，如图10-5b所示。

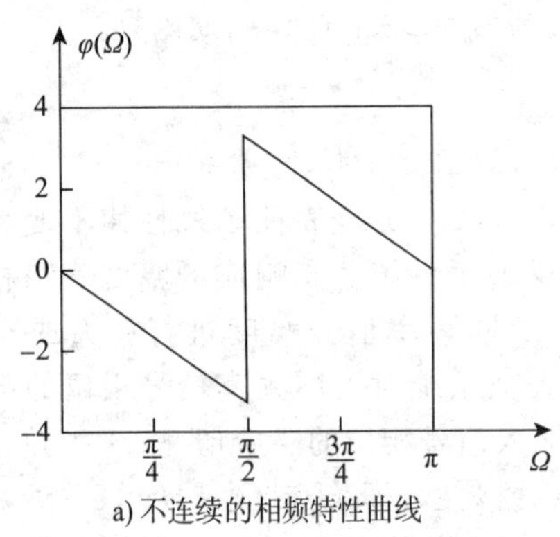

a) 不连续的相频特性曲线

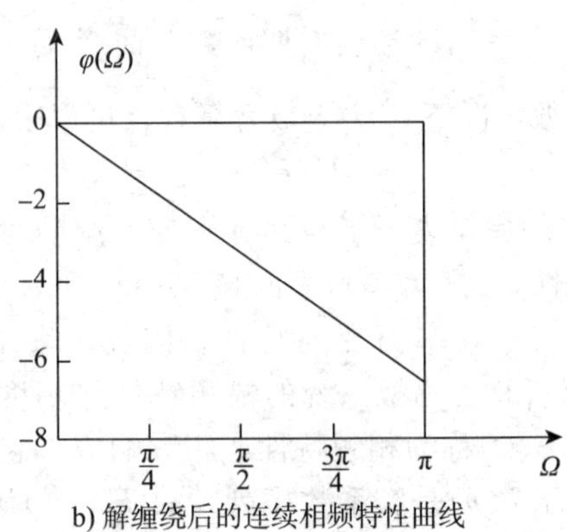

b) 解缠绕后的连续相频特性曲线

图10-5　一个线性移不变系统的相频特性

【例10-8】 已知因果稳定线性移不变系统的系统函数为

$$H(z)=\frac{1+az^{-1}}{1+0.5z^{-1}}=\frac{z+a}{z+0.5}$$

且当$x(n)=(-2)^n$，$-\infty<n<\infty$时，响应$y(n)=0$。

1）确定a值，并写出系统的差分方程。

2）求系统频率响应$H(\mathrm{e}^{\mathrm{j}\Omega})=|H(\mathrm{e}^{\mathrm{j}\Omega})|\mathrm{e}^{\mathrm{j}\varphi(\Omega)}$，并写出$|H(\mathrm{e}^{\mathrm{j}\Omega})|$和$\varphi(\Omega)$的表达式。

解：1）由于

$$y(n)=H(z)\big|_{z=-2}\cdot(-2)^n=0$$

所以有：

$$H(-2)=0$$

可求出：

$$a=2$$

因此，系统的差分方程为

$$y(n)+0.5y(n-1)=x(n)+2x(n-1)$$

2）系统频率响应为

$$H(e^{j\Omega}) = H(z)\big|_{z=e^{j\Omega}} = \frac{e^{j\Omega}+2}{e^{j\Omega}+0.5}$$
$$= 2e^{j\Omega}\frac{1+2e^{-j\Omega}}{1+2e^{j\Omega}} = 2e^{j\Omega}\frac{1+2\cos\Omega - j2\sin\Omega}{1+2\cos\Omega + j2\sin\Omega}$$

因此有：

$$|H(e^{j\Omega})| = 2,\varphi(\Omega) = \Omega - 2\arctan\left(\frac{2\sin\Omega}{1+2\cos\Omega}\right)$$

10.8.2　线性移不变系统的正弦稳态响应

现在讨论正弦输入序列通过一个频响函数为 $H(e^{j\Omega})$ 的线性移不变系统的稳态响应。这时，仍然假设正弦信号在 $n=-\infty$ 时加入系统的。对正弦信号 $x(n)$ 应用欧拉公式可得：

$$x(n) = A\sin(\Omega n+\varphi) = \frac{A}{2j}e^{j\Omega n}e^{j\varphi} - \frac{A}{2j}e^{-j\Omega n}e^{-j\varphi} = \frac{A}{2j}e^{j\Omega n}e^{j\varphi} + \left(\frac{A}{2j}e^{j\Omega n}e^{j\varphi}\right)^*$$

利用式（10-53）可分别求得系统在上面两个虚指数输入下的稳态响应。由于第二个输入是第一个输入的共轭，所以对应的响应也是第一个输入产生的响应的共轭。应用叠加原理与 $H(e^{j\Omega})$ 的共轭对称条件可得线性移不变系统在正弦序列输入时的稳态响应为

$$\begin{aligned} y_{ss}(n) &= \frac{A}{2j}H(e^{j\Omega})e^{j\Omega n}e^{j\varphi} + \left(\frac{A}{2j}H(e^{j\Omega})e^{j\Omega n}e^{j\varphi}\right)^* \\ &= \frac{A}{2j}H(e^{j\Omega})e^{j\Omega n}e^{j\varphi} - \frac{A}{2j}H(e^{-j\Omega})e^{-j\Omega n}e^{-j\varphi} \\ &= \frac{A}{2j}\left[|H(e^{j\Omega})|e^{j\varphi(\Omega)}e^{j\Omega n}e^{j\varphi} - |H(e^{-j\Omega})|e^{-j\varphi(\Omega)}e^{-j\Omega n}e^{-j\varphi}\right] \\ &= \frac{A}{2j}|H(e^{j\Omega})|\left[e^{j(\Omega n+\varphi+\varphi(\Omega))} - e^{-j(\Omega n+\varphi+\varphi(\Omega))}\right] \\ &= A|H(e^{j\Omega})|\sin(\Omega n+\varphi+\varphi(\Omega)) \end{aligned} \tag{10-56}$$

由此可见，在正弦序列输入信号的作用下，稳定的线性移不变系统的稳态响应仍为一个和输入信号同频率的正弦序列，与输入信号的两项差别仅在于①幅度被系统的幅频特性 $|H(e^{j\Omega})|$ 加权，②产生了一个大小为相频特性 $\varphi(\Omega)$ 的相移，这与连续时间系统的对应情况完全相似。

【例 10-9】　一个线性移不变系统的系统函数为

$$H(z) = \frac{3z^2+1}{z^2+z+1}$$

试求系统在输入信号 $x(n)=1+2\cos\left(\frac{n\pi}{2}\right)+3\cos(n\pi)$ 作用下的稳态响应。

解：由所给系统函数表示式可以求出：

$$H(z)\big|_{z=e^{j0}} = \frac{4}{3},H(z)\big|_{z=e^{j\frac{\pi}{2}}} = 2j = 2e^{j\frac{\pi}{2}},H(z)\big|_{z=e^{j\pi}} = 4$$

于是可得：

$$\begin{aligned} y_{ss}(n) &= \frac{4}{3}\cdot 1 + 2\cdot 2\cos\left(\frac{n\pi}{2}+\frac{\pi}{2}\right) + 4\cdot 3\cos(n\pi) \\ &= \frac{4}{3} - 4\sin\left(\frac{n\pi}{2}\right) + 12\cos(n\pi) \end{aligned}$$

10.8.3　任意激励下的零状态响应

我们知道，线性移不变系统对于任意输入 $x(n)$ 的零状态响应为

$$y(n) = x(n) * h(n) \tag{10-57}$$

对式(10-57)两边进行离散时间傅里叶变换，并应用其时域卷积性质，可得该式的频域表示为

$$Y(e^{j\Omega}) = X(e^{j\Omega})H(e^{j\Omega}) \tag{10-58}$$

式(10-58)中，$Y(e^{j\Omega})$、$X(e^{j\Omega})$和 $H(e^{j\Omega})$分别为零状态响应 $y(n)$、输入序列 $x(n)$和系统的单位样值响应 $h(n)$的离散时间傅里叶变换。可见，只要知道了系统的频率响应 $H(e^{j\Omega})$，就可以通过对 $x(n)$进行离散时间傅里叶变换而得到 $X(e^{j\Omega})$，再对乘积 $X(e^{j\Omega})H(e^{j\Omega})$进行离散时间傅里叶反变换求出系统的时域响应 $y(n)$。因此，利用离散时间傅里叶变换求离散系统时域响应的方法与连续时间系统的情况类似，关键是如何求取 $H(e^{j\Omega})$。

对于稳定的线性移不变系统，可以直接利用定义式(10-50)，根据 $h(n)$求取 $H(e^{j\Omega})$。我们知道，对于一个 N 阶线性移不变系统而言，描述其输入 $x(n)$和输出 $y(n)$之间关系的线性常系数差分方程的一般形式为

$$\sum_{k=0}^{N} a_k y(n-k) = \sum_{r=0}^{M} b_r x(n-r) \tag{10-59}$$

对式(10-59)两边进行 DTFT，并应用时移特性可得：

$$\sum_{k=0}^{N} a_k e^{-j\Omega k} Y(e^{j\Omega}) = \sum_{r=0}^{M} b_r e^{-j\Omega r} X(e^{j\Omega})$$

因而可得系统的频率响应为

$$H(e^{j\Omega}) = \frac{Y(e^{j\Omega})}{X(e^{j\Omega})} = \frac{\sum\limits_{r=0}^{M} b_r e^{-j\Omega r}}{\sum\limits_{k=0}^{N} a_k e^{-j\Omega k}} \tag{10-60}$$

与连续系统的情况类似，也可以依据差分方程式与频率响应式的对应规律，再由该差分方程式直接写出系统频率响应 $H(e^{j\Omega})$的表示式。

【例 10-10】 描述一个稳定线性移不变系统的差分方程为

$$y(n) - \frac{3}{4}y(n-1) + \frac{1}{8}y(n-2) = 2x(n)$$

试求：1) 单位样值响应 $h(n)$；2) 当 $x(n)=\left(\frac{1}{4}\right)^n \varepsilon(n)$时系统的零状态响应。

解：1) 由于系统处于零状态，所以对所给差分方程进行离散时间傅里叶变换，可求出频率响应为

$$H(e^{j\Omega}) = \frac{Y(e^{j\Omega})}{X(e^{j\Omega})} = \frac{2}{1-\frac{3}{4}e^{-j\Omega}+\frac{1}{8}e^{-j2\Omega}}$$

对 $H(e^{j\Omega})$进行傅里叶反变换即得单位样值响应 $h(n)$，为此，利用部分分式展开法，首先将 $H(e^{j\Omega})$的分母因式分解为

$$H(e^{j\Omega}) = \frac{2}{\left[1-\frac{1}{2}e^{-j\Omega}\right]\left[1-\frac{1}{4}e^{-j\Omega}\right]}$$

将上式展开为部分分式得：

$$H(e^{j\Omega}) = \frac{4}{1-\frac{1}{2}e^{-j\Omega}} - \frac{2}{1-\frac{1}{4}e^{-j\Omega}}$$

对上式进行反变换即可求出单位样值响应：

$$h(n) = \left[4\left(\frac{1}{2}\right)^n - 2\left(\frac{1}{4}\right)^n\right]\varepsilon(n)$$

2）求系统在输入 $x(n)=\left(\frac{1}{4}\right)^n\varepsilon(n)$ 作用下的响应。先求出 $Y(e^{j\Omega})$ 为

$$Y(e^{j\Omega})=H(e^{j\Omega})X(e^{j\Omega})=\frac{2}{\left[1-\frac{1}{2}e^{-j\Omega}\right]\left[1-\frac{1}{4}e^{-j\Omega}\right]}\cdot\frac{1}{\left[1-\frac{1}{4}e^{-j\Omega}\right]}$$

$$=\frac{2}{\left[1-\frac{1}{2}e^{-j\Omega}\right]\left[1-\frac{1}{4}e^{-j\Omega}\right]^2}$$

$$=\frac{-4}{\left[1-\frac{1}{4}e^{-j\Omega}\right]}-\frac{2}{\left[1-\frac{1}{4}e^{-j\Omega}\right]^2}+\frac{8}{\left[1-\frac{1}{2}e^{-j\Omega}\right]}$$

对上式求反变换可得响应为

$$y(n)=\left[-4\left(\frac{1}{4}\right)^n-2(n+1)\left(\frac{1}{4}\right)^n+8\left(\frac{1}{2}\right)^n\right]\varepsilon(n)$$

此外，若线性移不变系统的输入为周期序列，则可以利用离散傅里叶级数 $X_N(k)$ 进行频域分析，其具体过程完全相同于连续系统，而当系统的输入 $x(n)$、单位样值响应 $h(n)$ 均为有限长序列时，则在满足由圆周卷积求线性卷积条件的情况下，系统零状态响应 $y(n)$ 与 $x(n)$、$h(n)$ 的离散傅里叶变换之间的关系为

$$Y(k)=X(k)H(k)$$

因此，利用 FFT 就可以求出系统响应 $y(n)$。

10.9　利用离散系统函数的零、极点分布确定系统的频率响应

与连续系统时的情况类似，系统的零、极点分布除了影响系统的时域特性，也直接影响着系统的频率特性。由于系统函数 $H(z)$ 在 z 平面中令 $z=e^{j\Omega}$ 沿单位圆变化则可得到系统的频率响应 $H(e^{j\Omega})$，所以可以根据系统函数 $H(z)$ 在 z 平面上的零、极点分布，利用几何方法简便而直观地确定离散系统的频率响应，即对系统进行频域分析。

对于一个稳定的线性移不变系统，将 $z=e^{j\Omega}$ 代入式(10-22)就可以将系统函数表示为如下所示的因式形式：

$$H(e^{j\Omega})=Ge^{j(N-M)\Omega}\frac{\prod_{r=1}^{M}(e^{j\Omega}-z_r)}{\prod_{k=1}^{N}(e^{j\Omega}-p_k)}=\left|H(e^{j\Omega})\right|e^{j\varphi(\Omega)}\tag{10-61}$$

式(10-61)中，$\mathbf{e}^{j(N-M)\Omega}$ 是位于原点处的 $N-M$ 阶零点所形成的向量(当$(N>M)$时)或位于原点处的 $M-N$ 阶极点所形成的向量(当 $N<M$ 时)，它的模为常数 1，其相位$[(N-M)\Omega]$随 Ω 而变。由于在 z 平面上，零点 z_r 和极点 p_k 分别可以用一个由原点指向它们的矢量来表示，单位圆上的点 $e^{j\Omega}$ 则可以用一个由原点指向它的矢量来表示，因此，矢量差 $e^{j\Omega}-z_r$ 和 $e^{j\Omega}-p_k$ 分别是一个由零点 z_r 和极点 p_k 指向单位圆上点 $e^{j\Omega}$ 的矢量，它们分别称为零点矢量和极点矢量，有如下的极坐标形式：

$$e^{j\Omega}-z_r=\boldsymbol{A}_r=A_re^{j\psi_r}$$

$$e^{j\Omega}-p_k=\boldsymbol{B}_k=B_ke^{j\theta_k}$$

其中，$\boldsymbol{A}_r$ 和 $\boldsymbol{B}_k$ 均为 Ω 的函数，有 $\boldsymbol{A}_r=\left|e^{j\Omega}-z_r\right|$、$\boldsymbol{B}_k=\left|e^{j\Omega}-p_k\right|$，它们分别为从零点 z_r 和极点 p_k 到单位圆上点 $e^{j\Omega}$ 的长度；ψ_r 和 θ_k 也均为 Ω 的函数，它们分别是矢量 $e^{j\Omega}-z_r$ 和 $e^{j\Omega}-p_k$ 的相角，即它们与正实轴的夹角。这表明，与连续系统的情况类似，线性移不变系统的系

统函数的零、极点在 z 平面上的位置决定了系统的频率特性。因此，式(10-61)可以分别表示为

$$|H(e^{j\Omega})| = |G|\frac{\prod_{r=1}^{M}\boldsymbol{A}_r}{\prod_{k=1}^{N}\boldsymbol{B}_k} \tag{10-62}$$

$$\varphi(\Omega) = \arg(G) + \sum_{r=1}^{M}\psi_r - \sum_{k=1}^{N}\theta_k + (N-M)\Omega \tag{10-63}$$

这表明在几何上，频率响应的幅度(即幅频特性 $|H(e^{j\Omega})|$)等于 M 个零点至 $e^{j\Omega}$ 点矢量长度的积除以 N 个极点至 $e^{j\omega}$ 点矢量长度的积，再乘以常数 $|G|$，因此在 z 平面上从系统的零、极点向单位圆上的一个动点作向量图就可以分析系统的幅频特性；相频特性 φ 等于 M 个零点矢量相角的和 $\sum_{r=1}^{M}\psi_r$ 减去 N 个极点矢量相角的和 $\sum_{k=1}^{N}\theta_k$，再加上常数 G 的相角 $\arg(G)$ 以及线性相移分量$[(N-M)\Omega]$。显然，反映 $e^{j(N-M)\Omega}$ 项的相角$[(N-M)\Omega]$在离散时域中，只引入 $N-M$ 位的移位(即 $z^{(N-M)}$)而已，也就是，由于在原点($z=0$)处的零点或极点至单位圆的距离大小不随频率 Ω 而变，其模值恒为 1，所以它们对幅频响应没有影响，而只会影响相频响应。

图 10-6 表示了两个极点和两个零点的频率响应的几何解释和幅频响应特性，其中 C 和 E 点分别对应 $\Omega=0$ 和 $\Omega=\pi$。由于离散系统的频率响应特性 $H(e^{j\Omega})$ 是以 2π 为周期的，所以只需要 D 点(矢量 $e^{j\Omega}$ 的终点)从 $\Omega=0$ 逆时针旋转到 $\Omega=2\pi$，这时，各零点矢量 $\boldsymbol{A}_r$ 与极点矢量 $\boldsymbol{B}_k$ 的长度发生变化，幅频特性 $|H(e^{j\Omega})|$ 随之而变，若极点矢量长度变短或零点矢量长度变长，则 $|H(e^{j\Omega})|$ 增大，反之，$|H(e^{j\Omega})|$ 就减小。由式(10-58)可知，离散系统在原点以外的零、极点，其位置对其幅频特性是有影响的。因此，如果某极点 p_k 很靠近单位圆，当 $e^{j\Omega}$ 旋转至离该极点最近的频率处，$\boldsymbol{B}_k$ 的长度最短，则 $|H(e^{j\Omega})|$ 在该处可能形成峰值。这表明，极点主要影响 $|H(e^{j\Omega})|$ 的峰值，极点越靠近单位圆，$|H(e^{j\Omega})|$ 的峰值越高，形状越尖锐，因此，若要提高系统的选频特性，系统的极点越靠近单位圆越好。若 p_k 位于单位圆上，$\boldsymbol{B}_k=0$，则该点频率对应的 $|H(e^{j\Omega})|$ 的峰值趋于无穷大，相当于在该点处形成无耗谐振，系统不稳定。当系统存在多个极点时，最靠近单位圆的那些极点决定了 $|H(e^{j\Omega})|$ 峰值的位置；零点对 $|H(e^{j\Omega})|$ 的影响与极点的正好相反，它们主要影响 $|H(e^{j\Omega})|$ 的谷值，零点越靠近单位圆，$|H(e^{j\Omega})|$ 谷值越小；当零点处于单位圆上时，该点频率对应的 $|H(e^{j\Omega})|$ 为零。广而言之，在单位圆附近的零点，对幅度响应的“凹谷”有明显的影响，零点越接近单位圆，零点矢量的模值趋于零，这种影响越大，即“凹谷”就下陷得越深，当零点在单位圆上时，“凹谷”的谷点为零，即为传输零点。若无特别要求，零点既可在单位圆内，也可在单位圆外。类似地，在单位圆内且靠近单位圆附近的极点，对幅度响应的“凸峰”有明显的影响，极点越接近单位圆，极点

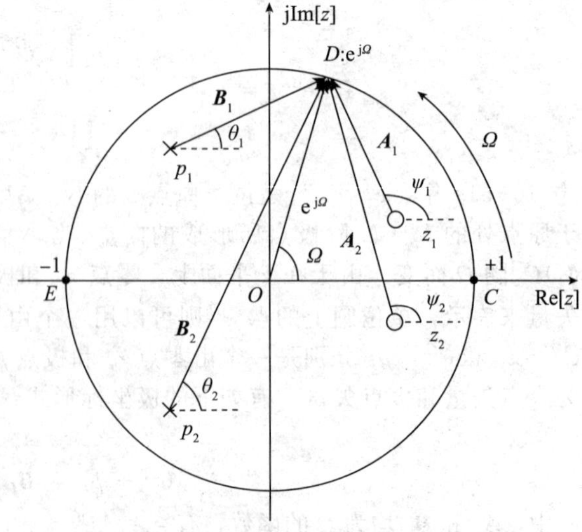

图 10-6 频率响应几何确定法的图示

矢量的模值趋于零，这种影响越大，即"凸峰"变得越陡，当极点在单位圆上时，系统就变得不稳定了。利用这种直观的几何方法，适当地控制零、极点在 z 平面上的分布就可以使离散系统(数字滤波器)频率响应特性达到预期的要求，例如，若使所设计的滤波器不让某频率的信号通过，则应在单位圆上相应的频率处设置一个零点，反之，若使滤波器让某频率的信号尽量无衰减通过，则应在单位圆上相应的频率处设置一个极点。

可以看出，离散系统的系统函数 $H(z)$ 的零、极点分布对其系统幅频响应的影响与连续系统的系统函数 $H(s)$ 零、极点的位置对其系统幅频响应的影响是类似的，前者取决于离散系统的形式以及差分方程各系数的大小，其主要区别在于拉氏变换和 z 变换各以 $\mathrm{j}\omega$ 轴和单位圆作为衡量零、极点位置的标准。

应该指出的是，类似于连续时不变系统(模拟滤波器)，离散线性移不变系统(数字滤波器)的幅频响应实际上也表示了系统的频率选择性，同样也分为低通、带通、高通、带阻和全通系统。由于离散系统频率响应特性 $H(\mathrm{e}^{\mathrm{j}\Omega})$ 的 2π 周期性($|H(\mathrm{e}^{\mathrm{j}\Omega})|$ 和 $\varphi(\Omega)$ 均是频域中以 2π 为周期的函数)，所以它在 $[-\pi, \pi]$ 主值区间上的取值已经完全描述了离散时间系统的频率响应特性。另外，和连续系统一样，负频率是没有物理意义的，它的出现是利用欧拉公式引入虚指数函数的结果，故 $H(\mathrm{e}^{\mathrm{j}\Omega})$ 的物理频率取值范围应为 $[0, \pi]$。因此，数字滤波器的类别划分完全可以根据它们的幅频特性 $|H(\mathrm{e}^{\mathrm{j}\Omega})|$ 在 $-\pi \leqslant \Omega \leqslant \pi$ 或 $0 \leqslant \Omega \leqslant \pi$ 范围内的形状来确定，并且正是由于 $H(\mathrm{e}^{\mathrm{j}\Omega})$ 的周期性，所以在判断离散系统属于何种滤波器时，一定要依据其在上述范围内幅频特性曲线的形状，若选用其他的频率范围进行判别，则很容易误判。图 10-7 给出了上述 5 种离散系统的幅频响应特性曲线，可见，在整

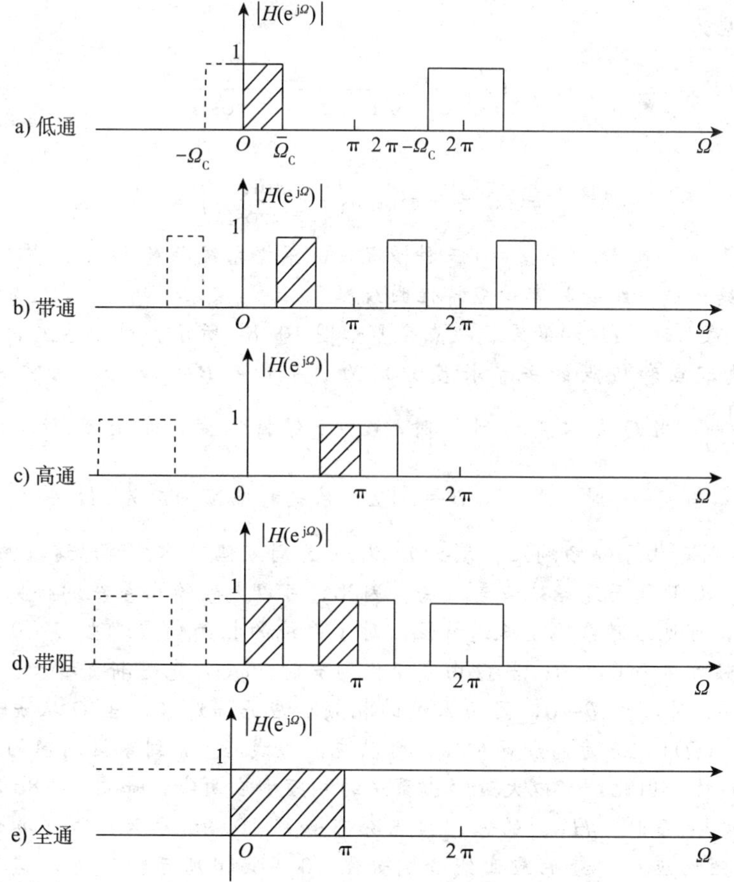

图 10-7　5 种离散系统的幅频响应及其对应的理想滤波特性

个$[0, \pi]$频率范围内$|H(\mathrm{e}^{\mathrm{j}\Omega})|=1$的数字全通系统要比连续系统中$[0, \infty]$频率范围内的理想全通系统要容易逼近。此外，类似于连续系统，还可以由$\varphi(\Omega)>0$或$\varphi(\Omega)<0$认定系统为超前系统或滞后系统。

【例 10-11】 已知某一阶离散系统的差分方程为

$$y(n)-ay(n-1)=x(n), \quad |a|<1, a\text{ 为实数}$$

试画出系统的模拟框图，并求出系统的频率响应，绘出幅频响应和相频响应曲线。

解：在差分方程中仅令输出$y(n)$在方程左边，有：

$$y(n)=ay(n-1)+x(n)$$

以$y(n)$为加法器输出画出系统的模拟框图，如图 10-8a 所示。其中，为了便于z域分析，用z^{-1}来表示单位延时。对所给差分方程两边取z变换，可得：

$$Y(z)-az^{-1}Y(z)=X(z)$$

因此可得系统函数：

$$H(z)=\frac{Y(z)}{X(z)}=\frac{1}{1-az^{-1}}=\frac{z}{z-a}, \quad |z|>|a|$$

这是一个一阶系统，由于$H(z)$和单位样值响应$h(n)$构成z变换对，收敛域为$|z|>|a|$，故$h(n)$为因果序列，有：

$$h(n)=a^{n}\varepsilon(n)$$

系统的频率响应为

$$H(\mathrm{e}^{\mathrm{j}\Omega})=H(z)\big|_{z=\mathrm{e}^{\mathrm{j}\Omega}}=\frac{1}{1-a\mathrm{e}^{-\mathrm{j}\Omega}}=\frac{1}{(1-a\cos\Omega)+\mathrm{j}a\sin\Omega}$$

因此，幅频响应为

$$|H(\mathrm{e}^{\mathrm{j}\Omega})|=\frac{1}{\sqrt{1+a^{2}-2a\cos\Omega}}$$

相频响应为

$$\varphi(\Omega)=-\arctan\left(\frac{a\sin\Omega}{1-a\cos\Omega}\right)$$

下面分$0<a<1$、$-1<a<0$和$a=0$三种情况，并根据系统函数$H(z)$的零、极点分布图，应用几何方法绘出该系统的频率响应特性曲线。

1）当$0<a<1$时，$H(z)$的零、极点分布如图 10-8b 所示。对于系统的幅频响应，当$\Omega=0$时，反映零点和极点的矢量长度分别为$\boldsymbol{A}=1$和$\boldsymbol{B}=1-a$。系统的幅频响应为$|H(\mathrm{e}^{\mathrm{j}\Omega})|=\dfrac{1}{1-a}$，当$\Omega$由零变化到$\pi$时，$\boldsymbol{A}=1$保持不变，而$B$逐渐增加，因而曲线$|H(\mathrm{e}^{\mathrm{j}0})|$衰减；当$\Omega=\pi$时，$\boldsymbol{A}=1$，$\boldsymbol{B}=1+a$，系统的幅频响应为$|H(\mathrm{e}^{\mathrm{j}\pi})|=\dfrac{1}{1+a}$；当$\Omega$从$\pi$变化到$2\pi$时，由于幅频响应$|H(\mathrm{e}^{\mathrm{j}\Omega})|$以$2\pi$为周期偶对称，所以这段曲线与$-\pi$到零区间内的相同，如此周而复始地重复下去。因此，可以大致绘出系统的幅频响应曲线，如图 10-8c 所示，可见这时系统呈低通特性。对于系统的相频响应，当$\Omega=0$时，$\psi=\theta=0$，因而系统的相频响应$\varphi(0)=0$；当Ω由零变化到π时，$\varphi(\Omega)$先逐渐负增长，而后又逐渐变化到零；当$\Omega=\pi$时，$\psi=\theta=0$，因而系统的相频响应$\varphi(\pi)=0$；当Ω从π变化到2π时，由于相频响应$\varphi(\Omega)$以2π为周期奇对称，所以这段曲线与$-\pi$到零区间内的相同而与零到π区间的呈奇对称。因此，可以大致绘出系统的相频响应曲线，如图 10-8d 所示。

2）当$-1<a<0$时，$H(z)$的零、极点分布如图 10-9a 所示。通过类似的分析可以得出系统的幅频响应和相频响应曲线分别如图 10-9b、c 所示，可见，这时系统呈高通特性。

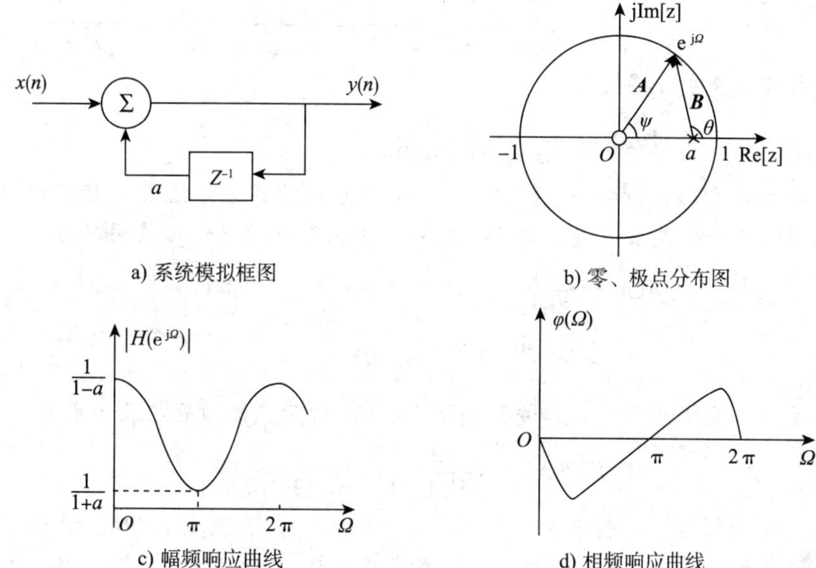

图 10-8　例 10-11 中系统模拟框图以及当 $0<a<1$ 时系统的零、极点分布图和频率响应曲线

3）当 $a=0$ 时，$H(e^{j\Omega})=1$，系统呈全通特性。

可以看出，一阶离散系统与一阶 RL 或 RC 模拟电路具有十分相近的滤波特性。这里，只要将系统的参变量系数 a 从正值变为负值，就可以方便地改变其滤波特性，即从“低通”变为“高通”，而当 $a=0$ 时，系统则呈“全通”特性。这种通过改变相应的系数就可以改变系统的滤波特性的方便性和灵活性是连续时间系统所不具有的。

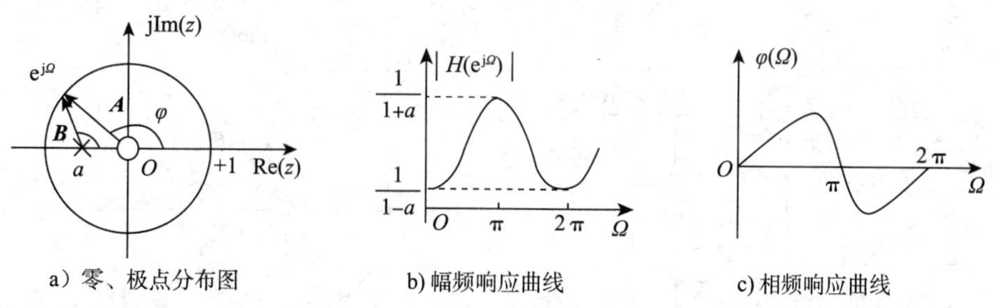

图 10-9　例 10-11 中当 $-1<a<0$ 时系统的零、极点分布图和频率响应曲线

【例 10-12】 试求图 10-10a 所示二阶离散系统的频率响应，其中，a_1 和 a_2 均为实数，且有 $a_1^2+4a_2<0$。

解：根据所给系统的模拟框图 10-10a，围绕加法器的输入和输出写出该系统的差分方程：

$$y(n)-a_1y(n-1)+a_2y(n-2)=x(n)$$

对差分方程两边取 z 变换得系统函数：

$$H(z)=\frac{Y(z)}{X(z)}=\frac{1}{1-a_1z^{-1}-a_2z^{-2}}$$

从上式可以看出 $H(z)$ 在 $z=0$ 处含有一个二阶零点，由于 $a_1^2+4a_2<0$，所以 $H(z)$ 还含有一对共轭极点，可设为

$$p_{1,2}=re^{\pm j\alpha}$$

其零、极点分布如图 10-10b 所示。于是，可以将 $H(z)$ 表示为

$$H(z)=\frac{1}{(1-re^{j\alpha}z^{-1})(1-re^{-j\alpha}z^{-1})}=\frac{1}{1-(2r\cos\alpha)z^{-1}+r^2z^{-2}}$$

将上式展开成部分分式可得：

$$H(z)=\frac{1}{2j\sin\alpha}\left[\frac{e^{j\alpha}}{1-re^{j\alpha}z^{-1}}-\frac{e^{-j\alpha}}{1-re^{-j\alpha}z^{-1}}\right]$$

显然，若系统函数 $H(z)$ 的收敛域为 $|z|>r$，则该系统为因果系统且是稳定的 $(0<r<1)$。这时，对上面的部分分式系统进行 z 反变换可以求出系统的单位样值响应为

$$\begin{aligned}h(n)&=\frac{1}{2j\sin\alpha}(r^n e^{j(n+1)\alpha}-r^n e^{-j(n+1)\alpha})\varepsilon(n)\\&=r^n\frac{\sin(n+1)\alpha}{\sin\alpha}\varepsilon(n)\end{aligned}$$

这时，$h(n)$ 是一个衰减的序列，其波形如图 10-10c 所示。幅频响应表示式为

$$|H(e^{j\Omega})|=\frac{|\boldsymbol{A}_1|^2}{|\boldsymbol{B}_1||\boldsymbol{B}_2|}=\frac{1}{|\boldsymbol{B}_1||\boldsymbol{B}_2|}\tag{10-64}$$

在式(10-64)中，$|A_1|(=1)$ 表示位于原点的向量长度。当 $\Omega=0$ 时，$|\boldsymbol{B}_1|$ 和 $H(z)$ 的长度相等，随着 Ω 的增大，$|\boldsymbol{B}_1|$ 的长度变短，$|\boldsymbol{B}_2|$ 的长度变长，但它们的积 $|\boldsymbol{B}_1||\boldsymbol{B}_2|$ 变小；当 $\Omega=\alpha$ 时，$|\boldsymbol{B}_1|$ 的长度最短，因此在这一频率附近会有一个峰值，而后当 Ω 继续增大，$|\boldsymbol{B}_1|$ 和 $|\boldsymbol{B}_2|$ 的长度变长，积 $|\boldsymbol{B}_1||\boldsymbol{B}_2|$ 变大；当 $\Omega=\pi$ 时，积 $|\boldsymbol{B}_1||\boldsymbol{B}_2|$ 最大，故 $|H(e^{j\pi})|$ 最小。随后，又重复上述过程，利用几何法绘出的幅频响应特性如图 10-10d 所示，其相频特性曲线请读者自己绘出。可见，该系统与 RLC 二阶连续系统相似，具有带通特性，带通的中心频率在 $\frac{\pi}{3}$ 附近。若是极点更靠近单位圆，则中心频率附近的曲线将更陡峭，而带宽也将相应地减小，从而使得该系统具有更好的选频特性，这一特点和 RLC 二阶连续系统是相似的。

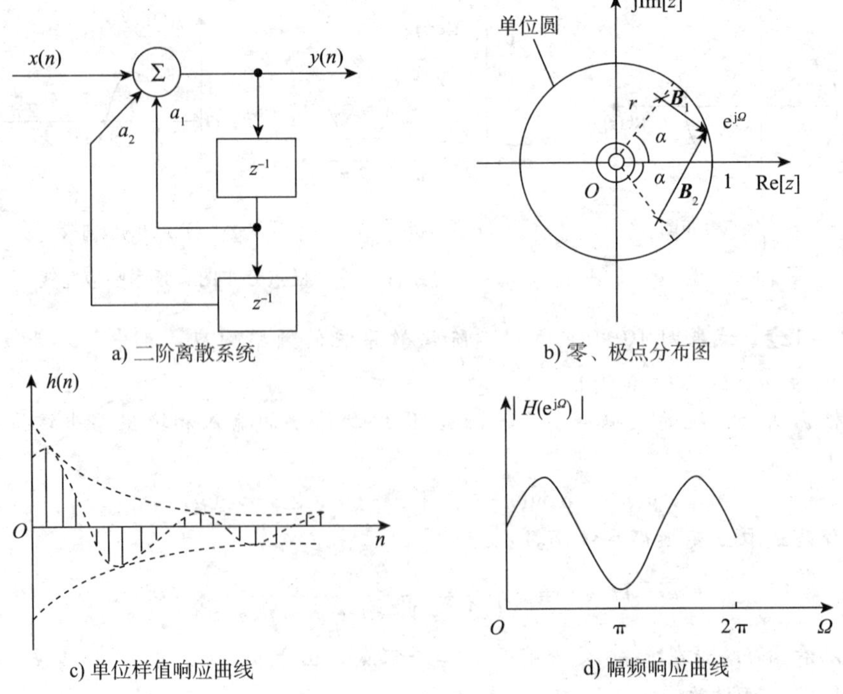

图 10-10 二阶离散系统的零、极点分布、单位样值响应曲线和幅频响应

本书不讨论离散全通系统和最小相移系统的内容，有兴趣的读者可以参考有关书籍。

10.10 连续系统与离散系统之间的相互转换

在第 7 章中，曾经讨论了如何将一个微分方程转换为差分方程，即如何将一个连续系统转换为离散系统问题。这里，对此进一步讨论。事实上，将连续系统转换为离散系统通常有 3 种方法，即冲激响应不变法、微分-差分方程转换法以及双线性变换法，其中，双线性变换法是一种较好的转换方法，它既可以克服冲激响应不变法中的频谱混叠现象，也可以避免微分-差分方程转换法中的频带浪费问题。但是，在此，仅在例 7-19 的基础上对微分-差分方程转换法进行进一步讨论。

下面分别对微分方程式及其对应的差分方程式取拉氏变换和 z 变换，并求出它们的系统函数，以便讨论这种方法的主要特点。为了简化分析，在例 7-19 的微分方程式中取 $\beta=1$，并对其进行拉氏变可得：

$$sY(s)+aY(s)=X(s) \tag{10-65}$$

由式(10-65)可得该连续系统的系统函数，即：

$$H(s)=\frac{1}{s+a} \tag{10-66}$$

对差分方程式(7-126)取 z 变换可得：

$$\frac{1-z^{-1}}{T}Y(z)+aY(z)=X(z) \tag{10-67}$$

由式(10-67)可得此连续系统所对应的离散系统的系统函数，即：

$$H(z)=\frac{1}{\dfrac{1-z^{-1}}{T}+a} \tag{10-68}$$

比较式(10-66)和式(10-68)可知，连续系统和对应的离散系统的系统函数之间的关系为

$$H(z)=H(s)\big|_{s=\frac{1-z^{-1}}{T}} \tag{10-69}$$

这表明，s 平面和 z 平面的映射关系为

$$s=\frac{1-z^{-1}}{T} \tag{10-70}$$

或

$$z=\frac{1}{1-sT} \tag{10-71}$$

在式(10-71)中令 $s=\sigma+\mathrm{j}\omega$，可求得：

$$|z|=\frac{1}{\sqrt{(1-T\sigma)^2+(\omega T)^2}} \tag{10-72}$$

利用式(10-69)也可以由微分方程的拉氏变换求出其对应 z 变换式，从而可以直接从微分方程得到其对应离散系统的差分方程的 z 变换，我们知道的：

$$\begin{cases}\dfrac{\mathrm{d}y(t)}{\mathrm{d}t}\cong\dfrac{\nabla y(n)}{T}\\[2ex]\dfrac{\mathrm{d}^2y(t)}{\mathrm{d}t^2}\cong\dfrac{\nabla}{T}\left(\dfrac{\nabla y(n)}{T}\right)=\dfrac{y(n)-2y(n-1)+y(n-2)}{T^2}=\dfrac{\nabla^{(2)}y(n)}{T^2}\\ \cdots\end{cases} \tag{10-73}$$

注意到有

$$\begin{cases}\mathscr{L}\left[\dfrac{\mathrm{d}y(t)}{\mathrm{d}t}\right]=sY(s)\\[2ex]\mathscr{L}\left[\dfrac{\mathrm{d}^2y(t)}{\mathrm{d}t^2}\right]=s^2Y(s)\\ \qquad\cdots\end{cases} \tag{10-74}$$

对式(10-73)应用式(10-74)则可得：

$$\begin{cases} Z\left[\dfrac{\nabla y(n)}{T}\right]=\left(\dfrac{1-z^{-1}}{T}\right)Y(z) \\ Z\left[\dfrac{\nabla^2 y(n)}{T^2}\right]=\left(\dfrac{1-z^{-1}}{T}\right)^2 Y(z) \\ \cdots \end{cases} \tag{10-75}$$

应用式(10-73)和式(10-75)便可以直接由描述连续系统的微分方程得到其对应的离散系统的差分方程的 z 变换。

由式(10-72)可知，若 $\sigma<0$，则 $|z|<1$，这表明，左半 s 平面将映射为 z 平面上的单位圆内，即一个稳定的连续系统可以转换为一个稳定的离散系统。若 $\sigma=0$，则由式(10-71)可以求得

$$z=\frac{1}{1-\mathrm{j}\omega T}=\frac{1}{2}\left(1+\frac{1+\mathrm{j}\omega T}{1-\mathrm{j}\omega T}\right)=\frac{1}{2}(1+\mathrm{e}^{\mathrm{j}2\arctan(\omega T)})$$

于是可得

$$\left|z-\frac{1}{2}\right|=\frac{1}{2} \tag{10-76}$$

由式(10-76)可知，s 平面上的 $\mathrm{j}\omega$ 轴映射到 z 平面上是一个圆，该圆的半径等于 $\frac{1}{2}$，圆心在 $z=\frac{1}{2}$ 处，如图 10-11 所示。由于 s 平面上的整个 $\mathrm{j}\omega$ 轴映射到 z 平面上只是一个圆，因此，这种方法不存在混叠现象。然而，由于离散系统的频率响应是系统函数在 z 平面上单位圆上的值，而 $\mathrm{j}\omega$ 轴映射到 z 平面上的仅在 $z=1$ 附近才近似等于单位圆上的值。而要使映射后的频率在 $z=1$ 附近，则要求抽样周期 T 足够小，也就是使式(10-72)中的 ωT 和 σT 近似为 0，这就要求有足够高的抽样频率。

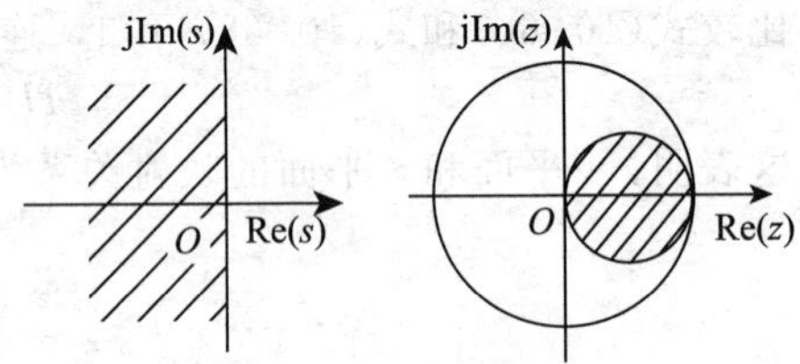

图 10-11 微分-差分方程转换法中的平面映射：$s=\dfrac{1-z^{-1}}{T}$

当取抽样频率 $\omega_s=2\omega_m$ 时，连续系统和对应离散系统的频谱图如图 10-12a 所示，由该图可见，此时的离散系统频谱既无混叠也无冗余，而当 $\omega_s>>\omega_m$ 时，过高的抽样频率会造成离散系统频带的浪费，如图 10-12b 所示。此外，过高的抽样频率也增加了系统实现的难度。因此，这种微分-差分方程转换方法的实用价值并不高。

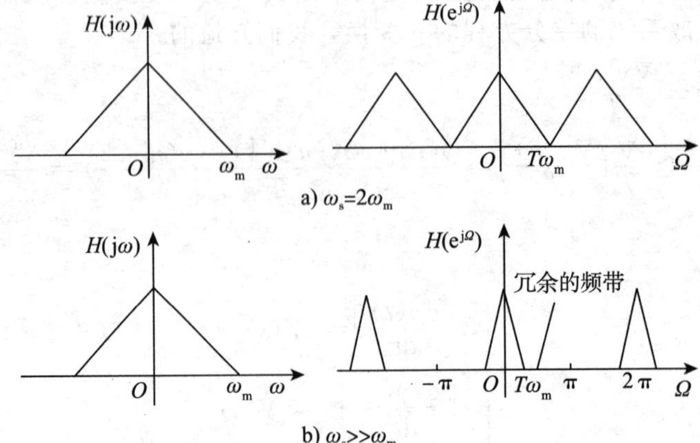

图 10-12 微分-差分方程变转换法中的频带浪费图示

将一个连续系统转换为离散系统变得日益重要的原因主要有：

1）随着数字计算机、微电子、数字电路、信号处理等高新技术的不断进步，连续与离散信号及系统之间的相互渗透与融合在深度和广度上都日益得到重大发展，因而在实际应用中往往要进行这两类系统之间的转换。

2）离散系统具有许多连续系统无法具有的优越性，诸如精度高、性能好、成本低、实现相对容易等，这使得离散系统的应用日益广泛。

3）连续系统的设计和实现方法在长期的应用中已经变得非常成熟、可靠，可以在离散系统的设计中进行借鉴。

此外，讨论这个问题还可以将前面介绍的傅里叶变换、离散时间傅里叶变换、拉氏变换、z 变换中的有关知识联系起来，从而可以进一步加深对这些内容的理解。

10.11　线性移不变系统的模拟

10.11.1　线性移不变系统模拟的概念

类似于线性时不变系统的情况，对于线性移不变系统，同样也可以进行模拟，并且其概念和方法都是十分相似的。

我们知道，描述一个实际线性移不变系统的线性常系数差分方程中有 3 种基本运算，即加法、数乘和移位，因此，可以用 3 种对应的运算部件，即加法器、数乘器（也称标量乘法器或倍乘器）和单位延迟器来模拟。这 3 种基本运算部件的表示符号及其时域、z 域中输入与输出的关系如表 10-1 所示。

表 10-1　模拟和表示线性移不变系统的 3 种基本运算部件的符号及其时域、z 域中输入与输出的关系

名称	时域表示	z 域表示	信号流图表示	实现器件
加法器	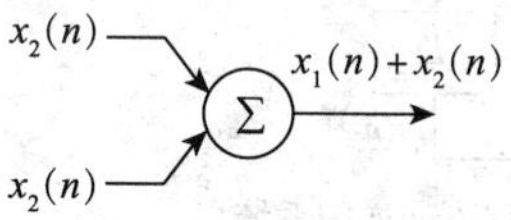 $x_2(n)$, $x_2(n)$ → Σ → $x_1(n)+x_2(n)$	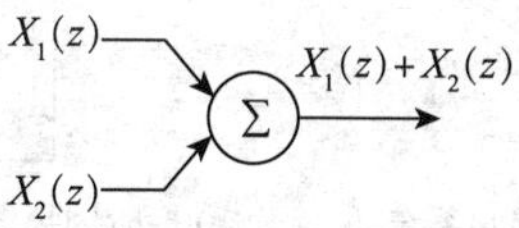 $X_1(z)$, $X_2(z)$ → Σ → $X_1(z)+X_2(z)$	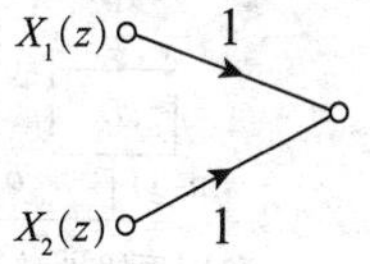 $X_1(z)$ —1→, $X_2(z)$ —1→；$Y(z)=X_1(z)+X_2(z)$	运算放大器
数乘器	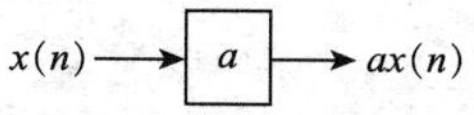 $x(n)$ → [a] → $ax(n)$	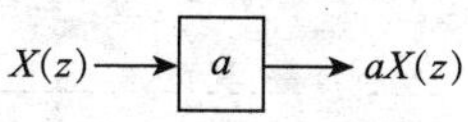 $X(z)$ → [a] → $aX(z)$	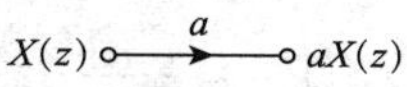 $X(z)$ —a→ $aX(z)$	运算放大器
单位延迟器	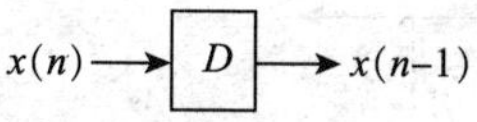 $x(n)$ → [D] → $x(n-1)$ 设单位延迟器的初始状态 $y(-1)=0$	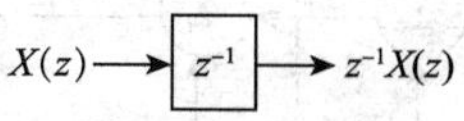 $X(z)$ → [z^{-1}] → $z^{-1}X(z)$ 设单位延迟器的初始状态 $y(-1)=0$	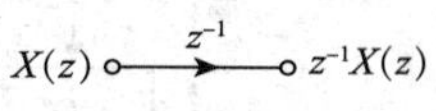 $X(z)$ —z^{-1}→ $z^{-1}X(z)$	运算放大器

类似于线性时不变系统的模拟，若将数乘器的常数、时域移位符号或移位的 z 变换 z^{-1} 置于方框内，则可以认为连续线性移不变系统的模拟图也由信号线、分支点、相加点和传递环节这 4 种元素构成。

10.11.2　线性移不变系统的模拟图

类似于线性时不变系统的情况，对于线性移不变系统也有两种画模拟框图的方法，其一是直接由差分方程画出，其二是根据系统的系统函数 $H(z)$ 来画，无论采用何种方法，也均有 4 种形式，即直接、级联、并联以及混联（级联和并联共存），前 3 种为基本形式。

我们知道，描述 N 阶线性移不变因果系统的 N 阶线性常系数后向差分方程及其对应的系统函数分别可表示为式（7-52）和式（10-2）的形式。由于系统具有因果性，这时 $H(z)$

的收敛域必须在某一个圆外区域，可以表示为$|z|>R_H$。下面讨论常用的 4 种模拟形式。

1. 直接型实现结构

(1) 用差分方程描述的因果线性移不变系统的直接型实现结构

首先考察一阶线性移不变因果系统的差分方程，即：

$$a_0 y(n) + a_1 y(n-1) = b_0 x(n) + b_1 x(n-1) \tag{10-77}$$

在式(10-77)中令

$$w(n) = b_0 x(n) + b_1 x(n-1) \tag{10-78}$$

将式(10-78)代入式(10-77)，并移项可得：

$$y(n) = \frac{1}{a_0}[w(n) - a_1 y(n-1)] \tag{10-79}$$

式(10-78)、式(10-79)可以分别用图 10-13a 和 b 所示的系统框图表示。在图 10-13b 中，系统的输出经过延迟后又加到系统的输入端，故为反馈系统。从算法上看，式 (10-79)是一种具有递归性质的迭代格式，所以也称为递归系统。图 10-13a 所示的系统则为无反馈或非递归系统。若将这两个系统进行级联，如图 10-14 所示，则其对应于差分方程式(10-77)。由卷积交换律的讨论知道，对于 LTI 系统来说，两个级联的子系统互换位置后，整个系统的输入输出关系维持不变。因此交换子系统位置后所得到的图 10-15 系统仍然具有式(10-77)给定的输入输出关系。由于图 10-15 中两个延迟器 D 有同一个输入，所以可合并成图 10-16 所示的结构。显然，图 10-16 中的直接Ⅱ型比图 10-15 中的直接Ⅰ型经济。如果实现系统的延迟器个数没有冗余，N 阶差分方程所对应的系统结构中应只有 N 个延迟器。

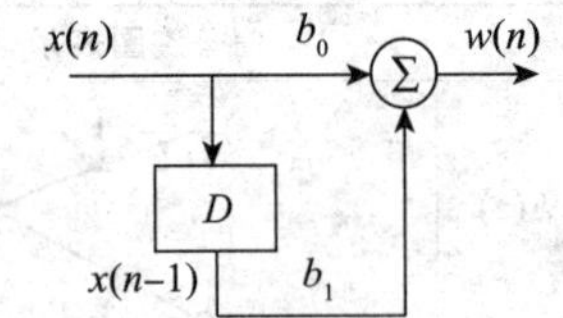

a) 一阶因果线性移不变非递归系统

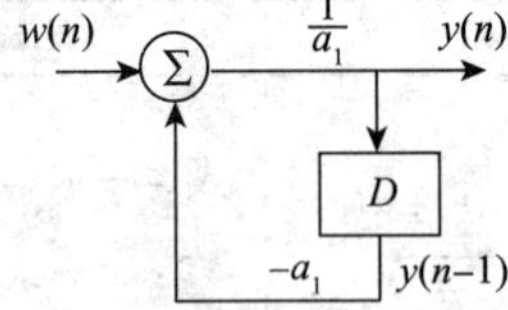

b) 一阶因果线性移不变递归系统

图 10-13　一阶因果线性移不变系统框图

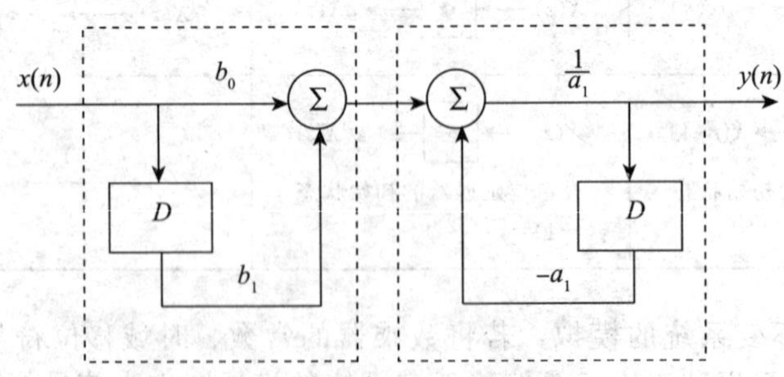

图 10-14　一阶因果线性移不变系统的方框图(递归—非递归级联)：直接Ⅰ型

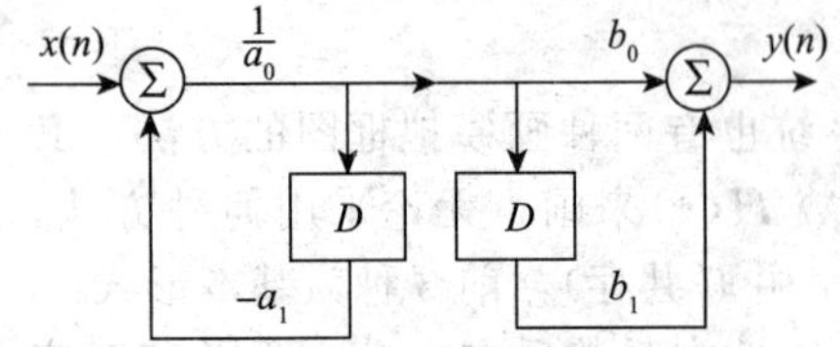

图 10-15　交换图 10-14 中的级联子系统

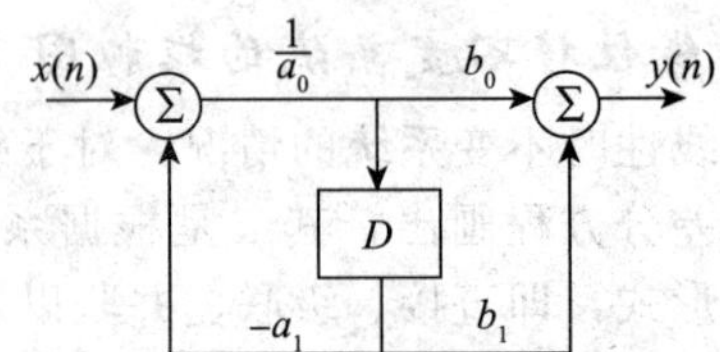

图 10-16　一阶因果线性移不变系统的方框图：直接Ⅱ型

用类似的方法可以得出 N 阶差分方程式(7-62)所对应的系统结构，即直接Ⅰ型和直接Ⅱ型。当 $M=N$ 时，直接Ⅱ型的框图如图 10-17 所示。再将其中的加法器合并，从而得如图 10-18 所示的直接Ⅱ型，这时只需两个加法器。

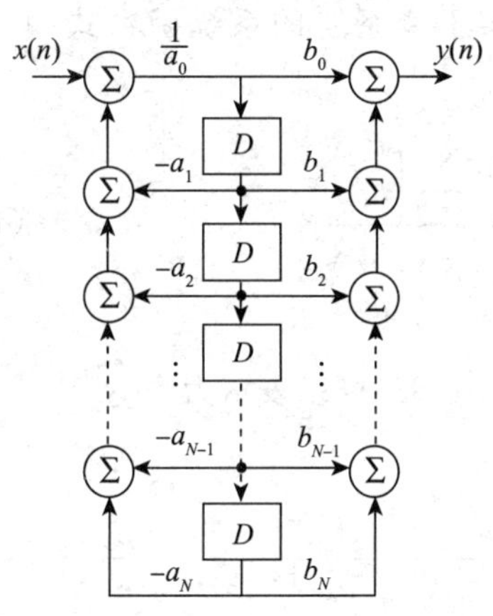

图 10-17 因果 N 阶线性移不变系统的框图(直接Ⅱ型)

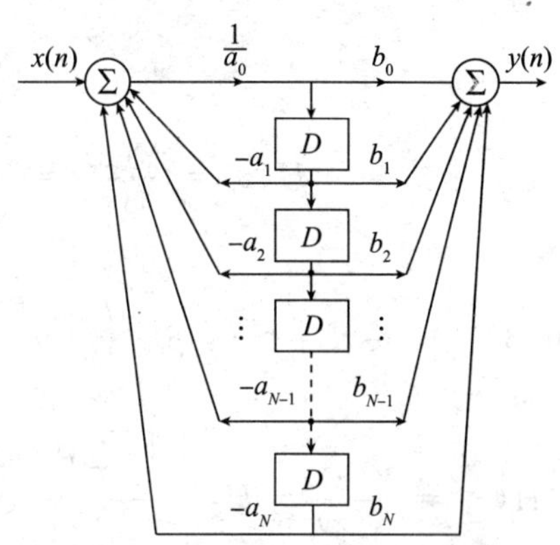

图 10-18 因果 N 阶线性移不变系统的框图(直接Ⅱ型)

当 $M\leqslant N$ 时，令上述各框图中的相应系数 $b_r(r>m)$ 为零即可。

(2) 用系统函数表征的因果线性移不变系统的直接型实现结构

按照连续线性时不变系统推导 s 域直接Ⅱ型和Ⅰ型的方法可以得出线性移不变系统的直接Ⅱ型和Ⅰ型。在式(10-2)中令

$$H(z)=\frac{Y(z)}{X(z)}=\frac{W(z)}{X(z)}\cdot\frac{Y(z)}{W(z)}=H_1(z)H_2(z) \tag{10-80}$$

在式(10-80)中，为了表示方便，设 $a_0=1$，因而有：

$$H_1(z)=\frac{W(z)}{X(z)}=\frac{1}{1+a_1z^{-1}+a_2z^{-2}+\cdots+a_Nz^{-N}} \tag{10-81}$$

$$H_2(z)=\frac{Y(z)}{W(z)}=b_0+b_1z^{-1}+b_2z^{-2}+\cdots+b_Mz^{-M} \tag{10-82}$$

利用与用系统函数表征的因果线性时不变系统的直接型实现结构类似的推导方法便可得 z 域直接Ⅱ型(规范型)的模拟图，如图 10-19 所示，其中 $M=N$。

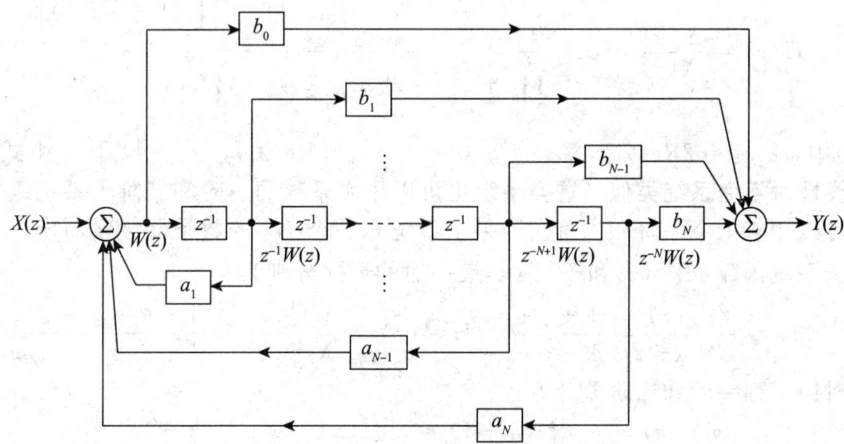

图 10-19 N 阶差分方程描述的因果线性移不变系统的 z 域模拟图(直接Ⅱ型)

利用类似于连续线性时不变系统 s 域直接Ⅰ型框图的推导方法也可以得到 z 域直接Ⅱ型的框图。

2. 级联型实现结构

类似于线性时不变系统的情况，将实因果线性移不变系统的系统函数式(10-2)改写为

$$H(z)=\frac{Y(z)}{X(z)}=\frac{\sum_{r=0}^{M}b_r z^{-r}}{\sum_{k=0}^{N}a_k z^{-k}}=\frac{b_0\sum_{r=0}^{M}\left(\frac{b_r}{b_0}\right)z^{-r}}{a_0\sum_{k=0}^{N}\left(\frac{a_k}{a_0}\right)z^{-k}} \tag{10-83}$$

在式(10-83)中，令 $H_0=\frac{b_0}{a_0}$，$\beta_r=\frac{b_r}{b_0}$，$\alpha_k=\frac{a_k}{a_0}$，则式(10-83)可以表示为

$$H(z)=\frac{Y(z)}{X(z)}=H_0\frac{1+\sum_{r=1}^{M}\beta_r z^{-r}}{1+\sum_{k=1}^{N}\alpha_k z^{-k}}=H_0\frac{1+\beta_1 z^{-1}+\beta_2 z^{-2}+\cdots+\beta_M z^{-M}}{1+\alpha_1 z^{-1}+\alpha_2 z^{-2}+\cdots+\alpha_N z^{-N}} \tag{10-84}$$

假设式(10-84)中的分子多项式有 g 对共轭复根 λ_i 和 λ_i^*，$i=1, 2, \cdots, g$；其余为 $M-2g$ 个实根 $z_i(i=1, 2, \cdots, M-2g)$；分母多项式有 q 对共轭复根 γ_i 和 γ_i^*，$i=1, 2, \cdots, q$；其余为 $N-2q$ 个实根 $p_i(i=1, 2, \cdots, N-2q)$；并将分子多项式和分母多项式中的重根视为相应多个相同的单根，于是式(10-84)可以按零、极点因式分解为最一般的零、极点分布表示形式，即：

$$H(z)=\frac{Y(z)}{X(z)}=\frac{\prod_{i=1}^{g}(1-\lambda_i z^{-1})(1-\lambda_i^* z^{-1})}{\prod_{i=1}^{q}(1-\gamma_i z^{-1})(1-\gamma_i^* z^{-1})}\cdot\frac{\prod_{i=1}^{M-2g}(1-z_i z^{-1})}{\prod_{i=1}^{N-2q}(1-p_i z^{-1})} \tag{10-85}$$

将式(10-85)中每对复数共轭极点合并成一个实系数的二阶因式(二次因式)，即：

$$(1-\gamma_i z^{-1})(1-\gamma_i^* z^{-1})=1-2\mathrm{Re}[\gamma_i]z^{-1}+|\gamma_i|^2 z^{-2}$$

于是，式(10-84)又可以表示为

$$H(z)=\frac{Y(z)}{X(z)}=H_0\frac{\prod_{i=1}^{g}(1+\beta_{1i}z^{-1}+\beta_{2i}z^{-2})}{\prod_{i=1}^{q}(1+\alpha_{1i}z^{-1}+\alpha_{2i}z^{-2})}\cdot\frac{\prod_{i=1}^{M-2g}(1-z_i z^{-1})}{\prod_{i=1}^{N-2q}(1-p_i z^{-1})} \tag{10-86}$$

式(10-86)中，$\alpha_{1i}=-2\mathrm{Re}\{\gamma_i\}$，$\alpha_{2i}=|\gamma_i|^2$；$\beta_{1i}=-2\mathrm{Re}\{\lambda_i\}$，$\beta_{2i}=|\lambda_i|^2$。由式(10-86)可知，与线性时不变系统类似，这类系统也可以用实系数的一阶和二阶子系统级联形式来模拟，即可以用若干个一阶和二阶实因果子系统与一个 H_0 的数乘器级联而成，而这些一阶和二阶子系统函数 $H_i^{(1)}(z)$ 和 $H_i^{(2)}(z)$ 最一般的形式分别为

$$H_i^{(1)}(z)=\frac{Y_i^{(1)}(z)}{X_i^{(1)}(z)}=\frac{1-z_i z^{-1}}{1-p_i z^{-1}},\quad H_i^{(2)}(z)=\frac{Y_i^{(2)}(z)}{X_i^{(2)}(z)}=\frac{1+\beta_{1i}z^{-1}+\beta_{2i}z^{-2}}{1+\alpha_{1i}z^{-1}+\alpha_{2i}z^{-2}}$$

它们分别对应下列一阶和二阶差分方程：

$$y_i^{(1)}(n)-p_i y_i^{(1)}(n-1)=x_i^{(1)}(n)-z_i x_i^{(1)}(n-1)$$

$$y_i^{(2)}(n)+\alpha_{1i}y_i^{(2)}(n-1)+\alpha_{2i}y_i^{(2)}(n-2)=x_i^{(2)}(n)+\beta_{1i}x_i^{(2)}(n-1)+\beta_{2i}x_i^{(2)}(n-2)$$

在图 10-20a 和 b 中，分别画出了 $H_i^{(1)}(z)$ 和 $H_i^{(2)}(z)$ 的直接Ⅱ型实现结构。

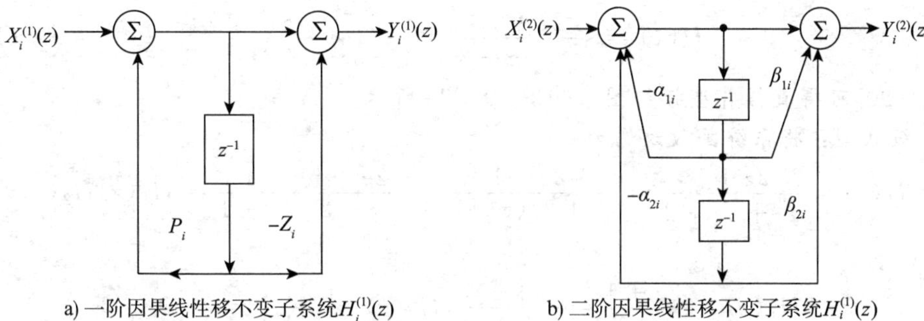

a) 一阶因果线性移不变子系统$H_i^{(1)}(z)$　　b) 二阶因果线性移不变子系统$H_i^{(1)}(z)$

图 10-20　级联形式中一阶和二阶因果线性移不变子系统的直接Ⅱ型实现结构

3. 并联型实现结构

若 $H(z)$只有一阶极点，并假设有 q 对互不相等的一阶共轭极点 γ_i 和 γ_i^*，$i=1, 2, \cdots, q$，其余 $N-2q$ 个为彼此不同的一阶实极点 p_i，$i=1, 2, \cdots, N-2q$，这时，式(10-2)中的 $H(z)$的部分分式展开为

$$H(z)=\frac{Y(z)}{X(z)}=\frac{b_0}{a_0}+\sum_{i=1}^{q}\left(\frac{k_{ci}}{1-\lambda_i z^{-1}}+\frac{k_{ci}^*}{1-\lambda_i^* z^{-1}}\right)+\sum_{i=1}^{N-2q}\frac{k_i}{1-p_i z^{-1}} \tag{10-87}$$

式(10-87)中，k_{ci} 和 k_{ci}^* 是每一对一阶共轭复极点因子的展开系数，它们分别也互为共轭复数。若将式(10-87)中共轭成对的一次因式组合起来，也可以得到实系数的二次因式，即：

$$\frac{k_{ci}}{1-\lambda_i z^{-1}}+\frac{k_{ci}^*}{1-\lambda_i^* z^{-1}}=\frac{\gamma_{0i}+\gamma_{1i}z^{-1}}{1+\alpha_{1i}z^{-1}+\alpha_{2i}z^{-2}} \tag{10-88}$$

式(10-88)中，$\alpha_{1i}=-2\mathrm{Re}[\lambda_i]$，$\alpha_{2i}=|\lambda_i|^2$，$\gamma_{0i}=2\mathrm{Re}[k_{ci}]$，$\gamma_{1i}=-2\mathrm{Re}[\lambda_i k_{ci}^*]$。因此，式(10-87)可以表示为

$$H(z)=\frac{Y(z)}{X(z)}=\frac{b_0}{a_0}+\sum_{i=1}^{q}\frac{\gamma_{0i}+\gamma_{1i}z^{-1}}{1+\alpha_{1i}z^{-1}+\alpha_{2i}z^{-2}}+\sum_{i=1}^{N-2q}\frac{k_i}{1-p_i z^{-1}} \tag{10-89}$$

式(10-89)中，两个求和项均为实系数的一阶和二阶因果系统函数，即：

$$H_i^{(1)}(z)=\frac{Y_i^{(1)}(z)}{X_i^{(1)}(z)}=\frac{k_i}{1-p_i z^{-1}}\text{ 和 }H_i^{(2)}(z)=\frac{Y_i^{(2)}(z)}{X_i^{(2)}(z)}=\frac{\gamma_{0i}+\gamma_{1i}z^{-1}}{1+\alpha_{1i}z^{-1}+\alpha_{2i}z^{-2}}$$

它们分别如图 10-21a、b 所示。

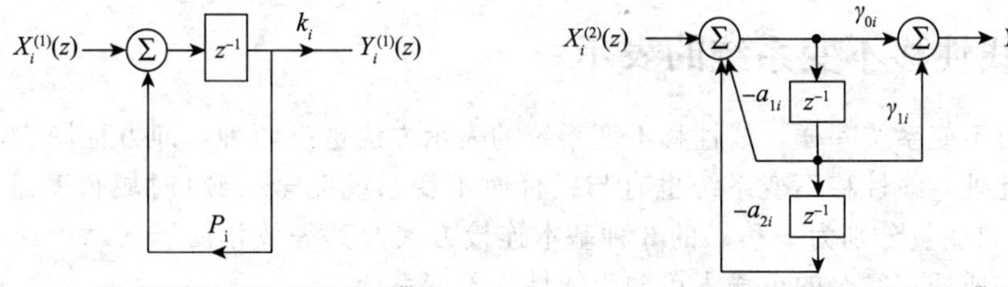

a) 一阶因果线性移不变子系统$H_i^{(1)}(z)$　　b) 二阶因果线性移不变子系统$H_i^{(2)}(z)$

图 10-21　并联形式中一阶和二阶因果线性移不变子系统的直接Ⅱ型实现结构

【例 10-13】 描述某线性移不变系统的系统函数为

$$H(z)=\frac{Y(z)}{X(z)}=\frac{2z+1}{z^2+3z+2}$$

试分别画出该系统的直接Ⅱ型、级联型和并联型模拟图。

解：1) 直接Ⅱ型：将系统函数改写为

$$H(z)=\frac{2z+1}{z^2+3z+2}=\frac{2z^{-1}+z^{-2}}{1+3z^{-1}+2z^{-2}} \tag{10-90}$$

由式(10-90)可得直接Ⅱ型模拟图，如图 10-22a 所示。

2）级联型：将系统函数改写为

$$H(z)=\frac{2z+1}{z^2+3z+2}=\frac{2z+1}{(z+2)(z+1)}=\frac{2z+1}{z+2}\cdot\frac{1}{z+1}=H_1(z)H_2(z)$$

其中，

$$H_1(z)=\frac{2z+1}{z+2}=\frac{2+z^{-1}}{1+2z^{-1}},H_2(z)=\frac{1}{z+1}=\frac{z^{-1}}{1+z^{-1}}$$

由此可得级联型模拟图，如图 10-22b 所示，再将 10-22b 中两个级联的加法器合并为一个得到图 10-39c。

3）并联型：将系统函数改写为

$$H(z)=\frac{2z+1}{(z+2)(z+1)}=\frac{-\frac{3}{2}z}{z+2}+\frac{z}{z+1}+\frac{1}{2}=\frac{-\frac{3}{2}}{1+2z^{-1}}+\frac{1}{1+z^{-1}}+\frac{1}{2}$$

由此可得并联型模拟图，如图 10-22d 所示。

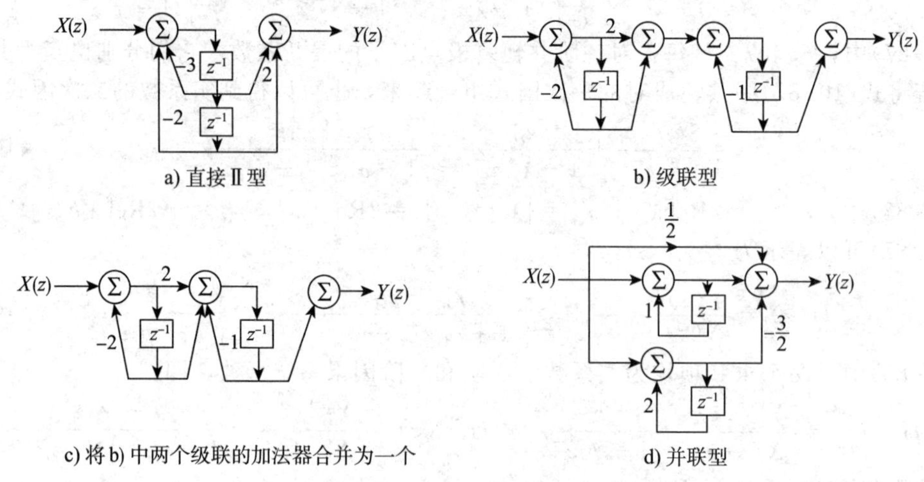

图 10-22 例 10-13：某线性移不变系统的直接Ⅱ型、级联型和并联型模拟图

10.12 线性移不变系统的表示

与线性时不变系统一样，线性移不变系统的表示方法也有两种，即方框图表示和信号流图表示。此外，线性移不变系统也有与线性时不变系统完全一致(时域自变量分别为 n 和 t，复频域自变量分别为 z 和 s)的 3 种基本连接方式及其等效化简形式，由这 3 种连接方式也可以构成任何复杂的单输入单输出线性移不变系统。

10.12.1 线性移不变系统的方框图表示

线性移不变系统的方框图表示方法与等效简化原则与线性时不变系统的完全相同，只是在符号表示上后者为 s^{-1}、$X(s)$、$Y(s)$和 $H(s)$，前者为 z^{-1}、$X(z)$、$Y(z)$和 $H(z)$。

【例 10-14】 已知某离散因果系统中方框图如图 10-23 所示，试求系统函数 $H(z)$。

解：设左边第一个加法器的输出为 $X_1(z)$，第二个加法器的输出为 $X_2(z)$。由图 10-23 可得：

$$X_1(z)=X(z)-0.5z^{-1}X_1(z)-KY(z)$$

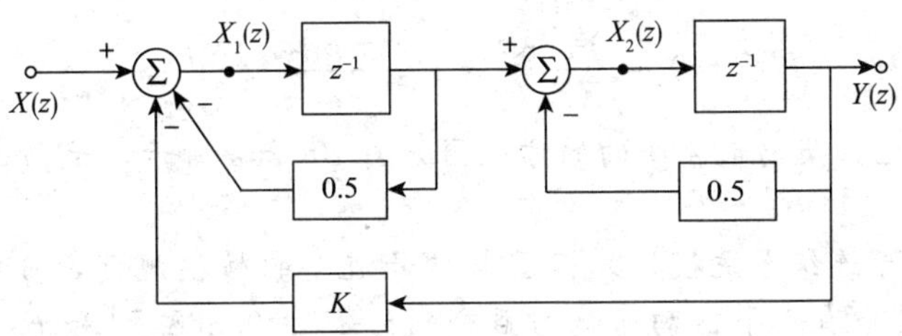

图 10-23　例 10-14 图中离散因果系统的方框图

$$X_2(z)=z^{-1}X_1(z)-0.5z^{-1}X_2(z)$$

$$Y(z)=z^{-1}X_2(z)$$

消去上面诸式里的中间变量 $X_1(z)$、$X_2(z)$，求得系统函数为

$$H(z)=\frac{Y(z)}{X(z)}=\frac{1}{z^2+z+0.25+K}$$

10.12.2　线性移不变系统的信号流图表示

线性移不变系统的信号流图表示完全与线性时不变系统的相似，只是在符号表示上后者为 s^{-1}、$X(s)$、$Y(s)$和 $H(s)$，前者为 z^{-1}、$X(z)$、$Y(z)$和 $H(z)$。因此，与线性时不变系统一样，线性移不变系统的信号流图表示与方框图表示之间也可以相互转换，其方法与线性时不变系统的一样。信号流图的化简方法也与线性时不变系统的一样。计算总增益或转移函数的梅森公式及其内容也与线性时不变系统的完全相同，即有：

$$H(z)=\frac{Y(z)}{X(z)}=\frac{1}{\Delta}\sum_k P_k\Delta_k \tag{10-91}$$

【例 10-15】 试将图 10-20b 所示二阶离散系统方框图改为对应的信号流图表示，并用信号流图的化简规则求出其系统函数。

解： 首先将图 10-20b 所示的方框图改画成信号流图，如图 10-24a 所示。然后利用串联支路合并规则，将两个反馈环路化简为两个自环，得到图 10-24b。再将 $X_i(z)$ 至 $Y_i(z)$ 的所有串、并联支路合并，得到图 10-24c。最后利用并联支路合并规则，将节点处的两个自环合并，并消去自环，得到图 10-24d。由此求得该系统的系统函数为

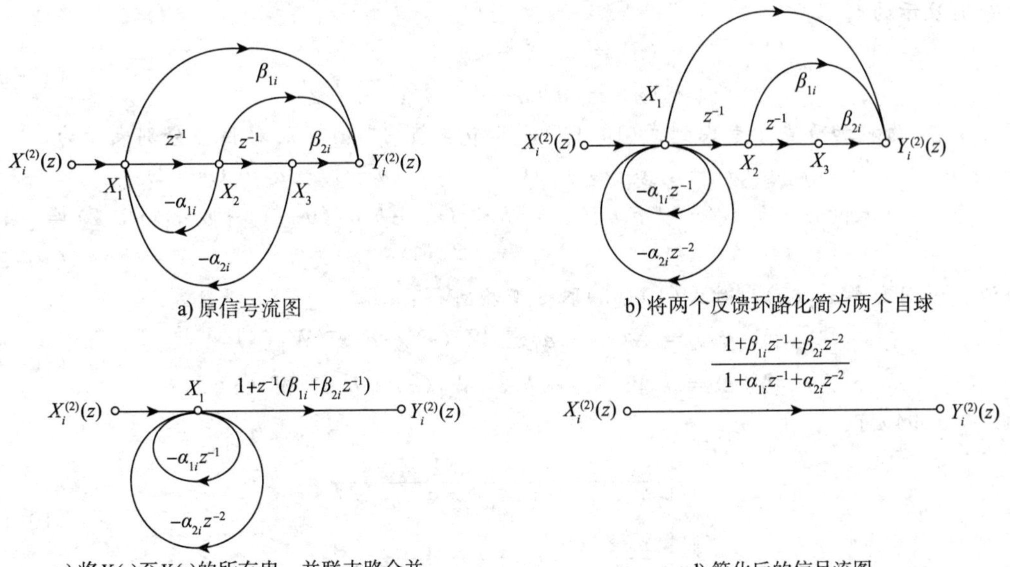

图 10-24　对应图 10-20b 的离散时间二阶系统的信号流图及其化简示意图

$$H_i^{(2)}(z)=\frac{Y_i^{(2)}(z)}{X_i^{(2)}(z)}=\frac{1+\beta_{1i}z^{-1}+\beta_{2i}z^{-2}}{1+\alpha_{1i}z^{-1}+\alpha_{2i}z^{-2}}$$

【例 10-16】 已知某离散系统的的方框图如图 10-25a 所示，试画出对应的信号流图，并求出系统函数。

解：应用类似于连续系统模拟方框图与信号流图的转换规则，可以得出信号流图如图 10-25b所示，其中有两个前向通路增益分别为 $P_1=0.368z^{-1}$ 和 $P_2=0.264z^{-2}$，两个回路增益分别为 $L_1=1.368z^{-1}$ 和 $L_2=-0.368z^{-2}$，两个回路互相接触，没有两个及两个以上互不接触的回路。此外，没有与前向通路不接触的回路，故每一条前向通路的特征行列式余因子 $\Delta_i=1$，$i=1$，2，因而有 $\Delta=1-(L_1+L_2)=1-1.368z^{-1}+0.368z^{-2}$，应用梅森公式(10-91)可以求得系统函数为

$$H(z)=\frac{Y(z)}{X(z)}=\frac{1}{\Delta}\sum_k P_k\Delta_k=\frac{0.368z^{-1}+0.264z^{-2}}{1-1.368z^{-1}+0.368z^{-2}}=\frac{0.368z+0.264}{z^2-1.368z+0.368}$$

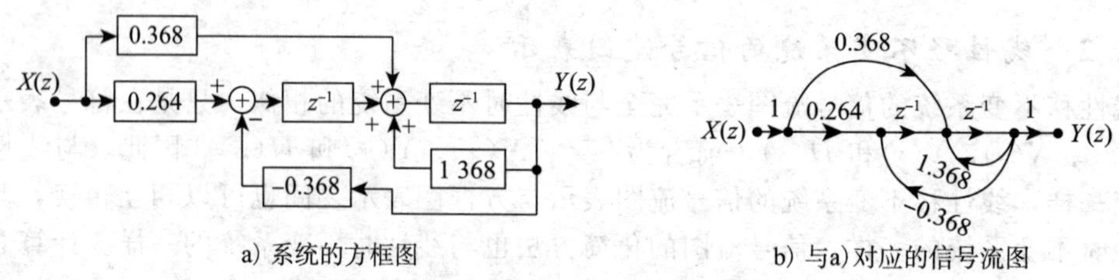

a) 系统的方框图　　b) 与a)对应的信号流图

图 10-25　例 10-16 中离散系统的方框图和信号流图

【例 10-17】 试求出图 10-26 中信号流图所示系统的系统函数 $H(z)$和差分方程。

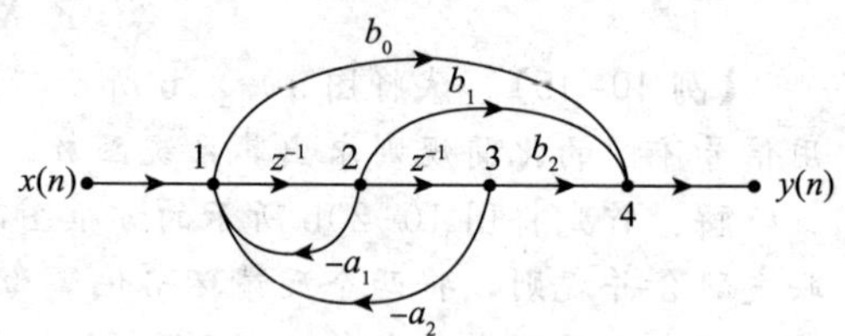

图 10-26　例 10-17 中系统的信号流图

解：对于此例，不准备采用梅森公式，而直接利用信号流图与线性代数方程组的对应性。在图 10-26 所示的信号流图中，对除输入、输出节点外的其他节点标出节点号。节点 2、3 为分支节点，它们的节点值可以用节点 1 的移位值分别表示为

$$\begin{cases}w_2(n)=w_1(n-1)\\ w_3(n)=w_2(n-1)=w_1(n-2)\end{cases}\tag{10-92}$$

节点 1、4 为相加节点，考虑到式(10-92)，其节点值用节点 1 的移位值分别表示为

$$\begin{cases}w_1(n)=x(n)-a_1w_2(n)-a_2w_3(n)=x(n)-a_1w_1(n-1)-a_2w_1(n-2)\\ w_4(n)=b_0w_1(n)+b_1w_2(n)+b_2w_3(n)=b_0w_1(n)+b_1w_1(n-1)+b_2w_1(n-2)=y(n)\end{cases}\tag{10-93}$$

为消去中间变量 $w_1(n)$，对式(10-93)取 z 变换可得：

$$\begin{cases}W_1(z)=X(z)-a_1z^{-1}W_1(z)-a_2z^{-2}W_1(z)\\ Y(z)=b_0W_1(z)+b_1z^{-1}W_1(z)+b_2z^{-2}W_1(z)\end{cases}\tag{10-94}$$

由式(10-94)可得：

$$\begin{cases}\dfrac{W_1(z)}{X(z)}=\dfrac{1}{1+a_1z^{-1}+a_2z^{-2}}\\ \dfrac{Y(z)}{W_1(z)}=b_0+b_1z^{-1}+b_2z^{-2}\end{cases}\tag{10-95}$$

由式(10-95)可得系统函数：

$$H(z)=\frac{Y(z)}{X(z)}=\frac{Y(z)}{W_1(z)}\cdot\frac{W_1(z)}{X(z)}=\frac{b_0+b_1z^{-1}+b_2z^{-2}}{1+a_1z^{-1}+a_2z^{-2}} \tag{10-96}$$

由式(10-96)可得：

$$(1+a_1z^{-1}+a_2z^{-2})Y(z)=(b_0+b_1z^{-1}+b_2z^{-2})X(z) \tag{10-97}$$

对式(10-97)两边取 z 反变换，可得系统的差分方程为

$$y(n)+a_1y(n-1)+a_2y(n-2)=b_0x(n)+b_1x(n-1)+b_2x(n-2)$$

或

$$y(n)=b_0x(n)+b_1x(n-1)+b_2x(n-2)-a_1y(n-1)-a_2y(n-2)$$

读者可以应用梅森公式(10-91)求取系统函数以及差分方程，显然，利用梅森公式求解要容易一些。

10.13　线性移不变系统的信号流图形式

对应于线性时不变系统，线性移不变系统的信号流图有 4 种实现结构：直接型、级联型和并联型以及混联型。它们分别与连续系统的 4 种信号流图的形式相同。

1）直接型

在式(10-2)中令 $a_0=1$，类似于线性时不变系统直接型信号流图的推导过程，可以得到线性移不变系统的信号流图，如图 10-27 所示。

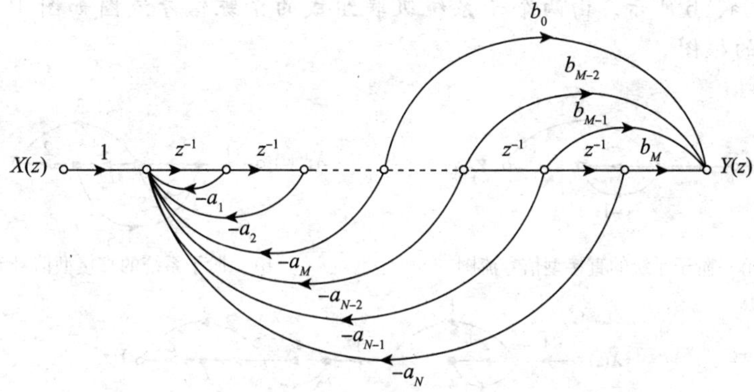

图 10-27　线性移不变系统直接Ⅱ型的信号流图

2）级联型

对比式(6-88)和式(10-86)可知，线性移不变系统的信号流图的级联型一阶子系统 $H_i^{(1)}(z)$和二阶子系统 $H_i^{(2)}(z)$的信号流图与对应的线性时不变系统的信号流图，即图 6-75 的结构相同，这时仅将其中的 $X_i^{(1)}(s)$、$Y_i^{(1)}(s)$、$X_i^{(2)}(s)$、$Y_i^{(2)}(s)$以及 s^{-1}和 s^{-2}分别改为 $X_i^{(1)}(z)$、$Y_i^{(1)}(z)$、$X_i^{(2)}(z)$、$Y_i^{(2)}(z)$以及 z^{-1}和 z^{-2}即可。

3）并联型

由式(10-89)可以得出线性移不变系统的信号流图的并联型一阶子系统 $H_i^{(1)}(z)$和二阶子系统 $H_i^{(2)}(z)$的信号流图，如图 10-28 所示。

【例 10-18】　已知某离散系统的系统函数为

$$H(z)=\frac{z(3z+2)}{(z+1)(z^2+5z+6)} \tag{10-98}$$

用级联型的信号流图模拟此系统。

解：所给系统函数 $H(z)$可以表示为

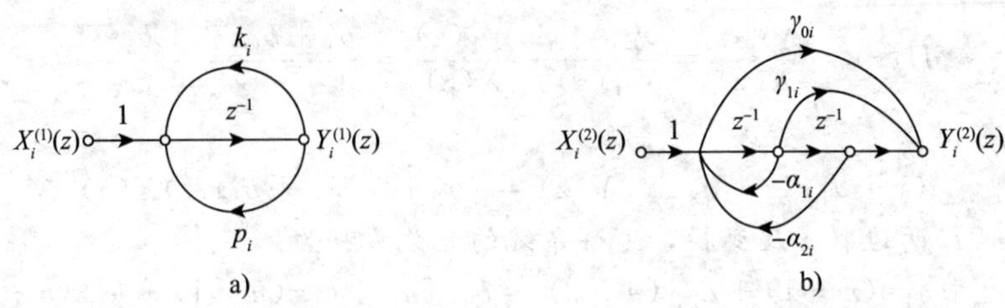

图 10-28 线性移不变系统并联型一阶子系统 $H_i^{(1)}(z)$和二阶子系统 $H_i^{(2)}(z)$的信号流图

$$H(z)=\frac{Y(z)}{X(z)}=\frac{z(3z+2)}{(z+1)(z^2+5z+6)}=\frac{z}{(z+1)}\cdot\frac{(3z+2)}{(z^2+5z+6)}=H_1^{(1)}(z)\cdot H_2^{(1)}(z) \tag{10-99}$$

式(10-99)中，子系统 $H_1^{(1)}(z)$为一阶节，子系统 $H_2^{(1)}(z)$为二阶节，它们分别为

$$H_1^{(1)}(z)=\frac{Y_1^{(1)}(z)}{X_1^{(1)}(z)}=\frac{z}{z+1}=\frac{1}{1+z^{-1}}=\frac{1}{1-(-z^{-1})} \tag{10-100}$$

$$H_1^{(2)}(z)=\frac{Y_1^{(2)}(z)}{X_1^{(2)}(z)}=\frac{3z+2}{z^2+5z+6}=\frac{3z^{-1}+2z^{-2}}{1+5z^{-1}+6z^{-2}}=\frac{3z^{-1}+2z^{-2}}{1-(-5z^{-1}-6z^{-2})} \tag{10-101}$$

根据式(10-100)和式(10-101)，子系统 $H_1^{(1)}(z)$和子系统 $H_1^{(2)}(z)$的直接型信号流图分别如图 10-29a、b 所示。由两个子系统级联组成的系统信号流图如图 10-29c 所示，图 10-29d 是对应的框图。

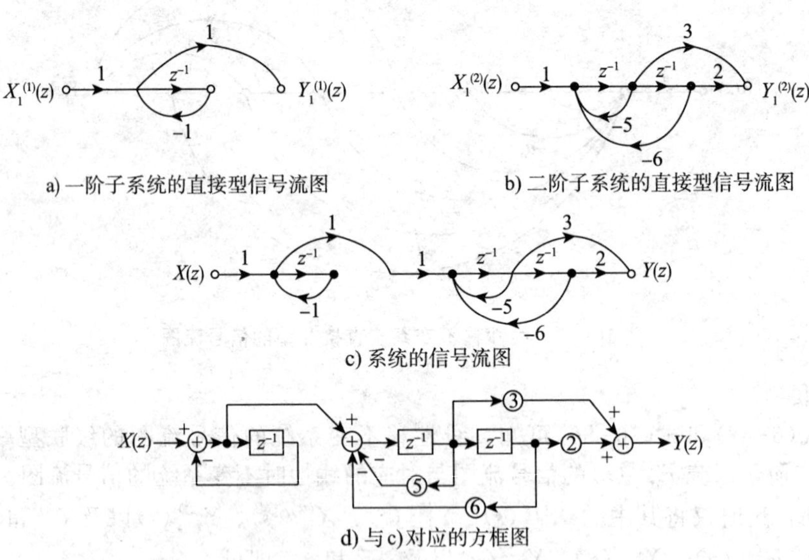

图 10-29 例 10-18 图中离散系统的信号流图及其对应的方框图

【例 10-19】 已知某离散系统的系统函数为

$$H(z)=\frac{z^3+9z^2+23z+16}{(z+2)(z^2+7z+12)}$$

用并联型信号流图模拟此系统。

解：$H(z)$可以表示为

$$H(z)=\frac{Y(z)}{X(z)}=\frac{z^3+9z^2+23z+16}{(z+2)(z^2+7z+12)}=\frac{z+1}{z+2}+\frac{z+2}{z^2+7z+12}=H_1^{(1)}(z)+H_1^{(2)}(z) \tag{10-102}$$

$$H_1^{(1)}(z)=\frac{Y_1^{(1)}(z)}{X_1^{(1)}(z)}=\frac{z+1}{z+2}=\frac{1+z^{-1}}{1+2z^{-1}}=\frac{1+z^{-1}}{1-(-2z^{-1})} \tag{10-103}$$

$$H_1^{(2)}(z)=\frac{Y_1^{(2)}(z)}{X_1^{(2)}(z)}=\frac{z+2}{z^2+7z+12}=\frac{z^{-1}+2z^{-2}}{1+7z^{-1}+12z^{-2}}=\frac{z^{-1}+2z^{-2}}{1-(-7z^{-1}-12z^{-2})} \tag{10-104}$$

由式(10-102)可知，系统可由子系统 $H_1^{(1)}(z)$和子系统 $H_1^{(2)}(z)$并联组成。由这两个子系统并联组成的系统的信号流图如图 10-30a 所示，图 10-30b 是对应的框图。

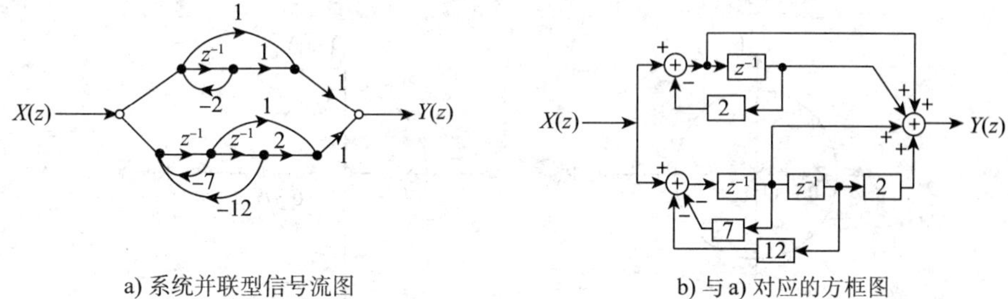

a) 系统并联型信号流图　　b) 与 a) 对应的方框图

图 10-30　例 10-19 图中离散系统的信号流图及其对应的方框图

习题

10-1　某线性移不变系统的初始状态为 $y(-1)=3$，$y(-2)=2$，当输入 $x(n)=(0.5)^n\varepsilon(n)$时，输出响应为

$$y(n)=4(0.5)^n\varepsilon(n)-0.5n(0.5)^{n-1}\varepsilon(n-1)-(-0.5)^n\varepsilon(n)$$

求系统函数 $H(z)$。

10-2　已知某离散因果非时变系统的 $h(n)$满足差分方程

$$h(n)+2h(n-1)=b(-4)^n\varepsilon(n)$$

当该系统的输入为 $x(n)=8^n$(对于所有的 n)时，系统的零状态响应 $y(n)=8^{n+1}$(对于所有的 n)，试求差分方程中的未知常量 b 和系统的 $H(z)$。

10-3　已知系统的差分方程为

$$y(n)-y(n-1)-2y(n-2)=x(n)+2x(n-2)$$

初始条件为 $y(-1)=2$，$y(-2)=-\frac{1}{2}$，激励 $x(n)=\varepsilon(n)$。利用 z 变换法求系统的零输入响应和零状态响应。

10-4　离散 LTI 系统的差分方程为

$$y(n)-3y(n-1)+2y(n-2)=x(n-1)-2x(n-2)$$

初始条件：$y(-2)=0$，$y(-1)=1$。输入因果序列 $x(n)$时，系统的全响应为 $y(n)=2^{n+1}+1$，$n\geqslant 0$，求输入序列 $x(n)$。

10-5　描述某线性时不变系统的差分方程为

$$y(n)-y(n-1)-2y(n-2)=x(n)+2x(n-2)$$

已知 $y(0)=2$，$y(1)=7$，激励 $x(n)=\varepsilon(n)$，求系统的零输入响应 $y_{zi}(n)$、零状态响应 $y_{zs}(n)$和全响应 $y(n)$。

10-6　已知某离散时间系统函数 $H(z)$的零、极点分布图如题 10-6 图所示，试定性画出各系统单位样值响应 $h(n)$的波形。

10-7　因果系统的系统函数 $H(z)$如下所示，试说明这些系统是否稳定：

(1) $\dfrac{z+2}{8z^2-2z-3}$；　　(2) $\dfrac{8(1-z^{-1}-z^{-2})}{2+5z^{-1}+2z^{-2}}$；

(3) $\dfrac{2z-4}{2z^2+z-1}$；　　(4) $\dfrac{1+z^{-1}}{1-z^{-1}+z^{-2}}$。

10-8　已知某线性时不变离散系统，在激励 $x(n)$作用下的响应为 $y(n)=-2\varepsilon(-n-1)+(0.5)^n\varepsilon(n)$，其

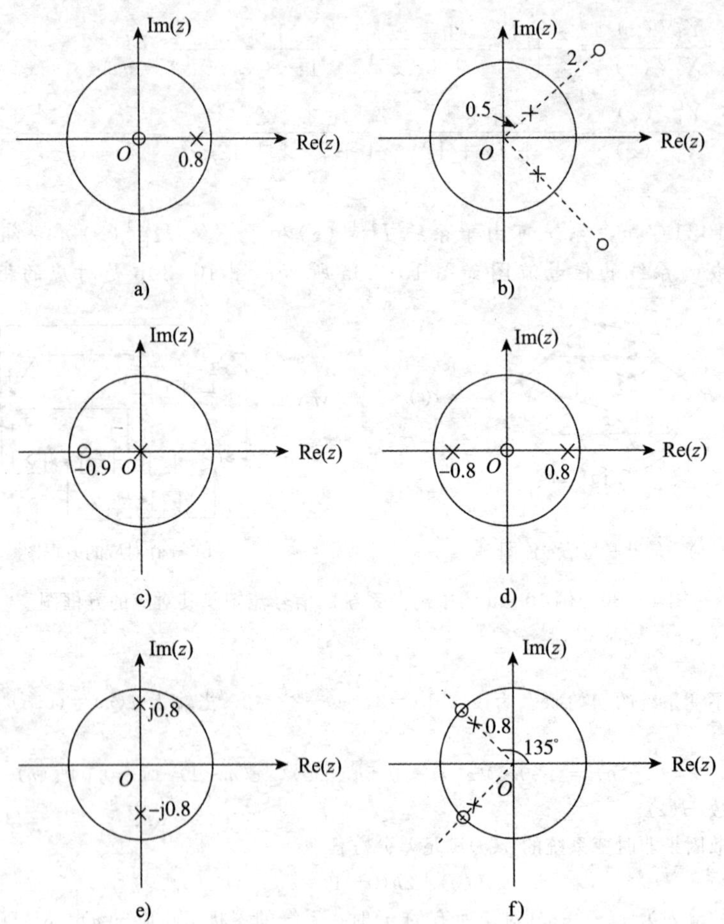

题 10-6 图

中，$x(n)=0$，$n\geqslant 0$，其 z 变换为：$X(z)=\dfrac{\left(1-\dfrac{2}{3}z^{-1}\right)}{(1-z^{-1})}$。

(1) 求系统函数 $H(z)$，并画出其零、极点图，标明收敛域；

(2) 求系统的单位样值响应 $h(n)$，并判断系统的因果性和稳定性；

(3) 若 $x(n)=\left(\dfrac{1}{3}\right)^n\varepsilon(n)$，求响应 $y(n)$；

(4) 若 $x(n)=(-1)^n$，$-\infty<n<\infty$，求响应 $y(n)$。

10-9 某离散系统单位样值响应 $h(n)$的 z 变换 $H(z)$为

$$H(z)=\frac{1}{(1-0.5z^{-1})(1+0.5z^{-1})}$$

(1) 试求 $H(z)$所对应的序列 $h(n)$，并判定系统的因果性、稳定性；

(2) 求初值 $h(0)$、终值 $h(\infty)$。

10-10 已知某离散系统差分方程为

$$y(n+2)+6y(n+1)+8y(n)=x(n+2)+5x(n+1)+12x(n)$$

若 $x(n)=\varepsilon(n)$时系统响应为

$$y(n)=[1.2+(-2)^{(n+1)}+2.8(-4)^n]\varepsilon(n)$$

(1) 试说明该系统的稳定性；

(2) 计算该系统的初始值 $y_{zi}(0)$、$y_{zi}(1)$及激励引起的初始值 $y_{zs}(0)$、$y_{zs}(1)$。

10-11 已知 $D(z)=4z^4-4z^3+2z-1$，试用朱里准则判断该系统的稳定性。

10-12 已知某系统 $D(z)=z^3+z^2+z+1$，试用朱里准则判断该系统的稳定性。

10-13　已知描述某线性移不变系统输出的差分方程为

$$y(n)=w(n)-\mathrm{e}^{-8\alpha}w(n-8)\text{，其中，}0<\alpha<1$$

试求：

(1) 系统函数 $H_1(z)=\dfrac{Y(z)}{W(z)}$，并在 z 平面中画出其零、极点图，标出收敛域。

(2) 该系统逆系统的系统函数 $H_2(z)=\dfrac{X(z)}{Y(z)}$，当使 $x(n)=w(n)$ 时，分析 $H_2(z)$ 的所有可能收敛域，并指出逆系统的因果性和稳定性。

(3) 求出逆系统 $x(n)=h_2(n)*y(n)=w(n)$ 的单位样值响应 $h_2(n)$，并分析可能使 $w(n)$ 得以恢复的条件。

10-14　已知某离散时间系统函数 $H(z)$ 的零、极点分布图如题 10-14 图所示，试定性画出各系统的幅频特性曲线。

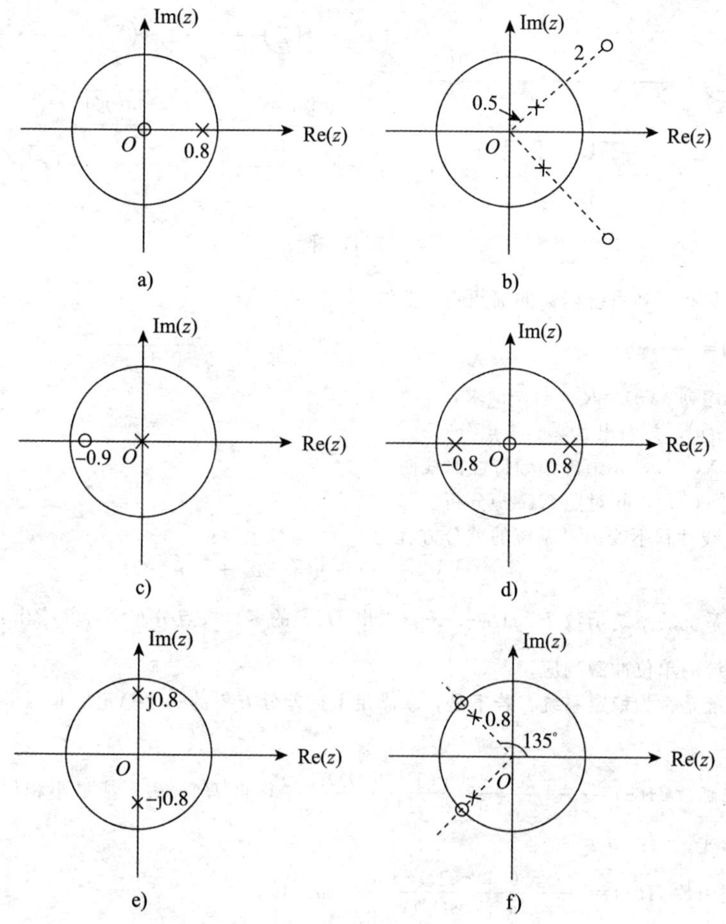

题 10-14 图

10-15　某离散时间系统如题 10-15 图所示。

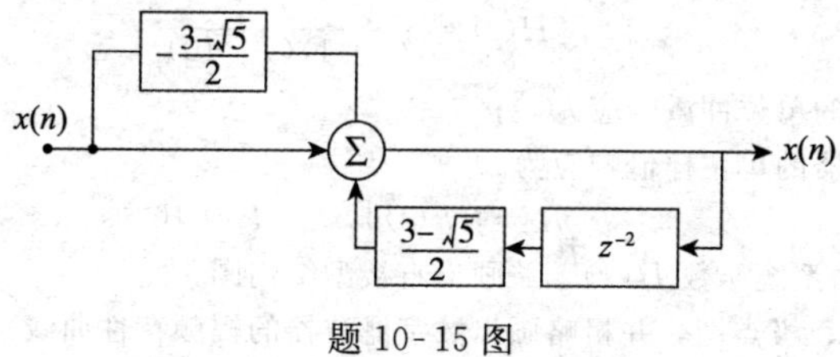

题 10-15 图

(1) 试列出系统的差分方程；

(2) 设 $x(n)=\varepsilon(n)+\cos\left(\frac{\pi}{3T}nT\right)+\cos\left(\frac{\pi}{T}nT\right)$，求系统的稳态响应 $y(n)$。

10-16 离散 LTI 系统的单位脉冲响应 $h(n)=R_N(n)$。

(1) 试判断系统的稳定性和因果性；

(2) 求系统的频率响应 $H(e^{j\Omega})$；

(3) 当 $N=5$，作 $|H(e^{j\Omega})|$ 与 $\arg[H(e^{j\Omega})]$ 的示意草图；

(4) 该系统属于何种类型的滤波器(低通、高通、带通、带阻)?

(5) 令 $h_1(n)=\delta\left(n-\frac{N-1}{2}\right)-\frac{h(n)}{N}$，试求该系统的频率响应 $H_1(e^{j\Omega})$，并指出该系统属于何种类型的滤波器?

10-17 求题 10-17 图所示系统的系统函数，并粗略绘出频响及相频曲线。

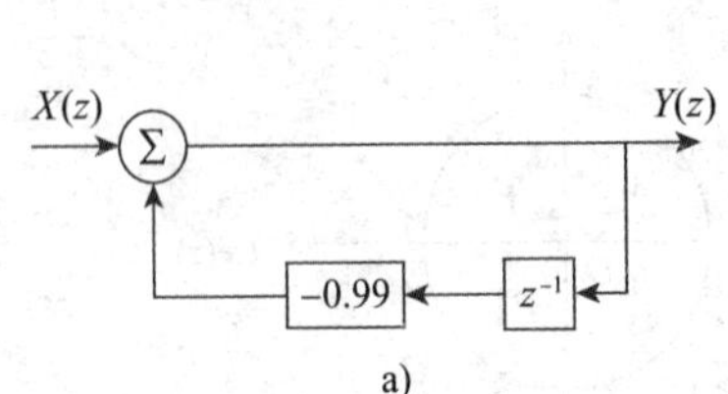

a)

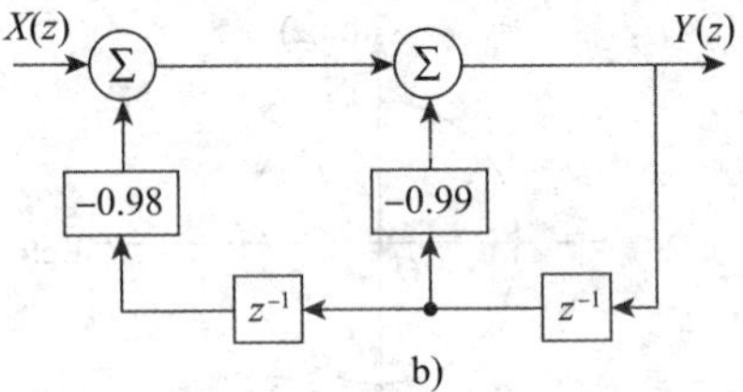

b)

题 10-17 图

10-18 粗略绘出具有下列系统函数的幅频响应曲线。

(1) $H(z)=\frac{1}{1+z^{-1}}$；　　(2) $H(z)=\frac{(1+z^{-1})^2}{1+0.16z^{-2}}$。

10-19 对于矩形序列 $x(n)=R_N(n)$，试求：

(1) $Z[x(n)]$，并画出其零、极点分布；

(2) 频谱 $X(e^{j\Omega})$，并画出幅频特性曲线图；

(3) $\mathrm{DFT}[x(n)]$，并对照 $X(e^{j\Omega})$ 分析。

10-20 描述一个线性移不变因果系统的差分方程为

$$y(n) = y(n-1) + y(n-2) + x(n-1)$$

(1) 求该系统的系统函数 $H(z)=\frac{Y(z)}{X(z)}$，画出 $H(z)$ 的零、极点分布图，并指出其收敛区域；

(2) 求系统的单位冲激响应；

(3) 该系统是否为稳定系统？若不是，求满足上述差分方程的一个稳定但非因果系统的冲激响应 $h(n)$。

10-21 给定系统函数 $H(z)=\frac{(1+2e^{j\frac{\pi}{3}}z^{-1})(1+2e^{-j\frac{\pi}{3}}z^{-1})}{1+0.5z^{-1}}$，将 $H(z)$ 表示成最小相位系统和全通系统的级联形式。

10-22 已知系统函数 $H(z)=\frac{z^2-(2a\cos\Omega_0)z+a^2}{z^2-(2a^{-1}\cos\Omega_0)z+a^{-2}}(a>1)$。

(1) 画出 $H(z)$ 在 z 平面上的零、极点分布图；

(2) 借助 $s\sim z$ 平面的映射规律，利用 $H(s)$ 的零、极点分布特性说明此系统具有全通特性。

10-23 已知某模拟滤波器的系统函数为

$$H(s) = \frac{9}{(s+1)(s+10)}$$

(1) 求模拟滤波器的单位冲激响应 $h(t)$；

(2) 若某数字滤波器的单位样值响应为

$$h(n) = Th(t)\big|_{t=nT}, T = 10^{-3}\,\mathrm{s}$$

1) 求数字滤波器的系统函数 $H(z)$，并画出直接型结构图；

2) 画出 $H(z)$ 的零、极点图，并粗略画出数字滤波器的幅频特性曲线；

3）求数字滤波器的 3dB 截止频率 Ω_c。

10-24　由下列差分方程画出离散系统的结构图，并求系统函数 $H(z)$ 及单位样值响应 $h(n)$：

(1) $3y(n)-6y(n-1)=x(n)$；　　(2) $y(n)=x(n)-5x(n-1)+8x(n-3)$；

(3) $y(n)-\frac{1}{2}y(n-1)=x(n)$；　　(4) $y(n)-3y(n-1)+3y(n-2)-y(n-3)=x(n)$；

(5) $y(n)-5y(n-1)+6y(n-2)=x(n)-3x(n-2)$。

10-25　已知线性时不变系统的差分方程为

$$y(n)+\frac{3}{4}y(n-1)+\frac{1}{8}y(n-2)=x(n)-\frac{1}{2}x(n-1)$$

求系统的单位序列响应 $h(n)$，并说明其因果性与稳定性，画出系统的两种信号流图。

10-26　已知离散线性因果系统的差分方程 $y(n)-\frac{3}{4}y(n-1)+\frac{1}{8}y(n-2)=x(n)+\frac{1}{3}x(n-1)$。

(1) 求系统函数和单位样值响应；

(2) 画系统函数的零、极点分布图；

(3) 粗略画出幅频响应特性曲线；

(4) 分别画出直接型、并联型和级联型的系统结构框图。

10-27　试用直接型、并联型和串联型画出由下列系统函数描述的模拟框图。

(1) $H(z)=\frac{3+3.6z^{-1}+0.6z^{-2}}{1+0.1z^{-1}-0.2z^{-2}}$；　　(2) $H(z)=\frac{1+z^{-1}+z^{-2}}{1-0.2z^{-1}+z^{-2}}$。

参考文献

[1] 郑君里，应启珩，杨为理．信号与系统(上下册)[M]．2版．北京：高等教育出版社，2000.

[2] 郭改枝，余宗佐，郭瑛．信号与系统[M]．北京：清华大学出版社，2013.

[3] 吴大正，杨林耀，张永瑞，等．信号与线性系统分析[M]．4版．北京：高等教育出版社，2005.

[4] 胡钋，张宇，王粟．信号与系统[M]．北京：中国电力出版社，2009.

[5] 陈后金，胡健，薛健．信号与系统[M]．2版．北京：清华大学出版社，2005.

[6] 陈生潭，郭宝龙，李学斌．信号与系统[M]．3版．西安：西安电子科技大学出版社，2008.

[7] Roberts M J. 信号与系统：使用变换方法和MATLAB分析[M]．2版．胡剑凌，等译．北京：机械工业出版社，2013.

[8] Lathi B P. 线性系统与信号[M]．3版．刘树棠，王薇洁，译．西安：西安交通大学出版社，2006.

[9] 容太平．信号与系统[M]．武汉：华中科技大学出版社，2007.

[10] Carlsoo G E. 信号与线性系统分析[M]．2版．曾朝阳，等译．北京：机械工业出版社，2004.

[11] 汤全武．信号与系统[M]．北京：高等教育出版社，2011.

[12] 甘俊英．信号与系统[M]．北京：清华大学出版社，2011.

[13] 崔翔．信号分析与处理[M]．北京：中国电力出版，2005.

[14] 吴湘淇．信号与系统[M]．3版．北京：电子工业出版社，2009.

[15] 程耕国．信号分析与处理(上下册)[M]．北京：机械工业出版社，2009.

[16] Oppenheim A V，Willsky A S，Nawab S H. 信号与系统[M]．3版．刘树棠，译．西安：西安交通大学出版社，2010.

[17] Haykin S. 信号与系统[M]．2版．林秩盛，等译．北京：电子工业出版社，2004.

推荐阅读

数字信号处理及MATLAB仿真

作者：Dick Blandford 等 译者：陈后金 等 书号：978-7-111-48388-5 定价：95.00元
中文版 出版时间：2015年1月

本书是美国伊凡斯维尔大学电子与计算机工程专业的DSP课程教材，注重理论与应用相结合，前7章重点讲述数字信号处理基础理论和知识，包括DSP的概述、线性信号和系统概念、频率响应、抽样和重建、数字滤波器的分析和设计、多速率DSP系统；后4章侧重于DSP应用，包括数字滤波器的实现、数字音频系统、二维数字信号处理和小波分析。本书可作为电子信息、通信、控制、仪器仪表等相关专业本科生的DSP课程教材，对初级DSP工程师也是一本实用的参考书。

数字信号处理及应用

作者：Richard Newbold 等 译者：李玉柏 等 中文版 预计出版时间：2015年5月

本书基于真实设备与系统，研究如何进行数字信号处理的软硬件设计与实现，详细阐述了模拟和数字信号调谐、复数到实数的变换、数字信道化器的设计以及数字频率合成技术，并重点讨论了多相滤波器（PPF）、级联的积分梳状（CIC）滤波器、数字信道器等业界常用的一些的信号处理应用。本书适合即将进入信号处理领域的大学毕业生，也适合有一定DSP设计经验的业界工程师阅读。

数字信号处理：系统分析与设计（原书第2版）

作者：Paulo S. R. Diniz 等 译者：张太镒 等 ISBN：978-7-111-41475-9 定价：85.00元
英文版 ISBN：978-7-111-38253-9 定价：79.00元

本书全面、系统地阐述了数字信号处理的基本理论和分析方法，详细介绍了离散时间信号及系统、傅里叶变换、z变换、小波分析和数字滤波器设计的确定性数字信号处理，以及多重速率数字信号处理系统、线性预测、时频分析和谱估计等随机数字信号处理，使读者深刻理解数字信号处理的理论和设计方法。本书不仅可以作为高等院校电子、通信、电气工程与自动化、机械电子工程和机电一体化等专业本科生或研究生教材，还可作为工程技术人员DSP设计方面的参考书。

推荐阅读

模拟电子电路基础

作者：堵国樑 吴建辉 等 ISBN：978-7-111-45504-2 出版时间：2014年1月 定价：45.00元

本书是在多年教学改革的基础上编写而成的，其基本原则为“以电路分析为主线，以设计应用为目的”。编写思路采用了从宏观到微观，从对集成器件外特性的了解、应用，引导到对内电路研究学习的兴趣；以单元电路的分析为铺垫，强调电子系统设计的思路；以工程教育理念为导向，理论联系实际，教材内容落实到具体的工程项目应用中。本书主要从应用角度介绍器件、集成电路以及电子电路的基本概念、基本原理、性质与特点，通过电子电路具体分析方法的介绍，培养电子电路的设计能力。本书共分11章，内容包括：绪论，运算放大器及其线性应用，运算放大器的非线性应用，半导体器件概述，基本放大电路，负反馈放大电路，集成运算放大器，正弦波产生电路，功率电路，应用电路设计分析，门电路。

EDA技术与实验（第2版）

作者：花汉兵 付文红 ISBN：978-7-111-42654-7 出版时间：2013年8月 定价：35.00元

为适应教学改革的需要，培养学生能力的循序渐进的过程，对第1版内容进行了修订，从而实现了从基础电路设计、综合电路设计再到创新型设计的教学模式，有利于在培养学生基本实践能力的基础上，培养了他们的创新意识和创新能力。该第2版精心构建基础与前沿、经典与现代有机结合的实践教材内容，结合大学生电子设计竞赛，修订EDA技术与实验内容，以使学生掌握现代电子设计方法，实现教材内容与科研、工程、社会应用实践密切联系。本着与时俱进的原则，采用了一些在技术上更为先进的软件和设备。如可编程器件由原来的Cyclone系列更新为CycloneIII系列，并介绍了QuartusII软件的使用。

传感器原理及应用（第2版）

作者：吴建平 等 ISBN：978-7-111-36554-9 出版时间：2012年2月 定价：36.00元

本书第1版自2009年1月面世以来，得到广大同行、专家和读者的支持和肯定，并先后4次重印。为提高教材的可读性和实用性，本书对上一版中的部分章节进行了调整：将“超声波传感器”归入第7章；将“热电式红外传感器”并入第12章；第11章为射线传感器，主要讨论核辐射探测器的原理和应用；本书还特别增加了第13章集成智能传感器，主要讨论现代新型的集成器件。另外，本书还增加了部分传感器的应用实例。

读者可以在本书配套的精品课程网站中找到更多的资料。本书同时为教师提供教学课件及配套习题答案。